dtv

Dieses Nachschlagewerk stellt die Vielfalt unserer Zierpflanzen anschaulich vor. Mehr als 500 Arten werden in ca. 250 Einzelkapiteln beschrieben: Heimatareal, Einführung in unseren Gärten, Wildform und Weiterzüchtungen, wissenschaftliche und volkstümliche Namen. Breiten Raum nimmt die Kulturgeschichte ein: Verwendung in Heilkunde und Medizin, Darstellung und Deutung in der Mythologie, in Kunst und Literatur. Der Autor hat Primärquellen und wissenschaftliche Literatur eingehend ausgewertet. Dabei werden die Werke antiker Autoren ebenso herangezogen wie die ersten Kräuter- und Heilpflanzenbücher, die botanische Literatur der Renaissance oder Florilegien und Pflanzenlisten von Botanischen Gärten und Pflanzensammlern. Die Illustrationen - sehr frühe und selten abgebildete Stiche und Holzschnitte - geben eine Vorstellung davon, wie bescheiden die heute so üppigen Rosen, Dahlien oder Astern einst in unsere Gärten kamen.

Heinz-Dieter Krausch, geboren 1928 in Guben, war als Geobotaniker an der Akademie der Wissenschaften in Berlin tätig. Er gilt als einer der besten Kenner der Botanikgeschichte Mitteleuropas und hat auf diesem Gebiet zahlreiche Einzelpublikationen vorgelegt.

Heinz-Dieter Krausch

»Kaiserkron und Päonien rot ...«

Von der Entdeckung und Einführung unserer Gartenblumen

Deutscher Taschenbuch Verlag

Mai 2007
Deutscher Taschenbuch Verlag GmbH & Co. KG, München
www.dtv.de

Umschlagkonzept: Balk & Brumshagen
Umschlaggestaltung: Claudia Danners unter Verwendung eines Gemäldes (ca. 1642) von Nicolas Robert (Bridgeman Giraudon)
Satz nach einer Vorlage von Sabine Niemann, Hamburg
Druck und Bindung: Druckerei C. H. Beck, Nördlingen
Gedruckt auf säurefreiem, chlorfrei gebleichtem Papier
Printed in Germany · ISBN 978-3-423-34412-8

Inhalt

»Kaiserkron und Päonien rot,
Die müssen verzaubert sein« ...
Joseph von Eichendorff, Der alte Garten

Vorwort

Dieses Buch behandelt die Entdeckung, Einführung und Ausbreitung der häufigsten Gartenzierpflanzen Mitteleuropas. Während die Geschichte der heimischen Nutzpflanzen bereits mehrfach zusammenfassende Darstellungen erfahren hat, zuletzt durch Udelgard Körber-Grohne 1987, lag eine solche für die Zierpflanzen unserer Gärten und Grünanlagen bisher nicht vor. Der Verfasser hat sich, seinerzeit ermuntert durch den führenden deutschen Botanik-Historiographen Kurt Wein (1883–1968), der ihm auch wertvolle methodische Hinweise vermittelt hat, seit langem für die Geschichte von Nutz- und Zierpflanzen interessiert und hierüber verschiedene Beiträge in der regionalen und lokalen Literatur veröffentlicht. Eine Beschäftigung mit dieser Materie konnte jedoch nur neben der eigentlichen Berufsarbeit als Geobotaniker erfolgen.

Nachdem ich 1988 auf einer Tagung zur Gartendenkmalpflege in Weimar einen Vortrag über die Einführung der Zierpflanzen nach Mitteleuropa gehalten hatte, trat der Gustav Fischer Verlag Jena, diese Lücke in der botanischen Fachliteratur erkennend, mit der Bitte um Abfassung eines Buches über die Geschichte unserer Gartenblumen an mich heran. Jedoch erst nach meinem, durch die Auflösung der Akademie der Wissenschaften zu Berlin bedingten Übergang in den Vorruhestand Ende 1990 konnte ich mich intensiv diesem Vorhaben zuwenden. Die Wiedervereinigung Deutschlands war dem insofern außerordentlich förderlich, als nunmehr auch Bibliotheken außerhalb der bisherigen DDR und der Tschechoslowakei benutzt werden konnten.

Von vornherein war festgelegt worden, daß sich das Buch nicht nur an Botaniker und Gartenbauwissenschaftler, sondern auch an Kunst- und Kulturhistoriker, Berufs- und Hobbygärtner, Studierende und Blumenfreunde, also an einen breiten Leserkreis richten solle, was entsprechende Konsequenzen bei der Abfassung des Textes zur Folge hatte. Um zu veranschaulichen, in welch unterschiedlicher Weise die Pflanzen vor der Einführung der binären Nomenklatur durch Linnaeus 1753 von den einzelnen Autoren benannt worden sind, habe ich bei den Angaben aus der Zeit vor der Mitte des 18. Jhs. vielfach auch die damals üblichen Pflanzennamen angeführt. Auf eine Auflistung sämtlicher prälinnéischer Namen habe ich jedoch ebenso verzichtet wie auf Einzelnachweise für die einzelnen Angaben.

Angesichts der Fülle der in den Gärten und Grünanlagen Mitteleuropas insgesamt kultivierten Arten mußte eine Auswahl getroffen werden. Berücksichtigt wurden hauptsächlich solche Zierpflanzen, welche heutzutage fast in jedem Garten anzutreffen sind, darüber hinaus aber auch solche Arten, die in früheren Zeiten häufig kultiviert wurden, heute aber selten geworden oder in den normalen Gärten gänzlich verschwunden sind.

Die Ausführungen basieren in erster Linie auf der Auswertung von Primärquellen, als da sind Quelleneditionen, Kräuterbücher, Gartenkataloge, Gartenzeitschriften, Reiseberichte, Pflanzenbücher und Florenwerke, aber auch bildliche Darstellungen. Darüber hinaus wurde die Fachliteratur herangezogen. Trotz aller Bemühungen ist es aber, schon aus zeitlichen Gründen, nicht möglich gewesen, sämtliche älteren Publikationen zu dieser Thematik einzusehen, zumal viele von ihnen heute außerordentlich selten geworden und nur schwer zu erlangen sind. Manche Quellen in Bibliotheken und Archiven harren überhaupt noch der Erschließung. So dürften zwangsläufig hier und da Lücken geblieben sein, deren Ausfüllung zukünftigen Forschungen überlassen bleiben muß. Andererseits waren bei nicht wenigen Arten die zusammengetragenen Daten so zahlreich, daß angesichts des vorgegebenen Gesamtumfanges und im Sinne der Lesbarkeit nicht alle im einzelnen aufgeführt werden konnten, sondern stellenweise in einen zusammenfassenden Text einflossen.

Die Geschichte der züchterischen Weiterentwicklung der einzelnen Zierpflanzen mußte sich auf kurze Andeutungen beschränken. Eine eingehende Darstellung der Zierpflanzenzüchtung verbot nicht nur der zur Verfügung stehende Platz. Für viele Arten sind genauere Einzelheiten kaum bekannt geworden. Es wird auf die einschlägige Spezialliteratur, wie sie z.B. für Rosen, Narzissen, Tulpen und Flieder vorliegt, verwiesen.

Der Satz »habent sua fata libelli« trifft auch für dieses Buch zu. Eigentlich sollte es zur Bundesgartenschau 2001 in Potsdam vorliegen. Aber wenige Tage vor dem vereinbarten Termin der Manuskriptübergabe an den Gustav Fischer Verlag Jena wurde dem Autor mitgeteilt, daß der Verlag soeben von einem Großverlag aufgekauft worden sei, dieser aber die weniger profitablen Fachbuch-Vorhaben nicht mit übernehme. Die sich anschließende Suche nach einem anderen Verlag blieb lange erfolglos. Nachdem ich aber im Hamburger Botanischen Verein ebenfalls über die Einführung der Gartenzierpflanzen gesprochen hatte, fand sich dort eine Gruppe von Fachkollegen und anderen Interessenten, durch deren Initiative schließlich die notwendigen Vorausetzungen für eine Drucklegung geschaffen werden konnten.

So möchte ich mich schließlich bei allen denen herzlich bedanken, die mir sowohl bei der Erarbeitung dieses Buches als auch bei den Bemühungen um dessen Drucklegung behilflich waren. Herr Dipl.-Gärtner Günther Bickerich (1903–1993) in Rehbrücke bei Potsdam ermöglichte mir über viele Jahre hinweg die Benutzung seiner umfassenden Fachbibliothek, nach seinem Ableben konnte ich dank des Entgegenkommens von Frau Katharina Bickerich-Stoll einige wichtige Werke übernehmen. Bei meinen Arbeiten in der Bibliothek der Botanischen Abteilung des Tschechischen Nationalmuseums in Pruhonice bei Prag sowie in der Tschechischen Nationalbibliothek in Prag unterstützten mich Frau Blanka Skočdopolová und Frau Dr. Denisa Blašková. Herr Prof. Fred-Günter Schroeder ermöglichte mir einen Bibliotheksaufenthalt in Göttingen, wo mir dann Herr Prof. Gerhard Wagenitz bei der Erschließung des insbesondere an Gartenkatalogen des 17. und 18. Jhs. reichhaltigen Bestandes der Universitätsbibliothek behilflich war. Herr Dr. Hermann Manitz half mir bei der Benutzung der Bibliothek des Herbariums Haussknecht in Jena, Herr Dr. Clemens Alexander Wimmer bei der der Bücherei des Deutschen Gartenbaues in Berlin. Den genannten Fachkollegen sowie den ungenannten Fachbibliothekaren dieser und weiterer Bibliotheken im In- und Ausland gilt mein besonderer Dank. Für Auskünfte, Hinweise und Zusendung von einschlägiger Literatur habe ich vor allem Herrn Prof. Georges Gérard Aymonin, Museum National d'Histoire Naturelle in Paris, und Herrn Dr. John H. Harvey (gest. 1997) in Frome, England, zu danken. Frau Dr. Johanna Schlüter vom Gustav Fischer Verlag Jena verdanke ich nicht nur die Anregung zur Erarbeitung dieses Buches, sie hat sich später auch sehr um eine Lösung bei der Drucklegung bemüht, ebenso wie die Hamburger Fachkollegen Frau Dr. Martina Nath-Esser und Herr Dr. Hans-Helmut Poppendieck. Ich bin sehr froh, daß sich der Dölling und Galitz Verlag in Hamburg in entgegenkommender Weise bereit gefunden hat, sich dieses Buchvorhabens anzunehmen, und danke dafür insbesondere seiner Lektorin, Frau Brita Reimers. Nicht zuletzt gilt mein Dank auch meiner lieben Frau Wally, die als Dipl.-Lehrerin für Biologie mich bei der Abfassung beraten und mir im übrigen den Rücken für meine zeitaufwendigen Recherchen und Ausarbeitungen freigehalten hat.

Potsdam, im Dezember 2002
Heinz-Dieter Krausch

Von Theophrast bis heute – die Quellen

Die Quellen zur Geschichte unserer Gartenblumen sind in erster Linie gedruckte und handschriftliche Angaben, dann aber auch bildliche Darstellungen, archäologische Befunde und Herbarien.

Angaben über Gartenzierpflanzen finden sich bereits in den Werken antiker Schriftsteller wie in Theophrasts (370 – 285) De historia plantarum, Dioskurides' (1. Jh. n. Chr.) Materia medica und Plinius' (23 – 79) Naturalis historiae libri. Da diese Werke ebenso wie die weiterer antiker Autoren durch neuzeitliche Auswertungen weitgehend erschlossen sind, ist ein Zurückgehen auf die Originaltexte kaum notwendig. Auch für die in einigen mittelalterlichen Handschriften überlieferten Berichte über Gärten und Gartenpflanzen stehen neuere, kommentierte und erläuterte Textausgaben zur Verfügung. Unter den in der Bibel genannten Pflanzen (Zohary 1986) befinden sich nur wenige, die als Zierpflanzen kultiviert wurden, zudem ist die Zuordnung der biblischen Namen zu bestimmten Pflanzenarten nicht immer sicher. Wichtigste Quellen für die Zeit des frühen Mittelalters sind die um 800 erlassene Landgüterverordnung Capitulare de villis Karls des Großen, der nur wenig später entstandene St. Gallener Klosterplan und das Hortulus genannte Gartengedicht des Reichenauer Mönches und Abtes Walahfried Strabo (807 – 849). Dem hohen Mittelalter entstammen die Physica der Äbtissin Hildegard von Bingen (1099 – 1179) und die Schriften des Bischofs und Universalgelehrten Albertus Magnus (Albert Graf von Bollstädt, 1193 – 1280).

Nach der Erfindung des Buchdrucks im 15. Jh. gibt es alsbald erste Bücher über Heil- und Gartenpflanzen, wie z.B. das Puch der Natur 1475 von Konrad von Megenberg und den Gart der Gesundheit 1485.

Die eigentliche botanische Literatur beginnt in der Mitte der 16. Jhs. mit den »Vätern der Botanik« Otto Brunfels (um 1489 – 1534), Hieronymus Bock (um 1498 – 1554) und Leonhart Fuchs (1501 – 1566). In ihren, mit Abbildungen versehenen Kräuterbüchern bringen diese als Ärzte tätigen Autoren zwar in erster Linie Angaben über Heilpflanzen und deren Heilwirkungen, doch auch Angaben über Zierpflanzen, selbst wenn diese sich nicht für medizinische Zwecke verwenden ließen, wie z.B. über die sich damals in den Gärten Mitteleuropas ausbreitenden ersten Arten aus Amerika. Weitere derartige Kräuterbücher erschienen in der 2. Hälfte des 16. Jhs., z.B. von Adam Lonicerus (Lonitzer 1528 - 1586), Petrus Andreas Matthiolus (Pierandrea Mattioli 1500 - 1577) und Jakob Tabernaemontanus (Theodorus um 1520 - 1590).

Schon in der Mitte des 16. Jhs. gab es Gartenliebhaber, welche artenreiche Gärten besaßen und bestrebt waren, deren Pflanzenbestand durch Tausch und Erwerb neuer Sippen zu vermehren. Berühmt war damals z.B. der Pflanzen-und Arzneipflanzengarten des Nürnberger Apothekers Georg Öllinger (1487-1557), der nach seinem Ableben von dem Nürnberger Stadtarzt Joachim Camerarius (1534-1598), ebenfalls leidenschaftlicher Pflanzenliebhaber, übernommen wurde und über dessen Pflanzenbestand ein 1588 herausgegebener Katalog unterrichtet. 1560 wandte sich der Züricher Arzt und Naturforscher Konrad Gessner (1516 - 1565) an die ihm bekannten Pflanzenliebhaber Mitteleuropas mit der Bitte, ihm Listen der in ihren Gärten kultivierten Pflanzen anzufertigen. Wohl die meisten von ihnen kamen seinem Ersuchen nach, und Gessner veröffentlichte diese Pflanzenlisten 1561 unter dem Titel Horti Germaniae als Anhang zu den von ihm herausgegebenen Annotationes des frühverstorbenen Botanikers Valerius Cordus (1515 - 1544). Kurt Wein gab diese einzigartige Quelle über Deutschlands Gartenpflanzen um die Mitte des 16. Jhs., aufbereitet und kommentiert, im Jahre 1914 erneut heraus. Weitere wichtige Angaben über Zierpflanzen in der 2. Hälfte des 16. Jhs. enthalten der um 1570 entstandene Gartenkatalog des Leuschnerschen Gartens in Meißen, abgedruckt in einer späteren Stadtgeschichte von Gregorius Fabricius, sowie die Kataloge des Gartens des Arztes Laurentius Scholz in Breslau 1594 und der Gärten der Bergstadt Annaberg im Erzgebirge (in Jenisius 1605).

Hinzu kommen Regionalfloren wie die Abhandlung über die in Preußen wachsenden Kräuter des pomesanischen Bischofs Johann Wigand (1523 - 1587) von 1590 und der Hortus Lusatiae von Johannes Franke (1545 - 1617) von 1594. Über die Einführung neuer Gartenzierpflanzen, insbesondere aus türkischen Gärten, finden sich zahlreiche Angaben in den Werken des Botanikers Carolus Clusius (Charles de l'Ecluse 1526–1609), der 1573 - 1588 in Wien ansässig und seit 1593 als Professor an der Universität Leiden tätig war. Eigene Forschungsreisen auf der Iberischen Halbinsel, in Österreich und Ungarn sowie seine vielfältigen Verbindungen zu den kaiserlichen Gesandten in Konstan-

Carolus Clusius (Charles de l'Écluse, 1526–1609), bedeutendster Botaniker der Renaissance. Im Gegensatz zu den meisten Kräuterbuch-Autoren, bei denen die Heilwirkungen der Pflanzen im Mittelpunkt standen, betrieb er seine Forschungen unter rein botanischen Aspekten. Ihm verdanken wir nicht nur die Beschreibung, sondern auch die Einführung und Verbreitung zahlreicher neuer Zierpflanzen.

tinopel, zu anderen Gelehrten und Pflanzenliebhabern brachten ihm zahlreiche neue Arten, vor allem auch Zwiebel- und Knollenpflanzen, die er in seinen Büchern nicht nur eingehend beschrieb, sondern auch an andere Pflanzenliebhaber weitergab und damit in umfangreichem Maße zu ihrer Ausbreitung in Mitteleuropa beitrug. Seine von Wien nach Leiden überführte Sammlung seltener Arten und Sorten von Zwiebelpflanzen bildete einen der Ausgangspunkte für die sich damals in Holland entwickelnde Blumenzwiebelkultur, die auch für die mitteleuropäischen Gärten von großer Bedeutung war und noch immer ist.

Auch erste Gartenbücher finden sich im 16. Jh., so das 1529 in Zwickau erschienene New Pflantzbüchlein von Johann Domitzer und die 1597 in Leipzig gedruckte Garten Ordnung von Johann Peschel. Sie enthalten zwar vornehmlich Anweisungen zu den im Garten durchzuführenden Arbeiten, aber doch auch einige Angaben über Zierpflanzen.

Im 17. Jh. erschienen weitere Gartenkataloge, Regionalfloren und Gartenbücher. Unter ihnen ragt der mit prachtvollen, in einigen Ausgaben mit naturgetreu kolorierten Kupferstichen ausgestattete Hortus Eystettensis heraus, der von dem Nürnberger Apotheker Basilius Besler (1561-1629) besorgte Pflanzenkatalog der Gärten der Willibaldsburg im mittelfränkischen Eichstätt, der Residenz des Fürstbischofs Johann Conrad von Gemmingen (1560/61-1612). Das wichtigste und inhaltsreichste Gartenbuch früherer Zeit ist das seit 1666 in mehreren Auflagen veröffentlichte Gartenbaubuch des Berliner Arztes, Botanikers und Gartendirektors Johann Sigismund Elsholtz (1623-1688). Erwähnenswert ist ferner die 1648 veröffentlichte Beschreibung des herzoglich braunschweigischen Gartens zu Hessem bei Wolfenbüttel, dem wohl artenreichsten deutschen Garten der damaligen Zeit, durch dessen Obergärtner Johann Royer. Solche Gartenkataloge von privaten und fürstlichen Lust- und Liebhaber-Gärten setzten sich in Deutschland bis in die 1. Hälfte des 19. Jhs. fort. Daneben gab es Pflanzenkataloge von Botanischen Gärten an Universitäten und Hochschulen. Zu den frühesten dieser Gruppe gehören in Deutschland die Horti medici, qui Ratisbonae est, descriptio (1621) von Johann Oberndorffer in Regensburg und der Catalogus plantarum in horto Altdorphino (Altdorf bei Nürnberg; 1635) von Ludwig Jungermann (1572-1653). Besonders umfangreich ist die 1809 erschienene Enumeratio plantarum des alten Berliner Botanischen Gartens in Schöneberg (bis 1900), welcher 1808 unter der Leitung von Carl Ludwig Willdenow (1765–1811) 6351 Arten aufwies und damit der artenreichste Botanische Garten Mitteleuropas zu dieser Zeit war.

Bis gegen Ende des 18. Jhs. war es allgemein üblich, in den Regionalfloren neben den Wildpflanzen auch die in den Gärten gezogenen Nutz- und Zierpflanzen aufzuführen. Zwar nennt der Berliner Botaniker Paul Ascherson (1834–1913) in seiner Flora der Provinz Brandenburg 1864 noch eine Vielzahl von Gartenpflanzen, doch seit Beginn des 19. Jhs. beschränkten sich viele regionale und überregionale Florenwerke auf die Angabe einiger besonders häufiger Gartenzierpflanzen oder führten solche Pflanzen nur auf, wenn sie im Gebiet verwildert auftraten. Das mag damit zusammenhängen, daß seit dem 19. Jh. Gartenfloren aufkamen, welche fast ausschließlich auf die Bestimmung der vorhandenen Gartenpflanzen ausgerichtet sind. Als wohl verbreitetstes Gartenbuch des 19. Jhs. sei der seit 1818 vielfach aufgelegte Gartenfreund des mecklenburgischen Pfarrers Johann Christian Ludwig Wredow (1773–1823) genannt. Seit dem 19. Jh. erschienen dann auch umfassende Handbücher über Gartenpflanzen, so 1802–1810 das Vollständige Lexikon der Gärtnerei und Botanik von Friedrich Gottlieb Dietrich (1768–1850) und 1829 das Vollständige Handbuch der Blumengärtnerei von Julius Bosse (1788–1864). Diese Gartenbücher liefern für die Geschichte unserer Gartenblumen vor allem Angaben über das Vorhandensein von Gartenzierpflanzen und ihrer Kultivare, weniger über die Häufigkeit und Verbreitung dieser Pflanzen im mitteleuropäischen Raum.

Quellen ähnlicher Art sind die Verkaufskataloge von Handelsgärtnereien und Baumschulen, die um die Mitte des 18. Jhs. aufkamen und bis heute erstellt werden. An älteren Katalogen dieser Art sollen hier die der Gärtnerei Krause in Berlin 1746, der Gärtnerei Buek in Hamburg von 1779, der von Burgsdorffschen Baumzucht in Tegel bei Berlin 1785, der Gärtnerei Breiter in Leipzig von 1817 und der Landesbaumschule bei Potsdam seit 1824 als Beispiele genannt werden.

Gegen Ende des 18. Jhs. entstanden spezielle Gartenzeitschriften, in Deutschland im Jahre 1782. Eine der führenden war die seit 1852 erscheinende »Gartenflora« des seit 1855 als Direktor des Botanischen Gartens von St. Petersburg wirkenden Gärtners und Botanikers Eduard Regel (1815–1892) aus Gotha in Thüringen. Sie enthält sogar eine Reihe von Erstbeschreibungen von neuentdeckten Pflanzen, die als Gartenzierpflanzen eine Rolle spielen sollten. Im allgemeinen informieren die Gartenzeitschriften über neu eingeführte Zierpflanzen, Neuzüchtungen von Formen und Sorten, zudem enthalten sie mancherlei rückschauende Berichte zur Einführungs- und Züchtungsgeschichte einzelner Arten. Geschichtliche Angaben finden sich auch in den seit dem 19. Jh. in zunehmendem Maße erscheinenden Monographien gärtnerisch wichtiger Arten, Gattungen oder Pflanzengruppen, wobei manche dieser Daten jedoch einer kritischen Überprüfung bedürfen.

Neben der Fülle gedruckt vorliegender Zierpflanzenliteratur gibt es in Archiven und Bibliotheken handschriftliche, bisher unveröffentlichte Quellen, vor allem in Gestalt von Gartenkatalogen und Garteninventaren sowie Manuskripte und Briefe von Botanikern, Gartenliebhabern und Gärtnern. Für das vorliegende Buch wurden Unterlagen aus dem Archiv der Akademie der Wissenschaften, der Handschriften-Abteilung der Staatsbibliothek Berlin sowie aus dem Landesarchiv Schleswig herangezogen.

Es sei hier kurz auf zwei Probleme hingewiesen, die sich bei der Benutzung und Auswertung der älteren Zierpflanzenliteratur ergeben. Da viele Kräuterbücher und Florenwerke, letztere zum Teil bis zu Beginn des 19. Jhs., in lateinischer Sprache abgefaßt wurden, sind fundierte Lateinkenntnisse Voraussetzung der Lektüre. Das andere Problem sind die Pflanzennamen der älteren Schriften. Bevor Linnaeus (seit 1762 Carl von Linné, 1707–1778) in der Mitte des 18. Jhs. die sich schnell durchsetzende binäre Nomenklatur schuf, wurden die Pflanzen mit vielfach langen Bezeichnungen (Phrasen oder Polynome) versehen, die zudem bei den einzelnen Autoren oft verschieden waren. Versuche, insbesondere 1623 durch Caspar Bauhin (1560–1624) und 1700 durch Joseph Pitton de Tournefort (1656–1708), diesen Namenwirrwarr zu vereinheitlichen, blieben ohne allgemeine Anerkennung und dauerhafte Wirkung. Leider gibt es bis heute keine umfassende Zusammenstellung und Identifizierung der vorlinnéischen Pflanzennamen. Man ist hier auf die Aufarbeitungen einiger weniger botanischer Schriften von vor 1753 z.B. durch Kurt Wein, John Harvey und Gerard Aymonin angewiesen, oder auf die Bestimmung der betreffenden Arten mittels der beigegebenen Abbildungen. Ohne Erfahrung und detaillierte Kenntnisse in dieser Materie kommt es leicht zu Fehlbestimmungen Aber auch die binären Namen bergen Probleme, zumal viele Zierpflanzen in der Literatur oftmals unter heute ungültigen und in Vergessenheit geratenen Namen (Synonymen) erscheinen.

Bildliche Darstellungen als Quellen für die Geschichte unserer Gartenblumen reichen weit in die Vergangenheit zurück. So fanden sich Abbildungen der Weißen Lilie (*Lilium candidum*) auf Gefäßen und an Wänden von Wohngebäuden und Grabkammern sehr früher mesopotamischer, ägyptischer und altgriechischer Kulturen. Auch in dem im Jahre 79 durch einen Ausbruch des Vesuv verschütteten Pompeji sind verschiedene Zierpflanzen auf Wandgemälden zu sehen. Auf mittelalterlichen Gemälden finden sich insbesondere solche mit christlichem Symbolgehalt wie Gallische Rose (*Rosa gallica*), Weiße Rose (*Rosa x alba*), Deutsche Schwertlilie (*Iris germanica*) und Akelei (*Aquilegia vulgaris*). Ein besonders reichhaltiges Beispiel ist das um 1410 von einem oberrheinischen Meister gemalte »Paradiesgärtlein« im Städel Museum in Frankfurt am Main. In einem mittelalterlichen Burggarten zeigt es neben Figuren aus christlichen Legenden eine größere Zahl von Gartenpflanzen. Diese, wie auch die verschiedenen Vogelarten, sind trotz des kleinen Formats des Bildes von 26,3 x 33,4 cm so genau gemalt, daß sie eindeutig bestimmt werden können. Neben einigen Wild- und Nutzpflanzen erkennt man folgende als Zierpflanzen zu bewertende Arten (von vorn nach hinten): Maiglöckchen (*Convallaria majalis*), Wiesen-Margerite (*Chrysanthemum leucanthemum*), Echte Pfingstrose, einfachblühend (*Paeonia officinalis*), Kleines Immergrün (*Vinca minor*), Akelei (*Aquilegia vulgaris*), Himmelsschlüsselchen (*Primula veris*), Duft-Veilchen (*Viola odorata*), Gänseblümchen (*Bellis perennis*), Goldlack (*Cheiranthus cheiri*), Frühlings-Knotenblume (*Leucojum vernum*), Gallische Rose mit gefüllten Blüten (*Rosa gallica*), Weiße Lilie (*Lilium candidum*), Gamander-Ehrenpreis (*Veronica chamaedrys*), Gefleckte Taubnessel (*Lamium maculatum*), Vexiernelke (*Lychnis coronaria*), Levkoje, weiß- und rotviolett blühend (*Matthiola incana*), Deutsche Schwertlilie (*Iris germanica*) und Stockrose, rot- und weißblühend (*Alcea rosea*, Erstnachweis für Deutschland!).

Auch die seit der Renaissance entstehenden Bilder von Privatpersonen, Landschafts- und Gartenmotiven zeigen Zierpflanzen wie die im 15. Jh. nach Mitteleuropa gekommene Garten-Nelke (*Dianthus caryophyllus*). Dürer macht Blumen sogar zum Hauptgegenstand von Bildern, wie die Blasse Schwertlilie (*Iris pallida*) um 1505. Üppige Blumensträuße mit einer Fülle von Gartenblumen malen ab dem 17. Jh. vor allem die Niederländer. Wichtige Bildquellen, vor allem, wenn sie sich datieren lassen, sind ferner die Florilegien, z.B. das sogenannte Camerarius-Florilegium aus der Zeit um 1590 und das Moller-Florilegium des Hamburger Blumenmalers Hans Simon Holtzbecker (gest. 1671). Sie zeigen mit großer Genauigkeit die Arten und Formen der damals in den Gärten kultivierten Gartenzierpflanzen. Und schließlich müssen die ab der 2. Hälfte des 15. Jhs. erscheinenden Arznei- und Kräuterbücher nochmals genannt werden. Sie sind sämtlich illustriert, zunächst mit relativ roh wirkenden, aber bereits Mitte des 16. Jhs. eine hohe künstlerische Qualität erreichenden Holzschnitten. Gegen Ende des 16. Jhs. trat neben diese Technik der Kupferstich, der zunehmend an Bedeutung gewann, bis er im 19. Jh. durch andere Abbildungstechniken abgelöst wurde. Die bildlichen Darstellungen in den Kräuter- und Gartenbüchern sowie in den Florilegien des 16. bis 18. Jhs., durch die nahezu alle hier behandelten Pflanzen erfaßt werden, stellen außerordentlich wichtige Quellen für die Geschichte der Gartenblumen dar, gestatten sie doch in den meisten Fällen eine genaue Bestimmung der Arten und zeigen die oft anfangs recht primitiven Gartensorten, aber auch ihre allmähliche Vervollkommnung in der Gartenkultur.

Archäologische Funde von Zierpflanzenresten sind selten. Zu nennen sind Grabbeigaben in antiken (z.B. altägyptischen), aber auch in mittelalterlichen Gräbern. Leider geben die römerzeitlichen Fundschichten im westlichen und südlichen Mitteleuropa kaum Auskunft über damalige Zierpflanzen, und es bleibt unklar, ob die Römer auch derartige Pflanzen aus Italien nach Mitteleuropa gebracht haben bzw. um welche es sich handelte.

Herbarien, d.h. Sammlungen zwischen Papier gepreßter und getrockneter Pflanzen, wurden seit dem 16. Jh. angelegt, doch haben von den älteren Sammlungen nur wenige die Zeitläufte überstanden. Um so größere Bedeutung für die Geschichte der Gartenzierpflanzen hat das bis auf geringe Verluste erhaltene, in den ersten 4 Jahrzehnten des 17. Jhs. zusammengetragene Herbar des Bauhin-Schülers Joachim Burser (1583-1639). Es wird heute in der Universität Uppsala aufbewahrt und erfuhr durch Hans O. Juel 1923 und 1936 eingehende Bearbeitung.

Gartenblumen aus aller Herren Länder

Die Zierpflanzen unserer Gärten und Grünanlagen stammen aus unterschiedlichen Regionen der Erde. Die Hauptmenge kam aus den kühl-gemäßigten (temperaten), warm-gemäßigten (submeridionalen) und warmen (meridionalen) Zonen der nördlichen Erdhalbkugel, doch haben auch die subtropischen Zonen sowie die südlich gemäßigte (australe) Zone eine Reihe von Arten beigesteuert.

Von den Arten, die bei uns in **Mitteleuropa** wildwachsend vorkommen, beschränken sich nur wenige auf dieses Verbreitungsgebiet. Das Areal der meisten dieser Arten umfaßt auch andere Teile Europas, vielfach auch Asiens und zum Teil auch Nordamerikas. Manche von ihnen sind in Mitteleuropa weit verbreitet und hier wahrscheinlich an verschiedenen Stellen in Gartenkultur genommen worden, wie z.B. Maiglöckchen (*Convallaria majalis*), Gänseblümchen (*Bellis perennis*) und Wiesen-Margerite (*Chrysanthemum leucanthemum*). Andere Arten dagegen sind seltener oder kommen nur an speziellen Standorten (Mittel- und Hochgebirge, warmtrockene Abhänge, Meeresküsten) vor. Sie gelangten zunächst in der Nähe ihrer Wildvorkommen in die Gärten und breiteten sich von dort durch Weitergabe von Ort zu Ort, später durch den Handel über andere Teile Mitteleuropas aus. Auf diese Weise kamen z.B. Gebirgspflanzen wie Dach-Hauswurz (*Sempervivum tectorum*), Eisenhut (*Aconitum napellus*), Hoher Rittersporn (*Delphinium elatum*), Weiße Christrose (*Helleborus niger*) und Berg-Flokkenblume (*Centaurea montana*) in die Gärten des Flachlandes.

In Gartenkultur genommen wurden schönblühende und schöngestaltige Pflanzen sowie Formen von Wildpflanzen mit gefüllten Blüten, wie z.B. vom Gänseblümchen (*Bellis perennis*), vom Hahnenfuß (*Ranunculus*) und vom Seifenkraut (*Saponaria officinalis*) oder solche mit weißpanaschierten Blättern, wie z.B. vom Rohr-Glanzgras (*Phalaris arundinacea* ‚Picta'). Manche dienten hauptsächlich als Heil- oder Zauberpflanzen, bevor sie nur noch als Zierpflanzen gezogen wurden, wie etwa Christrose und Dach-Hauswurz (*Sempervivum tectorum*).

Attraktive Pflanzen aus **Südeuropa**, insbesondere aus dem Mittelmeergebiet und seiner Umrandung (Mediterran- und Submediterran-

Gebiet), wurden zum Teil bereits in der Antike als Zierpflanzen kultiviert. In welchem Ausmaß derartige Pflanzen von den Römern in die von ihnen okkupierten Gebiete Westeuropas und des westlichen und südlichen Mitteleuropa mitgebracht wurden, entzieht sich der sicheren Kenntnis; auch bleibt unklar, ob sie die Wirren der Völkerwanderungszeit überdauert haben. Wahrscheinlich sind südeuropäische Gartenzierpflanzen erst seit dem Frühen Mittelalter über die Burg- und Klostergärten des Frankenreiches nach Mitteleuropa gekommen. Zu Beginn des 9. Jhs. belegen z.B. der Hortulus des Walahfried Strabo und der St. Gallener Klosterplan die Anwesenheit einiger südeuropäischer Arten, die hauptsächlich als Heilpflanzen gezogen wurden, aber auch der Zierde dienten wie Gallische Rose (*Rosa gallica*), Weiße Lilie (*Lilium candidum*) und Deutsche Schwertlilie (*Iris germanica*). Im Hohen Mittelalter waren, wie u.a. den Schriften Hildegards von Bingen und des Albertus Magnus zu entnehmen ist, weitere derartige Arten aus Südeuropa eingetroffen wie z.B. Weiße Rose (*Rosa x alba*), Ringelblume (*Calendula officinalis*) und Echte Pfingstrose (*Paeonia officinalis*). Möglicherweise brachten auch interessierte Ritter und deren Mannen, die an den Italienfeldzügen oder den Kreuzzügen teilnahmen, Pflanzen mit nach West- und Mitteleuropa; zuverlässige Belege hierfür harren der Entdeckung.

Der Großteil der aus dem südlichen Europa stammenden Gartenzierpflanzen kam seit der Renaissance nach Mitteleuropa. Nicht nur das in dieser Epoche gewaltig zunehmende Interesse an der Natur, auch die vielfältigen politischen, ökonomischen und geistigen Verbindungen zwischen Mitteleuropa und Italien ließen den Zustrom südlicher Zierpflanzen erheblich anschwellen. An deren Einführung waren zum einen Kaufleute beteiligt, die Gewürze, Stoffe und andere Handelswaren von ihren Geschäftspartnern in italienischen Städten bezogen, welche ihrerseits wiederum durch den Levantehandel mit den Hafenstädten des östlichen Mittelmeerraumes verbunden waren. Es ist überliefert, daß bei diesen Handelsverbindungen auch seltene Pflanzen als Werbe- und Freundschaftsgeschenke dienten. Viele wohlhabend gewordene deutsche Kaufleute legten sich nach italienischem Vorbild repräsentative Gärten an und bemühten sich um neue und seltene Pflanzen. Auch viele Landesfürsten und adlige Grundherren waren bestrebt, ihre Lustgärten möglichst artenreich auszustatten. So erfahren wir aus dem Briefwechsel des Landgrafen Wilhelm IV. von Hessen-Kassel (1532–1592), daß der pflanzenliebende Fürst eifrig nach neuen Pflanzen suchte und sich u.a. an Joachim Camerarius in Nürnberg und an Carolus Clusius in Wien wandte und letzterem sogar in dessen Frankfurter Zeit (1588-1592) ein Jahrgehalt zukommen ließ. Auch stattete er einen Studenten seines Landes mit einem Italien-Stipendium aus mit der Weisung, ihm neue Gartenpflanzen zu beschaffen. Von solchen Arten, die in seinen Gärten vermehrt werden konnten, gab Landgraf Wilhelm bereitwillig Pflanzgut an fürstliche Verwandte und Standesgenossen weiter (Kessler 1859).

Eine große Rolle bei der Einführung und Verbreitung fremdländischer Pflanzen spielten im 16. und 17. Jh. auch die Ärzte. Sie hatten während ihres Studiums oftmals italienische und südfranzösische Universitäten (Padua, Bologna, Pisa, Montpellier u.a.) besucht und die dort seit Mitte des 16. Jhs. bestehenden Botanischen Gärten sowie die Pflanzenwelt der Umgebung kennengelernt und die eine oder andere Pflanze für den eigenen Garten mitgebracht. Neben die privaten Gärten traten nunmehr auch in Mitteleuropa Botanische Gärten an Universitäten und wurden mehr und mehr zu Sammel- und Ausgangspunkten für ausländische Pflanzen.

Wenn auch die Hauptmasse der in Südeuropa heimischen Zierpflanzen im 16. Jh. oder zuvor die Gärten Mitteleuropas erreichte, so trafen doch auch in den folgenden Jahrhunderten weitere südländische Pflanzen ein, wie z.B. Duft-Wicke (*Lathyrus odoratus*), Blaukissen (*Aubrieta deltoidea*) und Duft-Reseda (*Reseda odorata*).

Eine zwar nicht allzu große, aber sehr wichtige Gruppe stellen die in der 2. Hälfte des 16. Jhs. aus **türkischen Gärten** nach Mittel- und Westeuropa eingeführten Zierpflanzen dar. Im Vorderen und Mittleren Orient hatte man schon in alter Zeit dort wild vorkommende schönblühende Pflanzen in die Gärten geholt und sie zum Teil durch Auslese und Hybridisation weiterentwickelt. Als im Hohen Mittelalter türkische Stämme von ihrer Urheimat in Zentralasien westwärts zogen, in Kleinasien das Osmanische Reich begründeten, 1453 Konstantinopel eroberten und nachfolgend weitere Gebiete in Südosteuropa, in Vorderasien und Nordafrika unter ihre Herrschaft brachten, übernahmen sie als große Blumenfreunde die von Persern, Byzantinern, Arabern und anderen von ihnen unterworfenen Völkerschaften kultivierten Gartenpflanzen und fügten weitere hinzu. So schrieb der französische Gelehrte Pierre Belon (1517-1564) in seinem Bericht über eine Reise in die Türkei 1553: »Die Türken widmen dem Gartenwesen eine ebenso große Aufmerksamkeit wie wir und geben sich große Mühe, fremde

Pflanzen zu entdecken, vor allem solche, die schöne Blüten tragen, und ihnen sind keine Kosten zuviel.« Durch Belon und den kaiserlichen Gesandten Augerius Ghislain de Busbecq (1522–1592) drangen erste Nachrichten von den in den türkischen Gärten gepflegten, hierzulande gänzlich unbekannten Zierpflanzen nach Mittel- und Westeuropa. Alsbald schickten bzw. brachten Mitglieder kaiserlicher Gesandtschaften auch Zwiebeln, Knollen und Samen von Tulpen, Hyazinthen, Ranunkeln, Flieder, Roßkastanie und weiteren Arten von Konstantinopel nach Wien, von wo aus sie in andere Regionen Mittel- und Westeuropas gelangten.

Besonders eifrig um orientalische Zierpflanzen bemüht war der 1573–1588 in Wien ansässige flämische Botaniker Carolus Clusius, der seine guten Beziehungen zu den kaiserlichen Gesandten nutzte, um sich viele neue Arten und Sorten aus türkischen Gärten zu beschaffen. Der Import türkischer Zierpflanzen nach Mitteleuropa lief allerdings nicht nur über Wien. Auch der italienische, insbesondere der venezianische Levantehandel war an diesen Einfuhren beteiligt. Die Republik Venedig besaß zu dieser Zeit (bis 1669) die Insel Kreta. Von ihren dortigen Stützpunkten aus beherrschten die Venezianer den Handel mit den Küstengebieten des östlichen Mittelmeergebietes, durch den ebenfalls Zierpflanzen nach Venedig bzw. in den 1545 gegründeten Botanischen Garten der venezianischen Universität Padua gelangten. Auf diesem Wege kamen offensichtlich erste Tulpen und erste Exemplare des Flieders nach Mitteleuropa.

Weitere kleinasiatische Wild- und Gartenpflanzen wurden in späteren Jahrhunderten durch Botaniker und Pflanzensammler nach Europa gebracht. So bereiste der französische Botaniker Joseph Pitton de Tournefort – Frankreich war damals mit der Türkei verbündet – von 1700 bis 1702 Kleinasien. Im 19. Jh. wurden u.a. die zu dieser Zeit erst entdeckten Schneeruhm- (*Chionodoxa*-)Arten eingeführt.

Auf seiner Forschungsreise, die ihn bis in das **Kaukasusgebiet** (Tiflis) führte, entdeckte Tournefort eine große Zahl neuer Pflanzen, brachte sie aber meist nur als Herbarexemplare nach Paris. Lediglich der von Tournefort bei der osttürkischen Stadt Erzurum aufgefundene, aber auch im Kaukasusgebiet wachsende Orientalische Mohn gelangte in Form von Rhizomen oder Samen nach Paris und wurde von dort aus weiter verbreitet. Als das unter türkischer bzw. persischer Herrschaft stehende Kaukasusgebiet ab 1770 schrittweise von den Russen okkupiert und unterworfen wurde, beteiligten sich verschiedene in russischen Diensten stehende Deutsche an der wissenschaftlichen Erforschung der reichhaltigen Kaukasusflora. Anfang des 19. Jhs. nahm Johann Friedrich Adam (1780–1838) als botanischer Mitarbeiter an einer Forschungsreise des russischen Grafen Apollo Mussin-Puschkin (gest. 1805) durch das östliche Kaukasusgebiet teil und beschrieb 50 neue Pflanzen. Der einst als Offizier nach Rußland gekommene, später als Naturforscher tätige Freiherr Friedrich August Marschall von Bieberstein (1768–1826) veröffentlichte im Jahre 1800 eine Beschreibung der Länder zwischen den Flüssen Terek und Kur am Kaspischen Meer mit einem botanischen Anhang. Sein Hauptwerk aber ist die 1808 erschienene zweibändige Flora taurico-caucasica, der er 1819 einen umfangreichen Nachtragsband hinzufügte. In diesem Werk werden zahlreiche Pflanzenarten des Kaukasusgebietes erstmals beschrieben. Durch Bieberstein bzw. durch die von ihm belieferten russischen Botanischen Gärten gelangten zahlreiche kaukasische Pflanzen nach Mittel- und Westeuropa, von denen viele attraktive Arten alsbald auch als Zierpflanzen Eingang in die allgemeine Gartenkultur fanden, wie z.B. Gold-Schafgarbe (*Achillea filipendulina*), Orientalische Gemswurz (*Doronicum orientale*), Rotweiße Flockenblume (*Centaurea dealbata*) und Kaukasische Skabiose (*Scabiosa caucasica*). Im Verlaufe des 19. Jhs. folgten weitere Arten, zuletzt die erst zu Beginn des 20. Jhs. entdeckten Sippen Kissen-Primel (*Primula juliae*) und Kranz-Enzian (*Gentiana septemfida var. lachodechiana*) sowie der 1931 eingeführte Vorfrühlings-Blaustern (*Scilla mischtschenkoana*).

Nord-, Ost- und Zentralafrika und die **Kanaren** haben nur wenige Zierpflanzen für unsere Gärten beigesteuert. Echte Aloe (*Aloe vera*) und Rizinus (*Ricinus communis*) waren bereits in der Antike in Gartenkultur, damals hauptsächlich als Heil- und Nutzpflanzen. Die in Nordafrika heimischen Arten Duft-Reseda (*Reseda odorata*) und Gekielte Wucherblume (*Chrysanthemum carinatum*) wurden im 18. Jh. entdeckt und nach Europa gebracht. Bei der Durchforschung ostafrikanischer Kolonien im 19. Jh. fand man Fleißiges Lieschen (*Impatiens walleriana*) und Usambaraveilchen (*Saintpaulia ionanthe*). Vermutlich durch den venezianischen Orienthandel kam Anfang des 16. Jhs. die im tropischen Afrika, aber auch in Ostindien beheimatete Federbusch-Celosie (*Celosia argentea*) zuerst nach Italien und wenig später nach Mitteleuropa. Dorthin gelangte im 17. Jh. dann auch die auf den Kanaren heimische Strauch-Margerite (*Chrysanthemum frutescens*), welche hierzulande aber nur als Kübelpflanze gezogen werden kann.

Das **Kapland** an der Südspitze Afrikas wurde Ende des 15. Jhs. von portugiesischen Seefahrern auf der Suche nach dem Seeweg nach Indien entdeckt und in Besitz genommen. Die dort angelegten Stützpunkte dienten auch den Segelschiffen anderer Nationen wie Niederländern und Engländern als Zwischenstationen auf der Route nach und von Ostindien und Südostasien. In der 1. Hälfte des 17. Jhs. brachten zurückkehrende Schiffe erste Pflanzen der artenreichen Kap-Flora nach Europa, wie z.B. die Blaulilie (*Agapanthus africanus*) und eine erste Pelargonie (*Pelargonium triste*). Der Zustrom südafrikanischer Arten nach Europa verstärkte sich erheblich, als ab 1652 die Niederländer das Kapland in Besitz hatten (bis 1815). Nunmehr wurden u.a. zahlreiche weitere Pelargonium-Arten, Gladiolen und das Männertreu (*Lobelia erinus*) eingeführt. Unter der englischen Nachfolge kamen weitere Arten, u.a. Monbretien (*Crocosmia*) und Nemesien nach Mitteleuropa.

Entweder durch die Portugiesen, welche 1498 auf dem Seeweg **Vorderindien** erreicht und sich dort an verschiedenen Stellen festgesetzt hatten, oder durch italienische Kaufleute, die über arabische Zwischenhändler indische Gewürze importierten, kamen zu Beginn des 16. Jhs. einige dort heimische Zierpflanzen nach Europa, so Garten-Balsamine (*Impatiens balsamina*), Dreifarbiger Amaranth (*Amaranthus tricolor*), Blaue Purpurwinde (*Pharbitis nil*) und vielleicht auch die Federbusch-Celosie (*Celosia argentea*). Seit 1600 hatten auch die Engländer in Indien Fuß gefaßt und verleibten Vorderindien 1858 ihrem Kolonialreich ein. Bereits zuvor hatte die Erforschung der indischen Flora vorwiegend durch englische Botaniker begonnen. Unter anderen veröffentlichte William Roxburgh (1759-1815) eine Flora Indica 1820-1824 und John Forbes Royle (1800-1856) 1839 Illustrations of the botany ... of the Himalayan mountains and the Flora of Cashmere. In dieser Zeit kamen verschiedene Gebirgspflanzen des Himalaya als Gartenzierpflanzen nach Europa, wie z.B. Dreinerviges Perlkörbchen (*Anaphalis triplinervis*), Weinblättrige Anemone (*Anemone vitifolia*), Himalaya-Springkraut (*Impatiens glandulifera*) und Kugel-Primel (*Primula denticulata*).

Die **zentralasiatischen Gebiete** (Turkmenien, Usbekistan, Kirgisistan, Tadschikistan und Turkestan) wurden in der 2. Hälfte des 18. Jhs. von russischen Truppen erobert und dem Russischen Reiche eingegliedert. Zu den ersten Erforschern der dortigen Flora gehörte Albert Regel, seit 1875 Bezirksarzt in Kuldja in Turkestan. Er sandte seinem Vater Eduard Regel, Direktor des Botanischen Gartens in St. Petersburg, zahlreiche Pflanzen zu, die dieser wissenschaftlich beschrieb, u.a. verschiedene Arten von Wildtulpen und Steppenkerzen (*Eremurus*). Die Einführung dieser Arten in die Gartenkultur erfolgte später durch holländische Gartenbaufirmen, welche ihre Pflanzensammler in die zentralasiatischen Gebiete entsandten, um die dortigen Pflanzenschätze auszubeuten. Der 1. Weltkrieg setzte diesen Aktionen ein Ende. Bei seinem Ausbruch standen auf einigen Bahnstationen des russischen Zentralasien Kisten mit Tausenden von Blumenzwiebeln zum Versand bereit, welche niemals ihr Ziel erreichten. Inzwischen wurde auch hier der Ausplünderung der Flora für kommerzielle Zwecke durch Naturschutzgesetze ein Riegel vorgeschoben.

Die artenreiche Flora **Ostasiens** blieb den Europäern lange Zeit unbekannt, wenn auch einzelne Nutz- und Zierpflanzen (Pfirsich, Aprikose, Weiße Maulbeere, *Hemerocallis*-Arten, *Hibiscus syriacus*) bereits in antiker Zeit über die Seidenstraßen nach Kleinasien und in das Mittelmeergebiet gekommen waren und von dort aus später auch Mitteleuropa erreichten. Die eigentliche Erschließung der ostasiatischen Pflanzenwelt für die europäischen Gärten setzte ein, nachdem 1516 die Portugiesen, später auch Niederländer, Engländer und Franzosen in China Handelsniederlassungen und Missionsstationen gegründet hatten. Von dort aus wurden ab Mitte des 17. Jhs. Pflanzgut und Samen chinesischer Zierpflanzen nach Europa gesandt. So kam z.B. die in China seit altersher kultivierte Chrysantheme in der 2. Hälfte des 17. Jhs. nach Westeuropa, ging hier aber zunächst wieder verloren. Der Verkehr zwischen China und Europa gestaltete sich lange Zeit ausgesprochen schwierig. Da Europäer in China nicht gern gesehen waren, konnte die botanische Erkundung des Landes und die Übersendung chinesischer Pflanzen bis zum 19. Jh. nur von einigen Kaufleuten, Missionaren und Diplomaten vorgenommen werden. Auf dem langen Seeweg nach Europa um das Kap der Guten Hoffnung herum ging nicht selten ein Teil der Pflanzen zugrunde, auch kam es bei Schiffshavarien zu Totalverlusten. Am günstigsten erwies sich die Übersendung von Samen, und so sind zuerst vorwiegend einjährige Arten wie China-Nelke (*Dianthus chinensis*) und Sommeraster (*Callistephus chinensis*) in Europa erschienen. Letztere z.B. wurde 1728 durch französische Missionare in Peking in Form von Samen nach Paris geschickt und gelangte von dort aus rasch in die Niederlande, nach England und Deutschland. Überhaupt haben sich französische Missionare in erheblichem Ausmaß an der Erforschung der Flora Chinas beteiligt, wie etwa Pierre N. le Chéron d'Incarville (1706 - 1757), später dann Armand David (1826 - 1900) und Jean Marie Delavay (1838 - 1895). Im 19. und 20. Jh. lag die Einführung chinesischer Gartenzierpflanzen überwiegend in den Händen englischer Gärtner und Pflanzensammler, die derartige Pflanzen an Gartenbaubetriebe in England schickten, von wo aus sie weiter vertrieben wurden. Zu Beginn des 19. Jhs. sandte Sir Joseph Banks (1743 - 1820), Direktor des Botanischen Gartens in Kew bei London und Präsident der Royal Horticultural Society, den Gärtner William Kerr (gest. 1814) als Sammler nach China. Später konnte Robert Fortune (1812 - 1880) auf drei Reisen zahlreiche Pflanzen nach England importieren. Zunächst erwarb man das Pflanzgut bei Gartenbesitzern und Gärtnereien der chinesischen Küstenstädte. Als dann nach dem Opium-Krieg (1840 - 1842), besonders aber 1860 die Beschränkungen für ausländische Reisende in China stark gelockert wurden, konnten größere Sammelreisen in das Landesinnere unternommen werden. Im Auftrage englischer Gartenbaufirmen war nunmehr auch in China eine Vielzahl von »Pflanzenjägern« (plant hunters) unterwegs, um die Pflanzenschätze für kommerzielle Zwecke auszubeuten. Als besonders erfolgreiche Sammler sind u.a. George Forrest (1873 - 1932) und Ernest Henry Wilson (1876 - 1930) zu nennen. Letzterer betrieb das Pflanzensammeln in großem Maßstab. Allein auf seinen ersten beiden Chinareisen leitete er seinem Auftraggeber, der Gartenbaufirma Veitch & Sons in Combe Wood bei London, Samen von über 1800 Pflanzenarten, 3000 Blumenzwiebeln sowie eine riesige Zahl von Wurzeln und Rhizomen zu. Später arbeitete er für das Arnold Arboretum in den USA und brachte von einer weiteren Reise 1910 - 1911 u.a. 6000 bis 7000 Zwiebeln der 1903 von ihm in einem abgelegenen Hochtal in Westchina entdeckten Königs-Lilie (*Lilium regale*) mit. Die Tätigkeit der Pflanzensammler war nicht ungefährlich. Wilson zog sich in unwegsamem Gelände einen komplizierten Beinbruch zu und gelangte nur mit Mühe wieder nach Hause. Andere wurden hier wie auch in anderen Erdteilen von feindseligen Einwohnern oder von Räubern getötet oder ertranken in Flüssen, wie der deutsche Gärtner Friedrich Sello 1831 im Rio Dolce in Brasilien. Besonders tragisch war das Ende des englischen Gärtners David Douglas (1798 - 1834), dem wir die Einführung zahlreicher Pflanzen aus dem westlichen Nordamerika verdanken. Er stürzte auf den Sandwich-Inseln in eine von Eingeborenen angelegte Wildfanggrube und wurde von einem darin befindlichen wilden Stier zu Tode getreten.

Japan, das der Portugiese Mendez Pinto 1542 als erster Europäer erreicht hatte, verschloß sich aus Furcht vor Kolonisierung bis zur Mitte des 19. Jhs. den Fremden. Lediglich die 1602 gegründete Niederländische Ostindische Kompanie durfte auf der Insel Deshima im Hafen von Nagasaki eine Handelsniederlassung unterhalten. Von dort aus haben einige im Dienste dieser Handelsgesellschaft stehende Ärzte Informationen über die Pflanzenwelt Japans gesammelt und ihre Beobachtungen in Berichten und Florenwerken veröffentlicht, so Engelbert Kaempfer (1651 -1716), der sich 1690 -1692 in Japan aufhielt, Carl Peter (Pehr) Thunberg (1743 -1822), der 1775/76 in Japan war, sowie der sich im 19. Jh. 1823 -1829 und 1859 -1861 dort aufhaltende Philipp Franz von Siebold (1796 -1866). Letzterer hat bereits bei der Rückkehr von seinem ersten Japanaufenthalt fast 500 japanische Pflanzen nach Europa gebracht und von seinem damaligen Wohnsitz Leiden aus verbreitet. Als in der Mitte des 19. Jhs. die Abschottung Japans gegen Ausländer zu Ende ging, konnten weitere europäische Botaniker und Gärtner das Land bereisen und Pflanzen nach Europa senden. Zu nennen sind vor allem John Gould Veitch (1839 -1870) vom englischen Gartenbaubetrieb Veitch & Sons, der u.a. die nach ihm benannte Sorte des Dreispitzigen Wilden Weines (*Parthenocissus tricuspidata* 'Veitchii') nach England einführte, und der deutschstämmige russische Botaniker Carl Johann Maximowicz (1827 - 1891), der nicht nur eine große Zahl japanischer Pflanzen nach St. Petersburg schickte, sondern auch eine Reihe wichtiger wissenschaftlicher Arbeiten über die Flora Japans veröffentlichte.

Maximowicz und vor ihm andere russische bzw. in russischen Diensten stehende deutsche Botaniker waren es auch, welche die Flora des östlichen Sibirien, des Amurlandes und des nördlichen China (Mandschurei) sowie Koreas erkundeten. So unternahm der aus Berlin stammende Naturforscher und St. Petersburger Akademiker Peter Simon Pallas (1741 - 1811) in den Jahren 1768 -1774 zwei Forschungsreisen nach Sibirien, die ihn bis in das Gebiet östlich des Baikal-Sees (Daurien) führten, wo er u.a. die Wildform der Chinesischen Pfingstrose (*Paeonia lactiflora*) entdeckte und erstmals beschrieb.

Australien war zwar Anfang des 17. Jhs. von Portugiesen und Niederländern entdeckt worden, welche es als »Neuholland« bezeichneten (der Name Australien kam erst 1814 auf), seine eigentliche Erschließung erfolgte aber erst ab 1770 durch die Engländer. Diese setzten sich zuerst an der Ostküste Australiens fest und waren von der dortigen Pflanzenwelt sehr beeindruckt (»Botany Bay« bei Sydney). Zunächst Sträflingskolonie, erfolgte die Durchforschung und Besiedlung des Erdteiles durch die Europäer im wesentlichen im 19. Jh. An der Erforschung beteiligte sich auch Friedrich Wilhelm Ludwig Leichhardt (1813-1848) aus Trebatsch bei Beeskow, der beim Versuch einer Ost-West-Durchquerung des Kontinents mit seiner Expedition im Innern Australiens verschollen, wahrscheinlich von Ureinwohnern getötet worden ist. Die meisten australischen Pflanzen lassen sich in West- und Mitteleuropa nur in speziellen Gewächshäusern (»Neuholland-Häusern«) ziehen, nur wenige eignen sich für eine Freilandkultur. Zu nennen sind vor allem einige annuelle Strohblumen-Arten (*Helichrysum bracteatum, Ammobium alatum, Helipterum*) sowie das als Kübel- und Balkonkastenblume gezogene »Australische Gänseblümchen« (*Brachycome iberidifolia*), die ab 1800 in Europa eintrafen.

1492 hatte der in spanischen Diensten stehende italienische Seefahrer Christoph Columbus auf der Suche nach Indien **Amerika** entdeckt und auf dieser und drei weiteren Fahrten die karibische Inselwelt, die Nordostküste Südamerikas und das mittelamerikanische Festland erkundet und für Spanien in Besitz genommen. Von diesen Ausgangspositionen aus okkupierten die Spanier in der 1. Hälfte des 16. Jhs. Florida (1513), Mittelamerika (1519-1541), Mexiko (1519-1521) und Kalifornien (1535) und stießen vom Norden Südamerikas aus längs der Westküste nach Süden vor. 1532-1533 eroberte Francisco Pizarro das Inkareich in Peru, und 1553 hatten die Spanier den gesamten Westen des südamerikanischen Subkontinents bis Mittelchile unterworfen. Im Südosten gründeten sie 1535 Buenos Aires. Entsprechend einem 1497 abgeschlossenen Vertrag gehörte die Ostküste in der Mitte Südamerikas zur portugiesischen Interessensphäre. 1500 nahmen die Portugiesen diesen Bereich in Besitz, 1531 gründeten sie Rio de Janeiro, und 1532 setzte in den brasilianischen Küstengebieten die portugiesische Kolonisation ein.

Vor allem durch die Spanier gelangten aus ihren amerikanischen Kolonien alsbald nicht nur verschiedene Nutzpflanzen wie Mais, Kartoffel und Tomate nach dem spanischen Mutterland, sondern auch Zierpflanzen wie Studentenblume (*Tagetes*), Wunderblume (*Mirabilis jalapa*) und Sonnenblume (*Helianthus annuus*). Von Spanien aus verbreiteten sich diese Arten zunächst im Mittelmeergebiet und erreichten ab etwa 1530 nach und nach, zumeist über Italien, Mitteleuropa. Andere Arten aus dem mittel- und südamerikanischen Raum, größtenteils erst zu späteren Zeitpunkten entdeckt, kamen in den folgenden Jahrhunderten nach Europa, so gegen Ende des 18. Jhs. Dahlien, Schmuckkörbchen und Zinnien, im 19. Jh. die Immerblühende Begonie, die Fuchsien, die Stammeltern der Petunien und der Garten-Verbenen. In der Karibik und an der Nordostküste Südamerikas (Guayana) hatten sich später auch Engländer, Franzosen und Niederländer festgesetzt und z.T. bis heute bestehende Kolonien begründet. Zu einem wichtigen Erforscher der karibischen Pflanzenwelt wurde Ende des 17. Jhs. der französische Franziskanerpater Charles Plumier (1646–1704), welcher mehrere vorzüglich bebilderte Beschreibungen der von ihm entdeckten neuen amerikanischen Pflanzen veröffentlichte. Diese subtropischen Arten ließen sich jedoch nicht den in Europa bekannten damaligen (vorlinnéischen) Gattungen zuweisen. Plumier löste dieses Problem, indem er völlig neue Gattungen aufstellte, die er nach berühmten Botanikern oder Förderern der botanischen Forschung benannte. Da Linnaeus 1753 viele dieser Gattungsnamen in seine binäre Nomenklatur übernahm, sind Namen wie *Fuchsia* und *Begonia* erhalten geblieben und heute noch gültig. Fortan wurde es allgemein üblich, neu entdeckte oder neu zugeordnete Pflanzengattungen oder -arten (auch) nach um die Botanik verdienten Persönlichkeiten zu benennen; zu den Beispielen aus jüngerer Zeit zählen u.a. die wissenschaftlichen Namen *Kolkwitzia* und *Primula juliae.*

Die Ostküste Nordamerikas wurde, abgesehen von ihrer Entdekkung durch die Wikinger im Mittelalter, Ende des 15. Jhs. von englischen Schiffen erreicht. 1535 brachte eine französische Expedition den Abendländischen Lebensbaum (*Thuja occidentalis*) als erstes nordamerikanisches Gehölz nach Paris. Im 16. Jh. setzten sich Engländer und Franzosen, später vorübergehend auch Niederländer (1614–1664) und Schweden (1638–1655) an der Ostküste Nordamerikas fest, doch kam es erst zu Beginn des 17. Jhs. zur eigentlichen Besiedlung der Küstengebiete, von wo aus man das Landesinnere erschloß. Von diesen Gebieten wurden alsbald Pflanzen nach Frankreich und England sowie in die Niederlande gebracht. Zunächst waren die Franzosen in der Einführung neuer Arten aus ihren nordamerikanischen Kolonien insbesondere in Kanada führend. Erste kanadische Stauden erschienen um 1620 in Pariser Gärten, und 1635 veröffentlichte der Arzt und Botaniker Jacques Cornut (gest. 1651) ein erstes Buch über bisher unbekannte kanadische Pflanzen, in dem etwa 40 neue nordamerikanische Arten abgebildet und beschrieben wurden. Aber auch die Engländer brachten schon frühzeitig derartige Pflanzen aus ihren nordamerikanischen Besitzungen nach Europa, so z.B. das Perlkörbchen (*Anaphalis margaritacea*), das als erste nordamerikanische Staude 1596 in England kultiviert wurde. Aus den seit 1607 besiedelten englischen Kolonien Virginia und Neu-England bezogen englische Gärtner und Botaniker wie z.B. John Tradescant (gest. 1638) und sein gleichnamiger Sohn (1608 - 1662) alsbald weitere attraktive Zierpflanzen. Die neuen Pflanzen lösten unter den zahlreichen englischen Pflanzenliebhabern wachsendes Interesse aus. So sandte der Bischof von Oxford Henry Compton (1632 - 1713), ein großer Pflanzenfreund, sogar einige seiner Kaplane zum Pflanzensammeln nach Amerika. Sein eifrigster Sammler wurde John Baptist Banister (1654 - 1692), der viele neue Arten, darunter auch *Echinacea purpurea*, nach England sandte und 1680 eine erste Studie über die Flora Virginias veröffentlichte. Im Alter von 38 Jahren stürzte er beim Pflanzensammeln von einem Felsen und kam dabei zu Tode. Im 18. Jh. bildete sich in England unter der Leitung des Geschäftsmannes Peter Collinson (1694 - 1768) ein Syndikat von Gartenliebhabern, welches die Beschaffung nordamerikanischer Pflanzenneuheiten organisierte und finanzierte. Wichtigster Zulieferer wurde der in dem 1681 durch Quäker begründeten Pennsylvanien ansässige Farmer John Bartram (1699 - 1777), welcher von 1730 an jährlich etwa 20 Kisten mit jeweils rd. 100 verschiedenen Arten von Pflanzen und Samen zum Preis von 5 Guineen pro Kiste an Collinson schickte, der sie dann weiter verteilte und vertrieb. Hierdurch und durch weitere Sammler und Gärtner kam in dieser Zeit eine Vielzahl von Zierpflanzen aus dem östlichen Nordamerika nach England, von wo aus viele Arten dann auch nach Mitteleuropa gelangten.

Im Siebenjährigen Krieg (1756 - 1763), in dem England auf Seiten Preußens stand, verloren die Franzosen den größten Teil ihrer nordamerikanischen Kolonien an die Engländer, bis auch diese nach dem Unabhängigkeitskrieg 1775 - 1783 mit der Gründung der USA dort ihre Kolonialherrschaft aufgeben mußten. Im Zuge eines Stroms von Auswanderern aus vielen europäischen Staaten drangen nunmehr europäische Siedler immer weiter nach Westen vor. Gegen Ende des 18. Jhs. erreichten sie den Mittleren Westen mit seinen großen Prärien, so daß auch von dorther zahlreiche Pflanzen nach Europa gelangten. 1803 kauften die Vereinigten Staaten von Frankreich das Gebiet westlich des Missisippi bis hin nach Montana, woraufhin 1804 Captain William Clark (1770 - 1839) und Captain Meriwether Lewis (1774 - 1809) ihre berühmt gewordene transkontinentale Expedition vom Mittleren Westen bis an den Pazifischen Ozean unternahmen, auf der zahlreiche neue Pflanzen entdeckt wurden, die 1814 in der Flora Americae septentrionalis des aus Großenhain in Sachsen stammenden nordamerikanischen Botanikers Friedrich Traugott Pursh (Pursch, 1774-1820) zuerst beschrieben wurden. 1845 wurden Texas, 1848 Kalifornien, Nevada, Arizona, Kolorado und Neu-Mexiko von Mexiko an die Vereinigten Staaten abgetreten. In der damals noch spanischen Hafenstadt San Francisco hatte im Oktober 1816 der Berliner Botaniker Adelbert von Chamisso während seiner Weltumseglung auf dem russischen Forschungsschiff Rurik den Goldmohn (*Eschscholtzia californica*) gefunden, nach Berlin mitgebracht und 1820 in einer dortigen wissenschaftlichen Zeitschrift als neue Art beschrieben. 1824-1827 unternahm der schottische Gärtner und Pflanzensammler David Douglas eine botanische Sammelreise in das westliche Nordamerika, bei der zahlreiche Pflanzen gefunden und nach England eingeführt wurden, darunter auch die heute in unseren Gärten verbreitete Stauden-Lupine (*Lupinus polyphyllus*). Obwohl auch später noch nordamerikanische Pflanzenarten nach Europa gebracht wurden, wie z.B. die heute in unseren Vorgärten fast allgegenwärtige Stech-Fichte (*Picea pungens*), waren bis Mitte des 19. Jhs. die meisten unserer in Nordamerika beheimateten Zierpflanzen in Europa eingetroffen. Nunmehr befaßten sich auch in Nordamerika Gartenbaubetriebe mit der züchterischen Weiterentwicklung der vorhandenen, nicht nur amerikanischen Zierpflanzen und brachten zahlreiche neue Sorten und Hybriden z.B. in den Gattungen *Lilium, Hemerocallis, Paeonia* und *Tagetes* auf den Markt.

Von der Vielzahl der im Laufe der Jahrhunderte aus aller Welt nach Mitteleuropa eingeführten Zierpflanzen sind einige in mehr oder weniger großem Umfange verwildert und haben sich in der heimischen Natur eingebürgert. Während manche von diesen Neophyten sich problemlos in die natürliche Vegetation einfügen und zum Schmuck der Landschaft beitragen, wie z.B. Duft-Veilchen (*Viola odorata*), Gauklerblume (*Mimulus guttatus*) und Schlitzblättriger Sonnenhut (*Rudbeckia laciniata*), können andere durch unduldsamen Massenwuchs stellenweise zu Problemfällen werden, wie etwa Kanadische Goldrute (*Solidago canadensis*), Japanischer Staudenknöterich (*Reynoutria japonica*) und Riesen-Bärenklau (*Heracleum mantegazzianum*).

Die einzelnen Gattungen und Arten von A bis Z

A

Abutilon Mill. Schönmalve

Die **Gelbe Schönmalve** oder **Samtpappel** (*A. theophrasti* Medik.), deren natürliches Verbreitungsgebiet sich vom östlichen Mittelmeergebiet durch Vorder- und Zentralasien bis hin nach Indien und Ostasien erstreckt, kam spätestens in der 1. Hälfte des 16. Jhs. als Heil- und Zierpflanze nach Deutschland. Als erster gibt sie Valerius Cordus 1542 unter der Bezeichnung *Coton herba lanigera* aus dem Schallerschen Garten in Nürnberg an. Da man meinte, es handele sich um die von dem arabischen Arzt und Philosophen Avicenna (Ibn Sina, 980–1037) genannte Pflanze *aubutilun*, erscheint sie bei Konrad Gessner 1561 und zahlreichen folgenden Autoren bis in das 18. Jh. hinein als *Abutilon Avicennae*. Unter diesem Namen bringt 1613 der Hortus Eystettensis eine schöne farbige Abbildung. Andere meinten sie bereits bei Theophrast zu finden, und so heißt sie bei Tabernaemontanus *Malva Theophrasti*, bei Caspar Bauhin 1623 *Althaea Theophrasti*. Von Linnaeus als *Sida Abutilon* einer verwandten Gattung zugewiesen, setzte sich schließlich die alte Bezeichnung *Abutilon* als Gattungsname durch. Der damalige Name Welsche gelbe Pappeln verweist auf die Herkunft der Pflanze aus Italien. Zur Zeit von Gessner kam die Schönmalve in Deutschland lediglich »in den Gärten einiger Privater« vor, breitete sich aber rasch aus und war bis zum Beginn des 19. Jhs. eine häufige Gartenpflanze. Dann verlor sie jedoch als Arzneipflanze ihre Bedeutung und wurde als Zierpflanze von schöner blühenden Arten verdrängt. 1864 bezeichnet sie Ascherson als »seltene Zierpflanze«. Heute ist sie bei uns kaum noch als Gartenpflanze zu sehen und wird nur gelegentlich noch als unbeständige Adventivpflanze angetroffen. In Ostasien kultiviert man sie aber weiterhin als Heil- und Faserpflanze (Chinesischer Hanf, Chinesische Jute).

Achillea L. Schafgarbe

Von der auch in Mitteleuropa heimischen und an Wegrändern und auf trockenen Wiesen und Grasplätzen weitverbreiteten und seit altersher als blutstillende Heilpflanze genutzten **Wiesen-Schafgarbe** (*A. millefolium* L.) mit weißen Randblüten treten gelegentlich auch rosa oder rötlich blühende Pflanzen in Erscheinung, auch weisen einige auf Bergwiesen vorkommende Sippen, wie die subsp. *sudetica* (Op.) Weiss und *A. roseoalba* Ehrend., meist rosarote Blüten auf. Besonders farbintensive Exemplare haben wohl zunächst Bauern in ihre Gärten geholt, von wo aus sie sich dann weiter verbreiteten. Solche *Millefolium terrestre purpureum*, **Purpurrote Schafgarbe**, erscheint z.B. 1594 in Frankes Hortus Lusatiae. 1601 beschreibt sie Clusius in seiner Rariorum plantarum historia als *Millefolium rubro colore*, und 1613 finden wir sie im Hortus Eystettensis farbig abgebildet. Die Darstellung dieser »Roth Garben/

Achillea ptarmica L. Gefüllte Sumpf-Schafgarbe, Clusius 1601

oder Schaaf-Garben mit rothen Blumen« zeigt eine Form mit hellroten Randblüten. In der Folgezeit wurde sie dann vielfach »der schönen Farbe halber, als eine angenehme Spielart der gemeinen Schaafgarbe, in den Gärten unterhalten«, wie Johann Gottlieb Gleditsch 1773 schrieb. Hundert Jahre später empfahl man sie auch für die damals in Mode gekommenen Teppichbeete. Seit Ende des vorigen Jahrhunderts entstanden in den Staudengärtnereien durch Auslese verschiedene Farbsorten mit farbkräftigen, tief kirschroten oder karminroten Blüten und größerer Standfestigkeit, wie z.B. 'Cerise Queen' ('Kirschkönigin'), 'Sammetriese' und 'Kelway'.

Die ebenfalls in Mitteleuropa vorkommende, auf wechselfeuchten Wiesen wachsende und ehemals recht verbreitete, heute aber vielfach selten gewordene **Sumpf-Schafgarbe** (*A. ptarmica* L.) spielte früher vielerorts eine große Rolle im Volksglauben. So galt sie z.B. in Brandenburg unter dem Namen Dorant u.ä. als ein Hexen und Teufel abweisendes Kraut. Als Gartenpflanze trat sie aber erst in Erscheinung, als man Ende des 16. Jhs. in England eine gefülltblühende Form entdeckte und in Gartenkultur nahm. Unter dem Namen *Ptarmica vulgaris, flore pleno* wird sie 1601 von Clusius erwähnt. Zuerst noch selten - der Hortus Eystettensis 1613 zeigt lediglich die ungefüllte Wildform - erlangte die gefüllte Sumpf-Schafgarbe im Laufe des 17. Jhs. eine weite Verbreitung. So traf sie zwischen 1630 und 1651 im herzoglich braunschweigischen Garten zu Hessem und 1646 im Botanischen Garten von Altdorf bei Nürnberg ein. 1663 wird sie in der Flora Marchica von Elsholtz unter dem 1623 von Caspar Bauhin geprägten Namen *Dracunculus pratensis, flore pleno*, »Wiesen-Dragune mit vollen Blumen«, auch für die fürstlich brandenburgischen Gärten in Berlin und Brandenburg verzeichnet. Von den Botanischen und den fürstlichen Gärten drang sie schließlich bis in die Bauerngärten vor und ist dort als Silberknöpfchen oder Hemdenknöpfchen bis heute eine beliebte Zierpflanze.

Auch dieser Sippe haben sich die Staudenzüchter angenommen und mehrere Namensorten mit dichteren Blütenköpfen, verlängerter Blütezeit und strafferem oder kompakterem Wuchs entwickelt.

Die im Kaukasus und Kleinasien beheimatete **Gold-Schafgarbe** (*A. filipendulina* Lam.) war eine der ersten kaukasischen Pflanzen, die seit der Ende des 18. Jhs. verstärkt einsetzenden botanischen Erforschung dieses Gebietes nach West- und Mitteleuropa gelangten. Bereits 1803 wurde sie in England kultiviert, wahrscheinlich angezogen aus Samen, die Marschall von Bieberstein im Kaukasus gesammelt hatte und die über Moskau nach London gekommen waren. Marschall von Bieberstein nannte sie 1800 im Anhang seiner Beschreibung der Länder zwischen den Flüssen Terek und Kur am kaspischen Meere *Achillea Eupatorium* und führte sie auch 1808 in seiner Flora taurico-caucasica für den östlichen Kaukasus auf. Unter diesem Namen wuchs die schöne Pflanze 1808 auch schon im Botanischen Garten Berlin und drang von dort alsbald in andere Gärten vor. So läßt sie sich z.B. 1815 in Kunersdorf bei Wriezen, 1817 in Leipzig und 1824 in Frankfurt/Oder nachweisen, und Mitte des 19. Jhs. war die Gold-Schafgarbe in Deutschland dann schon weit verbreitet, wenn auch noch nicht überall häufig. Um 1820 stellte sich heraus, daß Jean Baptiste Antoine Pierre de Monnet de Lamarck (1744 - 1829) die Art bereits 1783 nach von Tournefort gesammelten Pflanzen gültig beschrieben hatte, woraufhin fortan nur noch dieser wissenschaftliche Name verwendet wurde. Später zeigte es sich, daß sie mit der von Bieberstein aus Transkaukasien verzeichneten *A. filicifolia* identisch ist, welche bereits 1728 von Johann Christian Buxbaum (1693 - 1730) im 2. Band seines Werkes über die wenig bekannten Pflanzen des Orients als *Ptarmica orientalis foliis Tanaceti incanis, flore aureo* beschrieben und abgebildet, aber damals noch nicht als Gartenpflanze eingeführt worden war.

Aconitum L. Eisenhut

Der in mehreren Unter- und Kleinarten in Hochstauden- und Lägerfluren der Alpen und anderer höherer Gebirge West- und Mitteleuropas bis hin zu den Karpaten heimische **Echte Eisenhut** (*A. napellus* L.) gehört durch seinen Gehalt an Aconitin und anderen Alkaloiden zu den giftigsten Pflanzen. Seine Giftwirkungen waren bereits den antiken Autoren bekannt, und auch Albertus Magnus schreibt von ihm, es sei ein sehr schlimmes und gefährliches Gift (»est venenum pessimum et perniciosum«). Damals verwendete man es als Heilmittel gegen die Lepra. Auch bereiteten die Hirten in den Gebirgen aus den knolligen Wurzeln Giftköder gegen Wölfe, weshalb die Pflanze auch Wolfswurz genannt wurde. Die Kräuterbücher des 16. und 17. Jhs. warnen vielfach vor dem Eisenhut als Heilpflanze, so z.B. Thomas Pancovius 1673: »Sollen derhalben vor diesem giftigen Kraut die Menschen sich hüten und innerlich nicht gebrauchen.« Zu dieser Zeit stellte man aus dem Eisenhut lediglich eine äußerlich anzuwendende Salbe gegen Läuse her. Seit dem

Groß Eysenhütlein.
Napellus major angustifolius.

Aconitum napellus L. Echter Eisenhut, Tabernaemontanus 1591

19. Jh. nutzt man die Inhaltsstoffe des Eisenhuts für bestimmte Medikamente zur Behandlung von Nervenschmerzen und Entzündungen.

Trotz seiner Giftigkeit wurde der Echte Eisenhut zu einer beliebten Zierpflanze. Der pfälzische Pfarrer, Arzt und Botaniker Hieronymus Bock gibt 1539 an, man ziehe das »blaue Eysenhütlein« »zu Straßburg inn den Gärten/für ein lustkraut/soll erstmals von Leon [Lyon] auß Franckreich kommen sein«. Nach Boom (1975) kultivierte man die Art in Frankreich schon 1480. Um 1560 wurde das »Blaw Eisenhütlein/oder Münchskappen seiner schöne vnd wolgestalt halben« in Deutschland vielfach als Zierpflanze in Gärten gezogen, wie Adam Lonicerus in seinem Kräuterbuch schreibt. Auch heute noch ist der Echte Eisenhut eine häufige Gartenblume, jedoch als eine an frische lehmige Böden gebundene Gebirgspflanze in den Sandgebieten der Tiefebenen deutlich seltener. Außer den aufgrund der starken Variabilität der Art vorhandenen unterschiedlichen Formen gibt es verschiedene durch Auslese und durch Kreuzungen entstandene Namensorten.

Neben dem Echten Eisenhut hat man seit altersher auch den ähnlich verbreiteten **Bunten Eisenhut** (*A. variegatum* L.) in Gärten gezogen. Er tritt uns in verschiedenen Pflanzenlisten und Kräuterbüchern entgegen, so z.B. 1561 in Gessners Horti Germaniae und 1594 in Frankes Hortus Lusatiae. Im Hortus Eystettensis (1613) wird er dann als *Napellus flore variegato*, »Gescheckte Narren/Kappen/oder Eysenhütlein« auch sehr schön farbig abgebildet. Schon bald entstand zwischen dieser ebenfalls vielgestaltigen Art und dem Echten Eisenhut der Bastard *A.* x *cammarum* L. em. Fr. (= *A. stoerkianum* Rchb.). Beide Sippen trifft man auch heute noch vielfach, vor allem in Gebirgsgegenden, als Gartenpflanzen an.

Der in Zentral- und Westchina heimische **Herbst-Eisenhut** (*A. carmichaelii* Debeaux) kam erst 1886 nach Deutschland. Durch Kreuzung dieser Art mit **Wilsons Eisenhut** (*A. wilsonii* Stapf et Mottet, heute nur als Varietät des Vorigen aufgefaßt), welcher 1903 von dem englischen Gärtner und Pflanzensammler Ernest Henry Wilson nach England eingeführt worden war, erzielte Georg Arends in Ronsdorf 1945 die Sorte 'Arendsii'. Diese durch ihre späte Blüte (September – Oktober) interessante Sippe ist jedoch noch wenig verbreitet.

Adonis L. Adonisröschen, Blutströpfchen

Der Name dieser Pflanzengattung erinnert an den schönen Jüngling Adonis, den Liebling der Venus, der auf der Jagd von einem wilden Eber getötet und von der Venus daraufhin in eine Blume verwandelt worden war, wie Ovid in seinen Metamorphosen erzählt. Bei der Blume *adonium* oder *adonicum* der antiken Autoren dürfte es sich um eine der als Blutströpfchen bezeichneten rotblühenden einjährigen Adonis-Arten des Mittelmeergebietes gehandelt haben, von denen einige als kalkliebende Getreide-Unkräuter bereits in der Jüngeren Steinzeit auch nach Mitteleuropa gelangten. Als Gartenzierpflanze wurde aus dieser Gruppe vor allem das dunkelrot blühende **Herbst-Blutströpfchen** (*A. annua* L. em. Hudson, syn. *A. autumnalis* L.) gezogen. In Deutschland wird es zuerst 1539 von Hieronymus Bock erwähnt, war aber zunächst noch recht selten. Die Horti Germaniae von Gessner 1561 belegen es nur bei Joachim Kreich in Torgau und bei Petrus Coldenberg in Antwerpen. Die Art breitete sich dann aber als Gartenblume rasch aus und wird z.B. 1594 von Franke aus den Lausitzen und Anfang des 17. Jhs. von Burser aus der Mark Meißen und aus Dänemark verzeichnet und fehlte auch nicht im Hortus Eystettensis. Seit dem 17. Jh. waren die »Feuerrößlein« oder »Corallenblumen« dann allerorten gezogene und beliebte Zierpflanzen. In seinem Gartenbaubuch gibt Elsholtz (1684) folgende Kulturhinweise: »Bey der Aussaat leget man sie drey oder vier Körner zusammen/so werden es Stauden/an welchen die Blumen dichter wachsen/und also mehr in die Augen scheinen. Man säet es im April und noch wol einmal im May/ümb desto länger Blumen davon zu haben.« 1769 schreibt Gleditsch über diese Art, sie »Wächset zwar in einigen Provinzen der Mark [Brandenburg] als eine Sommer- und Herbstblume unter dem Getreide, in den Lustgärten hingegen verschönert sich die ganze Pflanze, und blühet stärker, häufiger und länger«. Noch 1864 war sie in Brandenburg eine häufige Zierpflanze. Dann aber wurde die relativ kleinblütige Art zunehmend von größerblütigen Sommerblumen verdrängt und ist heute nur noch sehr selten in Gärten zu sehen.

Von den überwiegend gelbblühenden staudigen Adonis-Arten kommt das sonst in den buntblumigen Wiesensteppen Osteuropas verbreitete **Frühlings-Adonisröschen** (*A. vernalis* L.) auch in einigen Trockeninseln Mitteleuropas als seltene und gefährdete Wildpflanze vor. Schon frühzeitig hat man es in die Gärten geholt, und zwar wohl hauptsächlich als Zierpflanze, da seine medizinische Verwendung nur gering war. Die durch ihren Gehalt an Adonitoxin und anderen Glykosiden stark giftige Art wurde als Heilmittel bei Harnbeschwerden, Wassersucht und Steinleiden empfohlen. We-

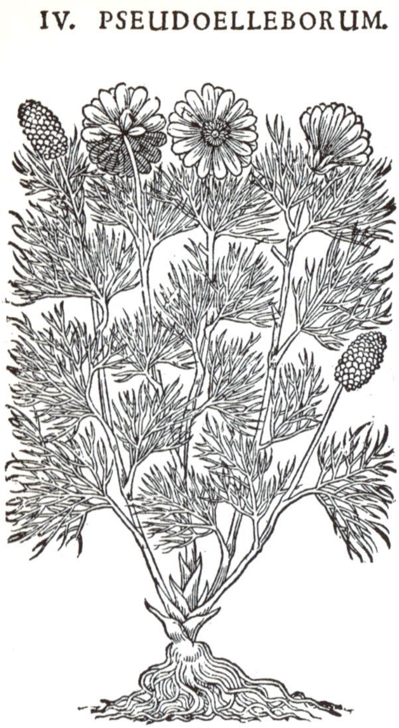

Adonis vernalis **L.** Frühlings-Adonisröschen, Matthiolus/Bauhin 1598

gen ihrer schwarzen Wurzel stellte man sie damals in die Nähe der Christrose. Als *Elleborus nigri species*, *Elleborastrum* und *Sesamoides luteum* erscheint sie 1561 in Gessners Horti Germaniae mehrfach als Gartenpflanze. 1590 verzeichnet sie Johann Wigand unter dem Namen *Helleborus niger, flore luteo* sogar für Ost- und Westpreußen als, wenn auch seltene, Gartenblume, dort wahrscheinlich von ihren natürlichen Vorkommen an der unteren Weichsel bei Kulm bezogen. Im Hortus Eystettensis (1613) ist sie dann als *Pseudo Helleborus niger* vertreten. Johann Royer kultivierte sie, vermutlich von nahegelegenen Wildvorkommen im nördlichen Harzvorland geholt, unter der Bezeichnung *Buphthalmum* seit vor 1630 im herzoglich braunschweigischen Garten zu Hessem. In der Folgezeit blieb sie in Mitteleuropa eine zwar seltene, aber doch außerordentlich geschätzte Gartenstaude. So bezeichnet sie Gleditsch 1773 als eine »überaus schöne niedrige, dauerhafte Berg- und Frühlingspflanze« und 1818 der mecklenburgische Pfarrer Wredow in seinem Gartenfreund als »eine der schönsten Zierpflanzen in Blumengärten«.

Erst um 1900 gelangte das in Ostasien (Amurgebiet bis Nord- und Mitteljapan) heimische und in Japan bereits seit langem in vielen Formen kultivierte, aber erst 1861 wissenschaftlich beschriebene **Amur-Adonisröschen** (*A. amurensis* Regel et Radde) über Rußland nach Deutschland, wo es aber bis heute eine relativ seltene Gartenpflanze geblieben ist, da es hier nur vegetativ vermehrt werden kann.

Agapanthus africanus (L.) Hoffmgg. Blaulilie

Die im Kapland an der Südspitze Afrikas heimische Blaulilie kam vereinzelt um 1625 nach Europa, vielleicht mitgebracht von holländischen Seefahrern, die auf der Rückfahrt von Ostindien in Hafenplätzen des damals noch im Besitz Portugals befindlichen Kaplandes angelegt hatten. 1629 wurde sie von dem Londoner Apotheker John Parkinson als

Narcissus marinus exoticus abgebildet und beschrieben. Wo sie gesammelt wurde, sei unbekannt, gibt er an, und daß sie zwar im ersten Sommer nach ihrer Ankunft geblüht habe, danach aber nicht mehr. Nach Hans O. Juel (1936) gehört eine im Herbar von Joachim Burser befindliche, als eine *Allium*-Art deklarierte Pflanze aus dem Heinzmannschen Garten in Basel ebenfalls zu *Agapanthus africanus.* Sonst aber gibt es in Europa aus den beiden mittleren Quartalen des 17. Jhs. bisher keine weiteren Belege für ein Vorhandensein der Blaulilie. Ihre endgültige Einfuhr erfolgte um 1675, nachdem das Kapland niederländische Kolonie geworden war und die Umgebung von Kapstadt botanisch eingehender erforscht wurde. 1680 nennt sie der Danziger Kaufherr Jacob Breyne unter dem Namen *Hyacinthus Africanus, tuberosus, flore coeruleo, umbellato* als eine 1679 in den berühmtesten Gärten Hollands von ihm beobachtete seltene exotische Pflanze. 1686 erschien sie im Botanischen Garten Leiden, und Ende des 17. Jhs. zog sie Johann Commelin im Amsterdamer Hortus Medicus und gibt dazu an, die im August blühende Pflanze habe im Jahre 1698 reife Samen gebracht. Unter dem genannten Namen, später auch unter der Bezeichnung *Polianthes floribus umbellatis,* war die Blaulilie in den Niederlanden in der 1. Hälfte des 18. Jhs. sehr verbreitet. In Deutschland wuchs sie 1699 im Boseschen Garten in Leipzig, und zwar unter der von dem Londoner Botaniker Leonhard Plukenet (1642 -1706) in seinem Almagestum botanicum 1696 gebrauchten Phrase *Hyacintho affinis Africana, tuberosa radice, umbellata, coerulea inodora.* Im 18. Jh. breitete sie sich hierzulande dann nach und nach weiter aus. 1773 führt sie Johann Gottlieb Gleditsch unter dem Linnéschen Namen *Crinum africanum* und den deutschen Bezeichnungen »Blaue große Aethiopische falsche Tuberose« und »Der große afrikanische Hyacinth« auf und charakterisiert sie als »ein ansehnliches fremdes Zwiebelgewächs, welches in den Glashäusern, zum Ausgange des Sommers, zuweilen recht prächtig blüht, und den Sommer über im freyen stehen will«. 1788 stellte der französische Botaniker Charles Louis L'Héritier de Brutelle (1746 -1800) die Blaulilie in die von ihm begründete Gattung *Agapanthus,* deren Name (zu gr. agápe, »Liebe«, und ánthos, »Blume«) künstlich gebildet wurde. 1817 gab es im Breiterschen Garten in Leipzig auch schon Formen mit weißen Blüten und solche mit breiteren Blättern. Nachdrücklich empfiehlt sie der mecklenburgische Pfarrer Wredow in seinem Gartenfreund: »Dies ist ohne Zweifel eine der ersten Prachtpflanzen, welche kein Blumenfreund in seiner Sammlung entbehren muß.« 1852 gehörte »diese schöne lilienartige Pflanze aus dem südlichen Afrika schon seit langen Jahren zu den beliebtesten Gartenpflanzen« (Gartenflora, Jg. 1). Als frostempfindliche Kübelpflanze blieb sie allerdings zumeist auf Parks und größere Gartenanlagen beschränkt. Die neuerdings zu den Alliaceen gestellte Art ist in der Natur recht vielgestaltig. Eine 1809 im Berliner Botanischen Garten kultivierte Sippe wurde von Willdenow als *A. praecox* beschrieben. Zu ihrem Formenkreis gehören die meisten der heute bei uns gezogenen Blaulilien.

Agave americana L. Amerikanische Agave, Theatrum Europaeum 1723

Agave americana L.
Amerikanische Agave

Um die Mitte des 16. Jhs. gelangte diese in Mexiko heimische Pflanze nach Europa. Von Spanien aus verbreitete sie sich zuerst im Mittelmeergebiet, wo die wintergrüne und wärmebedürftige Art auch dauernd im Freien wachsen kann und inzwischen auch vielerorts verwildert und eingebürgert ist. 1561 sah Joachim Camerarius als Student im Garten eines reichen Bürgers in Padua erstmals eine Agave und brachte damals vielleicht auch einen Ableger davon mit nach Nürnberg. 1588 wuchs sie in seinem dortigen Garten unter dem Namen *Aloe spinosa.* Carolus Clusius stieß auf seiner Spanienreise in einem Klostergarten bei Valencia ebenfalls auf diese Art, von der er Ableger nach Antwerpen schickte. 1576 beschrieb er sie als *Aloe americana,* unter welchem Namen sie dann auch bei Rembert Dodonaeus (1517–1585) und Tabernaemontanus erscheint und 1613 im Hortus Eystettensis farbig abgebildet wird. Im 17. und 18. Jh. war sie als dekorative Schmuckpflanze geradezu in Mode und gehörte zur Ausstattung jeder größeren und repräsentativen Gartenanlage. Ein besonderes Ereignis war es, wenn die hapaxanthe, d.h. nur einmal blühende und nach der Samenreife absterbende Pflanze nach vielen Jahren zur Blüte kam und einen imposanten, 3–8 m hohen Blütenstand entwickelte.

Das war in Mitteleuropa mit seinem kühleren Klima, das eine winterliche Unterbringung in Orangerien und Gewächshäusern erforderlich macht, erst nach 50 oder mehr Jahren der Fall, weshalb man die Art hier auch als Hundertjährige Aloe bezeichnete. Die äußerst seltene Blüte erregte in der Öffentlichkeit ein lebhaftes Interesse und wurde zumeist durch Druckschriften, Abbildungen und Münzprägungen ausführlich gewürdigt. Elsholtz beschreibt in seiner Flora Marchica (1663) und später auch in seinem Gartenbaubuch (1684) eine ganze Reihe derartiger Blühereignisse: 1586 in Florenz im großherzoglichen Garten, wenig später im Lustgarten eines Herrn Tornaboni, 1599 in Avignon, 1647 in Montpellier, um die gleiche Zeit in Pezenas in der Languedoc, 1658 in Stuttgart im fürstlichen Lustgarten, 1663 in Chora bei Meißen im Lustgarten des Herrn Conrad von Lösern, 1668 im herzoglich schleswigschen Garten zu Gottorf und 1669 in der Nähe von Jena. 1663 gab es in den kurfürstlich brandenburgischen Lustgärten 3 sehr große Exemplare, von denen man hoffte, daß sie in absehbarer Zeit ebenfalls zur Blüte kämen. Aber erst im Jahre 1712 entwickelte ein großes Exemplar vor dem Köpenicker Schloß einen riesigen Blütenstand mit 7277 Einzelblüten, was eine gebührende Schilderung und Abbildung im Theatrum Europaeum (T. XI) veranlaßte. Neben der graugrünen Urform fanden seit dem 18. Jh. die gelb- und weißpanaschierten Formen zunehmendes Interesse. Wurde die Art bisher noch den Aloen zugezählt, so stellte sie Linnaeus 1753 aufgrund abweichender Merkmale in eine neue Gattung, die er wegen der stattlichen Erscheinung der Pflanze *Agave* nannte (zu gr. agavé, »die Stolze, Herrliche, Glänzende«).

Ageratum L. Leberbalsam

Von den rd. 30 mittel- und südamerikanischen Arten der Gattung *Ageratum* L. kam die in den Tropen heimische *A. conyzoides* L. um 1700 nach Europa und wurde damals als *Eupatorium americanum* bzw. *Eupatorium humile* bezeichnet. In der 2. Hälfte des 18. Jhs. folgte ihr die im südlichen Mexiko beheimatete ähnliche, aber als Zierpflanze schönere *A. houstonianum*. Zuerst gelangte sie nach England, wo sie Philip Miller kultivierte und nach William Houston (1695 –1733) benannte, einem englischen Arzt und Botaniker, der 1729 –1733 Kuba, Jamaika und Mexiko bereist und dort für Miller Pflanzen gesammelt hatte. Da beide Arten oft verwechselt bzw. zusammengeworfen wurden, ist nicht ganz sicher, wann *A. houstonianum* nach Deutschland gekommen ist. Die hiesigen Gartenkataloge geben bis 1825 immer nur *A. conyzoides* an. Erst danach erscheint auch *A. houstonianum*, und zwar zunächst unter dem 1825 von dem englischen Botaniker John Sims geprägten Namen *A. mexicanum*. 1836 wurde dieses »mexicanische Ageratum« im »Verzeichnis der Sämereien von neuen und schönblühenden Sommergewächsen« der Gärtnerei Theodor Froebel in Zürich zum Kauf angeboten, die Prise zu 2 Batzen, und dazu bemerkt: »eines der niedlichsten Sommergewächse, blüht bis es der Frost zerstört«. 1837 gab es neben der lilablau blühenden Stammform auch schon eine weißblühende Form. Seit der Mitte des vorigen Jhs. wurde die Art in zunehmendem Maße züchterisch bearbeitet, insbesondere seitdem gegen 1870 Teppichbeete in Mode kamen. Heute gibt es von dieser eigentlich mehrjährigen bis halbstrauchigen, bei uns aber sommerannuell (mit Vorkultur) gezogenen und als Beet-, Einfassungs- und Balkonpflanze wertvollen Art eine große Anzahl von Sorten in hell- bis dunkelvioletten Farbtönen, darunter auch besonders niedrige und höhere.

Sowohl der wissenschaftliche Name (zu gr. agératos, »nicht alternd«) als auch der deutsche Name haben eigentlich nichts mit dieser Gattung zu tun. Sie galten ursprünglich für die gelbblühende südeuropäische *Achillea ageratum* L., das *Ageratum* der älteren Botaniker, die seinerzeit in Deutschland als Heilpflanze in Gärten gezogen wurde. Wegen ihrer arzneilichen Verwendung bei Leberleiden nannte man sie damals Leberbalsam, so z.B. Tabernaemontanus 1588 und Elsholtz 1684. Linnaeus verwendete 1753 den aufgrund der Zuordnung dieser Art zur Gattung *Achillea* freigewordenen alten Namen *Ageratum* in willkürlicher Weise für die neue amerikanische Gattung, was spätere Botaniker zur Übertragung auch des deutschen Namens Leberbalsam bewog.

Ajuga reptans L. Kriechender Günsel

Die in Europa weitverbreitete und häufige Art mit blauen, selten auch einmal rötlichen oder weißen Blüten wurde gelegentlich auch in Gärten gezogen, zumal sie medizinisch als Wundheilkraut verwendet wurde. So finden wir sie unter der Bezeichnung *Consolida media*, »Braun Gülden Günsel« 1613 im Hortus Eystettensis. Das Wort »braun« bezieht sich hier allerdings auf die dunkelblauen Blüten und nicht auf die Farbe der Blätter, welche, wie die Abbildung zeigt, normal grün gefärbt waren. Erst im vorigen Jh. gelangte eine Form mit bronzefarbenen Blättern, der Purpurgünsel (cv. 'Atropurpurea') in die Gartenkultur und stellt dort heute die häufigste Gartensippe dar. Ebenfalls erst in neuerer Zeit entstanden Gartenformen mit weißgelb geflecktem Laub (Silbergünsel, cv. 'Variegata', 1864) und mit gelb und rötlich geschecktem Laub (Feuergünsel oder Salamandergünsel, cv. 'Multicolor', 1924).

Alcea L. Stockrose

Die **Gewöhnliche Stockrose** (*A. rosea* L.), bei uns meist Malve genannt, stammt aus dem östlichen Mittelmeergebiet und Kleinasien. In der Antike wurden Malven nicht nur als Heilmittel genutzt, sondern auch als Gemüse gegessen. Um welche Arten es sich dabei gehandelt hat, ist schwer zu entscheiden. Ob mit den im Capitulare de villis um 800 genannten »*malvas*« Stockrosen gemeint waren oder andere Malven-Arten, bleibt ebenfalls unklar. Daß sie aber im Späten Mittelalter bereits in den Gärten des Oberrheingebietes vorhanden waren, zeigt das um 1410 gemalte »Paradiesgärtlein«, in dem rechts im Hintergrund rot- und weißblühende Stockrosen zu sehen sind. In der Literatur erscheinen sie erstmals 1530 bei Otto Brunfels als *Malvae hortensis*. Wenig später kannte Hieronymus Bock auch schon eine gefüllte Form. In seinem 1539 erschienenen Kreutterbuch bezeichnet er sie zu deutsch als »Erndt/Herbst/ oder Winter-Rosen« und berichtet, sie würden »wie andere zame blumen inn den Gärten auffgepflantzet«. 1594 werden in Frankes Hortus Lusatiae bereits 7 verschiedene Formen aufgeführt: einfache rote, fleischfarbene und weiße sowie gefüllte rote, fleischfarbene, weiße und schwarzrote, und dieselben Formen finden wir dann 1613 im Hortus Eystettensis abgebildet.

Anfang des 17. Jhs. kam dann noch die in Sibirien heimische **Feigenblättrige Stockrose** (*A. ficifolia* L.) hinzu. Caspar Bauhin nannte sie in seinem Pinax (1623) *Malva rosea folio ficus*, während *A. rosea* bei ihm als *Malva rosea folio subrotundo* erscheint. Sie brachte die gelbe Farbe in die bis dahin lediglich in roten, rosa und weißen Farbtönen blühenden Stockrosen. Aber vorerst blieb *A. ficifolia* recht selten. Joachim Burser, ein Schüler Bauhins, belegte sie in seinem Herbar lediglich aus Basel, während er andererseits angibt, daß *A. rosea* damals überall in Gärten (»in hortis passim«) vorhanden war. *A. ficifolia* fehlte 1684 noch in den sonst sehr reichhaltigen kurfürstlich brandenburgischen Gärten, war aber 1697 bereits in Liegnitz und 1724 in dem oberlausitzer Städtchen Lauban vorhanden. In der Folgezeit kam es offenbar zu Kreuzungen zwischen beiden Arten, welche mitunter gar nicht mehr scharf getrennt bzw. überhaupt voneinander unterschieden wurden. Jedenfalls nahm die Zahl der Stockrosen-Sorten weiter zu. So besaß 1746 der Krausesche Garten in Berlin 9 Formen der Gewöhnlichen Stockrose (*Malva rosea, folio subrotundo*) und 6 Formen der Feigenblättrigen Stockrose (*Alcea rosea hortensis maxima folio Ficus*),

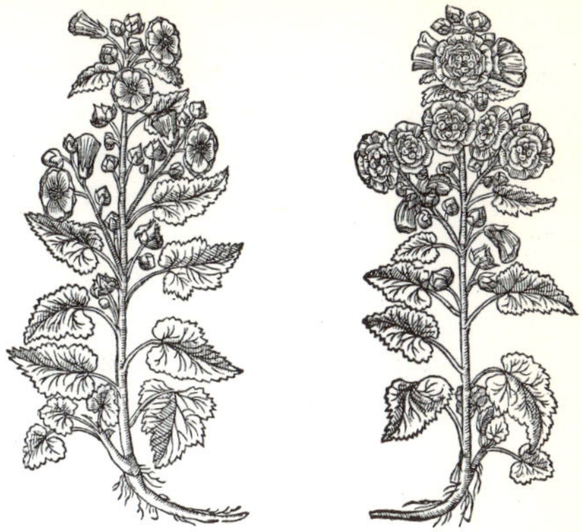

Alcea rosea L. Einfach- u. gefülltblühende Stockrose, Dodonaeus 1583

bei letzteren auch solche mit einfachen und gefüllten gelben Blüten. Linnaeus stellte beide Arten dann in seine Gattung *Alcea*, was auch heute noch gilt. Zwischenzeitlich wurden sie jedoch auf längere Zeit der Gattung *Althaea* zugezählt.

Ehemals diente die Stockrose auch als Heilpflanze, wobei vor allem die Blütenblätter der schwarzrot blühenden Sorte genutzt wurden. Man verwendete sie als Gurgelmittel bei Entzündungen des Mund-Rachenraumes sowie gegen Durchfall und Menstruationsbeschwerden, daneben aber auch zum Färben des Rotweins. Hauptsächlich waren die Stockrosen aber Zierpflanzen, allerorten beliebt und kultiviert. Zu ihren Freunden zählte auch Goethe, in dessen Garten am Stern eine lange Allee hoher Stockrosen den Hauptweg zu beiden Seiten zierte, deren Blüte er mit einer Teegesellschaft zu feiern pflegte. Aufgrund ihrer relativen Anspruchslosigkeit wuchs die

Stockrose vor allem auch in dörflichen Gärten und galt geradezu als Charakterart des Bauerngartens. »Es war ein richtiger Bauerngarten, Balsaminen und Reseda blühten, und an einer Stelle standen die Malven so hoch, daß sie eine Gasse bildeten«, beschreibt Theodor Fontane in seinen Lebenserinnerungen einen Garten seiner Jugendzeit. Ende des 19. Jhs. zählte der Berliner Botaniker Carl Bolle die Stockrose bereits zu den altmodischen Blumen, rechnete aber nicht damit, daß sie gleich anderen derartigen Zierpflanzen aus den Gärten verschwände. »Sie ist und bleibt die mächtigste an Wuchs und eine der schönsten und buntfarbensten unter den Gartenblumen. Die Zahl ihrer Freunde kann gegen sonst abgenommen haben, erlöschen wird sie sobald nicht; immer noch prangt die Malve, volkstümlich, selbst an den abgelegensten Orten. Da vielleicht am meisten.« Seitdem hat die Züchtung weitere Verbesserungen vorgenommen und neue Sorten entwickelt, so die Chaterschen Stockrosen mit gedrungenem Blütenstand und dichtgefüllten Blüten, die Keizer-Stockrosen mit sehr großen, halbgefüllten Blüten und die Begonienblütigen Stockrosen mit gefransten Blütenblättern in Pastellfarben.

Allium L. Lauch

Neben den seit altersher in den Gärten als Gemüse- und Würzpflanzen angebauten Lauch-Arten wie Zwiebeln, Porree, Knoblauch und Schnittlauch, werden andere Arten dieser Gattung als Zierpflanzen gezogen. Der im Mittelmeergebiet bis hin nach Spanien und den Pyrenäen heimische **Gold-Lauch** (*A. moly* L.) kam zwischen 1561 und 1565 nach Deutschland, breitete sich aber zunächst nur langsam aus. Erst seit dem 17. Jh. wird er in den deutschen Gärten dann häufiger. So finden wir ihn 1613 im Hortus Eystettensis als *Moly latifolium, flore flavo,* und 1623 bezeichnete ihn Caspar Bauhin als *Moly latifolium luteum odore allii secundum.* Vor 1630 war er als *Moly latifolium luteum* auch im herzoglich braunschweigischen Garten zu Hessem vorhanden. Der damalige Name geht auf die antike Zauberpflanze Moly zurück. Homer berichtet in der Odyssee, daß der Gott Hermes Odysseus ein Kraut, »Moly wird's von den Göttern genannt«, überreicht habe, mit dessen Hilfe er die Zauberkünste der Circe unwirksam machen könne. Da Theophrast angab, der *Moly* wachse in Arkadien und habe eine runde zwiebelförmige Wurzel und meerzwiebelartige Blätter, meinten die alten Botaniker, es müsse sich um einen Lauch gehandelt haben. Bei dem z.B. von Matthiolus abgebildeten *Moly* handelt es sich offenbar um den weißblühenden südeuropäischen **Behaarten Lauch** (*A. subhirsutum* L.). Auch andere wildwachsende Lauch-Arten mit breiten Blättern wurden damals der »Gattung« *Moly* zugezählt. Im Pinax von Bauhin (1623) werden unter *Moly* 14 Arten aufgeführt. Auch Heinrich Bernhard Ruppius benutzte in seiner Flora Jenensis 1718 den Namen *Moly* und bezeichnete den Gold-Lauch als *Moly Pyrenaicum, flore luteo,* im Gegensatz zu Tournefort, der ihn in seinen Institutiones (1700) zu *Allium* gestellt und ihn *Allium latifolium luteum* genannt hatte. Linnaeus ordnete ihn dann 1753 endgültig der Gattung *Allium* zu und verwendete den alten Namen *Moly* als Artbezeichnung. Die antike Zauberpflanze *Moly*, die wahrscheinlich überhaupt nur eine mythologische Erfindung war, ist der Gold-Lauch jedenfalls nicht gewesen.

Die meisten der anderen heute als Zier-Läuche in unseren Gärten gehaltenen *Allium*-Arten wurden erst sehr viel später in Gartenkultur genommen. Von den in den Steppengebieten Innerasiens heimischen Arten verdanken die meisten ihre Erstbeschreibung und Einführung dem damaligen Direktor des Botanischen Gartens in St. Petersburg Eduard Regel, so der **Blauzungen-Lauch** (*A. karataviense* Reg., 1875), der **Riesen-Lauch** (*A. giganteum* Reg., 1883) und der **Rosenbachs-Lauch** (*A. rosenbachianum* Reg., 1894, syn. *A. jesdianum* Boiss.). Erst Anfang des 20. Jhs. erreichte uns der in Kleinasien und Nordpersien beheimatete **Sternkugel-Lauch** (*A. christophii* Trautv., syn. *A. albopilosum* C. H. Wright).

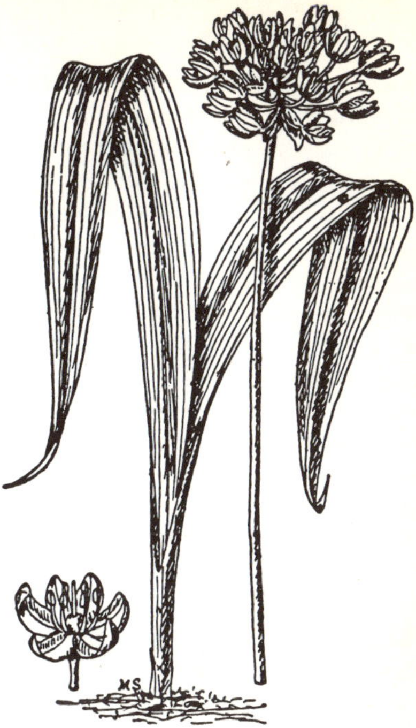

Allium moly **L.** Gold-Lauch, Bailey 1947

Aloe vera (L.) N. L. Burman (*A. barbadensis* Mill.) Echte Aloe

Von den die Trockengebiete Afrikas und Südasiens besiedelnden rund 250 Arten der Gattung *Aloe* besitzt die **Echte Aloe** ein weites Areal, das sich vom südlichen Mittelmeergebiet und Ost- und Südafrika über Südarabien und Nordwestindien bis nach Südchina erstreckt. Die Art wurde bereits im Altertum zur Öl- und Harzgewinnung genutzt und vielfach auch kultiviert und weiter verbreitet. Um 1650 gelangte sie durch die Spanier nach Mittel- und Südamerika, wo vor allem auf der Antilleninsel Barbados ausgedehnte Kulturen angelegt wurden. Die aus dem bitteren gelben Saft der Blätter durch Eintrocknen gewonnene Droge war seit altersher als abführendes, adstringierendes und wundheilendes Arzneimittel in Gebrauch. In biblischer Zeit verwendete man das Öl für Einbalsamierungen und als Duftstoff für Leichentücher. Heute ist es Bestandteil von Hautcremes und anderen Hautpflegemitteln. Die älteste Abbildung der Art enthält ein um 512 entstandener Dioskurides-Kodex.

Nach Mitteleuropa kam die Art hauptsächlich als Zierpflanze. 1415 ist sie in Italien nachweisbar, und 1539 erscheint sie dann auch in Deutschland. 1543 schrieb Leonhart Fuchs: »Aloen wächst mit grosser menge in India. Es würd auch in Arabia vnndt Asia gefunden/vnnd würd auch yetzund an ettlichen orten des Teutschlands gepflanzt in Gärten. Doch so vil mir bewußt/ist es noch keinem zu der volkommenheyt gewachsen/hat auch noch nie blumen gebracht.« 1561 war die Echte Aloe in Deutschland noch ziemlich selten, Ende des 16. Jhs. aber schon weit verbreitet. Wegen ihrer Frostempfindlichkeit konnte sie hier nur als Topf- oder Kübelpflanze gehalten werden. Eine ausführliche Kulturanleitung für diese, von ihm »Griechische Aloe« genannte und dem »Schirm = Gewächß von Blumwerck« zugerechnete Art gibt Elsholtz 1684: »Diese kan den Sommer über in Töpffen gehalten/gegen den Winter aber außgenommen/und in einem warmen Gemach an einen Balcken auffgehencket werden also/daß die Wurtzel oben komme. Als dan pfleget sie drey Wochen lang ihre Farbe zu verlieren/bald darnach aber erholet sie sich/und wird gleichsam wieder lebendig: nach Außgang des Winters bringet man sie wieder in die Erde/sonst verdirbet sie in die Länge. Einige haben im brauch/daß sie diese Aloen unten mit Leim/welcher mit Öl durchknetet/oder mit einem wollenen Lumpen in Öl genetzet beschlagen/und also in einer warmen Stuben auffhengen. Sie hat bey uns keine solche Bittrigkeit/als in Orient/da man den bekanten Apotheker = Safft daraus bereitet: kommet auch in diesen Landen gar selten zur Blüht/zum Samen aber durchaus nicht: deswegen man die gantze Pflantze zu erlangen/sich bemühen muß/welche dan junge Absetzlinge zur Vermehrung machet.«

Außer als Kübelpflanze wurde die Echte Aloe vielfach als Topfpflanze auf Fensterbrettern gehalten. Die fleischigen Blätter dienten volksmedizinisch als schmerzstillendes und heilendes Hausmittel bei Brandwunden. Der wissenschaftliche Name der Pflanze, dessen Herkunft unklar ist (vielleicht aus dem Hebräischen), wurde im Volksmund vielfach zu »Alleweh« oder ähnlich umgestaltet.

Alyssum saxatile L.
Felsen-Steinkraut

Das an Felsstandorten der Balkan-Halbinsel nordwärts bis Böhmen und Süd- und Mitteldeutschland vorkommende Felsen-Steinkraut wurde vereinzelt bereits im 17. Jh. in Gartenkultur genommen, blieb aber das ganze 18. Jh. eine seltene Gartenpflanze. Erst im 19. Jh. nahm das Interesse an dieser Art zu. Man verwendete das Steinkraut zunächst vor allem für Einfassungen. Seine große Zeit als Zierpflanze brach jedoch erst an, als seit der Mitte des 19. Jhs. die Steingärten in Mode kamen. Seitdem entstanden mehrere Sorten, so die hellgelb blühende 'Citrinum', von Karl Foerster (1874 – 1970) als »König seiner Art« bezeichnet, und die gedrungene 'Compactum'. Eine Form mit panaschierten Blättern ist bereits seit mindestens 1837 bekannt.

Amaranthus L. Fuchsschwanz

Die meisten der etwa 15 in Deutschland vorkommenden Fuchsschwanz-Arten sind unscheinbar grünlich blühende Unkräuter nährstoffreicher Hackfruchtäcker und Ruderalstellen. Neben diesen gibt es aber auch einige Arten mit auffällig purpurroten Blüten oder buntfarbigen Blättern, welche als Zierpflanzen kultiviert werden. Von ihnen kam der **Garten-Fuchsschwanz** (*A. caudatus* L.) in der Mitte des 16. Jhs. nach Deutschland. 1561 war er hier nicht mehr selten und breitete sich in der Folgezeit ständig weiter aus. 1623 bezeichnete ihn Bauhin im Pinax als *Amaranthus maximus*, und zu deutsch nannte man ihn in dieser Zeit »Tausendschön der größte«. Erst im 18. Jh. kam der heutige Name Fuchsschwanz auf. Über die Jahre hinweg blieb diese Art eine beliebte Gartenblume und wurde viel gepflanzt. Obwohl ihn Carl Bolle Ende des vorigen Jhs. zu den altmodischen Blumen zählte, hat sich der Garten-Fuchsschwanz bis heute gehalten, wird aber offensichtlich nicht mehr so häufig verwendet wie früher.

Über die Heimat dieser Art gab es unterschiedliche Meinungen. Bisher sah man Ostindien als Ursprungsgebiet an, und so schrieb Wein 1944: »*Amaranthus caudatus* kann mit Sicherheit als eine der wenigen Pflanzen angesehen werden, die das an botanischen Schätzen so reiche Indien in der Epoche der Renaissance in die europäischen Gärten entsandt hat«. Neuerdings hat sich die Ansicht durchgesetzt, daß Südamerika die Heimat dieser Sippe ist. Von dort liegen präkolumbianische Samenfunde und Berichte über den Anbau aus der Zeit der spanischen Eroberung vor (Sauer 1967). Südamerika ist auch die Heimat des als Ursprungsart vermuteten **Quito-Fuchsschwanzes** (*A. quitensis* H. B. K.).

Keine Zweifel bestehen hingegen an der indischen Herkunft des **Dreifarbigen Fuchsschwanzes** (*A. tricolor* L.). Die süd- bis südostasiatische Gesamtart wurde in diesen Gebieten bereits seit Jahrtausenden als Gemüsepflanze kultiviert und spielt dort noch heute eine bedeutende Rolle im Gartenbau. Zierpflanze ist nur die convar. *tricolor*, eine Form mit rotgelb-grün gescheckten Blättern. Für Italien zuerst 1551 belegt, kam diese Sippe wenig später auch nach Deutschland. 1561 wird sie von Gessner als *Blitum maculosum* aufgeführt, war aber damals in den deutschen Gärten noch selten. Unter dem Namen *Amaranthus Tricolor* bringt 1613 der Hortus Eystettensis eine schöne farbige Abbildung. Wegen ihrer buntfarbenen Blätter bezeichnete man sie damals zu deutsch als »Papageienfedern« (Camerarius 1588) oder »Papageykraut« (Tabernaemontanus 1591). Gegen Ende des 16. Jhs. war sie bis in die Lausitzen vorgedrungen, von wo sie 1594 Johannes Franke als Gartenblume *Amaranthus tricolor, pictus, Blitum varium*, »Papagey federle« aufführt. Als in die Augen fallende bunte Blattpflanze spielte sie im Renaissance- und im Barockgarten eine große Rolle und war damals weit verbreitet. Später ließ das Interesse an dieser Art jedoch erheblich nach. Sie ist heute bei uns fast nur noch in Botanischen Gärten zu sehen.

Vom Garten-Fuchsschwanz mit seinen vom Grunde an hängenden Blütenständen unterscheidet sich der **Rispen-Fuchsschwanz** (*A. cruentus* L., syn. *A.*

paniculatus L.) durch seine aufrechten Blütenstände. Auch für diese Art wurde früher meist Indien als Heimat angegeben, doch belegen Samenfunde aus der Zeit um 3000 v. Chr. aus Mexiko ihre mittelamerikanische Herkunft. Dort in Amerika wurde die Art schon seit altersher als Körnerfrucht kultiviert. Man nimmt heute an, daß sie erst Anfang des 19. Jhs. über Asien nach Europa gekommen ist. Zu beachten ist jedoch, daß bereits der Hortus Eystettensis 1613 unter dem Namen *Amaranthus maior panniculis rubris* eine *Amaranthus*-Art mit aufrecht stehenden purpurroten Blütenständen abbildet. Gerard Aymonin (1988) meint, es müsse sich dabei wohl um *A. paniculatus* handeln. In Frage kommt freilich auch die hinsichtlich Farbe und Form des Blütenstandes sehr variable convar. *erythrostachys* des **Bastard-Fuchsschwanzes** (*A. hybridus* L. em. Robins) aus Mittelamerika, welche früher ebenfalls als Zierpflanze gezogen wurde. Das Gothaer Herbar des Caspar Ratzenberger belegt das Vorhandensein dieser Art in Deutschland bereits für 1598. Der Rispen-Fuchsschwanz läßt sich in Europa eindeutig erst Mitte des 18. Jhs. nachweisen. 1755 zog man ihn im Botanischen Garten in Uppsala, wo ihn Linnaeus 1759 als *A. cruentus*, 1763 aber teils als *A. paniculatus*, teils als *A. sanguineus* beschrieb. Unter letzterem Namen kultivierte man ihn 1808 im Botanischen Garten Berlin. Im 19. Jh. wurde er in Deutschland zu einer häufigen Gartenzierpflanze.

Den Namen Amaranth, der von Linnaeus auch für die heutigen Gattungen *Celosia* und *Gomphrena* verwendet wurde, erklärt Elsholtz in seinem Gartenbaubuch wie folgt: »Das Wort Amaranth heisset Unverwelklich: nicht daß die Blumen dieser Gewächse nicht sollten gleich anderen verwelcken: sondern weil sie ihre Purpurfarbe behalten, auch wenn sie trucken worden/den gantzen Winter durch: ja wan sie alsdan nur ein wenig in Wasser geleget werden/so bekommen sie die Höhe ihrer lebhaften Farbe so schön wieder/als wan sie allererst abgebrochen wären.« Die antiken Autoren haben mit gr. *amarantos* bzw. lat. *amarantus* freilich nicht die oben genannten Arten bezeichnet, sondern einen gelbblühenden Korbblütler, den man als Trockenblume verwenden konnte (*Helichrysum stoechas* (L.) DC. oder *Achillea ageratum* L.).

Amberboa moschata (L.) DC. (*Centaurea moschata* L.) Moschus-Flockenblume

Die aus dem Vorderen Orient stammende einjährige Art gelangte zuerst nach England, wo sie 1629 John Parkinson in seinem Gartenbuch Paradisi in sole, Paradisus terrestris als *Cyanus floridus Turcicus* abbildete und beschrieb und dazu bemerkte, er habe sie erst vor kurzem aus Konstantinopel erhalten. Ihre Blüte war »of a fine delayed purple or blush colour«, »von einer sehr entzükkenden purpurroten oder bläulichen Farbe«. 1651 wuchs sie im herzoglich braunschweigischen Garten zu Hessem in einer weißen Form als *Cyanus Indicus albo flore*. Das 1659/60 angefertigte, unvollendet und unveröffentlicht gebliebene Abbildungswerk neuer Gartepflanzen des kurfürstlich brandenburgischen Lustgartens zu Cölln an der Spree enthält auf Blatt 18 Abbildungen der purpurroten und der weißen Farbform (*Cyanus Turcicus purpureus* und *C. Turcicus albus*). In seiner 1663 gedruckten Flora Marchica verzeichnet Elsholtz bereits 3 Spielarten: ganz weiß, ganz purpurfarben und weiß mit purpurnem Grund, wobei die Art diesmal als *Cyanus flore pleno, odore zibethi*, »Gefüllte Kornblume nach Zibeth riechend« bezeichnet ist, zugleich aber angegeben wird, daß sie sonst auch *Cyanus Orientalis, aut Indicus, aut Turcicus odoratissimus* genannt werde. Unter denselben lateinischen Namen, jedoch mit dem deutschen Namen »Bisam = blume« führt sie Elsholtz dann auch im Kapitel »Zaserich Sommer = Gewächse« seines Gartenbaubuches auf und bemerkt dazu, die Aussaat solle »im Frühling umb das volle Licht geschehen«, und empfiehlt, die Samen der einzelnen Farbformen getrennt einzusammeln und aufzubewahren, »damit man bey der folgenden Aussaat von der einen nicht zu viel/und von der andern nicht zu wenig habe«. Als duftende Sommerblume mit mehreren Farbformen gelangte die Moschus-Flokkenblume damals zu großer Beliebtheit und war alsbald überall in den Gärten anzutreffen. So war sie gegen Ende des 17. Jhs. in Schlesien offenbar bereits häufig (Schube 1911). 1724 notierte der Arzt Johann Caspar Gemeinhardt in den Gärten des Oberlausitzer Städtchens Lauban vom *Cyanus floridus, odoratus, Turcicus sive Orientalis major, Cyanos moschatos vulgo*, »Bisenknopff« die drei Farbsorten purpur, gelb und weiß. 1736 war die dort in Trebnitz bei Seelow und 1746 im Krauseschen Garten in Berlin in den vier Farben purpur, weiß, fleischfarben und gelb vertreten. 1753 verteilte Linnaeus die genannten Formen auf seine beiden Arten *Centaurea moschata* und *C. suaveolens*, die jedoch später wieder vereinigt wurden. Neuerdings faßt man die gelbblühenden Pflanzen jedoch vielfach wieder als eigene Art auf (*A. amberboi* (L.) Tzvel.) 1838 überführte Augustin Pyramus de Candolle (1778 - 1841) die Moschus-Flockenblumen in die 1832 von Christian Friedrich Lessing begründete Gattung *Amberboa* (zu franz. amberboi, »Ambra«). Auch im 19. Jh. blieben sie beliebte und häufige Gartenblumen. Durch Auslese und Kreuzungen der einzelnen Formen erzielte man die als cv. 'Imperialis' bezeichneten größeren Gartensorten. Gegenüber früher sind sie in den heutigen Gärten aber deutlich seltener.

Ammobium alatum R. Br.
Papierknöpfchen

Die im östlichen Australien (Neusüdwales) heimische Art wurde 1822 in England eingeführt und kam wenig später auch nach Deutschland. Bei uns zog man die in ihrer Heimat mehrjährige Pflanze als einjährige Sommerblume. Als Trokkenblume wurde die Art alsbald sehr beliebt. »Man benutzt die niedlichen Blumen zu Immortellen = Kränzen«, heißt es 1843 im Gartenfreund (6. Aufl.). Daß die anspruchslose Art selbst in den abgelegensten Bauerngärten zu finden war, belegt der um 1880 im Spreewald aufgezeichnete, aufgrund der Form der verzweigten Blütensprossen entstandene

*III. GNAPHALIUM LATI-
folium peregrinum. *

Anaphalis margaritacea **(L.) Benth. et Hook.f.** Großes Perlkörbchen, Matthiolus/Bauhin 1598

niedersorbische Volksname jeleńecy rog, »Hirschgeweih«. Aus der ursprünglichen Wildform entwickelten die Saatzuchtbetriebe damals die größerblütige Gartenform 'Grandiflorum'. Heute ist die Art jedoch nur noch selten zu sehen.

Anaphalis DC. Perlkörbchen

Als eine der ersten nordamerikanischen Stauden wurde das vom östlichen Nordamerika bis Nordostasien verbreitete **Große Perlkörbchen** (*A. margaritacea* (L.) Benth. et Hook.) in Europa eingeführt. Zuerst gelangte die Pflanze nach England, von wo sie der Londoner Kanzler Richard Garth unter dem Namen *Gnaphalium Americanum* im Jahre 1580 an den damals in Wien tätigen Carolus Clusius schickte. Dieser beschrieb sie in seinem 1583 erschienenen Buch über die seltenen Pflanzen Österreichs und Ungarns und meinte, man könne sie *argyrokome* (»silberhaarig«) nennen. 8 Jahre später übersandte ihm aus England der Apotheker James Garet Rhizome dieser Art, die aus Amerika gekommen waren. Clusius hat sie dann offenbar in seinem Garten kultiviert. Jedenfalls bringt er 1601 in seinem Werk über seltene Pflanzen nicht nur eine eingehende Beschreibung, sondern auch eine schöne Abbildung des *Gnaphalium Americanum*. Joachim Burser, ein Schüler Caspar Bauhins, sammelte die Art Anfang des 17. Jhs. (wohl 1614 o. 1615) im Bauhinschen Garten in Basel und gab an, ein Pariser Apotheker habe sie aus Brasilien mitgebracht. Die Angabe »ex Brasilia« ist jedoch zweifellos falsch. Wahrscheinlich waren diese Exemplare aus den damaligen französischen Kolonien im Osten Nordamerikas gekommen. Zur gleichen Zeit wurde die Art auch in dem von Bauhins Bruder Johann betreuten herzoglich württembergischen Garten in Mömpelgard (Montbéliard/Frankreich, damals württembergischer Besitz) gezogen. Relativ schnell verbreitete sich die Art nunmehr auch in den deutschen Gärten. 1613 führte sie der Hortus Eystettensis als *Gnaphalium latifolium peregrinum*, »Fremd Ruhr-Kraut« auf. Zwischen 1607 und 1630 war sie als *Gnaphalium Americanum latifolium* im herzoglich braunschweigischen Garten zu Hessem vertreten. 1649 wuchs die Art im fürstlichen Garten in Kiel als »Weiß Ruhrkraudt« und 1655 im herzoglich schleswigschen Garten zu Gottorf als *Gnaphalium flore albo pleno*. 1663 war sie als »Americanisch Ruhrkraut« auch in den berlin-brandenburgischen Gärten vorhanden. Dort gab es wegen der Winterhärte dieser Staude zunächst Bedenken, denn in seinem Gartenbaubuch zählt Elsholtz (1684) die Pflanze zu dem »Schirm = Gewächß von Blumwerck«. Elsholtz beschreibt die Art und deren Vermehrung: »Dieses ist mit weisser Wolle überzogen/wie unser gemein Ruhr = Kraut/ist aber im übrigen an Grösse/Blättern und Blumen ein merklicher Unterscheid. Man muß davon ein Pfläntzlein zu überkommen sich bemühen/dessen Wurtzel setzet in der Erden neue Zasern/daraus jährlich junge Stengel an den Seiten herfür lauffen: und kan also durch Abreissung derselben diß Gewächß leicht beybehalten und fortgepflantzet werden.« Der merkliche Unterschied zu dem Ruhrkraut führte dazu, daß Tournefort (1700) und ebenso Ruppius (1718) die Art als *Elichrysum Americanum latifolium* zu den Strohblumen versetzten. Linnaeus stellte das Perlkörbchen dann aber wieder als *Gnaphalium margaritaceum* zu den Ruhrkräutern. Später finden wir es auch in der Gattung *Antennaria*, Katzenpfötchen. Erst der englische Botaniker George Bentham ordnete die Art dann der 1837 von Augustin Pyramus de Candolle geschaffenen neuen Gattung *Anaphalis* zu, deren Bezeichnung durch Umstellung des Namens *Gnaphalium* künstlich gebildet wurde. Im 18. Jh. war das Große Perlkörbchen wegen seines wuchernden Wachstums und seiner leichten Vermehrbarkeit zu einer allgemein verbreiteten Zierpflanze geworden, die kaum in einem Garten fehlte und auch gern auf Friedhöfen gepflanzt wurde. Gleditsch nennt es 1773 »die große breit- und spitzblättrige Reinblumenstaude mit perlfarbenen Blumenknöpfen«, charakterisiert es als ein sehr beliebtes und hartes Staudengewächs und empfiehlt es für »etwas trockne Oerter«. Im 19. Jh. wurde die Art hier und da auch schon verwildert angetroffen, heute ist sie in Nordeuropa stellenweise eingebürgert.

Als weitere Art wurde 1824 das **Dreinervige Perlkörbchen** (*A. triplinervis* (Sims) Sims et Clarke) aus dem Himalaya nach England eingeführt. Seit der Mitte des 19. Jhs. erscheint es dann auch in zunehmendem Maße in deutschen Gärten und fand aufgrund seines niedrigen Wuchses seinen Platz vor allem im Steingarten. »Sie ist eine der schönsten Arten«, schrieb Karl Foerster in seinem Steingartenbuch, während er die alte *A. margaritacea* lediglich noch »zur Kompostbereitung« empfiehlt, gewiß ein zu hartes Urteil über diese altbewährte robuste Art.

Anemone japonica Honorine Jobert.

Anemone hupehensis (Lemoine) Lemoine
Japan-Anemone, Rümpler 1890

Anemone L. Windröschen, Anemone

Das auch in Mitteleuropa in Steppenrasen und wärmeliebenden Saumgesellschaften vorkommende, jedoch insgesamt seltene und streckenweise völlig fehlende **Große Windröschen** (*A. sylvestris* L.) wurde seit Ausgang des 16. Jhs. hier und da in Gartenkultur genommen. So finden wir es 1613 im fürstbischöflichen Garten von Eichstädt und 1630 im herzoglich braunschweigischen Garten zu Hessem. Hingegen kennt es Elsholtz 1663 und auch noch 1684 aus Berlin und Brandenburg lediglich als Wildpflanze. Dort kam es u.a. auf den Rüdersdorfer Kalkbergen vor und wurde deshalb in Berlin vielfach »Rüdersdorfer Anemone« genannt. Erst 1773 berichtet Gleditsch, diese Anemone werde nunmehr auch hier »wegen ihrer großen schneeweißen Blumen« als Gartenpflanze gezogen, zumal sie ohne menschliche Pflege in hohen, trockenen, steinigen, kalkigen und sandigen Böden gedeihen könne. Insgesamt war das Große Windröschen als Zierpflanze jedoch nicht sehr häufig. Durch Auslese entstand die höherwüchsige und größerblütige Sorte 'Macrantha'. Eine gefüllte Form ist seit mindestens 1837 bekannt.

Erst in den neunziger Jahren des 19. Jhs. kam das in Südeuropa, Kleinasien und dem Kaukasus heimische **Reizende Windröschen** (*A. blanda* Schott et Kotschy) nach Deutschland, eingeführt durch die Gärtner und Pflanzensammler Max Leichtlin in Baden-Baden und Walter Siehe in Izmir/Türkei. In der Gartenkultur entstanden von der ursprünglich weiß- oder blaublühenden Art zahlreiche Farbformen und Sorten. Obwohl diese in Form von Knollen alljährlich in großer Zahl und relativ preisgünstig vom Handel angeboten werden, ist das Reizende Windröschen wegen seiner mangelnden Winterfestigkeit hierzulande im allgemeinen nur wenig zu sehen.

1827 entdeckte Lady S. Amherst, die botanisch sehr interessierte Gattin des britischen Generalgouverneurs von Indien, auf einer Reise in den Himalaya die **Weinblättrige Anemone** (*A. vitifolia* Buch.-Ham.). 1828 brachte sie Samen davon nach England, aus denen im folgenden Jahr Pflanzen angezogen und in Gartenkultur genommen wurden. 1867 wird diese Art auch für Norddeutschland als Gartenpflanze verzeichnet.

Die nahestehende **Filzige Anemone** (*A. tomentosa* (Maxim.) C. P'ei) aus Nordchina wurde 1909 durch William Purdom und 1914 durch Reginald Farrer in England eingeführt. Zunächst betrachtete man sie als Varietät von *A. vitifolia*. Erst der chinesische Botaniker P'ei Chien erkannte ihr 1933 Artrang zu. Als winterhärteste und robusteste der hochwüchsigen Anemonen wird sie nunmehr auch in Deutschland in zunehmender Menge als spätsommer- bis frühherbstblühende Staude in den Gärten angetroffen.

Die **Japan-Anemone** (*A. hupehensis* (Lemoine) Lemoine) wurde in China bereits seit langer Zeit als Zierpflanze kultiviert und kam als solche auch nach Japan. Von dort erwähnt sie zuerst der deutsche Arzt Andreas Cleyer, der von 1682 bis 1686 in der Handelsniederlassung der Niederländischen Ostindien-Kompanie in Nagasaki tätig war, und 1784 beschrieb sie der schwedische Botaniker Carl Peter Thunberg, ein Schüler von Linnaeus, in seiner Flora Japonica. Aber Pflanzen gelangten damals noch nicht nach Europa. Erst 1844 sandte der englische Botaniker Robert Fortune (1812 - 1880), der auf seiner ersten Chinareise (1843 -1846) in der Nähe von Shanghai auf diese Art gestoßen war, lebende Exemplare nach England. Von dort aus kam die Japan-Anemone auf das europäische Festland. 1855 läßt sie sich für Deutschland als Gartenpflanze belegen. In Frankreich entstanden bereits 1847 durch Kreuzungen mit *A. vitifolia* die **Herbst-Anemonen** (*A.* x *hybrida* Paxt.), von denen es inzwischen eine ganze Anzahl von Sorten mit einfachen oder halbgefüllten, weißen, rosa und purpurroten Blüten gibt, so z.B. die 1858 in der Gärtnerei von M. Jobert in Verdun erzielte, 1863 in den Handel gekommene weißblühende Sorte 'Honorine Jobert'.

***Anemone coronaria* L.** Kronen-Anemone, ***A. hortensis* L.** Garten-Anemone, Matthiolus/ Bauhin 1598

Die im Mittelmeergebiet und Westasien heimischen, knollenbesitzenden Arten der Anemone-Coronaria-Gruppe, insbesondere die **Kronen-Anemone** (*A. coronaria* L.) und die **Pfauen-Anemone** (*A. pavonina* Lam.) sowie die zwischen beiden entstandene Hybride *A.* x *fulgens* Gay wurden dort bereits seit altersher auch als Gartenblumen gezogen. Gartenformen dieser Sippen kamen Ende des 16. Jhs. aus türkischen Gärten, aus Italien und Südfrankreich nach Mittel- und Westeuropa. Die Abbildungen in den Pemptades von Rembert Dodonaeus (1583) und in dem 1586 erschienenen Epitome von Matthiolus/Camerarius stellen offenbar noch Wildpflanzen aus Italien dar. Bereits im Garten gezogen wurde in Deutschland die *Anemone flore incarnato, radice tuberosa*, zu deutsch Anemonenröschen, welche das um 1590 entstandene sogenannte Camerarius-Florilegium farbig abbildete. 1594 zog Laurentius Scholz in seinem Breslauer Garten 2 Sippen, eine *Anemone coccineo flore* und eine *Anemone tuberosa geranifolia coerulea.* In der 1. Hälfte des 17. Jhs. kannte man dann schon zahlreiche Formen und Sorten, welche zu den Prachtpflanzen der Barockgärten gehörten. Wegen ihrer geringen Winterfestigkeit erforderten sie freilich besondere Pflege und blieben daher zumeist auf Botanische, Adels- und Liebhaber-Gärten beschränkt. Im herzoglich braunschweigischen Garten zu Hessem wurden 1630 bereits 22 Formen dieser Anemonen mit einfachen und mit gefüllten Blüten in weißen, roten und violetten Farbtönen kultiviert, dazu eine gefüllte Form der gelbblühenden *A. palmata* L. aus dem westlichen Mittelmeergebiet, von welcher 1613 der Hortus Eystettensis eine farbige Abbildung brachte. Bis zum Jahre 1651 kamen in Hessem 12 weitere Formen hinzu. In seinem Gartenbaubuch (1684) rechnete Elsholtz in Berlin diese Anemonen zum »Schirm=Gewächß von Blumwerck« und nennt auch schon einige (meist französische) Namensorten. Seine sehr ausführlichen Kulturhinweise enden mit dem Satz: »Schließlich hat die Erfahrung gelehret/ daß in warmen Gärten so zwischen Gebäwden liegen/ und bey gelinden Wintern/ die Anemonen auch unter unserm Climate im offenen Lande keinen Schaden leiden: jedoch ist nicht allzeit zu trawen/ sondern man sol zum wenigsten die Helffte der Wurtzeln außheben/ und im Gemach überwintern lassen/ die aber im Garten gelassen/ bedecken.«

Auch in den folgenden Jahrhunderten wurden diese Garten-Anemonen in Holland züchterisch weiterentwickelt, vermehrt und versandt, in Deutschland vielerorts als Zierpflanzen gezogen. Wegen ihrer Frostempfindlichkeit und geringen Dauerhaftigkeit haben sie hierzulande allerdings kaum irgendwo den Status einer bleibenden Gartenblume erreichen können. Meist werden sie von Gartenbaubetrieben unter Glas kultiviert und als Schnitt- oder Topfblumen in den Handel gebracht.

Anthemis L. Hundskamille

West- und Südwesteuropa sowie Nordwestafrika sind die ursprüngliche Heimat der **Römischen Kamille** (*A. nobilis* L., syn. *Chamaemelum nobile* (L.) All.). Als Heil- und Zierpflanze ist die Art in ihren Heimatgebieten offenbar schon im Mittelalter in Gartenkultur genommen worden und gelangte dadurch auch nach Italien, wo sie ursprünglich nicht heimisch war. Von dort aus, worauf ihre deutschen Namen Römische Kamille und Welsche Kamille hindeuten, kam sie im 16. Jh. auch nach Deutschland. Hier wird sie erstmals im Kräuterbuch von Hieronymus Bock (1539) als Edel Chamill erwähnt. Sie breitete sich in den deutschen Gärten rasch aus und wurde bis in das 19. Jh. hinein überall häufig angebaut. Als Arzneipflanze fand sie als schmerzstillendes, krampflösendes, entzündungshemmendes, schweißtreibendes, magenstärkendes, fiebersenkendes und blähungswidriges Mittel vielfache Verwendung. Auch diente sie zum Blondieren der Haare. Die Form mit gefüllten Blüten wurde erstmals 1570 von dem niederländischen Botaniker Matthias Lobelius (1538–1616) beschrieben und abgebildet. Der dort verwendete Name *Leucanthemum niveum Anglorum flore multiplici* deutet darauf hin, daß diese Form in England entstanden ist. Eine Abbildung der gefüllten Form enthält auch der 1586 in Frankfurt/Main erschienene Epitome von Matthiolus/Camerarius, und zwar unter dem Namen *Chamaemelum Romanum flore multiplici*. Im Text dazu heißt es, sie sei in den Gärten Deutschlands sehr bekannt. In der Tat wird sie hier fortan, neben der einfach blühenden Form, in fast allen Gartenverzeichnissen aufgeführt. 1773 kennzeichnet sie Gleditsch als »ein niedriges beständiges und sehr gutes Arzeneygewächse, welches sich eines gewürzhaften Geruchs halber von selbsten empfielet«, und schreibt dann weiter: »An etlichen Orten werden besondere Stücken damit angeleget, welche wenn man darauf gehet oder sich niederlässet, einen sehr angenehmen stärkenden Geruch vor geschwächte Personen von sich geben.« Die gefüllte Form der Römischen Kamille diente aber stets auch als Zierpflanze und wurde vor allem zur Einfassung von Rabatten verwendet. Im Laufe des 19. Jhs. wurde die Art in den Gärten seltener. So schreibt Ascherson 1864, sie werde nur noch hier und da einzeln als Arzneipflanze gezogen. Als solche ist sie heute aus unseren Gärten völlig verschwunden. Die gefüllte Form fand ihren Platz jedoch im Steingarten, wo sie frischgrüne Polster bildet.

Eine Steingartenpflanze ist heute auch die **Goldkamille** oder **Silberfeder** (*A. marschalliana* Willd., syn. *A. biebersteiniana* (Adam) Boiss.), welche Karl Foerster in seinem Steingartenbuch preist: »Nie genug kann das Silberfiligran dieser zuverlässigen Staude gefeiert werden, aus der dann erstaunlicherweise wundervolle Goldmargaritenblüten steigen.« Sie stammt aus Kleinasien und dem Kaukasus. Johann Friedrich Adam entdeckte sie in Felsspalten in Ossetien und beschrieb sie 1805 als *Chrysanthemum biebersteinianum*. Nach Deutschland kam die Art, inzwischen von Willdenow zur Gattung *Anthemis* gestellt, offenbar erst in der 2. Hälfte des 19. Jhs.

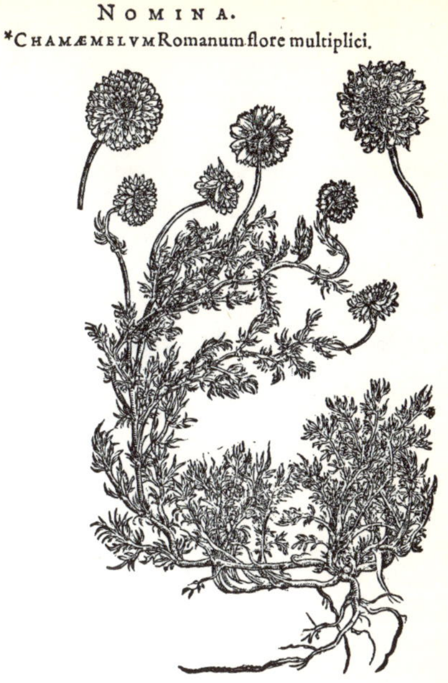

***Anthemis nobilis* L.** Römische Kamille, Matthiolus/Camerarius 1586

Antirrhinum majus L. Garten-Löwenmaul, Dodonaeus 1583

Antirrhinum majus L. Garten-Löwenmaul

Die Heimat des **Garten-Löwenmauls** liegt im westlichen Mittelmeergebiet, wo es in Felsspalten und im Schotter der Flüsse wächst. Die trüb purpurroten Blüten der Wildform stehen in armblütigen Trauben. Mitte des 16. Jhs. kam die Art als Zierpflanze nach Deutschland, wo sie 1561 in den Gärten von Pflanzenliebhabern bereits recht verbreitet war. Allerdings handelte es sich fast überall um die Wildform bzw. eine dieser nahestehende Primitivsorte mit purpurnen Blüten, während Abänderungen mit gelben, weißen, roten oder rosa Blüten noch außerordentlich selten waren. Um 1570 war die Art z.B. im Leuschnerschen Garten in Meißen als *Antirrhinum*, Welscher Orant nur in einer roten und in einer weißen Form vertreten. Nach und nach nahmen diese Farbformen aber immer mehr zu. Im fürstbischöflichen Garten von Eichstädt zählte man 1613 bereits 5 Farbensorten: weiß, rot, weiß mit rotem Saum, weiß mit gelbem Saum und weiß mit rötlichem Saum. Wie die Abbildungen zeigen, waren diese Formen aber noch allesamt relativ wenigblütig. Bis zum Beginn des 19. Jhs. stieg die Zahl der Farbformen weiter an. Es gab sie damals vom dunkelsten bis zum hellsten Rot, in Gelb, Weiß und zwei- oder mehrfarbig bunt, auch gefüllt. Auch existierte eine Form mit panaschierten Blättern. Obwohl durch Auslese bereits farbkräftigere und reicherblütige Formen entstanden waren, setzte die eigentliche Züchtung erst im 19. Jh. ein. Durch intensives züchterisches Wirken entstand eine Vielzahl von Sorten mit großen, in dichten Trauben zusammenstehenden Blüten, deren Farbspiel zahlreiche gelbe, rosa- und lachsfarbene, rote, orange- und bronzefarbene Farbtöne wie auch reines und unterschiedlich farbig abgestuftes Weiß umfaßt. Es gibt einfache und gefüllte Sorten, solche mit radiären Blüten und solche, deren Blütenstände denen der Hyazinthen ähneln. Nach der Wuchshöhe unterscheidet man Hohe Sorten (Maximum-Gruppe), Halbhohe Sorten (Nanum-Grandiflorum- und Nanum-Maximum-Gruppe) und Niedrige Sorten (Pumilum-Gruppe, Zwerg-Löwenmaul).

Der wissenschaftliche Gattungsname geht auf den bereits von antiken Autoren (Theophrast, Dioskurides, Plinius) für diese oder eine andere Rachenblütler-Art gebrauchten Namen *antirrhinon* (»nasenähnlich«) zurück, der sich auf die Form der reifen Fruchtkapsel bezieht. Die zweilippige, sich bei Fingerdruck öffnende Rachenblüte war Anlaß für den deutschen Namen, der bereits im Epitome von Matthiolus/Camerarius (1586) und im Hortus Eystettensis (1613) als »Löwenmäuler« sowie bei Elsholtz (1663, 1684) als »Löwenmaul« erscheint, aber recht eigentlich erst im 18. Jh. in Gebrauch kam. Vordem nannte man die Art im Deutschen meist Orant, welcher Name sonst das in Deutschland wildwachsende Feldlöwenmaul (*Misopates orontium* (L.) Rafin.), aber auch verschiedene andere Pflanzen, die für zauberische Zwecke verwendet wurden, bezeichnete.

Aquileia multiplici flore.

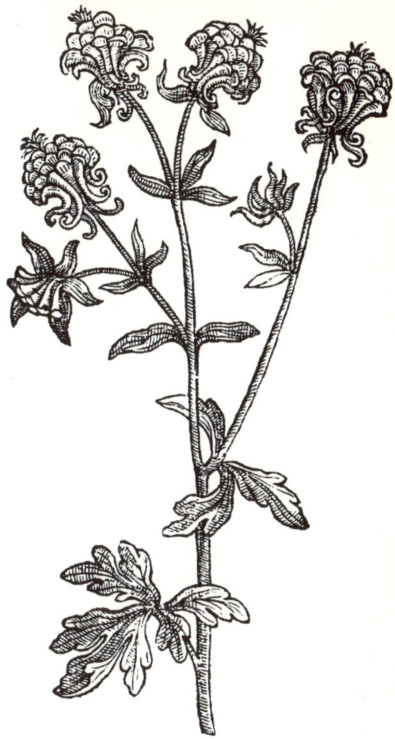

Aquilegia vulgaris L. Gefülltblühende Akelei, Dodonaeus 1583

Aquilegia L. Akelei

Die heimische **Gemeine Akelei** (*A. vulgaris* L.), deren Areal sich über ganz West-, Mittel- und Südeuropa bis hin nach Nordwestafrika und das westliche Osteuropa erstreckt und die in Deutschland vor allem im Bergland vorkommt, wurde schon im Mittelalter in die Gärten geholt. Anfang des 15. Jhs. erscheint sie auf dem von einem oberrheinischen Meister um 1410 gemalten »Paradiesgärtlein«. Die Pflanze war dem mittelalterlichen Menschen heilig und wurde daher auf vielen Gemälden dargestellt. 1539 berichtet Hieronymus Bock in seinem Kreutterbuch von den »Agleyblumen«: »Das Agleykraut wachßt gemeinlich in unsern Landen in den Gärten. Man findts aber auch in den Wäldern die inn der höhe ligen.« Ähnlich äußert sich auch Leonhart Fuchs 1543, der außerdem berichtet, daß neben der gewöhnlichen blaublühenden Form gelegentlich Pflanzen mit

Aquilegia vulgaris L. Gemeine Akelei mit einfachen Blüten, Dodonaeus 1583

weißen und rotvioletten Blüten aufträten. 1561 wird in Gessners Aufstellung der deutschen Gartenpflanzen erstmals auch eine gefüllte Form erwähnt. In der Folgezeit nahm die Zahl der Spielarten ständig zu. 1594 verzeichnet Franke aus den Lausitzen 7 Formen: 5 einfache mit blauen, weißen, purpurnen, gescheckten und mit fleischfarbenen Blüten, eine gefüllte Form und eine Abnormität »mit grünlichten unartigen Blumen«. Der Höhepunkt der Formenmannigfaltigkeit wird 1613 im Hortus Eystettensis erreicht, in dem 12 Formen abgebildet werden, darunter 7 Formen mit gefüllten (»vollen«) und 4 mit spornlosen sternförmigen Blüten (*A. stellata*). Auch in der Folgezeit blieb die Akelei mit ihren vielerlei Formen und Farben eine außerordentlich beliebte Zierpflanze, die kaum in einem Garten fehlte und hier und da auch verwilderte. Obwohl sie Carl Bolle um 1900 zu den altmodischen Blumen zählte, ist die Gemeine Akelei auch heute noch eine häufige Gartenblume, wobei manche der früheren Formen heute selten geworden sind.

Neben dieser Art sieht man in den Gärten jetzt vielfach die langspornigen **Schmetterlings-Akeleien**. Es handelt sich dabei um Hybriden, die aus der Kreuzung der in den Rocky Mountains heimischen blau-weißblühenden *A. coerulea* James mit anderen langspornigen nordamerikanischen Arten, insbesondere der *A. chrysantha* A. Gray aus den südlichen Rocky Mountains mit hellgelben Blüten und der *A. canadensis* L. aus der Osthälfte Nordamerikas mit scharlachrot-gelben Blüten, hervorgingen. Von diesen Arten kam *A. canadensis* aus den damaligen französischen Kolonien in Kanada um 1630 nach Frankreich, wo sie 1635 von Jacques Cornut als *Aquilegia pumila praecox canadensis* beschrieben und abgebildet wurde. In deutschen Gärten konnte sie jedoch erst nach 1800 Fuß fassen. Sehr viel später entdeckte man die Akelei-Arten der Rocky Mountains. Sie wurden zunächst in England eingeführt, und zwar *A. skinneri* Hook. 1840, *A. coerulea* 1843 und *A. chrysantha* erst 1873. Bereits im letzten Quartal des 19. Jhs. begann die Züchtung, zuerst in

England und Deutschland, später vor allem in Nordamerika. Wichtigste Gruppen dieser langspornigen Akelei-Hybriden sind die 'Mrs. Scott Elliott-Hybriden' und die 'Mc Kana's-Hybriden'.

Arabis caucasica Schlechtend. *(A. albida* Stev. ex Fisch.*)* Kaukasus-Gänsekresse

Kurz nach 1800 entdeckte man diese Art, deren Gesamtareal sich vom Mittelmeergebiet bis Mittelasien erstreckt, im Kaukasus, wo sie auf Felsen wuchs. Marschall von Bieberstein ordnete sie in seiner Flora taurico-caucasica (1808) jedoch noch der arktisch-alpinen *A. alpina* L. zu. Bald darauf gelangte die Art an den Berliner Botanischen Garten, wo man ihre Eigenständigkeit erkannte. Diedrich Franz Leonhard von Schlechtendal beschrieb sie daher 1812 in den 1813 veröffentlichten Ergänzungen zur 1809 erschienenen Enumeratio Plantarum des Botanischen Gartens neu als *A. caucasica*. Aber auch in Rußland war man zu der Feststellung gelangt, daß es sich um eine eigene Art handele. Dort benannte sie Christian Steven in dem von Ludwig Fischer herausgegebenen Verzeichnis des gräflich Razumowskyschen Gartens in Gorenki bei Moskau *A. albida*. Vom Berliner Botanischen Garten aus verbreitete sich die Kaukasus-Gänsekresse schnell in Deutschland. So war sie 1815 in Kunersdorf bei Wriezen vorhanden, 1817 im Breiterschen Garten bei Leipzig, und Mitte des 19. Jhs. bereits eine allgemein häufige und beliebte Zierpflanze. Meist benutzte man sie damals zu Einfassungen. 1856 empfahl sie Eduard Regel für das Alpinum, und als Pflanze der Steingärten und Trockenmauern erlangte sie alsbald wachsende Bedeutung. Stellenweise kam es in Mitteleuropa zu Verwilderungen in Bruchsteinmauern, vereinzelt auch an Felsen. So ist sie im Mittelrheingebiet auf und an Mauern häufig (Adolphi 1995). Der Verfasser beobachtete sie an der Mauer des ehemaligen Klosters in Willebadessen/Westfalen. In den Gärten traten an die Stelle der Wildform seit Mitte des 19. Jhs. durch Auslese entstandene kompakter wachsende und reicher blühende Sorten. Den Unterschied zwischen beiden beleuchtet instruktiv ein Foto in Pareys Blumengärtnerei (1931), das die arm- und lockerblütige Wildform neben einer größer, dichter und reichhaltiger blühenden Zuchtsorte zeigt. Die gefüllte Form (cv. 'Plena') entstand 1897 in Frankreich. Seit 1862 ist auch eine Form mit weiß panaschierten Blättern in Kultur, die man 1871 in der Gartenflora besonders für die damals in Mode gekommenen Teppichbeete empfahl. Aus der Kreuzung mit *A. aubretioides* Boiss. erzielte die Staudengärtnerei von Georg Arends in Ronsdorf 1914 die rosablühende *A.* x *arendsii*, von der es inzwischen mehrere Auslesen (z.B. cv. 'Rosabella') gibt.

Aristolochia macrophylla Lam. *(A. sipho* L'Herit.*)* Pfeifenwinde

Die im atlantischen Nordamerika im Appalachen-Gebirge von Pennsylvania und West-Virginia bis Georgia und

Alabama heimische holzige Schlingpflanze wurde von dem Quäker John Bartram gefunden, der als Farmer, Amateur-Arzt und Hobby-Botaniker am Schuylkill River bei Philadelphia lebte und dort einen Botanischen Garten angelegt hatte. 1761 sandte er Samen vom Ohio-Fluß an den Pflanzenliebhaber Peter Collinson in England. Dieser gab sie dem Gärtner James Gordon zur Aufzucht, der die Pflanze dann weiter verbreitete. Die bis dahin unbekannte Art wurde 1783 von dem französischen Botaniker Lamarck als *A. macrophylla* und im Jahr darauf von Charles Louis L'Héritier als *A. sipho* beschrieben. Ende des 18. Jhs. kam die Pflanze auch nach Deutschland, wo sie eine ziemlich rasche Ausbreitung erfuhr. Z.B. wuchs sie 1808 im Berliner Botanischen Garten, 1815 in Kunersdorf im Oderbruch, 1817 im Breiterschen Garten in Leipzig, und 1818 schrieb der mecklenburgische Pfarrer Wredow in seinem Gartenfreund: »Sie dienet vorzüglich schön zur Bekleidung der Mauern.« Vor allem verwendete man die Pflanze jedoch zur Berankung von Lauben. »Zwischen uns und dem Fluß aber wölbt sich eine hohe Laube von Pfeifenkraut«, heißt es 1859 bei der Beschreibung des Forsthauses Eiche im Spreewald in den Wanderungen von Theodor Fontane. In ihrer laubenumrankenden Funktion kann man die züchterisch nicht weiter bearbeitete Pfeifenwinde auch heute noch vielfach antreffen, wenngleich wohl nicht mehr so häufig wie früher.

Armeria maritima (Mill.) Willd. Grasnelke

Unsere **Gemeine Grasnelke** ist eine recht vielgestaltige Art mit mehreren Klein- bzw. Unterarten. Von diesen wächst die Strand-Grasnelke in Salzwiesen der Küste. Die Sand-Grasnelke ist eine Kennart von Schafschwingel-Sandtrockenrasen, und die Alpen-Grasnelke kommt in Magerrasen der Hochgebirge vor. Obwohl die Art bereits 1561 bei Petrus Coldenberg in Antwerpen als Gartenpflanze erscheint (Wein 1914), blieb sie in den deutschen Gärten noch lange Zeit recht selten. So wird sie z.B. 1630 für den herzoglich braunschweigischen Garten zu Hessem aufgeführt, während man sie in Brandenburg 50 Jahre später (Elsholtz 1684) und selbst noch Mitte des 18. Jhs. (von Bergen 1750, Gleditsch 1769) nur erst als Wildpflanze kannte. Erst im 19. Jh. gehörte sie in Deutschland zu den häufigeren Gartenpflanzen. »Sie empfiehlt sich in Blumengärten vorzüglich zur Einfassung der Beete«, schreibt Wredow 1818 in seinem Gartenfreund, und in dieser Rolle wird sie auch von weiteren Autoren des 19. Jhs. bestätigt. Ende des 19. Jhs. zählte Carl Bolle die Grasnelke zwar schon zu den altmodischen Gartenblumen und nennt sie eine »veraltete Einfassung«, schreibt aber auch, daß »wir jetzt eine lebhafte Varietät, *Laucheana*, besitzen, die der Art aufs neue Freunde verschafft«. Es handelte sich hierbei um die um 1875 in Deutschland entstandene großblumige tiefrosa Sorte 'Laucheana', benannt zu Ehren des damaligen Direktors der Gärtnerlehranstalt Potsdam-Wildpark Friedrich Wilhelm Georg Lauche (1827–

1883), eines bedeutenden Gärtners und Pflanzenzüchters. Aus ihr ging durch weitere Züchtung ein umfangreiches Sortiment hervor, so z.B. die 1957 von Nosbüsch erzielte Sorte 'Düsseldorfer Stolz'. Eine weißblühende Form wurde bereits 1687 in den Niederlanden kultiviert. Ausgangssippe für die Gartensorten war die Strand-Grasnelke, welche zuerst in den an Strandwiesen reichen Ländern Westeuropas (England, Niederlande) in Kultur genommen und dann von dort aus weiter verbreitet wurde.

Den Namen *Armeria* gebrauchte man ursprünglich für einige Nelkenarten (z.B. *Dianthus armeria*). Er soll nach Rembert Dodonaeus (1583) auf franz. armories, »Wappen« zurückgehen. Lange Zeit wurde die Grasnelke als *Caryophyllus montanus flore globoso* ebenfalls zu den Nelken gestellt. Tournefort (1700) brachte sie dann, verwandtschaftlich richtiger, beim Strandflieder (*Statice*) unter, welche Zuordnung auch Linnaeus (1753) beibehielt, bei dem unsere Art *Statice armeria* heißt. Die Aufstellung einer eigenen Gattung *Armeria* erfolgte erst 1809 durch Willdenow.

Aruncus sylvestris Kostel. (*A. dioicus* (Walt.) Fernald) Geißbart

Im Bergland Mitteleuropas, wo er in Hochstaudenfluren an Gebirgsbächen und in Schluchtwäldern vorkommt, ist der Geißbart schon im 16. Jh. hier und da als Zierpflanze in die Gärten geholt worden. So wuchs er unter dem von Hieronymus Bock geprägten Namen *Barba caprina* 1561 bereits seit mehreren Jahren im Gärtchen des Arztes und Naturforschers Konrad Gessner in Zürich. 1613 wurde er als *Barba capri* auch im fürstbischöflichen Garten in Eichstätt kultiviert. Anderswo kannte man ihn damals aber nur als Wildpflanze, und besonders in den Gärten des Flachlandes blieb er noch lange Zeit selten. Erst im 18. Jh. wurde er auch hier etwas häufiger, fand sich allerdings meist nur in Botanischen Gärten und in den Gärten von Liebhabern. Gleditsch (1773) bezeichnete ihn als »Der große Berg = Geißwedel« und lobt seine »Blumenähren, die die Gärten zieren«. Erst im 19. Jh. war der Geißbart dann eine bekannte Gartenpflanze, von der es auch eine Spielart mit gefüllten Blüten gab, welche als »sehr hübsch« bezeichnet wurde. 1889 entstand die Sorte 'Kneiffii', eine Zwergform mit kleineren Blättern. Freilich war die Art wegen ihrer hohen Ansprüche an die Bodenfeuchtigkeit keineswegs überall häufig. So schreibt z.B. 1864 Ascherson für Berlin und Brandenburg, die Art werde »bei uns nur seltener in Parks angepflanzt«.

Wie bereits vermerkt, bezeichneten die Botaniker des 16. und 17. Jhs. die Art meist als *Barba caprina* bzw. *Barba caprae*, das ist die wörtliche Übersetzung des deutschen Namens Geißbart. Tabernaemontanus (1588) übersetzte den deutschen Namen ins Griechische und nannte die Pflanze *Drymopogon*. Linnaeus holte den antiken Namen *Aruncus* (zu gr. áryggos, »Ziegenbart«) hervor und bezeichnete den Geißbart zunächst 1737 im Hortus Cliffortianus als *Aruncus Barba caprae*, stellte ihn aber 1753 als *Spiraea Aruncus* zur Gattung *Spiraea*. Unter dem Linnéschen Namen erscheint die Art

***Asphodeline lutea* (L.) Rchb.** Junkerlilie, Matthiolus/Camerarius 1586

dann bis zur Mitte des 19. Jhs. (und z.T. auch darüber hinaus) in Floren und Pflanzenverzeichnissen. Die heute gültige Einordnung in die Gattung *Aruncus* besorgte 1844 der tschechische Botaniker Vincenz Franz Kosteletzky.

Asphodeline lutea (L.) Rchb. Junkerlilie

Die im Mittelmeergebiet und Vorderasien in Gesteinsfluren heimische Art war offenbar bereits den antiken Autoren bekannt, kam aber erst zur Zeit der Renaissance aus Italien nach Deutschland. Zuerst nannte man sie hier mit ihrem lateinischen Namen *Hastula regia*, »Königsspießlein«, dann aber setzte sich der griechische Name *Asphodelus* durch, wobei diese Art wegen ihrer gelben Blüten und gelben Wurzeln als *Asphodelus luteus* bezeichnet wurde. Auch Linnaeus behielt 1753 diesen Namen bei, bis der Dresdener Botanikprofessor Heinrich Gottlieb Ludwig Reichenbach der Art 1830, als er sie aus der Gattung *Asphodelus* herausnahm, den heute gültigen wissenschaftlichen Namen gab. Zuerst war die Art in Deutschland noch recht selten. Konrad Gessner lernte sie zuerst in Basel im Garten von Zwingger kennen. 1561 zog er sie – neben 2 anderen *Asphodelus*-Arten – dann auch selbst in seinem Garten in Zürich. Nunmehr breitete sich die Pflanze ziemlich rasch aus. Schon 1586 charakterisierte sie Camerarius als bekannte Gartenpflanze (»Hortis est familiaris«). Die »Affodilwurtz« war damals nicht nur Zierpflanze, sondern auch Heilpflanze. Ihre Wurzel diente als harntreibendes Mittel. 1684 gab Elsholtz in seinem Gartenbau erste Kulturhinweise: »Diese (Pflanzen) werden durch Zerreissung ihrer Wurtzeln insgemein fortgebracht/bedürfen nachmals keiner sorgfältigen Wartung: sondern halten sich leicht/und mehren sich jährlich in der Erden mit neuen Knollen.« 1773 beschreibt Gleditsch die Goldwurz oder Gelbe Affodilenwurzel als »ein schönes und dauerhaftes Staudengewächse in weitläufigen Lustgärten, wo es seine prächtigen Blumenähren auf einem drey oder vier Fuß hohen Stengel zu Ende des Frühlinges bringt ... Die gemeinen Gärtner nennen das Gewächse, des Stengels halber, Peitschenstock.« Auch im 19. Jh. blieb die nunmehr Junkerlilie genannte Art eine weitverbreitete Gartenpflanze, erfuhr jedoch keine züchterische Weiterentwicklung. Nur eine Form mit gefüllten Blüten wurde gelegentlich kultiviert. Im 20. Jh. empfiehlt Karl Foerster (1874 – 1970) in seinem Gartenbaubuch den Gelben Affodill als eine unverwüstliche, langlebige Blütenstaude, »wenn seine Ansprüche an vollsonnige Lage und etwas kalkhaltigen bis neutralen Boden erfüllt werden«, und nennt ihn als ideal für einen Steppengarten, schreibt aber auch, er sei jetzt »leider in den Gärten selten zu sehen«.

Aster L. Aster

Mit etwa 400 (bis 500) Arten ist die Gattung *Aster* über große Teile der gemäßigten und subtropischen Zonen verbreitet, wobei Mannigfaltigkeitszentren in Nordamerika und Ostasien bestehen. In Europa sind etwa 20 Arten beheimatet, doch nur zwei von ihnen wurden zu allgemein verbreiteten Gartenzierpflanzen.

Das Areal der **Berg-Aster** (*A. amellus* L.) erstreckt sich von Südfrankreich über Mitteleuropa, die nördliche Balkanhalbinsel und das mittlere Osteuropa bis nach Südwestsibirien. Im südlichen Osteuropa und im Kaukasusgebiet gibt es zwei nahestehende Arten. Obwohl die Art im Mittelmeergebiet fast völlig fehlt, scheint sie bereits den antiken Autoren bekannt gewesen zu sein, worauf auch die alte Bezeichnung *Aster atticus* hindeutet. Ob es sich bei der von Virgil in seinen Georgica genannten Wiesenpflanze *amellus* (»Est etiam flos in pratis, cui nomen amello fecere agricolae«) um die Berg-Aster gehandelt hat, ist jedoch umstritten. Jedenfalls ist dieser, wahrscheinlich aus dem Gallischen stammende Pflanzenname später von Linnaeus der Berg-Aster als Artbezeichnung beigelegt worden. Wegen ihrer (vermeintlichen) Erwähnung bei Virgil wurde sie im Deutschen mitunter auch Virgils-Aster genannt. Die »Väter der Botanik« in der 1. Hälfte des 16. Jhs. kannten die Art nur als Wildpflanze. 1561 fand sie sich als Gartenpflanze lediglich bei dem Pfarrer Georg Aemylius in Stolberg im Harz. Nicht einmal Gessner in Zürich hatte sie damals im Garten. Erst im Laufe des 17. Jhs. wurde sie in den deutschen Gärten allmählich häufiger. 1613 gab es im fürstbischöflichen Garten von Eichstätt zwei Formen: *Aster atticus minor flore coeruleo* und *Aster atticus maior*, letztere offenbar eine etwas größerblütige Wildform oder eine erste Gartenform. Während Bauhin (1623) beide Formen zu seiner *Aster atticus caeruleus vulgaris* vereinigte, hielt sie Elsholtz (1663, 1684) für zwei verschiedene »Arten«. Zu deutsch nannte er sie »Blau Sternkraut« und vermerkte: »Alle Jahr schneidet man dieses/wenn es verblühet hat/bis an den Boden weg.« Im 18. Jh. war die Berg-Aster als Gartenpflanze weithin verbreitet, und mindestens seit 1736 gab es auch eine Form mit weißen Blüten. In den Gärten zog man damals mitunter Auslesen mit größeren und zahlreicheren Blüten als die Wildform. »Wegen der schönen Blumenbüschel, die sehr lange blühen und die Gärten zieren, verdient es die Unterhaltung wohl«, charakterisiert

Aster cordifolius L. Herzblättrige Aster, Cornut 1635

Gleditsch 1773 »Das gemeine blaue Bergsternkraut«. Im Leipziger Raum war 1790 die Art in den Gärten der Vorstädter und der Bauern auf den Dörfern überall häufig. Eine regelrechte Züchtung setzte erst in der 2. Hälfte des 19. Jhs. ein, in die neben der Stammart auch die südosteuropäische *A. amelloides* Besser (= *A. bessarabicus* Bernh.) einbezogen wurde. Anfang des 20. Jhs. hatte man zahlreiche Sorten mit Blütenfarben von hell- bis dunkelviolett und hell- bis dunkelrosa erzielt, die seitdem ständig weiterentwickelt und verbessert wurden.

Die in den höheren Gebirgen Europas und Mittelasiens, in Sibirien und im nordwestlichen Nordamerika in sonnigen Steinrasen wachsende **Alpen-Aster** (*A. alpinus* L.) wurde erst von Clusius eindeutig beschrieben. Er nannte sie 1583 *Aster quintus sive Amellus* und 1601 *Aster alpinus coeruleo flore sive VII*. In die Gartenkultur gelangte diese Hochgebirgspflanze offensichtlich erst in der 2. Hälfte des 18. Jhs. 1773 beschrieb Gleditsch die Alpen-Aster als »ein dauerhaftes Staudengewächse, welches niedrig ist, aber starke Wurzelstöcke macht, aus denen es wegen der schönen Blumen zur Herbstzeit, im späten Herbste, zur Zierde der Lustgärten, sehr leicht vermehret wird.« Aber noch 1808 fehlte die Pflanze im Berliner Botanischen Garten, wohin sie erst zwischen 1809 und 1812 gelangte. 1817 bot sie der Leipziger Hofgärtner Christian August Breiter als »Alpensternblume« an, und fortan war sie hier und da in Gärten zu finden, wenn auch offenbar nicht sehr häufig. Als in der 2. Hälfte des 19. Jhs. die Steingärten in Mode kamen, nahm das Interesse an dieser Art deutlich zu. Es entstand nunmehr eine Reihe von reich- und großblütigen, einfachen und gefüllten Gartenformen mit einer Farbpalette von hellblau bis tiefviolett, ferner in Weiß, Rosa und Weinrot. Eine weißblühende Form ist bereits seit 1827 bekannt.

Seit dem 17. Jh. gelangten aus dem etwa 68 Arten umfassenden Mannigfaltigkeitszentrum der Gattung im Nordosten der USA und im angrenzenden Kanada in zunehmendem Maße meist hochwüchsige, spätsommer- und herbstblühende nordamerikanische *Aster*-Arten nach Europa. Wegen ihrer großen Formenmannigfaltigkeit, den vielen Übergangsformen und Hybriden gehört diese Gruppe, wie schon Ascherson 1864 schreibt, »zu den schwierigsten des Pflanzenreichs«. Selbst Linnaeus kannte sich, nach dem Urteil des amerikanischen Botanikers Asa Gray (1882), nicht besonders gut in den *Aster*-Arten aus. Diese Schwierigkeiten führten nicht nur zu recht unterschiedlichen Auffassungen in der Artabgrenzung, sondern auch zu manchen Fehlbestimmungen, was die Untersuchungen zur Einführungsgeschichte erschwert.

Als erste kam aus den damaligen französischen Kolonien im heutigen Kanada um 1620 - zusammen mit anderen Stauden dieser Region - die **Herzblättrige Aster** (*A. cordifolius* L.) nach Paris. Vermutlich hat es sich bei der 1623 für den Garten von Jean und Vespasian Robin angegebenen *Aster Americanus flore violaceo* um diese Art gehandelt, welche dann 1635 von Jacques Cornut als *Asteriscus latifolius autumnalis* beschrieben und abgebildet wurde. Von Frankreich aus gelangte sie recht bald auch in andere Länder. 1629 erhielt John Tradescant (um 1575 - 1638) in England von »Mr. Robin« eine *Aster*, vielleicht diese Art, die dann 1634 in seinem Garten als *Aster coeruleus serotinus fruticans* erscheint. In Deutschland blühte sie um 1650 in Braunschweiger Senatorengärten unter dem Namen *Aster Americanus latifolius* (Chemnitius 1652), und 1651 war sie auch im herzoglich braunschweigischen Garten zu Hessem vertreten. In Schlesien trat sie um 1700 als Gartenpflanze in Erscheinung (Schube 1911). In Berlin und Brandenburg, wo die Art 1663 und 1684 noch nicht genannt wird, läßt sie sich erst 1736 nachweisen. Im 18. Jh. war die Herzblättrige Aster bereits weit verbreitet, z.B. 1790 in den Gärten von Leipzig sehr häufig (»valde frequens«). Auch im 19. Jh. blieb sie eine häufige Gartenzierpflanze, und gegen Ende des Jhs. entstand eine Reihe von Namensorten. Heute ist diese Art aber nur noch selten zu sehen.

Die **Kleinblütige Aster** (*A. tradescantii* L.) wurde zuerst in England von John Tradescant d. Ä. kultiviert. Er war ein Abonnent der Virginia Company und erhielt durch sie amerikanische Pflanzen. Die Liste seines Gartens in Lambeth bei London von 1656 zählt rd. 40 solcher Arten auf, darunter auch diese Aster. 1640 wird sie als *Aster Virginianus, serotinus angustifolius parvo albente flore* von dem Londoner Botaniker John Parkinson in dessen Theatrum botanicum aufgeführt. Von England aus kam sie alsbald auf das europäische Festland, zuerst in die Niederlande (Leiden) und von dort aus auch in andere Länder. So enthält das Herbar des seit 1625 in Dänemark ansässigen Joachim Burser eine kleinblütige Aster, die er unter dem Namen *Virga aurea Virginiana* aus dem Botanischen Garten Leiden erhalten hatte. 1651 wuchs sie als *Aster Americanus multifloria* im herzoglich braunschweigischen Garten zu Hessem, und 1663 führt sie Elsholtz in seiner Flora Marchica als *Bellis Indica fruticescens*, »Staudige Maßlieben aus Indien« auf. In seinem Gartenbaubuch (1684) finden wir sie unter den winterharten Stauden. Elsholtz schreibt dazu, daß sie Caspar Bauhin noch nicht bekannt gewesen sei. »Sie wächset Manneshoch/blühet spät in dem Herbst: die Blätter an der Blume sind weiß/ihre inwendigen Fasern aber gelbe.« Im 18. Jh.

***Aster novi-belgii* L.** Glattblatt-Aster, Hermann 1687

war die Art in Deutschland bereits sehr verbreitet und selbst in dem abgelegenen oberlausitzer Städtchen Lauban in einigen Gärten vorhanden (Gemeinhardt 1724). 1769 bezeichnet sie Gleditsch als »Das staudige spätblühende virginische Sternkraut des Tradescantes mit sehr kleinen weißlichen Blüten.« Von den Gärten aus, wo die Art auch im 19. Jh. noch regelmäßig anzutreffen war, drang sie in die heimische Vegetation ein und wurde ein Bestandteil von Staudenfluren in Flußtälern und an Bahnböschungen. 1864 war sie in Brandenburg »hie und da, besonders an der Elbe, in Mengen verwildert und vollständig eingebürgert«. Aus den Gärten hingegen ist die Art heute weitgehend verschwunden und nur hier und da noch in einem Bauerngarten anzutreffen. Neuerdings gibt es Zweifel an der Existenz der echten *A. tradescantii* in Europa. Die hiesigen Einbürgerungen hält man für kleinblütige Formen von *A. lanceolatus* Willd., was der näheren Klärung bedarf.

Einige Aster-Arten aus den nordöstlichen Staaten der heutigen USA wurden gegen Ende des 17. Jhs. zuerst in die Niederlande eingeführt. 1686 kam im Botanischen Garten in Leiden erstmals die **Glattblatt-Aster** (*A. novi-belgii* L.) zur Blüte, angezogen aus Samen, die der Arzt Johann Hieronymus Kerfpyl aus Neu-Belgien, den ehemals niederländischen Besitzungen bei New York, dorthin gesandt hatte. Diese Art ist in Nordamerika eng auf ein schmales Areal entlang der Atlantikküste beschränkt. Der aus Halle/Saale stammende damalige Direktor des Botanischen Gartens Leiden Paul Hermann (1640 - 1695) beschrieb die Art 1687 als *Aster Novi Belgii latifolius umbellatus, floribus dilute violaceis.* Schon um 1700 war diese Aster in Schlesien, 1735 in Leipzig, 1736 in Trebnitz bei Seelow und 1746 in Berlin als Zierpflanze anzutreffen. 1790 heißt es für Leipzig, daß sie dort nunmehr in großer Menge gezogen werde und die Gärten schmücke. Auch fernerhin blieb die Glattblatt-Aster in Deutschland eine häufige Gartenblume, die Mitte des 19. Jhs. hier und da an den Ufern und Zäunen verwildert war. Seit der 2. Hälfte des 19. Jhs. entstand aus dieser, schon von Natur aus variablen Art durch Auslese und Kreuzungen, besonders in England, eine große Zahl von Gartensorten nicht nur in den ursprünglichen Blautönen, sondern auch in verschiedenen Abstufungen von Rosa und Rot sowie in Weiß.

Aus einer spontanen Kreuzung zwischen der Glattblatt-Aster und der im Laufe des 18. Jhs. eingeführten **Lanzettblättrigen Aster** (*A. lanceolatus* Willd.) ging bereits im 18. Jh. eine sehr vitale Hybride hervor, welche 1787 von Scholler als *A. salicifolius* (nomen illeg.) und 1803 von Willdenow als *A. salignus* beschrieben wurde. Diese **Weiden-Aster** war bereits 1787 im Elbtal bei Barby in Mengen verwildert und hat sich inzwischen auch in anderen Flußtälern Mitteleuropas und darüber hinaus eingebürgert. Als Zierpflanze ist sie hingegen heute kaum noch zu finden.

Ende des 17. Jhs. erschien auch die im östlichen und mittleren Nordamerika heimische **Rauhblatt-Aster** (*A. novae-angliae* L.) in den Niederlanden. Im Garten des Herrn von Block wurde sie aus Samen gezogen, der aus dem damals Neu-England genannten Gebiet an der Ostküste der heutigen USA nördlich von New York gekommen war. In dem 1698 (postum) erschienenen Paradisus Batavus von Paul Hermann erfolgte die erste Beschreibung als *Aster novae Angliae altissimus, hirsutus, floribus amplis, purpureo-violaceis*. Sehr bald gelangte sie auch nach Deutschland, wo sie unter der angegebenen (z.T. auch leicht abgewandelten bzw. verkürzten) Phrase z.B. 1718 in Nürnberg, 1724 in Lauban, 1735 in Leipzig, 1736 in Trebnitz bei Seelow, 1744 in Frankfurt/Oder und 1746 in Berlin nachweisbar ist. 1773 beschrieb sie Gleditsch als »Die hohe raue spätblühende Sternkrautstaude aus Neuengland, mit großen purpurfarbenen Blumen. Unter allen Sternkräutern ist diese Art bey uns die höchste und ansehnlichste, welche ihre überaus schönen Blumen fast zuletzt bringt, und die Blüte bis zu den stärksten Nachtreifen fortsetzet.« 1790 wird aus Leipzig berichtet, daß sie dort in großer Fülle (»copiose«) angebaut werde. Seit 1812 ist auch eine Form mit rosaroten Blüten (var. *ruber* bzw. *rosea*) bekannt. Die eigentliche Züchtung setzte erst in der

Aster novae-angliae L. Rauhblatt-Aster, Hermann 1705

2. Hälfte des 19. Jhs. ein und hat seitdem zu einer großen Zahl von schönen Gartensorten mit einer Farbskala von Blau über Lilarosa bis Karminrot geführt.

Etwa zugleich mit der Rauhblatt-Aster kam auch die im atlantischen Nordamerika weitverbreitete **Kissen-Aster** (*A. dumosus* L.) nach Europa, wahrscheinlich zuerst ebenfalls aus Neu-England. Darauf verweist der von Paul Hermann gegebene Name *Aster novae angliae, linearis foliis, chamaemeli floribus*. 1705 beschrieb sie der Londoner Arzt und Botaniker Leonhard Plukenet in seinem Amaltheum botanicum als *Aster americanus multiflorus, flore albo bellidis, disco luteo*. Während die Abbildung in Hermanns Paradisus noch die Wildform zeigt, stellt die Abbildung bei Plukenet bereits eine frühe Kulturform dar. Im Laufe des 18. Jhs. breitete sich die Art auch in Deutschland aus, war aber wohl nicht ganz so häufig wie *A. novae-angliae*. 1773 nennt sie Gleditsch »Das späte Sternkraut aus Neuengland, mit sehr feinen und schmalen Blättern und kleinen weißen Blümgen« und schreibt weiter, sie sei »eine schöne kleinblütige und feinblättrige Art des Sternkrautes, von mittlerer Größe, welche später blüht«. Auch im 19. Jh. war *A. dumosus* in ihren alten Kulturformen mit relativ kleinen weißen oder bläulichen Blütenkörbchen noch allgemein, wenn auch nicht überall, in Gartenkultur. Die züchterische Weiterentwicklung setzte erst gegen Ende des 19. Jhs. ein, und zwar zuerst in England, wenig später auch in Deutschland. Dabei entstand durch Einkreuzung vor allem der *A.novi-belgii*-Sorten eine Vielzahl von größerblütigen und farbkräftigeren Sorten in blauen, violetten, roten und weißen Farbtönen. Die Wildart und ihre frühen Kulturformen sind dagegen heute kaum noch zu sehen.

Zu den Astern, die bereits Ende des 17. Jhs. nach Europa kamen, gehört auch die **Rotstengel-Aster** (*A. puniceus* L.), eine hochwüchsige Staude mit kräftigem, oft rötlichem Stengel und blauvioletten Zungenblüten aus dem östlichen Nordamerika. Erstmals erscheint sie 1698 im Paradisus Batavus als *Aster americanus, latifolius, puniceis caulibus*. Im 18. und 19. Jh. war sie dann auch in Deutschland eine recht verbreitete Gartenzierpflanze (z.B. 1724 in Lauban, 1744 in Frankfurt/Oder, 1746 in Berlin). Heute ist sie bei uns jedoch fast völlig verschwunden und konnte sich auch als Neophyt nicht etablieren.

Im Laufe des 18. Jhs. trafen zahlreiche weitere nordamerikanische Staudenastern in Europa ein. Von ihnen sei hier nur die **Myrten-Aster** (*A. ericoides* L.) erwähnt, welche zuerst 1732 von Johann Jacob Dillenius (1687–1747) im Hortus Elthamensis beschrieben und abgebildet worden ist. Nach Asa Gray (1882) gehört die Pflanze des Hortus Elthamensis zu der nahe verwandten *A. multiflorus* Aiton, während die echte *A. ericoides* sich frühestens 1753 in Uppsala nachweisen läßt. Heute werden diese zeitweilig unterschiedenen Arten jedoch wieder in einer Art zusammengefaßt. Seit Mitte des 18. Jhs. erscheint diese Art auch in deutschen Gärten, und 1790 kam sie in den Gärten von Leipzig bereits in großer Menge vor. Obwohl in der 2. Hälfte des 19. Jhs. durch Auslese mehrere Sorten mit weißen, zartlila und hellvioletten Blüten entstanden waren, ist die Myten-Aster heute nur noch selten in Gärten zu sehen.

Neuerdings wird sie aber von Gartenbaubetrieben wieder verstärkt als Schnittblume kultiviert (auch unter Glas). Ihre blühenden Zweige dienen als Füllwerk bei bunten Blumensträußen.

Im 19. Jh. war ein großer Teil der nordamerikanischen Stauden-Astern auch in deutschen Gärten vorhanden. 1808/12 gab es im Berliner Botanischen Garten 55 derartige Sippen, und 1894 zählt das Vademecum Botanicum Anton Karschs 42 nordamerikanische, in Deutschland kultivierte Aster-Arten auf. Wenn auch manche von ihnen über botanische Gärten nie hinausgekommen sind, so befanden sich doch viele in allgemeiner Gartenkultur. Die meisten von ihnen sind inzwischen wieder verschwunden oder lediglich noch hier und da relikthaft anzutreffen, und nur die wenigen oben aufgeführten Arten gehören heute, züchterisch weiterentwickelt und verbessert, zu den häufigen Gartenzierpflanzen Mitteleuropas.

Von den zahlreichen ostasiatischen Aster-Arten hat lediglich die aus Westchina und dem Nordwesthimalaya stammende **Frühlings-Aster** (*A. tongolensis* Franch.) eine größere Bedeutung als Gartenzierpflanze erlangt. Die Art wurde erst Ende des 19. Jhs. in der Nähe des Ortes Tongolo in der chinesischen Provinz Szetschuan von einem französischen Pflanzensammler entdeckt und 1896 von dem französischen Botaniker Adrien René Franchet beschrieben. 1901 kam die Pflanze auch nach Deutschland, lief hier aber noch lange Zeit unter dem späteren Synonym *A. subcoeruleus* S. Moore. 1932 waren durch Auslese mehrere Sorten entstanden, darunter auch die noch heute bewährte Sorte 'Wartburgstern' mit großen hellblauvioletten Blüten.

Astilbe Buch. -Ham. ex D. Don
Prachtspiere

Die etwa 35 Arten der Gattung *Astilbe* sind überwiegend in Ostasien heimisch. Dort nehmen sie ein Areal ein, das vom Himalaya und den subtropischen Regionen Südostasiens im Süden bis zum Amurgebiet im Norden reicht. Als erste Art kam um 1825 *A. rivularis* Buch. -Ham. ex D. Don nach England. Sie ist in den gemäßigten Lagen des Himalaya von Kaschmir bis Butan zu Hause, wo sie der schottische Botaniker und Forschungsreisende Francis Buchanan, später als Lord Hamilton geadelt, auffand und in Gartenkultur nahm. Aufgrund der Eigenschaften dieser rauhbehaarten Uferstaude prägte er den Gattungsnamen *Astilbe* (zu gr. a-, »ohne« und stilbé, »Glanz«). 1830 gelangte *A. japonica* (C. Morr. et Decne.) A. Gray aus Japan nach Europa (Belgien). Hier wurde sie zuerst als *Hoteia japonica* bezeichnet, und bei den Gärtnern hieß sie sogar *Spirea japonica*, obwohl sie den Steinbrechgewächsen (*Saxifragaceen*) zugehört und nicht den Rosengewächsen (*Rosaceen*). In der 2. Hälfte des 19. Jhs. kamen aus Ostasien weitere Arten. So wurde *A. thunbergii* (Sieb. et Zucc.) Miq. um 1860 von dem russischen Botaniker Maximowicz aus Japan nach St. Petersburg eingeführt, wo sie 1869 zur Blüte kam. 1878 gelangte sie durch die englische Gartenbaufirma James Veitch & Sons auch nach London-Chelsea. 1879 kam die ebenfalls von

Maximowicz in Japan entdeckte *A. astilboides* (Maxim.) Lemoine nach Europa. Um 1900 traf dann die var. *chinensis* der vielgestaltigen *A. chinensis* (Maxim.) Franch. et Sav. in England ein, ihre var. *davidii* Franch. aus dem nördlichen Ostasien 1901, die var. *pumila* aus Tibet 1911. Ebenfalls zu Beginn des 20. Jhs. kamen auch *A. grandis* Stapf ex Wils. aus Nordwest- und Mittelchina sowie *A. simplicifolia* Mak. aus Japan nach England.

Bereits vor 1895 erzielte der französische Pflanzenzüchter Emile Lemoine (1862-1943) in Nancy aus einer Kreuzung zwischen *A. astilboides* und *A. thunbergii* die erste Gartenhybride (*A.* x *Lemoinei*). Um die Jahrhundertwende begann dann Georg Arends in Ronsdorf mit seiner züchterischen Arbeit bei den Prachtspieren, wobei er die meisten verfügbaren Arten und Sorten einbezog. Ihm gelang es, die intensiven Feuerfarben in das Sortiment zu bringen, welches zuvor nur weiße und rosa Farbtöne umfaßt hatte. Die von ihm erzielten A.-Arendsii-Hybriden stellen heute die gärtnerisch wichtigsten Astilben dar, sie entstanden aus Kreuzungen von *A. chinensis* var. *davidii* mit *A. astilboides*, *A. japonica* und *A. thunbergii*. Daneben gibt es die Gruppen der A.-Crispa-Hybriden, A.-Japonica-Hybriden, A.-Simplicifolia-Hybriden und A.-Thunbergii-Hybriden sowie Zuchtsorten von *A. chinensis* var. *pumila* und *A. chinensis* var. *taquetii* Vilm. Die seinerzeit eingeführten Wildarten sind in Europa heute fast nur noch in Botanischen Gärten anzutreffen.

Aubrieta Adans. (*Aubrietia* DC.) Blaukissen

Die Gattung *Aubrieta* ist mit etwa einem Dutzend Arten in den Gebirgen des östlichen Mittelmeerraumes von Italien über die Balkanhalbinsel bis nach Kleinasien und dem Iran vertreten. Die gärtnerisch wichtigste Art ist *A. deltoidea* (L.) DC. mit mehreren Varietäten. Im Jahre 1700 fand sie der französische Botaniker Joseph Pitton de Tournefort während seiner Orientreise auf der Insel Kreta und verzeichnete sie in seinem 1703 erschienenen Corollarium unter dem Namen *Alysson Creticum foliis angulatis, flore violaceo*. Aber erst seit Mitte des 18. Jhs. verbreitete sich die Art allmählich über die Botanischen Gärten. Linnaeus beschrieb sie 1763 als *Alyssum deltoideum*, und unter diesem Namen wuchs sie 1808 auch im Botanischen Garten in Berlin. Der französische Botaniker Michel Adanson (1727-1806) hatte 1763 in seinem Buch über die Pflanzenfamilien die Art aus der Gattung *Alyssum* herausgenommen und eine eigene Gattung *Aubrieta* begründet, benannt nach dem Zeichner Claude Aubriet, welcher Tournefort auf seiner Orientreise begleitet hatte. 1821 änderte der Genfer Botaniker Augustin Pyramus de Candolle diesen Namen ab zu *Aubrietia*, welche Form dann mehr als 100 Jahre hindurch üblich war.

Bis zur Mitte des 19. Jhs. blieb *A. deltoidea* eine Pflanze von Botanischen Gärten und Liebhaber-Gärten. Das änderte sich jedoch, als um die Jahrhundertmitte der Steingarten in Mode kam. 1856 empfahl sie Eduard Regel als Pflanze für das Alpinum und schrieb, sie sei für »Einfassungen um Steinparthien außerordentlich schön«. Nunmehr nahm ihre Verbreitung rasch zu, und zugleich setzte auch die Züchtung ein, bei der außer *A. deltoidea* und ihren Varietäten auch andere Arten der Gattung, insbesondere *A. columnae* Guss., Verwendung fanden. Bereits 1855 gab es neben der hellviolett bis bläulich-lila blühenden Stammform eine Form *Purpurea* mit purpurrötlichen Blüten. 1860 waren in England schon mehrere Gartensorten entstanden, zu denen bis zur Jahrhundertwende weitere wüchsige und große Polster bildende Sorten, wie etwa 'Tauricola' (vor 1889) und 'Dr. Mules' (1895), hinzukamen. Seitdem entstanden zahlreiche weitere, meist besonders großblumige, zum Teil auch gefüllte, aber meist weniger wüchsige Sorten in hellen bis dunklen blauvioletten und roten Farbtönen. Obwohl die Pflanze zu deutsch Blaukissen heißt, fehlt ein eigentliches Blau (wie bei vielen Enzian-Arten und beim Vergißmeinnicht) jedoch völlig.

B

Begonia L. Begonie, Schiefblatt

Die rd. 800 Arten dieser Gattung sind Bewohner der tropischen und subtropischen Zonen Amerikas, Afrikas und Asiens und können in Mitteleuropa zumeist nur im Gewächshaus oder als Zimmerpflanze gezogen werden. Als erster stieß der spanische Arzt und Naturforscher Francisco Hernandez um 1580 in Mexiko auf eine Begonien-Art (es handelte sich um die heutige Art *B. gracilis* H. B. K.), die er in seinem großen, jedoch erst 1651 im Druck erschienenen Werk über die Arzneimittel Neu-Spaniens abbildete und beschrieb, und zwar unter ihrem aztekischen Namen *Totoncaxoxo coyollin*. 1690 fand der französische Missionar und Botaniker Charles Plumier, ein Franziskanerpater, auf den Antilleninseln weitere Arten. Plumier gab ihnen den wissenschaftlichen Gattungsnamen *Begonia*, zu Ehren von Michel Bégon (1638–1710), Gouverneur von Französisch Kanada, später von St. Domingo, einem großen Pflanzenfreund und Förderer der Botanik. Linnaeus übernahm den Gattungsnamen *Begonia*, vereinigte 1753 aber die bis dahin bekannt gewordenen 6 Sippen in seiner Sammelart *B. obliqua* (zu lat. obliquus, »schief«).

Als erste Begonie wurde 1777 *B. minor* Jacq. (= *B. nitida* Ait.) aus Jamaika in England eingeführt. Die große Masse der bis heute bei uns kultivierten Arten kam erst im 19. Jh. nach Europa. Im Jahre 1808 gab es im Berliner Botanischen Garten erst 4 Begonien-Arten (*B. minor* Jacq. = *B. nitida* Ait., *B. dichotoma* Jacq., *B. acutifolia* Jacq. = *B. acuminata* Dryand., *B. humilis* Dryand.), und im Garten des Hofgärtners Christian August Breiter in Leipzig war die Gattung *Begonia* 1817 lediglich durch 7 Warm- und Kaphaus-Arten vertreten.

Nur ganz wenige Arten eignen sich bei uns für eine sommerliche Freilandkultur. Die wichtigste davon ist die **Immerblühende Begonie** (*B. cucullata* Willd. var. *hookeri* (A. DC.) L. B. Sm. et Schub. = *B. semperflorens* Link et Otto). Sie kam auf eine recht ungewöhnliche Weise und eigentlich nur zufällig nach Europa, und zwar keimte sie auf aus der Erde von Pflanzen, welche Friedrich Sello 1820 aus Porto Alegre im südlichen Brasilien an den Botanischen Garten in Berlin geschickt hatte. Dessen damaliger Direktor Professor Heinrich Link (1767–1851) und der Garteninspektor Friedrich Otto (1782–1856) beschrieben sie 1828 in ihrem Abbildungswerk der neuen und seltenen Gewächse des Botanischen Gartens als *B. semperflorens*. Sehr viel später stellte es sich heraus, daß es sich bei dieser Art lediglich um eine Varietät der bereits 1805 beschriebenen *B. cucullata* handelt. Seit etwa 1830 gelangte die Immerblühende Begonie in die allgemeine Gartenkultur, wurde aber vorerst lediglich als Warmhauspflanze gezogen. Im letzten Viertel des 19. Jhs. entstanden durch Auslese und durch Einkreuzung weiterer Arten die Begonia-Semperflorens-Hybriden. Zuerst kreuzte der französische Pflanzenzüchter Victor Lemoine (1823–1911) in Nancy die damalige weißblühende *B. semperflorens* mit der dunkelrot blühenden *B. lyncheana* Hook., später auch mit weiteren Arten (z.B. *B. foliosa* H. B. K.) und erzielte dadurch verschiedene rot-, rosa- und weißblühende Sorten, welche seit 1884 in den Handel kamen. In Deutschland beschäftigten sich vor allem die Erfurter Gartenbaufirmen Haage & Schmidt und Benary mit der züchterischen Weiterentwicklung der *Semperflorens*-Begonien. Zur Einkreuzung wurde außer *B. lyncheana* insbesondere die durch die Firma Haage & Schmidt 1879 aus Brasilien eingeführte *B. schmidtiana* Regel benutzt, wodurch die Reich- und Langblütigkeit der Sorten erheblich erhöht werden konnte. Eine Form mit dunklem Laub (cv. 'Atropurpurea') wurde 1890 in den Handel gegeben. So konnte 1901 der Erfurter Gärtner F. C. Heinemann berichten: »Die Semperflorens-Begonien sind seit einigen Jahren durch die Einführung neuer guter Sorten so beliebt geworden und namentlich hat ihre Kultur aus Samen so zugenommen, daß man sagen kann, sie sind jetzt zu den beliebtesten und auch begehrtesten Sommerblumen zu zählen, die der Handel bietet. In den feinsten und größten wie in den kleinsten Gärten werden sie verwendet, für Gräber findet man keine anspruchslosere und dabei elegantere Sommerblume als sie, und auch als Topfpflanze ist sie für den Markt von größter Bedeutung.« Heute hat man fast ausschließlich leistungsfähige F_1-Sorten, welche ausgeglichene, wüchsige, reichblütige und meist witterungsunempfindliche Bestände ergeben, wobei das Farbenspiel der Blüten von Weiß über Rosa bis hin zum kräftigen Rot reicht. Die im Volksmund Eisblumen, Eisbegonien oder Gottesaugen genannten Pflanzen gehören weiterhin zu den beliebtesten und häufigsten Zierpflanzen und kommen überall in Deutschland in Gärten und in Grünanlagen, in Balkonkästen und auf Gräbern in reichlichem Maße zur Anpflanzung. Die Anzucht wird im allgemeinen von Gärtnereien besorgt, welche die Pflanzen bereits zeitig im Dezember und Januar unter Glas aussäen und nach zweimaligem Pikieren ab Mitte Mai zum Verkauf bringen.

Die heute ebenfalls vielfach in Gärten und Grünanlagen, auf Balkonen und Friedhöfen gepflanzten **Knollen-Begonien** sind Hybriden, deren Stammeltern seit 1865 aus den Anden Perus und Boliviens eingeführt wurden. Die erste derartige Hybride, hervorgegangen aus einer Kreuzung zwischen *B. boliviensis* A. DC. und *B. rosaeflora* Hook. f., brachte um 1870 die englische Gartenbaufirma James Veitch & Sons in London-Chelsea auf den Markt. Sie diente als Ausgangspunkt für die Einkreuzung weiterer Arten, wie *B. pearcei* Hook., *B. veitchii* Hook., *B. davisii* Veitch ex Hook. und *B. froebelii* A. DC. An der Züchtungsarbeit beteiligten sich in der ersten Phase außer der englischen Firma Veitch auch Victor Lemoine in Nancy und Erfurter Betriebe. Heute erfolgt die Züchtung und Vermehrung von Knollen-Begonien vor allem in Holstein und in Belgien. Die Anzucht der Knollen besorgen meist Gartenbaubetriebe. Die Knollen werden dann von Februar bis April angetrieben und sind ab Mitte Mai zur Verwendung bereit.

Bellis multiplici flore, albo & variegato. T. 562.

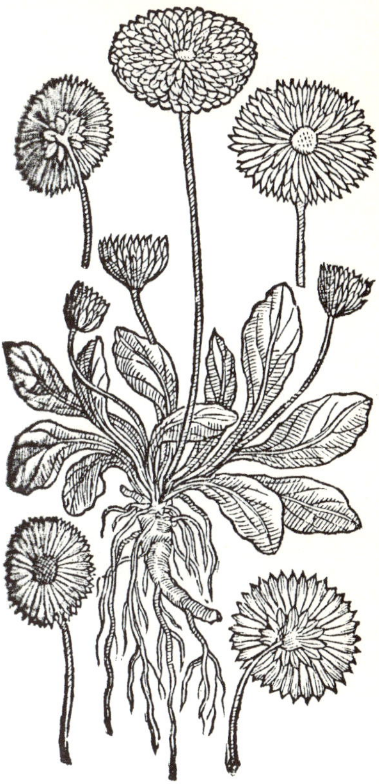

***Bellis perennis* L.** Tausendschönchen, Lobelius 1591

Bellis perennis L. f. *hortensis* Tausendschönchen

Das in fast ganz Europa und im westlichen Kaukasusgebiet auf Wiesen und Grasplätzen verbreitete und meist häufige **Gänseblümchen** (*B. perennis* L.) wurde bereits im Mittelalter in die Gärten gepflanzt, vor allem gelegentlich auftretende Formen mit vermehrten oder mit roten Zungenblüten. So erscheint es z.B. auf dem um 1410 gemalten »Paradiesgärtlein« eines oberrheinischen Meisters. In der Gartenkultur entstand alsbald eine ganze Anzahl von Gartenformen mit »Blüten, die viel dichter sind und weiße oder rote Farbe oder auch beide gemischt aufweisen«, wie Konrad Gessner berichtet. Recht anschaulich informiert uns Hieronymus Bock 1539 in seinem Kreuterbuch über die damaligen »Maßlieben oder Zeitlosen« der Gärten: »Diser blümlein hat man nun auff vier oder fünfferley farben inn den Wurtzgärten/gleich wie den Hanenfuß/gefüllet auffgebracht/ damit die junge Döchter ihr kurtzweil haben zu den Kräntzen. Etliche diser blümlein seind ganz blutroth gefüllet/ etliche nicht gefüllet/etliche aber schneeweiß gefüllet/vnd deren auch ungefüllet mit gälen augen. Herwiderumb sein etliche roth vnd weiß durcheinander gesprengt/gefüllet vnd nicht gefüllet/etliche inwendig weiß/außwendig roth gefüllet/anzusehen wie ein rother Widerschein/etliche Stöcklein Rothweiß gefüllet.« Zweifellos sind alle diese Formen durch Auslese entsprechender Mutanten zustande gekommen. Damals war man, wie Gessner überliefert hat, vielfach der Meinung, das erwünschte Rot der Zungenblüten könne dadurch hervorgerufen werden, daß man Blut von geschlachteten Hühnern auf weißblühende Blumen des Garten-Gänseblümchens herabtropfen lasse. »Ich kann das nicht recht glauben«, fügte er jedoch kritisch hinzu (Fretz 1948). 1543 schreibt Fuchs, daß »Die zamen Maßlieblin oder Monatsblümlin« »fast in allen Gärten« angepflanzt würden. In den genannten Formen, zu denen schon damals als Kuriosität eine Prolifikation trat, bei der aus dem endständigen Köpfchen weitere kleinere Blütenköpfchen herauswuchsen, begegnen uns die **Tausendschönchen**, wie sie seit Ende des 16. Jhs. genannt wurden (Franke 1594: »Tausentschön«), dann über die Jahrhunderte hinweg als beliebte und bekannte Blumen überall in den Gärten.

Seit der 2. Hälfte des 17. Jhs. gesellten sich zu den bisherigen Formen mit vermehrten Zungenblüten solche, bei denen die Köpfchen ausschließlich Röhrenblüten aufweisen, welche entweder nur am Rande oder auch vollständig weiß, rosa oder rot gefärbt sind. Derartige Formen sind offenbar zuerst in Frankreich entstanden, wo sie erstmals 1663 im Jardin des Plantes in Paris und danach von Tournefort als *B. hortensis rubra flore multiplici fistulosa* verzeichnet werden. Nach Deutschland sind diese röhrenblütigen Tausendschönchen, in Frankreich »Pomponettes« genannt, erst im Laufe des 18. Jhs. gekommen. 1744 werden sie im Botanischen Garten in Frankfurt/Oder als *Bellis hortensis flore pleno kermesino fistulosa* und *Bellis hortensis flore pleno purpureo* erwähnt, und 1746 sind sie auch für Berlin belegt. Dort zog die Gärtnerei von Christian Ludwig Krause in der Fruchtstraße damals 8 verschiedene Formen der »Gartenmaßlieben« oder »Tausendschönigen« (so die deutschen Namen bei Gleditsch 1773). In den Gärten verwendete man die Tausendschönchen vor allem zu Einfassungen. »Eine mit diesen Blumen besetzte und dicht bewachsene Terrasse ist ein ganz eigener schöner Anblick«, schreibt 1818 Wredow in seinem Gartenfreund. Obwohl sie Carl Bolle Ende des 19. Jhs. bereits zu den altmodischen Blumen rechnete, sind die Tausendschönchen bis heute beliebte und häufige Gartenblumen geblieben. Zu den altbewährten Sorten kamen inzwischen zahlreiche Neuzüchtungen hinzu.

Im Mittelalter galt das Gänseblümchen als Marienblume und erscheint deshalb auf vielen Marienbildern. Auch die Volksnamen Maßliebchen (aus mittelniederländisch matelieve, »der Jungfrau Maria lieb«) und Marienblümchen gehen darauf zurück. Der Legende nach verletzte sich die Heilige Maria am Finger, als sie für das Jesuskind diese Blümchen pflückte, und durch das austretende Blut bekamen die weißen Blüten einen roten Rand. Nach einer flämischen Legende entstanden die Maßliebchen aus den Tränen der Maria. Das wildwachsende wie auch das im Garten kultivierte Gänseblümchen dienen bis heute auch als Heilpflanzen. Sie wurden schon in den Kräuterbüchern des 16. Jhs. als vielseitige Arzneimittel empfohlen, insbesondere aber zur Wundheilung. Der wissenschaftliche Name *Bellis* erscheint bereits bei Plinius als Name für eine Wiesenblume und wurde im 16. Jh. nicht nur für Gänseblümchen, sondern auch für Margeriten verwendet. Linnaeus schränkte ihn dann auf das Gänseblümchen ein. Er geht wahrscheinlich auf lat. bellus »allerliebst, niedlich« zurück.

Bergenia Moench Bergenie, Wickelwurz

Die zu den Steinbrechgewächsen (*Saxifragaceae*) gehörende kleine Gattung mit etwa 7 bis 8 Arten ist in Zentral- und Ostasien beheimatet. Das Gattungsareal erstreckt sich vom östlichen Afghanistan bis nach Ostsibirien (Wladiwostok). Auf seiner von 1733 bis 1743 dauernden Forschungsreise durch Sibirien fand der seit 1727 in St. Petersburg tätige deutsche Botaniker Johann Georg Gmelin (1709–1755) die **Dickblättrige Bergenie** (*B. crassifolia* (L.) Fritsch). Sie wächst dort in den höheren Gebirgen und bildet z.B. im Altai ausgedehnte Bestände in der Krautschicht moosreicher Nadelwälder. Unter dem Namen Tschaganischer Tee wurden ihre Blätter als Teesurrogat verwendet. 1739 beschrieb der aus Schaffhausen stammende, ebenfalls als Mitarbeiter der Russischen Akademie der Wissenschaften in St. Petersburg tätige Johann Ammann (1707–1741) in seinem Buch über die seltenen Gewächse des Russischen Reiches die Art als *Geum saxatile*. Gmelin nannte sie *Saxifraga foliis ovalibus crenulatus, caulibus nudis,* »Steinbrech mit ovalen, feingekerbten Blättern, mit nackten Stengeln«. Auch Linnaeus ordnete diese Art als *Saxifraga crassifolia* den Steinbrechen zu. Von St. Petersburg aus war sie in den Botanischen Garten von Uppsala gelangt, wo ihre Kultur 1763 belegt ist. Nach und nach erreichte sie auch andere Botanische Gärten – 1808 wuchs sie z.B. im Botanischen Garten in Berlin –, und von den Botanischen Gärten aus fand sie im 19. Jh. alsbald auch Eingang in die allgemeine Gartenkultur.

1794 hatte der Marburger Professor Konrad Moench die Art aus der Gattung *Saxifraga* herausgenommen und eine eigene Gattung *Bergenia* begründet, benannt nach Carl August von Bergen (1704–1755), Professor der Medizin und

Brachycome iberidifolia **Benth.**
Sternblümchen, Bailey 1961

der Botanik an der Universität Frankfurt/Oder und Verfasser einer 1750 erschienenen Flora Francofurtuna. Diese Umstellung fand jedoch ebenso wie die 1821 von dem englischen Botaniker Adrian Hardy Haworth vorgenommene Aufstellung einer Gattung *Megasea* lange Zeit keine Anerkennung, und so wird die Art in deutschen Floren und Gartenkatalogen bis gegen Ende des 19. Jhs. weiterhin unter dem Linnéschen Namen *Saxifraga crassifolia* geführt.

Weitere *Bergenia*-Arten erschienen in Deutschland erst gegen Ende des 19. Jhs. in der Gartenkultur, auch wenn sie z.T. bereits erheblich früher entdeckt und in einige Botanische Gärten Europas gebracht worden waren. So wurde die hellrosa blühende *B. cordifolia* (Haw.) Sternb. (= *Megasea cordifolia* Haw.) aus dem mongolischen Altai schon 1779 nach Europa eingeführt, und aus dem Himalaya-Gebiet kamen 1819 die rosa oder weiß blühende *B. ciliata* (Haw.) Sternb. (= *B. ligulata* (Wall.) Engl.) und Mitte des 19. Jhs. die lilarot blühende *B. purpurascens* (Hook. f. et Thoms.) Engl. und die weiß bis rosa blühende *B. stracheyi* (Hook. f. et Thoms.) Engl. nach England. Aus Kreuzungen zwischen diesen Arten entstand seitdem eine Vielzahl von heute als Bergenia-Hybriden zusammengefaßten Sorten, welche in den Gärten eine weite Verbreitung erfahren haben, während die Ursprungsarten nur noch selten zu sehen sind.

Brachycome iberidifolia Benth. Sternblümchen

Die im westlichen und nördlichen Südaustralien heimische einjährige Art wurde 1841 nach England eingeführt und um 1850 auch schon in Deutschland kultiviert. Jedoch heißt es hier noch Ende des 19. Jhs., daß man sie trotz ihrer Blühfreudigkeit in den Gärten noch recht vermisse. Eine wenig verbreitete Sommerblume ist das Sternblümchen in Deutschland auch weiterhin geblieben. Erst in den letzten Jahrzehnten, nachdem einige größer- und reicherblütige Sorten entwickelt wurden, kam das Sternblümchen - auch unter der Bezeichnung Australisches Gänseblümchen - etwas stärker in Mode, wird heute vielfach als Topfpflanze angeboten und als Kübel-, Trog- und Balkonkastenblume gehalten.

Brunnera macrophylla
(Adam) Johnston
Kaukasusvergißmeinnicht

Seit 1800 begleitete der junge Botaniker Johann Friedrich Adam den russischen Grafen Mussin-Puschkin auf dessen mineralogisch-naturkundlicher Forschungsreise durch den Kaukasus. In einer im Herbst 1802 in Tiflis abgefaßten, 1805 in Kiel gedruckten Abhandlung beschrieb er 50 von ihm im Kaukasus und in Transkaukasien aufgefundene neue Pflanzen, darunter als Nr. 7 eine *Myosotis macrophylla* aus schattigen Wäldern Iberiens (dem heutigen Georgien). Unter diesem Namen wird die Art dann auch 1808 in der Flora taurico-caucasica von Marschall von Bieberstein aufgeführt und 1810 in dem Abbildungswerk seltener Pflanzen Südrußlands und des Kaukasus farbig dargestellt. In seiner Bearbeitung der Rauhblattgewächse ordnete sie der Hamburger Botaniker Johann Georg Christian Lehmann 1817 der Gattung Ochsenzunge zu und gab ihr den Namen *Anchusa myosotidiflora*. Von Rußland aus kam die Art um 1825 nach England. In Deutschland blieb sie lange Zeit nur den Fachleuten bekannt. Erst zu Beginn des 20. Jhs. taucht sie auch hier in der allgemeinen Gartenkultur auf, und zwar unter dem Namen *Anchusa myosotidiflora*. Unter dieser Bezeichnung führt sie 1932 auch Pareys Blumengärtnerei auf, in der sie als »wertvoll für schattige Partien im Park« empfohlen wird. In den normalen Gärten wurde sie erst seit der 2. Hälfte des 20. Jhs. stärker gepflanzt und ist heute in manchen Teilen Deutschlands eine häufige Gartenblume, in anderen jedoch noch selten. Der jetzt gültige Gattungsname *Brunnera* wurde 1851 von dem in Moskau tätigen dänischen Botaniker Christian Steven geprägt, und zwar nach dem Schweizer Botaniker Samuel Brunner (1790–1844), der im Sommer 1831 eine Forschungsreise durch Taurien (Südrußland, Krim) unternommen hatte.

Brunnera macrophylla **(Adam) Johnston**
Kaukasusvergißmeinnicht, Marschall von Bieberstein 1810

Buddleja davidii Franch.
Sommerflieder

Dieser in den Gebirgen Westchinas heimische, recht vielgestaltige Blütenstrauch wurde im August 1869 von dem französischen Missionar und Botaniker Armand David bei Mupin entdeckt. Um 1887 fand auch Augustin Henry die Pflanze in der Nähe von Ichang, woraufhin der französische Botaniker Adrien René Franchet sie als *B. davidii* beschrieb. Eine erste Einführung nach Europa erfolgte 1890 über St. Petersburg. 1893 schickte ein anderer französischer Botaniker und Missionar, Pater Jean André Soulié - er wurde 1905 bei einer weiteren Forschungsreise im Grenzgebiet von Tibet gefangengenommen und erschossen -, Samen einer besonders schönen Form des Sommerflieders nach Frankreich. Aus diesem Saatgut zog die Gartenbaufirma Vilmorin Pflanzen an, die zunächst in den Jardin des Plantes in Paris gelangten und wenig später auch nach England und Deutschland kamen. 1902 wurde der Sommerflieder erstmals in Berlin kultiviert. In der ersten Dekade des 20. Jhs. schickte der englische Pflanzensammler Ernest Henry Wilson zwei weitere Formen an die Firma Veitch & Sons in London. In Frankreich und England setzte alsbald die Züchtung ein, welche auf der Grundlage der aus China gekommenen Wildformen eine ganze Reihe von Gartensorten mit längeren und üppigeren Blütenrispen entwickelte, die nicht nur lila blühen, wie die Stammform, sondern auch purpurviolett, lilarosa, rot und weiß. Als schönste Sorte galt lange Zeit die von der französischen Firma Morin & Fils in Chatillon sous Bagneux gezogene 'Isle de France', welche 1931 in den Handel kam. Heute ist der Strauch in Mitteleuropa bereits vielerorts in Grünanlagen, Haus- und Vorgärten zu sehen, wo er zwar in rauhen Wintern mitunter bis auf den Boden zurückfriert, dann aber meist wieder ausschlägt. Da er im Sommer stets von Tagfaltern umschwärmt wird, bezeichnet man ihn im deutschen Sprachgebiet auch als Schmetterlingsbusch.

Der Gattungsname *Buddleja* geht auf den englischen Pfarrer und Amateurbotaniker Adam Buttle (gest. 1715) zurück. Er wurde von dem englischen Botaniker und Pflanzensammler William Houston anhand einer in der Karibik heimischen Art (*B. americanum* L.) als *Buddleia* aufgestellt und 1753 von Linnaeus übernommen, der ihn zu *Buddleja* abwandelte. Von der mehr als 120 Arten umfassenden, tropisch bis subtropisch verbreiteten Gattung *Buddleja* sind in Deutschland gelegentlich noch einige weitere, jedoch meist sehr empfindliche Arten in Gartenkultur, so z.B. die 1808 im Berliner Botanischen Garten gezogene und 1818 in Wredows Gartenfreund empfohlene *B. globosa* Hope aus Chile.

Buxus sempervirens L.
Buchsbaum

Das natürliche Areal des immergrünen **Buchsbaums** reicht vom Mittelmeergebiet über Frankreich bis in das Oberrheingebiet und das Moseltal, im Nordwesten bis Südengland, im Osten bis zum Nordiran. Er war bereits in der Antike gut bekannt; die Griechen nannten

Buxus sempervirens L. Buchsbaum. Buchsbaum und Hahn sollten den Teufel vertreiben. Bock 1546

ihn *pyxos*, die Römer *buxus*. Sein hartes Holz wurde als Nutzholz verwendet. Die Römer pflanzten den gut schnittverträglichen Strauch auch als Zierpflanze in ihre Gärten. Die Sitte, Gartenbeete mit niedrigem Buchsbaum einzufassen, wurde von den Römern in die von ihnen eroberten Gebiete West- und Mitteleuropas übertragen, worauf Ausgrabungsfunde in England hindeuten. In Deutschland erwähnt als erster Albertus Magnus im 13. Jh. die Verwendung des niedrigen Buchsbaums (cv. 'Suffruticosa') zur Umrandung von Gartenbeeten, kennt aber auch die höheren Buchsbaumbüsche (cv. 'Arborescens'). Buchsbaum war hier die einzige dekorative Blattpflanze des Mittelalters. Darüber hinaus nutzte man sein festes gelbes Holz zur Anfertigung feinerer Schnitzereien und Holzarbeiten (daher das deutsche Wort Büchse). In der Mitte des 16. Jhs. war der Buchsbaum in Deutschland bereits weit verbreitet und wurde nach Gessner (1561) in den meisten wohlausgestatteten Gärten gehalten. Man schätzte seine immergrüne Belaubung, durch die er zu allen Jahreszeiten angenehm ins Auge fiel, und seine gute Schneid- und Formbarkeit.

Beeteinfassungen (Bordüren) und kunstvolle Ornamente aus niedrigem Buchsbaum sowie formenreich beschnittene Buchsbaumbüsche gehörten zu den typischen und unentbehrlichen Elementen des italienischen und französischen Renaissancegartens, der im 16. Jh. und der 1. Hälfte des 17. Jhs. auch in Mitteleuropa in Mode war. Derartige Lustgärten gab es freilich nur bei den Schlössern und Landsitzen des Adels und der hohen Geistlichkeit sowie an den Häusern einiger reicher Stadtbürger. Im Kleinen wurde diese Verwendung des Buchsbaums aber auch von wohlhabenden Bürgern und Bauern in ihren Gärten nachgeahmt. Zum Bild des »typischen deutschen Bauerngartens« haben solche Buchsbaumeinfassungen und beschnittenen Buchsbaumbüsche entgegen vielfachen Behauptungen jedoch nicht gehört. Heute trifft man sie vor allem in historischen Parkanlagen und in Museumsgärten, anderswo dagegen selten. Durch seine immergrüne Belaubung ein Sinnbild der Unsterblichkeit, wird der Buchsbaum auch viel auf Friedhöfen gepflanzt.

In der Barockzeit waren neben der normalen dunkelgrünen Form des Buchsbaums auch Formen mit gelb- oder weißpanaschierten Blättern sehr beliebt, wie man sie vereinzelt auch heute noch findet. Besonders häufig war dabei die Form 'Aureomarginata', damals Vergülter Buxbaum genannt, bei der »alle Blätter mit einem gelben Rande umbgeben und eingefasset sind/welches sehr zierlich anzusehen« (Elsholtz 1684). 1773 kannte Gleditsch bereits »6 oder 8 beste Abänderungen«.

Ehemals wurde der Buchsbaum auch als Arzneipflanze genutzt. Hildegard von Bingen empfahl ihn als Blutreinigungsmittel und als Mittel gegen Hautflechten. Die Blätter benutzte man als Medikament bei chronischen Hautleiden, bei Gicht und Rheuma, aber auch zur Fiebersenkung. Aus dem Holz destillierte man ein Öl, das man gegen Krämpfe, Zahnschmerzen und Syphilis einsetzte. 1557 vermerkte Adam Lonicerus (1528-1586) dann in seinem Kräuterbuch, daß der Gebrauch des Buchsbaums »in der Artzney« nur gering sei. Wegen ihres Gehaltes an mehreren Alkaloiden sind die Buchsbaumblätter giftig, so daß einige Kräuterbuchautoren ausdrücklich vor einer inneren Anwendung warnen. Buchsbaumzweige wurden früher viel als Sträuße und Kränze bei Hochzeiten und Begräbnissen verwendet, und in den katholischen Gegenden Deutschlands, in Österreich, Frankreich und anderen Ländern sind sie ein fast nie fehlender Bestandteil des am Palmsonntag in der Kirche geweihten »Palms«.

Calceolaria L. Pantoffelblume

Auf seiner von 1707 bis 1712 währenden Forschungsreise in die Küstengebiete Südamerikas und nach Westindien entdeckte der französische Franziskanermönch und Botaniker Louis Feuillée (1660-1732) u.a. auch die ersten Pantoffelblumen. Der Namensgebungsweise seines Vorgängers Plumier folgend benannte er die bis dahin unbekannte Gattung nach einem verdienstvollen Botaniker, und zwar nach dem Apotheker Francesco Calzolari, lat. Calceolarius (»Schuhmacher«) in Verona (1521-1600), der 1566 erstmals einen Exkursionsbericht, und zwar über die Besteigung des Monte Baldo zwischen Etschtal und Gardasee, veröffentlicht hatte. Der von Feuillée gegebene Name wurde dann 1771, als die erste Pantoffelblume nach Europa gekommen war, von Linnaeus übernommen. Bei dieser Art handelte es sich um die einjährige *C. pinnata* L. mit hellgelben Blüten. Sie wuchs 1808 - als einzige Pantoffelblumen-Art - auch im Botanischen Garten in Berlin und 1817 im Breiterschen Garten in Leipzig. Im 19. Jh. in Deutschland vielfach als einjährige Sommerblume kultiviert, spielt sie heute keine Rolle mehr. Eine zweite Art, *C. fothergillii* Ait., wurde 1777 in England eingeführt. Ab etwa 1820 trafen weitere

Arten in Europa ein, unter ihnen die heute viel als einjährige Balkon- und Schmuckbeetpflanze gezogene halbstrauchige *C. integrifolia* Murr. (= *C. rugosa* Ruiz et Pavon). Ferner gelangten damals nach Europa *C. crenatiflora* Cav., *C. corymbosa* Ruiz et Pavon,, *C. tripartita* Ruiz et Pavon (= *C. scabiosifolia* Roem. et Schult.), *C. purpurea* Grah. und *C. arachnoidea* Grah. Bald kam es zwischen diesen Arten zu Kreuzungen, und 1830 erschienen in England die ersten Hybriden auf dem Markt. Später wurde auch in Deutschland, insbesondere in Erfurt, die Züchtung aufgenommen, und unter Einbeziehung einiger weiterer Arten entstanden die vielen heutigen reichblütigen Sorten der krautigen, nur als Zimmerpflanze geeigneten Calceolaria-Hybriden.

Als ausdauernde Freilandpflanzen eignen sich in Deutschland nur wenige Arten, so vor allem *C. polyrrhiza* Cav. aus Patagonien. Wegen spezieller Kulturbedingungen und notwendigen Winterschutzes blieben sie jedoch seltene und heikle Liebhaberpflanzen.

***Calendula officinalis* L.** Ringelblume, Brunfels 1532

Calendula officinalis L.
Garten-Ringelblume

Nach Untersuchungen von Ohle (1974) ist die nur aus der Kultur bekannte **Garten-Ringelblume** vermutlich hybridogener Entstehung. Es könnte sich um einen in Nordwestafrika entstandenen frühen Bastard zwischen den beiden Wildarten *C. incana* Willd. und *C. suffruticosa* Vahl handeln. Ob die von römischen Schriftstellern genannte Pflanze *caltha* die Garten-Ringelblume oder die im Mittelmeergebiet wildwachsende, wesentlich kleinblütigere **Acker-Ringelblume** (*C. arvensis* L.), die später auch in Deutschland hier und da als Gartenpflanze gezogen wurde, gewesen ist, bleibt ungewiß. Erwähnt wird diese *caltha* z.B. bei Columella, der im Gartenbau-Kapitel seines um 50 abgefaßten Werkes über die Landwirtschaft von den »flaventia lumina calthae«, über die »gelblich leuchtenden Blüten der *caltha*«, spricht. Aus Deutschland stammen die ersten Nachrichten über die Ringelblume aus dem frühen Mittelalter. Um 900 berichtet der Mönch Notker von einem »bluomgarten, dar rosa unde ringelen unde viole wuahsent«. Im 12. Jh. erwähnt sie Hildegard von Bingen als »Ringella« und »Ringula«. Diese Bezeichnungen, wie auch der Name Ringelblume, beziehen sich auf die gekrümmten Früchte. Bei Albertus Magnus heißt die Pflanze *sponsa solis* oder *solsequium*, weil sie sich beim Untergang der Sonne schließe und bei ihrem Aufgang öffne. Der Name *Calendula* erscheint zuerst in lateinisch-deutschen Glossen des 13. und 14. Jhs. Er geht zurück auf lat. calendae, »der erste Tag des Monats« und soll die monatelange Blütezeit der Pflanze zum Ausdruck bringen.

Infolge ihrer Anspruchslosigkeit und ihrer leichten Vermehrbarkeit, ihrer langen Blütezeit und ihrer medizinischen Verwendbarkeit wurde die Garten-Ringelblume zu einer der häufigsten, beliebtesten und verbreitetsten Gartenblumen Deutschlands. Eine erste Abbildung bringt das 1530 in Straßburg gedruckte Herbarium vivae icones von Otto Brunfels. Es zeigt ein Exemplar mit noch relativ kleinen gelben Blüten. In der deutschsprachigen Ausgabe, dem Contrafayt Kreuterbuch, heißt es dazu dann wenig später, sie »würt gezyelet [gezogen] in den gärten/ allein für eine zyerde/ unndt zu den kränzen«. 1543 berichtet Fuchs von den Ringelblumen, sie würden »fast allenthalben« in den Gärten aus Samen gezogen und da, wo sie wachsen, samten sie sich alle Jahre selbst aus. Gessner nennt die Pflanze 1561 *Calthea hortensis* und *Calendula* und erwähnt auch erstmals eine Form mit gefüllten Blüten. Am Ende des 16. Jhs. gab es dann mehrere Gartensorten mit einfachen oder gefüllten, gelben oder orangefarbenen Blüten und darüber hinaus eine Prolifikation »mit Neben=blümlein«, die dann auch in folgenden Jahrhunderten allüberall die Gärten bevölkerten. Eine eigentliche Züchtung setzte jedoch erst Mitte des 19. Jhs. ein. So stellte 1854 die Gartenflora eine 'Grandiflora Plena' mit sehr großen, feurig orangegelben, regelmäßig gefüllten Blütenköpfen vor. Seitdem wurden zahlreiche weitere, teils höhere, teils niedrige Gartensorten mit großen und dichtgefüllten Blütenkörbchen in den verschiedensten Abstufungen von Gelb und Orange und mit zungen- und röhrenförmigen Einzelblüten entwickelt, welche die alten Gartensorten fast völlig verdrängt haben.

Seit altersher ist die Ringelblume aber auch eine Heilpflanze. Albertus Magnus kannte sie als Arzneimittel beim Biß giftiger Tiere sowie bei Milz- und Leberleiden. 1539 gibt Hieronymus Bock an, Ringelblumen »werden selten in der Artzney gebraucht. Etliche weiber treiben superstition [Aberglauben] damit/ brauchen sie zu der Bulschaft. Seind mehr Eusserlich dann inn Leib dienstlich.« Man verwendete sie bei Augenentzündungen, Zahnschmerzen, Milz- und Magenleiden. »Das safft von den blettern inn die ohren gethan«, sollte die Würmer töten. Später nahm der Arzneigebrauch der Ringelblume weiter zu. Man setzte sie vor allem als schweißtreibendes Mittel, gegen Lebererkrankungen und Gelbsucht, Herzklopfen und Menstruationsbeschwerden, aber auch gegen die Pest ein. Die Droge aus getrockneten Blütenblättern der Ringelblume findet aufgrund ihrer entzündungshemmenden und heilungsfördernden, schwach krampflösenden, gallefördernden und schweißtreibenden Wirkung auch heute noch, vor allem im volksmedizinischen Bereich, in Form von Tee und Salbe Verwendung. Früher wurden die Blüten ferner zum Färben von Butter und Käse sowie als Gewürz und zur Verfälschung von Safran benutzt.

Callistephus chinensis (L.) Nees Sommeraster

Die Heimat der Sommeraster sind das nördliche China und Korea, wo es noch heute Wildvorkommen gibt. Schon in alter Zeit wurde sie von den Chinesen als Gartenpflanze in Kultur genommen und hieß in China Lan Chü. Diese frühen Gartenformen hatten noch ungefüllte einfache Blütenkörbchen, deren Randblüten meist blau waren, doch gab es bereits Abänderungen nach Violett, Purpur und Weiß. Französische Missionare - jedoch nicht, wie oft angegeben, der Pater Pierre N. le Chéron d'Incarville (1706 -1757), der erst 1740 nach China kam - sandten 1728 Samen dieser Pflanze nach Paris. Dort wurden sie im Jardin des Plantes ausgesät und erbrachten verschiedene Farbformen der Sommeraster, die in Frankreich den Namen Reine Marguerite (Königin-Margerite) bekam. Von Paris aus gelangte die Sommeraster alsbald auch in andere Botanische Gärten Westeuropas, zuerst nach Leiden in den Niederlanden. Von dort sandte Adrian van Royen Samen an den Garten von Jacob Sherard in Eltham bei London. Johann Jacob Dillenius, damals Professor der Botanik in Oxford, hat in seinem

Callistephus chinensis (L.) Nees Sommeraster, erste Abbildung, Dillenius 1732

1732 erschienenen Hortus Elthamensis die neue Zierpflanze erstmals abgebildet und beschrieben. Er gab ihr die Bezeichnung *Aster Chenopodii folio, annuus, flore ingenti specioso*, »Aster mit gänsefußartigem Blatt, einjährig, mit einer sehr großen prächtigen Blüte«. 1731 erhielt auch Philip Miller, der Garteninspektor des Apothekergartens in London-Chelsea, Samen dieser Art, aus denen er Pflanzen mit roten und einige mit weißen Blüten zog, und 1736 auch Samen der blaublühenden Form. Alle diese Kulturformen besaßen einfache Blüten. Bald jedoch traten auch gefülltblühende Formen in Erscheinung. So bekam Philip Miller

1752 Samen von gefüllten roten und blauen Sommerastern und 1753 Samen der Form mit gefüllten weißen Blüten.

In Deutschland läßt sich die Sommeraster zuerst 1735 im Privatgarten des Medizinprofessors Augustin Friedrich Walther in Leipzig nachweisen, und zwar die purpurrote Form. Dieselbe Sorte war ein Jahr darauf auch schon im Garten des märkischen Gutsherren Georg Friedrich von Ziethen (1689 - 1769) in Trebnitz bei Seelow vorhanden. 1746 finden wir die Sommeraster im Berliner Botanischen Garten in den Farben Purpur und Weiß, im Garten des Gärtners Christian Ludwig Krause vor dem Stralauer Tor in Purpur, Weiß und Blau. 1769 nennt sie der Berliner Botaniker Johann Gottlieb Gleditsch »das chinesische Sternkraut mit den allergrößten Blumen« und gibt dazu an, sie sei »nunmehro seit dreyßig Jahren eine Zierde unserer Sommer- und Herbstflor«. Bis zur Jahrhundertwende hatte sich die Pflanze dann nahezu überallhin in Deutschland ausgebreitet. In Leipzig z.B. wuchs sie 1790 in fast allen Gärten sehr häufig, und zwar mit einfachen, halbgefüllten und ganzgefüllten Blüten in vielen Farben. 1818 nennt sie der mecklenburgische Pfarrer Wredow »eine der schönsten Zierpflanzen in Blumengärten«. Die damaligen Sorten besaßen bereits relativ große Blüten in den mannigfaltigsten Farben, und zwar Dunkel- und Hellviolett, allen Abstufungen von Rot, in Weiß, einfarbig und bunt, einfach und mehr oder weniger gefüllt. Ferner gab es Formen mit ausschließlich röhrigen Blüten. »Ein Beet mit diesen Blumen von den verschiedensten Farben besetzt, ist eine äußerst große Pracht«, heißt es abschließend. Eine zielgerichtete Züchtung setzte um 1830 ein, und zwar zuerst in Frankreich, in Deutschland später vor allem in Erfurt. 1854 gab es als neue Sortengruppen 'Pyramidenastern', 'Anemonenblütige' und 'Päonienblütige'. Bis heute sind zahlreiche weitere Gruppen hinzugekommen. Insgesamt zählte man um 1980 über 50 Asternklassen mit jeweils bis zu 15 Farbsorten. In ihren vielen Formen ist die Sommeraster heute eine der beliebtesten und häufigsten Sommerblumen Mitteleuropas.

Durch Linnaeus war 1753 die oben genannte lange Namenphrase durch den zweigliedrigen Namen *Aster chinensis* ersetzt worden. Da die Art sich jedoch durch verschiedene Merkmale von den eigentlichen Astern unterscheidet, nahm man sie rd. 80 Jahre später aus der Gattung *Aster* heraus. Der französische Botaniker Graf von Cassini schuf für sie die neue Gattung *Callistephus* (»Schönkranz«).

Campanula L. Glockenblume

Sowohl der deutsche als auch der wissenschaftliche Name (lat. campanula, »Glöckchen«) nehmen Bezug auf die bei den meisten Arten glockenförmige Gestalt der Blüten. Heute gehören Glokkenblumen zum Bestand der meisten Gärten in Deutschland. Einige von ihnen kommen auch in Mitteleuropa wildwachsend vor. Wegen ihrer auffälligen und großen Blüten hat man ihre Stammformen vermutlich schon im Mittelalter als Zierpflanzen in die Gärten geholt. Aber obwohl sie in der Mitte des 16. Jhs. hier und da als Gartenpflanzen in Erscheinung traten, blieben sie dort noch lange Zeit selten und waren in manchen Gebieten auch weiterhin nur als Wildpflanzen bekannt. Erst seit dem 19. bzw. 20. Jh. spielten sie dann - meist nach züchterischer Verbesserung - als Gartenzierpflanzen eine größere Rolle.

Die auf trockenen Wiesen und in Halbtrockenrasen wachsende und über große Teile Eurasiens verbreitete **Knäuel-Glockenblume** (*C. glomerata* L.) wurde 1561 als Gartenpflanze genannt, aber offenbar fast nur in Botanischen Gärten und Liebhaber-Gärten gezogen. Erst Mitte des 19. Jhs. tritt sie als Gartenpflanze stärker in Erscheinung, und zwar in einer von dem Kopenhagener Botaniker Jens Wilken Hornemann 1815 als var. *speciosa* beschriebenen besonders großblütigen Form. Die 1867 erschienene Garten= Flora für Norddeutschland von Friedrich C. Laban nennt außer dieser noch weitere 4 »Varietäten«, und zwar *aggregata* Willd., *betonicaefolia* Gilib., *eliptica* Kit. und *farinosa* Bes. Eine eigentliche Züchtung setzte Ende des 19. Jhs. ein. Um 1900 kam z.B. die Sorte 'Superba' auf den Markt. Neben mehreren höheren Sorten mit violetten und weißen Blüten gibt es nunmehr auch einige zwergige Sorten, so die bereits im 17. Jh. in den Niederlanden erwähnte cv. 'Pusilla', die als Steingartenpflanzen Verwendung finden.

Die **Pfirsichblättrige Glockenblume** (*C. persicifolia* L.), von Europa bis Zentralsibirien in trockenen Wäldern, in Waldsäumen und Halbtrockenrasen vorkommend, taucht zuerst 1554 in Belgien als Gartenpflanze auf, wird aber in Konrad Gessners Horti Germaniae 1561 für Deutschland noch nicht erwähnt. Später war sie auch in deutschen Gärten vorhanden, und im fürstbischöflichen Gar-

Campanula persicifolia L. Pfirsichblättrige Glockenblume, Matthiolus /Bauhin 1598

ten von Eichstätt gab es 1613 neben der blauen eine weiße Form. Beide finden sich unter dem Bauhinschen Namen *Rapunculus persicifolius magno flore* wenig später auch im Herbar Burser, und zwar aus Gärten in Basel. Auch im herzoglich braunschweigischen Garten zu Hessem waren zwischen 1607 und 1630 die blaue und die weiße Farbform der Pfirsichblättrigen Glockenblume vorhanden. Aber auch in der 2. Hälfte des 17. Jhs. und der 1. Hälfte des 18. Jhs. scheint sie als Gartenblume noch recht selten gewesen zu sein, da manche Gartenbücher und Floren dieser Zeit die Art entweder überhaupt nicht oder lediglich als Wildpflanze verzeichnen. Erst in der 2. Hälfte des 18. Jhs. wurde die Pfirsichblättrige Glockenblume in den Gärten häufiger gepflanzt, insbesondere die zuerst von Tournefort in Paris 1700 beschriebenen gefüllten Formen in Blau und in Weiß. 1736 waren diese im Garten des Herrn von Ziethen in Trebnitz bei Seelow vorhanden. 1773 empfiehlt Gleditsch die einfache und die gefüllte Form der »Waldglocke mit Pfirsichlaub« als Zierpflanze und schreibt, sie »wechseln in der Blumenfarbe und dem Grade der Füllung in den Blumen. Sie ... geben den Gärten ein gutes Ansehen.« Eine besonders großblütige Form wird als Varietät *macrantha* 1855 genannt. Zwar zählte Carl Bolle um 1900 die weißen und blauen, einfachen und gefüllten Pfirsichblättrigen Glockenblumen bereits zu den altmodischen Blumen, doch brachte die jetzt einsetzende Züchtung einen neuen Aufschwung. In Deutschland entwickelte vor allem der Staudenzüchter Georg Arends in Ronsdorf neue Sorten, und zwar 1901 'Die Fee', 1911 'Coerulea Coronata' (mit blumenblattartig gestalteten Kelchblättern), 1913 spätblühende Hybriden. In Frankreich brachte die Firma Victor Lemoine in Nancy nach 1918 eine größere Zahl von Sorten in den Handel. Heute gehören die groß- und vielblütigen Gartenformen der Pfirsichblättrigen Glockenblume in Deutschland nahezu überall zu den häufigeren Zierstauden.

Die in Mitteleuropa seltene und auf Schluchtwälder und Hochstaudenfluren der Gebirge beschränkte **Breitblättrige Glockenblume** (*C. latifolia* L.) wird für Belgien bereits 1576 als Gartenpflanze erwähnt, trat als solche in Deutschland aber erst im 18. Jh. in Erscheinung. Seit 1720 ist auch die cv. 'Alba' mit weißen Blüten bekannt. Beide Formen wuchsen z.B. 1736 unter dem Bauhinschen Namen *Campanula maxima, foliis latissimis* im Garten des Herrn von Ziethen in Trebnitz bei Seelow und 1746 im Krauseschen Garten in Berlin. Gleditsch schreibt 1773, die Art werde »ihrer großen weißen oder blauen Blumen und des 4 - 5 Fuß hohen Stengels halber gerne unterhalten«. Im 19. Jh. war sie dann eine verbreitete Zierpflanze und hier und da auch in Gärten verwildert. Zu der einheimischen Stammform trat ab 1820 die aus dem Kaukasus stammende var. *macrantha* Sims mit noch größeren und dunkleren Blüten, die 1824 im Garten des Apothekers Johann Nikolaus Buek d. J. (1779 - 1856) in Frankfurt/Oder vorhanden war. Um 1900 zählte Carl Bolle die Breitblättrige Glockenblume zu den altmodischen Blumen, und in der Tat scheint sie heute in den Gärten nicht mehr so häufig zu sein wie im 19. Jh.

Fast überall in Deutschland kommt in reicheren Laubwäldern und Waldsäumen auf frischen Standorten die **Nesselblättrige Glockenblume** (*C. trachelium* L.) vor. Auch sie wurde schon im 16. Jh. als Zierpflanze in die Gärten geholt. Der Hortus Eystettensis von 1613 bildet sie unter dem Namen *Cervicaria hortensis* bereits in einer blauen und einer weißen Farbform ab. Auch Elsholtz erwähnt beide Farbformen unter der Bezeichnung *Campanula vulgariter foliis urticae vel major et asperior* C. B., »Glöcklein mit Nessel=blättern« als Gartenblumen und vermerkt dazu: »das blaue aber wächset in den nechsten Wäldern auch wild«. 1648 gibt Johann Royer in seiner Beschreibung des ganzen Fürstl. Braunschweigischen

Campanula medium L. Marien-Glockenblume, Dodonaeus 1583

Gartens zu Hessem an, er habe im benachbarten Fallstein »einmal eine *Cervicariam* gefunden mit gantz gefüllten Blumen/die ich in den Fürstl. Lustgarten verpflantzt/da sie hernach noch schöner und grösser geblühet«. Mitte des 18. Jhs. kannte man nicht nur blau und weiß blühende Formen, sondern auch eine mit fleischfarbenen Blüten und von allen dreien auch gefülltblütige, also insgesamt 6 Formen. Auch im 19. Jh. war die Nesselblättrige Glockenblume als Zierpflanze nicht selten, wurde aber um 1900 bereits zu den altmodischen Blumen gerechnet und ist heute nur noch hier und da in Bauerngärten anzutreffen. Die Art wurde früher auch als Heilpflanze verwendet. Ein aus der Pflanze bereiteter Absud diente als Gurgelmittel bei Halskrankheiten. Hierauf gehen sowohl der Artname *trachelium* (zu gr. tráchelos, »Hals«) als auch die alten Namen *Cervicaria* (zu lat. cervix, »Genick, Hals«) und Halskraut zurück.

Auch die **Acker-Glockenblume** (*C. rapunculoides* L.) hat man als Gartenblume ausprobiert. So erscheint sie 1613 im Hortus Eystettensis als *Cervicaria maior sylvestris*, und Bauhin (1623) nannte sie sogar *Campanula hortensis, rapunculi radice*. Die rapunzelartigen Wurzeln dienten mitunter als Ersatz für die eßbaren Wurzeln der hier und da in Küchengärten gezogenen Rapunzel-Glockenblume (*C. rapunculus* L.), machten aber durch ihr wucherndes Wachstum die Acker-Glockenblume in den Gärten recht unbeliebt. So heißt es bei Gleditsch 1769: »Man rechnet das Gewächse unter die Unkräuter.« Auch die heutigen Gartenbücher warnen meist vor ihrer Verwendung, insbesondere in Steingärten. Aufgrund ihrer Wuchsfreudigkeit und Anspruchslosigkeit hat sich die Art dennoch vielfach innerhalb der Gartenzäune erhalten, vor allem in Bauerngärten.

Nicht aus Mitteleuropa stammt die zweijährige **Marien-Glockenblume** (*C. medium* L.), deren Heimat im nördlichen Mittelmeergebiet von Südostfrankreich bis Mittelitalien liegt. In Frankreich soll diese schöne Pflanze bereits um 1500 kultiviert worden sein. In der Mitte des 16. Jhs. kam sie auch nach Deutschland. 1561 erwähnt sie Konrad Gessner unter den Namen *Medion, Medion purpureum* und *Viola Mariana* aus deutschen Gärten, doch war sie damals ziemlich selten. *Medium sive Viola Mariana* nennt Matthiolus in seinem Dioskurides-Kommentar die Pflanze und gibt an, daß sie ihm von Jacobus Antonius Cortusus (später Praefekt des Botanischen Gartens in Padua) zugesandt worden sei. Die Bezeichnung *Viola Mariana* und der deutsche Name Marien-Glockenblume lassen erkennen, daß sie zur Gruppe der Marienblumen gehört hat, und der Name *Medion* (latinisiert *Medium*) bedeutet »aus der Landschaft Medien (im Nordwesten des Iran) stammend«. Man hielt die Art damals für die von den antiken Schriftstellern Dioskurides und Plinius genannte Pflanze *medion*. In der 2. Hälfte des 16. Jhs. breitete sich die leicht aus Samen vermehrbare Marien-Glockenblume rasch in Deutschland aus und wird von den damaligen Kräuterbüchern abgebildet und beschrieben. Indessen hat die Art 1594 in den Lausitzer Gärten noch gefehlt. Der 1613 gedruckte Hortus Eystettensis bildet bereits 4 Farbsorten ab: mit weißen, blauen, violetten und zart hellblauen Blüten. In der 2. Hälfte des 17. Jhs. erscheinen dann auch Formen mit einer verdoppelten Blütenkrone, von Elsholtz (1684) als »Gefüllte Marietten« bezeichnet. Im 18. Jh. traten Formen mit roten und rosa Blüten hinzu. Bis zur Gegenwart ist die Marien-Glockenblume mit ihren verschiedenen Formen in Deutschland eine beliebte und häufige Gartenblume geblieben, wobei sie durch Auslese ständig züchterisch verbessert wurde.

Eine weitere, jedoch ausdauernde Art aus dem nördlichen Mittelmeergebiet, die **Pyramiden-Glockenblume** (*C. pyramidalis* L.), wurde seit Ende des 16. Jhs. in Deutschland ebenfalls als Gartenblume gezogen und zierte, wie Elsholtz schrieb, »den Garten fast den gantzen Sommer über mit [ihren] blauen Blumen, welche wie eine Pyramide häuffig übereinander gesetzet«. Carl Bolle bezeichnete sie um 1900 als »wohl die schönste aller Glokkenblumen«. Ein prächtiges Bild von ihr bringt 1613 der Hortus Eystettensis, und zwar unter dem Namen *Pyramidalis Lutetiana*. Diese Bezeichnung scheint darauf hinzudeuten, daß die Pflanze einst aus Frankreich nach Eichstätt gekommen ist, vielleicht durch den Lyoneser Botaniker Jacques Dalechamps (1513 – 1588), der sie offensichtlich schon um 1580 kannte und zu ihrer Verbreitung beitrug. Bis in die Gegenwart wird die Pyramiden-Glokkenblume in Deutschland als Gartenblume aufgeführt, doch ist sie in vielen Teilen Mitteleuropas nicht ausreichend winterhart und kann daher lediglich als Topfpflanze gezogen werden. Bereits Elsholtz zählte die Art zum »Schirm= Gewächß von Blumwerck«, das einer frostfreien Überwinterung bedurfte.

Während es sich bei den bisher genannten Glockenblumen um mittelhohe bis hohe Arten handelt, fanden seit Mitte des vorigen Jhs., als der Steingarten in Mode kam, auch niedrige Arten der höheren Gebirge zunehmendes Interesse. Die beiden häufigsten Arten dieser Gruppe sind heute die Karpaten-Glockenblume und die Dalmatinische Glockenblume. Eine Reihe weiterer Arten wird meist nur von Liebhabern und in Botanischen Gärten kultiviert.

Die **Karpaten-Glockenblume** (*C. carpatica* Jacq.) wurde von dem Freiburger Botanik-Professor Franz Joseph Lipp (1734 - 1775) im damaligen ungarischen Komitat Szepes (Zips) in der Tatra entdeckt und 1770 von Nicolaus Joseph Jacquin (1727 - 1817) im 1. Band seines Werkes über den Wiener Botanischen Garten erstmals beschrieben und farbig abgebildet. Von Wien aus verbreitete sich die im gesamten Karpatenraum auf Kalkfelsen heimische Art rasch zunächst in andere Botanische Gärten und von dort aus in die allgemeine Gartenkultur. 1817 finden wir sie z.B. im Breiterschen Garten in Leipzig, und 1818 nennt sie auch der mecklenburgische Pfarrer Wredow in seinem Gartenfreund als Zierpflanze. 1843 heißt es dann in der 6. Auflage dieses Werkes: »Sie wuchert sehr und eignet sich vorzüglich zur Einfassung der Beete, indem sie von Mai bis zum September unaufhörlich sehr reichlich blüht.« Seit Mitte des 19. Jhs. ist auch eine weißblühende Form bekannt. 1856 empfiehlt Regel die Art als Pflanze für das Alpinum (Gartenflora, Jg. 5), und 1871 preist sie dieselbe Zeitschrift (Jg. 21) auch für Teppichbeete an. Um 1900 setzte die Züchtung ein. 1901 brachte Georg Arends in Ronsdorf die Sorte 'Coelestina' auf den Markt, und später entwickelte vor allem Karl Foerster in Potsdam-Bornim mehrere gute Gartensorten. Heute findet man in den Gärten überwiegend diese und andere Zuchtsorten, während die Wildform fast nur noch in Botanischen Gärten zu sehen ist.

Die **Dalmatinische Glockenblume** (*C. portenschlagiana* Roem. et Schult.) wurde 1819 von den Züricher Botanikern Johann Jacob Roemer und Joseph August Schultes erstmals beschrieben und nach dem Wiener Botaniker Franz Edler von Portenschlag-Ledermayer (1772 - 1822) benannt, der die Art in Dalmatien entdeckt hatte. Um 1836 wurde sie als Gartenpflanze in England eingeführt, und 1856 empfahl sie Eduard Regel in der Gartenflora als Pflanze für das Alpinum. In Deutschland blieb sie jedoch noch lange unbekannt. Erst im 20. Jh. taucht sie in den Katalogen der Staudengärtnereien auf. Dann aber fand die Art aufgrund ihrer Reichblütigkeit und Wüchsigkeit zunehmendes Interesse und ist heute eine geschätzte Pflanze der Steingärten und Trockenmauern.

Campsis radicans (L.) Seem.
Trompetenwinde

Der in den östlichen Vereinigten Staaten von New Jersey bis Iowa und südlich bis Florida und Texas heimische Wurzelkletterer aus der Familie der *Bignoniaceae* kam um 1620 aus den damaligen französischen Kolonien in Nordamerika nach Paris. Erstmals wurde er dort 1623 von Jean und Vespasian Robin in deren Enchiridion isagogicum als *Clematis virginiana sive Jasminum Americanum* aufgeführt. 1635 beschrieb ihn Jacques Cornut in seinem Buch über kanadische Pflanzen unter dem Namen *Gelseminum hederaceum indicum* und brachte auch eine erste Abbildung. Von Paris aus gelangte die Pflanze alsbald auch in andere Gärten Europas. 1633 war sie in Leiden und in Florenz vorhanden, 1634 in Lambeth (England), hatte dort aber bis um 1640 noch nicht geblüht. Bald darauf kam die

Trompetenwinde auch nach Deutschland, zuerst wohl zwischen 1630 und 1651 in den herzoglich braunschweigischen Garten zu Hessem, wo sie 1651 als *Clematis virginiana* aufgeführt wurde. 1646 wuchs sie aber auch schon im Botanischen Garten der damaligen Universität Altdorf bei Nürnberg, wohin sie wahrscheinlich aus Padua gekommen war, wo sie seit 1642 nachweisbar ist. 1655 wurde sie als *Clematis virginiana* im herzoglich schleswigschen Garten zu Gottorf kultiviert, und 1663 finden wir die Trompetenwinde in der Mark Brandenburg. Die damals erschienene Flora Marchica von Johann Sigismund Elsholtz nennt sie *Clematitis Indica flore phoeniceo,* »Indianische Waldrebe«. Im Gartenbaubuch desselben Verfassers (1684) heißt es dann, dieses Gewächs sei »wegen seiner hochrothen Blumen angenehm worden«. Man hielt es damals nicht für winterhart, und so führte es Elsholtz im Abschnitt »Schirm = Gewächß von Blumwerck« auf und schreibt, es erfordere »einen wol besonneten Ort im Pomerantzen = Hause an einer Wand/ daran man ihm ein Gelender von Latten/an welchem es seine Zweige frey ausbreiten möge/auffrichten muß«. In den folgenden Jahrzehnten wurde die Art in Europa ständig weiter vermehrt und weitergegeben, und Mitte des 18. Jhs. gab es kaum noch einen Botanischen Garten oder Liebhabergarten, in dem die Trompetenwinde nicht vorhanden war.

Goethe lernte sie 1786 auf seiner Italienreise im Botanischen Garten von Padua kennen; dort machte sie, wie er später schrieb, »einen solchen Eindruck auf mich, daß ich dieser Pflanze besonders gewogen blieb und, wo ich sie in Botanischen Gärten antraf, in den Weimarischen Anlagen, wo sie mit Neigung gepflegt ward, auch im eigenen Garten immer mit besonderer Aufmerksamkeit betrachtete«.

1699 wurde die Trompetenwinde im Katalog des Boseschen Gartens in Leipzig als *Clematis Indica, flore phoeniceo* aufgeführt. Zu dieser Zeit erkannte man jedoch, daß sie weder ein Jasmin noch eine Waldrebe war, und so begründete Tournefort für sie den Gattungsnamen *Bignonia,* benannt nach Abbé Jean Paul Bignon (1662 – 1743), Bibliothekar Ludwigs XIV. Linnaeus übernahm diesen Gattungsnamen und nannte die Art *Bignonia radicans.* Im 19. Jh. stellte man sie zunächst zu der von Antoine Laurent Jussieu 1789 geschaffenen Gattung *Tecoma.* Als *Tecoma radicans* wurde die Trompetenwinde 1855/56 von der Landesbaumschule Potsdam zum Verkauf angeboten, das Schock zu 8 Reichstaler 10 Silbergroschen. Später erkannte der aus Hannover stammende Botaniker Berthold Seemann, daß die Art in die bereits 1790 von dem portugiesischen Jesuiten Juan Loureiro begründete Gattung *Campsis* gehört, deren Name zu griechisch kámpsis, »Biegung, Krümmung«, nach den an der Spitze gekrümmten Staubfäden, gebildet wurde. Heute kultiviert man die Trompetenwinde in Deutschland vielfach als Park- und Gartenpflanze, wobei sie in sommerwarmen Gebieten deutlich häufiger ist. Von ihr gibt es seit langem mehrere Sorten, u.a. mit dunkelroten bzw. scharlachroten Blüten.

Als weitere *Campsis*-Art wurde Anfang des 19. Jhs. die in China und Japan heimische, 1775 von Thunberg entdeckte *C. grandiflora* (Thunb.) K. Schum. (= *C. chinensis* (Lam.) K. Koch) eingeführt, welche schöner, aber auch viel empfindlicher ist und daher nur als Kalthauspflanze gezogen werden kann. Zwischen ihr und *C. radicans* entstand 1889 der Bastard *C. x tagliabuana* (Vis.) Rehd.

Canna L. Blumenrohr, Canna

Die etwa 30 Arten umfassende Gattung *Canna* ist hauptsächlich im tropischen und subtropischen Amerika beheimatet, heute in den tropischen Gebieten aber weltweit verbreitet. Die bekannteste Art ist das **Indische Blumenrohr** (*C. indica* L.) aus Westindien, d.h. der Karibik, Mittelamerika, Peru und Chile. Von dorther kam die Art um die Mitte des 16. Jhs. nach Spanien und Portugal. In Italien ist sie seit 1553 nachweisbar, und von Italien aus gelangte sie alsbald auch nach Deutschland und in die Schweiz. In Deutschland trat die Pflanze zuerst 1561 in Nürnberg in Erscheinung. Für die Schweiz gibt sie Gessner aus dem Garten des Baseler Arztes Theodor Zwingger an. Er selbst hatte sie in seinem Garten in Zürich ebenfalls ausgesät, doch waren die Samen nicht aufgegangen (Fretz 1948). Für die neue Pflanze kam alsbald die Bezeichnung Indisches Rohr, *Canna Indica*, auf, wobei »indisch« hier die Bedeutung »westindisch« hat. Das lateinische Wort canna, »Rohr, Schilf« entstammt eigentlich dem Sumerischen. Es gelangte über die semitischen Sprachen (hebräisch kaneh) und das Griechische (kánna) schließlich in das Lateinische. Von anderen wurde die bislang unbekannte Art den Gladiolen zugeordnet. So wuchs sie um 1570 als *Gladiolus Indicus* im Garten des Arztes und Apothekers Christoph Leuschner in Meißen. 1570 erschien die Art erstmals in England. 1576 brachten sowohl Matthias Lobelius als auch Clusius erste Abbildungen. 1594 war die Pflanze als *Canna Indica* auch im Garten des Arztes Laurentius Scholz in Breslau vorhanden, fehlte zu dieser Zeit aber noch in den Lausitzer Gärten. Im fürstbischöflichen Garten zu Eichstätt gab es 1613 außer der üblichen *Canna indica rubra* eine *Canna indica lutea rubris maculis punctata*, offenbar die spätere *Canna lutea* Mill. Beide Sippen werden 1663 auch für Berlin und Brandenburg angegeben, während zwischen 1607 und 1630 außer diesen noch eine *Canna indica minima* in den herzoglich braunschweigischen Garten zu Hessem gekommen war. Nach und nach stieg die Zahl der *Canna*-Arten und -sorten in deutschen Gärten weiter an. 1684 nennt Elsholtz in seinem Gartenbaubuch im Kapitel »Schirm= Gewächß von Blumwerck« bereits 4 Sippen von »Blumen = rohr«, und 1736 wuchsen im Garten des Herrn von Ziethen in Trebnitz bei Seelow unter dem Tournefortschen Namen *Cannacorus* 7 Sippen, wobei es sich aus heutiger Sicht meist um Formen von *C. indica* handelte. In der 1. Auflage der Species Plantarum führt Linnaeus 1753 3 *Canna*-Arten auf: *C. indica*, *C. angustifolia* und *C. glauca*. *C. angustifolia* war erstmals 1699 von Morison (1620 - 1683) als *Arundo indica florida angustifolia*, *C. glauca* 1732 im Hortus Elthamensis als *Cannacorus glaucophyllus, ampliore, flore iridis palustris facie* beschrieben worden. 1773 bezeichnete Gleditsch

Canna indica **L.** Indisches Blumenrohr, Clusius 1576

Canna indica als »ein sehr dauerhaftes Gewächs in unseren Winterhäusern« und teilt ergänzend mit, daß man sie im Sommer an warmer Stelle im Freiland auspflanze. Er nennt von dieser Art 4 Formen, darunter eine mit gelbpanaschierten Blättern, und außerdem die Art *C. angustifolia.* Unter den 12 Sippen des Breiterschen Gartens in Leipzig gab es 1817 außer den bereits genannten auch die 1788 an den Ufern des Mississippi entdeckte und von Salisbury beschriebene *C. flaccida* aus dem südöstlichen Nordamerika und die von Ruiz und Pavon in den peruanischen Anden entdeckte *C. iridiflora.*

In den darauffolgenden Jahren kamen weitere Arten und Formen nach Europa, und 1864 kannte man 19 als eigene Arten angesprochene *Canna*-Sippen. 1849 brachte der polnische Garteninspektor Josef Warscewicz aus Costa Rica eine scharlachrot blühende *Canna*-Art mit, die 1851 von dem Berliner Botaniker Albert Dietrich nach ihm benannt wurde. Eine umfangreiche *Canna*-Sammlung, angelegt von dem Garteninspektor Carl David Bouché, besaß damals der Botanische Garten Berlin. Aber auch in Paris waren gegen Ende der fünfziger Jahre im städtischen Garten A la Muette ganze Gewächshäuser mit den verschiedenen *Canna*-Arten und -formen gefüllt. Der Gärtner Baillet pflanzte sie dann erstmals in großen Mengen (1861 mehr als 20.000 Exemplare) in den städtischen Grünanlagen von Paris an. Bereits in den vierziger Jahren hatte in Frankreich die Züchtung begonnen. Durch Kreuzung von *C. indica* mit *C. glauca* erhielt der französische Gärtner M. Anné 1848 die ersten, damals als C. x *annaei* bezeichneten Canna-Hybriden. 1863 entstanden aus *C. iridiflora* x *C. warscewiczii* die sogenannten C. x Ehemanni-Hybriden. Durch Einkreuzung von *C. flaccida* erzielte in Neapel der deutsche Gärtner Carl Sprenger gegen Ende des 19. Jhs. besonders großblütige, als Orchideenblütige bzw. Riesenblütige Canna bezeichnete Hybriden. In Deutschland war seit etwa 1880 die Stuttgarter Gartenbaufirma Wilhelm Pfitzer in der *Canna*-Züchtung führend. Bis 1906 waren über 1100 Sorten dieser jetzt als Canna-Indica-Hybriden (C. x *generalis* Bailey) bezeichneten Garten-Cannas entstanden. Obwohl seitdem die Züchtung ständig weitergegangen ist, hat sich die

Zahl der im Handel befindlichen Sorten erheblich vermindert, da sich nur die besten Züchtungen durchsetzen konnten. Heute gibt es sowohl hohe als auch niedrigbleibende Sorten, und die Farbe der Blüten umfaßt die verschiedensten Abstufungen von Rot, Gelb und Rosa. Einige Sorten besitzen auch zweifarbige Blüten. In seinen verschiedenen Sorten wird das dekorative Blumenrohr jetzt vor allem als sommerliche Schmuckpflanze in öffentlichen Grünanlagen verwendet. Seine tropische Herkunft bedingt nach wie vor eine frostfreie Überwinterung der Rhizome. In tropischen Ländern ist das Blumenrohr vor allem eine Nutzpflanze. Seine Rhizome werden dort zur Gewinnung von Stärke, als Gewürz, Viehfutter und zur Farbstoffgewinnung verwendet. Hierauf deutet auch der Name *C. edulis* (»eßbar«) Ker-Gawler für eine heute meist zu *C. indica* gezogene Sippe. Die Samen werden in Afrika häufig zu Schmuckketten verarbeitet und einige Arten dort auch für kultische Zwecke und als Fetisch angepflanzt.

Caragana arborescens Lam.
Erbsenstrauch

Der in Sibirien und der Mandschurei heimische Erbsenstrauch wurde erstmals 1739 von dem in St. Petersburg als Professor der Botanik tätigen Schweizer Johann Ammann (1707 - 1741) beschrieben. Unter der Bezeichnung *Asphalanthus arborescens, pinnis foliorum crebrioribus oblongis* stellte er ihn in seinem Buch über seltenere Pflanzen des Russischen Reiches zu der damals als *Asphalanthus* bezeichneten Gruppe von Strauchginstern. Bereits zu dieser Zeit gelangte der Erbsenstrauch an den Botanischen Garten in Leiden, wo er 1740 von Adrian van Royen als *Caragana sibirica* verzeichnet wird. Royen griff damit den kirgisischen Namen karagana auf, unter welchem er vermutlich die Pflanze bzw. Samen davon erhalten hatte. Aber auch in den Botanischen Garten von Uppsala war damals der Erbsenstrauch gekommen. Dort stellte ihn Linnaeus 1748 zu seiner Gattung *Robinia*, und 1753 benannte er ihn *Robinia Caragana*. Unter diesem Namen erscheint der Strauch dann alsbald auch in deutschen Gärten. In Berlin z.B., wo er 1746 noch gefehlt hatte, führt ihn Gleditsch erstmals 1769 auf, und 1773 schreibt er, daß der »sibirische Erbsenbaum ... wegen der Menge seiner schönen gelben Blumen den Gärten im Frühlinge ein gutes Ansehen giebet«. Durch die Gärtnerei Buek in Hamburg und die von Burgsdorffsche Baumzucht in Tegel bei Berlin wurde er als Zierstrauch damals weithin verbreitet und war 1815 auf den Friedländischen Gütern am Oderbruchrand bereits eine »gewöhnliche Lustgebüschpflanze«. Erst Mitte des 19. Jhs. setzte sich der bereits von Lamarck geprägte heute gültige wissenschaftliche Name *Caragana arborescens* durch. In der Gartenkultur entstanden mehrere Sorten, z.B. die Zwergform 'Nana' und eine ursprünglich kriechende Form 'Pendula', die aber meist als Hängebäumchen veredelt wird. Obwohl ihn am Ende des 19. Jhs. Carl Bolle bereits zu den altmodischen Gartenpflanzen rechnete, blieb der Erbsenstrauch bis heute, nicht zuletzt aufgrund seiner Anspruchslosigkeit und Schattenfestig-

Amaranthus anguſtifolius ſimplici ſpicata pannicula. L. 126. T. 303.

Celosia argentea L. Hahnenkamm, Lobelius 1591

keit, eine häufige Strauchart der Gärten, Parkanlagen und Heckenpflanzungen und hat sich hier und da in der natürlichen Vegetation eingebürgert.

Celosia argentea L.
Federbusch, Hahnenkamm

Als Heimat dieser einjährigen Sommerblume werden das tropische Afrika und Ostindien angegeben. Von dorther kam sie zu Anfang des 16. Jhs., und zwar wahrscheinlich durch den venezianischen Orienthandel, nach Italien, wo sie 1531 erstmals belegt ist. In Deutschland erscheint die Pflanze zuerst 1542 bei Leonhart Fuchs als *Amaranthus purpureus*, »Sammatblum«. In seinem New Kreuterbuch von 1543 nennt er sie »Sammetblume/Tausentschön/Floramor« und gibt an, sie werde »in den gärten und scherben [Töpfen] gepflanzt«. Die durch Samen leicht vermehrbare Art breitete sich in Deutschland schnell aus und war um 1560 in den deutschen Gärten nicht selten. Damals gab es bereits 2 Formen. Die eine mit länglich-walzlichen Ähren, von Konrad Gessner 1561 *Amaranthus Plinii major*, von Franke 1594 *Amaranthus purpureus vulgaris* genannt, ist die Vorläuferin der heutigen **Federbusch-Celosie** (*C. argentea* L. *var. plumosa* (Burvenich) Voss). Bei der anderen, von Gessner 1561 als *Amaranthus Plinii minor* und von Franke 1594 als *Amaranthus purpureus maior* bezeichnet, handelt es sich um eine durch Verbänderung zustande gekommene Form mit hahnenkammartigen Blütenständen, den eigentlichen **Hahnenkamm**. Nach Matthiolus/Camerarius (1586) war diese Form zu der damaligen Zeit seltener und als Gartenpflanze daher besonders begehrt. Wie die zeitgenössischen Abbildungen, z.B. im Epitome (1586) und im Hortus Eystettensis (1613), zeigen, waren die Verbänderungen damals noch nicht so ausgeprägt wie heute. Erst durch fortlaufende Auslese entstanden schließlich die jetzigen großen und dichtgedrängten, typisch hahnenkammartigen Blütenstände dieser Varietät. Aber auch bei den Federbusch-Celosien führte die Züchtung zu weitaus größeren und aufrecht stehenden Blütenständen und zu den verschiedensten Farbtönen. So nennt Gleditsch 1737 aus dem Ziethenschen Garten in Trebnitz bei Seelow bereits 4 Farbsorten (purpur, fleischfarben, gelblich und grünlich-gelb), und 1843 kennt der Gartenfreund (6. Aufl.) 12 verschiedene Farbformen: silberweiß mit rosa Rand, rotgelb mit rotem Rand, blaßlila, fleischfarben, braunrot, karmesinrot, hellkarmin, dunkelpurpur, reingelb, goldgelb, dunkelrosa und weißgelb. Über die Jahrhunderte hinweg blieben die beiden Varietäten dieser Art in Deutschland beliebte und viel gepflanzte Sommerblumen, werden aber in der Gegenwart offenbar nicht mehr so häufig gezogen wie in früheren Jahrhunderten. Bis in das 18. Jh. hinein rechnete man die Art zur Gattung *Amaranthus*. Der dann von Linnaeus eingeführte Name *Celosia* geht auf den italienischen Volksnamen gelosia (»Eifersucht«) zurück, der eigentlich den Dreifarbigen Amaranth bezeichnete, von dem bereits Hieronymus Bock 1551 schrieb: »Die Walen nennen diß gewächs Celosiam.«

Centaurea L. Flockenblume

Von den rd. 500 Arten der Gattung *Centaurea* sind nur wenige zu Gartenblumen geworden. Zu den einjährigen Arten gehört die allbekannte **Kornblume** (*C. cyanus* L.). In der Späteiszeit wuchs sie auch in Mitteleuropa in baumfreien Tundren- und Steppengebieten. Als sich diese dann im Verlaufe der weiteren Entwicklung wieder mit Wald überzogen, wurde ihr Heimatareal auf das östliche Mittelmeergebiet und Westasien beschränkt. Von dort kam sie in der Jüngeren Steinzeit zusammen mit den Getreide-Arten und deren Unkräutern als Archäophyt auch wieder nach Mitteleuropa. Hier war sie dann Jahrtausende hindurch ein weit verbreitetes und überall häufiges Wildkraut der Wintergetreidefelder. Erst die Gegenwart hat die Kornblume durch den Einsatz von Herbiziden vielerorts zu einer Seltenheit werden lassen. Ihre leuchtend blauen Blüten haben seit jeher die Aufmerksamkeit des Menschen auf sich gezogen, und auch die Artbezeichnung *cyanus* (zu gr. kyanós, »blau«) geht darauf zurück. So ist die Kornblume seit altersher gut bekannt und wird bis heute gern zu Sträußen gepflückt. Schon frühzeitig, mindestens jedoch im späten Mittelalter, holte man sie als Zierpflanze in die Gärten, insbesondere die in der Natur seltenen Farbabweichungen mit weißen und rötlichen Blüten. Derartige Gartenformen kannte bereits Hieronymus Bock (1539). Er schreibt dazu: »Dise blumen zielen [ziehen] die Jungfrawen inn den gärten/ außgenommen die blawen findet man inn allen Früchten wachsen.« Aber auch die blaue Form war damals Gartenpflanze. So nennt sie Gessner in seinen Horti Germaniae *Cyanus coeruleus, puniceus, albus* (blau, purpurrot, weiß) und vermerkt, die Art werde in den meisten Gärten gezogen. Im fürstbischöflichen

Centaurea montana L. Berg-Flockenblume, Matthiolus/Bauhin 1598

Garten von Eichstätt gab es 1613 bereits 7 verschiedene Farbsorten: blau, fleischfarben, weiß, purpurrot, rot, rosa/weiß und weiß mit purpurnem Rand. Später kamen noch weitere Farbformen (z.B. weiß/blau, rosa/rot) hinzu. Man nannte diese Gartensorten geradezu *Cyanus hortensis*. Seit dem Ende des 16. Jhs. sind auch gefüllte Formen bekannt. Zuerst werden sie von Tabernaemontanus (1588) erwähnt. Zunächst noch recht selten, gelangten sie im Laufe des 17. Jhs. zu weiter Verbreitung. Bis zur Gegenwart ist die Kornblume mit ihren zahlreichen Gartenformen eine beliebte Sommerblume geblieben. Sie wird heute meist als Farbmischung angeboten und an Ort und Stelle ausgesät. Als Lieblingsblume des preußischen Königs und späteren deutschen Kaisers Wilhelm I. avancierte sie im vorigen Jh. in Preußen zum Symbol des Royalismus. Königstreue Untertanen pflegten an Kaisers Geburtstag und an Staatsfeiertagen eine Kornblume im Knopfloch zu tragen, was den Spott des alten Theodor Fontane hervorrief: »Es ist eine lederne Blume, bloß blau, ohne Duft, ohne Schönheit, ohne Poesie, so recht wie geschaffen für uns, irgendwo müßte sie noch einen roten Hosenstreifen haben.«

Zu den in der Gattung *Centaurea* überwiegenden ausdauernden Arten zählt die **Berg-Flockenblume** (*C. montana* L.), welche in den höheren Gebirgslagen in Mittel- und Südeuropa sowie in Kleinasien zu Hause ist. Wegen ihrer schönen blauen Blüten in die Gärten geholt, erscheint sie zuerst 1554 als Zierpflanze. 1560 war sie bereits in vielen Gärten vorhanden, und man nannte sie damals *Cyanus exoticus*, *C. montanus* und *C. sylvaticus*. Ende des 16. Jhs. kannte man neben der Stammform eine Gartenform mit weißen Blüten. Bis heute gehört diese Art, nicht zuletzt auch wegen ihrer Anspruchslosigkeit und Wüchsigkeit, zu den beliebten und häufigen Gartenblumen. Seit dem 19. Jh. entstanden durch Auslesezüchtung verschiedene größer- und reicherblütige Sorten mit leuchtend blauen, dunkelvioletten, weißen, rosa und purpurlavendelfarbenen Blüten, doch ist auch die alte Urform noch häufig zu sehen.

Zu diesen in Mitteleuropa heimischen Flockenblumen gesellten sich seit Anfang des 19. Jhs. einige Arten aus dem Kaukasus. Die **Rotweiße Flockenblume** (*C. dealbata* Willd.) mit blaßpurpurroten, in der Mitte weißlichen Blüten wurde 1701 von Tournefort in Iberien, dem heutigen Georgien, gefunden und 1703 von ihm als *Cyanus orientalis Artemisiae foliis* beschrieben, kam damals aber nur als Herbarexemplar nach Europa. Kurz nach 1800 gelangten dann auch lebende Pflanzen nach England und Deutschland, und durch den damaligen Direktor des Berliner Botanischen Gartens, Carl Ludwig Willdenow erfolgte 1803 die heute gültige Namengebung. 1808 wuchs die Art im Berliner Botanischen Garten, von wo aus sie sich dann relativ rasch in den deutschen Gärten ausbreitete. 1817 wurde sie in Leipzig gezogen, 1824 in Frankfurt/Oder, und 1837 erwähnt sie auch der österreichische Pfarrer Johann Theophil Zetter in seinem Staudenbuch als empfehlenswert. Heute gibt es neben der Stammform noch die durch Auslese entstandene Sorte 'Steenbergii' mit prächtig karminpurpurnen Blütenköpfen. Von der dieser Art sehr nahestehenden *C. hypoleuca* DC. kam um 1900 die Sorte 'John Coutts' mit noch größeren rosaroten Blütenköpfen aus England nach Deutschland und ist seitdem ebenfalls in Gärten vorhanden, wenn auch längst nicht so häufig wie *C. dealbata*.

Als dekorative Hochstaude mit gelben Blüten breitet sich in den letzten Jahren mehr und mehr die **Großköpfige Flockenblume** (*C. macrocephala* Puschkin ex Willd.) in den deutschen Gärten aus. Auch diese Art ist 1701 von Tournefort entdeckt und 1703 von ihm als *Centaurium maius orientale Helenii folio* beschrieben worden. Kurz nach 1800 wurde sie dann auch auf der Kaukasusexpedition des russischen Geologen Graf Mussin-Puschkin (gest. 1805) gefunden. Von ihm erhielt Willdenow die Pflanze unter dem Namen *C. macrocephala* und beschrieb sie sogleich als neue Art. Eigentlich geht ihr Name auf den deutschen Botaniker Johann Friedrich Adam zurück, welcher den Grafen von Mussin-Puschkin auf seiner Forschungsreise begleitete, doch ist dessen im Herbst 1802 in Tiflis verfaßte Abhandlung über neue Pflanzenarten des Kaukasus und Georgiens erst 1805 in Kiel im Druck erschienen. Ebenso wie *C. dealbata* wuchs die Art bereits 1808 im Botanischen Garten Berlin und breitete sich von dort aus in ähnlicher Weise aus, blieb aber seltener und stärker auf Botanische Gärten und Gärten von Staudenfreunden beschränkt.

Centranthus ruber (L.) DC.
Rote Spornblume

Die im Mittelmeergebiet und angrenzenden Regionen an Felswänden und Mauern wachsende Rote Spornblume kam um die Mitte des 16. Jhs. als Zierpflanze nach Mitteleuropa. Gessner bezeichnet sie 1561 als *Limonium Monspeliensium*, was auf eine Einfuhr aus Südfrankreich (Montpellier) hindeutet, doch ist sie sicherlich auch aus Italien nach Deutschland gebracht worden. Jeder Autor bezeichnete die Pflanze damals anders. 1586 führen Matthiolus/Camerarius 6 verschiedene Namen auf: *Phu peregrinum, Phu latifolium, Valeriana rubra,*

Polemonii species, Been rubrum und *Ocymastrum Valerianthon*. Von diesen setzte sich schließlich die Bezeichnung *Valeriana rubra* durch, die auch von Bauhin 1623 bevorzugt und von Linnaeus 1753 ebenfalls verwendet wurde. 1805 nahm Augustin Pyramus de Candolle die Art aus der Gattung Baldrian heraus und schuf die neue Gattung *Centranthus* (zu gr. kéntron, »Sporn« und ánthos, »Blume«, nach dem spornartigen Fortsatz der Blütenkrone).

1561 war die Spornblume in den deutschen Gärten noch eine Seltenheit, breitete sich jedoch in den folgenden Jahrzehnten allmählich aus. Aber noch 1594 fehlte sie in den Lausitzer Gärten. Erst im 17. Jh. war sie dann überall vorhanden. 1613 brachte der Hortus Eystettensis eine schöne farbige Abbildung, und zwischen 1607 und 1630 gelangte sie als *Valeriana rubra, Polemonii altera species Dodonaei* auch in den herzoglich braunschweigischen Garten zu Hessem. 1663 verzeichnete Elsholtz die Art als Gartenpflanze für Berlin und Brandenburg. In seinem Gartenbaubuch widmete er dem »Roth Baldrian« dann einen eigenen Abschnitt, und zwar im Kapitel »Schirm = Gewächß von Blumwerck«. Nach einer kurzen Beschreibung gibt er Kulturhinweise: »Dieser fremde Baldrian/wenn er aus Samen gezielet [gezogen] wird/blühet er schwerlich das erste Jahr: man setzet ihn aber bey/so kommen seine rothe Blumen folgendes Jahr im Junio herfür. Sonst zerreisset man die Nebenschosse durch die Wurtzel/und machet daraus neue Pflantzen/welches bei uns am gebräuchlichsten.« Die weißblühende Form, wie sie im Heimatgebiet der Art hier und da auftritt, wird zuerst 1672 von dem englischen Botaniker Robert Morison erwähnt. Im 18. Jh. erscheint sie dann auch in deutschen Gärten. So führt sie Gleditsch 1737 aus dem Ziethenschen Garten in Trebnitz bei Seelow als *Valerianoides flore albo* auf, während die rote Form dort als *Valerianoides Knautii* bezeichnet wird. 1773 schreibt Gleditsch über den »Breit- und schmalblättrigen Meer-Baldrian mit rothen oder weißen Blumen«, diese Art wolle »mit ihren Abänderungen unter guten Sammlungen von Staudengewächs mit vielem Fleiß unterhalten werden«. In der Tat ist diese mediterrane Staude in manchen Gegenden Mitteleuropas klimabedingt nicht besonders wüchsig, in Deutschland zwar ziemlich verbreitet, aber keineswegs überall häufig.

Cerastium L. Hornkraut

In den Gärten trifft man an Trockenmauern und Böschungen, in Steinanlagen oder in Staudenbeeten nicht selten auf ausgedehntere Polster niedriger *Cerastium*-Arten mit weißfilzigen Blättern und weißen Blüten. Es handelt sich dabei um 3 bis 4 Sippen aus verschiedenen Regionen Südeuropas, die einander sehr nahe stehen und schwer zu unterscheiden sind, weshalb sie in der European Garden Flora (Bd. 3, 1989) zusammenfassend als *C. tomentosum* – Gruppe behandelt werden. Die wichtigste Art ist das **Filzige Hornkraut** (*C. tomentosum* L.) aus Mittel- und Süditalien. Es wurde 1594 in den Niederlanden als Gartenpflanze gezogen. Caspar Bauhin unterschied in seinem Pinax (1623) zwei verschiedene

Arten. Die eine bezeichnete er als *Caryophyllus holosteus tomentosus latifolius et angustifolius*, die andere als *Lychnis incana repens*. Die erste wurde von Linnaeus 1753 als *C. tomentosum*, die zweite als *C. repens* gefaßt. Nach heutiger Auffassung gehören beide zu *C. tomentosum* L. Das Herbar Burser belegt die Art aus den ersten Jahrzehnten des 17. Jhs. unter dem erstgenannten Bauhinschen Namen für die Botanischen Gärten in Leiden, Pisa und Wien. Nach Deutschland ist die Art offenbar erst im 18. Jh. gekommen. So wuchs sie als *Cerastium incanum repens* im Garten des Herrn von Ziethen in Trebnitz bei Seelow (Gleditsch 1737) und 1746 unter dem Tournefortschen Namen *Myosotis incana repens* im Garten der Berliner Gärtnerei Krause. Unter dem Linnéschen Namen *Cerastium repens* wird sie dann 1773 von Gleditsch aufgeführt. Er nennt die Art zu deutsch »Schnee = Kraut« und »Schnee = Nelken« und schreibt dazu: »ist ein niedriges weißes oder weißgraues weiches Alpenkraut mit schwachen gestreckten Stengeln und flach kriechenden Wurzeln, die den Grund im kurzen überziehen. Die Luststücken haben davon eine sehr angenehme Zierde, wo die Flecke, die dann überzogen sind, fleißig bestochen werden. Die Blumen sind schneeweiß.« 1837 preist dann auch der österreichische Pfarrer Johann Theophil Zetter in seinem in Leipzig erschienenen Staudenbuch das Filzige Hornkraut als »sehr schön. Es überzieht in kurzer Zeit ganze Strecken und bildet herrliche Rasen, weswegen man die Pflanze zu Rasenpartien und Einfassungen sehr wohl verwenden kann.«

Inzwischen war zu dieser Art des zentralen Mittelmeergebietes das nahe verwandte **Bieberstein-Hornkraut** (*C. biebersteinii* DC.) als Gartenblume hinzugekommen. Es war Anfang des 19. Jhs. von Marschall von Bieberstein auf der Krim entdeckt und von ihm 1808 in seiner Flora taurico-caucasica als *C. repens* beschrieben worden. Aufgrund von Unterschieden zu dem oben genannten Linnéschen *C. repens* benannte es Augustin Pyramus de Candolle 1823 nach seinem Entdecker. 1820 wurde es nach England eingeführt und kam von dort nach Mitteleuropa. Z.B. waren 1842 im Botanischen Garten in Wien sowohl *C. tomentosum* als auch *C. biebersteinii* vorhanden. 1856 empfahl Eduard Regel beide als Pflanzen für das Alpinum, und 1871 brachte man sie auch als Arten für die damals in Mode gekommenen Teppichbeete in Vorschlag. Als Steingartenpflanzen haben sich die genannten weißfilzigen *Cerastium*-Arten, zu denen später noch die Sippen *C. columnae* Tenore aus Süditalien, 1913 von Franz Sündermann eingeführt, und *C. candissimum* Correns aus den Gebirgen West- und Südgriechenlands traten, in Mitteleuropa weithin verbreitet und gehören hier heute zu den häufigen Gartenpflanzen.

Chaenomeles Lindl. Zierquitte

In seiner 1784 in Leipzig erschienenen Flora japonica beschrieb der schwedische Botaniker Carl Peter Thunberg auch eine *Pyrus japonica*. 12 Jahre später führte der englische Botaniker Joseph Banks eine Zierquitte aus China in den Botanischen Garten von Kew/London ein, die man für die von Thunberg aus Japan beschriebene *Pyrus japonica* hielt. Unter diesem Namen wurde sie 1803 im Botanical Magazine vorgestellt und abgebildet. 1806 überführte Christiaan Hendrik Persoon in Paris die Art in die Gattung *Cydonia*. Als *Cydonia japonica* Pers. wuchs die nach den Napoleonischen Kriegen auch nach Deutschland gelangte Pflanze 1817 im Breiterschen Garten in Leipzig. Um diese Zeit bemerkte jedoch der englische Gärtner und Botaniker Robert Sweet, daß die aus China importierte und seitdem in europäischen Gärten kultivierte Zierquitte nicht der Originalbeschreibung von Thunberg entsprach und daß es sich bei ihr um eine andere Art handeln müsse. Er gab ihr daher 1818 den Namen *Pyrus speciosa*. Aber seine Richtigstellung nahmen die meisten Botaniker und Gärtner ebensowenig zur Kenntnis wie die 1822 von dem englischen Botaniker John Lindley vorgenommene Aufstellung einer eigenen Gattung *Chaenomeles*. Man bediente sich weiterhin des 1806 von Christiaan Hendrik Persoon gegebenen Namens, und als *Cydonia japonica* Pers. erscheint die Art z.B. noch 1855 in Ernst Berger, Bestimmung der Gartenpflanzen, und 1867 in der Norddeutschen Gartenflora von Friedrich C. Laban. Damals war diese Art in Deutschland als Zierstrauch bereits weit verbreitet. Neben der scharlachrot blühenden Stammform gab es auch schon Formen mit weißen, rosa und mit halbgefüllten Blüten. Wie die Beschreibungen in den Floren zeigen, handelte es sich hierbei stets um die **Chinesische Zierquitte** (*Ch. speciosa* (Sweet) Nakai).

Erst 1869 führte die englische Gartenbaufirma W. Maule & Son in Bristol Thunbergs Originalart aus Japan ein, die in der Folgezeit dann auch in Deutschland verbreitet wurde. Da unter dem Namen *Pyrus* bzw. *Cydonia japonica* inzwischen aber überall die Chinesische Zierquitte kultiviert wurde, gab man ihr 1874 einen neuen Namen, nämlich *Pyrus maulei*, später umgewandelt zu *Cydonia maulei* bzw. *Chaenomeles maulei*. Aufgrund der Nomenklaturregeln mußte diese Namengebung schließlich wieder rückgängig gemacht werden. Heute lautet der wissenschaftliche Name der **Japanischen Zierquitte** *Ch. japonica* (Thunb.) Lindley ex Spach.

Beide Arten unterscheiden sich u.a. durch ihre Wuchshöhe und ihre Früchte. *Ch. japonica* ist breit- und niederwüchsig, bleibt unter 1 m hoch und besitzt rundliche gelbe Früchte. *Ch. speciosa* dagegen wächst aufrecht und wird bis über 2 m hoch. Ihre gelbgrünen bis olivbräunlichen Früchte besitzen eine längliche Gestalt. Inzwischen wurden beide Arten vielfach miteinander gekreuzt. Zu diesen als *Ch.* x *superba* (Frahm) Rehd. bezeichneten Hybriden gehören die meisten der heute angebotenen zahlreichen Kultursorten. Sie kombinieren die Merkmale der Eltern in unterschiedlicher Weise.

Cheiranthus cheiri L.
Goldlack

Der in Felsfluren des östlichen Mittelmeergebietes und Westasiens heimische Goldlack wurde bereits in der Antike als Gartenpflanze kultiviert. Dioskurides nannte ihn »leukóion mélinon«, Plinius »Viola lutea«, und Columella spricht von einem Veilchen, »welches sich belaubend mit Gold schmückt«. Als wohlriechende Pflanze wurde der Goldlack damals und auch später noch zu den Veilchen gezählt bzw. in eine als »Leukoion« (»weißes Veilchen«) bezeichnete Pflanzengruppe gestellt, ebenso wie auch die Levkoje (*Matthiola incana*, siehe dort) und ähnliche duftende Kreuzblütler.

In die mittelalterlichen Gärten ist der Goldlack im 12./13. Jh. gelangt. Albertus Magnus erwähnt ihn als safrangelbes Veilchen (*viola crocea*), »welches das eigentliche Veilchen im Geruch nachahmt«. Um 1410 wurde er auf dem Gemälde »Paradiesgärtlein« als Gartenpflanze abgebildet, und 1495 verzeichnet ihn der Hortus Sanitatis als »Gel fyoln«. In der Mitte des 16. Jhs. war der Goldlack in Deutschland bereits weit verbreitet und wurde, wie Fuchs 1542 vermerkt, überall in Gärten und Pflanzungen angetroffen. Während er von Brunfels (1530) »Geel Violaten« genannt wird, bezeichnet Fuchs (1542, 1543) die Art als *Viola lutea*, »Geel Veiel« und fügt hinzu: »Die Apotheker nennen sie *Cheiri* oder *Cheirim*«. Letzteres geht auf den arabischen und persischen Namen khiri für diese Art zurück. Verschiedene spätere Autoren verwendeten *Cheiri* bzw. *Keiri* als Gattungsnamen, auf welcher Grundlage dann Linnaeus (1737, 1753) den wissenschaftlichen Namen *Cheiranthus cheiri* schuf. Matthiolus und ihm folgende Autoren, wie z.B. Konrad Gessner (1561) und Caspar Bauhin, hingegen griffen auf den von Dioskurides verwendeten griechischen Namen »Leukóion« zurück und nannten die Art (latinisiert) *Leucoium aureum* bzw. *luteum*.

Um die Mitte des 16. Jhs. kannte man lediglich gelb blühende, einfache Formen. Eine gefüllte Form trat zuerst 1570 bei dem flämischen Botaniker Matthias Lobelius in Erscheinung und breitete sich seitdem auch in Deutschland aus. 1613 werden im Hortus Eystettensis bereits 2 gefüllt- und 3 einfachblühende gelbe Formen abgebildet. Die besseren Sorten wurden in Kübeln und Töpfen gezogen und bedurften im nördlichen Deutschland der frostfreien Überwinterung. So führt der Berliner Botaniker und Gartendirektor Elsholtz in seinem Gartenbau-

Cheiranthus cheiri L. Goldlack, Dodonaeus 1583

buch (1684) »das also genante Gülden Laken *Leucoium luteum pleno flore majus* C. B.« unter dem »Schirm = Gewächß von Blumwerck« auf und schreibt, »gegen den Winter verwahret sie im Pomerantzen = Hause«, während »Einfache gelbe Violen, *Leucoium luteum vulgare* C. B.«, unter den »Zaserich Winter = Gewächsen«, d.h. den winterharten Freilandstauden, rangieren.

Im 18. Jh. gesellten sich zu den ursprünglich gelbblühenden Formen auch solche mit bräunlichen Blüten. 1773 kannte Gleditsch »große und kleine, gefüllte und ungefüllte Stangenviolen« mit gelben und mit außen oder innen bräunlichen Blüten, unter ihnen auch Formen mit weiß- oder gelbpanaschierten Blättern, »die in allen Lustgärten häufig genug erzogen werden«. 1818 nennt Wredow in seinem Gartenfreund Formen mit einfachen und mit mehr oder weniger gefüllten Blüten, goldgelb, hellgelb und fast schwarzbraun, selten auch violett. Auf der Grundlage dieser alten Formen entwickelte die Züchtung im 19. und 20. Jh. zahlreiche einfach- und gefülltblühende Namensorten in gelben und braunen Farbtönen. Dabei unterschied man zwei Sortengruppen, den niedrigen und verästelten Buschlack und den hochwüchsigen unverzweigten Stangenlack. Letzterer spielte zeitweise eine große Rolle als Schnittblume. Heute hat seine Bedeutung als Schnittblume stark nachgelassen, wie er auch als Gartenpflanze und Pflanze der Fensterbretter längst nicht mehr so häufig ist wie früher.

Ehemals war der Goldlack nicht nur eine überaus beliebte Zierpflanze, wofür auch seine zahlreichen Volksnamen sprechen (hierzu Marzell), sondern auch eine Arzneipflanze. Seine getrockneten Blüten, die Samen und die Wurzeln wurden medizinisch verwendet, vor allem gegen Hautjucken, zur Beförderung von Menstruation und Geburt, zur Heilung von Geschwülsten und bei Erkrankungen der Milz. Auch bereitete man aus den Blüten ein Gesichtswasser für fleckenlose und schöne Haut. Die Pflanze enthält die giftigen Inhaltsstoffe Cheirotoxin und Cheirosin, welche herzwirksam sind und auch heute noch vereinzelt als Präparate bei Herzerkrankungen eingesetzt werden.

Chionodoxa Boiss.
Schneeruhm

Ende Juni 1842 fand der Genfer Botaniker Edmond Boissier auf einer seiner Orientreisen in der Hochgebirgsregion des Tmolus-Gebirges östlich von Smyrna (Izmir) in einer Höhe von fast 7000 Fuß (2100 m) auf dem Bozdagh ein bis dahin unbekanntes Zwiebelgewächs, das in großer Menge am und selbst im schmelzenden Schnee blühte. In seinen 1844 in Leipzig erschienenen Diagnosen neuer orientalischer Pflanzen nannte er die reizende Art *Chionodoxa luciliae,* wobei der Gattungsname aus den griechischen Wörtern chión, »Schnee« und dóxa, »Ruhm, Glanz, Herrlichkeit« zusammengesetzt ist, der Artbezeichnung aber der Vorname von Boissiers Frau Lucile geb. Butini zugrundeliegt.

Eingeführt nach Europa (England) wurde diese kleinasiatische Art aber erst 1878 durch den englischen Pflanzensammler George Maw, welcher sie 1877 bei dem Dorfe Taktalie bei Smyrna in einer Meereshöhe von 4300 Fuß in einem ausgedehnten Bestand entdeckt hatte. Hierbei wie auch bei der 1844 von Boissier beschriebenen Pflanze handelte es sich um eine besonders hochwüchsige und großblütige Form, welche seit 1889 als eigene Art (*Ch. gigantea* Whittall) geführt wurde, heute aber wieder zu *Ch. luciliae* gezogen wird. 1879 veröffentlichte das Botanical Magazine eine erste Abbildung und kurz darauf stellte sie Eduard Regel in der Gartenflora (Jg. 29) auch den mitteleuropäischen Interessenten als neue Zierpflanze vor. Von England aus gelangte die Art zunächst in die Niederlande, wo sie von der Gartenbaufirma Krelage in Haarlem vermehrt und vertrieben wurde. Sehr früh verschaffte sich auch die blumenliebende deutsche, aus England stammende Kronprinzessin Victoria die neue Zierpflanze und ließ sie im Park Sanssouci in Potsdam anpflanzen, wo sie noch heute verwildert vorkommt. Um 1890 war sie dann in Deutschland schon mancherorts vorhanden. Heute ist sie in den mitteleuropäischen Gärten die am häufigsten anzutreffende *Chionodoxa*-Art und hat sich stellenweise in Menge in alten Parkanlagen eingebürgert.

2 weitere *Chionodoxa*-Sippen des westlichen Kleinasien wurden von dem in Smyrna lebenden englischen Kaufmann Eduard Whittall gesammelt und über England in die Gartenkultur eingeführt. Die eine Art beschrieb er 1883 im Herbstkatalog der Gartenbaufirma Barr & Sugden als *Ch. sardensis,* benannt nach der antiken Stadt Sardes 80 km östlich von Izmir. Dort kommt sie in schattigen Wäldern zwischen bemoosten Felsen in Höhen zwischen 100 und 700 m vor. Die von Whittall 1889 als *Ch. tmolusii* beschriebene zweite Sippe gehört ebenso wie die 1925 von dem österreichischen Botaniker Otto Stapf als *Ch. siehei* beschriebene, aus dem Ala-Dagh-Gebirge nördlich von Adana aus Höhen über 2500 m stammende Sippe nach neueren Erkenntnissen zu der 1871 von dem Kustos am Herbarium Kew, John Gilbert Baker, aufgestellten Art *Ch. forbesii.* Deren Typus hatte der englische Botanik-Professor Edward Forbes in Lycien im Süden des westlichen Kleinasien gesammelt und nach Kew/London gesandt.

Chrysanthemum L.
Wucherblume, Margerite, Winteraster, Chrysantheme

Die Gattung *Chrysanthemum* (im weiteren Sinne) umfaßt über 200 auf der Nordhalbkugel und in Südafrika beheimatete Arten von unterschiedlichem Typus. Verschiedene Untergruppen werden daher neuerdings auch als eigene Gattungen gefaßt.

Der eigentliche Ausgangspunkt der Gattung ist *Chr. coronarium* L., die **Kronen-Wucherblume** oder Goldblume. Diese im Mittelmeergebiet heimische einjährige Art mit gelben Blüten wurde bereits im Altertum als Zierpflanze verwendet, was u.a. Blumengewinde in ägyptischen Gräbern belegen. Die Griechen nannten die Art (wie fast alle gelben Blumen) *chrysanthemon* (zu gr. chrysós, »Gold« und ánthos, »Blume«), aber auch *bouphthalmon* (»Ochsenauge«). Die Römer kultivierten sie als Zierpflanze,

***Chrysanthemum coronarium* L.** Wucherblume, Matthiolus/Camerarius 1586

verwendeten die jungen Triebe, ebenso wie die Griechen, aber auch als Gemüse. Bei Plinius heißt sie *buphthalmus*. Römische Wandgemälde zeigen bereits Sorten mit gelben und mit weißlichen Blüten. Nach Mitteleuropa kam die Art, wohl weil sie keine Heilpflanze war, jedoch erst im 16. Jh. Um die Mitte des 16. Jhs. schreibt Matthiolus, er habe sie zuerst aus Padua, später auch aus Pisa zugeschickt erhalten. 1561 bezeichnete der Züricher Arzt und Botaniker Konrad Gessner sie als *Chrysanthemum verum* und gibt ebenfalls an, daß er sie aus Italien bekommen habe. In der 2. Hälfte des 16. Jhs. breitete sich die Art dann überall in Mitteleuropa als Zierpflanze aus und war z.B. 1594 als *Chrysanthemum Matthioli*, »Goldblume« auch schon in Lausitzer Gärten vorhanden (Franke 1594). 1613 bildete der Hortus Eystettensis eine Form mit rein gelben Randblüten (*Chrysanthemum creticum luteum*) und eine mit nur am Grunde gelben, sonst aber weißen Randblüten (*Chr. creticum mixtum*) ab. Diese beiden Formen erscheinen dann auch im Gartenbaubuch von Elsholtz (1684) im Kapitel »Zaserich Sommer = Gewächse«, und zwar unter dem Bauhinschen Namen *Chrysanthemum foliis Matricariae*. Im 18. Jh. gab es von beiden Sorten auch gefüllte Formen. Über die Jahrhunderte hinweg war *Chr. coronarium* mit ihren verschiedenen Formen, zu denen im 19. Jh. dann noch verschiedene höherwüchsige und größerblütige Auslesen traten, eine beliebte und häufige Gartenzierpflanze. Nach und nach wurde sie aber von anderen Sommerblumen in den Hintergrund gedrängt. Ende des 19. Jhs. rechnete sie Carl Bolle bereits zu den altmodischen Blumen. Heute ist die Kronen-Wucherblume in Deutschland als Zierpflanze nur noch selten zu sehen.

Als der dänische Konsul in Marokko, Peter K. A. Schousboe (1766 -1832), in den Jahren 1791-1793 eine Reise durch das Land unternahm, fand er u.a. eine dort heimische sommerannuelle *Chrysanthemum*-Art. Er beschrieb die bis dahin unbekannte Pflanze in seinem 1800 in Kopenhagen erschienenen Reisebericht und nannte sie *Chrysanthemum carinatum*, **Gekielte Wucherblume**. Über St.

Petersburg gelangte die reizvolle neue Art 1798 nach England, wo man sie in Unkenntnis der Originaldiagnose nochmals als *Chr. tricolor* beschrieb und abbildete. Die Dreifarbigkeit der Blüte ergibt sich durch die schwarz-purpurnen Scheibenblüten und die am Grunde gelben, sonst aber weißen Randblüten. In Deutschland war die Art bereits 1808 im Berliner Botanischen Garten unter ihrem gültigen Namen *Chr. carinatum* vorhanden und verbreitete sich dann relativ rasch. 1817 wuchs sie z.B. im Breiterschen Garten in Leipzig, und 1818 führte sie der mecklenburgische Pfarrer Wredow in seinem Gartenfreund als Gartenpflanze auf. Seit 1857 entstanden in England auch Sorten mit rosapurpurnen und karminpurpurnen Randblüten. 1864 bezeichnete sie Eduard Regel in der Gartenflora (Jg. 13) als »eine der ausgezeichnetsten Florblumen für den Garten im Freien während der Sommermonate«. Inzwischen wurden weitere Gartensorten, insbesondere mit verschieden gefärbten auffallenden Farbzonen auf den Randblüten sowie mit gefüllten Blüten gezüchtet. Heute wird die Art mit ihren Gartenformen gern in bunten Sommerblumenmischungen verwendet.

Im östlichen Mittelmeergebiet, der Balkanhalbinsel und Vorderasien beheimatet ist das **Mutterkraut** (*Chr. parthenium* (L.) Bernh., syn. *Tanacetum parthenium* (L.) Schultz-Bip.). Die streng aromatisch kamillenartig duftende Staude war bereits im Altertum eine geschätzte Heilpflanze bei Frauenkrankheiten. Bei griechischen Schriftstellern (Nikandros, Dioskurides) wird sie als *parthenion*, bei Plinius als *parthenium* bezeichnet (zu gr. parthénos, »Jungfrau«). Durch die Römer kam die Art in die Gebiete nördlich der Alpen. Ein Nachweis aus einem römerzeitlichen Brunnen liegt vor von Issel bei Trier. Von den ehemals römischen Gebieten aus, wo die Art um 800 im Capitulare de villis als *febrefugia* und im 12. Jh. bei Hildegard von Bingen als *Febrifuge* und *Metra* erscheint, verbreitete sich das Mutterkraut nach und nach über die Gärten des übrigen Mitteleuropa. 1530 bezeichnete Brunfels die Pflanze als

***Chrysanthemum parthenium* (L.) Bernh.**
Mutterkraut, Dodonaeus 1583

»Mettram«. Seine Abbildung zeigt eine noch der Wildart entsprechende Form mit kleinen einfachen Blüten. Die Art diente damals und bis in das 18. Jh. hinein vornehmlich als Arzneipflanze, insbesondere »in allen Anliegen der Weiber« (Zornn 1714), aber auch bei Verdauungsstörungen, zur Beruhigung der Nerven und zur Vertreibung von Würmern. Außerdem war sie ein Heilmittel bei verschiedenen Viehkrankheiten.

Alsbald kam es hier und da auch zu Verwilderungen. So schreibt bereits Konrad Gessner 1561, das *Parthenium* wachse von sich aus an den Gartenmauern und auf Bauschutt. In der 2. Hälfte des 16. Jhs. entstand in Gartenkultur auch eine gefüllte Form mit vermehrten Strahlenblüten. Eine Abbildung dieser *Matricaria duplici flore* gibt zuerst Matthias Lobelius 1581 in seinen Icones. 1583 beschreibt sie auch Clusius in seinem Werk über die seltenen Pflanzen Österreichs und Ungarns als *Parthenium plenum sive polyphyllo flore* und gibt an, er habe sie zuerst 1579 in London gesehen, von wo er sie nach Antwerpen brachte. Später erhielt er in Wien Samen dieser Sorte von dem mit ihm befreundeten Londoner Kanzler Richard Garth. Farbige Abbildungen der *Matricaria flore simplici*, »Einfach Mertram«, und der *Matricaria flore pleno*, »Gefüllt weis Mertram«, bringt 1613 der Hortus Eystettensis. Eine Form mit vermehrten und vergrößerten Röhrenblüten erscheint in Deutschland erstmals 1665. 1724 gab es in und bei der oberlausitzer Stadt Lauban 4 verschiedene Formen: 1. mit einfachen Blüten, vor allem in den Bauerngärten und stellenweise auch an Zäunen verwildert; 2. eine gefüllte Form mit vermehrten Strahlenblüten, nur in einigen Gärten; 3. eine gefüllte Form nur mit Röhrenblüten und 4. eine gefüllte Form mit flachen Strahlenblüten und gefüllten Scheibenblüten, letztere beide nur in den Gärten von Liebhabern. Diese 4 Formen, dazu eine ohne Strahlenblüten, wuchsen 1736 auch im Garten des brandenburgischen Rittergutes Trebnitz bei Seelow.

Im 18. Jh. ging die Bedeutung des Mutterkrautes als Arzneipflanze zurück. Es wurde mehr und mehr, besonders mit seinen gefüllten Formen, zu einer Zierpflanze und war als solche schließlich ebenfalls weit verbreitet. Mit der Zeit nahm die Zahl der verschiedenen Gartenformen weiter zu. So schreibt der österreichische Pfarrer Zetter 1837 über die damals *Pyrethrum parthenium* genannte Art, sie komme »in verschiedenen Abarten vor, nämlich: einfach, halb- und ganz gefüllt, strahlenlos, gewölbt, weißröhrig etc., eine mit krausen Blättern«, sie gedeihe überall, doch »die gefüllten Sorten sind etwas zärtlicher und werden manchmal in Töpfen gezogen«. Im Laufe des 19. Jhs. nahm die Zahl der Sorten weiter zu. Es entstanden nunmehr auch Formen mit gelben Blättern (cv. 'Aureum'), mit farnartig eingeschnittenen Blättern (cv. 'Selagenoides'), mit moosartigen Blättern (cv. 'Muscoides') sowie Zwergformen. Letztere fanden vor allem Verwendung bei den um 1870 in Mode gekommenen Teppichbeeten. Heute sieht man das Mutterkraut mit seinen zahlreichen Formen hauptsächlich in ländlichen Gärten, wo es als Zierpflanze dient, hier und da aber auch noch als Heilpflanze genutzt wird.

Die in Europa und Asien bis hin zum Altai verbreitete und in Mitteleuropa auf mäßig gedüngten oder ungedüngten

Wiesen früher überall häufige **Wiesen-Margerite** (*Chr. leucanthemum* L., syn. *Leucanthemum vulgare* Lmk.) wurde ihrer hübschen Blüten wegen vielfach in die Gärten geholt, wo sie allerdings sehr zum Wuchern neigt (»Wucherblume«). So wuchs sie z.B. um 1560 als *Bellis major* im Garten des Züricher Arztes und Naturforschers Konrad Gessner, und 1613 finden wir sie unter demselben Namen im Hortus Eystettensis. Viele Autoren des 17. und 18. Jhs. kennen die von Caspar Bauhin (1623) als *Bellis sylvestris* bezeichnete Art indessen nur als Wildpflanze. Heute ist sie als Zierpflanze fast nur noch in Bauerngärten zu finden. Sonst wurde sie in den Gärten durch die **Große Margerite** (*Chr. maximum* Ram.) abgelöst. Diese ist in den südöstlichen Pyrenäen beheimatet, wo sie Ende des 18. Jhs. von dem französischen Politiker, Botaniker und Pyrenäen-Forscher Louis François Ramond, Baron de Carbonnière (1753 – 1827) entdeckt und im Jahre 1800 als eigene Art unter dem genannten Namen beschrieben wurde. Heute wird diese decaploide oder dodecaploide Sippe als Kleinart zu der extrem variablen bzw. einen Artenkomplex bildenden Gesamtart *Chr. leucanthemum* bzw. *Leucanthemum vulgare* gestellt. Als *Pyrethrum latifolium* war sie 1808 im Botanischen Garten Berlin vorhanden und 1817 auch im Breiterschen Garten in Leipzig. Als Gartenstaude fand sie wegen ihrer schmutzig-weißen Blüten jedoch nur wenig Anklang und blieb meist auf Botanische Gärten beschränkt. In der 2. Hälfte des 19. Jhs. waren die Züchter, zuerst in England, dann auch in Frankreich und Deutschland, um eine Verbesserung dieser Art bemüht. Dies gelang durch Einkreuzung weiterer Wild-Sippen, insbesondere der in Portugal heimischen *Chr. lacustre* Brot. 1895 brachte der Erfurter Gärtner Heinemann die von ihm gezüchtete Sorte 'Perfection' mit bis 15 cm im Durchmesser großen Blüten auf den Markt, »eine der besten weißen Schnittblumen, die existieren« (Gartenflora, Jg. 44). 1901 waren bereits verschiedene Gartensorten im Handel, und in der Folgezeit entstanden neben weiteren Züchtungen auch die sogenannten 'Edelweiß-Margeriten' mit gefüllten und zerschlitzten Blütenblättern.

Der Name Margerite stammt aus Frankreich, wo ursprünglich das Gänseblümchen (*Bellis perennis* L.) als marguerite bezeichnet wurde (zu lat. margarita, »Perle«). Obwohl der französische Pflanzenname als »Margaritenblume« vereinzelt bereits im 16. Jh. ins Deutsche entlehnt worden ist, bürgerte er sich für die genannten Arten erst seit Ende des 19. Jhs. ein. Vor dem 1. Weltkrieg beging man in Deutschland im Frühsommer den »Margueriten-Tag«, an dem (künstliche) Margeritenblüten zugunsten wohltätiger Zwecke verkauft wurden.

Die **Bunte Margerite** (*Chr. coccineum* Willd.) stammt aus dem Kaukasusgebiet und dem Iran, wo sie auf Bergwiesen wächst. Zuerst fand sie dort der französische Botaniker Joseph Pitton de Tournefort auf seiner von 1700 bis 1702 dauernden Orientreise, die ihn bis Tiflis führte. In seinem 1703 veröffentlichten Corollarium nannte er sie *Buphthalmum Orientale, Tanaceti folio ampliore, flore magno*. Interessant ist, daß er von dieser Art bereits 3 verschiedene in der Natur vorkommende Farbformen aufführte, und zwar solche mit karminroten (*coccineo*), an-

***Chrysanthemum coccineum* Willd.** Bunte Margerite, Marschall von Bieberstein 1810

genehm rötlichen (*suave rubente*) und mit weißen (*albo*) Strahlenblüten. Unter dem Tournefortschen Namen erscheint die Bunte Margerite 1782 im 2. Teil des in St. Petersburg veröffentlichten Werkes über die im Orient beobachteten Pflanzen von Johann Christian Buxbaum, welcher den russischen Grafen Romanzoff auf einer Gesandtschaftsreise nach Konstantinopel begleitet hatte. Da die Pflanze damals aber nicht nach Europa gelangte, blieb sie in der Folgezeit weitgehend unbekannt. Eine Wiederentdeckung erfolgte erst 1800 durch Johann Friedrich Adam, botanischer Begleiter des Geologen Graf von Mussin-Puschkin auf dessen Forschungsreise durch den Kaukasus, und zwar auf dem Berg Kaischaur in Iberien, dem heutigen Georgien. Zusammen mit weiteren neuen Arten beschrieb er sie 1805 im 1. Band der in Kiel herausgegebenen Beiträge zur Naturkunde als *Chrysanthemum roseum*. Durch den damals im Kaukasusgebiet und Südrußland tätigen Marschall von Bieberstein, in dessen 1809 publizierter Flora taurico-caucasica die Art als *Pyrethrum roseum* erscheint, gelangte bereits 1804 Samen dieser Pflanze über Moskau nach England, wo sie 1808 im Botanical Magazine vorgestellt und abgebildet wurde. 1808 wuchs sie aber auch schon im Botanischen Garten Berlin, dessen Direktor Carl Ludwig Willdenow ihr 1803 den jetzt gültigen Namen *Chr. coccineum* beigelegt hatte. Von London und Berlin aus gelangte die Bunte Margerite nach und nach in die Gärten West- und Mitteleuropas. 1817 war sie z.B. auch im Breiterschen Garten in Leipzig vertreten, und 1855 gab es bereits mehrere schöne Sorten, als deren schönste die feurig karminrote 'Delhayi' als »eine wahre Prachtpflanze für's freie Land« gerühmt wurde (Gartenflora, Jg. 4). Im Laufe der Zeit entstanden ständig weitere Gartenformen. 1933 waren 70 Namensorten im Angebot. Obwohl sich die Zahl der verfügbaren Sorten heute wieder reduziert hat, gehört *Chr. coccineum* auch weiterhin zu den beliebtesten Schnitt- und Rabattenstauden und ist in den deutschen Gärten weit verbreitet.

Die **Strauch-Margerite** (*Chr. frutescens* L.), eine halbstrauchige Art von den

Kanarischen Inseln, gelangte Ende des 17. Jhs. als Gewächshaus- und Kübelpflanze nach England und kam von dort über die Niederlande auch nach Deutschland. Unter dem Tournefortschen Namen *Leucanthemum Canariense, foliis Chrysanthemis, Pyrethri sapore* war sie 1735 im Waltherschen Garten in Leipzig und 1736 im Ziethenschen Garten in Trebnitz bei Seelow vertreten, blieb in Deutschland aber selten und auf Botanische und einige Liebhaber-Gärten beschränkt. 1932 rühmt sie Pareys Blumengärtnerei als »sehr wertvolle Kalthauspflanze«. Damals gab es bereits 4 Gartensorten, die z.T. durch Einkreuzen der ebenfalls kanarischen *Chr. anethifolium* (Willd.) Steud. entstanden waren. Erst in der neuesten Zeit ist die Strauch-Margerite als sommerliche Kübelpflanze ziemlich häufig zu sehen.

Die staudigen bis halbstrauchigen **Winterastern** und **Chrysanthemen** (Chr. -Indicum-Hybriden) stammen aus Ostasien. Stammarten sind das in China und Japan heimische *Chr. indicum* L. (*Dendranthema indicum* (L.) Desmoulins) mit gelben Scheiben- und Strahlenblüten, dessen Blütenkörbchen in kleinen Büscheln stehen, und *Chr. morifolium* Ramat. (*Chr. sinense Sabine, Dendranthema morifolium* (Ramat.) Tzvelev) aus der chinesischen Landschaft Hupeh und den Riukiu-Inseln mit kleineren, ebenfalls büschelig angeordneten Blütenkörbchen, deren Scheibenblüten gelb und deren Strahlenblüten weiß sind. Doch wurden im Laufe der langen Gartengeschichte vermutlich weitere ostasiatische Arten eingekreuzt. In China hatte man die genannten beiden Arten schon in sehr früher Zeit in Gartenkultur genommen.

Wildform von ***Chrysanthemum indicum* L.**, eine der Stammformen unserer Winterastern und Chrysanthemen, Bailey 1947

Bereits zur Zeit des Philosophen und Religionsstifters Konfuzius (541 – 478 v. Chr.) waren sie dort bekannte und beliebte Gartenpflanzen. Sie galten als Symbol der Bescheidenheit, der Vornehmheit und langen Lebens sowie als Kennzeichen des Herbstes, wurden von Malern abgebildet und von Dichtern besungen. Im Laufe der Jahrhunderte entstanden durch Kreuzung und Selektion zahlreiche Sorten. Waren im 12. Jh. in China etwa 35 Sorten vorhanden, so wurden um 1700 dort bereits gegen 300 beschrieben. Im frühen Mittelalter gelangten die chinesischen Gartensorten auch nach Japan, wo die Chrysantheme alsbald zur Nationalblume und zum Wappenbild des Tenno wurde. Ihre züchterische Weiterentwicklung in Japan führte zu einer Vielzahl weiterer, z.T. unerreicht gebliebener Sorten. Über ihre damalige Formenmannigfaltigkeit berichtete 1712 der deutsche Arzt und Naturforscher Engelbert Kaempfer, der 1690–1692 als Stationsarzt der Niederländischen Ostindischen Kompanie in Nagasaki tätig war. Kapitäne der Flotte der Ostindischen Kompanie brachten in der 2. Hälfte des 17. Jhs. derartige Gartensorten der Chrysantheme mit in die Niederlande, wo sie in verschiedenen Gärten als besondere Raritäten zu sehen waren. Der Danziger Kaufmann Jacob Breyne (1637–1697), der ein großer Pflanzenliebhaber war und deshalb 1679 und nochmals 1688 die berühmtesten holländischen Gärten besuchte, worüber er in zwei Schriften (1680, 1689) berichtete, sah dort 2 verschiedene Formen, die er *Matricaria japonica flore minore* und *Matricaria japonica maxima* nannte. Von letzterer gab es 6 Farbsorten mit rosaroten, rötlichen, fleischfarbenen, kupferfarbenen, dunkelgelben und reinweißen Blüten. Anfang des 18. Jhs. sandte der englische Arzt James Cunningham ein in China gesammeltes Exemplar mit kleinen gelblichweißen Blüten nach London, wo es von dem Arzt und Botaniker Leonhard Plukenet in seinem 1705 erschienenen Amaltheum botanicum abgebildet wurde. Diese damaligen Pflanzen, die auch von weiteren zeitgenössischen Autoren (z.B. Morison, Ray, Vaillant) aufgeführt werden, waren jedoch nach wenigen Jahren wieder aus den europäischen Gärten verschwunden, wohl weil man hinsichtlich ihrer Kultivierung noch über keinerlei Kenntnisse und Erfahrungen verfügte. Linnaeus beschrieb 1753 in seinen Species Plantarum die Pflanze auf der Grundlage von Herbarbelegen und der oben genannten Literatur unter dem Namen *Chrysanthemum indicum*, wobei er, ebenso wie vor ihm Robert Morison, der Meinung war, sie stamme aus (Ost-) Indien. Eine Sorte mit kleinen gefüllten kugelförmigen Blütenköpfen, die offenbar aus Ning-Pu in China gekommen war, tauchte dann in den 1760er Jahren im Apothekergarten in London-Chelsea auf. Ein Herbarexemplar wurde 1764 der Royal Society übergeben, und Philip Miller erwähnt sie 1768 in der 8. Auflage seines Gardeners Dictionary als *Matricaria Indica*. Jedoch erst 1789 kam es zur bleibenden Einführung des *Chrysanthemum indicum* nach Europa. Der französische Kaufmann Blancard in Marseille brachte von einer längeren Chinareise weiß-, gelb- und purpurrotblühende Formen der damaligen chinesischen Kultursorten mit. Während aber die beiden erstgenannten Formen bald eingingen, konnte die purpurrote erhalten und vermehrt werden. Sie gelangte 1790 in den Botanischen Garten Paris, von wo alsbald Stecklinge nach England geschickt wurden, wo die Pflanzen 1795 in der Gärtnerei von Colville in Chelsea erstmalig zur Blüte kamen. In den folgenden Jahren gelangten durch Kapitäne weitere Pflanzen aus China nach England, so 1798 eine rosarote und eine kupferfarbene Sorte und 1802 drei gelbe Sorten. Durch weitere Einfuhren stieg die Zahl der Sorten stetig an. Zählte man Ende 1802 in England 7 *Chrysanthemum indicum*-Sorten, so waren es 1824 schon 27, und 1826 kultivierte man im Garten der Royal Society bereits 48 Sorten. Die 1804 gegründete Royal Horticultural Society hatte von 1817 bis 1826 mehrfach Sammler nach China gesandt, die neben anderen Arten vor allem *Chrysanthemum*-Sorten nach England schicken sollten. Allerdings waren die Schwierigkeiten der Einfuhr aus China damals erheblich. Die langen Seereisen um das Kap der Guten Hoffnung herum mit langsamen Segelschiffen überlebte nur ein Teil der Pflanzen, und eine 1821 in China zusammengebrachte Sammlung von 40 Sorten ging beim Untergang des Schiffes ganz und gar verloren. In Paris, wo die Blancardsche Pflanze bald in Verlust geraten war, gab es 1822 erst 13 Sorten. Besondere Erfolge erzielte man jedoch in dem klimatisch günstigeren Südfrankreich. In Toulouse wurde 1827 der erste Sämling erzielt und damit der Grundstein zur Entstehung zahlreicher neuer Sorten durch Kreuzung und Samenanzucht gelegt. In Deutschland war die Chrysantheme 1808 im Berliner Botanischen Garten vorhanden, und zwar unter dem 1801 von Willdenow geprägten Namen *Anthemis artemisiaefolia*. Unter diesem Namen finden wir sie auch 1815 in Kunersdorf bei Wriezen und 1817 im Breiterschen Garten in Leipzig, dort neben einer einfachblühenden Sorte in 7 gefülltblühenden Farbformen (weiß, schwefelgelb, blau, gelb, gelb und braun gestreift, rosarot, violett). Im Gartenfreund, dem Gartenbuch des mecklenburgischen Pfarrers Wredow, ist die Art von der 1818 erschienenen 1. Auflage an vertreten. Es heißt hier, sie könne »bei uns nur in Töpfen durchwintert werden. Die schönen dunkelrothen oder braunvioletten, meistens gefüllten Blumen sind ziemlich groß und stehen an der Spitze der Zweige. Eine schöne Abart hiervon hat blaßgelbe Blumen.« 1837 lesen wir dann in der 5. Auflage: »Wir besitzen jetzt an 30 Spielarten, die aus England zu uns herüber gekommen sind und bei den Kunstgärtnern in Hamburg, Berlin und Dresden zu haben sind.« Die Zahl der damals in Mitteleuropa gezogenen Sorten war jedoch wesentlich höher. Bereits 1833 hatte Johann Baptist Rupprecht (1776–1846) in Wien eine Sammlung von 62 Sorten zusammengebracht.

1845/46 brachte der englische Pflanzensammler Robert Fortune von seiner Chinareise u.a. 2 kleinblütige Sorten aus Chusan nach England, welche zum Ausgangspunkt der Pompon-Sorten wurden. Damals stellte man die Pflanzen in die Gattung *Pyrethrum* und unterschied 2 eigene Arten: *P. indicum* Cass. mit kleinen, kaum 1 Zoll (2, 5 cm) im Durchmesser erreichenden Blütenköpfchen, und *P. sinense* Sabine, die größerblühenden Chrysanthemen mit fast immer gefüllten Blüten, gestrahlt, halb- oder gänzlich zungenblütig, die Zungenblüten flach oder gedreht, halb- oder ganz röhrenblütig, mit kurzen oder verlängerten, stielrunden oder zusammengedrückten Röhrenblüten, beide Arten in den Farben Dunkel-Purpurrot, Lila, Rosenrot, Weiß, Gelb und Orange. 1860/61 fand Fortune in Japan großblumige *Chrysanthemum*-Sorten, die er 1862 nach England einführte. 1861 zählte man in Europa bereits 400 Sorten. Auch in Berlin war die *Chrysanthemum*-Kultur in den sechziger Jahren sehr verbreitet, doch waren die Pflanzen wegen ihres strengen Geruchs nur zum Totensonntag beliebt. Ebenso war es auch in Italien, wo die Chrysantheme als »Totenblume« bezeichnet, vor allem auf Friedhöfen gepflanzt und für Kränze zu Allerheiligen und Allerseelen verwendet wurde. Allmählich und nach Züchtung und Einfuhr zahlreicher weiterer Sorten kam die Chrysantheme jedoch mehr und mehr in Mode, und Ende des 19. Jhs. gab es allerorten Chrysanthemen-Ausstellungen.

Seitdem 1920 die Abhängigkeit des Blühens mancher Pflanzenarten von einem spezifischen Licht-Dunkel-Rhythmus entdeckt worden war und seit 1931 derartige Untersuchungen auch an *Chrysanthemum indicum* durchgeführt wurden, war es möglich, die spätherbstliche und winterliche Blütezeit dieser nunmehr in vielen ständig verbesserten Sorten auftretenden Kurztagspflanze auf das gesamte Jahr auszudehnen, so daß heute nahezu ständig Chrysanthemen im Angebot der Blumengeschäfte zu finden sind.

Neben diesen meist großblütigen, im Gewächshaus herangezogenen, nicht winterharten eigentlichen Chrysanthemen (Chrysanthemum-Indicum-Hybriden) gibt es heute auch die in zahlreichen höheren und niedrigen Sorten vorhandenen kleinerblütigen Freiland-Chrysanthemen oder Winterastern (*Chrysanthemum* x *hortorum*). Sie entstanden aus den aus China eingeführten kleinblütigen Sorten unter Beteiligung einiger weiterer, winterharter ostasiatischer *Chrysanthemum*-Arten seit der 2. Hälfte des 19. Jhs. So wurden z.B. 1917 von einem Missionar in Korea Samen einer dortigen wilden Chrysantheme (wahrscheinlich *Chr. sibiricum* Fisch.) nach Amerika geschickt und die daraus gezogenen Pflanzen zu Kreuzungen verwendet, aus denen die sogenannten Koreanum-Hybriden hervorgingen, welche in den dreißiger Jahren über England und die Niederlande auch nach Deutschland gelangten.

Erst seit 1936 ist eine weitere staudige *Chrysanthemum*-Art im Handel, die schön rosarot blühende *Chr. zawadskii* Herbich (*Dendranthema zawadskii* (Herbich) Tzvelev). Dabei sind die, mitunter auch als *Chr. rubellum* Sealy bezeichneten Gartensorten aus der in Nordchina, Korea und Japan heimischen var. *latilobum* (Maxim.) Kitam. der sonst von den Karpaten über Sibirien bis Japan vorkommenden Gesamtart hervorgegangen. Seit 1938 entstanden aus der Ursprungssippe vor allem in England mehrere einfache und halbgefüllte, auch weinrote und kupferfarbene Sorten.

Clarkia Pursh Clarkie, Sommerfuchsie

Die heute in unseren Gärten und Grünanlagen als bunte Sommerblumen häufig kultivierten Clarkien aus der Familie der Nachtkerzengewächse (*Onagraceae*) gehören zu *C. pulchella* Pursh und *C. unguiculata* Lindl. (*C. elegans* Dougl.) bzw. sind Hybriden zwischen diesen beiden Arten.

Die erstgenannte Art stammt aus dem Nordwesten der USA und dem angrenzenden Kanada und wurde 1814 von dem aus Großenhain in Sachsen stammenden Botaniker Friedrich Traugott Pursh (1774 -1820) in dessen Flora von Nordamerika beschrieben und nach Captain William Clark benannt, welcher zusammen mit Meriwether Lewis von 1804 bis 1806 eine erste transkontinentale Forschungsreise durch die Vereinigten Staaten unternommen hatte. 1826 wurde *C. pulchella* als Zierpflanze nach England eingeführt, von wo sie alsbald nach Deutschland gelangte. Mitte der 1830er Jahre gab es von dieser purpurrot blühenden Art auch eine Form mit weißen Blüten.

Die zweitgenannte Art, in Kalifornien beheimatet, gehörte zu der großen Zahl von Pflanzen, die der schottische Botaniker David Douglas von einer seiner Sammelreisen in das westliche Nordamerika mit nach England brachte, wo sie 1832 im Garten der Royal Horticultural Society gezogen wurde. Douglas nannte sie *C. elegans*, unter welchem Namen sie dann lange Zeit hindurch in der Literatur erscheint. Da aber der französische Botaniker Jean Louis Marie Poiret (1755–1834) diesen Namen für *C. pulchella* verwendete und es dadurch zu Verwirrungen kam, gilt jetzt der von dem Londoner Botanik-Professor John Lindley geprägte Name *C. unguiculata* (»genagelt«; von der Form der Kronblätter). 1834 befand sich die Art auch schon in deutschen Gärten und war allgemein bekannt. »Obgleich wir diese schöne Pflanze erst seit einigen Jahren in Deutschland haben«, heißt es 1837 in der 5. Auflage von Wredows Gartenfreund, »so besitzen wir doch von ihr schon sehr schöne Spielarten«. Neben der lilafarbenen Stammart gab es vor allem einfache und gefüllte fleischfarbene Sorten mit kerzenartigen Blütenständen. Durch Auslesen und Kreuzungen zwischen beiden Arten entstanden in der Folgezeit vor allem in England weitere, insbesondere reich- und großblütige und standfestere, hohe und niedrige Sorten mit einfachen und gefüllten Blüten in zahlreichen Rottönen, Violett und Weiß sowie auch zweifarbig.

Clematis L. Waldrebe

Von den 10 im südlichen Europa heimischen *Clematis*-Arten reichen die **Gemeine Waldrebe** (*C. vitalba* L.) und die Aufrechte Waldrebe mit ihren Arealen bis in das südliche Deutschland hinein. Über die erstere heißt es 1543 bei Fuchs: »Deß gewechß, welches Lynen/oder Lenen heyßt/würt auch Waldreb genent«. Die Art wurde 1561 von Konrad Gessner unter dem Namen *Vitis sylvestris caustica* als Gartenpflanze aufgeführt, doch von den von ihm befragten Gartenbesitzern nur von Aemylius in Stolberg im Harz gezogen. Nach und nach breitete sich die Gemeine Waldrebe als Gartenpflanze weiter aus. Im 17. Jh. war sie z.B. 1613 im Hortus Eystettensis (*Clematis sive Viorna vulgi Lobelii*) und 1663 im Berliner Lustgarten (*Clematitis sylvestris latifolia* C. B.) vorhanden. Man verwendete die Art vor allem zur Bekleidung von Lauben. Im 19. Jh. war sie weit verbreitet, und auch heute noch ist sie mancherorts in dieser Funktion zu sehen. Vielfach ist die Gemeine Waldrebe auch verwildert und an Zäunen, Eisenbahndämmen und Straßenböschungen mitunter in Mengen eingebürgert.

Die **Aufrechte Waldrebe** (*C. recta* L.), eine nicht kletternde, bis 1,5 m hoch werdende Staude, heimisch in wärmeliebenden Buschwäldern und Säumen Südeuropas und des südlichen Mitteleuropas, war in Deutschland ebenfalls schon seit dem 16. Jh. in Gartenkultur. So erscheint sie z.B. als *Flammula surrecta*, »Brenwurtz/Blatterzug« in Frankes Hortus Lusatiae und ebenso im Hortus Eystettensis als *Flammula recta*. Eine ebenfalls staudige Art, aber mit blauvioletten Blüten, ist die von Südosteuropa bis Mittelasien vorkommende **Ungarische Waldrebe** (*C. integrifolia* L.). Erstmals beschrieb sie Clusius in seinem 1583 gedruckten Buch über die selteneren Pflanzen Österreichs und Ungarns als *Clematis altera Pannonica flore coerulea* (mit 2 Abbildungen) und gab dazu an, sie sei 1574 wildwachsend auf Wiesen am Donauufer bei Stampfen, 2 Meilen hinter Posonium, sowie zwischen Posonium und Tuben gefunden worden. Von Wien aus gelangte die Art in Gartenkultur. 1613 war sie unter dem Namen *Clematis coerulea pannonica* im fürstbischöflichen Garten zu Eichstätt und etwa zur gleichen Zeit als *C. caerulea erecta Pannonica* im herzoglich braunschweigischen Garten zu Hessem vertreten. Vom 17. bis zum 19. Jh. waren diese Arten ebenso wie die weißblütige und kletternde **Mandel-Waldrebe** (*C. flammula* L.) aus dem Mittelmeergebiet und Vorderasien offenbar ziemlich häufige Gartenpflanzen, sind jedoch in unseren heutigen Gärten kaum noch zu sehen.

Die **Italienische Waldrebe** (*C. viticella* L.) war als Gartenpflanze 1561 in Antwerpen vorhanden und kam bald darauf sowohl nach England, wo sie 1569 von dem Apotheker Königin Elisabeths I., Hugh Morgan, gezogen wurde, als auch nach Deutschland. 1586 bildete Camerarius sie als *Clematis altera*, an einem bogenförmigen Klettergerüst wachsend, im Epitome ab. Sie blieb aber vorerst selten. 1594 war sie als *Clematis altera Dodonaei* im Garten des Breslauer Arztes Laurentius Scholz vorhanden, fehlte aber noch in den Lausitzer Gärten. 1597 kultivierte man in England neben der blauvioletten eine rotblühende Form. Der Hortus Eystettensis (1613) enthält die violette und die rote Form (*Clematis peregrina purpurea* und *incarnata*), beide sowohl einfach (*simplici flore*) als auch gefüllt (*flore pleno*) blühend. In diesen Formen wurde die Art »ihrer Schönheit und der langandauernden Blüte halber von den Liebhabern in Lustgärten gerne erhalten«, besonders aber die gefüllte Form, »der man eine wärmere Lage und Schutz zu geben pfleget«, wie Gleditsch 1773 schreibt. Im 19. Jh. war die Italienische Waldrebe in Deutschland als Zierpflanze recht verbreitet und wurde vor allem zur Bekleidung von Lauben gezogen.

1850 brachte Robert Fortune eine von ihm auf den Hügeln bei Ningpo in Ostchina entdeckte, bisher unbekannte ostasiatische Waldreben-Art mit noch größeren blaugrauen Blüten nach England, die dort 1852 von John Lindley als *C. lanuginosa*, **Wollige Waldrebe** beschrieben wurde. Von englischen Gärtnern wurde diese neue Art sofort zur Züchtung verwendet. Zunächst zog Isaac Anderson-Henry in Edinburgh 1855 eine Hybride zwischen *C. lanuginosa* und der 1836 von Philipp Franz von Siebold aus Japan eingeführten *C. patens* C. Morr. et Decne., welche *C.* x *reginae* genannt wurde. Eingehend beschäftigte sich dann die Gärtnerei von George Jackman & Son in Woking (Surrey) mit der *Clematis*-Züchtung und erzielte als Ergebnis von Kreuzungen zwischen *C. lanuginosa*, *C. viticella* und der um 1835 entstandenen Hybride *C.* x *hendersonii* (*C. integrifolia* x *C. viticella*) 1862 die erste ihrer prächtigen Jackmanii-Hybriden. Durch intensive Zuchtarbeit, in die auch *C. florida* Thunb. aus China und einige weitere Arten einbezogen wurden und an der vor allem englische, aber auch einige französische und deutsche Züchter beteiligt waren, entstand eine Fülle großblütiger Clematis-Hybriden, welche die Ausgangsarten nahezu völlig aus den Gärten verdrängten. Der Schwerpunkt der *Clematis*-Züchtung lag im Zeitraum zwischen 1860 und 1880, doch kamen auch später noch weitere Sorten hinzu. Um 1975 waren gegen 500 Zuchtsorten bekannt, von denen viele jedoch nicht mehr existierten.

Neuerdings breitet sich neben den großblumigen, meist erst im Hoch- und Spätsommer zur Blüte kommenden Waldreben-Züchtungen die zwar kleinerblütige, aber besonders reich und bereits im Mai blühende **Berg-Waldrebe** (*C. montana* Buch.-Ham. ex DC.) in unseren Gärten aus. Diese im Himalaya und Mittel- und Westchina beheimatete Art wurde von Lady S. Amherst, der pflanzenliebenden Gattin des englischen Generalgouverneurs von Indien, im Himalaya entdeckt. Sie brachte 1828 Samen mit nach England, wo die Art dann angezogen und weiter verbreitet wurde. 1855/56 war die Berg-Waldrebe bereits im Angebot der Landesbaumschule Potsdam. Das Stück kostete 10 Silbergroschen und war damit viermal so teuer wie *C. viticella*. So recht beliebt wurde diese zunächst nur in einer weißblühenden Form vorliegende Art aber erst, nachdem der englische Pflanzensammler Henry Wilson von seiner ersten Chinareise 1902 die rosa blühende Form (*rubens*) nach England gebracht hatte. Dort von der Gärtnerei Veitch in Combe Wood bei London kultiviert und durch Auslese verbessert, gelangte sie alsbald auch nach Deutschland und stieß hier auf zunehmendes Interesse, so daß sie heute schon vielerorts in Gärten und an Hauswänden zu sehen ist, ein altes Exemplar z.B. am Verwaltungsgebäude des Botanischen Gartens in Leipzig.

Die seltener anzutreffende gelbblühende **Mongolische Waldrebe** (*C. tangutica* (Maxim.) Korsh.) aus dem Pamir-Gebiet und Nordwestchina wurde in den 1880er Jahren von dem russischen Botaniker Carl Johann Maximowicz entdeckt und 1889 in seiner Flora tangutica als *C. orientalis var. tangutica* beschrieben, von seinem Kollegen Sergej Ivanovič Korshinsky (1861–1900) aber wenige Jahre darauf zu einer eigenen Art erhoben. Vom Botanischen Garten St. Petersburg kam die Art dann Ende des 19. Jhs. auch nach West- und Mitteleuropa. 1900 wurde sie im Botanical Magazine abgebildet und vorgestellt.

Colchicum L. Zeitlose

Die etwa 45 Arten der Gattung *Colchicum* sind überwiegend im Mittelmeergebiet und in Westasien bis hin nach Westchina beheimatet. Nur das Areal der **Herbst-Zeitlose** (*C. autumnale* L.) erstreckt sich auch über das südliche und zentrale Mitteleuropa. Hier wurde diese auffällige giftige Wiesenpflanze schon frühzeitig in Gartenkultur genommen. In der 2. Hälfte des 16. Jhs. erscheint sie bereits vielfach als Zierpflanze. 1594 fand sich im Garten des Breslauer Arztes Laurentius Scholz neben der normalen lilarosa Form eine Form mit weißen Blüten, während die Form mit gefüllten Blüten zuerst 1601 von Clusius erwähnt und abgebildet wird und 1613 auch im fürstbischöflichen Garten zu Eichstätt auftritt. Eine Form mit dunkleren Blüten ist seit 1629 in Gartenkultur. 1711 gab es im Botanischen Garten Wittenberg darüber hinaus eine Form mit gefüllten weißen Blüten. Bis zur Gegenwart hat sich die gewöhnliche Herbst-Zeitlose mit ihren verschiedenen Gartenformen, wenn auch bei weitem nicht mehr so häufig wie in früheren Zeiten, in den mitteleuropäischen Gärten erhalten.

Schon im 16. Jh. kamen vereinzelt weitere Zeitlosen-Sippen aus dem Mittelmeerraum und Kleinasien nach Mitteleuropa. So kultivierte Clusius das vielblütige *C. byzantinum* Ker-Gawler, von dem in seiner Wiener Zeit (1573 – 1588) zweimal einzelne Knollen aus Konstantinopel mitgebracht worden waren. Clusius erhielt davon einmal von der Baronin Anna Maria von Heysenstein Nachzucht, ein andermal im Jahre 1588, als er von Wien nach Frankfurt übersiedelte, von Eva Ungnad Freifrau von Sonnegg. Bei dieser Sippe handelt es sich vermutlich um eine bereits in türkischen Gärten entstandene Hybride zwischen *C. autumnale* und dem südtürkischen *C. cilicium* Dammer. Im 1613 erschienenen Hortus Eystettensis werden dann 16 *Colchicum*-Sippen abgebildet, die meisten Formen von *C. autumnale*, aber auch verschiedene weitere Arten, wie das genannte *C. byzantinum*, das zentral- bis ostmediterrane *C. bivonae* Guss. mit gestrichelt gefleckten, an den Spitzen dunkleren Blüten, *C. neapolitanum* Tenore, *C. alpinum* DC., sowie eine Sippe mit weißen und violetten Perianthblättern, die vielleicht zu *C. cupanii* Guss. oder zu *C. triphyllum* G. Kunze gehört. Offenbar dieselbe Sippe taucht 1736 als *Colchicum florum foliis rubris et albis, alternati dispositis* auch im Garten des brandenburgischen Pflanzenliebhabers Georg Friedrich von Ziethen in Trebnitz bei Seelow auf. Anfang des 17. Jhs. kam auch das ostmediterrane *C. variegatum* L. nach Deutschland. 1630 war es als *Colchicum maculosum* offenbar im herzoglich braunschweigischen Lustgarten zu Hessem vorhanden. Derartige mediterrane und heikle Arten blieben in Deutschland indessen zumeist auf botanische und Liebhabergärten beschränkt.

1829 beschrieb der Botaniker Christian Steven in einer Moskauer Zeitschrift das im Kaukasusgebiet und angrenzenden Landschaften heimische *C. speciosum*. Bald darauf wurde diese sehr schöne großblütige Art in England eingeführt, während sie in Deutschland noch lange unbekannt blieb. Erst nachdem seit der Jahrhundertwende niederländische Zuchtbetriebe durch Einkreuzung von *C. bivonae* prächtige Gartenhybriden erzielt hatten, gelangten diese nach und nach auch in deutsche Gärten und verdrängten dort mehr und mehr die älteren *Colchicum*-Sippen.

Colutea arborescens L.
Blasenstrauch

Der **Gemeine Blasenstrauch**, gekennzeichnet durch seine stark aufgeblasenen Hülsen, ist im Mittelmeergebiet beheimatet. Im Norden reicht sein natürliches Verbreitungsgebiet bis nach Südwestdeutschland (Kaiserstuhl). Schon bei dem griechischen Autor Theophrast erscheint ein Strauch *kolutea*, bei dem es sich wahrscheinlich um den Blasenstrauch gehandelt hat. Jedenfalls übernahmen die Botaniker des 16. Jhs. den antiken Namen für diese Art als *Colutea Theophrasti*. 1561 war er in den deutschen Gärten weit verbreitet. Er diente nicht nur als Zierstrauch, sondern wegen der abführenden Wirkung seiner Blätter und Samen auch als Arzneipflanze. So verzeichnet ihn z.B. der pomesanische Bischof Johann Wigand in seinem 1583 geschriebenen Pflanzenverzeichnis als Gehölz der ost- und westpreußischen Gärten und vermerkt dazu, daß seine Blüten von den Mädchen für Kränze, die Blätter aber von den ärmeren Leuten anstelle von Sennes verwendet würden. Vom 16. bis ins 18. Jh. bezeichnete man seine Blätter vielfach als Wilde oder Deutsche Sennesblätter und gebrauchte sie als Abführmittel für Mensch und Vieh sowie als Blutreinigungsmittel. Später diente der Blasenstrauch nur noch als Zierstrauch und fand eine ausgedehnte Verwendung in den Landschaftsparken. »Er war einer mit von den ersten Sträuchern, welche den englischen Partien eine Zierde gaben, und wird noch bis jetzt mit allgemeinem Beifall in dieselben aufgenommen«, heißt es 1799 in einer Beschreibung des Parkes Machern bei Leipzig. Obwohl der Berliner Dendrologe Carl Bolle die »Knallschote« um 1900 bereits zu den altmodischen Gartenpflanzen rechnete, ist der Blasenstrauch auch heute noch des öfteren in Park- und Grünanlagen, Vorgärten und Gehölzpflanzungen in der Landschaft zu sehen und in Süd- und Mitteldeutschland auch in sonnigen Trockenwäldern und Gebüschen verwildert.

Colutea arborescens L. Blasenstrauch, Matthiolus/Bauhin 1598

Commelina communis L.
Gewöhnliche Commeline

Die in China und Japan heimische krautige, bei uns aber meist nur einjährige Art kam um 1725 als Zierpflanze nach England. 1732 wurde sie von Johann Jacob Dillenius im Hortus Elthamensis als *Commelina procumbens annua, saponario folio* beschrieben und abgebildet. Dillenius stellte sie zu Recht zu der (später von Linnaeus übernommenen) Gattung *Commelina*, welche 1703 von dem französischen Franziskanerpater und Botaniker

Charles Plumier auf der Grundlage zweier westindischer Arten begründet und nach den niederländischen Botanikern Jan und Caspar Commelin (1629 - 1672 bzw. 1667 - 1731) benannt worden war. Sehr bald gelangte die Art auch nach Deutschland, wo sie 1735 im Waltherschen Garten in Leipzig und 1736 im Ziethenschen Garten in Trebnitz bei Seelow zu finden war. In der Folgezeit blieb sie meist auf Botanische Gärten beschränkt (z.B. 1746 Berlin, 1757 Göttingen, 1759 Helmstedt, 1765 Greifswald, 1771 Halle, 1782 Frankfurt/Main). Offenbar erst im 19. Jh. verbreitete sich die wenig auffällige, aber als Bodendecker geschätzte und mit ihren grünen Ranken als Füllmaterial für bunte Blumensträuße verwendete Art auch in städtischen und dörflichen Hausgärten. Heute kommt sie, besonders in sommerwarmen Gebieten, in Bauerngärten vor, ist aber stellenweise auch auf Schutt, in Grünanlagen und an Hausmauern (mitunter nur vorübergehend) verwildert, in Südeuropa und den USA aber eingebürgert.

Consolida (DC.) S. F. Gray
Feldrittersporn

Die 40 -50 Arten der Gattung *Consolida* sind einjährige Kräuter, die von Natur aus in Steppenrasen und Felsfluren wachsen, aber auch als Unkräuter in Getreidefeldern vorkommen.

Der im Mittelmeergebiet heimische **Garten-Feldrittersporn** (*C. ajacis* (L.) Schur = *C. ambigua* (L.) P. W. Ball et Heyw.) kam im 16. Jh. als Zierpflanze aus Italien nach Mitteleuropa. 1552 erwähnt ihn Rembert Dodonaeus als *Delphinium*, »Zam Rittersporn«, und 1561 führt ihn Konrad Gessner unter dem Namen *Delphinium Consolidam regalem vulgo dictam* als Pflanze der deutschen Gärten auf. Um 1570 war dieser »Welsche Rittersporn« im Leuschnerschen Garten in Meißen in 3 Formen vertreten, und diese drei Farbsorten (fleischfarben, weiß und purpurbraun) waren auch 1594 in den Lausitzer Gärten vorhanden. Im selben Jahr zog der Breslauer Arzt Laurentius Scholz in seinem Garten bereits 5 verschiedene Sorten, darunter eine mit gefüllten Blüten. Am Ende des 16. Jhs. war der Garten-Feldrittersporn in Deutschland bereits weithin verbreitet. Im 17. Jh. nahm die Zahl der Sorten weiter zu. 1613 wurden im Hortus Eystettensis bereits 8 Sorten mit gefüllten Blüten in verschiedenen Farben abgebildet. Ende des 18. Jhs. fehlte die Art in kaum einem Garten. So schreibt z.B. Johann Christian Gottlieb Baumgarten (1765 - 1843) in seiner Flora Lipsiensis 1790, die Art wachse in allen Gärten der Vorstädter und der Landleute und schmücke die Gärten wegen der verschiedenen Farben geschmackvoll. Im 19. Jh. setzte dann die Züchtung ein, die vor allem durch Auslese weitere, vor allem noch reichblütigere Sorten hervorbrachte, darunter auch den Hyazinthen-Rittersporn mit stärker gefüllten Blüten und sehr dichten und langen Blütenständen.

Neben dieser Art wurde offenbar seit dem 16. Jh. auch der ähnliche **Spanische Feldrittersporn** (*C. hispanica* Greuter et Burdet, syn. *C. orientalis* (Gay) Schrödinger) aus Spanien, Algerien, Südosteuropa und Vorderasien als Gartenpflanze verwendet, in der Benennung aber meist

III. Zahm Rittersporen.
Conſolida Regalis ſativa fl. cærulæo.

Consolida ajacis (L.) Schur Garten-Feldrittersporn, Tabernaemontanus 1588/1591

mit *C. ajacis* zusammengeworfen. Er unterscheidet sich vom Garten-Feldrittersporn vor allem durch kürzere Sporne und rötlichbraune Samen. Noch Mitte des 19. Jhs. für Brandenburg als Zierpflanze angegeben, wurde er damals in die Züchtung der heutigen Gartensorten einbezogen.

Aber auch der heimische, als Unkraut auf kalkreichen, lehmigen Äckern wachsende wenigblütige **Gemeine Feldrittersporn** (*C. regalis* S. F. Gray) ist seiner hübschen Blüten wegen hier und da in die Gärten geholt worden. Im Hortus Eystettensis (1613) werden 4 Farbsorten dieser *Consolida regalis Arvensis* abgebildet, darunter eine mit roten gefüllten Blüten. Im vorigen Jh. ebenfalls züchterisch weiterentwickelt, gab es um 1930 von dieser Art 4 verschiedene, durchweg gefüllte Sortengruppen als einjährige Zierpflanzen. Wegen ihrer sich bis zum Spätherbst hinziehenden Blütenfolge wurden sie damals als schönste Rittersporne für Einfassungen gepriesen. Heute sieht man diese Art nur noch selten in den Gärten, wie auch der einjährige Garten-Feldrittersporn längst nicht mehr so häufig gezogen wird wie in älteren Zeiten.

Linnaeus hatte 1753 die einjährigen Feldrittersporne in die Gattung *Delphinium* einbezogen, und in dieser Gattung wurden sie dann zumeist bis in das 20. Jh. hinein geführt. Neuerdings aber hat man sie wieder, wie von einigen Autoren in der Mitte des 19. Jh. gehandhabt, der von Samuel Frederick Gray (1766 – 1828) 1821 begründeten Gattung *Consolida* zugewiesen. Der englische Botaniker Gray griff damit einen alten vorlinnéischen Pflanzennamen (zu lat. consolidare, »verfestigen, stärken«) auf, der im 16. und 17. Jh. für verschiedene wundheilende Pflanzen benutzt wurde, u.a. auch für den Günsel (*Ajuga*), die Beinwell (*Symphytum*) und einige Greiskraut- (*Senecio*)-Arten.

Convallaria majalis L. Maiglöckchen

Das in Deutschland in Eichen- und Buchenwäldern wild vorkommende und vielfach häufige, regional aber auch seltene Maiglöckchen ist seiner reizvollen,

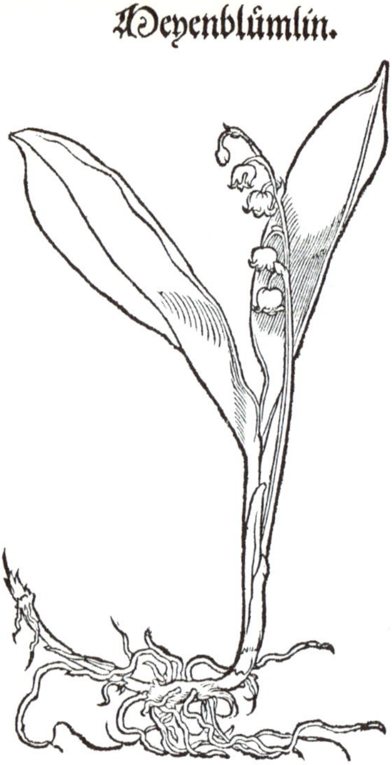

***Convallaria majalis* L.** Maiglöckchen, Brunfels 1532

angenehm duftenden Blüten wegen schon frühzeitig in die Gärten gebracht worden. Auf vielen mittelalterlichen Gemälden, so auch auf dem um 1410 entstandenen »Paradiesgärtlein« eines oberrheinischen Meisters, wird es als Zierpflanze abgebildet. Damals diente die herzwirksame Glykoside enthaltende Art aber auch schon als Arzneipflanze und wurde von verschiedenen mittelalterlichen Schriftstellern als Stärkungsmittel für Herz und Gehirn empfohlen, so z.B. im »Gart der Gesundheit« von Konrad von Megenberg 1485. In der Mitte des 16. Jhs. war das Maiglöckchen in den deutschen Gärten bereits weit verbreitet. In den Kräuterbüchern dieser Zeit erscheint es unter dem Namen *Lilium convallium,* weil die deutschen Botaniker des 16. Jhs. es für die in der lateinischen Bibel (Vulgata) im Hohelied Salomos 2,1 genannte Pflanze *lilium convallium* hielten. (Luther übersetzte die hebräische Bezeichnung als »Rose im Tal«.) Als wissenschaftlicher Name war *Lilium convallium* lange in Gebrauch, bis Linnaeus 1737 hieraus den heutigen Gattungsnamen *Convallaria* formte. Als Volksname Liljenkonvalljen u.ä. lebt die alte Bezeichnung heute noch fort und ist auch in dem Flurnamen Lilienkonvallien-Wälle für die an Maiglöckchen reichen Oser-Rücken im Naturschutzgebiet Strausberg bei Berlin enthalten.

Neben der gewöhnlichen weißblühenden Form tritt in der Natur sehr selten auch eine rosablühende Mutante auf, die in Deutschland zuerst von Tabernaemontanus (1588) aufgeführt wird. 1613 erscheint sie als *Lilium convallium flore incarnato* im Hortus Eystettensis als Gartenpflanze und war fortan als Kuriosität auch anderswo in Gärten zu finden, so 1607/30 in Hessem und um 1660 im Lustgarten am Berliner Schloß. 1684 beschreibt Elsholtz dieses »Röthliche Mayenblümlein« wie folgt: »Die Wurtzel hievon ist an Farben röthlich/ und also leicht zu unterscheiden von der gemeinen/ welcher Wurzel weiß. Die Farbe dieser Blumen ziehet sich zuweilen auch auff Purpur oder Violenblau«, und gibt eingehende Kulturhinweise. 1773 heißt es bei Gleditsch über »Die rothe Mayblume«: »Wird im Garten besonders gezogen und zuweilen in Töpfen gehalten«. Heute ist diese (nicht sehr wüchsige) rötliche Form des Maiglöckchens nur noch selten und meist nur bei Liebhabern zu sehen.

Seit der 2. Hälfte des 18. Jhs. traten auch gefüllte Formen in Erscheinung. 1773 schreibt Gleditsch über »Die gefüllte Mayenblume«, sie werde zuweilen in Töpfen unterhalten, und gibt an: »Treibt die höchsten und stärksten Stängel mit großen gefüllten und öfters bunten, aus Rosenfarbe und weiß vermischten Blumen, die vorzüglich schön sind.« Auch eine Form mit weißpanaschierten Blättern ist seit dieser Zeit bekannt, aber wie die gefüllten Formen, heute kaum noch anzutreffen. Dagegen haben sich die durch Auslese entstandenen Formen mit größeren und zahlreicheren weißen Blüten (cv. 'Grandiflora') bis heute gehalten und spielen besonders in der Maiglöckchentreiberei eine große Rolle. Diese entwickelte sich im 19. Jh. und brachte in ihrer Blütezeit vor allem in den Wintermonaten Millionen von Blütentrauben auf den Markt, wobei das Zentrum Berlin war. Zur Anzucht der blühfähigen Rhizome (»Maiblumentreibkeime«) entstanden mancherorts in Deutschland Spezialkulturen, so seit 1879 in Drossen bei Frankfurt/Oder, wo sie vor 1914 einen Umfang von rund 25 ha erreicht hatten und wo alljährlich im Mai ein »Maiblumenfest« begangen wurde. Von hier und anderen Orten (z.B. Wittenberg, Werder, Güstrow, Vierlande bei Hamburg) aus gingen alljährlich Maiglöckchentreibkeime als Exportware in alle Welt.

Convolvulus tricolor L.
Dreifarbige Winde

Das Verbreitungsgebiet dieser einjährigen Winden-Art mit nicht windenden Stengeln und dreifarbigen Blüten (außen blau, Mitte weiß, Schlund gelb) erstreckt sich von den Azoren über Portugal und das westliche und zentrale Mittelmeergebiet bis hin nach Dalmatien und Griechenland. Um 1620 sandte der niederländische Pflanzensammler Guillaume Boel von Spanien aus Samen dieser Pflanze nach England. Dort wurde sie von dem Gartenliebhaber William Coys in North Ockendon angezogen und 1621 von John Goodyer erstmals beschrieben. Ihre Samen gelangten alsbald auch an andere Gärten sowohl in England als auch im Ausland. 1623 kultivierten sie Jean und Vespasian Robin in Paris als *Convolvulus Lusitanicus, flore cyaneo,* und im gleichen Jahr verzeichnete sie der Baseler Botaniker Caspar Bauhin in seinem Pinax als *Convolvulus peregrinus coeruleus folio oblongo,* während sie der Engländer John Parkinson 1629 in seinem Paradisus als *Convolvulus coeruleus minor hispanicus* aufführte. Schon vor 1630 kam sie dann unter der Bezeichnung *Convolvulus coeruleus Hispanicus* in den herzoglich braunschweigischen Garten zu Hessem. Als *Convolvulus non Convolvulus* wuchs sie 1655 im herzoglich schleswigschen Garten zu Gottorf. 1663 registrierte sie Elsholtz in Berlin in seiner Flora Marchica unter dem Bauhinschen Namen. Die Art war auch ein beliebter Gegenstand der niederländischen und flämischen Blumenmaler des 17. Jhs., da ihre blaue Farbe eine Art Kontrapunkt zu den roten und gelben Farben der anderen Blüten bildete. Auch in dem 1680 erschienenen Neuen Blumenbuch von Maria Sybilla Merian tritt sie in Erscheinung, und zwar unter dem Namen »blauer Bindling«.

In Deutschland breitete sich die Art nunmehr rasch aus. Zu der Normalform mit blauen Blüten trat Anfang des 18. Jhs. eine Form mit weißen Blüten, welche beide z.B. 1724 in dem oberlausitzer Städtchen Lauban, 1736 in Trebnitz bei Seelow und 1746 in Berlin vorhanden waren. Im 19. Jh. entstanden weitere Formen mit violetten, dunkelblauen, purpurblauen und leuchtendrosa Blüten, doch ist in den Gärten heute fast nur noch die ursprüngliche blaue (dreifarbige) Form zu sehen, vor allem als Bestandteil bunter Sommerblumenmischungen.

Coreopsis L. Mädchenauge

Von den etwa 120 einjährigen und staudigen Arten der Gattung *Coreopsis* sind die meisten in den Prärien des mittleren und südlichen Nordamerikas beheimatet. Von diesen kamen rd. 20 Arten als Zierpflanzen nach Europa. Als erste staudige *Coreopsis*-Arten trafen *C. auriculata* L., *C. alternifolia* L. und *C. tripteris* L. gegen Ende des 17. Jhs. in England ein, und zwar wurden sie von dem nach Nordamerika entsandten englischen Pflanzensammler John Baptist Banister an den Oxforder Botanik-Professor Robert Morison geschickt. In dem 1699 postum veröffentlichten 3. Teil seiner Pflanzenkunde erscheinen sie unter dem Oberbegriff *Chrysanthemum virginianum*. Wenig später kam auch *C. verticillata* nach England, von dem Londoner Arzt und Botaniker Leonhard Plukenet 1700 als *Chrysanthemum maximum, scabiosae tenuissime divisis foliis ad intervalla confertis* bezeichnet. *C. lanceolata* L. wurde von dem professionellen englischen Pflanzensammler Mark Catesby (1682 -1749) eingeführt. Sie blühte erstmals 1725 in James Sherards Garten in Eltham bei London. *C. tripteris* bezeichnet Gleditsch 1773 »Die hohe virginische unächte Goldruthenstaude« und nennt als ihre Vorzüge »eine Menge goldgelber Blumen, welche dunkelbraune Scheiben und nebst einem guten Ansehen auch einen sehr angenehmen Violengeruch haben«. Das auch jetzt noch in unseren Gärten vielfach anzutreffende **Quirlblättrige Mädchenauge** (*C. verticillata* L.) aus den südöstlichen USA gelangte offenbar erst in der 2. Hälfte des 18. Jhs. nach Deutschland. 1779 wurde es von der Handelsgärtnerei Buek in Hamburg angeboten. 1799 wuchs es im Park Machern bei Leipzig und 1808 im Botanischen Garten Berlin. Im 19. Jh. war es dann schon weit verbreitet. Durch Auslese entstanden verschiedene Sorten mit größeren Blüten und strafferen Stengeln (cv. 'Grandiflora') sowie auch nur 25 cm hoch werdende Zwergformen.

Die in unseren Gärten häufigste staudige *Coreopsis*-Art dürfte heute das **Großblütige Mädchenauge** (*C. grandiflora* Hogg ex Sweet) sein. Diese im mittleren Westen bis hin nach Florida, Texas und New Mexico heimische Art wurde 1821 in England eingeführt und kam um 1840 auch nach Deutschland. Die Züchtung entwickelte von dieser schönen Zierpflanze eine ganze Reihe von großblumigen und lange, z.T. auch gefüllt blühenden, vielfach polyploiden Sorten, so z.B. die 1939 entstandene Sorte 'Badengold' und die samenvermehrbare Sorte 'Tetragold'.

Das in den Flußtälern der südlichen Prärien Nordamerikas heimische einjährige **Färber-Mädchenauge** (*C. tinctoria* Nutt., syn. *Calliopsis tinctoria* (Nutt.) DC.) war 1819 von dem Botaniker Thomas Nuttall (1768 - 1859) am Red River gefunden worden. 1821 brachte es der Legationsrat Greim aus Nordamerika mit in den Berliner Botanischen Garten, und 1823 wurde es auch in England eingeführt. In der Schweiz bot 1836 der Kunstgärtner Theodor Froebel in Zürich *Coreopsis tinctoria*, »das schöne Gesicht«, als neue und schönblühende Sommerblume an, das Samentütchen zu 1 Batzen, dazu eine »flore bruneo, ganz dunkelbraun ohne gelb; neu und sehr schön«. In Deutschland wurde die Art sehr schnell zu einer beliebten und häufig gezogenen Sommerblume. Bereits 1855 gab es mehrere Farbsorten und auch eine gefüllte Form. Auch heute noch ist die Art vielfach in den Gärten zu sehen, wenn auch wohl nicht mehr ganz so häufig wie im 19. Jh. Eine weitere einjährige *Coreopsis*-Art, die etwas höhere *C. basalis* (Otto et A. Dietr.) Sidney Fay Blake (1892 - 1959) aus Texas kam 1825 an den Botanischen Garten in Berlin und wurde dort von dem Garteninspektor Friedrich Otto und dem Kustos Albert Dietrich als *Calliopsis basalis* beschrieben, war dann aber meist unter dem Synonym *Calliopsis drummondii* im Handel. Auch von dieser Art entwickelte die Züchtung mehrere Sorten in braunroten bis gelben Farbtönen.

Coreopsis tinctoria **Nutt.** Färber-Mädchenauge, Bailey 1900

Cornus L. Hartriegel

Die durch ihre im zeitigen Frühjahr erscheinenden gelben Blüten auffällige **Kornelkirsche** (*C. mas* L.) kommt im südlichen Mitteleuropa und in Südeuropa, im Kaukasusgebiet und in Vorderasien in sonnigen Gebüschen und lichten Eichenwäldern vor. Der bereits in der Antike und im Mittelalter seiner eßbaren Früchte wegen bekannte Strauch wurde im 16. Jh. als Zierstrauch in die Gärten gepflanzt, war zunächst jedoch recht selten. So wuchs er 1561 in den von Gessner registrierten deutschen Gärten lediglich im Woysselschen Garten in Breslau, war

Cornus mas L. Kornelkirsche, Matthiolus/Bauhin 1598

um 1570 aber auch schon im Leuschnerschen Garten in Meißen als *Cornus arbor baccifera* vertreten. Im 17. Jh. breitete sich die Kornelkirsche dann in den Gärten aus und war zumindest in den fürstlichen Lustgärten allenthalben vorhanden, so im fürstbischöflichen Garten zu Eichstätt (1613), im herzoglich braunschweigischen Garten zu Hessem (1607/1630) und in den kurfürstlich brandenburgischen Gärten in und um Berlin (1663). Im 18. Jh. hatte sie als Zierstrauch (*Cornus hortensis mas*) dann auch die Gärten des Landadels und des Bürgertums erreicht. So wuchs sie 1724 in einigen Gärten von Lauban (Erstnachweis für die Oberlausitz) und 1736 im Garten des Gutsherrn Georg Friedrich von Ziethen in Trebnitz bei Seelow, dort sowohl in der Normalform mit scharlachroten Früchten als auch in der von Bauhin 1623 aufgeführten Form mit weißen Früchten (cv. 'Alba'). Als seit der 2. Hälfte des 18. Jhs. die Landschaftsparke in Mode kamen, fand die Kornelkirsche wegen ihrer zeitigen Blüte ausgedehnte Verwendung. 1787 konnte sie z.B. in dem außerhalb ihres natürlichen Areals gelegenen Berliner Tiergarten überall (»passim«) angetroffen werden. Auch Goethe war ein Freund dieses Strauches. In seinem Hausgarten am Frauentor in Weimar ließ er 1817 eine doppelreihige (noch heute vorhandene) Kornelkirschen-Hecke anlegen, und der so entstandene Laubengang wurde zu seinem Lieblingsplatz im Garten.

Hauptsächlich in Park- und Grünanlagen zu finden sind der **Tatarische Hartriegel** (*C. alba* L., syn. *C. tatarica* Miller) und der **Weiße Hartriegel** (*C. sericea* L., syn. *C. stolonifera* Michx.), zwei nahe verwandte, vikariierende Arten aus Sibirien und dem nördlichen Osteuropa bzw. aus Nordamerika, die mitunter auch zu einer Art zusammengefaßt werden. Beide zeichnen sich weniger durch ihre kleinen weißen Blüten als vielmehr durch ihre vor allem im Winter blut- bis purpurroten Zweige und die weißen Früchte aus. Den Tatarischen Hartriegel fand der in russischen Diensten stehende deutsche Naturforscher Johann Georg Gmelin auf seiner Expedition durch Sibirien und schickte Pflanzen davon an den Botanischen Garten in St. Petersburg, der 1736 von dem schweizerischen Botaniker

Johann Ammann angelegt und bis zu seinem Tode 1741 geleitet wurde. Ammann beschrieb die Art in seinem 1739 erschienenen Werk über die seltenen Pflanzen des Russischen Reiches als *Cornus sylvestris, fructo albo Gmelin* und schickte einige Ableger zusammen mit anderen sibirischen Pflanzen nach England. Dort wurde die Art 1741 von Philip Miller im Apothekergarten in London-Chelsea kultiviert und kam von dort aus alsbald auch nach Deutschland. 1773 verzeichnete der Berliner Botaniker Gleditsch den Tatarischen Hartriegel als *Cornus tatarica, ramis incurvatis, baccis alba*. 1779 vertrieb ihn der Handelsgärtner Johann Nikolaus Buek d. Ä. (1736 – 1812) in Hamburg, 1782 war er im Senckenbergschen Garten in Frankfurt/Main vorhanden, und 1785 wurde er in der von Burgsdorffschen Baumzucht in Tegel bei Berlin angezogen und zum Verkauf angeboten. Er und auch die nordamerikanische Sippe (*C. sericea* L.) fanden damals und später ausgedehnte Verwendung bei der Anlage der Landschaftsparke.

Nach Alice M. Coats (1992) wurde *C. sericea* schon vor 1656 von John Tradescant d. J. (1608 –1662) in England gezogen, doch handelte es sich nach Wein (1930) bei dem 1656 im Musaeum Tradescantianum aufgeführten *Cornus foemina fructu albo* um *C. foemina* Miller, und auch bei dem 1689 für den Botanischen Garten Leiden als Neuheit angegebenen *C. Virginiana* dürfte es sich um *C. foemina* gehandelt haben. Nach Deutschland ist *C. sericea* offenbar erst gegen Ende des 18. Jhs. gekommen. Anfang des 19. Jhs. war er neben *C. alba* hier und da vorhanden, so 1808 im Botanischen Garten in Berlin, 1815 in Kunersdorf bei Wriezen und 1817 im Breiterschen Garten in Leipzig. 1827 brachte David Douglas den nordamerikanischen *C. sericea* erneut nach England. 1864 war der Weiße Hartriegel in Brandenburg dann überall in Parken und Gärten gepflanzt und hier und da bereits völlig verwildert.

Corydalis lutea (L.) DC.
Gelber Lerchensporn

Der aus dem Südalpengebiet stammende Gelbe Lerchensporn wurde bereits 1561 von Gessner unter dem Namen *Aristolochia rotunda, aliqui Capnium Fumaria quaedam montana* als Gartenpflanze verzeichnet. Er blieb hier aber lange Zeit selten und fehlte selbst noch im Hortus Eystettensis 1613. Erst im Laufe des 17. Jhs. breitete sich der Gelbe Lerchensporn dann stärker in den deutschen Gärten aus. Um 1620 gibt ihn Joachim Burser in seinem Herbar für den Botanischen Garten (Hortus Medicus) in Leipzig an. Vor 1630 kam er in den herzoglich braunschweigischen Garten zu Hessem, und 1663 wuchs er unter dem Bauhinschen Namen *Fumaria lutea* in den kurfürstlich brandenburgischen Gärten in Berlin und Brandenburg. Im 18. Jh. war die Art in Deutschland bereits weit verbreitet. 1773 hebt Gleditsch hervor, daß sie »citronengelbe Blumen träget, im Sommer und Herbste lange blüet und an der warmen Mittagsseite die Felsen und hohen Mauern zieret, aus deren Ritzen und Spalten sie in dichten und kurzen Büscheln herauswächset ... Sie liebet einen trocknen warmen und schlechten Grund, wo sich

Gruß und Kalkschutt mit leichter Gartenerde vermischen, und ihre feine schwarze glänzenden Saamen fallen überall hin, wo die Pflanze bald ein Unkraut werden kann.« In der Tat begann der Gelbe Lerchensporn sich jetzt mancherorts an Mauern auszubreiten. Heute sieht man ihn sowohl in Gärten (vor allem Steingärten) als Zierpflanze als auch in beschatteten Mauerspalten warmer Tieflagen als eingebürgerter Neophyt (Agriophyt).

Cosmos bipinnatus Cav. Schmuckkörbchen, Kosmee

Die in Mexiko und Arizona beheimatete einjährige Art gelangte 1789 in den Botanischen Garten von Madrid, dessen Direktor Antonio José Cavanilles die bis dahin unbekannte Art beschrieb und ihr den oben angegebenen Namen gab (zu gr. kósmos, »Schmuck«). Zwar wandelte Willdenow 1800 den Namen in *Cosmea* ab, doch mußte der erstere aus Prioritätsgründen beibehalten werden. Zwischen 1795 und 1801 brachte die Frau des englischen Botschafters in Madrid, Gräfin S. von Bute, die Art mit nach England. In Deutschland war sie 1808 im Berliner Botanischen Garten vorhanden. Von dort breitete sich die Art dann schnell aus, und 1817 läßt sie sich in Leipzig, 1824 in Frankfurt/Oder nachweisen. Neben der rosenrot blühenden Stammform entstanden nunmehr auch Formen mit weißen, roten und lila einfachen und halbgefüllten Blüten. Heute gehört das Schmuckkörbchen, meist in durch Auslese entstandenen verbesserten Sorten, zu den häufigsten Einjahresblumen unserer Gärten.

Crocosmia x crocosmiiflora (Lemoine) *N.* E. Br. Montbretie

Die heute in verschiedenen Sorten in unseren Gärten gezogene recht beliebte Montbretie ist eine relativ junge Gartenpflanze. Es handelt sich um eine Hybride der Wildarten *C. aurea* (Pappe ex Hook.) Planch. und *C. pottsii* (Bak.) N. E. Br., welche 1880 in der berühmten französischen Gärtnerei von Victor Lemoine in Nancy erzielt und seitdem züchterisch weiterentwickelt wurde. Die beiden Stammarten sind, wie auch die weiteren 8 Arten der Gattung *Crocosmia* Planch. (syn. *Montbretia* DC., *Tritonia* Ker-Gawl.), in Südafrika (z.T. bis Ostafrika) zu Hause. Von dort kamen *C. aurea* um die Mitte des 19. Jhs., *C. pottsii* jedoch erst 1877 als Kalt- bzw. Kaphauspflanzen nach Europa. Die heute als Freilandpflanzen gezogenen Hybriden bedürfen, ebenso wie die Gladiolen, der frostfreien Überwinterung ihrer Knollen. Nach der Züchtung der Montbretie dauerte es einige Zeit, ehe die neue Zierpflanze bekannt und eingeführt war. Hierbei erwarb sich die niederländische Gartenbaufirma von J. H. Krelage in Haarlem besondere Verdienste. Erst zwischen 1910 und 1930 erlangte die Montbretie allgemeine Verbreitung. Ihr heute üblicher Name geht zurück auf den früheren, 1803 von Augustin Pyramus de Candolle zu Ehren des französischen, 1801 in Kairo gestorbenen Botanikers Antoine François Ernest Coquebert de Montbret (1781–1801) geschaffenen wissenschaftlichen Gattungsnamen, unter dem die Pflanze seinerzeit von Lemoine vertrieben wurde. Die inzwischen entstandenen Sorten werden heute in zwei Sortengruppen gegliedert, die älteren, kleinblumigen und die neueren Züchtungen mit großen Blüten. Seit 1950 ist mit *C. masanorum* N. E. Br. noch eine weitere Wildart in Gartenkultur. Diese 1896 im Südosten des Kapgebietes entdeckte Art wird gegen 1 m hoch und besitzt ziemlich große orangegelbe Blüten.

Crocus L. Krokus

Die etwa 80 Arten umfassende Gattung *Crocus* ist vor allem im Mittelmeergebiet und Vorderasien beheimatet, nur *C. albiflorus* Kit. ex Schult. kommt auch in den Alpen vor (an einigen anderen Stellen in Mitteleuropa lediglich verwildert oder angesalbt).

Von den im Frühling blühenden Arten wurde der auch im südlichsten Deutschland wild wachsende *C. albiflorus* im 16. Jh. oder früher in Gartenkultur genommen. Konrad Gessner (1561) belegt ihn unter den Namen *Crocus sylvestris flore candido*, *Crocus montanus sive alpinus*, *Croci zizania* und *Crocus montanus* für verschiedene Gärten in Deutschland. Um 1570 wuchs er im Leuschnerschen Garten in Meißen als *Crocus Martius vel silvestris* und 1594 im Scholzeschen Garten in Breslau als *Crocus Austriacus* und *Crocus sylvestris montanus flore albo Lobelii*. 1613 werden im Hortus Eystettensis die verschiedenen Farbformen dieser Art mit weißen, weißen violettgründigen und hellvioletten Blüten farbig abgebildet. Neben diesem erlangte seit dem 17. Jh. auch der nahe verwandte, aber größere und farbkräftiger blühende **Neapolitanische Krokus** (*C. napolitanus* Mordant et Loiseleur-Deslongchamps) aus Italien mehr und mehr als Zierpflanze an Bedeutung und verdrängte schließlich den kleinerblütigen und auch schwieriger zu kultivierenden *C. albiflorus* (beide Sippen werden heute nur als Unterarten aufgefaßt und zu einer Gesamtart *C. vernus* (L.) Hill zusammengefaßt). Im 18. Jh. war *C. napolitanus* in den deutschen Gärten weit verbreitet.

***Crocosmia x crocosmiiflora* (Lemoine) N. E. Br.** Montbretie, Bailey 1961

Croc.vern. latifol. purpureo flo.

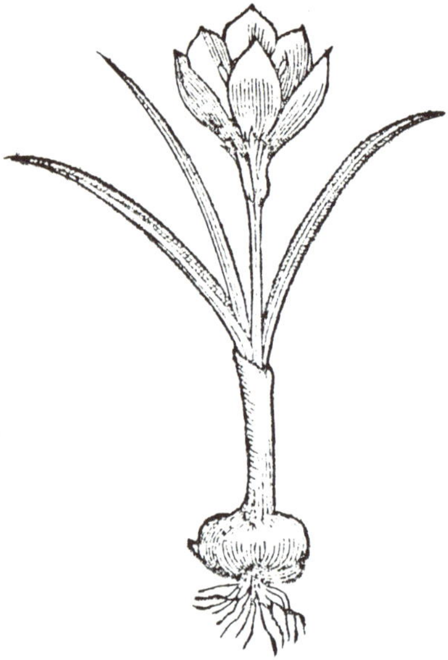

Crocus vernus **(L.) Hill** Frühlings-Krokus, Clusius 1601

Durch ständige Auslese und durch Kreuzungen der verschiedenen Farbformen entstanden schließlich die vielen heutigen Sorten der großblütigen, weiß, gestreift oder hell- bis dunkelviolett blühenden Gartenkrokusse.

Der gelbblühende **Gold-Krokus** (*C. flavus* Weston, syn. *C. aureus* Sibth. et Sm., *C. luteus* Lmk.), der wild in Südosteuropa und Kleinasien vorkommt, wurde 1579 von Stephan von Hausen, Mitglied einer kaiserlichen Gesandtschaft zum türkischen Sultan, auf der Rückreise von Istanbul in Mösien (heutiges Serbien und Nordbulgarien), südlich von Belgrad, gefunden. Von den von ihm ausgegrabenen und mit nach Wien gebrachten Knollen erhielt 2 der damals dort ansässige Carolus Clusius, in dessen Garten sie im März 1583 erstmals zur Blüte kamen. In seinem noch im selben Jahr in Antwerpen erschienenen Werk über die selteneren Pflanzen Österreichs und Ungarns bildete Clusius die neue Art sogleich ab und beschrieb sie als *Crocum vernum Maesiacum*. Von Wien aus gelangte die sehr begehrte Zierpflanze auch in deutsche Gärten. 1588 wuchs sie im Garten des Nürnberger Arztes Joachim Camerarius, der sie von dem mit ihm befreundeten Clusius erhalten hatte. Noch im 16. Jh. gelangte die Art über die Robins in Paris, in deren Gartenkatalog von 1623 sie als *Crocus vernus, flore Aureo Polyanthos Mesiacus* aufgeführt wird, auch zu John Gerard (1545–1607/12) in London. In Deutschland breitete sie sich dann im 17. Jh. weiter aus. Um 1610 war sie sowohl in Eichstätt als auch in Hessem vorhanden, 1646 in Altdorf, 1663 in Berlin und 1668 in Halle. Im 18. Jh. war der Gold-Krokus dann in vielen deutschen Gärten vorhanden und ist bis jetzt eine häufige Zierpflanze geblieben. Die heute dominierende Sorte 'Großer Gelber' (Dutch Yellow) hielt man bisher für eine besonders großblütige Auslese, doch konnte neuerdings durch Chromosomenuntersuchungen wahrscheinlich gemacht werden, daß es sich hierbei um eine triploide Hybride zwischen *C. flavus* und *C. angustifolius* handelt.

Der **Goldlack-Krokus** (*C. angustifolius* Weston, syn. *C. susianus* Ker-Gawl.), der auf der Krim und im Kaukasusgebiet beheimatet ist, besitzt lebhaft goldgelbe, außen braunrot geaderte Perianthblätter. Die Art kam 1587 aus türkischen Gärten nach Wien und wurde von dort aus weiter verbreitet. 1613 wird er als *Crocus vernus aureus variegatus* im Hortus Eystettensis abgebildet und war im 17. und 18. Jh., ebenso wie *C. flavus*, in vielen Botanischen, Adels- und Liebhaber-Gärten in Deutschland vertreten. Gleditsch nannte ihn 1773 zu deutsch »Der allerfrüheste ganz kleine gelbe Frühlings = Saffran« und kennzeichnete die Art als »Die früheste, die wir nach Abgang des Schnees in den Gärten sehen; die Gärtner nennen sie zuweilen Goldenlack«. 1821 war die Art nach Heinrich Link in den Gärten nicht weniger zahlreich als *C. luteus* (= *C. flavus*). 1871, als die Teppichbeete in Mode kamen, wurde der Goldlack-Krokus, aber auch andere *Crocus*-Arten, zu deren Bepflanzung empfohlen. Die Art ist auch heute noch hier und da in den Gärten zu sehen, aber mancherorts nicht sehr ausdauernd.

Von den zahlreichen weiteren frühjahrblühenden *Crocus*-Arten Südeuropas und Vorderasiens, die heute vom Handel angeboten und von denen einige Arten auch häufiger gepflanzt, die meisten aber nur von Liebhabern kultiviert werden, kam die eine oder andere Art auch früher schon einmal in deutsche Gärten, wenn auch meistens nur vorübergehend. So werden 1613 im Hortus Eystettensis unter der Bezeichnung *Crocus polyanthus variegatus* bzw. *albus* 2 Formen von *Crocus biflorus* Miller abgebildet. Zwei heute in unseren Gärten ziemlich häufig anzutreffende Krokus-Arten gelangten jedoch erst in neuester Zeit in allgemeine Gartenkultur. *C. chrysanthus* Herb. aus Südosteuropa und Kleinasien wurde um 1840 entdeckt und 1841/43 von dem englischen Botaniker William Herbert (1778–1847) beschrieben. Heute gibt es zahlreiche durch Einkreuzung von *C. biflorus* und Auslese vor allem in England (Edward Augustus Bowles) und den Niederlanden (J. Hoog) gezüchtete Sorten. Auch die Erstbeschreibung des auf der Balkanhalbinsel heimischen **Elfen-Krokus** (*C. tommasinianus* Herb.) erfolgte durch Herbert. Seit 1847 in England kultiviert, fand er erst im 20. Jh. allgemeine Verbreitung als Zierpflanze. Heute gibt es von dieser zart purpurviolett blühenden Art verschiedene durch Auslese entstandene Sorten mit dunkleren und auch rötlich-violetten Blüten.

Von den herbstblühenden *Crocus*-Arten ist zunächst der schon im Altertum kultivierte, aus dem Orient stammende **Safran** (*C. sativus* L.) zu nennen, dessen Narben einen begehrten und hochbezahlten gelben Farbstoff und ein Gewürz liefern, und dessen griechischer, aus einer kleinasiatischen oder semitischen Sprache entlehnter Name *krokos* zum Gattungsnamen geworden ist. Die Art wurde bereits seit dem Mittelalter in Gärten, stellenweise aber auch auf Feldern Deutschlands als Nutzpflanze kultiviert und vielerorts als Zierpflanze gezogen. Die Kultur dieser in Mitteleuropa meist nur schwierig zu haltenden Art ist hierzulande jedoch erloschen, und auch als Zierpflanze ist der Safran kaum noch zu sehen.

Der in Siebenbürgen heimische *C. byzantinus* Ker-Gawl. kam 1587 nach Wien, blieb aber in den deutschen Gärten stets eine Seltenheit. Der heute am häufigsten anzutreffende herbstblühende Krokus ist der **Pracht-Krokus** (*C. speciosus* M. B.) aus Kleinasien und dem Kaukasusgebiet. Er war bereits um 1700 von Tournefort auf seiner Orientreise gefunden und von ihm 1703 als *Crocus autumnalis sativo similis, flore capillamentis tenuissimus, minore odore* beschrieben worden. Marschall von Bieberstein entdeckte die Art 1796 im östlichen Kaukasus erneut und gab ihr in der 1800 erschienenen deutschen Fassung seiner Beschreibung der Länder zwischen den Flüssen Terek und Kur ihren heute gültigen wissenschaftlichen Namen. Über russische Botanische Gärten kam die Art um 1835 auch nach West- und Mitteleuropa. 1844 war sie nach Friedrich Gottlieb Dietrich »nun häufig in unsern Gärten«.

Cyclamen L. Alpenveilchen

Bei der etwa 14 Arten umfassenden zentral- bis ostmediterranen Gattung *Cyclamen* reicht das Verbreitungsgebiet, des im Spätsommer bis Herbst blühenden **Wilden Alpenveilchens** (*C. purpurascens* Miller, syn. *C. europaeum* auct.) bis Österreich und in das südlichste Deutschland (Alpen, Alpenvorland, südliche Fränkische Alb) hinein. In diesen Gegenden hatte man die Art schon in früher Zeit in die Gärten geholt, auch wurde sie zur Zeit der Renaissance oftmals von Italienreisenden mitgebracht. Während Fuchs 1543 die Art nur als Wildpflanze kennt, gibt sie Valerius Cordus 1542 für den Öllingerschen Garten in Nürnberg an, und 1561 nennt sie Konrad Gessner unter den Namen *Cyclaminus* bzw. *Cyclaminus Italicus* als Pflanze mitteleuropäischer Gärten. Selbst im fernen Ostpreußen war das Wilde Alpenveilchen gegen Ende des 16. Jhs. unter dem Namen *Cyclaminus panis porcinus*, »Schweinbrot« als seltene Gartenpflanze vorhanden (Wigand 1590). Seitdem gab es in Deutschland kaum einen Botanischen oder Liebhaber-Garten, in dem nicht auch das Wilde Alpenveilchen gezogen wurde, während es in den normalen Gärten, vielleicht mit Ausnahme einiger Gärten in den Alpen, weithin fehlte. Dies trifft auch für die heutige Zeit zu.

Außer dieser Art gelangten recht früh auch einige andere mediterrane *Cyclamen*-Arten in Botanische und Liebhaber-Gärten Mitteleuropas, wo sie, teils an geschützter Stelle im Freiland, teils im Gewächshaus gezogen wurden. Die häufigste Art war das von Südfrankreich über Italien und Griechenland bis zur Türkei vorkommende, gleichfalls im Herbst blühende **Efeublättrige Alpenveilchen** (*C. hederifolium* Aiton, syn. *C. neapolitanum* Tenore). Um 1560 besaß es von den von Gessner befragten Gartenbesitzern allerdings als einziger Franziskus Follietus in Vieux (Nord-Frankreich). 1583 nennt es Clusius dann als *Cyclaminus fol. hederaceis* für Wien, und 1613 war es als *Cyclamen Romanum* und *C. serotinum foliis hederaceis* im Garten von Eichstätt vertreten. In der Folgezeit erscheint es auch in einigen anderen deutschen Gärten als Zierpflanze, so z.B. 1607/30 in Hessem und 1663 in Berlin; es ist auch später häufig in derartigen Gärten vorhanden.

Das im Frühjahr blühende *C. repandum* Sibth. et Sm. (syn. *C. vernale* Miller) wurde 1574 in Belgien als Gartenpflanze kultiviert. 1583 besaß auch Clusius in Wien von diesem *Cyclaminus verno tempore florens* einige wenige Pflanzen, die er aus Samen angezogen hatte, der ihm aus Belgien zugeschickt worden war. Von Clusius bekam es wiederum Camerarius in Nürnberg, der es 1588 als *Cyclaminus vernus* verzeichnete und angibt, es sei seltener und wohlriechender als andere. Das 1613 im Hortus Eystettensis abgebildete weißblühende *Cyclamen vernum* stellt offenbar eine Albino-Form von *C. repandum* dar, die 1623 im Robinschen Garten in Paris unter dem Namen *Cyclamen Romanum, Hederae folio flore albo* aufgeführt wird. Das Efeublättrige Alpenveilchen ist fortan in Botanischen und Liebhaber-Gärten des öfteren zu finden. 1663 werden von Elsholtz für die kurfürstlichen Gärten in Berlin und Brandenburg 4 *Cyclamen*-Sippen angegeben, welche, wie aus seinem späteren Gartenbaubuch hervorgeht, allesamt als »Schirm = Gewächß von Blumwerck«, d.h. im Gewächshaus gezogen wurden. Dabei handelte es sich (nach heutiger Nomenklatur) um *C. purpurascens, C. hederifolium, C. repandum* und die obengenannte weißblühende Form.

1583 verzeichnete Clusius neben diesen drei Arten noch ein *Cyclaminus constantinopolitanus*, von dem ihm Knollen durch den Gesandten von Heysenstein aus Konstantinopel zugeschickt worden waren und das bei ihm im März 1582 geblüht hatte, wobei jedoch anhaltender Frost die Blüten beschädigte. Hierbei handelte es sich mit ziemlicher Sicherheit um das in Südosteuropa bis Kleinasien heimische *C. coum* Miller. Nach Coats (1956) war diese Art 1597 auch schon bei Gerard in England vorhanden. In der Mitte des 17. Jhs. verzeichnete sie der Botanische Garten Paris unter dem Namen *Cyclamen hyemale, foliis inferne rubentibus, purpurascente flore, Coum Herbariorum*, womit auch der Artname *coum* (»von der Insel Kos stammend«) zum ersten Mal in Erscheinung tritt. 1699 beschrieb sie Robert Morison in Oxford als *Cyclamen vernum, minus, orbiculato folio inferne rubente, flore minore ruberrimo*, und Mitte des 18. Jhs. erscheint sie, zunächst unter diesem Namen, in Philip Millers Gardeners Dictionary, in dessen nunmehr die binäre Nomenklatur benutzender 8. Auflage 1768 dann der heute gültige wissenschaftliche Name *C. coum* begründet wurde. In Deutschland scheint die Art erst um 1800 Eingang gefunden zu haben. 1808 wuchs sie im Berliner Botanischen Garten, 1817 im Breiterschen Garten in Leipzig. Fortan wird *C. coum* mancherorts kultiviert, aber zumeist als Kalthauspflanze.

Vollständig an Kalthauskultur gebunden ist unser heute allbekanntes und allgegenwärtiges **Zimmer-Alpenveilchen** (*C. persicum* Miller), das nicht in Persien zu Hause ist, wie man aufgrund des Namens denken könnte, sondern im östlichen Mittelmeergebiet von Griechenland (sehr selten) über die südwestliche Türkei und Cypern bis zum Libanon (der Artname *persicum* bedeutet hier »pfirsichfarben«). Von dorther kam die Art im 1. Drittel des 17. Jhs., wahrscheinlich zu wiederholten Malen, nach Westeuropa. Möglicherweise gehört ein bereits in dem 1614 veröffentlichten 2. Teil des Florilegium novum des belgischen Kupferstechers Johann Theodor de Bry abgebildetes Alpenveilchen zu *C. persicum*. 1621 wird dann im Katalog des Gartens von René Morin in Paris ein *Cyclamen Antiochenum* aufgelistet, bei dem es sich mit großer Wahrscheinlichkeit um *C. persi-*

cum gehandelt hat. Ein *Cyclamen Anthiochenon amplo flore ... duplici* (mit gefüllten Blüten) erscheint auch 1623 im 'Enchiridon isagogicum' der Pariser Botaniker Jean und Vespasian Robin, und zwar in einer frühjahrsblühenden Form mit weißen Blüten und in einer herbstblühenden Form mit purpurroten Blüten. Darüber hinaus gab es im Garten der Robins unter den dort vorhandenen 18 Alpenveilchen-Sippen auch ein *Cyclamen persicum vernale* mit dunkelpurpurroten, an der Basis weißen Blüten, womit erstmals die heutige Artbezeichnung *persicum* in Erscheinung tritt. Von Paris aus gelangte diese Art dann auch nach London, wo 1629 John Parkinson in seinem Paradisus terrestris ebenfalls eine gefüllte Form des Alpenveilchens aus Antiochia (das heutige Antakya in der südlichsten Türkei) verzeichnet. Das 1635 erschienene Buch des Pariser Arztes und Botanikers Jacques Cornut über neue Pflanzen aus Amerika und anderen Gebieten enthält einmal ein *Cyclamen orientale* aus der Türkei, das vielleicht, und ein *Cyclamen e monte Libani*, das mit Sicherheit zu *C. persicum* gehört. Eindeutig ist dann die Beschreibung in der 1655 in London erschienenen Ausgabe der Lobelius' Stirpium illustrationes von William How. Der Katalog des Jardin des Plantes in Paris erwähnt es damals unter der Bezeichnung *Cyclamen vernum anguloso folio triplici viriditatis serie vario, maximis floribus albis, imo oculo purpurascente, Antiochenum nuperorum,* und unter dieser Phrase erscheint die Art dann auch 1699 bei Morison. In Deutschland wurde die Art im 18. Jh. nur sehr vereinzelt als Gewächshauspflanze gezogen, so 1736 in Trebnitz bei Seelow und 1746 im Berliner Botanischen Garten, dessen Direktor Johann Gottlieb Gleditsch es 1773 als »Das Persische, im Frühlinge und Herbst blühende Schweinebrod, mit eckigen ausgeschweiften Blättern« auch zur Verwendung »in den Lustgärten« empfiehlt. Erst im 19. Jh. wurde die Art dann etwas häufiger und war z.B. weiterhin im Botanischen Garten Berlin und 1817 in der Gärtnerei Breiter in Leipzig vorhanden, und im März 1829 wurde auf einer Blumenausstellung in Weimar u.a. auch *Cyclamen persicum* ausgestellt. Nach wie vor handelte es sich dabei um relativ kleinblütige, der Wildform entsprechende Pflanzen. Neben der auch in der Natur verbreiteten Form mit weißen, am Schlund purpurroten Blüten, die ja bereits im 17. Jh. beschrieben wurde, gab es 1844 auch Exemplare mit hell- und dunkelroten Blüten. Die Züchtung des heutigen Zimmer-Alpenveilchens setzte erst um 1860 in England ein. Dort entstanden 1870 erstmals großblütige Formen. Zu dieser Zeit begann auch in Deutschland die Zuchtarbeit, zuerst durch Richard Müller in Dresden-Striesen, der sich seit 1867 mit der Cyclamenzucht beschäftigte und 1873 seine Sorte 'Splendens' in den Handel brachte. 1893 war das Zimmer-Alpenveilchen ein bekannter und beliebter Winterblüher in vielen Sorten, welche in der Folge eine ständige Weiterentwicklung und Verbesserung erfuhren. Zu den zahllosen großblütigen Sorten traten neuerdings wieder kleinblütige Sorten, die sogenannten Miniaturcyclamen, entstanden aus Rückkreuzung mit der Wildform oder aus Wildpflanzen neu herausgezüchtet.

Dahlia Cav. Dahlie

Von der mit 18 Arten in Mexiko und Guatemala beheimateten Gattung *Dahlia* hatten die Ureinwohner dieses Gebietes, die Azteken, bereits vor dem Erscheinen der Europäer einige Arten in ihre Gärten geholt. Als die Spanier in der 1. Hälfte des 16. Jhs. Mexiko eroberten, fanden sie dort schon einige Kulturformen der Dahlie vor. Der spanische Arzt und Naturforscher Francisco Hernandez, der 1571–1577 Mexiko bereiste, fertigte erste Zeichnungen von ihnen an und beschrieb sie in seinem großen Werk über die Heilpflanzen und Heilmittel »Neu-Spaniens«, das aber erst nach seinem Tode 1615 und 1651 gedruckt wurde. Wie er mitteilt, bezeichneten die Azteken diese Pflanzen als Acocoxochitl oder Acocotli-Blume. Diese Namen gehen zurück auf aztekisch atl, »Wasser«, cocli, »Speiseröhre« und xochitl, »Blume, Blüte«; sie beziehen sich offensichtlich auf die hohlen, oft Wasser enthaltenden Stengel dieser Art.

Während andere amerikanische Nutz- und Zierpflanzen alsbald nach Europa gelangten, wo sie in kurzer Zeit eine weite Verbreitung fanden, wie etwa der Mais, die Kartoffel, die Sonnen- und die Studentenblume, blieb die Dahlie eigenartigerweise noch mehr als 200 Jahre auf ihr Heimatland beschränkt. Erst im Jahre 1789 sandte der Direktor des Botanischen Gartens in Mexiko-Stadt, Professor Vicente Cervantes, Samen dieser Pflanzen an seinen Kollegen vom Botanischen Garten Madrid, Abbé Antonio José Cavanilles. Dort kamen 1790 und 1791 die Dahlien erstmals in Europa zur Blüte. Cavanilles stellte fest, daß die Pflanzen noch keinen wissenschaftlichen Namen besaßen. Er gab der Gattung den Namen *Dahlia*, zu Ehren seines 1789 verstorbenen schwedischen Kollegen Andreas Dahl, der ein Schüler von Linnaeus und zuletzt Dozent der Botanik an der Universität Abo im heutigen Finnland gewesen war. Insgesamt beschrieb Cavanilles in seinem in einzelnen Lieferungen von 1791 bis 1801 erschienenen Abbildungswerk der in Spanien wildwachsenden und kultivierten Pflanzen 3 Arten der Gattung Dahlia (*D. pinnata*, *D. rosea* und *D. coccinea*), von denen die zweite aber lediglich eine Form der ersteren war.

In einer zur gleichen Zeit geschriebenen, aber erst 1792 erschienenen Arbeit hat dann der schwedische Botaniker Carl Peter Thunberg, auch ein Schüler von Linnaeus, Andreas Dahl ebenfalls ehren wollen und einer neuentdeckten Pflanze gleichfalls dessen Namen gegeben. Dabei handelte es sich um einen südafrikanischen Strauch aus der Familie der Zaubernußgewächse. Der Berliner Botaniker Carl Ludwig Willdenow, der damals eine Neuausgabe der Species Plantarum von Linnaeus bearbeitete, versuchte das Problem dieser zweimaligen Vergabe desselben Namens zu lösen, indem er die von Cavanilles aufgestellte Gattung *Dahlia* umtaufte. In dem 1803 erschienenen 3. Band seines obengenannten Werkes gab er ihr den Namen *Georgina*, zur Erinnerung an den 1802

Erste Beschreibung von Dahlien, Francisco Hernandez 1651

verstorbenen Naturforscher Johann Gottlieb Georgi, Mitglied der Russischen Akademie der Wissenschaften in St. Petersburg.

Unter diesem Willdenowschen Namen hat sich die Dahlie dann in Deutschland ausgebreitet, und die Bezeichnung Georgine bürgerte sich hier bei Botanikern, Gärtnern und in der Bevölkerung allgemein ein. In England und Frankreich hingegen war man bei dem Namen *Dahlia* geblieben und hatte den südafrikanischen Strauch 1808 mit einem anderen Namen (*Trichocladus)* versehen. Als um die Mitte des 19. Jhs. verbindliche Nomenklaturregeln aufgestellt wurden, mußte die von Willdenow vorgenommene Umbenennung wieder rückgängig gemacht werden. Im gärtnerischen Schrifttum verwendete man in Deutschland den gebräuchlich gewordenen Namen *Georgina* allerdings noch lange Zeit weiter. Auch heute noch ist die Bezeichnung Georgine im Volksmund vielfach üblich, sie ist zu einem volkstümlichen Pflanzennamen geworden, der als solcher nicht falsch ist. In der wissenschaftlichen Pflanzenkunde freilich gibt es den Namen *Georgina* heute nur noch als ungültiges Synonym.

Zu Beginn des 19. Jhs. hat die Dahlie in Europa einen beispiellosen Siegeszug als Gartenblume angetreten. Von Madrid aus gelangte sie um 1800 nach England, Frankreich und Deutschland. Die erste Dahlie soll nach Friedrich Otto (1833) in Deutschland im Jahre 1800 bei dem Hofgärtner Johann Heinrich Seidel (1744 – 1815) in Dresden geblüht haben, ging dort aber wieder verloren. Im Jahre 1804 publizierte der Garteninspektor André Thouin (1747 – 1824) in Paris eine erste Abhandlung über die Kultur der Dahlie und ihren Nutzen zur Verschönerung der Gärten. Der Botanische Garten in Berlin, wohin die neue Zierpflanze 1803 in Form von Knollen aus Madrid gekommen war, erhielt im Jahr darauf auch Saatgut direkt aus Mexiko. Alexander von Humboldt hatte im Jahre 1803 auf seiner Amerikareise bei der Besteigung des Vulkans Jorullo in Mexiko die Pflanze auf sandigen Wiesen bei Pascuara in 1650 – 1700 m Meereshöhe angetroffen und reife Samen eingesammelt, die er 1804 den Botanischen Gärten in Paris und Berlin zuschickte. Dabei handelte es sich um rot und orangefarbig blühende Formen, während die über Madrid gekommenen ausschließlich violettrote Blüten besaßen, wodurch die Farbpalette dieser Pflanze wesentlich erweitert werden konnte. Im Sommer 1808 gab es im Berliner Botanischen Garten die beiden Arten *D. pinnata* und *D. coccinea* in jeweils drei verschiedenen Farbformen. Es handelte sich dabei um mäßig hohe, einfachblühende Pflanzen etwa von der Gestalt der heutigen Mignon-Dahlien. Der Garteninspektor Friedrich Otto vermehrte die Dahlie stark, und von hier aus gelangte die neue Zierpflanze trotz der Napoleonischen Kriege alsbald nicht nur in die fürstlichen Gartenanlagen benachbarter Höfe (z.B. Weimar), sondern auch in die Gärten begüterter Pflanzenliebhaber. Damals war die Dahlie noch überaus teuer, für eine Knolle bezahlte man 2 Goldstücke. Besondere Verdienste um ihre Verbreitung erwarb sich der Leipziger Hofgärtner Christian August Breiter. 1807 ließ er einen Katalog drucken und erhielt auf seine »Georginen« so viele Bestellungen aus allen Teilen Deutschlands, aus Frankreich, Rußland, Polen und Dänemark, daß er kaum alle ausführen konnte. Durch seine engen Beziehungen zu den Botanischen Gärten verschaffte er sich alle neu entstandenen Dahlien-Sorten und beteiligte sich auch selbst rege an der Züchtung. In der 1817 erschienenen 2. Auflage seines Kataloges werden bereits 103 Sorten aufgeführt, darunter auch einige gefüllte. Die erste

Dahlia pinnata **Cav.** erste Abbildung, Cavanilles 1791

gefüllte Dahlie war 1808 in Karlsruhe aufgetreten und an den Botanischen Garten Berlin gesandt worden, wo sie großes Aufsehen erregte. Auch im Berliner Raum nahm man sich der züchterischen Weiterentwicklung der Dahlie an, einer der bekanntesten Züchter dieser Zeit war der Hofgärtner Ferdinand Fintelmann auf der Pfaueninsel. Seine Züchtungen gingen bis Amerika, und 1820 bestellte sich auch Fürst Pückler auf Muskau bei ihm ein »einzig schönes« Sortiment. 1815 lassen sich in Brandenburg die beiden Dahlien-Arten auch für Kunersdorf bei Wriezen, 1824 für Frankfurt/Oder nachweisen.

Dahlia juarezii M. E. Berg et Mast. Stammform der Kaktus-Dahlien, Rümpler 1890

Mit dem zunehmenden Angebot sanken die Preise, und die Dahlien wurden auch für den kleinen Mann erschwinglich. In der 1832 in Berlin erschienenen, von Albert Dietrich bearbeiteten Auflage von Willdenows Anleitung zum Selbststudium der Botanik heißt es von *Georgina variabilis (= D. pinnata):* »Sie wird sehr häufig in den Gärten mit unzähligen Spielarten als Zierpflanze gezogen. Die Blumen sind roth, weiß, violett, gelb oder bunt, einfach oder gefüllt.« Auch *Georgina coccinea (= D. coccinea)* mit etwas kleineren und stets scharlachroten Blüten war damals eine verbreitete Zierpflanze. Als weitere Art kam in diesem Jahr die niedrige *D. scapigera* Link et Otto mit einfachen weißen Blüten in den Berliner Botanischen Garten und hatte in der Folgezeit Anteil an der Entstehung der niedrigsten Sorten. »Wer hätte vor 30 Jahren geglaubt, daß die Georginen in unsern Blumengärten und Parkanlagen so eine wichtige Rolle spielen würden?« schrieb 1833 der Berliner Garteninspektor Otto.

Wegen der Vielfalt der Ausgangssippen neigte die Dahlie wie kaum eine andere Zierpflanzenart zum Variieren. Damals war die Zahl der Sorten bereits auf rd. 500 gestiegen und nahm von Jahr zu Jahr weiter zu. Nach der Form unterschied man allein 40 Sortengruppen, darunter päonienblütige, anemonenblütige, kugelblütige und sternschleifige. 1839 heißt es in der Besprechung der in diesem Jahre in Weimar erschienenen deutschen Ausgabe des englischen Dahlienbuches von Joseph Paxton, daß die »Georginen-Cultur« einen solchen Grad an Ausdehnung erlangt habe, daß sie in den Gärten eine förmliche Revolution veranlaßt habe. »Die Georginen prangen nicht nur in den Gärten der Reichen, wie in manchen Gegenden unseres Vaterlandes zieren sie schon die Gärten der Bauern.« Hatte der Schwerpunkt der Dahlienzüchtung um 1830 in England gelegen, so traten jetzt auch in Deutschland bedeutende Züchter auf den Plan. Führender deutscher Dahlienzüchter des 19. Jhs. war Christian Deegen, der 1824 in Köstritz eine Gärtnerei gegründet hatte. 1836 veranstaltete er anläßlich einer Tagung von Naturforschern und Ärzten in Jena eine Dahlienausstellung mit 6000 Blüten in 200 Sorten. Der persönlich anwesende Alexander von Humboldt äußerte seine Freude über die so mannigfaltig weiterentwickelte Dahlie, die er selbst hatte finden und verbreiten helfen. 1842 waren auf der 3. »Georginen-Ausstellung« des Anhaltinischen Gartenbauvereins in Dessau bereits 1596 verschiedene Dahliensorten zu bewundern, und in Erfurt gab es 1843 die erste deutsche »Haupt-Georginen-Ausstellung«.

Die damaligen Dahlien-Sorten waren in der Hauptsache Ball-Dahlien. Mit ihrer streng regelmäßigen Kugelform, ihren klaren und reinen Farben und ihren kurzen Stielen entsprachen sie so recht dem steifen Lebensstil der Biedermeierzeit. Um 1850 entstanden in Köstritz dann die kleinblütigen Pompon-Dahlien, zuerst Liliput-Dahlien genannt. Erst in den achtziger Jahren des 19. Jhs. änderte sich die Zuchtrichtung entscheidend. Anlaß dafür war eine 1872 aus Mexiko nach Holland gekommene neuartige Dahlien-Sippe mit locker gefüllten scharlachroten Blüten und eigenartig spitzen, leicht zusammengerollten rinnenförmigen Blütenblättern. Man nannte sie zu Ehren des damaligen mexikanischen Staatspräsidenten *D. juarezii*. Durch Einkreuzung in die bisherigen Dahliensorten erzielte man die sogenannten Kaktus-Dahlien mit strahlenförmigen, kralligen, gedrehten, geschlitzten und gerieften Blütenblättern in einer ungeahnten Fülle schöner Farben. Ende des 19. Jhs. tauchten dann die ersten Schmuck-Dahlien auf, und um die Jahrhundertwende traten auch die ersten Halskrausen-Dahlien in Erscheinung. Besondere Verdienste um die Dahlienzucht erwarb sich hierzulande die 1897 von Dahlienzüchtern und Dahlienliebhabern in Berlin-Steglitz gegründete Deutsche Dahliengesellschaft. 1934 zählte man weltweit bereits 14000 Dahliensorten, und heute ist die Sortenfülle kaum noch zu übersehen. In Mitteleuropa gibt es gegenwärtig wohl nur wenige Gärten, in denen keine Dahlien gezogen werden.

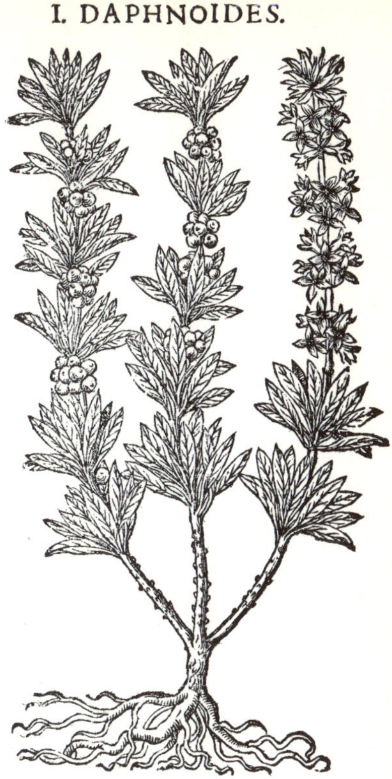

***Daphne mezereum* L.** Seidelbast, Matthiolus/Bauhin 1598

Daphne mezereum L. Seidelbast

Der über große Teile Europas und Südwestsibiriens bis hin zum Kaukasusgebiet verbreitete niedrige Strauch wächst in Laubmischwäldern auf meist kalkreichen Böden. Durch seine im zeitigen Frühjahr erscheinenden Blüten besonders auffällig, holte man ihn schon in früher Zeit als Zierstrauch in die Gärten.

Als Gartenpflanze wird er 1561 von Gessner aufgeführt, und zwar unter dem Namen *Daphnoides, Piper montanum,* doch ist er als solche offensichtlich nicht häufig gewesen. 1613 finden wir ihn als *Laureola* in Eichstätt, und 1663 erscheint er als Gartenpflanze in den kurfürstlich brandenburgischen Gärten zu Berlin und Brandenburg. In England erschien 1659 eine weißblühende Form, die im 18. Jh. dann auch in deutschen Gärten nachzuweisen ist, so z.B. zusammen mit der purpurn blühenden Form 1736 in Trebnitz bei Seelow. 1779 bot ihn die Hamburger Handelsgärtnerei Buek zum Kauf an, 1785 auch die von Burgsdorffsche Baumzucht in Tegel, wo auch eine Form mit panaschierten Blättern im Angebot war. Nun wurde der Seidelbast vielerorts in Landschaftsparken ausgepflanzt, so daß ihn Ascherson 1864 als häufigen Zierstrauch in Parks bezeichnete. Heute ist er in Parkanlagen nur noch selten zu sehen, jedoch hier und da in Vor- und Ziergärten anzutreffen.

Delphinium L. Stauden-Rittersporn

Der in Mitteleuropa in Hochstaudenfluren der Alpen und der östlichen Sudeten wild wachsende **Hohe Rittersporn** (*D. elatum* L.) war in Deutschland in der Mitte des 16. Jhs. auch Gartenpflanze. Die Zusammenstellung von Konrad Gessner 1561 belegt ihn unter den Namen *Aconitum coeruleum aliud, Delphinium genus floribus coeruleis simile alique Lycoctono luteo* und *Aconitum coeruleum montanum minus* für einige Gärten. Im fürstbischöflichen Garten zu Eichstädt war er Anfang des 17. Jhs. als *Aconitum Lycoctonum, flore Delphinie* vertreten, das Abbildungswerk von 1613 zeigt deutlich die relativ armblütige Wildform.

Sonst aber hat er im 16. und 17. Jh. vielen bekannten Gärten noch gefehlt, eigenartigerweise selbst den schlesischen. Auch im 18. Jh. war der Hohe Rittersporn in den deutschen Gärten noch recht selten und zumeist auf Botanische Gärten beschränkt. In derartigen Gärten finden wir ihn z.B. 1743 in Göttingen, 1746 in Berlin (*Delphinium perenne, montanum, villosum, Aconiti folio*), 1759 in Helmstedt, 1782 im Senckenbergschen Garten in Frankfurt/Main.

Um die Mitte des 18. Jhs. traf dann eine weitere *Delphinium*-Art in Deutschland ein. Der **Großblütige Rittersporn** (*D. grandiflorum* L.) aus Sibirien wurde 1739 von dem damaligen Leiter des Botanischen Gartens St. Petersburg, Johann Ammann aus Schaffhausen, erstmalig durch die Phrase *D. elatius subincanum perenne, floribus amplis azureis* beschrieben. Durch ihn gelangte die Art alsbald auch nach England, wo man sie seit 1741 kultivierte. In Deutschland erscheint der Großblütige Rittersporn 1743 im Botanischen Garten Göttingen, wenig später im Krauseschen Garten in Berlin, dessen Katalog von 1746 auch eine Abbildung bringt, und 1765 in Greifswald. Der Direktor des Berliner Botanischen Gartens Johann Gottlieb Gleditsch schreibt 1773 in seinem Pflanzenverzeichnis: »Es verdienen beyde Arten dieses Geschlechtes die Unterhaltung in schönen Gärten«, denn es seien »hohe und prächtige Staudengewächse, mit recht dauerhaften Wurzeln ... Die vielen prächtigen blauen

Blumen stehen in großen Ähren, und dauren lange genug, um den Gärten ein gutes Aussehen im Sommer zu geben ... Von der zweyten Art hält man zuweilen zur Sicherheit etliche Pflanzen in den Winterhäusern.« 1799 finden wir beide Arten, davon *D. elatum* auch in einer gefüllten Form, dazu *D. americanum* L., im Park Machern bei Leipzig. Seit Anfang des 19. Jhs. nahm die Zahl der *Delphinium*-Arten in Deutschland weiter zu. So wuchsen 1812 im Botanischen Garten Berlin außer *D. elatum*, *D. grandiflorum* und *D. intermedium* Ait. noch *D. peregrinum* L. und *D. lilacinum*, 1815 in Kunersdorf bei Wriezen *D. elatum* L., *D. exaltatum* Ait., *D. grandiflorum* L., *D. puniceum* Pallas. In Weimar-Belvedere waren 1817 *D. grandiflorum* L., *D. cheilanthum* Fisch. und *D. grandiflorum sinense* vorhanden, angezogen aus Samen von Pawlowsk in Rußland. Der Apotheker Johann Nikolaus Buek in Frankfurt/Oder besaß 1824 in seinem Liebhaber-Garten 21 ausdauernde *Delphinium*-Sippen. 1827 berichtet der Berliner Botaniker und Dichter Adelbert von Chamisso über den Rittersporn: »Mehrere winterausdauernde Arten, die selbst den Pflanzenforschern schwer zu unterscheiden sind, schmücken unsere Blumengärten mit ausnehmender Pracht.« 1837 heißt es in dem in Leipzig erschienenen Buch über die perennierenden Gartengewächse des österreichischen Pfarres Johann Theophil Zetter: »Unzählige Arten dieser weitläufigen Gattung trifft man schon in den Gärten, viele aber sind blos Bastarde.« Zetter beschreibt 10 Arten und zählt dann noch 19 weitere Sippen auf. Die leichte Hybridisierbarkeit der *Delphinium*-Arten wird besonders hervorgehoben: »Spielarten kommen oft und vielmals zum Vorschein, wenn mehrere Arten nahe beieinander stehen, oder an eine Stelle zusammengesetzt werden.« Diesen Umstand machte sich die nunmehr einsetzende Züchtung der Stauden-Rittersporne (*D. x cultorum*) zunutze, die zuerst in Frankreich begann, dann aber vor allem in England durchgeführt wurde. Dabei entstand aus den bis dahin vorhandenen Wildarten und deren bereits aufgetretenen Hybriden eine Fülle von größer- und reicherblütigen, standfesteren und widerstandsfähigeren Sorten in den verschiedensten Blautönen sowie in Weiß und Rosa. Allein der englische Gartenbaubetrieb James Kelway in Langport züchtete bis zur Jahrhundertwende 137 Sorten. Weitere Züchter in verschiedenen Ländern waren ständig um weitere Verbesserungen bemüht.

In Deutschland wurde Karl Foerster in Potsdam-Bornim seit 1917 zu einem der erfolgreichsten Rittersporn-Züchter, die von ihm gezüchteten Sorten wurden in ganz Mitteleuropa führend.

1949 wies die Checkliste der Royal Horticultural Society in London bereits 4000 Sorten auf, und seitdem ist deren Zahl weiter angestiegen. Heute unterscheidet man innerhalb der staudigen Garten-Rittersporne 3 Sortengruppen: Belladonna-Hybriden (Stammart *D. grandiflorum*), Elatum-Hybriden (Stammart *D. elatum*) und Pacific-Hybriden (stärkere Beteiligung amerikanischer Arten).

Deutzia scabra Thunb.
Rauhe Deutzie

Von den rd. 50 Arten der Gattung *Deutzia* sind die allermeisten im nemoralen Ostasien beheimatet. Die ursprünglich in China heimische Rauhe Deutzie war schon in früher Zeit als Zierstrauch nach Japan gekommen, wo sie um 1700 zuerst Engelbert Kaempffer sah und 1712 beschrieb, 80 Jahre später dann auch der Linnaeus-Schüler Carl Peter Thunberg. In seiner Flora Japonica 1784 benannte er sie zu Ehren seines niederländischen Gönners, des Amsterdamer Ratsherren Jan Deutz. Nach Europa, und zwar nach England eingeführt wurde die Rauhe Deutzie aber erst 1833 durch John Russel Reeves. In der Mitte des 19. Jhs. war die Art dann auch in Deutschland vorhanden. 1855/56 wurde sie von der Landesbaumschule Potsdam zum Verkauf angeboten, das Stück zu 4 Silbergroschen. Außer dieser waren 12 weitere *Deutzia*-Arten im Angebot, alle meist doppelt oder fast viermal so teuer.

Um 1900 war *D. scabra* in verschiedenen Formen in fast allen Baumschulen zu finden und wurde in zunehmendem Maße in öffentlichen Parkanlagen angepflanzt. Damals begann der französische Gärtner Victor Lemoine in Nancy mit der Kreuzung und Züchtung der Deutzien. Es entstanden nunmehr zahlreiche Hybriden, welche die ursprünglichen Arten etwas in den Hintergrund gerückt haben und heute in vielen Vor- und Ziergärten sowie in Parken und Grünanlagen zu sehen sind.

Dianthus L. Nelke

Die Gattung Dianthus umfaßt gegen 300 Arten, welche in Europa und Asien, aber auch in verschiedenen Bergländern Afrikas vorkommen. Wegen ihrer attraktiven Form und ihres Duftes werden verschiedene Arten als Garten-, Balkon- und Gewächshauspflanzen kultiviert. Die Europäische Gartenflora (Bd. III) nennt 45 Arten, doch sind davon nur 5 Arten (*D. barbatus* L., *D. caryophyllus* L., *D. chinensis* L., *D. gratianopolitanus* Vill., *D. plumarius* L.) verbreitete Gartenpflanzen, die übrigen zumeist nur seltene Liebhaberarten. In der Gattung ist Hybridisation häufig, selbst zwischen weit auseinanderstehenden Arten, und zwar sowohl in der Natur als auch, weitaus zahlreicher, in der Kultur. Viele heutige Gartenformen stellen daher Hybriden dar.

Die **Garten-Nelke** (*D. caryophyllus* L.) ist nach heutiger Auffassung überhaupt erst durch Hybridisation zustande gekommen, und im Laufe ihrer züchterischen Weiterentwicklung sind später offenbar weitere Arten eingekreuzt worden. Ausgangspunkt ihrer Entstehung ist aller Wahrscheinlichkeit nach eine spontane Kreuzung zwischen einer Sippe aus der Steinnelken- (*D. sylvestris*)-Gruppe mit einer halbstrauchigen Nelken-Art aus der Sektion Suffruticosae. Der italienische Botaniker Sandro Pignatti nennt die der Garten-Nelke sehr nahestehende südwestmediterrane Mittelmeer-Nelke (*D. arrostii* Presl) und die ähnlich verbreitete Fels-Nelke (*D. rupicola* Biv.) als mögliche Stammeltern der Garten-Nelke. Lange Zeit hatte man die im Mittelmeergebiet an alten Mauern und ähnlichen anthropogenen Standorten hier und da anzutreffenden Nelken mit roten, ungefüllten Blüten an niederliegenden oder überhängenden Stämmchen für die Wildform der Garten-Nelke gehalten; jetzt überwiegt die Meinung, daß es sich hierbei lediglich um verwilderte Primitiv-Sorten von Garten-Nelken handelt.

Die genannte Naturhybride, die vielleicht den Menschen besonders aufgefallen ist, wurde vermutlich im südlichen zentralen Mittelmeergebiet zuerst in Gartenkultur genommen. Der Zeitpunkt dieser Inkulturnahme liegt jedoch im Dunkel der Geschichte. Einige Autoren verlegen ihn bereits in die Antike. Dem ist jedoch entgegenzuhalten, daß die Garten-Nelke von den antiken Autoren nicht erwähnt wird, was bereits die »Väter der Botanik« im 16. Jh. hervorheben, auch fehlt sie im um 800 erlassenen Capitulare de villis und in allen anderen früh- und hochmittelalterlichen Quellen. Mit ziemlicher Wahrscheinlichkeit liegen die Anfänge der Nelken-Kultur erst im Mittelalter. Ob freilich die vielfach nachgeschriebene Darstellung Baron de Ponsorts (vgl. Kronfeld 1913), die Garten-Nelke sei zuerst im damals islamischen Nordafrika in Kultur genommen, anläßlich des Kreuzzuges Ludwigs IX. im Jahre 1270 in Tunis entdeckt und von heimkehrenden Kreuzfahrern nach Frankreich gebracht worden, auf Überlieferung von tatsächlichen Begebenheiten oder auf bloßen Legenden beruht, bedarf noch der Klärung.

Gesicherte Nachweise über die Garten-Nelke haben wir erst aus der Zeit der Renaissance. Zu Beginn des 15. Jhs. war sie in Italien eine offenbar bereits weit verbreitete und beliebte Gartenblume.

Dianthus caryophyllus L. einfache Garten-Nelke, Tabernaemontanus 1588/1591

Viktor Hehn (1870) bezeichnete sie als die »Blume der italienischen Renaissance«. Aus Italien kam sie dann im Zuge des damals bestehenden regen Handelsverkehrs zwischen den italienischen Städten und Mitteleuropa alsbald über die Alpen nach Deutschland und in die Niederlande. Hier war sie zunächst noch eine recht seltene und kostbare Blume und ihr Besitz auf die Oberschicht beschränkt. Auf Gemälden und Stichen von begüterten Kaufleuten und Adligen erscheint sie daher vielfach als eine Art Statussymbol, so z.B. auf dem Bildnis des Kaisers Maximilian I. von Lucas van Leyden (1494 - 1533) und auf dem Bildnis des Kaufmanns Gisze von Hans Holbein d. J. (1497-1543). Alsbald wurde die Nelke aber auch zu einem Symbol der Liebe und Zuneigung und gern auf Verlobungs- und Hochzeitsbildern des 15. und 16. Jhs. dargestellt, z.B. auf dem Verlobungsbildnis des Ladislaus Postumus und der Magdalena von Frankreich aus dem Jahre 1456 sowie dem Hochzeitsbild des Eberhardt Brandenburg und der Anna Klock aus dem Jahre 1437. Die bildlichen Darstellungen geben uns Aufschlüsse über das damalige Aussehen und die Weiterentwicklung der Garten-Nelke. Während auf dem im Umkreis von Jan van Eyck (1350 - 1441) gemalten Bild eines Mannes mit einer Nelke (Gemäldegalerie, Berlin) und ebenso auf dem obengenannten Verlobungsbild eine wenig hochgezüchtete, einfachblühende rote Form der Garten-Nelke zu sehen ist, treten uns im 16. Jh. gefüllte Formen entgegen, so z.B. als Kranz roter gefüllter Nelken auf dem Kopf des sächsischen Kurfürsten Johann des Beständigen, gemalt von Lucas Cranach d. Ä. (1472 - 1553), oder bei Holbeins Kaufmann Gisze. Andere Darstellungen dieser Zeit zeigen, daß die Nelken in oft kunstvoll verzierten Töpfen kultiviert worden sind und daß ihre Sprosse noch so wenig standfest waren, daß sie einer Stützung bedurften. So sind die damaligen Nelkentöpfe alle mit einem Stützgerüst aus eingesteckten, mit Querverbindungen versehenen Stäben oder kunstvoll aufgesteckten Bogengerten ausgestattet.

Das 16. Jh. brachte nicht nur eine erhebliche Weiterentwicklung der Garten-Nelke, indem gefülltblühende Formen und andersfarbige Spielarten die einfachblühenden Primitivformen mehr und mehr in den Hintergrund drängten, sondern es erfolgte auch eine gewaltige Ausbreitung dieser Zierpflanze in Deutschland. Von einer Blume der Vornehmen und Reichen wurde sie zu einer Blume des Volkes. Die seit den dreißiger Jahren des 16. Jhs. in zunehmendem Maße gedruckten Kräuterbücher und Gartenkataloge belegen sie als eine in allen Bevölkerungsschichten beliebte und überall kultivierte Fenster- und Gartenpflanze. So schreibt z.B. der Arzt und Botaniker Leonhart Fuchs 1551 (Übersetzung, im Original lateinisch): »Die Gartennelke aber wird allerorten in tönernen Gefäßen gezogen, und man findet kaum ein Haus, vor dem man sie nicht aufgestellt sieht«. Wenig später heißt es in der Dioskurides-Ausgabe des kaiserlichen Leibarztes und Botanikers Petrus Andreas Matthiolus, es dürfe keinen Garten mehr geben und fast kein Zimmerfenster, welches eben diese Blumen nicht schmückten. Schon Mitte des 16. Jhs. existierten von der Garten-Nelke gefüllte und ungefüllte Sorten in verschiedenen Farben. So zählt 1543 Leonhart Fuchs in seinem New Kreuterbuch folgende Farbformen auf: ganz weiß, fleischfarben, blutrot, schwarzrot, ferner mehrfarbig: rot und weiß (mehr rot als weiß), weiß und rot, weiß mit kleinen roten Pünktchen, rot mit weißen Streifen und Milchtröpfchen überzogen. 1594 führt Franke in seinem Hortus Lusatiae 13 Formen der damaligen Garten-Nelken auf: jeweils weiße, leibfarbene, rote und »sprencklichte« gefüllte (»volle«), halbgefüllte (»halbvolle«) und ungefüllte (»hole«) »Negleinblumen«, bei den gefüllten Sorten zusätzlich noch eine schwarzrote Form. Diese und weitere damalige Sorten werden uns wenig später im Florilegium von Emanuel Sweert (1612) und im Hortus Eystettensis (1613) auch bildlich vor Augen geführt.

Im 17. Jh. stieg die Zahl der Nelkensorten weiter an. Besonders systematisch wurde die Nelkenzucht nunmehr in Frankreich, in Flandern und in den Niederlanden betrieben, und von dort kamen zahlreiche neue Sorten nach Deutschland, zunächst vor allem in die repräsentativen Gärten und Pflanzensammlungen der Landesfürsten. In Frankreich und den Niederlanden war es damals üblich geworden, Neuzüchtungen mit besonderen Sortennamen zu belegen. So zählt die 1663 in Berlin gedruckte Flora Marchica von Johann Sigismund Elsholtz und ebenso sein Gartenbaubuch (1666) 134 solcher Namen-Sorten der Garten-Nelke auf, von 'Achat Oriental' bis 'Zarnecki'. Man rechnete sie zum »Schirm = Gewächß von Blumwerck«, d.h. zu den nicht winterharten Pflanzen. Damals unterschied man bereits 4 Sortengruppen: 1.»gar grosse und rare Hauptblumen«, 2. »große«, 3. »mittelmäßige« und 4. »kleine«. Bei den großen gab es als Kuriosität zusätzlich eine Prolifikation, bei der aus der Blüte noch eine zweite herauswuchs, »Schwanger oder Mutter = Nägelein« bzw. »Neglein mit Kindern« genannt.

Die Zunahme der Nelkensorten setzte sich auch im 18. Jh. fort. 1702 zeigte ein englisches Nelkenverzeichnis bereits 360 Sorten an, und 1793 waren gegen

***Dianthus caryophyllus* L.** gefülltblühende Garten-Nelke, Dodonaeus 1583

1200 Sorten im Angebot. Offensichtlich wurden damals weitere Nelken-Arten in die Garten-Nelke eingekreuzt, wie etwa die Feder-Nelke (*D. plumarius*), auf deren Einfluß vermutlich die sogenannten Phantasie-Nelken mit gefransten Kronenblättern zurückgehen. Die Nelkenzucht wurde jetzt mehr und mehr zu einer Liebhaberei, welche auch deshalb so viele Anhänger fand, weil sie von jedermann auch ohne Garten betrieben werden konnte. Gegen Ende des 18. Jhs. nahm sie geradezu den Charakter einer Nelkenleidenschaft (Dianthomanie) an. Die eifrigsten Nelkenliebhaber wurden

Nelkenisten genannt, sie besaßen meist umfangreiche Sammlungen. In Berlin z.B. zog der Pfarrer Dressel in Charlottenburg gegen Ende des 18. Jhs. 500 Sorten in 900 Töpfen. Man stellte damals regelrechte Gesetze auf, nach denen Schönheit und Vollkommenheit einer Nelkenblüte beurteilt wurden. Mit großer, mitunter bis zur Lächerlichkeit getriebener Wichtigkeit behandelte man jede auch noch so kleine Abänderung, jeden Strich und jeden Punkt, was dann auch mancherlei Spott hervorrief wie z.B. von Goethe, der selbst ein großer Nelkenfreund war. Die Nelkenliebhaberei des 18. Jhs. hat eine Fülle von spezieller Nelkenliteratur hervorgebracht. Bis zur Mitte des 19. Jhs. wuchs die Zahl der Bücher, die sich mit Kultur, Zucht und Einteilung der Nelken beschäftigten, auf mehr als 100 an. Das wohl bedeutendste veröffentlichte 1779 der Erfurter Arzt Johann Nikolaus Weißmantel (1736 – 1790). In ihm wurde die Fülle der damaligen Nelken-Sorten in ein brauchbares System gebracht, das, mit einigen Abänderungen und Ergänzungen, bis in das 20. Jh. hinein zur Gliederung der Topfnelken Anwendung fand. Insgesamt unterschied man 8 Sortengruppen: Picotten, Picott-Bizarden, Bizarden, Doubletten, Feuerfaxe, Fameusen, Concordien und Einfarbige. Im 19. Jh. kam die Nelkenliebhaberei mehr und mehr aus der Mode und war gegen Mitte des Jahrhunderts so gut wie erloschen.

Neben diesen, in Mitteleuropa nicht oder nur sehr bedingt winterharten Topf- oder Chornelken entstanden durch Auslese, wahrscheinlich aber auch durch Hybridisation mit anderen Nelken-Sippen einige einjährige Kulturrassen, welche als Sommerannuelle, Winterannuelle oder als Zweijährige gezogen werden, die sogenannten Landnelken. Derartige Sorten hat es bereits im 17. Jh. gegeben. So nennt Elsholtz in seinem Gartenbaubuch »Einfache Negelein mit großen Blumen/weiß, leibfarben/lichtrot/oder bund« als »Zaserich Winter = Gewächse«, d.h. ausdauernde Stauden. Die eigentliche Entwicklung der Landnelken erfolgte aber erst im 19. Jh. Mitte der 1860er Jahre kamen die in Südfrankreich entstandenen Grenadin-Nelken in den Handel, einfarbige granatrote Nelken von sehr angenehmem Duft, die bei uns als Winterannuelle gezogen werden und im Juli und August blühen. 1882 fand der in Neapel ansässige deutsche Gärtner Carl Sprenger in den Gärten von Syrakus auf Sizilien eine Nelken-Sippe, die bereits 4 Monate nach der Aussaat zur Blüte kommt und daher in Deutschland als sommerannuelle Pflanze gezogen werden kann. Er nannte sie nach der damaligen italienischen Königin Margareten-Nelke. Eine weitere sommerannuelle Gruppe der Garten-Nelke entwickelte seit 1870 der französische Apotheker und Nelkenliebhaber Chabaud in Toulon. Dieser kreuzte die Margareten-Nelke mit Remontant-Nelken und erzielte dadurch eine Nelken-Gruppe mit großen auffälligen Blüten auf straffen Stielen und einer Kulturzeit von 5 - 6 Monaten.

Um 1830 hatten französische Gärtner in Lyon durch Kreuzung der damaligen Garten-Nelke mit einer strauchigen Nelken-Art (wohl *D. suffruticosa* Willd., welche ihrerseits bereits eine Gartenhybride darstellte) die mehrmalsblühenden Remontant-Nelken entwickelt. Sie kamen 1846 in den Handel. Ständig züchte-

Armeria altera, multis in latum orbiculum congeſtis floribus ornata, punctulis in gyrum aſperſis, folijs quam ſuperior latioribus. Γ. 533.

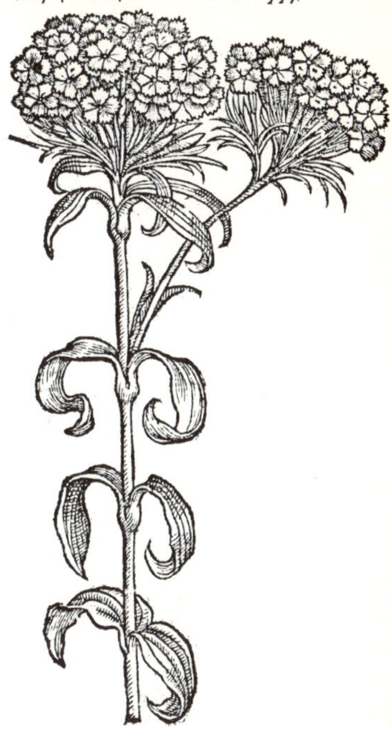

Dianthus barbatus L. Bart-Nelke, Lobelius 1591

risch weiterverbessert, wurden sie seit etwa 1880 in Südfrankreich und Nord-Italien in großem Maßstabe als sogenannte Riviera-Nelken im Freien angebaut und von dort aus als Schnittblumen in alle europäischen Länder exportiert. In Deutschland entstand durch die Arbeit deutscher Nelkenzüchter ein an die hiesigen klimatischen Verhältnisse besser angepaßter, als Deutsche Remontant-Nelke bezeichneter Typ. Eine weitere Nelken-Gruppe stellen die 1857 von dem französischen Gärtner Laisné in Lavallois gezüchteten Malmaison-Nelken dar, Hybriden zwischen Chornelken und der strauchigen *D. fruticosus*. Im Osten der Vereinigten Staaten entwickelten dortige Gärtner durch Kreuzungen älterer französischer Remontant-Nelken mit Malmaison-Nelken seit der Mitte des 19. Jhs. schließlich die Edel-Nelken. Diese kamen 1897 nach Deutschland und werden seitdem, ständig weiterentwickelt und den hiesigen Verhältnissen angepaßt, in einer Vielzahl von Sorten heute überall im Lande vom Erwerbsgartenbau in Gewächshäusern kultiviert und das ganze Jahr hindurch im Blumenhandel angeboten.

Die in Südeuropa beheimatete **Bart-Nelke** (*D. barbatus* L.) mit büschelig gehäuften, in der Wildform purpurroten Blüten soll schon um 1500 in Frankreich kultiviert worden sein. In Deutschland erscheint sie in der Mitte des 16. Jhs. als Gartenpflanze. 1561 nennt sie Konrad Gessner als *Lychnis monachorum*. Die bei uns als zweijährige gezogene Art hat sich schnell in den deutschen Gärten ausgebreitet und war gegen Ende des 16. Jhs. eine allbekannte und überall angebaute Zierpflanze. Anfang des 17. Jhs. gab es bereits mehrere Farbformen. So werden im Hortus Eystettensis (1613) eine rote, eine weiße und eine rot-weiß-gescheckte (*variegatus*) Spielart abgebildet. Nachdem man die Pflanze bis dahin als *Flos Armerius* oder als *Cariophyllus carthusianorum* bezeichnet hatte, bürgerte sich nunmehr aufgrund ihrer auffälligen grannenartig zugespitzten Kelchschuppen und Kelchzähne die Bezeichung *Cariophyllus barbatus* (Bart-Nelke) ein. 1623 bezeichnete sie Caspar Bauhin in seinem Pinax als *Cariophyllus barbatus hortensis*. Nunmehr traten auch gefüllte

Formen in Erscheinung. So zog man 1660 im Botanischen Garten der Universität Altdorf bei Nürnberg von der weißen und der roten Spielart gefüllte Formen. Elsholtz in Berlin nennt in seinem Gartenbaubuch diese »Volle Bart-Neglein« und schreibt dazu »Die mit rothen Blumen sind gemein/die Weissen rarer.« Auch im 18. und 19. Jh. erfreuten sich die Bart-Nelken allgemeiner Beliebtheit und fehlten schließlich in kaum einem Garten. Inzwischen sind die alten Sorten mit ihren relativ kleinen Blüten durch Neuzüchtungen mit reicheren Blütenständen und größeren Einzelblüten in zahlreichen weißen, rosa, roten und purpurfarbenen Farbtönen sowie mit standfesteren Stengeln abgelöst worden.

Die in den Kalkgebirgen des östlichen Zentraleuropa von den Italienischen Alpen bis Nordostungarn und die Tatra wachsende **Feder-Nelke** (*D. plumarius* L.) kam in der 2. Hälfte des 16. Jhs. in die Gärten. Als Gartenpflanze wird sie erstmals 1568 aus Belgien erwähnt. 1583 nennt sie Clusius in seinem Buch über die selteneren Pflanzen Österreichs und Ungarns *Cariophyllus albo flore et laciniato* und bringt auch eine Abbildung; möglicherweise ist sie durch ihn ebenfalls in Gartenkultur gekommen. Im Laufe des 17. Jhs. breitete sich diese staudige Art mit weißen oder rosaroten Blüten dann in den deutschen Gärten aus. 1613 werden im Hortus Eystettensis von dieser Art 5 verschiedene Spielarten abgebildet, und am Ende des 18. Jhs. war die Federnelke in Deutschland eine beliebte und überall angebaute Gartenzierpflanze. So heißt es 1790 in der Flora Lipsiensis von Johann Christian Gottlob Baumgarten, sie sei in Leipzig in fast allen Gärten häufig. 1817 bot die Leipziger Gärtnerei Breiter die Feder-Nelke, einfach oder gefüllt, in mehr als hundert schönen Farbenmischungen unter besonderen Nummern und Sortennamen an. Gegen Ende des 19. Jhs. wieder aus der Mode gekommen, rechnete sie Carl Bolle um 1900 zu den altmodischen Blumen. Dennoch ist sie bis heute eine verbreitete Gartenblume geblieben, wobei inzwischen auch weitere Sorten, z.T. durch Einkreuzung von *D. gratianopolitanus*, entstanden sind.

Die **Pfingst-Nelke** (*D. gratianopolitanus* Villars, syn. *D. caesius* J. E. Smith) besitzt ein Areal, das sich über das südliche West- und Mitteleuropa bis hin zur westlichen Ukraine erstreckt; vereinzelte Vorkommen liegen auch im ostdeutschen Flachland, z.B. bei Forst in der Lausitz.

1561 wird sie von Gessner als *Vetonica sylvestris* als Gartenpflanze belegt. Auch im 17. und 18. Jh. erscheint sie vielerorts als Zierpflanze, und zwar unter dem Bauhinschen Namen *Cariophyllus simplex, flore minore, pallide rubente*. 1864 gibt Ascherson in seiner Flora der Provinz Brandenburg an, sie sei »häufig in Gärten«. Um 1900 von Carl Bolle bereits als altmodische Blume eingeordnet, wird sie heute vor allem als Steingartenpflanze verwendet. Als solche hatte sie bereits 1856 Eduard Regel (Gartenflora, Jg. 5) empfohlen. Heute gibt es von dieser Art eine Reihe von Sorten in helleren und dunkleren rosaroten Farbtönen.

Von der in Ostasien (China, Korea) beheimateten einjährigen **Chinesischen Nelke** (*D. chinensis* L.) erhielt kurz nach 1700 der Bibliothekar Jean Paul Bignon (1662 – 1743) in Paris Samen aus China zugeschickt, wohl von dort missionierenden französischen Patres. Daraufhin beschrieb sie der französische Botaniker Tournefort 1705 in den Memoiren der Pariser Akademie erstmals als *Caryophyllus sinensis supinus leucoje folio, flore unico.* Von Paris aus kam die neue Nelken-Art auch in andere europäische Länder. In Deutschland wurde sie zuerst 1708/1714 von Johann Christoph Volkamer in Nürnberg im Anhang zu seinen Nürnbergischen Hesperiden aufgeführt und abgebildet. Nunmehr gelangte sie auch in andere Gärten, so nach Jena (Ruppius 1718), Leipzig (Waltherscher Garten 1732), Jever (Moehring 1736) und Trebnitz bei Seelow (Gleditsch 1737). Durch Samenaussaat entstanden alsbald verschiedene, auch gefüllte Sorten. So kultivierte z.B. Paul Heinrich Gerhard Moehring (1710-1792) in seinem Garten in Jever 1736 bereits Spielarten mit roten, weißen und zweifarbigen, einfachen und gefüllten Blüten. Mitte des 18. Jh. war die »Chineser-Nelke« in Deutschland eine weit verbreitete Gartenpflanze, und auch im 19. Jh. war sie hier fast in jedem Garten zu finden. Die Zahl der Sorten nahm ständig zu, und 1858 erschienen dann auch die von dem deutschen Gärtner Heddewig in Rußland gezüchteten Heddewigs-Nelken im Handel. 1871 heißt es in einer Gartenzeitschrift, es sei gegenwärtig eine große Menge von Abarten der China-Nelke in Kultur, insbesondere würden gefülltblühende Sorten unter der Bezeichnung »Kaisernelken« von den Handelsgärtnereien in zahlreichen Nuancen angeboten, wobei die Blütenfarbe vom dunkelsten Schwarzpurpur bis Weiß reiche. Obwohl seitdem die Züchtung zahlreiche weitere Sorten entwickelt hat, ist die China-Nelke heute längst nicht mehr so häufig in unseren Gärten und Grünanlagen zu sehen wie im 19. Jh.

Abschließend sei noch auf den deutschen und den wissenschaftlichen Namen der Nelke eingegangen. Auch sie haben jeweils ihre Geschichte. Als die Garten-Nelken in der Renaissance nach Deutschland kamen, erhielten sie wegen ihres gewürznelkenähnlichen Duftes den Namen »Näglein-Blumen«. Als Näglein hatte man hier die seit dem Mittelalter als Gewürz bekannten getrockneten Blütenknospen des südostasiatischen Gewürznelkenstrauches, welche kleinen Nägeln gleichen, bezeichnet. Der Name Näglein-Blume verkürzte sich später zu Neglein und Nelken, und so kommt es, daß im Deutschen sowohl das genannte Gewürz als auch die Arten der Pflanzengattung *Dianthus* als Nelken bezeichnet werden.

Als wissenschaftlicher Name war im 16. Jh. zunächst der Name *Betonica* oder *Vetonica* benutzt worden. Bald brachte man sie aber auch hier mit der Gewürznelke in Verbindung. Deren altindischer Name katukaphalam war bereits in der Antike volksetymologisch zu griechisch karyophýllon (»Nußblatt«) umgestaltet worden. Nunmehr übersetzte man den deutschen Namen »Negelblum« als *Flos Caryophyllorum* und bezeichnete die Nelken überhaupt als *Caryophilli*, die einzelne Art als *Caryophyllus*. Dieser Name wurde von Linnaeus als Gattungsname nicht beibehalten, er griff vielmehr auf den alten griechischen Pflanzennamen *Diosanthos* zurück und benannte die Gattung als *Dianthus*. Im 1737 erschienenen Hortus Cliffortianus begründete er seine neue Namenschöpfung: »Diese Gattung (vor allem die erste Art) kann *Dianthos*, oder Jupiter- oder Gottesblume genannt werden wegen der höchsten Vorzüglichkeit des Geruchs und der prächtigen Mannigfaltigkeit der Farbe, und weil sie von den Gärtnern dieser Zeit gleichsam als göttlich erachtet wird« (Übersetzung, im Original lateinisch). Den bisherigen Gattungsnamen *Caryophyllus* verwendete er nur noch als Artbezeichnung (Epitheton) für die Garten-Nelke (*D. caryophyllus* L.). Die alte Bezeichnung *Caryophyllus* ist außerdem im wissenschaftlichen Namen für die Nelkengewächse erhalten geblieben, welche Caryophyllaceae heißen und nicht Dianthaceae, wie man es eigentlich erwarten müßte.

Dicentra spectabilis (L.) Lemaire Tränendes Herz

Das spontan in Bergwäldern Nord- und Mittelchinas und Koreas wachsende **Tränende Herz** wurde von den Chinesen bereits in alter Zeit in Gartenkultur genommen; es hieß in China hou pao moutan. Als erstem Europäer kam es wohl dem in Peking missionierenden französischen Jesuitenpater Pierre N. le Chéron d'Incarville zu Gesicht, der in den Bergen bei Peking auch die Wildform entdeckte. Wahrscheinlich befand es sich unter den Pflanzen der beiden Sendungen, die d'Incarville von Peking aus nach Frankreich schickte, die aber dort nie ankamen, weil die Schiffe durch Kaperung bzw. durch Schiffbruch verlorengingen. Aber auf anderem Wege gelangte das Tränende Herz dann doch nach Europa. Der in russischen Diensten stehende deutsche Naturforscher Johann Georg Gmelin bereiste von 1733 bis 1743 Sibirien und erhielt dabei Exemplare der Art aus China zugeschickt, welche durch ihn offenbar nach Moskau kamen. Von dem dortigen Pflanzenliebhaber Prokop von Demidoff erfuhr auch Linnaeus in Uppsala von dieser Art. Eine erste Erwähnung fand sie in der 1750 veröffentlichten Dissertation seines Schülers Jonas Halenius über die selteneren Pflanzen Kamtschatkas, und 1753 beschrieb sie Linnaeus in seinen Species Plantarum dann selbst als *Fumaria spectabilis*. Unter diesem Namen wurde sie 1765 im Botanischen Garten Uppsala kultiviert, und 1766 erschien eine erste Abbildung der Pflanze von Alexander von Karamysheff. Von Schweden oder Rußland aus soll die Art vereinzelt auch nach Deutschland (1769) und nach England (1816) gekommen, dort aber wieder verlorengegangen sein. Jedenfalls fehlte sie bis zur Mitte des 19. Jhs. sowohl in den deutschen als auch in den englischen Gärten, wenngleich ihre Existenz durchaus bekannt war. So führte sie z.B. 1834 Friedrich Gottlieb Dietrich in seinem Buch über Neu entdeckte Pflanzen (Bd. 38) unter dem Namen *Corydalis spectabilis* Pers. für Sibirien und das nördliche China auf, und auch Johann Theophil Zetter erwähnt sie in seinem Staudenbuch von 1837 mit Hinweis auf Linnaeus. Aber erst 1846 brachte der englische Gärtner und Botaniker Robert Fortune von seiner Forschungs- und Sammelreise nach China das Tränende Herz mit nach England. Von dorther gelangte es alsbald auch nach Deutschland und breitete sich hier in erstaunlich kurzer Zeit weithin aus.

»Wir halten sie nebst der *Weigelia rosea* für die werthvollste Acquisition, welche wir Herrn Fortune zu danken haben«, schreibt Eduard Regel im 1. Band der von ihm begründeten Gartenflora 1852, nachdem er am 17.3.1852 ein prächtiges Exemplar der *Diclytra spectabilis* auf der Sitzung des Gartenbauvereins Zürich vorgestellt hatte, und sagt der Art eine glänzende Karriere voraus: »es ist das eine derjenigen Pflanzen, die mit der Zeit in jedem auch dem kleinsten Privatgarten einen Platz finden muß«. Bereits 1856 nennt er sie eine »jetzt ziemlich verbreitete Prachtpflanze« und schreibt 1857, sie sei »jetzt allenthalben verbreitet und zur Treiberei im Winter wie als schöne ausdauernde Landpflanze gleich sehr beliebt«. In der Tat ist das Tränende Herz mit seinen herabhängenden herzförmigen rosa Blüten, von der Züchtung kaum verändert (eine weißblühende Form entstand 1859 in Frankreich), bis heute eine beliebte Zierpflanze geblieben und hat sich inzwischen fast jeden Garten erobert.

Dicentra spectabilis **(L.) Lemaire** Tränendes Herz, Icon. Corm. Sinic. 1972

Neben diesem großen Tränenden Herz sieht man in unseren Gärten zwei niederwüchsige *Dicentra*-Arten, von den Gartenbesitzern meist als **Kleines Tränendes Herz** bezeichnet. Die häufigste dieser Arten ist *Dicentra eximia* (Ker-Gawl.) Torrey aus den Gebirgen der östlichen USA. Sie wurde von dem in Philadelphia ansässigen, aus Schottland stammenden Gärtner und Pflanzensammler John Lyon entdeckt, der seit 1802 in den mittelöstlichen Gebieten der USA Pflanzen sammelte, nach England brachte und dort verkaufte. Im Frühjahr 1812 führte er u.a. auch *D. eximia* in England ein, wo die bis dahin unbekannte Art als *Corydalis eximia* beschrieben wurde. Unter diesem Namen wuchs sie 1821 im Berliner Botanischen Garten. Lange Zeit blieb sie jedoch auf Botanische und Liebhaber-Gärten beschränkt und fand erst im 20. Jh. eine stärkere Verbreitung. Die noch niedrigere *D. formosa* (Andr.) Walp. stammt aus dem westlichen Nordamerika von Britisch Columbia bis Mittelkalifornien. Von dort kam sie Ende des 18. Jhs. nach England und wurde dort als *Corydalis formosa* beschrieben, später aber zur Gattung *Fumaria* gestellt und erst 1842 von Walpers der Gattung *Dicentra* zugeordnet. Auch diese Art wurde in Deutschland wohl zuerst im Berliner Botanischen Garten kultiviert, wo sie

***Dictamnus albus* L.** Diptam, Matthiolus/Camerarius 1586

ebenfalls 1821 erscheint. 1856 nannte sie Regel als empfehlenswerte Steingartenpflanze, und in Steingärten ist sie auch heute noch hier und da zu sehen.

Dictamnus albus L. Diptam

Der Diptam ist eine im nördlichen Mittelmeergebiet, in Südosteuropa und im südlichen und zentralen Mitteleuropa vorkommende hochwüchsige Staude, welche in Säumen und Lücken wärmeliebender Trockenwälder und Gebüsche wächst. Die wegen ihres starken zitronen- bis zimtartigen Geruchs und durch ihre in Trauben zusammenstehenden, eigenartig geformten rosaroten, von purpurnen Adern durchzogenen Blüten sehr auffällige Art wurde schon frühzeitig in die Gärten gebracht und war zur Zeit der Renaissance bereits eine verbreitete Gartenpflanze. Freilich diente sie damals nicht nur als Zierpflanze, sondern wegen ihres hohen Gehaltes an ätherischen Ölen auch als Heilpflanze und wurde insbesondere als magenstärkendes Mittel sowie bei Epilepsie, Verstopfung, Podagra und Frauenleiden verwendet. Was allerdings die antiken Autoren als *Diptamus* und *Dictamus* bezeichnet haben, war nicht diese Art, sondern der Diptam-Dost (*Origanum dictamnus* L.), welcher früher auch als Kretischer Dost, *Dictamnus creticus*, bezeichnet und hier und da auch in deutschen Kräutergärten angepflanzt worden ist. Um welche dieser Arten es sich bei der von Hildegard von Bingen als *dictamnus* und *dictampnus* und der von Albertus Magnus als *diptamnus* genannten Heilpflanze gehandelt hat, bleibt offen; möglicherweise waren diesen hochmittelalterlichen Autoren beide Arten bekannt. 1539 schreibt Hieronymus Bock in seinem Kreutterbuch von dem »Dictam«, sein gewöhnlicher Wuchsort sei »an hohen felsechten dürren Bergen«, doch lasse er »sich aber auch inn den gärten pflantzen«. Als Gartenpflanze erscheint er seit der 2. Hälfte des 16. Jhs. dann vielfach in deutschen Gärten, und zwar auch in solchen Gebieten, in denen er nicht natürlich vorkommt, z.B. in Meißen (Leuschnerscher Garten um 1570), in den Lausitzen (Franke 1594), in Schlesien (Scholz 1594, Schwenckfelt 1601), in Hessem (Royer 1651), in Brandenburg (Elsholtz 1663, 1666, 1684) und in Gottorf (bei Schleswig, 1681). Zu der rosablühenden Form trat nunmehr auch eine weißblühende, zuerst erwähnt von Clusius 1601 als *Fraxinella niveo flore*. Auch im 18. und 19. Jh. war der Diptam in Deutschland eine weitverbreitete Zierpflanze, und »wetteifert(e) in unsern Gärten mit den Prachtgewächsen des Auslandes«, wie 1827 der Botaniker und Dichter Adelbert von Chamisso schrieb. Trotzdem blieb die Art, schon wegen ihrer spezifischen Standortansprüche, insgesamt doch relativ selten und wurde oft genug, von den Botanischen Gärten abgesehen, nur von besonderen Liebhabern gezogen. Erst das erhöhte Angebot durch die Staudengärtnereien hat dann im Laufe des 20. Jhs. zu einer deutlichen Zunahme des Diptams in den Gärten geführt.

Digitalis purpurea L. Roter Fingerhut

Das natürliche Verbreitungsgebietes des Roten Fingerhutes umfaßt Westeuropa und das westliche Süd-, Mittel- und Nordeuropa, in Deutschland reicht es ostwärts bis zum Harz und Thüringer Wald. Dort wächst er, vielfach in großen Mengen, auf Waldlichtungen und Waldschlägen. Wegen ihrer fingerhutartig geformten, in einer endständigen einseitswendigen Traube angeordneten purpurroten Blüten tritt die zweijährige Art im 16. Jh. auch als Zierpflanze in Erscheinung, zumal sie sich leicht aus Samen anziehen läßt bzw. sich in den Gärten durch Selbstaussaat reichlich vermehrt. Zunächst wurde der Rote Fingerhut im Bereich seines natürlichen Verbreitungsgebietes kultiviert, breitete sich dann aber mehr oder weniger schnell überall in den Gärten Deutschlands aus. 1576 kannte man auch eine weißblühende Form, und 1613 führte der Hortus Eystettensis 3 Farbformen (*rubro, albo* und *incarnato*) auf. Heute ist der Rote Fingerhut eine fast in jedem Garten vorhandene Zierpflanze, jedoch sind neuere Auslesen mit größeren Blüten und dichteren Blütenständen (cv. 'Gloxiniaeflora') nur gelegentlich zu sehen, meist handelt es sich nach wie vor um die Wildform in den genannten Blütenfarben.

Der Fingerhut ist eine Giftpflanze und enthält eine ganze Reihe von Herzglykosiden. Die Herzwirksamkeit seiner Inhaltsstoffe wurde erst 1775 durch den englischen Arzt William Withering bekannt, seitdem sind der Rote Fingerhut wie auch der südosteuropäische Wollige Fingerhut (*D. lanata* Ehrh.) wichtige Arzneipflanzen und werden zur Drogengewinnung stellenweise auch feldmäßig angebaut.

Doronicum L. Gemswurz

Von der etwa 30 Arten umfassenden Gattung *Doronicum* kommen in Europa 12 Arten vor. Die gelbblühenden Korbblütler sind durchweg Pflanzen der Gebirge, die meisten von ihnen wachsen in der subalpinen und alpinen Stufe, wo auch die Gemsen zu Hause sind. Weniger hoch hinaus geht die **Kriechende Gemswurz** (*D. pardalianches* L.), die in buchenreichen Mittelgebirgen Westeuropas beheimatet ist und deren natürliches Areal bis in das südliche und zentrale Mitteleuropa hineinreicht. In der Schweiz soll sie bereits im Frühen Mittelalter kultiviert worden sein. In der Mitte des 16. Jhs. brachten der italienische Botaniker Petrus Andreas Matthiolus und der belgische Botaniker Rembert Dodonaeus in ihren Werken erste Abbildungen der Art unter dem Namen *Aconitum Pardalianches*. Man hielt sie für eine von Dioskurides und anderen antiken Autoren genannte Giftpflanze *Pardalianches*, mit der man Panther (gr. párdalis) töten könne. In der 2. Hälfte des 16. Jhs. breitete sich die Kriechende Gemswurz als Heil- und Zierpflanze allmählich auch in den deutschen Gärten aus. So fand sie sich z.B. 1583 in Gelehrten- und Liebhaber-Gärten in West- und Ostpreußen (Wigand 1590), 1588 im Garten des Nürnberger Stadtarztes Joachim Camerarius, 1594 im Scholzeschen Garten in Breslau, 1613 im fürstbischöflichen Garten zu Eichstätt und zwischen 1607 und 1630 im herzoglich braunschweigischen Garten zu Hessem, und zwar unter dem Namen *Doronicum*.

Der Name *Doronicum* tritt zuerst bei dem französischen Botaniker Jacques Dalechamps (1513–1588) auf, er geht zurück auf arabisch daranag, womit ein gelbblühender Korbblütler bezeichnet wurde. Caspar Bauhin nannte die Kriechende Gemswurz in seinem Pinax (1623) *Doronicum radice Scorpii*, weil ihre kurzen gegliederten Rhizome einem Skorpion gleichen, und unter diesem Namen wird sie dann bis zur Mitte des 18. Jhs. für zahlreiche deutsche Gärten angegeben. Der Berliner Botaniker Johann Gottlieb Gleditsch schrieb 1769 von dieser, nunmehr unter dem Linnéschen Namen aufgeführten Art, sie werde »von Liebhabern in Gärten gezogen«, und 1773: Ihre Rhizome »überziehen die Luststücken gar bald ... Die schönen großen goldgelben Blumen zieren die Gärten im Frühlinge«. Knapp 100 Jahre später heißt es bei Ascherson (1864), *D. pardalianches* sei bei uns früher eine beliebte Zierpflanze gewesen, jetzt aber durch *D. columnae* Tenore verdrängt worden, jedoch hier und da zahlreich in Parkanlagen verwildert. In der Tat ist die Art heute kaum noch in einem Garten als Zierpflanze zu sehen, überzieht aber in manchen Landschaftsparken große Flächen (so z.B. im Schloßpark von Rheinsberg in Brandenburg).

Die genannte *D. columnae* Tenore (= *D. cordifolium* Sternb., *D. cordatum* (Wulfen) Schultz-Bip.), **Herzblättrige Gemswurz** aus den Ostalpen, dem Appenin, der Balkanhalbinsel und Kleinasien war in Deutschland in der Mitte des 16. Jhs. in Gartenkultur. Gessner führt sie 1561 als *Doronicum Romanum*, Camerarius 1588 als *Doronicum minus* auf, und seitdem war sie eine ständige Zierpflanze der deutschen Gärten. Darüber hinaus kultivierte man gelegentlich weitere *Doronicum*-Arten, und zwar die **Österrei-**

chische **Gemswurz** (*D. austriacum* Jacq.), von Clusius 1601 als *Doronicum maximum, foliis caulem amplexicantibus* bezeichnet, die **Großblütige Gemswurz** (*D. grandiflorum* Lamk.) und die **Wegerichblättrige Gemswurz** (*D. plantagineum* L.) aus Westeuropa.

Alle diese meist seit dem 16. und 17. Jh. in den Gärten gezogenen und im Sommer blühenden Gemswurz-Arten wurden im Laufe des 19. Jhs. durch die bereits im Vorfrühling blühende **Orientalische Gemswurz** (*D. orientale* Hoffm.) zurückgedrängt, welche inzwischen in den deutschen Gärten die vorherrschende *Doronicum*-Art ist und heute kaum in einem Garten fehlt. Obwohl sich das Verbreitungsgebiet dieser Art nicht nur über den Vorderen Orient (Kleinasien, Kaukasusgebiet) erstreckt, sondern auch über Südosteuropa bis hin zu den Karpaten und Mittel- und Süditalien, wurde sie erst zu Beginn des 19. Jhs. im Kaukasus entdeckt. Zwar hatte Tournefort als Ergebnis seiner Orientreise, die ihn bis Tiflis führte, bereits 1703 in seinem Corollarium ein *Doronicum Orientale, altissimum, petasitis folio, flore maximo* aufgeführt, doch handelte es sich hierbei um eine andere Pflanze, auch gelangte diese nur als Herbarexemplar nach Paris. Die Erstbeschreibung lieferte der von 1804 bis zu seinem Tode 1826 in Moskau tätige deutsche Botaniker Georg Franz Hoffmann 1808 in einer Moskauer Universitätszeitschrift. Wenig später beschrieb sie auch Marschall von Bieberstein in seiner Flora taurico-caucasica als *D. caucasicum*. Unter letzterem Namen hat sie sich dann im 19. Jh. über die deutschen Gärten verbreitet, wobei ihre ersten Stationen Botanische und Liebhaber-Gärten waren.

Doronicum pardalianches **L.** Kriechende Gemswurz, Dodonaeus 1583

1808 wuchs sie im Botanischen Garten in Berlin, 1817 im Breiterschen Garten in Leipzig und 1824 in Bueks Garten in Frankfurt/Oder. In der Mitte des 19. Jhs. war sie dann allgemeiner verbreitet. 1856 empfahl Eduard Regel sie als Pflanze für das Alpinum, und 1871 brachte man sie auch für Teppichbeete in Vorschlag. Ihre Einstufung als altmodische Blume durch Carl Bolle um 1900 war voreilig, denn das zunehmende Interesse an Blütenstauden brachte sie zu steigender Beliebtheit und auch in die entlegensten Gärten. Nunmehr entstanden zahlreiche, auch halb- und vollgefüllte Sorten.

Echinacea purpurea (L.) Moench (*Rudbeckia purpurea* L.) Roter Igelkopf, Roter Sonnenhut

Der in den östlichen bis mittleren Staaten der USA heimische **Rote Igelkopf** wurde gegen Ende des 17. Jhs. durch John Baptist Banister, der seit 1678 in Virginia Pflanzen für englische Botaniker und Botanische Gärten sammelte, nach England eingeführt. 1696 beschrieb ihn der Londoner Arzt und Botaniker Leonard Plukenet in seinem Almagestum botanicum unter der Phrase *Chrysanthemum americanum, doronici folio, flore persici coloris: umbrone magno prominente ex atro purpureo viridi et aureo fulgente*. Nach Deutschland ist die Art offenbar erst in der 2. Hälfte des 18. Jhs. gekommen. Unter dem 1753 von Linnaeus geprägten Namen *Rudbeckia purpurea* wurde sie 1779 von der Gärtnerei Buek in Hamburg angeboten und erscheint 1782 im Senckenbergschen Garten in Frankfurt/Main, 1796 im Park Machern bei Leipzig und 1808 im Botanischen Garten Berlin. Von nun an ist sie in Mitteleuropa ziemlich häufig in Gärten zu finden. 1837 nannte sie Johann Theophil Zetter in seinem Staudenbuch »eine höchst interessante Pflanze«. Eine stärkere Verbreitung erfuhr sie erst im 20. Jh. aufgrund des vermehrten Angebots der Staudengärtnereien. Nunmehr setzte auch eine züchterische Bearbeitung ein, bei der man vor allem bemüht war, das ursprüngliche trübe Weinrot ihrer Blüten durch reinere und leuchtendere Rottöne zu ersetzen.

Der Rote Igelkopf wie auch die verwandten, 1836 bzw. 1834 erstmals beschriebenen Arten **Schmalblättriger Igelkopf** (*E. angustifolia* DC.) und **Blaßfarbener Igelkopf** (*E. pallida* (Nutt.) Nutt.) aus den nordamerikanischen Prärien, die bei uns nur selten in Gärten gezogen werden, sind auch Arzneipflanzen. Die Extrakte der Kraut- und Wurzeldroge wirken aktivierend auf die körperlichen Abwehrkräfte. Bereits die Indianer Nordamerikas verwendeten diese Arten medizinisch, insbesondere als Antiseptikum gegen Entzündungen, Eiterungen und Furunkel. Heute werden sie in Ost- und Mitteleuropa stellenweise teils in großem Umfang, teils erst versuchsweise als Heilpflanzen kultiviert.

Echinocystis lobata (Michx.) Torr. et Gray Stachelgurke

Diese einjährige Art aus den Auenwäldern des östlichen Nordamerika gewinnt in neuerer Zeit zunehmende Bedeutung als Schlingpflanze für Pergolen und zur Bekleidung von Wänden. Anfang des 19. Jhs. entdeckt und erstmals 1803 von François André Michaux als *Sicyos lobata* beschrieben, 1840 von John Torrey und Asa Gray in die von ihnen begründete Gattung *Echinocystis* gestellt, wurde sie 1863 als Zierpflanze in Deutschland eingeführt. Hier blieb sie jedoch lange Zeit selten und zumeist auf Botanische und Liebhaber-Gärten beschränkt. Seit 1906 kam es in sommerarmen Gebieten des östlichen und südlichen Mitteleuropa gebietsweise zu Verwilderungen und Einbürgerungen in Schleiergesellschaften und Staudensäumen der Flußufer, so an der mittleren Saale, am Mittelrhein, in der Slowakei, im südlichen Polen und in Ungarn.

Echinops L. Kugeldistel

Von der rd. 75 Arten zählenden Gattung *Echinops* kommen in Europa 12 vor. Nur wenige von ihnen sind kulturwürdig und werden als dekorative Zierpflanzen in Gärten gezogen. Die heute auch in Mitteleuropa vielfach eingebürgerte **Gemeine Kugeldistel** (*E. sphaerocephalus* L.) mit weißgrauen bis bläulichweißen Blüten war in Deutschland Mitte des 16. Jhs. Gartenzierpflanze. Bei Gessner erscheint sie 1561 als *Echinopus, Junckfrawendistel,* bei Franke 1594 als *Carduus sphaerocephalus, Spehrdistel/Rundkopfichte Distel.* Lange Zeit und vielerorts bis in das 19. Jh. hinein blieb sie die einzige Kugeldistel-Art unserer Gärten. Nur gelegentlich wurde daneben die einjährige **Borstige Kugeldistel** (*E. strigosus* L.) aus Spanien und Portugal gezogen, blieb aber zumeist auf Botanische-, Gelehrten- und Liebhaber-Gärten beschränkt. Zuerst erscheint diese im Garten des Baseler Botanik-Professors Caspar Bauhin, der sie *Carduus tomentosus capitulo majore* nannte. 1736 war sie unter dem Tournefortschen Namen *Echinopus minor annuus, capite magno* im Garten des Pflanzenliebhabers Georg Friedrich von Ziethen in Trebnitz bei Seelow vertreten. Heute ist diese Art außerhalb Botanischer Gärten kaum noch zu sehen.

Die süd- bis osteuropäische, relativ niedrigwüchsige **Blaue Kugeldistel** (*E. ritro* L.) mit amethystblauen Blüten wurde 1591 von Matthias Lobelius als *Ritro floribus coeruleis* abgebildet und 1623 von Caspar Bauhin als *Carduus sphaerocephalus coeruleus minor* aufgeführt, war in Deutschland damals aber noch keine Gartenpflanze. Als solche läßt sie sich hierzulande erst in der 2. Hälfte des 18. Jhs. nachweisen, so z.B. 1782 für den Senckenbergschen Garten in Frankfurt/Main, blieb aber vorerst und auch späterhin ziemlich selten.

Die heute am häufigsten in unseren Gärten kultivierte Kugeldistel ist nicht diese Art (wie oft fälschlich angegeben), sondern die bis 1,6 m hoch werdende **Banater Kugeldistel** (*E. bannaticus* Roch. ex Schrader) aus Südosteuropa mit großen blauen Blütenköpfen. Sie wurde 1823 von dem österreichischen Botaniker Anton Rochel (1770–1847) gefunden und 1827 in der Zeitschrift Blumenbachia als selbständige Art beschrieben. 1837 erscheint sie als *E. banaticus* im Staudenbuch von Johann Theophil Zetter. Da sie dann aber mit *E. ritro* zusammengeworfen wurde, ist ihre weitere Ausbreitung schwer zu verfolgen. So viel läßt sich jedoch erkennen, daß sie sich insbesondere seit Ende des 19. Jhs. als hochwüchsige dekorative Blütenstaude weithin ausgebreitet hat und heute in zahlreichen Gärten vorhanden ist. Es entstanden verschiedene Sorten, u.a. die starkwüchsige 'Blue Globe' mit dunkler blauen Blüten.

* VII. ACONITUM UNI-
folium. *

***Eranthis hyemalis* (L.) Salisb.** Winterling, Matthiolus/Bauhin 1598

Eranthis Salisb. Winterling

Der in Südeuropa von Südostfrankreich über Italien und Ungarn bis hin nach Bulgarien heimische **Gewöhnliche Winterling** (*E. hyemalis* (L.) Salisb.) kam in der 2. Hälfte des 16. Jhs. aus Italien als Zierpflanze nach West- und Mitteleuropa. In der Literatur erscheint er zuerst bei dem flämischen Botaniker Matthias Lobelius. Eine Abbildung und Beschreibung der damals *Aconitum hyemale* genannten Pflanze bringt kurz darauf auch das von Joachim Camerarius herausgegebene Kräuterbuch De plantis epitome. Der Winterling wuchs zu dieser Zeit bereits im Garten von Camerarius in Nürnberg. In dem 1588 erschienenen Pflanzenverzeichnis seines Gartens vermerkt Camerarius außer *Aconitum hiemale* als weitere Bezeichnungen für diese Art *Ranunculus monophyllos* und *Anemone Bononiensium* und schreibt ferner, sie wachse in Mengen in den Euganeischen Bergen bei Padua. Von dorther hat er sie offenbar mit in seinen Garten gebracht. In Deutschland blieb der Winterling im 16. Jh. jedoch eine Seltenheit, 1594 war er weder im Scholzeschen Garten in Breslau noch in den Lausitzer Gärten vorhanden. Erst im 17. Jh. breitete er sich in den Ländern nördlich der Alpen als Gartenpflanze weiter aus. Als *Aconitum hyemale* wuchs er 1613 im fürstbischöflichen Garten zu Eichstätt, zwischen 1607 und 1630 im herzoglich braunschweigischen Garten zu Hessem und um 1630 (Herbar Burser) in Gärten in Leipzig, Basel und Kopenhagen. 1629 verzeichnete ihn John Parkinson auch für London. In der Folgezeit fehlte der Winterling dann wohl in keinem Botanischer Adels- und Liebhaber-Garten Deutschlands, war aber offensichtlich in den Gärten der einfachen Bürger und Bauern noch kaum vertreten. Besonders gern pflanzte man ihn dann in den seit Ende des 18. Jhs. in Mode gekommenen Landschaftsparken an, wo er, besonders in sommerwarmen Gebieten, stellenweise in Massen verwilderte. Eine bekannte Einbürgerung befindet sich auch im Rautal bei Jena. Um 1900 rechnete Carl Bolle in Berlin die Art zu den altmodischen Blumen und schreibt, sie sei »mehr in alten Parks verwildernd als in den Gärten anzutreffen«. Mit wachsendem Angebot seiner Knollen durch die Blumenzwiebelgärtnereien wurde der Winterling im 20. Jh. auch in den normalen Gärten zunehmend häufiger.

Um 1700 hatte Tournefort den Winterling in die Gattung *Helleborus* (Christrose) eingeordnet, welche Auffassung auch Linnaeus 1753 übernahm, bei dem die Art *Helleborus hyemalis* hieß. Der heutige Gattungsname *Eranthis* (zu gr. ér, »Frühling« und ánthos, »Blume«) wurde 1807 von dem englischen Botaniker Richard Anthony Salisbury (1761 - 1829) geschaffen.

Eine zweite Art, der **Kilikische Winterling** (*E. cilicica* Schott et Kotschy) aus der Türkei und Syrien, kam 1892 nach England. Um 1920 entstand in der holländischen Blumenzwiebelgärtnerei Van Tubergen in Haarlem zwischen *E. hyemalis* und *E. cilicica* ein groß- und langeblühender, aber steril bleibender Bastard, welcher 1922 zum erstenmal zum Verkauf angeboten und 1924 von Edward Augustus Bowles als *E. x tubergenii* beschrieben wurde.

Eremurus M. B. Steppenkerze

Die Gattung *Eremurus* wurde Anfang des 19. Jhs. von Marschall von Bieberstein aufgestellt, der bei seinen Forschungen im Kaukasusgebiet auf *E. spectabilis* gestoßen war. Bereits früher hatte Peter Simon Pallas in Mittelasien *E. altaicus* entdeckt, aber damals zur Gattung *Asphodelus* gestellt. Insgesamt umfaßt die Gattung *Eremurus* 20 Arten, die in West- und Mittelasien beheimatet sind. Es handelt sich um hochwüchsige, sehr dekorative Steppenstauden mit besonderen Ansprüchen an Trockenheit.

E. spectabilis M. B. befand sich 1821 im Botanischen Garten in Berlin, weitere Arten gelangten zwischen 1870 und 1900 in Gartenkultur. Mehrere der zentralasiatischen Arten wurden erstmals von dem seit Oktober 1855 als Direktor des Botanischen Gartens in St. Petersburg tätigen deutschen Gärtner und Botaniker Eduard Regel beschrieben, und zwar aufgrund von Exemplaren, die sein in Turkestan als Arzt tätiger Sohn Alexander entdeckt und seinem Vater zugeschickt hatte. 1902 entstanden als Bastarde zwischen *E. olgae* Regel und *E. stenophyllus* (Boiss. et Buhse) Baker die sogenannten Shelford-Hybriden (*E. x isabellinus*), welche, inzwischen züchterisch weiterentwickelt, heute die häufigsten Steppenkerzen unserer Gärten sind. Von den übrigen Arten sind am ehesten die gelbblühende *E. stenophyllus* subsp. *stenophyllus* (= *E. bungei* Baker), welche 1884 in Deutschland eingeführt wurde, sowie die 1871 eingeführte *E. robustus* Regel und die 1881 eingeführte weißblühende *E. himalaicus* Baker in den deutschen Gärten zu finden.

Erica herbacea L. (*E. carnea* L.) Schneeheide

Die Schneeheide, deren Verbreitungsgebiet sich vom südlichen Mitteleuropa ostwärts bis Oberösterreich und südwärts bis Mittelitalien erstreckt, war als

Wildpflanze bereits im 17. Jh. bekannt. Caspar Bauhin nannte sie 1623 *Erica procumbens herbacea* bzw. *Erica procumbens tenuis foliolos, carnea*. Aber erst im 19. Jh. fand sie als Zierpflanze Eingang in die Gärten. 1817 wurde sie vom Hofgärtner Christian August Breiter in Leipzig als Gartenpflanze angeboten, und der mecklenburgische Pfarrer Wredow hob 1818 in seinem Gartenfreund ihre Vorzüge hervor: »Sie kömmt im Freien sehr gut fort ... Sobald die Erde offen und der Schnee weg ist, fängt sie schon an zu blühen.« Durch ihre frühe Blütezeit stieß die Schneeheide auf zunehmendes Interesse. 1855/56 wurde sie von der Landesbaumschule Potsdam in größeren Mengen zum Verkauf angeboten, das Stück kostete 3 Silbergroschen, das Schock 5 Reichstaler. Fortan fand sie vor allem als Steingartenpflanze Verwendung und ist heute in derartigen Anlagen ziemlich häufig zu sehen. Hauptsächlich in England entstanden verschiedene Sorten, deren Blütenfarben von Weiß bis Purpurrot reichen.

Erigeron L. Berufkraut, Feinstrahl

Die etwa 250 Arten umfassende Gattung *Erigeron* hat ihren Verbreitungsschwerpunkt in den Gebirgen Nordamerikas und des gemäßigten Eurasien. Von einigen seltenen Steingartenpflanzen abgesehen, haben nur 2 amerikanische Arten Eingang in die allgemeine Gartenkultur gefunden.

In fast ganz USA und im südlichen Kanada heimisch ist der **Einjährige Feinstrahl** (*E. annuus* (L.) Pers. = *Stenactis annua* (L.) Nees). Die bis über 1 m hoch werdende, meist zweijährige, vielgestaltige Art besitzt mäßig große, in lockeren Doldentrauben sitzende Korbblüten mit bläulichen oder weißen Randblüten. Aus dem östlichen Nordamerika kam sie um 1625 nach Europa, wo sie 1629 von John Parkinson in London als *Bellis major ramosa umbellifera Americana* und 1635 von Cornut in Paris als *Bellis ramosa umbellifera* beschrieben und abgebildet wurde. In Deutschland erscheint sie in der 2. Hälfte des 17. Jhs. Johann Sigismund Elsholtz in Berlin zählte sie in seinem Gartenbaubuch (1684) als *Bellis umbellifera flore albo*, »Doldige Maßlieben aus Canada«, unter die »Zaserich Winter = Gewächße«. Im 18. Jh. war der Einjährige Feinstrahl in den deutschen Gärten ziemlich verbreitet, und es traten auch schon erste Verwilderungen auf. Von solchen berichten z.B. Johann Georg Volckamer (1662 - 1744) in seiner Flora Noribergensis (1700), Heinrich Bernhard Rupp in seiner Flora Jenensis (2. Aufl. 1726) und Johann Christian Gottlob Baumgarten in seiner Flora Lipsiensis (1790). 1736 wuchs die Art im Garten des Pflanzenliebhabers Georg Friedrich von Ziethen in Trebnitz bei Seelow unter dem 1669 von Robert Morison verwendeten Namen *Aster ramosus, annuus, Canadensis*. Verwildert und eingebürgert kommt sie noch heute im Schloßpark von Trebnitz bei Seelow vor. Auch Linnaeus stellte sie zur Gattung *Aster* und nannte sie in seinen Species Plantarum (1753) *Aster annuus*. 1807 erfolgte durch Christiaan Hendrik Persoon die Zuordnung zur Gattung *Erigeron*. Seitdem sie jedoch Nees von Esenbeck 1832 *Stenactis annua*

Erigeron annuus **(L.) Pers.** Einjähriger Feinstrahl, Cornut 1635

genannt hatte, benutzte man mehr als 100 Jahre hindurch vorwiegend diesen Namen. Um die Mitte des 19. Jhs. war der vordem recht beliebte Einjährige Feinstrahl in den Gärten selten geworden, aber bereits an zahlreichen Stellen verwildert und eingebürgert. Heute überwiegen in Mitteleuropa die neophytischen Vorkommen, während die Art als Gartenpflanze nur noch hier und da, insbesondere in ländlichen Gärten, anzutreffen ist.

Der im pazifischen Nordamerika vom südlichen British Columbia und Alberta in Kanada südlich bis Arizona und New Mexico heimische **Prächtige Feinstrahl** (*E. speciosus* (Lindl.) DC.), eine bis 60 cm hohe Staude, kam 1832 durch den schottischen Gärtner und Pflanzensammler David Douglas nach England. Dort wurde die Art 1833 durch John Lindley im Botanical Register als *Stenactis speciosa* beschrieben. Die farbige Abbildung zeigt eine Pflanze mit kräftig blauen Blüten. 1836 stellte sie dann der Genfer Botaniker Augustin Pyramus de Candolle zur Gattung *Erigeron.* Um diese Zeit kam die neue Zierpflanze auch nach Deutschland, wo die Blumenfreunde von ihr sofort begeistert waren. »Sie bringt viele Blumen und ist eine wahre Zierde unserer Gärten«, heißt es 1843 in der 6. Auflage von Wredows Gartenfreund. So verbreitete sie sich recht schnell. Bereits 1855 gab es Formen in verschiedenen Blautönen von dunkelviolett über violettblau bis hin zu bläulich-lila. Die Züchtung setzte zuerst in England ein, in Deutschland seit etwa 1910. Sie erfuhr nach dem 2. Weltkrieg einen starken Auftrieb. Durch Auslese, vielleicht auch durch Einkreuzung des innerasiatischen *E. aurantiacus* Regel und einiger nahe verwandter nordamerikanischer Arten entstanden zahlreiche, u.a. auch weiß-, rosa- und rotblühende Sorten, die wegen ihrer hybriden Entstehung als *Erigeron x hybridus* bezeichnet werden.

IV. ERYNGIUM PLANUM.

***Eryngium planum* L.** Flacher Mannstreu, Matthiolus/Bauhin 1598

Eryngium L. Mannstreu

Die distelartigen, aber zu den Doldengewächsen gehörenden Mannstreu-Arten hat man wegen ihrer dekorativen Gestalt im 16. Jh. als Zierpflanzen in die Gärten geholt.

1532 kannte Otto Brunfels (Contrafayt Kreuterbuch) vom »Mannstrew« bereits mehrere Arten: weiß, grün und »hymmelfarb«, doch offenbar nur als Wildpflanzen, wie die Angabe »findet man vil uff den dürren heyden« deutlich macht. Aus dem um 1560 von Konrad Gessner zusammengestellten Verzeichnis der in deutschen Gärten vorhandenen Pflanzen geht dann aber hervor, daß damals bereits 4 *Eryngium*-Arten in Deutschland in Gartenkultur waren: *E. maritimum* L., *E. campestre* L., *E. amethystinum* L. und *E. alpinum* L. Das meiste Interesse fand dabei ganz offensichtlich das in Italien und auf dem Balkan bis hin zur Ägäis beheimatete schön amethystblau gefärbte *E. amethystinum* L., das in den Gartenkatalogen des 16. bis 18. Jhs. oftmals als einzige *Eryngium*-Art aufgeführt wird, so z.B. 1588 bei Camerarius als *Eryngium totam caeruleum, elegans planta.*

Außer den obengenannten Arten gelangte im 16. Jh. auch der oberwärts blau überlaufene **Flache Mannstreu** (*E. planum* L.) aus dem östlichen Mitteleuropa, Südost- und Osteuropa bis hin nach Mittelasien in Gartenkultur. Er begegnet z.B. 1594 als *Eryngium coeruleum Pannonicum* in Frankes Hortus Lusatiae, 1613 als *Eryngium Pannonicum latifolium* im Hortus Eystettensis und zwischen 1607 und 1630 im herzoglich braunschweigischen Garten zu Hessem als Gartenpflanze.

Die genannten 5 Mannstreu-Arten stellten bis zum Ausgang des 18. Jhs. das gesamte *Eryngium*-Sortiment der deutschen Gärten dar. Erst im Laufe des 19. und 20. Jhs. traten einige weitere Arten hinzu, insbesondere die um 1800 entdeckte Elfenbeindistel (*E. giganteum* M. B.) aus dem Kaukasusgebiet und dem Iran, die 1824 im Garten des Apothekers Johann Nikolaus Buek in Frankfurt/Oder wuchs, und das im westlichen Mittelmeergebiet heimische *E. bourgatii* Gouan, das 1812 im Botanischen Garten Berlin vorhanden war.

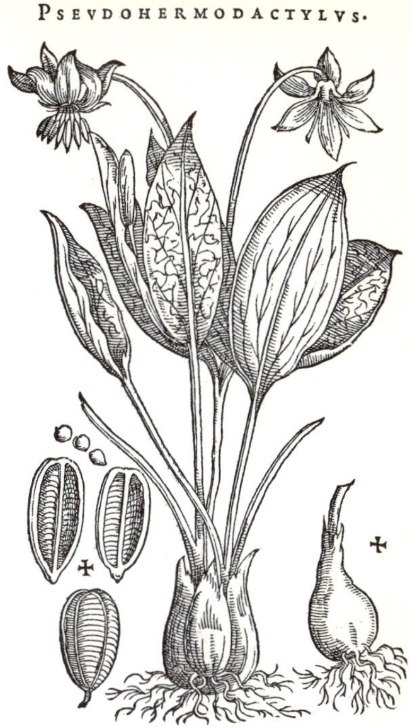

***Erythronium dens-canis* L. Europäischer Hundszahn, Matthiolus/Camerarius 1586**

Aus einer Kreuzung zwischen *E. bourgatii* und *E. alpinum* ging Ende des 19. Jhs. die Hybride *E. x zabelii* hervor, von Karl Foerster in seinem Steingartenbuch als die schönste aller »Edeldisteln« gepriesen.

Erythronium L. Hundszahn

Der in den Gebirgen Südeuropas von den Pyrenäen bis in den Kaukasus als Pflanze frischer Wälder, aber auch hochgelegener Gebirgsmatten vorkommende **Europäische Hundszahn** (*E. dens-canis* L.) gelangte vereinzelt im 16. Jh. als Zierpflanze nach Deutschland.

Er war zunächst recht selten und nur in den Gärten einiger weniger Gelehrter und Pflanzenliebhaber zu finden. So wuchs er 1542 in Nürnberg im Öllingerschen Garten, 1561 war er bei dem Gewürz- und Arzneimittelhändler Joachim Kreich in Torgau vorhanden, 1588 besaß ihn Camerarius in Nürnberg und 1594 Scholz in Breslau. Erst im 17. Jh. wurde die Art in den deutschen Gärten dann etwas häufiger. Der Hortus Eystettensis (1613) bildete neben der gewöhnlichen rotblühenden auch eine weißblühende Form ab. Diese erscheint dann, zusammen mit der rotblühenden, auch in anderen Gärten, doch heißt es 1684 im Gartenbaubuch von Elsholtz, sie sei »nicht so gemein/ als die erste«. Später gab es weitere Formen mit schmaleren Blättern und milchweißen bzw. hellroten Blüten, so z.B. 1736 im Garten des Herrn von Ziethen in Trebnitz bei Seelow, in dem damals 4 Formen des *Dens Canis* vorhanden waren. 1737 bzw. 1753 begründete Linnaeus dann die Gattung *Erythronium* (zu gr. erythrós, »rot«), wobei er den schon von Dioskurides genannten antiken Namen *erythronion* aufgriff, der im 16. Jh. verschiedentlich auf diese Art bezogen worden war, und den Namen *dens canis* (»Hundszahn«, nach der Gestalt der Zwiebel) als Artbezeichnung hinzufügte. In der 2. Hälfte des 18. Jhs. kannte man in der Gartenkultur entsprechend der Blüten- und Blattfärbung sowie der Blattgestalt 6 Formen. 1773 schreibt Gleditsch über diese

Art, sie sei »ein recht angenehmes Frühlingsgewächse, welches unter den knolligen, wegen der Blumen und Blätter, die wenige Pflege wohl verdiene. Man findet in guten Sammlungen davon sechs Abänderungen, die aus dem Saamen erzogen, und durch die Brut unterhalten werden. Es wächst, wo es einigen Schutz bey uns haben kann, in einer guten lockeren, frischen Gartenerde ... Die Wurzel ist schleimig, mehlig und nahrhaft und wird zur Verfertigung der Stärke und des Puders, auch statt der Stengelwurzel zur Arzeney gebraucht.« Der Europäische Hundszahn blieb in Deutschland auch weiterhin eine Gartenpflanze, jedoch wegen seiner vielerorts nicht ganz einfachen Kultur im allgemeinen auf die Gärten besonderer Zwiebelpflanzenliebhaber beschränkt.

Mit etwa 15 Arten ist die Gattung *Erythronium* in Nordamerika wesentlich reicher als in Europa vertreten, wo gelb- und weißblühende Arten überwiegen. Als erste amerikanische Hundszahn-Art gelangte um 1800 das im östlichen Nordamerika heimische *E. americanum* Ker-Gawler nach England. Offenbar war diese Art 1821 im Berliner Botanischen Garten vorhanden, hatte dort aber noch nicht geblüht. Im Laufe des 19. Jhs. folgten einige weitere Arten, zuletzt um 1930 *E. tuolumnense* Applegate aus den westlichen Staaten der USA. Auch diese Arten sind in den deutschen Gärten relativ selten zu sehen, am häufigsten noch die Sorte 'Pagode', eine Kreuzung zwischen dem goldgelb blühenden *E. tuolumnense* und einer der weißblühenden Arten.

Eschscholzia californica Cham. Kalifornischer Mohn, Goldmohn

Der Berliner Dichter und Botaniker französischer Herkunft Adelbert von Chamisso, der in den Jahren 1815-1818 auf dem russischen Forschungsschiff Rurik an einer Weltumsegelung teilnahm, fand im Oktober 1816 während eines Aufenthaltes im Hafen von San Franzisko auf nährstoffarmen trockenen Sanden ein bis dahin unbekanntes, gelbblühendes Mohngewächs. Er brachte Samen mit nach Berlin, wo die Pflanze im Botanischen Garten angezogen wurde. 1820 erschien in der Zeitschrift Horae Physicae Berolinensis die Erstbeschreibung als neue Art und Gattung. Chamisso gab der Pflanze den Namen *Eschscholzia californica* zu Ehren seines Reisebegleiters und Freundes Dr. med. Johann Friedrich Eschscholtz (1793-1831) von der Universität Dorpat in Estland. Zehn Jahre später fand auch David Douglas auf seiner zweiten Amerikareise (1825-1827) die in Kalifornien und Oregon verbreitete Art und führte sie in England ein.

Chamisso hatte 1820 seine Erstbeschreibung mit dem Satz beschlossen: «Jetzt wird sie, da wir Samen mitgebracht haben, in unsern Gärten bei günstigem Klima Aufnahme finden.« In der Tat verbreitete sich der hier einjährig gezogene Goldmohn in Deutschland ziemlich rasch. 1837 wurde er in der 5. Auflage von Wredows Gartenfreund bereits als »große Zierde der Gärten« bezeichnet. Die Art ist in ihrer Heimat recht vielgestaltig, so daß englische Botaniker, insbesondere George Bentham 1835, verschiedene in der Blütenfarbe abweichende Formen als eigene Arten beschrieben haben. Diese Variabilität ermöglichte die Züchtung einer Reihe schöner einfach- und gefülltblühender Farbsorten. Besonders intensiv war die züchterische Weiterentwicklung in England, wo auch einige einfachblühende Namensorten mit cremeweißen, gelben, orangefarbenen oder karminrosa Blüten im Handel sind.

Euphorbia L. Wolfsmilch

Mit rd. 1600 - 2000 Arten ist die Gattung *Euphorbia* sehr umfangreich und fast über die ganze Erde verbreitet, als Zierpflanzen des Freilandes treten in unseren Gärten jedoch nur wenige Arten in Erscheinung.

Die im östlichen und zentralen Mittelmeergebiet und Westasien heimische **Spring-Wolfsmilch** oder Kreuz-Wolfsmilch (*E. lathyris* L.) war bereits in der Antike als Heilpflanze bekannt; Dioskurides und auch Plinius erwähnen sie als *Lathyris*. Die Pflanze erscheint auch in dem um 800 erlassenen Capitulare de villis, und zwar unter dem Namen *Lacteridas*. Im 16. Jh. war das »Springkraut« (nach den bei der Reife fortspringenden Samen) in Deutschland bereits weit verbreitet. 1543 vermerkt Leonhart Fuchs: »Wechßt fast in allen Gärten.« Die Samen, Springkörner genannt (als offizielle Droge: Semen Cataputia minoris), verwendete man als starkwirkendes Brech- und Abführmittel. Die Autoren des 18. und 19. Jhs. raten jedoch dringend von einer solchen Anwendung ab, weil die Springkörner, wie Gleditsch 1769

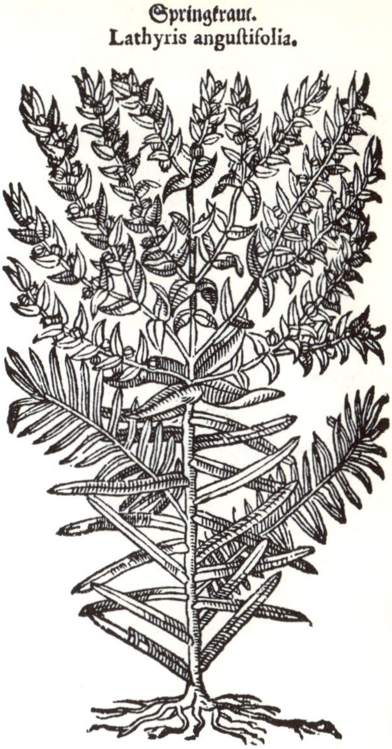

Euphorbia lathyris L. Spring-Wolfsmilch, Tabernaemontanus 1591

schreibt, »aber Schneiden und Reißen im Leibe, übermäßiges Purgieren, auch öfters Blutgang mit Krampf und Entzündungen« verursachten. 1864 berichtet Ascherson, daß die Samen hier und da noch als Hausmittel zum Brechen und Abführen eingenommen würden und daß dieser gefährliche Gebrauch schon öfter Vergiftungen hervorgerufen habe. Nachdem sie als Arzneipflanze nicht mehr verwendet wurde, ging die Spring-Wolfsmilch in den Gärten stark zurück.

Lediglich aufgrund ihrer eigenartigen Gestalt mit regelmäßig kreuzförmig gestellten schmalen Blättern fand sie gelegentlich noch als dekorative Zierpflanze Verwendung. Neuerdings wird sie zur Vertreibung von Wühlmäusen und Maulwürfen empfohlen und ist, obwohl in dieser Hinsicht weitgehend wirkungslos, deshalb in den Gärten jetzt wieder etwas häufiger zu sehen.

Die **Walzen-Wolfsmilch** (*E. myrsinites* L.), die in Südeuropa von den Balearen bis zur Krim und in Kleinasien zu Hause und durch ihre wintergrünen, oftmals niederliegenden Sprosse mit spiralig angeordneten blaugrünen Blättern und gelben Blüten recht auffällig ist, gelangte im 16. Jh. als Zierpflanze nach Deutschland. Gessner verzeichnete sie unter dem Namen *Tithymalus myrsinites* bzw. *T. myrtites* für verschiedene deutsche Gärten. Um 1570 wuchs sie im Leuschnerschen Garten in Meißen und 1588 im Garten von Camerarius in Nürnberg. Indessen fehlte die Art 1594 sowohl im Scholzeschen Garten in Breslau als auch in den Lausitzen, und auch der Hortus Eystettensis 1613 enthält die Walzen-Wolfsmilch nicht. Überhaupt schien im 17. und 18. Jh. das Interesse an dieser Art nachgelassen zu haben, da sie viele Gartenkataloge dieser Zeit nicht erwähnen. Erst im 19. Jh. wurde sie wieder häufiger kultiviert, besonders dann in den allmählich in Mode gekommenen Steingärten, wo sie auch heute vorzugsweise zu finden ist.

Die südosteuropäische **Vielfarbige Wolfsmilch** (*E. epithymoides* L., syn. *E. polychroma* Kerner), eine horstartig wachsende, bis 35 cm hohe Staude, ist mit ihren dichtstehenden, von gelben Hochblättern umgebenen gelben Scheinblüten die farblich auffallendste Wolfsmilch-Art unserer Gärten. Obwohl als Wildpflanze schon im 18. Jh. bekannt, erfolgte ihre Übernahme in die Gartenkultur erst um 1800 in Österreich, von wo aus sie zunächst als Seltenheit in Botanische Gärten gelangte. So wuchs sie 1808 im Berliner Botanischen Garten. 1837 nennt sie das Staudenbuch des österreichischen Pfarres Zetter die einzige gartenwürdige *Euphorbia*-Art. Aber erst im 20. Jh. pflanzte man sie dann verstärkt in Gärten und Anlagen an. 1932 charakterisierte sie Der Praktische Ratgeber folgendermaßen: »Zu unseren schönsten Gartenstauden gehört unstreitig *Euphorbia epithymoides* (syn. *Euph. polychroma*), eine ausdauernde, unverwüstliche Wolfsmilch.«

Die einjährige **Weißrandige Wolfsmilch** (*E. marginata* Pursh) aus dem mittleren Westen der USA wurde 1814 durch Friedrich Traugott Pursh in seiner Flora Americae septentrionalis beschrieben, soll jedoch schon 1811 durch John Fraser (1750–1811) nach England gekommen sein. In Deutschland blieb sie zunächst weitgehend unbekannt. Ihre Ausbreitung als Gartenzierpflanze erfolgte hier erst im 20. Jh., vielfach sogar erst in dessen 2. Hälfte. Dann aber kam es, vor allem durch private Weitergabe der Samen, zu einer raschen Ausbreitung. Heute ist die Art besonders in ländlichen Gebieten mit sandigen Böden in vielen Gärten zu finden, von der Bevölkerung meist Garten-Edelweiß oder, nach ihrem (ins Deutsche übersetzten) indianischen Namen, Schnee auf dem Berge genannt.

Fallopia Adans. (*Bilderdykia* Dumort., *Polygonum* L.) Windenknöterich

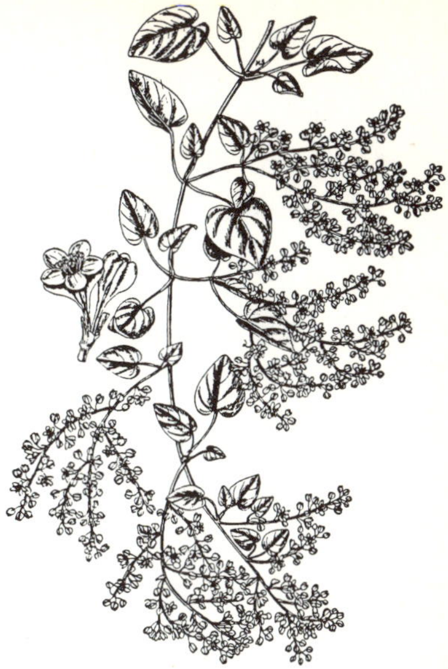

Fallopia baldschuanica **(Regel) Holub**
Windenknöterich, Bailey 1961

1883 fand Albert Regel, seit 1875 Bezirksarzt in Kuldja, am Flusse Vaksh in Tadschikistan ein bis 10 m hoch windendes, z.T. verholzendes Knöterichgewächs, das er, wie andere Pflanzen dieser Region, an seinen Vater Eduard Regel in St. Petersburg schickte. Eduard Regel, seit 1855 Direktor des dortigen Botanischen Gartens, beschrieb im gleichen Jahr die neue Art als *Polygonum baldschuanicum* (nach der dem Fundort nächstgelegenen Stadt Baldschuan). Mittels Samentausch gelangte sie alsbald auch in andere Botanische Gärten, u.a. nach Kew/London, wo die Pflanze erstmals 1896 blühte. Wenige Jahre später entdeckte der französische Missionar Pater Georges Aubert in Westchina eine nahestehende Sippe, welche im Jahre 1899 nach Frankreich kam und dort im Jahre 1902 von dem Gärtner Louis Henry beschrieben und nach dem Entdecker als *Polygonum aubertii* benannt wurde. Heute wird sie in die erstgenannte Art einbezogen.

Dieser asiatische Windenknöterich gelangte in Deutschland nach dem 1. Weltkrieg in die allgemeine Gartenkultur und wurde aufgrund seiner Raschwüchsigkeit zu einer zunehmend häufigeren Kletterpflanze für Pergolen und Spaliere. Karl Foerster prägte für diese Art die Bezeichnung Klettermaxe, (nach dem Spitznamen eines in den zwanziger Jahren berühmt-berüchtigten Berliner Fassadenkletterers und Einbrechers), die inzwischen zu einem Volksnamen geworden ist. Taxonomisch wurden die Windenknöteriche von der Gattung *Polygonum* abgetrennt und zunächst zur Gattung *Bilderdykia* gestellt, bis sie 1971 der tschechische Botaniker Josef Ludwig Holub (1930–1999) der bereits 1763 durch Adanson begründeten Gattung *Fallopia* zuordnete.

Forsythia suspensa (Thunb.) *Vahl*
Goldglöckchen Icon. Corm. Sinic. 1972

Forsythia Vahl Forsythie, Goldglöckchen

Von den etwa 6 Arten der Oleaceen-Gattung *Forsythia* kommen eine (*F. europaea* Deg. et Bald.) in Südosteuropa (Albanien), die übrigen in Ost- und Südostasien vor. Größere Bedeutung als Ziersträucher haben lediglich die ostasiatischen Arten erlangt.

Die eigentlich in China heimische *F. suspensa* (Thunb.) Vahl kam schon frühzeitig nach Japan und wurde in den japanischen Gärten als Zierstrauch kultiviert. Dort bemerkte sie während seines Japanaufenthaltes 1775/76 der schwedische Botaniker Carl Peter Thunberg, der sie für eine Art Flieder hielt und sie in seiner Flora japonica 1784 *Syringa suspensa* nannte. Aber erst 1833 wurde sie von dem Holländer Verkerk Pistorius nach den Niederlanden eingeführt, von wo sie nicht vor 1850 nach England gelangte. Dort wurde sie von der Gartenbaufirma Veitch in Exeter vermehrt und weiter verbreitet, war aber 1857 in England noch selten.

Inzwischen war als weitere Art *F. viridissima* Lindl. in Europa eingetroffen. Der englische Pflanzensammler Robert Fortune hatte sie im Garten eines chinesischen Mandarins auf der Insel Chusan und später wildwachsend in den Bergen von Che Kiang entdeckt und 1844 an die Horticultural Society in London geschickt, in deren Garten sie 1846 erstmals zur Blüte kam. Als leicht und schnell zu vermehrende Pflanze verbreitete sie sich bald in den Gärten des größten Teils von Europa, fror in Deutschland jedoch in härteren Wintern bis zum Erdboden ab.

Zwischen ihr und *F. suspensa,* welche Anfang der 1850er Jahre nach Deutschland kam, entstand im Botanischen Garten Göttingen spontan der Bastard *F. x intermedia* Zabel. 1878 aufgefunden, wurde diese formenreiche Hybride zum Ausgangspunkt unserer heutigen Garten-Forsythien. Deutsche und englische Baumschulen entwickelten hieraus eine ganze Reihe reichblühender und winterharter Sorten, welche heute fast in jedem Garten und jeder Parkanlage als beliebte frühblühende Ziersträucher zu finden sind. So brachte 1906 die Berliner Baumschule Späth die Sorte 'Spectabilis' auf den Markt, während die Sorte 'Lynwood' etwa 12 Jahre später in Nord-Irland entstand.

Benannt wurde die Gattung 1804 von dem dänischen Botaniker Martin Vahl (1749 - 1804) nach dem aus Schottland stammenden Gärtner William Forsyth (1737 - 1804), Schüler und Nachfolger von Philip Miller im Apothekergarten in London-Chelsea und seit 1784 Oberinspektor der Königlichen Gärten zu Kensington und St. James, einem der 7 Gründungsmitglieder der Royal Horticultural Society of London.

Fritillaria L. Kaiserkrone, Schachblume

Das »Glanzstück der Gattung« (Christian Grunert) ist die **Kaiserkrone** (*F. imperialis* L.), beheimatet in den Hochländern des mittleren Ostens von der östlichen Türkei über Irak, Iran, Afghanistan, Pakistan und Kaschmir bis zum westlichen Himalaya, wo sie in Höhen zwischen 1000 und 3000 m auf felsigen Berghängen wächst. Perser und Türken holten die prächtige Pflanze, von ihnen Tusai genannt, in ihre Gärten. Von dorther gelangte sie in der Mitte des 16. Jhs. nach Italien, wo sie zuerst um 1553 nachweisbar ist. Sowohl aus italienischen Gärten als auch direkt aus türkischen Gärten durch kaiserliche Gesandte aus Konstantinopel geschickt oder mitgebracht, kam die Kaiserkrone in der 2. Hälfte des 16. Jhs. auch nach West- und Mitteleuropa. 1573 traf sie in Wien ein und kam dort im Garten Kaiser Maximilians I. im April 1576 erstmals zur Blüte. Der seit Herbst 1573 in Wien tätige flämische Botaniker Carolus Clusius bemühte sich sogleich um ihre weitere Vermehrung. Indem er

Tusai siue Lilium Persicum 1.

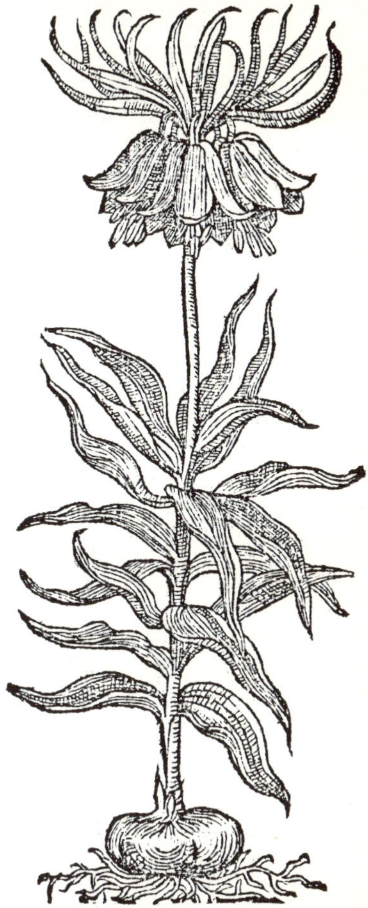

Fritillaria imperialis L. Kaiserkrone, Clusius 1583

Samen und Tochterzwiebeln an befreundete Botaniker und andere Interessenten weitergab, trug er wesentlich zur raschen Ausbreitung dieser neuen und begehrten Zierpflanze bei. So erbat sich 1576 Landgraf Wilhelm IV. von Hessen-Kassel, ein begeisterter Pflanzenliebhaber, von Clusius u.a. auch Pflanzgut der *Corona Regia.* 1580 blühte die Art dann auch in seinen Gärten, und Wilhelm IV. gab sie seinerseits wieder an andere Interessenten weiter, so 1582 an Graf Friedrich von Mömpelgard und 1588 an Herzogin Hedwig von Braunschweig-Lüneburg. 1579 wuchs die wohl ebenfalls von Clusius gekommene Kaiserkrone auch im Garten von Landgraf Ludwig in Marburg. Clusius selbst hatte im Jahre 1580 in seinem Garten ein Exemplar mit 11 Blüten. In seinem 1583 erschienenen Buch über die selteneren Pflanzen Österreichs und Ungarns brachte er gleich 3 Abbildungen von dieser *Tusai sive Lilio persico.* In Belgien hatte Rembert Dodonaeus vor 1574 eine Abbildung der Pflanze von dem Leibarzt des Herzogs von Parma, Alfons Pancius, erhalten. 1576 kannte Matthias Lobelius die Kaiserkrone aus mehreren Gärten in Belgien. In seinem 1581 gedruckten Abbildungswerk bildete er neben der Normalform der *Lilium sive Corona Imperialis* auch schon die Form mit einem doppelten Kreis von Blüten ab.

Bis zum Ende des 16. Jhs. war die Kaiserkrone in Deutschland in eine große Zahl von Gärten gelangt. U.a. wuchs sie 1588 im Garten des Stadtarztes Joachim Camerarius in Nürnberg und 1594 im Garten des Arztes Laurentius Scholz in Breslau, sogar auch schon (wohl von Joachim Camerarius an seinen Bruder Ludwig geschickt) in Annaberg im Erzgebirge, fehlte aber noch in den Gärten der Lausitz (Franke 1594) und Preußens (Wigand 1590). Im 17. Jh. ging ihre Ausbreitung dann zügig weiter. Die schöne und vielfach abgebildete Art, u.a. auch von Maria Sibylla Merian, wurde nunmehr zur Prachtpflanze des Barock und hat damals wohl kaum in einem der fürstlichen und adligen Lustgärten gefehlt. Da ihre Zwiebeln jedoch noch sehr teuer waren, blieb sie in den sonstigen Gärten selten. In die Gärten der Bürger ist sie im wesentlichen erst im Laufe des 18. Jhs. gekommen und in den Bauerngärten hat sie wohl erst im 19. Jh. Einzug gehalten. In der Mitte des 19. Jhs. war die Kaiserkrone dann »überall als Zierpflanze in Gärten« (Ascherson 1864).

In der Natur ist die Kaiserkrone ziemlich variabel, und auch in der Kultur traten alsbald unterschiedliche Formen in Erscheinung. 1663 zählte der Berliner Botaniker Elsholtz 5 Formen auf: mit orangeroten Blüten in einer Reihe, mit gelben Blüten, mit gefüllten Blüten, mit einem verbänderten Sproß und vielen Blüten, mit zwei übereinander angeordneten Reihen von Blüten.

1769 kannte Gleditsch in Berlin dann 10 Abänderungen, darunter auch eine mit gefüllten gelben Blüten und eine mit weißpanaschierten Blättern. Obwohl Carl Bolle um 1900 die Art zu den altmodischen Blumen zählte, ist sie auch heute noch vielfach in den Gärten zu sehen, allerdings wohl nicht mehr so häufig wie im 19. Jh., und auch die frühere Sortenvielfalt ist offensichtlich zurückgegangen.

Der seit dem Erscheinen der Species Plantarum von Linnaeus (1753) gültige wissenschaftliche Gattungsname *Fritilla-*

ria (zu lat. fritillus, »Würfelbecher, Spielbrett«) geht zurück auf die **Schachblume** (*F. meleagris* L.), deren purpurbraune Perianthblätter schachbrettartig gefleckt sind. Er wurde dieser Art zuerst 1572 von Capperon gegeben. Das natürliche Verbreitungsgebiet der Schachblume erstreckt sich von der Normandie über Mittel- und Südfrankreich, die Vorländer der Alpen, Kroatien, Serbien und Ungarn bis hin nach Rumänien. Durch zahlreiche Verwilderungen und Einbürgerungen ist das ursprüngliche Areal heute jedoch stark verwischt und schwer zu erkennen. Es darf jedoch als sicher gelten, daß die Art in Mitteleuropa von Natur aus nicht vorgekommen ist. Die um die Mitte des 16. Jhs. schreibenden »Väter der Botanik« Brunfels, Bock und Fuchs erwähnen sie noch nicht, und auch in der von Konrad Gessner vorgenommenen Zusammenstellung der damaligen Gartenpflanzen Deutschlands (Horti Germaniae, 1561) ist sie noch nicht vertreten.

Die Einführung der Schachblume nach Mitteleuropa fällt in die siebziger Jahre des 16. Jhs. und steht wiederum in Zusammenhang mit dem Wirken von Carolus Clusius, der bis Herbst 1573 in Mechelen in Belgien lebte. Dorthin wurde ihm die Pflanze 1572 von dem Apotheker Noël Capperon aus Orléans zugesandt, wo sie auf Wiesen an der Loire wild vorkam. 1575 erhielt Clusius, nunmehr in Wien, Zwiebeln der Schachblume von dem französischen Gesandten Johannes von Vulcop, und einige Jahre darauf schickte ihm der inzwischen am französischen Hof tätige flämische Gelehrte und Diplomat Augerius Ghislain de Busbecq aus Paris einen weiteren Posten Schachblumenzwiebeln zu. Im

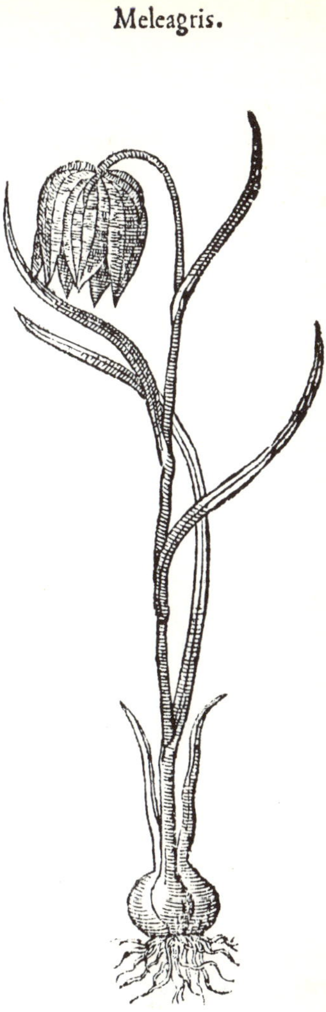

Fritillaria meleagris L. Schachblume, Dodonaeus 1583

März des Jahres 1579 wurde die Art von Teilnehmern einer aus Konstantinopel zurückkehrenden Gesandtschaft vier Tagesreisen vor Budapest auf Wiesen blühend beobachtet. Von den in seinem Garten kultivierten Exemplaren zog Clusius durch Aussaat zahlreiche Pflanzen heran, die er an Interessenten weitergab. Nach seinen Angaben hatten damals vor allem die Damen des österreichischen Adels großes Interesse an dieser neuen Zierpflanze. 1583 sagte er voraus, daß sie wegen der Eigenart und der Schönheit ihrer Blüte sehr viel in den Gärten kultiviert werden würde.

In der Tat verbreitete sich die Schachblume von Mechelen und Wien aus nach und nach über die mitteleuropäischen Gärten. Von den in Mechelen gezogenen Exemplaren ließen die flämischen Botaniker Matthias Lobelius und Rembert Dodonaeus, letzterer stammte aus Mechelen und war bis 1574 dort als Arzt tätig, Abbildungen anfertigen und veröffentlichten diese in ihren Werken, wodurch sie die neue Gartenzierpflanze weithin bekannt machten. 1583 schrieb Dodonaeus, damals bereits Professor an der Universität Leiden, die Art wachse fruchtbar in den Gärten Belgiens und bringe wiederholt auch Formen mit verdoppelten Blüten hervor. Er bezeichnete sie als *Flos Meleagris* (»Perlhuhn-Blume«) bzw. *Meleagris*, was später von Linnaeus als Artbezeichnung übernommen wurde. Auch Clusius veröffentlichte 1583 in seinem Buch über die selteneren Gewächse Österreichs und Ungarns eine eingehende Beschreibung der Pflanze mit 2 Abbildungen. 1594 war sie, wohl von Wien her, im Garten des pflanzenliebenden Arztes Laurentius Scholz in Breslau vorhanden, fehlte aber noch in den Lausitzer Gärten. 1588 bezeichnete der Nürnberger Stadtarzt Joachim Camerarius im Inventar seines Gartens die *Fritillaria* als eine auffallend schöne und seltene Pflanze. Er hatte sie zuerst von Nikolaus Rassius, Wundarzt des französischen Königs, zugeschickt erhalten, der sie bei Orléans durch einen glücklichen Zufall wiedergefunden hatte.

Im 17. Jh. gehörte die Schachblume zu den beliebtesten Zierpflanzen der Barockgärten in Deutschland und Österreich, wenngleich sich die Vorkommen wohl lange Zeit hindurch auf Botanische und Gelehrten-Gärten sowie auf die Lustgärten der Landesfürsten, des Adels und einiger reicher Stadtbürger beschränkt haben dürften. So finden wir sie 1613 im fürstbischöflichen Garten in Eichstätt in drei Formen (mit purpurnen, weißen und mit gefüllten Blüten), zwischen 1607 und 1630 kam sie in den herzoglich braunschweigischen Garten zu Hessem, 1646 wuchs sie im Botanischen Garten Altdorf bei Nürnberg und 1649 im fürstlichen Garten in Kiel. Um 1660 wurde die Schachblume auch im kurfürstlichen Lustgarten in Berlin gezogen, und zwar ebenfalls in den genannten 3 Formen. Auch im 18. Jh. erscheint die Art in Deutschland in vielen Gärten, so in Wittenberg (Heucher 1711), Jena (Ruppius 1718), Trebnitz bei Seelow (Gleditsch 1737), Frankfurt/Oder (von Bergen 1750), Berlin (Roloff 1746, Ludolff 1746) und Helmstedt (Fabricius 1759). Ebenso wurde die Schachblume in der 1. Hälfte des 19. Jhs. vielerorts als Gartenpflanze gezogen. Eigenartigerweise erwähnt Ascherson in seiner Flora der Provinz Brandenburg (1864) die Art nicht, weder als Gartenpflanze (*F. imperialis* wird aufgeführt), noch als Wildpflanze. Das mag darauf zurückzuführen sein, daß sie nunmehr in den Gärten wieder seltener geworden war; zudem läßt die Nichterwähnung erkennen, daß zu dieser Zeit in Brandenburg keine Einbürgerungen in der freien Natur bestanden haben. Um 1900 zählte Carl Bolle das »Kiebitzei« zu den altmodischen Gartenpflanzen.

Auch heute noch wird die Schachblume in den Gärten gezogen, wenn auch wohl nicht mehr so häufig wie ehemals. Dazu mag auch beigetragen haben, daß die an feuchte Standorte gebundene Art in den Gärten oft nicht gut fortkommt und in trockenen Sommern verschwindet. Seit dem 19. Jh. bürgerte sich die Schachblume in Deutschland jedoch an verschiedenen Stellen auf feuchten Wiesen ein und kam dort mitunter zu vielen Tausenden vor. Inzwischen haben zunehmende Meliorationen an derartigen Vorkommen zu einem starken Rückgang der Art geführt und die verbliebenen Bestände sind heute auf das stärkste gefährdet.

Fuchsia L. Fuchsie

Die zu den Nachtkerzengewächsen (Onagraceen) gehörende Gattung *Fuchsia* umfaßt etwa 100 Arten Halbsträucher, Sträucher und kleine Bäume, von denen die Masse in Bergwäldern Mittel- und Südamerikas, nur wenige auch auf Tahiti und Neuseeland beheimatet sind. Als erster stieß der französische Franziskanerpater Charles Plumier bei seinen botani-

***Fuchsia triphylla* L.** Traubenblütige Fuchsie, Bailey 1900

schen Forschungen auf der Karibikinsel St. Domingo im Jahre 1695 auf eine hierhin gehörende Art. Da sie sich keiner der damals bekannten Pflanzengattungen zuordnen ließ, benannte sie Plumier in seinem 1703 in Paris erschienenen Buch Nova plantarum americanum genera zu Ehren des deutschen Botanikers Leonhart Fuchs als *Fuchsia triphylla, flore coccineo*. Linnaeus übernahm diesen Namen 1753 als *F. triphylla*. Als lebende Pflanze ist die Art damals jedoch noch nicht nach Europa gekommen. Erst zwischen 1728 und 1732 sammelte der schottische Botaniker William Houston Samen der Art und sandte ihn von Kolumbien aus nach London, wo Philip Miller im Apothekergarten in London-Chelsea hiervon Pflanzen anzog, die aber wieder verlorengingen. *F. triphylla* blieb mehr als 100 Jahre lang verschollen, bis sie 1873 in einer

***Fuchsia magellanica* Lam.** Scharlach-Fuchsie, Bailey 1961

NewYorker Gärtnerei erneut auftauchte, angezogen aus Fuchsiensamen, welcher aus St. Domingo gekommen war. In der Kultur blieb sie als reine Art selten, hatte aber Anteil an der Züchtung der Traubenblütigen Fuchsien (Fuchsia-triphylla-Hybriden).

Inzwischen waren weitere *Fuchsia*-Arten entdeckt und in Europa eingeführt worden. Zunächst hatte Louis Feuillée (1660 - 1732), ebenfalls ein französischer Franziskanerpater, in Chile eine scharlachrot blühende Art gefunden und sie 1714 in seinem Buch über die Arzneipflanzen Perus und Chiles abgebildet. Der heute gültige wissenschaftliche Name *F. coccinea* Soland. stammt von dem in England lebenden schwedischen Botaniker Daniel Solander (1733 - 1782), einem Schüler von Linnaeus. Aber erst 1788 brachte ein Kapitän Firth eine lebende Pflanze dieser Art nach England und übergab sie dem Botanischen Garten in Kew/London. Sie wurde jedoch nur selten kultiviert und galt sogar lange Zeit als verschollen, bis sie 1867 in einem Gewächshaus des Botanischen Gartens Oxford wiedergefunden wurde. Was damals und weit in das 19. Jh. hinein unter dem Namen *F. coccinea* gezogen und auch gehandelt wurde, war, wie sich später herausstellte, in Wirklichkeit *F. magellanica* Lam., die eigentliche Scharlach-Fuchsie. Diese von Feuerland bis Peru verbreitete formenreiche Art kam etwa um die gleiche Zeit nach England. Der englische Gärtner James Lee soll sie angeblich auf dem Fensterbrett des Hauses eines Matrosen, der sie von einer Fahrt aus Amerika mitgebracht hatte, gesehen und sie von der Seemannsfrau für eine stattliche Summe erworben und in Kultur genommen und vermehrt haben; möglicherweise hat er sie aber auch von seinen Sammlern bekommen. Jedenfalls hat Lee seit 1793 diese Art in großen Stückzahlen verkauft und somit weithin verbreitet, und zwar unter dem Namen *F. coccinea*. Unter diesem Namen tauchte sie alsbald auch in Deutschland auf, so 1796 in Machern bei Leipzig, 1808 im Botanischen Garten Berlin, 1815 in Kunersdorf bei Wriezen, 1817 in der Breiterschen Gärtnerei in Leipzig und im Belvedere in Weimar. 1818 erwähnt der Gartenfreund des mecklenburgischen Pfarrers Wredow *F. coccinea* als einzige Fuchsien-Art. Zu dieser Zeit gab es in Deutschland aber auch schon die 1796 aus Chile nach England gekommene *F. lycioides* Andrews, und zwar 1808 im Botanischen Garten Berlin und 1817 in Leipzig und Weimar.

Seit 1821 trafen dann in rascher Folge weitere Fuchsien in Europa ein, zuerst 1821 *Fuchsia excorticata* L. aus Neuseeland, 1823 *F. gracilis* Lindl. (heute zu *F. magellanica*) aus Chile und *F. arborescens* Sims aus Mittelamerika, 1825 *F. macrostemma* Ruiz et Pavon (heute zu *F. magellanica*) aus Chile, 1827 *F. microphylla* H. B. K. aus Mexiko. 1837 zählte die 5. Auflage von Wredows Gartenfreund bereits 8 Fuchsien-Sippen auf. 1837 sandte der deutsche Gärtner Theodor Hartweg (1812 - 1871), der 1836 von der Horticultural Society zum Pflanzensammeln nach Mexiko geschickt worden war, die von ihm gefundene *F. fulgens* Moc. et Sessé ex DC. und 1842 auch *F. splendens* Zucc. nach England. Nach anderen Angaben soll *F. fulgens* schon 1830 in England eingetroffen sein.

Die 1840 herausgegebene Synopsis plantarum von David Nathanael Friedrich Dietrich nennt 34 Fuchsia-Arten, und Mitte des 19. Jhs. waren dann insgesamt 64 Arten bekannt, von denen verschiedene heute allerdings nur als Formen anderer Arten aufgefaßt werden.

Um 1830 setzte in England die *Fuchsia*-Züchtung ein, an der sich später auch französische, belgische, deutsche und nordamerikanische (kalifornische) Gartenbaubetriebe beteiligten. 1844 erschien in Paris ein erstes Buch über die Fuchsie, ihre Geschichte und ihre Kultur von dem Gärtner Felix M. Pocher, Präsident der Gartenbaugesellschaft von Orléans. Auf der Grundlage der genannten und weiterer Wildarten entstand nunmehr eine Fülle von Sorten, bis zur Mitte des 20. Jhs. insgesamt mehr als 2000, von denen heute aber viele nicht mehr existieren. Vollkommen gefülltblühende Sorten sind seit 1853 bekannt. Neben den eigentlichen und bei weitem vorherrschenden Fuchsia-Hybriden, an denen in starkem Maße *F. magellanica* mit ihren verschiedenen Formen beteiligt ist, gibt es vor allem die langblütigen Fuchsien auf der Grundlage von *F. fulgens* und die bereits oben genannten Traubenblütigen Fuchsien (F.-Trichophylla-Hybriden). Die ursprünglichen, meist kleinblütigen Arten findet man heute fast nur noch in Botanischen Gärten und bei Fuchsien-Liebhabern. Einige Formen von *F. magellanica* sind in Deutschland bedingt winterhart und können in wintermilden Gebieten mit Schutz auch im Freien gehalten werden, alle übrigen sind Kalthaus- bzw. Zimmer-, Fensterbrett- und Kübelpflanzen.

Gaillardia Foug.
Kokardenblume

Die Gattung *Gaillardia* umfaßt etwa 20 ein- und zweijährige Arten, die in den USA und im angrenzenden südlichen Kanada sowie in Mexiko zu Hause sind. Zuerst brachte Anfang der 1780er Jahre, vielleicht 1783, Graf d'Essales Samen der einjährigen **Sommer-Kokardenblume** (*G. pulchella* Foug.) aus dem damaligen Louisiana nach Frankreich, wo sie im Jardin des Plantes in Paris gezogen und 1786 von dem französischen Naturforscher August Denis Fougeroux (1732 - 1789) wissenschaftlich beschrieben wurde. Er benannte die Gattung nach Gaillard de Charentonneau, Mitglied der Pariser Akademie der Wissenschaften und Liebhaber der Botanik. Zwar ging die Art in Frankreich im Wirbel der französischen Revolution wieder verloren, aber bereits 1787 war sie auch nach England eingeführt worden, und um 1835 erfolgte nochmals eine Zusendung von Samen aus Texas durch Thomas Drummond. Nach Deutschland gelangte die Sommer-Kokardenblume erst nach den Napoleonischen Kriegen. Obwohl sie 1822 (unter dem von Lamarck geschaffenen Synonym *Gaillardia bicolor*) im Berliner Botanischen Garten kultiviert wurde, dauerte es noch einige Zeit, bis sie Eingang in die allgemeine Gartenkultur fand. 1843 empfahl sie Wredows Gartenfreund (6. Aufl.): »Sie ist eine sehr schöne Zierpflanze, die in keinem Garten fehlen darf.« Von der formenreichen Art wird vor allem die var. *picta* (Sweet) A. Gray als Gartenpflanze gezogen. Eine erste Gartensorte erschien in Deutschland 1881.

Die ausdauernde **Stauden-Kokardenblume**(*G. aristata* Pursh) aus dem pazifischen Nordamerika wurde von Meriwether Lewis und William Clark auf ihrer Expedition quer durch Amerika 1806 entdeckt und 1814 von Friedrich Traugott Pursh als neue Art beschrieben. Inzwischen hatte Thomas Nuttall auf seiner Missouri-Exkursion Samen dieser Art gesammelt, die 1813 in John Frasers Katalog als *Virgilia grandiflora* zum Verkauf angeboten wurden. Eine weitere Samenkollektion durch David Douglas gelangte 1827 nach England. Nunmehr tauchte die Stauden-Kokardenblume auch in Deutschland auf. Ihre Nennung in der 6. Auflage von Wredows Gartenfreund (1843) und im Gartenpflanzenbuch von Ernst Berger (1855) belegen ihre Anwesenheit in Deutschland für die Mitte des 19. Jhs. In dieser Zeit setzte auch ihre züchterische Weiterentwicklung ein. In der Gärtnerei Gallopin bei Liège in Belgien entstand durch spontane Hybridisation zwischen *G. pulchella* und *G. aristata* die tetraploide Hybride *G. x grandiflora*, sie wurde sowohl von Louis van Houtte als auch von Charles Lemaire 1857 als neue Art publiziert. Später sind vermutlich weitere verwandte Wildarten eingekreuzt und schließlich die heutigen großblütigen Gaillardia-Hybriden entwickelt worden. So züchtete man z.B. in Deutschland die 'Rheingau-Gaillardien', welche 1913 als die hübschesten dieser Hybriden bezeichnet wurden. Inzwischen gibt es zahlreiche weitere Sorten mit gelben, gelb-rot gebänderten, rotbraunen oder tiefroten Blüten, darunter auch zwergige Sorten für Steingärten und kleinere Gartenpartien.

Galanthus nivalis L. Schneeglöckchen

Unsere bekannteste und beliebteste Blume des zeitigen Frühlings, das Schneeglöckchen, ist heute in Mitteleuropa überall in den Gärten häufig und so wüchsig, daß mancher gemeint hat, es müsse zu den ältesten Gartenpflanzen gehören. Das ist aber nicht der Fall. Das Schneeglöckchen kam erst in der 2. Hälfte des 16. Jhs. nach Deutschland und breitete sich hier erst nach und nach aus; viele, insbesondere ländliche Gebiete sind erst im18. Jh. von ihm erreicht worden.

Heimisch ist diese Schneeglöckchen-Art in Südeuropa mit Schwerpunkt in Südosteuropa und auf der Balkan-Halbinsel, es kommt aber auch in Italien von Sizilien bis zu den Südalpen vor, isolierte Vorkommen liegen in Süd- und Westfrankreich und im südlichen Mitteleuropa. In Anbetracht der späten Erwähnung wird die Natürlichkeit der Vorkommen nördlich der Alpen neuerdings in Zweifel gezogen; bei den meisten von ihnen dürfte es sich lediglich um alte Verwilderungen und Einbürgerungen handeln.

Die in der 1. Hälfte des 16. Jhs. schreibenden »Väter der Botanik« Brunfels, Bock und Fuchs kannten das Schneeglöckchen noch nicht, es fehlte auch

Gaillardia pulchella **Foug var.** ***picta*** **(Sweet) A. Gray** Sommer-Kokardenblume, Bailey 1900

NARCISSVS VI.

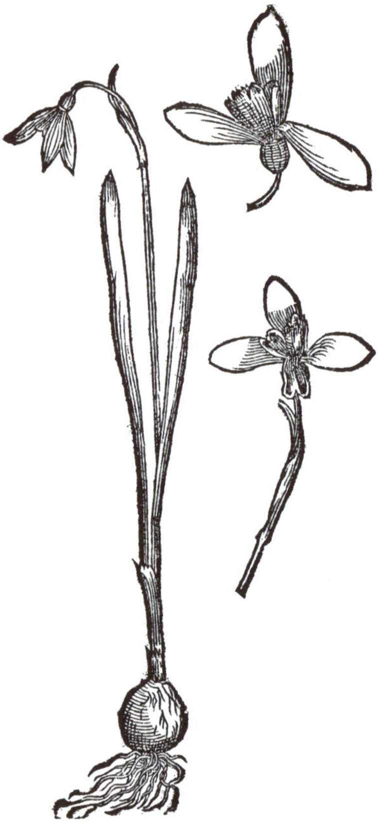

Galanthus nivalis L. Schneeglöckchen, Matthiolus/Camerarius 1586

in der von Konrad Gessner besorgten Zusammenstellung der um 1560 in den deutschen Gärten vorhandenen Pflanzen (Horti Germaniae, 1561). Erstmals erwähnt wird es in dem 1571 in Venedig erschienenen Kompendium aller Pflanzen des italienischen Botanikers Petrus Andreas Matthiolus, der es aber wohl von seiner Heimat her gekannt hat. In der von Joachim Camerarius überarbeiteten und ergänzten Auflage von 1586 (De plantis epitome) findet man es unter der Bezeichnung *Narcissus VI. Leucoionarcissolirium bifolium. Germanis Schnetropffen.* Über den Wuchsort heißt es nur, es wachse auf Wiesen und in schattigen Bergwäldern. 1581 hat es auch Lobelius in seinem Abbildungswerk als *Leuconarcisso-lirion minimum* und 1583 Clusius in seinem Buch über die selteneren Pflanzen Österreichs und Ungarns als »Snetropfen« beschrieben und abgebildet, ohne daß zu erkennen ist, ob die Art damals schon Gartenpflanze war. Als solche wird das Schneeglöckchen erst 1588 für den Garten von Joachim Camerarius in Nürnberg verzeichnet und zwar unter dem Namen *Leucoium bulbosum triphyllum.* Um die gleiche Zeit war es auch schon in Annaberg im Erzgebirge vorhanden, wohin es wohl Camerarius an seinen Bruder Ludwig gesandt hatte (Jenisius 1605). 1594 wuchs es ferner im Scholzeschen Garten in Breslau (wird jedoch 1601 von Kaspar Schwenckfelt (1563 – 1609) für Schlesien weder als Garten- noch als Wildpflanze aufgeführt!), fehlte aber noch in den Lausitzer Gärten.

In den Niederlanden heißt es 1614, daß das Schneeglöcken in Italien häufig sei, hierzulande aber nur in den Gärten von Liebhabern in geringer Zahl zu finden sei (Crispinus Passaeus Hortus floridus) In Deutschland breitete sich das Schneeglöckchen im 17. Jh. dann weiter aus, zunächst vor allem in den fürstlichen Lustgärten. So erscheint es, unter dem Namen *Leucoium bulbosum triphyl-*

lum minus 1613 im fürstbischöflichen Garten zu Eichstätt, zwischen 1607 und 1630 im herzoglich braunschweigischen Garten zu Hessem und um 1660 im kurfürstlich brandenburgischen Lustgarten in Berlin. Ende des 17. Jhs. war es bis in einen Pastorengarten in Friedrichstadt in Schleswig-Holstein gekommen (Fischer-Benzon 1894). In verschiedenen Gebieten Deutschlands erscheint das Schneeglöckchen aber erst zu Beginn des 18. Jhs. So datiert der erste Nachweis dieser Art für die Oberlausitz (Lauban) aus dem Jahre 1724 und für Baden-Württemberg aus dem Jahre 1728. Nunmehr nehmen die Belege für eine Gartenkultur des Schneeglöckchens sprunghaft zu, aber Siegmund Gerhard Seybold (1973) hat gewiß recht, wenn er meint, daß diese Pflanze auch um 1750 noch lange nicht in jedem Garten zu finden war. Erst im 19. Jh. heißt es dann in allen deutschen Floren, daß das Schneeglöckchen überall in den Gärten häufig und in Grasgärten, Parken und auf Friedhöfen mitunter auch in Mengen verwildert sei. So schreibt z.B. im Jahre 1900 der Berliner Botaniker Carl Bolle: »Ich erinnere mich, einen Kirchhof im Ruppinschen gesehen zu haben, den vieljährige Ruhe mit einem Teppich von Schneeglöckchen vollkommen und aufs lieblichste überzogen hatte, so daß kaum Gras dazwischen aufkommen konnte.«

Seit Beginn des 18. Jhs. erscheint neben der Normalform auch eine Form mit gefüllten Blüten, die vielleicht zuerst in den Niederlanden aufgetreten ist. In Deutschland war sie z.B. 1706 in Hamburg-Eimbsbüttel, 1722 in Würzburg, 1736 in Trebnitz bei Seelow vorhanden, 1744 im Botanischen Garten Frankfurt/Oder, 1746 im Krauseschen Garten in Berlin, 1765 im Botanischen Garten Greifswald. Mitte des 19. Jhs. fand Julius Scharlock im Nahetal eine abweichende, spätblühende Form mit langem zweiteiligem Hochblatt und hellgrünen Flekken auf den äußeren Perianthblättern ('Scharlockii'). Einige weitere abweichende Formen ('Magnet', 'Atkinsii', 'Lutescens', 'S. Arnott') wurden gegen Ende des 19. Jhs. in englischen Gärten entdeckt und in Kultur genommen.

Neben dem Gewöhnlichen Schneeglöckchen (*G. nivalis* L.) begegnet uns gelegentlich die eine oder andere Art aus dem östlichen Mittelmeerraum, dem Schwarzmeergebiet und Vorderasien, die allerdings in Mitteleuropa weit weniger wuchskräftig sind und daher zumeist auf Botanische und Liebhaber-Gärten beschränkt bleiben. 1583 berichtete Clusius, Herr von Heysenstein in Wien habe im Herbst 1582 in einer Sendung von Narzissenzwiebeln aus Konstantinopel eine einzelne Zwiebel einer Schneeglöckchen-Art erhalten, welche, sogleich in die Erde gebracht, Anfang März 1583 geblüht habe. Seiner Beschreibung nach dürfte es sich bei diesem *Leucoium bulbosum Byzantinum* am ehesten um *G. ikariae* Baker von den Ägäischen Inseln, der nördlichen Türkei und dem Kaukasusgebiet gehandelt haben, eventuell aber auch um *G. plicatus* M. B. aus Ostrumänien, der südlichen Ukraine und der Krim. Ein *Leucoium bulbosum triphyllum maius Byzanthinum*, wohl dieselbe Sippe, begegnet dann auch 1613 im Hortus Eystettensis und 1684 im Gartenbaubuch von Elsholtz. 1821 war im Botanischen Garten Berlin neben *G. nivalis* auch *G. plicatus* M. B. vertreten. Die heute neben

G. nivalis noch am ehesten angebotene, aber oftmals nicht sehr ausdauernde Art *G. elwesii* Hook. fil., höherwüchsig und mit wesentlich breiteren Blättern, war erst 1874 von dem englischen Pflanzensammler Henry John Elwes (1846 - 1922) bei Smyrna (Izmir) in der westlichen Türkei gefunden und 1875 von Joseph Dalton Hooker (1817 - 1911) als neue Art beschrieben worden. Ein in Smyrna ansässiger Grieche sandte Elwes etwas später eine große Anzahl von Zwiebeln zu, auf deren Grundlage die Art dann in England und wenig später auch in den Niederlanden vermehrt und verbreitet wurde. In Deutschland erscheint *G. elwesii* jedoch erst nach 1900.

Galtonia candicans (Bak.) Decne. Kaphyazinthe

Das südafrikanische Liliengewächs wurde erst um 1860 entdeckt und wenig später nach England eingeführt, und zwar von Thomas Cooper (1815 - 1913), der für den Garten von Wilson Saunders in Reigate von 1859 bis 1862 in Südafrika Pflanzen sammelte. Durch die niederländische Gartenbaufirma Krelage in Haarlem erfolgte dann die Vermehrung und Vermarktung. Ende des 19. Jhs. war die Pflanze auch in Deutschland bekannt, aber noch wenig verbreitet.

Die Art wurde zunächst von dem englischen Botaniker John Gilbert Baker (1834 - 1920) als *Hyacinthus candicans* beschrieben, dann aber 1880 von dem belgischen, in Paris tätigen Botaniker Joseph Decaisne (1807 - 1882) in die von ihm begründete Gattung *Galtonia* gestellt, benannt nach Francis Galton, einem Erforscher Südafrikas.

Gazania Gaertn. Mittagsgold

Die etwa 25 einjährigen oder ausdauernden und halbstrauchigen Arten der Korbblütler-Gattung *Gazania* sind in Südafrika heimisch. Ein erster Vertreter gelangte Anfang des 18. Jhs. nach Europa, wo er bei dem Pariser Botaniker Sebastien Vaillant (1669 - 1722) als *Arto-theca foliis rigidis leviter dissectis* erscheint. Linnaeus nannte diese Pflanze dann *Gorteria rigens*, und zwar zu Ehren des niederländischen Arztes und Botanikers Davis de Gorter (1717 - 1783), nach dem auch die in Leiden erscheinende Zeitschrift Gorteria benannt wurde.

Der deutsche Arzt Joseph Gaertner (1732 - 1791), der sich mit den Früchten und Samen der Pflanzen beschäftigte, stellte die Art 1791 zu seiner Gattung *Gazania* nach dem Griechen Theodoros Gaza (1398 - 1478), der die botanischen Werke von Aristoteles und Theophrast ins Lateinische übersetzt hatte. Dennoch wurde sie noch lange weiterhin als *Gorteria rigens* bezeichnet, so 1809 von Willdenow, der sie im Botanischen Garten Berlin kultivierte, und 1817 von dem Hofgärtner Christian August Breiter im Verzeichnis der in seinem Garten in Leipzig gezogenen Gewächse. Zu dieser Zeit begann ihre Ausbreitung in die allgemeine Gartenkultur. 1837 bezeichnete sie die damalige Neuauflage von Wredows Gartenfreund als »eine Prachtpflanze«. In der Mitte des 19. Jhs. wurden in Deutschland bereits 4 *Gazania*-Arten (*G. rigens*,

G. uniflora, G. speciosa, G. pavonia) als Gartenpflanzen gezogen. Wenig später entstanden in England aus der Kreuzung der beiden erstgenannten, aber wahrscheinlich noch weiterer Arten die Gazania-Hybriden. Züchterisch weiterentwickelt, stellen sie auch heute noch bekannte und geschätzte Sommerblumen dar, auch wenn ihre Blüten bei trübem und regnerischem Wetter geschlossen bleiben und oft nur über die Mittagsstunden geöffnet sind.

Gentiana L. Enzian

Enzian-Arten sind teils wegen ihrer Heilwirkungen, teils wegen ihrer attraktiven (meist blauen) Blüten schon seit altersher in die Gärten geholt worden, haben aber wegen ihrer besonderen Standortansprüche kaum allgemeine Verbreitung erfahren. Als seit Mitte des 19. Jhs. Steingärten in Mode kamen und sich mehr und mehr ausbreiteten, wurde auch eine Anzahl alpiner Enzian-Arten von spezialisierten Gartenbaubetrieben angeboten und von Liebhabern mit mehr oder weniger großem Erfolg kultiviert. In den normalen Gärten sind derartige Enzian-Arten jedoch kaum zu sehen, und wenn einmal angepflanzt, oft nur von kurzer Lebensdauer.

In älteren Zeiten wurde in den Gärten mitunter der in wärmeliebenden Trockenrasen und Saumgesellschaften wachsende **Kreuz-Enzian** (*G. cruciata* L.) als Heilpflanze gezogen. Seine Wurzeln benutzte man als Wundheilmittel, als Mittel gegen die Pest und bei Frauenleiden. So erscheint er z.B. 1613 im Hortus Eystettensis unter dem Namen *Cruciata*. Heute ist diese Art, von der es neben der graublau blühenden Wildform auch eine weißblühende Form gibt, fast gänzlich als Gartenpflanze verschwunden.

In neuerer Zeit haben einige kaukasische und chinesische Enzian-Sippen etwas weitere Verbreitung erfahren. Der von Peter Simon Pallas entdeckte und 1788 in seiner Flora rossica erstmals beschriebene **Siebenspaltige Enzian** (*G. septemfida* Pall.) wurde Anfang des 19. Jhs. von dem englischen Gärtner George Loddiges aus Samen angezogen, den dieser 1803 durch seinen Korrespondenten Stepan aus Moskau erhalten hatte und der auf Aufsammlungen von Marschall von Bieberstein zurückging. Von England aus wurde die Art dann als Gartenpflanze weiter verbreitet und z.B. auch in dem 1837 in Leipzig erschienenen Staudenbuch des österreichischen Pfarrers Johann Theophil Zetter aufgeführt. 1853 heißt es in der von Eduard Regel herausgegebenen Gartenflora (Jg. 2), diese schöne Art sei zwar schon seit dem Jahre 1808 in Kultur, »aber dennoch nicht so verbreitet, als sie es zu sein verdient«. 3 Jahre später empfiehlt sie dieselbe Zeitschrift als Alpinumpflanze. Als solche hat sie sich dann vielerorts bewährt, und 1911 konstatierte Karl Foerster: »Für Steingärtchen ein unverwüstlicher Sommerblüher«. Noch blühwilliger und besser vermehrbar als die Stammpflanze ist der Anfang des 20. Jhs. von Ludwig F. Mlokosewitsch (1831–1909) bei Lagodechi im heutigen Georgien gefundene **Kranz-Enzian** (*G. septemfida* var. *lagodechiana* Kusn.), eine niederliegende Form mit leuchtend blauen Blüten.

Aus den Hochgebirgen des südlichen China (Nordwest-Yunnan, Likiang) stammt der **Oktober-Enzian** (*G. sino-ornata* Balf. f.) mit tiefblauen, außen purpurblau und gelblichweiß gestreiften Blüten. Dort wurde er von dem englischen Pflanzensammler George Forrest auf seiner zweiten China-Expedition 1910/11 entdeckt und Samen davon nach England gebracht. Im Jahre 1912 blühte er erstmals im Botanischen Garten Edinburgh und rief große Begeisterung hervor. Obwohl in den zwanziger Jahren auch schon in Deutschland bekannt, hat er sich hier recht eigentlich erst nach dem 2. Weltkrieg verbreitet, ist jedoch wegen seiner Kalkfeindlichkeit nicht überall leicht zu ziehen. Inzwischen gibt es auch eine 1928 in England entstandene, etwas wüchsigere Hybride (*G. x macaulayi* Millard) mit dem aus Westchina (Nord-Kansu) stammenden, 1914 nach England eingeführten, ähnlichen, aber höheren und schmalblättrigen **Wellensittich-Enzian** (*G. farreri* Balf. f.) mit himmelblauen, außen gelblichweiß gestreiften Blüten.

Geranium L. Storchschnabel

Wie Peter Frederick Yeo (1988) betont, ist die Anzahl der *Geranium*-Arten, die in den Gärten allgemeine Verbreitung gefunden haben, relativ gering. Neben den heute häufig kultivierten Storchschnabel-Sippen sollen hier einige Arten betrachtet werden, die früher als Zierpflanzen eine Rolle gespielt haben, jetzt aber selten geworden oder lediglich noch in der Wildflora zu finden sind.

Von den etwa 15 auch in Mitteleuropa heimischen *Geranium*-Arten wurden nur wenige besonders großblütige und attraktive Arten in Gartenkultur genommen. Der auf Wiesen des Berg- und Hügellandes häufige **Wiesen-Storchschnabel** (*G. pratense* L.) mit 35-45 mm großen blauvioletten Blüten wurde früher hier und da auch als Gartenpflanze gezogen. Der Hortus Eysttensis (1613) nennt 3 verschiedene Farbformen, und zwar neben dem *Geranium Batrachium coeruleum* und *flore albo* ein *Geranium anglicanum variegatum*, bei dem es sich offenbar um *G. pratense* 'Striatum' ('Bicolor') handelte. Auch späterhin werden *G. pratense* und seine Formen vielfach als Zierpflanzen genannt, so z.B. 1864 von Ascherson in seiner Flora der Provinz Brandenburg. Obwohl es heute noch weitere, auch gefülltblühende Sorten gibt, ist *G. pratense* als Gartenpflanze in Deutschland kaum noch zu sehen.

Auch der auf Wiesen und in Hochstaudenfluren des Berglandes heimische **Wald-Storchschnabel** (*G. sylvaticum* L.) mit 22-30 mm großen, blau- bis rotvioletten Blüten fand früher, von Caspar Bauhin 1623 als *Geranium batrachoides folia Aconiti* bezeichnet, Verwendung als Gartenpflanze, wobei neben der Normalform auch Formen mit weißen und mit weißen, violettgeaderten Blüten genannt werden (letztere wird heute als eigenständige Art *G. rivulare* Villars aufgefaßt). *G. sylvaticum* und seine Formen werden heute meist nur noch von Liebhabern gezogen.

Der in wärmeliebenden Saumgesellschaften vorkommende **Blutrote Storchschnabel** (*G. sanguineum* L.) mit 25-42 mm großen purpurroten Blüten war in Mitteleuropa bereits 1561 Gartenpflanze, in England mindestens seit 1597 (Gerard). Unter dem Namen *Geranium Sanguinarium* bildete ihn 1613 der Hortus Eystettensis farbig ab. Auch später wird die Art hier und da, allerdings nicht überall, als Gartenpflanze aufgeführt. Mit dem Aufkommen der Steingärten im 19. Jh. fand die Art dann zunehmendes Interesse. Heute gibt es eine Reihe von Sorten, darunter auch solche mit weißen und mit rosa Blüten, an deren Entstehung der englische Züchter Jack Drake großen Anteil hat.

Eine ehemals recht verbreitete Zierpflanze war der **Braune Storchschnabel** (*G. phaeum* L.), dessen natürliches Areal sich von den Pyrenäen über die Alpen bis hin zu den Gebirgen Südosteuropas erstreckt. Von seinen beiden Unterarten wächst die subsp. *phaeum* mit purpurbraunen bis schwarzvioletten Blüten im östlichen, die subsp. *lividum* mit schmutzig-lila Blüten im westlichen Teil des Verbreitungsgebietes. Als *Geranium alterum* tritt er 1561 in Deutschland als Gartenpflanze in Erscheinung. Der Hortus Eystettensis (1613) nennt ihn *Geranium fuscum*, Frembd Storch-Schnabel, Caspar Bauhin 1623 *Geranium montanum fuscum*. Die auf gr. phaiós, »bräunlich« zurückgehende Artbezeichnung *phaeum* wurde zuerst von Johann Bauhin angewendet, dann von Heinrich Bernhard Ruppius in seiner Flora Jenensis und schließlich von Linnaeus übernommen. 1773 schreibt Johann Gottlieb Gleditsch über die Art: »Die sehr dunkle Farbe der Blumen im Frühling und Sommer ist bey den Gewächsen etwas seltenes.« Wegen der düsteren Färbung seiner Blüten wurde der Braune Storchschnabel – im Englischen heißt die Art Mourning widow (»Trauernde Witwe«) – gern auf Friedhöfen angepflanzt. Auf alten Dorffriedhöfen und in Schloßparken ist die Art auch heute noch mancherorts verwildert anzutreffen, als Gartenpflanze jedoch so gut wie verschwunden.

Ein ähnliches Schicksal erfuhr der als Zierpflanze nach Mitteleuropa gekommene **Pyrenäen-Storchschnabel** (*G. pyrenaicum* N. L. Burman) mit nur mäßig großen (Durchmesser 12 - 18 mm), purpur- bis violettrosa Blüten. Sein ursprüngliches Areal reicht von den Pyrenäen über Südeuropa bis zum Kaukasus. Anfang des 17. Jhs. von dem aus Kamenz in der Oberlausitz stammenden Bauhin-Schüler Joachim Burser in Südfrankreich entdeckt, gibt Bauhin in seinem Pinax (1623) einen ersten Hinweis auf diese Art, welche Burser in seinem Herbar als *Geranium columbinum mollius, magis incanum, atrovirens, flora majore etc.* bezeichnete. Die heute gültige Erstbeschreibung lieferte dann aber nicht Linnaeus, sondern der niederländische Botaniker Nikolaas Laurens Burman in seiner 1759 in Leiden erschienenen Abhandlung Specimen botanicum de Geraniis. Erst im letzten Viertel des 18. Jhs. fand der Pyrenäen-Storchschnabel Eingang in die deutschen Gärten. 1779 bot die Handelsgärtnerei Buek in Hamburg sowohl eine bläulichviolette Form als auch eine weißblühende Form an, 1782 wuchs der Pyrenäen-Storchschnabel im Senckenbergschen Garten in Frankfurt/Main. Seine Zierpflanzenperiode dauerte jedoch nur bis zur Mitte des 19. Jhs. Seitdem ist diese Art kaum noch irgendwo als Gartenpflanze zu finden, aber vielerorts verwildert, eingebürgert und auf wegbegleitenden

Grünflächen und in Saumgesellschaften in der Ausbreitung begriffen.

Aus den West-Pyrenäen kam 1832 der **Rosa Storchschnabel** (*G. endressii* Gay) mit 30 - 37 mm großen rosa Blüten nach England und wurde dort in Gartenkultur genommen. In Deutschland blieb die Art lange Zeit unbekannt, erst in neuerer Zeit beginnt sie sich in den Gärten stärker auszubreiten, zumal inzwischen in England eine Reihe von Formen und Hybriden entstanden ist.

Der in Südosteuropa bis an die Alpen heran heimische **Großwurzel-Storchschnabel** (*G. macrorrhizum* L.) mit stark riechenden Blättern und 20 - 25 mm großen rosa bis rotvioletten, auch weißen Blüten gelangte im letzten Viertel des 16. Jhs. in die Gärten, wo er nicht nur als Zier-, sondern auch als Heil- und Bienenpflanze kultiviert wurde. Lange Zeit hindurch gewann man aus dieser Pflanze das in der Parfümherstellung benutzte Geraniumöl und verwendete sie ferner als Gerbstoff. Im Garten des Nürnberger Arztes Joachim Camerarius wuchs sie 1588 als *Geranium macrorhizon, Gallis Banatica, gravissime odoris, praesertim radix*, und unter dem Namen *Geranium macrorhizon* erscheint sie 1601 in Schlesien und 1613 im Hortus Eystettensis. Caspar Bauhin (1623) nannte die Art *Geranium batrachoides odoratum*, bis Linnaeus dann wieder auf den älteren Namen zurückgriff. Im 17. und 18. Jh. in vielen Gärten erscheinend, war die Art im 19. Jh. weit verbreitet. Sie fand und findet bis heute Verwendung als schattenertragender Bodendecker vor allem in Landschaftsparken sowie in beschatteten Haus- und Vorgärten. Inzwischen existieren mehrere Sorten, darunter der in der englischen Gärtnerei Ingwersen entstandene Kultivar 'Grandiflorum' mit einem Blütendurchmesser von 25 mm. Neuerdings wird die intensiv duftende Pflanze zwecks Verhinderung von Kaninchenverbiß zur Anpflanzung in Staudenrabatten empfohlen.

1875 schrieb der Eisenacher Gartendirektor Hermann Jäger, von den Storchschnabel-Arten seien »wirklich schöne Rabattenpflanzen nur *G. ibericum* und *G. platypetalum* ... viel schöner als die bekanntere *G. macrorrhizum*«. Die beiden genannten Arten entstammen dem Kaukasusgebiet. Der **Georgische Storchschnabel** (*G. ibericum* Cav.) wurde von Tournefort auf seiner Orientreise entdeckt und in seinem Corollarium (1703) unter dem Namen *Geranium orientale batrachoides tenuiroribus flore maximo* aufgeführt. Die wissenschaftliche Erstbeschreibung lieferte jedoch erst in einer 1787 in Madrid erschienenen Abhandlung Antonio José Cavanilles, wodurch zeitweilig der Irrtum entstand, die Artbezeichnung *ibericum* beziehe sich auf die Iberische Halbinsel. Gemeint ist aber die alte Kaukasuslandschaft Iberia, das heutige Georgien. Marschall von Bieberstein sandte die Art 1802 nach West- und Mitteleuropa. 1808 wuchs sie im Botanischen Garten Berlin, 1817 in Leipzig und in Weimar-Belvedere. 1818 von Wredow in seinem Gartenfreund aufgeführt und empfohlen, wurde der Georgische Storchschnabel in Deutschland alsbald zu einer weit verbreiteten Gartenzierpflanze, zumal er, wie der Berliner Botaniker Heinrich Link 1822 ausdrücklich hervorhob, damals die größte Blütenkrone der Gattung (Durchmesser 40 - 48 mm) besaß.

Der **Kaukasische Storchschnabel** (*G. platypetalum* F. et M.), dem vorigen ähnlich, aber mit meist etwas kleineren und dunkleren Blüten und andersgestalteten Blättern, jedoch von ungefähr gleicher Verbreitung, wurde erst 1835 im Samenkatalog des Petersburger Botanischen Gartens von den deutsch-russischen Botanikern Friedrich Ernst Ludwig von Fischer (1782–1854) und Carl August von Meyer (1795–1855) als eigene Art beschrieben. Da sie aber vielfach mit *G. ibericum* vermengt bzw. lediglich als Varietät von *G. ibericum* bewertet wurde, läßt sich ihre Einführung nach Mitteleuropa nicht genau verfolgen. Jedenfalls tauchte hier alsbald eine besonders großblütige und starkwüchsige Form mit prächtig purpurvioletten Kronblättern auf, die zunächst unter verschiedenen Bezeichnungen als Sorte geführt wurde. Der schwedische Botaniker Nils Hylander vom Botanischen Garten in Uppsala konnte schließlich nachweisen, daß es sich hierbei um einen (sterilen) Bastard zwischen *G. ibericum* und *G. platypetalum* handelt. 1961 gab er diesem **Pracht-Storchschnabel** den wissenschaftlichen Namen *G. x magnificum*. Es ließ sich nicht mehr feststellen, wo und wann diese Hybride entstanden ist; der früheste Beleg ist ein aus dem Botanischen Garten Genf stammendes, im Jahre 1871 gesammeltes Herbarexemplar. Ihre prächtige Erscheinung und ihre Wuchsfreudigkeit haben dieser Sippe inzwischen zu einer weiten Verbreitung verholfen; heute ist *G. x magnificum* vielleicht der häufigste Vertreter der Gattung *Geranium* in unseren Gärten und Grünanlagen.

Geum L. Nelkenwurz

Die auf Feuchtwiesen in Deutschland ehemals allerorten häufige **Bach-Nelkenwurz** (*G. rivale* L.), insbesondere aber ihre gelegentlich auftretenden Formen mit gefüllten Blüten, wurden früher hier und da als Zierpflanzen in die Gärten geholt, vor allem in Bauerngärten. Als *Gariophyllata montana* erscheint sie z.B. 1613 im Hortus Eystettensis. Obwohl es von der Bach-Nelkenwurz heute einige Namensorten gibt, ist sie als Zierpflanze nur noch ganz selten zu sehen.

Die heute in unseren Gärten als Steingarten- oder niedrige Rabattenpflanze anzutreffenden, meist orangerot blühenden Nelkenwurz-Sippen gehen in der Hauptsache auf *G. coccineum* S. et S. und *G. chiloense* Balb. zurück bzw. sind Hybriden dieser Arten. Die in Gebirgen der südlichen Balkanhalbinsel und Kleinasiens heimische **Scharlachrote Nelkenwurz** (*G. coccineum*) wurde 1806 von den englischen Botanikern John Sibthorp und James Edward Smith in ihrem Florae graecae Prodromus beschrieben. In der Mitte des 19. Jhs. erschien sie dann in Deutschland als Gartenpflanze. 1857 empfahl sie Eduard Regel in der Gartenflora für das Alpinum.

Die **Chilenische Nelkenwurz** (*G. chiloense*) war Anfang des 18. Jhs. von dem französischen Minoritenpater und Missionar Louis Feuillée in Chile entdeckt und 1714 in seinem Reisebericht als *Caryophyllata foliis alatis, flore amplo coccineo, vulgo Quell gon* verzeichnet worden. Lebende Pflanzen kamen zuerst 1824 nach Frankreich (Lyon), von dort 1826 auch nach England. Der heute gültige Name geht auf den italienischen Botaniker Giovanni Baptista Balbis zurück, der sich zeitweilig in Lyon aufhielt und dort 1827/28 eine Flore Lyonnaise veröffentlichte. Da diese Art wegen ihrer tief scharlachroten Blütenfarbe von den Gärtnern ebenfalls als *G. coccineum* bezeichnet wurde, ist ihre Ausbreitung schwierig zu verfolgen, zumal zwischen beiden Arten alsbald auch Hybriden entstanden. Aller Wahrscheinlichkeit nach ist sie aber in den 1830er Jahren nach Deutschland gekommen. An der züchterischen Weiterentwicklung dieser und der vorigen Art war hier später vor allem Georg Arends in Ronsdorf beteiligt.

Gladiolus L. Gladiole

Von den 5 in Europa wildwachsenden Gladiolen-Arten kommen 2 (*G. palustris* L. und *G. imbricatus* Mill.) auch auf Moorwiesen in Mitteleuropa vor, heute jedoch nur noch äußerst selten und vom Aussterben bedroht. Die anderen sind auf das Mittelmeergebiet beschränkt und dort stellenweise noch reichlich anzutreffen. Die mediterranen Arten waren bereits den antiken Botanikern bekannt und wurden wegen ihrer schwertförmigen Blätter bei Dioskurides *xiphion* (zu gr. xíphos, »Schwert«), bei Plinius aber *gladiolus* (»Schwertchen«, zu lat. gladius, »Schwert«) genannt. Vor allem die **Gewöhnliche Gladiole** (*G. communis* L.) mit bis 3 cm langen rosenroten, bei ihrer Unterart *byzantinus* dunkel- bis violettroten Blüten, aber auch die **Italienische Gladiole** (*G. italicus* Miller = *G. segetum* Ker-Gawl.) waren 1561 in deutschen Gärten als Zierpflanzen zu finden, daneben auch die heimische **Sumpf-Gladiole** (*G. palustris*). *G. communis* war damals unter dem Namen *Xyphion Dioscoridis* vielerorts in deutschen Gärten vorhanden, allerdings wohl meist auf Liebhaber-Gärten beschränkt. Im Hortus Eystettensis (1613) werden von *Gladiolus communis* (*Gladiolus Narbonensium* bzw. *Hispanicum*) 3 Farbformen (purpurrot, fleischfarben, weiß) aufgeführt, außerdem auch *G. italicus* (*Gladiolus Italicus flore rubro*) und *G. palustris* (*Victorialis rotunda*). Insgesamt blieben die meisten europäischen Wild-Gladiolen in den deutschen Gärten aber stets selten, mit Ausnahme von *G. communis*, welche im 17. und 18. Jh. und bis in das 19. Jh. hinein in Mitteleuropa eine häufige Gartenpflanze und selbst in Bauerngärten vertreten war. So schreibt z.B. 1773 der Berliner Botaniker Johann Gottlieb Gleditsch über *G. communis*, »welcher ... in unseren Gärten im Sommer stark blüht ... Seine Blüte gibt den Luststücken ein sehr gutes Ansehen«, und 1827 der Dichter und Botaniker Adelbert von Chamisso: »*Gladiolus communis* und eine oft damit verwechselte Art ... wetteifern in unseren Gärten mit den schönsten Blumen des Auslandes.« Noch 1864 war die Art nach Ascherson »häufig in Gärten gepflanzt«, wurde dann aber mehr und mehr von den nunmehr entwickelten südafrikanischen **Gladiolus-Hybriden** zurückgedrängt. Um 1900 von Carl Bolle bereits als altmodische Blume eingestuft, ist *G. communis* heute nur noch in Botanischen und Liebhaber-Gärten zu finden.

Das Hauptentfaltungsgebiet der Gattung *Gladiolus* befindet sich in Süd- und Ostafrika, wo etwa 180 z.T. recht großblütige, bei uns nicht winterharte Arten vorkommen. Die ersten südafrikanischen Gladiolen gelangten in der 1. Hälfte des 17. Jhs. nach Europa. Als erster beschrieb der französische Arzt und Botaniker Jacques Cornut 1635 einen *Gladiolus aethiopicus flore coccineo* und gab an, die Pflanze habe in Paris erstmals im Oktober 1633 geblüht. Aber erst ganz allmählich und über einen langen Zeitraum verteilt trafen dann weitere afrikanische *Gladiolus*-Arten in Europa ein. Während dem Berliner Botaniker und Gartendirektor Elsholtz 1684 noch keine derartigen Arten bekannt waren, nennt der englische Botaniker John Ray (1628 - 1705) im Band 2 seiner Historia plantarum 1688 außer dem vorgenannten noch einen *Gladiolus Africanus, radice tuberosa, cepae foliis* Breyn. In dem 1704 erschienenen, Ergänzungen enthaltenden Band 3 seines Werkes werden dann aber 24 neue afrikanische *Gladiolus*-Sippen aufgeführt. Im Laufe des 18. Jhs. kamen weitere Arten, so z.B. *G. tristis*, welcher 1745 im Apothekergarten in London-Chelsea kultiviert wurde, und 1789 *G. cardinalis*. Linnaeus verzeichnete 1753 in seinen Species Plantarum erst 4 *Gladiolus*-Arten aus Afrika: *G. spicatus, angustus, ramosus* und *capitatus*. In Deutschland trafen die ersten afrikanischen Gladiolen-Arten erst in der 2. Hälfte des 18. Jhs. ein. Der Berliner Botanische Garten kultivierte im Jahre 1808 zwölf aus Südafrika stammende Arten, darunter *G. cardinalis* Curt. und *G. tristis* L., für 1812 werden 3 weitere Arten genannt. Die Leipziger Gärtnerei Breiter verzeichnete 1817 dann bereits 22 Gladiolen-Arten vom Kap der Guten Hoffnung, die 1. Auflage des 1818 in Berlin erschienenen Gartenfreundes von Wredow nennt

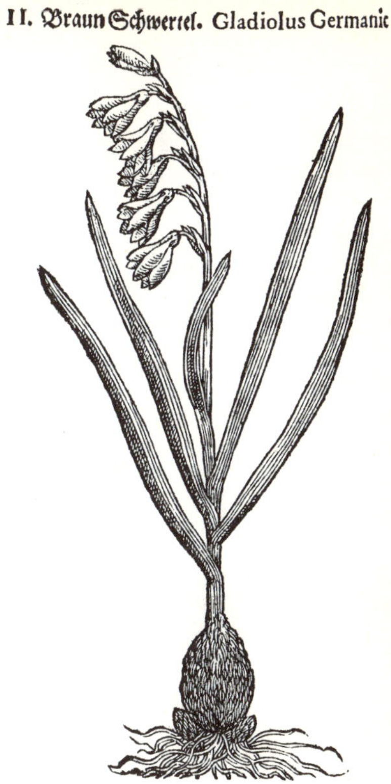

Gladiolus communis L. Gewöhnliche Gladiole, Tabernaemontanus 1588

9, die 5. Auflage 1837 zwölf. Auch im 19. Jh. kamen ständig weitere afrikanische Arten nach Europa, darunter die für die Züchtung wichtigen Arten *G. psittacinus* Hooker (1829) mit gelben, scharlachrot gefleckten Blüten, der auf Madagaskar heimische *G. oppositiflorus* Herb. 1842, der 1860 von dem englischen Pflanzensammler Coopers auf dem Wetteberge im Albertsdistrikt (Südafrika) entdeckte und an Wilson Saunders in England geschickte *G. saundersii* Hook. f. mit lebhaft scharlachroten Blüten und der erst 1887 von J. T. Last im Usagaragebirge (tropisches Südostafrika) aufgefundene *G. primulinus* Baker. Anzumerken ist, daß einige der seinerzeit als eigene Arten beschriebenen *Gladiolus*-Sippen aufgrund neuerer Untersuchungen heute keinen Artrang mehr besitzen, sondern in andere Arten einbezogen wurden; so gehören z.B. *G. psittacinus* und *G. primulinus* jetzt zu *G. dalenii* Geel 1829 (= *G. natalensis* (Eckl.) Reinw. ex Lodd. 1831).

Die Züchtung der heutigen **Gladiolus-Hybriden** setzte kurz nach 1820 ein. An dieser Stelle kann nur ein gedrängter Überblick gegeben werden. 1823 erzielte der Gärtner James Colville in London-Chelsea frühblühende Hybriden zwischen *G. cardinalis* und *G. tristis* (*G. x colvillei = G. x nanus*). Nach Einführung von *G. psittacinus* kreuzte um 1837 der belgische Gärtner Hermann Joseph Bedinghaus diese Art mit *G. cardinalis*. Der Gartenbaubetrieb Louis van Houtte in Gent kaufte diese Hybriden auf und brachte sie 1841 unter dem Namen *G. x gandavensis* (Genter Gladiolen) in den Handel. Hybriden zwischen *G. oppositiflorus* und *G. insignis* bzw. *G. cardinalis,* als *G. x ramosus* bezeichnet, wurden 1839 vom holländischen Gärtner Schneevogt gezüchtet. Weitere Hybriden entstanden in England. 1844 heißt es in dem in Frankfurt/Main erschienenen Zierpflanzenbuch von A. F. Lenz, außer den europäischen und südafrikanischen *Gladiolus*-Wildarten »verdienen besonders die in England erzeugten Bastarde die Beachtung der Blumenfreunde. In unseren Gärten sind sie noch selten, doch finden sich ... schon bekanntere schon hier und da vor ...«. Auch in Deutschland setzte nunmehr die Züchtung ein. Der Gärtner Sieckmann in Bad Köstritz benutzte vor allem *G. fulgens* und *G. splendens* und bot 1848 und 1852 in seinen Katalogen bereits 78 selbstgezüchtete Sorten an. In Berlin entwickelte sich J. E. S. Limprecht zu einem seinerzeit bekannten Gladiolenzüchter. 1852 heißt es im 1. Jahrgang der Gartenflora, es würden nunmehr am meisten kultiviert *G. cardinalis, G. ramosus, G. floribundus* und *G. psittacinus,* jeweils mit ihren Varietäten, und es gebe eine »Unmasse von Abarten und Bastarden, die durch ihre köstlichen Farben die Zierde unserer Gärten geworden sind«. In den Niederlanden züchtete vor allem die Firma Krelage und Sohn in Haarlem zahlreiche neue Gladiolen-Sorten. Seit 1875 beschäftigte sich auch der erfolgreiche französische Pflanzenzüchter Victor Lemoine in Nancy mit Gladiolen. Er zog *G. saundersii* zu seinen Kreuzungen heran, ebenso alle inzwischen neu entdeckten Wildarten aus Ostafrika und Natal. Durch Einkreuzung von *G. purpureo-auratus* in *G. x gandavensis* entstanden die widerstandsfähigen, großfleckigen Lemoineschen Hybriden, deren erste Exemplare 1878 herauskamen. Die Einbeziehung von *G. saundersii* erbrachte die riesenblumigen Nanceanus-Hybriden, welche Lemoine 1890 in Paris ausstellte. Ein weiterer Gladiolenzüchter dieser Zeit war Max Leichtlin in Baden-Baden, welcher ebenfalls *G.* saundersii in das *G. x gandavensis*-Sortiment einkreuzte und die groß- und reichblütigen *G. x* Leichtlinii-Hybriden erzielte, die er aber nach Amerika verkaufte, wo sie 1893 von J. L. Childs in New York als *G. x childsii* in den Handel gegeben wurden. Seitdem setzte auch in den USA die Gladiolenzucht ein. Neue Impulse erhielt die Züchtung durch die Einführung des gelbblühenden *G. primulinus*, dessen Einkreuzung neue Farben in Gelb, Lachs, Orange und Aprikosenfarben in das Sortiment brachte. An der Entwicklung dieser G.-Primulinus-Hybriden war in Deutschland die Gartenbaufirma Wilhelm Pfitzer in Stuttgart führend beteiligt. Durch Einkreuzung bis dahin noch nicht züchterisch genutzten, Wildarten aus Südafrika und Transvaal (*G. dracocephalus* Hook., *G. alatus* L., *G. liliaceus* Houttuyn = *G. grandis* Thunb. und *G. orchidiflorus* Andrews) entstand 1951 die neue Rasse der klein- bis mittelgroßblütigen, an Farben und Farbkombinationen reichen Butterfly-Gladiolen. Durch die nunmehr in vielen Ländern betriebene Gladiolenzüchtung ist inzwischen eine kaum noch zu übersehende Sortenfülle entstanden, die man in die Gruppen der Großblütigen-Gladiolus-Hybriden und der Kleinblütigen-Gladiolus-Hybriden (Blütendurchmesser unter 4 cm) einzuteilen pflegt.

Godetia Spach Godetie, Sommerazalee

Von der etwa 20 meist einjährige Arten umfassenden, in Nord- und Südamerika beheimateten Gattung *Godetia* kamen im 19. Jh. mehrere Arten als Zierpflanzen nach Europa.

1855 zählte das Gartenpflanzenbuch von Ernst Berger für die deutschen Gärten 9 *Godetia*-Arten auf. Die wichtigste davon war die **Großblütige Godetie** (*G. grandiflora* Lindley) mit weißen, am Grunde rötlichen Blütenblättern. Diese in Kalifornien heimische Art war dort um 1830 von dem englischen Gärtner und Pflanzensammler David Douglas entdeckt und, zusammen mit zahlreichen anderen kalifornischen Arten, 1832 nach England geschickt worden.

Zur gleichen Zeit kam aus Kalifornien die **Schöne Godetie** (*G. amoena* G. Don) mit rosa- bis lilaroten, aber mit 1-2 purpurroten Flecken versehenen Kronblättern nach Europa. Beide wurden zunächst der Gattung *Oenothera* (Nachtkerze) zugeordnet, doch stellte der französische Botaniker Eduard Spach (1801-1879) diese Arten in seiner 1834-1848 in Paris veröffentlichten Histoire Naturelle des Végétaux alsbald in die von ihm neugeschaffene Gattung *Godetia*, benannt nach dem Schweizer Botaniker Charles H. Godet (1797-1879). Von England aus gelangten sie sehr rasch auch nach Mitteleuropa. Bereits 1836 bot der Handelsgärtner Theodor Froebel in Zürich in seinem »Verzeichnis der Sämereien von neuen und schönblühenden Sommergewächsen« u.a. auch »*Oenothera amoena*, angenehme Nachtkerze (sehr schön)« und »*Oe. grandiflora*, großblumige Nachtkerze«, die Prise zu $1/2$ bzw. 1 Batzen, zum Verkauf an. Um 1870 entstanden dann in England durch Hybridisation zwischen *G. grandiflora* und *G. amoena* und wohl auch noch anderer Arten die Godetia-Hybriden. Diese werden, inzwischen züchterisch weiterentwickelt, als beliebte Sommerblumen mit großen azaleenähnlichen, atlasglänzenden einfachen oder gefüllten Blüten in zahlreichen Farben (außer Gelb) heute bei uns ausschließlich angebaut, während die Ausgangsformen höchstens noch in Botanischen Gärten zu sehen sind.

Gomphrena globosa L. Kugelamaranth

Die im tropischen und subtropischen Amerika heimische Art ist vereinzelt offenbar schon im 16. Jh. nach Europa gekommen. Nach Wein (1914) wird sie 1551 im Kräuterbuch von Hieronymus Bock als *Circaea* erwähnt, von Caspar Bauhin aber mit *Celosia margaritifera* zusammengeworfen. Im 17. Jh. ist sie für Italien nachweisbar, während in Mitteleuropa die stark wärmebedürftige und eine Vorkultur unter Glas erfordernde Art damals offenbar noch nicht (oder nicht mehr) kultiviert wurde. Erst um 1675 erfolgte dann offensichtlich eine neue Einführung nach den Niederlanden, von wo sie der Danziger Kaufmann und Pflanzenliebhaber Jacob Breyne in seinem 1678 erschienenen Buch über weniger bekannte exotische Pflanzen unter dem Namen *Amarantho affinis indicae orientalis, floribus conglomeratis, ocymastri folio* beschrieb und abbildete. Breyne glaubte, die Pflanze sei aus Ostindien gekommen, welche Meinung auch noch von Linnaeus 1753 vertreten wurde. Nunmehr breitete sich die Art rasch über die mittel- und westeuropäischen Gärten aus. In Deutschland wuchs sie 1699 im Boseschen Garten in Leipzig (als *Amaranthoides Indica, flore globosa)*, 1706 ist sie (als *Amaranthus globosus*) für Hamburg-Eimbsbüttel belegt, 1711 für den Botanischen Garten der Universität Wittenberg. Bald schon trat neben der Form mit purpurroten Blüten eine mit silbrig-weißen Blüten in Erscheinung, beide gab es 1736 im Garten des Herrn von Ziethen in Trebnitz bei Seelow, 1744 im Botanischen Garten der Universität Frankfurt/Oder und 1746 im Berliner Botanischen Garten. In England, wo die Art bachelors button (»Junggesellenknopf«) genannt wird, berichtet um diese Zeit Philip Miller in seinem Gardeners Dictionary über das *Amaranthoides Lychnidis folio capitulis purpureis* und *capitulis argenteis,* das erste sei jetzt in jedem guten Garten in und um London herum gar gemein geworden, das letztere aber noch sehr rar. »Diese Pflanzen geben unter allen jährlichen (einjährigen) Sorten die schönste Zierde.« 1737 hatte Linnaeus (im Hortus Cliffortianus) den bisherigen Gattungsnamen durch den Namen *Gomphrena* ersetzt, der auf den von Jacques Dalechamps (1587) benutzten Namen von *Amaranthus tricolor* zurückgeht, dem wiederum der lateinische Name *gomphaena* bei Plinius zugrundeliegt. 1753 bezeichnete Linnaeus die Art als *Gomphrena globosa.* Auch in der Folgezeit blieb sie eine beliebte und häufige Einjahrsblume, wobei zu den beiden genannten Farbformen eine dritte mit fleischroten Blütenköpfchen (*flore carneo*) hinzutrat. Allerdings setzte ihre hohe Wärmebedürftigkeit – 1875 empfahl sie Hermann Jäger »nur für wärmere Gegenden« – ihrer Verbreitung gewisse Grenzen, so daß sie in Deutschland heute nicht allzuoft in den Gärten zu sehen ist.

Gypsophila L. Schleierkraut

Die häufigste Schleierkraut-Art unserer Gärten ist das bis 1 m hoch werdende ausdauernde **Rispen-Schleierkraut** (*G. paniculata* L.) aus den Steppengebieten Südost- und Osteuropas und Westsibiriens. Zuerst entdeckt und als *Alsine frutescens, caryophylli folio, flore parvo albo* beschrieben wurde es von dem Arzt und Botaniker Traugott Gerber (1710 - 1743), der an den Ufern der Flüsse Tanais (Don) und Wolga Pflanzen gesammelt hatte. Der heute gültige wissenschaftliche Name geht auf Linnaeus 1753 zurück. Zunächst kultivierte man die Art im Botanischen Garten St. Petersburg, von wo aus Samen nach Deutschland und England gesandt wurden. 1757 zog sie Johann Gottfried Zinn (1727 - 1759) im Botanischen Garten der Universität Göttingen, zur gleichen Zeit auch Philip Miller im Apothekergarten in London-Chelsea.

Nunmehr verbreitete sich das Rispen-Schleierkraut nach und nach in vielen Ländern West-, Mittel- und Nordeuropas als Gartenpflanze, zuerst in den Botanischen Gärten (z.B. 1771 Uppsala, 1808 Berlin), alsbald aber auch in den privaten Gärten. Mitte des 19. Jhs. war es eine häufige und beliebte Zierpflanze. Durch Auslese entstanden einige gefülltblühende Sorten mit weißen oder rosa Blüten, die früher nur durch Pfropfung vermehrt werden konnten, während heute zumeist Stecklingsvermehrung unter Folie und Sprühnebel erfolgt. Zudem gibt es neuerdings einige samenvermehrbare Sorten. Die hohen Sorten bilden nicht nur einen dekorativen Gartenschmuck, sondern dienen auch als beliebtes Füllmaterial bei der Blumenbinderei. Hierfür werden heute einige neuentwickelte Sorten auch während der Wintermonate unter Glas gezogen. Die niedrige, 30 - 40 cm hohe Sorte 'Rosenschleier', von Karl Foerster erzielt und 1933 in den Handel gebracht, ist eine Kreuzung zwischen *G. paniculata* und *G. repens*.

Das **Kriechende Schleierkraut** (*G. repens* L.), von Karl Foerster »Weißes Teppichschleierkraut« genannt, ist eine niedrige Hochgebirgspflanze der Pyrenäen, der Alpen und der Hohen Tatra. Als Wildpflanze war es bereits Anfang des 17. Jhs. bekannt, Caspar Bauhin bezeichnete es 1623 in seinem 'Pinax' als *Caryophyllus saxatilis, foliis gramineis, minor*. Die Übernahme in die Gartenkultur erfolgte erst im 18. Jh. und zwar recht zögerlich; zunächst wurde es nur in einigen Liebhabergärten kultiviert, z.B. 1737 im Garten des Amsterdamer Kaufmanns George Clifford, von wo es Linnaeus als *Saponaria caule simplici, foliis subulatis planis, ex aliis ramulosa* beschrieb, und 1782 im Senckenbergschen Garten in Frankfurt/Main. Erst im 19. Jh. wurde die Art als Gartenpflanze häufiger, vor allem seitdem die Steingärten in Mode kamen. Neben der weißblühenden Wildform wurden Sorten mit zart- und tiefdunkelrosa Blüten ausgelesen, die Kreuzung der Sorte 'Rosea' mit *G. paniculata* erbrachte die obengenannte Hybride 'Rosenschleier'. Die langblühende Sorte 'Monstrosa' wiederum entstand durch Einkreuzung der kaukasischen *G. stevenii* Fisch.

Eine weitere im Kaukasusgebiet heimische *Gypsophila*-Art ist das einjährige, bis 50 cm hoch werdende **Zierliche Schleierkraut** (*G. elegans* M. B.).

Marschall von Bieberstein fand die Art Anfang des 19. Jhs. auf Kiesbänken des Wildflusses Terek am Fuße des Kaukasus und im alpinen Kasbek-Massiv und beschrieb sie 1808 in seiner Flora taurico-caucasica. Samen dieser Art gelangte zunächst in Botanische Gärten Rußlands und von dort aus alsbald auch nach Deutschland. Zwischen 1808 und 1811 kam das Zierliche Schleierkraut in den Berliner Botanischen Garten, 1817 wurde es in Weimar-Belvedere ausgesät, der Samen war aus Pawlowsk in Rußland gekommen; im selben Jahr hatte es auch schon die Leipziger Gärtnerei Breiter im Angebot, 1824 wurde es für den Buekschen Garten in Frankfurt/Oder verzeichnet. Nunmehr verbreitete es sich rasch über die Gärten und war ab der Mitte des 19. Jhs. in Deutschland eine überall bekannte und kultivierte Sommerblume, die, wie das staudige Rispen-Schleierkraut vor allem als Füllmaterial für bunte Blumensträuße verwendet wird. Inzwischen gibt es mehrere Sorten mit meist weißen, aber auch mit rosa und roten sowie mit gefüllten Blüten.

Hedera L. Efeu

Der in ganz West-, Mittel- und Südeuropa bis hin zur Krim und zum Kaukasus, nordwärts bis Südskandinavien verbreitete, aber im winterkalten Osteuropa fehlende **Gemeine Efeu (***H. helix* L.**)** ist ein immergrünes, mit Haftwurzeln kletterndes Holzgewächs. Im klassischen Altertum war er den Göttern des Weines geweiht, so dem altägyptischen Osiris, dem griechischen Dionysus und dem römischen Bacchus. Die Götter und ihr Gefolge wurden mit Wein- und Efeulaub bekränzt dargestellt. Im Römischen Reich war es Brauch, die Stätten des Weinausschankes durch einen Efeukranz zu kennzeichnen. Der Efeu galt als Symbol der Heiterkeit, der Geselligkeit und der Freundschaft. Da er auch dem Gott Apoll und den Musen heilig war, pflegte man die Stirn der Dichter mit Efeu zu bekränzen. Hierzu nahm man vor allem den gelbfrüchtigen griechischen Efeu, daher auch der heutige wissenschaftliche Name dieser Unterart *poetarum* (»Efeu der Dichter«). Im Christentum wurde die immergrüne Pflanze dann zum Zeichen der Unsterblichkeit und als solches im Totenkult verwendet und auf die Gräber gepflanzt. Auch heute noch findet man den Efeu auf fast allen Friedhöfen.

Die gärtnerische Inkulturnahme des Efeus begann bereits in der Antike, um die Pflanze, die in den Mittelmeerländern regional selten war, für die genannten Verwendungen überall an der Hand zu haben. Plinius meinte indessen, daß man dem Efeu zuviel Ehre erweise, denn er schade den Bäumen, sprenge Grabmäler und Mauern und biete den Schlangen einen Zufluchtsort. Diese Auffassung der Schädlichkeit des Efeus wurde von den Botanikern des Mittelalters und der Renaissance weitergetragen. So schreibt Konrad von Megenberg in seinem Buch der Natur (1475/1536) »Von den Ebichbäumen«: »Der baum verderbet alle andere baum den er sich zugesellet/ wann er sauget alle feuchtung darauß vnnd dert (verdorrt) sie«, und auch im Contrafayt Kreuterbuch von Otto Brunfels (1532) ist zu lesen, daß »die ephew so ein feintselig gewächß ist/vnd zerbricht mauren/gräber/verderbet die bäum/ daran sye wächßt«. Auch heute noch besteht trotz der gegenteiligen Erkenntnisse dieses Vorurteil weiter fort und verhindert oftmals die Verwendung dieser Kletterpflanze zur Begrünung von kahlen und tristen Mauern.

In Deutschland, wo der Efeu vielerorts wild vorkommt, läßt sich seine gärtnerische Verwendung erst ab der Mitte des 16. Jhs. belegen. 1561 führte ihn der Züricher Arzt und Naturforscher Konrad Gessner in seinem Verzeichnis der Gartenpflanzen Deutschlands als *Hedera arborea* auf. In der Folgezeit erscheint er jedoch nur gelegentlich als Gartenpflanze, so z.B. im Leuschnerschen Garten in Meißen und 1630 im herzoglich braunschweigischen Garten zu Hessem. In vielen Gärten des 16. und 17. Jhs. scheint er gefehlt zu haben, so u.a. auch in dem reichhaltigen fürstbischöflichen Garten zu Eichstätt, was wohl darauf zurückzuführen ist, daß die meisten damaligen Renaissance- und Barockgärten für den raumgreifenden Efeu zu klein waren. So zählt ihn Johann Sigismund Elsholtz in Berlin in seinem umfassenden Gartenbuch (1684) lediglich unter die »Arzney = Kreuter/welche von sich selbst hier zu Lande wachsen«, vermerkt dann aber: »Hievon pfleget man doch wol einige Pflantzen in den garten an eine Mawr [Mauer] zu bringen.« Auch später wurde der Efeu vorzugsweise zur Bekleidung von Mauern angepflanzt.

Als in der 2. Hälfte des 18. Jhs. die Landschaftsparke in Mode kamen, fand darin auch der Efeu größere Entfaltungsmöglichkeiten. Mauern, Parke und Friedhöfe werden fortan als die wichtigsten Wuchsplätze des Efeus genannt. Auch Kirchen wurden oft von Efeu umkleidet. So liest man z.B. 1724 in der Flora von Lauban, der Efeu wachse wild in Wäldern, aber auch »sonderlich an der Kirche zu Gruna«, und gegen Ende des 18. Jhs. heißt es in einem Gedicht des märkischen Pfarrers Schmidt von Werneuchen über die Dorfkirche von Fahrland bei Potsdam:

»Der Efeu kriecht die Wand hinauf
und klammert,
Trotz dieser Höh', ans Dachgesimse
sich«.

Zu der üblichen Wildform traten nun in zunehmendem Maße auch einzelne Sorten, u.a. auch gelb- und weißpanaschierte Formen. Letztere wurden bereits von antiken Autoren erwähnt, traten dann aber erst wieder gegen Ende des 17. Jhs. in Erscheinung. So nennt der englische

Botaniker Leonhard Plukenet in seinem Almagestum botanicum (1696) eine weißpanaschierte Sorte, und zwar unter dem Namen *Hedera arborea, ex argenteo et viridi foliis eleganter variegatis.*

1699 wuchsen diese sowie eine gelbpanaschierte Sorte (*Hedera arborea, folio ex luteo variegato)* im Boseschen Garten in Leipzig. In Brandenburg läßt sich die weißpanaschierte Form erstmals 1744 im Botanischen Garten der Universität Frankfurt/Oder nachweisen, wo sie als Gewächshauspflanze gezogen wurde. Für den Berliner Botanischen Garten verzeichnet der Katalog von 1746 nur die Normalform, doch sind der weiß- und der gelbpanaschierte Efeu alsbald auch dort gezogen worden, wie aus einer 1773 erschienenen Veröffentlichung von Gleditsch hervorgeht. Der Hamburger »Kauf- und Handelsgärtner« Johann Nikolaus Buek bot 1779 den weißpanaschierten Efeu (*Hedera foliis ex albo & viridi variegatis)* unter denjenigen Pflanzen an, die einen geschützten Platz und winterliche Abdeckung verlangten. Die von Burgsdorffsche Baumzucht in Tegel bei Berlin hatte 1785 neben der Normalform des Efeus sowohl die gelb- als auch die weißpanaschierte Form im Angebot, die auf diese Weise weithin verbreitet wurden.

Im 19. Jh. nahm die Zahl der Efeu-Sorten, vor allem durch entsprechende Züchtung in England, weiter zu. 1855/56 bot die Landesbaumschule Potsdam bereits 7 verschiedene Sorten des Gemeinen Efeus an, dazu 3 weitere Efeu-Arten, u.a. auch den großlaubigen **Kolchischen Efeu** (*H. colchica* C. Koch) aus Kleinasien und dem Kaukasusgebiet, welcher 1840 vom Botanischen Garten Odessa aus erstmals nach England gekommen war. In England, dem klassischen Land der Efeuzüchtung, war die Zahl der Sorten damals bereits wesentlich höher. 1846 führten Peter Lawson & Son in Edinburgh 12 Sorten auf, 1859 bot W. G. Henderson in London 16 Sorten an, und 1867 beschrieb der Londoner Baumschulist William Paul in der Zeitschrift Gardeners Chronicle eine Sammlung von 40 Sorten. In Deutschland hatte 1868 die Baumschule Haage und Schmidt in Erfurt 23 verschiedene Efeu-Sorten im Angebot. 1872 erschien in England die erste Efeu-Monographie von Shirley Hibberd, welche bereits über 200 verschiedene Sorten auflistete.

Zu den Freiland-Efeus hatten sich im 19. Jh auch verschiedene Zimmer-Efeus gesellt, welche z.T. auf den sogenannten **Irischen Efeu** (*H. hibernica hort.)*, eine tetraploide Kultursippe, die möglicherweise spontan in Südwestirland entstanden ist, zurückgingen. So schreibt z.B. 1864 Paul Ascherson in seiner Flora der Provinz Brandenburg, der Efeu werde »auch in Töpfen häufig gezogen, meistens in einer großblättrigen, sonst nicht verschiedenen Form«. Aus dem Westerwald ist überliefert, daß die Frauen in den Bauernhäusern damals eine sehr wüchsige Efeusorte gezogen haben, deren Ranken man gerne als lebendige Umrahmung um Bilder, Spiegel und Fenster leitete. Nachdem der Zimmer-Efeu dann viele Jahrzehnte wieder aus der Mode gekommen war, erlebte er seit der Mitte des 20. Jhs. eine Wiedergeburt, zumal man nunmehr weitere Sorten einführte bzw. züchtete und in großem Umfange vermehrte.

Aber auch die Zahl der Freilandsorten hat seit 1872 erheblich zugenommen. In

Deutschland hatte sich in neuerer Zeit der Benediktinerpater Ingobert Heieck (1936 – 1993) dem Efeu zugewendet und in seinem Klostergarten in Heidelberg-Neuburg eine umfangreiche Sammlung zusammengetragen und dabei auch verschiedene von ihm selbst aufgefundene neue Sorten in Kultur genommen und vermehrt, auch hat er mehrere Efeu-Bücher veröffentlicht. Heute ist der Efeu in West-, Mittel- und Südeuropa als eine in Natur und Kultur allgemein gegenwärtige Pflanze so bekannt, daß der englische Botaniker Peter Q. Rose in seinem Efeubuch vorschlug, ihn als Blumenemblem der Europäischen Gemeinschaft zu verwenden.

Helenium autumnale **L.** Herbst-Sonnenbraut, Cornut 1635

Helenium L. Sonnenbraut

Von den rd. 30 nord- und mittelamerikanischen Arten der Gattung *Helenium* kam die von Quebec bis Florida und westlich bis British Columbia und Arizona verbreitete **Herbst-Sonnenbraut** (*H. autumnale* L.) um 1620 aus den damaligen französischen Kolonien in Kanada nach Paris. Als *Chrysanthemum Americanum cum volatoria caule* (»mit geflügeltem Stengel«) wuchs sie 1623 im Garten von Jean und Vespasian Robin in Paris. 1635 wurde sie von Jacques Cornut als *Aster luteus alatus* beschrieben. Von Frankreich aus breitete sich die ausdauernde Art jedoch nur sehr zögerlich aus und war in Deutschland im 17. Jh. und selbst noch in der 1. Hälfte des 18. Jhs. nur in wenigen Botanischen Gärten zu finden, so 1660 in Altdorf bei Nürnberg (*Aster americanus luteus alatus Cornuti*) und 1738 in Wittenberg (*Flos solis salicis folio, alato caule*). Erst um die Mitte des 18. Jhs. setzte eine stärkere Ausbreitung ein, vielleicht bedingt durch weitere Einführungen aus Nordamerika. Linnaeus, der die Art 1735 in den Niederlanden kennengelernt hatte, nannte sie *Helenium* (bzw. *Helenia*) und übertrug damit den alten Namen des Alants (*Inula helenium, Helenium vulgare* bei Bauhin 1623) auf diese Gattung. 1745 wurde *H. autumnale* im Botanischen Garten Uppsala kultiviert, 1746 im Krauseschen Garten in Berlin, 1753 im Botanischen Garten Göttingen. 1773 pries der Direktor des Berliner Botanischen Gartens Johann Gottlieb Gleditsch die Art, von ihm zu deutsch als »Der amerikanische unächte hohe Alantstrauch« bezeichnet, als Gartenstaude an: »Ein hohes amerikanisches Staudengewächs, welches sich in der Wurzel ganz ungemein vermehret ... und giebt unter übrigen eine gute Abwechslung. Es bringt im Sommer große und häufige goldgelbe Blumen, blüet ziemlich lange.« In der Tat scheint sie sich nunmehr ziemlich rasch ausgebreitet zu haben, denn 1790 heißt es für Leipzig, sie sei in Gärten häufig, und im 19. Jh. war diese Sonnenbraut-Art in Deutschland dann allgemein bekannt und weithin verbreitet.

Im Laufe des 19. Jhs. kamen weitere *Helenium*-Arten aus Nordamerika und Mexiko nach Europa, und zwar neben einigen einjährigen Arten auch die 1841 von Thomas Nuttall beschriebene *H. nudiflorum* (= *H. flexuosum* Raf.) aus den südöstlichen USA und die 1896 von Georg Arends in Ronsdorf in die Gartenkultur eingeführte *H. bigelowii* A. Gray aus Kalifornien und Oregon. Vor allem diese Arten wurden nunmehr in *H. autumnale* und ihre Formen eingekreuzt, wodurch die heutigen Helenium-Hybriden mit gelben, braunen und rotbraunen Blütenfarben entstanden. Schon vor dem 1. Weltkrieg gab es mehrere Sorten. An der *Helenium*-Züchtung war in Deutschland Karl Foerster in Potsdam-Bornim führend beteiligt, der zahlreiche schön- und großblühende, standfeste und widerstandsfähige Sorten entwickelte.

Eine weitere *Helenium*-Art ist die bereits im Mai/Juni mit leuchtend goldgelben Blüten erscheinende *H. hoopesii* A. Gray aus dem pazifischen Nordamerika. Sie wurde 1865 in Deutschland eingeführt und 1889 in der Gartenflora empfohlen. Auch Pareys Blumengärtnerei 1932 lobte diese Art als »sehr zu empfehlender Frühlingsblüher«; heute ist sie in den deutschen Gärten jedoch nur selten zu sehen.

Helianthus L. Sonnenblume

Von der etwa 70 Arten umfassenden Gattung kommen 17 strauchige Arten in den südamerikanischen Anden vor, die übrigen, staudigen und einjährigen Arten aber in Nordamerika vom südlichen Kanada bis zum nördlichen Mexiko.

Die bekannteste Vertreterin der Gattung ist zweifellos die **Sonnenblume** schlechthin, die einjährige Art *H. annuus* L. Als Ausgangspunkt der heutigen Kultursippen wird die im westlichen Nordamerika heimische Unterart *lenticularis* (Dougl.) Cockerell angesehen, die bei ihrer Ausbreitung auf andere Regionen Nordamerikas spontan mit anderen, nahestehenden Wildarten bastardierte, wodurch sich die Variabilität erhöhte. Die heute als Zier- und Nutzpflanzen gezogenen Formen der Sonnenblume gehören sämtlich zur Unterart *annuus*, innerhalb dieser die Zierpflanzen meist zur Varietät *annuus*, die Nutzpflanzen zu der erst in Kultur entstandenen Varietät *macrocarpus* (DC.) Cockerell.

Die Sonnenblume wurde in ihrer nordamerikanischen Heimat bereits in prähistorischer Zeit von den Indianern als Nahrungspflanze genutzt. Zunächst sammelte man die ölhaltigen Früchte der Wildsippe, die entweder roh gegessen oder zur Mehlbereitung verwendet wurden, später haben die Indianer die

***Helianthus annuus* L.** Sonnenblume, Matthiolus/Camerarius 1586

Pflanze kultiviert. Bei der Eroberung Mexikos und der Südwestgebiete der heutigen USA lernten die Spanier die Art kennen und brachten sie (in Form von Samen) in der Mitte des 16. Jhs. mit nach Spanien. Dort wurde sie u.a. im Königlichen Garten in Madrid ausgesät. Von Spanien kam sie alsbald nach Italien und nach den damals spanischen Niederlanden, wo sie 1568 von Rembert Dodonaeus erstmals beschrieben und abgebildet wurde. Nach seinen Angaben hatte er das *Chrysanthemum Peruvianum*, von ihm als schöne Blume von ungewöhnlicher Größe gekennzeichnet, 1567 im Garten des Dr. Johannes Brancio in Mecheln gesehen, wo sie 10 oder 11 Fuß hoch gewachsen war. Nunmehr breitete sich die Art rasch als Zierpflanze aus, so daß schon 1576 der flämische Botaniker Matthias Lobelius berichten konnte, die *Solis flos Peruvianus* sei jetzt in vielen Gärten Belgiens als Schmuckstück vorhanden. Etwa um 1570 gelangte die Sonnenblume dann auch nach Deutschland, und zwar wohl zuerst in den Garten des Nürnberger Stadtarztes Joachim Camerarius. Für diesen wird sie ausdrücklich zwar erst in dem 1588 erschienenen Gartenkatalog verzeichnet, aber bereits 1578 blühte sie, 4 Ellen hoch, in den Gärten der Bergstadt Annaberg im Erzgebirge, wohin Camerarius Samen an seinen dort als Arzt tätigen Bruder Ludwig geschickt hatte. In dieser Zeit erfolgte auch in Deutschland eine schnelle Ausbreitung der Sonnenblume, nicht zuletzt begünstigt durch ihre hohe Samenproduktion. So berichtete Joachim Camerarius dem Baseler Botaniker Caspar Bauhin, mit dem er in regem Gedanken- und Pflanzenaustausch stand, »daß er eine Blum gehabt/die guten zeitigen [reifen] Samen 2362 getragen habe«. 1586 konnte Camerarius in dem von ihm bearbeiteten und herausgegebenen Kräuterbuch von Matthiolus über die »Groß Indianisch Sonnenblum« schreiben: »Vor etlichen Jahren hat man dieses Gewächs auß America und Peru, da es von jm selber wechset, zu uns gebracht, und ist nun überall in Gärten und für den Fenstern bey uns also gemeyn worden, daß es fast keiner sonderlichen Beschreibung bedarff. Man nennet es Sonnenblumen von wegen der Figur und daß sie sich nach der Sonnen wendet.« 1587 verzeichneten sie dann auch der Frankfurter Stadtarzt Adam

Lonicerus und 1590/91 der kurfürstlich pfälzische Leibarzt Tabernaemontanus in ihren Kräuterbüchern. 1594 war sie unter den Namen *Chrysanthemum Peruvianum, Corona Solis, Sol Indianus, Sonnenkron* bis in die Gärten der Lausitz vorgedrungen, fehlte allerdings noch dem damals berühmten Scholzeschen Garten in Breslau, doch wird sie 1601 für Schlesien angegeben. Ende des 16. Jhs. kannte Johannes Bauhin, Leibarzt des Herzogs von Württemberg, in seinem Buch über Bad Boll die »Groß Sonnenblum« aus dem fürstlichen Garten zu Göppingen und aus dem Garten des Apothekers Johannes Lutze zu Kirchheim, aus letzterem auch eine »Zackicht Sonnenblum«, ferner eine »Klein Sonnenblum« aus dem Garten des Grafen von Helffenstein zu Wiesensteig. Auch andere Autoren dieser Zeit geben bereits mehrere Sippen der Sonnenblume an, wobei nicht immer klar ist, ob es sich hierbei um Formen von *H. annuus* oder um andere Arten handelt. 1588 schrieb Camerarius, ihm sei von Nikolaus Rassius, einem französischen Arzt, Samen einer Form mit weißen Blüten zugeschickt worden, dieser sei aber nicht aufgegangen. Es dürfte sich hierbei wahrscheinlich um diejenige Form gehandelt haben, welche im 18. Jh. von Boerhave als *Corona Solis maxima, flore pallide sulphureo, fere albo* beschrieben wurde.

Für den Zeitraum 1607–1630 werden aus dem herzoglich braunschweigischen Garten zu Hessem 7 Sippen der einjährigen Sonnenblume angegeben, und zwar Formen der *Flos solis major* mit weißen, schwarzen, grauen und gestreiften Samen, und je eine *minor, prolifer* und *umbellifer*. Die schönen farbigen Abbildungen im 1613 erschienenen Hortus Eystettensis zeigen, daß es sich bei der *Flos Solis major* um eine Form mit einer sehr großen endständigen Korbblüte gehandelt hat, bei der *Flos Solis prolifer* um eine Form mit mehreren etwas kleineren, meist seitlich am Hauptsproß entspringenden Blütenkörben (nicht jedoch um *H. x multiflorus*). Nach und nach drang die Sonnenblume aus den Gärten der Pflanzenliebhaber und des Adels in die Gärten der einfachen Bürger und Bauern vor und wurde schließlich zu einer kaum irgendwo fehlenden, bekannten und beliebten Zierpflanze, wobei die Zahl der Formen und Sorten ständig weiter zunahm. Formen mit gefüllten Blüten traten erstmals zu Beginn des 18. Jhs. in Holland in Erscheinung. 1744 wurden im Berliner Botanischen Garten 9 Formen der einjährigen Sonnenblume gezogen, darunter 3 mit gefüllten Blüten (*fl. duplici*). Heute gibt es eine Vielzahl von hohen, mittelhohen und niedrigen Sorten mit ungefüllten, halbgefüllten und gefüllten, großen bis kleineren Korbblüten in gelben und rotbraunen Farbtönen.

Bereits im 18. Jh. gab es Überlegungen und Versuche, die Sonnenblume als Ölpflanze feldmäßig anzubauen. So wurde 1762 die Akademie der Wissenschaften in Berlin von der Landwirtschaftsabteilung der preußischen Zentralverwaltung zur Abgabe einer Stellungnahme in dieser Sache aufgefordert. Professor Gleditsch vertrat in seinem Gutachten jedoch eine ablehnende Meinung, gewiß zu Recht, denn die damaligen Sorten waren für einen feldmäßigen Anbau zur Ölgewinnung in Deutschland nicht geeignet. Erst im 19. Jh. setzte dann in der Ukraine, aber auch in anderen sommerwarmen Regionen Ost- und Südosteuropas, später auch in Südamerika und Südafrika der feldmäßige Sonnenblumenanbau ein. 1962/63 gab es weltweit 6.740.000 ha Sonnenblumenfelder. In Deutschland, wo die Sonnenblume höchstens als Futterpflanze zur Aussaat kam, wurde ein feldmäßiger Anbau als Ölfrucht erst in neuerer Zeit aufgenommen, nachdem die Züchtung für das deutsche Klima geeignete Kultursorten entwickelt hatte.

Eine zweite einjährige Art, die in allen Teilen kleinere **Schwache Sonnenblume** (*H. debilis* Nuttall), und zwar in ihrer Unterart *cucumerifolius* (Torr. et A. Gray) Heiser (Vielblumige Sonnenblume), eine reich verzweigte Sippe mit zahlreichen gelben, mittelgroßen (8 - 12 cm) Korbblüten, wurde erst 1876 in Deutschland eingeführt. Auch von ihr gibt es inzwischen verschiedene Gartensorten.

Seit dem Ende des 16. Jhs. brachte man eine ganze Anzahl der zahlreichen nordamerikanischen Stauden-Sonnenblumen mit Rhizomen oder Knollen nach Europa, von denen heute aber nur etwa 6-8 Sippen noch eine Rolle als Zierpflanzen spielen, während andere wieder verschwunden oder nur noch in Botanischen Gärten zu finden sind. 1808 gab es im Berliner Botanischen Garten 9 staudige *Helianthus*-Arten, bis 1812 kamen 3 weitere hinzu, 1822 waren insgesamt 17 vorhanden. 1817 wurden im Breiterschen Garten in Leipzig 15 derartige Arten kultiviert, für die Mitte des 19. Jhs. nennt Ernst Berger (1855) 10 Arten von Stauden-Sonnenblumen als Gartenpflanzen, und 1913 führt Albert Thellung (1881 - 1928) 15 in Mitteleuropa kultivierte und verwilderte ausdauernde *Helianthus*-Arten auf, wobei zu beachten ist, daß manche der damaligen Arten heute nur noch als subspezifische Sippen angesehen werden.

Als erste dieser Stauden-Sonnenblumen trat die **Vielblütige Sonnenblume** (*H. x multiflorus* L.) in Europa in Erscheinung, und zwar wird sie bereits 1588/91 von Tabernaemontanus als *Corona solis minor foemina* aufgeführt. 1751 vermutete Peter Emanuel Hartmann, ein Schüler von Linnaeus, wegen der seit 1699 bekannten Sterilität dieser Sippe eine Hybride, und neuere Untersuchungen haben ergeben, daß es sich hierbei um einen triploiden Bastard wahrscheinlich zwischen *H. annuus* und *H. decapetalus* handelt. Da diese Hybride als Wildpflanze in Amerika nicht bekannt ist, wird eine spontane Entstehung in Europa angenommen, wobei das Problem auftaucht, daß die eine Elternart, *H. decapetalus*, die **Zehnstrahlige Sonnenblume**, vor Mitte des 18. Jhs. hier nicht bekannt war. Diese könnte aber vielleicht doch schon frühzeitig nach Europa gekommen und zunächst mit dem heutigen *H. x multiflorus* zusammengezogen worden sein. So wurde sie nach Juel (1919) 1748 im Botanischen Garten Uppsala kultiviert, aber mit *H. x multiflorus* gleichgesetzt. Mangels eindeutiger Beschreibungen und Abbildungen ist die Klärung dieser Fragen schwierig.

H. x multiflorus wird im 17. Jh. nur vereinzelt aufgeführt, so von Caspar Bauhin 1623 als *Helenium Indicum minus*, und 1699 von Robert Morison als *Chrysanthemum americanum majus perenne*. Mitte des 18. Jhs. erscheint diese Sippe in Deutschland häufiger, so 1746 im Botanischen Garten und im Krauseschen Garten in

Berlin (*Corona solis minor foemina*) und später unter dem Linnéschen Namen z.B. 1757 im Botanischen Garten Göttingen, 1765 im Botanischen Garten Greifswald und 1771 im Botanischen Garten Halle. Der englische Gärtner Philip Miller betonte in seinem Gardeners Dictionary, sie sei »eine große Zierde für die Gärten in der Stadt«, und Gleditsch in Berlin beschrieb die »Gemeine kleine beständige Sonnenblumen-Staude« mit einfachen und mit gefüllten Blüten 1773 in seinem Pflanzenverzeichnis zum Nutzen und Vergnügen der Lust- und Baumgärtner und aller Liebhaber: »Beyde Sonnenblumen-Arten haben beständige Wurzeln, welche starke Stöcke machen, aus denen sie sich vermehren, und hohe Stengel mit breiten Blättern treiben, welche im Sommer und bis im Herbst sehr große goldgelbe einzelne Blumen tragen, die ein sehr gutes Ansehen haben. Sie verlangen ... einen guten lockern feuchten Gartengrund.« Die meisten der heutigen *H. decapetalus*-Sorten, so z.B. die 1938 entstandenen 'Capenoch Star', dürften zu *H. x multiflorus* gehören, während die eigentliche Art *H. decapetalus* wohl nur relativ selten in Kultur ist.

Die Knollige Sonnenblume oder **Topinambur** (*H. tuberosus* L.), schon von den Indianern seit altersher wegen ihrer eßbaren inulinhaltigen Knollen kultiviert, kam 1607 aus den damaligen französischen Kolonien im östlichen Nordamerika nach Paris und verbreitete sich von dort aus rasch über große Teile Europas. Als Zierpflanze spielte sie indessen nur eine geringe Rolle, hauptsächlich wurde sie als Nutzpflanze angebaut. Als solche seit der Mitte des 18. Jhs. von der Kartoffel verdrängt, ist sie heute nur noch selten als Gartenpflanze zu sehen, häufiger jedoch auf Brachland und an Flußufern verwildert und eingebürgert.

Mitte des 17. Jhs. traf die bis über 3 m hoch werdende **Riesen-Sonnenblume** (*H. giganteus* L.) aus dem Südosten der USA in Europa ein. 1659 wurde sie als neue, von Caspar Bauhin noch nicht genannte Art im Berliner Lustgarten gezogen und in einer unveröffentlicht gebliebenen, von Johann Sigismund Elsholtz veranlaßten Sammlung farbiger Pflanzenbilder abgebildet, und zwar unter dem Namen *Helianthemum asterioides*. 1663 nannte Elsholtz in seiner Flora Marchica die Art dann *Helenium Indicum flore parvo, Kleine Sonnenblume,* und 1666 in seinem Gartenbaubuch *Helianthemum Indicum non tuberosum, Sonnenblume die kleine Art.* Dazu schreibt er: »Dis Gewächs ist von C. B. [Caspar Bauhin] übergangen/kommet sonst sehr nahe den Erdartschocken oder Helianthemo Indico tuberoso [*Helianthus tuberosus*]. Die Wurtzel aber ist nicht knollig/die Stengel braunlicht/die Blätter schmal und steif: oben am Gipffel träget es viel gelbe Blumen/gleich kleinen Sonnenblümlein.« Im 18. Jh. und auch noch in der 1. Hälfte des 19. Jhs. wird die Riesen-Sonnenblume vielfach als Zierpflanze erwähnt, muß also in den Gärten recht verbreitet gewesen sein. Inzwischen sehr viel seltener geworden, wird sie jetzt nur noch gelegentlich vor allem als Wildstaude an feuchten Stellen und im Randbereich von Gartenteichen verwendet.

Gleichfalls hochwüchsig und kleinblütig ist die **Weidenblättrige Sonnenblume** (*H. salicifolius* A. Dietr. = *H. orgygalis* DC.) von den Prärien des mittleren Nordamerika. 1832 sammelte der junge

Graf Pourtales Samen dieser Art in Arkansas und sandte diesen nach Europa, wo die Pflanze nach Anzucht 1834 von dem Berliner Botaniker Albert Dietrich (1795 - 1856) und 1836 nochmals von dem Genfer Botaniker Augustin Pyramus de Candolle beschrieben wurde. 1864 nennt sie Ascherson in seiner Flora der Provinz Brandenburg als Zierpflanze und gibt an, sie habe die »Tracht einer kolossalen *Aster linosyris* oder *Hieracium umbellatum*«. Heute sieht man die anspruchslose Wildstaude meist nur in größeren Gärten als exotisch wirkende Schmuckpflanze.

Häufiger und sichtlich in Zunahme begriffen sind gegenwärtig zwei starkwüchsige und reichblühende Stauden-Sonnenblumen von etwa 1,5 - 2 m Höhe, die **Rauhe Sonnenblume** (*H. rigidus* (Cass.) Desf.) mit braunen, und die **Freudigblühende Sonnenblume** (*H. x laetiflorus* Pers.) mit gelben Scheibenblüten. Letztere ist keine reine Art, sondern eine Hybride zwischen *H. rigidus* und *H. tuberosus*. 1789 wurde sie von Lamarck aus Frankreich beschrieben, aber damals noch der Dunkelroten Sonnenblume (*H. atrorubens* L., mit purpurbraunen Scheibenblüten) zugerechnet; erst Christiaan Hendrik Persoon gab der Sippe 1807 ihren jetzigen Namen. Es ist unklar, ob diese Hybride bereits in Amerika entstanden ist, oder erst in Europa. Da die Erstbeschreibung von *H. rigidus* (als *Harpalium rigidum*) erst im September 1818 veröffentlicht wurde (1829 von Desfontaines dann zur Gattung *Helianthus* gestellt), müßte diese Art zuvor bereits unerkannt (vielleicht als Form des schon 1732 im Hortus Elthamensis dargestellten *H. atrorubens* angesehen) in Europa gewesen sein. Beide Arten breiteten sich als Zierpflanzen in Deutschland erst ganz allmählich aus. *H. x. laetiflorus* wird 1817 für den Breiterschen Garten in Leipzig angegeben und auch 1837 im Staudenbuch von Johann Theophil Zetter aufgeführt, hat aber vielerorts in der 1. Hälfte des 19. Jhs. noch gefehlt. Erst mit dem Aufkommen des Staudengartens gegen Ende des 19. Jhs. stieg das Interesse an diesen Arten wieder deutlich an, wie z.B. der Beitrag von Ludwig Wittmack über ausdauernde Sonnenblumen in der Gartenflora (Jg. 43) verrät. Von beiden Arten hat man damals und seitdem verschiedene früh- und spätblühende, z.T. auch halbgefüllte Sorten ausgelesen. So wurde z.B. 1890 die Sorte 'Semiplenus' in der Gartenflora (Jg. 35) als ganz neue und noch wenig bekannte Spielart empfohlen, und 1893 kam die *H. rigidus*-Sorte 'Miß Mellish' mit großen dunkelgoldgelben Zungenblüten in den Handel.

Helichrysum bracteatum (Vent.) Andrews **Strohblume**

Im Zuge der im letzten Viertel des 18. Jhs. durch die Engländer in Angriff genommenen Erschließung Australiens, damals Neu-Holland genannt, gelangte zusammen mit anderen Pflanzenarten die in Annuellen-Fluren australischer Trockengebiete heimische Strohblume nach Europa, als Einführungsjahr wird 1799 angegeben.

Ihre Erstbeschreibung erfolgte durch den französischen Bibliothekar und Botaniker Étienne Pierre Ventenat (1757 –

Helichrysum bracteatum **(Vent.) Andrews**
Strohblume, Bailey 1900

1808) in seinem 1803/04 in Paris erschienenen zweibändigen Buch über den Jardin de la Malmaison als *Xeranthemum bracteatum*. Bald darauf, 1805, stellte der englische Botaniker Henry C. Andrews (um 1770-1830) die Art dann aber zu der mit einigen Arten auch in Europa vertretenen Gattung *Helichrysum* Miller corr. Persoon. In Deutschland wurde sie 1808 im Botanischen Garten Berlin kultiviert, 1815 wuchs sie in Kunersdorf bei Wriezen, 1817 im Breiterschen Garten in Leipzig, und 1818 empfahl sie der mecklenburgische Pfarrer Wredow in seinem Gartenfreund als Zierpflanze. Nunmehr verbreitete sie sich ziemlich schnell über die deutschen Gärten und war Mitte des 19. Jhs. schon allgemein bekannt. Ihre getrocknet gleichbleibenden Blütenköpfe machten sie zu einer beliebten Pflanze für Trockensträuße und Kränze und zum Symbol der Unsterblichkeit.

Das Aussehen der Strohblumenblüte wird durch die strohartigen Anhängsel der Hüllblätter bestimmt, diese sind bei der Wildform gelb, mitunter mit brauner Zeichnung. 1827 erschien erstmals eine Form mit weißen Blüten, sie wurde 1836 vom Kunstgärtner Otto Froebel in Zürich als »neu und schön« zum doppelten Preis angeboten. Die zahlreichen Gartensorten mit hell- und dunkelroten, rosaweißen und fleischfarbenen Hüllblättern, wie sie dann 1867 in Deutschland im Handel waren, entstanden nach 1841 durch Einkreuzung der ebenfalls australischen Arten *H. macranthum* Benth. (1838 eingeführt) und *H. niveum* Grah. (1841 eingeführt). Inzwischen hat sich die Zahl der Gartensorten weiter erhöht, neben hohen und großblütigen Formen gibt es auch halbhohe, und die Farbpalette des modernen Sortiments umfaßt gelbe, orangefarbene, braune, purpurviolette, rote, rosa- und lachsfarbene sowie weiße Töne.

Heliopsis Persoon
Sonnenauge

Von den 14 Arten der in Nord- und Mittelamerika verbreiteten Gattung *Heliopsis* befindet sich nur eine Art in Gartenkultur, die im atlantischen und mittleren

Nordamerika heimische *H. helianthoides* (L.) Sweet, von der es in Amerika 3 (früher auch als Varietäten bewertete) Unterarten gibt.

Die typische Unterart (subsp. *helianthoides*, mit kahlen Stengeln und glatten, nur schwach behaarten Blättern) war in Europa offenbar schon im 17. Jh. bekannt und in einigen Gärten vorhanden. Die damaligen englischen Botaniker belegten sie mit unterschiedlichen Namen, so hieß sie bei Leonhard Plukenet (1696) *Chrysanthemum scrophulario folio, americanum*, bei Robert Morison (1699) *Chrysanthemum virginianum, foliis glabris scrophulariae vulgaris aemulis* und bei John Martyn (1728) *Corona solis caroliniana, parvis floribus, folio trinervi amplo aspero, pediculo alato*. Ein *Chrysanthemum Virginianum* trat bereits zwischen 1630 und 1651 im herzoglich braunschweigischen Garten zu Hessem in Erscheinung, und 1699 war die Art als *Chrysanthemum Americanum, foliis asperis* im Boseschen Garten in Leipzig vorhanden. 1748 wurde diese Sippe im Botanischen Garten Uppsala in Schweden kultiviert. Linnaeus gab ihr 1753 den Namen *Buphthalmum helianthoides*, sein Sohn nannte sie später aber *Helianthus laevis*. In Deutschland hat sich diese Pflanze erst in der 2. Hälfte des 18. Jhs. ausgebreitet. 1779 wurde sie von dem Hamburger Handelsgärtner Johann Nikolaus Buek angeboten. Im 19. Jh. läßt sie sich dann vielerorts nachweisen, so 1808 für den Botanischen Garten Berlin, 1815 für Kunersdorf bei Wriezen, 1817 für den Breiterschen Garten in Leipzig. Auch Goethe erhielt in dieser Zeit – der genaue Zeitpunkt ist nicht bekannt – die Pflanze für seinen Garten in Weimar unter dem Namen *Helianthus laevis*.

1807 hatte der in Frankreich lebende Botaniker Christiaan Hendrik Persoon die Sippe aus der Gattung *Buphthalmum* herausgelöst und eine eigene Gattung *Heliopsis* (»Sonnengesicht«) begründet. Fortan erschien sie als *H. laevis*. Obwohl 1827 Robert Sweet den heute gültigen Namen *H. helianthoides* eingeführt hatte, wurde die Sippe auch weiterhin vielfach als *H. laevis* bezeichnet. 1819 war noch eine weitere Sonnenaugen-Sippe in Europa erschienen und von dem französischen Botaniker Michel Félix Dunal (1789 – 1836) als *H. scabra* beschrieben worden. Diese, heute als Unterart angesehene Sippe besitzt rauhe Stengel und beiderseits rauh behaarte Blätter. 1824 war sie, neben der vorigen, im Buekschen Garten in Frankfurt/Oder vorhanden.

Dennoch blieb das Sonnenauge in Deutschland auch im 19. Jh. eine seltene Zierpflanze, war aber vereinzelt auch schon verwildert, so nach Ascherson 1864 am Ufer der Pfaueninsel in Berlin-Wannsee, alsbald aber auch an der Neiße im Park Muskau. Seit etwa 1870 beschäftigte sich dann die Züchtung mit dem Sonnenauge, zuerst der bekannte französische Pflanzenzüchter Victor Lemoine in Nancy, später vor allem Karl Foerster in Potsdam-Bornim. Die von ihnen, später auch von weiteren Züchtern auf den Markt gebrachten, z.T. halb oder gut gefüllten, großblumigen *Heliopsis*-Sorten haben mehr und mehr die Gärten erobert, so daß das Sonnenauge heute in Deutschland vielerorts zu den häufigen Zierpflanzen gehört.

Heliotropium arborescens L.
Heliotrop, Bailey 1900

Heliotropium arborescens L.
Garten-Heliotrop

Der in Peru heimische, halbstrauchige Garten-Heliotrop wurde um 1750 von dem französischen Naturforscher Joseph de Jussieu (1704 -1779) während seines langjährigen Aufenthaltes in Peru und Bolivien (1735 - 1771) im Zentraltal der Kordilleren aufgefunden und in Frankreich eingeführt. Von dort gelangte die Art zunächst in Botanische Gärten anderer europäischer Länder. 1759 taufte sie Linnaeus in Uppsala *Heliotropium arborescens*, nannte sie drei Jahre später aber *H. peruvianum*, unter welchem Namen sie sich dann auch in Deutschland verbreitete. 1773 führte Gleditsch in Berlin sie unter diesem und dem deutschen Namen »Die peruvianische Sonnenwende-Staude« in seinem Pflanzenverzeichnis auf und beschrieb sie folgendermaßen: »Ein kleiner, schwacher immergrüner Strauch von drey oder vier Fuß hoch, mit schmalen eyrunden, weißlichen, etwas wolligen Blättern, welche dunkler werden, und sich dem Cistuslaube etwas vergleichen. Er blühet stark und lange und trägt weiße, wohlrüchende Blumenbüschel, die sich durch ihren erquickenden balsamischen Geruch Liebhabern und Aerzten hinreichend empfehlen.« Man hielt die Pflanze sommers im Freien, überwinterte sie aber im temperierten Gewächshaus. Daher fand sie zunächst nur Eingang in Botanische Gärten und Schloßgärten, die über Gewächshäuser verfügten, z.B. gab es sie 1782 im Senkkenbergschen Garten in Frankfurt/ Main und 1796 im Park Machern bei Leipzig. Um 1800 kam eine, zunächst als eigene Art (*H. corymbosum* Ruiz et Pavon 1799, *H. grandiflorum* Schrank) bewertete Form mit dunkel-violettblauen, nach Narzissen duftenden Blüten nach Europa, sie war z.B. 1817 im Breiterschen Garten in Leipzig vorhanden. Durch Kreuzungen dieser Formen entstanden nach und nach mehrere Sorten teils mit weißlichen oder weiß-bläulichen, teils violettblauen Blüten, die wegen ihres angenehmen Duftes vor allem in Parken und anderen Grünanlagen als Beet- und Gruppenpflanzen früher viel verwendet wurden und dort auch heute noch, wenngleich seltener, zur Anpflanzung kommen. In Südeuropa gibt es stellenweise einen feldmäßigen Anbau für Zwecke der Parfümerie.

Helipterum DC. Sonnenflügel

Als Trockenblumen werden bei uns auch einige Arten der Gattung *Helipterum* kultiviert, kleinen Strohblumen ähnlich, mit diesen verwandt und ebenfalls einjährige Pflanzen Australiens. Die wichtigsten Arten sind der zierliche, 25 - 30 cm hoch werdende **Mangles-Sonnenflügel** (*H. manglesii* (Lindley) F. von Mueller) und der bis 50 cm hoch werdende **Rosenrote Sonnenflügel** (*H. roseum* (Hook.) Benth.). *Ersterer* wurde 1832 in England eingeführt, wo ihn John Lindley zunächst als *Rhodanthe manglesii* beschrieb, doch zeigte sich später, daß er zur Gattung *Helipterum* gehört. Die Artbezeichnung ehrt James Mangles (1786 - 1867), einen eifrigen Gärtner und Amateurbotaniker, der in Australien Pflanzen und Samen sammelte und nach England schickte. Ebenfalls aus Westaustralien stammt der **Rosenrote Sonnenflügel**, der 1835 in England eintraf und von William Jackson Hooker (1785 - 1865) in Kew *Acroclinium roseum* genannt wurde, bis ihn George Bentham in die Gattung *Helipterum* überführte. 1854 stellte ihn die Gartenflora als neue Zierpflanze vor. Inzwischen gibt es auch halbgefüllte und gefüllte Formen in Weiß, Rosa, Rot und Chamois. Beide Arten blieben in Deutschland jedoch seltener als die Strohblume (*Helichrysum bracteatum*) und gewannen erst in neuerer Zeit größere Bedeutung als Trockenblumen für Wintersträuße und Binderei.

II. ELLEBORUM NIGRUM.

***Helleborus niger* L.** Nieswurz, Matthiolus/Bauhin 1598

Helleborus L. Nieswurz, Christrose

Die in den Kalkalpen und im nördlichen Appenin heimische **Schwarze Nieswurz** oder Christrose (*H. niger* L.) wurde ihrer auffälligen weißen Blüten und ihrer frühen Blütezeit wegen schon in alter Zeit in die Gärten geholt. So schreibt Otto Brunfels 1532, die »Christwurtz oder Nyeßwurtz« wachse »an den hohen vnd rauchen bergen, ... wiewol man sye auch yetzundt in die gärten pflantzt«, und 1546 heißt es bei Fuchs: »Die Christwurtz wechset schier allenthalben in gärten.« Neben der reinweißen Form gab es alsbald auch eine rosablütige Form, welche 1561 in dem von Konrad Gessner zusammengestellten Verzeichnis der damaligen deutschen Gartenpflanzen erscheint. Die Schwarze Nieswurz diente aber auch als Heilpflanze; genutzt wurden ihre schwarzbraunen Wurzelstöcke, welche Glykoside und das Saponin Helleborin enthalten. Die Droge fand vor allem als Herz- und harntreibendes Mittel Verwendung, wurde aber auch bei verschiedenen anderen Krankheiten eingesetzt, auch stellte man aus den pulverisierten Wurzeln ein Niespulver her. Bei Überdosierung traten jedoch schwere Vergiftungen auf, so daß die Kräuterbücher des 16. und 17. Jhs. zu vorsichtiger Anwendung raten. So war die Schwarze Nieswurz als Gartenpflanze in Mitteleuropa weit verbreitet und ist dies auch jetzt noch, heute allerdings nur noch als Zierpflanze. Nach und nach, besonders aber seit Mitte des 19. Jhs. entstanden in der Gartenkultur Sorten mit größeren Blüten und reicherem Blütenansatz oder mit besonders früher Blütezeit. Durch Einkreuzung der in Griechenland und in der Türkei beheimateten, formenreichen **Orientalischen Nieswurz** (*H. orientalis* Lam.) entwickelten die Pflanzenzüchter in jüngerer Zeit die als Lenzrosen bezeichneten bunten, im Frühjahr blühenden Hybriden.

Weniger als Zierpflanzen, sondern hauptsächlich als Arzneipflanzen waren ehemals auch die wintergrüne **Stinkende Nieswurz** (*H. foetidus* L.) mit glockigen grüngelben Blüten und die sommergrüne **Grüne Nieswurz** (*H. viridis* L.) mit ausgebreiteten grünen Blüten, beide in submediterran bis subatlantischen Regionen Europas heimisch und mit ihren Arealen bis Südwest- bzw- Mitteldeutschland hineinreichend, in den Gärten Mitteleuropas verbreitet. Heute sind sie dort jedoch nur noch selten zu sehen. Man verwendete sie früher vor allem bei Viehkrankheiten, z.B. gegen den Rotlauf der Schweine und gegen Viehläuse.

Hemerocallis L. Taglilie

Das Ursprungsareal der über 30 Wildarten umfassenden Gattung *Hemerocallis* umfaßt die gemäßigten Zonen Ostasiens. Einige Arten wurden in China bereits in sehr alter Zeit als Zier- sowie als Heil- und Würzpflanzen in Gärten kultiviert. Die erste Abbildung einer Taglilie stammt aus der Sung-Dynastie (1059 v. Chr.), und schon im Jahre 304 v. Chr. schrieb der Präfekt von Hsing Yang, Chin Han, ein Büchlein über diese Pflanzen. Das »Nur-einen-Tag-lang-Blühen« der Taglilie wurde von chinesischen Dichtern vielfach besungen. Sie galt als des Vergessens Blume, die auch Liebesschmerz bald »verwelken« lasse.

Von den chinesischen Taglilien-Arten gelangten zwei, die Gelbrote Taglilie (*H. fulva* L.) und die Gelbe Taglilie (*H. lilio-asphodelus* L. em. Scop. = *H. flava* L.) in früher Zeit über die alten Handelswege (Seidenstraße) in den Vorderen Orient. Ob sie die antiken Autoren Theophrast und Dioskurides, welche eine Pflanze *Hemerocallis* (zu gr. heméra, »Tag« und kállos, »Schönheit«) beschrieben haben, bereits gekannt haben, ist umstritten. Rembert Dodonaeus (1568) gibt an, einige nennten die Gelbe Taglilie auch *Hemerocallis*, während Matthiolus in seinem Dioskurides-Kommentar diesen antiken Namen (einer ganz anderen Gattung zugehörenden) für Lilien-Arten verwendete. Erst Linnaeus legte 1753 den Namen *Hemerocallis* für die heutige Gattung fest.

Wahrscheinlich über türkische Gärten kamen diese beiden Arten in der 2. Hälfte des 16. Jhs. auch nach Mittel- und Westeuropa. 1561 verzeichnete der Züricher Naturforscher Konrad Gessner in seiner Arbeit über die Gärten Deutschlands die **Gelbrote Taglilie** unter dem Namen *Lilium rubens arundinarum.* Nunmehr breitete sie sich hier ziemlich rasch aus. Schon 40 Jahre später (1601) berichtet Clusius, die von ihm *Lilioasphodelus puniceo flore* genannte Art wachse sehr üppig in allen österreichischen und den meisten deutschen Gärten. In der Folgezeit wurde die Gelbrote Taglilie in Mitteleuropa, nicht zuletzt dank ihrer Wüchsigkeit, zu einer allbekannten und mit vielerlei Volksnamen versehenen Zierpflanze, die von den herrschaftlichen Gärten, wo sie um 1770 nach Gleditsch »auf den Luststücken gemein« war, und den Liebhabergärten schließlich bis in die entlegensten Bauerngärten vordrang, wo sie auch heute noch häufig ist. 1830 brachte Philipp Franz von Siebold die gefülltblühende Sorte 'Kwanso' aus Japan nach Europa, die alsbald auch in deutschen Gärten zu finden war. Mitte des 19. Jhs. nennt Ernst Berger in seinem Gartenpflanzenbuch (1855) bei *H. fulva* neben der Normalform die »Abarten« *plena* mit gefüllten Blüten und *variegata* mit buntpanaschierten Blättern. Später kamen weitere ostasiatische Gartensorten dieser Art nach Europa, so erhielt z.B. der bei Neapel ansässige deutsche Gärtner Carl Sprenger neben weiteren *Hemerocallis*-Sippen 3 verschiedene *H. fulva* -Formen aus China, die er bei seinen Züchtungen verwendete.

***Hemerocallis fulva* L.** Gelbrote Taglilie, Matthiolus/Camerarius 1586

Die **Gelbe Taglilie** wird zuerst in dem 1553 abgeschlossenen Öllinger-Florilegium farbig abgebildet, wobei jedoch der auf Matthias Lobelius 1581 zurückgehende Name *Liliosphodelus luteus liliiflorus* erst später hinzugefügt wurde (Schofer u.a. 1996). Da sie aber Konrad

Hemerocallis lilio-asphodelus L. Gelbe Taglilie, Tabernaemontanus 1588/1591

Gessner in seiner 1561 veröffentlichten Schrift über die Gärten Deutschlands, in der auch die Gartenpflanzen Öllingers erfaßt sind, nicht aufführt (Wein 1914), bleibt unklar, ob die Art damals schon in Nürnberg gezogen oder nach einer von anderswoher stammenden Vorlage gezeichnet wurde. Sodann enthält die Kräuterbuch-Handschrift von Leonhart Fuchs, unter der Bezeichnung *Asphodelus luteus latifolius li(li)aceo flore*, 2 farbige Abbildungen, von denen die erstere zwischen 1555 und 1564 gemalt, die zweite aber erst zu einem späteren Zeitpunkt hinzugefügt wurde (Baumann u.a. 2001). 1568 bringt der niederländische Botaniker Rembert Dodonaeus in seiner Schrift über wohlriechende Pflanzen einen schönen Holzschnitt der Art, die er *Lilium non bulbosum flos luteo* nennt, und bemerkt dazu, sie sei in Belgien nicht heimisch, sondern von anderswoher eingeführt. Pierre Pena und Matthias Lobelius kannten sie in ihrer 1570 gedruckten Stirpium adversia nova erst aus Venedig und Antwerpen. 1579 und 1580 entdeckte Carolus Clusius, der 1573 nach Wien gekommen war, die von ihm als *Lilio-asphodelus luteus* bezeichnete Art auf feuchten Wiesen nahe dem Flecken und Schloß Nemethwywar in Ungarn (dem heutigen Güssing im Burgenland) in großen Mengen wildwachsend. Bei diesen und anderen Vorkommen im südöstlichen Alpenrandgebiet dürfte es sich um Verwilderungen aus Gartenkultur der wohl erst in der ersten Hälfte des 16. Jhs. dorthin gebrachten Art handeln. 1588 verzeichnete der mit Clusius in lebhaftem Pflanzenaustausch stehende Nürnberger Stadtarzt Joachim Camerarius die Gelbe Taglilie unter dem Namen *Lilium non bulbosum sive Arundinaceum alterum luteo odorato admodum* für seinen Garten, wohin sie offenbar bald nach 1579 gelangt war. Camerarius gab sie wiederum an andere Gartenliebhaber weiter, so auch an seinen Bruder Ludwig in Annaberg im Erzgebirge, wo sie in der 1605 gedruckten Stadtgeschichte von Paulus Jenisius als Gartenpflanze aufgeführt wird. Die wegen ihrer gelben Blütenfarbe und ihres Duftes sehr begehrte, aber weniger stark als *H. fulva* wachsende Art breitete sich in Deutschland allerdings nur langsam aus. So fehlte die Gelbe Taglilie 1594 in den Lausitzer Gärten, und für Schlesien wird sie erst 1601 verzeichnet. Um 1610 wuchs sie im fürstbischöflichen Garten zu Eichstätt und wurde im 1613 erschienenen Hortus Eystettensis prachtvoll farbig abgebildet, und zwar unter der Bezeichnung *Asphodelus liliaceus*. Als *Asphodelus Liliaceus luteus* gelangte sie zwischen 1607 und 1630 in den herzoglich braunschweigischen Garten zu Hessem. Caspar Bauhin in Basel nannte die Gelbe Taglilie in seinem 1623 erschienenen Pinax *Lilium luteum Asphodeli radice*, sein Schüler Joachim Burser legte sie damals aus Gärten in Ingolstadt in sein Herbarium ein. Unter dem Bauhinschen Namen erscheint sie dann auch im Gartenbaubuch des kurfürstlich brandenburgischen Botanikers Elsholtz (1666, 1672, 1684). Im Botanischen Garten der Universität Altdorf bei Nürnberg nannte man sie 1646 dagegen *Lilioasphodelus luteo colore odoratus*. Lange blieb ihr Vorkommen auf Gärten des Adels, Botanische und Liebhaber-Gärten beschränkt; auch späterhin war sie, obschon inzwischen weithin verbreitet, seltener als die Gelbrote Taglilie.

In der Mitte des 18. Jhs. traf eine weitere *Hemerocallis*-Art aus Ostasien in England ein, wo sie 1768 von Philip Miller in der, nunmehr die Linnésche Nomenklatur benutzenden 8. Auflage seines Gardeners Dictionary als *H. minor* beschrieben wurde. Zu dieser Art wird heute auch die Ende des 18. Jhs. aus der oberen Amurregion nach Europa gekommene und 1802 von Henry C. Andrews als eigene Art beschriebene *H. graminea* Andr. gerechnet, welche 1812 im Botanischen Garten Berlin und 1817 im Breiterschen Garten in Leipzig vertreten war. Weitere ostasiatische Taglilien-Arten kamen seit 1830 nach Europa. 1830 brachte von Siebold von seinem ersten Japanaufenthalt die besonders frühblühende *H. dumortieri* C. Morr. nach Belgien mit, wo sie 1832 erstmals zur Blüte kam. Ihr folgten 1856 die gleichfalls frühblühende *H. middendorfii* Trautv. et Mey. und *H. thunbergii* Bak. (= *H. serotina* Focke), 1890 *H. aurantiaca* Bak., Ende des 19. Jhs. die erst um 1895 von dem italienischen Missionar Giraldi in China entdeckte *H. citrina* Baroni und schließlich die 1929 von Stout beschriebene reichblütige *H. multiflora* aus Mittelchina, um nur die wichtigsten Arten zu nennen.

Ende des 19. Jhs. rechnete der Berliner Botaniker Carl Bolle die Rotgelbe und die Gelbe Taglilie zu den altmodischen Blumen. Zu dieser Zeit setzte aber schon die *Hemerocallis*-Züchtung ein, zuerst in England, wenig später auch in Nordamerika; der wichtigste Züchter dort war A. B. Stout (ab 1912). An der Taglilienzüchtung beteiligte sich auch der in Italien lebende deutsche Gärtner Carl Sprenger, der 1899 aus China u.a. *H. citrina* zugesandt bekam und sie bei seinen Kreuzungen verwendete. Durch die Einkreuzung der genannten und weiterer ostasiatischer Wildarten und Kultivare, durch zahlreiche weitere Kreuzungen und Auslesen brachte die Taglilienzüchtung in wenigen Jahrzehnten eine kaum noch zu übersehende Fülle schön- und reichblühender Sorten vornehmlich in gelben, orangefarbenen und rotbraunen, neuerdings aber auch in rosa und rötlichen Farbtönen auf den Markt. 1913 verzeichnete das Buch der Freilandstauden von

Silva Tarouca etwa ein halbes Dutzend derartiger Hybrid-Sorten. Bis 1988 war die Zahl der registrierten Taglilien-Sorten weltweit auf über 28000 angewachsen. Hemerocallis-Hybriden trifft man heute in zunehmendem Maße in den Gärten an, während die alten Arten *H. fulva* und *H. lilio-asphodelus* nur noch selten zu sehen sind, am ehesten noch in Bauerngärten.

Hepatica Mill.
Leberblümchen

Das auch in großen Teilen Mitteleuropas in reicheren Laubwäldern vorkommende **Gewöhnliche Leberblümchen** (*H. nobilis* Mill. = *Anemone hepatica* L.) wurde schon frühzeitig, aber auch späterhin immer wieder, als Zierpflanze in die Gärten geholt. So schreibt bereits Hieronymus Bock 1539 in seinem Kräuterbuch über die Art: »das gewächß ist nicht allenthalben zu finden/ doch zilet [zieht] man das Kraut vast [stark, häufig] inn den Gärten«, und noch 1818 heißt es im Gartenfreund des mecklenburgischen Pfarrers Wredow: »Da sie zu den schönsten Frühlingsblumen gehört, so nimmt man sie auch in die Gärten auf.« Neben der Normalform mit einfachen blauen Blüten waren besonders gelegentlich auftretende abweichende Farbformen mit weißen oder rosaroten sowie solche mit gefüllten Blüten als Gartenblumen beliebt. Die weißblühende Form wurde 1561 von Konrad Gessner kultiviert, die rotblühende wenig später von Lobelius (1576) und Tabernaemontanus (1588) beschrieben. Die gefülltblühende blaue Form bildete zuerst Lobelius (1576) ab. Sie blieb zunächst eine Seltenheit, und Clusius, der sie 1601 in seinem Werk über seltenere Pflanzen beschrieb und abbildete, hatte sie erst kennengelernt, als sie ihm zwischen 1589 und 1593 in Frankfurt/ Main von der Baronin Anna Maria von Heysenstein aus Wien zugesandt worden war. 1613 brachte der Hortus Eystettensis eine farbige Abbildung auch dieser Form, die dann in der Folgezeit in vielen Gärten anzutreffen war.

Die Form mit roten gefüllten Blüten ('Rubra plena') soll nach Boom (1975) bereits 1570 in Österreich kultiviert worden sein, was aber insofern verwunderlich ist, als Clusius, der ja von 1573 bis 1588 in Wien lebte, sie nicht in seinen Schriften erwähnt. Sie findet sich auch weder im Hortus Eystettensis (1613) noch gab es sie zwischen 1607 und 1630 im herzoglich braunschweigischen Garten zu Hessem. Offenbar als erster erwähnt sie Caspar Bauhin 1623 in seinem Pinax als *Hepatica nobilis flore rubro, purpureo, pleno*. In England führt sie John Parkinson 1629 in seinem Paradisus auf. In Deutschland blieb diese Form das ganze 17. Jh. hindurch ziemlich selten. Erst im 18. Jh. erscheint sie in den Gartenkatalogen und Floren zahlreicher deutscher Orte, so z.B. Hamburg-Eimsbüttel (1706), Jena (1717), Würzburg (1722), Lauban (1724), Trebnitz bei Seelow (1736), Wittenberg (1738), Frankfurt/ Oder (1744), Berlin (1746), Göttingen (1757). Die weiße gefüllte Form tritt erst im 18. Jh. in Erscheinung und blieb außerordentlich selten. 1738 wird sie für den Botanischen Garten der Universität Wittenberg angegeben, 1817 für den Breiterschen Garten in Leipzig.

Hepatica nobilis **Mill.** Leberblümchen, Brunfels 1532

Noch in der Mitte des 19. Jhs. waren derartige gefülltblühende Formen des Leberblümchens in den Gärten sehr beliebt und offenbar weit verbreitet. Ascherson bezeichnet sie 1864 in seiner Flora der Provinz Brandenburg als »häufig in Gärten«. Dann aber sind sie offensichtlich aus der Mode gekommen, denn Ende des 19. Jhs. rechnete sie Carl Bolle zu den altmodischen Blumen und schreibt im einzelnen: »Für ganz altmodisch und gegenwärtig selten geworden darf zumal die wahrhaft reizende rotgefüllte Spielart gelten; die doppelte blaue läßt sich noch mehr suchen.« Auch heute sind diese beiden gefüllten Formen nur sehr selten in den Gärten zu sehen, die weiße aber stellt eine absolute Rarität dar. Früher war die Formenfülle des Gewöhnlichen Leberblümchens in der Gartenkultur mitunter sehr groß. So zählt Parkinson 1629 in seinem Paradisus 10 verschiedene Formen auf, Christian August Breiter 1817 für seinen Leipziger Garten sogar 12: Blüten weiß, fleischfarben, blau, rosa, rot und violett, und zwar jeweils einfach und gefüllt. Heute sind alle diese Formen in den Gärten selten geworden, doch gibt es ausgesprochene Leberblümchenliebhaber und -sammler.

Das **Siebenbürgische Leberblümchen** (*H. transsilvanica* Fuss) mit etwas größeren und in Deutschland etwa 14 Tage früher erscheinenden Blüten und eingebuchteten Blattabschnitten wurde an seinem klassischen Standort, der Zinne bei Kronstadt (rum. Braşov), im Jahre 1846 von dem Kustos am Botanischen Museum in Wien Theodor Kotschy entdeckt. Die wissenschaftliche Erstbeschreibung erfolgte 1850 durch den siebenbürgischen Pfarrer und Amateurbotaniker Michael Fuß. Kotschy hatte einige lebende Exemplare an den Schönbrunner Garten in Wien gesandt, von wo aus die Art dann auch in andere Länder gelangte. Zuerst kam sie nach Deutschland, um 1860 auch nach Rußland, wo sie 1863 im Botanischen Garten in St. Petersburg bereits blühte, und 1865 nach England. In Deutschland entstanden in der Gartenkultur Formen mit rosa (1896) und mit weißen Blüten (1897). Inzwischen gibt es auch einen Bastard zwischen dieser Art und dem Gewöhnlichen Leberblümchen (*H. x ballardii*) mit sehr großen, lilafarbenen Blüten. Obwohl größerblütig und gartenwilliger als das Gewöhnliche Leberblümchen, ist das Siebenbürgische Leberblümchen in den deutschen Gärten bisher nur selten anzutreffen.

***Hesperis matronalis* L. Nachtviole, Tabernaemontanus 1588/1591**

Hesperis L. Nachtviole

Die in Flußauen des südlichen und südöstlichen Europa und des westlichen Asien heimische **Garten-Nachtviole** (*H. matronalis* L.) wurde offenbar bereits im klassischen Altertum als Zierpflanze in Gärten gezogen. Die im 16. Jh. wegen ihres veilchenähnlichen Duftes übliche Bezeichnung *Viola matronalis* findet sich schon bei Dioskurides, doch kann es sich dabei auch um die Levkoje (*Matthiola incana*) gehandelt haben, mit der die Nachtviole in älterer Zeit oft zusammengestellt bzw. vermengt worden ist. Eindeutiger ist die Angabe bei Plinius, der eine Pflanze *hesperis* anführt, die bei Nacht stärker duftet (»hesperis noctu magis olet«). Nach Mitteleuropa gekommen ist die Art offenbar erst zu Beginn des 16. Jhs. 1542 war sie, wie Leonhart Fuchs in seinem Kräuterbuch berichtet, fast überall in Gärten und Pflanzungen zu finden. Schon damals kannte man neben der purpurviolett blühenden Form (»Braun Veiel«) auch eine weißblühende (»Weiß Veiel«). Diese sowohl einfach wie auch gefüllt blühenden Formen fehlten in den folgenden Jahrhunderten in Deutschland nirgendwo als Gartenblumen. Viele alte Botaniker bezeichneten sie als *Viola matronalis* (wobei dieser Name aber auch für die Levkoje verwendet wurde), Tabernaemontanus als *Viola hyemalis*, Matthias Lobelius als *Viola Damascena*, woraus sich der deutsche Name Damaschkenblume entwickelte. Seit 1623 wurde meist der Bauhinsche Name *Hesperis hortensis* benutzt, bis dann Linnaeus 1753 den heute gültigen Namen *H. matronalis* aufstellte, welcher die alte Artbezeichnung *matronalis* (etwa »von Frauen gezogen«) wieder aufnahm.

Mitte des 19. Jhs. gehörte die **Garten-Nachtviole** zu den überall häufigen und bekannten Zierpflanzen und war auch hier und da in Parkanlagen und an Zäunen verwildert. Dann aber kam sie aus der Mode. Carl Bolle (1899/1900) zählt sie zu den altmodischen Blumen und schreibt: »Aus feinen Gärten ausgeschlossen, dafür aber nicht leicht in einem Landgarten, neben Pechnelken, Rittersporn und Feuerlilien, fehlend. Die gefüllte besitzen wir kaum mehr. Gleditsch lehrt uns, daß sie als Gartenviole oder

Muskatenblume zur friederizianischen Zeit ein Liebling der Gärten gewesen sei. Er nennt sowohl die weiße wie die rote prächtig und sagt von ihr, sie gehöre in jede gute Blumensammlung. Schade darum !« Heute ist die Nachtviole meist nur noch in Bauerngärten zu finden.

Seit dem Ende des 16. Jhs. wurde neben dieser Art auch vielfach die **Trübe Nachtviole** (*H. tristis* L.) mit gelblich-grünen, purpurrot geaderten Blüten aus Südosteuropa kultiviert, von Bauhin (1623) als *Hesperis montana pallida odoratissima* bezeichnet. Von ihr schreibt Gleditsch 1773, sie sei »ein Gewächse von schlechtem Ansehen, welches wegen seines schönen und starken Geruches von den Liebhabern gehalten wird«. Bereits 1864 nur noch als seltene Zierpflanze eingestuft, ist sie heute wohl nur noch in Botanischen Gärten zu finden.

Heuchera L. Purpurglöckchen

Von den etwa 27 Arten dieser nordamerikanischen Gattung der Steinbrechgewächse gelangte das **Amerikanische Purpurglöckchen** (*H. americana* L.) Mitte des 17. Jhs. nach England. Wenige Jahre darauf war es auch in Berlin/Brandenburg vorhanden, wo es in der 1663 erschienenen Flora Marchica unter dem Namen *Sanicula Cortusa Americana*, »Americanische Cortusa oder Bergsanickel« verzeichnet wird. Es wurde damals, wie aus dem Gartenbaubuch von Elsholtz (1684) hervorgeht, als »Schirm = Gewächß« behandelt, d.h. frostfrei überwintert. In der Folgezeit wurde diese Art auch an weiteren Orten in Deutschland kultiviert. z.B. in Hamburg-Eimbsbüttel (1706), Göttingen (1757), Kunersdorf bei Wriezen (1815) und Leipzig (1817), kam aber über Botanische und Liebhaber-Gärten nicht hinaus. Gleditsch schreibt 1773, ihre schmutzig-purpurroten Blüten (»flore squalide purpureo«) seien zwar ohne einzige Schönheit, doch werde die Pflanze wegen ihres fremden Ansehens und des Blütenbaues in den Winterhäusern unterhalten. So blieb das Amerikanische Purpurglöckchen lange Zeit hindurch ohne Bedeutung für die Gartenkultur. 1880 wurde durch den englischen Botaniker Murray aus den südwestlichen USA das schöner blühende **Blutrote Purpurglöckchen** (*H. sanguinea* Engelm.) eingeführt, das 1882 an Botanische Gärten weiter- und 1883 auch in den Handel gegeben wurde. Bald darauf begann die Züchtung, zuerst durch den französischen Gärtner Victor Lemoine in Nancy, der aus der Kreuzung von *H. sanguinea* mit *H. americana* Hybriden erzielte, die zum Ausgangspunkt für die meisten heutigen Gartensorten wurden. An der *Heuchera*-Züchtung beteiligte sich seit der Jahrhundertwende auch der deutsche Gartenbaubetrieb Georg Arends in Ronsdorf und später auch der englische Züchter Alan Bloom in Birmingham. Die Einkreuzung der von David Douglas eingeführten *H. micrantha* Dougl. aus dem westlichen Nordamerika führte zu den zierlichen 'Gracillima-Hybriden'. Heute gibt es eine große Zahl von *Heuchera*-Sorten meist in rosaroten bis dunkelroten Farbtönen, aber auch mit weißen Blüten.

Der 1737 von Linnaeus geschaffene, 1753 verbindlich gewordene Gattungsname *Heuchera* geht zurück auf den

1677 in Wien geborenen Botaniker und Mediziner Johann Heinrich Heucher, der Anfang des 18. Jhs. Professor an der Universität Wittenberg war, wo er u.a. 1711 und 1713 Kataloge des dortigen Botanischen Gartens veröffentlichte. Später ging Heucher als Leibarzt nach Dresden, wo er 1747 verstarb.

Hibiscus syriacus L. Strauch-Eibisch

Der Strauch-Eibisch (*H. syriacus* L.) ist der einzige holzige Vertreter der rd. 300 Arten umfassenden, überwiegend tropisch und subtropisch verbreiteten Gattung *Hibiscus*, der sich in Mitteleuropa als einigermaßen winterhart erwiesen hat. Er stammt allerdings nicht, wie seine Artbezeichnung vermuten läßt, aus Syrien, sondern ist in den sommerwarmen gemäßigten Gebieten Ostasiens heimisch. In China schon seit alter Zeit in Gartenkultur und dort mu jin pi genannt, gelangte er offenbar über die Seidenstraße in den Vorderen Orient und aus den dortigen türkischen und arabischen Gärten gegen Ende des 16. Jhs. nach Mittel- und Westeuropa. Lange Zeit hindurch hielt man sein sekundäres Verbreitungsgebiet in den Gärten des Orients für seine eigentliche Heimat, was die wissenschaftliche Artbezeichnung *syriacus*, »aus Syrien stammend« wie auch seinen englischen Namen Rose of Sharon erklärt (Saron: alter Name der Küstenebene im heutigen Israel; die in der Luther-Übersetzung der Bibel - Hohelied Salomos 2,1 – genannte »Blume zu Saron« ist aber vermutlich eine Anemonen-Art).

Als erster europäischer Botaniker stieß der Augsburger Arzt Leonhart Rauwolf auf seiner 1573 -1576 unternommenen Orientreise in der Stadt Tripoli (heute Tarabulus Ash-Sham im nördlichen Libanon) auf den Strauch-Eibisch. In seiner 1583 veröffentlichten Reisebeschreibung heißt es darüber wie folgt: »Ferner wirt auch da inner vnd außerhalb der Gärten gefunden ein sonders geschlecht der Papelen/von jnen [den Einwohnern] mit jrem namen Chethmie genennt/das gar groß/hoch/unn wie andere bäum mit seinen holtzechten ästen vnd waichen gertlein/in braunfarbe rinden beklaidt/sich außthailet .../ seine bletter seind sattgrün/lang vnd an seyten/wie sie sich wiederumm zuspitzen/zerkerfft: hat blumen/die ehe größer alß der andern/unn an der farb blauw seind/deren samen hab ich nit gesehn.«

Vermutlich auf dem Wege des venezianischen Levantehandels gelangte der Strauch-Eibisch bald darauf auch nach Mitteleuropa. 1588 erscheint er, unter dem Namen *Alcea arborescens*, begleitet von 2 Abbildungen, im Gartenkatalog des Nürnberger Stadtarztes Joachim Camerarius. 1601 beschreibt ihn Clusius in seinem Buch über seltenere Pflanzen als *Althea frutex secunda, Alcea fruticans* und *Ketmia Syrorum*, wobei der später vielfach verwendete Name *Ketmia* auf arabisch hitmi bzw. hatmi, »Eibisch« zurückgeht, die, wie auch durch Rauwolf belegt, heimische Bezeichnung für diesen Strauch im damaligen Syrien.

Wenig später gelangte der Strauch-Eibisch auch in den fürstbischöflichen Garten zu Eichstätt, wo es bereits zwei Farbformen gab (mit purpurroten und mit weißen, am Grunde rotgeflammten Blüten). Diese werden dann, unter dem Namen *Alcea syriaca*, in dem 1613 erschienenen Hortus Eystettensis farbig abgebildet. Zwischen 1607 und 1630 tritt er im herzoglich braunschweigischen Garten zu Hessem in Erscheinung, und zwar ebenfalls in den beiden genannten Farbformen. 1623 bezeichnete ihn Caspar Bauhin in seinem Pinax als *Alcea arborescens Syriaca*, unter welchem Namen er dann 1663 in der Flora Marchica aufgeführt wird, wobei Elsholtz als deutsche Bezeichnungen »Baum-Alcea/ Ketmia/ Syrischer Pappelbaum« verwendet. Aus den Angaben im Gartenbaubuch von Elsholtz ist zu ersehen, daß man den frostempfindlichen Strauch hierzulande im Gewächshaus oder in einer Orangerie durchwinterte. Da er im hiesigen Klima kaum reifen Samen ansetzte, vermehrte man ihn meistens vegetativ mittels Wurzelsprossen. Die im Juni erscheinenden Blüten waren weiß, rot oder fleischfarben.

In der Folgezeit gehörte der Strauch-Eibisch zu den festen Bestandteilen größerer, über eine Orangerie oder ein Gewächshaus verfügender Gärten, in Bürger- und Bauerngärten hingegen hat er weitgehend gefehlt. Im Laufe der Zeit nahm die Zahl der Farbsorten zu, 1759 gab der englische Gärtner Philip Miller in seinem Gardeners Dictionary 7 Sorten an, desgleichen 1785 von Burgsdorff in seiner Tegelschen Baumzucht bei Berlin, und 1817 zählt der Leipziger Hofgärtner Christian August Breiter im Verzeichnis seines Gartens 10 Sorten auf, und zwar solche mit weißen, weißen gefüllten, blauen, blauen gefüllten, purpurroten, purpurrot gefüllten und rosenroten Blüten sowie solche mit weiß- oder gelbpanaschierten Blättern. Heute gibt es vom Strauch-Eibisch unzählige Sorten mit einfachen, halbgefüllten und gefüllten Blüten in den Farben Weiß, Rosa, Rot, Gelb, Violett und Blau, und verschiedene Sorten besitzen bereits eine solche Winterhärte, daß sie in sommerwarmen und wintermilden Gebieten Deutschlands an geschützten Stellen auch ständig im Freiland verbleiben können.

Hieracium aurantiacum L.
Orangerotes Habichtskraut

Dieses in alpinen und subalpinen Magerrasen und Magerweiden der Alpen und höherer Mittelgebirge heimische Habichtskraut wurde wegen seiner auffälligen, orangeroten Blüten vielleicht schon im 16. Jh. in Gartenkultur genommen, und zwar zunächst in der Nachbarschaft seiner Wildvorkommen. Von dort aus verbreitete es sich ganz allmählich über die Gärten anderer mitteleuropäischer Landschaften. 1613 erscheint es im Hortus Eystettensis als *Hieracium peregrinum*, war aber sonst im 17. Jh. in den Gärten Deutschland noch recht selten. Erst im 18. und 19. Jh. finden wir die Art, von Gleditsch 1773 als »angenehmes dauerhaftes Staudengewächs« bezeichnet, dann in den meisten Botanischen und Liebhaber-Gärten, und mit ziemlicher Sicherheit war das Orangerote Habichtskraut nunmehr auch in vielen bürgerlichen und bäuerlichen Gärten vertreten.

Aus derartigen Gärten heraus ist die anspruchslose, oftmals stark wuchernde Art an vielen Stellen mehr oder weniger dauerhaft verwildert. Ende des 19. Jhs.

zählte sie Carl Bolle zu den altmodischen Blumen, heute ist sie nur gelegentlich noch in Bauerngärten zu finden. Zunächst hatte man sie auch als Steingartenpflanze empfohlen, doch warnt Karl Foerster in seinem Steingartenbuch vor ihrer Verwendung, denn sie »wirft überreichlich mit Sämlingen um sich und wuchert unterirdisch in schlimmster, nicht auszurottender Weise«. Als einziges im Steingarten unentbehrliches Habichtskraut nennt er das Rote Habichtskraut (*H. x rubrum* Peter), den Naturbastard zwischen *H. aurantiacum* und *H. flagellare*.

Hosta Tratt. (***Funkia*** Spreng.) **Funkie**

Von der über 40 Arten umfassenden, ausschließlich ostasiatischen Gattung *Hosta* sind in Mitteleuropa etwa 15 Arten und deren Sorten und Hybriden als schattenertragende dekorative Blattschmuckstauden in Gartenkultur. Erste Nachrichten über diese Pflanzen vermittelte der deutsche Naturforscher Engelbert Kaempfer, der von 1690 bis 1692 als Arzt der Niederländischen Ostindischen Kompanie in Japan tätig war. 1712 veröffentlichte er erstmals zwei Zeichnungen von *Hosta*-Arten unter ihren japanischen Namen, es handelte sich dabei offenbar um *H. lancifolia* Engl. und *H. sieboldiana* Engl. Aber erst 1780 wurde durch Carl Peter Thunberg, Schüler und Nachfolger von Linnaeus in Uppsala, in der Flora Japonica eine dieser Arten *(H. lancifolia)* wissenschaftlich beschrieben, allerdings unter der Bezeichnung *Aletris japonica*. Zwischen 1784 und 1789 sandte der französische Konsul in Macao, Charles de Guignes, erstmals lebende Exemplare einer *Hosta*- Art an den Botanischen Garten (Jardin des Plantes) in Paris, wo sie 1789 von Lamarck als *Hemerocallis plantaginea* beschrieben wurde (heute *Hosta plantaginea* (Lam.) Aschers.). Der englische Botaniker Henry Andrews nannte diese Art, die 1790 von dem britischen Kaufmann George Hibbert aus China nach Chapham in England gebracht worden war, 1801 jedoch *Hemerocallis alba*. Zusammen mit dieser Art war 1790 auch *H. ventricosa* nach England gelangt und wurde 1797 durch Andrews im Botanists Repository als *Hemerocallis coerulea* beschrieben. 1803 wuchs sie im Garten des Schlosses Malmaison bei Paris. Unter den Andrewsschen Namen waren beide Arten dann 1808 im Berliner Botanischen Garten vorhanden und tauchten in den folgenden Jahren entweder für sich oder zusammen auch in anderen deutschen Gärten auf, z.B. in Kunersdorf bei Wriezen 1815, Leipzig (Breiterscher Garten) und Weimar (Belvedere) 1817 und Frankfurt/Oder (Buekscher Garten) 1824. 1818 empfahlen der mecklenburgische Pfarrer Wredow in seinem Gartenfreund und 1837 auch der österreichische Pfarrer Zetter in seinem Staudenbuch beide Arten, noch immer unter den Namen *Hemerocallis alba* und *coerulea*, als Gartenpflanzen, letzterer mit dem Prädikat »sehr schön !«

Schon im 2. Jahrzehnt des 19. Jhs. hatten einige Botaniker erkannt, daß die Zuordnung dieser Arten zur Gattung *Hemerocallis* nicht haltbar war. Der Wiener Botaniker Leopold Trattinnick begründete daher 1812 die neue Gattung *Hosta*, benannt nach Nikolaus Thomas

Host (1761 - 1834), Botaniker und kaiserlicher Leibarzt in Wien. Professor Kurt Sprengel in Halle schuf 1817 den Gattungsnamen *Funkia* zu Ehren des Apothekers und Moosforschers Heinrich Christian Funck (1771 - 1839) in Gefrees im Fichtelgebirge. Letzterer Name wurde fortan vor allem in Deutschland verwendet und hat sich, obwohl er in wissenschaftlichen Werken (z.B. Ascherson 1864) aus Prioritätsgründen alsbald wieder aufgegeben wurde, in Gärtnerkreisen noch lange erhalten und ist schließlich zum deutschen Namen für diese Gattung geworden.

Weitere *Hosta*-Arten verdanken ihre Einführung nach Europa dem deutschen Botaniker Philipp Franz von Siebold, der sich von 1823 - 1830 in Japan aufhielt und in den dortigen Gärten auch verschiedene *Hosta*-Arten antraf. 1829 sandte er *H. lancifolia* Engl., *H. undulata* (Otto et A. Dietr.) L. H. Bailey, *H. sieboldiana* (Hook.) Engl. (*Funkia cucullata* Sieb.) und *H. crispula* Maekawa (*Funkia marginata* Sieb.) nach Leiden. 1830 brachte er bei seiner Rückkehr dann noch *H. sieboldii* (Paxt.) Ingram (*Funkia maculata* Sieb.) mit. Da sich Siebold in Leiden niederließ, verbreiteten sich seine *Hosta*-Arten von dort aus nach England und Deutschland. Hier war *H. lancifolia* 1835 im Berliner Botanischen Garten vorhanden.

1841 führte Julius Bosse in seinem Handbuch der Blumengärtnerei (2. Aufl.) 6 *Hosta*-Arten auf, und zwar (nach heutiger Nomenklatur) *H. plantaginea, H. sieboldii, H. ventricosa, H. lancifolia, H. sieboldiana* und *H. undulata*, ebenfalls 6 Sippen nennt 1855 Ernst Berger in seinem Gartenpflanzenbuch. In den damaligen Gartenzeitschriften werden die *Hosta*-

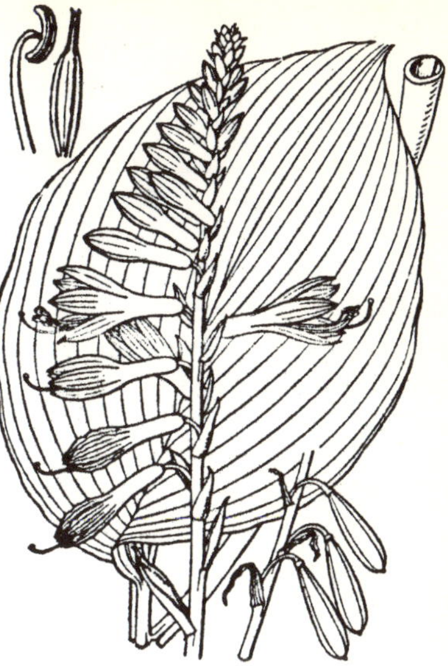

***Hosta sieboldiana* Engl.** Blaublatt-Funkie, Makino 1962

Arten zur Anpflanzung auf Beeten, als Einfassungen und als Tuffs auf Rasenflächen empfohlen, aber auch als Alpinumpflanzen. 1864 gibt Ascherson für Berlin und Brandenburg *H. plantaginea* als häufige Zierpflanze an und nennt darüber hinaus die Arten *H. lancifolia* und *H. ventricosa.* Alle drei sind auch heute noch die häufigsten *Hosta*-Arten unserer Gärten.

In der 2. Hälfte des 19. Jhs. wurden aus Japan und China weitere Funkien eingeführt. Bereits um 1856 gelangte die heutige *H. elata* Hyl. in die Niederlande. *H. tokudama* Maekawa wurde 1862 von dem englischen Pflanzensammler Robert Fortune nach England gebracht und im Pflanzenhandel zunächst als *H. fortunei* angeboten. Die heutige *H. fortunei* (Bak.)

Bailey kam dagegen erst später, eventuell um 1875. An weiteren *Hosta*-Arten trafen 1875 *H. decorata* Bailey und um 1885 *H. tardiflora* (Irving) Stearn in Europa ein, blieben aber selten.

In der Gartenkultur entwickelten sich zahlreiche Sorten. Die vielen weiß- und gelbpanaschierten Sorten sind größtenteils erst in Europa entstanden, sie kamen vor allem seit der Jahrhundertwende in Mode und fanden weite Verbreitung. Zu den durch Mutationen und Auslese entstandenen Sorten traten solche, die aus Kreuzungen hervorgingen, z.B. die 1961 erzielte *H. x tardiana* hort. (*H. sieboldiana* 'Elegans' x *H. tardiflora*) mit ihrem umfangreichen Sortenschwarm. Heute gibt es über 1000 Sorten, die sich auch in deutschen Gärten zunehmender Beliebtheit erfreuen, während die einstmals eingeführten Arten in ihrer ursprünglichen Form nur noch selten zu sehen sind.

Hyacinthoides Heist. ex Fabr.
Blauglöckchen

Der wissenschaftliche Name dieser Gattung war mancherlei Wandlungen unterworfen. Die älteren Botaniker und auch noch Linnaeus 1753 stellten die Blauglöckchen in die damalige Sammelgattung *Hyacinthus*. 1759 taucht dann in dem von Philipp Conrad Fabricius herausgegebenen Katalog des Botanischen Gartens Helmstedt für diese Pflanzen erstmals der Name *Hyacinthoides* Heister auf. Der Autorenname macht deutlich, daß der neue Gattungsname auf den Vorgänger von Fabricius, Professor Lorenz Heister (1683 – 1758) zurückgeht. Obwohl auch Friedrich Kasimir Medikus, Gartendirektor in Schwetzingen und Mannheim, diesen Namen 1791 benutzte, geriet er vorerst aber wieder in Vergessenheit. Vielmehr schlossen sich fast alle Botaniker dem Vorgehen von Philip Miller an, der in der 8. (nunmehr die binäre Nomenklatur benutzenden) Auflage seines Gardeners Dictionary die Blauglöckchen in die Gattung *Scilla* eingereiht hatte. 1827 löste der belgische Botaniker Barthélemy Charles Joseph Dumortier diese Gruppe aus der Gattung *Scilla* heraus und schuf für sie die Gattung *Endymion*, ihm folgte z.B. August Garcke in seiner von 1849 bis 1922 in vielen Auflagen erschienenen Flora von Deutschland. Nur wenig Anklang fand indessen die von dem Berliner Botanikprofessor Heinrich Link 1829 aufgestellte Gattung *Agraphis*. Seit einer 1944 von Werner Rothmaler (in Feddes Repert. 53) publizierten Arbeit gilt nunmehr, den Prioritätsregeln entsprechend, wieder der Gattungsname *Hyacinthoides*.

Das **Englische Blauglöckchen** oder Hasenglöckchen (*H. non-scripta* (L.) Rothm.) wächst in frischen nährstoffreichen Laubmischwäldern Westeuropas, sein Areal erstreckt sich über Portugal, Nordwestspanien, Westfrankreich, England und Belgien und reicht im Osten bis in das westliche Nordrhein-Westfalen. In ihren Heimatgebieten wurde die hübsche Pflanze – in England Bluebell bzw. wie bei Parkinson 1629 Harebell genannt – schon frühzeitig in Gartenkultur genommen. Die Botaniker des 16. Jhs. bezeichneten sie meist als *Hyacinthus Anglicus et Belgicus*. Der flämische Botaniker Rembert Dodonaeus, der die Art 1552 in seiner Stirpium historia einfach als *Hyacinthus* aufgeführt hatte, schuf 1581 für sie die Artbezeichnung *non-scriptus* (»unbeschrieben«), um sie dadurch vom nunmehr bekannt gewordenen *Hyacinthus orientalis* abzuheben. Es soll mit diesem Artnamen zum Ausdruck gebracht werden, daß ihre Blüten keine Schriftzeichen aufweisen, wie man sie auf den Blüten der Garten-Hyazinthe zu sehen glaubte.

Diese Artbezeichnung wurde später von Linnaeus übernommen und ist, in die weibliche Form übertragen, heute noch gültig. Sehr bald kam die Pflanze auch in Gärten außerhalb ihres natürlichen Verbreitungsgebietes, so wuchs sie z.B. 1588 im Garten von Joachim Camerarius in Nürnberg. Im 17. Jh. gab es in den Gärten neben der blaublühenden Wildform weitere Farbformen. Das 1613 erschienene Prachtwerk des Hortus Eystettensis z.B. zeigt vom *Hyacinthus Anglicus* Formen mit hellblauen, weißlichen, violetten und rosaroten Blüten, und der Gartenkatalog von Jean und Vespasian Robin in Paris 1623 verzeichnet weiß-, blau-, blaßblau-, purpurrötlich und rosarotblühende Formen. Seither breitete sich diese Art als Zierpflanze in Mitteleuropa weithin aus und war alsbald, unter der 1623 von Bauhin geprägten Bezeichnung *Hyacinthus oblongo flore, caeruleus, maior,* später unter dem oben genannten Linnéschen Namen, ein fester Bestandteil der Botanischen und Liebhaber-Gärten wie auch der herrschaftlichen Lustgärten. 1773 bezeichnete sie Gleditsch in Berlin als »ein gemeines Zwiebelgewächs in den Lustgärten«. In die normalen Gärten der Bürger und Bauern scheint die Art indessen in Deutschland kaum Eingang gefunden zu

***Hyacinthoides hispanica* (Mill.) Rothm.**
Spanisches Blauglöckchen, Barrelierus 1714

haben, was wohl auch mit den klimatischen Ansprüchen dieser atlantischen Pflanze zusammenhängen dürfte. Heute ist sie hierzulande in derartigen Gärten als reine Art jedenfalls ganz selten zu sehen.

Das ähnliche, aber mit allseitswendig angeordneten, etwas größeren breitglockigen, aber duftlosen Blüten und breiteren Blättern versehene **Spanische Blauglöckchen** (*H. hispanica* (Mill.) Rothm.) besitzt ein Areal, das sich über Portugal, Westspanien und Nordwestafrika erstreckt. In der Literatur erscheint es erstmals beschrieben und abgebildet 1601 in der Rariorum plantarum historia von Carolus Clusius als *Hyacinthus Hispanicus.* Wie Clusius angibt, hatte er diese Art auf seiner Reise durch Spanien und Portugal 1564/65 nicht gesehen, aber vor wenigen Jahren durch Herrn von Longatre aus Belgien als Zwiebeln unter dem Namen *Hyacinthi Hispanici inodori* zugeschickt erhalten. Wo der Herr von Longatre die Zwiebeln herbekommen hatte, war Clusius nicht bekannt. Von Leiden aus, wo Clusius seit 1593 tätig war, kam das Spanische Blauglöckchen in die Gärten anderer west- und mitteleuropäischer Länder. In Paris wuchs es 1623 im Garten der Robins, in London verzeichnete es 1629 John Parkinson als *Hyacinthus Hispanicus flore campanula instar,* »The Spanish bell-flowered Jacinth«. In Deutschland wurden 1613 im Hortus Eystettensis eine blau- und eine rosablühende Farbform abgebildet. Da aber 1623 Caspar Bauhin in seinem Pinax das Spanische und das Englische Blauglöckchen wieder zu seiner Art *Hyacinthus oblongo flore coeruleus maior* zusammengezogen hatte, ist bis in die 2. Hälfte des 18. Jhs. hinein beim Auftreten dieses Namens die Unterscheidung beider Arten unmöglich. Erst nachdem das Spanische Blauglöckchen von Philip Miller 1768 als *Scilla hispanica,* von Nicolaus Joseph Jacquin 1781 als *Scilla hyacinthoides* und von William Aiton 1789 als *Scilla campanulata* wieder eindeutig vom Englischen Blauglöckchen abgetrennt wurde, läßt sich seine Verbreitung wieder klarer erkennen. In Deutschland war es z.B. 1808 im Botanischen Garten Berlin, 1817 im Breiterschen Garten in Leipzig und 1824 im Buekschen Garten in Frankfurt/Oder vorhanden, in Dänemark 1810 im Botanischen Garten Kopenhagen. Im wesentlichen blieb es also nach wie vor auf Botanische und Liebhaber-Gärten beschränkt. Hierzu mag auch beigetragen haben, daß, wie es in 1837 und 1843 erschienenen Auflagen des Gartenfreundes des mecklenburgischen Pfarrers Wredow heißt, die Art damals nicht im Freien aushielt, sondern im Glashaus durchwintert werden mußte. Ab der 2. Hälfte des 19. Jhs. scheint es hierzulande eine etwas weitere Verbreitung gefunden zu haben, als die niederländischen Blumenzuchtbetriebe nicht nur größer- und reicherblühende, sondern offenbar auch weniger empfindliche Sorten in verschiedenen Farben (blau, weiß, rosa) entwickelten, wobei es auch zu Kreuzungen mit *H. non-scripta* kam. Obwohl das Spanische Blauglöckchen von den überwiegend niederländischen Zuchtbetrieben reichlich angeboten und abgesetzt wird, ist es in den deutschen Gärten heute nicht allzu häufig zu sehen und in vielen Gegenden offensichtlich nach wie vor wenig ausdauernd.

Hyacinthus orientalis L.
Garten-Hyazinthe

Die Heimat der Garten-Hyazinthe liegt im östlichen Mittelmeergebiet (mittlere und südl. Türkei, Nordwestsyrien, Libanon). Ob die bereits von antiken Schriftstellern (Homer, Dioskurides, Plinius u.a.) genannte Pflanze *Hyakinthos* (lat. *Hyacinthus*) mit dieser Art gleichgesetzt werden kann, ist aber fraglich. Ovid erzählt in seinen Metamorphosen, daß sie aus dem Blut des von Apoll geliebten und durch einen unglücklichen Diskuswurf getöteten griechischen Jünglings Hyakinthos entsprossen ist. Der antike Name wurde im 16. Jh. auf unsere Art übertragen und dann durch Linnaeus endgültig festgeschrieben.

Die Pflanze soll bereits von den Arabern in Gartenkultur genommen und in ihren Gärten in Aleppo und Bagdad kultiviert worden sein. Gesichert ist, daß sie später zum festen Bestandteil türkischer Gärten gehörte, in Gedichten besungen und in der osmanischen Kunst auch vielfach bildlich dargestellt wurde. 1555 traf der kaiserliche Gesandte Augerius Ghislain de Busbecq auf seiner Reise nach Konstantinopel (Istanbul) zwischen Adrianopel (Edirne) und Konstantinopel u.a. auch auf Hyazinthen, die in den dortigen Gärten kultiviert und den Fremden zum Kauf angeboten wurden. Er berichtete von einem Überfluß an Narzissen und Hyazinthen, deren Duft so stark sei, daß er Kopfschmerzen hervorrufe. Aus den türkischen Gärten gelangte die Hyazinthe zunächst nach Italien, wo sie das Herbar des Gherardo Cibo (1512–1600) für 1532 belegt. Erste Abbildungen lieferte Matthiolus 1560 in der damaligen Auflage seiner Dioskurides-Ausgabe. Er hatte die Pflanzen als Geschenk von Jacopo Antonio Cortuso (1513–1603), später Präfekt des Botanischen Gartens Padua, bekommen, der sie wiederum aus dem Orient erhalten hatte. Von Italien aus gelangte die Art damals auch nach Deutschland. Als wahrscheinlich Erster besaß den *Hyacinthus orientalis* hier 1561 der Arzneienhändler Joachim Kreich in Torgau; in den Gärten aller anderen damals von Konrad Gessner befragten Pflanzenliebhaber Deutschlands hat sie zu diesem Zeitpunkt noch gefehlt. Bald darauf befand sie sich auch in Meißen im Garten des Arztes und Apothekers Christoph Leuschner (1521–1574), der zuvor Stadtarzt in Torgau gewesen war und von Kreich viele Pflanzen bekommen hatte.

Hyacinthus orientalis L. Hyazinthe, Clusius 1601

Bald nach seiner Ankunft in Wien 1573 dürfte auch Clusius die Hyazinthe erhalten haben, entweder aus Padua oder durch Vermittlung kaiserlicher Gesandter am Hofe des türkischen Sultans direkt aus Konstantinopel, möglicherweise auf beiden Wegen. Jedenfalls wandte sich im Frühjahr 1576 der pflanzenliebende hessische Landgraf Wilhelm IV. in Kassel an Clusius mit der Bitte, ihm neben anderen Pflanzen auch *Hyacinthus orientalis* zuzusenden. Das ist offenbar geschehen, denn im August 1579 schickte Wilhelm IV. seinem Bruder Ludwig in Marburg u.a. Hyazinthenzwiebeln zu. Clusius selbst erwähnt verschiedene Formen der Hyazinthe, welche in den Jahren 1582, 1585 und 1587 bei ihm in Wien zur Blüte kamen. 1581 bildete der flämische Botaniker Matthias Lobelius 4 verschiedene Formen ab.

Auch der mit Clusius in regem Briefwechsel und Pflanzenaustausch stehende Nürnberger Stadtarzt Joachim Camerarius hatte die neue Zierpflanze alsbald in seinem Garten, und zwar in den Farben Blau, Weiß und Purpurrot. Die von Camerarius bearbeitete, 1586 unter dem Titel De plantis epitome erschienene Ausgabe des Compendium de plantis omnibus von Matthiolus (1571) enthält die Angabe, der *Hyacinthus orientalis* werde in Gärten gepflanzt und in tönernen Gefäßen gezogen, und den auf Camerarius zurückgehenden Zusatz, es mache überhaupt keine Mühe, die Art an Blumentöpfe zu gewöhnen, wenn keine Frostgefahr sie bedrohe. In seinem 1588 veröffentlichten Gartenkatalog führt Camerarius sie unter den Bezeichnungen *Hyacinthus Constantinopolitanus sive Orientalis* auf und vermerkt, die Türken nennten sie Zemblecuder. 1590 war die Art als *Hyacinthus maior et minor* sogar im fernen Ostpreußen vertreten, wenn auch selten, wie der Bischof von Pomesanien Johann Wigand in seinem Katalog der in Preußen wachsenden Pflanzen angibt. Im Garten des pflanzenliebenden Arztes Laurentius Scholz in Breslau wuchs sie 1594 in der blauen und weißen Farbform, wohingegen sie in den Lausitzen damals noch fehlte. Auch in dem 1595 in Wittenberg erschienenen Teil des Hausbuches von Johannes Colerus, in dem die damals gängigen Gartenblumen aufgeführt werden, findet die Hyazinthe keine Erwähnung (Wimmer 2002).

Im 17. Jh. ging ihre Ausbreitung dann aber ziemlich rasch voran, und auch die Formenfülle nahm zu. Der 1613 erschienene Hortus Eystettensis verzeichnet bereits 17 verschiedene Sorten, und zwar sowohl einfach- als auch gefülltblühende mit hell- und dunkelvioletten, hell- und dunkelblauen, reinweißen, bläulichweißen, grauweißen und rötlichen Blüten. Wie aber die damaligen Abbildungen erkennen lassen, handelte es sich durchweg noch um wenig- und lockerblütige, der Wildform noch recht nahestehende Primitivsorten. Dennoch wurde die Hyazinthe, vor allem auch wegen ihres wundervollen Duftes, überall begeistert aufgenommen und in die Prachtpflanzen der Barockgärten eingereiht. So war sie z.B. im herzoglich braunschweigischen Garten zu Hessem 1630 in 6 Sorten vertreten, zu denen bis 1651 noch 3 weitere hinzukamen, und 7 verschiedene Sorten zählte man 1663 im Lustgarten am Berliner Schloß. 1665 veröffentlichte der pflanzenliebende Pfarrer Johann Gottfried Olearius in Halle eine »Hyacinth-Betrachtung, darinn die anmuthige und überaus schöne Hyacinthblume zu leiblicher Ergetzung und geistlicher Erbauung allen rechtschaffenen gottseligen Gartenliebhabern zu einem Exempel der christlichen Gartenlust fürgestellt wird«. Im 18. Jh. fand sich die Hyazinthe in Deutschland dann nicht nur in Botanischen und Liebhaber-Gärten sowie in den Lustgärten des Adels, sondern auch in vielen Bürgergärten. So heißt es z.B. 1724 für die Stadt Lauban in der Oberlausitz, *Hyacinthus orientalis* wachse dort in 3 Farbsorten zahlreich in Gärten (»Copiose in hortis«). Auch die Zahl der Sorten war inzwischen weiter angewachsen, 1736 führte der Arzt Paul Heinrich Gerhard Moehring in Jever (Ostfriesland) aus seinem Garten 21 Formen auf. Um die steigende Nachfrage zu befriedigen, erfolgten Importe von Hyazinthenzwiebeln aus Holland sowie, durch Zitronenhändler, aus Italien. Auch in Deutschland nahmen einige Gärtnereien die Hyazinthenanzucht auf, so z.B. in Berlin 1740 der Kunst- und Handelsgärtner David Bouché in der Blumenstraße, ihm folgten alsbald weitere ortsansässige Gartenbaubetriebe. Allerdings erfolgte der Anbau in Berlin zunächst auf kleinerem Raum in den meist in der Innenstadt gelegenen Gärten. Durch Aussaat und Auslese entstanden ständig neue Sorten, so erzielte Johann Bouché in der Krautgasse die damals berühmte und allgemein bekannte Sorte 'La Jolie Blanche'. Aber auch in den Niederlanden erfuhr die Hyazinthenanzucht einen großen Aufschwung, und auch dort kamen laufend neue Sorten auf den Markt. 1752 soll es 242 gefüllte und 107 einfache Hyazinthensorten, 1767 schon 590 Sorten gegeben haben. 1783 veröffentlichte das in Stuttgart erscheinende Journal für die Gartenkunst einen ausführlichen Beitrag »Von der Cultur der Hyacinthen«. Im 19. Jh. nahm mit wachsender Bevölkerungszahl die Nachfrage nach der wegen ihres Duftes weiterhin sehr beliebten Hyazinthe zu, wodurch es zu einer Ausweitung der Zuchtbetriebe und verbesserten Züchtungen kam. In Berlin wurden seit etwa 1815 ganze Felder außerhalb der damaligen Bebauung in Richtung Rummelsburg zur Blumenzwiebelzucht verwendet. Mehrere große Gärtnereien zogen dort auf ausgedehnten Flächen jährlich etwa 4,5 Millionen Hyazinthen heran. Der größte Anbauer mit etwa 1,5 Millionen Zwiebeln war der Kunst- und Handelsgärtner Christian Ludwig Krause in der Fruchtstraße. Zur Blütezeit bildeten die Hyazinthenfelder ein beliebtes Ausflugsziel für die Berliner, auch gab es Hyazinthen- und Tulpenausstellungen. Die zunehmende Bebauung insbesonders in der Gründerzeit brachte den Rückgang der Berliner Hyazinthenkultur. 1901 war sie bereits stark zusammengeschrumpft, in den darauffolgenden Jahren erlosch sie ganz. Die Versorgung Deutschlands mit Hyazinthenzwiebeln für Garten und Treiberei erfolgte von nun an ausschließlich von Holland aus, wo auch die Zucht neuer Sorten ständig weitergeführt wurde. Hauptsächlich finden wir die Hyazinthe hierzulande als Treibhyazinthe – früher vorwiegend auf speziellen Hyazinthen-Gläsern, heute aber meist in Töpfen – auf Fensterbrettern im Zimmer; als Gartenpflanze ist sie in vielen Landschaften Mitteleuropas aus klimatischen Gründen wenig ausdauernd.

Hydrangea L. Hortensie

Als erster Europäer stieß Engelbert Kaempfer, der sich 1690–1692 als Arzt der Niederländischen Ostindischen Kompanie in Japan aufhielt, auf die dort schon seit langem als Zierstrauch kultivierte **Gewöhnliche Hortensie** (*H. macrophylla* (Thunb.) Ser.) Es handelte sich dabei um Kulturformen komplexer Abstammung, ihre Ursprungsarten (*H. maritima, H. acuminata, H. thunbergii, H. japonica*) wachsen in ostasiatischen Auenwäldern. Da die damals gefundenen Gartenformen als Hybriden überwiegend sterile Blüten aufwiesen, bereitete ihre taxonomische Einordnung zunächst große Probleme. Kaempfer beschrieb sie in seinem 1712 in Lemgo erschienenen Bericht über seinen Japanaufenthalt als *Sambucus aquatica* und gab dazu den japanischen Namen Sijo an. Lebende Exemplare gelangten damals nicht nach Europa. 1771 brachte der französische Astronom Legentie de la Galairière einige Pflanzen nach der damals in französischem Kolonialbesitz befindlichen Isle de France, der heutigen Insel Mauritius östlich von Madagaskar. Dort lernte sie 1773 der französische Arzt und Botaniker Philibert Commerson kennen und sandte Herbarexemplare nach Paris. Commerson gab der Art den Namen *Hortensia*, nach dem Vornamen seiner Freundin Hortense Barré, die ihn auf seinen Reisen begleitete. Die Veröffentlichung dieses Namens erfolgte jedoch erst 1789, 16 Jahre nach dem Tode Commersons, durch A. L. Jussieu, bzw., als *H. opuloides*, 1790 durch Lamarck. Inzwischen war auch der schwedische Botaniker und Linnaeus-Schüler Carl Peter Thunberg auf seiner Japanreise 1776 auf die dortigen Garten-Hortensien gestoßen und hatte sie in seiner Flora Japonica 1784 als *Viburnum macrophyllum* bzw. (eine abweichende, heute meist als Unterart bewertete Sippe) als *V. serratum* beschrieben. Der portugiesische Missionar Juan Loureiro hielt die Art sogar für eine Primel und nannte sie in seiner 1790 veröffentlichten Flora von Cochinchina *Primula mutabilis*. Die endgültige Klärung ihrer systematischen Stellung gelang erst, als der englische Botaniker Joseph Banks 1789 eine Pflanze nach Kew/London mitbrachte, wo sie 1792 James Edward Smith anhand fertiler Blüten als der 1739 von Jan Fredrik Gronovius aufgestellten und 1753 von Linnaeus validisierten Gattung *Hydrangea* zugehörig identifizierte und der Art den Namen *H. hortensis* gab, der dann aber aufgrund der Nomenklaturregeln 1830 von H. C. Seringe zu *H. macrophylla* abgeändert wurde.

Vom Botanischen Garten Kew aus gelangte die Hortensie alsbald auch in andere Länder Europas, fand überall Gefallen und wurde rasch zur Modeblume. Mitte der 1790er Jahre schickte ein deutscher Gärtner aus England einen Steckling nach Sachsen, wo er im Schloßgarten zu Pillnitz in einem Kübel zu einer stattlichen Pflanze heranwuchs, die 1889 noch am Leben war und eine Höhe von 2,5 m und einen Umfang von 9,5 m erreicht hatte. 1798 wurde die Hortensie im Botanischen Garten Kopenhagen kultiviert. In Berlin läßt sie sich 1808 im Botanischen Garten als *Hydrangea hortensis* nachweisen, der Hofgärtner Ferdinand Fintelmann legte damals auf der Pfaueninsel bei Potsdam regelrechte Hortensienkulturen an. Die Hortensie wurde zur Lieblingsblume der preußischen Königin Luise, und nach ihrem frühen Tode (1810) umpflanzte man ihre Grabstätte im Schloßpark Charlottenburg mit Hortensien. 1815 war die Art auch auf den Friedländischen Gütern bei Wriezen vorhanden, 1817 im Breiterschen Garten in Leipzig. 1818 nannte der mecklenburgische Pfarrer Wredow sie in seinem in Berlin erschienenen Gartenfreund »Japanische Rose«. Es heißt hier, der Strauch sollte im Winter in einem frostfreien oder mäßig warmen Zimmer untergebracht werden, doch könne er an einer geschützten Stelle unter Laubbedeckung auch im Freien durchwintert werden. Wredow vermerkt weiter, daß man durch Verwendung von Eisenocker in der Pflanzerde die schön rosaroten Blüten in prachtvoll himmelblaue verwandeln könne. Dieser, seit Ende des 18. Jhs. bekannte Farbumschlag wird durch freie Eisen- und Aluminium-Ionen hervorgerufen, später benutzte man bei diesem Verfahren hauptsächlich Alaun.

Im Verlaufe des 19. Jhs. gelangten weitere Kultivare aus Japan nach Europa, u.a. auch durch den Botaniker und Japanforscher Philipp Franz von Siebold, der neben vielen anderen Pflanzen 1860 die nach seiner japanischen Tochter benannte Gartenform 'Otaksa' einführte. Ab der Jahrhundertmitte setzte unter Verwendung von Wildformen die Züchtung ein, zuerst in Frankreich durch Victor Lemoine und Pierre Mouillefert, später auch in den Niederlanden, in Belgien, in der Schweiz und in Deutschland. Die Zahl der Gartensorten stieg dadurch rasch an, um 1870 zählte man etwa 200. Die Art ist als schattenertragender Blütenstrauch auch heute ziemlich häufig

847. Hydrangea hortensis. 33 cm.

***Hydrangea macrophylla* (Thunb. Ex Murray) Ser.**
Garten-Hortensie Haage & Schmidt 1910

in mitteleuropäischen Gärten zu sehen, wenn der Boden nur frisch genug ist, zumeist in der Sorte 'Otaksa' mit großen ballförmigen sterilen Blütenständen. Daneben wird sie in kleiner bleibenden Sorten, durch Kultur- und Treibmaßnahmen verfrüht, im Frühling als Topfpflanze angeboten.

Von den sonstigen gegen 20 *Hydrangea*-Arten findet man in unseren Gärten am ehesten die **Rispen-Hortensie** (*H. paniculata* Sieb.). Die in Japan, auf den südlichen Kurilen, Sachalin und in Südostchina heimische Art wurde 1862 von Siebold von seiner letzten Japanreise (1859–1862) nach Europa mitgebracht und beschrieben. 1884 kam durch den russischen Botaniker Carl Johann Maximowicz auch ihre Varietät *floribunda* in den Botanischen Garten von St. Petersburg. Von den Niederlanden aus, wohin Siebold seine Pflanzen gebracht hatte, verbreitete sich die Rispen-Hortensie in andere Länder West- und Mitteleuropas. 1867 brachten sie dänische Gärtner aus Belgien nach Dänemark, wo sie vermehrt und ab 1879 zum Kauf angeboten wurde. Sehr schnell gelangte sie auch nach England und Deutschland. In Deutschland wurde sie überwiegend in Park- und Grünanlagen angepflanzt, in den Gärten aber nur selten verwendet.

Hypericum calycinum L.
Großblumiges Johanniskraut

Das Großblumige Johanniskraut, ein flächig wachsender niedriger immergrüner Halbstrauch, besitzt ein Areal, das sich von Südostbulgarien bis Nordanatolien erstreckt. 1675 wurde es von dem Engländer George Wheler (1650–1723) auf seiner Türkeireise in Belgrad nördlich von Konstantinopel (Istanbul) gefunden und unter dem Namen *Androsaemum constantinopolitanum, flore maximo* nach England eingeführt. Dort kam es zuerst an Robert Morison vom Botanischen Garten in Oxford, der es in seiner Plantarum historia (1680) als *Androsaemum flore et theca quinquecapsulari omnium maximis* beschrieb, aber angab, es stamme vom Olymp. Letzteres ist eine Verwechslung mit dem von Wheler auf dem Olymp gesammelten *Hypericum montis olympi*, dem heutigen *H. olympicum* L. In England verbreitete sich das Großblumige Johanniskraut unter der Bezeichnung 'Sir George Whelers Tutsan'. 1768 war es nach Philip Miller in den englischen Gärten bereits seit langem sehr häufig. Linnaeus hatte es 1753 zu der ostasiatisch-nordamerikanischen, staudigen Art *H. ascyron* L. gestellt, und Philip Miller übernahm in der 8. Auflage seines Gardeners Dictionary diesen Linnéschen Namen. Später hat Linnaeus die Eigenständigkeit der südostbalkanisch-kleinasiatischen Art erkannt, sie aus der Art *H. ascyron* herausgenommen und ihr in seiner 1767 veröffentlichten Mantissa 106 den heute gültigen wissenschaftlichen Namen *H. calycinum* (zu lat. calyx, »Kelch«) gegeben.

Nach Deutschland kam das Großblumige Johanniskraut offenbar erst in der 2. Hälfte des 18. Jhs. 1779 wurde es von der Handelsgärtnerei Buek in Hamburg angeboten, 1796 war es im Park Machern bei Leipzig vorhanden und 1808 im Botanischen Garten Berlin. 1818 empfahl Wredows Gartenfreund die Art als Zierpflanze und schrieb dazu, sie halte unsere Winter an geschützter Stelle sehr gut im Freien aus, besonders wenn man sie etwas mit Laub bedecke. Dennoch blieb das Großblumige Johanniskraut überwiegend auf Botanische Gärten und Parkanlagen beschränkt. Erst in neuerer Zeit findet es hierzulande in Staudenrabatten und Heidegärten, stellenweise auch als Friedhofspflanze, eine etwas weitere Verbreitung.

Iberis L. Schleifenblume

Von der etwa 40 Arten umfassenden mediterranen Gattung *Iberis* werden bei uns hauptsächlich zwei einjährige und zwei ausdauernde, z.T. verholzende Arten als Gartenzierpflanzen gezogen. Der Gattungsname *Iberis,* bereits von antiken Autoren (Dioskurides, Plinius) für kresseartige Kreuzblütler verwendet, deutet wohl auf die Herkunft verschiedener Arten von der Iberischen Halbinsel.

Die **Bittere Schleifenblume** (*I. amara* L.) kommt als einjähriges Ackerunkraut im westlichen Mittelmeergebiet bis hin nach Nordwestitalien, die Schweiz, Frankreich und Westdeutschland vor. Tabernaemontanus nannte sie *Thlaspi amarum,* Clusius *Thlaspi Allobricum* und Johann Bauhin *Thlaspi umbellatum, arvense, amarum.* Wegen ihrer auffälligen, in Trauben zusammensitzenden duftenden weißen Blüten in Gartenkultur genommen, verbreitete sich die Bittere Schleifenblume als Zierpflanze allmählich auch über die deutschen Gärten. Lange Zeit hindurch blieb sie aber selten und auf einige Botanische und Liebhaber-Gärten beschränkt. Erst im 19. Jh. war sie dann eine häufige Zierpflanze, welche hier und da auch verwilderte. Damals entstanden durch Auslese mehrere größer bzw. zeitiger, jedoch stets reinweiß blühende Sorten.

Häufiger als diese Art war und ist die **Doldige Schleifenblume** (*I. umbellata* L.). Um 1560 in Mitteleuropa noch ziemlich selten, breitete sie sich dann aber ziemlich rasch aus und gehörte im 17. Jh. zu den häufigen Gartenblumen. Die Namen *Thlaspi creticum* (Gessner 1561), *Thlaspi Candiae* (Dodonaeus, Lobelius) lassen vermuten, daß die Art von der damals venezianischen Insel Kreta eingeführt worden ist; die Bezeichnungen *Thlaspi Cappadocicum* (Hortus Eystettensis 1613) bzw. *Thlaspi de Cappadocia* (Hortus Scholz 1594) deuten auf Kleinasien als Herkunftsland. Im 16. Jh. gab es neben der weißen eine »leibfarbicht« (rötliche) Form, von der Camerarius im Jahre 1586 schrieb, daß sie »in den Gärten sehr lieblich stehet«. Zu diesen beiden Farbformen gesellten sich im 19. Jh. solche mit roten, purpurfarbenen und violetten Tönen.

Von den ausdauernden Arten wird in Mitteleuropa vor allem die im östlichen und zentralen Mittelmeergebiet heimische niedrige **Immergrüne Schleifenblume** (*I. sempervirens* L.) gezogen, sie ist heute eine häufige Steingartenpflanze.

Wahrscheinlich zuerst in Italien in Gartenkultur genommen, taucht sie gegen Ende des 16. Jhs. vereinzelt in Frankreich und in den Niederlanden auf, blieb aber selten und auf Botanische und Liebhaber-Gärten beschränkt. Im 19. Jh. begann sie sich auch in den Gärten Mitteleuropas zögernd auszubreiten, doch erst durch die Mitte dieses Jhs. aufkommende Steingartenmode erfuhr sie zunehmendes Interesse und Förderung. Heute gibt es eine ganze Reihe von Sorten,

***Iberis umbellata* L.** Doldige Schleifenblume, Matthiolus/Bauhin 1598

darunter auch solche mit gefüllten Blüten.

Die noch niedrigere **Felsen-Schleifenblume** (*I. saxatilis* L.) aus Südeuropa wurde zuerst 1739 in England kultiviert. Heute ist sie ebenfalls Steingartenblume, von der Karl Foerster schwärmt: »Ältere Pflanzen sind von hinreißender Schönheit ! Unbeschreibbar !«

Kaum noch zu sehen ist heute die höhere und strauchige **Immerblühende Schleifenblume** (*I. semperflorens* L.), eine frostempfindliche Art aus Süditalien. Vom 17. bis in das 19. Jh. war sie eine häufige und verbreitete Art größerer Gärten in Mitteleuropa, wo sie als Orangerie- und Kalthauspflanze gezogen wurde. Neben der Normalform gab es eine Form mit gelbpanaschierten Blättern, diese wird zuerst 1700 bei Tournefort genannt und war 1705 im Boseschen Garten in Leipzig vorhanden.

Impatiens L. Balsamine, Springkraut

Die in Vorder- und Hinterindien und dem südlichen China beheimatete **Garten-Balsamine** (*I. balsamina* L.) kam in der 1. Hälfte des 16. Jhs. entweder durch die Portugiesen oder die Venetianer nach Europa. In Italien läßt sie sich erstmals 1532 belegen, für Deutschland wird sie zuerst 1539 von Hieronymus Bock aufgeführt. Leonhart Fuchs bezeichnete die Art 1542/43 als *Balsamina altera, Balsamkraut weible* und schreibt, daß sie erst vor kurzem nach Deutschland gekommen sei, aber bereits in vielen Gärten angepflanzt wachse, und daß sie »über die massen schön leibfarb blumen« hervorbringe. 1552 wurde sie auch durch den flämischen Botaniker Rembert Dodonaeus beschrieben, war aber 1561 in den deutschen Gärten noch ziemlich selten. Ob sie sich unter den beiden Balsaminen (*Balsamine, utraque*) des Leuschnerschen Gartens in Meißen um 1570 verbirgt, bleibt unklar. 1588 wird sie als *Balsamina foemina, planta elegans* für den Garten des Nürnberger Stadtarztes Camerarius belegt, 1594 für den Scholzeschen Garten in Breslau, doch hat sie im letztgenannten Jahr in den Lausitzer Gärten noch gefehlt. Der 1613 erschienene Hortus Eystettensis bringt eine schöne farbige Abbildung eines Exemplares mit purpurroten Blüten.

Die eigentliche Massenausbreitung erfolgte im 17. Jh., wobei neben der purpurrot blühenden Wildform weitere Farbformen entstanden. 1727 werden für den Botanischen Garten Leiden 8 verschiedene Formen mit Blüten in verschiedenen Rottönen, in Weiß und in verschiedenen Fleckungen von Rot und Weiß verzeichnet. Im 18. und 19. Jh. war die Art in diesen und weiteren Formen eine sehr häufige und weit verbreitete Gartenpflanze. 1854 heißt es in der Gartenflora (Jg. 3): »Auch von dieser beliebten Gartenblume hat die neuere Zeit viele schöne wie gefüllte Abarten, und zwar ganz besonders mit bunten Blumen (Camellien-Balsaminen) geliefert.« Zu dieser Zeit wies das Sortiment bereits eine umfangreiche Formenfülle auf. Wie das 1855 erschienene Gartenpflanzenbuch von Ernst Berger berichtet, waren die Blüten weiß, rosenrot, fleischrot, karmesinrot, scharlachrot, purpurrot, kupferrot, violett, lila und gelb, auch bunt oder gestreift, einfach und gefüllt, ferner gab es Sorten von niedrigem gedrungenem Wuchs. Insgesamt unterschied man schließlich folgende Sortengruppen: Rosen-Balsaminen (Andrieux-Balsaminen), Kamellien-Balsaminen, Nelken-Balsaminen, Viktoria-Balsaminen und Blütenbusch-Balsaminen. Obwohl noch 1931 in Pareys Blumengärtnerei als prächtige Zierpflanze allgemein empfohlen, erfuhr ihre Beliebtheit dann aber doch einen starken Rückgang, so daß sie heute in Deutschland wesentlich seltener anzutreffen ist und sich die einstige Sortenfülle deutlich verringert hat.

Impatiens balsamina L. Balsamine, Fuchs 1545

Die Art wird auch in ihren Ursprungsländern Indien und Südostasien in Gärten kultiviert. In China benutzt man ihre Blüten als Kosmetikum, die Blätter werden auf Bali als Gemüse gegessen und im ganzen südostasiatischen Raum auch als Heilmittel verwendet.

Der Name Balsamine für diese Art geht nach Marzell vielleicht darauf zurück, daß die verwandte heimische *I. noli-tangere* (ehemals auch Gelbe Balsamine bzw. Wild Balsamkraut genannt) zu einem Wundbalsam verwendet wurde. Die Artbezeichnung *foemina* bzw. Balsamkraut weible beruht auf der damaligen Zusammenstellung dieser Art mit dem *balsamina mas* bzw. Balsamkraut mennle genannten, zu den Kürbisgewächsen gehörenden Balsamapfel (*Momordica balsamina* L.).

Das ebenfalls einjährige, aber hochwüchsige **Himalaya-Springkraut** oder Drüsiges Springkraut (*I. glandulifera* Royle) mit purpurroten, weißen oder rosaroten gespornten Blüten stammt aus den Tälern des Himalaya. Dr. John Forbes Royle (1799 - 1858), der als Arzt der Ostindischen Kompanie in Indien tätig war und von 1823 bis 1831 einen Garten in Saharanpur nördlich von Neu-Delhi leitete, erhielt nach seiner Rückkehr nach England Samen dieser bisher unbekannten Pflanze aus Indien zugeschickt und beschrieb sie 1834 als neue Art. Von England aus, wo man sie Policeman's Helmet nannte, gelangte sie alsbald auch nach Deutschland. Hier berichtete 1854 die Gartenflora (Jg. 3) über die Neueinführung: »So groß das Aufsehen war, welches diese Pflanzen seiner Zeit in unseren Gärten machten, so wenig haben sie die Liebhaber befriedigt, selten siehet man sie angebaut, sondern nur hier und da verwildert.« Über ihre Verwendung heißt es hier, sie seien an schattigen Orten größerer Parke ganz geeignete Pflanzen zur Dekoration, in Blumengärten machten sie aber nirgends Glück. Von Parkanlagen aus säte sich die Art, deren bei Berührung aufspringende und die Samen weithin fortschleudernde reife Fruchtkapseln ihrem Namen Springkraut alle Ehre machen, selbst aus und bürgerte sich in ufernahen Staudenfluren ein. Um 1880 war sie auf der Pfaueninsel bei Berlin-Wannsee massenhaft verwildert. Heute gibt es vor allem an Mittelgebirgsflüssen (z.B. an der Mulde bei Zwickau) auf lückigen Auenstandorten mitunter ausgedehnte Bestände. Als Zierpflanze in Blumengärten blieb sie jedoch noch lange Zeit selten, zumal ihre Samen nicht im Handel erhältlich waren. Noch 1939 wurde sie im Kreis Cottbus als ausgesprochene Seltenheit dörflicher Gärten registriert. In den letzten Jahrzehnten jedoch fand sie, obwohl ihre Samen nach wie vor kaum angeboten und meist nur von Hand zu Hand weitergegeben wurden, zunehmendes Interesse, so daß sie heute in vielen Gärten als Zierpflanze vertreten ist.

Eine häufige Art der Fensterbretter, aber auch sommerlicher Balkonkästen- und Beetbepflanzungen ist das im tropischen Ostafrika heimische, durch lang andauernden Blütenflor ausgezeichnete **Fleißige Lieschen** (*I. walleriana* Hook. f.). Zuerst gelangte, eher durch Zufall, mit der Erde einer Pflanzensendung, welche der britische Generalkonsul in Sansibar Dr. John Kirk dem Botanischen Garten in Kew/London zugesandt hatte, eine *Impatiens*-Art nach England, welcher der damalige Direktor des Botanischen Gartens Joseph Dalton Hooker 1882, zu Ehren des Sultans von Sansibar, den Namen *I. sultani* gab. Unter diesem Namen wurde sie 1883 in den Handel gebracht. Etwa 10 Jahre später kam eine ähnliche Sippe aus dem damaligen

Deutsch-Ostafrika nach Berlin, wo sie von Adolf Engler und Otto Warburg 1894 als *I. holstii* beschrieben wurde, zu Ehren des im gleichen Jahre in Daressalam verstorbenen deutschen Gärtners Carl Holst, der sich große Verdienste bei der Erforschung der Pflanzenwelt von Usambara (Ostafrika) erworben hatte. Später zeigte es sich jedoch, daß beide der 1868 von Joseph Dalton Hooker beschriebenen Art *I. walleriana* zugehörten. Die damals eingeführten Pflanzen besaßen karmin-scharlachrote bzw. leuchtend zinnoberrote Blüten. Aufgrund ihres fortwährenden Blühens erfuhren sie eine schnelle Verbreitung und wurden zu bekannten und beliebten Zimmerblumen. Auch die Züchtung nahm sich ihrer alsbald an und schuf durch Kreuzungen und Auslesen zahlreiche Sorten mit scharlach-, karmin- oder zinnoberroten, aber auch rosafarbenen, violetten und weißen Blüten, hohe und niedrige und solche mit weißbunten Blättern.

Eine Neuerscheinung der jüngsten Zeit sind die ähnlich wie die vorgenannten zu verwendenden, aber höhere Wärmeansprüche stellenden **Neuguinea-Hybriden**, hervorgegangen aus Kreuzungen zwischen den aus Neuguinea stammenden Arten *I. hawkeri* Bull. und *I. linearifolia* Warb.

Iris L. Schwertlilie

Die auf der nördlichen Erdhalbkugel verbreitete Gattung *Iris* umfaßt etwa 250 Arten, von denen sich zahlreiche Arten und deren Hybriden, z.T. schon seit langer Zeit, in Gartenkultur befinden. Im Mittelmeergebiet heimische oder dort entstandene Sippen aus der Untergattung *Iris* (Bart-Iris) wurden in der Antike als Zier-, Arznei- und Duftpflanzen kultiviert. Bereits in minoischer Zeit finden wir, z.B. in Knossos auf Kreta, *Iris* auf Wandmalereien bildlich dargestellt. Um welche Arten es sich dabei gehandelt hat, bleibt jedoch unklar. Die antiken Autoren bezeichneten diese Pflanzen nach dem Farbenspiel ihrer Blüten als *Iris* (zu gr. íris, »Regenbogen«). Von den Römern wurden sie nach der Blattform auch *Gladiolus* (zu lat. gladiolus, »kleines Schwert«) genannt, welche Bezeichnung und seine deutsche Übersetzung »Schwertel« dann auch im Mittelalter vielfach verwendet wurden.

Wichtigste Art der Bart-Iris-Gruppe ist die dunkelviolett blühende **Deutsche Schwertlilie** (*I. germanica* L.). Entgegen ihrem Namen stammt sie nicht aus Deutschland, sondern stellt eine sehr alte, vermutlich in Vorderasien entstandene Gartenhybride unbekannter Abstammung dar. Möglicherweise haben sie schon die Römer nach Westeuropa und das südliche und westliche Mitteleuropa gebracht. Gesicherte Nachweise für eine Gartenkultur in diesen Gebieten liegen bereits aus dem frühen Mittelalter vor. In dem um 800 erlassenen Capitulare de villis Karls des Großen erscheint sie als *Gladiolus*, als *Gladiola* in dem Klostergartenplan von St. Gallen aus dem Jahre 820. Der Benediktinermönch und spätere Abt Walahfried Strabo widmete ihr in seinem Gartengedicht Hortulus eine ganze Strophe. Aus dieser geht hervor, daß es sich bei der hier ebenfalls als *Gladiola* bezeichneten Pflanze offensichtlich um *Iris germanica* gehandelt hat, denn er

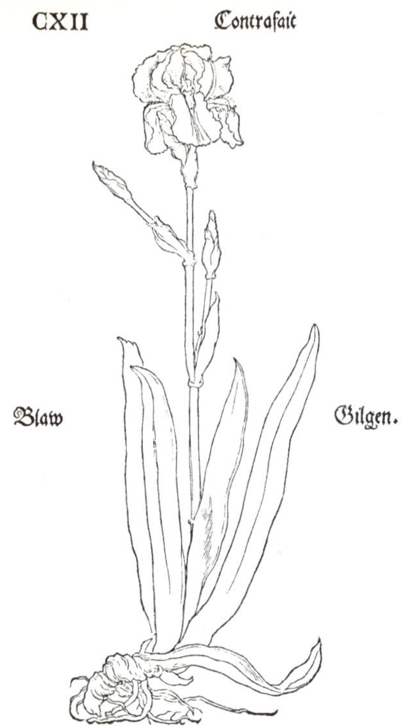

Iris germanica L. Deutsche Schwertlilie, Brunfels 1532

beschreibt die Farbe ihrer Blüten als purpurfarbig und vergleicht sie mit dem Veilchen. Wir erfahren ferner, daß man damals aus getrockneten Stücken ihres Wurzelstockes, in Wein gelöst, einen Heiltrank gegen Blasenschmerzen herstellte und daß die Tuchbereiter mit Hilfe der *Iris*-Rhizome das Leinen steiften und mit Wohlgeruch versahen. Bei Hildegard von Bingen heißt die Pflanze *Swertula* und wird als Heilmittel gegen unreine und harte Haut, bei Nieren- und Lepraerkrankungen empfohlen. Als im Mittelalter in Deutschland verbreitete Pflanze gehörte sie zum Bestand des um 1410 im Oberrheingebiet gemalten »Paradiesgärtlein«. Die Art galt damals als Marienpflanze und erscheint auf vielen mittelalterlichen Altarbildern. In den Gärten wurde sie vor allem als Zierpflanze geschätzt. So heißt es bei Otto Brunfels 1532: »Blawe Gilgen werden auch gezylet in den Gärten/für eine zyerde/bey etlichen uff den mauren. Dann ir anblick ist lyeblich vnd lustig/seind auch eines guten Geruches.« Bedeutung hatte die Deutsche Schwertlilie aber auch weiterhin als Heilpflanze, z.B. bei Albertus Magnus und Konrad von Megenberg (1475) und dann bei den Kräuterbuchautoren des 16. und 17. Jhs. Auch bei Gleditsch 1773 heißt es: »Von diesem Gewächse wird die scharfe Wurzel in der Arzeney besonders gebraucht.« Empfohlen wurde sie vor allem als Mittel gegen die Wassersucht, aber auch als galle- und harntreibendes Medikament sowie als Brechmittel. Ein Auszug aus dem Wurzelstock sollte Flecken und Makel der Augen beseitigen. Auch heute noch zählt die Deutsche Schwertlilie zu den Heilpflanzen. Die aus ihren getrockneten Wurzelstöcken gewonnene Droge enthält bis 0,2 % ätherisches Öl (u.a. Myristinsäure und Irone), ferner Flavonoide, Gerbstoffe, Stärke und Schleim, sie besitzt eine auswurffördernde und aufgrund des Schleimgehaltes eine reizmildernde Wirkung. Größere Bedeutung hat das aus der Droge gewonnene ätherische Öl, das als Geruchstoff in kosmetischen Erzeugnissen und Zahnpasten, als Zusatz zu Waschmitteln sowie in der Likör- und Tabakindustrie Verwendung findet.

Die nahe verwandte **Florentiner Schwertlilie** mit bläulichweißen Blüten galt bisher als eine eigene Art (*I. florentina* L.), wird heute aber als Kultivar (Albino) der Deutschen Schwertlilie gewertet. Diese Sippe ist vor allem in Italien verbreitet, insbesondere auch in der Umgebung von Florenz, wo sie heute auf großen Flächen zur Gewinnung von Irisöl angebaut wird. Ihr Wurzelstock zeichnet sich durch einen besonders hohen Gehalt an ätherischen Ölen aus, er duftet angenehm nach Veilchen und war daher seit altersher als »Veilchenwurz« bekannt und geschätzt. Die Art war ebenfalls schon in der Antike bekannt. Plinius gibt an, daß man ihren nach Veilchen duftenden Wurzelstock den zahnenden Kindern um den Hals gehängt habe. Auch späterhin war es allgemein üblich, zahnenden Kindern eine Stück der Violenwurzel zum Kauen in den Mund zu stecken. Daneben schätzte man die Florentiner Schwertlilie aber auch als Zierpflanze. Ihre Blüten wurden nicht nur zum Wappenbild von Florenz, sondern als Fleur de lys auch in das Lilienbanner der französischen Könige übernommen. Von Italien her gelangte sie offenbar im Mittelalter nach West- und Mitteleuropa. So erscheint schon bei Albertus Magnus eine *yreos,* von der Mattheus Sylvaticus (1478) sagt, daß sie eine weiße Blüte habe. 1432 wurde sie auf dem Genter Altar der Gebrüder van Eyck dargestellt. Bis zur Mitte des 16. Jhs. scheint sie in Deutschland aber noch nicht sehr verbreitet gewesen zu sein, denn Valerius Cordus sah sie 1542 in Nürnberger Gärten als Seltenheit. 1561 erwähnt sie Konrad Gessner aus den deutschen Gärten als *Iris florentina,* und unter diesem Namen erscheint sie hierzulande fortan in vielen Gärten, so z.B. 1594 im Scholzeschen Garten in Breslau und in der Lausitz. 1613 brachte der Hortus Eystettensis eine farbige Abbildung. Im 17. und 18. Jh. gehörte sie dann zu den häufigen Zierpflanzen in Deutschland. 1769 z.B. heißt es bei Gleditsch über die »Florentinische Violwurz, Veil- oder Violenwurzel«, sie sei »in unsern Lustgärten gemein«.

Die **Blasse Schwertlilie** (*I. pallida* Lam.), als deren Heimat das südöstliche Alpenvorland von Südtirol bis Dalmatien angegeben wird, ist von ähnlicher Gestalt wie die Deutsche Schwertlilie, besitzt aber hellavendelblaue, wohlriechende Blüten, und die Hüllblätter sind bereits im Knospenzustand silbrigweiß und trockenhäutig. Wahrscheinlich ebenfalls seit dem Mittelalter auch in den Gebieten nördlich der Alpen als Gartenpflanze vorhanden, tritt sie uns mit Sicherheit erst auf dem um 1503 entstandenen Bild von Albrecht Dürer entgegen. Verschiedene Autoren des 16. Jhs. unterscheiden sie von der dunkelvioletten *I. germanica* durch Namen wie *Iris latifolia major obsoleta* (Clusius) oder *Iris dilute coeruleo involucro albo* (Tabernaemontanus), unter welchem Namen sie z.B. 1594 im Scholzeschen Garten in Breslau erscheint. In seinem Buch über Bad Boll (dt. 1602) schreibt Johann Bauhin über diese Art: »Himmel Blaw Schwertel/sein etwas grösser als die purpurfarben/vnd nit gemein/stehen zu Stutgardt in I. F. G. [Ihrer Fürstlichen Gnaden] Lustgarten/ vnd blüen im Meyen.« Im Hortus Eystettensis (1613) wird sie unter dem Namen *Iris illyrica,* »Himmelblaue wolriechende Veil Wurz« abgebildet. Caspar Bauhin gab ihr in seinem Pinax (1623) die Bezeichnung *Iris hortensis pallide coerulea.* Anhand dieses bis Ende des 18. Jhs. gebräuchlichen Namens läßt sich feststellen, daß die Blasse Schwertlilie im 17. und 18. Jh. in vielen deutschen Gärten gezogen wurde. Noch 1864 bezeichnete Ascherson in seiner Flora der Provinz Brandenburg die nunmehr unter ihrem 1789 von Lamarck gegebenen wissenschaftlichen Namen *Iris pallida* erscheinende Art als »Häufige Gartenpflanze aus Italien und Istrien«.

Durch ihre gelben Blüten, bei denen die Hängeblätter mit einer dichten rotbraunen bis bordeauxroten Aderung versehen sind, hebt sich die **Bunte Schwertlilie** (*I. variegata* L.) deutlich von den vorgenannten Arten der Bart-Iris-Gruppe ab. Ihre Heimat liegt in Südosteuropa und reicht nordwärts wohl bis Österreich. Auf dem Balkan ist sie offenbar schon in alter Zeit in Gartenkultur genommen worden, denn in Spanien wurde sie bereits im 11. und 12. Jh. von den Mauren als basal al-magdunis (»Mazedonische Wurzel«) kultiviert. Ende des 16. Jhs. taucht sie dann auch in den Gärten West- und Mitteleuropas auf. Ihr erster Nachweis für England datiert aus dem Jahre 1588. In Deutschland wurde sie um diese Zeit ebenfalls schon als Zierpflanze gezogen, z.B. im Garten des Nürnberger Stadtarztes Camerarius; das um 1590 entstandene Camerarius-Florilegium bringt auf der Tafel »*Irides Chalcedonicae luteae et coerulea variegatae,* Frembde gespreckelte Gilgen« eine erste farbige Abbildung. Im Scholzeschen Garten in Breslau erscheint sie 1594 als *Iris lutea oris rubellis* bzw. *Iris floris lutea intus rubescens.* Im Hortus Eystettensis (1613) wird sie als *Iris lutea variegata Lobelii* abgebildet. Eine *Iris lutea variegata* wird 1607/30 für den herzoglich braunschweigischen Garten zu Hessem, eine *Iris variegata* 1646 für den Botanischen Garten Altdorf angegeben. Caspar Bauhin führte 1623 in seinem Pinax die Bezeichnung *Iris latifolia pannonica, colore multiplici* ein. Anhand dieses Polynoms bzw. des 1753 von Linnaeus geprägten heutigen wissenschaftlichen Namens wird deutlich, daß die Bunte Schwertlilie vom 17. bis 19. Jh. in Deutschland eine verbreitete Zierpflanze war. Ende des 19. Jhs. rechnete sie Carl Bolle zu den altmodischen Gartenblumen.

Offenbar keine ursprüngliche Art, sondern eine alte Hybride stellt die **Gelbliche Schwertlilie** (*I. flavescens* DC.) mit licht hellgelben, z.T. braun geaderten Blüten dar. Auch sie erscheint erstmals abgebildet auf der vorgenannten Farbtafel des Camerarius-Florilegiums. 1623 bezeichnete sie Bauhin als *Iris latifolia, Germanica, ochroleucos.* In der Folgezeit scheint sie indessen nicht sonderlich häufig gewesen zu sein. Als robuste und wüchsige Art war und ist sie hauptsächlich in Bauerngärten zu finden.

Ähnliches gilt auch für die **Schmutziggelbe Schwertlilie** (*I. squalens* L.), die wahrscheinlich aus einer Kreuzung *I. pallida x I. variegata* hervorgegangen ist. Im Hortus Eystettensis erscheint sie als *Iris Pannonica variegata,* Veilbraun gesprengte Schwertel-Lilien. Meist beschränkte sich ihr Vorkommen auf Botanische und Liebhaber-Gärten, in Süddeutschland ist sie gelegentlich an warmen Felsen und Mauern verwildert.

Eine reizende Gartenpflanze stellt die mittelhohe und reichblühende **Sweerts-Schwertlilie** (*I. sweertii* Lam.) dar, deren weißliche Blüten von violetten Adern durchzogen werden. Auch bei ihr handelt es sich um eine alte Hybride. Der Name deutet darauf hin, daß sie zuerst im 1612 in Amsterdam erschienenen Florilegium des niederländischen Pflanzen- und Samenhändlers Emanuel Sweert (um 1552 – 1612) abgebildet worden ist. Ob es sich bei den für einige Gärten des 17. und 18. Jhs. aufgeführten Schwertlilien mit weiß-blauen Blüten (z.B. 1744 Botanischer Garten Berlin: *Iris media latifolia fl. coeruleo et albo mixta*) um Exemplare dieser Sippe handelt, bleibt jedoch unklar. Erst im 19. Jh. wird sie unter dem von Lamarck 1789 eingeführten Namen *I. sweertii* besser erkennbar, sie war damals offenbar ziemlich verbreitet.

Nur als Kuriosität in Botanischen und Liebhaber-Gärten gezogen wurde die dunkelfarbige, nach Holunder duftende **Holunder-Schwertlilie** (*I. sambucina* L.), eine alte Zierpflanze unklarer Herkunft, aber sicher hybriden Ursprungs. Als Gartenpflanze erscheint sie offenbar erst zu Beginn des 17. Jhs., als Clusius sie als *Iris maior latifolia odor florum Sambuci* beschrieb. 1613 bildet sie der Hortus Eystettensis ab, wobei als deutscher Name »Dunkel-braune gescheckte Veil-Wurtz/ so rüchet wie Holder-Blüh« angegeben wird. Ende des 19. Jhs als altmodische Blume eingestuft, ist sie als Gartenpflanze heute kaum noch irgendwo zu sehen.

Die zu deutsch als **Dame in Trauer** bezeichnete *I. susiana* L. mit großen, dunkelviolett oder schwarz geaderten weißlichen Blüten ist eine alte orientalische Gartenpflanze. Darauf weist auch ihre heutige Artbezeichnung hin: *susiana* bedeutet »aus der persischen Landschaft Susiane (heute Khuzestan im Südwest-Iran) stammend«. Aus türkischen Gärten kam die auffällige Art 1573 zuerst nach Belgien. Clusius, 1573 – 1588 in Wien, erhielt sie Ende des Jahres 1576 durch den Gesandten Augerius Ghislain de Busbecq aus Gärten am Bosporus in der Umgebung von Konstantinopel mitgebracht, und zwar unter ihrem türkischen Namen Alaia Susani bzw. Alaga suzane. Er beschrieb sie 1583 als *Iris susiana* und 1601 als *Iris major latifolia sive Susiana*. 1613 wurde sie im Hortus Eystettensis unter den Namen *Iris Chalcedonica latifolia*, »Veil-Wurtz von Constantinopel mit schwartz-gescheckten Blumen« farbig abgebildet. Im 17. Jh. war sie dann eine Prachtpflanze herrschaftlicher Gärten und erscheint auch des öfteren auf den Bildern damaliger Blumenmaler. Die umständliche Kultur dieser Art wird von Georg Viescher in seinem Blumengarten (1645) eingehend beschrieben. Auch Johann Sigismund Elsholtz schildert in seinem Gartenbaubuch (1684) Aussehen und Behandlung dieser »Susianischen Iris/Fledermauß«: »Dieses ist eins der zierlichsten Gewächß in unsern Gärten: die Blume ist groß/mit wolgebogenen Blättern/silbernfarbe und mit braunen Adern durchzogen/die unterste überworffene Blätter aber sind schwartz. Im setzen will die Wurtzel nicht zerschnitten/sondern gebrochen seyn/weil sie das Eisen nicht wol vertragen kan. Man hat auch gut befunden/daß umb dieselbe eines Fingers dicke feuchter Lehm gedruckt/und sie solcher gestalt in guten Grund gesetzet werde/sintemahl sie also besser antreibet: den Winter über ist es nöthig/daß sie bedecket werde.« Die heikle und schwierig zu kultivierende Art ist in Mitteleuropa über Botanische,

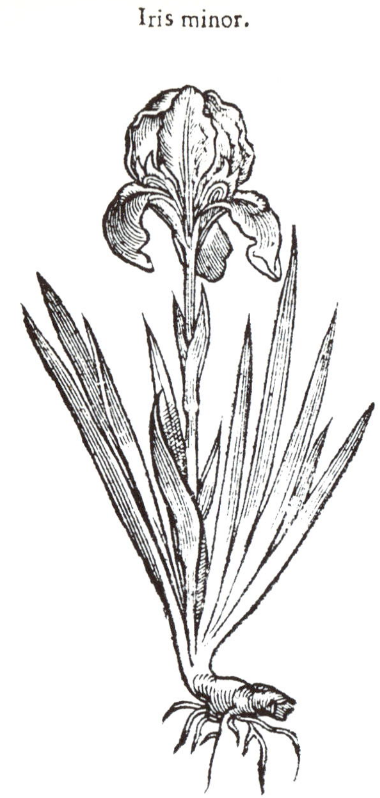

***Iris pumila* L.** Zwerg-Schwertlilie, Dodonaeus 1583

Adels- und Liebhaber-Gärten im allgemeinen nicht hinausgekommen.

Neben diesen hohen und mittelgroßen *Iris*-Sippen werden seit langem auch einige kleinwüchsige Arten aus der Bart-Iris-Gruppe als Zierpflanzen gezogen. Die vom südöstlichen Österreich über den pannonischen Raum, die Balkan-Halbinsel und Kleinasien bis hin nach Sibirien wild vorkommende **Zwerg-Schwertlilie** (*I. pumila* L.) mit blauen oder gelben Blüten wurde 1583 von Carolus Clusius in seinem Buch über die seltenen Pflanzen Ungarns und Österreichs beschrieben und abgebildet. Er nennt sie dort *Chamaeiris latifolia minor* und zählt 5 verschiedene Farbformen auf, von denen es heißt, sie wüchsen alle auf nackten und offenen Bergen Ungarns und Österreichs. In Deutschland erschien sie als Gartenpflanze 1588 bei Camerarius in Nürnberg und breitete sich rasch aus. Schon zuvor war die etwas größere und 1-2 Wochen später blühende **Niedrige Schwertlilie** (*I. chamaeiris* Bert. = *I. lutescens* Lam.) aus Südwesteuropa (Spanien, Südfrankreich, Nordwestitalien, Südschweiz) in Gartenkultur genommen worden, zuerst wohl in Frankreich. Von dort kam die purpurblaue, rotpurpurne, mittel- und fahlgelbe sowie weiße Blüten aufweisende Art Mitte des 16. Jhs auch nach Deutschland. Um 1560 wurde sie von Johann Schmidlapp in Schorndorf (Württemberg) gezogen, bald darauf auch von Camerarius. Die in dem von Camerarius 1586 herausgegebenen Kräuterbuch De plantis epitome abgebildete *Iris Sylvestris maior* gehört wegen des großen Fruchtknotens und der kurzen Blütenröhre sicher zu dieser Art. Sonst aber macht die Namengebung der älteren Literatur meist keine Unterscheidung zwischen den beiden genannten Arten, beide wurden damals zusammenfassend als *Chamaeiris* oder als *Iris humilis* bezeichnet. Derartige Klein-Schwertlilien wurden seit Ende des 16. Jhs. in Deutschland in zunehmendem Maße als Zierpflanzen gezogen. 1613 werden im Hortus Eystettensis 8 verschiedene Formen der *Chamaeiris* abgebildet. Bauhin

(1623) zählt in seinem Pinax von dieser Gruppe 17 »Arten« auf, von denen nach dem Gartenbaubuch von Elsholtz jedoch nur 3 allgemein verbreitet waren. Wir nennen einige Beispiele: Im Garten der Gebrüder Lastropp in Hamburg-Eimbsbüttel gab es 1706 lediglich 2, in einigen Gärten der oberlausitzer Kleinstadt Lauban 1724 nur eine *Chamaeiris flore violaceo*, während im Garten des Herrn von Ziethen in Trebnitz bei Seelow 1724 drei Farbformen einer *Iris humilis* vorhanden waren, die gleichen drei 1744 im Botanischen Garten sowie auch im Garten des Gärtners Christian Ludwig Krause in Berlin. 1817 zog der Hofgärtner Christian August Breitner in Leipzig 5 Formen von *Iris pumila* sowie die *Iris lutescens* Lam. (= *I. chamaeiris* Bert.).

Bis zum Anfang des 19. Jhs. waren in unseren Gärten aus der Gruppe der Bart-Iris, von einigen weiteren nur ganz selten kultivierten Wildarten abgesehen, nur die genannten Arten sowie ihre bis dahin entstandenen Hybriden und Formen vertreten. Dann aber setzte die *Iris*-Züchtung ein. Zunächst nahmen die Züchter umfangreiche Aussaaten vor und lasen daraus die besten Sorten aus. Bald ging man aber zu gezielten Kreuzungen über, zu denen auch weitere Wildarten herangezogen wurden. Zuerst beschäftigte man sich mit den hohen und mittelhohen Schwertlilien. Um 1830 gab es in Frankreich bereits mehrere hundert Sorten. Seit etwa 1900 wurden auch die niedrigen Arten züchterisch bearbeitet, wobei diese untereinander sowie mit anderen mediterranen Arten bzw. Kleinarten gekreuzt wurden. Auf diese Weise entstand eine heute kaum noch zu übersehende Fülle von Bart-Iris-Sorten, die man nach der Wuchshöhe in 3 Sortengruppen gliedert: Barbata-Elatior-Gruppe, Barbata-Media-Gruppe, Barbata-Nana-Gruppe. Gegenwärtig sieht man in unseren Gärten fast ausschließlich derartige neue *Iris*-Sorten, während die alten Ausgangsarten zu Seltenheiten geworden, oftmals nur noch in Botanischen Gärten und Bauerngärten zu finden oder gänzlich verschwunden sind.

Auch aus der Gruppe der bartlosen Rhizom-Schwertlilien haben einige Arten Eingang in die Gartenkultur gefunden. Die von Mitteleuropa bis Südwestsibirien auf wechselfeuchten Wiesen vorkommende, in Deutschland aber selten gewordene und regional bereits ausgestorbene **Sibirische Schwertlilie** (*I. sibirica* L.) wurde 1560 als *Iris tenuifolia* in Gärten kultiviert, allerdings nur vereinzelt. 1583 kannte Clusius in Wien die *Iris angustifolia maior* nur als Wildpflanze, ebenso 1594 Johannes Franke in den Lausitzen. In den folgenden drei Jahrhunderten beschränkten sich ihre Gartenvorkommen meist auf Botanische und Liebhaber-Gärten. So erscheint sie 1613 im Hortus Eystettensis als *Iris pratensis maior* und als *Iris foliis angustis prima* Clusii sowie im herzoglich braunschweigischen Garten zu Hessem vor 1630 als *Iris angustifolia coerulea*. Neben der blauviolett blühenden Normalform gab es alsbald auch eine Form mit weißen Blüten. Erstmals in dem 1651 erschienenen Pflanzenbuch von Johann Bauhin beschrieben, wurde diese fortan neben der blaublühenden Form in Gärten gezogen, so 1736 im Garten des Herrn von Ziethen in Trebnitz bei Seelow. Erst seit Ende des 19. Jhs., mit dem Aufkommen der Staudengärten, nahm das Interesse an der

Sibirischen Schwertlilie zu. Nunmehr nahm sich auch die Züchtung dieser Art an, wobei durch Auslese und Einkreuzung von *I. sanguinea* Hornem. aus Sibirien eine größere Zahl von Sorten entstand.

Die im Mittelmeergebiet und Westeuropa heimische **Stinkende Schwertlilie** (*I. foetidissima* L.) hat zwar keine besonders zierenden Blüten, aber auffällige Fruchtstände mit orangefarbenen Samen; beim Zerreiben ihrer Blätter und Stengel tritt ein strenger Geruch auf. Die Art spielte ehemals eine große Rolle bei der Schädlingsbekämpfung, mit ihrem Saft bestrich man Wände und Betten, um die Wanzen zu vertreiben. In Deutschland erstmals 1539 von Hieronymus Bock genannt, wurde sie damals und bis in das 19. Jh. hinein häufig in den Gärten gezogen. Die Botaniker des 16. Jhs. bezeichneten sie als *Xyris* bzw. als *Spatula foetida*, unter welchen Namen sie z.B. 1588 im Garten des Nürnberger Arztes Camerarius erscheint und im Camerarius-Florilegium (um 1590) und im Hortus Eystettensis farbig abgebildet wird. Bei Caspar Bauhin (1623) heißt sie *Gladiolus foetidus*. Seit dem Aufkommen chemischer Schädlingsbekämpfungsmittel nicht mehr gefragt, ist die Art aus unseren Gärten verschwunden und höchstens noch in einem Botanischen Garten zu sehen.

Eine beliebte alte Gartenpflanze war die **Pflaumen-Schwertlilie** (*I. graminea* L.), deren die grasartig schmalen Blätter nicht überragenden dunkelblauen Blüten nach Pflaumen duften. Ihr Heimatareal erstreckt sich über Südeuropa und reicht im Osten bis zur Wolgamündung und zum Kaukasusgebiet. In Deutschland wurde sie 1561 als *Iris Matthioli alia sylvestris* in Gärten gezogen und war fortan weit verbreitet. Clusius nannte sie 1583 *Iris angustifolia minor* und gibt an, daß sie, von Dodonaeus als *Chamaeiris* bezeichnet, schon seit vielen Jahren in belgischen Gärten kultiviert werde. 1613 erscheint sie im Hortus Eystettensis als *Chamaeiris angustifolius minor*, während sie Bauhin (1623) zutreffender als *Iris angustifolia, prunum redolens, minor* benannte. Noch in der 1. Hälfte des 19. Jhs. ziemlich häufig, kam sie später aus der Mode, so daß sie um 1900 von Carl Bolle zu den altmodischen Gartenblumen gezählt wurde. Heute ist sie nur noch selten zu sehen.

Neben den Schwertlilien mit Rhizomen gibt es in Gebieten mit wärmerem Klima und sommerlichen Trockenperioden auch Schwertlilien mit zwiebelartigen Knollen. Aus der in Südwesteuropa und Nordwestafrika verbreiteten Untergattung *Xiphium* kamen die **Spanische Schwertlilie** (*I. xiphium* L.) und die **Englische Schwertlilie** (*I. xiphioides* Ehrh. = *I. latifolia* (Miller) Voss) um 1560 als Zierpflanzen in westeuropäische und anschließend auch in mitteleuropäische Gärten. Die auf der Iberischen Halbinsel bis hin nach Südwestfrankreich und Nordwestafrika heimische Spanische Schwertlilie befand sich 1564 in den Niederlanden in Gartenkultur. Die Englische Schwertlilie ist entgegen ihrem Namen nicht in England beheimatet, sondern auf Bergwiesen der Pyrenäen und Nordwestspaniens. Dort wurde sie offenbar schon frühzeitig von ihren Wildstandorten als Zierpflanze in die Gärten geholt, und englische Seeleute brachten sie von nordspanischen Häfen aus nach England, von wo aus dann ihre weitere Verbreitung nach West- und Mitteleuropa erfolgte. In den Niederlanden wurde sie seit 1568 kultiviert. In Mitteleuropa kam sie wahrscheinlich zuerst nach Wien und Nürnberg. In Wien war von 1573 bis 1588 Carolus Clusius tätig, welcher die Spanische Schwertlilie 1564/65 auf seiner Spanienreise an ihren Wildstandorten kennengelernt und sie dann in seinem in Wien abgeschlossenen, 1576 in Antwerpen veröffentlichten Werk über die in Spanien beobachteten selteneren Pflanzen beschrieben und abgebildet hat. Gefunden in Spanien hatte er damals 3 verschiedene Formen, darunter auch eine gelbblühende *Iris bulbosa angustifolia luteo flore*. Später schickte ihm Matthias Lobelius aus Belgien eine *Iris bulbosa angustifolia flore purpureo* zu, bei der es sich offenbar um die Englische Schwertlilie gehandelt hat. Lobelius hatte sie wiederum von Freunden aus England bekommen. In Nürnberg hatte der Arzt Joachim Camerarius, ein guter Freund (»amicus mihi optimus«) von Clusius und mit diesem in regem Gedanken- und Pflanzenaustausch stehend, entweder von Clusius oder anderen Botanikern ebenfalls derartige Iris-Sippen erhalten. In seinem Gartenkatalog von 1588 finden wir u.a. eine *Iris bulbosa flore vario et odorato, angustioribus foliis*, eine *Iris bulbosa latifolia, flore purpureo*, von der es heißt, daß sie leicht von strengeren Frösten beschädigt und faulig werde, und die seltenere *Iris bulbosa flore luteo*. Das etwa um 1590 im Umfeld von Camerarius entstandene Camerarius-Florilegium enthält farbige Abbildungen einer *Iris caerulea Lusitanica*, »frembde Gilgen oder veyelwurtz«, und einer *Iris bulbosa caerulea odorata*. Sowohl Camerarius als auch Clusius gaben Pflanzen an andere Gartenliebhaber weiter, so z.B. nach Annaberg im Erzgebirge, wo der Bruder von Camerarius, Ludwig, als Arzt ansässig war. Das Verzeichnis der in Annaberg zu dieser Zeit gezogenen Gartenpflanzen (in Jenisius 1605) nennt unter 7 verschiedenen *Iris*-Arten auch eine *Iris Bulbosa prima* und eine *Iris Bulbosa altera*, womit wohl die obengenannten Arten gemeint sein dürften. Mit ihnen in Verbindung stand auch der pflanzenliebende Landgraf Wilhelm IV. von Hessen, der im August 1578 zwölf Knollen

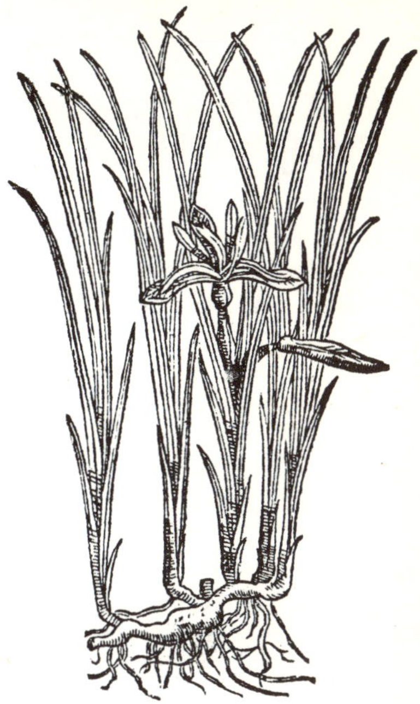

Iris graminea L. Pflaumen-Schwertlilie, Dodonaeus 1583

***Iris reticulata* M.B.** Kleine Netzblatt-Schwertlilie, Marschall von Bieberstein 1810

von *Iris bulbosa* an seinen Bruder Ludwig in Marburg weitergab. In einem Bericht Ludwigs über seinen Garten in Marburg und namentlich über diejenigen Gewächse, die er von Wilhelm und von Clusius erhalten hatte, wird auch eine *Iris bulbosa flore violacea* genannt. 1582 schickte Wilhelm von Hessen an den Grafen Friedrich von Mömpelgard (Montbéliard/Frankreich), der sich einen Garten anlegen wollte, verschiedene Blumenzwiebeln und -knollen, darunter auch solche von *Iris bulbosa* (Kessler 1859). 1594 gab es im Garten des Breslauer Arztes Laurentius Scholz auch eine *Iris bulbosa floribus coeruleis et supra luteis oris albidis,* worunter wohl eine Form von *I. xiphium* (nicht *I. florentina,* wie bei Schube 1896) verstanden werden muß. 1601 zählt Clusius in seinem Werk über seltene Pflanzen 13 Sippen der *Iris bulbosa* auf. Die *Iris bulbosa III sive versicolor,* eine Form von *I. xiphium,* wurde ihm von dem französischen Architekten Johannes Ivigny aus der spanischen Stadt Valladolid zugeschickt, die *Iris bulbosa V sive coerulea,* ebenfalls eine Form von *I. xiphium,* lernte er 1594 in Leiden kennen. Seit dem 17. Jh. waren beide Arten und ihre Formen in Deutschland zwar weit verbreitet, blieben aber, weil empfindlich, im wesentlichen auf Botanische, Adels- und Liebhaber-Gärten beschränkt. So waren in der oberlausitzer Stadt Lauban 1724 die blauviolette und die weiße Form der Englischen Schwertlilie vertreten, wurden dort aber nur »in curiosorum hortis studiose coluntur« (in den Gärten von Liebhabern sorgfältig angebaut). Der 1613 erschienene Hortus Eystettensis enthält farbige Abbildungen von 14 Formen dieser beiden Schwertlilien-Arten, von denen 10 offensichtlich zu *I. xiphium* und 4 zu *I. xiphioides* gehören. Im herzoglich braunschweigischen Garten zu Hessem wurden zwischen 1607 und 1630 sechs Formen der Spanischen und zwei der Englischen Schwertlilie kultiviert, in den kurfürstlich brandenburgischen Gärten in und um Berlin 1663 ebenfalls 2 violett- bzw. weißblühende Formen der Englischen und verschiedene Formen in »vielerly farben« der Spanischen Schwertlilie. Im Gartenbaubuch von Elsholtz (1684) heißt es unter *Iris bulbosa*, daß Caspar Bauhin (1623) 20 »Arten« in 4 Gruppen unterschieden habe, »unter welchen die fürnehmsten bey unser Gärtnerey gebauet werden/ sampt ihren Veränderungen«. Nach Kulturhinweisen geht Elsholtz abschließend auch auf die Vermehrung dieser Pflanzen ein: »Sie werden insgemein aus Absetzling[en] fortgebracht: wer aber will/ kan den reiffen Samen also fort im Herbst auff gut Land aussäen/ so wird er im vierten Jahr Blumen davon bekommen/ welche gantz mit andern Farben gezieret/ als ihre Eltern waren.« Seit dem Ende des 19. Jhs. entwickelten niederländische Blumenzüchter, allen voran die Firma Van Tubergen in Haarlem, durch Kreuzung der Englischen Schwertlilie (*I. xiphioides*) mit verwandten südwesteuropäisch-nordafrikanischen Sippen (*I. boissieri* Henriq., *I. tingitana* Boiss. et Reut., *I. xiphium* L. var. *praecox* und var. *lusitanica*, *I. filifolia* Boiss.) die sogenannten Holländischen Schwertlilien (Iris-Hollandica-Hybriden), die sich verfrühen und hemmen lassen und daher das ganze Jahr über, unter Glas angebaut, als Schnittblumen in violetten, blauen, gelben und weißen Farbtönen in den Handel kommen.

Von den in den Steppen des Vorderen bis Mittleren Orients heimischen Arten kam die zur Untergattung *Scorpiris* (*Juno*) gehörende schöne, aber heikle **Persische Schwertlilie** (*I. persica* L.) im 16. Jh. aus türkischen Gärten nach Mitteleuropa, blieb hier aber eine seltene Pflanze. Häufiger sind heute einige Arten der Untergattung bzw. Sektion Reticulatae und ihre Hybriden. Die im Kaukasusgebiet beheimatete *I. reticulata* M. B. wurde Anfang des 19. Jhs. von dem deutschen Botaniker Johann Friedrich Adam entdeckt und 1808 von Marschall von Bieberstein in der Flora taurico-caucasica beschrieben. 1821 war die Art im Botanischen Garten in Berlin vertreten, in England wurde sie 1829 kultiviert. Stärker verbreitet wurde sie jedoch erst, als seit Ende des 19. Jhs. in den Niederlanden durch Auslesen und durch Kreuzungen mit der um 1891 eingeführten *I. histrioides* (G. F. Wils.) Arnott einige Sorten entstanden, welche von den niederländischen Blumenzwiebelbetrieben in größeren Mengen vermehrt und in den Handel gebracht werden und vor allem als Steingartenpflanzen und als vorgetriebene, bereits im Winter oder zeitigen Frühjahr blühende Topfpflanzen Verwendung finden. Ähnliches gilt für die gelbblühende *Iris danfordiae* (Baker) Boiss. Diese wurde am 24. März 1876 von Frau Danford auf der Nordseite des Berges Anaxlia im kilikischen Taurus (Südwesttürkei) entdeckt. Aus Armenien schickte dann 1889 der griechische Pflanzensammler Sintenis Knollen dieser Art an Max Leichtlin und Ulrich von Saint Paul-Illaire nach Deutschland, wo man diese neue *Iris*-Art 1890 in der Gartenflora mit einer farbigen Abbildung erstmals vorstellte.

Jasminum L. Jasmin

Einige Vertreter der etwa 300 Arten umfassenden, vorwiegend tropischen bis subtropischen Gattung *Jasminum* wurden bereits in alter Zeit in Gartenkultur genommen, so der vom Iran über das Himalayagebiet bis Südchina verbreitete **Echte Jasmin** (*J. officinale* L.). Im Orient, später auch in China diente er schon vor Jahrtausenden als Duft- und Öllieferant, worauf auch sein aus dem Arabischen stammender Name (arab. jasamin, »wohlriechendes Öl«) hindeutet, der wiederum auf persisch yasmin zurückgeht. Er gehörte, ebenso wie der von Arabien bis Indien vorkommende *J. sambac* (L.) Ait. zu denjenigen Pflanzen, die in der 2. Hälfte des 16. Jhs. aus türkischen Gärten über Italien auch nach Mitteleuropa kamen. 1561 wurde der Echte Jasmin von Konrad Gessner für deutsche Gärten verzeichnet. Außer diesen Arten wurden aber auch einige südeuropäische Jasmin-Arten wie *J. fruticans* L. und der auf Madeira und den Kanaren heimische *J. odoratissimum* L. kultiviert. Als frostempfindliche Gehölze blieben diese Jasmin-Arten hierzulande auf die Glashäuser herrschaftlicher Gärten sowie auf Botanische und Liebhaber-Gärten beschränkt. In derartigen Gärten waren sie jedoch einstmals ziemlich verbreitet, so fand sich der Echte Jasmin z.B. 1594 als *Jasminum candiflorum* im Scholzeschen Garten in Breslau und war, unter dem Namen *Jasminum sive Gelsiminum album*, »Weis veiel reben«, damals selbst in den Lausitzen vorhanden. 1630 gab es im herzoglich braunschweigischen Garten zu Hessem *J. officinale* L (= *Jasminum album)* und *J. fruticans* L. *(= Jasminum luteum)*, zu denen bis 1651 noch *J. grandiflorum* L. (= *Jasminum Catalonicum arboreum*), *J. odoratissium* L. (= *Jasminum luteum flore majore odorato*) und *J. humile* L. (= *Jasminum lut. rubris maculis*) hinzukamen.

Nur einige wenige Jasmin-Arten können in Mitteleuropa auch im Freiland gezogen werden. Die wichtigste Art ist der in Westchina heimische **Winter-Jasmin** (*J. nudiflorum* Lindl.). 1830/31 fand ihn der russische Botaniker Alexander von Bunge in Peking, 1844/45 führte ihn der englische Pflanzensammler Robert Fortune aus den Gärtnereien und Gärten Shanghais nach England ein, wo er 1846 von dem Sekretär der Royal Horticultural Society John Lindley wissenschaftlich beschrieben und benannt wurde. In England wurde die Art zunächst als Gewächshauspflanze behandelt, bis man herausfand, daß sie auch im Freien wachsen kann und selbst härtere Winter zu überstehen vermag. In Deutschland wird der Winter-Jasmin 1855 im Gartenpflanzenbuch von Ernst Berger aufgeführt, blieb hier aber noch lange Zeit selten. Erst im 20. Jh. fand die als Spreizklimmer vor allem für Hauswände geeignete Art größeres Interesse und eine etwas stärkere Verbreitung, sie ist aber bis heute in vielen Gebieten Mitteleuropas keineswegs häufig anzutreffen.

Juniperus L. Wacholder

Der in den kühlen und gemäßigten Zonen der nördlichen Erdhalbkugel verbreitete und auch in Deutschland in Heiden, Magerweiden und lichten Wäldern mancherorts häufige **Gewöhnliche Wacholder** (*J. communis* L.) wurde schon seit ältesten Zeiten in vielfältiger Weise genutzt. Seine Beeren verwendete man nicht nur als Würze für verschiedene Speisen, sie dienten aufgrund ihres ätherischen Ölgehaltes auch als schweiß- und harntreibendes, verdauungsförderndes und magenstärkendes Arzneimittel. Auch heute noch sind Wacholderbeeren Bestandteil von Blasen- und Nierentees und werden zur Herstellung homöopathischer Arzneimittel benutzt. Darüber hinaus finden sie Verwendung bei der Spirituosenherstellung (z.B. Genever). Die herb-aromatisch duftenden Zweige benutzte man, um bei drohenden oder bereits ausgebrochenen seuchenhaften Erkrankungen von Mensch und Vieh Wohnräume und Stallungen auszuräuchern. Um diesen vielseitig geschätzten Strauch gleich an der Hand zu haben, pflanzte man ihn mancherorts in Gärten oder in Hausnähe an, vor allem in solchen Landschaften, in denen er nicht oder nur selten vorkam, wie z.B. im Spreewald. Auch zog man ihn vielfach zu Hecken und Einzäunungen. So vermerkt Elsholtz in seinem Gartenbaubuch (1684) beim strauchigen Wacholder (*Juniperus vulgaris fruticosa*): »Hieraus kan man Hecken zielen [ziehen] durch Einlegen.« Darüber hinaus pflegte man den immergrünen Strauch auf Friedhöfen anzupflanzen, gewissermaßen als Ersatz für die der gleichen Familie angehörende, aber bei uns nicht winterharte Immergrüne Zypresse des Mittelmeergebietes. So heißt es z.B. 1930 für die Oberlausitz, der Gewöhnliche Wacholder sei »oft in Gärten, Anlagen und auf Friedhöfen anzutreffen«.

Juniperus sabina L. Sadebaum, Dodonaeus 1583

Der in den Hochgebirgen von Europa bis Mittelasien beheimatete **Sadebaum** oder Stink-Wacholder (*J. sabina* L.) diente ebenfalls als Arzneipflanze, er war schon im Altertum den Griechen und Römern bekannt. Bei den Römern hieß er *herba*

Sabina (»Kraut der Sabiner«), auf welchem lateinischen Namen nicht nur die heutige wissenschaftliche Artbezeichnung, sondern auch verschiedene deutsche Volksnamen sowie die für diesen Strauch in anderen europäischen Sprachen gebräuchlichen Namen zurückgehen. Von den Römern wurde er auch in die von ihnen eroberten Gebiete nördlich der Alpen gebracht. Dort ist seine gärtnerische Verwendung seit dem frühen Mittelalter durch schriftliche Quellen belegt. So erscheint er im Capitulare de villis um 800 als *Savina*, bei Hildegard von Bingen um 1150 als »Sybenbaum«. Damals wurde er viel als Heilpflanze verwendet, und zwar als Mittel gegen Asthma, Lungenleiden und Würmer. 1773 heißt es bei Gleditsch: »Der Sadebaum wird stark angezogen, weil er in der Arzeney und bey der Viehwirtschaft im häufigen Gebrauche ist.« 1827 schrieb Adelbert von Chamisso, Kustos am Botanischen Museum in Berlin: »Sein Geruch ist stark und widrig, sein Geschmack bitter und scharf, ... er bringt leicht, in größeren Gaben, Blutflüsse, und ganz besonders Blutflüsse aus der Gebärmutter hervor.« Die letztgenannte Wirkung, bereits Dioskurides bekannt, wurde zum Zwecke der Abtreibung benutzt, wobei eine Überdosierung leicht zum Tode führte. Die vor allem in den jungen Trieben enthaltenen Inhaltsstoffe des Sadebaumes (ätherische Öle mit den Hauptbestandteilen Sabinen und Sabinylazetat) sind aber auch sonst nicht ungefährlich. Sie rufen beim Menschen nach dem Genuß von Zweigspitzen Erbrechen, Magen-Darm-Entzündungen, blutigen Durchfall und Krämpfe hervor und können zu Atemlähmungen und Nieren- und Leberschäden führen, die äußerliche Einwirkung des ätherisches Öles zu starken Hautentzündungen. Das führte örtlich sogar zu Anpflanzungsverboten. Heute gilt der Sadebaum als Giftpflanze. Andererseits waren seine Zweige in Süd- und Westdeutschland vielfach Bestandteil des am Palmsonntag in der Kirche geweihten Palmbuschen und wurden zur Abwehr des Teufels und anderer böser Geister in den Häusern aufgehängt. Trotz seiner negativen Eigenschaften war der Sadebaum in Deutschland einstmals weit verbreitet. 1543 vermerkte Leonhart Fuchs: »Der Seuenbaum wechst fast in allen Gärten«, und noch 1864 heißt es bei Ascherson: »bei uns häufig in Gärten gepflanzt«. Im Laufe der Zeit entstand eine Reihe von Formen und Sorten, z.B. waren 1817 im Breiterschen Garten in Leipzig waren Formen mit gelbbunten bzw. mit weißbunten Blättern vertreten. Als Arzneipflanze und volkstümliches Abortivum spielt der Sadebaum heute keine Rolle mehr, als Zierstrauch in Vorgärten, Grünanlagen und auf Friedhöfen ist er aber auch heute noch vielerorts anzutreffen.

Um die Mitte des 17. Jhs. gelangte der im östlichen Nordamerika heimische **Virginische Wacholder** (*J. virginiana* L.), ein großer, bis 30 m hoher Baum, nach den Niederlanden, wo er sich zuerst 1647 unter dem Namen *Cedrus Virginiana* im Botanischen Garten in Breda nachweisen läßt. 1648 erschien er in England, 1688 in Frankreich. Nach Deutschland kam er Ende des 17. Jhs., Erstnachweise finden sich in Leipzig (1699 Bosescher Garten) und Nürnberg (1700 Volckamer, Flora Noribergensis). Wegen seiner Größe verlief die weitere Ausbreitung eher zögerlich: 1726 Danzig (Garten Klein), 1753 Göttingen (Botanischer Garten) und Berlin (Krausescher Garten), 1765 Berlin (Botanischer Garten). Erst die in der 2. Hälfte des 18. Jhs. aufkommende Mode der Landschaftsparke eröffnete ihm größere Chancen.

Eine der ersten Anpflanzungen in derartigen Parkanlagen erfolgte Mitte des 18. Jhs. im »Amerikanischen Garten«, einem Teil des dem Grafen von Podewils gehörenden Schloßparkes Gusow am Oderbruchrand. Fortan wurde der Virginische Wacholder in Parken und städtischen Grünanlagen vielfach verwendet, und 1864 kennzeichnet ihn Ascherson in seiner Flora der Provinz Brandenburg als »Häufiger Zierbaum aus Nordamerika«. Sein aus Amerika importiertes rötliches Holz diente als Ersatz für Zedernholz und fand außerdem ausgedehnte Verwendung bei der Bleistiftherstellung, so daß der Baum bei Silva Tarouca 1913 als »Bleistift-Wacholder« bezeichnet wird. Versuche der preußischen Staatsforstverwaltung, ihn auch hierzulande als Waldbaum heimisch zu machen, blieben allerdings ohne Erfolg.

Ähnlicher Herkunft ist der nordamerikanische **Kriech-Wacholder** (*J. horizontalis* Moench), ein niederliegender, oft weithin kriechender, teppichartig wachsender Strauch. In der 2. Hälfte des 18. Jhs. aus dem borealen Nordamerika eingeführt und 1794 von Conrad Moench sowie 1807 von Christiaan Hendrik Persoon als *J. prostrata* beschrieben, blieb er in Deutschland lange Zeit selten. Eine stärkere Verbreitung erfuhr er erst seit der Mitte des 20. Jhs., als man ihn in Grünanlagen und Vorgärten sowie auf Friedhöfen und zur Sandbodenbedekkung in großem Umfange als Bodendecker verwendete. Auch hiervon gibt es mehrere Formen und Sorten.

Der baumförmige, in Mitteleuropa nicht über 10 m hoch werdende **Chinesische Wacholder** (*J. chinensis* L.) aus den Nadelwäldern Ostasiens wurde 1767 in Europa eingeführt und von Linnaeus als neue Art beschrieben. Auch er war lange Zeit hindurch lediglich eine Rarität einiger Botanischer Gärten. Erst in der 2. Hälfte des 19. Jhs. nahmen sich die Baumschulen dieser Art an und vermehrten sie zur Verwendung vor allem in Parken und Grünanlagen, doch wurde sie auch in der Folgezeit nur wenig angepflanzt. Durch Auslese und Kreuzungen entstanden zahlreiche Sorten, so z.B. 1899 die Hybride *J. x pfitzeriana* (Späth) P. Schmidt (*J. chinensis* x *J. sabina*).

Kerria DC. Kerrie, Ranunkelstrauch

Einzige Art dieser zu den Rosengewächsen gehörenden Gattung ist die in Laubwäldern und Gebüschen Zentral- und Südwestchinas heimische **Kerrie** (*K. japonica* (L.) DC.), auch Ranunkelstrauch oder Goldröschen genannt. In China war die als Ti-Tang bezeichnete Art bereits seit längerer Zeit in Gartenkultur, wobei auch eine Form mit röschenartig gefüllten Blüten (cv. 'Pleniflora') entstand. Aber auch in Japan wurde die Art schon seit langem als Gartenpflanze gezogen, entweder aus China eingeführt, vielleicht aber auch auf Wildvorkommen in Japan selbst zurückgehend. Dort traf sie Engelbert Kaempfer an, der von 1690 bis 1692 in Japan weilte, und beschrieb sie 1712 unter ihrem japanischen Namen Jamma (Yama) Buki. Auch der schwedische Botaniker Carl Peter Thunberg stieß während seines Japanaufenthalts 1775/76 auf diese Art und beschrieb sie 1784 in seiner Flora Japonica als *Corchorus japonicus*. Lebende Exemplare gelangten jedoch erst Anfang des 19. Jhs. nach Europa. Der englische Gärtner William Kerr, der im Auftrage von Joseph Banks von 1804 bis 1813 in Ostasien Pflanzen sammelte, sandte 1805 die gefülltblühende Form aus China an den Botanischen Garten in Kew/London.

Von dort aus verbreitete sich der neue Zierstrauch rasch, wurde aber zunächst, da man seine Winterhärte noch nicht kannte, vorsichtshalber als Kalthauspflanze gezogen. 1810 war er in den meisten Pflanzensammlungen in London vertreten, 1812 auch im Botanischen Garten in Berlin, 1817 in Leipzig und in Weimar-Belvedere, 1818 in Leiden. In England war er 1838 bereits sehr häufig und selbst in den Gärten von Arbeiterhäusern vorhanden.

1817 hatte der Schweizer Botaniker Augustin Pyramus de Candolle erkannt, daß die Art nicht zur Gattung *Corchorus* gehört, und für sie die Gattung *Kerria* geschaffen, benannt nach dem obengenannten William Kerr (gest. 1814 auf Ceylon). Als *Kerria japonica* wuchs sie 1824 bereits im Garten des Apothekers Johann Nikolaus Buek in Frankfurt/Oder und breitete sich nunmehr auch in Deutschland als Park- und Gartenpflanze überallhin aus. 1855 nennt sie das Gartenbaubuch von Ernst Berger als offenbar allgemein bekannte Art. 1855/56 hatte die Landesbaumschule in Potsdam den Strauch im Angebot, das Stück zu 3 Silbergroschen, und in der Flora der Provinz Brandenburg von Ascherson 1864 heißt es: »Häufiger Zierstrauch aus Japan. Blüthen bei uns stets gefüllt«. Inzwischen war auch die einfachblühende Form in Europa eingetroffen, von John Russel Reeves 1835 aus China an die Royal Horticultural Society in London geschickt. Auch sie verbreitete sich in der Folgezeit über die hiesigen Gärten, blieb aber wesentlich seltener als die gefüllte Form. In den 1860er Jahren wurde eine Form mit weißpanaschierten Blättern (cv. 'Variegata') eingeführt, aber außer dieser und einer Ende des 19. Jhs. entstandenen gelbpanaschierten Form gibt es von der Kerrie keine besonderen Sorten.

Kniphofia Moench *(Tritoma* Ker-Gawl.*)* Fackellilie

Die Gattung umfaßt 67 Arten, von denen 22 im tropischen Ostafrika, die übrigen in Südafrika vorkommen, doch sind nur wenige Arten für eine Freilandkultur in Mitteleuropa ausreichend winterhart. Die wichtigste davon ist die **Große Fackellilie** (*K. uvaria* (L.) Hook.) aus dem Kapland. Sie wurde dort um 1630 entdeckt und von dem Niederländer Joannes Bodaeus van Stapel (gest. 1636) in einer 1644 in Amsterdam postum erschienenen Theophrast-Ausgabe als *Iris uvaria Promontorii bonae spei* beschrieben. In holländischer Gartenkultur läßt sie sich zuerst 1686 im Botanischen Garten Leiden und 1701 im Botanischen Garten Amsterdam nachweisen, wo sie unter der Bezeichnung *Aloe Africana, folio triangulo, longissimo et angustissimo, floribus luteis foetidus* kultiviert wurde. Unter diesem Polynom verbreitete sie sich von den Niederlanden aus über West- und Mitteleuropa, blieb aber vorerst weitgehend auf Botanische und Liebhaber-Gärten beschränkt. In Deutschland erscheint sie 1699 im Boseschen Garten in Leipzig, zwischen 1704 und 1718 in Schlesien, 1706 im Garten der Gebrüder Lastropp in Hamburg-Eimsbüttel (hier fälschlich *Americana* statt *Africana*!), 1722 im Botanischen Garten in Würzburg, 1736 im Garten des Herrn von Ziethen in Trebnitz bei Seelow, 1746 im Botanischen Garten

***Kerria japonica* (L.) DC.** Kerrie, einfachblühende Stammform, Bailey 1947

sowie im Krauseschen Garten in Berlin. Auch Linnaeus faßte sie als eine Art der Gattung *Aloe* auf und gab ihr 1753 in seinen Species Plantarum den Namen *Aloe Uvaria*. Dies erwies sich jedoch als nicht haltbar, und so suchten um die Jahrhundertwende einige Botaniker unabhängig voneinander für diese Pflanze einen neuen Gattungsnamen. Als erster schuf der Marburger Botanik-Professor Konrad Moench 1794 den Namen *Kniphofia*, benannt nach dem Erfurter Medizin-Professor Johann Hieronymus Kniphof (1704 – 1763), welcher 1734 zusammen mit dem Gärtner Christian Reichart ein Pflanzenbuch mit Naturselbstdrucken herausgegeben hatte. Der Berliner Botaniker Carl Ludwig Willdenow stellte die

Art zu der von Johann Gottlieb Gleditsch begründeteten, ebenfalls südafrikanischen Gattung *Veltheimia*, und als *Veltheimia Uvaria* wurde sie 1808 im Botanischen Garten Berlin und 1817 im Breiterschen Garten in Leipzig gezogen. 1805 ordnete der englische Botaniker John Bellenden Ker-Gawler sie seiner neu aufgestellten Gattung *Tritoma* zu, und so wurde der Name *Tritoma Uvaria* (L.) Ker-Gawl. fortan in vielen (vor allem englischen) Publikationen verwendet. Erst gegen Ende des 19. Jhs. setzte sich der aufgrund der Prioritätsregel gültige Name *Kniphofia uvaria* durch.

Inzwischen waren aus Südafrika noch einige weitere Arten aus dieser Gattung eingeführt worden, einige wenige folgten im 20. Jh. 1990 befanden sich 9 *Kniphofia*-Arten in Gartenkultur, darunter auch *K. triangularis*, in welche heute einige zuerst als eigene Arten beschriebene Sippen einbezogen werden, darunter die *K. galpinii* der Gärtner (die echte *K. galpinii* Baker befindet sich nicht in Gartenkultur). Durch Kreuzungen entstanden aus diesen Sippen zahlreiche Hybriden, welche heute, wenn auch empfindlich und eines Winterschutzes bedürftig, in vielen Gärten zu finden sind, während man die Ausgangsarten fast nur noch in Botanischen Gärten antrifft.

Kochia scoparia (L.) Schrad.
Besenkraut, Sommerzypresse

Das in den Steppen Osteuropas, West- und Zentralasiens heimische Besenkraut läßt sich erstmals 1532 in Italien als Gartenpflanze nachweisen; offenbar war es durch den italienischen Levantehandel aus Vorderasien gekommen. Von Italien aus gelangte es in der Mitte des 16. Jhs. auch nach Deutschland, wo es um 1560, unter dem Namen Bellevidere (»schön anzusehen«) vereinzelt vorhanden war. Auch in der folgenden Zeit breitete sich die Art in den deutschen Gärten nur zögerlich weiter aus; wahrscheinlich war die unscheinbar blühende, nur durch ihre dekorative Gestalt wirkende Sommerblume nicht jedermanns Geschmack. Um 1570 wuchs sie als »Belvider« im Leuschnerschen Garten in Meißen, 1594 als *Scopa Patavina* (»Paduanischer Besen«) im Scholzeschen Garten in Breslau, fehlte zu diesem Zeitpunkt aber noch den Gärten der Lausitz. Der Heidelberger Arzt Tabernaemontanus führte in seinem 1591 erschienenen Neuw Kreuterbuch die Art unter der Bezeichnung *Herba studiosorum* (»Studentenkraut«) auf und empfahl sie den Studenten zur Heilung von Hautausschlägen. Als Heilpflanze hat sie sonst aber keine Rolle mehr gespielt. In den Niederlanden wurde das Besenkraut seit 1570 kultiviert, von Rembert Dodonaeus als *Osyris*, von Matthias Lobelius als *Scoparia* bezeichnet; in England datiert der Erstnachweis aus dem Jahre 1597.

Offenbar war das Besenkraut auch im 17. Jh. in Deutschland nur wenig verbreitet. Der aus der Oberlausitz stammende Arzt und Botaniker Joachim Burser belegte es in seinem Herbarium, unter dem Bauhinschen Namen *Linaria scoparia*, lediglich aus Gärten in Montpellier und Florenz, und auch der 1613 erschienene Hortus Eystettensis enthält die Art nicht. Zwischen 1607 und 1630 kultivierte man die Pflanze aber im herzoglich braunschweigischen Garten zu Hessem als *Belle vidère Lobelii, Linaria scoparia*, und unter diesem Namen wird sie auch im Gartenbaubuch von Elsholtz (1684) bei den »Zaserich Sommer = gewächsen« aufgeführt. Als deutscher Name wird hier »Besen=Flachs« angegeben und der Name *Belvedere* so erklärt: »weil es wegen seiner kuglichen Gestalt/welche es im wachsen von sich selbst annimmt/ anmutig zu sehen«. 1724 war die Art bis in die oberlausitzer Kleinstadt Lauban vorgedrungen, dort aber, als *Belvedere hortulanorum* bezeichnet, nur bisweilen in den Gärten von Liebhabern zu finden.

Im Jahre 1700 rechnete der französische Botaniker Tournefort das Besenkraut als *Chenopodium Lini folio, villoso* zu den Gänsefüßen (*Chenopodium*), und auch Linnaeus folgte dieser Auffassung, als er es 1753 *Chenopodium scoparia* benannte.

1809 stellte der Göttinger Botanik-Professor Heinrich Adolph Schrader (1767 - 1836) die Art in die im Jahre 1801 von dem Vegesacker Arzt Albrecht Wilhelm Roth (1757 - 1834) begründete Gattung *Kochia*, benannt nach dem Erlanger Botanik-Professor Wilhelm Daniel Joseph Koch (1771 - 1849). Auch in der Folgezeit blieb die Art in Deutschland eine mäßig häufige Gartenblume. Ende des 19. Jhs. entstand in den USA eine als 'Rote Sommerzypresse' bezeichnete Form (cv. 'Trichophylla'), bei der sich das im Sommer hellgrüne Laub zum Herbst hin tief weinrot verfärbt. Die ursprüngliche, auch im Herbst grün bleibende Form wird heute als cv. 'Childsii', Grüne Sommerzypresse, geführt.

Kolkwitzia amabilis Graebner
Kolkwitzie

Die Kolkwitzie ist wohl derjenige chinesische Zierstrauch, der zuletzt in Europa eintraf. Lange Zeit blieb er unentdeckt und war auch im alten China nicht in Gartenkultur. Erst der italienische Pater Guiseppe Giraldi, der in den Jahren 1890 - 1895 in der Provinz Shensi als Missionar tätig war und zugleich die dortige Pflanzenwelt erforschte, fand bei dem Ort Huashan fruchtende Exemplare und legte davon Belege in sein Herbarium ein. Seine Aufsammlungen chinesischer Pflanzen schickte Giraldi nach Florenz, von wo man sie zur Bearbeitung an das Botanische Museum in Berlin weitergab. Dr. Paul Graebner (1871 - 1933), damals Kustos, später Professor für Botanik, dem die Bearbeitung der Baldrian- und der Geißblattgewächse zugefallen war, erkannte anhand der Fruchtmerkmale, daß es sich um eine neue Art, ja sogar um eine neue Gattung der Geißblattgewächse handelte. Er benannte die Gattung nach seinem Freunde Dr. Richard Kolkwitz und gab der Art die Bezeichnung *amabilis* (»liebenswert«). Seine Erstbeschreibung erschien 1901 in der ausführlichen Arbeit von Professor Ludwig Diels, Die Flora von Central-China, im Botanischen Jahrbuch, Bd. 29. Richard Kolkwitz (1873 - 1956), der Namenspatron der Gattung, wurde später berühmt als Mitbegründer der Abwasserbiologie und der biologisch-ökologischen Wasseranalyse, er wirkte über 60 Jahre als Forscher und Hochschullehrer in Berlin. Sein Familienname geht auf den sorbischen Ortsnamen Kolkwitz bei Cottbus zurück.

Die Entdeckung und Erstbeschreibung der Kolkwitzie bedeutete noch nicht ihre Einführung nach Europa, diese erfolgte jedoch bald darauf. Um das Jahr 1901 hatte auch der englische Gärtner und Pflanzensammler Ernest Henry Wilson, der in China für die bekannte englische Gartenbaufirma James Veitch & Sons in Combe Wood bei London Pflanzen sammelte, die ihm unbekannte Art bei Fang in der Provinz Hupeh, auf der Wasserscheide zwischen den Flüssen Han und Yangtse in einer Höhe von 3000 m entdeckt, aber ebenfalls nur in fruchtendem Zustand. Zusammen mit anderem Pflanzenmaterial sandte er Samen davon nach England, wo sie in der Gärtnerei von Veitch ausgesät wurden. Jungpflanzen wurden dann dem Botanischen Garten in Kew/London zur Bestimmung übergeben, wo man ihre Zugehörigkeit zu der von Graebner beschriebenen *Kolkwitzia amabilis* erkannte. 1909 wurde der neue Strauch im Kew Bulletin vorgestellt. Bis dahin hatte er in England noch nicht geblüht, so daß die Blüten vorerst unbekannt blieben. So heißt es in dem damals verfaßten Buch Unsere Freiland-Laubgehölze von Silva Tarouca, die Kolkwitzie sei ein neueingeführter sommergrüner chinesischer Strauch, aber wenig ansehnlich und nur für Liebhaber geeignet. 1910 kam in Veitchs Gärtnerei ein erstes Exemplar zur Blüte, woraufhin 1911 in Joseph Dalton Hookers Icones plantarum und 1914 im Botanical Magazine Abbildungen blühender Zweige und vollständige Beschreibungen veröffentlicht werden konnten. Erst jetzt wurde offenbar, daß es sich bei der Kolkwitzie um einen prachtvollen Blütenstrauch handelt. In England und auch in den USA, wohin der Strauch durch den nunmehr für das Arnold-Arboretum tätigen Wilson gekommen war und wo man ihn Beauty Bush nannte, breitete er sich fortan in den Gärten aus. Durch den 1. Weltkrieg bedingt, hat er in Deutschland indessen noch lange gefehlt. In den dreißiger Jahren wurde er hier etwas häufiger, seine eigentliche Ausbreitung über die deutschen Gärten erfolgte jedoch erst nach dem 2. Weltkrieg. Heute ist dieser »wunderschöne Blütenstrauch« (Boerner 1938) in vielen Gärten und Grünanlagen anzutreffen.

Laburnum Medik. Goldregen

Der durch Cytisin und andere Alkaloide in allen Teilen sehr giftige **Gewöhnliche Goldregen** (*L. anagyroides* Medik. = *Cytisus laburnum* L.) ist im nördlichen Mittelmeergebiet von Frankreich bis Kroatien heimisch. Diese Art oder der Alpen-Goldregen waren offenbar bereits den Römern bekannt. Plinius nennt in seiner Naturgeschichte einen Strauch *Laburnum*, von dem man annimmt, daß damit der Goldregen gemeint war. Sein hartes, aber geschmeidiges Holz wurde ehemals sehr geschätzt für Drechslerarbeiten und die Herstellung von Bögen und Weinpfählen.

Als Zierstrauch kam er vor Mitte des 16. Jhs. nach Deutschland. Hier beschrieb ihn zuerst Valerius Cordus in seiner 1540/42 abgefaßten, 1561 im Druck erschienenen Historia stirpium unter dem Namen *Trifolia arbor* und gab an, daß er der Blüten wegen in Gärten kultiviert werde, besonders in Innsbruck und Frankfurt/Main, wo er die Pflanze auf einer Reise 1542 selbst gesehen habe. 1561 war der Goldregen in Deutschland unter dem Namen *Anagyris* bereits ziemlich häufig, wenn auch im wesentlichen auf die Gärten von Liebhabern beschränkt. In den Lausitzen hat er 1594 noch gefehlt. Im 17. Jh. breitete er sich weiter aus. So erscheint er 1613 im Hortus Eystettensis als *Anagyris angustifolius*, »Linsenbaum/Baumbonen« und wuchs im herzoglich braunschweigischen Garten zu Hessem sowie 1621 im Hortus medicus der Universität Regensburg, 1655 im herzoglich schleswigschen Garten zu Gottorf und um 1660 in den kurfürstlich brandenburgischen Gärten in und um Berlin. Allerdings war er in der 1. Hälfte des 18. Jhs. noch nicht in alle Gebiete Deutschlands vorgedrungen, für Lauban (1724) und Frankfurt/Oder (1744, 1750) wird er z.B. nicht verzeichnet. 1773 empfahl ihn der Berliner Botaniker Johann Gottlieb Gleditsch: »Wegen seiner langen hängenden Blütentrauben gibt er im Frühlinge den Gärten und Plantagen eine besondere Zierde.« Damals wurde er bereits von Baumschulen herangezogen und vertrieben, z.B. 1779 vom Gartenbaubetrieb Buek in Hamburg und 1785 von der von Burgsdorffschen Baumzucht in Tegel bei Berlin, dort neben der normalen auch in einer panaschierten Form. Ausgedehnte Verwendung fand er in den zu dieser Zeit in Mode kommenden Landschaftsgärten. So heißt es in einer 1799 erschienenen Beschreibung des Parkes Machern bei Leipzig: »Ein jeder, welcher diesen Baum in seiner Blüthe erblickt, wird seine Augen nicht ohne Bewunderung der mannigfachen Natur wegwenden.« Eine Aufstellung der 1815 auf den Friedländischen Gütern bei Wriezen kultivierten Pflanzen zählt den Gewöhnlichen wie auch den Alpen-Goldregen bereits zu den »gewöhnlichen Lustgebüsch = Pflanzen«. Von den Parken aus drang er alsbald in dörfliche und städtische Gärten vor und war Mitte des 19. Jhs. dann überall in Deutschland bekannt und verbreitet. Damals gab es außer der Normalform noch einige weitere Formen, u.a. solche mit eingerollten, mit eichenartigen oder mit panaschierten Blättern. Heute wird in den Gärten meist die Hybride zwischen Gewöhnlichem und Alpen-Goldregen (*L. x watereri* (Kirchn.) Dipp.) mit längeren Blütentrauben kultiviert. Bei dem 1825 in der Gärtnerei von Jean Louis Adam in Vitry bei Paris entstandenen und 1836 auch in Hamburg vorhandenen Pfropfbastard *Laburnocytisus adami* (Poit.) Schneider handelt es sich um eine Periklinalchimäre mit einem Kern aus Gewöhnlichem Goldregen und einer Außenhülle aus Gewebe des im mittleren und östlichen Südalpengebiet heimischen, bereits im 17. Jh. in norditalienischen Gärten kultivierten Purpurroten Geißklees (*Cytisus purpureus* Scop., *Chamaecytisus purpureus* (Scop.) Link).

Die Einführungsgeschichte des im Südalpengebiet, im Appenin und im westlichen Balkan beheimateten ähnlichen, aber größere Blätter aufweisenden **Alpen-Goldregens** (*L. alpinum* (Miller) Bercht. et J. S. Presl) gleicht weitgehend der des Gewöhnlichen Goldregens. Zunächst wurden beide Arten nicht immer voneinander unterschieden (z.T. auch mit *Anagyris foetida* L. vermengt), wie auch Johann Bauhin 1650 und ihm folgend noch Linnaeus 1753 beide in einer Art (bei Linnaeus *Cytisus Laburnum*) vereinigten. 1588/91 beschrieb Tabernaemontanus in seinem New Kreuterbuch zwei Arten von »Baumbonen«, bei denen es sich um den Gewöhnlichen und den Alpen-Goldregen handelte. 1613 bildete der Hortus Eystettensis neben dem Gewöhnlichen Goldregen auch den Alpen-Goldregen als *Anagyris latifolijs*, »Breitblättrichte Baumbonen« ab, und Caspar Bauhin nannte ihn 1623 in seinem Pinax *Anagyris non foetida major vel alpina*. Das damals entstandene Herbar des Bauhin-Schülers Burser gibt diese Art als Wildpflanze schattiger Täler Italiens und von Gärten in Basel und Frankfurt/Main an. Er blieb offensichtlich stets seltener als der Gewöhnliche Goldregen und noch stärker als dieser auf Botanische und Liebhaber-Gärten beschränkt. So finden wir ihn vor 1630 im herzoglich braunschweigischen Garten zu Hessem, 1722 im Botanischen Garten Würzburg, 1736 im Garten des Herrn von Ziethen in Trebnitz bei Seelow, 1746 im Botanischen Garten und im Krauseschen Garten in Berlin. Im 19. Jh. wird der Alpen-Goldregen dann oftmals zusammen mit dem Gewöhnlichen Goldregen aufgeführt, jedoch mitunter angegeben, er sei seltener. Der obengenannte Bastard zwischen beiden Arten entstand um 1840 in der englischen Baumschule Waterer, er war 1848 bereits in der Landesbaumschule Potsdam im Angebot.

Lathyrus L. Platterbse

Die im Mittelmeergebiet heimische, in Italien im ganzen Land häufige ausdauernde **Breitblättrige Platterbse** (*L. latifolius* L.) kam in der 2. Hälfte des 16. Jhs. als Zierpflanze nach Mitteleuropa. Zuerst wurde sie von dem damals als kaiserlicher Leibarzt tätigen Arzt und Botaniker Petrus Andreas Matthiolus als *Clymeneum* beschrieben, er hatte sie von Jacobo Antonio Cortuso aus Padua erhalten. Der flämische Botaniker Matthias Lobelius nannte die Art *Lathyrus narbonensis latiore folio*, was für eine Herkunft aus Südfrankreich spricht. In dem 1586 von Camerarius herausgegebenen Kräuterbuch von Matthiolus ergänzte ersterer: »Man pflegt es der lieblichen rosenfarbenen Blumen halben jetziger Zeit bey uns in Gärten zu zielen [ziehen].« Indessen scheint die Art in Deutschland im 16. Jh. noch selten gewesen zu sein. In England wurde sie mindestens seit 1596 kultiviert. 1613 bildete der Hortus Eystettensis die Art unter dem Namen *Lathyrus Narbonensis* farbig ab, und unter dem gleichen Namen wurde sie vor 1630 im herzoglich braunschweigischen Garten zu Hessem gezogen. Caspar Bauhin gab ihr 1623 den Namen *Lathyrus latifolius*, welcher später von Linnaeus übernommen wurde. Das Herbar des Bauhin-Schülers Joachim Burser verzeichnet die Pflanze aus Frankreich, Böhmen, Italien und Dänemark, wobei die Angaben für Böhmen und Dänemark sich sicherlich auf Vorkommen in Gärten beziehen. In Berlin/Brandenburg hat sie 1663 nach der Flora Marchica von Elsholtz noch gefehlt, wird aber wenig später in seinem Gartenbaubuch (1684) als *Lathyrus latifolius* C. B., »Breitblättrige Plat-Erbsen« unter den »Zaserich Winter = gewächsen«, d.h. den ausdauernden Stauden, als Gartenpflanze aufgeführt. Um 1666 war sie auch in Schlesien vorhanden. Die eigentliche Ausbreitung der Art bis in die Gärten der einfachen Leute hinein scheint aber erst im 18. Jh. erfolgt zu sein, 1724 hat sie in der oberlausitzer Stadt Lauban und ihrer Umgebung noch gefehlt. Neben der rosaroten Wildform gab es im 18. Jh. auch eine Form mit weißen Blüten, bereits um 1700 von Tournefort verzeichnet, so z.B. 1746 im Krauseschen Garten in Berlin. Ihrer Robustheit wegen wurde die Breitblättrige Platterbse vor allem eine Pflanze der Bauerngärten, wo sie auch heute noch am häufigsten angetroffen wird, während sie in den sonstigen Gärten wieder seltener geworden ist. Bereits Ende des 19. Jhs. hatte sie Carl Bolle als altmodische Blume eingestuft. Im Volksmund wird sie meist als Wicke bezeichnet, und zwar, im Gegensatz zu der einjährigen Wicke (*L. odoratus* L.), als Winterwicke (so schon bei Chamisso 1827) oder als Stauden-Wicke.

***Lathyrus latifolius* L.** Breitblättrige Platterbse, Matthiolus/Bauhin 1598

Häufiger und bekannter ist heute die ebenfalls weithin als Wicke (auch Duftwicke und Edelwicke) bezeichnete **Wohlriechende Platterbse** (*L. odoratus* L.) Die Heimat dieser Art befindet sich im südlichen Italien (Basilicata, Calabrien, Sizilien). Ende des 17. Jhs. wurde sie dort von dem Mönch und Botaniker Francesco Cupani entdeckt und von ihm 1695 im Syllabus plantarum Siciliae nuper detectum beschrieben. Cupani sandte alsbald Samen der Art an Robert Uvedele im englischen Enfield, und von England aus breitete sie sich, und zwar in der wenigblütigen Wildform, über die mitteleuropäischen Gärten aus. 1711 wurde sie im Botanischen Garten in Wittenberg gezogen, 1718 in Jena, 1735 in Leipzig, 1736 in Trebnitz bei Seelow, 1744 in Frankfurt/Oder, 1746 in Berlin, 1759 in Helmstedt, 1765 in Greifswald. Damals gab es neben der purpurrot oder violett blühenden Wildform auch schon eine Form mit rot-weißen Blüten. Bis Mitte des 19. Jhs. entstanden einige weitere Farbformen. Nunmehr setzte, zumal die Art durch ihren Duft sehr beliebt wurde, die züchterische Weiterentwicklung ein. Der Schwerpunkt der Züchtungsarbeit lag dabei in England und Nordamerika. Zuerst nahm in den 1860er Jahren der Gartenliebhaber Henry Eckfort in Gloustershire die Wickenzucht auf und schuf bis zu seinem Tode 1905 zahlreiche neue, in Farbe, Größe und Stabilität verbesserte Sorten. Auf deren Grundlage entwickelte Silas Cole, Obergärtner des Earl of Spencer in Northhamptonshire, die sogenannten Spencer-Wicken mit großen gewellten Blüten. In den USA wurde die Züchtung vor allem in Kalifornien betrieben, begründet durch den 1916 aus Edinburgh nach San Francisco übergesiedelten Frank Cuthberson, und von weiteren Züchtern fortgesetzt. Heute gibt es eine Vielzahl von Sorten mit 6-10 Blüten pro Stiel in einer weiten Farbpalette von Weiß über Rosa und Rot bis Blau und Violett sowie auch verschiedene niedrige und Zwergsorten. Obwohl Carl Bolle um 1900 die »Spanische oder wohlriechende Wicke«, »früher in zwei konstanten Farbvarianten vorhanden, die gleiche Gunst genossen, jetzt durch die Kunst der Gärtner verschiedenfarbiger, wenn auch nicht wohlduftender geworden«, den altmodischen Gartenblumen zuzählte, ist sie auch heute noch allgemein beliebt und wird allerorten, nicht nur in den Gärten, sondern auch in Gärtnereien unter Glas, hauptsächlich als Schnittblume angebaut.

Die im gemäßigten Europa bis Südwestsibirien, dem Kaukasusgebiet und Kleinasien vorkommende und auch in Deutschland mancherorts in reicheren Laubmischwäldern wachsende **Frühlings-Platterbse** (*L. vernus* (L.) Berhardi = *Orobus vernus* L.) wurde ihrer hübschen purpurrot-blauvioletten Blüten wegen hier und da in Gartenkultur genommen und hat sich insbesondere seit dem 19. Jh. zu einer Zierpflanze für schattige Gartenplätze entwickelt. Als Gartenpflanze läßt sie sich erstmals 1613 im Hortus Eystettensis und vor 1630 im herzoglich braunschweigischen Garten zu Hessem nachweisen, und zwar unter dem von Clusius geprägten Namen *Orobus Pannonicus*. Bis zum Beginn des 19. Jhs. (und stellenweise auch darüber hinaus) blieb sie als Gartenpflanze weitgehend auf Botanische und Liebhaber-Gärten, vielleicht noch auf einige Bauerngärten, beschränkt. Viele Quellen aus dieser Zeit bezeichnen sie lediglich als Wildpflanze, so z.B. das Burser-Herbar vom Anfang des 17. Jhs., das Gartenbaubuch von Elsholtz (1666), die Flora von Lauban (1724), die Flora Francofurtana von Carl August von Bergen (1750) u.a.m. Der Berliner Botaniker Johann Gottlieb Gleditsch nennt 1773 die Art, obwohl 1746, 1765 und 1808 im Botanischen Garten Berlin vorhanden, ebenfalls nur als Wildpflanze, empfiehlt aber ihren Anbau als Bienen- und Futterkraut. Im 19. Jh. gibt es dann vermehrt Angaben über eine Verwendung als Gartenzierpflanze. Als solche erscheint sie z.B. 1815 auf den Friedländischen Gütern bei Wriezen, 1817 im Breiterschen Garten in Leipzig, 1818 ff. im Gartenfreund von Wredow, 1824 im Buekschen Garten in Frankfurt/Oder und 1837 in dem in Leipzig erschienenen Buch Über die perennierenden Gartengewächse des österreichischen Pfarrers Johann Theophil Zetter. In letzterem wird sie ausdrücklich als »schöne Zierpflanze« vorgestellt und auch angegeben, daß es außer der purpurviolett blühenden Normalform auch solche mit weißen und mit inkarnaten (fleischfarbenen) Blüten gebe. Das Gartenpflanzenbuch von Ernst Berger (1855) kennt Farbformen mit azurblauen, rosenroten, roten und weißen Blüten. Mit derartigen Sorten ist die Art auch heute noch im Angebot der Staudengärtnereien vertreten und, wenn auch nicht allzu häufig, in Gärten zu sehen.

Laurus nobilis L.
Echter Lorbeer

Der Lorbeer ist ein immergrüner baumartiger Strauch, der 10-12 m hoch werden kann; seine Heimat sind die Wälder des Mittelmeergebietes und der südlichen Küstengebiete des Schwarzen Meeres. Bei den Völkerschaften dieses Raumes war er seit altersher gut bekannt, die Griechen nannten ihn *Daphne*, die Römer *Laurus*, und vielleicht ist er auch identisch mit dem in der Bibel genannten Baum *oren*. Der Name Laurus entstammt einer alten Mittelmeersprache, er ist nicht verwandt mit dem lateinischen Wort laus, »Lob, Ruhm«. Der heutige deutsche Name geht auf althochdeutsch lorberi zurück, womit die Früchte (Beeren) des zweihäusigen Baumes bezeichnet wurden. Bereits im Altertum wurde der Lorbeerbaum auch kultiviert und in vielfältiger Weise genutzt: Blätter und Früchte als Gewürz, das aus den Früchten gewonnene stark würzig riechende grüne Lorbeeröl zur Herstellung entzündungshemmender Salben und als Insektenschutz, und nicht zuletzt pflanzte man ihn in den Gärten auch zur Zierde an. Lorbeerzweige und Lorbeerkränze, ursprünglich zur Desinfektion und zum Schutz vor ansteckenden Krankheiten, aber auch gegen Verzauberung angesteckt oder getragen, wurden zum Zeichen des Ruhmes, mit ihnen schmückte man siegreiche Feldherren und Soldaten und deren Waffen und Feldzeichen, aber auch, im alten Griechenland, bei Wettkämpfen erfolgreiche Sportler. Später wurden auch Dichter und junge Leute beim Abschluß ihrer Studien mit beerentragenden Lorbeerkränzen geehrt,

Laurus.

Laurus nobilis L. Lorbeer, Dodonaeus 1583

worauf der frühere wissenschaftliche Grad Baccalaureus (englisch bachelor) zurückgeht. Lorbeerblätter sind auch heute noch ein häufig verwendetes Küchengewürz, zu dessen Gewinnung der Lorbeer vor allem in Italien, Griechenland, der Türkei und in Syrien angebaut wird.

In den nördlich des Mittelmeergebietes liegenden Ländern bedarf der gegen stärkere Fröste empfindliche Lorbeer einer frostfreien Überwinterung, weshalb er hier, obwohl als Gewürz und Arzneimittel schon seit dem Mittelalter bekannt, sich als Zierpflanze nur sehr zögerlich ausbreitete. Am frühesten scheint er in England mit seinem wintermilden Klima Einzug gehalten zu haben, dort gibt ihn der Arzt William Turner in seinem Kräuterbuch 1548 für die Gärten im Südteil Englands bereits als häufig an. In Deutschland wurde er ebenfalls Mitte des 16. Jhs. gezogen, war aber offenbar relativ selten und auf die Gärten einiger Liebhaber beschränkt. Als Kübelpflanze fand er dann in den Orangerien der großen Gärten des Adels eine stärkere Verbreitung. Das Gartenbaubuch von Elsholtz (1666) zählt ihn, unter dem Namen »Gemeiner Lorbeerbaum oder Laurier«, zu dem »Schirm = Gewächs an Bäumen und Stauden« und gibt an, daß er aus frischen reifen Früchten, schneller aber aus Ablegern vermehrt werden könne. In der Barockzeit, aber auch noch später, waren zu Kugeln, Pyramiden oder Säulen geschnittene Lorbeerbäume beliebt. Im 18. Jh. gab es mehrere Abänderungen mit langen und spitzen, krausen oder panaschierten Blättern. Kübel mit Lorbeerbäumchen oder -sträuchern wurden nunmehr auch von Erwerbsgärtnereien gezogen und in Bereitschaft gehalten, um mit ihnen Säle und andere größere Räume, auch Kirchen, bei feierlichen Anlässen ausschmücken zu können. Eine Pflanze der normalen Gärten ist der Lorbeer in Deutschland jedoch nie gewesen.

Lavandula L. Lavendel

***Lavandula angustifolia* Mill.**, Echter Lavendel, Dodonaeus 1583

Viele der 28 Arten der Lippenblütler-Gattung *Lavandula* kommen im Mittelmeergebiet vor und bilden dort einen charakteristischen Bestandteil der mediterranen Strauchheiden (Cisto-Lavanduletea). Wegen ihres Gehaltes an ätherischen Ölen wurden die duftenden Pflanzen bereits im Altertum als Badezusatz genutzt, worauf auch ihr Name (zu lat. lavare, »waschen, baden«) zurückgeht. Im Mittelalter kamen einige Arten als Duft- und Heilpflanzen nach West- und Mitteleuropa, und zwar vor allem der die winterliche Kälte am besten ertragende halbstrauchige **Echte Lavendel** (*L. angustifolia* Mill.), aber auch der empfindlichere **Breitblättrige Lavendel** oder Spik (*L. latifolia* Medik.). Linnaeus hat 1753 beide in seiner Art *L. spica* vereinigt; der Name *L. spica* L. ist lange benutzt worden, heute aber als zweifelhafter Name (nomen ambiguum) nicht mehr gültig. Diese Arten wurden in Deutschland zuerst von Hildegard von Bingen als *lavendula* erwähnt und waren im 16. Jh. bereits weit verbreitet. Wegen ihrer vielfältigen Verwendung haben sie – insbesondere der robustere Echte Lavendel – schließlich kaum in einem Garten gefehlt. 1773 berichtete Gleditsch: »Beide Lavendel werden in den Gärten vor die Apotheken abwechselnd gezogen, da sie bei der Arzeney in so starkem Gebrauche sind, und den Grund und die wenige Pflege recht gut bezahlen. Die eine Pflanze ist dauerhafter gegen die Kälte, giebt etwas weniger Oel beym destillieren, und ist angenehmer vom Geruch. Die andere ist zärtlicher, nicht so angenehm und giebt etwas mehr Oel. Man braucht sonst beyderley Pflanzen zu Einfassungen in einem leichten, sandigen, frischen Boden.«

Als Arzneipflanzen wurden sie in mannigfacher Form genutzt, als Tee, Pulver, Essig, Wasser, Spiritus, Öl, Sirup, Balsam und Zucker. Man verwendete sie als mildes Beruhigungsmittel, als krampflösendes und blähungstreibendes Magenmittel, als harntreibendes Mittel und zu hautreizenden Einreibungen. Auch in

***Lavendula latifolia* Medik.** Breitblättriger Lavendel, Dodonaeus 1583

der Tierheilkunde fand der Lavendel mannigfache Verwendung. Zudem war er Bestandteil desinfizierender Räucherpulver und aromatischer Bäder und diente zur Herstellung von Parfümen und Riechflüssigkeiten. Getrocknete Blüten verwendete man für Riechkissen und Dufttöpfe, zum Parfümieren von Wäsche und als Schutzmittel gegen Motten und anderes Ungeziefer. Lavendelzweige waren auch Bestandteil der Riechsträußchen der Frauen beim Kirchgang. In der Parfümindustrie findet der Lavendel von Anfang an ausgedehnte Verwendung und wird hierfür in den Mittelmeerländern, insbesondere in Südfrankreich, in großem Umfang kultiviert. Hier wurde früher vor allem der Echte Lavendel angebaut, während man heute hauptsächlich einen seit Anfang des 19. Jhs. bekannten spontan entstandenen Bastard zwischen Echtem und Breitblättrigem Lavendel, den sogenannten Lavandin (*L. x intermedia* Emerie ex Loisel.) anbaut, der leichter zu kultivieren ist und einen höheren Ertrag an Lavendelöl als der Echte Lavendel liefert.

Daneben hat man beide Arten aber auch zur Zierde gezogen, mit ihnen pflegte man vor allem Beete und Rabatten einzufassen. Heute ist der Echte Lavendel bei uns hauptsächlich eine dekorative Zierpflanze, von der es mehrere, meist in England entwickelte teils höhere, teils niedrigere Sorten mit lavendelblauen oder blauvioletten, ja sogar weißen oder rosaroten Blüten gibt, die auch zur Bepflanzung von Dächern und Trögen dienen können. Vereinzelt ist er in besonders warmtrockenen Gebieten Deutschlands (Rheinland, Thüringen) sogar örtlich verwildert.

Von den weiteren, empfindlicheren Lavendel-Arten fand in Deutschland lediglich der **Schopf-Lavendel** (*L. stoechas* L.) eine gewisse Verwendung als Gartenpflanze. 1543 schrieb Hieronymus Bock über das »Stichaskraut«: »Bey uns zilt [zieht] manns in den Scherben [Blumentöpfen] vnd wurtzgärten/ muß wardt [Pflege] haben/ wil manns auffbringen/ dann es ein zart gewechß ist.« Gleditsch bezeichnete die Art 1773 als »ein recht gutes gewürzhaftes Arzeney- und Glashausgewächs«, das der frostfreien Überwinterung im Haus bedürfe. Heute ist der Schopf-Lavendel aus den deutschen Gärten verschwunden, von einigen Botanischen und Liebhaber-Gärten abgesehen. Von vornherein auf derartige Gärten beschränkt blieben hierzulande weitere mediterrane Lavendel-Arten wie der Gezähnte und der Vielteilige Lavendel (*L. dentata* L., *L. multifida* L.).

Lavatera trimestris L. Bechermalve

Die im Mittelmeergebiet bis Portugal heimische einjährige Bechermalve gelangte Ende des 16. Jhs. als Zierpflanze nach Westeuropa. Clusius berichtet 1601 in seinem Werk über seltene Pflanzen, er habe im Jahre 1592 ein getrocknetes Exemplar von Johannes Hogheland erhalten, und beschrieb sie als *Malva trimestris*. Unter diesem Namen war sie 1623 auch in Paris im Garten der Robins vertreten. Bauhin in Basel benannte sie im gleichen Jahre als *Malva folio vario*. Im 17. Jh. breitete sie sich dann in den Botanischen, Adels- und Liebhaber-Gärten Mitteleuropas weiter aus. Das Herbar des 1639 verstorbenen Joachim Burser belegt sie für den Garten eines Dr. Worm in Kopenhagen und für den Botanischen Garten Leiden. Ob die für den herzoglich braunschweigischen Garten zu Hessem für den Zeitraum 1607/1630 verzeichnete einjährige *Malva poetica flore amplo* zu dieser Art gehört, bleibt vorerst unklar. Unsicher ist auch, ob es sich bei der für den Garten von John Tradescant in London 1634 und 1656 genannten *Malva segetum Lusitanicum* um diese Art gehandelt hat. Unter dem Bauhinschen Namen gibt sie Elsholtz 1663 und in den folgenden Jahren für die kurfürstlichen Gärten in Berlin und Brandenburg an. Anfang des 18. Jhs. nahm der französische Botaniker Tournefort diese und verwandte Arten aus der Gattung heraus und schuf für sie die neue Gattung *Lavatera*, benannt nach dem Züricher Arzt und Naturforscher Lavater, mit dem er befreundet war. Bei Tournefort hieß unsere Art *Lavatera folio & facie althaea*. Der Gattungsname wurde 1737 bzw. 1753 von Linnaeus übernommen. Die von ihm gewählte Artbezeichnung *trimestris* geht auf Clusius zurück und bezieht sich auf die 3 Monate dauernde Blütezeit von Juli bis September.

Obwohl fortan in Deutschland bekannt und auch vielerorts vorhanden, blieb die Art hier eine relativ seltene, in manchen Gegenden kaum zu findende Sommerblume. Seit dem 1. Viertel des 18. Jhs. gab es neben der rosarot blühenden Stammform eine Form mit weißen Blüten. Erst nachdem in neuerer Zeit die Züchtung sich dieser Pflanze annahm und einige reicher- und größerblütige, z.T. tetraploide Sorten auf den Markt brachte, kam die Bechermalve in Mode und ist heute im Hochsommer in vielen Gärten zu sehen.

Leucojum L. Knotenblume

Die auch im südlichen und zentralen Mitteleuropa in Auen- und anderen feuchten und nährstoffreichen Laub-

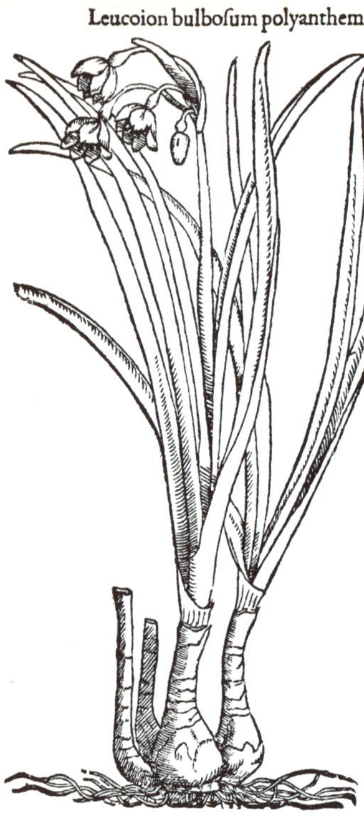

Leucojum aestivum L. Sommer-Knotenblume, Dodonaeus 1583

wäldern oft in großer Menge vorkommende **Frühlings-Knotenblume** oder Märzbecher (*L. vernum* L.) hat man bereits in früher Zeit als Zierpflanze in die Gärten geholt. Um 1410 erscheint sie auf den Gemälden »Paradiesgärtlein« und »Maria in den Erdbeeren« eines oberrheinischen Meisters. Als Gartenzierpflanze läßt sie sich im 16. und frühen 17. Jh. vor allem für solche Gebiete belegen, in denen es auch Wildvorkommen gibt, so 1561 als *Leucojum bulbosum theophrasti* im Garten Gessners in Zürich und im Garten von Aemylius in Stolberg im Harz, 1588 als *Leucoium Bulbosum hexaphyllum* im Garten von Camerarius in Nürnberg, 1594 im Garten von Laurentius Scholz in Breslau als *Narcissus VII Matthioli albo flore apiciis luteis* und 1607/30 als *Leucoium bulbosum vulgare* im herzoglich braunschweigischen Garten zu Hessem. Zwar haben sie, obwohl die Art als giftige Pflanze kaum medizinische Verwendung fand, auch alle Kräuterbuchautoren beschrieben und abgebildet, doch wird nicht immer deutlich, ob sie auch als Gartenpflanze gezogen wurde. Der 1613 erschienene Hortus Eystettensis bildet zwei subspezifische Sippen ab, und zwar unter dem Namen *Leucoium bulbosum hexaphyllon maius* eine größere Form mit 2 Blüten (subspec. *carpaticum* (Spring) O. Schwarz) und als *Leucoium bulbosum hexaphyllon minus* eine kleinere Form mit nur einer Blüte (subspec. *vernum*). Im Laufe des 17. und 18. Jhs. kam die Art in die Gärten des Norddeutschen Flachlandes, blieb dort aber selten und zumeist auf Botanische, Adels- und Liebhaber-Gärten beschränkt. So wuchs sie z.B. 1663 in den kurfürstlich brandenburgischen Gärten in Berlin und Brandenburg, 1706 im Garten der Gebrüder Lastropp in Hamburg-Eimsbüttel, 1736 im Garten des Herrn von Ziethen in Trebnitz bei Seelow, 1744 im Botanischen Garten Frankfurt/Oder und 1765 im Botanischen Garten Greifswald. Seit dem 18. Jh. trat eine gefüllte Form in Erscheinung. Im 19. Jh. fand sich die Frühlings-Knotenblume im norddeutschen Flachland dann auch in bürgerlichen und bäuerlichen Gärten, blieb dort aber, z.T. aufgrund für sie ungünstiger Standortsverhältnisse, selten. Gelegentlich kam es hier und da auch zu Verwilderungen in Grasgärten.

Die höhere, mehrblütige und erst Anfang Mai blühende **Sommer-Knotenblume** (L. *aestivum* L.) ist eine Sumpfpflanze des südlichen Europa. Nordwärts reicht ihr Verbreitungsgebiet bis in das südöstliche Mitteleuropa, wo sie auf Überschwemmungswiesen an der March (Morava) größere Bestände bildet.

Die ornamentale Art wurde seit der 2. Hälfte des 16. Jhs. auch in Mitteleuropa als Zierpflanze kultiviert. Als *Leucoium bulbosum polyanthemum* wuchs sie 1588 im Garten von Joachim Camerarius in Nürnberg und 1594 in den Gärten der Lausitzen. Im Hortus Eystettensis erscheint sie einmal unter den Bezeichnungen *Leucoium Bulbosum, serotinum,* »Grosse späte vil-blumichte Hornungs-Blumen«, dann aber auch mit etwas kleineren Blüten als *Leucoium Bulbosum minus,* »Kleine späte Hornungs-Blumen viel tragend«. Bei der letztgenannten Sippe handelt es sich offenbar um die westmediterrane Zierliche Sommer-Knotenblume *L. pulchellum* Salisbury, von vielen Autoren lediglich als Unterart oder Varietät von *L. aestivum* aufgefaßt. Bauhin nannte die Sommer-Knotenblume in seinem Pinax 1623 *Leucojum bulbosum majus sive multiflorum,* unter welchem Namen sie sich in der Folgezeit für eine ganze Reihe mitteleuropäischer Gärten belegen läßt, so Anfang des 17. Jhs. für Gärten in Basel, 1630 für den herzoglich braunschweigischen Garten zu Hessem und 1663 für die kurfürstlich brandenburgischen Gärten in und um Berlin. Wie man sieht, blieb sie auch in dieser Zeit vornehmlich eine Art Botanischer, Adels- und Liebhaber-Gärten, und auch späterhin hat sich dieses Bild kaum geändert. Unter dem Tournefortschen Namen *Narcisso-Leucojum pratense, multiflorum* finden wir sie z.B. 1736 im Garten des Herrn von Ziethen in Trebnitz bei Seelow und 1746 im Krauseschen Garten in Berlin. 1773 schrieb Gleditsch in Berlin über das »hochstengliche späte vielblütige Sommerthiergen«: »Ist eine spätere Art mit einem ein bis zwei Fuß hohen vielblütigen Stengel, der im May und noch später den Luststücken ein gutes Ansehen giebt.« 1779 war sie im Angebot der Hamburger Handelsgärtnerei Buek. Mitte des 19. Jhs. kannte man sogar eine Form mit gefüllten Blüten.

Wegen ihrer speziellen Standortansprüche hat die Art in den Gärten nie eine größere Verbreitung erlangt, obwohl sie neuerdings vom niederländischen Blumenzwiebelhandel ständig angeboten wird, insbesondere in der Sorte 'Gravety Giant'. Auf den normalen Gartenböden nur wenig dauerhaft, hat sie sich nur hier und da in Gärten mit feuchtem bis nassem Grund längerfristig halten können. Ganz vereinzelt ist es auch zu Einbürgerungen gekommen, so an einigen Punkten am Oberrhein, seit 1839 im Schloßpark Rantzau bei Barmstedt, wo sie aber infolge von Meliorationen wieder erloschen ist, im Baruther Urstromtal bei Horstwalde, am zahlreichsten aber im Spreewald, wo die Art ganz offensichtlich aus dem gegen Ende des 16. Jhs. angelegten Lustgarten am Schloß Lübbenau entwichen ist.

Liatris spicata (L.) Willd. Prachtscharte

Die in den östlichen USA auf feuchten Wiesen und an Grabenrändern heimische Prachtscharte wurde gegen Ende des 17. Jhs. in England eingeführt und von John Baptist Banister, Robert Morison und Leonhard Plukenet als Art der damaligen Gattung *Jacea* bzw. *Stoebe* beschrieben. Johann Jacob Dillenius ordnete sie in seinem 1732 erschienenen Hortus Elthamensis der Gattung *Cirsium* zu, und unter dem Namen *Cirsium tuberosum Lactucae capitulis spicatis floribus parvis, purpureo violaceis* wurde sie 1736 im Garten des Herrn von Ziethen in Trebnitz bei Seelow kultiviert. Linnaeus bezeichnete sie in seinen Species Plantarum als *Serratula spicata*, erst Willdenow wies sie der 1791 von Joseph Gaertner aufgestellten Gattung *Liatris* zu. Im Laufe des 19. Jhs. verließ die Prachtscharte das Gebiet der Botanischen und Liebhaber-Gärten und wurde, zuerst noch selten, zum Bestandteil der normalen Gärten. 1837 empfahl sie der österreichische Pfarrer Johann Theophil Zetter als Schmuckstaude, 1856 Eduard Regel als Steingartenpflanze und 1871 derselbe Autor für Teppichbeete. Die eigentliche Gartenkarriere der Prachtscharte begann jedoch erst, als seit Ende des 19. Jhs. mehr und mehr Staudenpflanzungen in Mode kamen und Gärtnereien und Zuchtbetriebe aus der Wildart durch Auslese, z.T. auch durch Einkreuzung anderer *Liatris*-Arten reicherblütige Sorten mit rötlichvioletten, violetten, karminroten oder weißen Blüten entwickelten.

Ligularia Cass. Zungenblume

Die rund ein Dutzend Arten aus der etwa 80 Arten umfassenden Gattung *Ligularia*, die sich als Zierpflanzen in Gartenkultur befinden, stammen fast alle aus Ostasien, wo sich der Verbreitungsschwerpunkt dieser Gattung befindet. Die Mehrzahl wurde im Laufe des 19. Jhs. in Japan oder China entdeckt und Ende des 19. oder Anfang des 20. Jhs. in Europa eingeführt. So wurde *L. dentata* (A. Gray) Hara 1861 von dem russischen Botaniker Carl Johann Maximowicz in Nordjapan gefunden und als *L. clivorum* beschrieben, aber erst 1901 von Ernest Henry Wilson von China nach England eingeführt. *L. hodgsonii* Hook. fil. kam 1862 nach England, *L. przewalskii* (Max.) Diels 1866 nach Frankreich, während *L. veitchiana* (Hemsl.) Greenm. und *L. wilsoniana* (Hemsl.) Greenm. erst 1905 in England eintrafen, damals, wie andere Zungenblumen auch, noch zur Gattung *Senecio* gestellt. Erst später setzte sich der heute gültige, 1816 von Alexandre Henry Gabriel Comte de Cassini (1781 - 1832) geschaffene Gattungsname *Ligularia* (zu lat. ligula, »Zünglein«) durch. Nur wenige Arten waren schon früher bekannt, so *L. sibirica* (L.) Cass., deren Areal von Ostasien über Sibirien und Osteuropa bis zu den Pyrenäen reicht. Diese Art wurde 1739 von Johann Ammann in seinem Buch über die seltenen Pflanzen des Russischen Reiches als *Jacobaeastrum cacaliefolia* und von Johann Georg Gmelin in seiner Flora Sibirica (1747 - 1769) als *Solidago foliis cordatis* beschrieben. Linnaeus nannte sie *Cineraria sibirica*, und unter diesem Namen wurde sie 1808 im Botanischen Garten Berlin und 1817 im Breiterschen Garten in Leipzig gezogen. Mitte des 19. Jhs. nennt Ernst Bergers Gartenpflanzenbuch (1855) außer dieser noch die Arten *L. kaempferi* Sieb. et Zucc. (jetzt zu *L. tussilaginea* (Burm. f.) Mak.), *L. robusta* DC. und die vom Altai bis zum Kaukasus verbreitete *L. macrophylla* (Ledeb.) DC. als Zierpflanzen. Ihre Hauptverwendung fanden die ornamentalen Blatt- und Blütenstauden in Landschaftsparken, naturnahen Gärten und in Vorgärten auf feuchten und halbschattigen Standorten; in den normalen Gärten sind sie hingegen wegen ihres platzfordernden Wuchses und ihrer besonderen Standortansprüche nur selten zu sehen. Da die Arten leicht untereinander bastardieren, handelt es sich bei vielen der heute im Angebot befindlichen Sorten um Hybriden, z.B. die 1934 in der Gärtnerei Hesse in Weener/Ems entstandene *L. x hessei* (Hesse) Bergm. (*L. dentata x L. wilsoniana*).

Ligustrum vulgare L.
Gewöhnlicher Liguster, Rainweide

Das natürliche Verbreitungsgebiet dieses zu den Ölbaumgewächsen zählenden Strauches erstreckt sich über Südeuropa und Nordafrika bis hin zum Schwarzmeergebiet und dem Kaukasus und umfaßt zudem das südliche und zentrale Mitteleuopa. Die Art wächst hier in besonnten Gebüschen an Waldrändern und Feldrainen, worauf auch der deutsche Name Rainweide hinweist, welcher zuerst 1534 bei Euricus Cordus als »Reynweyden« erscheint. Der wissenschaftliche Name *Ligustrum* tritt bereits bei römischen Schriftstellern (Vergil, Ovid, Martial) auf, er geht vielleicht auf die italienische Landschaft Ligurien zurück. Plinius, aber auch einige ältere deutsche Botaniker verwendeten den Namen *Ligustrum* allerdings für andere Pflanzen. Durch Linnaeus (1737, 1753) wurde er dann zu dem heute gültigen Namen für die Gattung, zu der außer unserem Strauch noch etwa 50 weitere Arten in Süd- und Ostasien gehören.

Der Gewöhnliche Liguster befand sich in Mitteleuropa in der 2. Hälfte des 16. Jhs. in Gartenkultur. In seinen Horti Germaniae führt ihn Gessner 1561 unter den Bezeichnungen *Ligustrum* und *Phillyrea vel Ligustrum* auf, und auch Scholz in Breslau (*Ligustrum*) und Franke in den Lausitzen (*Ligustrum, Beinhöltzen*) nennen ihn 1594 als Gartenpflanze. Im Hortus Eystettensis (1613) ist er farbig abgebildet. 1623 nannte ihn Bauhin in seinem Pinax *Ligustrum Germanicum*. Im Barockgarten gewann der schnittverträgliche Strauch zunehmende Bedeutung als Heckenpflanze. So schreibt Elsholtz in seinem Gartenbaubuch (1684) über die »Rein = Weide«: »Reinweide ist ein bekannter Strauch/ daraus die Hecke gemachet werden. Sein Laub stehet dicht zusammen/ ist zu Winterszeit abfällig/ schläget aber zeitig wieder heraus.« Neben der sommergrünen Normalform tauchte in den deutschen Gärten aber auch eine aus Südeuropa stammende Form mit mehr oder weniger wintergrünen Blättern (var. *sempervirens* Loud., var. *italicum* Mill.) auf. Ein *Ligustrum sempervirens* wird für den herzoglich braunschweigischen Garten zu Hessem für den Zeitraum 1607/1630 angegeben. In

Ligustrum vulgare L. Liguster, Matthiolus/Camerarius 1586

England wurde die italienische immergrüne Form seit 1728 eingeführt. 1779 wurden beide Sippen in der Gärtnerei Buek in Hamburg und 1785 in der von Burgsdorffschen Baumzucht in Tegel bei Berlin vermehrt und vertrieben. 1808 schrieb Willdenow über die damals auch im Botanischen Garten Berlin vorhandene Varietas *sempervirens*, sie sei von *L. vulgare* nicht verschieden, nur daß die Blätter in milderen Wintern oftmals erhalten blieben. Seit Anfang des 18. Jhs. ist in Deutschland auch eine Form mit gelbpanaschierten Blättern bekannt, die z.B. 1736 als *Ligustrum foliis e luteo variegatis* in Trebnitz bei Seelow gezogen wurde, zu ihr gesellte sich im Laufe des 18. Jhs. eine Form mit weißpanaschierten Blättern. Eine Form mit stärker abgestumpften Blättern war 1663 in der Flora marchica von Elsholtz als *Ligustrum folio obtusiore* besonders herausgestellt worden, wohl die 1817 im Breiterschen Garten in Leipzig als *latifolium* gekennzeichnete Abart. Auch im 19. Jh. wurde der Liguster überall zu Hecken angepflanzt, und obwohl ihn Bolle zur Jahrhundertwende bereits als altmodische Gartenpflanze einstufte, wird er auch heute noch in Deutschland allenthalben häufig kultiviert, und zwar überwiegend als Heckenpflanze.

In älteren Zeiten war der Liguster nicht nur Zierstrauch. Als *Lignum et Herba Ligustri* wurden Holz und Blätter der Pflanze im 16. und 17. Jh. auch medizinisch bei Mund- und Halskrankheiten gebraucht, weshalb die Pflanze auch als Mundholz bezeichnet wurde. Aus den stark riechenden Blüten stellte man noch im 18. Jh. ein beruhigendes Wasser her. Aus den (giftigen) schwarzen Beeren bereitete man einen violetten Farbstoff, der in der Malerei, zur Herstellung von Tinte und zum Färben des Rotweins verwendet wurde. Das harte und zähe Holz fand Verwendung in der Drechslerei. Die Blätter dienten stellenweise als Ziegenfutter, und die Beeren benutzten die Vogelsteller als Lockspeise.

Neben dieser heimischen Art werden hier und da, vor allem in wintermilden Gebieten, auch einige seit dem 19. Jh. aus Ostasien eingeführte Liguster-Arten als Zier- und Heckensträucher kultiviert, insbesondere der wintergrüne, aber frostempfindliche Eiblättrige Liguster (*L. ovaeifolium* Hassk.) aus Japan.

Lilium L. Lilie

Mit rd. 100 Arten ist die Gattung *Lilium* in den gemäßigten Zonen der gesamten nördlichen Erdhalbkugel verbreitet, von ihnen kommen in Europa einschließlich des Kaukasusgebietes etwa 20 Arten vor. Von diesen befinden sich einige seit langem in Gartenkultur, die im östlichen Mittelmeergebiet heimische **Weiße Lilie** (*L. candidum* L.) wird sogar als älteste Zierpflanze der Welt angesehen.

Das natürliche Verbreitungsgebiet dieser Art erstreckt sich von Nordgriechenland über Kleinasien und den Vorderen Orient ostwärts bis Afghanistan. In diesem Raum war sie bereits in urgeschichtlicher Zeit gut bekannt und wurde vermutlich auch schon als Gartenpflanze gezogen. Es liegt eine ganze Reihe von Ausgrabungsbefunden vor. Eine in Knossos auf Kreta ausgegrabene Vase aus der Schlußphase der mittelminoischen Zeit (etwa 1600 v. Chr.) ist mit recht naturalistischen Abbildungen blühender Lilienpflanzen verziert. Eine weitere bildliche Darstellung wurde an den Wänden eines etwa um 1500 v. Chr. durch einen Vulkanausbruch verschütteten Gebäudes auf der griechischen Insel Santorin gefunden. Auch in dem um 700 v. Chr. entstandenen Königspalast von Ninive am oberen Tigris in Assyrien (heute Irak) stieß man auf ein Wandbild dieser Lilien-Art. Auf Tonplatten aus Assyrien ist ein Garten dargestellt, in dem zwischen Bäumen Gruppen von Lilien wachsen, teils in Knospe, teils in voller Blüte (Britisches Museum, London). Reste von Lilienzwiebeln entdeckte man in einem ägyptischen Mumiensarg. Aus spätägyptischer Zeit (etwa 500 – 400 v. Chr.) stammt ein heute im Louvre in Paris aufbewahrtes Relief, das ein Lilienbeet darstellt, auf dem Frauen Lilien pflücken. Botaniker, so auch David Darom, halten es für möglich, daß mit der in der lateinischen Bibel (Vulgata) genannten »Lilie im Tale« (Hohelied Salomos 2,1) bzw. den »Lilien auf dem Felde« (Matthäus 6,28) die Weiße Lilie gemeint ist, von der es auch auf den Küstengebirgen Palästinas bis heute Wildvorkommen gibt, wenn auch seltener als früher. Ihr hebräischer Name shushan wurde zum Frauennamen Susanne.

Im klassischen Altertum wurde die Weiße Lilie schon vielfach kultiviert. Die Griechen nannten sie *leirion*, welcher Name einer alten Sprache des östlichen Mittelmeergebietes entstammt, vermutlich dem Ägyptischen. Die Römer übernahmen zusammen mit der Pflanze auch deren Namen, und zwar als *Lilium* (*»Candidum lilium«* Vergil, Columella; *»album lilium«* Plinius). Auch bei ihnen war sie eine geschätzte Gartenpflanze und wird von vielen römischen Dichtern und Schriftstellern erwähnt. So gibt Varro in seiner Schrift De re rustica eine Anweisung, wann ein Lilienbeet (lilietum) anzulegen sei, Plinius schildert in seiner Naturgeschichte den Eindruck, den die Weiße Lilie zwischen Rosen hervorbringt, Columella empfiehlt sie in seinen Büchern über die Landwirtschaft als Bienenpflanze. Aller Wahrscheinlichkeit nach kam sie durch die Römer in die damals zum Römischen Reiche gehörenden Gebiete West- und Mitteleuropas nördlich der Alpen; hierfür spricht auch der aus dem Lateinischen entlehnte deutsche Name Lilie. Damals war die Weiße Lilie nicht nur Zierpflanze, sondern

Lilium candidum L. Weiße Lilie, Brunfels 1532

wurde auch medizinisch genutzt. In seiner Materia medica beschreibt der römische Militärarzt Dioskurides eingehend die Anwendungsmöglichkeiten. Eine Liliensalbe, Lirinum oder Susinum genannt, sollte die Sehnen geschmeidig machen und Verhärtungen der Gebärmutter heilen. Präparate aus Lilienblättern verwendete man zur Wundbehandlung, Liliensaft zur Heilung von Brandwunden. Pulverisierte Lilien wurden zu Salben verarbeitet, welche u.a. zur Narbenpflege und zur Behandlung von Hühneraugen, aber auch für kosmetische Zwecke eingesetzt wurden, wobei die beste Liliensalbe damals aus Phönizien und Ägypten kam. Ein Lilienabsud wurde als Gegenmittel bei Schlangenbissen empfohlen. Da die Heilmittelkunde des Dioskurides über Jahrhunderte hinweg als grundlegend angesehen wurde, finden sich die meisten seiner Empfehlungen in den Kräuterbüchern des 16. und 17. Jhs. wieder. Die Weiße Lilie galt somit auch hierzulande lange als Heilpflanze, zuletzt allerdings nur noch im volksmedizinischen Bereich. Die im Jahre 1790 in Züllichau erschienene Gartenökonomie für Frauenzimmer gibt Rezepte zur Anfertigung von »Lilien = Oel« und von »Lilien = Pulver«, ersteres galt als »ein sehr gutes Heilungsmittel für allen Brandschaden«, letzteres diente als Wundpuder für Kleinkinder. Noch in der Gegenwart wird aus ihren Blüten ein ätherisches Öl für die Parfümindustrie gewonnen und die Pflanze dazu in Südeuropa und Mittelasien stellenweise feldmäßig angebaut.

Darüber hinaus spielte die Weiße Lilie eine bedeutende Rolle in Mythologie und Symbolik. Die griechischen Mythen schreiben ihre Entstehung dem Götterhimmel zu: Als die Göttin Hera den kleinen Herakles säugte, floß ein Teil ihrer Muttermilch über das Himmelsgewölbe und ließ die Milchstraße entstehen, aus den zur Erde gefallenen Tropfen aber erwuchsen die ersten Lilien. Der Liebesgöttin Aphrodite jedoch waren die marmorgleichen Blüten wegen ihrer blassen Reinheit verhaßt, sie setzte ihnen daher zum Trotz das männliche Glied des Esels als gelben Stempel ein.

Im Altertum galt die Weiße Lilie als Symbol der Schönheit, oft auch von

Fruchtbarkeit und Reichtum. Im Christentum wurde sie zum Sinnbild für geistliche Reinheit und Unschuld, für Heiligkeit und Auferstehung. Als Attribut der Gottesmutter Maria (»Madonnen-Lilie«) erscheint sie auf zahlreichen mittelalterlichen Gemälden und in vielen mittelalterlichen Dichtungen; als Zeichen der Vergänglichkeit und Auferstehung pflegte man sie gerne auf Gräber zu pflanzen, wovon auch das Volkslied Drei Lilien, drei Lilien, die pflanzt ich auf ein Grab ... kündet.

Bereits im frühen Mittelalter war die Weiße Lilie in Mitteleuropa bekannt und wurde als Zier- und Heilpflanze angebaut, wahrscheinlich zuerst in den Gärten der Klöster und des Adels. Als *Lilium* erscheint sie um 800 im Capitulare de villis Karls des Großen, der Reichenauer Mönch und spätere Abt Walahfried Strabo rühmt in seinem Gartengedicht Hortulus ihre blendende Weiße und ihren Wohlgeruch. Die Äbtissin Hildegard von Bingen schildert in ihrer Physica vor allem ihre Heilwirkungen. Eine eingehende Beschreibung der Weißen Lilie findet sich dann im Pflanzenbuch von Albertus Magnus. Im Buch der Natur von Konrad von Megenberg wird sie Lilig genannt, im 16. Jh. hieß sie dann Gilge. In der 1. Hälfte des 16. Jhs. war sie in Deutschland weit verbreitet. »Die weissen Gilgen seind allenthalben gemein/vnd werden fast in allen Gärten gepflantzt«, heißt es z.B. 1543 im Kräuterbuch von Leonhart Fuchs. Bis zur Gegenwart blieb die Art hierzulande eine häufige und geschätzte Gartenblume. Da sie bei uns meist keinen Samen ansetzt, entweder aus klimatischen Gründen oder weil die hiesigen Pflanzen einem selbststerilen, lediglich auf vegetativem Wege vermehrbaren Klon angehören, hat sie sich ihre ursprüngliche Gestalt bis heute weitgehend bewahrt, Abänderungen blieben selten. Im Hortus Eystettensis wird 1613 neben der Normalform eine besonders große, wohl verbänderte monströse Form unter dem Namen *Sultan Zambach Martagon flore albo* abgebildet. Diese Form hatte bereits Clusius während seiner Wiener Zeit (1573–1588) aus der Türkei erhalten und unter dem Namen *Sultan Zambach* in seinem 1601 erschienenen Pflanzenwerk beschrieben. Eine andere monströse Form, bei der sich der Blütenstand in einer langen weißen Blätterähre fortsetzt, wird 1855 im Gartenpflanzenbuch von Ernst Berger als var. *monstrosa* aufgeführt. Dieselbe Quelle gibt ferner eine var. *purpureo-striato* mit außen purpurn gestreiften Blüten an. Eine Form mit gefüllten Blüten, vielleicht zuerst in Frankreich entstanden, erscheint 1663 als *Lilium album flore pleno spicato*, »Weisse Lilie mit gefülten Blumen« in der Flora Marchica von Elsholtz und wird auch später wiederholt als Gartenpflanze erwähnt. In seinem Gartenbaubuch (1684) heißt es darüber: »Dis Gewächse ist bißher nicht sehr bekand/ und ist sonderlich daran zu verwundern die Menge der Blumen = blätter/welche so dicht beysammen stehet/daß die gantz obersten an der Spitze kaum zum auffblühen kommen/sondern geschlossen bleiben.« Seit dem 18. Jh. treten Formen mit verschiedenartig gelb- oder weißpanaschierten Blättern in Erscheinung. Eine Zufallshybride zwischen der Weißen Lilie und der aus Griechenland stammenden *L. chalcedonicum* L., die Isabell- oder Nanking-Lilie (*L. x testaceum*

Lilium purpureum tertium.

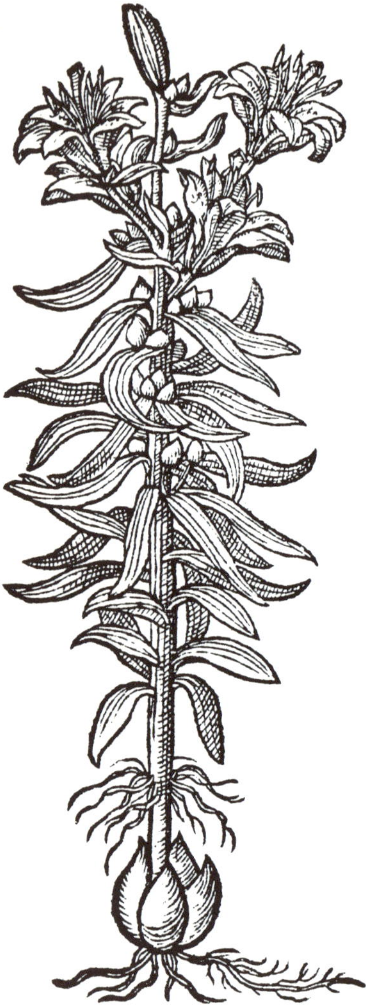

Lilium bulbiferum* L. subsp. *bulbiferum
Feuer-Lilie, Dodonaeus 1583

Lindl.) mit gelben, etwas zum Bräunlichen tendierenden Blüten wurde 1836 in der Gärtnerei Haage in Erfurt in einer Lilienzwiebelsendung aus Holland gefunden. Zu einer züchterischen Weiterentwicklung der Weißen Lilie und zu weiteren Kreuzungen kam es jedoch erst in neuerer Zeit, als man während des 1. Weltkrieges in Griechenland eine samenansetzende Wildsippe (var. *salonikae*) entdeckte und später in Frankreich und in Italien samenausbildende Populationen auffand; jedoch sind derartige verbesserte Sorten und Hybriden bislang wenig verbreitet. Gegen Ende des 19. Jhs. ging die Häufigkeit der Weißen Lilie in den deutschen Gärten zurück. Ein Grund hierfür war die zunehmende Konkurrenz der neu eingeführten Lilien. Nach Carl Bolle gehörte sie um 1900 zu den altmodischen Blumen - doch wurde sie damals auch durch »eine eigentümliche Krankheit [wohl eine Virose] an Zahl verringert«. Dennoch blieb sie, wie Bolle voraussagte, »durch Aroma und Anmut noch heute den Gärten gesichert«.

Die in höheren Gebirgen Mitteleuropas und des nördlichen Südeuropa (östliche Pyrenäen, Seealpen, Korsika, Apennin, Slowenien, Kroatien) auf Bergwiesen wachsende **Feuer-Lilie** (*L. bulbiferum* L.) ist ihrer attraktiven Blüten wegen in ihren Heimatgebieten frühzeitig in die Gärten geholt worden und hat sich von dort aus nach und nach auch über die Gärten außerhalb ihres natürlichen Areals verbreitet. Es gibt zwei Unterarten, die subsp. *bulbiferum* mit orangegelben Blüten und grünlichen Brutzwiebelchen in den Blattachseln und die in den Westalpen heimische subsp. *croceum* (Chaix) Bak. ohne Brutzwiebelchen und mit orangeroten, schwarzgetüpfelten Blüten. Im 16. Jh. war die Feuer-Lilie als Zierpflanze vielerorts vorhanden. So schreibt Brunfels 1532 über die »ander Goltwurtz/oder Goltgilg genannt ... oder Rotgilgen«: »zu Straßburg haben die frawen solich in den Gärten für ein wolust«, und 1543 heißt es bei Leonhart Fuchs: »Die Goldtgilgen/oder roten Gilgen seind so gemein an allen orten als die weissen. Doch an vielen orten in vnserm Teutschland/als zu Straßburg/werden sie für eine zier in Gärten gehalten.« Gessner (1561) und nach ihm weitere Autoren unterscheiden die beiden Unterarten, die subsp. *bulbiferum* heißt bei ihm *Lilium rubrum* und *Hemerocallis vera*, die subspec. *croceum Lilium rubrum alterum*. Beide waren 1597 auch in England vorhanden. Der 1613 erschienene Hortus Eystettensis bildet darüber hinaus eine Form mit gefüllten Blüten sowie, unter dem Namen *Lilium cruentum polyanthos*, eine verbänderte vielblütige Form ab. Letztere war zu dieser Zeit unter demselben Namen im herzoglich braunschweigischen Garten zu Hessem vorhanden. Im 18. Jh. tritt eine Form mit gelbpanaschierten Blättern in Erscheinung. 1817 gab es im Breiterschen Garten in Leipzig 6 verschiedene Formen. Wegen ihrer Anspruchslosigkeit und Langlebigkeit wurde die Feuer-Lilie in Deutschland schließlich zu einer der häufigsten Zierpflanzen und galt insbesondere auch als typische Pflanze der Bauerngärten. 1864 schrieb Ascherson für Brandenburg, sie sei »bei uns überall als Zierpflanze in Gärten« und hier und da auch zahlreich auf Äckern verwildert, wo sie aber nur spärlich zur Blüte gelange. So beliebt die Feuer-Lilie damals auch war, manche Personen konnten sie ihres Geruches wegen nicht ausstehen. So läßt Theodor Fontane in seinem Roman Stine den alten Grafen von Haldern sagen: »Ein mir unerträglicher Geruch, halb Kirchhof, halb Pfarrgarten. Und von beiden halt ich nicht viel.« Um 1900 rechnete sie Carl Bolle zu den altmodischen Blumen. Heute ist die Feuer-Lilie in unseren Gärten offensichtlich nicht mehr so häufig wie früher.

Die **Türkenbund-Lilie** (*L. martagon* L.) mit herabhängenden, meist hell- bis dunkelweinroten Blüten, deren Perigonblätter zurückgebogen sind, besitzt ein ausgedehntes Verbreitungsgebiet, das sich von Südwesteuropa innerhalb der gemäßigten Zonen ostwärts bis Ostsibirien erstreckt. Die in Mitteleuropa vor allem in kalkreichen Mittelgebirgen vorkommende, sonst aber seltene und streckenweise fehlende Art wurde in Deutschland im 16. Jh. in Gärten gezogen, wenn auch weniger häufig als die beiden vorgenannten. Gessner verzeichnet sie in seinen Horti Germaniae 1561 unter dem Namen *Lilium purpureum foeminum*. Wegen ihrer gelben Zwiebeln, die bis in das 17. Jh. hinein als »Radix Martagi« medizinisch verwendet wurden, nannte man die Pflanze damals zu deutsch Goldwurtzel bzw. Goldwurtz. Als *Martagon sive Lilium sylvestre*; Goldwurtz wird sie z.B. im zwischen 1576 und 1590 entstandenen sogenannten Camerarius-Florilegium abgebildet.

Während sie 1594 der Breslauer Arzt Laurentius Scholz in seinem Garten hatte, registrierte sie sein Kollege Johannes Franke im gleichen Jahre für die Lausitzen nur als Wildpflanze. Ab dem 17. Jh. war die Türkenbund-Lilie dann häufiger in Gärten zu finden. Der 1613 erschienene Hortus Eystettensis enthält Abbildungen von 3 Formen mit weinroten Blüten, darunter unter der Bezeichnung *Martagon Imperiale Moschatum* eine monströse Form mit einem außerordentlich vielblütigen Blütenstand, sowie 4 Formen mit verschiedenen getüpfelten und ungetüpfelten weißen Blüten. Diese sowie eine Form mit gefüllten Blüten werden dann auch in Gartenkatalogen des 17. und 18. Jhs. verzeichnet, z.B. 1746 im Verzeichnis des Krauseschen Gartens in Berlin, das 6 verschiedene Formen enthält. 1773 schrieb Gleditsch, der »wilde türkische Bund« werde in den Gärten sehr verbessert, und führt an Formen »eine glatte und eine etwas wollige, eine hohe vielblütige, eine weiße mit und ohne schwarze Flecken« und solche »mit roten oder weißen gefüllten Blüten« an. Die Zwiebel der Türkenbund-Lilie war unter dem Namen Goldwurzel in Apotheken vorhanden. »Die gemeinen Leute hangen diese Wurzel denen Kindern um den Hals, und glauben, daß dadurch das schwere Zahnen erleichtert werden könne«, berichtete Johann Gottlob Gleditsch 1769. Auch im Berliner Botanischen Garten gab es 1808 von *Lilium martagon* zahlreiche Formen (»Plures varietates in horto sunt«), und 1817 listet der Katalog des Breiterschen Gartens in Leipzig 7 verschiedene Formen auf, darunter eine mit panaschierten Blättern. Später ließ das Interesse an dieser Lilien-Art nach, sie ist heute mit ihren Formen hauptsächlich in Botanischen und Liebhaber-Gärten zu sehen.

Ende des 16. Jhs. gelangten 3 weitere europäische Wildlilien aus der Türkenbund-Gruppe in Gartenkultur, sie sind aber hierzulande über Botanische, Adels- und Liebhaber-Gärten kaum hinausgelangt. Aus türkischen Gärten kam die **Scharlach-Lilie** (*L. chalcedonicum* L.) nach Mitteleuropa. Die Artbezeichnung verweist auf die antike Stadt Chalcedon in Bithynien und die umliegende kleinasiatische Landschaft östlich des heutigen Istanbul; die eigentliche Heimat dieser Art ist jedoch das nördliche Griechenland. Der flämische Botaniker Matthias Lobelius beschrieb sie 1581 als *Hemerocallis Chalcedonica*, der damals in Wien tätige Carolus Clusius nannte sie 1583 in seinem Buch über seltene Pflanzen Österreichs und Ungarns *Lilium rubrum Constantinopolitanum*. Der Nürnberger Stadtarzt Joachim Camerarius, der sie bald schon in seinem Garten kultivierte, gibt 1588 an, daß sie bei den Türken Zufinae genannt werde, und daß die Venetianer sie unter dem Namen Menocali geschickt hätten. Ende des 16. Jhs. war die Scharlach-Lilie durch eine Blumenzwiebelsendung des englischen Botschafters Harbron in Konstantinopel, die aus der Umgebung dieser Stadt stammte, auch nach England eingeführt worden, wie John Gerard 1597 in seinem Herball berichtet. 30 Jahre später war sie laut John Parkinson in England überall häufig und allen Liebhabern gut bekannt.

Auch in Deutschland war die Scharlach-Lilie damals und auch späterhin in Gärten zu finden, so z.B. im Eichstätter Garten, dessen Katalog 1613 sie an zwei Stellen farbig abbildet, einmal (88 II) unter dem Namen *Lilium Bycantinum flore multiplici* und zum anderen (186 I) eine besonders reichblütige Form unter der Bezeichnung *Hemerocallis Calcedonica polyanthos*. Die unterschiedlichen Namen für dieselbe Art dürften auf verschiedene Bezugsquellen zurückgehen.

Die ähnliche, aber schmalere Blätter aufweisende **Turban-Lilie** (*L. pomponium* L.) aus den französischen Seealpen wurde zuerst in Frankreich kultiviert, von wo aus sie um 1590 nach den Niederlanden kam. Clusius, seit 1593 in Leiden, beschrieb sie 1601 in seinem Werk über seltene Pflanzen als *Lilium rubrum praecox*. In Deutschland war die Art 1613 im fürstbischöflichen Garten zu Eichstätt vertreten und wuchs seit 1607/1630 auch im herzoglich braunschweigischen Garten zu Hessem, dort unter den Bezeichnungen *Martagon sive Lilium rubrum praecox* und *Martagon Pomponeum*. In dieser Zeit gelangte sie auch nach England, wo sie 1629 von Parkinson und 1634 von John Tradescant verzeichnet wird. Obwohl auch späterhin noch verschiedentlich als Gartenpflanze aufgeführt, z.B. 1746 für den Krauseschen Garten in Berlin, 1817 für den Breiterschen Garten in Leipzig, 1824 für den Buekschen Garten in Frankfurt/Oder, blieb sie in Deutschland stets eine rare Liebhaberpflanze. Ebenfalls hierzulande immer eine Seltenheit in den Gärten war die gelbblühende **Pyrenäen-Lilie** (*L. pyrenaicum* Gouan). Auch sie kam zuerst in Frankreich in Gartenkultur, 1598 wurde sie bereits in Paris gezogen. In Deutschland wuchs sie vielleicht zuerst im Eichstätter Garten, in dessen Abbildungswerk (1613) zwei Formen (mit punktierten und mit unpunktierten gelben Blüten) des *Lilium montanum flore luteo* erscheinen. Als *Martagon flore luteo* war sie 1607/1630 auch im herzoglich braunschweigischen Garten zu Hessem vorhanden, 1663 unter dem Bauhinschen Namen *Lilium floribus reflexis flavum angustifolium* in den kurfürstlich brandenburgischen Gärten in und um Berlin. In Großbritannien wurde sie zuerst von John Parkinson (1629) gezogen, dort ist sie inzwischen lokal (im Gebiet von Inverness, Schottland) verwildert.

Von den etwa 25 in Nordamerika beheimateten Lilien kam als erste die dort weitverbreitete **Kanadische Lilie** (*L. canadense* L.) nach Europa, sie wurde um 1620 aus den damaligen französischen Kolonien nach Paris eingeführt. 1623 wuchs sie unter den Namen *Martagon seu Lilium Sylvestre Americanum Luteo punctato* bzw. – *Phoeniceo punctato* im Garten von Jean und Vespasian Robin in Paris. Ihr folgten im 18. Jh. *L. philadelphicum* L. und *L. superbum* L., welche der englische Pflanzensammler John Bartram 1737 nach London schickte. Diese wie auch die weiteren amerikanischen Lilien fanden aufgrund ihrer speziellen Standortansprüche in mitteleuropäischen Gärten keine allgemeine Verbreitung und blieben seltene Arten von Botanischen und Liebhaber-Gärten.

Das Häufigkeitszentrum der Gattung *Lilium* befindet sich in Ostasien einschließlich des Himalayagebietes. Dort kommen mehr als 60 Arten vor, von denen einige auch in Mitteleuropa zu mehr oder weniger häufigen Gartenpflanzen wurden. 1712 beschrieb Engelbert Kaempfer in seinen Amoenitates exoticae unter ihrem japanischen Namen Jammi Juri die **Tiger-Lilie** (*L. lancifolium* Thunb. = *L. tigrinum* Ker-Gawl.), die in Japan und China wegen ihrer eßbaren Zwiebeln als Gemüsepflanze angebaut wird. 1804 wurde sie durch den englischen Gärtner und Pflanzensammler

William Kerr von Kanton in China aus an den Botanischen Garten in Kew/London geschickt. Von dort verbreitete sie sich auch nach Deutschland. 1817 läßt sie sich im Breiterschen Garten in Leipzig, 1821 im Berliner Botanischen Garten und 1824 im Garten des Apothekers Johann Nikolaus Buek in Frankfurt/Oder nachweisen. Der mecklenburgische Pfarrer Wredow führt die Art in der 1818 erschienenen 1. Auflage seines Gartenfreundes noch nicht auf, wohingegen sie sein österreichischer Amtskollege Johann Theophil Zetter in seinem 1837 in Leipzig erschienenen Staudenbuch als »außerordentlich schön« lobt und bemerkt, daß sie bei ihm ohne alle Bedeckung fortkäme. Jedoch noch 1852 heißt es im 1. Jahrgang der Gartenflora: »Diese *Lilium lancifolium* sind noch nicht so verbreitet, als sie es ihrer Schönheit wegen verdienen.« Inzwischen aber ist die wüchsige Art zu der häufigsten ostasiatischen Lilie unserer Gärten geworden.

Die **Henry-Lilie** (*L. henryi* Bak.) wurde von dem irischen Botaniker Augustine Henry (1857 –1930) in Zentralchina entdeckt. 1889 sandte er Zwiebeln davon nach Kew/London, von wo aus die Art weiter verbreitet und auch sehr viel zu Kreuzungen verwendet wurde. Im Westen der chinesischen Provinz Szetschuan sammelte der französische Missionar Amand David 1869 Zwiebeln einer anderen Lilien-Art, die er nach Paris schickte. Dort wurde sie 1877 von dem Botaniker Pierre Étienne Simon Duchartre wissenschaftlich beschrieben und nach ihrem Entdecker *L. davidii* benannt. Im Deutschen wird sie als **Chinesischer Türkenbund** bezeichnet. Seit 1938 gehört zu dieser Art als Varietät auch die 1868 von Augustine Henry und Père Farges entdeckte und später, nachdem der englische Gärtner, Botaniker und Pflanzensammler Ernest Henry Wilson Anfang des 20. Jhs. Samen an Ellen Willmott in England gesandt hatte, von diesem als *L. wilmottiae* beschriebene Sippe. In der gleichen Gegend fand Wilson 1903 im Tal des Flusses Min in etwa 1600 m Höhe die **Königs-Lilie** (*L. regale* Wilson). Auf einer weiteren Reise 1910 sammelte er 6000 - 7000 Zwiebeln dieser Art, die hauptsächlich nach England gelangten und von dort aus weiter verbreitet wurden. Beim Sammeln dieser Lilienzwiebeln zog sich Wilson durch einen Bergrutsch einen komplizierten Beinbruch zu und erreichte nur mit großer Mühe und viel Glück wieder seine Heimat. Die **Pracht-Lilie** (*L. speciosum* Thunb.) wurde 1794 von dem schwedischen Botaniker Thunberg beschrieben, kam aber erst 1829 durch Siebold nach Europa. Sie wird hierzulande, wie einige weitere ostasiatische Lilien (*L. longiflorum* Thunb., *L. formosanum* (Bak.) Wallace), hauptsächlich von Gartenbaubetrieben unter Glas als Schnittblume angebaut.

Die Züchtung neuer Liliensorten durch systematische Kreuzungen zwischen den einzelnen Wildsippen setzte Ende des 19. Jhs. ein, und zwar zuerst in England. Zuvor gab es nur vereinzelte Zufallshybriden, wie z.B. *L. x testaceum* (s. o.). Im 20. Jh. wurde die Lilienzüchtung vielfach unter Zuhilfenahme moderner Zuchtmethoden auch in verschiedenen anderen Ländern aufgenommen. Der Schwerpunkt liegt dabei in den USA, wo u.a. der Niederländer Jan de Graaff in seinem 1934 gegründeten Zuchtbetrieb in Gresham, Oregon, eine Vielzahl neuartiger Sorten und Sortengruppen entwickelte. Heute unterscheidet man bei diesen Hybrid-Lilien 8 Abteilungen (Zuchtkreise): 1. Asiatische Hybriden 2. Türkenbund-Hybriden 3. Candidum-Hybriden 4. Amerikanische Hybriden 5. Longiflorum-Hybriden 6. Trompeten-Hybriden 7. Orientalische (Japanische) Hybriden 8. Hybriden verschiedener Abstammung. Vom Blumenzwiebelhandel und -versand angeboten, haben derartige »neue Lilien« auch vielerorts Einzug in die Gärten Mitteleuropas gehalten, sind aber nicht immer und überall besonders ausdauernd und langlebig; viele sind nur bei Lilienliebhabern zu finden.

Limonium Mill. *(Statice* L.*)* Statice, Widerstoß, Strandflieder

Die etwa 200 Arten dieser Gattung der Bleiwurzgewächse sind Stauden und ein- oder zweijährige Pflanzen der Meeresstrände und Salzsteppen, einige davon werden in den Gärten als Zierpflanzen für Trockensträuße gezogen. Die häufigste Art ist die im Mittelmeergebiet, in Südportugal und in Nordafrika heimische **Gebuchtete Statice** (*L. sinuatum* (L.) Mill. mit blauem Kelchsaum und gelben Kronblättern. Sie wurde von dem Augsburger Arzt Leonhart Rauwolf, der als einer der ersten von 1573 bis 1576 eine botanische Forschungsreise in den Vorderen Orient unternahm, am Strand in der Nähe des Hafens von Jaffa (heute Tel Aviv-Yafo, Israel) entdeckt und in seinem 1583 veröffentlichten Reisebericht als

Limonium sinuatum **(L.) Mill.** Gebuchtete Statice, Clusius 1611

»Ein schön geschlecht Limonij« bezeichnet und abgebildet. Wenig später fand auch der Niederländer Dr. Augerius Clutius (Outger Cluyt) die Pflanze in Bötien (Südspanien), als er, von einer Reise nach Numidien zurückkehrend, im Hafen von Malaga gelandet war. Er sammelte hiervon Samen und brachte diesen mit nach Amsterdam, wo er ausgesät wurde. Eine blühende Pflanze dieser Aussaat gelangte an den damals in Leiden tätigen Clusius. Bald schon wurde sie auch im Botanischen Garten in Leiden gezogen, wo sie den ganzen August und September über in Blüte stand. Clusius erkannte die Übereinstimmung mit der von Rauwolf bei Jaffa beobachteten Art und nannte sie daher *Limonium Rauwolfianum, seu peregrinum.* Seine Beschreibung, die eine Abbildung der Pflanze enthält, erschien jedoch erst zwei Jahre nach seinem Tode in seinen 1611 veröffentlichten hinterlassenen Schriften (Curae posteriores). Nunmehr kam die Art auch in die Gärten Mitteleuropas. 1613 bildete sie der Hortus Eystettensis unter der Bezeichnung *Limonium Syriacum* farbig ab, 1623 nannte sie der Baseler Botaniker Caspar Bauhin in seinem Pinax *Limonium peregrinum foliis Asplenii.* Unter diesem Namen enthält das Herbar des Bauhin-Schülers Joachim Burser zwei Belege aus südeuropäischen Gärten, nämlich aus dem großherzoglichen Garten in Florenz und aus dem königlichen Garten in Montpellier.

1629 wuchs die Art nach John Parkinson unter dem Namen *Limonium Rauwolfii* auch schon in England. Wie Parkinson berichtet, war ihm die Pflanze bereits viele Jahre, bevor sie in Malaga oder von Guillaume Boel in Cales (Campanien) gefunden wurde, aus Italien zugesandt worden. In Deutschland kam sie im Zeitraum zwischen 1630 und 1651 als *Limonium Syriacum* in den herzoglich braunschweigischen Garten zu Hessem, 1663 führte sie die Flora Marchica unter dem Bauhinschen Namen für die kurfürstlich brandenburgischen Gärten in Berlin und Brandenburg auf, und 1689/91 war sie (nach Schube 1911) auch in Schlesien (Liegnitz) vorhanden. Jedoch war diese Strandflieder-Art im 18. Jh. noch keineswegs allgemein verbreitet, ihre Vorkommen beschränkten sich auf einige Botanische und Liebhaber-Gärten. Im Berliner Botanischen Garten war sie 1746 und 1808 noch nicht präsent, erst 1812 wird sie verzeichnet. In der Biedermeierzeit nahm das Interesse an dieser Art zu, so daß sie in der Mitte des 19. Jhs. in vielen Gärten vorhanden war. Seitdem entstanden durch Auslese, z.T. aber auch durch Kreuzungen verschiedene Farbsorten mit hell- und dunkelblauen sowie mit rosa und weißen Blüten.

Eine farbliche Ergänzung hierzu bilden die gelben Blüten des spanisch-nordafrikanischen *L. bonduelli* (Lestib.) O. Kuntze; diese Art kam als Zierpflanze 1855 nach Frankreich und 1859 nach Deutschland. Das hier ebenfalls als Sommerannuelle gezogene *L. suworowii* (Regel) O. Kuntze aus Westturkestan mit langen lilarosa Blütenähren wurde 1881 in Deutschland eingeführt.

Von den ausdauernden Arten wird als Gartenpflanze heute am häufigsten der **Tatarische Strandflieder** (*L. tataricum* (L.) Mill. = *Goniolimon tataricum* (L.) Boiss.) mit weißem Kelch und rosa Blütenkrone gezogen, dessen Verbreitungsgebiet sich von Nordafrika und Südosteuropa über Westasien bis Mittelrußland erstreckt. Anfang des 18. Jhs. entdeckte ihn der französische Botaniker Tournefort auf seiner Orientreise und beschrieb ihn 1703 als *Limonium orientale plantagini folio, floribus umbellatis.* 1727 wird er unter dem genannten Namen für den Botanischen Garten Leiden verzeichnet und abgebildet. In Deutschland erscheint er 1736 im Garten des Herrn von Ziethen in Trebnitz bei Seelow. Seitdem war der Tatarische Strandflieder hierzulande eine, wenn auch seltene, Gartenpflanze. Seit Ende des 19. Jhs. entstand durch Kreuzungen mit anderen staudigen *Limonium*-Arten eine Reihe von Hybridsorten mit weißlichen, rosaweißen, lila bis dunkelroten, auch blauvioletten und grauen Blüten, die vor allem von Gartenbaubetrieben im Großen zur Herstellung von Kränzen angebaut werden.

Der heutige Gattungsname *Limonium* geht auf eine von Dioskurides beschriebene Pflanze *leimonion* zurück, die auf Wiesen (gr. leimón) wuchs. Ob damit wirklich unsere Gattung gemeint ist, bleibt sehr zweifelhaft. Linnaeus stellte sie 1753 zur Gattung *Statice*. Auch dieser Name beruht letztlich auf einer von Dioskurides genannten Pflanze. Bei ihm erscheint ein zusammenziehendes Heilkraut *statike*, das jedoch nicht genau zu deuten ist.

LUGDUNO-BATAVUS

CAMPANULA MINOR AFRICANA, ERINI FACIE, FLORE VIOLACEO, CAULICULIS ERECTIS.

Lobelia erinus **L.** Männertreu, Hermann 1687

Lobelia L. Lobelie

Der französische Pater und Erforscher der karibischen Pflanzenwelt Charles Plumier benannte 1703 die Gattung nach dem flämischen Botaniker Matthias Lobelius, welcher Name dann von Linnaeus übernommen wurde. Sie umfaßt gegen 300 in vielen gemäßigten und wärmeren Gebieten der Erde vorkommende Arten.

Von den zahlreichen nordamerikanischen Lobelien kamen die rotblühende **Kardinals-Lobelie** (*L. cardinalis* L.) und die blaublühende *L. siphylitica* L. im 17. Jh. nach Europa, sie werden in Deutschland noch heute hier und da als mehr oder weniger seltene Zierpflanzen gezogen. Die erstgenannte, zuerst von Kanada nach Frankreich gekommene und dort in Paris im Garten von Jean und Vespasian Robin 1623 als *Trachelium Americanum, flore rubro, seu Cardinalis planta* verzeichnete Art war vom italienischen Botaniker Fabio Colonna (Columna) 1616 dem Kardinal Barberini gewidmet worden, wodurch ihr heutiger Name entstand. Als *Flos Cardinalis, Trachelium Americanum* gelangte sie zwischen 1630 und 1651 in den herzoglich braunschweigischen Garten zu Hessem, als »Cardinal = Blume« blühte sie um 1660 im Berliner

Lustgarten, dort als »newer Einkömmling aus America« charakterisiert. Aus Kreuzungen zwischen dieser Art und den Anfang des 19. Jhs. von Alexander von Humboldt und Aimé Goujaud Bonpland eingeführten *L. splendens* Willd. und *L. fulgens* Willd., beide 1808 bereits im Botanischen Garten Berlin kultiviert, entstanden Ende des 19. Jhs. die sogenannten Lobelia-Hybriden, die aber, ebenso wie *L. cardinalis* selbst, in Deutschland kaum winterhart sind und frostfrei durchwintert werden müssen.

Häufiger und bekannter ist die niedrige, hell- oder dunkelblau (seltener weiß) blühende einjährige, im Volksmund meist **Männertreu** genannte *L. erinus* L. aus Südafrika, die vor allem als Beet-, Einfassungs-, Balkon- und Fensterkästen- sowie als Grabpflanze verwendet wird. Aus den damaligen niederländischen Besitzungen am Kap der Guten Hoffnung wurde die Art kurz nach 1680 in Europa eingeführt. 1687 beschrieb sie Paul Hermann im Verzeichnis der Pflanzen des Botanischen Gartens Leiden als *Campanula minor africana, erini facie, flore violaceo, caulibus erectis*. Linnaeus stellte sie 1753 zur Gattung *Lobelia* und übernahm den Polynom-Teil *erini facie* (»vom Aussehen des Alpenbalsams, *Erinus*«) als Artbezeichnung *erinus*. Damals und auch später wertete man eine abweichende Sippe mit niederliegenden Stengeln (*caulibus procumbentibus*) als eigene Art (*L. erinoides* L.). Nach England wurde *L. erinus* Mitte des 18. Jhs. durch Philip Miller eingeführt und im Apothekergarten in London-Chelsea kultiviert. In Deutschland begann ihre Ausbreitung erst gegen Ende des 18. Jhs., 1779 wurde *L. erinoides* von der Gärtnerei Buek in Hamburg angeboten. 1808 wuchs sie im Botanischen Garten Berlin, 1817 im Breiterschen Garten in Leipzig und in Weimar-Belvedere, 1824 im Garten des Apothekers Johann Nikolaus Buek in Frankfurt/Oder. 1864 war sie in Brandenburg bereits zuweilen auf Schutt oder Gartenauswurf verwildert. Ihre große Zeit begann jedoch erst in der 2. Hälfte des 19. Jhs., als Teppichbeete modern wurden, für deren Bepflanzung sie sich durch ihren niedrigen Wuchs und ihre leuchtend blauen Blüten hervorragend eignet. 1875 wurde sie nach Hermann Jäger allgemein gezogen. Es entstand eine Vielzahl von Sorten, so 1872 die Sorte 'Kaiser Wilhelm'. Bei der Züchtung legte man besonderen Wert auf niedrige, geschlossene und reichblütige Büsche. Es gibt aber auch durch kräftige Langtriebe überhängende Sorten zur Bepflanzung von Ampeln.

Lobularia maritima (L.) Desv. Strandkresse

Die im Mittelmeergebiet auf sandigen Stränden vorkommende Strandkresse war am Ende des 16. Jh. bekannt, zumal ihre Samen damals arzneilich genutzt wurden. So wird sie in dem 1590 erschienenen Abbildungswerk von Tabernaemontanus Eicones plantarum seu stirpium ... abgebildet, und zwar unter der Bezeichnung *Thlaspi narbonense, centunculi angusto folio*. Der Name weist darauf hin, daß man sie aus der Umgebung von Narbonne kannte. Bauhin nannte sie in seinem Pinax 1613 *Thlaspi Alysson dictum maritimum*. Unklar ist, ob die Pflanze damals in Mitteleuropa als Gartenpflanze gezogen wurde. Johann Royer nennt in seiner Beschreibung des ganzen Fürstl. Braunschweigischen Gartens zu Hessem ein zwischen 1630 und 1651 dort angebautes *Thlaspi umbellatum narbonense,* bei dem es sich offenbar um diese Art gehandelt hat. Bis Mitte des 18. Jhs. taucht die Art in Verzeichnissen deutscher Gärten aber nicht mehr auf. Auch in England scheint sie während dieses Zeitraumes als Zierpflanze gefehlt zu haben. Linnaeus stellte die Strandkresse 1753 zur Gattung *Clypeola,* Lamarck 1783 zur Gattung *Alyssum.* 1814 bildete der französische Botaniker August Nicaise Desvaux den Namen *Lobularia* (zu lat. lobus, »Lappen«, nach den lappigen Kronblättern), welcher als wissenschaftlicher Name der Gattung heute noch gültig ist. Im 19. Jh. erschien sie mitunter unter dem 1826 von Robert Brown geschaffenen Namen *Koniga maritima.*

Ab Ende des 18. Jhs. breitete sich die Strandkresse in Deutschland aus, zunächst in einigen Botanischen Gärten, wo man sie als niedrigen Halbstrauch im Kalthaus durchwinterte. In dieser Weise wurde sie z.B. 1808 im Botanischen Garten Berlin kultiviert. Als einjährig gezogene Freilandpflanze gewann sie in der 2. Hälfte des 19. Jhs. an Bedeutung, nachdem um 1850 die etwas gedrungener wachsende Sorte 'Benthami' eingeführt worden war. Diese fand vor allem Verwendung bei den nunmehr in Mode kommenden Teppichbeeten, aber auch bei Einfassungen und Bouquets, später auch als Steingartenpflanze und Bodendecker. 1884 war die Art in Brandenburg vereinzelt verwildert. Nunmehr entstanden durch Auslese weitere Sorten, wobei man vor allem niedrigen und kompakten Wuchs und eine dichte Blütenfülle anstrebte. Neben der weißblühenden Stammform kamen im 20. Jh. Sorten mit rosaroten, karminroten, purpurfarbenen oder violetten Blüten in den Handel.

Weder der Name Strandkresse noch andere deutsche Namen wie Meeresstrand-Sandkraut, Meeresstrand-Steinkraut oder Lappenkreuz haben sich recht einbürgern können. Gängiger ist die von Karl Foerster geprägte Bezeichnung Duft-Steinrich.

Lonicera L. Geißblatt, Heckenkirsche

Die rund 180 Arten umfassende Gattung *Lonicera* enthält sowohl rechtswindende holzige Lianen (Geißblätter) als auch sommer- oder immergrüne aufrechte Sträucher (Heckenkirschen). Von den etwa 50 in Mitteleuropa in Gartenkultur befindlichen Arten ist jedoch nur etwa ein halbes Dutzend weiter verbreitet. Der Gattungsname wurde 1703 von Charles Plumier gegeben und 1753 von Linnaeus übernommen; er erinnert an Adam Lonicerus, Stadtarzt in Frankfurt/Main, dessen Mitte des 16. Jhs. verfaßtes Kräuterbuch bis Ende des 18. Jhs. immer wieder aufgelegt wurde.

Das auch in Mitteleuropa in bodensauren Wäldern wachsende **Wald-Geißblatt** (*L. periclymenum* L.) wurde hier und da vom Wald in den Garten geholt und, wie die anderen Geißblatt-Arten, vor allem zur Bekleidung von Gartenhäusern, Lauben, Mauern und Zäunen verwendet. So schreibt Leonhart Fuchs 1543

***Lonicera periclymenum* L.** Wald-Geißblatt, Matthiolus/Bauhin 1598

von dieser »Geyßblatt«-Art: »Man pflanzt sie auch in Gärten.« Bis zur Gegenwart erscheint sie, von den alten Botanikern als *Caprifolium germanicum* oder *Periclymenum non perfoliatum Germanicum* bezeichnet, stellenweise auch als Gartenpflanze. Bereits im 18. Jh. kannte man neben der Normalform eine Form mit panaschierten Blättern und eine weitere mit eichenblattartig gebuchteten Blättern (f. *quercina*).

Das in Südeuropa an Waldrändern heimische **Garten-Geißblatt** oder Jelängerjelieber (*L. caprifolium* L.) mit abendlich stärker duftenden, gelblichweiß-rötlichen Blüten (Nachtfalterblume!) kam um die Mitte des 16. Jhs. als Zierpflanze von Italien nach Deutschland. 1561 führt es Konrad Gessner in seinen Horti Germaniae unter dem Namen *Periclymenum folia unita* auf. In der 2. Hälfte des 16. Jhs. blieb die Art in den deutschen Gärten relativ selten. So war sie 1594 zwar schon (als *Periclymenum perfoliatum*) im Scholzeschen Garten in Breslau vorhanden, fehlte aber noch in den Lausitzen (Franke 1594). Ihre eigentliche Ausbreitung in Deutschland erfolgte im 17. Jh. 1613 bildete sie der Hortus Eystettensis farbig ab, schon vor 1630 kultivierte man sie als *Periclymenum perfoliatum Italicum* im herzoglich braunschweigischen Garten zu Hessem, und 1663 wuchs die »Durchwachsene Specklilie« in den kurfürstlich brandenburgischen Gärten in und um Berlin. Im 18. Jh. drang die Art dann auch in die Gärten der einfachen Bürger und Bauern vor und wurde zu einer der beliebtesten und häufigsten Gartenpflanzen. 1773 von Gleditsch »wegen der des Abends besonders wohl und lilienartig rüchenden schönen Blumen« besonders empfohlen, war sie damals und noch im 19. Jh. die typische Pflanze der »Geißblattlauben«. »Dort lockt mit seinem Rasensitze der Laube Kaprifolium« schrieb um 1800 der märkische Dichterpfarrer Schmidt von Werneuchen in seinem Gedicht Der Juniusabend. Ende des 19. Jhs aber zählte sie Carl Bolle zu den altmodischen Blumen, und heute ist sie in den deutschen Gärten vielerorts ausgesprochen selten geworden, wenn auch stellenweise (z.B. um Jena) verwildert und an Waldrändern eingebürgert.

Die Stelle des Garten-Geißblattes haben jetzt oftmals einige aus Nordamerika stammende, zwar duftlose, aber wohl leichter vermehrbare Geißblatt-Arten bzw. deren Gartenhybriden eingenommen. Von diesen amerikanischen Arten kam als erste das **Trompeten-Geißblatt** (*L. sempervirens* L.) nach Europa. 1686 erschien es im Botanischen Garten Leiden und im Boseschen Garten in Leipzig und später dann auch in vielen anderen Botanischen und Liebhaber-Gärten. In neuerer Zeit entstanden in Baumschulkultur verschiedene Hybriden, und zwar *L. x heckrottii* Rehd. (*L. sempervirens x L. americana* (Mill.) Koch), *L. x brownii* (Reg.) Carr. (*L. sempervirens x L. hirsuta* Eaton) und *L. x tellmanniana* Magyar ex Späth (*L. sempervirens x L. tragophylla* Hemsl.), letztere nach 1900 in Budapest und ab 1927 von der Baumschule Späth in Berlin vertrieben.

Die auch in Mitteleuropa vor allem in den Gebirgslandschaften in Laubwäldern und Gebüschen reicherer Standorte vorkommende strauchige **Rote Heckenkirsche** (*L. xylosteum* L.) wurde zunächst nur selten in Botanischen und Liebhaber-Gärten kultiviert. Als Gartenpflanze erscheint sie z.B. 1613 im Hortus Eystettensis unter der Bezeichnung *Xylosteum floribus albis*, »Gemein Beinhöltzlein mit weißen Blumen« und 1663 in Elsholtz' Flora Marchica unter dem Bauhinschen Namen *Chamaecerasus dumetorum fructu gemino rubro*. Hierzu schreibt er später in seinem Gartenbaubuch (1684), diese »Heck = Kirschen ... wachsen in Saphoyen und anderen Orten wild in Büschen und Hecken/ dienen auch daselbst die Hecken in Lustgärten davon zu machen: davon das Wort Heck = kirschen entsprungen ... Sie werden durch Zertheilung oder durch die Brut vermehret: doch ist bey uns gnug/ daß man davon ein oder zwey Bäumlein besitze.« Als Heckenpflanze spielte sie im Norddeutschen Flachland damals also keine Rolle, wofür auch spricht, daß Johann Royer in seiner Beschreibung des ganzen Fürstl. Braunschweigischen Gartens zu Hessem (1651) ausführlich auf die Anlegung von Hecken in Lustgärten eingeht, diese Art dabei jedoch nicht erwähnt. Größere Verwendung fand sie dann aber als Zierstrauch in Landschaftsparken. Zu

I. PERICLYMENUM.

Lonicera caprifolium L. Garten-Geißblatt, Matthiolus/Bauhin 1598/1674

diesem Zweck zog man sie z.B. 1785 in der von Burgsdorffschen Baumzucht in Tegel bei Berlin heran, 1815 kultivierte und vertrieb man sie auf den Friedländischen Gütern am Oderbruchrand als »gewöhnliche Lustgebüsch = Pflanze«.

Die ähnliche, aber etwas größere, rosarote Blüten besitzende **Tatarische Heckenkirsche** (*L. tatarica* L.) stammt aus dem südlichen Mittelrußland und Mittelasien. Dort wurde sie zuerst von den deutschen Naturforschern Johann Georg Gmelin und Georg Wilhelm Steller (1709 –1746) auf ihren Reisen durch Rußland und Sibirien entdeckt und 1739 von dem Schweizer Johann Ammann, Professor der Botanik in St. Petersburg, in seinem Buch über die selteneren Pflanzen Rußlands als *Chamaecerasus fructu gemino rubro, foliis glabris cordatis* beschrieben und abgebildet. Von St. Petersburg aus gelangte 1752 Samen der Tatarischen Heckenkirsche an Philip Miller vom Apothekergarten in London-Chelsea, wo die Art angezogen und verbreitet wurde. Um 1838 war sie in den englischen Gärten bereits häufig. Entweder direkt aus St. Petersburg oder über London kam sie auch nach Deutschland. 1773 nennt sie der Berliner Botaniker Johann Gottlieb Gleditsch »Die glattblättrige tartarische Heckenkirsche mit rother Frucht« und schreibt dazu: »Diese giebet ... in Lustgärten vor anderen eine sehr gute Art von Hecken.« 1779 wurde *L. tatarica* von der Handelsgärtnerei Buek in Hamburg angeboten. Die von Burgsdorffsche Baumzucht in Tegel bei Berlin kultivierte die Art 1785 ebenfalls und gab sie an preußische Schloßgärten ab. 1808 war sie im Berliner Botanischen Garten mit 3 Farbformen (sattrot, hellrot und weiß) vertreten. Im 19. Jh. fand sie ausgedehnte Verwendung in Landschaftsgärten. Dort und in kommunalen Parken und Grünanlagen ist die Tatarische Heckenkirsche auch heute noch häufig anzutreffen.

Lunaria annua L. Silberblatt, Mondviole

Das im nördlichen Umfeld des Mittelmeergebietes heimische, zu den Kreuzblütlern gehörende Silberblatt wurde in Mitteleuropa im 16. Jh. als Zierpflanze gezogen. Die ein- bis zweijährige Art ist in zweifacher Hinsicht attraktiv: einmal durch ihre relativ großen, traubig angeordneten rotvioletten oder weißen Blüten im Frühjahr, zum anderen durch ihre auffälligen Fruchtstände mit großen rundlichen Schoten, deren Scheidewände silbrig glänzen und die daher gern zu Trockensträußen verwendet werden. 1552 beschrieb sie Rembert Dodonaeus unter dem Namen *Viola latifolia*, bei Konrad Gessner 1561 erscheint sie als *Lunaria* bzw. *Lunaria Graeca rotundifolia*. Ende des 16. Jhs. war die Art in den deutschen Gärten als Zierpflanze bereits weit verbreitet und nach Paul Jenisius 1605 selbst in Annaberg auf den Höhen des Erzgebirges vertreten, wo sie allerdings einer winterlichen Abdeckung bedurfte. 1594 registriert sie Johannes Franke als Gartenpflanze für die Lausitzen und nennt dabei folgende Namen: *Viola lunaria, latifolia; Bolbonac; Lunaria Graeca* und »Monveyel«. Die Bezeichnungen *Lunaria* (zu lat. luna, »Mond«) – 1753 durch Linnaeus zum heute gültigen Gattungsnamen geworden – und »Monveyel« (Mondveilchen) gehen darauf zurück, daß man die runden Schoten mit ihren silbrigglänzenden Scheidewänden mit dem Mond verglichen hat. So schreibt Tabernaemontanus 1591: »Monveiel sollen ihren Namen haben von dem Saamen, welcher sich dem Mon [Mond] vergleichen oder aber von der Schotten Heutlein [Scheidewände der Schoten] welche so weiß scheinen als der Mon oder wie Silber.« 1773 nannte Gleditsch die Art »Mondenkraut oder Silberblatt«. Form und Glanz der Fruchtscheidewände haben der allgemein bekannten und beliebten Pflanze zu zahlreichen Volksnamen verholfen, wobei Vergleiche mit bestimmten Geldstücken besonders häufig sind.

Seit dem Ende des 16. Jhs. war das Silberblatt in Deutschland überall in den Gärten zu finden, wozu seine Anspruchslosigkeit und seine Vermehrung durch Selbstaussaat erheblich beigetragen haben. So wurde es auch zu einem festen Bestandteil der Bauerngärten und gilt heute als typische Bauerngartenpflanze. Seit dem Anfang des 17. Jhs. ist neben der purpurviolett blühenden Wildform eine Form mit reinweißen Blüten bekannt, sonst hat die Züchtung diese Art aber kaum beeinflußt. Immer wieder wurden, besonders im 19. Jh., Verwilderungen beobachtet, zu einer Einbürgerung ist es in Mitteleuropa jedoch nicht gekommen. Ende des 19. Jhs. rechnete Carl Bolle die von ihm »Mondviole, Silberblatt, Judaspfennig« genannte Art zu den altmodischen Blumen und gibt an, sie sei »in den Gärten, wo sie schwarzen fetten Boden liebt, selten geworden«. Trotz eines offensichtlichen Rückganges ist sie aber auch heute noch in vielen

Lunaria annua L. Silberblatt, Tabernaemontanus 1588

Gärten vorhanden, wozu auch das Interesse an ihren für Trockensträuße begehrten Fruchtständen beigetragen hat.

Lupinus L. Lupine

Von den etwa 200 Arten der Gattung *Lupinus* sind 6 im Mittelmeergebiet, die übrigen in Amerika zu Hause. Einige der ein- bis zweijährigen mediterranen Arten nutzte man bereits im Altertum landwirtschaftlich als Futter- und Gründüngungspflanzen, nach Mitteleuropa kamen sie im 16. Jh. aber zunächst als Zierpflanzen. Als solche werden **Gelbe Lupine** (*L. luteus* L.), Weiße Lupine (*L. albus* L.) und Schmalblättrige Lupine (*L. angustifolius* L.) 1561 von Konrad Gessner verzeichnet, waren damals aber ziemlich selten. Im 17. und 18. Jh. werden sie, wie auch weitere südeuropäische Arten wie *L. hirsutus* L. und *L. varius* Gaertn., dann aus vielen Gärten angegeben. 1769 schrieb Gleditsch über sie: »Diese Lupinen sind sämtlich im Sommer, auch noch im Herbste, in der Blüte, und dabey sehr gemein.« Auch im 19. Jh. wurden sie noch häufig als Zierpflanzen gezogen, 1871 sogar für Teppichbeete empfohlen. Heute aber sieht man sie in Mitteleuropa fast nur noch als feldmäßig angebaute Futter- und Gründüngungspflanzen, insbesondere die Gelbe Lupine, von der um 1930 durch R. von Sengbusch in Müncheberg eine bitterstofffreie Sorte (»Süßlupine«) gezüchtet wurde.

In den Gärten wurden diese annuellen Arten seit der Mitte des 19. Jhs. zunehmend durch aus Amerika eingeführte ausdauernde Arten, die Stauden-Lupinen, abgelöst. Die wichtigste davon ist die blaublühende **Vielblättrige Lupine** (*L. polyphyllus* Lindl.) aus dem westlichen Nordamerika. Sie wurde 1826 von David Douglas nach England gebracht und 1827 von John Lindley (1799–1865) im Botanical Register beschrieben. In Mitteleuropa wird sie 1837 im Staudenbuch von Johann Theophil Zetter aufgeführt, im Prager Botanischen Garten war sie 1844 bereits in 4 verschiedenen Formen vertreten, und 1855 nennt die Gartenpflanzenflora von Ernst Berger mindestens 8 Formen, meist in blauen und violetten Farbtönen, aber auch mit weißen und weiß-blauen Blüten. Die eigentliche Züchtung setzte aber erst um 1900 ein, wobei weitere nordamerikanische Arten wie die aus dem östlichen Nordamerika stammende, bereits 1637 von John Tradescant d. J. nach England eingeführte Ausdauernde Lupine (*L. perennis* L.) und die kalifornischen, gelb- bzw. weißblühenden Arten Baum-Lupine (*L. arboreus* Sims, 1792 entdeckt) und die 1834 beschriebene einjährige Dichtblütige Lupine (L. *densiflorus* Benth.) eingekreuzt wurden. Schon 1913 gab es nach Silva Tarouca »eine Reihe herrlicher Hybriden ..., die zartgelb, zartrosa, hellblau, schwarzblau und in anderen neuen Tönen erblühen«. 1935 erschienen die von George Russel in England gezüchteten farbigen Russel-Hybriden, die für Deutschland leider zu frostempfindlich sind. Alle diese Hybridsorten werden heute als Lupinus-Polyphyllus-Hybriden zusammengefaßt, sie sind in den Gärten Mitteleuropas meist häufig anzutreffen. Die Stammart *L. polyphyllus* wird nicht selten an Bahn- und Straßenböschungen, bei Aufforstungen und als Wildfutter angesät und ist mitunter verwildert und eingebürgert.

Der Gattungsname *Lupinus* war bereits im römischen Altertum bekannt, er geht vermutlich zurück auf griechisch lýpe, »Gram, Kummer« und bezieht sich offensichtlich auf die bitteren, Beschwerden hervorrufenden Samen. Wegen der Ähnlichkeit des Namens *lupinus* mit lat. lupus, »Wolf« hat man diesen im Deutschen vielfach mit »Wolfsbohne« übersetzt.

Lychnis L. Lichtnelke

Schon im Mittelalter, noch vor dem Eintreffen der Garten-Nelke (*Dianthus caryophyllus* L.), wurde die **Kranz-Lichtnelke** (*L. coronaria* (L.) Desr.) in Mitteleuropa als Zierpflanze gezogen. Das belegt das um 1410 von einem oberrheinischen Meister gemalte »Paradiesgärtlein«, auf dem sie links im Hintergrund zu sehen ist. Ihr Heimatareal erstreckt sich von Ungarn über Südosteuropa und Kleinasien bis hin nach Turkestan und dem Himalaya. Die Art war bereits in der Antike bekannt und wird unter dem Namen *lychnis* (wohl zu gr. lýchnos, »Fackel«) von Theophrast, Dioskurides und Plinius verzeichnet. Von Dioskurides wird sie auch *lychnis stephanomatike* (»zum Kranz gehörende«) genannt, was erkennen läßt, daß sie schon im Altertum für Kränze verwendet wurde. Aus der Bezeichnung *rosa graeca* bei Plinius kann man folgern, daß die Römer diese Pflanze aus Griechenland erhalten haben. In Deutschland wird sie in schriftlichen Quellen erstmals 1532 von Otto Brunfels als »Frawenrößlein« aufgeführt. Brunfels gibt an, diese Blumen seien keine Arzneipflanzen, sondern »werden allein für ein Gartenzyerde gepflantzet/vm kräntz darauß zumachen«. Neben der Stammform mit tief purpurroten Blüten gab es damals bereits eine Form mit weißen Blüten. Später traten auch Formen mit purpurrot gefüllten und mit rosaroten Blüten in Erscheinung.

So heißt es 1586 im Epitome von Matthiolus/Camerarius in einem von letzterem eingefügten Zusatz: »Die Margenrößlin werden gefunden mit weißen/roten vnd leibfarbenen Blumen vnter welchen diese letzteren etwas wolriechen.

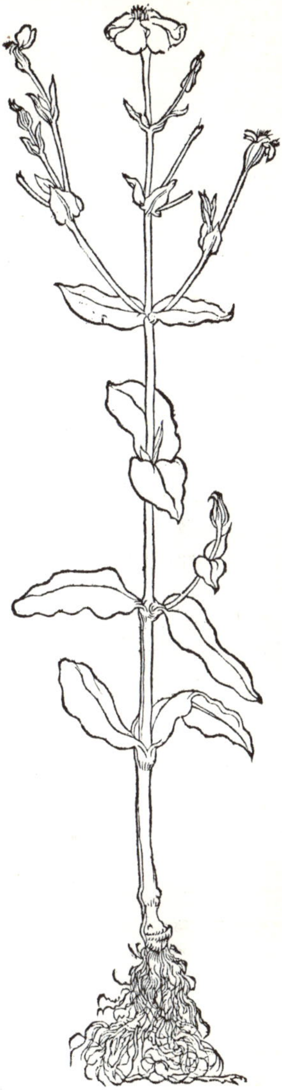

***Lychnis coronaria* (L.) Desr.** Kranz-Lichtnelke, Brunfels 1532

Flos Conſtantinopolitanus.

***Lychnis chalcedonica* L.** Scharlach-Lichtnelke, Dodonaeus 1583

Man findet sie auch in Niederland vnnd Engelland mit gefüllten Blumen. Auch so machen vnsere weiber gemeiniglich Kräntze auß diesen blumen.« Der Hortus Eystettensis (1613) enthält Abbildungen von 5 Formen (purpurrot einfach und gefüllt, weiß einfach, fleischfarben und fleischfarben gepunktet), zu denen sich wenig später, z.B. 1629 bei Parkinson und 1630 im herzoglich braunschweigischen Garten zu Hessem eine Form mit weiß-rosa gefleckten Blüten (fl. *variegato*) hinzugesellte. Über die Jahrhunderte hinweg blieb die Kranz-Lichtnelke mit ihren Spielarten eine beliebte und häufige Gartenblume, die sich meist von selbst vermehrte und daher auch in Bauerngärten sehr verbreitet war.

Ende des 19. Jhs. rechnete Carl Bolle die »Vexiernelke« zu den altmodischen Blumen. Sie war damals durch das Aufkommen zahlreicher neuer Prachtstauden in den Hintergrund gedrängt worden und in ihrer Häufigkeit deutlich zurückgegangen. Heute gibt es durch Auslese entstandene Formen mit größeren und besonders farbkräftigen Blüten.

Aus türkischen Gärten kam bald nach der Mitte des 16. Jhs. die **Scharlach-Lichtnelke** oder Brennende Liebe (*L. chalcedonica* L.) nach Mitteleuropa.

Auf diese Herkunft verweisen auch ihre alten Namen *Flos Constantinopolitanus*, *Lychnis Byzantina* und *Chalcedonica* (»aus der Stadt Chalcedon östlich von Konstantinopel stammend«) sowie Jerusalemsblume. Als erster hat sie offenbar Konrad Gessner in Zürich um 1560 in seinem Garten kultiviert, von ihm als *Ocimum peregrinum* und *O. croceum* bezeichnet. Nähere Einzelheiten über den Weg ihrer Einführung sind bisher nicht bekannt. Die Bezeichnung *Lychnis Constantinopolitanus vel Cretica* bei Camerarius 1588 verweist auf die damals venezianische Insel Kreta, so daß sie vielleicht, wie andere orientalische Gartenpflanzen auch, zuerst durch den venezianischen Levantehandel nach Mitteleuropa gekommen ist. Heimisch ist die Brennende Liebe in Süd- und Mittelrußland bis hin nach Südsibirien. In diesem Raum stießen im 18. Jh. deutsche, in russischen Diensten stehende Naturforscher auf Wildvorkommen, so 1739 Johann Georg Gmelin aus Tübingen und 1772 Peter Simon Pallas aus Berlin. Letzterer fand sie im südlichen Sibirien »hin und wieder in Tälern wachsend« und berichtete, daß die krasnojanskischen Tataren die Pflanze Ot-Sabyn nannten und ihre Blütenstände als Seife benutzten, weshalb sie bei den Russen als Tatarskoi Mylo (»Tatarenseife«) bekannt sei. Ein weiterer damaliger russischer Volksname, Bojarskaja Spes (»Frauenschmuck«) verweist auf eine Verwendung als Zierpflanze. Vom südlichen Rußland her dürfte sie in die türkischen Gärten gelangt sein.

In Deutschland fand die Art wegen der ungewöhnlich scharlachroten Farbe ihrer Blüten sogleich großes Interesse bei den Pflanzenliebhabern und Botanikern und breitete sich zunächst in deren Gärten aus. Eine erste Abbildung lieferte 1583 der flämische Botaniker Rembert Dodonaeus. 1588 war sie im Garten des Nürnberger Stadtarztes Joachim Camerarius vertreten, das sogenannte Camerarius-Florilegium (vor 1590) bringt eine farbige Abbildung, 1594 wuchs sie im Scholzeschen Garten in Breslau und im Frankeschen Garten in Kamenz, 1601 wurde sie auch von Clusius beschrieben und abgebildet. Im 17. Jh. traten abweichende Farbformen in Erscheinung, so verzeichnete der Hortus Eystettensis 1613 neben der zinnoberroten Ursprungsform auch solche mit weißen und weiß/rot gefärbten Blüten. Zwischen 1607 und 1630 hielt im herzoglich braunschweigischen Garten zu Hessem eine Form mit gefüllten scharlachroten Blüten Einzug. Im 17. Jh. breitete sich die Scharlach-Lichtnelke dann weithin aus und war 1673 selbst schon in Abo (Turku) in Finnland vorhanden (Wein 1930). In seinem Gartenbaubuch (1666) schildert Elsholtz die von ihm auf deutsch »Scharlach = Lychnis/Zinnober = Blume/Jerusalemsblume« genannte Art und ihre Kultur: »Diese hat insgemein hohe Zinober = farbe Blumen: man hat aber auch mit weissen/mit fleischfarben/und dan aus zwey Farben gemischet. Diese alle sind nur einfach/aber von der Zinoberfarbenen ist auch eine gefüllte vorhanden: können allerseits durch Theilung der Wurtzel/wenn man iedem Stück drey oder vier Zäserlein lässet/vermehret werden. Die Gefüllte ist zärter/und dienet also im Winter bey zusetzen [sollte im Haus überwintert werden].« Die gefüllte Form war der besondere Liebling Goethes und für ihn »als Gartenschmuck das schönste, was man sehen kann«. Die einstmals sehr beliebte und fast in allen Gärten, insbesondere auch in Bauerngärten, vorhandene Brennende Liebe galt Ende des 19. Jhs. als altmodische Blume und wurde zunehmend seltener, so daß sie in den deutschen Gärten heute nur noch gelegentlich zu sehen ist.

Die auch in Deutschland in wärmeliebenden Trockenrasen, Magerwiesen und Felsfluren wachsende **Pechnelke** (*L. viscaria* L. = *Viscaria vulgaris* Bernh.) wurde hier und da in Gartenkultur genommen, vor allem eine wild nur sehr selten zu findende Form mit gefüllten Blüten, die 1663 in Elsholtz' Flora Marchica erwähnt ist. Diese *L. viscaria* 'Plena' wird, züchterisch verbessert, heute mancherorts in Gärten verwendet, insbesondere als Steingartenpflanze und als Beeteinfassung. Als Steingartenpflanze tritt seit Ende des 16. Jhs., meist aber nur bei Liebhabern,

732. Lysimachia punctata. 33 cm.

***Lysimachia punctata* L.** Getüpfelter Gilbweiderich Haage & Schmidt 1910

auch die süd- und westalpine **Jupiterblume** (*L. flos-jovis* (L.) Desr.) in Erscheinung. Kaum noch irgendwo als Zierpflanze zu sehen ist indessen die gefüllte Form der auf Feuchtwiesen verbreiteten **Kuckucks-Lichtnelke** (*L. flos-cuculi* L. fl. pl.), welche 1630 im herzoglich braunschweigischen Garten zu Hessem als *Flos cuculi fl. pleno* erscheint und die Gleditsch 1773 als »eine angenehme Abänderung der gemeinen wilden Art vor die Lustgärten« charakterisierte. Um 1900 rechnete sie Carl Bolle dann aber zu den altmodischen Blumen und gibt an, über sie und andere ehemals beliebte Sippen der Nelkengewächse sei »die Mode am schonungslosesten zur Tagungsordnung übergegangen. Sie können nicht mehr als in Kultur befindlich angesehen werden«.

Lysimachia L. Gilbweiderich

Der in Südosteuropa bis hin nach Österreich und Norditalien und südwärts bis Kleinasien in feuchten Hochstaudenfluren wild vorkommende **Punktierte Gilbweiderich** (*L. punctata* L.), neuerdings auch Tüpfelstern genannt, wurde von dem von 1573 bis 1588 in Wien ansässigen Carolus Clusius entdeckt und 1583 unter dem Namen *Lysimachia altera flave flore* durch Beschreibung und Abbildung in die Wissenschaft eingeführt. Offenbar sandte Clusius die neue Pflanze auch an den mit ihm befreundeten Nürnberger Stadtarzt Joachim Camerarius, der sie 1588 für seinen Garten als *Lysimachia flore luteo majore* verzeichnete. 1613 wurde die Art unter dem Namen *Lysimachia lutea pannonica major* im Hortus Eystettensis farbig abgebildet. 1621 wuchs sie auch im Botanischen Garten Regensburg, und das in dieser Zeit angelegte Burser-Herbar belegt sie für den Deurlingschen Garten in Leipzig. In Berlin wird sie unter der Bauhinschen Bezeichnung *Lysimachia lutea minor foliis nigris punctis notatis* 1663 in Elsholtz' Flora Marchica und 1666 in seinem Gartenbaubuch als Pflanze des Blumengartens aufgeführt. Im ganzen 17. und 18. Jh. blieb sie aber selten und auf relativ wenige Botanische und Liebhaber-Gärten beschränkt. Im 19. Jh. wurde sie dann etwas häufiger. Eine stärkere Ausbreitung in den Gärten erfuhr sie aber erst im 20. Jh., zugleich kam es, v.a. im Bergland, zu Verwilderungen und Einbürgerungen. Eine solche beobachtete bereits Linnaeus während seines Aufenthaltes in den Niederlanden und vermerkt 1753 in seinen Species Plantarum, die Art wachse in Holland im Röhricht.

Das in Mitteleuropa überall heimische und häufige **Pfennigkraut** (*L. nummularia* L.) ist wegen seines kriechenden Wuchses und seiner auffälligen gelben Blüten hier und da in die Gärten gebracht worden, so z.B. in den fürstbischöflichen Garten zu Eichstätt (1613). Meist betrachtete man diese Art wegen ihres wuchernden Wuchses im Garten aber als Unkraut und suchte sie fernzuhalten bzw. auszurotten. 1864 gibt Ascherson an, »diese gemeine, aber schöne Pflanze« werde »neuerdings in Ampeln kultiviert«. Lediglich ihre nicht so stark sich ausbreitende Form mit gelbgrünen Blättern (cv. 'Aurea') fand bei den Gartenbesitzern etwas mehr Zuneigung. 1871 wurde sie in der Gartenflora (Jg. 21) für Teppichbeete und Bordüren empfohlen; heute verwendet man sie vor allem als wüchsigen Flächendecker an Gartenteichen und anderen Feuchtstandorten.

M

Macleaya R. Br. Federmohn

Von seiner fast 2 Jahre währenden Gesandtschaftsreise nach Peking 1792–1794 brachte der englische Diplomat und Pflanzenliebhaber Sir George Staunton (1737–1801) mehr als 220 Pflanzenarten mit nach England, darunter den in China und Japan heimischen, 2-3 m hoch werdenden **Weißen Federmohn** (*M. cordata* (Willd.) R. Br.). Die bis dahin in Europa noch unbekannte Art wurde alsbald von dem Berliner Botaniker Carl Ludwig Willdenow der 1703 von Plumier aufgestellten und 1753 von Linnaeus übernommenen Gattung *Bocconia* zugewiesen, benannt nach dem italienischen Botaniker Pater Paolo Boccone (1633–1703). Eine erste Abbildung lieferte der Wiener Botaniker Nicolaus Joseph Jacquin in seinen Fragmenta botanica (1800–1809). 1808 wuchs die Art unter dem Willdenowschen Namen *Bocconia cordata* im Botanischen Garten Berlin, wo sie, wohl vorsichtshalber, als Warmhauspflanze gezogen wurde. Da seine Eignung als Freilandpflanze noch unbekannt war, ging die weitere Verbreitung des Federmohnes in den deutschen Gärten nur langsam voran. 1817 war er zwar auch im Breiterschen Garten in Leipzig und in Weimar-Belvedere (dort ebenfalls als Warmhauspflanze) vorhanden, doch kam er bis zur Mitte des

19. Jhs. über Botanische Gärten kaum hinaus. Obwohl Robert Brown die Pflanze zu der von ihm 1826 geschaffenen Gattung *Macleaya* gestellt hatte, benannt nach dem englischen Entomologen Alexander Macleay (1767–1848), war der Name *Bocconia* noch lange in Gebrauch. In der 2. Hälfte des 19. Jhs. wurde der Federmohn etwas häufiger gepflanzt, blieb aber seiner Größe und seines wuchernden Wuchses wegen vorwiegend auf Landschaftsparke und städtische Grünanlagen beschränkt. Erst im 20. Jh. fand er verstärkt Eingang auch in kleinere Gärten, wo er an geeigneten Stellen vor allem als dekorative Blattschmuckstaude verwendet wird. Eine etwas abweichende Sippe mit braunen Blütenrispen (var. *yedoensis* (André) Fedde) aus Japan wurde 1860 in Deutschland eingeführt und 1875 von Hermann Jäger empfohlen.

Der ähnliche **Kleinfrüchtige Federmohn** (*M. microcarpa* (Maxim.) Fedde), von dem russischen Botaniker Carl Johann Maximowicz im nördlichen Mittelchina entdeckt und 1889 als *Bocconia m.* beschrieben, wurde lange Zeit nicht von *M. cordata* unterschieden. Hiervon brachte der englische Züchter Kelway vor 1930 die schwächerwüchsige Sorte 'Kelways Coral Plume' mit kupferrot gefärbten Blüten und zimtfarben getönten Blättern auf den Markt.

Magnolia L. Magnolie

Das Verbreitungsgebiet der etwa 75 Arten zählenden Gattung *Magnolia* umfaßt sowohl das östliche Nordamerika und Mittelamerika als auch Ostasien und den Himalaya; in Gartenkultur befinden sich in Deutschland etwa 17 Arten und Hybriden. Zuerst wurden die amerikanischen Magnolien bekannt. Der spanische Arzt und Botaniker Francisco Hernandez, der von 1570 bis 1577 die spanischen Kolonien in der Neuen Welt durchforschte, beschrieb in seinem erst 1615 bzw. 1651 veröffentlichten Reisebericht die in Mexiko vorkommende *M. dealbata*, die sich aber nicht in Kultur befindet. Um 1675 sandte der englische Kaplan und Pflanzensammler John Baptist Banister zusammen mit anderen Pflanzen die im östlichen Nordamerika heimische **Sumpf-Magnolie** (*M. virginiana* L.) an den pflanzenliebenden Bischof Henry Compton in Fulham/England, wo sie der Botaniker John Ray 1688 als *Laurus Tulipifera* registrierte. Im selben Jahre war sie auch in den Niederlanden im Garten des Herrn van Beverningk vorhanden, und 1699 läßt sie sich erstmals in Deutschland im Boseschen Garten in Leipzig nachweisen. Den heutigen Gattungsnamen *Magnolia* schuf 1703 der französische Missionar und Botaniker Pater Charles Plumier, welcher der heutigen *M. foetida* L. damals das Polynom *Magnolia amplissimo flore albo, fructu coeruleo* gab. Die Bezeichnung *Magnolia*, später von Linnaeus als Gattungsname übernommen, erinnert an Pierre Magnol (1638–1715), Professor für Medizin und Botanik an der Universität Montpellier, der den Begriff der Familie in die Systematik eingeführt hat.

Die von Mark Catesby in seiner Natural History of Carolina und von Jan Fredrik Gronovius in der Flora Virginica verzeichnete und abgebildete, im östlichen und mittleren Nordamerika weit verbreitete **Gurken-Magnolie** (*M. acuminata* L.) wurde um 1705 von dem Arzt John Clayton entdeckt und 1736 durch den Farmer und Pflanzensammler John Bartram (1699-1777) nach England eingeführt. In Deutschland wuchs sie 1777 in Kassel. In den ersten Jahrzehnten des 18. Jhs. kam auch die von North Carolina bis Florida und Texas heimische **Großblütige Magnolie** (*M. grandiflora* L.) nach Europa, 1731 wuchs sie z.B. im Apothekergarten in London-Chelsea. In Mitteleuropa läßt sie sich erstmals 1745 im Garten des Kaufmanns Johann Herkules Miller in Ulm nachweisen und 1747 im Garten des Stadtschreibers Jacob Theodor Klein in Danzig. Ihren heute gültigen wissenschaftlichen Namen erhielt die Art 1762. Für den Berliner Raum führt sie Gleditsch 1773 auf, wobei als deutsche Namen »Die große carolinische Magnolie, der Biberbaum, der Tulpen-Lorbeerbaum« verwendet werden. Ausdrücklich gibt Gleditsch an, daß von der Gattung Magnolia bisher 4 Arten bekannt seien, »bey uns aber noch zur Zeit außer der großen keine weiteren bekannt worden«, und daß diese Art aus England bezogen werde.

Die ersten ostasiatischen *Magnolia*-Arten trafen Ende des 18. bzw. Anfang des 19. Jhs. in Europa ein. Die wichtigsten davon sind die **Purpur-Magnolie** (*M. liliiflora* Desr.) und die **Yulan-Magnolie** (*M. denudata* Desr.), beide in China bereits seit langem als Ziergehölze gezogen und erstmals 1712 von Engelbert Kaempfer unter ihrem japanischen Namen Mokkuuren beschrieben, jedoch noch nicht nach Europa gebracht. Die Purpur-Magnolie verdankt ihre Einführung dem schwedischen Botaniker Carl Peter Thunberg, der 1775-1776 in Japan war. Wahrscheinlich aus dem Botanischen Garten Uppsala kam sie 1790 nach England, wo sie, von William Curtis als *M. purpurea* bezeichnet, 1798 im Gewächshaus des Herzogs von Portland in Bulstrock zum ersten Mal blühte. Die Yulan-Magnolie wurde 1780 von Joseph Banks aus China nach Kew/London gebracht, von Salisbury dort *M. conspicua* genannt. Von England aus kamen beide Arten alsbald auch in andere Länder Europas. Von ihnen waren 1808 im Berliner Botanischen Garten und 1811 in Karlsruhe die Purpur-Magnolie, 1817 im Breiterschen Garten in Leipzig beide vorhanden. In Frankreich entstand um 1820 auf dem Anwesen von Étienne Soulange-Bodin, Gründer der französischen Nationalen Gartenbaugesellschaft, in Fromont bei Paris als Zufallshybride zwischen *M. denudata* und *M. liliiflora* die **Prunk-Magnolie** (*M. x soulangiana* Soul.-Bod.), die dort 1826 erstmals zur Blüte kam. 1831 war sie nach Julius Bosse auch schon in Deutschland bekannt, 1838 im Angebot von Baumschulen in Flottbeck (heute Hamburg) und Bollweiler. Wegen ihrer Schönheit rasch vermehrt und überallhin vertrieben, wurde sie in relativ kurzer Zeit zur häufigsten Magnolie in den Gärten Europas. Heute gibt es von dieser Sippe, in Deutschland im Volksmund oftmals als Tulpenbaum bezeichnet, zahlreiche Kulturformen. Außer dieser ist hierzulande in Parkanlagen und Vorgärten am häufigsten die **Stern-Magnolie** (*M. stellata* (Sieb. et Zucc.) Maxim. zu sehen. Diese in Japan heimische und dort schon seit Jahrhunderten kultivierte, im Vorfrühling blühende Art wurde 1862 von der englischen Gartenbaufirma James Veitch & Sons in Combe Woods bei London von St. Petersburg her in England eingeführt und von dort aus verbreitet. 1878 läßt sie sich für Zürich, 1879 für Potsdam nachweisen. Durch ihre geringe Größe (meist nur bis 2 m hoch werdend) eignet sie sich auch für kleinere Gärten und wird in solchen neuerdings vielfach gepflanzt.

Mahonia aquifolium (Pursh) Nutt. Mahonie

Die im pazifischen Nordamerika vom südlichen Britisch Columbia bis Mittelkalifornien und in den Rocky Mountains heimische Gewöhnliche Mahonie wurde zwischen 1790 und 1795 von dem englischen Gärtner, Arzt und Naturforscher Archibald Menzies (1754–1842) auf der Vancouverschen Expedition an die Nordwestküste Nordamerikas entdeckt und gesammelt. Ihre wissenschaftliche Beschreibung als *Berberis Aquifolium* erfolgte 1814 in der Flora Americae septentrionalis des aus Großenhain in Sachsen stammenden Friedrich Traugott Pursch, der seit 1808 in Amerika lebte und sich dort Pursh schrieb.

1818 stellte der englisch-amerikanische Botaniker Thomas Nuttall die Fiederblätter besitzenden *Berberis*-Arten in eine eigene Gattung. Dieser gab er den Namen *Mahonia* zu Ehren des aus Irland stammenden Gärtners Bernhard Mac Mahon (1775–1816), der in Philadelphia ein Samen- und Pflanzengeschäft betrieb, welches ein beliebter Treffpunkt der damals in Nordamerika tätigen Botaniker war. Die Artbezeichnung *aquifolium* ist der alte lateinische Name für die Stechpalme (*Ilex aquifolum* L.), da auch die Gewöhnliche Mahonie immergrüne stechende Blätter besitzt.

1821 wurde *Berberis Aquifolium* Pursh von Heinrich Link im Pflanzenverzeichnis des Berliner Botanischen Gartens angegeben, doch handelte es sich wahrscheinlich um eine Verwechslung mit der nahe verwandten *M. pinnata* (Lag.) Fedde aus dem südlichen Kalifornien und Mexiko, welche bereits 1803 von Mariano Lagasca in Madrid beschrieben und 1820 in Europa eingeführt worden war. Die echte *M. aquifolium* ist offenbar erst durch den schottischen Gärtner David Douglas nach Europa gekommen, der sie auf seiner Sammelreise in den Nordwesten der USA 1825–1827 wiederentdeckt und in großer Zahl nach England geschickt hatte. Dort war sie 1838 bereits in allen guten Sammlungen zu finden. Der englische Gärtner und Gartenschriftsteller John Claudius Loudon (1783–1843) nannte sie »vielleicht die hübscheste immergrüne winterharte Pflanze, die wir haben«. Zunächst waren die *Mahonia*-Pflanzen sehr teuer, ihr Preis betrug 10 Guineen das Stück, ging aber mehr und mehr zurück. Auch in Deutschland war der Strauch zu diesem Zeitpunkt bereits vorhanden. Julius Bosse führt ihn 1841 in seinem Handbuch der Blumengärtnerei auf und gibt an, er koste in Flottbeck und Hamburg 2,50 Mark, in Kassel 2 Reichstaler, in Gent und Lüttich 3 bis 6 Francs. 1855/56 bot ihn die Landesbaumschule in Potsdam zum Verkauf an, das Stück kostete 8 Silbergroschen. Angepflanzt wurde die Mahonie vor allem in Landschaftsparken, aber auch auf Friedhöfen. Auf diesen Standorten bzw. in deren Nähe kam es durch Vogelverbreitung alsbald zu Verwilderungen, eine solche wird 1861 aus der Umgebung des Schloßparkes von Pförten/Niederlausitz angegeben. In Brandenburg war die Art 1882 ein »häufiger Zierstrauch« und 1902 schrieb Friedrich Fedde in seiner *Mahonia*-Monographie, sie sei »gegenwärtig stark in Mode und wird deshalb überall in Gärten und Parkanlagen als dekorativer Zierstrauch, meist als Rabattenpflanze, angepflanzt«. Zu dieser Zeit war die Mahonie bis in die Bauerngärten vorgedrungen, wo man sie vor allem als Lieferant von immergrünen Zweigen für die Anfertigung von Kränzen und Gebinden zum Totensonntag und für Begräbnisse zog und wo sie auch heute noch häufig anzutreffen ist. In Amerika, wo sie Oregon Grape oder Mountain Grape genannt wird, bereitet man aus ihren eßbaren Beeren Marmelade, Gelee, Kompott und Süßmost, aber auch Wein und Branntwein, ihren dunkelpurpurroten Fruchtsaft benutzt man zum Färben von Rotwein.

Malope trifida Cav.
Sommermalve

In Südwestspanien, im südlichen Mittelportugal und in Nordwestafrika heimisch, wurde die einjährige Art 1786 von dem Direktor des Botanischen Gartens Madrid Antonio José Cavanilles (1745 – 1804) wissenschaftlich beschrieben und der 1737 von Linnaeus aufgestellten und 1753 konfirmierten Gattung *Malope* zugewiesen. Linnaeus hatte den Namen von Plinius übernommen, der in seiner Naturgeschichte angibt, daß die Griechen eine größere Malvenart *malope* nannten. Diese Bezeichnung ist indessen nicht griechisch, sondern geht wohl auf eine alte Mittelmeersprache zurück.

Von Spanien aus wurde unsere Art 1801 in England eingeführt. Nach Deutschland kam sie offenbar nach den Napoleonischen Kriegen. 1817 war sie im Breiterschen Garten in Leipzig, 1822 im Berliner Botanischen Garten vorhanden. 1829 wurde sie von Gartenbaubetrieben in Erfurt, Weimar, Berlin, Kassel und anderen Orten vertrieben. Bei einem Preis von nur 2 Groschen für eine Prise Samen fand sie weithin Verbreitung. Mitte des 19. Jhs. war sie in Deutschland eine überall bekannte häufige Zierpflanze. Um 1840 entstanden hier neben der tief purpurrot blühenden Wildform auch Sorten mit etwas größeren roten und weißen Blüten, der sich in jüngerer Zeit auch solche mit rosa Blüten zugesellten. Neuerdings ist sie jedoch durch die in Mode gekommene attraktivere *Lavatera trimestris* in den Hintergrund gedrängt.

Malva mauretiana L.
Algier-Malve

Die wild im südlichen Mittelmeergebiet bis Vorderasien und in Ostasien vorkommende Algier-Malve ist nahe mit der heimischen Wilden Malve (*M. sylvestris* L.) verwandt und wird neuerdings in diese Art einbezogen. Wegen ihres höheren Wuchses und ihrer größeren und purpurroten, dunkler gestreiften Blüten stellt sie aber wohl eine eigenständige

Sippe dar; Paul Ascherson und Paul Graebner werteten sie in ihrer Flora des nordostdeutschen Flachlandes 1899 als Unterart. Im südlichen Europa war sie wohl im 16. Jh. - vielleicht sogar seit dem Altertum - in Gartenkultur. Nach Deutschland kam sie im 17. Jh., blieb zunächst selten und auf einige Botanische Gärten beschränkt. Eine stärkere Verbreitung läßt sich dann für das 18. Jh. feststellen, wo sie nicht nur in Botanischen und Liebhaber-Gärten, sondern auch in vielen Bürger- und Bauerngärten anzutreffen war.

So gibt sie Willdenow 1787 für Berlin als häufig für Küchen- und Bauerngärten an (»Inter olera inque rusticorum hortis frequens«). Darüber hinaus war sie auf Schutt verwildert. Ähnliche Angaben liegen aus vielen Gebieten auch für das 19. Jh. vor. Um 1900 rechnete sie Carl Bolle zu den altmodischen Blumen. Heute ist die Algier-Malve nur noch selten als Gartenpflanze und ebenso selten verwildert an Straßenböschungen und auf nährstoffreichen Brachflächen zu sehen.

Neben ihrer Rolle als Zierpflanze wurde sie aber auch, offenbar bereits im Altertum, als Heilpflanze genutzt. Als reizmildernde und entzündungshemmende Droge fanden sowohl Blätter (Folia Malvae) als auch Blüten (Flores Malvae) Verwendung. Zur Drogengewinnung wird die Algier-Malve hier und da feldmäßig angebaut.

Matteucia struthiopteris (L.) *Todaro (Onoclea str.* (L.) A. W. Roth) Straußfarn

Den wild in Flußauen und Quellmulden vor allem des Berglandes wachsenden Straußfarn hat man spätestens gegen Ende des 17. Jhs. hier und da als dekorative, schattenertragende Schmuckpflanze in die Gärten geholt, wo er sich besonders auf frisch-feuchten Standorten üppig ausbreitete. Unter dem Willdenowschen Namen *Struthiopteris germanica* war er z.B. 1817 im Breiterschen Garten in Leipzig vorhanden, 1824 im Garten des Apothekers Johann Nikolaus Buek in Frankfurt/Oder. In manchen Landschaften, z.B. im Spreewald, wurde er zu einer häufigen Pflanze der Bauerngärten, während er in anderen Gebieten in den Gärten eher selten ist oder fehlt.

Die Artbezeichnung *struthiopteris* erscheint zuerst bei Valerius Cordus 1561, sie wurde gebildet aus gr. strúthios, »zum Vogel Strauß gehörig« und pterís, »Farn«, er bezieht sich auf die an Straußenfedern erinnernden Sporenblätter dieser Farnart. Der heutige Gattungsname *Matteucia* wurde 1866 von dem Direktor des Botanischen Gartens in Palermo, Agustino Todaro, zu Ehren des italienischen Physikers Carlo Matteuci (1800-1868) geschaffen.

Matthiola incana (L.) R. Br. Levkoje

Die rotviolett blühende Stammform der Levkoje ist eine Pflanze nordmediterranatlantischer Felsküsten, ihr Verbreitungsgebiet reicht im Süden bis zu den Kanarischen Inseln, im Norden bis Südengland. Die Pflanze war bereits in der Antike bekannt und wurde von Dioskurides *leukoion* genannt (zu gr. leukós, »weiß« und íon, »Veilchen u.a. wohlriechende Blumen«), doch hat Dioskurides, wie die Botaniker des 16. und 17. Jhs. später auch, unter diesem Namen sowohl die Levkoje als auch den Goldlack verstanden. Von Italien aus kam unsere Pflanze unter ihrem italienischen Namen leucojo, der hier als Levkoje eingedeutscht wurde, offenbar im späten Mittelalter nach Mitteleuropa. Das um 1410 von einem oberrheinischen Meister gemalte »Paradiesgärtlein« zeigt in der Bildmitte hinten an der Mauer ein rotblühendes und ein weißblühendes Exemplar. Im 16. Jh. wird die Art in den Kräuterbüchern beschrieben und abgebildet, z.B. von Hieronymus Bock 1539 und von Leonhart Fuchs 1543. Damals gab es 3 verschiedene Farbformen, und zwar mit weißen, roten und rotvioletten einfachen Blüten, von Franke 1594 als *Leucoium album,* »Weiß welschveyel«, *L. rubrum,* »Rott welschveyel«, und *L. purpureum,* »braun welschveyel« bezeichnet. 1561 war die Art in den Gärten Mitteleuropas bereits weit verbreitet. 1568 nannte Rembert Dodonaeus erstmals eine damals noch sehr seltene Form mit gefüllten Blüten. 1613 treten uns im Hortus Eystettensis dann 10 verschiedene Formen entgegen, neben weiß, rot und rotviolett einfach und gefüllt blühenden auch solche mit rot-weißen Blüten. Über die Jahrhunderte hinweg blieb die Levkoje in diesen und weiteren Formen eine häufige und vor allem wegen ihres Duftes sehr geschätzte Gartenzierpflanze.

***Matthiola incana* (L.) R. Br.** Levkoje, Tabernaemontanus 1591

In der Gartenkultur bildeten sich aus dieser variablen Art seit dem 17. Jh. drei verschiedene Wuchsgruppen heraus: die einjährig gezogenen Sommer-Levkojen, die zweijährigen, vom Herbst bis in den Winter hinein blühenden Herbst-Levkojen und die zweijährigen bis staudenartig ausdauernden Winter-Levkojen. Da die beiden letzteren für Deutschland nicht winterhart genug sind, wurden sie meist als Kübel- oder Topfpflanzen gezogen und frostfrei überwintert; die Kultur der Levkojen als Schnittblumen erfolgte überhaupt unter Glas. Gegen Ende des

19. Jhs. rechnete Bolle die ehemals sehr beliebte Levkoje zu den altmodischen Blumen. Dennoch ging die Züchtung weiter und brachte zahlreiche neue, z.T. mehr als einen Meter hoch werdende, reichblütige Sorten auf den Markt, wobei durch Anzüchtung besonderer Signalmerkmale bereits im Sämlingsstadium die einfach blühenden von den als Schnittblumen gewünschten gefülltblühenden Pflanzen unterschieden und ausgesondert werden können. Um 1930 war die Levkoje vielerorts, z.B. auch in der Oberlausitz, als Zierpflanze in zahlreichen Farben, einfach und gefüllt, in den meisten Gärten und Friedhöfen anzutreffen. In der 2. Hälfte des 20. Jhs. ging ihre Bedeutung zurück, und heute ist sie sowohl als Freilandpflanze in den Gärten als auch als Schnittblume im Blumenhandel weitaus weniger zu sehen als in früheren Zeiten.

Im 16. und 17. Jh. wurde die Art von den damaligen Botanikern zumeist als *Leucoium* bezeichnet. In Heinrich Bernhard Ruppius' Flora Jenensis (1718) finden wir sie in einer Gattung *Cheiri*. Linnaeus stellte sie 1753, zusammen mit dem Goldlack, in die 1737 von ihm gebildetete Gattung *Cheiranthus*. 1812 nahm sie der englische Botaniker und Bibliothekar am Britischen Museum in London Robert Brown wieder aus dieser Gattung heraus und schuf für sie und verwandte Arten die Gattung *Matthiola*. Sie erinnert an den italienischen Arzt und Botaniker Matthiolus, der als kaiserlicher Leibarzt in Prag und Wien tätig war und die Materia medica von Dioskurides in mehreren kommentierten Auflagen neu herausgab und 1562 auch ein Kräuterbuch veröffentlichte. Bereits 1703 hatte Charles Plumier ein amerikanisches Krappgewächs *Matthiola* genannt, welcher Name 1753 von Linnaeus übernommen worden, aber mit der Zuweisung dieser Art in die Gattung *Guettarda* später hinfällig geworden war.

Meconopsis cambrica (L.) Vig.
Kambrischer Scheinmohn

Dieser gelbblühende Scheinmohn, dessen natürliches Verbreitungsgebiet sich über West- und Südwesteuropa erstreckt, wurde 1623 von Bauhin als *Papaver erraticum pyrenaicum flore flavo* aufgeführt. In Gartenkultur nahm man ihn offenbar zuerst in England, wo er auch wild vorkommt. 1640 erscheint er dort im Theatrum Botanicum von John Parkinson als *Papaver cambricum perenne, flore sulphureo*, und 1656 wuchs er im Garten von John Tradescant unter der Bezeichnung *Papaver rhoeas flore luteo radice perpetua.* 1680 bezeichnete ihn Robert Morison in seiner Plantarum Historia als *Argemone Cambro-Britannica lutea*, und 1732 führte ihn Johann Jacob Dillenius im Hortus Elthamensis auf als *Papaver cambricum perenne, flore sulphureo*. In Deutschland hat er als Gartenpflanze im 17. und 18. Jh. offenbar noch gefehlt. Hier taucht er erst zu Beginn des 19. Jhs. auf, und zwar unter dem Linnéschen Namen *Papaver cambricum*. 1808 wuchs er im Berliner Botanischen Garten, 1817 im Breiterschen Garten in Leipzig und 1824 im Garten des Apothekers Johann Nikolaus Buek in Frankfurt/Oder. 1837 empfahl ihn der österreichische Pfarrer Zetter in seinem in Leipzig erschienenen

Staudenbuch. Dennoch gelangte er kaum in die allgemeine Gartenkultur, sondern blieb auf Botanische und Liebhaber-Gärten beschränkt. Erst mit dem Aufkommen des Steingartens fand er eine etwas weitere Verbreitung. Ende des 19. Jhs. entstand in England eine Form mit gefüllten Blüten (cv. 'Plena'), später auch eine mit orangegelben Blüten (cv. 'Aurantiaca').

1814 hatte der französische Botaniker Alexandre Viguier in Montpellier den Scheinmohn in die von ihm begründete Gattung *Meconopsis* (zu gr. mékon, »Mohn«) gestellt. Die Artbezeichnung enthält den alten Namen Kambrien für das heutige Wales, welcher auch der geologischen Formation Kambrium zugrundeliegt.

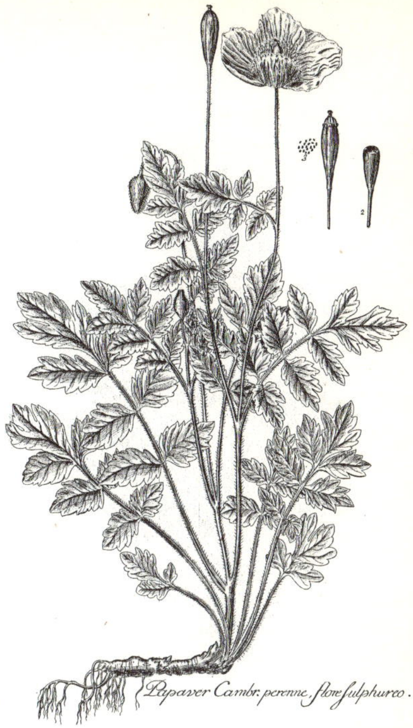

***Meconopsis cambrica* (L.) Vig.** Kambrischer Scheinmohn, Dillenius 1732

Melandryum rubrum (Weigel) Garcke (*M. dioicum* (L.) Simk., *Silene dioica* (L.) Clairv.) Rote Lichtnelke

Die in großen Teilen Europas bis hin nach Westsibirien in feuchten Waldsäumen und Hochstaudenfluren vor allem des Berglandes vorkommende Rote Lichtnelke gehört zu denjenigen einheimischen Wildpflanzen, die man ihrer auffälligen Blüten wegen in die Gärten geholt hat. Als Gartenpflanze wird sie 1561 von Konrad Gessner unter der Bezeichnung *Ocimoides purpureum vel roseum rubrum* aufgeführt. Gessner kannte hiervon auch schon die Form mit gefüllten Blüten, wie sie später von Camerarius (1586) und von Lobelius (1591) abgebildet wurde. Beide wuchsen auch im fürstbischöflichen Garten zu Eichstätt und wurden 1613 im Hortus Eystettensis farbig abgebildet. Für die gefülltblühende Form stehen dort als deutsche Namen »Rother gefüllter Widerstoß / oder Je länger / je freundlicher«. Vor allem diese Form wird auch später vielfach als Gartenpflanze verzeichnet, so z.B. 1684 im Gartenbaubuch von Elsholtz, welcher ausdrücklich vermerkt, daß sie keinen Samen ansetze und daher nur vegetativ vermehrt werden könne. Als damalige wissenschaftliche Bezeichnungen werden *Lychnis sylvestris, Lychnis purpurea* und *Ocymastrum rubrum* verwendet.

Auch Linnaeus stellte sie 1753 in die Gattung *Lychnis*. Im 18. Jh. war die Rote Lichtnelke eine verbreitete Zierpflanze und vermutlich auch in vielen Bauerngärten vorhanden. Der Berliner Botaniker Johann Gottlieb Gleditsch schreibt 1773 über die von ihm »Samtrose« genannte Rote und die nahe verwandte Weiße Lichtnelke folgendes: »Die weißen und roten gefüllten Sammtrosen sind zwei schöne Abänderungen unserer wilden Arten und durch gute Unterhaltung der Gärtner so verschönt, daß viele Blumenliebhaber diese, nebst der roten und weißen *Matronalis*, vielen andern Staudengewächsen vorziehen. Sie verdienen die Unterhaltung und ein fleißiges Verpflanzen. Ihre Blumen, welche gewiß schön sind, blühen im Junius und Julius.« Auch im 19. Jh. wurde die Rote Lichtnelke noch hier und da als Zierpflanze gezogen, ging aber dann aufgrund des Zustromes zahlreicher reichblühender ausländischer Zierpflanzen zunehmend zurück. Um 1900 bezeichnete sie Carl Bolle als altmodische Gartenblume. Heute ist sie nur noch selten in Gärten anzutreffen.

Mimulus L. Gauklerblume

Am 20. Juli 1741 stieß der in russischen Diensten stehende deutsche Naturforscher Georg Wilhelm Steller (1709–1746) als Teilnehmer der 2. Kamtschatka-Expedition unter Vitus Bering auf der Insel Kayak vor der Küste von Alaska an Bachufern in bewaldeten Tälern auf ein gelbblühendes Gewächs, das er in seinen Notizen als *Digitalis Populaginis folio, flore aureo, intus punctis croceis consperso* bezeichnete. Obwohl er hiervon Samen gesammelt hatte, gelangte die Pflanze damals nicht nach Europa, weil Steller auf der Rückreise in Sibirien starb; seine Aufzeichnungen verschwanden im Archiv der Russischen Akademie der Wissenschaften in St. Petersburg. Bei der von ihm gefundenen Art hatte es sich um die **Getüpfelte Gauklerblume** (*M. guttatus* Fisch. ex DC.) gehandelt, deren Areal sich im westlichen Nordamerika von Nordmexiko bis Alaska, ostwärts bis Montana und South Dakota erstreckt. Erst 65 Jahre später entdeckten auf ihrer Expedition von St. Louis zur Pazifikküste 1804–1806 Captain Meriwether Lewis und Captain William Clarke diese Art wieder. 1812 kam sie in Botanische Gärten Europas, ihre Erstbeschreibung wurde 1813 in dem von Augustin Pyramus de Candolle herausgegebenen Katalog des Botanischen Gartens Montpellier veröffentlicht. Im selben Jahre gelangte die Art in den Berliner Botanischen Garten, von wo aus sie in Deutschland rasch verbreitet wurde. 1815 läßt sich die Art im Friedländischen Garten in Kunersdorf/Wriezen, 1817 im Breiterschen Garten in Leipzig sowie im Belvedere in Weimar und 1824 im Buekschen Garten in Frankfurt/Oder nachweisen. Schon in dieser Zeit kam es in Europa zu ersten Verwilderungen: 1815 in Schottland und 1824 in England und in Deutschland (Oldenburg). Heute ist die Getüpfelte Gauklerblume in Mitteleuropa vielerorts, vor allem an Mittelgebirgsbächen und -flüssen, vollständig eingebürgert.

Diese nordamerikanische Gauklerblume ist nach ihrer Einführung nach

Europa vielfach mit der in den Anden Südamerikas heimischen **Gelben Gauklerblume** (*M. luteus* L.) zusammengeworfen worden, welche sich von *M. guttatus* u.a. durch den kahlen Kelch, größere Blüten (3 - 4 (- 8) cm) mit weit offenstehendem Schlund und nicht selten rotgefleckten Zipfeln sowie durch ihren meist kriechenden Hauptsproß unterscheidet. 1763 von Linnaeus als *M. luteus* beschrieben, war diese Art um 1710 an einem Flußufer in der Stadt Conception in Chile von dem französischen Missionar Louis Feuillée entdeckt und in seinem 1714 veröffentlichten Journal des Observations (Bd. 2) als *Gratiola foliis subrotundis nervosis, floribus luteis* beschrieben und abgebildet worden. In die hiesigen Gärten kam sie etwa zur gleichen Zeit wie *M. guttatus*; 1817 werden beide für den Breiterschen Garten in Leipzig angegeben. Aus Kreuzungen zwischen *M. guttatus* und *M. luteus* entstanden vor Mitte des 19. Jhs. Gartenhybriden mit großen, auf goldgelbem Grund prächtig gefleckten und gestrichelten Blüten. Die weitere züchterische Bearbeitung, z.T. unter Einkreuzung weiterer *Mimulus*-Arten, erbrachte eine größere Zahl von Hybridformen mit sehr großen, mehr oder weniger braungefleckten gelben, aber auch kupferfarbigen, dunkelorangeroten oder scharlachroten Blüten, von Eduard Regel als *M. cupreus*, von Maurice Vilmorin als *M. tigrinus*, heute als *Mimulus hybridus* bezeichnet. Derartige großblütige Gauklerblumen sind auch heute noch vielerorts im Angebot des Gartenpflanzenhandels, aber an feucht-frische Standorte gebunden, wenig langlebig und in den Gärten daher nicht allzu häufig zu sehen.

Aus dem westlichen Nordamerika, wo es über 100 wild wachsende *Mimulus*-Arten gibt, kamen außer der obengenannten *M. guttatus* einige weitere Gauklerblumen nach Europa. Die wichtigste davon ist die **Moschus-Gauklerblume** (*M. moschatus* Dougl. ex Lindl.). Sie wurde von David Douglas auf seiner Sammelreise in das pazifische Nordamerika 1826/27 gefunden und mit nach England gebracht, wo sie 1828 im Botanical Register wissenschaftlich beschrieben und abgebildet wurde. Ihre etwas kleineren gelben, fast runden Rachenblüten verströmen einen moschusartigen Geruch. Sie wurde daher, etwa seit 1840 auch in Deutschland, unter dem Namen Moschuskraut und Moschusblume angepflanzt und mitunter auch als Topfpflanze zur Fliegenabwehr in den Wohnräumen gehalten, ist aber heute als Zierpflanze kaum noch zu sehen. Die Art hat sich aber hier und da in quelligen Flachmooren des Berg- und Hügellandes eingebürgert. Pflanzen dieser Populationen weisen allerdings keinen Moschusgeruch auf, es handelt sich bei ihnen vielleicht um die geruchlose *M. inodorus* Greene (= *M. moschatus* var. *sessilifolius* A. Gray). Der Gattungsname *Mimulus* wurde von Linnaeus wegen der maskenartigen Gestalt der Blüten gebildet zu lat. mimus, »Gaukler, Schauspieler«.

Mirabilis jalapa L.
Wunderblume

Die im westlichen tropischen Amerika heimische Wunderblume gehört zu denjenigen amerikanischen Pflanzen, die

Magnæ admirationis herba Peruuiana
descripta. T. 298. Tom. 2.

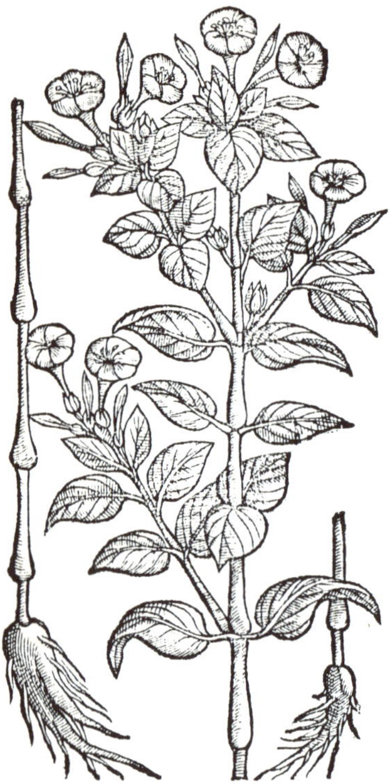

Mirabilis jalapa L. Wunderblume, Lobelius 1591

bereits im 16. Jh. nach Europa gekommen sind. Zuerst traf sie in Form von Samen aus Peru in Spanien ein, von wo aus sie relativ schnell in andere europäische Länder gelangte. 1581 brachte der flämische Botaniker Matthias Lobelius eine erste Abbildung. Zu dieser Zeit war die Wunderblume auch schon in Österreich vorhanden. Der von 1573 bis 1588 in Wien lebende Botaniker Carolus Clusius beschrieb sie in seinem 1583 erschienenen Werk über die selteneren Pflanzen Österreichs und Ungarns und gab an, daß diese Pflanze wegen der Buntscheckigkeit ihrer Blüten bei den Wiener Damen in hohem Ansehen stehe. 1601 schrieb er, damals Professor in Leiden, in seiner Rariorum plantarum historia, daß die Art *Hachal Indici, sive Admirabilis peruana* erst vor kurzem gekommen, jetzt aber schon überall vorhanden sei und fast in keinem Garten fehle. Die Blüten seien rot, weiß oder verschiedenfarbig. In dem vor 1590 entstandenen sogenannten Camerarius-Florilegium erscheint sie in farbiger Abbildung unter den Namen *Solanum Peruanum, Flaquilin Americanorum, Gelciminum Indicum, Indianisch Nachtschatten*. 1594 war sie im Garten des Breslauer Arztes Laurentius Scholz sowie in den Lausitzer Gärten vorhanden, von letzteren gibt Franke sie an als *Herba mirabilis Peruviana* und *Viola Peruviana, Indianisch veyel*. Sogar in Annaberg im Erzgebirge wurde die Art damals gezogen, gehörte dort aber zu den Pflanzen, die nur selten die Samenreife erreichten.

Auch in den folgenden Jahrhunderten blieb die Wunderblume eine beliebte und häufige Zierpflanze. Neben den Formen mit roten, weißen oder rot-weiß gescheckten Blüten gab es im 17. Jh. auch solche mit gänzlich gelben Blüten (1607/30 im herzoglich braunschweigischen Garten zu Hessem als *Planta Indica toto luteo flore*) und mit panaschierten rosaroten und mit gelb-rot gefleckten bzw. gestreiften Blüten, beide 1613 im Hortus Eystettensis abgebildet. Letztere Form erhielt alsbald den Volksnamen

»Schweitzer=hosen«, wie 1684 im Gartenbaubuch von Elsholtz belegt. Dort gibt Elsholtz auch ausführliche Kulturanleitungen für die unter ihrem Bauhinschen Namen *Solanum Mexicoarum flore magno*, »Mexikanischer Nachtschatten« aufgeführte Art. Man zog sie - wie auch heute noch - zumeist als einjährige Sommerblume mit Vorkultur im Frühbeet, doch beschreibt Elsholtz auch die Methode, ihre knolligen Wurzeln frostfrei zu überwintern. 200 Jahre später wurde sie auch als Versuchspflanze bei genetischen Forschungen bekannt, da Gregor Mendel (1822-1884) in Brünn die rote und die weiße Farbform bei seinen Vererbungsversuchen verwendete. Obwohl Carl Bolle die Wunderblume am Ende des 19. Jhs. zu den altmodischen Blumen zählte, wird sie auch heute noch vielfach als Zierpflanze angebaut, wenn auch vielleicht nicht mehr ganz so häufig wie in älterer Zeit.

Mit der Namensvielfalt dieser Art machte erst Linnaeus ein Ende, indem er sie in seinen Species Plantarum 1753 *Mirabilis Jalapa* benannte, wobei er mit dem Gattungsnamen an die alte Bezeichnung *Flos mirabilis* (»bewundernswerte Blume«) anknüpft, in der Artbezeichnung aber den von Tournefort gebrauchten, auf einen indianischen Pflanzennamen zurückgehenden Gattungsnamen *Jalapa* weiterführt, der eigentlich für die als Heilpflanze genutzte Echte Jalapwurz (*Ipomoea purga* (Wender.) Hayne = *Exogonium purga* (Wender.) Benth.) gilt.

Monarda L. Indianernessel, Monarde

Von den etwa 12 nordamerikanischen Arten der Gattung *Monarda* kam die **Röhrige Indianernessel** (*M. fistulosa* L.) mit weißlichen, lila oder rötlichen Blüten um 1625 aus den damaligen französischen Kolonien im östlichen Nordamerika nach Paris. Dort wurde sie 1635 von dem Arzt und Botaniker Jacques Philippe Cornut in seinem Werk über kanadische und andere bisher unbeschriebene Pflanzen als *Origanum fistulosum canadense* vorgestellt und abgebildet. 1637 brachte auch John Tradescant d.J. die Art von seiner Reise nach Virginia mit nach England, wo sie 1640 in John Parkinsons Theatrum Botanicum beschrieben und abgebildet wurde. Sie wuchs dort zunächst, wie 1656 belegt, im Garten von Tradescant. In Deutschland verzeichnete sie der Berliner Botaniker Johann Sigismund Elsholtz in seinem Gartenbaubuch (1666) als *Origanum flore fistuloso* unter den »Zaserich Wintergewächsen«, d.h. den winterharten Stauden. Die Röhrige Indianernessel tritt dann in der Folgezeit in weiteren Botanischen und Liebhaber-Gärten auf, so 1737 in Trebnitz bei Seelow und 1746 im Botanischen und im Krauseschen Garten in Berlin, und zwar unter dem Tournefortschen Namen *Leonurus Canadensis, Origani folio.* Im Botanischen Garten in Uppsala war die Art seit mindestens 1748 vorhanden. Dort erscheint sie unter dem von Linnaeus 1737 während seines Hollandaufenthaltes geschaffenen und 1753 in seinen Species Plantarum festgeschriebenen Gattungsnamen *Monarda,* der an den spanischen Arzt Nikolas Monardes

***Monarda fistulosa* L.** Röhrige Indianernessel, Cornut 1635

in Sevilla (1493 - 1588) erinnert, welcher 1569 ein später mehrfach aufgelegtes Buch über Heilpflanzen der spanischen Kolonien in Amerika veröffentlicht hatte. 1769 nennt sie Gleditsch »Die gemeine canadische Monarde mit weichen Blättern« und gibt an, sie ertrage unsere härtesten Winter ohne Schnee, bringe aber nicht so viele Blüten wie *M. didyma*. In den folgenden Jahrzehnten wurde *M. fistulosa* in Deutschland sichtlich häufiger und gelangte mehr und mehr in die allgemeine Gartenkultur; insbesonders im 19. Jh. wird sie dann vielerorts als Zierpflanze aufgeführt.

Die **Große Monarde** (*M. didyma* L.) mit scharlachroten Blüten kam erst 100 Jahre später nach Europa. 1738 war sie im Garten des reichen Bankiers George Clifford (1685 - 1760) in Hartecamp in den Niederlanden vorhanden. In England zog Peter Collinson die Pflanze aus Samen an, die der Farmer und Pflanzensammler John Bartram (1699 - 1777) nach England gesandt hatte. Dort kam sie 1745 erstmals zur Blüte und war 1760 auf dem Markt von Covent Garden reichlich zu haben. In dieser Zeit erreichte sie auch Deutschland. 1765 gehörte sie zum Pflanzenbestand des Berliner Botanischen Gartens. Dessen Direktor Johann Gottlieb Gleditsch nennt sie 1773 in seinem Gartenpflanzenbuch »Die große glatte Monarde mit rothen Blumen« und bezeichnet sie als sehr dauerhaft und auffällig durch »schöne große scharlachfarbene Blumen, die die Luststücke zieren«. Sie verbreitete sich rasch, 1771 war sie z.B. im Botanischen Garten Halle, 1773 in Jena, 1779 in der Gärtnerei Buek in Hamburg, 1782 im Senckenbergschen Garten in Frankfurt/Main und 1799 im Park Machern bei Leipzig vertreten, 1809 konnte Willdenow von ihr sagen, »sie ist eine gewöhnliche Zierde unserer Gärten«. Auch Ascherson bezeichnete sie 1864 als »häufige Zierpflanze aus Nordamerika«. Später kamen *M. fistulosa* und *M. didyma* jedoch aus der Mode, so daß Carl Bolle um 1900 beide als altmodische Blumen einstufte. Diese Einschätzung verlor in der darauffolgenden Zeit ihre Berechtigung, als sich die Züchtung dieser Arten annahm. Aus Kreuzungen zwischen *M. didyma* und *M. fistulosa* sowie durch Einkreuzung weiterer nordamerikanischer *Monarda*-Arten, die seit Mitte des 18. Jhs. in zunehmender Zahl nach Europa gelangt waren (1808 wuchsen im Berliner Botanischen Garten 8 *Monarda*-Arten), entstand eine Vielzahl schöner und dankbarer Monarda-Hybriden, die heute in vielen Gärten als langblühende Rabattenstauden zu finden sind.

Durch ihren Gehalt an ätherischen Ölen (Thymol und Karvakrol) strömen die Indianernesseln, besonders beim Zerreiben, einen aromatischen Duft aus. Die Indianer bereiteten aus diesen Pflanzen einen Kräutertee (Oswego-Tee), und auch heute noch werden Blätter und Blütenstände in den USA als magenstärkendes, appetitanregendes, verdauungsförderndes und fiebersenkendes Mittel volksmedizinisch angewendet.

Muscari Mill.
Traubenhyazinthe

Mit etwa 50 Arten ist die Gattung *Muscari* im Mittelmeergebiet und Vorderasien verbreitet, wobei das Areal von 4 Arten bis in das südliche und zentrale Mitteleuropa reicht. In seinem 1543 erschienenen Kräuterbuch führt Leonhart Fuchs im Kapitel »Von Mertzenblumen« auch die **Gewöhnliche Traubenhyazinthe** (*M. neglectum* Guss. ex Ten. einschl. *M. racemosum* (L.) Lam. et DC.) und die Schopfige T. (*M. comosum* (L.) Mill.) auf, kennt diese aber nur als Wildpflanzen, über eine Gartenkultur verlautet nichts. Erst aus Konrad Gessners Horti Germaniae 1561 erfahren wir, daß man die genannten Sippen auch als Gartenpflanzen zog. Von den meisten Autoren wurden sie damals und auch späterhin – sogar noch

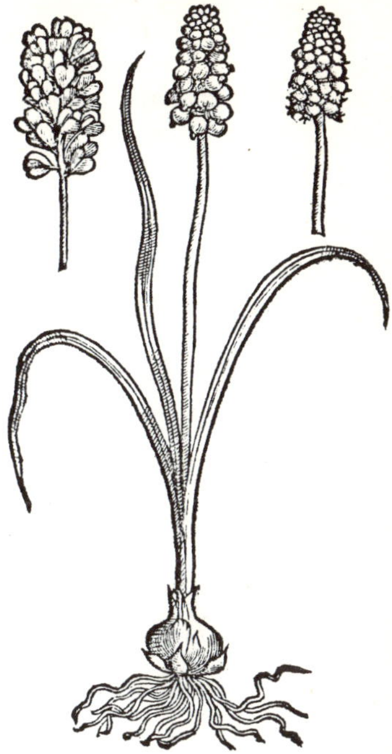

Muscari neglectum **Guss. ex Ten.** Gewöhnliche Traubenhyazinthe, Clusius 1583

von Linnaeus 1753 – den Hyazinthen (*Hyacinthus*) zugezählt.

Den Namen *Muscari* verwendete zuerst Clusius 1576 in seinem Buch über seltenere Pflanzen, und zwar für die Moschus-Traubenhyazinthe. Er geht letztlich zurück auf arab. misk rumi, »griechischer Moschus«. Tournefort dehnte ihn Ende des 17. Jhs. auf die gesamte Gattung aus, und auch in Deutschland wurde er schon in der 1. Hälfte des 18. Jhs. für alle damals gezogenen Traubenhyazinthen verwendet, so z.B. 1737 im

Katalog des Trebnitzer Gartens bei Seelow, 1746 in den Verzeichnissen des Botanischen und des Krauseschen Gartens in Berlin und 1750 in der Flora Francofurtana. Als heute gültiger Gattungsname geht er auf Philip Miller 1754 zurück. Ende des 16. Jhs. waren Traubenhyazinthen in vielen Gärten vorhanden. Zu den obengenannten Arten hatte sich die Kleine Traubenhyazinthe (*M. botryoides* (L.) Mill.) gesellt, die ebenso wie die Moschus-Traubenhyazinthe in Mitteleuropa zuerst von Clusius 1576 aufgeführt wurde.

Die **Moschus-Traubenhyazinthe** (*M. moschatum* Willd.) soll nach Linnaeus vor 1554 aus türkischen Gärten nach Europa eingeführt worden sein. Camerarius nannte sie 1588 *Muscari Turcanum*, Lobelius *Dipcadi chaldedonicum*. Bis in das 19. Jh. hinein blieb sie ihres Geruches wegen eine beliebte Gartenblume. In seinem Staudenbuche 1837 lobte Johann Theophil Zetter die von ihm Muskat-Hyazinthe genannte Art in folgender Weise: »Ich möchte diese Pflanze die Nachtigall im Pflanzenreiche nennen. Wie dieser unansehnliche Vogel durch seine melodischen Lieder hinreißend bezaubert, so umduftet kräftig und durchdringend jenes unscheinbare Gewächs uns im Garten mit den angenehmsten Wohlgerüchen. Darum werde dieses Sinnbild des stillen Verdienstes geschätzt und ausgezeichnet!« Um 1900 rechnete sie Carl Bolle bereits zu den altmodischen Blumen und bemerkt: »Symbolisch für die gute alte Zeit der Rokokoepoche; matte Färbung durch köstlichen Wohlgeruch ausgleichend.« Heute ist sie bei uns höchstens noch in Botanischen und Liebhaber-Gärten zu finden.

Von der **Kleinen Traubenhyazinthe** traten neben der violettblau blühenden Normalform alsbald auch Formen mit weißen (cv. 'Album') und rosa überlaufenen Blüten (cv. 'Carneum') in Erscheinung; beide wuchsen 1588 im Garten des Joachim Camerarius in Nürnberg. 1594 fand sich die weißblühende auch im Scholzeschen Garten in Breslau, und 1613 wurden beide im Hortus Eystettensis farbig abgebildet. Noch heute ist die weiße Form unter dem Volksnamen Spanische Perlen ebenso wie ihre blauviolette Schwester eine beliebte, wenn auch nicht mehr allzu häufige Gartenblume.

Auch bei der **Schopfigen Traubenhyazinthe** gab es damals eine Form mit weißen Blüten, im Anfang des 17. Jhs. zusammengetragenen Burser-Herbar als *Hyacinthus comosus albus* bezeichnet, die aber offenbar eine Seltenheit blieb. Häufiger und beliebter wurde eine monströse Form mit verzweigten Blütenständen, sterilen Blüten und blauen Blütenstielen. Der erste Nachweis dieser »Federbuschhyazinthe« datiert vom Jahre 1611, damals wurde sie in Italien kultiviert. Im Hortus Eystettensis (1613) fehlte sie noch, kam aber bald darauf auch in die Länder nördlich der Alpen. Bauhin in Basel kannte sie bereits, in seinem Pinax 1623 nannte er sie *Hyacinthus paniculata coerulea*. Zunächst blieb sie jedoch noch selten. Der reichhaltige herzoglich braunschweigische Garten zu Hessem verzeichnete sie 1630 unter der Bezeichnung *Hyacinthus comosus et ramosus non descriptus*. Joachim Burser gibt sie in seinem Herbar aus dem Deurlingschen Garten in Leipzig und aus Sorö auf Seeland in Dänemark an, und in England erscheint sie erstmals bei John Parkinson 1629 als *Hyacinthus Pennatus, sive comosus elegantior*. Während heute die eigentliche Schopf-Hyazinthe kaum noch als Zierpflanze gezogen wird, befindet sich ihre monströse Form noch im Angebot des Blumenzwiebelhandels, vermag sich aber in vielen Teilen Mitteleuropas nicht auf Dauer zu halten. Auch die Gewöhnliche Traubenhyazinthe mit ihren schwarzblauen Blüten, die man früher gern zu Einfassungen benutzte, ist fast nirgendwo mehr als Gartenpflanze zu sehen, kommt aber in trockenwarmen Gebieten Süd- und Mitteldeutschlands teils wild, teils verwildert, in Weinbergen und Halbtrockenrasen vor. An ihre Stelle ist in den Gärten die wüchsige **Armenische Traubenhyazinthe** (*M. armeniacum* Leichtl. ex Baker) mit etwas größeren Blütenständen und Blüten von einem etwas helleren Blau getreten. Diese Art, deren Areal sich über Südosteuropa, Kleinasien und das Kaukasusgebiet erstreckt, kam 1877 nach England und wurde 1878 im Gardeners Chronicle beschrieben. Es ist nicht auszuschließen, daß sie schon früher aus türkischen Gärten nach Mitteleuropa gelangte, jedoch nicht von *M. neglectum* unterschieden wurde. So könnte es sein, daß die Abbildung der *Hyacinthus botryoides maior* im Hortus Eystettensis bereits *M. armeniacum* darstellt.

Myosotis L. Vergißmeinnicht

Unser allbekanntes und heute kaum in einem Garten fehlendes **Garten-Vergißmeinnicht** ging aus dem Wald-Vergißmeinnicht (*M. sylvatica* Ehrh. ex Hoffm.) hervor, das in den Bergländern Europas bis hin zum Kaukasusgebiet und bis nach Sibirien in Waldsäumen und Hochstaudenfluren vorkommt. Diese Art wird zwar 1561 von Konrad Gessner unter dem Namen *Symphytum sylvium* als Gartenzierpflanze genannt, tritt aber erst wieder im 19. Jh. in Erscheinung. In der dazwischenliegenden Zeit geben die Quellen, wenn überhaupt, als Gartenpflanze meist nur das **Sumpf-Vergißmeinnicht** (*M. scorpioides* L. s.l.) an. (Bei dem 1718 für Jena, 1724 für Lauban und 1737 für Trebnitz verzeichneten *Myosotis sylvatica, praecox, latifolia, hispida* handelt es sich nach Ausweis der Synonyme und Standortsangaben um *M. arvensis*). Es mag sein, daß man damals verschiedene Vergißmeinnicht-Arten noch nicht unterschieden hat, führt doch selbst Linnaeus 1753 nur *M. scorpioides* auf (allerdings untergliedert in *M. arvensis* und *M. palustris*). Das Wald-Vergißmeinnicht wurde erst 1791 als eigene Art beschrieben. Aber Abbildungen aus dieser Zeit zeigen eindeutig das Sumpf-Vergißmeinnicht und hin und wieder das Acker-Vergißmeinnicht (*M. arvensis* (L.) Hill), wie 1613 der Hortus Eystettensis. Viele Quellen geben Vergißmeinnicht-Arten lediglich als Wildpflanzen, nicht aber als Gartenpflanzen an. So trifft es also sicherlich zu, daß das heutige Garten-Vergißmeinnicht erst um 1830 in unsere Gärten gekommen bzw. erst von da an zu einer allgemein verbreiteten Gartenzierpflanze geworden ist, wie es ja auch für England belegt ist. Noch Wredows Gartenfreund aus dem Jahre 1827 gibt lediglich das Sumpf-Vergißmeinnicht an, wobei es heißt, es sei eine allgemein bekannte und beliebte Pflanze, ebenso 1829 ein Gartenbuch von Julius Bosse. In der 2. Auflage seines Handbuchs der Blumengärtnerei 1841 nennt er außer *M. palustris* und *M. suaveolens* noch *M. alpestris* Schmidt, »eine sehr hübsche, 10-12 Zoll (25-30 cm) hohe Zierpflanze«. 1849 stellt er eine neue, von Heinemann in Erfurt gezüchtete Sorte (var. *Stangei*) von *M. sylvatica* vor, »ein reizendes Blümchen von tiefem Azur, nur 3-4 Zoll (7,5-10 cm) hoch, für Zimmer und Freiland«. Die Gartenpflanzenflora von Ernst Berger 1855 führt ebenfalls *M. sylvatica* Hoffm. und dazu eine Varietät *alpestris* und eine Varietät *suaveolens* an. Ascherson nennt 1864 in seiner Flora der Provinz Brandenburg indessen nur *M. alpestris* Schmidt »häufig als Zierpflanze in Gärten und in Folge dessen verwildert«, *M. sylvatica* (Ehrh.) Hoffm. jedoch nur als Wildpflanze. 1875 bezeichnete Hermann Jäger *M. alpestris* (= *M. sylvatica alpestris*) als »eine der beliebtesten Gartenblumen«. Auch in der Flora des nordostdeutschen Flachlandes 1898-99 wird *M. alpestris* zu *M. sylvatica* gezogen, und wahrscheinlich haben die damaligen Autoren immer *M. sylvatica* gemeint und nicht die echte *M. alpestris* F. W. Schmidt, eine ausdauernde Staude der subalpinen bis alpinen Gebirgsstufen, die jedoch auch hier und da als Gartenpflanze gezogen wurde und vielleicht zu der einen oder anderen Gartenhybride beigetragen hat. Denn durch Auslese und vermutlich auch durch Einkreuzung anderer Vergißmeinnicht-Sippen entstand vom Garten-Vergißmeinnicht neben der Urform seit der 2. Hälfte des 19. Jhs. eine ganze Reihe von Sorten mit hell- und dunkelblauen, auch weißen und rosaroten Blüten, z.T. auch von kompaktem niedrigem Wuchs.

Der botanische Name *Myosotis* - er bedeutet »Mäuseohr« - wurde bereits in der Antike von Dioskurides für eine Pflanze mit mäuseohrartigen Blättern verwendet und von einigen Autoren des 16. und 17. Jhs. aufgegriffen und auf Vergißmeinnicht-Arten bezogen. Andere Autoren bezeichneten als *Myosotis* jedoch andere Arten, z.B. das Hornkraut (*Cerastium*). Linnaeus hat ihn dann aber 1737 auf die (damals noch etwas weiter gefaßte) Gattung Vergißmeinicht begrenzt und in seinen Species Plantarum 1753 festgeschrieben.

Myrtus communis L. Myrte

Die im Mittelmeergebiet als Strauch oder kleiner Baum in Buschwäldern wachsende immergrüne Myrte wurde von den dortigen Völkern schon sehr früh in vielfältiger Weise verwendet. So schmückten im alten Ägypten die Frauen Haar und Kleidung mit blühenden Myrtenzweigen. Im alten Israel zählte sie zu den 4 Gehölzarten, welche die Bewohner am 1. Tage des Laubhüttenfestes zu sammeln hatten. Ihre Zweige gebrauchte man auch bei Verlobungszeremonien, ferner wurden sie medizinisch genutzt. Im alten Griechenland spielte die Myrte eine wichtige Rolle im Ritual, in Kunst und Dichtung. Als heilige Pflanze war sie der Göttin Aphrodite geweiht, diese, aber auch andere Gottheiten, wurden mit Myrten bekränzt dargestellt. Die Myrte galt als Symbol von Jungfräulichkeit, von Jugend und Schönheit. Die Römer verwendeten Myrtenkränze bei Hochzeiten und bei Ovationen verdienter Feldherren, aber auch bei Trauerfeiern. Von den Griechen übernahmen sie den Namen *mýrtos* als *myrtus*, er geht letztlich, wie auch der Name Myrrhe, auf das altsemitische Wort murr, »bitter« zurück. Ob die Römer die Myrte seinerzeit in die von ihnen okkupierten Länder jenseits der Alpen mitgenommen haben, bleibt ungewiß; über die folgenden Jahrhunderte erhalten blieb sie in diesen Gebieten jedenfalls nicht. Bei dem von mittelalterlichen Autoren wie Albertus Magnus, Hildegard von Bingen u.a. aufgeführten »mirtelbaum« hat es sich um den Gagelstrauch (*Myrica gale* L.) gehandelt.

Nach Mitteleuropa kam die echte Myrte im 16. Jh. 1561 wird sie von Konrad Gessner als *Myrtus* bzw. *Myrti arbuscula* aufgeführt, war damals jedoch eine kostbare Seltenheit. 1583 soll die Tochter des Augsburger Handelsherren Jacob Fugger einen Brautkranz aus Myrten getragen haben, damals wohl ein Ausdruck besonderen Reichtums. In England bezog 1562 Lord Burghley in Paris 2 Myrtenbäume, weitere Einfuhren erfolgten 1585 durch Walter Raleigh und Francis Carey. In Deutschland wurde die Myrte erst im Laufe des 17. Jhs. etwas häufiger. 1613 werden im Hortus Eystettensis 2 verschiedene Formen abgebildet, und zwar *Myrtus latifolius*, die breitblättrige Wildform, die von den Juden zum Laubhüttenfest gesucht und daher auch Judenmyrte genannt wurde, und *Myrtus Tarentina*, eine aus Süditalien stammende schmal- und spitzblättrige Form, welche man später als Brautschmuck verwendete und deshalb auch als Brautmyrte bezeichnete. Elsholtz' Flora Marchica

Myrtus communis L. Myrte, Matthiolus/Camerarius 1586

(1663) verzeichnet 4 Formen, neben den bereits 1613 genannten eine mit sehr kleinen spitzen Blättern (*Mucronatus*) und eine breitblättrige mit gefüllten Blüten. Im 18. Jh. nahm die Zahl der Sorten weiter zu, und 1773 zählt Gleditsch solche »mit bunten, gestreiften, sehr feinen, auch sehr langen, schmalen und spitzigen Blättern, mit gefüllten Blüten, mit weißen Beeren« auf. Inzwischen war die Myrte aus den Orangerien und Gewächshäusern der Reichen und der Pflanzenliebhaber bis in die Häuser der einfachen Leute vorgedrungen, wo sie ihren Platz auf den Fensterbrettern fand. Mehr und mehr wurde sie allgemein als Hochzeitsschmuck verwendet, der Myrtenkranz auf dem Kopfe der Braut trat an die Stelle des früher üblichen Rosmarinkranzes, und auch dem Bräutigam steckte man ein Myrtensträußchen an den Festrock. Infolgedessen zog man die Myrte fast in jedem Hause als Topfpflanze. Heute sind derartige Myrtentöpfe vor allem noch in ländlichen Gebieten zu sehen, wenn auch weniger häufig als in früheren Zeiten.

Narcissus L. Narzisse

Die (je nach Auffassung) 15 - 35 Arten umfassende Gattung ist in den Ländern rings um das Mittelmeer verbreitet mit Schwerpunkt in Südwesteuropa (Portugal, Spanien, Pyrenäen) und Nordwestafrika (Marokko). In den Küstengebieten des östlichen Mittelmeeres (Türkei, Libanon, Palästina, Ägypten) finden sich nur noch ganz wenige Wildarten, und nur eine Art (*N. poeticus* L. in der var. *stellaris* (Haworth) Fernandes) besitzt ein am weitesten nach Nordosten vorgeschobenes Teilareal in den rumänischen Karpaten. Die meisten mediterranen Narzissenarten sind in Mitteleuropa nicht winterhart, eigentlich nur 2 (*N. poeticus* und *N. pseudonarcissus*, s.u.) befinden sich hierzulande überall in Freilandkultur. Einige wenige andere und ihre Hybriden haben nur in klimatisch begünstigten Gebieten wie dem Oberrheingebiet eine größere Chance, sie sind sonst im Garten kurzlebig, werden aber z.T. von Gartenbaubetrieben in Gewächshäusern angezogen und als Schnitt- oder Topfblumen auf den Markt gebracht. Weitere Arten können hier lediglich unter Glas gehalten werden und bleiben daher auf Botanische und Liebhaber-Gärten beschränkt.

Als Pflanzen des Mittelmeergebietes waren verschiedene Arten bereits in der Antike bekannt und wurden als Blumenschmuck verwendet, vielleicht hier und da auch schon in den Gärten kultiviert. Den ältesten Beleg stellt ein Kranz aus weißen Tazetten in einem altägyptischen Grab dar. »Wie Ambrosia die Blüten der Narzissen« heißt es in den Zyprischen Gesängen, vielleicht ein Werk des im 8. oder 7. Jh. v. Chr. lebenden griechischen Dichters Stasinos, in dem die Blumenpracht der Insel Zypern besungen wird. Gemeint ist offenbar die auch auf Zypern vorkommende, im Frühjahr blühende Tazette (*N. tazetta* L.). Homer rühmt im Fragment eines Hymnus auf Demeter ebenfalls die Narzisse. Bei der von Theophrast erwähnten Blume *narkissos* dürfte es sich um die auch in den Küstengebieten Griechenlands und des südlichen Kleinasien vorkommende herbstblühende Späte Narzisse (*N. serotinus* L.) gehandelt haben, bei dem von Dioskurides beschriebenen *narkissos* jedoch um die in der var. *hellenicus* (Pugsley) Fernandes auch in Nordwestgriechenland wachsende Weiße Narzisse (*N. poeticus* L.). Der griechische Name *narkissos* wird zu gr. nárke, »Krampf, Lähmung, Erstarrung« gestellt, vielleicht wegen der narkotisierenden Wirkung der in der Pflanze enthaltenen Alkaloide, möglicherweise liegt aber auch eine Umdeutung eines älteren Namens aus einer nichtgriechischen Sprache vor. Die Römer übernahmen den griechischen Pflanzennamen als *narcissus*. In seinen in den Jahren 2–8 n. Chr. entstandenen Metamorphosen erzählt Ovid von dem schönen Jüngling Narcissus, der sich in sein eigenes Spiegelbild verliebte und daran zugrunde ging, worauf er von den Göttern in die gleichnamige Blume verwandelt wurde. Der zuerst von Matthias Lobelius verwendete und 1753 von Linnaeus übernommene botanische Name *Narcissus poeticus* für die Weiße Narzisse verweist auf diese Zusammenhänge. Wie pompejanische Wandgemälde belegen, kannten die Römer außer dieser Art auch die Gelbe Narzisse oder Osterglocke. Daß Narzissen auch im Vorderen Orient hohe Wertschätzung erfuhren, zeigt der Mohammed zugeschriebene Ausspruch: »Wer zwei Brote hat, verkaufe eines und kaufe sich Narzissenblüten dafür; denn Brot ist nur dem Körper Nahrung, die Narzisse aber nährt die Seele.« In den byzantinischen Gärten wurden, neben anderen Zierpflanzen, auch Narzissen gezogen, wie der im 10. Jh. entstandenen Geoponika zu entnehmen ist. Die Gartenkultur des Oströmischen Reiches wurde von den blumenliebenden Türken fortgesetzt, als sie 1453 Konstantinopel, das alte Byzanz, eroberten, das sie nunmehr Stambul/Istanbul nannten. Auch in ihren Gärten wurden verschiedene Narzissen-Sippen kultiviert.

In Mitteleuropa waren Narzissen, obwohl das Verbreitungsgebiet der Gelben Narzisse bis in die westlichen Randgebiete Eifel, Hunsrück, Vogesen hineinreicht und die Stern-Narzisse (*N. poeticus* subsp. *radiiflorus* var. *stellaris*) noch in den Alpen und im Südschwarzwald vorkommt, im Mittelalter kaum bekannt. Lediglich Albertus Magnus berichtet von einem Kraut *narcissus*, das in den Blättern dem Porree ein wenig ähnlich sei. Auf mittelalterlichen Gemälden erscheint die Gelbe Narzisse nur auf einem »Kalvarienberg« aus St. Andreas. In die Gärten

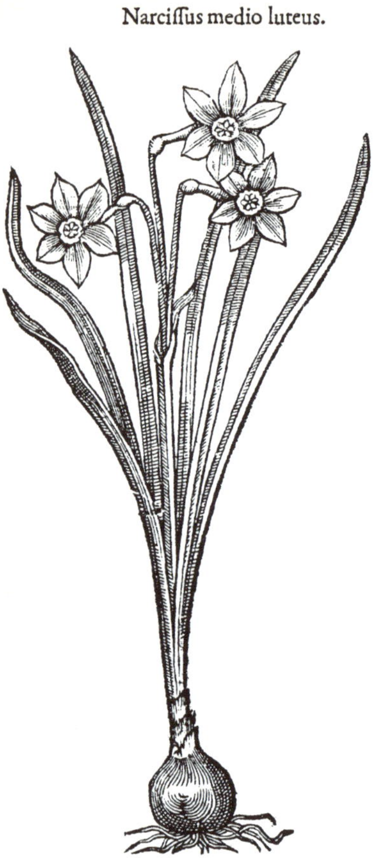

***Narcissus x medio-luteus* Miller** Hybride der Weißen Narzisse, Dodonaeus 1583

West- und Mitteleuropas kamen Narzissen erst im 16. Jh. Da viele Narzissen-Arten sehr formenreich sind und zudem leicht mit nahestehenden Narzissen bastardieren, wodurch es bereits in der Natur zur Entstehung verschiedener Hybriden kam, entfaltete sich die Gattung in Gartenkultur zu großer Formenvielfalt. Während Joachim Camerarius in seinem Nürnberger Garten 1588 erst 9 Sippen verzeichnen konnte, werden im Hortus Eystettensis 1613 bereits 43 verschiedene Sippen aufgeführt. Im für die Narzissenkultur klimatisch besonders günstigen England zählte John Parkinson 1629 sogar 94 verschiedene Narzissenformen auf. In Deutschland blieb, wahrscheinlich aus klimatischen Gründen, die Zahl der Formen geringer. So gab es 1630 im herzoglich braunschweigischen Garten zu Hessem 26 Narzissen-Arten und -Formen, im Zeitraum 1630 – 1651 kamen 10 weitere Arten und Formen hinzu. Das Gartenbaubuch von Johann Sigismund Elsholtz in Berlin führt (1684) 23 Arten und Formen auf, wobei es bereits einige Namensorten gab. Zusammen mit den Tulpen waren die Narzissen die wichtigsten Blütenprachtpflanzen des Frühlings in den frühbarocken Gärten, so auch im damaligen Lustgarten am Berliner Schloß; dort rühmte sie der Pfarrer und Kirchenlieddichter Paul Gerhardt mit einer Strophe seines bekannten Liedes »Geh aus, mein Herz«

»Narzissus und die Tulipan,
Die ziehen sich viel schöner an,
Als Salomonis Seide.«

Es muß freilich bedacht werden, daß sich eine solche Mannigfaltigkeit und Menge an Narzissen nur in den Gärten des Adels und wohlhabender Bürger entfalten konnte, denn nur dort verfügte man über die notwendigen Mittel zur Beschaffung der meist teuren Narzissen-Sorten und zur gärtnerischen Pflege der oft heiklen Arten. Bereits in den Botanischen und Liebhaber-Gärten sah es in dieser Hinsicht wesentlich bescheidener aus. So wuchsen im Garten des Herrn

Narcissus pseudonarcissus L. Gelbe Narzisse, Matthiolus/Camerarius 1586

von Ziethen in Trebnitz bei Seelow 1736 lediglich 8 Arten und Formen, der Botanische Garten in Göttingen wies 1757 drei, der Botanische Garten in Halle 1772 vier und der besonders artenreiche Berliner Botanische Garten 1808 dreizehn Narzissen-Arten und Hybriden auf. In den Gärten der einfachen Leute konnten überhaupt nur 2 Arten, die Weiße Narzisse und die Gelbe Narzisse, Fuß fassen, die beide auf Bergwiesen zu Hause und dadurch an das mitteleuropäische Klima am besten angepaßt sind.

Die **Weiße Narzisse** (*N. poeticus* L.), 1552 von Rembert Dodonaeus als Gartenpflanze aufgeführt, war 1561 in den deutschen Gärten häufig. Der aus dem Spreewald stammende Pfarrer Albin Moller verzeichnete 1582 außer dem wissenschaftlichen und dem deutschen Namen (*Narcissus*, Narcissenröslein) einen niedersorbischen Namen: »Byla Lutzna roßka« (»Weißes Wiesen-Röslein«). Im Hortus Eystettensis werden 7 verschiedene Formen abgebildet, darunter auch eine Form mit gefüllten Blüten sowie der 1559 von Dodonaeus beschriebene Naturbastard *N. x medioluteus* Miller (= *N. poeticus x N. tazetta*) in 2 Formen. Über die Jahrhunderte hinweg blieb die Weiße Narzisse eine beliebte Gartenblume, ist stellenweise in Grasgärten und Parken verwildert und hat sich hier und da auf feucht-frischen Standorten, insbesondere im Bergland, auch mehr oder weniger beständig eingebürgert.

Die **Gelbe Narzisse** (*N. pseudonarcissus* L.)., in Deutschland meist Osterglocke genannt, wird 1530 von Otto Brunfels aufgeführt, wobei jedoch unklar bleibt, ob er sie als Gartenpflanze oder als Wildpflanze gekannt hat. Als Gartenpflanze wird sie 1561 von Konrad Gessner in seinen Horti Germaniae belegt. 1588 hatte Camerarius in Nürnberg bereits gefüllte Formen im Garten. 1594 gibt Franke aus den Lausitzer Gärten zwei verschiedene Formen an, und zwar den *Narcissus montanus totus luteus*, »Geel Hornungsblumen/Josephstab« und einen *Narcissus montanus totus luteus Hispanicus*, »Spanisch Geel Hornungsblumen«, bei dem es sich offensichtlich um die Unterart *major* (Curtis)Baker handelte,

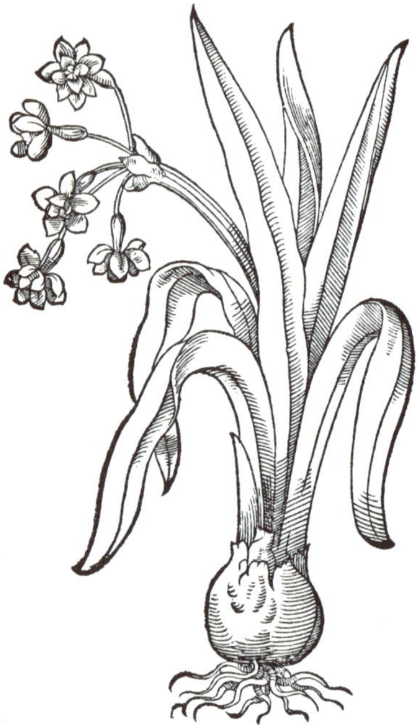

***Narcissus tazetta* L.** Tazette, Matthiolus/Camerarius 1586

auf die alle heutigen großblumigen goldgelben Gartensorten zurückgehen. Beide Sippen waren im gleichen Jahr im Scholzeschen Garten in Breslau vorhanden. Im Hortus Eystettensis war die Art mit 13 Formen vertreten, darunter 3 gefüllte und 2 Formen von *N. x incomparabilis* Miller, eine in den Pyrenäen, Süd- und Mittelfrankreich vorkommende Naturhybride zwischen *N. pseudonarcissus* und *N. poeticus*. Die Art mit ihren Formen blieb auch in der Folgezeit eine häufige und bekannte Gartenpflanze, und ähnlich wie bei *N. poeticus* kam es auch hier auf geeigneten Standorten zu Verwilderungen und Einbürgerungen.

Die im Mittelmeergebiet weitverbreitete formenreiche **Tazette** (*N. tazetta* L.), gekennzeichnet durch in Dolden stehende duftende Blüten mit tassenförmigen kleinen Nebenkronen (zu ital. tazzetta, »Täßchen«) kam in der 2. Hälfte des 16. Jhs. nach West- und Mitteleuropa, teils aus Südfrankreich, Spanien oder Italien, teils aus türkischen Gärten, wo sie bereits seit längerer Zeit in Gartenkultur war. So erhielt z.B. Carolus Clusius, von 1573 bis 1588 in Wien, von kaiserlichen Gesandten am Türkischen Hofe u.a. auch Zwiebeln derartiger Tazetten mitgebracht, und während seines anschließenden fünfjährigen Aufenthaltes in Frankfurt/Main schickte ihm die Ehefrau des kaiserlichen Gesandten Eva Ungnad Freifrau von Sonnegg neben anderen Blumenzwiebeln und -knollen weitere Narzissen zu. Die aus der Türkei gekommenen Narzissen-Sippen erscheinen dann später (z.B. im Hortus Eystettensis), als *Narcissus Orientalis* bzw. *Narcissus polyantheus Orientalis*. Clusius brachte, als er 1593 eine Professur an der niederländischen Universität Leiden annahm, zusammen mit seinen anderen Zwiebelpflanzen auch die Tazette nach dort mit und legte damit den Grund für ihre spätere ausgedehnte Gartenkultur und züchterische Weiterentwicklung in Holland. Im 17. Jh. war die Tazette mit ihren Formen in den herrschaftlichen Gärten Deutschlands weit verbreitet, später finden wir die für das hiesige Klima nicht ausreichend winterharte Art jedoch fast nur in Botanischen und Liebhaber-Gärten. Ähnlich verhielt es sich mit den auf der Iberischen Halbinsel heimischen Arten **Jonquille** (*N. jonquilla* L.) und **Engelstränen-Narzisse** (*N. triandrus* L.), beide 1596 bzw. 1629 in England in Gartenkultur, sowie mit weiteren mediterranen Arten. Lediglich von der von Südwestfrankreich bis Nordwestafrika vorkommenden, 1576 in Wien kultivierten **Reifrock-Narzisse** (*N. bulbocodium* L.) gibt es einige härtere, in Hochgebirgen heimische Sippen, die heute bei uns als Steingartenpflanzen angeboten und verwendet werden. Von dieser Art ist neuerdings sogar ein synanthropes Vorkommen auf einer Wiese südöstlich von Berlin entdeckt worden.

Eine systematische Narzissenzüchtung setzte um die Mitte des 19. Jhs. ein, ihre Schwerpunkte lagen in westeuropäischen Ländern mit regenreichem und wintermildem Klima, vor allem in England und in den Niederlanden. Begünstigt durch die bereits vorhandene Formenvielfalt und die leichte Kreuzbarkeit vieler Narzissen-Sippen entstand eine Fülle von Sorten. 1907 waren etwa 1440 Sorten, 1958 fast 8000 bekannt, und die 1989 publizierte International Daffodil Checklist umfaßte einschließlich der Wildnarzissen und der historischen Kulturformen 23000 Narzissen-Sippen und -Kultivare, von denen aber viele bereits wieder verschwunden sind. Das gegenwärtig im Handel befindliche Sortiment ist wesentlich kleiner. Zum besseren Überblick über die Vielzahl der vorhandenen Sippen teilt man die Narzissen heute in 12 Klassen ein: 1. Trompetennarzissen; 2. Großkronige Narzissen; 3. Kleinkronige Narzissen; 4. Gefüllte Narzissen; 5.Triandrus-Hybriden; 6. Cyclamineus-Hybriden; 7. Jonquillen-Hybriden; 8. Tazetten-Hybriden; 9. Dichternarzissen (N.-Poeticus-Hybriden); 10. Wild-Narzissen; 11. Splitkorona-Narzissen; 12. Sonstige Narzissen. Auch heute noch werden alljährlich viele Narzissen in die Gärten gepflanzt, wo sie sich, den jeweiligen Standortsverhältnissen entsprechend, entweder lange halten und sich auch vermehren, oder aber nach einiger Zeit wieder verschwinden. Am günstigsten für eine Freilandkultur von Narzissen sind in Mitteleuropa die wintermilden und dabei ausreichend niederschlagsreichen Gebiete entlang des Rheins, wo Narzissen in oft beträchtlicher Zahl in Gärten, Parken, Grünanlagen und selbst an Straßenböschungen in Ortschaften zum typischen Vegetationsbild des Frühlings gehören.

Nemesia Ventenat Nemesie

Mit etwa 50 Arten ist die Gattung in Südafrika und den tropischen Gebieten Südamerikas verbreitet. Zuerst stieß der schwedische Botaniker Carl Peter Thunberg während seines Aufenthaltes in Südafrika auf hierher gehörende Arten, stellte sie aber noch zur Gattung Löwenmaul (*Antirrhinum*). 1803 begründete der Pariser Botaniker und Bibliothekar Étienne Pierre Ventenat (1757 - 1808) in seinem Buch über den Garten von Malmaison dann die Gattung *Nemesia*. Bei seiner Namengebung knüpfte er an eine von Dioskurides genannte Pflanze *nemesion* an, bei der es sich aber wohl um *Silene gallica* L. gehandelt hat. 1808 wuchs die ausdauernde *N. chamaedrifolia* Vent. als Kaphauspflanze im Berliner Botanischen

Nemesia strumosa **Benth.** Nemesie, Bailey 1947

Garten, 1817 auch im Breiterschen Garten in Leipzig.

Von den einjährigen Arten der Gattung war in der Mitte des 19. Jhs. in Deutschland nur *N. floribunda* Lehm. vorhanden. In der 2. Hälfte des 19. Jhs. kamen dann auch die beiden Stammeltern unserer heutigen Garten-Nemesien, die blau, violett, blaßrot oder weiß blühende *N. versicolor* E. Meyer und die in mannigfachen Farben blühende *N. strumosa* Benth. zu uns. Letztere wurde 1892 in England eingeführt, dort im Gardeners Chronicle vorgestellt und im gleichen Jahre auch in der Gartenflora begrüßt, wo es heißt: »Dies ist unstreitig eine der schönsten Annuellen, welche in den letzten Jahren unseren Kulturen einverleibt wurden.« Die heutigen großblütigen Nemesien-Sorten stammen wohl alle von *N. strumosa* ab, die kleinblütigen und violettfarbenen von *N. versicolor*, doch gibt es auch Sorten, welche aus Kreuzungen zwischen beiden Arten hervorgegangen sind.

Nerium oleander L. Oleander

Der im Mittelmeergebiet und Vorder- bis Mittelasien von Südportugal bis Nordindien an Flußufern auf steinigem Boden wachsende und Gebüschstreifen bildende Oleander war bereits in der Antike bekannt und fand trotz seiner Giftigkeit als Zierstrauch Eingang in die Gärten. Die Griechen nannten ihn *nerion* (zu gr. néros, »fließend«), welchen Namen die Römer als *nerium* übernahmen. In Pompeji erscheint der Oleander auf Wandgemälden als Gartenpflanze. Der Arzt Dioskurides beschreibt ihn in seiner Materia medica: »Der bekannte Strauch *nérion* oder *rhododaphne* (Rosenlorbeer) oder *rhododendron* (Rosenbaum) ... wächst in Paradiesgärten und in Ufergegenden und an den Flüssen. Seine Blüten und Blätter wirken schädlich auf Hunde, Esel, Maultiere und die meisten Vierfüßler; den Menschen aber sind sie, besonders wenn man Raute hinzumengt, heilsam gegen den Biß von Tieren. Kleinere Tiere aber wie Ziegen und Schafe sterben, wenn sie einen Aufguß davon trinken.« Im 4. Jh. erwähnt ihn der

Agrarschriftsteller Palladius als Mittel zur Vertilgung von Mäusen. Die Pflanze enthält herzwirksame Glykoside, die in geringer Dosierung in Präparaten zur Herz-Kreislauf-Behandlung eingesetzt werden; bei Überdosierung aber kommt es zu schweren, zum Tode führenden Vergiftungen. Die Kräuterbuchautoren des 16. Jhs. warnen vor der Anwendung des Oleander; so heißt es beispielsweise bei Adam Lonicerus: »Ist schädlich vnd gifftig in Leib gebrauchet/ dann er tödtet Mensch vnd Viehe.« Wegen des bitteren Geschmacks der Blätter und spontan einsetzendem Erbrechen sind schwere Vergiftungen jedoch sehr selten.

Nach Deutschland kam der immergrüne, frostempfindliche und daher hierzulande nur als Kübelpflanze zu ziehende Strauch im 16. Jh., und zwar aus Italien. Seinen aus mittellateinisch *lauriandrum* (»lorbeerartig«) hervorgegangenen italienischen Namen *oleandro* übernahm man als Oleander. Zuerst erwähnt ihn Hieronymus Bock 1539. Kurz danach schreibt Leonhart Fuchs 1543 »Von Oleander«, er »würdt auch in gärten gezilet [gezogen]«. Allerdings war er zu dieser Zeit in den Gärten Deutschlands, von wo ihn Gessner 1561 unter seinen klassischen Namen *Rhododaphne* und *Rhododendron* aufführt, noch ziemlich selten. Nur allmählich breitete er sich aus. 1594 war er im Scholzeschen Garten in Breslau als *Nerium rubro flore* vorhanden, fehlte aber noch in den Lausitzen. In England hatte John Gerard 1596 neben der rotblühenden auch die weißblühende Form in seinem Garten, die beide 1601 auch für Schlesien, 1613 für den fürstbischöflichen Garten in Eichstätt, 1630

NERIUM SIVE RHODO-
dendrum.

Nerium oleander L. Oleander, Matthiolus/Bauhin 1598

für den herzoglich braunschweigischen Garten zu Hessem und 1663 für Gärten in Berlin und Brandenburg belegt werden.

Ende des 17. Jhs. gelangte auch die in Afghanistan, Pakistan, Nepal und Nordindien heimische Form mit duftenden, oftmals gefüllten Blüten nach Europa. Sie wurde hier lange als eine eigene Art geführt und von Philip Miller 1768 als *N. indicum*, von David Solander in Aitons

Hortus Kewensis 1789 als *N. odorum* bezeichnet, heute aber nur als Sorte des gewöhnlichen Oleanders angesehen. Zuerst tauchte sie in den Botanischen Gärten von Amsterdam und Leiden in den Niederlanden auf. 1706 wuchs sie, neben der roten und der weißen Form des gewöhnlichen Oleanders, als *Nerium Indicum angustifolium fl. odorato* mit einfachen und gefüllten fleischfarbenen Blüten im Garten der Gebrüder Lastropp in Hamburg-Eimbsbüttel, 1722 in der gefüllten Form im Botanischen Garten Würzburg, 1736 in beiden Formen im Garten des Herrn von Ziethen in Trebnitz bei Seelow.

Von den Barockgärten und Orangerien des Adels und wohlhabender Bürger drang der Oleander im 18. Jh. mehr und mehr in die Gärten der einfachen Bürger vor. So schmückten 1724 in der kleinen oberlausitzer Stadt Lauban der rot- und der weißblühende Oleander die Gärten einiger Bürger, während die damals neue Sorte mit rosarot gefüllten Blüten nur im Garten des Herrn von Warnsdorf in Schreibersdorf anzutreffen war. Im 19. Jh. war der Oleander bereits weit verbreitet und eine beliebte, im Sommer vor den Häusern oder in Gärten aufgestellte Kübelpflanze. Zu den bisherigen 4 Sorten gesellten sich nunmehr weitere Sorten. 1817 hatte der Hofgärtner Christian August Breiter in Leipzig 10 Formen in seinem Garten. 1840 nennt Julius F. W. Bosse in seinem Handbuch der Blumengärtnerei 36 unterschiedliche Sorten, zu denen 1849 im neuere Zierpflanzen behandelnden 4. Teil 21 weitere hinzukamen, einfach-, halbgefüllt- und gefülltblühende mit roten, rosa, weißen und gelben Blüten, duftlose und duftende, auch mit gelb- oder weißpanaschierten Blättern, starkwachsende und niedrig bleibende. Obwohl die Sortenvielfalt des 19. Jhs. nicht mehr vorhanden ist, gehört der Oleander in einer Reihe von Sorten auch heute noch fast überall in Mitteleuropa zu den häufigeren Topf- und Kübelpflanzen.

Nicandra physalodes (L.) Gaertn. Giftbeere

Die zu den Nachtschattengewächsen gehörende Giftbeere ist in Peru beheimatet. Dort wurde sie zwischen 1707 und 1712 von dem französischen Franziskanerpater Louis Feuillée entdeckt und im 1725 erschienenen 3. Band seiner Beobachtungen unter dem Namen *Alkekengi amplo flore violaceo* beschrieben und abgebildet.

Linnaeus stellte sie 1753 als *Atropa pyhysalodes* zu den Tollkirschen, betonte aber, daß sie eigentlich zwischen den Gattungen *Atropa* und *Physalis* stehe. Das Material für seine Beschreibung hatte er von dem französischen Botaniker Bernard de Jussieu (1699 – 1776) aus Paris erhalten, und es ist nicht ausgeschlossen, daß diesem von seinem sich damals in Peru aufhaltenden Bruder Joseph de Jussieu (1704 – 1771) Samen zugeschickt worden war. Wenig später dürfte die Pflanze nach Deutschland gekommen sein. 1771 wuchs sie im Botanischen Garten in Halle, und 1779 wurde sie unter dem Namen *Atropa physaloides* (sic!) von der Hamburger Gärtnerei Buek angeboten. 1791 stellte der Arzt Joseph Gaertner in Calw sie zu der bereits 1763 von

Michel Adanson begründeten Gattung *Nicandra*, benannt nach dem antiken griechischen Arzt und Dichter Nikandros aus Kolophon in Kleinasien, der u.a. Lehrgedichte über Gifte und Gegengifte geschrieben hatte. Auch unsere Pflanze ist giftig, sie enthält Pyrrolizidin-Alkaloide, der Verzehr ihrer Beeren führt zu Magen-Darm-Erkrankungen, im Extrem zu Atemlähmung. Trotzdem war die Giftbeere in der 1. Häfte des 19. Jhs, unter den deutschen Namen Wolfskraut, Schluttenartiges Tollkraut und Männersieg - letzterer die wörtliche Übersetzung des griechischen Namens *Nicandra* - eine beliebte Zierpflanze und in vielen Gärten vorhanden, zumal sie sich leicht aus Samen ziehen läßt. Sie säte sich auch oftmals von selbst aus und trat z.B. in Brandenburg um 1860 häufig als Unkraut in Gärten und Weinbergen sowie auf Schutt in Erscheinung. Später kam sie als Zierpflanze aus der Mode, und 1894 heißt es, sie sei »von geringem blumistischem Wert«. Nachdem man sie lange Zeit hindurch nur noch selten antraf, wird sie neuerdings wieder als ausgefallene Zierpflanze geschätzt und hier und da in den Gärten gezogen.

Nicotiana alata Link et Otto **Geflügelter Tabak**

Mit etwa 70 Arten kommt die Gattung in Amerika und Australien vor. Die Zahl der Sorten ist wesentlich höher, so umfaßte die 1996 im Pariser Jardin des Plantes aufgepflanzte *Nicotiana*-Kollektion 1100 Arten, subspezifische Sippen und Kultivare. Ihren Namen hat die Gattung vom französischen Gesandten Jean Nicot de Villemain (1530-1600), welcher 1560 aus Lissabon Tabakpflanzen nach Frankreich geschickt hatte.

Neben den zur Herstellung von Rauch-, Kau- und Schnupftabak kultivierten und auch in Deutschland stellenweise (z.B. in der Uckermark) angebauten Arten *N. tabacum* L. und *N. rustica* L. werden einige schönblühende *Nicotiana*-Arten auch als Zierpflanzen gezogen. Die wichtigste ist der Geflügelte Tabak (*N. alata*). Samen dieser im südöstlichen Südamerika von Südostbrasilien bis Argentinien heimischen Art sandte 1827 der aus Potsdam stammende Gärtner und Pflanzensammler Friedrich Sello aus Brasilien an den Berliner Botanischen Garten.

Dort erfolgte 1828 die Erstbeschreibung der neuen Art durch den Botanik-Professor Heinrich Link und den Garteninspektor Friedrich Otto in den Icones plantarum rariorum Horti Botanici Berolinensis Nr. 32. In die allgemeine Gartenkultur kam sie erst im Laufe der 2. Jahrhunderthälfte, wobei die wärmebedürftige, nachts aufblühende und stark duftende Art in südeuropäischen Ländern stärker verwendet wird als in Mitteleuropa. Durch Auslese entstanden Gartenformen mit größeren Blüten, vom italienischen Botaniker Orazio Comes als var. *grandiflora* bezeichnet. 1903 brachte der in England lebende Gärtner und Pflanzenzüchter Conrad Sander (1847-1920) die auch tagsüber lebhaft rot blühende Hybride *N. x sanderae* hort. Sander ex W. Wats. (*N. alata* 'Grandiflora' x *N. forgetiana* hort. ex Hemsley) in den Handel. Heute werden vor allem 30-40 cm hohe F_1-Hybriden mit buschig verzweigtem Wuchs und früh einsetzender reicher

Blüte in den Farben Weiß, Grünlichgelb, Rosa und Rot angeboten. Wegen ihrer aufwendigen Anzucht sind sie vorwiegend in öffentlichen Grünanlagen, weniger in privaten Blumengärten anzutreffen.

Nigella damascena L.
Jungfer im Grünen

Die Art ist im Mittelmeergebiet bis hin nach Kleinasien und den Kanarischen Inseln heimisch. Eine erste Abbildung findet sich in einer im Britischen Museum aufbewahrten süd- und mittelitalienischen Handschrift vom Anfang des 14. Jhs. Nach Mitteleuropa kam sie als Gartenpflanze offenbar erst in der 1. Hälfte des 16. Jhs., vermutlich durch den venezianischen Levantehandel aus dem Vorderen Orient, worauf auch die schon früh verwendete Artbezeichnung *damascena* (»aus Damaskus stammend«) hinweist. In Deutschland wird sie erstmals 1539 von Hieronymus Bock genannt. In der 2. Hälfte des 16. Jhs. war sie in den deutschen Gärten weit verbreitet. 1561 nennt sie Gessner, wie auch 1753 dann Linnaeus, *Nigella Damascena*, wobei sich der Gattungsname *Nigella* auf die schwarzen Samenkörner dieser und verwandter Arten bezieht (lat. nigellus, »schwärzlich«). Andere Botaniker benutzten damals den auf Dioskurides zurückgehenden Namen *melanthion* (zu gr. mélas, »schwarz« und ánthos, »Blume«), so z.B. 1594 Johannes Franke (*Melanthium Damascenum*, »Frembder Schwarzkümmel«). Seit Ende des 16. Jhs. war eine Form mit gefüllten Blüten bekannt, über die Elsholtz in seinem Gartenbaubuch (1684) schreibt: »Die gefüllten werden im Vollenmond [bei Vollmond] gesäet/nicht dichte/sondern daß iedes Pfläntzlein besonders stehe: auch wird der Same im Vollenmond wieder abgenommen.« Wie man sieht, spielten abergläubische Vorstellungen (volle Blüte – voller Mond) eine Rolle und bestimmten Aussaat- und Erntetermin. Später traten Formen mit weißen und mit rosaroten Blüten in Erscheinung, doch blieb die Form mit hellblauen Blüten stets die beliebteste. Über die Jahrhunderte hinweg war die im Volksmund meist Jungfer im Grünen, Braut in Haaren o.ä. genannte anspruchslose Art eine häufige und überall kultivierte Sommerblume. So vermerkt z.B. Johann Christian Gottlob Baumgarten 1790 in seiner Flora Lipsiensis für den Leipziger Raum, sie wachse überall in den Küchengärten, besonders zahlreich aber in den Gärten der Vorstädter und der Dorfbewohner. Auch im 19. Jh. noch eine gewöhnliche Zierpflanze der Blumengärten, wurde sie gegen Ende des Jhs. mehr und mehr von attraktiveren Sommerblumen in den Hintergrund gedrängt. Um 1900 rechnete sie Carl Bolle zu den altmodischen Blumen. Lange Zeit war sie fast nur noch in bunten Sommerblumenmischungen vertreten. In neuerer Zeit wird sie wieder etwas häufiger gezogen, da ihre großen blasenartigen Fruchtkapseln für Trockensträuße geschätzt werden.

Neben dieser Art wurde lange Zeit hindurch auch die heute kaum noch zu sehende *N. hispanica* L. von der Iberischen Halbinsel und Nordwestafrika bei uns als Zierpflanze gezogen. Bei ihr sind die Blüten nicht wie bei der vorigen Art von einem Kranz feinzerteilter Hüllblätter umgeben, dafür etwas größer und dunkler blau. In Deutschland erschien dieser Spanische Schwarzkümmel zu Beginn des 17. Jhs., der Hortus Eystettensis bildete ihn 1613 unter dem Namen *Melanthium hispanicum majus* ab. 1630 wuchs er als *Nigella Hispanica amplissimo flore* im herzoglich braunschweigischen Garten zu Hessem, und 1663 wurde er unter dem 1623 von Bauhin gegebenen Namen *Nigella latifolia flore majore simplici coeruleo* in Elsholtz' Flora Marchica auch für Gärten in Berlin und Brandenburg verzeichnet. Bis in das 19. Jh. hinein war auch diese Art, von der es zuletzt auch Formen mit weißen und mit dunkelpurpurroten Blüten gab, in deutschen Gärten vertreten, wenn auch allezeit weniger häufig und zahlreich als *N. damascena*.

Oenothera L. Nachtkerze

Die Gattung umfaßt rd. 200, fast alle in Nordamerika beheimatete Arten. Als erste kam Anfang des 17. Jhs. *Oe. oakesiana* Robb. (syn. *Oe. syrticola* Bartl., *Oe. muricata* auct. non L.) nach Europa. 1612 war sie im Botanischen Garten Padua vorhanden, angezogen aus Samen, die der englische Arzt und Philosoph Johannes Morus geschickt hatte. Nach den dortigen Exemplaren wurde sie von Prosper Alpinus (1553–1617) in seiner 1614 abgefaßten, 1627 postum erschienenen Abhandlung De plantis exoticis erstmals unter der Bezeichnung *Hyoscyamus Virginianus* beschrieben und abgebildet. In Deutschland läßt sich diese Art 1627 in Kassel, 1635 in Altdorf, 1651 zu Hessem, 1654 in Königsberg und 1659 in Jena als Gartenpflanze nachweisen. Auch in sächsischen Gärten (»In hortis Misniae«) war sie nach Ausweis des Burser-Herbars bereits frühzeitig vorhanden. In Berlin tritt sie erstmals 1657 als Pflanze des kurfürstlichen Lustgartens am Schloß in Erscheinung, Elsholtz' Flora Marchica nennt sie 1663 unter dem Namen *Lysimachia lutea corniculata C. B., Gelber Weiderich mit Hörnern, Lysimachia Virginiana vulgi.*

Wenig später als diese Art war die **Gewöhnliche Nachtkerze** *(Oe. biennis* L.) in Europa eingetroffen. 1623 führten sie Jean und Vespasian Robin in Paris aus ihrem Garten auf. Zunächst breitete sie sich in Frankreich und in den Niederlanden aus, von wo aus sie in der 2. Hälfte des 17. Jhs. nach Deutschland gelangte. 1660 war sie in Altdorf und 1668 in Halle als *Lysimachia virginiana major fl. amplo* vertreten. Allmählich verdrängte sie die kleinblütigere *Oe. oakesiana* und erlangte während der 1. Hälfte des 18. Jhs. in den deutschen Gärten die größte Verbreitung unter allen damaligen Nachtkerzen-Arten.

Diese waren zunächst reine Zierpflanzen. Schon bald aber fand man heraus, daß die fleischigen Wurzeln der Gewöhnlichen Nachtkerze sich essen lassen. Wie es heißt, schmecken sie wie Pastinak; sie wurden vor allem wie Sellerie als Salat zubereitet. In der Folge baute man diese Art vielerorts in den Küchengärten als Gemüsepflanze an. Da sie sich in den Gärten durch Samen selbst aussäte, kam es alsbald zu Verwilderungen. 1766 schreibt Gleditsch, die Art sei in Brandenburg, ebenso wie in anderen Ländern, ein gemeines Unkraut geworden. Im 19. Jh. breiteten sich die Gewöhnliche Nachtkerze wie einige andere nach Europa gekommene und hier verwilderte Nachtkerzen-Arten in der freien Natur weithin aus. Hybridisationen zwischen den einzelnen Arten führten durch Neukombinationen zur Entstehung einer großen Zahl oft schwer unterscheidbarer Kleinarten.

In seinem Gartenfreund nennt Wredow 1818 sechs *Oenothera*-Arten als Zierpflanzen. Im Laufe des 19. Jhs. spielten die meisten dieser Arten als Zierpflanzen eine immer geringer werdende Rolle, und auch als Gemüsepflanze (Rapontika) verlor die Gewöhnliche Nachtkerze mehr und mehr an Bedeutung. Als Zierpflanzen traten nunmehr einige andere, besonders groß- und reichblütige Arten in Erscheinung, von denen hier nur auf die drei wichtigsten eingegangen werden kann.

Die ausdauernde niederwüchsige **Missouri-Nachtkerze** *(Oe. missouriensis* Sims) mit bis 10 cm großen hellgelben Blüten aus den südlichen USA wurde 1811 durch John Bradbury (1768–1823), welcher im Auftrage des Liverpooler Botanischen Gartens seit 1809 in Nordamerika Pflanzen sammelte, nach England eingeführt. Lange Zeit blieb sie hauptsächlich eine Pflanze der Botanischen Gärten. Erst mit dem Aufkommen der Steingärten wuchs das Interesse an dieser Art. Als wertvolle Staude für größere Steingärten, trockene Böschungen, Mauerkronen, Dachgärten und sonnige Rabatten konnte sie sich in Mitteleuropa erst im 20. Jh. etwas weiter ausbreiten. Heute ist sie mancherorts an den erwähnten Wuchsplätzen anzutreffen.

Um die gleiche Zeit kam auch die vielgestaltige **Vierkantige Nachtkerze** *(Oe. tetragona* Roth) aus dem östlichen Nordamerika nach Europa. Auch sie erlangte erst im 20. Jh. eine etwas größere Bedeutung als Rabattenstaude. Heute gibt es verschiedene Kultivare, so z.B. die 1961 entstandene Sorte 'Hohes Licht', die aber z.T. wohl Hybriden mit anderen Nachtkerzen-Arten darstellen.

Die zweijährige **Rotkelchige Nachtkerze** *(Oe. glazioviana* Micheli, syn. *Oe. erythrosepala* Borbás) befindet sich in Mitteleuropa offenbar noch in der Ausbreitung. Sie soll 1858 aus Texas in Form von Samen von einer Londoner Gärtnerei eingeführt worden sein, ist aber vielleicht eine erst in England durch Hybridisation entstandene neue Art. Bereits 1861 bot sie die Erfurter Samenhandlung Benary in ihrem Katalog an, allerdings unter dem Synonym *Oe. lamarkiana.* Obwohl damals von den meisten europäischen Samengroßhandlungen vertrieben, stieß sie vorerst nur in England auf größeres Interesse, wo es auch zu vielfachen Einbürgerungen kam. In Mitteleuropa konnte sie erst in der 2. Hälfte des 20. Jhs. als Zierpflanze Fuß fassen. Gegenwärtig ist sie hier und da in den Gärten zu sehen und hat sich vereinzelt sogar als Gartenflüchtling an Wegen und Dämmen eingebürgert.

Der von Linnaeus 1737 geschaffene und 1753 festgeschriebene Gattungsname *Oenothera* geht auf einen antiken Pflanzennamen zurück, der bei Theophrast (De historia plantarum) als *oinotheras,* bei Plinius als *onotheras* erscheint und vielleicht eine Weidenröschen-Art bezeichnete.

Omphalodes verna Moench
Frühlings-Gedenkemein

Das wild im südöstlichen Alpengebiet von Slowenien bis Norditalien, südwärts bis zum nördlichen Appenin und Zentralrumänien wachsende Frühlings-Gedenkemein ist als Zierpflanze offenbar zuerst in Flandern kultiviert worden, wo es gegen Ende des 16. Jhs. von Rembert Dodonaeus und von Matthias Lobelius aufgeführt wird. Auch der Beleg in dem Anfang des 17. Jhs. zusammengetragenen Herbar von Joachim Burser stammt aus Belgien. In Deutschland erscheint es 1613 im Hortus Eystettensis als *Borrago minima* und als *Cynoglossum Lusitanicum* 1651 im herzoglich braunschweigischen Garten zu Hessem. Die Flora Marchica (1663) und das Gartenbaubuch von Elsholtz (1666) geben es unter dem Bauhinschen Namen *Symphytum minus Borraginis facie* aus Berlin und Brandenburg an, eigenartigerweise aber stets als Wildpflanze. Entweder handelt es sich hierbei um einen Irrtum, oder es gab schon damals Verwilderungen. Im 18. Jh. wird die Art in den deutschen Gärten etwas häufiger, 1733 wuchs sie als *Omphalodes pumila verna, Symphyti folio* im fürstlichen Garten Karlsruhe, 1736 im Garten des Herrn von Ziethen in Trebnitz bei Seelow, 1743 im Botanischen Garten in Göttingen, 1746 im Botanischen Garten und im Krauseschen Garten in Berlin, 1747 im Boseschen Garten in Leipzig. 1773 schrieb Gleditsch in Berlin über das von Linnaeus 1753 als *Cynoglossum Omphaloides* bezeichnete Pflänzchen, »das im Frühlinge mit seinen blauen Blümchen unsern Luststücken zur Zierde gereicht, da andere wenig vorhanden sind«, es sei »unter den Liebhabern gemein«. 1779 bot es die Hamburger Gärtnerei Buek unter der Linnéschen Bezeichnung zum Kauf an. 1794 führte der Marburger Botanik-Professor Konrad Moench (1744-1805) den heute gültigen wissenschaftlichen Namen *Omphalodes verna* ein. Der bereits bei Tournefort 1700 erscheinende Gattungsname *Omphalodes* entstammt dem Griechischen und bedeutet »nabelförmig«. Als blaue Blume erfreute sich die Art in der Zeit der Romantik besonderer Beliebtheit, so daß sie im 19. Jh. in vielen Gärten anzutreffen war, zumal sie, wie

Wredow 1818 in seinem Gartenfreund betonte, überall gut fortkam. 1837 bezeichnete Johann Theophil Zetter sie in seinem Staudenbuch als »wohlbekannte und geschätzte Pflanze«. Gern pflanzte man mit ihr hübsche Einfassungen. Um 1860 war das Frühlings-Gedenkemein stellenweise zahlreich verwildert, insbesondere in Landschaftsparken, in denen man die Pflanze als schattenertragenden und flächendeckenden Frühblüher vielfach verwendete. Um 1900 rechnete Carl Bolle die Art zu den altmodischen Blumen, und seitdem ist sie in den Gärten eher wieder selten geworden.

Ornithogalum L. Milchstern

Die etwa 150 Arten der Gattung *Ornithogalum* sind im Mittelmeergebiet und Vorderasien bis hin zum Iran sowie in Südafrika zu Hause. Von den südeuropäischen Arten spielen als Zierpflanzen in Mitteleuropa 2-3, von den südafrikanischen 2 eine größere Rolle.

Die häufigste Milchstern-Art in unseren Gärten ist der im gesamten Mittelmeergebiet einschließlich Südosteuropa bis hin in den pannonischen Raum heimische **Dolden-Milchstern** (*O. umbellatum* L.). In Italien wohl schon länger in Gartenkultur und dort von Leonardo da Vinci (1452–1519) gezeichnet, kam die Art bald nach der Mitte des 16. Jhs. nach West- und Mitteleuropa. 1559 nennen sie der flämische Botaniker Rembert Dodonaeus und 1561 der Züricher Arzt und Naturforscher Konrad Gessner als Gartenpflanze. Letzterer hatte sie von dem Apotheker Francisco Calzolaris in Verona erhalten. In Deutschland blieb der Dolden-Milchstern im 16. Jh. selten und war mancherorts nicht vorhanden, so z.B. 1594 im Scholzeschen Garten in Breslau und in den Lausitzen. Andererseits beobachtete ihn Joachim Camerarius, der ihn 1588 für seinen Nürnberger Garten als *Ornithogalum alterum minus* angibt, bereits vor diesem Zeitpunkt in großer Menge auf den Elbwiesen bei Dresden, wo die Art offenbar aus Gartenkultur verwildert war. Auch späterhin kam es vielerorts zu Verwilderungen und Einbürgerungen vor allem in Weinbergen, Äckern, Rasen- und Saumgesellschaften.

Ab dem 17. Jh. war der Dolden-Milchstern in den Gärten häufiger, der Hortus Eystettensis (1613) z.B. bildete 2 verschiedene Formen ab, und im 18. Jh. hat er dann kaum in einem Garten gefehlt und war aufgrund seiner Vermehrungsfreudigkeit auch schon vielfach verwildert. So heißt es 1724 in der Flora von Lauban über die dort u.a. unter dem Bauhinschen Namen *Ornithogalum umbellatum medium, angustifolium* und dem Volksnamen Stern = Blümlein aufgeführte Art, sie komme in Kulturen sowie in Gras- und anderen Gärten überall vor. Die Art gehörte zu den typischen Zierpflanzen der Bauerngärten; von der Vielzahl ihrer Volksnamen sei hier noch die Bezeichnung Stern von Bethlehem erwähnt. Obwohl sie Carl Bolle am Ende des 19. Jhs. den altmodischen Blumen zuzählte, ist sie auch heute noch in vielen Gärten anzutreffen.

Da der **Nickende Milchstern** (*O. nutans* L.) in Mittel- und Süditalien (Latium, Campanien) reichlich vorkommt und von dort früh belegt ist (Fabio Columna 1606: »in agro Neapolitano frequentissimam«), vertrat Kurt Wein (1963) die Ansicht, daß er dort auch beheimatet sei. Neuere Forschungen (Jäger 1989) haben jedoch gezeigt, daß sein ursprüngliches Verbreitungsgebiet auf der südlichen Balkanhalbinsel (Bulgarien, Griechenland) und im westlichen Kleinasien liegt. Bei den Fundorten in Mittel- und Süditalien handelt es sich nach Ansicht der meisten Forscher wohl lediglich um alte Verwilderungen, doch ist die Möglichkeit spontaner Vorkommen in dieser Region nicht ganz von der Hand zu weisen, zumal einige balkanische Arten mit ähnlicher Gesamtverbreitung ebenfalls süditalienische Vorpostenareale haben. In die Gebiete nördlich der Alpen gelangte der Nickende Milchstern zuerst aus Italien, und zwar schickte der Apotheker Ferrante Imperato (1560–1625) in Neapel vor 1601 Zwiebeln dieser Art an den seit 1593 in Leiden tätigen Carolus Clusius. Zuerst in der Rariorum plantarum historia als *Ornithogalum aliud vulgare* erwähnt, gibt Clusius in seinem 1605 veröffentlichten Buch über exotische Tiere, Pflanzen und Früchte eine genauere Beschreibung und Abbildung der von ihm *Ornithogalum Neapolitanum* genannten Art. Im Leidener Botanischen Garten ist der Nickende Milchstern fortan ständig kultiviert worden. Wahrscheinlich auf den dort gezogenen Pflanzen fußt die Abbildung im Florilegium von Emanuel Sweert 1612. Vermutlich von Clusius erhielt der fürstbischöfliche Garten in Eichstätt die Art, welche 1613 im Hortus Eystettensis als *Ornithogalum Neapolitanum*, »Neapolitanische Stern-Blum« farbig dargestellt wird. Unter demselben Namen kam sie im Zeitraum von 1607 bis 1630 in den von Johann Royer geleiteten herzoglich braunschweigischen Garten zu Hessem. Vor 1623 war auch Caspar Bauhin in Basel die Pflanze zugesandt worden, und zwar von Honorius Bellus aus Kreta. In seinem Pinax bezeichnete Bauhin sie als *Ornithogalum exoticum, magno flore, minori innato*. Die weitere Ausbreitung der Art in den mitteleuropäischen Gärten verlief offenbar recht zögerlich. Im Botanischen Garten der Universität Altdorf bei Nürnberg läßt

***Ornithogalum umbellatum* L.** Dolden-Milchstern, ***O. pyramidale* L.** Pyramiden-Milchstern, Matthiolus/ Camerarius 1586

sie sich erst 1660 nachweisen, in Leipzig 1675, in Nürnberg 1700. In den reichhaltigen kurfürstlichen Gärten in Berlin und Brandenburg war der Nickende Milchstern jedoch weder 1663 noch 1684 vorhanden, ebenso fehlte er zu dieser Zeit in anderen Botanischen, Adels- und Liebhaber-Gärten, von den Gärten der einfachen Leute ganz zu schweigen. Erst im 18. Jh. nimmt die Zahl der Gärten, in denen die Art gezogen wurde, zu. So kam sie zwischen 1732 und 1735 in den Waltherschen Garten in Leipzig, und zwar wahrscheinlich aus Holland. 1736 wuchs sie, vielleicht aus Leipzig bezogen, im Garten des Herrn von Ziethen in Trebnitz bei Seelow, 1738 im Botanischen Garten in Wittenberg, 1746 im Krauseschen Garten in Berlin, aber noch nicht im dortigen Botanischen Garten (dort erst 1765). In der 2. Hälfte des 18. und in der 1. Hälfte des 19. Jhs. konnte der Nickende Milchstern auch bis in die dörflichen Gärten hinein vordringen. 1787 war die Art in Obstgärten in Berlin bereits verwildert. Im 19. Jh. liegen dann Angaben über zahlreiche weitere Verwilderungen vor, während sie in den Gärten selbst ab der Jahrhundertmitte wieder seltener wurden. So schreibt Ascherson 1864 in seiner Flora der Provinz Brandenburg: »Früher als Zierpflanze in Gärten, in Folge dessen in denselben auf Grasplätzen, seltener außerhalb auf Rainen oder in Gebüschen verwildert«. 1884 werden für Brandenburg 20 Fundorte von Verwilderungen angegeben. Am Ende des Jhs. bezeichnete Carl Bolle die »Grau-Hyazinthe« als altmodische Blume. Heute ist sie als Zierpflanze nur noch selten zu sehen, hauptsächlich in Bauerngärten. Wesentlich größer ist dagegen die Zahl der Verwilderungen und Einbürgerungen. In Grasgärten und alten Parken, auf Friedhöfen, Dorfangern und Böschungen und selbst in ortsnahen Wäldern ist sie mitunter in großen Mengen verwildert und völlig eingebürgert.

Um 1840 fiel dem einer hugenottischen Gärtnerdynastie entstammenden Gärtner am Berliner Botanischen Garten Karl Peter Bouché auf, daß dort neben dem eigentlichen Nickenden Milchstern eine weitere, zwar ähnliche, aber doch in manchen Merkmalen abweichende Milchstern-Sippe in Kultur war. Der Berliner Botanik-Professor Karl Sigismund Kunth (1788 –1850) ging den Feststellungen Bouchés nach und beschrieb die abweichende Sippe als *Myogalum boucheanum*. Sein Kollege Heinrich Link hatte 1829 die Milchstern-Untergattung *Myogalum* zu einer eigenen Gattung erhoben, 1866 stellte Ascherson sie aber wieder zur Gattung *Ornithogalum*. Die Art *O. boucheanum* (Kunth) Aschers. hat ein Areal, das sich nördlich und nordöstlich an das von *O. nutans* anschließt; es reicht von Bulgarien nordwärts über den pannonischen Raum bis Mähren, nordostwärts über die Ukraine bis in das Donez-Gebiet. Da die Art bis 1843 nicht von *O. nutans* unterschieden wurde, verbirgt sich ihre Einführungsgeschichte in der vom Nickenden Milchstern. Ebenso wie dieser, ist **Bouchés Milchstern** heute noch hier und da in Bauerngärten anzutreffen und in alten Schloß- und Gutsparken verwildert, wobei der Schwerpunkt in Mecklenburg-Vorpommern zu liegen scheint.

Die im Mittelmeergebiet (vereinzelt sogar bis West- und Süddeutschland), in Südosteuropa und in Vorderasien vorkommenden Milchstern-Arten der Untergattung *Beryllis* mit reichblütigen, hoch aufragenden traubigen Blütenständen (*O. pyramidale* L., *O. narbonense* L., *O. pyrenaicum* L.) sind in Mitteleuropa ebenfalls seit der 2. Hälfte des 16. Jhs. hier und da als Zierpflanzen gezogen worden. So erscheinen sie z.B. 1588 im Garten von Joachim Camerarius in Nürnberg als *Ornithogalum maius Italicum*, 1594 im Botanischen Garten Leiden, im Hortus Eystettensis 1613 als *Ornithogalum lacteum maximum* und *Ornithogalum spicatum maximum*. Auch späterhin werden sie für den einen oder anderen Garten angegeben. 1773 verzeichnet Gleditsch ferner *Ornithogalum latifolium*, »Die große alexandrinische breitblättrige Vogelnuß, Der größte Milchstern« (= *O. latifolium* L.) und gibt dazu an, er vermehre sich sehr stark und sei »den Luststücken eine Zierde«. Diese Arten blieben jedoch fast ausschließlich auf Botanische Gärten und Liebhaber-Gärten beschränkt.

Von den südafrikanischen *Ornithogalum*-Arten gelangte *O. longibracteatum* Jacq., die **Falsche Meerzwiebel**, 1774 in den Botanischen Garten in Wien und wurde 1776 von dessen Direktor Nicolaus Joseph Jacquin unter dem angegebenen Namen erstmals beschrieben und abgebildet. Wenig später lieferte auch Carl Peter Thunberg in Uppsala, der die Art während seines Aufenthaltes in Südafrika 1772-1775 gesammelt hatte, in seinem Prodromus plantarum Capensium eine Beschreibung unter dem Namen *O. bracteatum*. In England bezeichnete sie William Aiton als *O. caudatum*, unter welchem Namen sie auch in Deutschland bekannt wurde. 1808 kultivierte man die frostempfindliche Art im Berliner Botanischen Garten als eine im Sommer im Freiland aufgestellte, im Winter in einem mäßig warmen Haus untergebrachte Kübelpflanze. Nach und nach erlangte sie hierzulande eine weite Verbreitung. 1817 wurde sie vom Hofgärtner Christian August Breiter in Leipzig vertrieben, 1818 in Wredows Gartenfreund und 1837 in Johann Theophil Zetters Staudenbuch aufgeführt. Als Topfpflanze wurde sie vor allem auf dem Lande viel gezogen und als Heilpflanze verwendet, indem man ihre Blätter auf Wunden legte. Sie hieß daher stellenweise auch Heilbolle und Heilblätter. Vielfach verwechselte man die eine große grünschalige Zwiebel entwickelnde Art mit der ähnlichen, aber rötliche oder weißliche Zwiebelhüllen besitzenden Echten Meerzwiebel (*Urginea maritima* (L.) Baker = *Drimia maritima* (L.) Stearn). Auch heute noch ist sie hier und da als Topf- oder Kübelpflanze anzutreffen.

Vom Blumenzwiebelhandel werden seit einiger Zeit Zwiebeln des ebenfalls im Kapland heimischen **Straußblütigen Milchsterns** (*O. thyrsoides* Jacq.), in England Chincherinche genannt, angeboten. Im Mai in den Garten gepflanzt, bringen diese Zwiebeln im Sommer nacheinander bis zu 5 Blütenschäfte. Die Zwiebeln reifen bei uns jedoch nicht aus und müssen alljährlich neu importiert werden. Deshalb ist die Art in den hiesigen Gärten nur gelegentlich zu sehen, sie wird aber in Gärtnereien zur Gewinnung von Schnittblumen kultiviert. Obwohl 1605 erstmals in die Niederlande gekommen durch ein holländisches Schiff, das ein Exemplar vom Kap der Guten Hoffnung für Clusius in Leiden mitbrachte, wo sie rd. 100 Jahre später durch eine farbige Abbildung in einer von Jacob Breyne und dessen Sohn Johann Philipp veranlaßten Sammlung von Aquarellen südafrikanischer Blumen als Zierpflanze belegt wird, erfolgte ihre wissenschaftliche Beschreibung wie bei der vorigen Art erst durch Jacquin.

Der Name *Ornithogalum* geht auf den schon von Dioskurides und Plinius anscheinend für *O. umbellatum* verwendeten griechischen Namen *ornithogale* zurück, der wörtlich »Vogelmilch« bedeutet. In älteren Schriften begegnet uns dieses Wort vielfach als Buchname für die Gattung.

Paeonia L. Pfingstrose

Die Gattung *Paeonia* umfaßt etwa 33 meist staudige, z.T. aber auch halbstrauchige Arten, die in den warm- bis kühl-gemäßigten Zonen der nördlichen Erdhalbkugel mit Schwerpunkten in Südeuropa und Ostasien vorkommen; in Nordamerika sind lediglich 2 Arten heimisch.

Von der im Mittelmeergebiet, z.T. auch noch in Südosteuropa und Kleinasien verbreiteten Officinalis-Gruppe waren **Echte Pfingstrose** (*P. officinalis* L.) und **Korallen-Pfingstrose** (*P. mascula* (L.) Mill.) als häufigste und auffälligste Arten bereits in der Antike bekannt und wurden als Heilpflanzen genutzt. Theophrast beschrieb sie in seinem Hauptwerk Historia plantarum, ihm galten insbesondere die Wurzeln als heilkräftig. Wegen ihrer Heilwirkungen spielte sie auch eine Rolle in der griechischen und römischen Mythologie. So wurde der Name *Paeonia,* griechisch *paionia,* auf den griechischen Götterarzt Paian (»der Helfer«) zurückgeführt, welcher dem Mythos nach mit dieser Pflanze den Gott der Unterwelt Pluto geheilt hatte, nachdem Herakles ihn im Krieg um Pylos verwundet hatte. Im 7. Gesang der Äneis des römischen Dichters Vergil (70–19 v. Chr.) wird berichtet, daß die Göttin Artemis den Virbios, der von den Pferden seines

Vaters Theseus getötet worden war, mit Hilfe einer Päonie wieder zum Leben erweckt habe.

Im Hohen Mittelalter kamen diese Arten auch in die Länder nördlich der Alpen. Zunächst wurden sie überwiegend als Heilpflanzen gezogen. Ihre damalige Heilanwendung beschreibt Hildegard von Bingen in ihrer Physica: »Die Paeonie (*beonia, Dactylosa*) ist feuerfarben und hat gute Wirkung. Sie hilft sowohl gegen die dreitägigen wie gegen die viertägigen Fieber ... Und wenn ein Mensch den Verstand verliert, so als ob er nichts wüßte und gleichsam in Ekstase läge, tauche Päoniensamen in Honig und lege sie auf seine Zunge, so steigen die Kräfte der Päonie in sein Gehirn empor und erregen ihn, so daß er rasch seinen Verstand wiedererlangt ... Aber nimm auch Päoniensamen und tauche sie in das Blut eines Blutegels und hülle dann die übelriechenden Samen in einen Teig aus Weizenmehl, und wenn jemand durch die Fallsucht zu Fall kommt, lege sie in seinen Mund, während er so daliegt, und tue dies, so oft er durch diese Krankheit zu Fall kommt, und endlich wird er geheilt werden.« Auch bei Albertus Magnus sowie bei Konrad von Megenberg findet die Pfingstrose mit ihren Heilwirkungen ausführliche Erwähnung. Daß sie damals aber nicht nur als Heilpflanze, sondern auch als Zierpflanze kultiviert wurde, zeigt die Darstellung einer prächtigen Pfingstrosenstaude auf dem um 1410 entstandenen Gemälde »Paradiesgärtlein« eines oberrheinischen Meisters. Eine einfachblühende Pfingstrose sieht man auch auf dem Gemälde »Maria im Rosenhag« (1473) von Martin Schongauer. Wegen ihre Größe und

Pæonia femina altera.

***Paeonia officinalis* L.** Echte Pfingstrose, Dodonaeus 1583

Schönheit hatte bereits ein unbekannter griechischer bukolischer Dichter im 3. Jh. v. Chr. die Pfingstrose als »Königin aller Kräuter« bezeichnet, und auch im 16. Jh. galt sie als »König der Blumen« und wurde daher auch Königsblume genannt. Zu dieser Zeit waren Echte Pfingstrose und Korallen-Pfingstrose in den deutschen Gärten bereits weit verbreitet und wurden von den damaligen Botanikern nach ihrer Blattgestalt als »Weiblein, *Paeonia foemina*« (= *P. officinalis*) und »Männlein, *Paeonia mas*« (= *P. mascula*) voneinander unterschieden. Die

Echte Pfingstrose war die am häufigsten gezogene Art. So heißt es z.B. 1532 bei Otto Brunfels von der »Peonienblum/ oder Künigsblum«: »Ich achte vnsere gemyne Peonien für das weiblein«, und 1543 schreibt Leonhart Fuchs über die von ihm Gichtwurz genannten Pflanzen: »Gichtwurtz wachsen in hohen Gebirgen/aber das weible würdt in vnsern landen in allen gärten gepflanzt.« Die Korallen-Pfingstrose blieb demgegenüber eine seltenere Art und war um 1560 wenig verbreitet. Erst danach wurde auch sie etwas häufiger gepflanzt. So berichtet 1586 Joachim Camerarius in dem von ihm herausgegebenen Kräuterbuch von Matthiolus: »Zu unser Zeit hat man auch viel das Männlein, welches Blätter mehr mit deß Nußbaums überein kommt/ dann des Weiblein.« Letzteres (= *P. officinalis*) aber sei »allenthalben gemein«.

Bis etwa 1560 kannte man von den Pfingstrosen nur einfachblühende Formen, wie sie ein Aquarell von Gherardo Cibo (1512 - 1600) zeigt. Eine Form mit gefüllten Blüten wurde erstmals von Gessner 1561 erwähnt, sie fand sogleich großen Anklang und drängte schließlich die einfachblühende in den Hintergrund. So heißt es 1817 in einem Arzneipflanzenbuch des Berliner Professors Friedrich Gottlob Hayne: »Gewöhnlich kommt bey uns in den Gärten die *Paeonia officinalis* mit gefüllter Blüte vor, höchst selten findet man sie mit einfacher.« Außer der gefüllten Form traten in der 2. Hälfte des 16. Jhs. weitere Päonien-Sippen und Formen in Erscheinung. 1588 führte Joachim Camerarius für seinen Nürnberger Garten 7 verschiedene Sippen auf, und zwar *Paeonia mas* (= *P. mascula*), *foemina* (= *P. officinalis*), *polyanthes* (= *P. off. fl. pleno*), *Byzantina* (= *P. peregrina* Mill.), *leucanthemos* (eine weißblühende Form), *ochranthemos* (eine blaßrotblühende Form) und *Hispanica sive pumila* (= die in Südwesteuropa heimische *P. officinalis* subsp. *humilis* (Rez.) Cull. et Heyw.). Im neuangelegten Leidener Botanischen Garten wurden im September 1594 zehn Päonien-Sippen verzeichnet, darunter auch die *bizantina* und die auf dem Balkan und in Nordwestkleinasien, sehr selten auch in Italien vorkommende *P. peregrina* mit relativ schmalen Blattabschnitten und tiefroten Blüten. Wie Clusius 1601 in seiner Rariorum plantarum historia angibt, wurde diese Art im Jahre 1588 aus Samen gezogen, der aus Byzanz geschickt worden war, und zwar unter dem (türkischen) Namen Scabaick. Clusius kannte hiervon 2 Formen. Im Hortus Eystettensis erscheint sie 1613 in 3 verschiedenen Wuchsformen. 1629 heißt sie bei John Parkinson in England »einfache rote *Paeonie* aus Constantinopel«. Obwohl auch späterhin gelegentlich als Gartenpflanze genannt, blieb *P. peregrina* wesentlich seltener als die vorgenannten beiden Arten, fand dann aber Verwendung in der Päonienzüchtung.

Außer der *Paeonia Byzantina* führte Clusius folgende Sippen auf: eine Päonie, von der ihm Samen aus Spanien zugeschickt worden war; eine Päonie mit hellfleischfarbenen einfachen Blüten, die er im Garten des Apothekers Johannes Myler in Frankfurt/Main gesehen hatte; eine Päonie mit akeleiartigen Blättern, die ihm von Johann von Hoghelande verehrt worden war; eine Päonie mit z.T. fleischfarbenen Blüten, gefunden bei

Sion Lucius Danist in Leiden; eine ihm geschenkte Form mit gefüllten, von Weiß ins Rötliche übergehenden Blüten; eine Päonie mit gefüllten fleischfarbenen Blüten, die er 1597 in Belgien gesehen hatte; eine Form mit tiefroten gefüllten, aber kleineren Blüten; eine einfache schneeweiße Form, die er in den Bergen des Königreiches Navarra beobachtet hatte, und eine in den Bergtälern Kretas reichlich vorkommende *Paeonia Cretica* (heute *P. clusii* F. C. Stern), von der ihm Honorius Bellus aus Cydonia auf Kreta 1593 geschrieben hatte. 1613 werden im Hortus Eystettensis 11 Päonien-Sippen abgebildet, außer den schon genannten 3 Formen von *P. peregrina* noch 2 einfache und 2 gefüllte (jeweils mit hell- und mit dunkelpurpurroten Blüten) von *P. officinalis* und 3 einfache (mit hell- und dunkelpurpurroten sowie mit weißen Blüten) und 1 gefüllte (mit hellpurpurroter Blüte) von *P. mascula*. Die weißblühende Form der *P. mascula* und 5 Formen der *P. officinalis* waren 1621 im Botanischen Garten Regensburg vorhanden, sieben 1607/30 im herzoglich braunschweigischen Garten zu Hessem. Eine weißgefüllte Form erscheint in der 1664 gedruckten, von Hieronymus Bauhin besorgten Neuauflage des Kräuterbuches von Tabernaemontanus. Das Gartenbaubuch von Elsholtz zählt für den Berlin-brandenburgischen Raum 1684 sechs *Paeonia*-Sippen auf, darunter 3 mit gefüllten Blüten und 1 mit akeleiartigen Blättern als Zierpflanzen sowie 2 mit einfachen Blüten als Arzneipflanzen, und zwar *P. mascula* (*P. folio nigricante splendido, quae mas* C. B.) und *P. officinalis* (*P. commune vel foemina* C. B.) Über die erstere heißt es: »Diese wird für kräfftiger gehalten/und ist auch nicht so gemein/ als die folgende: ihre Wurzel wächset gerad unter sich/ist zwar etwas zertheilet/hat aber keine Knollen/die Blätter sind unzerschnitten und gleichen den Nußblättern. Sie kan durch Theilung der Wurtzel/auch wol durch Samen/welcher aber sehr lang im Erdreich lieget/ gezielet [gezogen] werden.« *P. officinalis* erfährt folgende Beschreibung: »Diese ist die gemeinste/hat knollige Wurtzeln/ und zerspaltene Blätter/fast wie Schwartz Niesewurtz. Sie mehret sich in der Erden sehr/setzet jährlich newe Knollen und Stengel/wird also durch Zerreissen leicht vermehret.« Ebenfalls 6 Sippen (2 von *P. mascula*, 4 von *P. officinalis*) besaß 1736 Herr von Ziethen in seinem Trebnitzer Garten, der Arzt Paul Heinrich Gerhard Möhring in Jever/Ostfriesland im gleichen Jahr 4, und 5 der Gärtner Christian Ludwig Krause in Berlin 1746, um nur einige Beispiele aus dem 18. Jh. zu nennen. Bis zur Mitte des 19. Jhs. bildeten die genannten Sippen das Sortiment der *Officinalis*-Gruppe in Deutschland, wobei in den Gärten der einfachen Leute überwiegend die gefüllte purpurrote Form der Echten Pfingstrose zu finden war.

Durch ihre Robustheit und Langlebigkeit wurde diese zu einer beliebten und charakteristischen Pflanze auch der Bauerngärten, so daß man sie vielfach als Bauernpfingstrose bezeichnete. Um 1900 schreibt Carl Bolle, sie sei die Lieblingsblume der Litauer und Wenden, aber auch bei den Deutschen von fast gleich großer Beliebtheit. Die etwa in der Mitte des 19. Jhs. einsetzende Züchtung hat auch in der *Officinalis*-Gruppe vor allem durch Auslese von Naturformen und

Kreuzungen zahlreiche neue Sorten hervorgebracht. Die Bedeutung der Echten Pfingstrose als Heilpflanze ging um 1860 zu Ende, als die bis dahin offizinelle Droge »Radix Paeoniae« aus dem Arzneibuch gestrichen wurde. Man hatte vor allem die Wurzeln, aber auch Blüten und Samen als Heilmittel gegen Gicht, Muskelkrämpfe, asthmatische Beschwerden, Epilepsie und verschiedene Kinderkrankheiten gebraucht. Die Droge enthält Gerbstoffe, Schleim, Zucker und geringe Menge von Alkaloiden, wird heute aber als wenig wirksam eingestuft. Gegenwärtig werden Päonienblüten nur noch als Schmuckdroge für Teemischungen verwendet.

Die einer anderen Gruppe angehörende **Feinblättrige Pfingstrose** (*P. tenuifolia* L.) mit stark zerschlitzten Blättern ist eine Steppenpflanze Südeuropas, kommt aber auch in Kleinasien und im Kaukasusgebiet vor. Ein vorgeschobener Vorposten befindet sich auf den Heuwiesen bei Cluj (Klausenburg) in Siebenbürgen. Aus Osteuropa wurde sie 1747 von Johann Georg Gmelin angegeben. Über den Botanischen Garten in St. Petersburg gelangte sie in Gärten Mittel- und Westeuropas. In Deutschland erscheint sie 1757 im Botanischen Garten Göttingen als *Paeonia laciniis foliorum linearibus*. Den heute gültigen wissenschaftlichen Namen gab Linnaeus 1759. 1765 wurde die Art auch in England eingeführt. Erste Kulturanweisungen finden wir 1773 in einem Pflanzenbuch von Johann Gottlieb Gleditsch in Berlin. Hier heißt es: »Diese Pflanze verdienet die Unterhaltung sehr wohl, sie wird wie die vorigen [Pfingstrosen der *Officinalis*-Gruppe] behandelt, verlangt aber mehr Schutz, einen etwas trocknern Grund und eine warme Lage.« Zunächst eroberte sie nach und nach Botanische und Liebhaber-Gärten. 1779 wurde sie von der Hamburger Gärtnerei Buek angeboten, 1782 wuchs sie im Senckenbergschen Garten in Frankfurt/Main, 1815 in Kunersdorf bei Wriezen, 1817 im Breiterschen Garten in Leipzig, 1824 im Garten des Apothekers Johann Nikolaus Bueck in Frankfurt/Oder. Um 1830 trat dann eine Form mit gefüllten Blüten in Erscheinung. Seit der Mitte des 19. Jhs. fand sie hier und da auch Aufnahme in den Gärten einfacher Bürger und Bauern, blieb dort aber selten. Am ehesten sieht man sie heute in Gebieten mit warmtrockenem Klima in der Nähe von Steppenpflanzenvorkommen, z.B. in den Randdörfern des Oderbruches.

Von den ostasiatischen Arten erlangte bei uns die **Chinesische Pfingstrose** (*P. lactiflora* Pall.) die größte Bedeutung als Zierpflanze. Ihre Wildvorkommen liegen im südlichen Ostsibirien, in Nordchina und Korea. 1772 entdeckte sie Peter Simon Pallas anläßlich seiner Forschungsreise durch Sibirien im Amurgebiet »in fetter Niederung« zusammen mit *Veronica sibirica* und beschrieb sie 1774 als *P. lactiflora*. 1789 nannte er sie *P. albiflora*, welcher Name aufgrund der Nomenklaturregeln jedoch ein ungültiges Synonym darstellt. Nach Rückkehr von seiner Expedition sandte Pallas Samen und Pflanzen auch dieser Art an Joseph Banks in Kew (England) und an den Botanischen Garten seiner Heimatstadt Berlin, wo sie 1808 als *P. albiflora* kultiviert wurde. Diese Wildform blieb indessen im wesentlichen auf Botanische und Liebhabergärten beschränkt. In die allgemeine

Gartenkultur gelangten Kulturformen, welche die Chinesen im Laufe vieler Jahrhunderte entwickelt hatten. Bereits zur Zeit der Sung-Dynastie (961 - 1278) kannte man 39 Sorten von dieser Shao yoa (»bezaubernd schön«) genannten Art. Von China aus gelangte sie nach Japan, wo sie ebenfalls züchterisch weiterentwickelt wurde. In China waren vor allem Sorten mit dicht gefüllten, ballförmigen Blüten gezüchtet worden, in Japan einfache und halbgefüllte Formen und solche mit verbänderten Staubblättern. Anfang des 19. Jhs. kamen chinesische Zuchtformen erstmals nach England, so 1805 durch Joseph Banks und 1808 durch John Livingstone. Von England aus gelangten diese Pflanzen nach Belgien und Frankreich, wo sogleich die weitere Züchtungsarbeit einsetzte. 1824 erzielte N. Lemoine in Nancy die Sorte 'Edulis Superba'. 1850 gab es von dieser Chinesischen Pfingstrose in Europa schon »viele einfach- und gefüllt-blühende Varietäten, welche zu den ausgezeichnetsten Zierblumen gehören«, wie es im Praktischen Blumengärtner von Gruber/Förster heißt. 1896 werden mehr oder weniger stark gefüllte Sorten mit weißen, fleischfarbenen, lachsfarbenen, gelblichen bis gelben, hellrosa bis dunkelpurpurnen, auch zwei- und dreifarbigen, meist gewölbten bis kugelförmigen Blüten angeführt und diese »zu den schönsten Zierpflanzen für den Spätfrühling und Sommeranfang« gerechnet (Müller-Praust in Gartenflora Jg. 45). Die Züchtung ging jedoch weiter, an ihr beteiligten sich nunmehr auch Engländer und Deutsche, später erfolgreich die Amerikaner. Dabei wurden nicht nur die vorhandenen *Lactiflora*-Sorten miteinander

第 1725 圖

***Paeonia lactiflora* Pall.**
Chinesische Pfingstrose,
Icon. Corm. Sinic. 1972

gekreuzt, sondern auch verschiedene andere *Paeonia*-Arten eingekreuzt. So ist heute eine kaum noch zu übersehende Fülle von sogenannten Edel-Päonien entstanden, welche nicht nur wegen ihrer Blütenfarben und -formen, sondern auch wegen ihres Duftes sehr geschätzt werden, nunmehr fast in allen Gärten vorhanden sind und hier die alte Bauernpfingstrose mehr und mehr in den Hintergrund drängen.

Eine weitere ostasiatische Pfingstrose unserer Gärten ist die bis 1,5 m hoch werdende, teilweise verholzende **Strauch-**

Pfingstrose (*P. suffruticosa* Andr.; *P. arborea* Donn., *P. moutan* Sims), welche in Nordwestchina, Tibet und Bhutan beheimatet ist und dort in Bambusgebüschen, im Unterholz von Wäldern und auf Wiesen wächst. Auch diese Pfingstrose wurde in China bereits seit über tausend Jahren kultiviert, war als Zierpflanze hochgeschätzt und galt als »Königin der Blumen«. In der Gartenkultur entstanden aus der rotblühenden Wildform zahlreiche Sorten mit einer Farbenpalette von Rot zu Weiß, zu Violett, zu Gelb, ja auch zu Grünlich und Schwärzlich. Ende des 18. Jhs. gelangten erste Exemplare der Strauch-Päonie nach England. Zuerst brachte ein Dr. Duncan von der East-India Company 1789 eine lebende Pflanze nach Kew, die aber nicht lange überlebte. 1794 nahm der Ostindienfahrer »Triton« 7 Exemplare an Bord, von denen 2 unterwegs zugrunde gingen, die übrigen konnten in England erfolgreich weiterkultiviert werden; dabei handelte es sich um gefüllte und halbgefüllte rosa Formen. 1804 kam mit einer Pflanzensendung von William Kerr aus Kanton eine weitere Form (var. *papaveracea*) nach England. Henry C. Andrews stellte die neue Pflanze im Botanists Repository vor und beschrieb sie als *P. suffruticosa*. Später wurden weitere Formen nach England eingeführt, u.a. von Robert Fortune, der 1834 eigens von der Royal Horticultural Society nach China geschickt wurde, um dort verschiedene Päonien-Sorten zu erwerben. Insgesamt konnte er zwischen 30 und 40 Sorten nach England senden. Bei seinem Chinaaufenthalt studierte er eingehend die dortigen Kulturmethoden, worüber er 1852 eine ausführliche Darstellung veröffentlichte. Eine große Kollektion japanischer Sorten führte 1844 Philipp Franz von Siebold nach Europa ein.

In Deutschland gelangten derartige Strauch-Päonien wohl zuerst in den Berliner Botanischen Garten, wo die Art in dem von Diedrich Franz Leonhard von Schlechtendal zusammengestellten Supplement zum Willdenowschen Katalog im Jahre 1812 unter dem Namen *Paeonia fruticosa* als sommers im Freiland, winters aber im mäßig warmen Gewächshaus gezogene Pflanze aufgeführt wurde. 1817 war die Art als *Paeonia arborea* auch im Breiterschen Garten in Leipzig vorhanden. Ihre weitere Verbreitung verlief sehr zögernd, zumal die Pflanzen außerordentlich teuer waren. 1850 heißt es bei Gruber/Förster, es gebe »eine Unzahl prachtvoller, einfach- und gefülltblühender Varietäten«. Die Gartenpflanzenflora von Ernst Berger 1855 und die Gartenflora für Norddeutschland von Friedrich C. Laban 1867 verzeichnen allerdings erst 5 verschiedene Formen. Bei diesen handelte es sich ausschließlich um chinesische Sorten, die über England oder Holland nach Europa gekommen waren. Eine Vielzahl weiterer ostasiatischer Sorten erreichte Europa nach dem Bau der Transsibirischen Eisenbahn. Eine züchterische Weiterentwicklung setzte zuerst in Frankreich ein, wobei neue Sorten entstanden. Die Züchtung erfuhr einen weiteren Aufschwung, als in China weitere strauchige Pfingstrosen-Arten entdeckt und nach Europa gelangt waren. In den 1880er Jahren fand der französische Missionar Pater Jean-Marie Delavay in Yunnan *P. lutea* Delav. ex Franch. und *P. delavayi* Franch., von denen er Samen an den Jardin des Plantes in

Paris schickte, wo sie 1891 bzw. 1892 erstmals zur Blüte kamen. Die nahestehende *P. potanii* Komarow aus Tibet kam 1904 durch den englischen Pflanzensammler Ernest Henry Wilson an die englische Gartenbaufirma Veitch & Sons. Es gelang nunmehr, die kräftigen Gelb- und Rottöne dieser Arten in die *Suffruticosa*-Formen einzukreuzen; diese Kreuzungen (z.B. die in Frankreich entstandene *P. x lemoinei* Rehder) sind heute als Lutea-Hybriden im Handel. Da die Strauch-Päonien gegen harte Winter empfindlich sind und wegen ihres frühen Austriebes zudem durch Spätfroste bedroht werden, ist eine erfolgreiche Gartenkultur in Mitteleuropa meist nur in klimatisch begünstigten Gebieten möglich. Außerhalb von Botanischen Gärten sieht man sie daher nur selten. 1954 gelang dem Japaner Toichi Itoh erstmals die außerordentlich schwierige Kreuzung einer Strauch-Päonie mit einer *Lactiflora*-Stauden-Päonie. In Amerika konnten seitdem weitere derartige »I-Hybriden« erzielt werden. Möglichweise werden die I-Hybriden in Zukunft zu wichtigen, auch allgemein verbreiteten Gartenzierpflanzen.

*III. PAPAVER POLY-
anthos. *

***Papaver somniferum* L.**
Gefülltblühender Schlafmohn, Matthiolus/Bauhin 1598

Papaver L. Mohn

Im Laufe des Neolithikums wurde von ackerbautreibenden Völkern aus dem im westlichen und nördlichen Mittelmeergebiet heimischen Borstenmohn (*P. somniferum* L. subsp. *setigerum* (DC.) Corb.) der **Schlafmohn** (*P. somniferum* L. subsp. *somniferum*) herausgezüchtet, der in späteren Perioden der Jungsteinzeit (etwa 3000–2000 v. Chr.) auch schon in Mitteleuropa angebaut wurde. Sein Anbau dient fast ausschließlich Nahrungszwecken (Mohngebäck, Mohngerichte). Zur Bestreitung des Bedarfes an Mohnkörnern genügten meist kleinere Ackerstücke oder Beete im Garten. Ihre im Sommer erscheinenden relativ großen, weiß, hellrot oder hell- bis dunkelviolett gefärbten Blüten brachten Farbflecke in die früher an Blütenpflanzen oft armen Gärten. Ende des 18. Jhs. meinte der märkische Dichterpfarrer Schmidt von Werneuchen, daß der Mohn in den Gärten der ärmeren Dorfbewohner die Tulpen im Lustgarten des Gutsherren ersetze. Im 16. Jh. kannte man vom Schlafmohn auch Formen mit zerschlitzten und mit gefüllten Blüten, welche als Zierpflanzen gezogen wurden. So führt z.B. Johannes Franke in seinem Hortus Lusatiae 1594 neben 3 zur Samengewinnung gebauten Sorten 6 Sorten »zerkerffter Mohe« und »gefülter Mohe« auf. Im Hortus Eystettensis (1613) werden 8 derartige Zierformen farbig dargestellt, die auch auf zahlreichen Blumenbildern des 17. Jhs. erscheinen und auch späterhin immer wieder als Zierpflanzen aufgeführt werden.

Der eingetrocknete Milchsaft des Schlafmohns, das Opium, enthält etwa 25 Alkaloide, darunter Morphin, Kodein, Papaverin und Noskapin. Daher wurde der Schlafmohn seit altersher auch als Arzneipflanze genutzt, seine Inhaltsstoffe sind auch heute noch in der Medizin unentbehrlich. Zuerst im Orient, später vor allem in China und heute fast weltweit wird der Milchsaft des Schlafmohnes aber auch zur Herstellung von Rauschgiften verwendet. In Deutschland ist der Anbau des Schlafmohns nach dem Betäubungsmittelgesetz von 1981 verboten bzw. bedarf der ausdrücklichen behördlichen Genehmigung. So sind die früher allerorten anzutreffenden Mohnfelder und Mohnbeete hierzulande weitgehend verschwunden. Dagegen wird der zu dieser Art gehörende Ziermohn unter der Bezeichnung »*Papaver paeoniflorum flore pleno*, gefüllter Paeonienmohn« auch heute noch vom Samenhandel angeboten und ist hier und da in den Gärten zu sehen. Die großen Fruchtkapseln werden getrocknet gern zu Trokkensträußen und in der Kranzbinderei verwendet.

Auch der bei uns als Getreideunkraut verbreitete, relativ großblütige **Klatschmohn** (*P. rhoeas L.)* wird in gefüllten Formen seit langem als Zierpflanze gezogen und z.B. von Hieronymus Bock 1539 als *Argemone multiplex*, von Camerarius 1588 als *Papaver rhoeas flore pleno* und von Elsholtz 1684 als *Papaver erraticum flore pleno* C. B., »Wilder Mohn mit gefüllten Blumen« als Gartenpflanze aufgeführt. In der 2. Hälfte des 19. Jhs. nahm sich die Züchtung dieses einjährigen Mohnes an und entwickelte eine Reihe von Sorten wie etwa den 1879 entstandenen einfach- und gefülltblühenden Shirley-Mohn in vielen, meist zarten Farben. Heute werden derartige Sorten als »Seidenmohn« vom Samenhandel angeboten und in den Gärten als bunte Sommerblumen ausgesät.

In vielen Gärten trifft man heute auf den ausdauernden **Orientalischen Mohn** (*P. orientale* L.), auch Türkenmohn genannt. Er ist in Kleinasien, im Kaukasusgebiet und im angrenzenden Nordiran zu Hause. Im Jahre 1701 wurde er von dem französischen Botaniker Joseph Pitton de Tournefort auf seiner Orientreise bei der osttürkischen Stadt Erzurum entdeckt und nach seiner Rückkehr in den Nachträgen (»Corollarium«) zu seinen Institutiones rei herbariae als *Papaver orientale, hirsutissimum, flore magno* beschrieben und abgebildet. In seinem 1717 postum (er kam 1708 in Paris durch einen Verkehrsunfall ums Leben) erschienenen Reisebericht finden sich hierzu weitere Angaben: »Wir fanden um diese Stadt herum eine sehr schöne Mohnart, welche die Türken und Armenier Aphion nennen, ebenso wie das gemeine Opium. Jedoch machen sie aus dieser Art, von der wir reden, kein Opium, sondern essen die Köpfe derselben noch ganz grün, obwohl sie sehr scharf sind und einen brennenden Geschmack haben.« Tournefort brachte lebende Exemplare mit nach Frankreich, wo sie im Pariser Jardin des Plantes kultiviert wurden. »Diese schöne Pflanze«, schreibt Tournefort weiter, »kommt in dem königlichen Garten, und selbst in Holland, wo wir sie einem Freunde zugeschickt haben, sehr wohl fort. Herr Commelin [Kaspar Commelin, Professor der Botanik in Amsterdam, 1667–1739] hat eine Abbildung davon geliefert [1706]«. Von Frankreich und den Niederlanden aus fand die neue Gartenschönheit alsbald den Weg nach Deutschland, wo sie zunächst in wohl allen Botanischen und Liebhaber-Gärten Einzug hielt. Folgende Belege mögen ihre Ausbreitung verdeutlichen: 1722 Würzburg (Bot. Garten), 1735 Leipzig (Waltherscher Garten), 1736 Trebnitz (Garten von Ziethen) und Jever (Garten Möhring), 1738 Wittenberg (Bot. Garten), 1743 Göttingen (Bot. Garten), 1744 Frankfurt/Oder (Bot. Garten) und Berlin (Bot. Garten), 1746 Berlin (Garten Krause), 1747 Leipzig (Bosescher Garten), 1759 Helmstedt (Bot. Garten), 1765 Greifswald (Bot. Garten), 1771 Halle (Bot. Garten). 1773 preist sie Johann Gottlieb Gleditsch in Berlin als »ansehnliches und der großen Blumen halber so schönes Staudengewächse« und als »Zierde der Lustgärten«. Von den Botanischen und Liebhaber-Gärten aus drang der Orientalische Mohn nun mehr und mehr auch in die Gärten der einfachen Leute vor, in denen er dann im 19. Jh. recht verbreitet war.

Die Züchtung setzte erst zu Beginn des 20. Jhs. ein, wobei standfestere und farbabweichende Sorten ausgelesen und z.T. auch der nahe verwandte, aber etwas höhere und blutrot blühende Arzneimohn (*P. bracteatum* Lindl.) eingekreuzt wurde. Diese im Kaukasusgebiet, in der Nordosttürkei und im Nordwestiran heimische Art wurde 1817 nach England eingeführt und dort 1821 von John Lindley (1799–1865) in London in seinen Collecteanea botanica erstmals beschrieben. Sie kam ziemlich bald auch nach Mitteleuropa, wo sie Johann Theophil Zetter 1837 in seinem Staudenbuch als »ein Prachtgewächs« bezeichnete. Die züchterische Weiterentwicklung dieser Staudenmohne führte zu einer großen Zahl höherer und niedrigerer Sorten mit Blüten in den verschiedensten Rottönen, auch in Rosa und Weiß, sowie mit gewellten oder zerfransten Kronenblättern.

Der deutsche Name Mohn entwickelte sich über mittelhochdeutsch mahn aus germanisch magan, diesem liegt indoeuropäisch mak zugrunde, das wohl aus einer alten Mittelmeersprache übernommen wurde. In slawischen Sprachen heißt der Mohn auch heute noch mak (im Altgriechischen mékon). Der wissenschaftliche Gattungsname *Papaver* ist der alte lateinische Name für diese Pflanzen.

***Parthenocissus quinquefolia* (L.) Planch.**
Selbstkletternde Jungfernrebe, Cornut 1635

Parthenocissus Planch.
Jungfernrebe, Wilder Wein

Von den 15 Arten dieser in Nordamerika und Ostasien vorkommenden Gattung sommergrüner holziger Rankenpflanzen finden 3 Arten bei uns zur Berankung und Bekleidung von Lauben und Mauern vielfache Verwendung. Zwei davon kommen aus dem östlichen Nordamerika, und zwar die **Gemeine Jungfernrebe** (*P. inserta* (Kern.) K. Fritsch), deren Ranken keine oder nur schwachentwickelte Haftscheiben besitzen und die daher nur an Stützgerüsten und dergleichen emporzuwachsen vermag, und die **Selbstkletternde Jungfernrebe** (*P. quinquefolia* (L.) Planch.), welche stets Haftscheiben ausbildet und deswegen auch an Mauern hochwachsen kann, sie ist hierzulande seltener als die erstere anzutreffen. Da man beide früher nicht voneinander unterschieden hat, werden sie hier als *P. quinquefolia*-Aggregat zusammengefaßt. Diese nordamerikanische Jungfernrebe kam um 1610 nach Europa. Einer Angabe in der 1655 in London erschienenen Ausgabe von Matthias Lobelius' Stirpium illustrationes zufolge war sie vor März 1616 bereits in mehreren Londoner Gärten anzutreffen. In Frankreich wird sie erstmals 1623 aus dem Garten von Jean und Vespasian Robin in Paris als *Hedera major Americana, seu Vitis Virginiana* angegeben, 1629 verzeichnet der Londoner Apotheker John Parkinson die Art in seinen Paradisi in sole als *Vitis, seu potius Hedera Virginiensis,* »The Virginia vine, or rather Ivie« und bringt auch eine erste Abbildung. Eine weitere Abbildung findet sich in dem 1635 in Paris erschienenen Werk über Kanadische Pflanzen von Jacques Cornut unter dem Namen *Edera quinquefolia canadensis,* sie zeigt eine Pflanze mit deutlichen Haftscheiben. Der nordamerikanische Wilde Wein breitete sich nunmehr nach und nach in Europa aus. 1633 kam er in den Botanischen Garten Leiden und von dort aus, wie Joachim Burser in seinem Herbar vermerkte, unter der Bezeichnung *Vitis Peruana* auch nach Dänemark, wo er zuerst im Garten des Dr. Wormius in Kopenhagen angepflanzt wurde. In Deutschland läßt er sich erstmals 1660 in Altdorf bei Nürnberg als *Vitis Hederacea sive Hedera quinquefolia canadensis* nachweisen. 1663 verzeichnete ihn Elsholtz in der Flora Marchica als *Vitis Americana quinquefolia,* »Fünffblättriger Weinstock aus America« für die kurfürstlichen Gärten in und um Berlin, 1675 war er in Leipzig, 1711 in Wittenberg, 1736 in Trebnitz bei Seelow vorhanden. Im Laufe des 18. Jhs. breitete er sich weiter aus. 1773 schreibt Gleditsch zu *Hedera quinquefolia canadensis* oder »Der Wilde Wein, wie die Gärtner ihn nennen«, man überziehe damit »die allerweitläufigsten Bogengänge und Galerien«. 1779 wurde er in der Handelsgärtnerei Buek in Hamburg und 1785 in Tegel bei Berlin in der von Burgsdorffschen Baumzucht angezogen und vertrieben, wobei in Tegel auch eine var. *minor* erwähnt wird, welche der Sorte 'Engelmannii' von *P. quinquefolia* entspricht. Vielfache Verwendung fand er auch in den damals in Mode gekommenen Landschaftsparken, so z.B. im Park Machern bei Leipzig, wo er 1799 eine gotische Kirchenruine berankte. Schon 1790 hieß es in der Flora von Leipzig, er sei dort an Mauern und in Gärten überall zu finden.

Von Linnaeus 1753 als *Hedera quinquefolia* bezeichnet, stellte ihn André Michaux in seiner 1803 erschienenen Flora boreali-americana in die neue Vitaceen-Gattung *Ampelopsis* (als *A. hederacea*), Jules Émile Planchon in seiner Monographie der Vitaceae 1887 in die von ihm begründete Gattung *Parthenocissus.* Im Jahre 1900 schreibt Paul Graebner (Gartenflora, Jg. 49), er sei »in unseren Gärten die bei weitem häufigste Art der Gattung und aus diesen Kulturen nicht selten verwildert und stellenweise wohl völlig eingebürgert«. Heute zählt der Gewöhnliche Wilde Wein in Mitteleuropa zu den Agriophyten, den dauernd in natürlichen Pflanzengesellschaften eingebürgerten Neophyten, wobei die Schwerpunkte seiner Vorkommen in der freien Natur in Auenwäldern an Rhein und Elbe, Donau und Mur und ihren Nebenflüssen liegen.

Die in Japan, China und Korea heimische **Dreispitzige Jungfernrebe** (*P. tricuspidata* (Sieb. et Zucc.) Planch.) wurde in den 1860er Jahren aus Japan in Europa eingeführt. Während Philipp Franz von Siebold die durch ihn und Joseph Gerhard Zuccarini als *Ampelopsis tricuspidata* beschriebene Art vor 1867 in die Niederlande brachte, sandte der englische Gärtner John Gould Veitch, der 1860 Japan besucht hatte, Pflanzen und Samen von Hongkong aus nach England. Von der Gartenbaufirma Veitch in Exeter wurde die zunächst als eigene Art (*Ampelopsis veitchii*) aufgefaßte Sippe – sie gilt heute nur als Sorte der vielgestaltigen *P. tricuspidata* – seit 1868 vertrieben und war von Anfang an ein Verkaufsschlager. Auch in Deutschland fand sie sogleich großes Interesse; heute ist sie hier, wenn auch nicht überall ganz winterhart, allenthalben zu sehen und dient vor allem zur Bekleidung von Hauswänden.

Pelargonium L'Hérit.
Pelargonie

Mit etwa 280 Arten kommt die Gattung hauptsächlich in Südafrika, vereinzelt auch in Ostafrika vor, lediglich 4 Arten sind in Australien und Neuseeland heimisch. Die damals bekannten Arten wurden von Linnaeus in die Gattung *Geranium* gestellt, weshalb sie im Volksmund auch heute noch als Geranien bezeichnet werden. 1789 schuf der französische Botaniker Charles Louis L'Héritier de Brutelle die Gattung *Pelargonium* (zu gr. pelargós, »Storch«, nach den storchschnabelartigen Früchten), wobei er einen 1738 von dem niederländischen Botanik-Professor Johannes Burman gebildeten Namen aufgriff.

Als erste der vielen südafrikanischen *Pelargonium*-Arten gelangte das knollige *P. triste* (L.) L'Hérit. ex Ait. mit weißgeränderten schwarzpurpurroten Blüten nach Europa, vermutlich von einem aus Indien zurückkehrenden Schiff aus Südafrika mitgebracht. 1621 wuchs es als *Geranium indicum* im Garten von René Morin und 1623 unter der Bezeichnung *Geranium Tuberosum Latif. Africanum* im Garten von Jean und Vespasian Robin in Paris. Morin gab die Art unter dem Namen *Geranium noctu odorato* (»nachts duftende Geranie«) u.a. an John Tradescant in England weiter, für dessen Garten es 1634 und 1656 als *Geranium indicum nocte odoratum* verzeichnet wird. 1635 hat es Jacques Cornut in Paris erstmals als *Geranium triste* abgebildet und beschrieben. 1668 war es im Botanischen Garten Leiden vorhanden. In Deutschland tauchte es erst gegen Ende des 17. Jhs. auf, 1678 in Danzig, 1681 in Gottorf bei Schleswig, 1686 in Leipzig. Wenn auch in den nächsten Jahrhunderten aus vielen Orten belegt, blieb diese Art im wesentlichen auf Botanische und Liebhaber-Gärten beschränkt; in der Züchtung spielte sie keine Rolle.

Von 1652 bis 1815 war das Kapland niederländische Kolonie. Die Niederländer brachten in dieser Zeit zahlreiche südafrikanische Pflanzen nach Europa, darunter auch viele Pelargonien. 1686 gab es im Leidener Botanischen Garten 10 *Pelargonium*-Arten. Von den Niederlanden aus kamen diese nach und nach auch nach Deutschland. Im Boseschen Garten in Leipzig wurden 1686 vier, 1699 sechs und 1705 zwölf Arten verzeichnet. Im Laufe des 18. Jhs. trafen weitere *Pelargonium*-Arten in Europa ein. 1727 waren im Botanischen Garten Leiden 27 vorhanden. In Deutschland breiteten sich die Pelargonien nunmehr weiter aus. 1711 registrierte man im Botanischen Garten der Universität Wittenberg 3 Arten (*P. triste, inquinans, alchemillioides*), 1738 war dort die Artenzahl auf 14 angewachsen. In Jena gab es 1718 jedoch erst 4 *Pelargonium*-Arten »in hortis«. Der Walthersche Garten in Leipzig wies 1732 zehn, 1735 elf Arten auf. Ebenfalls 11 *Pelargonium*-Arten besaß 1736 der Arzt Paul Heinrich Gerhard Moehring in Jever, während im selben Jahre Herr von Ziethen auf Trebnitz bei Seelow 21 Sippen (Arten und Kultivare) kultivierte. Folgende Angaben über die Zahl der in Botanischen und Liebhaber-Gärten Deutschlands vorhandenen *Pelargonium*-Sippen mögen die weitere Entwicklung im 18. Jh. verdeutlichen:

1743 Göttingen: 13
1744 Frankfurt/Oder: 9
1746 Berlin (Botanischer Garten): 11
1746 Berlin (Krausescher Garten): 16
1747 Leipzig (Bosescher Garten): 13
1757 Göttingen: 17
1765 Greifswald: 4
1782 Frankfurt/Main (Senckenb. Garten): 18
1796 Weimar (Belvedere): 12
1796 Machern (Schloßgarten): 19
1799 Halle: 36

1808 war die Gattung *Pelargonium* im Berliner Botanischen Garten durch 89 Arten vertreten, die bei einigen Arten vorhandenen subspezifischen Sippen nicht mit eingerechnet, und bis 1812 kamen 3 weitere Arten mit einigen Untersippen hinzu. 1817 kultivierte der Leipziger Hofgärtner Christian August Breiter in seinem Garten insgesamt 315 *Pelargonium*-Sippen.

Bis gegen Ende des 18. Jhs. handelte es sich ausschließlich um Wildarten, von einigen vielleicht erst in der Kultur entstandenen Farbformen und Formen mit panaschierten Blättern einmal abgesehen. Danach setzte die züchterische Weiterentwicklung ein. Durch Kreuzungen und Auslese kam es innerhalb von wenigen Jahrzehnten zur Entstehung einer Vielzahl von Sorten. Wie Hofgärtner Hermann Jäger in Eisenach 1862 in der Gartenflora (Jg. 11) berichtete, machten sich die Pelargonien von 1828 bis 1835 in den Gärten so breit, daß andere Blumen zurückstehen mußten. 1850 waren weit über 1000 Hybriden bekannt, und 1852 heißt es in der Gartenflora (Jg. 1): »Zu den in neuester Zeit wiederum mit besonderer Liebhaberei gepflegten und durch Aussaaten vervollkommneten Modepflanzen gehören die Pelargonien oder Geranien.« Die Züchtung konzentrierte sich v.a. auf die wenigen Arten, aus denen die drei großen Gruppen unserer heutigen reichblütigen Balkon-Pelargonien entstanden: die Edelpelargonien, früher auch als Blumisten-Pelargonien bezeichnet (*P.-Grandiflorum*-Hybriden), die Zonal- oder Scharlachpelargonien (*P.-Zonale*-Hybriden) und die Efeublättrigen oder Hängepelargonien (*P.-Peltatum*-Hybriden) mit jeweils zahlreichen Sorten.

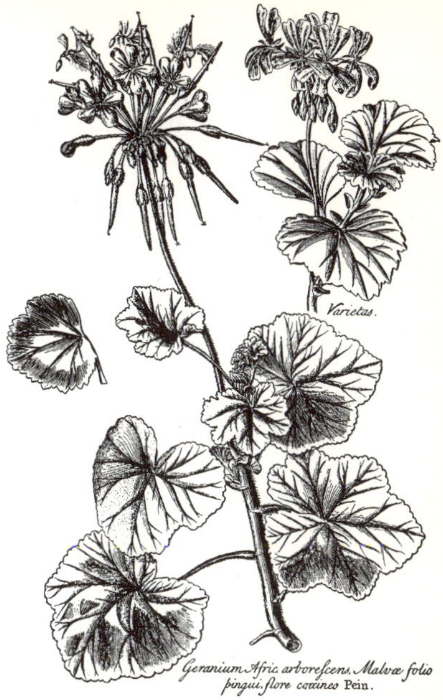

***Pelargonium inquinans* (L.) L'Hérit. ex Ait.**
Dillenius 1732

Die **Großblütige Pelargonie** (*P. grandiflorum* Willd.) aus Südwestafrika und dem Kapland wurde 1794 in England eingeführt, 1808 war sie im Berliner Botanischen Garten vorhanden. Die Hybridisation begann im Jahre 1800, wobei die Arten *P. cucullatum* L'Hérit. ex Ait., bereits 1686 in Leiden kultiviert, *P. cordifolium* (Cav.) Curt. und *P. angulosum* (Mill.) L'Hérit. ex Ait. eingekreuzt wurden. Die Züchtung erfolgte zuerst in England und Frankreich, später auch in Deutschland. 1892 heißt es, daß diese Gruppe vor allem in England in ausgedehntestem Maßstab und mit wahrem Feuereifer gepflegt werde. In Frankreich hatte der Züchter Odier die sogenannten Odier- oder Fünfflecken-Pelargonien entwickelt, die lange Zeit in den Sortimenten vertreten waren. In Deutschland waren Wilhelm Pfitzer in Stuttgart und Bürger in Halberstadt die führenden Pelargonienzüchter. Die damaligen Sorten sind heute jedoch größtenteils durch neuere Züchtungen ersetzt.

Die **Zonal-Pelargonie** (*P. zonale* (L.) L'Hérit.) aus dem südwestlichen und südlichen Kapland, gekennzeichnet durch einen halbkreisförmigen dunklen Gürtelstreifen auf der Blattoberseite, kam Ende des 17. Jhs. nach Europa. 1690 wuchs sie im Botanischen Garten Amsterdam, 1699 wurde sie von dem Leipziger Professor August Quirinus Rivinus unter dem Namen *Geranium africanum maximum* abgebildet.

Im 18. Jh. war sie in Deutschland in vielen Botanischen und Liebhaber-Gärten vertreten. Eine Form mit weißgeränderten Blättern erschien 1720 in Leiden und 1724 in Berlin. 1736 war sie auch in Trebnitz bei Seelow vorhanden, und zwar unter der Bezeichnung *Geranium Africanum, Alchemillae hirsuto folio, medio obscuriore circulo notato, ex albo variegato.* Um 1815 tauchten auch Formen mit gelbgeränderten Blättern auf, 1860 solche mit dreifarbigen und 1867 sogar solche mit vierfarbigen bunten Blättern. Diese buntblättrigen Sorten waren wenig später häufige Komponenten von Teppichbeeten, sie sind heute meist nur noch in historischen Gartenanlagen zu sehen. Selten geworden sind auch die einstmals beliebten Sorten mit weißgrünen Blättern, die man jetzt noch hier und da auf den Fensterbrettern von Bauernhäusern antrifft. Die Züchtung der Zonal- oder Scharlach-Pelargonien begann in England im 18. Jh., wenig später folgte Frankreich. Kreuzungspartner war vor allem *P. inquinans* L'Hérit. ex Ait. mit scharlachroten Blüten und samtartig behaarten Blättern, das 1710 in Leiden vorhanden und 1714 durch den pflanzenliebenden Bischof Henry Compton nach England gekommen war. In Deutschland läßt es sich erstmals 1713 in Leipzig nachweisen, 1735 wuchs es dort z.B. im Waltherschen Garten, 1736 in Trebnitz bei Seelow und fortan auch in weiteren deutschen Gärten. In der Natur wurden auch blaß- und weißblütige Formen gefunden. Der niederländische Botaniker Nikolaus Laurens Burman berichtete 1759 in seiner Arbeit über die Geranien-Arten, daß es von dieser Art schon viele Sorten gebe. Von *Pelargonium zonale* zählte man 1817 im Breiterschen Garten in Leipzig neben der Stammart 20 verschiedene Formen. Bis 1880 entstanden weltweit mehr als 6000 Sorten der *Pelargonium-Zonale*-Hybriden, welche heute auch als *P. x hortorum* bezeichnet werden. Die erste gefülltblühende Sorte brachte 1863 der französische Züchter Victor Lemoine in Nancy auf den Markt. 1885 empfiehlt R. Rengel (Garten-Zeitung Jg. 4) gegen 75 meist englische und französische Sorten und schreibt dazu: »Die von *Pelargonium zonale* und *P. inquinans* abstammenden Zonale- oder Scharlach-Pelargonien gehören unstreitig zu den dankbar blühendesten und beliebtesten Markt- und Modepflanzen, zur Topfkultur für Dekorationszwecke sowie zur Bepflanzung der Gruppen; auch werden deren Blumen vielfach zur Binderei verwendet. Für den Berliner Markt sind die gefüllt blühenden Sorten am beliebtesten. In

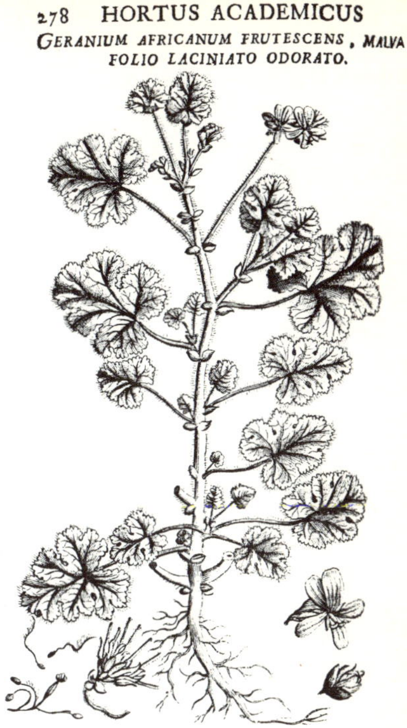

Pelargonium capitatum **(L.) L'Hérit.**
Hermann 1687

dem letzten Jahrzehnt hat sich auch bei den Pelargonien ein sehr wesentlicher Fortschritt vollzogen. Der Bau der Pflanze selbst ist ein gedrungener und besserer geworden. Die Blumen wie auch die Blütenstände lassen hinsichtlich ihrer Größe und Form kaum noch etwas zu wünschen übrig. Die Farbe der Blumen weist alle Übergänge vom reinsten Weiß und hellsten Rosa bis zum dunkelsten Rot auf. Hinsichtlich des Blütenreichtums werden die Pelargonien kaum von anderen Pflanzen übertroffen.« Seit etwa 1900 beteiligten sich auch deutsche Zuchtbetriebe an der Weiterentwicklung dieser Gruppe, später auch solche in den USA. Heute gehören die Sorten der Zonal- oder Scharlach-Pelargonien zu unseren wichtigsten Balkonblumen.

Gleichfalls als Blumenkästenpflanzen geschätzt sind die **Efeublättrigen oder Hängepelargonien**. Stammart ist hier die Efeu-Pelargonie (*P. peltatum* (L.) L'Hérit.), welche 1700 in Form von Samen nach Amsterdam gelangte. 1701 war sie auch in England, 1705 in Leipzig vorhanden und wurde im 18. Jh. in Deutschland vielerorts gezogen. In diese rosenrot- oder weißblühende vielgestaltige Art kreuzte man hauptsächlich das nahestehende *P. lateripes* L'Hérit. ein. Die Züchtung erfolgte zunächst in Frankreich und Deutschland, später auch in den USA. 1892 heißt es, es gebe nunmehr »eine stattliche Anzahl schöner Sorten«. Zu den neueren Züchtungen gehört u.a. die 1975 entstandene zweifarbige Sorte 'Kleine Mexikanerin'.

Seit dem Ende des 19. Jhs. kreuzte man auch Sorten der *Zonale*-Gruppe mit solchen aus der *Peltatum*-Gruppe, was die sogenannten **Riesen-Pelargonien** (Zonale-Peltatum-Hybriden) ergab. Die 1947 entstandene Sorte 'Schöne von Grenchen' wird insbesondere in der Schweiz und in Österreich viel als Balkonpflanze verwendet. Heute sind in der Gartenkultur nur noch die Hybridsorten der genannten Gruppen anzutreffen, ihre ursprünglichen Stammarten finden sich nur noch in Botanischen Gärten und bei Liebhabern.

Einige *Pelargonium*-Arten werden nicht ihrer meist unscheinbaren Blüten, sondern ihrer duftenden Blätter wegen kultiviert. Zwar enthalten alle Pelargonien-Arten spezifische Duftstoffe (Geraniol), doch besitzen einige Arten besonders angenehm nach Zitronen, Rosen, Minzen und anderen Essenzen duftende Blätter. Diese »Duft-Geranien« wurden und werden daher gerne als Zimmerpflanzen gehalten, früher aber offenbar häufiger als heute, einige von ihnen werden in Südeuropa, Afrika, Asien und Südamerika stellenweise zur Gewinnung von Geraniumöl für die Parfüm- und Seifenindustrie auf Feldern angebaut. Die wichtigsten dieser Arten sind das Zitronen-Geranium (*P. odoratissimum* (L.) Ait.) und die Rosen-Geranien (*P. graveolens* L'Hérit. und *P. radens* H. E. Moore = *P. radula* (Cav.) L'Hérit.). *P. odoratissimum* kam Anfang des 18. Jhs. nach Europa, 1720 wurde es in Leiden kultiviert und gelangte von dort aus auch nach England, wo es 1732 im Hortus Elthamensis abgebildet und unter der Bezeichnung *Geranium Africanum humile, Malvae folio molli, flosculis albis, odore fragentissimo* von Johann Jacob Dillenius beschrieben wurde. 1736 zog es unter diesem Namen Herr von Ziethen in Trebnitz bei Seelow, und fortan war die Art auch in anderen Botanischen und Liebhaber-Gärten in Deutschland anzutreffen. 1773 bezeichnet sie Gleditsch als »eine niedrige Art mit überaus wohlriechenden Blättern« und schreibt »Sie hat den Beyfall der Liebhaber und Kenner.« Zu diesen hatte auch Johann Sebastian Bach (1685 –1750) gehört, dessen Lieblingspflanze sie war. Damals begann sich diese Art als Zimmerpflanze in den Stuben der einfachen Leute auszubreiten und gelangte im 19. Jh. dort zu besonderer Beliebtheit. *P. graveolens* und *P. radens* wurden beide 1774 nach England eingeführt und kamen alsbald auch nach Deutschland. 1808 waren beide im Berliner Botanischen Garten vorhanden, 1815 in Kunersdorf bei Wriezen, 1817 im Breiterschen Garten in Leipzig und Mitte des 19. Jhs. als Zimmerpflanzen bereits weit verbreitet.

Petunia Juss. Petunie

Die etwa 25 Arten umfassende Gattung *Petunia* ist im südöstlichen Südamerika vom südlichen Brasilien bis Argentinien heimisch. Ihre Existenz wurde in Europa um 1800 bekannt. 1803 begründete der französische Botaniker Antoine Laurent de Jussieu (1748 –1836) *Petunia* als neue Gattung der Nachtschattengewächse und beschrieb die beiden Arten *P. nyctaginiflora* (heute *P. axillaris* (Lam.) B. S. P.) und *P. parviflora*. Dem Gattungsnamen liegt die altspanische, auf einen indianischen Namen zurückgehende Bezeichnung petun für den Tabak zugrunde. Die Einführung dieser Pflanzen nach West- und Mitteleuropa fand erst 20 Jahre später statt. Im Berliner Botanischen Garten zog man die weißblühende *P. nyctaginiflora* (*P. axillaris*) im Jahre 1823 aus Samenkörnern auf, die sich im Herbar von Friedrich Sello aus der Umgebung von Montevideo (Uruguay) vorfanden.

Die violett blühende *P. violacea* Lindl. kam 1831 nach England, und zwar durch den Gärtner und Kaufmann James Tweedie (1775 –1862), der seit 1825 in Argentinien lebte und mit William Dawson Hooker vom Glasgower Botanischen Garten korrespondierte. Hooker beschrieb die

Art als *Salpiglossis integrifolia*, sein Londoner Kollege John Lindley erkannte jedoch, daß sie zur Gattung *Petunia* gehört und nannte sie 1833 *P. violacea*.

Sehr bald schon kreuzte man diese Art mit *P. nyctaginiflora*, welche dann 1833 in England bereits häufig (»now common«) war. Es entstanden mehrere Sorten, deren Zahl durch weitere Kreuzungen untereinander rasch anstieg. In kurzer Zeit wurden diese Petunia-Hybriden zu begehrten und beliebten Zierpflanzen für Gärten und Blumenkästen, wobei man die eigentlich ausdauernden Pflanzen wegen ihrer Frostempfindlichkeit als einjährige Sommerblumen kultivierte. Schnell verbreiteten sich die neuen Zierpflanzen auch über das kontinentale Europa, und an ihrer züchterischen Weiterentwicklung beteiligten sich nunmehr auch Gartenbaubetriebe in Deutschland. So berichtet der deutsche Gärtner Eduard Regel, damals Inspektor des Botanischen Gartens Zürich, 1854 in der von ihm begründeten und redigierten Gartenflora (Jg. 3): »Die Petunien gehören schon lange zu den Lieblingsblumen unserer Gärten. Früher bezogen wir die neuen Spielarten fast ausschließlich aus Frankreich, England und Belgien. Sorgfältige Aussaaten unserer deutschen Handelsgärtner haben aber in neuester Zeit eine große Zahl der schönsten Formen geliefert, welche die neuesten Erzeugnisse Englands und Belgiens noch übertreffen.« 1875 heißt es bei Hermann Jäger, die Petunie sei wegen ihres unaufhörlichen Blühens eine besonders geachtete Pflanze und es gebe jetzt Sorten mit verschiedenartig purpur- und rosenroten, weißen und hellvioletten, auch vielfarbig gestreiften und geaderten sowie mit gefüllten Blüten. Die ständig weitergehende Züchtung führte zu einem vielseitigen und vervollkommneten Sortiment, dessen Sortenfülle in 6 Sortengruppen gegliedert wird: 1. Pendula (hängende Triebe), 2. Grandiflora Nana (niedrige Pflanzen mit großen Einzelblüten), 3. Compacta-Nana (kompakt wachsend), 4. Grandiflora Fimbriata Nana (niedrig, großblütig, Blüten gefranst), 5. Grandiflora Superbissima (mit sehr großen Blüten), 6. Gefülltblühende. Zu diesen Sortengruppen traten in neuerer Zeit die Surfina-Petunien, welche in Japan aus Kreuzungen zwischen den herkömmlichen Garten-Petunien mit einigen rankenden kleinblütigen *Petunia*-Wildarten entstanden sind.

Phacelia tanacetifolia Benth.
Phacelie, Büschelschön, Büschelkraut

Als im Jahre 1832 der schottische Gärtner und Pflanzensammler David Douglas neue Pflanzen aus Kalifornien nach England sandte, befand sich unter den rd. 670 Arten auch diese einjährige Pflanze, deren Heimatareal sich von Kalifornien bis Arizona, Nieder-Kalifornien und Mexiko erstreckt. In England wurde sie 1837 von George Bentham unter dem obigen Namen neu beschrieben. Die Gattung *Phacelia* (zu gr. phákelos, »Bündel, Büschel«, nach den büschelartig zusammensitzenden Blüten), hatte der französische Botaniker Antoine Laurent de Jussieu 1789 aufgestellt.

Von England aus kam die Art alsbald auch nach Deutschland, wo sie 1843 in der 6. Auflage von Wredows Gartenfreund als Sommerblume aufgeführt wird. Als Zierpflanze wurde sie fortan hier und da in Gärten ausgesät und, wie Paul Ascherson und Paul Graebner 1898/99 weiter schreiben, »neuerdings auch als Bienenfutter in größerer Menge gezogen«. Da sie sehr leicht verwilderte, vermuteten die genannten Autoren, daß sie sich in Deutschland bleibend einbürgern würde. Die fortan aus vielen Gegenden gemeldeten Verwilderungen waren jedoch nur vorübergehend und beschränkten sich auf Brachflächen, Schuttplätze und Komposthaufen. Als Bienenfutterpflanze wird die Phacelie hingegen in vielen Ländern Europas, in Westsibirien, Mittelasien und Teilen der USA gezogen. Auch als Futterpflanze und Pflanze zur Bodenverbesserung wird die Art nicht selten angebaut, insbesondere auf leichten Böden. Da sie wegen ihrer rauhen Behaarung von Rindern nur ungern gefressen wird, ist man seit den 1950er Jahren bemüht, für Futterzwecke Sorten mit geringer oder fehlender Behaarung zu züchten.

Phalaris L. Glanzgras

Über die ganze nördliche Erdhalbkugel verbreitet ist das **Rohr-Glanzgras** (*P. arundinacea* L.), das in Mitteleuropa vor allem an Fließgewässern vorkommt und in den großen Talniederungen (z.B. Spreewald, Havelland, Odertal) auf Überschwemmungswiesen früher ausgedehnte Bestände bildete. Im nordöstlichen Deutschland war es, vielfach unter dem aus einer slawischen Bezeichnung hervorgegangenen Volksnamen Militz bzw. Havelmilitz, ehemals ein geschätztes Futtergras für Pferde. Seit etwa 1580 ist von dieser Grasart eine weißgestreifte Form bekannt. Zuerst erscheint diese 1581 in den Icones des flämischen Botanikers Matthias Lobelius unter dem Namen *Gramen sulcatum vel striatum album*. Lobelius vermerkte, daß er sie in den Seealpen und in Savoyen als Wildpflanze gefunden habe. Von dorther kam sie wohl in die französischen Gärten und weiter nach Deutschland, wo sie, wie Tabernaemontanus 1588 schreibt, in den Gärten »zur Lust gepflanzet« wurde. Er meinte, der Samen sei aus Spanien gekommen, weshalb diese weißpanaschierte Form bei ihm »Hispanisch gras« heißt. Andere vermuteten ihren Ursprung in Burgund und nannten sie »Burgundisch Gras«. Wahrscheinlich ist sie aber an verschiedenen Stellen innerhalb des ausgedehnten Verbreitungsgebietes des Rohr-Glanzgrases entstanden, von Bauern gefunden und in die Gärten verpflanzt worden, ohne daß man dies im einzelnen festgehalten hat. So nennen spätere Floren mitunter Vorkommen dieser Form in der freien Natur und von solchen Stellen, an denen spätere Verwilderungen wenig wahrscheinlich sind. Beispielsweise fand sie der Arzt Johann Friedrich Rebentisch, der 1804 einen Prodromus Florae Neomarchicae veröffentlichte, wild auf den Warthewiesen bei Landsberg. In Deutschland nennt Joachim Camerarius diese Form in dem von ihm 1586 neu herausgegebenen Kräuterbuch von Mattiolus unter dem Namen *Gramen pictum*. 1588 verzeichnet er sie dann auch für seinen Nürnberger Garten unter der Bezeichnung *Gramen pictum sive striatum* und

Phalaris canariensis **L.** Kanariengras, Lobelius 1591

gibt dazu an, dieses Gras werde im Volksmund (»vulgo«) »Manna« genannt, doch ist dies wohl eine Verwechslung mit dem Flutenden Schwaden (*Glyceria fluitans*). Johannes Franke nennt es 1594 aus Lausitzer Gärten, wobei er dem Namen ein *Hispanicum* anfügt und als deutsche Bezeichnungen »Spanisch graß/welsch graß/gemahlt gras« angibt. Gegen Ende des 16. Jhs. war es in Annaberg im Erzgebirge vertreten. In England wird es erstmals 1596 aus dem Garten von John Gerard in Holborn gemeldet. Seit dem 17. Jh. war es in Deutschland weit verbreitet und erscheint fast in jedem Katalog von Botanischen und Liebhaber-Gärten. 1724 wuchs es als »Spanisch Graß« in der oberlausitzer Kleinstadt Lauban, allerdings nur in den Gärten von Liebhabern. Inwieweit es zu dieser Zeit in die Gärten der einfachen Bürger und Bauern vorgedrungen war, ist schwer zu erkennen. 1773 schreibt Gleditsch in Berlin, die Art, von ihm »Gestreiftes Straußgras, Gestreiftes Bändergras« genannt, werde des Ansehens halber im nassen guten Grund, wo andere Pflanzen wenig fortkommen, mit unterhalten, weil es sich ebenso stark vegetativ vermehre wie die wilde Art und seine schönen buntgestreiften Blätter lange behalte.

1787 gibt sein Neffe Willdenow in seiner Berliner Flora an, *Phalaris picta* werde in Gärten kultiviert. Daß diese Form in der Mitte des 19. Jhs. bereits allgemein verbreitet war, ergibt sich aus Angaben in damaligen Florenwerken, wie etwa in der Flora der Provinz Brandenburg von Paul Ascherson 1864, in der es heißt, das »Bandgras« finde sich häufig in Gärten und werde namentlich zu Einfassungen verwendet. Carl Bolle vermerkt um 1900, die alten Gärtner hätten es Ruban de bergère (»Band der Schäferin«) genannt; offenbar ist dieser französische Volksname mit den Hugenotten nach Berlin gekommen. Bolle rechnete das Bandgras zu den altmodischen Pflanzen. In der Tat wurde es damals von neueren Blütenstauden in den Hintergrund gedrängt, es hat sich aber dank seiner Wüchsigkeit in vielen, vor allem dörflichen Gärten erhalten.

Im Gegensatz zu dem ausdauernden Bandgras handelt es sich bei dem **Kanariengras** (*Ph. canariensis* L.) um ein einjähriges Gras. Das Areal dieser mediterranen Art umfaßt das westliche und zentrale Mittelmeergebiet, östlich reicht es bis Istrien und Tunesien, südlich bis zu den Kanarischen Inseln. Seinen Namen verdankt es den dort heimischen Kanarienvögeln. So schreibt Camerarius 1586: »Den Samen nennet man an vielen Orten Canari Samen, dieweil vnter Hanff/Rübsamen vnd Dotter/solcher dem Canari Vöglein zu der Speiß gegeben wird.« In Italien ist die Gartenkultur dieses Grases zuerst 1532 belegt, in Deutschland wird es erstmals 1539 von Hieronymus Bock als *Phalaris Dioskoridis* erwähnt. Man hielt es für das bei Dioskurides und bei Plinius genannte Gras *Phalaris* bzw. *Phaleris*, dessen Halme und Samen bei Blasenleiden heilsam sein sollten. Nach Deutschland ist es aus Italien gekommen, u.a. über die alte Handelsstadt Nürnberg, woher Valerius Cordus und Konrad Gessner Samen erhalten hatten. Gessner nennt es 1561 in seinen Horti Germaniae als Gartenpflanze, doch war die Art damals noch ziemlich selten. Seine Ausbreitung ging aber recht schnell vonstatten, so daß es Ende des 16. Jhs. hierzulande in vielen Gebieten vorhanden war, 1590 sogar schon im fernen Ostpreußen, dort freilich zunächst selten. Im 17. Jh. dürfte es aber überall in Mitteleuropa recht häufig gezogen worden sein, aber weniger als Zier- und Trockenstraußgras, sondern als Vogelfutterpflanze. Später hat man es zu diesem Zweck stellenweise auf Feldern angebaut, so waren z.B. 1986 in Mecklenburg rd. 1450 ha mit Kanariengras bestellt. Seit dem 19. Jh. beobachtete man vielerorts Verwilderungen, die jedoch nirgends beständig waren.

Pharbitis Choisy Prunkwinde

Aus der in den alt- und neuweltlichen Tropen verbreiteten, zu den Windengewächsen gehörenden Gattung *Pharbitis* werden in Mitteleuropa einige Arten als einjährige Sommerblumen zur Berankung von Zäunen, Lauben und Balkonen gezogen. Allerdings ist ihr Anbau hierzulande stets mit Unsicherheiten behaftet, da die wärmeliebenden Pflanzen in kühlen und sonnenscheinarmen Sommern versagen.

Als erste erreichte uns die in den Tropen der Alten Welt wachsende **Blaue Prunkwinde** (*Ph. nil* (L.) Choisy). 1561 nennt sie Konrad Gessner in seinen Horti Germaniae als Gartenpflanze. In der Folgezeit wurde sie hier und da kultiviert, blieb jedoch wegen ihrer hohen Wärmebedürftigkeit in den meisten Gebieten Mitteleuropas auf Botanische und Liebhaber-Gärten beschränkt. 1588 hatte sie z.B. Joachim Camerarius in seinem Nürnberger Garten, und als *Nil Arabum Camerarii* wird sie 1613 im Hortus Eystettensis farbig abgebildet. Zwischen 1607 und 1630 kam sie als *Convolvulus caeruleus Indicus* in den herzoglich braunschweigischen Garten zu Hessem. Viel häufiger als hierzulande trifft man sie in den Tropen als Zierpflanze an. Besonders beliebt ist sie bei den Japanern, welche sie meist als Topfpflanze ziehen. Dort entwickelte man Sorten mit sehr großen, oft höchst phantastisch geformten und

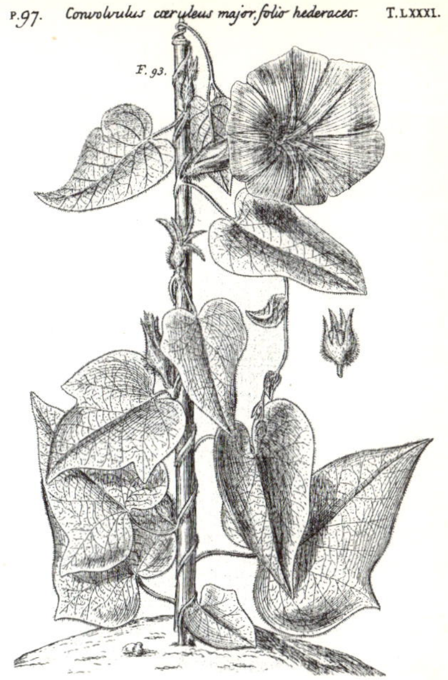

***Pharbitis hederacea* (Jacq.) Choisy** Efeu-Prunkwinde, Dillenius 1732

geschlitzten Blüten, die in Deutschland vom Samenhandel als »Kaiserwinden« angeboten werden.

Der Blauen Prunkwinde ähnlich ist die im tropischen Amerika heimische **Efeu-Prunkwinde** (*Ph. hederacea* (Jacq.) Choisy) mit etwas kleineren himmelblauen Blüten. Da sie mitunter mit der vorigen Art zusammengeworfen bzw. zusammengestellt wurde, ist bei den alten Angaben nicht immer sicher zu entscheiden, welche Art wirklich gemeint war. Die Efeu-Prunkwinde traf um 1600 in Europa ein, zuerst wahrscheinlich in Spanien. In England wurde sie 1621 von John Goodyer erstmals gezogen und beschrieben, die Samen waren über Italien gekommen. 1623 bezeichnete Caspar Bauhin die Art in seinem Pinax als *Convolvulus coeruleus hederaceus anguloso folio.* Das damals zusammengetragene Herbar des Bauhin-Schülers Joachim Burser belegt sie aus Gärten in Florenz und Basel. Unter dem Bauhinschen Namen wird sie 1663 (Flora Marchica) und 1666 (Gartenbau) von Elsholtz für den Berliner Raum aufgeführt, wobei als deutsche Namen »Himmelblaue Winde« bzw.« Himmelblaue oder Spanische kleine Winde« angegeben werden. Wie die vorige blieb auch diese Art eine relativ seltene Zierpflanze.

Die in Mitteleuropa am häufigsten kultivierte *Pharbitis*-Art ist die **Purpur-Prunkwinde** (*Ph. purpurea* (Roth) Bojer), die in dem hiesigen Klima am sichersten gedeiht. Ebenfalls aus dem tropischen Amerika stammend, traf sie Ende des 16. Jhs. in den Niederlanden ein, wo sie 1594 im Leidener Botanischen Garten gezogen wurde. Von dort gelangte sie alsbald auch nach Deutschland, hier erscheint sie 1613 im Hortus Eystettensis als *Convolvulus Indicus flore violaceus.* Unter diesem Namen war sie vor 1630 auch im herzoglich braunschweigischen Garten zu Hessem und 1648 im Botanischen Garten von Altdorf bei Nürnberg vorhanden. 1623 hatte Caspar Bauhin sie in seinem Pinax als *Convolvulus purpureus, folio subrotundo* bezeichnet, das Burser-Herbar belegte sie für Basel. 1663 gab es die Purpur-Prunkwinde auch im Berliner Raum. Das Gartenbaubuch von Elsholtz (1684) bemerkt dazu: »Diese wächset sehr hoch/ wenn man ihr eine Stange beysticht: iedoch muß sie an einen solchen Ort gestellet werden/ daß sie dem Monster keine Unzierde giebet.« Im

18. Jh. war die Art in Deutschland weit verbreitet und 1724 in der oberlausitzer Kleinstadt Lauban vertreten, dort allerdings nur erst »in hortis curiosorum« »in den Gärten von Liebhabern«. Mitte des 18. Jhs. gab es abweichende Farbformen mit weißen und mit roten Blüten. Im 19. Jh. gehörte die Purpur-Prunkwinde zu den häufigen Zierpflanzen und war besonders in den Bauerngärten sehr beliebt. Man zog sie meist in Mischungen, in denen verschiedene Farbformen mit purpurroten, fleischroten, rosenroten, violetten, blauen, weißen sowie verschiedenartig bunt gezeichneten Blüten vertreten waren.

Obwohl sie Carl Bolle Ende des 19. Jhs. als altmodische Blume einstufte, ist die Purpur-Prunkwinde auch heute noch vielfach zu sehen, vor allem in ländlichen Gärten, aber auch als Balkonpflanze. Da sie ihre Blüten meist nur in den Vormittagsstunden öffnet, heißt sie in Frankreich Belle de jour und in England Morning glory.

Botanisch wurden die genannten Arten zuerst zu den Winden (*Convolvulus*) gestellt. 1787 nahm sie der Arzt und Botaniker Albert Wilhelm Roth aus der Gattung *Convolvulus* heraus und fügte sie in die von Linnaeus 1737 bzw. 1753 geschaffene Gattung *Ipomoea* ein, zu der seit 1797 die heute überall in den Tropen und Subtropen als Nahrungspflanze angebaute Süßkartoffel oder Batate (*I. batatas* (L.) Lam.) gehört. 1833 schuf der schweizerische Pfarrer und Botaniker Jacques Denis Choisy für die Prunkwinden eine eigene Gattung mit dem von ihm künstlich gebildeten Namen *Pharbitis*.

Philadelphus coronarius L.
Pfeifenstrauch

Das Areal dieses Strauches erstreckt sich über Nord- und Mittelitalien und Südosteuropa (Siebenbürgen), das nördlichste natürliche Vorkommen befindet sich in der Weizklamm bei Graz. Offenbar ist er zunächst in Italien in Gartenkultur genommen worden, von wo er in der 2. Hälfte des 16. Jhs. nach West- und Mitteleuropa gekommen ist. Der flämische Botaniker Matthias Lobelius nannte ihn 1581 *Syringa Italica*. Sein Landsmann Carolus Clusius sah ihn zuerst in Belgien (spätestens 1573). Einer der ersten Gärten, in denen er in Deutschland als Zierstrauch gezogen wurde, ist der des Nürnberger Stadtarztes Joachim Camerarius: 1588 wird er dort als *Syringa flore albo odorato* verzeichnet.

Er fehlte indessen 1594 in den Lausitzen und in dem sonst reichhaltigen Scholzeschen Garten in Breslau, doch nennt ihn Caspar Schwenkfelt 1601 für Schlesien. In Württemberg gab es den »Syringbaum« nach Johann Bauhin 1598 im fürstlichen Lustgarten zu Göppingen und in Stuttgart. »Wegen seines süßen Geruches und seiner Eleganz« (Clusius) breitete sich der Pfeifenstrauch nunmehr rasch aus, und 1601 schrieb Clusius, daß es in Deutschland und angrenzenden Gebieten nur wenige Gärten gebe, in welchen er nicht gezogen werde. Zu dieser Zeit war er (als *Syringa Italica*) sogar schon in dem hoch im Erzgebirge gelegenen Annaberg vorhanden (Jenisius 1605). In England wuchs er 1597 im Garten des Londoner Arztes John Gerard in sehr großer Menge (»very great plentie«). Neben der Wildform mit einfachen

Blüten erschien nunmehr eine Form mit gefüllten Blüten, die neben der ersteren 1613 im Hortus Eysttensis (2 II) als *Syringa Italica flore albo pleno*, »Weißer Syrings = Baum mit vollen Blumen« farbig abgebildet wurde.

Die ursprüngliche Bezeichnung *Syringa* geht wahrscheinlich auf einen Volksnamen zurück, dem griechisch und lateinisch syrinx, »Röhre, Pfeife, Flöte« zugrundeliegt und der sich auf die hohlen Zweige des Strauches bezieht, aus denen man Panflöten schnitzte. Da diese Bezeichnung von Clusius auf den Flieder übertragen worden war und mehr und mehr für diesen in Anwendung kam, führte Caspar Bauhin den Namen *Philadelphus* ein und bezeichnete den Pfeifenstrauch 1623 in seinem Pinax als *Philadelphus Athenaei*. Er war der Meinung, bei dem im 2. Jh. von dem griechischen Schriftsteller Athenaios Naukatitos erwähnten Blütenstrauch *philadelphos* handele es sich um den Pfeifenstrauch. Der Name *Philadelphus* wurde dann in zunehmendem Maße auch von anderen Botanikern (z.B. August Quirinus Rivinus, Joseph Pitton de Tournefort, Heinrich Bernhard Ruppius) verwendet und von Linnaeus 1753 als Gattungsname festgeschrieben. Die Artbezeichnung *coronarius* (»zum Kranze gehörig«) übernahm Linnaeus von Clusius, der diese Art 1601 *Frutex coronarius* genannt hatte. Der Name Pfeifenstrauch war im 18. Jh. insofern wieder sachlich zutreffend, als man aus seinen jungen geraden Schossen die Röhren der langen Tabakspfeifen anfertigte. Wegen des jasminartigen Geruchs seiner Blüten hat man den Strauch im deutschen Sprachgebiet vielfach mit dem Echten Jasmin verglichen und bezeichnet ihn im Volksmund als Jasmin bzw. als Falschen Jasmin.

***Philadelphus coronarius* L.** Pfeifenstrauch, Clusius 1576

Aus den Botanischen, Liebhaber- und Adels-Gärten, in denen er im 17. Jh. wohl überall vorhanden war, gelangte der Pfeifenstrauch nach und nach in bürgerliche und bäuerliche Gärten. 1724 wuchs er z.B. in Lauban in den Gärten und an den Häusern verschiedener Leute, und zwar unter dem Namen »Citron = Blüthen«. Weitgehende Verwendung fand er in den seit der 2. Hälfte des 18. Jhs. in Mode kommenden Landschaftsparken.

1773 schreibt Gleditsch, daß »der wilde weiße Jasminstrauch« wegen seiner weißen ansehnlichen Blütenbüschel und seiner Eignung für den Heckenschnitt gerne kultiviert werde und daß man mit ihm manche unschönen Stellen im Garten zu verdecken pflege. Damals gab es auch schon Formen mit weiß- oder gelbpanaschierten Blättern. Im 19. Jh. wurde er überall sehr häufig als Zierstrauch angepflanzt und war hier und da in Hecken und auf Friedhöfen verwildert. Ende des 19. Jhs. setzte die Züchtung ein, an welcher der französische Gärtner Victor Lemoine in Nancy führend beteiligt war. Dabei kam es u.a. zur Einkreuzung weiterer *Philadelphus*-Arten aus Ostasien und Nordamerika und zur Entstehung einer Reihe von mitunter als Edeljasmine bezeichneter Kultursorten.

Phlox L. Flammenblume, Phlox

Der Verbreitungsschwerpunkt der Gattung befindet sich in Nordamerika, wo rd. 60 Arten vorkommen; nur eine Art (*P. sibirica* L.) ist in Nordasien (Sibirien) beheimatet. Eine Anzahl besonders schön blühender Arten wurde seit Beginn des 18. Jhs. als Zierpflanzen nach Europa gebracht. 1753 führt Linnaeus in seinen Species Plantarum 9 Phlox-Arten auf, im Botanischen Garten Uppsala gab es 1745/48 lediglich eine Art (*P. glaberrima*). In der 2. Hälfte des 18. Jhs. waren in Deutschland in Botanischen und Liebhaber-Gärten bis zu 5 Arten vorhanden. Im Berliner Botanischen Garten wurden 1746 keine, 1765 eine, 1773 drei, 1808 zehn und 1821 dreizehn Arten kultiviert. Eine bedeutende Rolle bei der Einführung von *Phlox*-Arten nach Deutschland spielte die Handelsgärtnerei Buek in Hamburg, sie hatte 1779 zehn staudige nordamerikanische Arten und dazu *P. sibirica* im Angebot. 1837 zählt das Staudenbuch von Johann Theophil Zetter 17 Arten auf, und 1844 waren im Botanischen Garten in Prag 26 *Phlox*-Arten aus Amerika vorhanden. 1853 heißt es in der Gartenflora: »Unter allen perennen Pflanzen, wohl nur mit Ausnahme der Penseés [Stiefmütterchen] und Aurikel, ist vielleicht die Gattung *Phlox* die beliebteste.« 1862 schreibt dann Hermann Jäger in derselben Zeitschrift (Jg. 11), die Flammenblumen (*Phlox*) hätten »sowohl in ihren ausdauernden als einjährigen Spielarten und Sorten eine so große Herrschaft in den Gärten erlangt, daß man in den Sommermonaten fast so viel *Phlox* als andere Blumen sieht.« Gegenwärtig werden in Mitteleuropa mehr oder weniger häufig, in einigen bis zahlreichen Sorten und Hybriden, etwa 18 niedrige Arten als Steingarten- und Polsterpflanzen, 5 hohe als Rabattenstauden und eine einjährige als Sommerblume gezogen.

Zuerst wurden *Phlox*-Arten von dem Londoner Arzt und Botaniker Leonard Plukenet erwähnt, und zwar in seinem Almagestum botanicum (1696) und den Ergänzungen (Mantissa) dazu, welche 1700 erschienen. Plukenet nannte sie nicht *Phlox*, sondern *Lychnidea*, in einem Falle *Lysimachia*, wobei die Polynome jeweils ziemlich umfangreich sind. Es handelte sich um die Arten *P. paniculata* L., *P. pilosa* L., *P. divaricata* L., *P. ovata* L, *P. subulata* und *P. setacea* L. Ob es sich bei den von ihm aufgeführten Arten um Angaben nach Herbarexemplaren gehandelt hat, oder ob diese Arten damals bereits in England kultiviert worden sind, bleibt unklar.

Der **Wiesen-Phlox** (*P. maculata* L.) wurde erstmals 1704 von dem englischen Botaniker John Ray in den Nachträgen seiner Historia plantarum als *Lychnoides marilandica* ... aufgeführt. Eingeführt wurde er aber erst durch den Farmer und Pflanzensammler John Bartram (1699 - 1777), der seit 1730 amerikanische Pflanzen an Peter Collinson (1694 -1768) in England schickte. In Deutschland tritt diese Art gegen Ende des 18. Jhs. in Erscheinung, z.B. 1779 in Hamburg, 1796 in Machern bei Leipzig, 1799 im Botanischen Garten Halle. Den **Kahlen Phlox** (*P. glaberrima* L.) soll Plukenet 1705 aus Florida bekommen haben, eine weitere Einführung dieser Art erfolgte durch James Sherard. 1732 wuchs er im Sherardschen Garten in Eltham bei London und wurde von Johann Jacob Dillenius im Hortus Elthamensis als *Lychnidea folio melampyri* beschrieben und abgebildet. 1740 war dieser die einzige *Phlox*-Art im Botanischen Garten in Leiden, ebenso 1748 im Botanischen Garten in Uppsala. Auch in Deutschland gehörte er zu den am frühesten gezogenen *Phlox*-Arten.

Eine weit größere Bedeutung als die beiden letztgenannten Arten hat der **Hohe Staudenphlox** (*P. paniculata* L.) erlangt. Er war bereits Plukenet bekannt, wenn seine 1700 aufgeführte *Lysimachia virginiana umbellata maxima* sich auf diese Art bezieht. Sicher ist, daß er etwa 30 Jahre später im Sherardschen Garten in Eltham kultiviert wurde und 1732 im Hortus Elthamensis von Dillenius als

***Phlox paniculata* L.** Hoher Staudenphlox, ***Phlox glaberrima* L.** Kahler Phlox, Dillenius 1732

Lychnidea folio salicino beschrieben und abgebildet wurde. Eine weitere Einfuhr erfolgte 1743, als John Bartram auch diese Art an Peter Collinson sandte. Nach Deutschland kam er nach Mitte des 18. Jhs., 1765 wuchs er sowohl im Berliner Botanischen Garten als auch im Botanischen Garten in Greifswald. 1773 beschrieb Gleditsch den Hohen Staudenphlox, »Die virginische unächte Lychnißstaude mit Weidenblättern und purpurfarbenen Blumensträussen« und den Kahlen Phlox (*P. glaberrima*) wie folgt: »Man unterhält beyde Gewächse wegen ihres guten Ansehens auf den Blumenstücken, weil sie als dauerhafte schöne

Stauden außerdem wenig Mühe machen. Die erstere ist etwas niedriger als die zweite, blüet auch vor derselben im Frühlinge. Sie hat dunkle Stengel, längere größere und steifere, stärker geaderte Blätter, und etwas kleinere violette Blumen ohne Geruch. Die zweyte hat kürzere, sehr glatte und glänzende Blätter und größere Blumen, und blüet gegen Ende des Frühlinges noch später und länger.« Am Ende des 18. Jhs. war der Hohe Staudenphlox in Deutschland ziemlich verbreitet und drang nunmehr in zunehmendem Maße von den Botanischen und Liebhaber-Gärten in die Gärten der einfachen Leute vor. 1839 begann in Frankreich die systematische Züchtung, bald folgten belgische und englische Züchter. Bis dahin hatte es sich ausschließlich um die Wildform bzw. frühe Primitivsorten mit trübviolettroten, nacheinander aufgehenden Blüten in wenigblütigen lockeren Blütenständen gehandelt, wie man sie vereinzelt als Relikte in Bauerngärten sehen kann. Es gab 1812 allerdings auch schon eine Form mit weißen Blüten und 1817 eine buntblättrige Form. Die Züchtung ging im wesentlichen so voran, daß man aus tausenden von Sämlingen Sorten mit verbesserten Eigenschaften wie andersartigem Farbspiel und strafferem Wuchs auslas. In Deutschland befaßte sich als erster Wilhelm Pfitzer in Stuttgart mit der Phloxzüchtung, seine ersten Sorten kamen 1867 auf den Markt. Später beteiligten sich auch andere deutsche Züchter, besonders erfolgreich Karl Foerster (1874–1970) in Potsdam-Bornim, von dem der Ausspruch stammt: »Ein Leben ohne Phlox ist ein Irrtum.« Die meisten Sorten sind reine Abkömmlinge von *P. paniculata*, doch kam es auch zu Einkreuzungen anderer Arten. 1871 heißt es in der Gartenflora (Jg. 21): »In den Gärten haben sich zwischen dieser und *Phlox acuminata* Pursh (Nordamerika, tief karminrot, 3-3 1/2 Fuß) zahlreiche Abarten mit rosaroten bis dunkelkarminroten, lilafarbenen und weißen und auch gestreiften Blumen gebildet.« In den Jahren 1912 bis 1927 erzielte Georg Arends in Ronsdorf Hybriden zwischen *P. paniculata*-Sorten und *P. divaricata* L. subsp. *laphamii* (Wood) Wherry, deren Namensorten als *P.-Arendsii*-Hybriden im Handel sind. Heute gibt es von *P. paniculata* eine kaum zu übersehende Fülle von Sorten in vielen Farben außer Orange, Gelb und reinem Blau mit einem Blühzeitraum von Ende Juni bis in den Herbst hinein und kaum einen Garten, in dem der Hohe Stauden-Phlox nicht vertreten ist.

Der schon erwähnte **Sperrige Phlox** (*P. divaricata* L.) aus dem östlichen Nordamerika gehört in die Gruppe der »Fußhohen Kanadaphloxe« (Foerster), seine Stammart entfaltet ihre blaßbläulichen Blüten schon Ende April bis Mitte Mai. Diese wird ebenfalls von Plukenet 1700 erwähnt, aber erst 1739 durch John Bartram nach England eingeführt. In Deutschland erscheint sie nach der Jahrhundertmitte. 1757 war sie im Botanischen Garten Göttingen, 1773 im Botanischen Garten Berlin, 1779 in Hamburg, 1782 im Senckenbergschen Garten in Frankfurt/Main und 1799 im Botanischen Garten Halle und im Park Machern bei Leipzig vorhanden. 1773 schreibt Gleditsch von ihr, sie sei von geringerer Schönheit als die vorigen, auch niedriger und blühe etwas früher. Obwohl es inzwischen von dieser Art einige Sorten mit hellvioletten, lavendelblauen, purpurblauen, rötlichen oder weißen Blüten gibt, ist diese hübsche Gartenpflanze bei uns nicht allzu häufig zu sehen.

Von den ganz niedrigen, wegen ihrer Wuchsform auch als Teppichphloxe bezeichneten Arten ist die wichtigste und häufigste der **Polster-Phlox** (*P. subulata* L.). Die in den östlichen USA heimische variable Art wurde 1696 von Plukenet als *Lychnidea blattariae accedens virginiana, minor repens, hirsutus camphoratae foliis* verzeichnet. Auch sie gelangte durch John Bartram, der sie 1745 an Peter Collinson in Mill Hill in England schickte, nach Europa. Zunächst fand diese niedrige Art nur wenig Interesse, nach Deutschland ist sie offenbar erst im letzten Viertel des 18. Jhs. gelangt. 1779 wurde sie von der Gärtnerei Buek in Hamburg angeboten, 1808 im Berliner Botanischen Garten kultiviert, 1817 im Breiterschen Garten in Leipzig, 1824 im Buekschen Garten in Frankfurt/Oder. 1837 vermerkt der österreichische Pfarrer Zetter in seinem Staudenbuch, daß sie in Töpfen gar prächtig blühe. Ihre große Zeit begann jedoch erst, als in der 2. Hälfte des 19. Jhs. die Steingärten aufkamen, für die sich der Polster-Phlox hervorragend eignete. Nunmehr nahm sich die Züchtung dieser Art an und entwickelte teils durch Auslese, teils durch Einkreuzung der ebenfalls polsterbildenden Arten Sand-Phlox (*P. bifida* Beck) und Douglas-Phlox (*P. douglasii* Hook.) eine große Zahl von reich und in vielen roten, rosa und violetten Farbtönen sowie in Weiß, auch mit dunklerem Auge oder gestreift blühende Sorten. Zu Beginn des 19. Jhs. war eine Zufallshybride mit dem Ausläuferbildenden Phlox (*P. stolonifera* Sims) als *P. x procumbens* Lehm. beschrieben worden, von der es heute ebenfalls einige Sorten gibt.

Der einjährige **Sommer-Phlox** (*P. drummondii* Hook.) aus Texas und angrenzenden Gebieten gelangte 1835 mit der letzten Samensendung des im März 1835 verstorbenen Reisenden und Pflanzensammlers Thomas Drummond an William Dawson Hooker nach England. Dieser beschrieb die neue Art im Botanical Register und benannte sie nach ihrem Entdecker. Der Sommer-Phlox stieß sogleich auf allseitiges großes Interesse, und in kurzer Zeit entstanden aus der Wildform mit einfarbigen karminroten, leicht purpurn überzogenen Blüten mehrere Farbformen mit purpurroten, rosenroten, lila und weißen Blüten sowie mit scharlachroten, blutroten und dunkelroten Blüten mit weißem Stern und weißen Blüten mit violettem Stern. Um 1840 bezeichnete man sie in England als »Stolz und Zierde unserer Gärten«. Von England aus gelangte der Sommer-Phlox alsbald auch in andere Länder, in Deutschland wurde er 1843 in der 6. Auflage von Wredows Gartenfreund aufgeführt. 1853 schrieb der Erfurter Gärtner F. C. Heinemann in der Gartenflora, gleich den Malven sei auch der *Phlox Drummondi* durch seine neuen Spielarten »sehr in Aufnahme gekommen«. Heute ist die Stammart kaum noch in Kultur, wohl aber zahlreiche teils bis 20 cm, teils nur bis 10 cm hoch wachsende Sorten, darunter auch solche mit stark zerschlitzten und mit sternförmigen Blüten.

Der seit 1753 gültige Gattungsname *Phlox* wurde von Linnaeus gegeben, welcher damit einen antiken, von Theophrast angeführten Namen aufgriff, der damals jedoch eine andere Pflanze bezeichnet hatte. Ihm liegt gr. phlóx, »Flamme« zugrunde, weshalb die Arten seit etwa 1780 im Deutschen auch Flammenblumen genannt werden.

Phyllitis scolopendrium (L.) Newman Hirschzunge

Dieser immergrüne Farn mit ungeteilten zungenförmigen Blättern wächst in Schluchtwäldern, an schattigen Felsen und Mauern in luftfeuchten und wintermilden Gebieten; er kommt in Gebirgen Mittel- und Südeuropas, Nordafrikas und Vorderasiens bis hin zum Kaukasus, aber auch in Japan und im östlichen Nordamerika vor. In Mitteleuropa war er im 16. Jh. in Gartenkultur. Otto Brunfels berichtet in seinem Contrafayt Kreuterbuch 1532, daß man die »Hirtzzunge« in Gärten ziehe, und bei Leonhart Fuchs heißt es 1543, sie wachse »in schattigen feuchten Bergen und steinigen Tälern, auch in etlichen Brunnen und feuchten Mauern« und werde »nun mehr fast in allen Gärten gepflanzt«. Die Pflanze wurde damals medizinisch verwendet, u.a. gegen die Pest, in der Volksheilkunde gegen Lungentuberkulose. Tabernaemontanus gibt von der Hirschzunge an: »Die Blätter über Nacht in Wein gelegt, und am Tage davon getrunken, ist gut den Milzsüchtigen«. In den Gärten wurde sie aber nicht nur als Arzneipflanze, sondern auch als Schmuckpflanze gezogen, insbesondere Formen mit gekräuseltem Rand, welche mindestens seit Anfang des 17. Jhs. bekannt sind. 1736 hatte Herr von Ziethen auf Trebnitz bei Seelow neben der Normalform 3 weitere Formen in seinem Garten, später stieg die Zahl derartiger Formen weiter an. Auch heute noch wird dieser Farn in seinen verschiedenen Formen hier und da als Zierpflanze kultiviert und ist im Angebot von Staudengärtnereien, er kommt allerdings nur dort gut fort, wo seine Ansprüche an hohe Boden- und Luftfeuchtigkeit und wintermilde Klimalagen ausreichend befriedigt werden können.

Physalis alkekengi L. Judenkirsche

Als Ursprungsgebiet dieses Nachtschattengewächses wird Kleinasien und das Kaukasusgebiet angesehen, es wurde aber schon in alter Zeit über große Teile Südeuropas verbreitet. Im Französischen Jura und ebenso bei Neuchâtel im Schweizer Jura fand man bereits in spätneolithischen Kulturschichten eine große Zahl von Samen, die damals offenbar gegessen worden sind, wie es aus dem Mittelalter belegt ist. Obwohl die Beeren eßbar sind, enthält die Pflanze giftige Inhaltsstoffe (den Bitterstoff Physalin und Pyrrolidin- und Tropan-Alkaloide) und zählt zu den Giftpflanzen. Da sich die Physaline aber vorwiegend in der grünen Pflanze und die Alkaloide nur in den Rhizomen befinden, treten Vergiftungserscheinungen nur als lokale Reizungen durch Blätter und beim Verzehr größerer Mengen unreifer Früchte auf.

Zuerst erwähnt wird die Art bei Theophrast als eine *strychnos*-Art. Später nannte sie der Arzt Dioskurides neben *strychnos halikakabos* (wohl ein Name aus einer orientalischen Sprache) auch *phy-*

salis (zu gr. phýsa, »Blase«) und beschrieb ihre Verwendung in der Heilkunde. Sie galt als harntreibendes, aber auch als schmerzlinderndes und blutstillendes Medikament sowie als Mittel gegen Blasensteine. Dioskurides berichtete aber auch, daß ihre Früchte von Kranzwindern zu Kränzen geflochten wurden. Noch heute werden ihre auffälligen roten Früchte, d.h. die blasig aufgetriebenen Kelche, welche eine scharlachrote, etwa kirschgroße Beere umschließen, vielfach zu Kränzen und Trockensträußen verarbeitet. Bei Plinius heißt die Art *vesicaria* (zu lat. vesica, »Blase«), aber auch *halicacaba*. Durch die Römer kam die als Arznei-, Obst- und Zierpflanze gezogene Art nach Süd- und Westdeutschland, wo Reste von ihr in einem Brunnen der römischen Zivilsiedlung Köngen bei Eßlingen in Württemberg sowie bei Xanten am Niederrhein gefunden wurden. Im Mittelalter war sie in Deutschland bereits vorhanden, bei Hildegard von Bingen erscheint sie als *Boberella* (vielleicht zu romanisch puparella, »Püppchen« oder zu mundartlich Bobbel, »Blase«). Sie bürgerte sich damals vor allem in Weinbergen ein. So heißt es bei Fuchs 1543: »Die Judenkirsen wachsen gemeinlich in den weingärten, darauß sie nit leichtlich mögen gebracht werden, wo sie einmal wurzeln.« Daß die Art damals aber auch in den eigentlichen Gärten gezogen wurde, belegt u.a. die farbige Abbildung der dort als *Halicacaba vulgatius* bezeichneten Pflanze im Hortus Eystettensis (1613). Noch im 17. Jh. diente sie vorwiegend als Arzneipflanze, so erscheint sie z.B. 1684 im Gartenbaubuch von Elsholtz unter dem Bauhinschen Namen *Solanum vesicarium* unter den »Arzney = Kreuter(n)/

Physalis alkekengi **L.** Judenkirsche, Brunfels 1532

So bey uns im Garten gezielet [gezogen] werden müssen«. Im 19. Jh. war sie dann ausschließlich Zierpflanze, wenn auch gebietsweise nur selten, wie etwa in Brandenburg, wo Ascherson 1864 meinte, daß sie als Zierpflanze allgemeinere Beachtung verdiene. Später fand sie wegen ihrer Verwendung zu Trockensträußen wieder mehr Interesse, so daß die Judenkirsche heute, oft auch Lampionblume genannt, ziemlich häufig in Gärten zu sehen ist.

In einer besonderen Form kommt die Art auch in China und Japan vor, dorthin soll sie schon in früher Zeit über die Seidenstraße aus ihrer Urheimat gebracht worden sein. Die ostasiatische, nur aus der Kultur bekannte Sippe weicht nur geringfügig von der europäischen Sippe ab, bei ihr sind die Kelche ein wenig größer, die Blüten gelblich und die Beeren gelb. 1892 wurde sie in Japan von dem englischen Gärtner James Herbert Veitch gefunden und nach England eingeführt, wo sie 1894 Maxwell Tylden Masters im Gardeners Chronicle als *P. franchetii* beschrieb. Ende des 19. Jhs. bot die Gartenbaufirma Otto Froebel in Zürich diese Sippe als »neue wertvolle, aus Japan eingeführte Lampionpflanze« an, starke Pflanzen in Töpfen kosteten das Stück 0,50 bis 1,50 Franken. Heute faßt man sie lediglich als Varietät von *P. alkekengi* auf.

Caspar Bauhin hatte 1623 die Judenkirsche in die Gattung *Solanum* gestellt. Tournefort griff 1700 auf ihren schon im 16. Jh. bekannten arabischen Namen *alkekengi* zurück und nannte sie *Alkekengi officinarum*. Linnaeus benutzte den Namen *alkekengi* jedoch nur als Artbezeichnung und verwendete als Gattungsnamen die schon bei Dioskurides erscheinende Bezeichnung *Physalis*.

Physostegia virginiana (L.) Benth. Gelenkblume

Die im östlichen Nordamerika von New Brunswik in Kanada bis Minnesota und südwärts bis Carolina und Missouri heimische Gelenkblume kam 1649 wohl aus den damaligen niederländischen Besitzungen um Neu-Amsterdam (heute New York) in den Botanischen Garten Leiden. In dem 1680 erschienenen 1. Teil seines Werkes über die in den berühmtesten holländischen Gärten beobachteten selteneren Pflanzen beschrieb der Danziger Kaufmann Jacob Breyne die Art als *Dracocephalon Americanum*. 1683 wurde sie in England kultiviert. Zu dieser Zeit kam die Art auch nach Deutschland, gegen Ende des 17. Jhs. wird sie aus Schlesien belegt, und 1699 wuchs sie als *Dracocaephalos* im Boseschen Garten in Leipzig. Im 18. Jh. war sie nur in einigen Botanischen und Liebhaber-Gärten vertreten, so 1726 in Jena, 1736 in dem von Ziethenschen Garten in Trebnitz bei Seelow, 1746 im Krauseschen Garten in Berlin. 1753 änderte Linnaeus den bis dahin gebräuchlichen Namen in *Dracocephalum virginianum* ab. Obwohl der Kauf- und Handelsgärtner Johann Nikolaus Buek in Hamburg die Art in seinem Katalog 1779 bereits zum Kauf anbot, blieb sie hierzulande vorwiegend auf Botanische und Liebhaber-Gärten beschränkt. 1829 nahm sie der englische Botaniker George Bentham aus der Gattung *Dracocephalum* heraus und schuf für sie und verwandte Arten die Gattung *Physostegia*, deren Namen er wegen des blasig aufgetriebenen Kelches dieser Arten aus gr. phýsa, »Blase« und stége, »Dach, Decke« künstlich gebildet hatte. Damals fand sie, in Wredows Gartenfreund 1827 als »schöne Art« und im Staudenbuch von Zetter 1837 als »schöne Zierpflanze« charakterisiert, mehr und mehr Eingang in die allgemeine Gartenkultur. 1871 wurde sie auch für Teppichbeete empfohlen (Gartenflora, Jg. 21). 1885 entstand in England neben der purpurrötlich blühenden Stammform eine Form mit reinweißen Blüten (cv. 'Alba'), die Ende des 19. Jhs.

vom Gartenbaubetrieb Otto Froebel in Zürich als Neuheit angeboten wurde. Erst nach dem Aufkommen des Staudengartens und der Staudengärtnerei wuchsen Interesse und Nachfrage. 1913 gab es einige weitere Sorten, u.a. eine cv. 'Compacta rosea'. Um 1930 kam die Sorte 'Vivid' mit leuchtend weinroten Blüten auf den Markt. 1932 preist Pareys Blumengärtnerei die Art mit folgenden Worten an: »Eine wertvolle Rabattenstaude; ihre Blütentrauben oder -rispen sind wirklich schön, und da die Pflanze leicht gedeiht, so sei sie für mittlere und größere Ziergärten bestens empfohlen.« Aber erst nach dem 2. Weltkrieg erfolgte in Deutschland eine stärkere Ausbreitung, und heute wird die Gelenkblume mit ihren Sorten in vielen Gärten angetroffen.

Phytolacca L. Kermesbeere

Von der etwa 35 Arten umfassenden, vorwiegend tropisch bis subtropisch verbreiteten Gattung der Kermesbeerengewächse werden bei uns 2-3 aus gemäßigten Zonen stammende Vertreter hier und da als dekorative Blattstauden in Gärten gezogen. Ihre in dichten Trauben zusammenstehenden Blüten sind unscheinbar, auffallend jedoch die rötlichschwarzen beerenartigen Früchte.

1712 beschrieb der deutsche Mediziner Engelbert Kaempfer, der sich 1690–1692 als Stationsarzt der Niederländischen Ostindischen Kompanie in Japan aufgehalten hatte, in seinen Amoenitatum exoticarum unter ihren japanischen Namen Sjooriku und Jamna gola eine Kermesbeere, bei der es sich offenbar um die heute vielfach in *P. acinosa* Roxb. einbezogene *P. esculenta* van Houtte gehandelt hat, die in China und Japan wegen ihrer eßbaren Blätter kultiviert wird. *P. acinosa* baut man auch in Indien als Gemüsepflanze an, und von dorther kam die 8 Staubgefäße und eine achtteilige Frucht aufweisende Art gegen Ende des 18. Jhs. nach Europa. In Deutschland erscheint sie 1799 als *Phytolacca octandra* im Botanischen Garten Halle, 1808 im Botanischen Garten Berlin und 1817 im Breiterschen Garten in Leipzig. In der 2. Hälfte des 19. Jhs. wurde sie von Carl Johann Maximowicz als Samen von Japan nach St. Petersburg eingeführt.

Wesentlich früher als diese kam die in den östlichen und südlichen USA sowie in Mexiko heimische *P. americana* L. (*P. decandra* L.) mit 10 Staubgefäßen und zehnteiligen Früchten nach Europa. 1615 wurde sie in England kultiviert, blieb dort aber zunächst selten. In Deutschland gelangte sie zwischen 1630 und 1651 unter dem Namen *Amaranthus Baccifer* in den herzoglich braunschweigischen Garten in Hessem. Spätestens 1684 war die Art unter diesem Namen auch in den kurfürstlich brandenburgischen Gärten in und um Berlin vertreten, als deutsche Bezeichnung verwendet Elsholtz in seinem Gartenbaubuch »Tausendschön mit Beeren«. In England hatte John Parkinson die Art 1640 in seinem Theatrum botanicum als *Solanum magnum virginianum*, 'rubrum' bezeichnet. Leonhard Plukenet nannte sie 1696 '*Solanum racemosum americanum*'. Den Namen *Phytolacca* bildete 1700 Tournefort, er beruht auf den Worten gr. phýton, »Pflanze« und lat. lacca, »Kermes-Schildlaus und der aus ihr bereitete rote Farbstoff«. Man benutzte den roten Saft der reifen Früchte zum Färben von Weinen, Likören und Zukkerwaren sowie zum Schminken, weshalb die Art besonders in Weinbaugebieten angepflanzt wurde. Die Flora Jenensis von Heinrich Bernhard Ruppius (1718) führt sie als *Phytolacca Americana, majore fructu* auf, sie wuchs in Jena im Botanischen Garten (»hortus medicus«) der Universität. Im 18. Jh. war die Art in Deutschland in nahezu allen Botanischen und Liebhaber-Gärten vertreten, ab dem 19. Jh. dann hier und da auch in anderen Gärten zu finden, von wo aus sie gelegentlich auf Schuttplätzen verwilderte.

Picea pungens Engelm. Stech-Fichte

Die in den südlichen Rocky Mountains von Wyoming bis New Mexico in den USA in Höhen zwischen 1500 und 3300 m wachsende Stech-Fichte wurde 1863 von dem in St. Louis ansässigen, aus Frankfurt/Main stammenden Arzt Georg Engelmann (1809–1884) beschrieben, und zwar anfangs als *P. Menziesii*, 1879 dann als *P. pungens*. Aber bereits zuvor war der Baum nach Europa gebracht worden. Hier stieß vor allem seine blaugrüne Form (cv. 'Glauca') auf großes gärtnerisches Interesse. Eduard Regel bezeichnete sie 1884 als schönste Konifere, sie war damals aber noch sehr selten und teuer. Vor allem in niederländischen Baumschulen wurden aus der formenreichen Art Sorten mit bläulichen und blauweißen Nadeln ausgelesen und in den Handel gebracht. Die bekannteste dieser Blaufichten-Formen ist die Sorte 'Koster' (cv. 'Kosterana'), die aus verschiedenen sehr blauen Sämlingspflanzen selektiert und kurz vor 1885 von der Baumschule von Ariel Koster in Boskoop verbreitet wurde. Diese und ähnliche Sorten werden in Deutschland im Volksmund als Blautannen oder Edeltannen bezeichnet. Ende des 19. Jhs. waren sie zu einem »sehr begehrten Schmuck jedes Gartens« geworden. Die Baumschulen nutzten die starke Nachfrage und zogen vor allem die lebhaft silberblau gefärbte Sorte 'Kosterana' in Massen an, so z.B. 1899 der Gartenbaubetrieb Otto Froebel in Zürich. Dadurch wurde die Stech-Fichte hierzulande zu dem am häufigsten verwendeten Nadelbaum in Gärten, Parken und Grünanlagen, keineswegs zur Freude der Gartenarchitekten, von denen einer sich zum Ausruf hinreißen ließ: »Wir erklären *Picea pungens glauca* zum Staatsfeind Nr. 1!«

Platycodon grandiflorum (Jacq.) A. DC. Ballonglocke, Ballonblume

Diese zu den Glockenblumengewächsen gehörende Art ist in Nord- und Ostasien heimisch und, wie der englische Gärtner John Gould Veitch im 19. Jh. berichtete, »auf dem Fujiyama überall so häufig wie in England die Butterblumen«. Die Art kam 1773 in den Botanischen Garten in Wien und wurde 1776 dort von Nicolaus Joseph Jacquin als *Campanula grandiflora* beschrieben. 1830 stellte sie Alphonse de Candolle in seiner Glockenblumen-Monographie in die von ihm neugeschaffene Gattung *Platycodon* (zu gr. platýs, »breit« und kódon, »Glocke«). Von Wien aus gelangte die Art auch in die Botanischen Gärten anderer europäischer Länder, so 1782 nach Frankreich und wenig später auch nach England. Dort ging sie aber wieder verloren und wurde 1846 von Robert Fortune zum zweitenmal eingeführt. Im Berliner Botanischen Garten erscheint sie 1812, im Breiterschen Garten in Leipzig 1817. Der Übergang in die allgemeine Gartenkultur begann um 1830. 1837 lobte Johann Theophil Zetter in seinem Staudenbuch die »Großblüthige Glockenblume« als »sehr schön«. 1867 gab es eine Form mit weißen Blüten, und 1873 entstand in England eine Form mit halbgefüllten Blüten; eine neuere samenechte Sorte mit doppeltem Kronblattkranz ist 'Hakone'. 1877 fand der englische Gärtner Charles Maries bei Sapporo in Japan eine niedriger bleibende, sehr reichblühende Form der Ballonglocke, welche 1884 in England eingeführt und wegen ihres strafferen Wuchses alsbald zu der am häufigsten angepflanzten Sorte ('Mariesii') wurde. Bald gab es hiervon auch eine Abart mit weißen Blüten. Später entdeckte man am Berg Apoy in Hokkaido (Japan) eine nur 15 -20 cm hoch werdende Zwergform mit violettblauen Schalenblüten und brachte sie als Sorte 'Apoyama' in den Handel; sie findet vor allem Verwendung als Steingartenpflanze. Die von Karl Foerster gezüchtete, 60 cm hoch werdende Sorte 'Perlmutterschale' zeigte erstmals eine Rosafärbung. Heute ist die Ballonglocke mit ihren verschiedenen Sorten in Mitteleuropa eine weit verbreitete, wenn auch nicht allzuhäufige Gartenzierpflanze.

***Polemonium caeruleum* L.** Blaue Himmelsleiter, Dodonaeus 1583

Polemonium caeruleum L.
Blaue Himmelsleiter

Das Areal der Blauen Himmelsleiter reicht von West- und Mitteleuropa, wo die Art hier und da in montanen Grauerlenwäldern und Hochstaudenfluren vorkommt, und Skandinavien bis nach Ostsibirien und in die innerasiatischen Gebirge. Bis zur Mitte des 16. Jhs. war die Pflanze unbekannt, ihre Ersterwähnung enthält die 1560 von Carolus Clusius veranstaltete französische Ausgabe der Stirpium historia von Rembert Dodonaeus.

1561 erwähnt sie Konrad Gessner als Gartenpflanze. In Deutschland wurde sie in kurzer Zeit sehr beliebt und fand eine rasche Verbreitung. Ihre damaligen Namen *Phu peregrinum* (Gessner) und *Valeriana peregrina* (Lobelius, Camerarius) bzw. *Valeriana graeca* (Dodonaeus, Tabernaemontanus) lassen erkennen, daß man sie wegen der ähnlichen Blätter den Baldrianen zuordnete und daß sie von auswärts - nach Meinung einiger Autoren aus Griechenland - nach Mitteleuropa gekommen ist. Die Art war von Anfang an reine Zierpflanze. So schreibt Tabernaemontanus 1588: »Der griechische Baldrian wird weder äußerlich noch innerlich zu einer Artzney gebrauchet. So sind uns auch seine Kraft und Tugenden noch unbekannt, wissen derowegen auch dißmal weiter davon nicht zu schreiben, dann daß die Blumen dieses Krauts von wegen ihrer schönen und lieblichen Farben auf die Tische und Gemach zur Zierde gestreuet werden und daß die Jungfrauen und Weiber sie zu ihren Kräntzen und Sträußlein gebrauchen.«

Ende des 16. Jhs. gab es neben der blauen eine weißblühende Form, so z.B. 1594 im Botanischen Garten Leiden. Mit ihren beiden Farbformen war die Himmelsleiter bis in das 19. Jh. hinein eine beliebte und wegen ihrer Robustheit und leichten Vermehrbarkeit bis in die Bauerngärten hinein häufige Gartenzierpflanze.

So bezeichnet sie Johann Gottlieb Gleditsch 1773 als »ein in unseren Gärten sehr gemeines Staudengewächse«, das »wegen der Menge seiner weissen oder blauen Blüten den Gärten im Sommer eine besondere Zierde« sei, und 1839 heißt es in der Flora Lusatica von Ludwig Rabenhorst: »auf Kirchhöfen und in Gärten sehr häufig angepflanzt und verwildert«. Ende des 19. Jhs. zählte Carl Bolle sie zu den altmodischen Blumen. Obwohl auch heute noch im Angebot von Staudengärtnereien, ist die Art in den Gärten deutlich seltener geworden und nur noch gelegentlich in Bauern- und Pfarrgärten zu sehen.

Caspar Bauhin hat in seinem Pinax (1623) dieses Gewächs als *Valeriana coerulea* zur Gattung Baldrian gestellt. Aber schon Tabernaemontanus hatte darauf hingewiesen, »daß es einige Form, Gestalt oder Gleichheit mit dem Baldrian nicht hat«, doch meinte er, daß wir den Namen »Griechischer Baldrian behalten müssen, bis wir einen bessern überkommen«. Gleicher Ansicht war der Londoner Apotheker John Parkinson, welcher anmerkte, daß er eigentlich keinen Grund sehe, warum diese Art als Baldrian bezeichnet werde, es gebe weder in der Blüte noch im Samen, sondern lediglich hinsichtlich der Blattform mit dem wilden Arznei-Baldrian Übereinstimmung. Elsholtz benutzte in seiner Flora Marchica (1663) und in seinem Gartenbaubuch (1666) zwar den Bauhinschen Namen, betonte aber, daß man die Art *Pseudovaleriana* nennen sollte. Ende des 17. Jhs. griff Tournefort den antiken Namen *polemonion* auf, der zuerst bei Dioskurides für eine nicht näher bestimmbare Pflanze erscheint und auf einen pontischen König Polemos zurückgehen soll, und nannte unsere Art *Polemonium vulgare*. Linnaeus übernahm 1753 diesen Gattungsnamen, behielt aber die Bauhinsche Artbezeichnung als *caeruleum* (»himmelblau«) bei. Der deutsche Name Himmelsleiter (auch Jakobsleiter) bezieht sich auf die leiterförmigen Fiederblätter.

Polygonatum Mill. Weißwurz

Von den etwa 50, in den nördlichen gemäßigten Zonen verbreiteten Arten der Gattung *Polygonatum* kommen 3 (*P. odoratum* (Mill.) Druce, *P. multiflorum* (L.) All., *P. verticillatum* (L.) All.) auch in Deutschland wild vor. Als volkstümliche Heil- und Zauberpflanzen seit langem bekannt, werden sie mindestens seit dem 16. Jh. hier und da auch in Gärten gezogen. Von ersterer ist seit dem 18. Jh. auch eine Form mit gefüllten Blüten bekannt. Zwischen der in wärmeliebenden Saumgesellschaften und lichten Eichen- und Kiefernwäldern wachsenden, auch als Salomonssiegel bezeichneten Duft-Weißwurz (*P. odoratum*) und der Vielblütigen Weißwurz (*P. multiflorum*) der reicheren Laubmischwälder gibt es den Bastard *P. x hybridum* Brugger. Diese Hybride soll nach der European Garden Flora (III) die häufigste *Polygonatum*-Sippe in der Gartenkultur sein; hierzu gehört nach neueren Erkenntnissen auch die Sorte 'Weihenstephan'.

In ländlichen Gärten sieht man stellenweise (so in Brandenburg) die mitunter fast mannshoch werdende Riesen-Weißwurz (*P. giganteum* Dietrich = *P. commutatum* (Schultes f.) Dietrich). Diese im östlichen und mittleren Nordamerika heimische Art kam um 1830 nach Berlin und wurde dort 1835 von Albert Dietrich, Kustos am Botanischen Garten, als *P. giganteum*, eine etwas abweichende Form als *P. commutatum* beschrieben.

Polygonatum giganteum **Dietrich**
Riesen-Weißwurz, Bailey 1947

Diese beiden Sippen werden in der Folgezeit in Deutschland in den meisten Gartenbüchern und Gartenfloren als Zierpflanzen aufgeführt, wobei nicht auszuschließen ist, daß es mitunter zu Verwechslungen gekommen ist. Im Volksmund wird die Riesen-Weißwurz vielfach als Japanisches Maiglöckchen bezeichnet. Linnaeus hat im 18. Jh. die Weißwurz-Arten in die Gattung *Convallaria* (Maiglöckchen) gestellt, obwohl Clusius (1601), Bauhin (1623) und Tournefort (1700) für sie den Namen *Polygonatum* (zu gr. polýs, »viel« und gónu, »Knie, Knoten«) benutzten, welcher als *polygonaton* schon bei Dioskurides erscheint. Als heute gültiger Gattungsname wurde *Polygonatum* 1754 von Philip Miller begründet, der allerdings selbst diese Arten 1768 wieder der Gattung *Convallaria* zuordnete.

Polygonum orientale L. Orientalischer Knöterich, Icon. Corm. Sinic. 1972

Polygonum orientale L.
Orientalischer Knöterich

Diese in China, Indien und Südostasien bis hin nach Australien heimische einjährige Knöterich-Art kam um 1665 aus damaligen niederländischen Kolonien und Handelsniederlassungen nach Holland. 1703 beschrieb sie der französische Botaniker Tournefort in seinem Corollarium als *Persicaria orientalis, maxima, Nicotianae folio, calyce florum purpureo.* Alsbald wurde sie überall in deutschen Gärten kultiviert, z.B. 1726 im Botanischen Garten und einigen anderen Gärten in Jena, 1735 im Waltherschen Garten in Leipzig, 1736 im Ziethenschen Garten in Trebnitz bei Seelow und im Möhringschen Garten in Jever, 1746 im Krauseschen Garten in Berlin usw. Im 18. und 19. Jh. war die Art, von der es neben der karminrot blühenden Stammform bald eine Form mit weißen Blüten gab, in Deutschland weithin verbreitet und eine beliebte Sommerblume, und vielfach wird auch von vorübergehenden Verwilderungen auf Gartenauswurf und Schutt berichtet. Um 1900 rechnete Carl Bolle den Orientalischen Knöterich zu den altmodischen Blumen, heute ist er nur noch selten in Bauerngärten zu sehen.

Portulaca grandiflora Hook.
Portulakröschen

Während der unscheinbar blühende Portulak (*P. oleracea* L.) bereits seit der Römerzeit als Gemüse- und Salatpflanze in Deutschland angebaut wird, kam das aus Brasilien, Uruguay und Argentinien stammende Portulakröschen (*P. grandiflora*) mit auffälligen großen Blüten erst 1827 nach England. Dort wurde es 1829 von William Jackson Hooker, Direktor des Botanischen Gartens in Kew/London, als neue Art beschrieben. Von England aus gelangte es als Zierpflanze alsbald auch nach Mitteleuropa. 1837 wird es in der 5. Auflage von Wredows Gartenfreund aufgeführt, und 1844 wuchs es im Botanischen Garten in Prag. Von Samenzuchtbetrieben vermehrt und vertrieben, erfuhr die Art eine schnelle Verbreitung.

In der Gartenkultur entstanden aus der Wildform mit hellpurpurroten Blüten durch Mutationen, vielleicht auch durch Einkreuzung damals ebenfalls kultivierter verwandter Sippen (*P. thellussoni* Lindl., *P. gilliesii* Hook.), zahlreiche Sorten mit einfachen oder gefüllten, einfarbigen, gestreiften oder gescheckten Blüten in den Farben Rosa, Purpur- und Karminrot, Violett, Weiß, Gelb und Orange. Heute ist diese Sortenfülle wieder zurückgegangen, im Angebot befinden sich meist Mischungen. Da die niedrigen Pflanzen warme und vollsonnige Standorte benötigen, sind sie nicht überall in Mitteleuropa gleich wüchsig, auch versagen sie hier in feuchten und kühlen Sommern. Daher sieht man das Portulakröschen in südlicheren Ländern (z.B. in Ungarn) häufiger als in Deutschland.

Potentilla fruticosa L.
Fingerstrauch

Dieser bis 1 m hoch werdende niedrige Strauch wächst in Gebirgen der gemäßigten Zonen der gesamten nördlichen Erdhalbkugel, in Europa jedoch nur vereinzelt im Norden, in den Südwestalpen und in südeuropäischen Gebirgen. In England, wo der Fingerstrauch ebenfalls wild vorkommt, wenn auch nur selten, wurde er um 1675 von einem gewissen Johnson an den Ufern des Flusses Tees in Yorkshire gefunden und dem Botaniker John Ray übermittelt, der ihn 1677 in seinem Catalogus Plantarum Angliae als *Pentaphylloides fruticosum* beschrieb. Als *Pentaphylloides rectum fruticosum Eboracense* (Eboracum: römischer Name der Stadt York) erscheint er 1680 in der Plantarum historia universalis des Oxforder Botanik-Professors Robert Morison. In England ist der Fingerstrauch auch zuerst in Gartenkultur genommen worden, von woher er alsbald auch nach Deutschland gelangte. 1699 finden wir ihn unter dem Namen *Pentaphylloides fruticosum Raji* im Boseschen Garten in Leipzig. Zunächst blieb er auf wenige Liebhaber-Gärten beschränkt, so erscheint er 1735 im Waltherschen Garten in Leipzig und 1736 im von Ziethenschen Garten in Trebnitz bei Seelow. Zu dieser Zeit wurde die Art aber auch in Rußland entdeckt und z.B. von dem Schweizer Johann Ammann 1739 als *Pentaphylloides fruticosa elatior* beschrieben. Die eigentliche Ausbreitung des Fingerstrauches erfolgte in Deutschland in der 2. Hälfte des 18. Jahrhunderts. 1765 wuchs er z.B. im Botanischen Garten Berlin, 1772 im Park von Harbke bei Helmstedt, 1777 in Kassel und 1782 im Senckenbergschen Garten in Frankfurt/Main. 1779 wurde er von der Handelsgärtnerei Buek in Hamburg und 1785 von der von Burgsdorffschen Baumzucht in Tegel bei Berlin vermehrt und vertrieben und fand vor allem Verwendung in den damals modisch gewordenen Landschaftsgärten. So tritt er uns im 19. Jh. vielerorts als Zierstrauch und »gewöhnliche Lustgebüsch-Pflanze« entgegen. Nunmehr kamen auch weitere Formen des aufgrund seines großen Verbreitungsgebietes recht vielgestaltigen Strauches nach Europa und wurden in seine allmählich anlaufende züchterische Weiterentwicklung eingebracht. 1822 gelangte z.B. die in Sibirien und Nordchina heimische Varietät *davurica* (Nestler) Ser. (= *P. glabrata* Willd.) von St. Petersburg aus an die englische Gartenbaufirma Loddiges. Inzwischen gibt es vom Fingerstrauch eine Fülle von Sorten mit unterschiedlichen Wuchs- und

Blüheigenschaften, wobei die Blütenfarbe meist Gelb oder Weiß, bei einigen Sorten auch Orange, Rot oder Rosa ist. Seine Anspruchslosigkeit und seine lange, von Mai bis in den Herbst hinein währende Blütezeit machten ihn zu einem beliebten Blütenstrauch, so daß er heute in Mitteleuropa in Gärten und Grünanlagen sehr häufig zu sehen ist.

Primula L. Schlüsselblume, Primel

Mit über 300 Arten ist die Gattung *Primula* über die gesamte nördliche Erdhalbkugel verbreitet, wobei der Verbreitungsschwerpunkt im Himalaya und in den ostasiatischen Gebirgen liegt. Nur wenige Arten stoßen bis in subtropische und tropische Gebiete vor. In Mitteleuropa sind 15 -20 Arten heimisch, in Deutschland 10, von denen aber mehr als die Hälfte auf höhere Gebirge beschränkt bleibt.

Wegen ihrer Schönheit wurden einige Arten schon im Mittelalter als Zierpflanzen in die Gärten geholt. Im Laufe der Zeit kamen zahlreiche weitere, größtenteils aus Asien stammende Arten hinzu, so daß sich in Europa heute etwa 125 Primel-Arten in gärtnerischer Kultur befinden. Allerdings findet man die meisten, z.T. spezielle Standortansprüche aufweisenden und daher nicht einfach zu kultivierenden Arten lediglich in Botanischen und Liebhaber-Gärten. Eine allgemeine oder etwas häufigere Verbreitung als Freiland- oder Zimmerpflanzen haben in Mitteleuropa nur ein Dutzend Arten und deren Hybriden; nur diese Sippen kommen im Folgenden zur Darstellung.

Die in Deutschland als Wildpflanze am weitesten verbreitete, wenn auch keineswegs überall vorkommende oder häufige **Frühlings- oder Wiesen-Schlüsselblume** (*P. veris* L, syn. *P. officinalis* (L.) Hill) mit glockenförmig aufgeblasenem Kelch und relativ kleinen dottergelben, wohlriechenden Blüten galt seit altersher auch als Heilpflanze. So erscheint sie in der Physica der Hildegard von Bingen als »Hymelslozel«. Auch in den Kräuterbüchern des 16. und 17. Jhs. wird die Art unter verschiedenen Bezeichnungen allenthalben dargestellt und abgebildet. Hauptsächlich diente sie als Mittel gegen die Gicht (daher der Name *Arthritica* bei Gessner 1561), aber auch gegen andere Erkrankungen. 1662 faßte Johann Joachim Becher, Leibarzt des Kurfürsten von Mainz, in seinem Parnassus medicinalis illustratus ihre Heilwirkungen in folgenden Versen zusammen:

»Die Schlüsselblume wärmt, sie
trocknet und erweicht,
Stillt Schmerzen, in dem Schlag sie
bald ein Mittel reicht.
Vertreibt die lauffend Gicht, zu böser
Tiere Biß
Hält man die Schlüsselblume für
köstlich und gewiß.«

Es gab aber noch andere Verwendungen. So nutzte man die Pflanze zur Herstellung eines »Schlüsselblumen = Weines«, dessen Zubereitung Tabernaemontanus genau beschrieb und der wohl nicht nur zu rein medizinischen Zwecken getrunken wurde. Auch diente die Schlüsselblume als Schönheitsmittel, wie Bock 1551 berichtet: »die stoltzen Weiber lassen jnen [sich] allein die ausgerupffte blümlin distillieren zuvor mit wein besprengt/mit solchem wasser weschen sie jre angesichter/der hoffnung es sollen alle Flecken/rysame/masen/unnd anders/dardurch mit täglichem nützen außgetilget und vertriben werden.«

Schon frühzeitig wurde die Wiesen-Schlüsselblume auch in die Gärten gepflanzt. Als Gartenpflanze wird sie auf dem um 1410 von einem oberrheinischen Meister geschaffenen »Paradiesgärtlein« sowie auf weiteren spätmittelalterlichen Gemälden abgebildet, und seit Mitte des 16. Jhs. belegen auch verschiedene schriftliche Quellen ihr Vorhandensein in Gärten, wo sie offenbar sowohl als Heil- als auch als Zierpflanze gezogen wurde. Als Zierpflanze pflegte man auch gerne Formen mit abweichenden (orangefarbenen oder bräunlichen) Blütenfarben, mit Prolifikationen oder mit gefüllten Blüten zu verwenden. Eine gefüllte Form kultivierte zuerst Konrad Gessner um 1560 in seinem Garten in Zürich, Prolifikationen bildete dann Matthias Lobelius ab. Gegenüber der Hohen Schlüsselblume, mit der sie auch Bastarde bildete, blieb sie in den Gärten jedoch seltener. Eduard Regel meinte 1870, daß diese Art wohl nur noch in Botanischen Gärten kultiviert werde, doch gibt es auch aus dieser Zeit Angaben über Gartenvorkommen. Auch heute noch ist sie gelegentlich, wenn auch selten, in Bauerngärten zu sehen.

Die im Bergland Mitteleuropas mancherorts häufige, im Flachland in vielen Gebieten fehlende **Hohe Schlüsselblume** (*P. elatior* (L.) L.) mit größeren schwefelgelben Blüten besaß als Heilpflanze nur geringe Bedeutung. Als Zierpflanze ist sie vielleicht ebenfalls schon im Mit-

Primula elatior (L.) L. Gefülltblühende Hohe Schlüsselbluume, Matthiolus/Bauhin 1598

telalter in die Gärten geholt worden, wie sie auch auf Gemälden des ausgehenden Mittelalters zu sehen ist, so auf dem von Albrecht Altdorfer (1480 –1538) gemalten Bilde »Susanne im Bade«. Otto Brunfels kannte sie 1532 unter dem Namen »Weisß Hymmelschlüsszel« allerdings nur als Wildpflanze »off den feuchten matten«. 1561 erscheint sie nachweislich als Gartenpflanze, freilich nur im Garten Konrad Gessners in Zürich unter der Bezeichnung *Arthritica pallidior minus odorata*. Zuerst scheinen bevorzugt Formen mit gefüllten Blüten in Gartenkultur genommen worden zu sein. So wuchs z.B. 1594 im Scholzeschen Garten in Breslau eine *Primula veris pleno flore*, und Johann Bauhin gibt 1602 »Völlige Schlüsselblumen« aus dem herzoglich württembergischen Garten zu Göppingen an. Wenn Abbildungen fehlen, läßt sich bei derartigen Namen jedoch nicht sicher entscheiden, um welche Primel-Art es sich dabei im einzelnen gehandelt hat. Der Hortus Eystettensis (1613) zeigt einmal ein Exemplar mit verdoppelter Blüte (*Primula Veris gemino flore*), ein anderes mit gefüllten Blüten (*Primula Veris Anglicana flore pleno*). Diese beiden Formen, möglicherweise bereits Hybriden mit *P. veris*, waren im Zeitraum von 1607 bis 1630 auch im herzoglich braunschweigischen Garten zu Hessem vertreten, letztere unter dem Namen *Primula veris Anglica fl. pleno*. Die Worte *Anglicana* bzw. *Anglica* deuten darauf hin, daß diese Form aus England gekommen war. Dort zählte 1629 John Parkinson 21 Primel-Sippen auf, darunter auch solche mit gefüllten Blüten. Elsholtz in Berlin führt in der Flora Marchica (1663) und in seinem Gartenbaubuch (1666) die Hohe Schlüsselblume in ihrer einfachen Form lediglich als Wildpflanze auf (obwohl sie in Brandenburg als solche fehlt), nennt dann aber im Kapitel »Schirm = Gewächß von Blumwerck« im Abschnitt »Fremde Schlüsselblumen« die beiden Formen mit verdoppelten bzw. mit gefüllten Blüten.

Die Entwicklung der Hohen Gartenschlüsselblumen, heute als Primula-Elatior-Hybriden bezeichnet, nahm ihren Anfang in England, wo die Ausgangsarten (*P. veris, elatior* und *vulgaris*) wild vorkommen und das dortige kühlfeuchte Klima für Primeln besonders günstig ist. Da die Arten der *Primula*-Sektion *Primula* (*Vernales*), zu der die genannten Arten gehören, sich leicht miteinander kreuzen, kam es vielleicht schon an Wildstandorten zu Naturhybriden, sicherlich aber dann in Gartenkultur, bei der die drei Primel-Arten oft dicht nebeneinander aufgepflanzt wurden. Jedenfalls treten in englischen Garten- und Pflanzenbüchern 1687 und 1693 erstmals derartige, als *Polyanthus's* bezeichnete Hybriden in Erscheinung. Von England aus kamen sie unter dem Namen Englische Primeln alsbald auch in andere Länder. Eine solche Pflanze, die vom Botanischen Garten Oxford bezogen worden war, wurde 1687, offenbar noch als Besonderheit, im Katalog des Botanischen Gartens Leiden in den Niederlanden abgebildet. 1697 kultivierte der Botanische Garten in Montpellier von der Hohen Schlüsselblume (*Primula veris seu Verbascum pratense vel sylvaticum inodorum*) eine gefüllte Form, eine Form mit gelb-purpurroten Blüten und eine Form mit gefüllten purpurroten Blüten und daneben die hier als *Primula umbellata hortensis* bezeichnete Hybridgruppe, u.a. mit rostroten Blüten. Um die gleiche Zeit nennt der französische Botaniker Tournefort in seinen Institutiones von dieser *Primula veris, hortensis, umbellata* Farbformen mit roten, scharlachroten, gelben, weißen und rostfarbenen Blüten. Auch in Deutschland waren diese Garten-Schlüsselblumen alsbald allenthalben vorhanden und wurden schnell zu beliebten Zierpflanzen. 1708 werden aus dem Garten des Nürnberger Arztes Johann Christoph

Volckamer 49 im einzelnen beschriebene Sorten der *Primula veris floribus umbellatis* aufgeführt. 1724 blühten sie sogar schon in den Gärten der abgelegenen oberlausitzer Kleinstadt Lauban. Ihre weite Verbreitung in Deutschland während des 18. Jhs. belegen weitere Florenwerke sowie die Kataloge von Botanischen und Liebhaber-Gärten. So werden z.B. 1746 in Berlin für den Botanischen Garten 6, für den Krauseschen Garten 5 verschiedene Farbformen angegeben. In der Gartenkultur entstanden weitere Formen, auch wurden ständig Sorten mit größeren, zahlreicheren und farbkräftigeren Blüten ausgelesen. Das Verzeichnis des Breiterschen Gartens in Leipzig 1817 spricht von »vielen Ab- und Spielarten«, wobei solche mit blauen, blau-gefüllten, gelbgefüllten, gefleckt-gefüllten, schwarzgefüllten, purpurrot-gefüllten, rosa-gefüllten sowie mit proliferierenden Blüten besonders aufgeführt werden. Seitdem hat die Züchtung weitere verbesserte Sorten hervorgebracht, von denen viele wieder verschwunden oder selten geworden sind, wie etwa die einst vielgerühmten Vierländer Primeln. Die neuesten Sorten haben vielfach große bis sehr große Blüten, sind aber nicht alle ausreichend winterhart und werden lediglich als kurzlebige Topfpflanzen angeboten. In den Gärten gehören Primula-Elatior-Hybriden aber durchaus noch zu den beliebten und häufig gezogenen Zierpflanzen, wenngleich die Sortenfülle des 19. Jhs. weitgehend verschwunden ist.

Die **Stengellose Schlüsselblume** (*P. vulgaris* Hudson, syn. *P. acaulis* (L.) Hill) ist eine atlantisch-submediterrane Art, ihr Verbreitungsschwerpunkt liegt in Westeuropa und im Mittelmeergebiet, von wo aus sie in den Unterarten *sibthorpii* und *heterochroma* bis zur Krim, dem Kaukasusgebiet und Nordiran ausgreift. In Frankreich befand sie sich um 1500 in Gartenkultur. Eine erste Abbildung brachte 1558 der italienische, später als kaiserlicher Leibarzt in Prag und Wien tätige Botaniker Matthiolus. In Mitteleuropa, wo sie nur in den Alpen und in Schleswig-Holstein etwas häufiger vorkommt und als Wildpflanze weithin fehlt, läßt sie sich als Gartenpflanze ab der 2. Hälfte des 16. Jhs. nachweisen, war aber zunächst noch recht selten. 1561 wuchs sie in den von Konrad Gessner erfaßten Gärten nur im Garten von Gessner selbst, und zwar unter der Bezeichnung *Arthretica species peculiaris flore singularis*. 1588 war sie dann auch im Garten von Joachim Camerarius in Nürnberg vertreten, wobei Camerarius angibt, sie sei eine ausgezeichnete Art mit kurzem oder gleichsam fehlendem Stengel und werde deshalb *acaulos* genannt. Im Hortus Eystettensis 1613 wird eine Form mit gefüllten gelben Blüten abgebildet. Ein anderes Bild zeigt eine niedrige Primel mit hellpurpurroten Blüten, bei der es sich um die vom östlichen Balkan über Kleinasien bis zum Nordiran vorkommende Unterart *sibthorpii* (Hoffmgg.) W. W. Sm. et Forrest handeln könnte (da aber die Unterschrift hierzu *Primula veris sylvestris flore pallido* lautet, könnte auch eine falsche Kolorierung vorliegen und die einfache Form von *Primula vulgaris* subspec. *vulgaris* gemeint sein). Die genannte Unterart *sibthorpii* mit lila, rosa-, karmin- oder purpurroten oder auch weißen Blüten kam um diese Zeit (nach Boom 1611) aus türkischen Gärten nach Europa. 1635 wurde sie von Jacques Cornut in Paris als *Primula veris Constantinopolitana sive Carchiche Turcarum* beschrieben, und 1656 wuchs sie als *Primula veris vulgaris flore purpureo,* »purple Primrose« im Garten von John Tradescant in England. Ebenso wie der Typus (subspec. *vulgaris*) ging die Unterart *sibthorpii* in der Folgezeit in die Entwicklung der Gartenprimeln ein und lieferte die roten und blauen Farbtöne ebenso wie die sehr viel später eingeführte und eingekreuzte, zuerst 1831 von dem Direktor des Botanischen Gartens in St. Petersburg Karl Anton Meyer aus dem Kaukasus als *P. amoena* var. *acaulis* beschriebene subspec. *heterochroma* (Stapf) W. W. Smith et Forrest aus dem Nordiran und den Küstengebieten des Kaspischen Meeres. Die eigentlichen Wildformen blieben meist auf Botanische und Liebhaber-Gärten beschränkt, die sehr früh blühende Unterart *sibthorpii* ('Karnevalsprimel') leidet in vielen Gebieten Mitteleuropas unter spätwinterlicher Kälte und Spätfrösten.

Die Entwicklung der buntblühenden Kissenprimeln (Primula-Vulgaris-Hybriden) unserer Gärten erfolgte hauptsächlich in England und Irland. 1648 gab es im Botanischen Garten Oxford Formen mit purpurroten, blauen, weißen und gefüllten weißen Blüten, und wenig später trat eine Form mit gefüllten roten Blüten in Erscheinung. Die gefüllten Stengellosen Primeln waren in England besonders beliebt, und dem 1665 erschienenen Werk von John Rea, Flora, Ceres and Pomona, kann man entnehmen, daß sie »im Garten einer jeden Bauersfrau« standen. Um 1840 wurden in England 7-8 *Primula-vulgaris*-Sorten mit gefüllten Blüten gezogen.

In Deutschland verbreiteten sich die bunten Kissenprimeln erst im Laufe des 18. und zu Beginn des 19. Jhs. 1818 schreibt Wredow in seinem Gartenfreund, die Stengellose Primel blühe als Wildform gelb, in den Gärten aber in den mannigfaltigsten Farben. Zunehmender Beliebtheit erfreuten sich auch hier »die Formen mit gefüllten Blumen von gelber, weißer, rosarother, lilafarbener Färbung, welche als *Primula acaulis flore pleno* sehr verbreitet sind«, berichtete Eduard Regel 1870 in der Gartenflora. Man verwendete »diese gefüllten schönen Formen« damals vor allem als Einfassungspflanzen und als Topfpflanzen zur Blumentreiberei im Winter. Am Ende des 19. Jhs. rechnete Carl Bolle die Stengellose Primel zu den altmodischen Blumen, was aber nur für die Formen mit gefüllten Blüten zutrifft. Die einfachblühenden Formen erlebten im 20. Jh. einen erneuten Aufschwung, zumal die Züchtung die vorhandenen Sorten verbesserte, wobei man größere Blüten mit reinen leuchtenden Farben erzielte. Neuerdings gibt es besonders großblütige F_1-Hybriden, welche als sogenannte Treibprimeln, im Gewächshaus verfrüht, im Winter und zeitigen Frühling in Mengen als Topfprimeln auf die Märkte kommen, sich jedoch nur teilweise auch als Gartenpflanzen eignen.

Im Jahre 1900 entdeckte Julia Mlokosiewicz, Tochter eines aus Warschau stammenden, botanisch interessierten Forstbeamten, bei Lagodechi am Südabfall des östlichen Kaukasus eine bis dahin unbekannte ganz niedrige, rotviolett blühende Primel-Art, die in ihrem Heimatareal im heutigen Georgien auf feuchten felsigen Rasenbänken wächst.

Der russische Botaniker Nikolai Ivanovič Kusnetzow (1864–1932), Direktor des Botanischen Gartens in Dorpat und Kaukasusspezialist, benannte die neue Art 1901 nach dem Vornamen der Entdeckerin als *Primula juliae.* Von Dorpat aus gelangte diese Schlüsselblume 1910/11 nach England (Oxford, Kew, Edinburg) und in andere europäische Botanische Gärten. 1912 kam sie in England erstmals zur Blüte und wurde im Botanical Magazine (Nr. 8468) vorgestellt und abgebildet. Sogleich erkannte man ihre Gartenwürdigkeit, Gartenbaubetriebe in verschiedenen Ländern übernahmen ihre weitere Verbreitung. In dem von Ernst Graf Silva Tarouca herausgegebenen Band Unsere Freiland-Stauden (2. Aufl. 1913) wird sie aufgeführt und dabei angegeben, sie sei wie *P. vulgaris* verwertbar. Als reichblühende Teppich-Primel hat sie sich ziemlich rasch über die Gärten verbreitet und ist auch heute noch dort, wo die von ihr benötigten feucht-frischbleibenden Standorte vorhanden sind, als frühlingsblühende niedrige Rabatten- und Steingartenstaude zu sehen.

Bald nach Einführung dieser Art entstanden sowohl in dem von Franz Zeman geleiteten Vereinsgarten der Österreichischen Dendrologischen Gesellschaft in Pruhonice bei Prag als auch in der Gärtnerei von Georg Arends in Ronsdorf Hybriden zwischen *P. juliae* und *P. vulgaris,* die in den Jahren nach dem 1. Weltkrieg als *P. x pruhoniciana* bzw. *P. x helenae* in den Handel kamen. Durch weitere Züchtungsarbeit entstand seitdem ein reiches Sortiment dieser Primula-Juliae-Hybriden in vielen roten, violetten, weißen und gelben Farbtönen. Derartige Hybridsorten, vielfach wüchsiger als *P. juliae,* wurden inzwischen zu häufigen Zierpflanzen, die heute in sehr vielen Gärten anzutreffen sind. Darüber hinaus gibt es jetzt auch als *P. x margotae* bezeichnete Kreuzungen zwischen *P. juliae* und Primula-Elatior-Hybriden, bei denen die Blüten in kleinen Dolden auf kurzen Stielen stehen.

Die **Alpen-Aurikel** (*P. auricula* L.), deren Verbreitungsgebiet sich über die Alpen und Teile der Karpathen und des Appenin erstreckt, wurde im 16. Jh. in Gartenkultur genommen, doch blieb die reine Art bis heute im wesentlichen auf Botanische und Liebhaber-Gärten beschränkt. Zuerst erscheint sie 1561 unter der Bezeichnung *Arthritica genus alpinum* in den Horti Germaniae von Gessner. Bald bürgerte sich für die alpinen Primel-Arten der Name *Auricula ursi* (»Bärenöhrchen«) ein. So verzeichnet Clusius 1583 in seinem Buch über die selteneren Pflanzen Österreichs und Ungarns unter dieser Gattungsbezeichnung insgesamt 6 Arten, wobei unsere Art *Auricula ursi luteo flore* genannt wird. Unter diesem oder ähnlichen Namen erscheint sie z.B. 1588 im Garten von Joachim Camerarius in Nürnberg, 1594 im Scholzeschen Garten in Breslau, 1613 im Hortus Eystettensis, zwischen 1607 und 1630 im herzoglich braunschweigischen Garten zu Hessem, 1736 im von Ziethenschen Garten in Trebnitz bei Seelow, 1746 im Krauseschen Garten in Berlin und 1750 in der Flora Francofurtana von Carl August von Bergen. Bauhin nannte die Art 1623 *Sanicula alpina lutea,* und unter diesem und dem deutschen Namen »Bährohren mit gelben Blumen« führt sie auch Elsholtz in seiner Flora Marchica und in seinem

Gartenbaubuch (1666) als Gartenpflanze auf. Der heute gültige binäre wissenschaftliche Name *Primula auricula* geht auf Linnaeus 1753 zurück.

In den Alpen gibt es verschiedene Stellen, an denen die kalkliebende, gelbblühende Alpen-Aurikel dicht neben der kalkmeidenden, schieferbewohnenden Drüsigen Primel (*P. hirsuta* All.) mit blaßlila bis dunkelpurpurroten Blüten vorkommt. An solchen Punkten, z.B. in der Umgebung des Gschnitztales südwestlich von Innsbruck, kam es zur Entstehung von Naturhybriden zwischen beiden Arten. Zuerst holten sich die Bauern aus den umliegenden Bergdörfern diese auffälligen, in vielerlei Farbtönen dunkelrot, feuerrot, weiß, gelb, violett, braun bis schwarzbraun blühenden Primeln in ihre Gärten. Offenbar aus Bauerngärten des Pustertales in Südtirol gelangten derartige Primel-Bastarde durch Vermittlung einer adligen Dame nach Wien in den Garten des Arztes Prof. Dr. Johann Aichholtz, in dessen Hause der mit ihm befreundete Carolus Clusius während seiner Wiener Zeit (1573–1588) wohnte. Clusius beschrieb diese Primel-Sippe, die er später selbst auf den Innsbrucker und umliegenden Alpen reichlich wachsend auffand, nicht nur in seinen Werken (1583 und 1601) als *Auricula ursi rubro flore* und bildete sie 1583 erstmals ab, sondern sandte 1582 auch Samen an seinen Freund Van der Dilft in Lüttich. Dort angezogen und in Gartenkultur genommen, wurden sie züchterisch weiter entwickelt und als »Luiker Aurikeln« vertrieben. Zunächst verbreiteten sich diese in den Niederlanden, wie Abbildungen auf holländischen und flämischen Blumenbildern des 17. Jhs. und in dem 1615 erschienenen Hortus Floridus von Crispin van de Pass zeigen. Von hier aus nach England gekommen, wurden sie dort weitergezüchtet, wobei die Sortengruppe der Englischen Aurikeln mit weißem Auge und stark mehlig bepuderten Blättern entstand. John Parkinson (1629) und John Tradescant zogen in ihren Gärten etwa 20 verschiedene Farbformen der Garten-Aurikel, 1659 verzeichnete Sir Thomas Hanmer in seinem Gartenbuch 40 Namensorten.

In Deutschland breiteten sich die **Garten-Aurikeln** (*P. x pubescens* Jacq.) im 17. Jh. ebenfalls aus, wenn auch zunächst recht zögerlich. Der Hortus Eystettensis bildete neben der gelben *Primula auricula* 2 offenbar hierzu gehörende Formen ab, eine dunkelpurpurrot blühende (16 II) und eine weißblühende (16 I).

Im herzoglich braunschweigischen Garten zu Hessem gab es im Zeitraum zwischen 1607 und 1630 neben der *Auricula ursi lutea* 5 Formen von GartenAurikeln, zu denen zwischen 1630 und 1651 eine weitere Form hinzukam. Das Gartenbaubuch von Elsholtz (1684) nennt aus dem Berliner Raum nur wenige Formen, und zwar als Farbformen der gelbblühenden *P. auricula* aufgefaßte, aber wohl zu *P. x pubescens* gehörende Pflanzen mit weißen, silbrigen und gesprenkelten Blüten, sowie eine *Sanicula alpina purpurea*, die wohl ebenfalls zu *P. x pubescens* zu stellen ist, welche auch Formen mit roten und fleischfarbenen Blüten umfaßt. Ein rotblühendes »Schlüsselblümlein/*Auricula Ursi* genant« enthält das 1680 erschienene Neue Blumenbuch von Maria Sibylla Merian, die abgebildete Pflanze gehört offensichtlich zu *P. hirsuta*.

Eine gewaltige, fast explosionsartige Entwicklung und Ausbreitung erfuhren die Garten-Aurikeln hierzulande im 18. Jh. 1708 hatte der Nürnberger Arzt Johann Christoph Volckamer in seinem Garten 66 genau beschriebene Sorten von »Bären = Oehrlein« in Kultur, teils durch Samen, teils durch Ableger gewonnen. 1714 heißt es für die Lausitzen, man ziehe dort in den Gärten auch »allerhand farbige Aurikeln« (Samuel Großer). 1724 gab es in den Gärten der oberlausitzer Stadt Lauban neben der *P. auricula* eine *Auricula ursi purpurea,* von der angegeben wird, daß ihre Blätter wie mit Mehl bestreut seien, so daß es sich offensichtlich um eine Englische Aurikel gehandelt hat. Es wird dabei betont, daß diese Pflanze in den Lustgärten der Liebhaber durch ihre vielen Farben geradezu in die Augen steche. 1736 zog der Arzt Paul Heinrich Gerhard Moehring im ostfriesischen Jever 8 gefülltblühende und über 70 einfachblühende Sorten der Garten-Aurikel, und auch Herr von Ziethen in Trebnitz bei Seelow hatte »zahlreiche verschiedene Formen« in seinem Garten. Ihren Höhepunkt hatte die »Auriculomanie« Ende des 18./Anfang des 19. Jhs. erreicht. 1789 bzw. 1794 boten Gärtner in Nordhausen und in Zerbst etwa 600 Aurikel-Sorten an, davon 200 englische und 400 samtartige Lücker (Lütticher) Namensorten, das Stück zu 4 Groschen. 1793 empfahl Paul Bouché in Berlin 300 Sorten gepuderte Aurikeln mit großen Blumen und reinen weißen Augen (also Englische Aurikeln), und 1795 offerierte ein Gärtner Manteuffel in Berlin 500 Sorten der »auserlesensten Aurikeln, wovon viele noch in keinem holländischen Katalog befindlich«. Es gab Sammlungen

***Primula x pubescens* Jacq.** Garten-Aurikel, Sweert 1612

von 1000 und mehr Nummern, wobei die Pflanzen meist in Töpfen gehalten wurden. Man unterschied 4 Sortengruppen: 1. Gewöhnliche Aurikeln (Auge mattweiß); 2. Luiker (Lütticher) Aurikeln (Auge meist gelb oder olivfarben); 3. Englische Aurikeln (Auge weiß, gegen den Kronblattrand mehr oder weniger ausgebreitet, daher Krone gestreift erscheinend); 4. Gefülltblühende Aurikeln (selten, nur vegetativ vermehrbar). Friedrich August Kanngießer in Meißen nahm 1799 eine »Aurikelflora« mit farbigen

Tafeln in Angriff, von der aber nur 6 Hefte mit 144 Sorten erschienen sind. Zur Biedermeierzeit waren die Aurikeln noch immer sehr beliebt und wurden überall in den Gärten gezogen. So heißt es 1837 im Staudenbuch des österreichischen Pfarrers Johann Theophil Zetter: »Schön ist die lieblich duftende, freundlich-liebliche Aurikel-Welt. Sie nimmt durch ihre stille Pracht unser ganzes Herz in Anspruch. Man hat davon über 300 Sorten in Cultur, und jährlich werden wieder neue Formen erzeugt. Holländer, Engländer und Deutsche arbeiten hierbei um die Wette.« In der 2. Hälfte des 19. Jhs. kam die Aurikel allmählich aus der Mode, um 1900 zählte sie Carl Bolle zu den altmodischen Gartenblumen. Obwohl auch heute noch Garten-Aurikeln vom Samen- und Pflanzenhandel (meist in Mischung) angeboten werden, sieht man sie in den Gärten nur noch selten.

Linnaeus ordnete 1753 die Garten-Aurikeln als Varietäten der Art *Primula auricula* zu. Nicolaus Joseph Jacquin in Wien, der derartige Pflanzen von seinem Freund Franz Xaver Freiherr von Wulfen (1728–1805) aus Bauerngärten des Pustertales zugeschickt erhalten hatte, versah sie 1779 mit dem heute gültigen wissenschaftlichen Namen *P. x pubescens*.

Die in den Gärten Mitteleuropas am häufigsten kultivierte asiatische Schlüsselblume ist die **Ball-Primel** (*P. denticulata* Sm.), die im Himalayagebiet und den westlich anschließenden Gebirgen bis hin nach Afghanistan zu Hause ist, wo sie in Höhenlagen zwischen 2000 und 4000 m wächst. Entdeckt wurde die Art 1802 von William Buchanan (später Buchanan-Hamilton) auf Hügeln in der Umgebung von Chitlong in Nepal. Nach dort gesammelten Herbarexemplaren beschrieb sie 1805 der Londoner Botaniker James Edward Smith (1759–1828) im 2. Band seiner Exotic Botany. Die Einführung der Ball-Primel nach England erfolgte rund 40 Jahre später. 1838 erhielt der in Indien geborene englische Arzt und Botaniker John Forbes Royle, welcher von 1823 bis 1831 einen Garten der East-India Company in Saharanpur leitete und nach seiner Übersiedlung nach England in den Jahren 1833 bis 1840 ein zweibändiges Werk über die Pflanzenwelt des Himalaya veröffentlichte, von seinen früheren Mitarbeitern in Indien u.a. Samen der Ball-Primel zugesandt. In England in Gartenkultur genommen, kam diese Primel-Art dort 1841 und 1842 erstmals zur Blüte. Alsbald gelangte sie auch nach Mitteleuropa. 1856 empfahl sie Eduard Regel in der Gartenflora (Jg. 5) als Steingartenpflanze, und 1870 schrieb er, inzwischen Direktor des Botanischen Gartens in St. Petersburg, in derselben Zeitschrift (Jg. 19), daß sie in den Gärten Deutschlands im freien Lande aushalte, im kälteren St. Petersburg aber nur als Topfpflanze unter Glas kultiviert werden könne. In den englischen Gärten war sie 1882 die häufigste Himalaya-Primel, und gleiches trifft auch für mitteleuropäische Gärten zu. Seit 1879 kennt man in England die damals als eigene Art, heute jedoch nur als Sorte aufgefaßte Sippe 'Cashmeriana', deren Herkunft (Lokalrasse oder Gartenhybride?) jedoch unklar ist. Bei der züchterischen Weiterentwicklung der Ball-Primel erfuhren die Größe des Blütenstandes, die Straffheit der Stengel und die Intensität der Blütenfarbe deutliche Verbesserungen. Schon am Naturstandort variiert die Blütenfarbe von hell-bläulichviolett bis purpurviolett, auch gibt es weißblühende Exemplare. In der Gartenkultur wurden weitere Farbformen als Namensorten ausgelesen, die Farbskala reicht nunmehr von Zartlila bis Dunkelblauviolett, von Karminrosa bis Karminrot, auch Weiß ist vertreten. Als Hochgebirgspflanze benötigt sie luft- und bodenfeuchte, lehmig-humose Standorte, und in strengen schneearmen Wintern ist eine Abdeckung aus Fichtenreisig notwendig; ihr gegenwärtiges Auftreten in den mitteleuropäischen Gärten ist daher regional unterschiedlich und schwankt zwischen häufig und selten.

Ähnliches gilt auch für **Siebolds Schlüsselblume** (*P. sieboldii* E. Morren), deren Heimatareal sich von Japan über Korea, die Mandschurei und das südliche Ostsibirien bis hin zur nördlichen Mongolei erstreckt. Nach Europa eingeführt wurde die in Japan schon lange als Gartenpflanze gezogene Art im Jahre 1862 durch Philipp Franz von Siebold, welcher sie zunächst in seinem Leidener Garten kultivierte. Der belgische Botaniker Edouard Morren benannte sie 1873 zu Ehren des um die Erforschung und Einführung japanischer Pflanzen verdienten Botanikers von Siebold. Von den Niederlanden aus kam sie in andere europäische Länder. Ihre züchterische Bearbeitung und weitere Verbreitung erfolgte in England vor allem durch die Firma James Veitch & Sons, in Deutschland durch die Firmen Georg Arends und Goos & Koenemann. Schon in Natur recht vielgestaltig, entstanden in der Gartenkultur bereits in Japan zahlreiche Sorten mit Blütenfarben von rosa über rot bis dunkelviolett, aber auch weiß, mit ganzrandigen oder gefransten Kronblättern. Am häufigsten trifft man hierzulande in den Gärten eine Sorte, deren rosarote Blüten ein weißes Auge aufweisen. Auch diese Art benötigt frische, humos-lehmige Böden; in manchen Orten in den Gärten häufig, ist sie in anderen Gebieten selten oder scheint gänzlich zu fehlen. Manche ihrer Sorten findet man nur in Liebhaber-Gärten.

Noch feuchtere Standorte bevorzugt die **Japan-Primel** (*P. japonica* A. Gray), die zur Gruppe der Etagen-Primeln gehört. In Japan und auf Taiwan heimisch, wurde sie 1855 von dem Amerikaner Charles Wright bei der japanischen Stadt Hakodadi entdeckt. Nach den von ihm gesammelten Exemplaren beschrieb und benannte sie der amerikanische Botaniker Asa Gray 1859. Im Mai 1861 sah Robert Fortune die Art in Gärten bei Yedo in voller Blüte, eine erste Kollektion nach England ging aber auf der Reise verloren. 1870 erhielt er aus Ostasien Samen zugesandt, und im April 1871 stand sie in einer Gärtnerei in London-Chelsea in voller Blüte. Um diese Zeit schickten auch andere Forscher und Sammler Pflanzen oder Samen nach Europa, so der englische Gärtner und Pflanzensammler John Gould Veitch (1839–1870) und der russische Botaniker Carl Johann Maximowicz. In Mitteleuropa wußte man 1870 zwar schon von ihrer Existenz, doch war sie bisher noch nicht vorhanden, wie man der Mitteilung Eduard Regels in der Gartenflora (Jg. 19) entnehmen kann: »Eine sehr schöne stattliche Primel, deren Einführung aus den Gärten Japans wohl bald stattfinden dürfte.« Wenig später traf sie dann auch in Deutschland ein, und Anfang des 20. Jhs. waren hier bereits mehrere Farbformen mit karmin- und purpurroten, rosa und weißen Blüten im Angebot der Staudengärtnereien. Seitdem ist die Zahl der Sorten weiter angewachsen, wobei die züchterische Weiterentwicklung vor allem in England erfolgte. Wegen ihrer hohen Ansprüche an die Bodenfeuchte ist sie hierzulande oft nur in Liebhabergärten zu sehen.

Eine ausgesprochene Feuchtbodenpflanze ist auch die niedrige **Rosen-Primel** (*P. rosea* Royle) aus dem nordwestlichen Himalaya. 1831 brachten sie einheimische Sammler zu Royle, der 1839 die wissenschaftliche Erstbeschreibung veröffentlichte. Aber erst Jahrzehnte später sandten englische Pflanzensammler Samen nach England, wo man sie in Botanischen und Privatgärten anzog und in Kultur nahm. 1879 stellte sie auf der Frühjahrsaustellung der Horticultural Society die bei weitem attraktivste Neuheit dar. Alsbald kam sie auch nach Deutschland. In der gärtnerischen Kultur wurden besonders großblütige und farbkräftige Typen ausgelesen. 1913 zählte sie in Mitteleuropa wegen ihrer frühen Blütezeit und ihrer leuchtend rosaroten Blüten zu den »allerbeliebtesten Frühlingsprimeln« und wurde seitdem vielfach von Gärtnereien anzogen und angeboten. Ihre speziellen Standortansprüche standen jedoch einer Einbürgerung in den Gärten entgegen, so daß sie heute eher selten zu sehen und hauptsächlich auf Liebhaber-Gärten beschränkt ist.

Neben diesen und zahlreichen weiteren, überwiegend in Botanischen und Liebhaber-Gärten anzutreffenden ostasiatischen Freilandprimeln werden hierzulande auch einige aus subtropischen Gebieten Ostasiens stammende Primeln als Zimmerpflanzen kultiviert, von denen 3 eine weite Verbreitung erlangt haben.

Bald nach 1815 hatte man in England von der Existenz einer in chinesischen Hafenstädten viel kultivierten Primel-Art erfahren, woraufhin sich die Horticultural Society um ihre Beschaffung bemühte. Zuerst erwarb in ihrem Auftrag ein Kapitän Rawes in Kanton 1819 verschiedene Exemplare, welche aber die lange Überfahrt nach England nicht überstanden. Ein zweiter Einführungsversuch 1820 hatte mehr Erfolg, 1821 kam die neue Art bei Thomas C. Palmer in Bromley (Kent) erstmals zur Blüte. Noch im selben Jahre wurde sie von John Bellenden Ker-Gawler im Botanical Register als *P. praenitens* und von Joseph Sabine in Lindleys Collecteana Botanica als *P. sinensis* beschrieben. Im März 1825 war auf der Ausstellung der Horticultural Society in Chiswick eine größere Sammlung der **Chinesischen Primel** zu bewundern. Noch im gleichen Jahre stellte sie das Botanical Magazine vor, die farbige Abbildung zeigt ein 1824 gemaltes Exemplar mit purpurroten Blüten. Beheimatet ist diese Primel im Nordwesten der Provinz Hubei in Mittelchina. Dort entdeckte der englische Naturforscher und Pflanzensammler Ernest Henry Wilson 1908 ihre Naturvorkommen und beschrieb sie folgendermaßen: »Im Februar und auch noch im März sind Felsbänder und -vorsprünge hier übersät mit unzähligen rosa bis mauvefarbigen Blüten, ganze Primelkolonien verwandeln diese zerklüftete Gegend in einen wunderbaren Garten: ein unvergeßlicher Anblick!«

Von England aus verbreitete sie sich als Gewächshaus- und Zimmerpflanze auch nach Deutschland. Hier stellte 1823 das Allgemeine Teutsche Garten-Magazin in Weimar die neue Zierpflanze vor, 1827 auch die in Nürnberg erscheinenden Annalen der Blumisterei. Die Art war in Nürnberg im Gewächshaus des Samenhändlers Falke im Monat Mai zur Blüte gekommen. Wegen ihrer Seltenheit war sie außerordentlich teuer, ein Exemplar kostete 8 bis 11 Gulden. Im März 1829 war sie auf einer Blumenausstellung in Weimar mehrfach vorhanden. Der Berliner Botanik-Professor Heinrich Link stellte die Art 1829 in eine eigene Gattung *Auganthus*; als *Auganthus praenitens* verzeichnete sie z.B. 1844 der Botanische Garten Prag. Damals gab es auch schon eine Form mit weißen Blüten. Die zuerst in England, dann auch in Frankreich und in Deutschland einsetzende Züchtung zielte auf eine Intensivierung der Blütenfarben, eine Abwandlung der Blütenform und einen strafferen Wuchs. Um 1860 gab es 6 Sorten, bald traten Formen mit gefransten Kronblättern und 1868 solche mit gefüllten Blüten auf. Der französische Züchter Maurice Levêque de Vilmorin brachte 1892 eine tetraploide »Gigantea-Rasse« heraus. Damals stellte diese Art die wichtigste Topfprimel dar. Seitdem ging ihre Bedeutung jedoch sehr zurück, und obwohl es inzwischen eine Anzahl weiter verbesserter Sorten gibt, ist die Chinesische Primel heute nur noch selten zu sehen.

1879 wurde die in Süd- und Zentralchina heimische **Becher-Primel** (*P. obconica* Hance) entdeckt, und zwar von dem englischen Gärtner und für die Gartenbaufirma Veitch & Sons tätigen Pflanzensammler Charles Maries. Dieser sammelte in den Schluchten des Yangtse bei Ichan hiervon große Mengen von Samen und sandte sie nach England. Dort kamen 1880 die ersten Pflanzen zur Blüte, woraufhin sie im selben Jahre von Henri F. Hance als *P. obconica*, in Unkenntnis dieser Veröffentlichung von Joseph Dalton Hooker 1881 als *P. poculiformis* beschrieben wurde. Sogleich bemühten sich englische Gartenbaufirmen, die unscheinbar blaßlila blühende Wildart züchterisch zu verbessern und marktfähig zu machen. Schon bald gelangten derartige Auslesen auch in die USA, wo sie zu Hunderten verkauft und als winterliche Topfpflanzen und Schnittblumen hochgeschätzt wurden. In Deutschland stellte 1889 die Gartenflora die Becher-Primel vor: »Noch gibt es zwar bei dieser vor drei Jahren neu eingeführten Pflanze eine nur geringe Farbenabweichung und verhältnismäßig nur mittelgroße Blumen«, doch »sollte man sich mehr mit dieser Neuheit beschäftigen«. Dies geschah, und fortan befaßten sich auch in Deutschland verschiedene Gartenbaubetriebe, allen voran aber Georg Arends in Ronsdorf, der die Becher-Primel 1887 aus England mitgebracht hatte, mit ihrer züchterischen Weiterentwicklung. 1892 traten erste Sorten mit vergrößerten Blüten in Erscheinung, 1901 auch gefülltblühende Sorten. Da diese Primel-Art in Drüsenhaaren das hautreizende Sekret Primin enthielt, das bei empfindlichen Menschen schmerzhafte Hautentzündungen hervorrufen kann, bemühte man sich mit Erfolg um priminfreie Sorten. Lange Zeit hindurch war die Becher-Primel die häufigste Topfprimel und auf den Fensterbrettern

Primula malacoides **Franch.** Flieder-Primel, Icon. Corm. Sinic. 1972

fast allgegenwärtig. Neuerdings aber ist die Art, obwohl inzwischen gut durchgezüchtet und in einer reichen Farbenpalette von Rot, Rosa, Weiß und Blau mit vielen Zwischentönen vorhanden, deutlich zurückgegangen und wird nur noch selten angeboten.

Noch ein wenig später als diese Art entdeckte man die **Flieder-Primel** (*P. malacoides* Franch.). 1884 wurde sie von dem französischen Missionar Jean Marie Delavay (1834 -1895) im Talital im westlichen Yunnan aufgefunden, wo sie als Unkraut in Reisfeldern wächst. Sie kam zunächst nach Frankreich, wo sie 1886 von dem Botaniker Adrien René Franchet (1834 -1900) als neue Art (*malacoides* = malvenähnlich) beschrieben wurde. 20 Jahre später sammelte sie der englische Botaniker und Pflanzensammler George Forrest (1873 -1932) ebenfalls in ihrem Heimatgebiet und führte sie 1905 in England ein, wo die ersten Pflanzen 1908 zur Blüte kamen. Dortige Gartenbaubetriebe begannen sogleich mit der Züchtungsarbeit. In Deutschland bot die Erfurter Firma Haage und Schmidt 1911 erstmals Samen der Flieder-Primel an. Auch hier setzte alsbald die züchterische Weiterentwicklung ein, als deren Ergebnisse seit den zwanziger Jahren zahlreiche mehr und mehr verbesserte Sorten mit einem breiten Farbenspektrum vor allem in rosa und roten Farbtönen, aber auch in Weiß und Lila, auf den Markt kamen. Auch heute noch ist die Flieder-Primel vielfach im Angebot.

Der wissenschaftliche Gattungsname *Primula* (lat. »die kleine Erste«) erscheint zuerst im 14. Jh. bei Matthaeus Sylvaticus, wurde von einige Autoren des 16. Jhs. (Matthiolus, Dodonaeus, Tabernaemontanus, Clusius) und von Tournefort 1700 verwendet und schließlich 1735 und 1753 von Linnaeus übernommen. Den Namen Schlüsselblume erklärte Elsholtz in seinem Gartenbaubuch 1666: »Diese [Arten] haben den deutschen Namen bekommen/weil sie im Frühling zeitig blühen/und unter den ersten sind/welche die Jahrzeit der Blumen gleichsam auffschliessen.«

Prunella L. Braunelle

Das Verbreitungsgebiet der in wärmeliebenden Halbtrockenrasen auf kalkhaltigen Lehmböden wachsenden **Großen**

Braunelle (*P. grandiflora* (L.) Scholl.) umfaßt das südliche Westeuropa, Mitteleuropa, Südost- und das mittlere Osteuropa. In Deutschland kommt sie vor allem im Süden, in der Mitte sowie im Odergebiet vor. Wegen ihrer auffälligen, in endständigen Köpfchen stehenden blauvioletten Blüten holte man die niedrige, nur 10 - 30 cm hoch werdende Art hier und da als Zierpflanze in die Gärten. 1588 läßt sie sich im Garten des Nürnberger Arztes Camerarius nachweisen, 1613 als *Brunella coerulea magno flore* im Hortus Eystettensis, 1621 im Botanischen Garten Regensburg. Im herzoglich braunschweigischen Garten zu Hessem gab es 1607/30 Formen mit weißen, fleischfarbenen und roten Blüten. In vielen Gärten des 16. und 17. Jhs. hat sie indessen noch gefehlt, so kennen sie z.B. die Flora Marchica (1663) und das Gartenbaubuch von Elsholtz (1684) nur als Wildpflanze. Erst im 18. Jh. tritt sie in den Gärten etwas häufiger in Erscheinung, wobei man sie vor allem zur Bepflanzung von Blumenrabatten verwendete. 1773 schreibt Gleditsch: »Wegen der Menge ihrer großen blauen Blumen giebt sie den Luststücken im Sommer ein recht gutes Ansehen.« Auch das 19. Jh. kannte sie, vor allem in der blauvioletten, seltener in der weißblühenden Form, als niedrige Gartenstaude, doch lassen die vorliegenden Angaben erkennen, daß sie nicht allzu häufig war. Größeres Interesse fand sie dann als Steingartenpflanze. Karl Foerster kennzeichnet sie in seinem Steingartenbuch als »ein liebenswürdiger Lückenbüßer an ungünstigen Stellen, aber schließlich durch Dauerblühereigenschaft mehr als das«. Heute kennt man mehrere Sorten mit violetten, weißen und rosa Blüten sowie die im 19. Jh. in England entstandene groß- und reichblühende Hybride *P. x webbiana* Paul (wahrscheinlich *P. grandiflora* x *P. hastifolia* Brot. aus Südwesteuropa), von der es auch eine Form mit lilarosa Blüten gibt.

Vereinzelt wird auch die submediterrane **Weiße Braunelle** (*P. laciniata* (L.) L.) mit gelblichweißen Blüten und mehr oder weniger fiederspaltigen Blättern, die in Deutschland aber ausgesprochen selten und vielerorts schon verschwunden ist, als Gartenpflanze gezogen, zumeist aber nur in Botanischen und Liebhaber-Gärten.

So erscheint sie z.B. 1736 im Ziethenschen Garten in Trebnitz bei Seelow als *Brunella folio laciniato, flore albo,* 1799 im Botanischen Garten in Halle. 1779 bot die Handelsgärtnerei Buek in Hamburg eine *Prunella laciniata flore sulphureo* an. Etwas häufiger ist die Hybride *P. x pinnatifida* (Pers.) Benth. (*P. laciniata x P. vulgaris*), die in Frankreich aufgefunden und dort bereits 1670 kultiviert worden ist, und von der besonders eine dunkelrosa blühende Form gezogen wird.

Die schon im späten Mittelalter verwendeten Namen *Brunella* und *Prunella,* deutsch Brunelle und Braunelle, beziehen sich entweder auf die braunen Blütenkelche oder auf die pflaumen (lat. *prunus*)-farbenen Blüten der Kleinen und der Großen Braunelle. Entsprechend der Signaturenlehre wurde die überall häufige Kleine Braunelle ehemals als Heilpflanze gegen Bräune (Hals- und Rachenbräune nannte man die Diphterie) verwendet. Linnaeus faßte 1753 in seinen Species Plantarum die Große Braunelle lediglich als eine Varietät der Kleinen Braunelle auf, Friedrich Adam

Scholler (1718–1785) bewertete sie, wie die meisten Botaniker vor Linnaeus es getan hatten, in seiner Flora Barbiensis 1775 dann wieder als eigene Art.

Prunus L. Kirschen u.a.

Vertreter der Gattung *Prunus*, zu der die Pflaumen und Schlehen, nach Auffassung mancher Autoren aber auch Traubenkirschen, Kirschen, Pfirsiche, Aprikosen und Mandeln gehören, sind in unseren Gärten vor allem als Obstbäume (Steinobst) bekannt. Es gibt aber auch verschiedene Arten, welche ausschließlich als Zierbäume bzw. -sträucher verwendet werden. Auf 3 davon soll hier eingegangen werden.

Die **Lorbeerkirsche**, meistens Kirschlorbeer genannt (*P. laurocerasus* L.), wächst als Tertiärrelikt in den südlichen Randgebieten des Schwarzen Meeres von Bulgarien über das nördliche Kleinasien bis in das Kaukasusgebiet. Dort wurde die immergrüne Art schon seit langem als Zierstrauch in Gärten gezogen. Auf seiner Reise durch den Vorderen Orient 1546–1550 lernte der französische Gelehrte Pierre Belon die Lorbeerkirsche kennen und beschrieb sie in seinem 1558 veröffentlichten Reisebericht als *Cerasus Trapezuntia.* Aus türkischen Gärten kam sie durch den italienischen Levantehandel nach Italien, wo sie Belon im Jahre 1558 in den herzoglichen Gärten in Pisa und Genua antraf. In Mitteleuropa hat sie zu dieser Zeit noch gefehlt. Carolus Clusius, von 1573 bis 1588 in Wien, erhielt 1574 erst eine Frucht, dann Anfang 1576 von dem kaiserlichen Gesandten in Konstantinopel David Ungnad Freiherr von Sonnegg zusammen mit anderen seltenen Gehölzen einen lebenden Strauch des Kirschlorbeers zugesandt. Aufgrund des kalten Winters und unzureichender Fürsorge der Überbringer war aber fast die ganze Sendung verdorben, nur diese Art wie auch die Roßkastanie konnten mit einiger Mühe am Leben erhalten werden. Clusius vermehrte den neuen Strauch und gab Jungpflanzen weiter, u.a. an den mit ihm befreundeten und im gegenseitigen Austausch stehenden Joachim Camerarius in Nürnberg, aus dessen Garten er 1588 aufgeführt wird, und an Caspar Bauhin in Basel, wo er 1592 belegt ist. Durch Clusius, seit 1593 in Leiden, kam er auch in den dortigen Botanischen Garten und vielleicht auch nach England in den Garten von James Cole in Highgate, aus dem John Parkinson 1629 ein blühendes Exemplar beschrieb. In Paris war er 1623 im Garten von Jean und Vespasian Robin vertreten, und zwar unter der Bezeichnung *Laurocerasus.*

In Deutschland blieb der Kirschlorbeer zunächst sehr selten und war selbst im reichhaltigen fürstbischöflichen Garten von Eichstätt nicht vertreten. Das in den ersten 4 Dezennien des 17. Jhs. zusammengetragene Burser-Herbar belegte ihn nur aus Gärten in Florenz. Im Laufe des 17. Jhs. breitete er sich dann aber allenthalben aus, zuerst natürlich in den Botanischen, Adels- und Liebhaber-Gärten. 1623 nannte ihn Caspar Bauhin in seinem Pinax *Cerasus folio laurino,* und unter diesem Namen kam er vor 1630 in den herzoglich braunschweigischen Garten zu Hessem, vor 1635 in den Botanischen Garten Altdorf, um 1650 in den Botanischen Garten Königsberg, vor 1655 in den herzoglich schleswigschen Garten zu Gottorf und vor 1657 in die kurfürstlich brandenburgischen Gärten in und um Berlin. In seinem Gartenbaubuch führt ihn Elsholtz (1666) unter dem »Schirmgewächs an Bäumen und Stauden«, d.h. den während der kalten Jahreszeit in Orangerien unterzubringenden Pflanzen auf und gibt eine kurze Beschreibung: »Die Blätter sind den Lorbeer= oder vielmehr den Citron=blättern/die Frucht aber in etwas den Schwartzen Kirschen gleich: und aus diesen beyden ist der Name Lorbeer=kirschen zusammen gesetzet.« Die Vermehrung erfolgte durch Brut oder Wurzelschosse. Weitere Belege aus dem 17. Jh. liegen u.a. vor aus Helmstedt (1682), Liegnitz (1685) und Korschlitz (1692). Im 18. Jh. war die Art in Deutschland weit verbreitet, zumal es sich mehr und mehr zeigte, daß sie hierzulande in den milderen Gebieten durchaus winterhart ist und auch in vielen anderen Regionen den Winter unter leichtem Schutz im Freien übersteht. 1724 war der »Kirsch=Lorbeer« unter dem von August Quirinus Rivinus geprägten und dann von Heinrich Bernhard Ruppius in seine Flora Jenensis übernommenen Polynom *Padus exotica, folio amplo, crasso, semper virente* sogar schon in Liebhaber-Gärten in der oberlausitzer Stadt Lauban vorhanden. Die Handelsgärtnerei Buek in Hamburg bot 1779 auch eine Form mit weißpanaschierten Blättern (*Prunus Laurocerasus foliis ex albo variegatis)* an, allerdings ausdrücklich als Orangeriepflanze. 1785 wurde der Kirschlorbeer als *Prunus padus laurocerasus* in der von Burgsdorffschen Baumzucht in Tegel bei Berlin gezogen und wie auch in anderen Baumschulen dieser Zeit eifrig vermehrt und vertrieben und fand ausgedehnte Verwendung bei der Bepflanzung der Landschaftsparke.

***Prunus serrulata* Lindl.** Japanische Zierkirsche, Bailey 1947

In Parken und Grünanlagen sowie auf Friedhöfen kann man den Kirschlorbeer auch jetzt vielerorts finden, in den normalen Gärten ist er selten geblieben. Hierzu mag beigetragen haben, daß seine Blätter und Früchte das giftige, blausäurebildende Glykosid Prunasin enthalten. Heute gibt es von dieser, auch Pontische Lorbeerkirsche genannten Art zahlreiche, durch Auslese und durch Einführung verschiedener natürlicher Standortsformen entstandene, in Blattgröße, Wuchsform und Winterhärte unterschiedliche Sorten.

Das beliebte und auch in kleineren Gärten viel gepflanzte **Mandelbäumchen** oder Mandelröschen (*P. triloba* Lindl.) stammt aus Nordostchina. In seiner Heimat wurde es seit langem als Zierstrauch in den Gärten kultiviert und Yü Yemei (»Ulmenblättrige Kirsche«) genannt. Zuerst stieß der russische Botaniker Alexander von Bunge (1803 -1890) 1830/31 in Peking auf ihre gefüllte Gartenform, stellte sie aber fälschlich zur Art *Amygdalus pedunculata* Pallas. 1855 sandte der schottische Gärtner und Pflanzensammler Robert Fortune lebende Pflanzen des Mandelbäumchens aus Peking nach London, wo sie in der Gärtnerei Glendinning in Chiswick zur Blüte kamen und 1857 von John Lindley im Gardeners Chronicle unter dem oben genannten Namen erstmals beschrieben wurden. Von England aus gelangte die Art auch in andere europäische Länder. In den hiesigen Gärten findet man überwiegend die als Kronenbäumchen mit Kirschpflaume oder Pflaume als Unterlage gezogene Form mit dicht rosettenartig gefüllten rosaroten Blüten.

In Parkanlagen, aber auch als Straßenbäume und in Vorgärten trifft man mancherorts auf die **Japanische Zierkirsche** (*P. serrulata* Lindl.), deren Wildformen in den Gebirgen Nordjapans, Koreas und Nordostchinas vorkommen. In Japan seit langem in Kultur und dort zusammen mit verwandten Arten als Frühlingskünder hochgeschätzt (Kirschblütenfest), wurde sie in ihrer Form *Albo-Plena* erstmals 1822 sowohl von dem englischen Gärtner Brookes aus Japan als auch von dem Tee-Inspektor John Reeves (1774-1856) aus China nach England geschickt. Später kamen weitere Sorten nach Europa, u.a. durch Philipp Franz von Siebold. Heute sind etwa 60 verschiedene Sorten bekannt; eine der beliebtesten und bei uns am häufigsten gepflanzte ist die dunkelrosa gefülltblühende Sorte 'Kanzan', auch 'Hisakura' genannt.

Pulmonaria L. Lungenkraut

Von den 6 in Deutschland in reicheren Laubmischwäldern vorkommenden Lungenkraut-Arten hat man einige hier und da als frühblühende Zierpflanzen mit blauen und roten Blüten in die Gärten geholt, vor allem das **Echte Lungenkraut** (*P. officinalis* L.) mit hell gefleckten Blättern. Dieses erscheint z.B. 1594 im Hortus Lusatiae von Johannes Franke unter dem Namen *Pulmonaria maculosa, Plinii mas*, »Blau Schlüsselblumen« als Gartenpflanze. Auch die in der Natur nur selten auftretende Abweichung mit weißen Blüten stieß auf Interesse, als *Pulmonaria albo flore* wuchs sie z.B. 1607/30 im herzoglich braunschweigischen Garten zu Hessem. Ganz in dessen Nähe, im Fallstein, war, wie der Gärtner Johann Royer 1648 berichtete, »einmal eine Pflantze (des Lungenkrauts) mit gantz schönen hellweissen Blumen allhier gefunden« worden, und es ist zu vermuten, daß diese von dort in den Hessemer Garten verpflanzt worden ist.

Begehrter als diese heimischen Sippen war das **Italienische Lungenkraut** (*P. saccharata* Mill.) aus Südostfrankreich und dem nördlichen und mittleren Appenin mit sehr stark weißgefleckten Blättern. Dieses war in Italien im 16. Jh. bereits eine häufige Gartenpflanze, in mitteleuropäischen Gärten aber noch selten. 1581 wurde es von Matthias Lobelius abgebildet. Da sowohl *P. officinalis* als auch *P. saccharata* von den damaligen Autoren als *Pulmonaria maculosa* bezeichnet wurden, ist beim Fehlen deutlicher Abbildungen bis in das 18. Jh. hinein eine Unterscheidung kaum möglich.

Die 1613 im Hortus Eystettensis abgebildete *Pulmonaria maculosa* dürfte aufgrund der starken silberweißen Blattfleckung und der, soweit man erkennen kann, lanzettlichen Grundblätter zu *P. saccharata* gehören. Johann Bauhin bezeichnete *P. saccharata* als *Pulmonaria Italorum ad Buglossum accedens,* und unter diesem Namen wird sie 1746 für den Botanischen Garten und den Krauseschen Garten in Berlin aufgeführt, doch lassen die beigefügten Synonyme erkennen, daß damals beide Arten noch zusammengeworfen wurden. Auch der 1768 von Philip Miller eingeführte binäre Name *P. saccharata* vermochte keine Klarheit zu bringen; erst ab der Mitte des 19. Jhs. werden zunehmende Bemühungen um eindeutige Abgrenzung und Zuordnung sichtbar. Als Pflanzen schattiger Standorte sind heute beide Arten in den Gärten zu finden.

Pulmonaria saccharata **Mill.** Italienisches Lungenkraut Wehrhahn 1937

Das **Schmalblättrige Lungenkraut** (*P. angustifolia* L.) mit schmallanzettlichen Blättern und tiefblauen Blüten ist eine wärmeliebende Art grasreicher Eichenwälder und Waldsäume; sein Hauptverbreitungsgebiet liegt im östlichen Europa bis hin zum Kaukasus, in Mitteleuropa kommt es nur an wenigen Stellen vor. Obwohl also selten und weithin fehlend, wurde es hierzulande schon frühzeitig in Gartenkultur genommen. In den Lausitzen, wo es nur in der Niederlausitz einige wenige (heute erloschene) Vorkommen gab, wird es 1594 als Gartenpflanze aufgeführt.

Aber erst im 18. Jh. tritt es dann auch anderswo in Gärten in Erscheinung, z.B. 1736 im Ziethenschen Garten in Trebnitz bei Seelow, 1744 im Botanischen Garten Frankfurt/Oder, 1746 im Krauseschen

Garten in Berlin, 1799 im Botanischen Garten Halle. Damals wie auch im 19. Jh. blieb die Art im wesentlichen auf Botanische und Liebhaber-Gärten beschränkt, auch wenn sie 1773 von Johann Gottlieb Gleditsch (»Blüet schön und stark im Frühlinge«) und 1837 von Johann Theophil Zetter (»sehr hübsch«) für die allgemeine Gartenkultur empfohlen wurde. Erst mit dem Aufkommen des Staudengartens im 20. Jh. fand das Schmalblättrige Lungenkraut, nunmehr von Staudengärtnereien vermehrt und vertrieben, eine etwas weitere Verbreitung. Seit Anfang des 20. Jhs. ist neben der blaublühenden Normalform eine Form mit weißen Blüten bekannt und im Angebot.

Das in den siebenbürgischen Karpaten und anderen südosteuropäischen Gebirgen heimische **Rote Lungenkraut** (*P. rubra* Schott et Kotschy) mit hellroten Blüten und hellgrünen ungefleckten Blättern wurde 1851 von den österreichischen Botanikern Heinrich Schott und Theodor Kotschy als neue Art beschrieben. Über Wien kam sie zunächst in Botanische Gärten. Seit Anfang des 20. Jhs. als Gartenstaude für schattige Lagen empfohlen und von Staudengärtnereien angeboten, gelangte sie zwar in weitere Gärten und in Parke, als Gartenzierpflanze ist sie jedoch recht selten.

Der Name *Pulmonaria* beruht auf lat. pulmo, »Lunge«. Wegen der Ähnlichkeit ihrer Blätter mit Lungenflügeln hat man sie gemäß der Signaturenlehre ehemals als Heilpflanze gegen Erkrankungen der Lungen verwendet.

Pulsatilla Mill. Kuhschelle

Von den in Mitteleuropa vorkommenden etwa 10 *Pulsatilla*-Arten wurden einige ihrer schönen glockenförmigen Blüten wegen auch in Gartenkultur genommen. Bis auf eine blieben sie aufgrund ihrer besonderen Standortansprüche meist auf Botanische und Liebhaber-Gärten beschränkt. Lediglich die **Gewöhnliche Kuhschelle** (*P. vulgaris* Mill.) konnte auch in den normalen Gärten eine gewisse Verbreitung erlangen. Beheimatet ist diese Art in Trockenrasen sonniger Hänge auf kalkreichem Boden von England und Nordfrankreich bis Südschweden und in die Ukraine, in Mitteleuropa kommt sie hauptsächlich in den warmen Hügelländern des Südens und der Mitte vor. Die Kräuterbuchautoren des 16. Jhs. kannten sie offenbar nur als Wildpflanze, sie wurde ehemals als Heilpflanze gegen den Biß giftiger Tiere gebraucht. Als Gartenpflanze finden wir die *Pulsatilla communis* 1588 bei Camerarius in Nürnberg, 1613 als *Pulsatilla flore coeruleo* im Eichstätter Garten und 1607/30 als *Pulsatilla major purpurea* im herzoglich braunschweigischen Garten zu Hessem. Anderswo hat sie in dieser Zeit als Zierpflanze gefehlt. Im 18. Jh. tritt sie uns dann häufiger entgegen. Gleditsch empfahl sie 1773 zur Anpflanzung auf trokkenen Partien von Landschaftsparken: »Wegen der schönen und häufigen blauen Blumen, die im März und April hervorkommen, verdient diese ... einen Platz unter den Staudengewächsen auf trockenen sandigen erhabenen Hügeln.« Bis gegen Ende des 19. Jhs. war sie in normalen Blumengärten offensichtlich kaum zu finden. Erst mit dem Aufkommen der

Steingärten drang die Art auch in diese Gärten vor, wo sie auf sonnigen und trokkenwarmen Steinanlagen und Staudenrabatten ausdauernd zu gedeihen vermag. Heute ist sie in Staudengärtnereien und Gartencenters vielfach im Angebot. Durch Auslese und Einkreuzung weiterer Kuhschellen-Arten entstanden mehrere Sorten mit hell- und dunkelvioletten, weißen, rosa und roten Blüten. Die letzteren gehen auf Einkreuzung der *P. rubra* (Lam.) Delarbre aus Zentral- und Südfrankreich sowie Ost- und Zentralspanien zurück, welche in Deutschland 1607/30 im herzoglich braunschweigischen Garten zu Hessem angepflanzt war.

Der auf Philip Miller 1768 zurückgehende heutige Gattungsname *Pulsatilla* wurde bereits von den älteren Botanikern benutzt, er tritt zuerst bei dem italienischen Botaniker Matthiolus in der Mitte des 16. Jhs. auf. Ihm liegt lat. pulsare, »schlagen, stoßen« zugrunde. Linnaeus stellte die Arten in seinen Species Plantarum 1753 zur Gattung *Anemone*. *Pulsatilla vulgaris* heißt bei ihm *Anemone Pulsatilla*.

***Pulsatilla vulgaris* Mill.** Gewöhnliche Kuhschelle, Brunfels 1532

Puschkinia scilloides Adams Puschkinie

Das im Kaukasus, Nordirak und Iran und in der südlichen Türkei bis hin zum Libanon vorkommende niedrige Liliengewächs wurde zu Beginn des 19. Jhs. von Johann Michael Friedrich Adam (1780–1838) entdeckt, welcher den russischen Geologen Graf Mussin-Puschkin auf dessen Kaukasusexpedition als Botaniker begleitete. Adam beschrieb die neue Pflanze 1805 in einer St. Petersburger Akademie-Zeitschrift und benannte die Gattung nach dem Expeditionsleiter Puschkin. Eine ausführliche Diagnose brachte 1808 auch Marschall von Bieberstein in seiner Flora taurico-caucasica. Innerhalb ihres großen Verbreitungsgebietes ist *Puschkinia* variabel. Die im Libanon vorkommende Sippe mit etwas größeren hellblauen Blüten – auch eine reinweiße Form ist bekannt – wurde von dem Münchener Botaniker Joseph Gerhard Zuccarini (1797–1848) als eigene Art beschrieben, von dem Genfer Botaniker und Orientforscher Edmond Pierre

Boissier dann aber als var. *libanotica* zu *P. scilloides* gestellt. Es ist dies die gartenwürdigste Form. Auch die von dem englischen Botaniker John Gilbert Baker als *P. hyacinthoides* beschriebene Sippe aus dem Kaukasus mit kleineren Blüten wird heute in *P. scilloides* einbezogen. Neuerdings stießen englische Forscher in der südöstlichen Türkei und in Aserbeidschan auch auf eine Variante mit grünlichen Blüten.

Zwischen 1809 und 1812 gelangte die Puschkinie in den Berliner Botanischen Garten, wo sie der 1813 erschienene Nachtrag zum Pflanzenverzeichnis von 1809 unter dem von Willdenow gegebenen Namen *Adamsia scilloides* verzeichnet.

1816 war sie auch im Botanischen Garten Kopenhagen vertreten, 1819 erfolgte ihre Einfuhr nach England. Bis etwa 1870 gelangte sie in West- und Mitteleuropa aber kaum über Botanische Gärten hinaus. 1871 wurde sie für die damals in Mode gekommenen Teppichbeete empfohlen. Erst von dieser Zeit an verbreitete sich die Puschkinie, von holländischen Blumenzwiebelzüchtern vermehrt und vertrieben, auch über die anderen Gärten und Parke, wo sie heute vielfach, wenn auch nicht so häufig wie andere frühblühende Kleinzwiebelpflanzen, anzutreffen ist.

Pyracantha M. J. Roem.
Feuerdorn

Der in Südeuropa und Westasien heimische **Mittelmeer-Feuerdorn** (*P. coccinea* M. J. Roem.) war bereits den antiken Autoren bekannt. Nikander bezeichnete ihn als *pyrakantha*, Dioskurides als *pyrakanthe* (zu gr. pýr, »Feuer« und ákantha, »Dorn«), welcher Name von Plinius und den neuzeitlichen Botanikern als *pyracantha* übernommen und weitergeführt wurde. Wie Matthias Lobelius berichtet, pflanzte man den Strauch in der 2. Hälfte des 16. Jhs. in der Provence und in Italien zu Hecken an. Anfang des 17. Jhs. kam er dann nach England, 1629 beschrieb ihn Parkinson als *Pyracantha*, »The ever greene Hawthorne or prickley Corall tree«. 1636 ist er aus Paris belegt. Im Laufe des 17. Jhs. gelangte er auch nach Mitteleuropa. Ob er mit der für den herzoglich braunschweigischen Garten zu Hessem 1607/30 genannten *Spina peregrina, Spec. Rhamni* identisch ist, bleibt jedoch ungewiß. Caspar Bauhin nannte ihn in seinem Pinax 1623 *Oxyacantha dioscoridis s. Spina acuta, pyri folio.* Unter diesem Namen und mit der deutschen Bezeichnung »Birnen=dorn« verzeichnet ihn Elsholtz in seinem Gartenbaubuch (1684) im Kapitel »Bäume und Stauden/so den Winter dulden«. Hierzu schreibt Elsholtz: »Ist ein Dorn=Gewächs/dessen Blätter des gemeinen Birnbaums gantz gleich: träget Beerlein/wie der Hagedorn: dienet Hecken davon zu machen/durch Einlegen/wenn man dessen gnug hat«. In Deutschland blieb er bis zur Mitte des 18. Jhs. recht selten. 1753 stellte Linnaeus in seinen Species Plantarum den Strauch in die Gattung *Mespilus* und nannte ihn *Mespilus Pyracantha*, welcher Name etwa 100 Jahre hindurch zur Anwendung kam, bis 1847 Max J. Roemer die eigene Gattung *Pyracantha* begründete und die Art als *P. coccinea* (»scharlachrot«) bezeichnete.

In der 2. Hälfte des 18. Jhs. wurde der Feuerdorn in Deutschland zunehmend häufiger. 1773 nannte ihn Gleditsch »Der feurige Busch. Der Immergrüne Hagedorn« und gab an, er werde wie der Weißdorn gezogen und vermehrt. 1779 wurde er von der Gärtnerei Buek in Hamburg wie auch 1785 in der von Burgsdorffschen Baumzucht in Tegel bei Berlin kultiviert und vertrieben. Man verwendete ihn nicht nur in den modisch gewordenen Landschaftsparken, sondern auch als Zierstrauch in Hausgärten. So schreibt Johann Christian Gottlob Baumgarten in seiner Flora Lipsiensis 1790, er komme in Hecken vor, aber selten, sei jedoch in den Gärten der Vorstädte Leipzigs häufig. 1815 wird er für das Gebiet der Herrschaft Friedland am Oderbruchrand als »Gewöhnliche Lustgebüsch-Pflanze« bezeichnet. 1843 empfiehlt die 6. Auflage von Wredows Gartenfreund den Feuerdorn mit folgenden Worten: »Er behält im Winter seine scharlachroten schönen Früchte und schmückt so auch noch in der rauheren Jahreszeit die Gärten.« Die Schmuckwirkung seiner Früchte war es, die in zunehmendem Maße zum Anbau des Feuerdorns in Vor- und Hausgärten, in Parken und Grünanlagen führte, wo er heute oft zu sehen ist. Die Baumschulen waren bemüht, Sorten mit abweichend gefärbten (orangeroten, gelben) Früchten, verschiedenartigen Wuchsformen, größerer Frosthärte und Abgasverträglichkeit heranzuziehen. Zur häufigsten und bekanntesten wurde die um 1874 in der Gärtnerei von M. Lalande in Angers (Frankreich) entstandene, 1882 als var. *lalandei* bezeichnete Form mit üppigerem Wuchs, früherer Blüte und lebhaft orangeroten Früchten.

R

Ranunculus L. Hahnenfuß

Von den in Mitteleuropa überall und oft in Mengen wildwachsenden gelbblühenden Hahnenfuß-Arten unserer Wiesen hat man schon frühzeitig selten auftretende Formen mit gefüllten Blüten in die Gärten gepflanzt, dort kultiviert und weitergegeben. Zuerst erscheint ein solcher »Gefülter Hanfuß« 1530 bei Otto Brunfels, von dem angegeben wird, er sei »domestica et hortulana, sativa«. Es handelte sich dabei um die gefüllte Form des Knolligen Hahnenfußes (*R. bulbosus* L.). Der gefüllte Kriech-Hahnenfuß (*R. repens* L.) findet sich erstmals 1539 im Kreutterbuch von Hieronymus Bock, welcher der Meinung war, man habe ihn »mit künsten gefüllt gemacht« und mitteilt: »ist ein jungfraw blum zu den Kräntzen«. Wenig später heißt es bei Leonhart Fuchs (1543) über den Hahnenfuß: »Der gefüllt würdt allein in den Gärten von den junckfrawen zu den Krentzen gepflanzt.« Außer von diesen beiden Arten gab es gefüllte Formen auch vom Scharfen Hahnenfuß (*R. acris* L.), vom Vielblütigen Hahnenfuß (*R. polyanthemos* L.), vom Wolligen Hahnenfuß (*R. lanuginosus* L.) und vom Gold-Hahnenfuß (*R. auricomus* L.), wobei diejenigen vom Kriech-Hahnenfuß am verbreitetsten, diejenigen vom Gold-Hahnenfuß aber am seltensten waren. Über die Jahrhunderte hinweg waren die gefüllten Formen der heimischen gelben Hahnenfüße beliebte Zierpflanzen und in den meisten Gärten vorhanden, was auch in der großen Zahl ihrer Volksnamen zum Ausdruck kommt. 1588 berichtete Camerarius, im Meißnischen würden sie »Gelb Tausendschön« genannt. Zetter in Österreich (1837) bezeichnete sie als »Dukatenblume«, und Gruner/Förster führt 1850 die Namen »Gelbes Pfingstblümchen«, »Goldknöpfchen« und »Jungfernnabel« auf. Um 1900 schreibt der Berliner Botaniker Carl Bolle, die gefüllten Formen des Kriech-Hahnenfußes hießen bei den Landleuten »Gelbe Männecken«. Bolle rechnete sie zu den altmodischen Blumen. In der Tat sind die früher häufigen gefüllten gelben Hahnenfuß-Arten inzwischen ganz aus der Mode gekommen und von anderen Zierpflanzen verdrängt worden; heute sind sie nur noch selten zu sehen, vorwiegend in Bauerngärten.

Auch von den im Bergland vorkommenden höherwüchsigen **weißblühenden Hahnenfüßen** (*R. aconitifolius* L., *R. platanifolius* L.) hat man gefüllte Formen (»Silberknöpfchen«) als Zierpflanzen gezogen. Ein solcher *Ranunculus albus flore pleno* ist z.B. 1613 im Hortus Eystettensis abgebildet. Heute sind auch diese in den Gärten kaum noch anzutreffen.

Der Hortus Eystettensis enthält auch das **Scharbockskraut** (*R. ficaria* L.) als Gartenpflanze, und zwar unter dem Namen *Chelidonium minus*. Später tritt von dieser Art eine gefüllte Form in Erscheinung, z.B. 1736 im Garten des Herrn von Ziethen in Trebnitz bei Seelow. Neuerdings gibt es darüber hinaus auch Formen mit größeren sowie mit orangegelben, hellgelben oder weißen Blüten, jedoch meist nur in den Gärten von Liebhabern.

Der **Asiatische Hahnenfuß** (*R. asiaticus* L.), im deutschen Sprachgebiet Ranunkel, niederländisch Ranonkel genannt, hat seine Heimat im östlichen Mittelmeergebiet und Südwestasien von Kreta und Rhodos bis zum Iran, südwärts bis Israel und Nordafrika, wo er auf steinigen Abhängen und Felsen wächst. Er besitzt büschelig zusammensitzende Knollen (»Klauen«) und ziemlich große Blüten in den Farben rot, gelb und weiß. Im Vorderen Orient bereits seit langem in Gartenkultur, gehört er zu denjenigen orientalischen Pflanzen, die in der 2. Hälfte des 16. Jhs. aus türkischen Gärten nach Mittel- und Westeuropa kamen. Die erste Kunde von dieser Art drang 1576 zu Carolus Clusius in Wien, als ihm der kaiserliche Gesandte Carl Rym bei seiner Rückkehr aus Konstantinopel von dieser Pflanze berichtete und eine farbige Abbildung mitbrachte. Clusius fügte sogleich seinem bereits im Druck befindlichen Buch über die in Spanien beobachteten seltenen Pflanzen eine kurze Beschreibung und eine Abbildung dieser Pflanze bei. Er benannte sie, weil er erfahren hatte, daß sie in den Gärten Konstantinopels kultiviert werde, *Ranunculus Constantinopolitanus*. Seine (einfarbige) Abbildung zeigt eine Kultursorte mit gefüllten Blüten, wobei in der Beschreibung angegeben wird, sie seien sehr schön scharlachrot (»pulcherrimo cocci colore rubentes«). Wenig später (1580) erhielt Clusius aus Konstantinopel auch Knollen der Art überbracht und nahm sie in Gartenkultur. Von Wien aus wurde sie nunmehr weiter verbreitet. 1594 zog der Breslauer Arzt Laurentius Scholz eine einfachblühende rote und eine gefülltblühende gelbe Form in seinem Garten. Im 17. Jh. gehörte der Asiatische Hahnenfuß zu den Prachtstauden der Barockgärten und wurde vor allem in den Lustgärten des Adels in verschiedenen Sorten gepflanzt. 1613 bildete der Hortus Eystettensis 5 verschiedene Formen farbig ab, davon 2 einfachblühende (weiß, rot), 1 halbgefüllte (rot und gelb gestreift) und 2 rot gefüllte, wobei eine davon eine Durchwachsung darstellt. Derartige Abnormitäten waren im Barock sehr beliebt. Darstellungen der gleichen Form finden sich auch in dem in den Niederlanden erschienenen Hortus Floridus von Crispin van de Pass 1614 sowie im Neuen Blumenbuch von Maria Sibylla Merian 1680. 5 Formen des *Ranunculus Asiaticus* und des ebenfalls hierzu gehörenden *Ranunculus Creticus* mit feuerroten, blutroten, weißen und schwefelgelben Blüten, 2 davon einfach und 3 gefüllt, gab es 1607/30 im herzoglich braunschweigischen Garten zu Hessem, zu diesen kam zwischen 1630 und 1651 die genannte durchwachsene Form hinzu. Die 1663 erschienene Flora Marchica von Johann Sigismund Elsholtz zählt für die kurfürstlich brandenburgischen Gärten in Berlin, Potsdam und Oranienburg 8 verschiedene Formen auf. Sein Gartenbaubuch beschreibt in seiner 1684 veröffentlichten 3. Auflage 10 verschiedene Sorten (5 mit einfachen, 5 mit gefüllten Blüten) vom »Asiatischen Hanefuß«, von denen eine allerdings zum Illyrischen Hahnenfuß (*R. illyricus* L.) gehört, welcher auch schon im Hortus Eystettensis als Gartenpflanze erscheint, heute aber

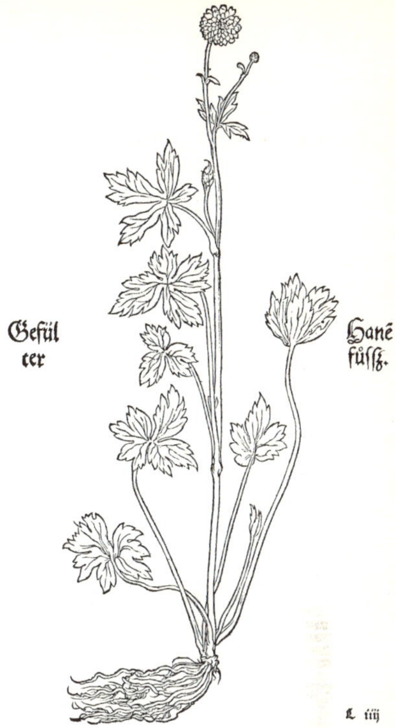

***Ranunculus acris* L. Gefülltblühender Scharfer Hahnenfuß, Brunfels 1532**

nur noch in Botanischen Gärten kultiviert wird. Elsholtz behandelt diese Hahnenfuß-Arten im Kapitel »Schirm-Gewächß von Blumwerck«, das der frostfreien Überwinterung bedarf, und gibt im einzelnen eingehende Kulturanleitungen. Auch im 18. und 19. Jh. zählte *R. asiaticus* zu den beliebten Zierpflanzen, war aber außer in herrschaftlichen und Botanischen Gärten hauptsächlich in den Gärten von Liebhabern anzutreffen, so bereits 1724 in Lauban. Die Zahl der Sorten bzw. Farbformen nahm erheblich zu, 1817 spricht der Leipziger Hofgärtner Christian August Breiter bereits von »mehreren hundert Farbenmischungen der Blumen«, und 1850 heißt es in der Blumen-Gärtnerei von Gruner/Förster, es gebe mehrere Hundert der prachtvollsten, halb- und ganzgefüllten Varietäten, und weiter: »Sie sind eine große Zierde unserer Blumengärten und der Stolz der Blumisten.« Damals war offenbar der Höhepunkt des Ranunkelflores in den Gärten erreicht, nunmehr setzte der Rückgang ein, wozu wohl auch die etwas umständliche Weise der Kultivierung dieser in Mitteleuropa nicht winterharten Art beigetragen hat. Heute spielen die Ranunkeln als Freilandpflanzen hierzulande keine große Rolle mehr, werden aber von Gartenbaubetrieben unter Glas gezogen und als Topfpflanzen oder Schnittblumen verkauft. Die meisten der heute im Blumenhandel erhältlichen Ranunkeln kommen aus Holland oder aus dem Mittelmeergebiet. In Italien gibt es ausgedehnte Kulturen im Freiland, die in dem dortigen milden Klima keinen Winterschutz benötigen und ziemlich früh im Jahr ihre Blüten bringen.

Der bereits von Plinius in seiner Naturgeschichte verwendete Name *Ranunculus* geht auf lat. rana, »Frosch« zurück und bedeutet wörtlich »Fröschchen«. Er wurde gegeben, weil viele Arten im oder am Wasser bzw. auf sumpfigen Wiesen wachsen, also an Orten, an denen sich viele Frösche aufhalten.

Reseda L. Reseda

Von der Mitte des 16. Jhs. bis weit in das 19. Jh. hinein hat man in Mitteleuropa die im gesamten Mittelmeergebiet heimische, mitunter bis über einen Meter hoch werdende, zweijährige bis ausdauernde **Weiße Reseda** (*R. alba* L.) als Zierpflanze kultiviert. 1561 wurde sie von Gessner als Gartenpflanze angegeben, Bauhin nannte sie 1623 *Reseda maxima*, und noch Mitte des 19. Jhs. verzeichnen sie verschiedene regionale Florenwerke als Zierpflanze, die stellenweise an Zäunen und auf Schutt sogar verwildert auftrat. In dem genannten Zeitraum war sie in vielen Gärten vorhanden. Seit der 2. Hälfte des 19. Jhs.verlor sie ihre Bedeutung als Zierpflanze; heute wird sie hierzulande nicht mehr gesehen und von den neueren Gartenbüchern überhaupt nicht mehr aufgeführt.

Die einjährige **Duft-Reseda** (*R. odorata* L.) stammt aus der Cyrenaika im heutigen Libyen, wo sie in Felsspalten und an grasigen Abhängen in verschiedenen Wadis wächst. Dort fand sie der seit 1733 im Orient tätige französische Botaniker und Forschungsreisende N. Granger, sammelte Samen und sandte diesen, zusammen mit anderen Sämereien, etwa 1735 von Kairo aus an den Jardin des Plantes in Paris. Hier säte man ihn wohl zuerst 1737 aus, und die Reseda erregte sogleich durch ihren lieblichen Duft allgemeine Bewunderung. Von Paris aus kam sie in den folgenden Jahren auch in andere Botanische Gärten. In England wird sie 1752 von Philip Miller erstmals verzeichnet, er hatte den Samen vom Botanischen Garten Leiden erhalten. In Deutschland erscheint sie 1753 im Botanischen Garten Göttingen, von dessen damaligem Direktor, dem schweizerischen Botaniker und Dichter Albert von Haller (1708–1777) als *Reseda aegyptiaca odoratissima* Granger bezeichnet und kurz beschrieben. 1759 war sie im Botanischen Garten der Universität Helmstedt vorhanden und verbreitete sich nunmehr geradezu rasant über das ganze Land. Obwohl unscheinbar blühend, wurde die Art durch ihren sehr starken und angenehmen Duft außerordentlich beliebt und war in kurzer Zeit fast in jedem Garten zu finden. 1790 kultivierte man sie z.B. in den Gärten in und um Leipzig überaus häufig (»maxime«). Man zog die Duft-Reseda nicht nur als Sommerblume im Freiland, sondern auch als Topfpflanze. Solche »Töpfchen mit Resede« wurden im 19. Jh. zu einem bedeutenden Handelsartikel. In Berlin z.B. boten sie fast alle der 500 bis 600 Gärtnereien in großen Mengen an, allein die Gärtnerei Limprecht verkaufte pro Jahr etwa 30.000 Töpfe Reseda. Eigenartigerweise kam die Art, obwohl inzwischen züchterisch verbessert und in mehreren Sorten im Angebot des Samenhandels, in neuerer Zeit aus der Mode, in den heutigen Gärten ist sie nur noch selten zu sehen.

Der Name Reseda wurde bereits von Plinius für eine in Italien wachsende Heil- und Zauberpflanze verwendet, doch ist unklar, um welche Art es sich gehandelt hat. Der Name geht zurück auf lat. resedare, »wieder stillen, heilen«. Im 16. Jh. übertrugen ihn die Botaniker auf Arten der heutigen Gattung *Reseda*, 1753 wurde er von Linnaeus übernommen. Die Duft-Reseda scheint dieser aber 1753 noch nicht gekannt zu haben, erst 1756 gab er ihr den heutigen Namen *Reseda odorata*.

Reynoutria Houtt.
Staudenknöterich

Die hochwüchsigen ostasiatischen Staudenknöteriche hat man lange der Gattung Knöterich (*Polygonum* L.) zugerechnet, dann aber als eigene, 1777 von dem holländischen Botaniker Maarten Houttuyn (1720–1795) begründete Gattung *Reynoutria* geführt, welche an den französischen Naturforscher des 16. Jhs. Reynoutre erinnert. Neuerdings vereinigen sie einige Autoren mit der Gattung *Fallopia;* wir belassen es hier beim Namen *Reynoutria.*

Der in Japan, China, Korea und dem russischen Fernostgebiet heimische **Japanische Staudenknöterich** (*R. japonica* Houtt.) wurde zwar schon 1777 in einer niederländischen Publikation beschrieben und abgebildet, kam aber erst 1823 in die Niederlande und um 1825 nach England. Später erfolgten weitere Einfuhren, wobei die Art jeweils wieder anders benannt wurde, so 1841 von John Forbes Royle in England als *Polygonum confertum,* 1844 von Philipp Franz von Siebold und Joseph Gerhard Zuccarini in ihrer Flora japonica als *P. cuspidatum.* Unter dem letzteren Namen breitete sie sich in Deutschland aus, wo sie sowohl als Viehfutter als auch als dekorative Blattstaude in Gärten und Landschaftsparken, mitunter aber auch zur Bodenbefestigung an Abhängen, angepflanzt wurde. 1847 erhielt die Art von der niederländischen Gesellschaft für Ackerbau und Gartenkultur in Utrecht eine Goldmedaille als interessanteste neue Zierpflanze. Bald schon kam es zu Verwilderungen, die erste wurde 1844 in Westfalen registriert. 1884 waren auch in Brandenburg mehrere Verwilderungen bekannt, und in Gärten und Parken hatte sich der Japanische Staudenknöterich mancherorts zu einem lästigen und kaum vertilgbaren Unkraut entwickelt. Heute bildet die Art in Mitteleuropa vor allem im Bergland in Auen und entlang von Wasserläufen vielerorts dichte, die heimische Vegetation unterdrückende Bestände, wird aber, trotz seines wuchernden Wachstums, hier und da in Gärten gepflanzt.

Der noch etwas höher werdende **Sachalin-Knöterich** (*R. sachalinensis* (F. Schmidt) Nakai) ist im Süden der Insel Sachalin, auf den südlichen Kurileninseln und den japanischen Hauptinseln Hokhaido und Nordwest-Honshu zu Hause. In Japan wird er O Itadori (»Große starke Pflanze«) genannt. Zuerst wurde er bei einer russischen Ostasienexpedition von dem Schiffsarzt H. Weyrich 1853 auf Sachalin entdeckt und 1855 in den Botanischen Garten von St. Petersburg mitgebracht. Der deutschstämmige russische Botaniker Friedrich Schmidt, der die Art wenig später auf Sachalin ebenfalls gefunden und Samen gesammelt hatte, beschrieb sie 1859 in dem Versuch einer Flora des Amurlandes von Carl Johann Maximowicz als *Polygonum sachalinense*. Die Überführung in die Gattung *Reynoutria* erfolgte 1922 durch den japanischen Botaniker Takenoshin Nakai.

Vom Botanischen Garten in St. Petersburg aus wurde die Art weiter verbreitet. 1863 war der Sachalin-Knöterich in England angekommen, bald danach auch in Deutschland. 1864 hatte ihn Eduard Regel in der von ihm herausgegebenen Gartenflora vorgestellt und abgebildet. 1870 wuchs er im Garten der Königlichen Gärtnerlehranstalt in Potsdam-Wildpark. Um diese Zeit gelangte er auch an die Gartenbaufirma Haage & Schmidt in Erfurt, welche ihn 1875 in ihrem Katalog zum Verkauf anbot. Wie die vorgenannte Art wurde auch der Sachalin-Staudenknöterich sowohl als Futterpflanze als auch als dekorative Blattstaude kultiviert und ist in dieser Form auch heute noch in manchen Gärten zu sehen. Auch von dieser Art wurden Verwilderungen gemeldet, diese sind aber wesentlich seltener und *R. sachalinensis* verhält sich in der Natur weit weniger aggressiv als *R. japonica*.

Rhodiola rosea L. *(Sedum roseum* (L.) Scop.*)* Rosenwurz

Die in höheren Gebirgen Europas, Asiens und des nördlichen Nordamerika wachsende Rosenwurz war den Botanikern bereits im 16. Jh. bekannt und wurde wegen ihres nach Rosen duftenden Wurzelstockes als Heil- und Zierpflanze in den Gärten gezogen. So schreibt Leonhart Fuchs 1543: »Die Rosenwurtz wechst fürnehmlich in Österreich vnnd Ungern/ würt aber yetzund bey uns auch in gärten gepflanzt.« 1561 erscheint sie bei Konrad Gessner als *Rhodia vulgo dicta* und *Radix Rhodia*. Gegen Ende des 16. Jhs. war sie in Mitteleuropa weithin verbreitet und selbst im fernen Ostpreußen nach Johann Wigand (1590) eine gewöhnliche Gartenpflanze. Auch im 17. und 18. Jh. konnte man sie vielerorts antreffen, wenn auch überwiegend in Botanischen Gärten und in den Gärten von Pflanzenliebhabern. Im 19. Jh. spielte sie als Heilpflanze keine Rolle mehr und wurde in den Gärten zunehmend seltener. Heute sieht man sie gelegentlich in Bauerngärten des Alpengebietes und in Botanischen Gärten.

ῥοδία ῥίζα. RHODIA

Rhodiola rosea L. Rosenwurz, Matthiolus/Bauhin 1598

Rhododendron L.
Rhododendron, Azalee

Die zu den Heidekrautgewächsen (*Ericaceae*) gehörende Gattung *Rhododendron* umfaßt etwa 800 Arten, bei denen es sich um immergrüne oder sommergrüne Sträucher, vereinzelt auch um Bäume handelt. Die Hauptverbreitung der Gattung liegt im Himalaya, in Südost- und Ostasien sowie in Nordamerika, doch kommen einige Arten auch im Kaukasus- und Schwarzmeergebiet sowie in den Alpen und anderen europäischen Gebirgen vor; letztere werden als Alpenrosen bezeichnet. Der von Linnaeus 1753 für diese Gattung gegebene Name *Rhododendron* (zu gr. rhódon, »Rose« und déndron, »Baum«) wurde schon von antiken Autoren (Dioskurides, Plinius) verwendet, doch bezeichneten sie damit den Oleander. Linnaeus stellte die kleinlaubigen, halbimmer- oder wintergrünen Arten mit kompaktem, häufig flachem Wuchs in eine eigene Gattung, der er 1735 den Namen *Azalea* gab, gebildet zu gr. azaléos, »trocken, dürr«. Diese Linnésche Gattung *Azalea* wurde 1834 von dem englischen Botaniker George Don aufgrund vieler Gemeinsamkeiten mit der Gattung *Rhododendron* vereinigt. Aber noch heute werden selbst in Gärtnerkreisen die genannten Arten als Azaleen bezeichnet. In Deutschland befinden sich gegenwärtig etwa 100 Wildarten und eine Vielzahl von Hybriden und Kulturformen in gärtnerischer Kultur. Von ihnen kann hier nur auf die häufigsten und wichtigsten eingegangen werden.

1701 fand der französische Botaniker Joseph Pitton de Tournefort auf seiner Orientreise in der Umgebung der türkischen Stadt Trapezunt (heute Trabzon) am Schwarzen Meer den wohlriechenden **Gelben Rhododendron** (*R. luteum* Sweet). Er hielt ihn für den von Plinius erwähnten *chamaerhododendros* und gab ihm daher in seinem 1703 erschienenen Corollarium den Namen *Chamaerhododendros Pontica maxima, Mespili folio, flore luteo*. Linnaeus ordnete die laubabwerfende Art in den Species Plantarum 1753 seiner Gattung *Azalea* zu und nannte sie *Azalea pontica*. Bei der Überführung in die Gattung *Rhododendron* mußte, da es bereits ein *R. ponticum* L. gab, die Artbezeichnung geändert werden. George Don nannte sie *R. flavum*, doch war auch dieser Name schon vergeben, und so geht der heute gültige wissenschaftliche Name *R. luteum* auf eine 1830 von dem englischen Botaniker Robert Sweet geprägte Bezeichnung zurück. Obwohl dieser Strauch bereits seit längerem bekannt war, erfolgte seine Aufnahme in die Gartenkultur erst gegen Ende des 18. Jhs. Der aus Berlin stammende, als Naturforscher in Rußland tätige Peter Simon Pallas, der die *Azalea pontica* in seiner Flora rossica (1789/90) aufgeführt und abgebildet hatte, sandte 1792 von der auch auf der Krim vorkommenden Art Samen an die englische Gartenbaufirma Lee & Kennedy. Der englische Pflanzensammler Anthony Hove fand die Art im Juni 1796 auch im Süden der Ukraine in den Auen der Flüsse Dnjepr und Dnjestr und schickte Anfang 1798 von Warschau aus eine aus der Umgebung von Otschakow stammende Pflanze an den Gärtner Watson in Islington, welche noch im gleichen Jahr zur Blüte kam und 1799 im Botanical Magazine (Nr. 433) beschrieben und farbig abgebildet wurde. 1803 erhielt auch Joseph Banks in London ein Exemplar von dem russischen Kaukasusforscher Graf Mussin-Puschkin. In Mitteleuropa war die Art 1800 in Wien, 1803 in Weimar, 1806 in Dresden und 1808 im Berliner Botanischen Garten als *Azalea pontica* vertreten und gelangte nunmehr über Baumschulen und Gärtnereien in Landschaftsparke und größere Gärten. 1817 war sie z.B. beim Hofgärtner Christian August Breiter in Leipzig vorhanden und 1824 bot sie die Landesbaumschule Potsdam zu 24 Silbergroschen das Stück zum Kauf an (1855/56: 6 Groschen). In Gartenkultur entstanden zahlreiche Hybriden, so die Genter Hybriden (*R. luteum* x verschiedene nordamerikanische *R.*-Arten) und die Rustica-Hybriden (Gefülltblühende Genter-Hybriden x *R. japonicum* (Gray) Suringar).

Der violett bis rosaviolett blühende **Pontische Rhododendron** (*R. ponticum* L.) hat ein eigentümliches Areal. Sein Verbreitungsschwerpunkt liegt im Schwarzmeergebiet (Kaukasus, Kleinasien, Ostbalkan), ein kleineres Vorkommen befindet sich in Südspanien und Mittel- und Südportugal. In der nordöstlichen Türkei wurde die Art ebenfalls 1701 durch Tournefort entdeckt und 1703 als *Chamaerhododendros Pontica, maxima, folio Laurocerasi, flore e caeruleo-purpurascenti* bezeichnet. Tournefort gibt neben der Normalform mit blau-purpurrötlichen Blüten 3 abweichende Farbformen mit rein weißen, mit purpurnen und mit blaß purpurnen Blüten an. Um 1750 fand ein Schüler von Linnaeus, Claes Alstroemer, diesen Rhododendron wildwachsend zwischen Cadiz und Gibraltar. Vermutlich von Gibraltar aus kam er um 1763 nach England, wo er 40 Jahre später so verbreitet war, daß er alljährlich in großer Zahl auf den Märkten als Frühjahrsschmuck angeboten wurde.

Von London aus wurde der Pontische Rhododendron 1780 nach Berlin eingeführt, 1785 war er in der von Burgsdorffschen Baumzucht in Tegel vorhanden, 1808 wuchs er im Botanischen Garten Berlin, und im Breiterschen Garten in Leipzig gab es 1817 neben der Wildform 4 abweichende Formen, u.a. mit gefüllten Blüten und mit panaschierten Blättern. 1818 führte ihn Wredow in seinem Gartenfreund neben drei anderen Rhododendron-Arten als Zierstrauch auf.

Der **Kaukasische Rhododendron** (*R. caucasicum* Pall.) aus der alpinen Stufe der Kaukasusberge war durch Peter Simon Pallas entdeckt und beschrieben worden. 1803 sandte ihn Graf Mussin-Puschkin, zusammen mit *R. luteum*, an Joseph Banks in London, und wenig später gelangten Samen und Pflanzen dieser Art aus St. Petersburg auch an die englische Gartenbaufirma Loddiges, wo sie 1808 erstmals zur Blüte kam. In Deutschland war der rosa bis gelblichweiß blühende Kaukasus-Rhododendron 1808 im Botanischen Garten in Berlin vorhanden und 1817 auch im Breiterschen Garten in Leipzig.

Von den in Nordamerika heimischen Rhododendren kamen als erste die beiden sommergrünen Arten *R. nudiflorum* (L.) Torr. und *R. viscosum* (L.) Torr. aus dem östlichen Nordamerika nach Europa. 1734 waren sie in England und 1737 bzw. 1747 auch in den Niederlanden vorhanden. Den immergrünen **Riesen-Rhododendron** (*R. maximum* L.) sandte 1736 der Farmer und Pflanzensammler John Bartram aus Virginia an den Kaufmann und Pflanzenliebhaber Peter Collinson nach England, wo er aber nur langsam vorankam und 1747 noch nicht geblüht hatte. 1745 wuchs er auch in Deutschland, und zwar unter dem Namen *Chamaerhododendron americanum* in Ulm im Garten des Kaufmanns Johann Herkules Miller, welcher Verbindungen zu Gartenbesitzern in England unterhielt und dessen Garten die größte Zahl an nordamerikanischen Gehölzen in Deutschland aufwies. 1753 gab Linnaeus der Art den heute gültigen wissenschaftlichen Namen. In Deutschland faßte sie nur sehr zögerlich Fuß, erst ab Ende des 18. Jhs. war sie in einigen größeren Gärten vertreten, so 1785 in der von Burgsdorffschen Baumzucht in Tegel, 1786 in Dresden, 1790 in Hamburg, 1791 in Karlsruhe, 1808 im Botanischen Garten Berlin und 1817 im Breiterschen Garten in Leipzig. 1818 nannte Wredows Gartenfreund den Riesen-Rhododendron als Zierstrauch mit rosaroten Blüten.

Die gärtnerisch wichtigste nordamerikanische Rhododendron-Art aber ist der im Alleghany-Gebirge heimische **Catawba-Rhododrendron** (*R. catawbiense* Michx.). 1799 wurde er von dem englischen Pflanzensammler John Fraser und seinem Sohn am Oberlauf des Flusses Catawba entdeckt und bald darauf von dem französischen Botaniker André Michaux (1746–1802) in seiner postum 1803 in Paris erschienenen Flora boreali-americana beschrieben. 1809 brachten die beiden Fraser Pflanzen aus dem Quellgebiet des Catawba nach England, wo die Art im Juni 1813 in der Gärtnerei von Lee & Kennedy erstmals zur Blüte kam und 1814 im Botanical Magazine (Nr. 1671) vorgestellt und farbig abgebildet wurde. Zuerst meinte man, daß sie kaum prächtiger sei als *R. maximum*, bald aber erkannte man, daß *R. catawbiense* ein »first-class rhododendron« für die Züchtung war, nach Urteil des englischen Dendrologen W. J. Bean im 20. Jh. sogar »vielleicht der wertvollste immergrüne Strauch als Elternteil harter Hybriden, der jemals eingeführt worden ist«. Die Züchtung begann in England kurz nach 1815, wobei zunächst Hybriden mit *R. ponticum, R. caucasicum* und *R. maximum* entstanden, bald aber auch weitere Arten eingekreuzt wurden. Um 1825 erzielte man in Highclere in Hampshire die berühmte Sorte 'Altaclarense' durch Kreuzung einer frühen Catawbiense x Ponticum-Hybride mit dem um 1815 nach England gekommenenen, blutrot blühenden *R. arboreum* Sm. aus dem Himalaya. Durch Einkreuzung auch anderer asiatischer Arten entstand schließlich eine Fülle von Hybridsorten mit weißen über lila bis dunkelvioletten und rosa bis karminroten Farbtönen, die auch in Mitteleuropa heute zu den häufigsten großblättrigen Rhododendren in Parken, Grünanlagen und Vorgärten gehören. In Deutschland war *R. catawbiense* 1817 im Breiterschen Garten in Leipzig vorhanden, 1820 in Weimar und 1822 in Berlin, und Mitte des 19. Jhs. gab es schon eine ganze Reihe von Catawbiense-Hybriden mit rosaroten, weißen und lila Blüten.

Im Laufe des 19. und 20. Jhs. kamen zahlreiche weitere Rhododendron-Arten aus dem ostasiatischen Raum nach Europa. Allein in den Berggebieten Südwestchinas sind rund 400 Arten heimisch, in China »Kuckucksblüten« genannt; in Japan zählt man 41 Wildarten. In der japanischen Stadt Kurume hatte man aus *R. kiusianum* Mak. durch Einkreuzung von *R. kaempferi* Planch. die reich und in vielen leuchtenden Farben blühenden **Kurume-Azaleen** entwickelt, von denen Ernest Henry Wilson 1919 die 50 besten Sorten auswählte und in das Arnold-Arboretum in Boston, USA, brachte, von wo aus sie über die niederländische Baumschule C. B. van Nees nach Europa kamen. In Deutschland wurden sie von einigen Gartenbaubetrieben züchterisch weiterentwickelt mit dem Ziel, sie für das mitteleuropäische Klima geeignet zu machen. So erzielte Georg Arends in Ronsdorf durch Einkreuzung von *R. mucronatum* (Bl.) G. Don 'Noordtianum' in Kurume-Azaleen seine »*Azalea Arendsii*«, eine wintergrüne harte Sortengruppe von großer Reichblütigkeit, die 1950 in den Handel kam. Auch weitere Züchter, so der Gärtner Emil Pusch (1887–1972) in Werder/Havel, beteiligten sich erfolgreich an der Weiterentwicklung dieser Gruppe, deren Sorten heute vielfach und auch in kleineren Gärten gepflanzt werden.

Die meisten Freiland-Rhododendren benötigen zu ihrem erfolgreichen Gedeihen und Blühen kalkfreien Boden und reichliche Luft- und Bodenfeuchtigkeit. Häufig und auch frohwüchsig findet man sie in Mitteleuropa daher hauptsächlich in den küstennahen Gebieten mit ärmeren Sand- und Moorböden, in niederschlagsreichen Silikat-Gebirgen und in den Heidegebieten der Oberlausitz, also in Landschaften, die sich durch ein gehäuftes Vorkommen ozeanischer Pflanzenarten auszeichnen.

Neben den Freiland-Rhododendren spielen als Zierpflanzen hierzulande auch die als Zimmerpflanzen geschätzten und alljährlich in einer Vielzahl von Sorten von den Gartenbaubetrieben herangezogenen **Topf-Azaleen** eine große Rolle. Stammart ist der im feuchten subtropischen Südwest- und Mittelchina und auf Taiwan heimische und von dem französischen Botaniker Jules Émile Planchon (1823–1888) 1853/54 wissenschaftlich beschriebene *Rhododendron simsii*, benannt zu Ehren des englischen Botanikers John Sims (1749 - 1831). Aus dieser Wildart wurden in China und Japan schon in alter Zeit Kulturformen entwickelt, z.T. unter Einkreuzung von *R. indicum* (L.) Sweet und *R. mucronatum* (Bl.) G. Don. Derartige, als Indische Azaleen bezeichnete Pflanzen gelangten erstmals um 1680 nach den Niederlanden, wo sie von Jacob Breyne als *Chamaerhododendron exoticum* und von Paul Hermann als *Cistus indicus* verzeichnet wurden, aber wieder verlorengingen. Zu einem bleibenden Erfolg führte erst die Einfuhr durch Kapitän Wellbank, der 1808 Gartenformen aus China in den Botanischen Garten Kew/London brachte. Von daher kamen sie über Frankreich (1815) und Belgien (1818) um 1820 nach Deutschland. Gleich nach ihrer Einführung begann man mit der züchterischen Bearbeitung, zuerst in England und in Belgien, wo die Gartenbaufirma Van Houtte in Gent im Jahre 1839 schon 93 Sorten geführt haben soll. In Deutschland setzte die Züchtung um 1835 ein, ihr Schwerpunkt wurde Dresden. Dort brachte der Gärtner L. L. Liebig 1843 die Sorte 'Aurora' als erste deutsche Neuzüchtung auf den Markt. In der Mitte des 19. Jhs. nahm die Azaleenzüchtung einen stürmischen Aufschwung, gefördert durch weitere Einfuhren aus China, u.a. durch Robert Fortune 1850/51.

1893 war *R. simsii* in Dresden die gärtnerisch wichtigste Zierpflanze, damals waren in Dresdener Gärtnereien etwa 400 Sorten im Anbau. Die Zahl der seitdem weltweit gezüchteten Sorten geht in die Tausende.

Rhus typhina L. Essigbaum, Hirschkolben-Sumach

Der im nordöstlichen Nordamerika heimische zweihäusige niedrige Baum wurde um 1620 in Frankreich eingeführt. 1621 wuchs er in Paris im Garten von René Morin unter dem Namen *Sumac de Virginia,* 1623 im Garten von Jean und Vespasian Robin als *Rhus Virginiana.* 1628 kam er in den Botanischen Garten Leiden und um die gleiche Zeit nach England, wo er 1629 von John Parkinson verzeichnet wurde. 1633 war er auch in Italien vorhanden. In Deutschland läßt er sich zuerst im herzoglich braunschweigischen Garten zu Hessem nachweisen, wohin er zwischen 1630 und 1651 gelangt war, und zwar unter dem Namen *Sumach s. Rhus Virginianum.* 1654 finden wir ihn dann auch in Königsberg in Preußen, 1660 in Altdorf, 1675 in Leipzig und 1681 in Gottorf bei Schleswig. In Berlin hingegen war er 1663 und auch 1684 noch nicht vorhanden. Hier tritt er erst 1746 in Erscheinung, und zwar im Botanischen Garten. In der 1. Hälfte des 18. Jhs. war der Essigbaum selten und hat den meisten deutschen Gärten gefehlt. Außer in Berlin läßt er sich in diesem Zeitraum in Leipzig (1738), Ulm (1745) und Karlsruhe (1747) nachweisen. Erst gegen Ende des 18. Jhs., als man ihn für die aufkommenden Landschaftsparke benötigte, pflanzte man ihn häufiger. 1779 bot ihn die Hamburger Handelsgärtnerei Johann Nikolaus von Buek zum Kauf an, 1785 wurde er in der von Burgsdorffschen Baumzucht in Tegel kultiviert und von dort aus u.a. an die königlich preußischen Gärten abgegeben. 1796 war er im Park Machern bei Leipzig neben

9 weiteren *Rhus*-Arten vertreten. Im 19. Jh. nahm seine Häufigkeit als Zierbaum ständig zu, im Verzeichnis der auf den Friedländischen Gütern am Oderbruchrand kultivierten Gewächse wird er als »gewöhnliche Lustgebüsch-Pflanze« eingestuft. 1817 gab es im Breiterschen Garten in Leipzig eine buntblättrige Form. Aber erst in neuerer Zeit erreichte er den Status eines beliebten und allerorten in Grünanlagen und selbst in kleineren Gärten verwendeten Ziergehölzes, wobei besonders die weiblichen Pflanzen mit ihren im Herbst erscheinenden braunroten Fruchtkolben gefragt sind. Durch Ausläuferbildung und Samenwurf neigt der Essigbaum zu Verwilderungen, zu bleibenden Ansiedlungen in natürlichen Pflanzengesellschaften ist es in Mitteleuropa aber wohl nicht gekommen.

Der Gattungsname *Rhus* war bereits in der Antike bekannt, er bezeichnete damals den Gerber-Sumach (*R. coriaria* L.). Linnaeus nannte den Essigbaum, von dem er offenbar gerade erst durch die Nordamerika-Reise seines Schülers Pehr Kalm (1715 – 1777) Material erhalten hatte, in seinen Species Plantarum 1753 *Datisca hirta*, stellte ihn 1756 aber berichtigend in die Gattung *Rhus* und gab ihm die Artbezeichnung *typhina* (»rohrkolbenartig«, nach den Fruchtständen). Der deutsche Name Essigbaum geht darauf zurück, daß man seine säurehaltigen Früchte (wie auch die des Gerber-Sumachs) mancherorts in Essig zu legen pflegte, um dessen Säure zu verstärken.

Ribes L. Johannisbeere, Stachelbeere

Von den rd. 150 Arten der überwiegend in den gemäßigten Zonen der nördlichen Erdhalbkugel vorkommenden Gattung *Ribes* sind uns besonders die als Obststräucher angebauten Johannisbeeren (*R. rubrum* L., *R. nigrum* L.) und die Stachelbeere (*R. uva-crispa* L.) bekannt. Als Ziersträucher treten bei uns vor allem drei Arten in Erscheinung.

Die in vielen Gebirgen Europas bis hin zum Kaukasus heimische, im Flachland nur vereinzelt natürlich und meist nur verwildert vorkommende **Alpen-Johannisbeere** (*R. alpinum* L.) besitzt zwar nur unauffällige grüne Blüten, eignet sich aber gut als Heckenstrauch. Als solcher wurde sie in den barocken Gärten verwendet, 1613 erscheint sie z.B. im Hortus Eystettensis als *Ribes minor fructu rubro*.

Elsholtz bezeichnet sie in seinem Gartenbaubuch 1666 unter dem Bauhinschen Namen *Grossularia non spinosa fructu dulci* und nennt sie zu deutsch »Süsse Johannesbeer/kleine Rosinen/dafür sie der gemeine Mann fälschlich hält/weil sie am Geschmack so gantz süsse sind«. Diese Charakterisierung erscheint uns heute merkwürdig, haben die Beeren doch einen recht faden Geschmack, weshalb sie in einer thüringischen Sage auch als »Gottes vergessene Beeren« bezeichnet werden.

Auch im 18. Jh. tritt uns die Art mancherorts als Gartenpflanze entgegen, so z.B. 1736 als *Ribes alpinus dulcis* in dem von Ziethenschen Garten in Trebnitz bei Seelow. Ausgedehnte Verwendung fand sie dann in den Landschaftsparken, in denen sie hauptsächlich als früh austreibendes und schattenertragendes Unterholz gepflanzt wurde und von denen aus sie auch vielfach verwilderte.

Die wichtigsten Blütensträucher aus dieser Gattung sind bei uns zwei aus dem westlichen Nordamerika stammende Arten, beide erstmals von Friedrich Traugott Pursh in seiner 1814 in London erschienenen Flora Americae septentrionalis beschrieben, nämlich die Gold-Johannisbeere (*R. aureum* Pursh) und die Blut-Johannisbeere (*R. sanguineum* Pursh).

Die **Gold-Johannisbeere** war von Meriwether Lewis und William Clark in den Jahren 1804/06 entdeckt und 1812 von Thomas Nuttall, nach anderen 1813 von John Bradbury (1768–1823) in England eingeführt worden. Später hat sie auch David Douglas in Kalifornien gefunden und nach England gebracht. In Deutschland trat sie um 1820 in Erscheinung, 1824 wuchs sie z.B. im Buekschen Garten in Frankfurt/Oder. In der Folgezeit wurde sie hier vielerorts als Park- und Heckenpflanze verwendet. Große Bedeutung erlangte sie auch in der Baumschulkultur als Veredelungsunterlage für Johannis- und Stachelbeer-Hochstämmchen.

Die **Blut-Johannisbeere** wurde 1793 von dem englischen Schiffsarzt und Naturforscher Archibald Menzies anläßlich der Expedition von Kapitän George Vancouver entlang der nordamerikanischen Pazifik-Küste (1790–1795) entdeckt, doch konnten damals nur Herbarexemplare eingesammelt werden. Eingeführt wurde sie durch David Douglas, welcher die Art 1825 bei Fort Vancouver wiederfand und Samen nach England sandte; die daraus angezogenen Pflanzen kamen 1828 erstmals zur Blüte. Edmund Goeze (1916) bezeichnete sie als »eine der besten Einführungen von Douglas«. Die damals eingeführte Wildform war jedoch armblütig und in der Blütenfarbe fahl. In der Gartenkultur entstanden dann aber, vor allem in England, nach und nach Auslesen mit größeren Blütentrauben und farbkräftigeren Blüten, so z.B. in den 1890er Jahren die Sorte 'Splendens'. Von England aus gelangte die Blut-Johannisbeere alsbald auch nach Deutschland. In der Mitte des 19. Jhs. waren hier neben Sorten mit rosaroten Blüten auch Formen mit weißlichen ('Albescens') und mit gefüllten ('Plenum') Blüten vorhanden. 1855/56 bot die Landesbaumschule in Potsdam die gefüllte Form und eine als *Ribes sanguineum glutinosum* bezeichnete Sorte zum Verkauf an, und um 1860 finden wir die Art mancherorts in Gärten und Grünanlagen als Zierstrauch angepflanzt.

Ricinus communis L. Rizinus, Wunderbaum

Der zu den Wolfsmilchgewächsen gehörende, bei uns nur einjährig gezogene und 2-3 m hoch werdende Rizinus ist vermutlich im tropischen bis subtropischen Afrika oder in Indien heimisch. Im alten Ägypten baute man ihn als Ölpflanze an; Rizinus-Samen fand man als Totenbeigaben bereits in Gräbern aus der Zeit um 4000 v. Chr. Aus seinen ölhaltigen Samen gewann man den Brennstoff für die Öllampen sowie den Grundstoff für hautpflegende Salben. Auch in der Antike war er gut bekannt und wurde von den Griechen *kroton,* von den Römern

RICINVS.

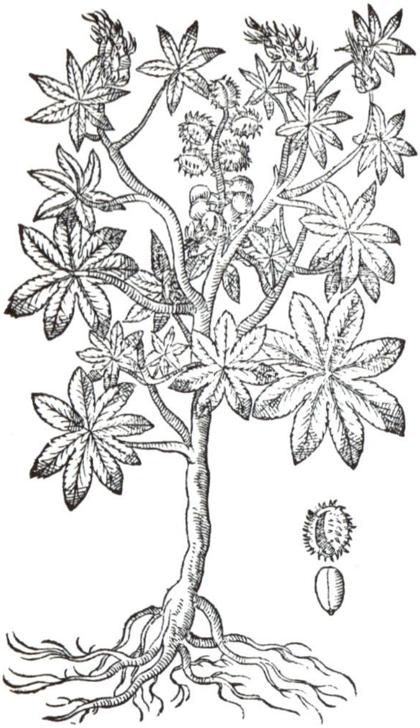

***Ricinus communis* L.** Rizinus, Matthiolus/Camerarius 1586

ricinus genannt. Beide Namen bedeuten »Zecke«, denn seine Samen ähneln Zekken, weshalb sie auch von einigen Kräuterbuchautoren des 16. Jhs. »Zeckenkörner« und die Pflanzen selbst »Zeckenbäume« genannt wurden. Unter dem hebräischen Namen *kikayon* erscheint der Rizinus auch in der Bibel (Jona 4, 6 -7).

In Deutschland wird er von Albertus Magnus als *arbor mirabilis* und von Konrad von Megenberg in seinem Puch der Natur (1475) erwähnt. Es ist durchaus möglich, daß man die Pflanze schon in den mittelalterlichen Gärten hier und da gezogen hat. Eindeutig belegen läßt sich ihre Anwesenheit aber erst 1539 und 1542 durch die Kräuterbücher von Hieronymus Bock und Leonhart Fuchs. In der deutschen Ausgabe des Fuchsschen Buches von 1543 heißt es über den »Wunderbaum«: »Ist ein frembd gewechß/ newlich in unser Teutschland kommen/ würdt nun fast allenthalben in gärten gepflanzt von den samen«. So wuchs die Art nach Angabe von Valerius Cordus z.B. 1542 im Schallerschen Garten in Nürnberg. In Deutschland verbreitete sie sich sehr rasch und war 1590 selbst schon in Ostpreußen nach den Angaben von Wigand eine gewöhnliche Gartenpflanze. Der Hortus Eystettensis bildet zwei verschiedene Wuchsformen als *Ricinus minor* und *Ricinus maior* ab, welche wenig später auch für den herzoglich braunschweigischen Garten zu Hessem aufgeführt werden.

In Mitteleuropa wurde der Rizinus in erster Linie als Arzneipflanze angebaut. Das Rizinus-Öl ist ein probates Abführmittel, denn die darin enthaltene Rizinolsäure führt durch Reizung der Darmschleimhaut zur Anregung der Darmbewegung. Allerdings wird stets auch vor einer Überdosierung gewarnt, denn diese bewirkt, wie Gleditsch 1769 in seinem Arzneibuch schildert, »ein übermäßiges Erbrechen und Purgiren«. Im 19. Jh. spielte der Rizinus in den hiesigen Gärten nur noch eine Rolle als »schöne mannshohe, allgemein beliebte Decorationspflanze, die in zahlreichen Formen mit grünen, blaugrünen, rötlichen und tiefer roten Stengeln und Blättern vorkommt, wie es 1871 in der Gartenflora (Nr. 21) heißt. Auch heute noch wird er hierzulande in manchen Gärten und

Grünanlagen in verschiedenen Sorten als augenfällige hohe Sommerblume gepflanzt, gelangt aber nur bei Vorkultur, reichlicher Bewässerung und Düngung sowie hoher Sommerwärme zu optimaler Entfaltung. Zur Ölgewinnung kommt der Rizinus heute in vielen Ländern der tropischen und subtropischen Zonen zum Anbau und ist dort stellenweise verwildert und eingebürgert.

Rosa L. Rose

Die Gattung *Rosa* ist über die ganze nördliche Erdhalbkugel verbreitet, wobei es aber in den arktischen und tropischen Zonen nur vereinzelte Vorkommen gibt; das Verbreitungszentrum liegt in Mittel- und Südwest-Asien. Die Gattung umfaßt, je nach Auffassung, etwa 100 - 200 Arten, davon kommen in Europa etwa 45 Arten wild vor. An der Entstehung unserer heutigen, überwiegend komplexe Hybriden und andere Zuchtformen darstellenden Gartenrosen waren in der Hauptsache nur etwa ein Dutzend Wildarten beteiligt.

Bereits im Altertum entstand aus einigen südeuropäischen und vorderasiatischen Wildrosen eine kleine Zahl von Gartenrosen. Diese Rosen gelangten, z.T. im frühen Mittelalter, z.T. zu späteren Zeitpunkten nach West- und Mitteleuropa, wo im Laufe der Zeit durch Auslese natürlicher Abänderungen und in der Kultur auftretender Hybriden weitere Formen und Sorten hinzukamen. Bis gegen Ende des 18. Jhs. waren diese europäisch-vorderasiatischen Rosen die alleinigen Rosen-Sippen der europäischen Gärten. Dann kamen nach und nach verschiedene ostasiatische Rosen nach Europa, vor allem Gartenformen der in China schon seit langem in Kultur befindlichen China-Rose (*R. chinensis* Jacq.) und der Tee-Rose (*R. chinensis x R. gigantea*), aber auch Büschel-Rose, Kartoffel-Rose und Wichura-Rose. Diese Arten wurden in einem langen, bis heute anhaltenden Züchtungsprozeß in die europäischen Gartenrosen eingekreuzt. Auf diese Weise entstand die Vielzahl der meist groß-, reich- und öfterblühenden, aber oftmals frostempfindlichen Gartenrosen der Gegenwart. Bei diesen werden heute folgende Hauptgruppen unterschieden: Teehybriden oder Edelrosen, Beetrosen (Polyantha-Rosen, Polyantha-Hybriden, Floribunda- und Floribunda-Grandiflora-Rosen), Kletterrosen, Strauchrosen und Zwergrosen. Demgegenüber gingen die zumeist nur einmal blühenden bisherigen Rosenarten und ihre Sorten mehr und mehr zurück und sind jetzt, abgesehen von Rosarien, wie z.B. in Sangerhausen, Dortmund, Forst und auf der Insel Mainau im Bodensee, nur noch als Seltenheiten in Bauerngärten, auf alten Dorffriedhöfen oder bei Rosenliebhabern anzutreffen. Alle vor 1867, dem Entstehungsjahr der ersten Teehybride, vorhanden gewesenen bzw. entstandenen Rosenarten und Rosensorten der Gärten bezeichnet man als »Alte Rosen«.

Die häufigste Gartenrose der Antike, des Mittelalters und der frühen Neuzeit und die wichtigste Stammutter der meisten heutigen Gartenrosen ist die purpurrotblühende **Gallische Rose** oder Essig-Rose (*R. gallica* L.). Durch ihre Ausläuferbildung läßt sie sich leicht vegetativ vermehren. Ihr Wildareal erstreckt sich von

Roſa ſatiua.

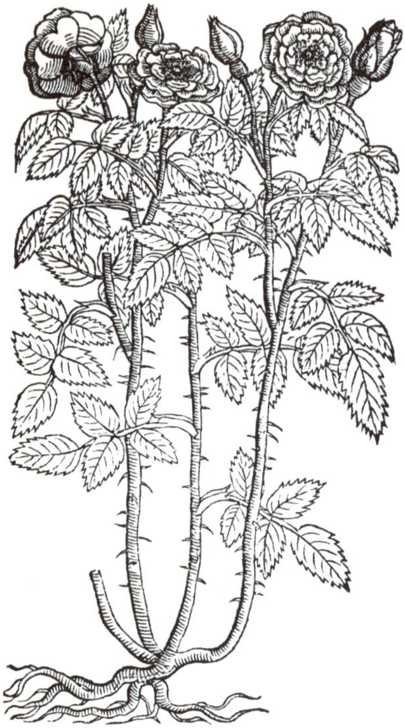

Rosa gallica L. Gefülltblühende Gallische Rose, Dodonaeus 1583

Frankreich und Portugal über das südliche Mitteleuropa (nordwärts bis nördliches Harzvorland), Italien, Südosteuropa und das nördliche Kleinasien bis in das Kaukasusgebiet. Im Orient wurde sie bereits in sehr alter Zeit in Gartenkultur genommen, wahrscheinlich zuerst in Persien, denn der Name Rose geht zurück auf altiranisch wurdo (zu indoeuropäisch urdho 'Dornstrauch'), woraus sich dann neben armenisch vard auch griechisch wrodon und später rhodon entwickelten und daraus dann lateinisch rosa. Nach dem 6. Jh. übernahmen die Deutschen mit dieser Gartenrose auch den Namen *rosa* und wandelten ihn im Hohen Mittelalter zum heutigen »Rose« ab. Unter dem Namen Rose verstand man damals nur die auf *Rosa gallica* zurückgehenden Gartenrosen, während die heimischen Wildrosen als hiufaltra »Hagebuttenstrauch« (zu ahd. hiufa »Hagebutte«) bezeichnet wurden.

Bereits in der Antike war die Gallische Rose eine beliebte Zierpflanze und wurde viel kultiviert, z.T. in eigenen Rosengärten (rosaria) und Rosenkulturen (roseta) und spielte auch in der Kulturgeschichte dieser Zeit eine große Rolle. Schon in alter Zeit traten Formen mit halbgefüllten und gefüllten Blüten in Erscheinung. Letztere wurden von Herodot als »Sechzigblättrige Rosen«, von Theophrast und Plinius aber als »Hundertblättrige Rosen« (*rhoda hekatontophylla* bzw. *rosa centifolia*) bezeichnet, sie sind aber nicht identisch mit der heutigen Zentifolie (*R. x centifolia* L.). Außer diesen gab es in römischer Zeit eine Reihe weiterer nach den Stacheln, der Struktur der Blattoberfläche, der Farbe und dem Geruch unterschiedener Sorten, wie Plinus in seiner Naturgeschichte berichtet. Ob die Römer diese Gartenrosen bereits in die von ihnen okkupierten Gebiete West- und Mitteleuropas gebracht haben, ist ungewiß. Sichere Nachweise liegen für diese Gebiete erst aus dem frühen Mittelalter vor. In dem um 800 erlassenen Capitulare de villis Karls des Großen stehen Rosen (»rosas«) auf der Liste der im Garten anzubauenden Pflanzen hinter der Weißen Lilie an zweiter Stelle. Der um 820 entstandenen

St. Galler Klosterplan sieht im Kräutergarten (Herbularius) auch Rosen vor, und um die gleiche Zeit pries Walahfried Strabo vom Kloster Reichenau im Bodensee in seinem Gartengedicht Hortulus die Rose als »florum flos« (»Blume der Blumen«) in vielen Versen.

Damals war die Gallische Rose nicht nur Zierpflanze, sie spielte auch als Heilpflanze eine bedeutende Rolle. Die antiken Ärzte bringen in ihren Werken Angaben über die medizinische Verwendung der Rose, ebenso wie auch im Mittelalter die Hl. Hildegard von Bingen in ihrer Physica. Rosenblüten waren bis in das 18. Jh. hinein offizinell, aus ihnen wurden Tees, Pulver, gekochtes und destilliertes Öl, Rosenwasser, Rosenessig (daher auch der Name Essig-Rose), Rosenzucker, Honig, Tinkturen, Salben, Latwergen u.a. hergestellt und als Mittel gegen verschiedene Krankheiten gebraucht, u.a. auch gegen die Pest. Wegen ihrer umfangreichen Verwendung in den Apotheken wurde die Gallische Rose bzw. ihre Form mit halbgefüllten roten Blüten (*R. gallica* 'Officinalis') auch als »Apothekerrose« bezeichnet und stellenweise in größeren Kulturen zur Herstellung von Medikamenten und Rosenöl angebaut, seit etwa 1300 insbesondere bei Provins, 75 km südöstlich von Paris, und deshalb auch Provins-Rose (*Rosa provincialis*) genannt. Im Mittelalter gehörte die Gallische Rose außerdem zu den christlichen Symbolpflanzen. Ihre rote Farbe erinnerte an das Blut der Martyrer, zugleich war sie aber auch eine Marienblume und erscheint auf vielen Marienbildern. In Stein gehauen und als Fensterrosette finden wir sie in und an gotischen Kathedralen. Als verehrte und allseits geschätzte Pflanze nahm man sie in Adels- und Städtewappen auf und verwendete ihren Namen – übrigens bis zur Gegenwart- bei der Bildung von Ortsnamen wie Rosenheim, Rosental, Rosendorf, Rosenhagen, Rosenau usw.

Als eine der beliebtesten Gartenblumen hat die Gallische Rose, vor allem in ihren halbgefüllten und gefüllten Formen, seit dem 16. Jh. kaum in einem Garten gefehlt. Bei Leonhart Fuchs (1543) heißt es, »die zamen Rosen wachsen allenthalben in Gärten, dahin sie gepflanzet werden« und Tabernaemontanus bezeichnete sie in seinem Neuw Kreuterbuch (1591) als »gar gemein«. In der Gartenkultur entstand eine Reihe weiterer Formen. Der Ursprung der 1583 von Carolus Clusius erstmals beschriebenen Sorte 'Versicolor' mit weiß-rot-rosa-gestreiften Blüten liegt vermutlich im Mittelalter. 1581 verzeichneten Matthias Lobelius in Antwerpen und 1596 John Gerard in London erstmals eine 'Velvet Rose' mit dunkelpurpurnen samtigen Blüten; bei dieser später als *Rosa holosericea* bezeichneten Form handelt es sich wahrscheinlich um die heutige Sorte 'Tuscany'. Eine rosa blühende Gallica-Form, vielleicht die spätere Sorte 'Conditorum' (»Ungarische Rose«) wuchs 1588 im Garten des Nürnberger Stadtarztes Camerarius unter der Bezeichnung *Rosa incarnata vel leniter purpurascens*. Vorerst blieb die Zahl der Sorten gering. Im Hortus Eystettensis 1613 werden 5 Gallica-Formen farbig abgebildet, dazu eine *Rosa provincialis flore albo*, bei der es sich um die seltene weißblühende Form der *Rosa x francofurtana* handeln könnte. 5 Sorten der Gallischen Rose werden auch im Gartenbaubuch von Elsholtz (1684) aufgeführt. Um diese Zeit begann in Holland die Vermehrung der Gallica-Rosen durch Saat, wodurch zahlreiche weitere Sorten entstanden. 1811 besaß Napoleons erste Ehefrau Josephine (1763–1814) in dem 1804 angelegten Rosengarten ihres Schlosses Malmaison bei Paris 167 Gallica-Sorten, und Mitte des 19. Jhs. gab es allein in Frankreich rd. 2000 Gartensorten der *Rosa gallica*.

Als Hybride vermutlich zwischen *R. gallica* und *R. majalis* entstand vor 1575 die **Tapetenrose** (*R. x francofurtana* Münchh., syn. *R. turbinata* Ait.). Zuerst wird sie 1583 von Clusius als *Rosa sine spinis* beschrieben, wobei er angibt, sie sei ihm 1576 von dem Jenaer Arzt Dr. Johannes Schröter, der sie wiederum von dem Grafen von Mansfeld erhalten hatte, nach Wien geschickt worden. Clusius gab Schößlinge dieser Rose wieder an andere Botaniker und Gartenliebhaber weiter, so an Camerarius, in dessen Gartenkatalog sie 1588 als *Rosa absque spinis* erscheint, und an Friedrich Meyer in Straßburg, von dem sie Jean Bauhin in Mömpelgard (Montbéliard/Frankreich) erhielt. In seiner Rariorum plantarum historia von 1601 schreibt Clusius, er habe diese Rose, von der es auch eine Form mit weißen Blüten geben solle, während seines Aufenthaltes in Frankfurt/Main (1588–1593) in verschiedenen Patriziergärten gesehen. Bei der im Hortus Eystettensis abgebildeten stachellosen *Rosa provincialis flore albo* könnte es sich evtl. um diese Form handeln. Eine *Rosa sine spinis* wird 1621 im Regensburger Hortus Medicus verzeichnet. In England erscheint sie unter diesem Namen 1596 bei John Gerard, 1629 bezeichnete sie John Parkinson in seinem Paradisus terrestris als *Rosa Francofurtensis*. Als *Rosa purpurea Francofurti* hatte sie schon zuvor Jean Robin aus seinem Pariser Garten angegeben. Bekannt wurde die Art später vor allem durch Goethe, der diese starkwüchsige Rose 1777 an die Wände seines Gartenhauses am Stern pflanzte, dessen Vorderseite sie alsbald bis zum Dach überzog »und das schönste und prächtigste Rosengeländer bildet, das man sehen kann«, wie Christian Cai Lorenz Hirschfeld in seiner Theorie der Gartenkunst schrieb. Goethe mag diese Rose von seiner Heimatstadt Frankfurt her gekannt haben, wo sich sein Großvater mütterlicherseits mit dem Okulieren der verschiedenen Rosenarten beschäftigte. Fortan und bis zur Mitte des 19. Jhs. war sie eine vielfach zur Umrandung und Bekleidung von Lauben, Wänden und Mauern verwendete Gartenrose, wurde dann aber von den eigentlichen Kletterrosen abgelöst. 1887 schrieb Carl Bolle über sie: »Gleich anderen älteren Rosen aus feineren Gärten, bald wohl auch aus den übrigen, jetzt verstoßen«. Heute ist sie nur noch selten anzutreffen.

Hybridogenen Ursprungs sind auch die **Damaszener-Rosen**, bei denen es zwei Sippen zu unterscheiden gilt: die einmal blühende Sommer-Damaszener-Rose (*R. x damascena* Mill.) und die zweimal, im Sommer und dann noch einmal im Herbst zur Blüte kommende Herbst-Damaszener-Rose (*R. x bifera* (Poir.) Pers.). Bei beiden handelt es um uralte, im Vorderen Orient entstandene Hybriden. Die Sommer-Damaszener Rose ging offenbar aus der Kreuzung der Gallischen Rose mit der in der Türkei, Syrien und dem Libanon vorkommenden Orientalischen Kletterrose (*R. phoenicia*

Boiss.) hervor. Ob sie bereits in der Antike vorhanden war, ist unklar. Vielfach wird die Ansicht vertreten, daß sie von den Kreuzfahrern des Mittelalters aus dem Vorderen Orient mitgebracht wurde, wofür es aber keine sicheren Belege gibt, so daß sie vielleicht erst auf dem Wege des italienischen Levantehandels im 16. Jh. nach Europa gelangte. Die Herbst-Damaszener -Rose, auch Monats-Rose genannt, entstand aus einer Kreuzung zwischen der Gallischen Rose und der Moschus-Rose. Von ihrem zweiten Elternteil hat sie die Eigenschaft geerbt, auch außerhalb der regulären Blütezeit noch einige Blüten hervorzubringen. Diese zweite Blüte ist zwar nicht sehr erheblich, wurde aber in einer Zeit, in der die Rosen sonst nur einmal im Jahr blühten, hoch bewertet. Solche zweimal im Jahr blühenden Rosen waren offenbar bereits im Altertum bekannt, wobei allerdings die Angaben der antiken Autoren unterschiedlich interpretiert werden.

In Italien läßt sich die Damaszener-Rose, abgesehen von ihrem Erscheinen im Altertum, bis in die Zeit um 1415 zurückverfolgen. Von Italien aus gelangte sie im 16. Jh. auch in andere europäische Länder. Im Jahre 1520 soll Dr. Linace, Leibarzt der Könige Heinrich VII und Heinrich VIII, sie von Italien nach England gebracht haben. Die Sorte 'Versicolor' mit halb weiß, halb rosa gefärbten Blüten wurde 1551 von dem spanischen Arzt Nikolas Monardes (1493 - 1588) in Sevilla erstmals beschrieben und 'York und Lancaster-Rose' genannt zur Erinnerung an die englischen Rosenkriege der Jahre 1445–1485 zwischen den Häusern York und Lancaster, die in ihren Wappen jeweils eine weiße bzw. eine rote Rose führten. Nach England kam diese Sorte im 17. Jh. In Deutschland wurde sie erstmals von Hieronymus Bock 1546 angegeben und fortan auch von anderen Autoren erwähnt. Wein weist 1914 allerdings ausdrücklich darauf hin, daß manche der damaligen Botaniker unter *Rosa damascena* nicht diese Art, sondern die Moschus-Rose verstanden haben, und die 1594 im Hortus Lusatiae von Johannes Franke verzeichneten *Rosa Damascena, Rosa incarnata,* Damacener Rosen stellt er (1930) zu *Rosa gallica*. So bleibt für diese Zeit manches im Unklaren. Größere Gewißheit läßt sich erst für das 17. Jh. erlangen, wo die Bezeichnungen *Rosa menstrua* (so im herzoglich braunschweigischen Garten zu Hessem 1607/30) oder *Rosa omnium mensium* eindeutig auf die Herbst-Damaszener-Rose verweisen. 1649 war ein Stock der »Monath Rose« auch im fürstlichen Garten zu Kiel vorhanden. Im Gartenbaubuch von Elsholtz (1684) heißt es über diese »Monat = Rose«: »Der Strauch ist sehr dornich/ und wächset hoch: die Blumen stehen dolden= weise drey oder mehr beysammen/ haben funfftzig bis sechzig Blätter/ sind so groß wie Centifolien/ riechen wie Mosch= rosen/ die Farbe ist mehr blaß als roht. Sie müssen gegen Winters gedecket werden«. Auch im 18. Jh. war diese Rose mancherorts vorhanden, wenn auch insgesamt wohl nicht so häufig wie die Gallische Rose und ihre Formen. Als *Rosa menstrua* erscheint sie z.B. 1706 im Garten der Gebrüder Lastropp in Hamburg-Eimsbüttel und 1722 im Botanischen Garten Würzburg, als *Rosa omnium Calendarum* 1736 im Ziethenschen Garten in Trebnitz bei Seelow und 1746 im Krauseschen Garten und im Botanischen Garten in Berlin. Linnaeus ging 1753 in seinen Species Plantarum auf die Damaszener-Rose nicht ein, wohl aber der Leiter des Apothekergartens in London-Chelsea Philip Miller, der in der 8. Auflage seines Gardeners Dictionary die Arten in binärer Nomenklatur aufführt, wodurch er zum Autor von *Rosa x damascena* wurde. 1773 schrieb Gleditsch in Berlin über diese Art u.a.: »Die Blumen ... sind ... nicht sehr gefüllt, aber desto wohlriechender und stärker ... Man hat davon etliche Abänderungen, worunter die dreyerlei Monatsrosen nebst der bunten Lancasterose die angenehmsten sind.« 1785 zählte man in Frankreich 4 Sorten der »Rose de Quatre Saisons«, wie sie dort genannt wurde. Seitdem entstanden weitere Sorten der Damaszener-Rose, und 1814 gab es in Malmaison 9 Sorten. Nunmehr wurden sie auch mit anderen Rosenarten gekreuzt, so daß 1850 300 Damascena-Sorten vorhanden waren, die aber von den damals aufkommenden Remontantrosen und Teehybriden nahezu völlig verdrängt wurden. Ende des 19. Jhs. zählte Bolle in Berlin die Damaszener-Rose zu den altmodischen Blumen, und heute ist sie fast nur noch in Rosarien zu sehen.

Die Damaszener-Rose ist jedoch nicht nur eine Zier-, sondern auch eine Nutzpflanze. Ihre Sorte 'Trigintipetala' (»Dreißigblättrige«) stellt die wichtigste Rose für die Rosenöl-Erzeugung dar. Hauptanbaugebiet ist seit mehr als 300 Jahren das »Rosental« in Mittel-Bulgarien zwischen Klissura und Kasanlik, weitere Ölrosenkulturen gibt es in Südfrankreich, Marokko, in der Südukraine und der Türkei, im Kaukasusgebiet, in Syrien, Indien und China. Aus ihren Blüten wird das wertvolle Rosenöl als Grundlage für feine Parfüme und Kosmetika sowie für Genußmittel-Aromen extrahiert.

Die **Zentifolie** (*R. x centifolia* L.) entstand, entgegen älteren Vorstellungen, Ende des 16. Jhs. in den Niederlanden als eine komplexe Gartenhybride, vielleicht als Bastard zwischen der zweimalblühenden Damaszener-Rose (*R. x bifera*) und der Weißen Rose (*R. x alba*). Insgesamt dürften zu ihren Stammeltern 4 Wildarten gehören: Gallische Rose, Orientalische Rose (*R. phoenicea*), Moschus-Rose und eine Rose aus der Hundsrosen-(*R. canina*-)Gruppe. Zuerst wird sie 1581 von Matthias Lobelius als *Rosa damascena maxima* erwähnt, 1589 läßt sie sich für Leiden belegen, 1591 blühte sie im Garten des damals in Frankfurt/Main wohnenden Carolus Clusius, und Johann Bauhin sah sie am 5. Juli 1595 im Grieningerschen Garten in Pforzheim, dort *Rosa hollandica* genannt und aus Delft bezogen. 1597 erscheint sie im Kräuterbuch des Londoner Arztes John Gerard als *Rosa Hollandica sive Batavia* (Batavien: antiker Name Hollands). 1601 bildete sie Clusius in seiner Rariorum plantarum historia als *Rosa centifolia batavia* ab. Hierzu bemerkt er, er habe die von den Holländern kultivierte Art zuerst Anfang 1589 von Johan van Hoghelande zugeschickt erhalten und sie im selben Jahr in Frankfurt auch bei den aus Belgien stammenden Gebrüdern Balthasar und Carl Hoyke gesehen. Er erwähnt ferner, daß es auch eine Form der Zentifolie mit weißen Blüten (*Rosa centifolia Batavia alba*) gebe und außerdem eine mit kleineren Blüten. 1613 wurde die Zentifolie als *Rosa centifolia rubra* im Hortus Eystettensis farbig abgebildet; das Bild zeigt eine Rose mit einer relativ großen, purpurrosa gefärbten Blüte mit mehreren Reihen schuppenförmig übereinanderliegenden äußeren Kronblättern und kleineren gewellten inneren Kronblättern. Die Zentifolie ist weitgehend steril, abweichende Formen entstanden durch Knospenmutationen. Bei der bereits erwähnten Form mit kleineren Blüten, die fortan vielfach als *Rosa Batavia minor* in Erscheinung trat, handelt es sich offenbar um die später als »Burgunderrose« (Pompogne de Bourgogne) bezeichnete Sorte 'Parviflora'. Eine weitere Knospen-Mutation ist die Moos-Rose (cv. 'Muscosa'), bei der Blütenstiele und Kelch moosartig dicht von Drüsenborsten besetzt sind. Vielleicht in Südfrankreich entstanden, wo sie noch heute in Bauerngärten häufig ist, wurde die Moos-Rose in Deutschland zuerst zwischen 1690 und 1699 im Garten des Ratsherrn Caspar Bose in Leipzig gezogen. Wegen ihrer schweren Vermehrbarkeit breitete sie sich aber nur langsam aus, vor 1710 erscheint sie in Hamburg, 1720 im Botanischen Garten Leiden, 1724 in England, doch blieb sie bis Ende des 18. Jhs. noch selten. 1779 wurde sie als *Rosa muscosa* von der Hamburger Gärtnerei Buek angeboten. Erst im 19. Jh. nahm ihre Häufigkeit zu.

Die eigentliche Zentifolie, ihrer großen Blüten und des starken Duftes wegen sehr geschätzt, breitete sich im 17. Jh. rasch über die europäischen Gärten aus. Das vor 1639 zusammengetragene Burser-Herbar belegt sie aus Gärten im heutigen Land Sachsen und aus Dänemark. Sie erscheint auch auf den meisten Blumenbildern der damaligen Zeit, ebenso im Neuen Blumenbuch von Maria Sibylla Merian (1680). In seinem Gartenbaubuch führt sie Johann Sigismund Elsholtz unter dem Bauhinschen Namen *Rosa maxima multiplex* auf und nennt als deutschen Namen »Grosse Holländische Centifolien«. Hierzu heißt es, sie seien den vorigen (*R. gallica*) gleich, aber viel größer, »und weil sie wenig Zweige treiben/muß man ihnen im beschneiden auch nicht mehr als die eussersten Theile/so etwan verdorret/weg nehmen«. 1773 schreibt Gleditsch, ebenfalls in Berlin, sie komme »wegen des weitläuftigen Gebrauches der Blumen in den Gärten am meisten vor«. In der Gartenkultur entstanden, vor allem in Frankreich, weitere Sorten, so 1775 'Unique Blanche' mit weißen und 1789 'De Meaux' mit hellrosa Blüten und 1801 als »Rose à feuilles de Laiture, Salat-Rose« die Sorte 'Bullata' mit dicht gefüllten rosa Blüten.

Anfang des 19. Jhs. gab es über 100 Sorten. 1818 heißt es im Gartenfreund des mecklenburgischen Pastors Wredow: »Von dieser schönen Rose hat man eine sehr große Menge Ab- und Spielarten, welche noch immer vermehrt werden«; als eine der schönsten und zugleich als größte von allen wird die Sorte 'Königs=Centifolie' genannt. Noch in der Mitte des 19. Jhs. war die Zentifolie in Mitteleuropa die häufigste Gartenrose, wie u.a. die Angaben von Anton Kerner in Innsbruck in seinem Bauerngartenbuch und von Paul Ascherson in seiner Flora der Provinz Brandenburg belegen. 1887 war sie, wie Carl Bolle schrieb, »aehnlich der Vorigen [*R. gallica*], wenn auch nicht in gleich hohem Grade, durch die erdrükkende Zahl neuerer Prachtrosen zurückgedrängt«, und um 1900 zählte er

Rosa x alba L. Weiße Rose, Tabernaemontanus 1588

diese »Königin ihres Geschlechts, an Duft und Zartheit der Färbung die meisten der zahllosen neueren Rosen, denen sie den Platz räumen mußte, übertreffend«, zu den altmodischen Gartenpflanzen. Heute ist sie hierzulande, von Rosarien abgesehen, nur noch selten anzutreffen.

Auch die **Weiße Rose** (*R. x alba* L.) ist eine Hybride, die im Alterum im Vorderen Orient entstand. Am wahrscheinlichsten ist, daß sie aus einer Kreuzung zwischen einer Damaszener-Rose und einer weißblühenden Sippe einer Hunds-Rose hervorging. Ihre Blüten sind milchweiß und mehr oder weniger leicht rosa getönt.

Die genaue Entstehungszeit ist unbekannt, im klassischen Altertum befand sie sich bereits in Gartenkultur. So berichtete Theophrast von Rosen mit weißen Blüten, und Plinius beschreibt u.a. eine »Rose von Campanien« mit weißen duftenden Blüten, bei der es sich offenbar um *R. x alba* gehandelt hat. In Mitteleuropa erwähnt zuerst Albertus Magnus im 13. Jh. die Weiße Rose und gibt an, daß ihr Stamm armdick werden könne. Ihre fortwährende Anwesenheit in den hiesigen Gärten wird durch ihre Darstellung auf einigen Gemälden des Späten Mittelalters belegt, z.B. auf Martin Schongauers »Maria im Rosenhag« (1473) und auf einem Bild von Lucas Cranach 1506, auf dem ein Junge zu sehen ist, der der Heiligen Dorothea einen Korb mit Rosen bringt.

So war sie auch Otto Brunfels und Hieronymus Bock vor der Mitte des 16. Jhs. gut bekannt und wurde in ihren Kräuterbüchern beschrieben. Die Horti Germaniae von Gessner 1561 zeigen, daß sie um 1560 in Mitteleuropa allgemein verbreitet war. Auch in den Gartenkatalogen der folgenden Zeit wird sie stets aufgeführt. 1590 gehörte sie nach Angaben des Bischofs Wigand als *Rosa candida* selbst in Ost- und Westpreußen zu den Gartengehölzen, wie auch als *Rosa alba* auf den Höhen des Erzgebirges in Annaberg (Jenisius 1605). Bei den damaligen weißen Gartenrosen handelte es sich stets um die halbgefüllte Form ('Semiplena'). Die Form mit einfachen weißen Blüten, *Rosa alba flore simplici,* trat in Deutschland erst 1613 im Hortus Eystettensis in Erscheinung. Hier ist auch eine Form mit schwach rosa getönten gefüllten Blüten (*Rosa lacteata Camerarii*) abgebildet, die zuerst 1588 aus dem Garten des Nürnberger Stadtarztes Joachim Camerarius als *Rosa lacteola, elegans rosa, non magna, foliis multis* verzeichnet worden war. Im Burser-Herbar heißt es für die Zeit um 1630, die weiße gefüllte Rose sei überall in Gärten (»in hortis passim«) vorhanden. Bis in das 19. Jh. gehörte sie mit ihren Formen zu den häufigsten und beliebtesten Gartenziersträuchern und bildete einen Kontrapunkt zu den purpurroten Gallica-Rosen. Elsholtz vermerkt 1684, daß man diese Art oftmals dazu verwende, aus ihren Blüten Rosenwasser zu brennen. 1773 schreibt Gleditsch, die weiße gefüllte Rose sei in den Gärten eine gemeine, aber sehr beliebte Rose. Es entstanden einige weitere Sorten, 1814 gab es in Malmaison 8 Alba-Sorten, 1843 führt die 7. Auflage von Wredows Gartenfreund 7 Sorten auf. Dann aber setzte auch bei ihr der Rückgang ein. Bolle kannte sie 1887 nur noch in der gefüllten Form und rechnete sie um 1900 zu den altmodischen Blumen. Die 1929 getroffene Festellung Kurt Weins, sie habe sich »meist in der gefüllten Form, noch als Erinnerung an längst vergangene Zeiten in alte Bauerngärten und halbvergessene Dorffriedhöfe hinübergerettet« trifft für manche Landschaften (z.B. Spreewald) heute noch zu.

Eine ebenfalls weißblühende hochwüchsige Strauchrose ist die im mittleren Orient bis hin zum Himalaya heimische **Moschus-Rose** (*R. moschata* J. Herrm.), gekennzeichnet durch den starken Moschusduft ihrer bis 5 cm breiten Blüten. Im Orient nahm man sie als Zierpflanze, aber auch zur Gewinnung von Blütenöl und Rosenwasser schon in alter Zeit in Gartenkultur, wobei eine Form mit halbgefüllten Blüten entstand. Vielleicht schon im Altertum, wahrscheinlich aber erst im Mittelalter kam sie in die Länder des Mittelmeergebietes und von dort aus im 16. Jh. auch nach West- und Mitteleuropa. Zuerst ist sie offenbar nach England gelangt, angeblich bereits um 1513, nach anderen Autoren 1521. 1551

Rosa Moscata flore simplici.
T. 242. Tom. 2.

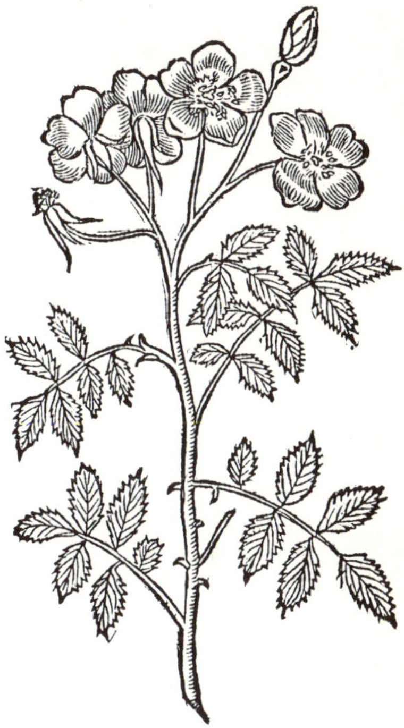

Rosa moschata J. Herrm. Moschus-Rose, Lobelius 1591

war sie jedenfalls schon dem englischen Arzt William Turner bekannt. Eindeutig belegt wird sie durch John Gerard 1597, der in seinem Kräuterbuch die einfache und die gefüllte Form beschrieb. Zur Elisabethanischen Zeit war die Moschus-Rose wegen ihres Duftes sehr beliebt. Allerdings ist sie als wärmeliebende und empfindliche Art in England nicht sehr wüchsig.

In Deutschland kannten die vor der Mitte des 16. Jhs. schreibenden »Väter der Botanik« Brunfels, Bock, Fuchs, Cordus die Moschus-Rose noch nicht. Sie wird hierzulande erst durch Gessner 1561 belegt. Er schreibt, sie sei vor etlichen Jahren bei uns noch selten gewesen, sei jetzt aber hinreichend häufig. Bald erfreute sich diese Rose großer Beliebtheit und war um 1590 allgemein in Kultur. In seinem New vollkommen Kräuter = Buch (1588/91) hebt Tabernaemontanus die späte Blütezeit, ein Charakteristikum dieser Art, hervor indem er schreibt »Pflegen im Herbst vnd auch mitten im Winter zu blühen«. Angepflanzt wurden bis in das 19. Jh. hinein sowohl die einfachblühende als auch die halbgefüllt blühende Form (*Rosa muscata multiplex*), wobei später auch einige Sorten mit blaßrötlichen und roten Blüten entstanden. Aber auch in Deutschland zeigte sich die größere Empfindlichkeit dieser orientalischen Rose, die hier nur in den besonders warmen und wintermilden Gebieten einigermaßen winterhart ist, sonst aber nur unter stärkerem Winterschutz im Freien aushält. Deshalb zählte Elsholtz in seinem Gartenbaubuch (1666) die »Mosch = Rosen« zum »Schirmgewächs an Bäumen und Stauden« und empfahl ihre Kultivierung in der Orangerie. Im Katalog der Hamburger Gärtnerei Buek 1779 erscheint sie bei denjenigen Freilandpflanzen, die einen geschützten Platz und winterliche Bedeckung erfordern. Heute ist diese Art aus unseren Gärten nahezu vollständig verschwunden.

Die zur Gruppe der Bibernell-Rosen (Sect. *Pimpinellifolia*) gehörende **Gelbe Rose** (*R. foetida* J. Herrm. 1762, syn. *R. lutea* Miller 1768) stammt ebenfalls aus dem Orient, ihr Areal erstreckt sich von Kleinasien über den Iran und Afghanistan bis zum nordwestlichen Himalaya. In der Antike noch nicht bekannt, soll sie im Mittelalter von den Mauren in ihrem Herrschaftsbereich in Nordwest-Afrika und auf der Iberischen Halbinsel verbreitet worden sein. Nach Italien kam sie in der frühen Neuzeit, vermutlich durch den italienischen Levantehandel aus türkischen Gärten, wo sie erstmals 1551 im Herbar von Ulysse Aldrovandi (1522–1605) in Bologna nachweisbar ist. Von dorther erreichte sie alsbald auch Deutschland, war 1561 nach Gessner noch selten und nur erst in Frankfurt/Main und Breslau vorhanden. Um die gleiche Zeit wuchs sie im Garten von Petrus Coldenberg in Antwerpen, während ihre Ersterwähnung für England 1596, für Frankreich 1598 datiert. In Deutschland wurde die Gelbe Rose, obwohl sie, wie Tabernaemontanus erklärte »ohn Geruch/auch untüchtig zur Artzney« war, als Zierstrauch wegen ihrer für Rosen damals ungewöhnlichen gelben Farbe alsbald sehr beliebt und fand sich gegen Ende des 16. Jhs. mancherorts in Gärten (insbesondere in Liebhaber-Gärten), so z.B. 1588 im Garten von Camerarius, 1594 im Scholzeschen Garten in Breslau; sie fehlte aber noch den Lausitzer Gärten (Franke 1594). Im 17. Jh. breitete sie sich weiter aus, so belegt sie das Burser-Herbar aus Leipzig, Basel und Frankfurt/Main. Im herzoglich braunschweigischen Garten zu Hessem war sie 1607/30 ebenso vertreten wie im fürstbischöflichen Garten zu Eichstätt. In den beiden Gärten gab es neben dieser einfachblühenden (*Rosa lutea simplici flore*) auch eine gefülltblühende gelbe Rose (*Rosa lutea flore pleno* bzw. *Rosa lutea maxima flore pleno*). 1601 erwähnte Clusius in seiner Rariorum plantarum historia die Existenz einer *Rosa Flava plena,* die er aber nur in gemalter Form bzw. als Papiermodell gesehen hatte. Bald darauf erfuhr er, daß einzelne Blumenliebhaber in Mitteleuropa bereits im Besitz einer solchen Rose waren. Noch im selben Jahr schickte ihm Friedrich Meyer in Straßburg hiervon ein fingerlanges Zweiglein mit einer stark vertrockneten Blüte zu. Nach seinen 1611 postum veröffentlichten Schriften erhielt Clusius im Jahre 1605 von der Baronin Anna Maria von Heysenstein in Wien einen Strauch dieser Rose, den er sofort im Botanischen Garten in Leiden auspflanzte und der dort auch anwuchs. Im Oktober 1605 bekam er von Friedrich Meyer in Straßburg ein Exemplar einer gelben gefüllten Rose, das aber wenig Wurzeln hatte und bald vertrocknete. Manche Autoren sind der Meinung, daß es sich hierbei um eine gefüllte Form der in Kleinasien bis hin zum Nordwest-Iran heimischen **Schwefelgelben Rose** (*R. hemisphaerica* J. Herm.) gehandelt habe und daß die gefüllte Form von *R. foetida* erst 1837 von Henry Willock unter dem Namen 'Persian Yellow' nach England eingeführt wurde. Die Schwefelgelbe Rose mit etwas kleineren hellgelben Blüten und oberseits blaugrünen Blättern benötigt ein trockenwarmes Klima, weshalb ihre Kultur im feuchtkühlen West- und Mitteleuropa große Schwierigkeiten bereitet. In England blieb sie nach Bean (1980) immer sehr selten, und dasselbe berichtet auch Gerd Krüssmann (1986) aus Deutschland. Der Dendrologe Camillo Schneider schreibt in seinem Handbuch der Laubholzkunde 1906 sogar, daß ihm *R. hemisphaerica* lebend nicht bekannt geworden sei. So sind denn Zweifel, ob es sich bei den vom Anfang des

Geel Roſe VIII.
Roſa lutea.

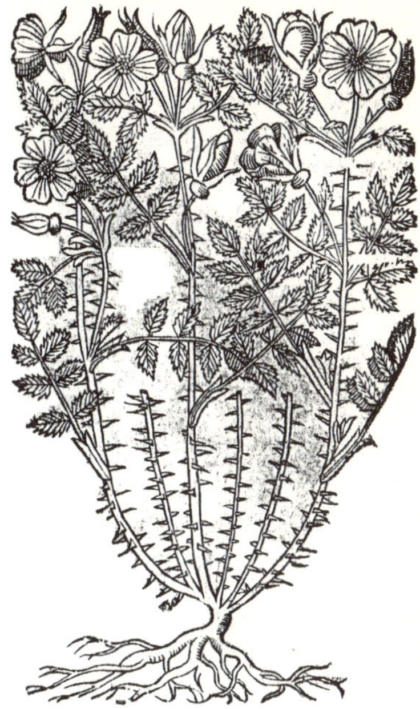

Rosa foetida **J. Herrm.** Gelbe Rose, Tabernaemontanus 1588

17. Jhs. bis 1837 in West- und Mitteleuropa gezogenen gefüllten gelben Rosen wirklich immer um *R. hemisphaerica* oder z.T. nicht doch schon um *R. foetida* gehandelt hat, durchaus angebracht.

Im Pinax von Caspar Bauhin 1623 erscheinen die gefüllten gelben Rosen unter der Bezeichnung *Rosa lutea multiplex*, und unter diesem Namen finden wir sie in der Folgezeit in Gartenverzeichnissen und Gartenbüchern aufgeführt, so z.B. im Gartenbaubuch von Elsholtz (1666), der über diese Rosen folgendes schreibt: »Eine art derselben hat offne/die ander halb geschlossene Blumen. Sie will ihre Freyheit haben/und nicht gern angebunden seyn: setzet sonst ihre Blumen meist nur in den Gipffeln«. Auch im 18. Jh. waren gefüllte gelbe Rosen vielerorts anzutreffen, so etwa 1706 im Garten der Gebrüder Lastropp in Hamburg-Eimbsbüttel (dort unter dem Namen *Rosa centifolia fl. luteo*), 1721 in Wittenberg, 1724 in Lauban, 1733 in Karlsruhe, 1736 im Ziethenschen Garten zu Trebnitz bei Seelow, 1743 im Botanischen Garten Göttingen, 1744 in den Botanischen Gärten von Berlin und Frankfurt/Oder und 1746 im Krauseschen Garten in Berlin. 1773 verzeichnet sie Gleditsch in seinem Pflanzenverzeichnis unter dem Bauhinschen Namen *Rosa lutea multiplex* und schreibt: »Dieser Strauch verlanget einen Schutz, mit einem etwas schattigen und kühlen Stand, wenn sich dessen schöne große Blumen völlig öffnen, auch von Käfern und anderem Ungeziefer frey bleiben sollen: wie man denn ferner den Regen zur Blütezeit von diesen aufgehenden Rosen abhalten muß«. Auch in der Gärtnerei Buek in Hamburg 1779 und in der von Burgsdorffschen Baumzucht in Tegel bei Berlin wurde sie 1785 unter diesem Namen gezogen. Willdenow führt sie 1809 in dem Pflanzenverzeichnis des Berliner Botanischen Gartens unter dem von William Aiton 1789 gegebenen Namen *Rosa sulphurea,* unter welchem sie auch 1817 im Breiterschen Garten in Leipzig und 1824 im Buekschen Garten in Frankfurt/Oder registriert und 1818 im Gartenfreund von Wredow verzeichnet wird, so noch in dessen 6. Aufl. 1843. Nach der Mitte des 19. Jhs. zählte man die gefüllten gelben Rosen meist der cv. 'Persian Yellow' der *Rosa foetida* zu.

Als Knospenmutation entstand zu Beginn des 17. Jhs. die **Kapuziner-Rose** (*R. foetida* 'Bicolor') mit einfachen, innen leuchtend orangescharlachroten, außen gelben Blüten. Vielleicht ist sie zuerst in Österreich aufgetreten, denn John Tradescant in London nennt sie in seinen 1629 niedergeschriebenen Notizen *Rosa Austriaca flore phenissio* [*phoeniceo*] Er gibt zugleich an, daß sie von den Robins in Paris an John Parkinson in London gekommen sei. Das Verzeichnis des Robinschen Gartens von 1623 nennt sie allerdings nicht. 1635 wird sie von Jacques Cornut in Paris beschrieben und abgebildet. Nunmehr verbreitete sich diese auffällige, sehr begehrte Rose ziemlich rasch über die Gärten. 1642 verzeichnete sie Otto Sperling für den Garten Christian IV in Kopenhagen. 1660 wird sie als Neuheit des Berliner Lustgartens unter dem Namen *Rosa turcica* für ein geplantes Abbildungswerk gemalt, während sie 1663 in der Flora Marchica als *Rosa flore simplici miniato, aversa parte luteo* erscheint. Bis zur Mitte des 19. Jhs. war sie in vielen Gärten vorhanden. 1770 hatte

Rosa majalis Zimt-Rose
Clusius 1583

sie Nicolaus Joseph Jacquin im Hortus Vindobonensis als *Rosa bicolor* farbig abgebildet. In Machern bei Leipzig kannte man sie 1799 als »Wiener Rose, auch Österreichische Rose«, und es heißt hier »Sie reizt gewiß ein jedes Auge, das für die Natur Empfindung hat«. Ende des 19. Jhs. rechnete sie Bolle zu den altmodischen Blumen. Wie er schreibt, war sie um Berlin so selten geworden, daß sie der Gärtner Franz Ludwig Späth im Pfarrgarten und auf dem Kirchhofe zu Britz entdecken mußte, um sie in seinen Baumschulen erneuter Vermehrung zuzuführen. Heute ist diese Rose außer in Rosarien kaum noch irgendwo zu sehen. Wie die gelbe Stammart, welche die gelbe Farbe in die modernen Gartenrosen hineingebracht hat, wurde auch die Kapuziner-Rose in der Rosenzüchtung verwendet, auf sie gehen die heutigen zweifarbigen Rosen zurück.

Von der auch in Mitteleuropa heimischen, aber seltenen **Zimt-Rose** (*R. majalis* Herrm., syn. *R. cinnamomea* sensu L. 1759) hat man im 16. Jh. eine halbgefüllte Form (cv. 'Foecundissima') in die Gärten geholt. Obwohl ihre karminroten Blüten nicht besonders groß sind, war sie wegen ihrer frühen Blütezeit – oft schon im Mai, daher die Artbezeichnung *majalis* – einst sehr geschätzt. Gessner nennt 1561 eine *Rosa sylvestris a Majo menso vulgo nostris* als Gartenpflanze, vielleicht noch die Wildform mit einfachen Blüten. Die gefüllte Form wird 1583 im Buch über die seltenen Pflanzen Österreichs und Ungarns von Clusius als *Rosa cinamomea pleno flore* beschrieben und abgebildet. Nach Clusius stammt sie aus Tirol und war von dorther in die kaiserlichen Gärten in Wien gekommen. Die einfache wie auch die gefüllte Form gab es dann 1588 im Garten von Camerarius, 1594 erscheinen sie im Botanischen Garten Leiden. In England werden beide erstmals 1597 von Gerard aufgeführt. Farbige Abbildungen der einfachen und der halbgefüllten Form enthält der Hortus Eystettensis. Bis in das 19. Jh. hinein erfreute sich die gefüllte Form einer großen Beliebtheit und war auch in den Gärten der einfachen Leute ziemlich verbreitet. Noch in der Mitte des 19. Jhs. wird sie von verschiedenen regionalen Florenwerken als häufige bis sehr häufige Zierpflanze angegeben. Dann aber bewirkte das Aufkommen der neueren immerblühenden Rosensorten auch ihren Rückgang. Heute ist sie nur noch gelegentlich in alten Bauerngärten, auf Dorffriedhöfen oder verwildert in ortsnahen Hecken und Gebüschen zu finden.

Die stark bestachelte **Bibernell-Rose** (*R. spinosissima* L., syn. *R. pimpinellifolia* L.) mit kleinen weißen und gelblichen Blüten hat ein Areal, das sich von West-Asien über Südeuropa an den Küsten entlang bis Südskandinavien und Island hinzieht, wobei sie in den Küstengebieten vor allem in den Dünen vorkommt und deshalb auch »Dünen-Rose« genannt wird. Auch diese Art wurde frühzeitig als Zier- und Heckenpflanze in die Gärten geholt. Als *Rosa praecox spinosa flore albo* erscheint sie 1613 im Hortus Eystettensis, im herzoglich braunschweigischen Garten zu Hessem 1607/30 als *Rosa pimpinella*. Fortan war sie mancherorts eine, wenn auch wohl nicht allzuhäufige Gartenrose. In der Gartenkultur entstand eine größere Zahl von Sorten, in England Burnet-Rosen genannt, darunter auch solche mit hellgelben oder rosaroten Blüten. Die meisten stammen aus Schottland, wo es um 1822 über 100 Sorten gab. Dort trat um 1765 auch eine gefüllte Form in Erscheinung, die Philip Miller 1768 als *Rosa scotica* aufführte und die man in Deutschland als »Schottische Rose« bezeichnete. Im 19. Jh. erfreute sie sich großer Beliebtheit und wurde auch vielfach in Grünanlagen angepflanzt. In Berlin nannte man niedrige Hecken aus dieser Rose »Viktoriazaun«. Seit Beginn des 19. Jhs. verwendete man die Bibernell-Rose auch bei der Züchtung von Strauchrosen (Spinosissima-Hybriden), von denen hier nur die Sorten 'Frühlingszauber' und 'Frühlingsgold' als Beispiele zu nennen sind. Die Wildform dagegen und die meisten ihrer älteren Sorten sind hierzulande in normalen Gärten fast nirgends mehr zu sehen.

Verschwunden aus den Gärten, von Rosarien und Botanischen Gärten abgesehen, ist heute auch die **Apfel-Rose** (*R. villosa* L., syn. *R. pomifera* J. Herrm.), deren Verbreitungsgebiet sich von Westeuropa über Vorderasien bis zum Kaukasus hinzieht und die auch im südlichen Mitteleuropa als Wildpflanze vorkommt, wenn auch nur zerstreut bis selten. Der Name Apfel-Rose geht darauf zurück, daß ihre Hagebutten kleinen Äpfeln gleichen und früher auch zu Marmelade oder Kompott verarbeitet und gegessen wurden. Teils aus diesem Grunde, teils ihrer ansehnlichen roten Früchte wegen hat man diese Rose hier und da auch in Gärten gezogen. So heißt es bei Parkinson 1629 über die von ihm *Rosa pomifera maior* genannte Art: »Die ganze Schönheit dieser Pflanze besteht mehr in dem anmutigen Anblick der roten Äpfel oder Früchte, welche an den Büschen hängen, als in den Blüten oder irgend einem anderen Merkmal«. Bei Elsholtz steht die kulinarische Verwendung ihrer Hagebutten im Mittelpunkt, indem es in seinem Gartenbaubuch heißt: »Die Frucht ist an Grösse fast einer Castanien gleich/ und werden zur Speise gebraucht.« Noch von Paul Ascherson wird 1864 angegeben, die Art werde der Hagebutten wegen, welche eingemacht gegessen werden, in Gärten kultiviert und sei auch zuweilen verwildert. Eine halbgefüllte Form (cv. 'Duplex') war in England schon vor 1770 bekannt und wurde später durch den Pfarrer Wolley-Dod in Edge Hall, Chechester, verbreitet. In Deutschland blieb diese Form offenbar selten, 1817 erscheint sie als *Rosa villosa semiplena* im Breiterschen Garten in Leipzig. Als 'Wolley Dods Rose' gab es sie 1976 im Rosarium Sangerhausen.

Von den ostasiatischen Rosen gelangten zuerst Gartenformen der **China-Rose** (*R. chinensis* Jacq.), welche die Chinesen in jahrhundertlanger Gartenkultur aus der in den Bergen Zentral-Chinas vorkommenden Wildform entwickelt hatten, nach Europa. Die Wildform (f. *spontanea* Rehd. et Wils.) mit einfachen, dunkelroten bis rosa Blüten blieb zunächst unbekannt und wurde erst 1885 von dem englischen Pflanzensammler Augustine Henry (1857–1930) in Ichang gefunden. Aber schon im 18. Jh. hatten Kaufleute und Kapitäne der East-India Company und ähnlicher Handelsgesellschaften chinesische Gartenrosen nach Europa mitgebracht, und zwar aus Gärten bzw. der Baumschule Fa Tee in und bei Kanton oder aus der Hafenstadt Kalkutta, wohin diese Rosen von China aus gekommen waren, weshalb man sie auch als Bengalrosen (*R. bengalensis* bzw. *indica)* bezeichnete. Der heute gültige wissenschaftliche Name *R. chinensis* geht auf den österreichischen Botaniker Nicolaus Joseph Jacquin zurück, der sie 1768 in seinen Observationes Botanicae beschrieben und abgebildet hat.

Bei den im 18. Jh. und zu Beginn des 19. Jhs. nach Europa gekommenen Gartenformen der China-Rose hat es sich um unterschiedliche Sippen und Sorten gehandelt. *R. chinensis* subsp. *semperflorens* (Curt.) K. Koch, die dunkelrot blühende **Monats- oder Bengal-Rose**, brachte 1789 ein Kapitän der Englischen Ostindien-Kompanie aus Kalkutta nach England, wo sie von Gilbert Slater vermehrt und verbreitet und 1794 von William Curtis im Botanical Magazine als *Rosa semperflorens* beschrieben und abgebildet wurde. Im gleichen Jahr kam durch Joseph Banks eine ziemlich harte rosa Sorte nach England, die dort 1793 erstmals blühte. Weitere Exemplare sandte der Botaniker William Roxburgh (1751–1815), seit 1793 Leiter des 1786 gegründeten Botanischen Gartens in Kalkutta, nach England, so daß diese Sorte um 1823 bereits in vielen Cottage-Gärten anzutreffen war. Von der **Tee-Rose** (*R. x odorata* (Andr.) Sweet. einer Naturhybride zwischen *R. chinensis* und der rahmweiß bis gelblich blühenden *R. gigantea* Coll. ex Crép. aus Südwest-China und Ober-Birma, die sich in China seit langem in vielen Sorten in Gartenkultur befand, kamen erste Sorten seit Beginn des 19. Jhs. nach England. 1808 kaufte ein Mitarbeiter der Ostindien-Kompanie in der Fa-tee-Gärtnerei in Kanton eine halbgefüllte rosablühende Form und sandte sie an Abraham Hume in Wortheybury, der sie als 'Humes Blush Tea-scented China' weiter verbreitete. Der Duft dieser Rose erinnerte an zerriebene Teeblätter, so daß man sie zunächst »Teeduft-Rose«, später vereinfachend Tee-Rose nannte. 1824 und dann 1845 trafen auch hellgelb blühende Formen der Tee-Rose in England ein.

Ende des 18. Jhs. kamen derartige chinesische Rosen auch nach Deutschland, 1794 werden sie aus Dresden, 1800 aus

Weimar belegt. In der von Burgsdorffschen Baumzucht in Tegel bei Berlin wurde damals eine offenbar von der englischen Gärtnerei Loddiges bezogene *Rosa indica* kultiviert. Im Botanischen Garten Berlin waren 1808 *Rosa semperflorens* in zwei, dunkelrot bzw. hellrot blühenden Formen vorhanden, außerdem die in Südchina heimische *R. bracteata* Wendl., welche 1793 durch Lord Macartney nach England gekommen und 1798 in Hannover vorhanden war. Alle drei Sippen gab es 1815 in Kunersdorf bei Wriezen. 1817 waren im Breiterschen Garten in Leipzig außer *R. bracteata* 6 Formen der China-Rose und der Tee-Rose vorhanden, und in Weimar -Belvedere kamen in diesem Jahre 8 (oder 10 ?) Formen dieser chinesischen Rosen zur Blüte. 1818 nahm der mecklenburgische Pfarrer Wredow die »Immerblühende Rose, *Rosa semperflorens* Curt.« (*R. chinensis* subsp. *semperflorens*) in seinen Gartenfreund auf und schrieb dazu, sie habe hell- oder dunkelrote Blüten und blühe zu verschiedenen Zeiten im Jahr, »und muß bei uns in einem frostfreien oder mäßig warmen Zimmer durchwintert werden; doch hat sie bei uns auch oft schon im Freien, an einem beschützten Standorte, zwischen andern Rosen, im Winter ausgedauert.«

Daß sie in manchem bürgerlichen Garten gezogen wurde, belegt auch die Angabe für den Garten des Apothekers Johann Nikolaus Buek in Frankfurt/Oder aus dem Jahre 1824. Auf der Weimarer Blumenausstellung im März 1829 war die *Rosa semperflorens* mehrfach ausgestellt und außerdem, unter dem Namen *Rosa Thea carnea odorata*, eine rosafarbene Sorte der Tee-Rose.

Diese chinesischen Rosen fanden in Europa von Anfang an starke Beachtung, da sie im Gegensatz zu fast allen hier bisher kultivierten Gartenrosen nicht nur einmal, sondern von Juni an laufend bis in den Herbst hinein blühen. Freilich waren sie aufgrund ihrer Herkunft aus warmen bis subtropischen Gebieten sehr frostempfindlich und konnten meist nur im Gewächshaus gehalten werden. Durch Einkreuzung in winterharte Gartenrosen konnte ihre Frostempfindlichkeit verringert werden, doch benötigen viele ihrer Hybriden auch heute noch Winterschutz durch Anhäufeln und erleiden in harten und schneearmen Wintern mitunter hohe Verluste.

Durch Auslese und zunächst eher zufällige, ab 1870 mehr und mehr zielgerichtete Kreuzungen entstand eine wachsende Zahl von Sorten. 1843 heißt es in der 6. Auflage von Wredow's Gartenfreund, von der China-Rose gebe es nunmehr eine große Menge von Spielarten, und es werden 65 Sorten namentlich aufgeführt. Auch die Tee-Rose (*R. x odorata*) »mit herrlichen großen, schön gewölbten, gefüllten, nach Thee duftenden Blumen« war damals bereits in vielen Sorten vorhanden, hier werden 71 Sorten namentlich genannt, wobei die Farbpalette von Weiß über verschiedene Rosa-Töne bis Hellrot und Lila-Violett und über Gelblichweiß und Hellgelb bis Nankinggelb reichte. Es wird angegeben, unter den Sorten verdienten diejenigen den Vorzug, »welche aus Frankreich und insbesondere aus Paris zu uns nach Deutschland durch die Kunstgärtner Bouché und Limpricht in Berlin und durch James Booth und Böckmann in Hamburg herüber gekommen sind«.

Im 19. Jh. kamen weitere ostasiatische Rosen nach Europa, von denen hier nur auf die drei wichtigsten eingegangen werden kann. Die in Nordchina, Korea und Japan heimische **Büschel-Rose** (*R. multiflora* Thunb. ex Murr.) mit in vielblütigen Doldenrispen stehenden kleinen weißen Blüten wurde von dem schwedischen Botaniker Carl Peter Thunberg während seines Japan-Aufenthaltes entdeckt und von ihm 1784 und nochmals 1787 in seiner Flora Japonica beschrieben. Um 1804 brachte Thomas Evans aus China lebende Pflanzen der blaßrosa und gefüllt blühenden Kultursorte 'Carnea' in den Botanischen Garten in Kew/London. 1808 war diese in Weimar und 1812 im Botanischen Garten Berlin vorhanden, wo man sie im Kalthaus überwinterte, und 1817 als *Rosa polyantha* im Breiterschen Garten in Leipzig. Auf der Blumenausstellung in Weimar 1829 wurde vom Kunstgärtner Mootz eine *Rosa multiflora japonica purpurea* ausgestellt, wohl die 1817 aus China nach England gekommene Sorte 'Platyphylla' mit teils rosa, teils purpurroten gefüllten Blüten, vermutlich eine Hybride zwischen *R. multiflora* 'Carnea' und der Kartoffel-Rose. Die einfachblühende Wildform kam 1862 aus China nach Frankreich und nach 1875 auch nach Deutschland, wegen ihrer guten Winterhärte wird sie heute gern als Unterlage für empfindlichere Edelrosen verwendet. Eigentlich ist die Büschel-Rose eine Kletterrose, doch gibt es auch niedrige Zwergformen, welche zwischen 1865 und 1870 nach England und Frankreich kamen. Diese wurden zum Ausgangspunkt der Polyantha-Rosen, deren Züchtung um 1875 in Frankreich begann, dann aber auch in England, Deutschland und anderen Ländern betrieben wurde. Durch Einkreuzung von Tee-Hybriden in Polyantha-Rosen gewann man schließlich die größerblütigen Floribunda-Rosen, als deren erste die 1908 in Deutschland entstandene Sorte 'Gruß an Aachen' gilt. Indem man in die Floribunda-Rosen wiederum Teehybriden einkreuzte, gewann man die sogenannten Grandiflora-Rosen, welche eine Mittelstellung zwischen Teehybriden und Floribunda-Rosen einnehmen. Die erste und bekannteste Sorte dieser Gruppe ist die 1954 in den Handel gekommene 'Queen Elisabeth'. Aus einer bereits in Japan entstandenen Hybride zwischen der Büschel-Rose und der China-Rose entwickelte die Züchtung großblütige Kletterrosen, u.a. 1912 die beliebte Sorte 'Paul's Scarlet Climber'.

Entdeckt und 1784 in seiner Flora Japonica erstmals beschrieben hat Thunberg auch die **Kartoffel-Rose** (*R. rugosa* Thunb.), so benannt wegen ihrer kartoffelgroßen Hagebutten, deren Heimatareal im nördlichen Ostasien sich bis hinauf nach Kamtschatka erstreckt, und die daher auch völlig winterhart ist. Erste Exemplare dieser Art erreichten Europa am Ende des 18. Jhs., in England tauchten sie 1791 auf, in Deutschland 1808 (Weimar), in Frankreich 1811. Die eigentliche Ausbreitung dieser Art in den europäischen Gärten begann jedoch erst um 1845, als Robert Fortune in China auf eine Gartenform mit halbgefüllten Blüten stieß und diese nach England schickte, und von Siebold sowie Maximowicz sie aus Japan nach Europa einführten. Die einfachblühende Wildform wurde 1881 im Botanischen Garten St. Petersburg aus

Samen vom Amurgebiet und von Japan angezogen. 1893 heißt es über diese Rose in der Gartenflora, sie habe sich »schnell einen Platz in den Gärten errungen«. 1887 benutzte man sie in Frankreich, etwas später auch in Deutschland und in den USA zur Züchtung. Zu den älteren Gartenhybriden gehört die 1899 entstandene, als Parkrose bekannte Sorte 'Conrad Ferdinand Meyer'. 1940 gelang dem Rosenzüchter Wilhelm Kordes in Schleswig-Holstein die Kreuzung der Kartoffel-Rose mit einer R.-Wichuraiana-Hybride, aus welcher die als *Rosa x Kordesii* bezeichnete Gruppe öfterblühender Kletterrosen hervorging. Die Wildform mit purpurroten, seltener weißen Blüten wurde vielerorts zur Bepflanzung und Festlegung von Böschungen und Dünen verwendet und hat sich vor allem in den Küstendünen dauerhaft eingebürgert.

Die in Japan, Korea und Ost-China heimische **Wichura-Rose** (*R. wichuraiana* Crép.), eine halbimmergrüne Kletterrose mit in der Heimat niederliegendem Wuchs wurde 1861 von dem deutschen Botaniker Max Ernst Wichura (1817–1866) an einem japanischen Fluß entdeckt und kam 1866 in die Botanischen Gärten München und Brüssel, wo sie der belgische Botaniker Francois Crépin 1886 nach ihrem Entdecker benannte. 1890 wurde sie in der Berliner Baumschule Späth vermehrt und gelangte von dort aus nach England und in die USA. Ihre große Härte, lange Blütezeit und widerstandsfähiges Blattwerk machten sie zu einem wertvollen Kreuzungspartner. Seit 1893 diente sie zur Züchtung von Kletterosen und wurde dadurch zum Elter vieler Kletterosen-Sorten, u.a. auch der 1930 entstandenen Sorte 'New Dawn'.

Nicht nur diese, sondern auch die schon früher eingetroffenen ostasiatischen Rosenarten und -sippen wurden sogleich nach ihrer Ankunft mit den bereits in Europa vorhandenen Gartenrosen gekreuzt. Dabei hat es sich in der ersten Zeit überwiegend um Zufallshybriden gehandelt, eine zielgerichtete Rosenzüchtung mit künstlicher Befruchtung setzte erst in den 1870er Jahren ein. Bereits 1810 entstand auf der Insel Réunion, damals Ile de Bourbon genannt, wo französische Siedler ihre Felder mit Rosenhecken einfaßten, durch Kreuzung einer einfachen rosablühenden China-Rosa mit der Herbst-Damaszener-Rose die Bourbon-Rose. 1823 nach Paris gekommen, gab es von ihr schließlich zahlreiche, meist rosablühende Sorten. Zu Beginn des 19. Jhs. kam es in Amerika zu einer Kreuzung zwischen der Moschus-Rose und einer kurz zuvor dorthin gelangten rosablühenden China-Rose. Diese Hybride wurde von dem französischen Siedler Philippe Noisette vermehrt und 1817 an seinen Bruder Louis Noisette in Paris gesandt. 1821 malte sie Redouté als *Rosa Noisettiana*, unter welchem Namen sie alsbald eine weite Verbreitung fand. Seit 1825 entstand durch Einkreuzung weiterer Rosensorten eine größere Zahl derartiger »Noisette-Rosen«. Ebenfalls um 1800 tauchte in Italien eine scharlachrot blühende Hybrid-Rose auf, vermutlich hervorgegangen aus einer Kreuzung zwischen einer Damaszener-Rose und einer dort winterharten China-Rose. Durch die damals in Italien weilende Herzogin von Portland kam sie unter der Bezeichnung 'Duchess of Portland' nach England und wurde zum Ausgangspunkt der zuletzt etwa 150 Sorten umfassenden Gruppe der Portland-Rosen, welche ihren Höhepunkt in der 1. Hälfte des 19. Jhs. hatten, dann aber wieder verschwanden. Aus der Kreuzung zwischen Portland- und Bourbon-Rosen, jedoch auch unter Beteiligung von Hybriden zwischen der Gallischen Rose und der Tee-Rose, wurden ab 1837 die Remontant-Rosen entwickelt, von denen es insgesamt rd. 4000 Sorten gab, von denen heute aber nur noch wenige existieren.

Bei den Tee-Rosen entstanden durch Einkreuzung von Remontant-Rosen die **Teehybriden.** Als ihr Prototyp gilt die 1867 herausgekommene Sorte 'La France'. Aber schon vorher hat es verschiedene Hybriden der Tee-Rose gegeben, die nach heutigen Maßstäben eigentlich den Teehybriden zugezählt werden müssen, so die seinerzeit berühmte, 1864 entstandene Sorte 'Maréchal Niel'. In der Folgezeit wurde die Gruppe der Teehybriden ständig verbessert und erweitert, so daß diese, heute auch als »Edelrosen« bezeichnet, die beliebteste und sortenreichste Rosengruppe überhaupt darstellt.

Um 1900 gelang dem französischen Züchter Joseph Pernet-Ducher die Einkreuzung der gefüllten Gelben Rose (*Rosa foetida* 'Persian Yellow') in Remontant-Rosen und Teehybriden. Die so entstandenen Hybriden bezeichnete man zunächst als »Pernetiana-Rosen«, jetzt rechnet man sie aber ebenfalls zu den Teehybriden. Auf diese Einkreuzung gehen alle heutigen gelbblühenden Edelrosen zurück, darunter auch die weltweit verbreitete, 1945 von der südfranzösischen Rosenschule Meilland gezüchtete Sorte 'Gloria Dei'.

Keine Rolle in der Rosenzüchtung spielt bisher die als eine der letzten aus Ostasien nach Europa gekommene **Hugo-Rose** (*R. hugonis* Hemsl.). In Mittel-China heimisch, wurde sie dort Ende des 19. Jhs. von dem irischen Missionar Hugh Scallan (1851–1928) entdeckt, welcher Samen nach England sandte. Im Botanischen Garten Kew/London angezogen, wurde sie 1905 von dem englischen Botaniker William Botting Hemsley (1843–1924) im Botanical Magazine beschrieben und nach ihrem Entdecker (»Pater Hugo«) benannt. Eine weitere Einführung erfolgte durch die Gärtnerei Veitch 1908. Die englischen Pflanzensammler George Wilson und William Purdom fanden 1908 bzw. 1910 weitere Wildvorkommen dieser Art in den chinesischen Provinzen Sechuan, Shaanxi und Zhangzu. In England zuerst in die allgemeine Gartenkultur genommen, verbreitete sich diese Rose nach dem 1. Weltkrieg auch in den Gärten Mitteleuropas. blieb aber zunächst ziemlich selten. In jüngster Zeit stieß die bereits im Mai mit etwa 5 cm großen primelgelben Blüten blühende Art jedoch auf zunehmendes Interesse und ist nunmehr etwas häufiger in Grünanlagen und Hausgärten zu sehen.

Rosmarinus officinalis L.
Rosmarin

Der immergrüne, eine Höhe von 1,5 m erreichende Strauch ist im Mittelmeergebiet heimisch, wo er zusammen mit anderen niedrigen Sträuchern die Rosmarin-Heiden (Ononido-Rosmarinetea)

***Rosmarinus officinalis* L.** Rosmarin, Bock 1546

bildet. In der Antike war der Rosmarin hauptsächlich eine Zierpflanze. In den Gedichten des römischen Dichters Horaz werden Götterbilder mit Rosmarin bekränzt. Überhaupt spielte die wohlriechende Pflanze in den Götterkulten eine große Rolle, insbesondere im Aphrodite-Kult. Als Arzneipflanze hatte sie jedoch nur eine geringe Bedeutung. Der Arzt Dioskurides beschrieb in seiner Materia medica, Rosmarin habe eine erwärmende Kraft, heile die Gelbsucht und sei Bestandteil kräftigender Salben.

In die Länder nördlich der Alpen gelangte er spätestens im frühen Mittelalter. Im Capitulare de villis Karls des Großen um 800 fand er ebenso Erwähnung wie in dem um 820 entstandenen St. Gallener Klosterplan. Allerdings muß er hierzulande wegen seiner unzureichender Winterhärte fast überall frostfrei überwintert werden, weshalb man ihn zumeist als Topfpflanze zog. »Will wol gewartet sein«, heißt es 1532 im Kräuterbuch von Otto Brunfels über den Rosmarin, »geet sonst bald ab über wynterzeyt«. Die Kräuterbücher des 16. Jhs. kennen alle den Rosmarin als Zier-, Würz- und Heilpflanze, wobei die Bedeutung als Zierpflanze meist im Vordergrund stand. So schreibt Brunfels, der Rosmarin werde »heutbeytag zu wollust und zyerd gebraucht«. Hieronymus Bock betonte jedoch 1551, »der Roßmarein gehört auch inn wurtzgärten/nit allein umb der Krentz willen/darzu jn die schönen Jungkfrawen zielen/sonder auch der Kuchen/Keller und Apothecken ein nutzliche staud.« Die vornehmlich verwendeten Blätter enthalten 1 bis 2,5 % ätherisches Öl mit den Hauptbestandteilen Zineol, Kampfer und Pinen, daneben Gerb- und Bitterstoffe, Triterpensäuren und Flavonoide. In der Küche dienten sie als Gewürz für Fleischgerichte, zum Würzen von Wein und Bier sowie zur Herstellung von Kräuterlikören. Arzneilich schrieb man ihnen eine Vielzahl von Heilwirkungen zu, insbesondere verordnete man sie zur Stärkung des Gedächtnisses, zur Erhaltung jugendlicher Frische, als Vorbeugungsmittel gegen die Pest, als Gegengift und bei Bindehautentzündungen. Auch stellte man aus ihnen ein Mundwasser zur Gesunderhaltung von Zähnen und Zahnfleisch her. Heute wendet man den Rosmarin in Form von Tee bei Verdauungsstörungen, Appetitlosigkeit und Blähungen, als Badezusatz zur Behandlung von Durchblutungsstörungen in Gliedmaßen sowie als Bestandteil von Salben und Einreibungen zur Behandlung rheumatischer Beschwerden an. Zudem ist das Rosmarinöl bei der Parfümbereitung unentbehrlich und z.B. ein wichtiger Bestandteil des Kölnischwassers.

Eine bedeutende Rolle spielte der Rosmarin in Volksbrauch und Volksglauben. In zahlreichen deutschen Volksliedern wird er als Pflanze der Liebe besungen, und auch der Liebeszauber bediente sich vielerorts dieses Gewächses. Weit verbreitet war seine Verwendung als Hochzeitsschmuck. Nicht nur Braut und Bräutigam, auch die Hochzeitstafel wurden mit Rosmarinkränzen und -sträußen geschmückt. Junge Mädchen zogen sich daher rechtzeitig einen Rosmarinstock auf. Aber auch im Totenkult fand die wohlriechende Pflanze seit altersher vielfache Verwendung. Zweige von Rosmarin streute man auf Verstorbene und gab sie ihnen mit ins Grab. Stellenweise war es üblich, daß die Totenträger ein Rosmarinsträußchen im Munde hielten oder zumindest in der Hand oder am Rockaufschlag trugen. Auch bei Taufen und Konfirmationen wurden mancherorts Rosmarinzweige oder -sträuße in den Händen gehalten oder an der Kleidung getragen, wie der Rosmarin auch in das Kirchensträußchen der Frauen gehörte.

In Anbetracht dieser vielfältigen Anwendungsmöglichkeiten war der Rosmarin in Mitteleuropa früher außerordentlich weit verbreitet, und es gab in Stadt und Land kaum ein Fensterbrett, auf dem nicht auch ein Rosmarinstock stand. Noch Ascherson 1864 vermerkt, der Rosmarin werde »häufig in Töpfen bei uns gezogen«. In Berlin gibt es sogar eine Rosmarinstraße. Der mit dem Beginn des Industriezeitalters einsetzende Rückgang der alten Volksbräuche bewirkte auch den Rückgang des Rosmarin. Um 1900 ordnete ihn Carl Bolle den altmodischen Blumen zu und schrieb: »Kein Gewächs war früher dem Landmann teurer als dieser aromatische Strauch, ... keiner hat, wenigstens in der Nähe grosser Städte, tieferen Niedergang gehabt.« Obwohl der Rosmarin neuerdings wieder vom Blumenhandel angeboten wird, sieht man ihn in Mitteleuropa nur noch selten.

Gezogen wurde meist die normale schmalblättrige, hellblau blühende Form. Aber schon 1561 gab es neben dieser, wenn auch selten, eine breitblättrige Form, von der Gessner in Zürich sagte »e Sabaudia hortis saepe apud nos affertur« (»bringt man bei uns oft aus den Gärten in Savoyen herbei«). Anfang des 17. Jhs. war auch eine weißblühende Form bekannt, und im 18. Jh. gab es außerdem Formen »mit dem versilberten und mit dem vergoldeten Blatte«, d.h. mit weiß-bzw. gelbpanaschierten Blättern.

Die Pflanze hieß seit altersher stets Rosmarin, mundartlich im Deutschen auch Rosmarein, Rosmarie u.ä., lateinisch *rosmarinus* oder *rosmarinum*. Die

Griechen nannten sie, wie Dioskurides berichtet, *libanotis*, die Römer aber *rosmarinos*. Der lateinische Name *rosmarinus* (bei Ovid auch *rosmaris,* bei Columella *marinus ros*) wurde als »Tau des Meeres« übersetzt; es handelt sich aber wohl um eine Umdeutung aus griechisch *rhops myrinos,* »balsamischer Strauch«.

Rudbeckia L. Sonnenhut, Rudbeckie

Die Gattung umfaßt über 30 staudige und einjährige, in den gemäßigten Zonen Nordamerikas verbreitete Arten, von denen etwa ein halbes Dutzend ihrer großen gelben Korbblüten wegen in Europa als Zierpflanzen gezogen wird.

Zuerst kam aus den damaligen französischen Kolonien im östlichen Nordamerika der **Schlitzblättrige Sonnenhut** (*R. laciniata* L.), dessen Areal sich vom nordöstlichen Kanada bis in die mittleren USA erstreckt, um 1620 nach Paris. 1623 wurde er dort im Garten von Jean und Vespasian Robin unter dem Namen *Aconitum Americanum luteum* kultiviert. Aus dem Robinschen Garten sandte ihn D. Spörlin an Caspar Bauhin in Basel, der die Art 1623 im Anhang seines Pinax als *Doronicum americanum laciniato folio* beschrieb. Nach und nach gelangte der Schlitzblättrige Sonnenhut auch in andere europäische Gärten. 1632 erhielt ihn, wahrscheinlich aus Paris, John Tradescant in London, 1633 war er im Botanischen Garten Leiden, 1630/51 im herzoglich braunschweigischen Garten zu Hessem, 1646 im Botanischen Garten in Altdorf, 1657 im Lustgarten am Berliner Schloß, 1659 im Botanischen Garten in Jena, 1675 in Leipzig und um 1680 im Garten des Pastors Fabricius in Friedrichstadt (Schleswig-Holstein) vertreten. Im 18. Jh. setzte sich die Ausbreitung der Art weiter fort; in der 2. Hälfte des 18. Jhs. gehörte sie zu den häufigen Gartenzierpflanzen und wurde, wie Gleditsch 1773 schrieb, »auf den weitläuftigen Luststücken wegen der Menge ihrer großen gelben Blüten unterhalten«. 1769 sagte Gleditsch voraus, die Art, welche »sich durch die Wurzel und den Saamen ausschweifend vermehret«, werde »leicht um die Dörfer und Vorstädte an Hecken und Zäunen ein nützliches Unkraut werden«.

In der Tat kam es alsbald zu Verwilderungen, in großer Zahl eingebürgert hat sich der Schlitzblättrige Sonnenhut vor allem in bach- und flußbegleitenden Hochstaudenfluren der Mittelgebirge, von wo aus er sich bis in das Flachland ausbreitete. Schon vor 1787 wurde die Art im Queißtal zwischen Flinsberg und Lauban verwildert beobachtet, heute gibt es ausgedehnte Vorkommen z.B. an Neiße, Spree, Schwarzer Elster und oberer Saale einschließlich einiger Nebenzuflüsse. Bei diesen Einbürgerungen handelte es sich ausschließlich um die Wildform mit einfachen Blüten, die bis Ende des 19. Jhs. die alleinige in den Gärten gezogene Form war. Die heute in den Gärten fast ausschließlich anzutreffende Sorte mit gefüllten Blüten gibt es bei uns erst seit etwa 1900. Sie wurde 1894 in Amerika von dem Gärtner John Lewis Childs gefunden, alsbald als 'Golden Glow' (in Deutschland 'Goldball') vermehrt und vertrieben und hat in kurzer Zeit die einfachblühende Form aus den

Gärten verdrängt. Noch heute gehört sie zum spätsommerlichen Bild vieler, insbesondere ländlicher Gärten. Eine niedrige Form (var. *humilis* L. H. Gray) wurde zu Beginn des 19. Jhs. in den Gebirgen der östlichen USA gefunden und von Pursh 1814 als *R. laevigata* beschrieben. Die 70-80 cm hoch werdende Sorte 'Goldquelle' entstand 1963 in Deutschland als Hybride zwischen *R. laciniata* und *R. nitida*, ist aber noch nicht sehr verbreitet.

Der bis 2 m hoch werdende **Glänzende Sonnenhut** (*R. nitida* Nutt.), dessen Heimatgebiet von Georgia bis Florida und Texas reicht, wurde um 1830 entdeckt und 1834 von Thomas Nuttall wissenschaftlich beschrieben. Nach Europa gelangte er gegen Ende des 19. Jhs., 1896 wurde er in Vilmorins Blumengärtnerei (3. Aufl.) als Schmuckstaude für feuchte Stellen und zwischen lichtem Gehölz in Anlagen empfohlen. 1906 entstand in Deutschland die Sorte 'Herbstsonne', wahrscheinlich hervorgegangen aus einer Kreuzung mit *R. laciniata*. 1911 wird sie von Karl Foerster als »Staude von imponierender Urkraft« angepriesen. Wegen ihrer nach unten hängenden Zungenblüten nannte Foerster sie später »Fallschirm-Rudbeckie«. Vor 1960 trat in Weihenstephan als Zufallssämling und ebenfalls hybrider Natur die wegen ihrer frühen Blütezeit wertvolle Sorte 'Juligold' in Erscheinung. Die Stammart, in Mitteleuropa nicht zuverlässig winterhart, befindet sich hier nicht mehr in Gartenkultur. Bis zur Mitte des 20. Jhs. war der Glänzende Sonnenhut in unseren Gärten wenig verbreitet, erst danach nahm seine Häufigkeit zu, und heute ist er vielerorts anzutreffen.

Rudbeckia laciniata **L.** Schlitzblättriger Sonnenhut, Cornut 1635

Der 40-100 cm hohe **Leuchtende Sonnenhut** (*R. fulgida* Ait.) aus den östlichen und mittleren USA ist eine sehr variable Art, bei der man 4 mitunter auch als eigene Arten angesehene Varietäten unterscheidet. Die Art wurde 1760 nach England eingeführt und 1789 von William Aiton im Hortus Kewensis beschrieben. In Deutschland war sie 1808 im Berliner Botanischen Garten und 1817 im Breiterschen Garten in Leipzig vorhanden, sonst aber recht wenig verbreitet. Erst um die Mitte des 19. Jhs. wurde sie in den Gärten häufiger, zumal um 1820 auch die Varietät *speciosa* (Wendler) Perdue nach England gekommen und alsbald zu einer beliebten Rabatten- und Schnittstaude avanciert war. 1837 pries Johann Theophil Zetter in seinem Staudenbuch die »leuchtende Rudbeckia« als »sehr schön«, und 1871 empfahl sie die Gartenflora als Pflanze für Teppichbeete. 1884 war sie in Landschaftsparken stellenweise verwildert. In neuerer Zeit wurde sie vielfach von der noch schöneren, reich- und langblühenden, wenn auch als Schnittblume weniger haltbaren Sorte 'Goldsturm' abgelöst, welche zu *R. fulgida* var. *sullivanti* (Boynton et Beadel) Cronq. gehört und Ende der 1930er Jahre in einem Vorgarten in Tschechien entdeckt worden war. Zierlicher wirkt die var. *deami* (S. F. Blake) Perdue aus dem US-Staat Indiana mit etwas kleineren Korbblüten und hoher Verträglichkeit gegen Trockenheit. Der Leuchtende Sonnenhut mit seinen verschiedenen Formen gehört heute zu den häufigen mäßig hohen Schmuckstauden der Gärten und Grünanlagen.

Der **Rauhhaarige Sonnenhut** (*R. hirta* L.) ist die wichtigste und am meisten als Zierpflanze kultivierte Art aus der Gruppe der ein- bis zweijährigen Rudbeckien. Die vom südlichen Kanada bis Nordmexiko in Prärieen und Trockenrasen vorkommende Art ist in ihrer Heimat sehr vielgestaltig. Es werden 5 Varietäten unterschieden, von denen aber nur var. *hirta* und var. *pulcherrima* Farwell (*R. serotina* Nutt.) Bedeutung als Zierpflanzen erlangt haben. Die Art kam am Ende des 17. Jhs. nach England, wo sie 1696 von Leonhard Plukenet, 1699 von Robert Morison und 1704 von John Ray als *Chrysanthemum helenii folio, umbone floris gradiusculo prominente* aufgeführt wird. Im Hortus Elthamensis von Johann Jacob Dillenius erscheint sie 1732 als *Obeliscotheca integrifolia, radio aureo, umbone atrorubente.* Linnaeus stellte sie 1753 in die von ihm 1735 begründete Gattung *Rudbeckia,* die er zu Ehren der beiden schwedischen Gelehrten Olof Rudbeck d. Ä. (1630 - 1702), Professor der Anatomie in Uppsala und Gründer des dortigen Botanischen Gartens, und dessen Sohn Olof Rudbeck d. J. (1660 - 1740), ebenfalls Professor in Uppsala und Lehrer von Linnaeus, benannt hatte. 1748 war die Art im Botanischen Garten Uppsala unter der Bezeichnung *Rudbeckia 2 ß* vorhanden.

Nach Deutschland ist der Rauhhaarige Sonnenhut offenbar um die Mitte des 18. Jhs. gekommen, und zwar zunächst in Botanische und Liebhabergärten. 1753 wuchs er in derartigen Gärten in Göttingen, 1759 in Helmstedt, 1771 in Halle, 1782 in Frankfurt/Main, 1796 in Machern bei Leipzig. In den Botanischen Garten Berlin gelangte er zwischen 1809 und 1812. Erst von dieser Zeit an breitete sich die Art allgemein als Zierpflanze aus und wird als solche u.a. 1818 in Wredows Gartenfreund und 1837 in Zetters Staudenbuch aufgeführt. Ab 1860 werden aus verschiedenen Regionen Mitteleuropas Verwilderungen gemeldet, doch hat sich die Art nirgends dauerhaft einbürgern können. In Gartenkultur entstand eine Reihe von großblütigen und standfesten Sorten wie z.B. 'Meine Freude' mit orangegelben und 'Herbstwald' mit bräunlichen Strahlenblüten, auch gibt es solche mit halbgefüllten Blüten. Als beliebte Sommerblume ist der Rauhhaarige Sonnenhut in seinen Sorten heute in vielen Gärten zu sehen.

S

Saintpaulia ionanthe H. Wendl. Usambaraveilchen

Das Usambaraveilchen gehört in eine mehr als 20 Arten umfassende Gattung der Gessneriaceen, die im tropischen Ostafrika vorkommt. Die obengenannte Art wurde im Jahre 1892 im Usambara-Gebirge an der Nordostgrenze der damaligen Kolonie Deutsch-Ostafrika (heute Tansania) von dem kaiserlichen Bezirkshauptmann Walter von Saintpaul-Illaire (1860 -1910) entdeckt. Sie war dort im schattigen Urwald stellenweise so häufig, daß sie zur Blütezeit ganze Flächen blau färbte. Der Entdecker sandte eine Anzahl lebender Exemplare an seinen Vater, den Hofmarschall a. D. Ulrich von Saintpaul-Illaire in Fischbach in Schlesien, der ein großer Pflanzenfreund und der erste Präsident der Deutschen Dendrologischen Gesellschaft war. Dieser gab sie an den Gartendirektor Hermann Wendland (1825 -1903) in Hannover-Herrenhausen weiter, welcher die bisher unbekannte Pflanze 1893 unter dem obigen Namen als neue Art beschrieb und den deutschen Namen Usambaraveilchen prägte. Mit dem wissenschaftlichen Gattungsnamen ehrte er ihren Entdecker, die Artbezeichnung *ionanthe* bedeutet »veilchenblütig«. Später stellte man fest, daß sich unter den damals eingeführten Pflanzen eine weitere Art mit dunkleren Blüten (*S. confusa* B. L. Burtt) befunden hatte. Diese und einige weitere *Saintpaulia*-Arten hat man im Verlauf der Züchtung in die erstgenannte Art eingekreuzt, so daß es sich bei den heutigen Sorten meist um Saintpaulia-Ionanthe-Hybriden handelt.

1893 wurde die neue Art in der Gartenflora vorgestellt und abgebildet. Ihre Rolle als eine bedeutende Topfblume voraussehend, erwarb die Erfurter Gartenbaufirma Benary für 1000 Mark die Eigentumsrechte und begann mit der zunächst fast ausschließlich auf Auslese beruhenden Züchtung und mit der Vermehrung. Schon bald befand sich das Usambaraveilchen im Handel und wurde z.B. 1899 im Angebot der Firma Otto Froebel in Zürich als »äusserst niedliche Gewächshaus- und Zimmerpflanze, hellblau bis dunkelblau, ungemein reichblühend« angepriesen. Bis etwa 1930 hatte das Usambaraveilchen in Deutschland wie auch im übrigen Europa als Marktpflanze jedoch nur geringe Bedeutung. Seit 1927 verstärkten sich in vielen Ländern, besonders aber in den USA, die züchterischen Bemühungen. Die ersten neueren Sorten kamen 1935 auf den Markt, und in kurzer Zeit avancierten die Saintpaulien zur beliebtesten Zimmerpflanze Nordamerikas, dort African Violet genannt. Die Amerikaner schufen ein umfangreiches Sortiment in den Farben Blau, Violett, Purpur, Rosa und Weiß und brachten auch als erste zweifarbige sowie gefülltblühende Sorten heraus. Die erste gefülltblühende Sorte entstand 1939, 1942 die erste rein rosafarbene, 1943 die erste rein weiße. Nach dem 2. Weltkrieg kamen diese amerikanischen Sorten auch nach Europa, wo sie von Spezialbetrieben züchterisch weiter verbessert und ausgeweitet wurden. Bis etwa 1985 waren weltweit mehr als 4000 Sorten entstanden, von denen sich aber nur rd. 700 im gärtnerischen Anbau befanden. Heute wird das Usambaraveilchen auch hierzulande in vielerlei Sorten von Gartenbaubetrieben in großen Mengen produziert und auf den Markt geworfen, so daß es nunmehr in Mitteleuropa ebenfalls zu den häufigsten und bekanntesten Zimmerpflanzen gehört.

Salvia L. Salbei

Die Gattung *Salvia* umfaßt etwa 700 Arten, die zumeist in den Tropen und Subtropen vorkommen; in Europa liegt der Verbreitungsschwerpunkt der hier beheimateten rd. 30 Arten im Mittelmeergebiet. Die dort wachsende halbstrauchige **Echte oder Garten-Salbei** (*S. officinalis* L.) war und ist in erster Linie eine Heilpflanze und wurde als solche bereits im Altertum genutzt. Vermutlich bereits durch die Römer, bei denen die Art *salvia* hieß (zu lat. salvus, »heil, gesund«) kam sie in die Gärten West- und Mitteleuropas. Im Capitulare de villis Karls des Großen um 800 finden wir sie mit an erster Stelle, und der Mönch und spätere Abt Walahfried Strabo eröffnete mit dieser Art sein um 825 verfaßtes Gartengedicht Hortulus. Im Mittelalter war sie hierzulande ein fester Bestandteil der Gärten, und so erscheint sie auch auf dem um 1410 entstandenen Gemälde »Paradiesgärtlein« eines oberrheinischen Meisters. Ihre Heilkraft wurde hoch geschätzt, Hieronymus Bock schrieb in seinem Kräuterbuch 1539 sogar: »Unter allen stauden ist kaum ein gewächs über die Salbey, denn es dienet dem artzet [Arzt], koch, keller, armen und reichen.« Man nutzte sie gegen vielerlei Krankheiten bei Mensch und Vieh, als Küchengewürz und Zahnpflegemittel. Darüber hinaus galt sie als gutes Bienenkraut und wurde von den Imkern in ihren Bienengärten angepflanzt. Obwohl zur Blütezeit eine durchaus ansehnliche Pflanze, hat sie als Zierpflanze hierzulande nur eine untergeordnete Rolle gespielt. Als solche verwendete man vor allem abweichende Formen mit rötlichen oder weißen Blüten bzw. mit purpurfarbenen, gelb- oder weißpanaschierten oder sogar dreifarbigen Blättern, wie sie z.T. im 16. Jh. in Erscheinung traten und auch heute noch gelegentlich in Schmuck- und Teppichbeeten in Parkanlagen zu sehen sind. Die Echte Salbei war noch in der Mitte des 19. Jhs. in den hiesigen Gärten fast überall häufig. Auch heute noch sind ihre Blätter eine wichtige Arzneidroge und in verschiedenen Zubereitungen (Tee, Bonbons, Mundwässer u.a.) im Angebot der Apotheken, doch gewinnt man die Droge heute durch feldmäßigen Anbau in Spezialkulturen. Mit dem Aufkommen standardisierter Präparate ging der individuelle Anbau der Pflanze ständig zurück, so daß man sie nur noch selten als Gartenpflanze antrifft.

Außer dieser Art wurden und werden in Mitteleuropa einige weitere mediterrane Salbei-Arten als Heil-, Würz- und Zierpflanzen gezogen. Die zweijährige **Muskateller-Salbei** (*S. sclarea* L.), deren Blätter einen Muskatgeruch aufweisen, wurde vor allem zum Würzen von Wei-

I. HORMINUM DOMESTICUM.

Salvia viridis L. Buntschopf-Salbei, Matthiolus/Bauhin 1598

nen benutzt. Als *Sclaria(m)* erscheint sie im Capitulare de villis, als *Scharleya* in der Physica der Hildegard von Bingen, als *Scharlach* im Hortus Sanitatis 1485. Seit dem 16. Jh. wird sie vielfach als Gartenpflanze aufgeführt. Beispielsweise verzeichnet sie Johannes Franke in seinem Hortus Lusatiae 1594 unter den Namen *Sclarea, Matrisalvia,* Gemeiner Scharlach, sorbisch Scharlya bzw. Skarlya. Heute wird sie nur noch gelegentlich und von Liebhabern als dekorative Schmuckpflanze kultiviert. Ähnliches gilt für die gleichfalls zweijährige, aus Südosteuropa und Vorderasien stammende Woll-, Silberblatt- oder **Ungarische Salbei** (*S. aethiopis* L.), die 1613 im Hortus Eystettensis als *Aethiopis,* »Mohrenkraut« farbig abgebildet wurde. Die Artbezeichnung geht darauf zurück, daß man sie früher für die in der Materia medica von Dioskurides genannte Pflanze *aithiopis* gehalten hat, was aber ganz unsicher ist.

Auch die vom Mittelmeergebiet bis hin nach Turkmenien heimische ein- bis zweijährige **Buntschopf-Salbei** oder Bunte Salbei (*S. viridis* L., syn. *S. horminum* L.) ist, obwohl Samen dieser Art von einigen Saatgutbetrieben angeboten wird, heute nur noch selten zu sehen. Ehemals war die wegen ihrer blau-, rot- oder weißgefärbten Hochblätter auffällige Art eine beliebte Zierpflanze. Als solche erscheint sie seit der 2. Hälfte des 16. Jhs. in den Kräuterbüchern, z.B. 1586 im Epitome von Matthiolus/Camerarius unter dem Namen *Horminum domesticum,* »Welsch Tag vnd Nacht« und mit der Angabe »Seritur in hortis« (»wird in Gärten gesät«). Im herzoglich braunschweigischen Garten zu Hessem war sie 1607/30 unter der Bezeichnung *Horminum Dodonaei* mit fleischfarbenen und mit violetten Hochblättern (*summitates incarnatis* bzw. *violaceis*) vertreten. Unter dem Bauhinschen Namen *Horminum sativum* nennt sie Elsholtz 1663 in seiner Flora Marchica und später (1666) in seinem Gartenbaubuch und schreibt dazu: »Der Gipfel ist gemeinlich purpur: wie auch blau/oder fleischfarbe.« Noch im 19. Jh. war sie eine häufige Gartenblume, kam dann aber aus der Mode.

Eine umgekehrte Entwicklung gab es bei der ausdauernden **Hain- oder Steppen-Salbei** (*S. nemorosa* L.). Diese Art ist in Südosteuropa bis Südwestasien heimisch und in der südlichen Slowakei und Ungarn so häufig, daß sie zur Blütezeit die Straßenböschungen oft kilometerweit blau färbt. Nordwärts reicht ihr Areal bis in das südöstliche Österreich. Von dorther kam sie gegen Ende des 16. Jhs. vereinzelt in deutsche Gärten und wird z.B. 1594 unter dem Namen *Horminum sylvestre alterum tenuifolium* aus den Lausitzen als Gartenpflanze aufgeführt. Möglicherweise gehört auch die 1613 im Hortus Eystettensis als *Salvia minor pinnata* abgebildete Pflanze zu dieser Art. Im 17. und 18. Jh. blieb sie als Gartenpflanze in Deutschland jedoch selten und auf Botanische und Liebhaber-Gärten begrenzt. So schreibt 1773 der Leiter des Berliner Botanischen Gartens Johann Gottlieb Gleditsch in seinem Pflanzenverzeichnis: »Eine wilde Pflanze, die einen erhabenen lockern und etwas warmen Stand liebet ... Sie wird ... in guten Kräuter = Sammlungen angetroffen.« Im 19. Jh. wurde sie in zunehmendem Maße auch in normalen Gärten gezogen. 1815 kultivierte man sie auf den Friedländischen Gütern am Oderbruchrand, und 1837 führte sie der österreichische Pfarrer Johann Theophil Zetter in seinem Staudenbuch auf, in dem auch eine weißblühende und eine purpurrote Farbform genannt werden. 1864 gibt Paul Ascherson in seiner Flora der Provinz Brandenburg bereits verwilderte, wenn auch meist unbeständige Vorkommen an. Die eigentliche Karriere dieser Art als Zierpflanze begann mit dem Aufkommen des Staudengartens und der Staudengärtnereien gegen Ende des 19. Jhs. Durch Auslese, eventuell auch durch Einkreuzung verwandter Arten (*S. x superba* Stapf) entstand eine Anzahl reich- und farbintensiv blühender Sorten mit meist hell- bis dunkelvioletten, aber auch rosaroten und rötlichen Blüten, welche in zunehmendem Maße in Gärten und Grünanlagen zur Anpflanzung kommen.

Die wichtigste Zierpflanze unter den tropischen Salbei-Arten ist die in Brasilien heimische Glänzende Salbei oder **Feuer-Salbei** (*S. splendens* Sello ex Nees). Entdeckt wurde sie von dem aus einer alten Potsdamer Gärtnerfamilie stammenden Gärtner Friedrich Sello (1789–1831), der 1815–1817 den Prinzen von Wied-Neuwied auf einer Reise in das Innere Brasiliens begleitete und der auch die Erstbeschreibung dieser Art verfaßte, welche der Bonner Botanik-Professor Nees von Esenbeck in dem 1823/24 herausgegebenen Reisebericht veröffentlichte. 1822 gelangte die Art nach England und wurde dort in Gartenkultur genommen, bis Mitte des 19. Jhs. war sie weithin verbreitet. 1842 kultivierte man sie im Botanischen Garten in Wien, und 1843 führte sie die 6. Auflage von Wredows Gartenfreund als Zierpflanze auf. Durch ihre leuchtend scharlachroten Blüten fand die in ihrer Heimat halbstrauchig bis strauchig wachsende, in Europa jedoch meist nur einjährig gezogene Art sogleich große Aufmerksamkeit und wurde schnell zu einer häufigen Zierpflanze, die man vor allem zur Bepflanzung von Rabatten in Grünanlagen und Vorgärten, aber auch von Fenster- und Balkonkästen sowie von Gräbern verwendete. In Gartenkultur entstand eine größere Zahl von Sorten, darunter solche mit dunkelroten, rosaroten, lachsroten, weißen und mit violetten Blüten.

Die staudige bis halbstrauchige, bei uns aber ebenfalls nur einjährig gezogene **Mehlige Salbei** (*S. farinacea* Benth.) stammt aus Texas. Dort sammelte der deutsche Siedler Ferdinand Lindheimer in Neubraunfels um 1845 Samen und schickte diesen nach Deutschland. Hier wurde die Art dann in einigen Botanischen Gärten angezogen und 1847 von Professor Gottlieb Wilhelm Bischoff in Heidelberg als *S. trichostyla*, 1848 von Carl Sigismund Kunth und Carl David Bouché in Berlin als *S. amabilis* beschrieben. Unter letzterem Namen erlangte die Mehlige Salbei in Deutschland alsbald eine ziemlich weite Verbreitung. Die genannten beiden Namen sind jedoch ungültig, da der englische Botaniker George Bentham die Art bereits in seiner Monographie der Lippenblütler 1832/36 als *S. farinacea* beschrieben hatte, was in Deutschland zunächst unbekannt geblieben war. 1882 entstand bei dem deutschen Gärtner Carl Sprenger in Italien eine weißblühende Form. Die weitere züchterische Bearbeitung führte zu einigen bis 70 cm hohen Schnittsorten sowie zu niedrigeren, nur 30-50 cm hohen Beetsorten.

Santolina chamaecyparissus L. Zypressenkraut, Matthiolus/Camerarius 1586

Santolina chamaecyparissus L. Zypressenkraut, Heiligenkraut

Der im westlichen und zentralen Mittelmeergebiet ostwärts bis Dalmatien heimische kleine Halbstrauch wurde, obwohl in Mitteleuropa nicht überall zuverlässig winterhart, in Deutschland in der 1. Hälfte des 16. Jhs. als Zier- und Heilpflanze gezogen. Als erster berichtete Hieronymus Bock in seinem New Kreutterbuch 1539 über diese, bei ihm »Cypressen« genannte Pflanze: »Diß kraut ist auch der Jungfrawen/die es gegen Winter (auff das es nicht erfrüer) aussetzen/vnd inn warmen Kellern behalten/zu den Krentzen«, darüber hinaus werde sie auch als Heilpflanze genutzt. 1543 heißt es bei Leonhart Fuchs: »Den Zypreß zilt [zieht] man in den Gärten vnd scherben [Töpfen] allenthalben.« 1573 ist die Art für England belegt, und gegen Ende des 16. Jhs. war sie im nördlichen Mitteleuropa weit verbreitet. Zwei Quellen aus der Nieder- und Oberlausitz lassen erkennen, daß die Art damals auch bei der Landbevölkerung bereits gut bekannt war. So nennt sie 1582 der niederlausitzer Pfarrer Albin Moller in einem Manuskript als *Chamaecyparissus*, »Zypressenkraut, Cypreß«, und 1594 verzeichnete sie Johannes Franke in seinem Hortus Lusatiae unter den Namen *Abrotanum foemina*, »Cypresse/ Cypreßkraut, slawisch [sorbisch] Boshe dreiwko« (Gottesbäumchen). Selbst in Annaberg auf der Höhe des Erzgebirges war der *Chamaecyparissus* zu dieser Zeit vertreten, gehörte dort aber (wie anders auch) zu den Pflanzen, die einer frostfreien Überwinterung bedurften.

Auch im 17. und 18. Jh. belegen zahlreiche Nachweise in Pflanzenverzeichnissen und Gartenbüchern eine weite Verbreitung in Mitteleuropa. Über die Rolle der Art als Heilpflanze äußerte sich Johann Gottlieb Gleditsch 1769: »Ist ein gutes von Alters her wohlbekanntes Arzeneygewächse in unsern Gärten ... Es hat einen angenehmen vermischten gewürzhaft-balsamischen Geruch und bitteren gewürzhaften Geschmack ... Man hat es ehedem bey der Schwäche des Magens, Verstopfung der Eingeweide, wie auch gegen die Würmer mit Nutzung vornehmlich in infusio gebraucht, einen Antihystericum daraus bereitet, und sonst zu allerhand stärkenden und zertheilenden Umschlägen mit anderen Kräutern verordnet.« Im 19. Jh. als Heilpflanze höchstens noch volksmedizinisch genutzt, ging das Zypressenkraut in seiner Häufigkeit deutlich zurück. Heute ist es, obwohl als Steingartenpflanze und Pflanze für sonnige Böschungen und Terrassen sowie für Dachgärten und Tröge als Zierpflanze empfohlen, selten geworden.

Der bei Rembert Dodonaeus 1583 erscheinende Gattungsname *Santolina* beruht auf römisch *santonicum*, benannt nach der gallischen Völkerschaft der Santoner im heutigen Südfrankreich. Später brachte man ihn mit lat. sanctus, ital. santo, »heilig« in Verbindung und übersetzte *Santolina* als »Heiligenkraut«. Karl Foerster mißfiel diese Verdeutschung, und er schlug in seinem Steingartenbuch den Namen »Santoline« vor, der sich aber nicht durchsetzte. Der Name Zypressenkraut verweist auf die Ähnlichkeit der Zweige mit denen der Zypresse, ihm entspricht auch der seit Linnaeus als Artbezeichnung gültige, ebenfalls auf einen antiken Pflanzennamen zurückgehende und bei Gessner 1561 auf diese Art bezogene Name *chamaecyparissus* (»zwergzypressenartig«).

Saponaria L. Seifenkraut

Namengebende Art dieser etwa 30 Arten umfassenden Gattung der Nelkengewächse ist das ausdauernde, 40 - 80 cm hoch werdende Echte oder **Gewöhnliche Seifenkraut** (*S. officinalis* L.). Sein ursprüngliches Heimatgebiet reicht von Ost- und Mittelasien über Westsibirien und Vorderasien und das Mittelmeergebiet bis in das südliche Mitteleuropa, es ist aber inzwischen auch in anderen Teilen Europas aus Gartenkultur verwildert und eingebürgert. Seine rübenförmige

Hauptwurzel enthält verschiedene Saponine und wurde daher seit altersher als Waschmittel (»Seifenwurzel«) benutzt. Auf dieser Verwendung beruhen sowohl der deutsche als auch der bereits im Mittelalter (z.B. bei Albertus Magnus) vorkommende wissenschaftliche Gattungsname (zu lat. sapo, »Seife«). Darüber hinaus war das Seifenkraut aufgrund des Saponingehaltes der Wurzeln und Ausläufer auch Heilpflanze. Die Kräuterbücher des 16. und 17. Jhs. empfahlen es als Medikament gegen Engbrüstigkeit, keuchenden Atem und Husten, gegen die Syphilis sowie als schweißtreibendes und menstruationsförderndes Mittel. Mit der pulverisierten Wurzel bekämpfte man Spul- und Fadenwürmer. So wurde die Art ehemals oft in Gärten gezogen und verwilderte von dorther vor allem auf Dorfstraßen, auf Schutt und auf Ödland. Als Zierpflanze verwendete man hauptsächlich die gefüllte Form des Seifenkrautes. Diese tritt in Deutschland erstmals um 1625 in Erscheinung. Während der 1613 erschienene Hortus Eystettensis nur die Wildform mit einfachen Blüten abbildet und auch das Burser-Herbar nur diese Form enthält, wurde im herzoglich braunschweigischen Garten zu Hessem im Zeitraum 1607/1630 neben dieser auch die *Saponaria flore pleno* kultiviert. In England wuchs sie 1634 im Garten von John Tradescant. Als Neuheit »des Churf. Brandenb. Lustgartens zu Cölln an der Spree, welche im gedruckten Eystettischen nicht zu finden«, wurde sie in einer 1659/60 angefertigten, aber unveröffentlicht gebliebenen Sammlung farbiger Aquarellzeichnungen von Gartenpflanzen dargestellt (Krausch 2001) und erscheint 1663 in der Flora Marchica von Johann Sigismund Elsholtz sowie in seinem Gartenbaubuch. In letzterem heißt es hierzu: »*Saponaria major flore pleno*. Seiffenkraut mit gefüllten Blumen. Selbige sind von Farben weiß/und blaß= purpur vermischet.« Im 18. Jh. war sie in Deutschland weithin verbreitet und im 19. Jh. in dörflichen Gärten eine häufige Zierpflanze. Vielfach wurde sie auch auf Friedhöfen zur Grabbepflanzung verwendet. Ende des 19. Jhs. aber zählte sie Carl Bolle zu den altmodischen Blumen und schreibt dazu: »Aus den Gärten an Zäune und wüste Stellen verstoßen, daselbst in der Regel gefüllt. In seiner gegenwärtigen Erniedrigung immer noch mit feinstem Wohlgeruch begabt, aber eine gefährliche Wucherpflanze, bei deren Anpflanzung Vorsicht zu empfehlen sein dürfte.« Obwohl die Züchtung seitdem einige weniger wuchernde und standfestere Sorten mit weißen ('Alba Plena'), rosaroten ('Rosea Plena') und roten ('Rubra Plena') gefüllten Blüten entwickelt hat, ist das Seifenkraut als Gartenpflanze heute nur noch selten zu sehen.

Von den im Mittelmeergebiet und Vorderasien heimischen niedrigen felsbewohnenden *Saponaria*-Arten ist vor allem das **Teppich-Seifenkraut** (*S. ocymoides* L.) zu nennen, das bis in die Alpen hinein vorkommt. Obwohl 1561 von Gessner als Gartenpflanze aufgeführt, blieb es über die Jahrhunderte hinweg unbeachtet und wurde in Mitteleuropa kaum irgendwo einmal als Gartenpflanze genannt. Nur ganz vereinzelt war es in einigen Botanischen und Liebhaber-Gärten vertreten, so 1808 im Berliner Botanischen Garten und 1817 im Breiterschen Garten in Leipzig. Erst mit dem Aufkommen der Steingärten wuchs das Interesse an dieser Art. 1837 empfahl sie der österreichische Pfarrer Johann Theophil Zetter »zur Verzierung von Felspartien, Wänden, Mauern etc.«, ebenso die 5. Auflage von Wredows Gartenfreund. Heute gehört sie hierzulande zu den häufigeren Pflanzen von Steingärten, Trockenmauern und Trögen, und es gibt auch einige durch Auslese entstandene Sorten wie 'Splendens', 'Rubra Compacta' und 'Karminkönigin'. Seit der 2. Hälfte des 19. Jhs. sind einige weitere polsterbildende Seifenkraut-Arten aus dem südlichen Europa bzw. deren Hybriden als Steingartenpflanzen im Angebot, so das 1927 von Erich Wocke in Oliva bei Danzig erzielte **Oliva-Seifenkraut** (*S. x olivana* Wocke = *S. caespitosa* DC. x *S. pumila* (St. Lager) Janch.), von Karl Foerster als »Königin der Saponarien« bezeichnet.

Saxifraga L. Steinbrech

Namengebende Art für die mehr als 500 Arten umfassende Gattung war der auch in Mitteleuropa auf mageren Wiesen verbreitete **Körner-Steinbrech** (*S. granulata* L.). Seine Brutzwiebelchen benutzte man gemäß der Signaturenlehre des Mittelalters zur Heilung von Stein-Erkrankungen (Gallen-, Nieren- und Blasensteine); sie sollten »den Stein brechen«. Von dieser Art hat man seit Anfang des 18. Jhs. mancherorts eine gefüllte Form als Zierpflanze in Gärten gezogen. Um 1900 zählte Carl Bolle diese zu den altmodischen Blumen, und heute ist sie nur noch höchst selten zu sehen.

Das in der Biedermeierzeit sehr beliebte, auch heute noch vielfach kultivierte Porzellanblümchen unserer Gärten geht auf den **Schatten-Steinbrech** (*S. umbrosa* L.) zurück, eine endemische Art der zentralen Pyrenäen. Dieser Steinbrech kam offenbar im 17. Jh. nach England, wo er 1640 von John Parkinson unter dem Namen *Sedum montanum, serratum, guttato flore*, englisch »Prince's Feather«, abgebildet wurde. Eine erste Beschreibung gab 1694 der französische Botaniker Joseph Pitton de Tournefort in seinen Éléments de botanique, und 1697 brachte Pierre Magnol (1638 -1715) im Katalog des Botanischen Gartens von Montpellier eine Abbildung der Pflanze unter der Bezeichnung *Geum folio subrotundo minori pistillo floris rubro*, die man 1936 zum Lectotyp der Art bestimmte. Den heute gültigen wissenschaftlichen Namen *S. umbrosa* begründete Linnaeus in der 1762 erschienenen 2. Auflage seiner Species Plantarum. In Gartenkultur befanden sich aber nicht nur die reine Art *S. umbrosa*, sondern überwiegend zwei Hybriden des Schatten-Steinbrechs. Die Naturhybride *S. x geum* L., ein Bastard zwischen *S. umbrosa* und dem nahestehenden Behaarten Steinbrech (*S. hirsuta* L.), dessen Areal sich von den Pyrenäen über Nordwestspanien bis nach Südwestirland hinzieht, ist in den westlichen Pyrenäen ziemlich häufig. Sie gelangte ebenfalls frühzeitig in Gartenkultur, vielleicht sogar schon Mitte des 16. Jhs., und hat sich, weil wüchsiger als die eigentliche *S. umbrosa*, vor allem im festländischen Europa als Gartenpflanze verbreitet. 1623 registrierte Caspar Bauhin in Basel sie in seinem Pinax als *Sanicula montana rotundifolia minor*. Unter dieser

Bezeichnung erscheint sie 1663 in der Flora Marchica des Berliner Botanikers Johann Sigismund Elsholtz und in den folgenden Jahren im Gartenbaubuch desselben Verfassers als Gartenpflanze. Linnaeus nannte sie 1753 in seinen Species Plantarum *Saxifraga Geum*, doch umfaßte seine Art auch noch die ähnliche *S. spathularis* aus Portugal. Diese, von einigen Autoren lediglich als Unterart von *S. umbrosa* angesehen, wurde 1805 von dem Direktor des Botanischen Gartens zu Ajuda bei Lissabon, Felix de Avellar Brotero, in seiner Flora Lusitanica als eigene Art herausgestellt. Offenbar ist auch *S. spathularis* schon frühzeitig in Gartenkultur genommen worden, wobei – Ort und Zeitpunkt sind unbekannt – die Gartenhybride *S. x urbium* D. A. Webb entstand, in England als London Pride bekannt. Diese Hybride (*S. umbrosa x S. spathularis*) ist heute in Großbritannien und Irland als Zierpflanze weit verbreitet, in den Gärten des europäischen Kontinents aber selten. Vielfach hat man die genannten Sippen der Schatten-Steinbreche jedoch nicht voneinander unterschieden und alle zusammenfassend als *S. umbrosa* bezeichnet.

In Deutschland waren im 18. Jh. diese Schatten-Steinbreche selten. Um welche der genannten Sippen es sich gehandelt hat, ist schwer zu sagen. Bei der 1722 im Botanischen Garten Würzburg vorhandenen *Sanicula rotundifolia minor s(ive) Geum minus* dürfte wohl *S. x geum* vorgelegen haben, bei dem *Geum folio subrotundo, minori, pistillo floris rubro* des Waltherschen Gartens in Leipzig 1735 und des von Ziethenschen Gartens in Trebnitz bei Seelow 1736 aber wohl *S. umbrosa*. In Berlin wurden sie 1746 in den Katalogen des Botanischen und des Krauseschen Gartens noch nicht verzeichnet, 1773 nennt Johann Gottlieb Gleditsch die damals offenbar im Botanischen Garten gezogene Art »*Saxifraga umbrosa*. Der kleine und blättrige Bergsanickel mit roten Blumengriffeln«. Ein »*Saxifraga umbrosa*« befand sich 1779 im Verzeichnis der Hamburger Handelsgärtnerei Buek. 1808 gab es im Botanischen Garten Berlin aus der Gruppe der Schatten-Steinbreche sowohl *S. umbrosa* und *S. hirsuta* als auch *S. x geum*. Um diese Zeit breiteten sich diese Sippen, insbesondere aber *S. x geum*, unter dem damals aufgekommenen Namen Porzellanblümchen allgemein in den deutschen Gärten aus; sie wurden vor allem zu den damals üblichen Einfassungen der Blumenrabatten, aber auch zur Grabbepflanzung verwendet. Sowohl Wredow in seinem Gartenfreund (1818 ff.) als auch Zetter in seinem Staudenbuch (1837) nennen sie als Zierpflanzen. Bei der von Zetter neben *S. x geum* aufgeführten »*S. umbrosa*« hat es sich wohl um die meist sterile Hybride *S. x urbium* gehandelt, denn er gibt an, der Samen dieser Art sei bei ihm nie aufgegangen. Als in der Mitte des 19. Jhs. das Alpinum in Mode kam, empfahl Eduard Regel 1856 auch die Schatten-Steinbreche als Steingartenpflanzen. Ende des 19. Jhs. wieder unmodern geworden, wurden sie in den Gärten immer seltener. Erst in neuerer Zeit ist wieder eine gewisse Zunahme festzustellen, wobei auch gerne eine seit 1863 bekannte Form mit weiß-gelb-panaschierten Blättern gezogen wird.

Außer den genannten waren in älterer Zeit nur wenige andere, meist **alpine Steinbrech-Arten** in den Gärten anzutreffen, und auch diese fast ausschließlich in Botanischen und Liebhaber-Gärten. 1613 gab es im Hortus Eystettensis lediglich *S. cotyledon* L. und *S. rotundifolia* L. Mit dem Aufkommen des Steingartens im 19. Jh. wuchs das Interesse an derartigen, insbesondere niedrigen und polsterbildenden Arten. Es wurden nunmehr nicht nur zahlreiche in den europäischen Gebirgen heimische Steinbreche in Gartenkultur genommen, sondern auch solche aus dem Himalaya und anderen asiatischen Gebirgen. Besondere Verdienste bei der Einführung, Verbreitung und züchterischen Weiterentwicklung dieser Arten erwarb sich in Deutschland die 1886 gegründete, noch heute bestehende Alpenpflanzen-Spezialgärtnerei von Franz Sündermann in Lindau am Bodensee. Die meisten dieser *Saxifraga*-Sippen sind freilich nur bei ausgesprochenen Steingartenliebhabern zu finden.

Eine größere Verbreitung haben lediglich die sogenannten **Moos-Steinbreche** aus der Sektion *Dactyloides* erlangt. Ausgangsarten sind die in europäischen höheren Gebirgen, z.T. auch in arktischen und subarktischen Regionen heimischen Arten *S. trifurcata* Schrader, *S. cespitosa* L., *S. hypnoides* L., *S. moschata* Wulf. (= *S. rhei* Schott), *S. muscoides* All. und *S. rosacea* Mnch, (= *S. decipiens* Ehrh.). In England waren sie z.T. (*S. hypnoides*) Ende des 17. Jhs., zumeist aber im 19. Jh. in Gartenkultur genommen worden. 1871 wurden einige von ihnen für Teppichbeete empfohlen, ihre Hauptverwendung fanden sie aber als Einfassungs- und Steingartenpflanzen. Die züchterische Weiterentwicklung begann Ende des 19. Jhs., in Deutschland vor allem durch Georg Arends in Ronsdorf. Dieser brachte 1911 die ersten beiden Sorten seiner S.-Arendsii-Hybriden heraus, bis 1930 folgten weitere. Viele Hybridsorten der Moos-Steinbreche entstanden auch in England.

Eine beliebte Zimmerpflanze ist seit langer Zeit der **Judenbart** (*S. stolonifera* Meerb. = *S. sarmentosa* L. f.). Die in China und Japan beheimatete Art wurde 1712 von Kaempfer unter ihrem japanischen Namen verzeichnet und 1770 von Benjamin Torin, Mitarbeiter der Ostindien-Kompanie in Kanton, zusammen mit anderen chinesischen Pflanzen dem Botanischen Garten Kew/London zugesandt. Von dorther kam die Art alsbald auch in andere europäische Länder. Den heute gültigen wissenschaftlichen Namen erhielt sie 1777 durch den holländischen Universitätsgärtner Nicolas Meerburgh in Leiden, während der 1781 von Linnaeus' Sohn in Schweden vergebene Name *S. sarmentosa* den Prioritätsregeln entsprechend nur noch als Synonym geführt wird. In Deutschland wurde der Judenbart 1808 im Botanischen Garten Berlin, 1815 in Kunersdorf bei Wriezen und 1817 im Breiterschen Garten in Leipzig kultiviert. Mitte des 19. Jhs. war er weit verbreitet und wurde, seiner vielen langen Ausläufer wegen, besonders als Ampelpflanze geschätzt.

Scabiosa L. Skabiose

Lediglich 2 der rd. 100 Arten umfassenden, in Mitteleuropa durch 5 Wildarten vertretenen Kardengewächs-Gattung *Scabiosa* sind zu häufigeren Zierpflanzen geworden. Der im Mittelalter entstandene Gattungsname *Scabiosa* geht auf die frühere medizinische Verwendung heimischer Arten (und der verwandten, früher ebenfalls zu *Scabiosa* gerechneten *Knautia arvensis*) gegen die Krätze (lat. scabies) und ähnliche Hauterkrankungen zurück. So heißt es z.B. bei Tabernaemontanus 1588: »Es haben die Scabiosenkreuter eine sonderliche reynigende und ablösende Krafft, deswegen es von erfahrenen Wundärzten für den Grindt, Reude, Schebigkeit und alle verunreinigung der Haut, nützlich ...«

Die im Mittelmeergebiet heimische einjährige **Garten- oder Purpur-Skabiose** (*Sc. atropurpurea* L.) soll in England 1588 kultiviert worden sein. Nach Mitteleuropa kam sie offenbar um 1600. Carolus Clusius erhielt 1591 Samen dieser Art aus Italien und beschrieb sie in seiner 1601 erschienenen Rariorum plantarum historia als *Scabiosa Indica,* und unter diesem Namen wird sie 1613 im Hortus Eystettensis in 2 Farbformen (dunkel- und hellpurpurrot) abgebildet. Clusius war ihre eigentliche Heimat nicht bekannt, und er meinte, daß sie wohl aus Indien oder Amerika (Westindien) nach Italien gekommen sei. (Noch Willdenow 1809 vermutete ihre Heimat in Ostindien!) Auch im herzoglich braunschweigischen Garten in Hessem war sie 1607/30 vertreten, ebenso 1621 im Regensburger Hortus Medicus, dort unter der Bezeichnung *Scabiosa Hispanica flore rubro*. Caspar Bauhin nannte sie in seinem Pinax 1623 *Scabiosa peregrina, capitulo oblongo*. Im Königlichen Garten zu Kopenhagen wurde sie 1642 in 3 Farbformen (purpurrot, dunkelpurpurrot, weiß) gezogen, hat aber 1663 und in den folgenden Jahren in den kurfürstlich brandenburgischen Gärten in Berlin, Potsdam und Oranienburg noch gefehlt. Im 18. Jh. breitete sich diese Skabiose dann weiter aus. So war sie z.B. 1706 im Lastroppschen Garten in Hamburg-Eimbsbüttel in 2, 1735 im Waltherschen Garten in Leipzig in 3, 1736 im von Ziethenschen Garten in Trebnitz bei Seelow in 4 und 1738 im Botanischen Garten Wittenberg ebenfalls in 4 Farbformen vorhanden. 1769 schrieb Johann Gottlieb Gleditsch in Berlin über die »Indianische Bienen-Skabiose mit langen Blumenknöpfen«, sie sei »im Sommer und Herbste in den Gärten mit ihren schönen farbigen Abänderungen häufig in der Blüte zu finden«. Auch 100 Jahre später war die »Sammtblume« nach Ascherson (1864) noch immer eine häufige Zierpflanze. Heute ist diese Art nicht mehr so zahlreich in unseren Gärten zu sehen, obwohl die Züchtung eine ganze Reihe hoher und halbhoher Sorten mit gefüllten Blüten in einem reichhaltigen Farbsortiment von Schwarzrot über Purpurrot, Rot, Rosa und Blau bis Gelb und Weiß hervorgebracht hat.

Die ausdauernde **Kaukasische Skabiose** (*Sc. caucasica* M. B.) wurde im Kaukasusgebiet von Joseph Pitton de Tournefort auf seiner Orientreise gefunden und 1703 im Corollarium als *Scabiosa orientalis, Scorconerae folio, flore maximo leucophaeo* beschrieben, kam damals aber nicht in europäische Gärten. Ihre Wiederentdeckung erfolgte um 1800 durch Friedrich August Marschall von Bieberstein, der ihr 1808 in seiner Flora taurico-caucasica den heute gültigen wissenschaftlichen Namen gab. Aber schon zuvor war von Bieberstein gesammelter Samen dieser Art über Moskau nach

West- und Mitteleuropa gelangt. 1803 wurde sie in England im Gartenbaubetrieb von George Loddiges gezogen. Um die gleiche Zeit war sie auch im Botanischen Garten Berlin eingetroffen, wo man sie 1808 unter dem Biebersteinschen Namen kultivierte. Nunmehr verbreitete sich die Kaukasische Skabiose allmählich über die europäischen Gärten. 1817 war sie z.B. im Breiterschen Garten in Leipzig vorhanden, 1824 im Buekschen Garten in Frankfurt/Oder. In Dänemark wurde sie 1836 in Gartenzeitschriften vorgestellt und 1844 zum Verkauf angeboten. 1837 empfahl sie der österreichische Pfarrer Zetter in seinem Staudenbuch als »sehr schön«, im gleichen Jahr beschrieb sie auch die 5. Auflage von Wredows Gartenfreund als Zierpflanze. Im Laufe der Zeit wurden aus der Wildform mit blaßblauen Blüten Formen mit größerblütigen und farbkräftigeren himmel- bis dunkelblauen und violetten, aber auch mit weißen Blüten ausgelesen. Mit ihren ständig weiter verbesserten Sorten gehört die Art heute zu den häufigeren Beetstauden unserer Gärten und ist auch eine gute Schnittblume.

Scilla L. Blaustern

Der Name der Gattung beruht auf dem antiken Namen *skilla*, der einst ausschließlich für die in den Küstengebieten des Mittelmeerraumes wachsende Meerzwiebel (heute *Urginea maritima* Baker, siehe dort) galt. 1753 hat Linnaeus in die von ihm begründete Gattung *Scilla* auch die bis dahin bekannt gewordenen Blaustern-Arten einbezogen, welche zuvor zumeist zu den Hyazinthen (*Hyacinthus*) gezählt worden waren. Die heutige Gattung *Scilla* umfaßt etwa 100 vorwiegend niedrige und frühjahrsblühende Zwiebelgewächse und kommt hauptsächlich im Mittelmeergebiet und in den warmgemäßigten Zonen Asiens vor.

Die einzige auch in Mitteleuropa in reicheren Laubwäldern, insbesondere in Auenwäldern wildwachsende Art ist der **Zweiblättrige Blaustern** (*Sc. bifolia* L.), dessen Areal nordwärts bis zur mittleren Elbe reicht. Die »Väter der Botanik«, Brunfels, Bock und Fuchs in der Mitte des 16. Jhs., kannten ihn nur als Wildpflanze, doch in der Umgebung seiner Wildvorkommen wurde er hier und da schon bald als frühblühende Zierpflanze in die Gärten geholt. So trat er z.B. 1588 im Garten des Nürnberger Stadtarztes Joachim Camerarius und 1594 im Garten des Breslauer Arztes Laurentius Scholz in Erscheinung. 1613 brachte der Hortus Eystettensis eine farbige Abbildung unter der Bezeichnung *Hyacinthus parvus stellatus vernus*, »Blauer Stern-Hyacinth/der Kleinste«. Im allgemeinen blieb die Art jedoch auf Lustgärten des Adels, Liebhaber-Gärten und Botanische Gärten beschränkt. Dort finden wir sie fortan auch außerhalb ihres natürlichen Verbreitungsgebietes. Seit 1530 ist eine Form mit weißen Blüten bekannt, seit 1601 eine mit hellrosa Blüten (cv. 'Carnea'). Auch heute noch wird der Zweiblättrige Blaustern hauptsächlich in Botanischen und Liebhaber-Gärten kultiviert, gelegentlich findet man ihn auch verwildert in Parkanlagen.

Aus türkischen Gärten kam Ende des 16. Jhs. der bei uns im Mai blühende **Schöne Blaustern** (*Sc. amoena* L.) mit licht azurblauen Blüten nach Wien. Von dort sandte 1590 Eva Ungnad Freifrau von Sonnegg dem damals in Frankfurt/Main lebenden Carolus Clusius Zwiebeln dieser Art zu, und zwar unter dem türkischen Namen Susamgiule. Seine eigentliche Heimat ist unbekannt, man vermutet das nördliche Kleinasien. Clusius gab in seiner Rariorum plantarum historia 1601 unter dem Namen *Hyacinthus stellatus byzanthinus* eine erste Beschreibung und Abbildung. Er vermehrte die Art in seinem Garten und gab sie an andere Blumenliebhaber und Botanische Gärten weiter. 1613 finden wir sie im Hortus Eystettensis, 1623 im Garten von Jean und Vespasian Robin in Paris. Caspar Bauhin bezeichnete sie in seinem 1623 erschienenen Pinax als *Hyacinthus stellaris caeruleus amoenus*. Ein Exemplar aus seinem Garten in Basel befindet sich im Burser-Herbar. 1629 führt John Parkinson in England die Art in seinen Paradisi als *Hyacinthus stellatus Byzantinus nigra radice* auf. In den herzoglich braunschweigischen Garten zu Hessem kam sie nach 1630. 1646 wuchs sie im Botanischen Garten in Altdorf. In Berlin und Brandenburg hat die Art im 17. Jh. offenbar noch gefehlt. Hier läßt sie sich erst 1746 im Krauseschen Garten in Berlin unter dem Tournefortschen Namen *Ornithogalum coeruleum Byzantinum* nachweisen. 1771 wurde sie im Botanischen Garten Halle kultiviert und 1779 von der Handelsgärtnerei Buek in Hamburg angeboten. Gegen Ende des 18. Jhs. war der Schöne Blaustern in Deutschland weithin verbreitet und stellenweise sogar verwildert. So schreibt Johann Christian Gottlob Baumgarten in seiner Flora Lipsiensis 1790, er sei einst im Boseschen

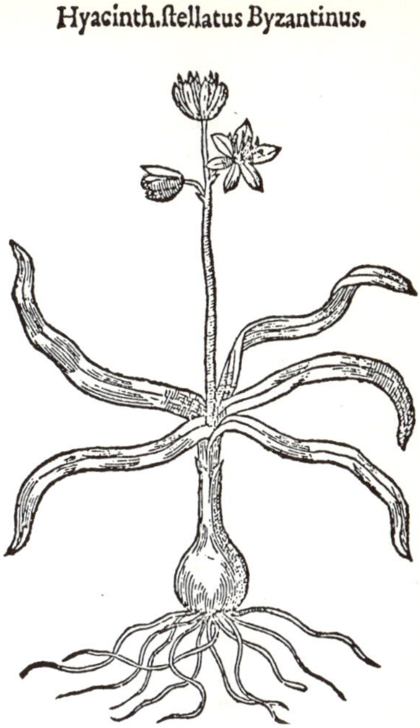

***Scilla amoena* L.** Schöner Blaustern, Clusius 1601

Garten kultiviert worden, komme nunmehr aber überall »spontan« in Obstgärten vor. Im 19. Jh. war er in vielen, auch dörflichen Gärten zu finden. So heißt es 1864 in der Flora der Provinz Brandenburg von Paul Ascherson: »nicht selten in Gärten; hie und da auf Grasplätzen verwildert«. Am Ende des 19. Jhs. aber zählte Carl Bolle den Schönen Blaustern zu den altmodischen Blumen: »Seit länger schon durch die leuchtendere sibirische Gattungsgenossin, *Sc. sibirica*, bei Seite gedrängt«. Heute ist der Schöne Blaustern außer in Botanischen Gärten und alten Pfarrgärten fast nur noch in den Gärten einiger weniger Liebhaber zu finden.

Der **Sibirische Blaustern** (*Sc. siberica* Haw.) stammt nicht aus Sibirien, sondern aus Mittel- bis Südrußland, dem Kaukasusgebiet und dem östlichen Kleinasien. Im westlichen Europa wurde er um 1800 bekannt. 1804 beschrieb ihn der englische Gärtner und Botaniker Adrian Hardy Haworth (1768 -1833) in dem von Henry C. Andrews herausgegebenen Botanists Repository als *Sc. siberica.* Diese Erstbeschreibung ist jedoch - wohl aufgrund der Napoleonischen Kriege - im kontinentalen Europa vorerst unbekannt geblieben, so daß die Art hier mit weiteren Namen versehen wurde. 1808 zählte sie Marschall von Bieberstein in seiner Flora taurico-caucasica fälschlich zu *Scilla amoena,* was im 1819 erschienenen Supplementband zu *Sc. cernua* Redouté berichtigt wurde. Unter diesem Namen hatte der französische Blumenmaler Pierre Joseph Redouté (1761 -1840) die Art in seinem Werk »Les Liliacees« (1802 - 1816) abgebildet. Der dänische Botanik-Professor Jens Wilken Hornemann (1770 - 1841) hatte den falschen Namen *Sc. amoena* 1813 zu *Scilla amoenula* abgewandelt. Diese und weitere Namen wurden nach Bekanntwerden der gültigen Erstbeschreibung zu Synonymen, im gärtnerischen Schrifttum z.T. aber noch jahrzehntelang weiterverwendet.

In Deutschland läßt sich die Art erstmals 1821 im Botanischen Garten Berlin nachweisen, in dessen Pflanzenverzeichnis sie Heinrich Link unter dem Namen *Sc. sibirica* Andrews aufführte. Nunmehr verbreitete sich der Sibirische Blaustern, »eine der schönsten Frühlingsblumen, die leicht gedeiht und sich schnell vermehrt« (Gartenflora Jg. 21, 1871), ziemlich rasch über die Gärten Mitteleuropas. 1864 war er in Berlin und Brandenburg eine häufige Gartenpflanze. Inzwischen kommt er fast überall in Mitteleuropa in den Gärten vor, in manchen sogar in größeren Mengen, und hat sich darüber hinaus auf alten Friedhöfen und in Parkanlagen mitunter zu Tausenden eingebürgert. Seit 1880 ist auch eine Form mit weißen Blüten (cv. 'Alba') bekannt, jedoch nur selten zu sehen. In neuerer Zeit entstand in England die triploide Sorte 'Spring Beauty' mit intensiver blauen, größeren und zahlreicheren Blüten, die aber steril ist und nur vegetativ vermehrt werden kann.

Der sehr früh, meist schon zusammen mit dem Winterling blühende **Erstfrühlings-Blaustern** (*Sc. mischtschenkoana* Grossh.) mit hellblauen oder blauweißen bis weißen Blüten ist auf alpinen Wiesen und zwischen Felsen im südlichen Kaukasusgebiet von Südarmenien bis zum Nordwestiran zu Hause. Aus dem Kara-Dagh-Gebirge wurde er 1931 von der Gartenbaufirma Van Tubergen in die Niederlande eingeführt, in Kultur genommen und unter der Bezeichnung *Scilla tubergiana* auf den Markt gebracht. Später zeigte es sich, daß dieser Blaustern bereits 1928 von dem russischen Botaniker Alexander Grossheim (1888 -1948) als *Sc. mischtschenkoana* (= *Sc. persica* Mischtschenko) beschrieben worden war. In den hiesigen Gärten ist diese schöne Art erst selten anzutreffen.

Sedum L. Fetthenne, Mauerpfeffer

Die Gattung *Sedum* umfaßt etwa 500 Arten, welche in der Hauptsache in den subtropischen und gemäßigten Zonen der nördlichen Erdhalbkugel vorkommen. Eine ganze Anzahl von ihnen findet auch Verwendung als Zierpflanzen, und zwar meist als Pflanzen der Steingärten, Trockenmauern und Tröge. Im folgenden kann nur auf die häufigeren Arten eingegangen werden.

Der von Linnaeus 1753 festgeschriebene Gattungsname *Sedum* war bereits in der Antike bekannt und wurde z.B. von Plinius als Bezeichnung von *Sedum*- und *Sempervivum*-Arten verwendet. Er steht in Zusammenhang mit dem lateinischen Verbum sedare, »beruhigen, stillen, hemmen« bzw. dem Substantiv sedatio, »Beruhigung«, weil die saftigen Blätter dieser Arten als schmerzstillendes und beruhigendes Mittel bei Quetsch- und Brandwunden, bei Geschwüren und Entzündungen verwendet wurden bzw. in der Volksmedizin auch heute noch angewandt werden.

Der in Europa bis hinauf nach Südskandinavien, in Nordwestafrika, Kleinasien und dem Kaukasusgebiet auf Felsen wachsende **Weiße Mauerpfeffer** (*S. album* L.) mit weißen Blüten war den Botanikern des 16. Jhs. lediglich als Wildpflanze bekannt, kam aber damals schon auf Mauerkronen und Dächern vor, wohin er wohl durch Zutun des Menschen gelangt war. Auch im 17. und 18. Jh. werden für diese Art vorwiegend derartige Wuchsplätze angegeben, doch gab es im 18. Jh. auch schon Nachweise für eine Gartenkultur. So wurde sie z.B. 1746 im Krauseschen Garten in Berlin unter dem Bauhinschen Namen *Sedum minus, teretifolium, album* gezogen. Im 19. Jh. war der Weiße Mauerpfeffer als Zierpflanze ziemlich verbreitet. In den Gärten verwendete man ihn gerne zu Beeteinfassungen, auf den Friedhöfen zur Bepflanzung von Gräbern. Von diesen Stellen aus kam es auf sandigen Grasplätzen und Straßenböschungen mancherorts zu Verwilderungen. Vielfache Verwendung fand er in den nun-

Telephium floribus purpureis. T. 473.

***Sedum telephium* L.** Purpur-Fetthenne, Lobelius 1591

mehr in Mode gekommenen Steingärten, neuerdings auch als Trogpflanze und zur Dachbegrünung. Durch Auslese entstanden mehrere Sorten, insbesondere solche mit hell- bis dunkelrosa Blüten und rotbraunen Stengeln und Blättern.

Auf Felsköpfen in den Gebirgen, im Flachland vor allem in Sandtrockenrasen kommt in Mittel- und Westeuropa bis hinauf zum südlichen Nordeuropa die **Fels-Fetthennne** (*S. rupestre* L. 1753, *S. reflexum* L. 1755) vor. Schon im 16. Jh. war sie hier und da auch in Gärten zu finden, aber wohl weniger als Zierpflanze, sondern als Salatpflanze. Hierzu wurde vor allem eine Form mit grasgrünen, fleischigeren Stengeln und Blättern kultiviert, die sogenannte Tripmadam (var. *viride* bzw. cv. 'Viride'). Der Name stammt aus Frankreich, wo er in der Mitte des 16. Jhs. als trippe-madame u.ä. belegt ist. Dort wurde die Pflanze wohl auch zuerst als Salatkraut genutzt. Der Name gelangte über das Niederländische auch nach Deutschland. Im 18. und 19. Jh. war die Fels-Fetthenne hier eine häufig angebaute Pflanze der Küchengärten und wurde sowohl als Gewürz wie auch als Bestandteil von Kräutersalaten und Kräutersuppen verwendet. Ergänzende Angaben hierzu macht der Gärtner Karl Karstädt in der Zeitung Der praktische Ratgeber im Obst- und Gartenbau 1907: »Dieses Gewürzkraut findet hauptsächlich Verwendung als Aalkraut und ist eines der berühmten Hamburger Aalkräuter. In unserer Küche findet es Verwendung beim Ausbraten des Fettes oder Schmalzes, wo es vereint mit Eberraute, Gamander, Quendel, Pimpinelle, Ehrenpreis, Salbei, Ysop, Poleyminze, Äpfeln und Zwiebeln dem Fett ein würziges, pikantes Aroma verleiht.« Ende des 19. Jhs. rechnete Carl Bolle die Trippmadam zu den altmodischen Blumen, heute ist sie als Gewürz- und Suppenkraut kaum noch zu sehen. Mit dem Aufkommen der Steingärten fand jedoch die Wildform mit blaugrünen Blättern zunehmende Verwendung als Zierpflanze. Inzwischen gibt es hiervon mehrere Sorten. Seit 1623 ist auch eine Cristata-Form mit verbänderten Stengeln bekannt, das sogenannte Hahnenkamm-Sedum.

Aus der Gruppe der Hohen Fetthennen (*Sedum-telephium*-Gruppe) hat man vor allem die in Mitteleuropa ziemlich häufige **Purpur-Fetthenne** (*S. telephium* L. subsp. *telephium*) mit hell- bis purpurroten Kronblättern, aber auch die seltenere **Berg-Fetthenne** (*S. telephium* subsp. *fabaria* (Koch) Schinz et Thell.) mit rosa Kronblättern als Zierpflanzen in Gärten gezogen. Bauhin nannte die Purpur-Fetthenne 1623 *Telephium purpureum majus*, und unter diesem Namen erscheint sie u.a. auch im Gartenbaubuch von Elsholtz (1666) als ausdauernde Gartenstaude. Ende des 18. Jhs. und im 19. Jh. war sie eine verbreitete Zierpflanze, wurde aber gegen Ende des 19. Jhs. durch *S. spectabile* zurückgedrängt. Bolle bezeichnete sie als altmodische Gartenblume. Erst in neuerer Zeit erfuhr sie eine Renaissance in der 1955 von Georg Arends in Ronsdorf in den Handel gebrachten Sorte 'Herbstfreude', wohl eine Hybride zwischen *S. telephium* und *S. spectabile*.

Die **Ansehnliche Fetthenne** (*S. spectabile* Boreau) mit rosa Blüten ist in Korea, der Mandschurei (Nordostchina) und Japan heimisch. Von dort kam sie Mitte der 1860er Jahre nach Frankreich, wo sie

1866 von dem französischen Botaniker Alexandre Boreau unter dem angegebenen Namen beschrieben wurde. 1868 wurde sie in England und Deutschland eingeführt und von den Handelsgärtnereien verbreitet, vielfach aber fälschlich als *Sedum fabaria.* 1871 war sie im Botanischen Garten Wien vorhanden, 1872 wurde sie in der Gartenflora als neue Art vorgestellt und abgebildet. 1913 waren erste, durch Auslese gewonnene Sorten vorhanden, so die dunkelrot blühende 'Brillant'. Heute sind mehrere Sorten im Handel, darunter zwei weißblühende.

Aus Japan stammt auch **Siebolds Fetthenne** (*S. sieboldii* Sweet) mit 15 - 25 cm langen, niedergestreckten oder überhängenden Stengeln. Sie wurde 1830 in Belgien eingeführt und war vor Mitte des 19. Jhs. in Deutschland bekannt. Da die Art in Mitteleuropa nicht überall winterhart ist, zieht man sie meist als Topfpflanze auf Fensterbrettern und in Ampeln. Beliebt ist auch ihre buntblättrige Form (cv. 'Mediovariegatum'), welche 1862 in den Niederlanden in Erscheinung trat.

Aus der Gruppe der *Sedum*-Arten mit niederliegenden, dichte Teppiche bildenden Sprossen (»**Teppich-Sedum**«) gelangte als erstes das im mittleren und südlichen Ural heimische *S. hybridum* mit schwefelgelben Blüten nach Mitteleuropa. Entdeckt wurde es durch den aus Schaffhausen stammenden Botanik-Professor Johann Ammann, der es 1739 in seinem Buch über die selteneren Gewächse Rußlands erstmals als *Sedum minus repens, chamaedryos foliis, e singulis foliorum alis radices agens* beschrieb. Von St. Petersburg aus kam die Art zunächst nach Schweden, wo ihr Linnaeus 1753 den Namen *S. hybridum* gab, und nachfolgend auch nach Deutschland. 1799 wurde es im Botanischen Garten Halle gezogen, 1808 im Botanischen Garten Berlin. Im Laufe des 19. Jhs. breitete sich die Art hierzulande als immergrüner Bodendecker, als Grab-, Einfassungs- und Steingartenpflanze weithin aus.

Eine weitere häufige gelbblühende (Kronblätter goldgelb, Narben orange) Teppich-Sedum-Art ist die in den Küstengebieten des nordwestlichen Pazifik von Japan und dem Ussurigebiet nordwärts über die Kurilen und Sachalin bis Kamtschatka vorkommende **Kamtschatka-Fetthenne** (*S. kamtschaticum* Fisch. et Mey.). Man unterscheidet mehrere Varietäten, die mitunter auch als eigene Arten aufgefaßt werden (*S. floriferum* Praeg., *S. ellacombianum* Praeg., *S. middendorfianum* Maxim.). Die Typus-Sippe kam 1840 nach St. Petersburg und wurde von dem Direktor des dortigen Botanischen Gartens Friedrich Ernst Ludwig von Fischer (1782 - 1854) und seinem Mitarbeiter und Amtsnachfolger Carl Anton von Meyer (1795 - 1855) beschrieben. Dessen Nachfolger Eduard Regel empfahl die Art in der von ihm herausgegebenen Gartenflora (Jg. 5, 1856) als Steingartenpflanze, 1870 auch als Pflanze für Teppichbeete. Dennoch blieb sie in Mitteleuropa im 19. Jh. selten und erlangte erst im 20. Jh. durch Staudengärtnereien eine größere Verbreitung. Die heute am häufigsten anzutreffende Form ist die in Weihenstephan entstandene, aus *S. kamtschaticum* var. *floriferum* aus Nordostchina hervorgegangene Sorte 'Weihenstephaner Gold', ein wüchsiger Bodendecker für Böschungen und Dachgärten. Von *S. kamtschaticum* gibt es auch eine panaschierte Form mit weißgelb gerandeten Blättern (cv. 'Variegatum'). Im Handel sind ferner aus der var. *middendorfianum* hervorgegangene Sorten. Deren Ausgangsform wurde seinerzeit von dem um die Erforschung der Flora des Amurgebietes, der Mandschurei und Japans verdienten russischen Botaniker Carl Johann Maximowicz entdeckt und kam durch ihn um 1880 nach St. Petersburg. Die aus Japan stammende var. *ellacombianum* wurde kurz vor 1911 in England eingeführt.

Im Kaukasusgebiet, Nordiran und Kurdistan zu Hause ist die rosablühende **Kaukasus-Fetthenne** (*S. spurium* M. B.). Sie war bereits Johann Christian Buxbaum bekannt, der in den 1720er Jahren den Vorderen Orient botanisch durchforschte und dessen Forschungsergebnisse in 5 Teilen von 1728 bis 1740 in St. Petersburg zur Veröffentlichung kamen. In dem 1740 postum erschienenen 5. Teil wird unsere Art als *Anacampseros minor repens, flore purpureo* beschrieben und abgebildet. Ihre Wiederentdeckung erfolgte um 1800 durch Marschall von Bieberstein, der sie in seiner Flora taurico-caucasica 1808 erneut beschrieb und ihr den heute gültigen binären Namen gab. Bieberstein hatte sie »circa thermas Constantinomontanis et versus Cacumen montis Beschtau« häufig auf Felsstandorten beobachtet. Sehr schnell gelangte die Art durch Bieberstein in verschiedene Botanische Gärten Europas, bereits 1808 war sie sowohl im Berliner als auch im Kopenhagener Botanischen Garten vorhanden. Nach England kam sie nach Beendigung der Napoleonischen Kriege und der Kontinentalsperre 1816. In Deutschland wurde sie 1817 vom Hofgärtner Christian August Breiter in Leipzig angeboten, blieb aber hierzulande noch lange Zeit selten und erfuhr erst in der 2. Hälfte des 19. Jhs. eine stärkere Verbreitung, wobei sie vor allem zur Grabbepflanzung und als Pflanze für Beeteinfassungen, Teppichbeete und Steingärten verwendet wurde. Bald stellte man auch örtliche Verwilderungen, insbesondere auf und bei Friedhöfen, fest. In Gartenkultur entstand eine Reihe von Sorten, neben einer mit weißen Blüten (cv. 'Album') vor allem solche mit karminroten und dunkelroten Blüten und rotbräunlichen Blättern, wie z.B. die in den Schüttschen Staudenkulturen in Schorbus bei Cottbus um 1925 ausgelesene Sorte 'Schorbuser Blut'.

Sempervivum L. Hauswurz

Die meisten der etwa 30 Arten der Gattung *Sempervivum* wachsen auf Felsstandorten höherer Gebirge vom Hohen Atlas in Nordwestafrika über die spanischen Gebirge, die Pyrenäen, die Alpen und die Apenninen sowie die südosteuropäischen Gebirge bis hin zum Kaukasus. Nur wenige Arten kommen auch im Flachland vor, so das neuerdings in die nahe verwandte, 1852 von dem Prager Botaniker Maximilian Philipp Opiz (1787–1858) aufgestellte Gattung *Jovibarba* eingeordnete *S. soboliferum* Sims (*Jovibarba globifera* (L.) J. Parnell). Der Gattungsname *Sempervivum* bedeutet »immerlebend« und bezieht sich auf die immergrünen Rosetten, im Gattungsnamen *Jovibarba* (»Jupiterbart«) wird ein alter, schon um 800 im Capitulare de villis Karls des Großen erscheinender Pflanzenname aufgegriffen.

Semperuiuum maius alterum, siue Iouis barba.

Sempervivum tectorum L. Dach-Hauswurz, Dodonaeus 1583

Einige wenige Hauswurz-Arten befinden sich seit alter Zeit in Kultur und wurden dadurch weit über ihr Ursprungsgebiet hinaus verbreitet, die meisten Arten und eine Vielzahl von Natur- und Gartenhybriden kamen jedoch erst durch die im 19. Jh. einsetzende Steingartenmode in unsere Gärten. Hier kann nur auf die häufigsten Arten eingegangen werden.

Die **Dach-Hauswurz** (*S. tectorum* L.) ist eine sehr vielgestaltige Art, deren Heimatareal von den Pyrenäen über Süd- und Mittelfrankreich, den Jura und die Alpen bis Istrien reicht. Schon in grauer Vorzeit wurde es üblich, sie auf die Firste der mit Rohr oder Stroh gedeckten Dächer zu pflanzen, wo ihre fleischigen Rosetten sowohl vor Blitzschlag als auch gegen Funkenflug schützen sollten. Auch Dioskurides gibt in seiner Materia medica an, daß die Pflanze *Aeizoon* – was in wörtlicher Übersetzung in das Lateinische *Sempervivum* heißt, weshalb offenbar eine Sempervivum-Art gemeint ist – auf die Dächer gepflanzt wurde. Im Capitulare de villis heißt es, der Gärtner solle auf seinem Hause »Jupiterbart« haben (»et ille hortulanus habeat super domum suam Jovis barbam«). Der Name verweist wohl auf Jupiter als den Schleuderer der Blitze. Im Deutschen hieß die Pflanze meist Donnerkraut, Dachwurz oder Hauswurz. Im 19. Jh. war die Dach-Hauswurz vielerorts, besonders aber in Dörfern, auf Dächern anzutreffen, bis die Rohr- und Strohdächer in zunehmendem Maße durch Ziegeldächer ersetzt wurden. In manchen Gegenden Mitteleuropas war es üblich, die Dachwurz auf Mauern, vor allem aber auf die steinernen Pfosten der Toreinfahrten zu setzen, wobei man ihr ebenfalls eine Schutzfunktion zuschrieb. Aber auch dieser alte Brauch ist heute nur noch an wenigen Stellen sichtbar, wozu leider die sogenannte »Dorfverschönerung« beigetragen hat. Ähnliche Vorstellungen sind wohl auch als Grund dafür anzusehen, daß das Haupt der steinernen Rolandsfigur vor dem Rathaus der Stadt Brandenburg seit altersher von der Dach-Hauswurz gekrönt wird.

Darüber hinaus schätzte man diese Pflanze seit langem als Heilpflanze. Den aus ihren Blättern gepreßten Saft, welcher, wie Gleditsch 1769 schrieb, »balsamisch und kühlend ist«, gebrauchte man bei der Behandlung von Brand- und Quetschwunden, von Hauterkrankungen und Warzen, auch träufelte man ihn bei Ohrenschmerzen in die Ohren. Bereits in der Antike wurde die Art als Mittel gegen Brandwunden und überhaupt zur Wundheilung gerühmt, ferner schrieb man ihrem Saft eine Ungeziefer abwehrende Wirkung zu und benutzte ihn zur Beizung von Getreide und Sämereien. Auch in der Physica Hildegard von Bingens im 12. Jh. erscheint die Dach-Hauswurz unter den Namen »huswurtz« und *semperviva* als Arzneipflanze, ebenso im 15. Jh. bei Konrad von Megenberg und bei den Kräuterbuchautoren des 16. und 17. Jhs. Bis in das 18. Jh. hinein galt die Art allgemein als offizinell, noch jetzt wird sie in der Homöopathie sowie in der Volksheilkunde verwendet.

Seit altersher ist die Dach-Hauswurz aber auch Zierpflanze. Als Gartenpflanze erscheint sie unter dem Namen *Sedum seu Sempervivum majus vulgare* 1561 in Gessners Horti Germaniae. 1613 bildete sie der Hortus Eystettensis als *Sedum vulgare* ab. Auch späterhin tritt sie vielerorts als Gartenpflanze in Erscheinung. So heißt es z.B. 1787 für den Berliner Raum bei Willdenow, sie komme sowohl auf den Dächern als auch in den Gärten der Dörfer zahlreich vor. In den Gärten nahm man sie gerne für Beeteinfassungen. Als immergrüne Art und somit als Symbolpflanze für Unsterblichkeit war sie auch eine beliebte Friedhofspflanze und wurde viel zur Bepflanzung von Gräbern verwendet. Für die um 1870 in Mode gekommenen Teppichbeete nutzte man sie, um Teppichmuster zu bilden. Auch heute noch ist sie häufig in Gärten zu sehen, wo man sie teils als Einfassungspflanze, hauptsächlich aber zum Bepflanzen von Steingärten, Trögen und Trockenmauern nutzt.

Die alpine **Berg-Hauswurz** (*S. montanum* L.) mit beiderseits behaarten Rosettenblättern wurde ebenfalls 1613 im Hortus Eystettensis als Gartenpflanze abgebildet, und zwar unter dem Namen *Sedum minus flore rubente*. Caspar Bauhin bezeichnete sie 1623 in seinem Pinax als *Sedum majus montanum foliis non dentatis floribus rubentibus*, und unter diesem Namen wird sie z.B. 1663 in der Flora Marchica und 1666 im Gartenbaubuch von Elsholtz aufgeführt, dort jedoch, wie auch die folgende Art, unter dem »Schirm-Gewächß«, d.h. den frostfrei zu überwinternden Pflanzen. Auch im Krauseschen Garten in Berlin war die Berg-Hauswurz 1746 vertreten, dort unter dem Namen *Sedum Alpinum, roseum, acuto folio, haematodes maius*. Damals war diese Art aber recht selten und blieb auf die Gärten einiger weniger Liebhaber beschränkt. Erst das Aufkommen der Steingärten führte zu einer etwas häufigeren Verwendung dieser recht vielgestaltigen Art, von der es zahlreiche Unterarten und Formen, aber auch Naturhybriden gibt.

Die auffällige **Spinnweb-Hauswurz** (*S. arachnoideum* L.), die in den Pyrenäen einschließlich einiger nordspanischer Gebirgszüge, den Alpen und den Apenninen sowie auf Korsika beheimatet ist, wurde ebenfalls schon frühzeitig von Gartenliebhabern kultiviert, zuerst vielleicht von Konrad Gessner in Zürich, der sie 1561 als *Sedum in saxis montium alia majuscula* aufführte. 100 Jahre später war sie als Gartenpflanze in das mitteleuropäische Tiefland vorgedrungen, 1663 erscheint sie in der Flora Marchica unter dem Namen *Sedum majus montanum dentatis foliis*, »Groß Haußlaub mit bezähnten blettern/Spinnweb/quoniam per cuspides foliorum fila visuntur quasi ab araneis ducta« (»weil die Fäden zwischen den Spitzen der Blätter aussehen wie von Spinnen gezogen«), und in den folgenden Jahren im Gartenbaubuch von Elsholtz. Im 18. Jh. war die Art in den meisten Botanischen und Liebhaber-Gärten Deutschlands vorhanden, bis zur Jahrhundertmitte meistens unter dem Bauhinschen Namen *Sedum montanum, tomentosum*. Die ab der 2. Hälfte des 19. Jhs. aufgekommenen Steingärten verschafften der Art eine etwas weitere Verbreitung. Heute gehören hierzulande sowohl die eigentliche, ziemlich veränderliche Art mit ihren verschiedenen subspezifischen Sippen wie auch die zahlreichen auf sie zurückgehenden Sempervivum-Hybriden zu den häufigeren Steingarten- und Trogpflanzen.

Auch die **Sprossende Hauswurz** (*Jovibarba globifera* (L.) J. Parnell 1990, syn. *Sempervivum globiferum* L. 1753, *S. soboliferum* Sims 1812), deren Areal von Osten her nach Mitteleuropa hineinreicht und die u.a. noch an der unteren Oder (Gellmersdorfer Forst) und in Oberfranken wild vorkommt, hat man in ihrem natürlichen Verbreitungsgebiet schon frühzeitig in die Gärten geholt, besonders in solche auf sandigem Boden, und in diesen Gegenden auch viel zur Grabbepflanzung verwendet. Später wurde sie dann ebenfalls zu einer Steingartenpflanze. In Gärten und auf (meist ländlichen) Friedhöfen kann man sie heute noch mancherorts antreffen, insgesamt steht sie als Zierpflanze aber anderen Hauswurz-Arten in der Häufigkeit nach. Hier und da hat die Gartenkultur dieser Art jedoch auch zu Verwilderungen und Einbürgerungen geführt.

Sicyos angulatus L.
Haargurke

Die in wärmeren Gebieten der östlichen und südlichen USA heimische einjährige Haargurke gelangte Ende des 17. Jhs. nach England und den Niederlanden, wo sie von Leonhard Plukenet in London in seiner Phytographia (1691) als *Cucumis bryonoides* und von Paul Hermann in Leiden in seinem Paradisus Batavus (1698) als *Cucumis canadensis monospermos, fructu echinato* beschrieben und abgebildet wurde. 1753 stellte sie Linnaeus in die von ihm 1735 begründete Gattung *Sicyos*, deren Namen die griechische Bezeichnung für die Springgurke (*Ecballium elaterium)* zugrundeliegt.

Nach Deutschland kam die Art offenbar in der 2. Hälfte des 18. Jhs. 1779 war sie als *Sicios angulata* im Angebot der Hamburger Handelsgärtnerei Buek. Im 19. Jh. wurde die Haargurke hierzulande dann »in vielen Gärten wegen ihres schnellen und reichen Laubes zur Bekleidung von Spalieren und Lauben benutzt«, wie es 1843 in der 6. Auflage von Wredows Gartenfreund heißt, und war infolgedessen weithin verbreitet. Stellenweise kam es auch zu mehr oder weniger dauerhaften Verwilderungen in

Ufergebüschen, an Schuttplätzen und Zäunen. Ende des 19. Jhs. zählte Carl Bolle die »Wilde Gurke« zu den altmodischen Blumen, und heute wird sie nur noch selten als Zierpflanze kultiviert.

Silene L. Leimkraut

Einige einjährige Leimkraut-Arten aus dem Mittelmeergebiet wurden ihrer hübschen Blüten wegen früher teils häufiger, teils seltener in den Gärten kultiviert, sind dort heute aber nur noch selten, am ehesten als Bestandteil bunter Sommerblumenmischungen, anzutreffen.

Von diesen Arten war das **Garten-Leimkraut** (*S. armeria* L.) hierzulande am verbreitetsten. Diese Art kam um die Mitte des 16. Jhs. nach Mittel- und Westeuropa. 1561 führt sie Konrad Gessner in seinen Horti Germaniae als *Flos Constantinopolitanus alter minor* auf. In Belgien ist sie seit 1568 belegt. Dort nannte sie Rembert Dodonaeus *Armerius flos quartus* und stellte sie damit zu den damals als *Armerius* (zu franz. armoiries, »Wappen«) bezeichneten Nelken mit büschelig angeordneten Blüten. Bei Matthias Lobelius heißt sie *Muscipula* (»Fliegenfalle«) nach den oberseits klebrigen Stengeln, an denen kleine Insekten kleben bleiben, daher auch der deutsche Name Leimkraut. Als *Muscipula flore rubro* bzw. *flore albo* wurden ihre rot- und ihre weißblühende Form 1613 im Hortus Eystettensis abgebildet. Bis dahin war sie in Deutschland aber offenbar recht selten, 1594 z.B. wuchs sie als *Armeria flore albo* und *Armeria suaverubente flore* im Garten des Breslauer Arztes Laurentius Scholz, fehlte aber noch in den Lausitzer Gärten. Im Laufe des 17. Jhs. breitete sie sich weiter aus. Das bis 1639 zusammengetragene Burser-Herbar belegt sie unter dem Bauhinschen Namen *Lychnis viscosa purpurea latifolia laevis* für die Gärten der Lausitz, Meißens und Dänemarks. 1630/51 war sie als *Viscaria sativa alba* und *Viscaria sativa rubra* im herzoglich braunschweigischen Garten zu Hessem, 1663 in beiden Farbformen auch in den kurfürstlich brandenburgischen Gärten in und um Berlin vorhanden. Als *Muscipula fl. purpureo* tritt sie in einer Sammlung von Blumenzeichnungen aus der Zeit um 1680 aus einem Pastorengarten in Friedrichstadt (Schleswig-Holstein) in Erscheinung (von Fischer-Benzon 1894). Im 18. Jh. zählte sie zu den häufigen Zierpflanzen und wurde in vielen Gärten gezogen, ebenso im 19. Jh. Mitte des 18. Jhs. kannte man neben der roten und der weißen Farbform noch eine mit fleischfarbenen Blüten ('Carnea') und von den beiden ersteren auch Formen mit gefüllten Blüten. Im 19. Jh. heißt es in verschiedenen Gebieten, sie komme in Gärten nicht selten »halbwild« vor und werde auch außerhalb der Gärten öfter an Zäunen, auf Äckern und selbst in Wäldern angetroffen, sei aber selten beständig. Ab der 2. Hälfte des 19. Jhs. wurde sie, wie die nachstehend aufgeführten Leimkraut-Arten auch, in zunehmendem Maße durch größerblütige Sommerblumen in den Hintergrund gedrängt.

Das **Himmelsröschen** (*S. coeli-rosa* (L.) A. Br.) erscheint zuerst 1674 als *Lychnis foliis glabris, calyce duriore* in den Icones et descriptiones rariorum plantarum Siciliae ... des italienischen Zisterzienserpaters Paolo Boccone in Palermo. Von dort kam es alsbald nach England, wo es 1680 von Robert Morison als *Lychnis segetum, Nigellastrum minus glabrum dicta, flore eleganter rubello* und 1688 von John Rajus als *Pseudo-Melanthium glabrum siculum* aufgeführt wird. 1687 wurde es auch in den Niederlanden kultiviert. 1753 stellte Linnaeus die Art in die Gattung *Agrostemma,* und als *Agrostemma coeli-rosa* tritt es zu Beginn des 19. Jhs. in Deutschland vielerorts in Erscheinung, bevor Alexander Braun (1805-1877) in Berlin die Art der Gattung *Silene* zuordnete. Im 19. Jh. war das hellpurpurn blühende Himmelsröschen hierzulande eine beliebte Sommerblume. In Gartenkultur entstanden damals einige Farbsorten mit weißen, roten und blauen Blüten sowie auch eine niedrigere Sorte.

Im 18. Jh. kam das **Hängende Leimkraut** (*S. pendula* L.) mit behaarten Stengeln und Blättern und rosenroten Blüten aus dem zentralen und östlichen Mittelmeergebiet nach Westeuropa. 1732 wurde es im Hortus Elthamensis von Johann Jacob Dillenius als *Viscago hirsuta sicula, lychnidis aquaticae facie, supina* beschrieben und abgebildet. Von England aus gelangte es in andere europäische Länder. Linnaeus, der während seines Aufenthaltes in den Niederlanden die Art im Garten des Bankiers George Clifford in Hartekamp bei Haarlem sah, zählte sie 1737 in seinem Hortus Cliffortianus zur Gattung *Cucubalus,* stellte sie aber 1753 zur Gattung *Silene.* In Deutschland war sie 1746 im Botanischen und im Krauseschen Garten in Berlin vorhanden. 1779 befand sie sich im Angebot der Hamburger Handelsgärtnerei Buek. Im 19. Jh. gehörte das Hängende Leimkraut hierzulande ebenfalls zu den beliebten Sommerblumen und wurde häufig in Gärten gezogen; auch bei dieser Art kam es hier und da zu unbeständigen Verwilderungen. Durch Auslese entstand eine Reihe von Sorten, und zwar sowohl höhere als auch niedrigere mit einfachen und mit gefüllten Blüten in verschiedenen Rottönen sowie in Weiß; seit 1874 gibt es ferner eine Sorte mit rotbraunen Stengeln und Blättern.

Silene dioica **(L.) Clairv.** Rote Lichtnelke, einfach- u. gefülltblühend, Matthiolus/Camerarius 1586

Silphium perfoliatum L.
Silphie, Becherpflanze

Die Korbblütler-Gattung *Silphium* kommt in den gemäßigten Zonen Nordamerikas vor und umfaßt etwa 22 Arten. Einige davon gelangten Ende des 17. Jhs. nach Europa, weitere im Laufe des 18. Jhs. In seinen Species Plantarum zählt Linnaeus 1753 fünf Arten auf, von denen *S. solidaginoides* heute zu *Heliopsis helianthoides* gestellt wird. Als Gattungsnamen hatte er 1737 den lateinischen Pflanzennamen *silphium* herangezogen, der auf den griechischen Namen *silphion* zurückgeht, der in der Antike aber eine nordafrikanische Heilpflanze, wahrscheinlich eine *Ferula*-Art, bezeichnete.

Unsere Art, heimisch im Gebiet südlich der großen nordamerikanischen Seen, wurde von Linnaeus 1759 in der 10. Auflage seines Systema naturae als *S. perfoliatum* beschrieben. Bei dieser bis 2,5 m hoch werdenden Art sind die oberen Stengelblätter am Grunde paarweise miteinander becherförmig verwachsen, daher der deutsche Name Becherpflanze. 1773 kannte Gleditsch in Berlin nur das verwandte *S. asteriscus* L., von dem er schreibt, »sie treibet viele Stengel und mäßig große gelbe Blumen, welche die Luststücken gegen Ende des Sommers und noch länger zieren.« 1808 waren im Berliner Botanischen Garten dann 6 *Silphium*-Arten vertreten, darunter auch *S. perfoliatum, S. connatum* und *S. conjunctum*, wobei die beiden letzteren heute in *S. perfoliatum* einbezogen werden. In der Folgezeit war die Becherpflanze eine zwar nicht allzu häufige, aber doch vielerorts anzutreffende Zierpflanze, die vor allem als dekorative Hochstaude eingesetzt wurde und gelegentlich verwilderte. Carl Bolle rechnete sie um 1900 zu den altmodischen Gartenblumen. Darüber hinaus wurde sie hier und da auch als Futterpflanze, insbesondere für Kleintiere, angebaut. Heute ist sie nur noch selten zu sehen.

Silybum marianum (L.) Gaertn. Mariendistel

Die Heimat der Mariendistel umfaßt das Mittelmeergebiet, Südwesteuropa und Vorderasien. In der Antike wurde sie als Heilpflanze genutzt und erscheint als solche unter dem Namen *sillybon* bei Dioskurides, als *sillybum* bei Plinius. In Deutschland wurde sie im 12. Jh. bei Hildegard von Bingen in ihrer Physica als »Vehedistel« (zu mittelhochdeutsch vech, vehes, »mehrfarbig, gefleckt, bunt«) aufgeführt. Damals zog man sie in die Marienverehrung ein und deutete die weißen Flecken auf ihren Blättern als Milchtropfen der Mutter Gottes. Man nannte sie daher Mariendistel bzw. »sant mariendistel«, auch die Bezeichnungen »Frawendystel« (Bock 1532) und »Unser Frouwen distel« (Brunschwyg 1500) sind überliefert. Als *Carduus Mariae* erscheint sie 1561 in den Horti Germaniae Konrad Gessners, und fortan zählten die meisten Autoren sie zur Gattung *Carduus*, selbst noch Linnaeus 1753, bei dem sie *Carduus Marianus* heißt. 1791 griff der schwäbische Arzt Joseph Gaertner, der sich nebenher mit den Samen der Pflanzen beschäftigte, erneut den antiken Namen auf und trennte die Art als *Silybum marianum* von den anderen Disteln ab.

Im 16. Jh. war die Mariendistel weit verbreitet und wurde vor allem in den »Krautgärten« gezogen, wo sie sich alljährlich von ausgefallenem Samen selbst zu vermehren pflegte. Man schätzte sie in erster Linie als Arzneipflanze. Ihre Früchte enthalten in der Schale den Inhaltsstoff Silymarin, ein Gemisch verschiedener Flavonolignane, der eine die Gallensaftbildung und -ausscheidung fördernde sowie leicht krampflösende und leberschützende Wirkung besitzt. Man verwendete die Früchte, Stechkörner genannt, daher vor allem als Mittel bei Leberentzündungen, Gallensteinen und Gelbsucht, außerdem, der damaligen Signaturenlehre entsprechend, gegen Seitenstechen und die Blätter gegen Weißfluß.

Noch im 18. Jh. waren Samen und Kraut der Pflanze offizinell. Ihrer schönen weißgefleckten Blätter wegen war sie aber auch eine Zierpflanze, und in dieser Rolle erscheint sie im 19. Jh. häufig in Gärten, von wo aus sie dann nicht selten an Zäunen und auf Schutt unbeständig verwilderte. Lange Zeit aus der Mode gekommen und schließlich selten geworden, findet sie neuerdings als dekorative Schmuckpflanze wieder vermehrtes Interesse.

CARDUUS LACTEUS.

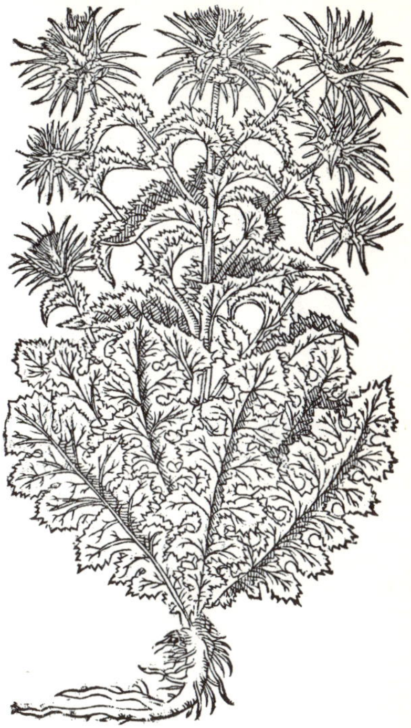

***Silybum marianum* (L.) Gaertn.**
Mariendistel, Matthiolus/Bauhin 1598

Solidago L. Goldrute

Die Gattung *Solidago* umfaßt etwa 100 - 120 Arten, von denen die allermeisten in den gemäßigten Zonen Nordamerikas beheimatet sind. In Europa kommt nur die formenreiche, früher als Wundkraut geschätzte **Echte Goldrute** (*S. virga-aurea* L.) vor, doch haben sich hier inzwischen einige nordamerikanische Arten z.T. in Mengen eingebürgert. Der Name *Solidago* wurde 1735 von Linnaeus für diese Gattung eingeführt. Linnaeus griff damit einen alten Pflanzennamen auf, der im 16. Jh. für verschiedene Pflanzen verwendet wurde, die bei Knochenbrüchen helfen sollten, u.a. auch für die Echte Goldrute. Der Name geht zurück auf lateinisch solidare, »verfestigen, ganz

Solidago canadensis L. Kanadische Goldrute, Martyn 1752

machen, zusammenfügen«. Bis dahin bezeichnete man die Goldruten wissenschaftlich meist als *Virga aurea*, zu lat. virga, »Reis, Rute« und aurea, »golden«.

Eine der ersten nordamerikanischen *Solidago*-Arten, welche als Zierpflanzen in Europa eintrafen, war die **Kanadische Goldrute** (*S. canadensis* L.). Erst vor kurzem entdeckte Notizen von John Tradescant d. Ä. haben ergeben, daß dieser die Art 1632 unter dem Namen *Virga Aurea virgine* erhalten hatte, wobei die Herkunft jedoch nicht angegeben wird (Leith-Ross 1984). In dem 1634 aufgestellten Katalog der in seinem Garten wachsenden Pflanzen heißt es zusammenfassend *Virgae Aureae* quatuor spec., wobei unter diesen 4 Arten vermutlich auch *S. canadensis* ist. Erst in dem Katalog von 1656 für den Garten von John Tradescant d. J. in South-Lambeth bei London heißt es ausdrücklich *Virga Aurea Canadensis*. Als *Virga aurea virginiana* wurde sie 1648 auch im Botanischen Garten Oxford gezogen. In Deutschland erscheint sie erstmals zwischen 1630 und 1651 im herzoglich braunschweigischen Garten zu Hessem als *Virga aurea canadensis Robini*. Das Wort *Robini* läßt vermuten, daß man die Art aus dem Garten von Vespasian Robin in Paris bekommen hatte. Im 17. Jh. scheint sie in den deutschen Gärten eine Seltenheit gewesen zu sein. Außer in Hessem läßt sie sich in diesem Zeitraum nur noch in Leipzig (1675) nachweisen. Elsholtz in Berlin erwähnt sie weder in seiner Flora Marchica (1663) noch in seinem Gartenbaubuch. In dessen 3. Auflage 1684 erscheint an amerikanischen *Solidago*-Arten lediglich *Virga aurea Mexicana* C. B., »Mexicanisch Wundkraut« (*Solidago mexicana* L.), welche bereits 1623 von Bauhin aufgeführt wurde.

Im 18. Jh. war die Kanadische Goldrute in Deutschland in vielen Gärten vorhanden, 1724 sogar schon in Liebhaber-Gärten der abgelegenen oberlausitzer Stadt Lauban. Im Laufe dieses Jahrhunderts kamen weitere nordamerikanische *Solidago*-Arten hinzu. Gleditsch nennt 1773 in seinem Pflanzenverzeichnis 5 Arten und schreibt dazu: »Alle hier angezeigten Arten der Goldruthe sind harte nordamerikanische Stauden ... die in den großen Gärten auf den weitläuftigen Luststücken mit Fleiß unterhalten werden.« 1799 kultivierte man im Botanischen Garten Halle 13 nordamerikanische *Solidago*-Arten, zu denen im Jahre 1800 fünf weitere hinzukamen. 1808 waren im Berliner Botanischen Garten 25 nordamerikanische *Solidago*-Arten vorhanden, darunter, mit 3 subspezifischen Sippen, auch *S. canadensis*. 1817 hatte der Leipziger Hofgärtner Christian August Breiter 29 nordamerikanische *Solidago*-Arten in seinem Garten, die gleiche Anzahl 1824 der Frankfurter Apotheker Johann Nikolaus Buek. Der Höhepunkt war in Mitteleuropa wohl Mitte des 19. Jhs. erreicht, als im Botanischen Garten in Prag 73 *Solidago*-Arten aus Nordamerika gezählt wurden.

Solidago canadensis hatte sich inzwischen weithin ausgebreitet und war selbst in vielen Bauerngärten vertreten. Verwilderungen blieben aber selten, bis 1884 waren in Berlin und Brandenburg erst 10 beobachtet worden. Obwohl am Ende des Jahrhunderts Carl Bolle in Berlin diese Art wie auch die Riesen-Goldrute den altmodischen Blumen zurechnete, blieb die Kanadische Goldrute auch weiterhin eine häufige Zierpflanze. Nach 1930 begann die Art mehr und mehr zu verwildern und sich vielerorts auf Bahndämmen, Schuttflächen und anderen trockenen Standorten, in der 2. Hälfte des 20. Jhs. auch auf Trümmerflächen, in aufgelassenen Gärten und Äckern sowie auf Waldschlägen oftmals in riesigen Mengen auszubreiten. Wie neuere Untersuchungen gezeigt haben, handelt es sich hierbei um eine der var. *scabra* (Muhl.) Torr. et Gray nahestehende Sippe, die früher auch als eigene Art (*S. altissima* L.) gewertet worden ist. Wegen ihres expansiven Verhaltens wird die Goldrute in Gärten mitunter nicht mehr geduldet, in einigen Kleingarten-Kolonien kam es sogar zu Anbauverboten. Es gibt aber einige, wohl aus Kreuzungen mit anderen *Solidago*-Arten entstandene Sorten, die niedriger sind, nicht so stark wachsen und auch sonst gärtnerisch bessere Eigenschaften aufweisen.

Die **Riesen-Goldrute** (*S. gigantea* Ait., syn. *S. serotina* Ait.) kam 1758 nach Westeuropa, wurde aber erst 1789 von William Aiton vom Botanischen Garten Kew/London wissenschaftlich beschrieben. Im Berliner Botanischen Garten war sie offenbar 1765 vorhanden. Auch sie verbreitete sich rasch über die Gärten und gehörte im 19. Jh. vielerorts zu den häufigeren Zierpflanzen. 1864 nannte sie Ascherson eine »bei Berlin sehr verbreitete Pflanze«, die an Ufern und in Weidengebüschen bereits reichlich verwildert war. Wegen ihrer höheren Feuchtigkeitsansprüche konzentrieren sich ihre neophytischen Vorkommen auf Flußniederungen und Gebirgsregionen. Als Zierpflanze ist sie heute eher seltener als *S. canadensis*.

Um 1750 erhielt Linnaeus von seinem Schüler Pehr Kalm (1715–1779) aus Nordamerika die **Grasblättrige Goldrute**, die er 1753 in seinen Species Plantarum als *Chrysocoma graminifolia* beschrieb, 1767 aber unter dem Namen *Solidago lanceolata* der Gattung *Solidago* zuordnete. Fortan und das ganze 19. Jh. hindurch wurde sie als *S. lanceolata* bezeichnet, ehe sich der nomenklatorisch korrekte, 1796 von Richard Anthony Salisbury geschaffene Name *S. graminifolia* durchsetzte. 1808 wuchs sie im Botanischen Garten Berlin und wurde seitdem vielerorts als Zierpflanze kultiviert. Bereits 1841 fand man die Art am Züricher See verwildert, 1848 in Berlin und 1854 an der Elbe bei Hamburg. Heute tritt sie als Neophyt nur selten in Erscheinung, und auch in den Gärten ist sie kaum noch zu sehen.

Bemerkenswert ist der 1910 entstandene, als *x Solidaster luteus* M. L. Green bezeichnete intergenerische Bastard zwischen einer *Solidago*-Art und *Aster ptarmicoides* (Nees) Torr. et A. Gray, der in den Gärten aber mehr als Kuriosität denn als Zierpflanze gezogen wird.

Spiraea L. Spierstrauch

Die, je nach Auffassung, 80 -120 Arten umfassende Gattung *Spiraea* hat ihren Verbreitungsschwerpunkt in den Gebirgen Ostasiens. In Europa sind nur 7 - 10 Arten einheimisch. Zu diesen zählt der rosa Blüten in rispigen Blütenständen aufweisende **Weidenblättrige Spierstrauch** (*Sp. salicifolia* L.), dessen Hauptverbreitungsgebiet zwar auch in Ostasien liegt, der aber im südöstlichen Mitteleuropa und in Südosteuropa isolierte Teilareale besitzt. Vermutlich an Vorkommen auf der Böhmisch-Mährischen Höhe wurde die Art von dem aus Neisse stammenden Friedrich Sebisch (Sebizius bzw. Sibizius) (1544 –1613), Leibarzt in Brieg, entdeckt, der im Jahre 1586 ein lebendes Exemplar an Carolus Clusius in Wien schickte. Clusius pflanzte den Strauch in seinen Garten, wo er in den folgenden Jahren zur Blüte kam und Samen ansetzte. In seiner 1601 in Antwerpen erschienenen Rariorum plantarum historia brachte Clusius dann eine erste Beschreibung und Abbildung. Er bezeichnete die neue Art als *Spiraea Theophrasti forte*, weil er vermutete, sie sei identisch mit einem von dem antiken griechischen Naturforscher Theophrast in dessen Historia plantarum genannten Strauch *speiraia* (zu gr. speíra, »Schlinge, Windung«).

Von Wien aus kam der Weidenblättrige Spierstrauch in andere Gärten Europas. Das im ersten Drittel des 17. Jhs. zusammengetragene Herbar von Joachim Burser enthält Belege von Caspar Bauhin in Basel und von Bursers Vater in Kamenz (Oberlausitz). Bauhin hatte die Art 1623 in seinem Pinax als *Spiraea sive Frutex spicatus foliis salignis serratis* bezeichnet. 70 Jahre später nannte Joseph Pitton de Tournefort sie *Spiraea salici folio*, welcher Name 1753 von Linnaeus übernommen wurde.

Im Zeitraum 1630/51 erschien der Strauch im herzoglich braunschweigischen Garten zu Hessem, 1635 im Botanischen Garten der Universität Altdorf bei Nürnberg, 1655 im herzoglich schleswigschen Garten zu Gottorf, 1659 im Lustgarten am Berliner Schloß, 1668 im Ölschlägerschen Garten in Halle. Im 18. Jh. war er in Deutschland weit verbreitet. Beispielsweise wuchs er 1706 im Garten der Gebrüder Lastropp in Hamburg-Eimsbüttel, 1718 im Fürstengarten in Jena, 1736 im Garten des Herrn von Ziethen in Trebnitz bei Seelow, 1744 im Botanischen Garten der Universität Frankfurt/Oder, 1746 im Botanischen Garten und im Krauseschen Garten in Berlin, 1759 im Botanischen Garten der Universität Helmstedt. 1773 heißt es bei Gleditsch »ein gemeiner und harter Strauch«, und 1790 in der Flora Lipsiensis von Johann Christian Gottlob Baumgarten »in hortis multis« (»in vielen Gärten«).

Die Art fand in den damals überall entstehenden Landschaftsparken vielfache Verwendung und wurde zu diesem Zwecke eifrig vermehrt, so z.B. 1779 von der Handelsgärtnerei Buek in Hamburg und 1785 - zusammen mit 7 weiteren *Spiraea*-Arten - in der von Burgsdorffschen Baumzucht in Tegel bei Berlin. Auch Imker haben den als Bienenweide geschätzten Strauch gern in ihre Gärten sowie in Hecken eingebracht. Um die Mitte des 19. Jhs. wurde er »in Hecken und Gärten fast überall gepflanzt«, wie Ludwig Rabenhorst 1839 in seiner Flora Lusatica schrieb. Zu dieser Zeit melden lokale und regionale Florenwerke erste Verwilderungen. So heißt es 1864 in Paul Aschersons Flora der Provinz Brandenburg: »nicht selten halb wild und zuweilen vollständig verwildert«. Ob es sich dabei um die reine Art oder bereits um Hybriden gehandelt hat, läßt sich heute kaum noch klären. Neuere Untersuchungen (Adolphi 1995) haben ergeben, daß es sich bei den heutigen Anpflanzungen und Verwilderungen zumeist um den erst 1990 beschriebenen Verwechselten Spierstrauch (*Sp. x pseudosalicifolia* Silverside) handelt, einen Bastard zwischen *Sp. salicifolia* und dem Oregon-Spierstrauch (*Sp. douglasii* Hooker). Letzterer stammt aus dem westlichen Nordamerika und war im Botanischen Garten Glasgow aus Samen angezogen worden, den David Douglas 1827 nach England geschickt hatte.

Vielfach wird diese Hybride auch mit *Sp. x billardii* gleichgesetzt, die um 1850 in der Baumschule von L. C. B. Billard in Fontenay aux Roses bei Paris gefunden und 1855 von François Herincq beschrieben worden war. Nach anderen Autoren soll es sich bei *Sp. x billardii* um eine Kreuzung zwischen *Sp. alba* Duroi und *Sp. douglasii* handeln. Eine endgültige Klärung dieser Fragen steht noch aus.

Anfang des 17. Jhs. wurde in Paris der weißblühende **Hartheu-Spierstrauch** (*Sp. hypericifolia* L.) in Kultur genommen, dessen Areal sich von Südwest- und Südosteuropa bis Sibirien und Mittelasien erstreckt. Von dort kam er 1622 an Bauhin in Basel, der ihn in seinem Pinax als *Pruno sylvestri affinis canadensis* bezeichnete. Noch Linnaeus war 1753 der Meinung, er stamme aus Kanada. In Deutschland erscheint er 1676 in Nürnberg, etwas häufiger wurde er hier erst im 18. Jh. So finden wir ihn 1718 im Fürstengarten in Jena, 1736 in Trebnitz bei Seelow, 1746 im Berliner Botanischen Garten, 1759 im Botanischen Garten Helmstedt, 1771 im Botanischen Garten Halle. Um 1780 wurde auch diese Art von der Gärtnerei Buek in Hamburg und von der von Burgsdorffschen Baumzucht in Tegel bei Berlin aus verbreitet und fand vor allem in landschaftlichen Gärten Verwendung.

Der **Kerb-Spierstrauch** (*Sp. crenata* L.) mit einem von Südosteuropa bis zum Kaukasus und dem Altai reichenden Verbreitungsgebiet wurde 1739 nach England eingeführt und trat gegen Ende des 18. Jhs. in Deutschland in Erscheinung, z.B. 1773 in Berlin, 1779 in Hamburg, 1785 in der von Burgsdorffschen Baumzucht in Tegel, 1787 in Hannover, 1788 in Wörlitz, 1791 in Karlsruhe, 1793 in Kleve, 1796 in Machern bei Leipzig. 1864 bezeichnete ihn Ascherson als häufigen Zierstrauch.

Der **Gamander-Spierstrauch** (*Sp. chamaedryfolia* L.) besitzt ein ostasiatisches Hauptareal und ein europäisches Teilareal, das sich vom südlichen Kärnten über Slowenien bis Bulgarien hinzieht, wobei in Europa nur die früher als eigene Art aufgefaßte, heute als Unterart oder Varietät bewertete Sippe *ulmifolia* (Scop.) Maxim. auftritt. Als Wildart in Sibirien wurde *Sp. chamaedryfolia* durch Johann Ammann 1739 und von Johann Georg Gmelin 1747/49 beschrieben. Nach Deutschland gelangte diese Art ebenfalls im letzten Drittel des 18. Jhs. 1772 finden wir sie in Harbke, 1784 in Kassel, 1786 in Dresden, 1787 in Hannover, 1791 in Karlsruhe. 1864 war nach Ascherson die Sippe *ulmifolia* häufig in Anlagen anzutreffen, die typische Art jedoch ein seltener Zierstrauch.

Von den in Amerika heimischen Spiraea-Arten kamen als erste der **Breitblättrige Spierstrauch** (*Sp. latifolia* (Ait.) Borkh.) 1727 und der **Gelbfilzige Spierstrauch** (*Sp. tomentosa* L.) 1736 nach England. Erstere Art wird seit 1893 lediglich als Varietät von *Spiraea alba* aufgefaßt, zu der es fließende Übergänge gibt. Der **Weiße Spierstrauch** (*Sp. alba* DuRoi), ebenfalls aus dem östlichen Nordamerika, war vorhanden 1759 in England, 1760 in Frankreich (Trianon), 1765 in Berlin und wurde unter dem heute gültigen wissenschaftlichen Namen 1772 von dem braunschweigischen Arzt Johann Philipp Du Roi (1741-1785) in seinem Handbuch Die Harbkesche wilde Baumzucht (Bd. 2) beschrieben. Nunmehr breitete er sich in den deutschen Gärten rasch aus, fand sich 1777 in Kassel, 1787 in Hannover und wurde von dem Oberforstmeister von Burgsdorff in seiner Baumzucht in Tegel kultiviert und vertrieben. 1790 heißt es in der Flora Lipsiensis von Johann Christian August Baumgarten, *Spiraea alba* wachse in der Umgebung von Leipzig überall in den heimischen Hecken und in allen prächtigen vorstädtischen Gärten. Heute ist diese Art als Zierstrauch nur noch selten zu sehen, hat sich aber hier und da in Hecken und Ufergebüschen eingebürgert.

Die im westlichen Nordamerika heimischen Spiersträucher trafen im 19. Jh. in Europa ein, so 1827 die *Sp. douglasii*, die sich in Deutschland aber erst nach 1845 verbreitete (z.B. Potsdam 1848, Hamburg Klein Flottbeck 1850), sowie die als Zierstrauch unbedeutende *Sp. menziesii* 1838.

Ostasiatische Spiersträucher erreichten Europa seit dem Ende des 18. Jhs., zuerst der von Nordchina bis Turkestan vorkommende **Dreilappige Spierstrauch** (*Sp. trilobata* L.), den bereits zwischen 1740 und 1757 der französische Missionar Pierre N. le Chéron d'Incarville in Peking entdeckt hatte. 1784 war er in St. Petersburg vorhanden, 1787 in Hannover, 1797 in Zweibrücken, 1808 im Botanischen Garten Berlin.

Der in China heimische **Kanton-Spierstrauch** (*Sp. cantoniensis* Lour.), 1790 von dem portugiesischen Jesuitenpater Juan Loureiro in seiner Flora cochinchinensis beschrieben und seit langem auf der Isle de Bourbon, dem heutigen Réunion, kultiviert, kam 1824 nach Europa und 1844 nach Wiederentdeckung durch Philipp Franz von Siebold nach Deutschland. Die gefülltblühende Form des **Pflaumen-Spierstrauches** (*Sp. prunifolia* Sieb. et Zucc. 'Plena') führten 1843 Siebold in Belgien und 1844 Robert Fortune in England ein. Der aus dem Himalaya stammende **Schöne Spierstrauch** (*Sp. bella* Sims) mit blaßrosa bis rosa Blüten gelangte 1821 nach England und war 1825 in Paris, 1828 in Hamburg und 1830 in Potsdam vertreten. Der seit langem bekannte **Japanische Spierstrauch** (*Sp. japonica* L. f.), 1843 in Leiden eingetroffen, war 1847 in Weimar und 1858 in Potsdam vorhanden.

In der Mitte des 19. Jhs. waren Spiersträucher in Deutschland weithin verbreitet. So schrieb der Berliner Botaniker und Dendrologe Karl Koch (1809–1879) 1854 in der Gartenflora: »Zu den beliebtesten Ziersträuchern in unseren Gärten und Parks gehören ohne Zweifel die Spier-Sträucher (*Spiraea*); man wird selten eine Anlage und selbst ein Bosquet von irgend einer Bedeutung finden, in denen die eine oder andere Art nicht ihre Anwendung gefunden hätte.« Seit Erscheinen der *Spiraea*-Monographie des französischen Botanikers Jacques Cambessedes (1799–1863) 1824 sei, hauptsächlich aus China und Japan sowie aus den Himalaya-Ländern kommend, eine Reihe schöner Arten bekannt geworden und bereits in die Gärten eingeführt worden. Insgesamt werden 60 Arten aufgezählt. 1855/56 hatte die Landesbaumschule Potsdam 45 *Spiraea*-Arten im Angebot. In der 2. Hälfte des 19. Jhs. trafen weitere Arten vorwiegend aus Ostasien in Europa ein, so *Spiraea thunbergii* Sieb., der sich 1858 in Potsdam, 1859 in Leiden nachweisen läßt.

In Baumschulkultur entstanden in Europa zahlreiche, die Elternarten in Wüchsigkeit und Blütenreichtum vielfach übertreffende Hybriden, welche in der Gartenkultur eine weit größere Bedeutung erlangt haben als die Ausgangsarten. Hier kann nur auf die wichtigsten eingegangen werden. Auf *Spiraea x billardii* wurde bereits oben verwiesen. In der Baumschule von Billard entstand ferner um 1862 aus einer Kreuzung von *Sp. cantoniensis* und *Sp. trilobata* der sehr häufig gepflanzte **Pracht-Spierstrauch** (*Sp. x vanhouttei* (Briot) Zabel). In Deutschland war vor allem der Gärtner und Dendrologe Hermann Zabel (1832–1912), Königlicher Gartenmeister in Hannoversch-Münden, in der Spierstrauchzüchtung tätig. Vor 1884 erzielte er aus einer Kreuzung zwischen *Sp. crenata* x *Sp. hypericifolia* den Vielblütigen Spierstrauch (*Sp. x multiflora* Zabel). Diesen kreuzte Zabel mit *Sp. thunbergii* und erhielt als Tripelbastard den **Braut-Spierstrauch** (*Sp. x arguta* Zabel), der wegen seiner frühen Blütezeit sehr häufig in Parks und Gärten kultiviert wird. Aus einer Kreuzung des 1866 aus japanischer Gartenkultur eingeführten, wild unbekannten Weißblütigen Spierstrauches (*Sp. albiflora* (Miq.) Zabel) mit dem Japan-Spierstrauch (*Sp. japonica* L. f.) ging der niedrige, in flachen Schirmrispen rosa bis purpurrot blühende **Bumalda-Spierstrauch** (*Sp. x bumalda* Burvenich) hervor, der in mehreren Sorten viel für kleine Hecken und Einfassungen verwendet wird.

Stachys L. Ziest

Von den etwa 300 Arten der Gattung *Stachys*, die in den gemäßigten Zonen der Erde mit Schwerpunkt im Mittelmeerraum die verschiedensten Standorte von nassen Gewässerrändern bis hin zu trokkenen Steppenrasen besiedeln, haben als Zierpflanzen nur 2 kaukasische Arten eine größere Bedeutung erlangt.

Der **Woll-Ziest** (*St. byzantina* K. Koch) kommt von der Krim bis hin zum Kaukasusgebiet und dem Nordiran vor. Er wurde zuerst von dem in Rußland als Naturforscher tätigen Johann Ammann entdeckt und in seinem 1739 erschienenen Buch über die selteneren Pflanzen des russischen Reiches als *Galeopsis longifolia villosa et incana* beschrieben und abgebildet. Dabei gibt Ammann an, er sei auf den sonnigen Gefilden Tauriens (Südrußland) bis hin zum Kaukasus sehr häufig (»communis«). Etwa 40 Jahre später gelangte er in den Botanischen Garten Wien, wo ihn dessen Direktor Nicolaus Joseph Jacquin 1781 mit dem binären Namen *Stachys lanata* belegte. Unter diesem Namen, der sich später jedoch als ungültig erwies, weil der Wiener Botanik-Professor Crantz 1769 bereits eine andere Art so benannt hatte, so daß er durch die 1848 von dem Berliner Botaniker Karl Koch geschaffene Bezeichnung *St. byzantina* ersetzt werden mußte, breitete sich der Woll-Ziest alsbald auch in deutschen Gärten aus. 1808 wuchs er im Botanischen Garten Berlin, 1817 im Breiterschen Garten in Leipzig, 1824 im Buekschen Garten in Frankfurt/Oder. 1818 wurde er in Wredows Gartenfreund als »Wolliges Bulkiskraut«, 1837 im Staudenbuch des österreichischen Pfarrers Zetter als Zierpflanze empfohlen, und Mitte des 19. Jhs. war er eine häufige Gartenpflanze. Man verwendete die durch ihre dicht weißwollig behaarten Blätter auffällige Art vor allem als Blattschmuckstaude für Einfassungen oder als Bodendecker für sonnige und trockene Stellen. 1871 empfahl man sie in der Gartenflora für Teppichbeete. In England wurden in der Gartenkultur mehrere verbesserte Sorten ausgelesen, außerdem zwei buntlaubige Kultivare ('Striped Phantom' und 'Variegata').

Den **Großblütigen Ziest** (*St. grandiflora* (Steph. ex Willd.) Benth.) aus dem Kaukasusgebiet und dem Nordiran hatte dort der französische Botaniker Joseph Pitton de Tournefort während seiner Orientreise gefunden und 1703 in seinem Corollarium als *Betonica orientalis latifolia, caule brevi, flore maximo* verzeichnet, doch kam er damals noch nicht nach Europa. Der deutsche Naturforscher Johann Christian Buxbaum aus Merseburg stieß auf seinen Orientreisen ebenfalls auf diese Art, die er in dem 1728 in St. Petersburg veröffentlichten 1. Teil seines Werkes über die von ihm entdeckten Pflanzen als *Galeopsis major corium moscoviticum redolens* abbildete. (Zu diesem Namen bemerkte später Marschall von Bieberstein, daß er solchen Wanzengeruch an dieser Pflanze nicht wahrgenommen habe!) Auch Anton Johann Güldenstaedt aus Riga (1745–1781), seit 1767 Akademiker in St. Petersburg, hat dann auf seiner 1768–1775 zusammen mit Samuel Gottlieb Gmelin unternommenen Forschungsreise durch das südöstliche Rußland diese Art gefunden. Die wissenschaftliche Erstbeschreibung nach Linnéscher Nomenklatur lieferte 1800 der Berliner Botaniker Karl Ludwig Willdenow, nachdem ihm der in Moskau als Professor und Kollegienrat lebende und dort auch einen botanischen Privatgarten besitzende deutsche Botaniker Christian Friedrich Stephan (1757–1814) entsprechendes Material zugesandt hatte. Dabei wird angegeben, die Art wachse in Sibirien am Flusse Terek. Der Terek entspringt aber am zweithöchsten Kaukasusgipfel, dem Kasbek, und fließt am Nordrand des Gebirges ostwärts zum Kaspischen Meer; die falsche geographische Herkunftsangabe »Sibirien« findet sich auch in verschiedenen späteren Publikationen.

Willdenow stellte die Art in die Gattung *Betonica,* erst bei der taxonomischen Neubearbeitung der Lippenblütler durch den englischen Botaniker George Bentham kam sie 1834 in die Gattung *Stachys.* Aus Rußland gelangte der Großblütige Ziest, eingeführt von der Gärtnerei Loddiges in Hackney, London, um 1800 nach England, wo er 1804 in Curtis's Botanical Magazine (Nr. 700) vorgestellt und farbig abgebildet wurde. Die deutschen Gärten erreichte er nach Beendigung der Napoleonischen Kriege, 1817 war er im Breiterschen Garten in Leipzig vorhanden. Nunmehr breitete er sich auch hierzulande als Zierpflanze aus, war aber noch bis Mitte des 20. Jhs. nicht allzu häufig und nicht überall anzutreffen. Erst in neuerer Zeit erfuhr er, bedingt durch das Angebot der Staudengärtnereien und des Versandhandels, eine weitere Verbreitung. Obwohl seit längerem verschiedene, auch weiß- und rosablühende Sorten existieren, sieht man in den Gärten nur Formen mit purpurblauen Blüten.

Der wissenschaftliche Gattungsname geht zurück auf den bei Dioskurides und Plinius erscheinenden antiken Namen *stachys* (zu gr. stáchys, »Ähre«), der um 1700 von Tournefort und diesem folgend 1735 von Linnaeus aufgenommen wurde. Der deutsche Name Ziest stellt ein Reliktwort aus einer westslawischen Sprache dar, ihm liegt niedersorbisch cysty bzw. obersorbisch cisty, »rein, sauber« zugrunde; einige Ziest-Arten spielten in diesen Gebieten volksmedizinisch eine Rolle als Verwaschkraut.

Symphoricarpos Duham. Schneebeere

Die zu den Geißblattgewächsen gehörende Gattung umfaßt 15 Arten sommergrüner Sträucher, von denen die meisten in Nordamerika, südwärts bis Mexiko, vorkommen.

Als erste nordamerikanische Art gelangte die **Korallenbeere** (*S. orbiculatus* Moench), welche kleine, hanfkorngroße rote Beeren aufweist, nach Europa. Ihr Heimatgebiet erstreckt sich von der mittleren Ostküste der USA westwärts bis Michigan und Colorado. Zuerst trat sie in England in Erscheinung, wo sie 1727 im Katalog der Baumschule von Robert Furber in Kensington als »St. Peter's Shrub« angeboten wurde. Daß es sich hierbei tatsächlich um die genannte Art gehandelt hat, belegen Beschreibung und Abbildung im Hortus Elthamensis von Johann Jacob Dillenius 1732 unter der Bezeichnung *Symphoricarpos foliis alatis.* Der Name *Symphoricarpos* bezieht sich auf die gedrängt zusammenstehenden Früchte (zu gr. sýmphoros, »zusammengetragen, versammelt« und karpós, »Frucht«). Die nächste Station waren die Niederlande, wo die Art 1737 im Hortus Cliffortianus bei Haarlem erscheint, 1740 auch im Botanischen Garten Leiden. 1753 beschrieb sie Linnaeus in seinen Species Plantarum als *Lonicera Symphoricarpos.* Nach Deutschland gelangte die Korallenbeere in der 2. Hälfte des 18. Jhs. und wurde hier vor allem in den damals in Mode gekommenen Landschaftsparken angepflanzt. So finden wir sie z.B. im Park von Harbke bei Helmstedt (1771) und im Park von Machern bei Leipzig (1796). 1779 wurde sie von der Handelsgärtnerei Buek in Hamburg und 1785 in der von Burgsdorffschen Baumzucht in Tegel bei Berlin kultiviert und vertrieben. Im 19. Jh. war sie weithin verbreitet, blieb aber insgesamt seltener als die folgende Art und oftmals auf Botanische und Liebhaber-Gärten sowie auf Landschaftsparke beschränkt. Erst in neuerer Zeit findet sie verstärkt Verwendung bei der Bepflanzung von Böschungen und Grünflächen insbesondere entlang von Verkehrstrassen.

Die **Gemeine Schneebeere** (*S. albus* (L.) S. F. Blake) mit bis kirschgroßen weißen Beeren hat als Wildpflanze ihre Hauptverbreitung im nördlichen Nordamerika von Quebec bis Alaska, südwärts reicht ihr Areal in den Gebirgen bis West-Virginia, Arizona und Kalifornien. Man unterscheidet neben der typischen Varietät *albus* eine höherwüchsige und großfrüchtigere var. *laevigatus* (Fern.) Blake, die im Westen Nordamerikas vorkommt. Die bei uns kultivierten Sträucher gehören zu letzterer, von Wilhelm Nikolaus Suksdorf 1927 als eigene Art (*S. rivularis*) aufgefaßten Sippe.

Linnaeus hatte durch den schwedischen Botaniker Pehr Kalm (1717–1779), der Mitte des 18. Jhs. Nordamerika bereiste und die Art in Pennsylvanien fand, Kenntnis von der Gemeinen Schneebeere und nannte sie in seinen Species Plantarum irrtümlich *Vaccinium album*. Der französische Botaniker André Michaux ordnete sie dann als *S. racemosus* der 1755 von seinem Landsmann Henri Louis DuHamel de Monceau aufgestellten Gattung *Symphoricarpos* zu. Aus nomenklatorischen Gründen gilt jetzt aber der 1914 von Sidney Fay Blake eingeführte obengenannte wissenschaftliche Name.

Als Gartenpflanze kam die Gemeine Schneebeere im 19. Jh. nach Europa. Von ihrer Expedition in den Westen Nordamerikas 1804–1806 brachten Meriwether Lewis und William Clarke aus dem Gebiet des Columbia-River Samen der var. *laevigatus* mit, aus denen der Gärtner Bernard Mc Mahon in Philadelphia einige Pflanzen erzielte. 1817 nach England geschickte Samen wurden dort von der Gärtnerei Loddiges angezogen und weiter verbreitet. 1821 war die Art im Berliner Botanischen Garten vorhanden, und zwar unter dem Namen *S. racemosus* Michx. Die eigentliche Ausbreitung als Zierstrauch erfolgte erst, nachdem 1827 William Cobbet in England die Art in großen Mengen aus amerikanischem Saatgut herangezogen hatte. In der Mitte des 19. Jhs. war die Gemeine Schneebeere dann auch in Deutschland ein häufiger Strauch, der in Parks und Grünanlagen, in Gärten und auf Friedhöfen angepflanzt wurde, zumal er sich auch als hervorragende Bienenweide erwies. Bald kam es in ortsnahen Laubwäldern und Gebüschen vielfach zu Verwilderungen. Heute gibt es in Mitteleuropa wohl kaum eine Ortschaft, in welcher diese, wegen ihrer beim Zertreten knallenden Beeren auch bei den Kindern sehr beliebte Art nicht anzutreffen ist.

Syringa L. Flieder

Die zu den Ölbaumgewächsen gehörende Gattung *Syringa* umfaßt etwa 30 Arten, von denen die meisten in Ost- und Zentralasien heimisch sind, 2 kommen in Südosteuropa vor. Nur 2 Fliederarten wurden bei uns zu häufigeren Ziersträuchern, andere Arten sieht man hierzulande im allgemeinen nur in Botanischen Gärten und Arboreten.

Der **Gemeine Flieder** (*S. vulgaris* L.), ein großer Strauch bis kleiner Baum, ist in Bulgarien und angrenzenden Gebieten anderer Balkanländer beheimatet, wo er als Unterholz in artenreichen Eichenwäldern und in Gebüschgesellschaften an sonnigen warmen Kalksteinhängen wächst. Von diesen Wildstandorten haben ihn die Türken, welche diese Gebiete im 15. Jh. in Besitz genommen hatten, in ihre Gärten geholt. Als erster erwähnte ihn der französische Naturforscher Pierre Belon, welcher 1546–1548 eine Reise durch den Vorderen Orient unternommen hatte, in seinem 1553 gedruckten Reisebericht als einen von Türken kultivierten Strauch mit efeuähnlichen Blättern und violetten Blüten in fuchsschwanzgroßen Blütenständen. Der Botaniker Carolus Clusius hat später bezweifelt, daß es sich bei der von Belon beschriebenen Pflanze um den Flieder gehandelt hat, denn Belon spricht von immergrünen Blättern, der Flieder sei aber nur sommergrün. Es ist aber durchaus möglich, daß Belon die etwas derben, im Herbst lange grün am Baum bleibenden Blätter des Flieders irrtümlich als immergrün angesprochen hat. Nach Europa ist die Art damals jedenfalls noch nicht gekommen.

LILAC.

Syringa vulgaris L. Gemeiner Flieder, erste Abbildung, Matthiolus 1565

1562 brachte der aus Flandern stammende Gelehrte Augerius Ghislain de Busbecq, der 7 Jahre lang als Botschafter des deutschen Kaisers Ferdinand I. in Konstantinopel tätig war, bei seiner Rückkehr nach Wien u.a. ein sorgfältig gezeichnetes Bild mit, das einen blühenden Fliederzweig mit vorjährigen Fruchtständen zeigte, und zwar unter dem türkischen Namen Lilac. Der kaiserliche Leibarzt und Botaniker Matthiolus vermutete anhand dieser Zeichnung, es könne sich aufgrund der Fruchtmerkmale eventuell um die von antiken Autoren genannte Balsameichel (*Glans Unguenta;* heute *Moringa oleifera* Lam., ein indischer Baum) handeln. Da Matthiolus ausdrücklich schreibt, es sei ihm nicht möglich gewesen, eine lebende Pflanze zu sehen, kann die in der Literatur zu findende Angabe, Busbecq habe damals einen Fliedersetzling mitgebracht, nicht zutreffen. Matthiolus übernahm die Abbildung des Fliederzweiges in die 1565 in Venedig erschienene Neuauflage der Materia medica von Dioskurides. Wenig später erhielt Matthiolus von dem mit ihm befreundeten Botaniker Giacomo Antonio Cortuso (1513-1603) in Padua ein Zweiglein des Flieders mit zahlreichen Blüten und schließlich ein weiteres mit Früchten zugeschickt. Cortuso teilte ihm dazu brieflich mit, er glaube, daß es sich hierbei um die von Theophrast in seiner Geschichte der Pflanzen genannte Pflanze *Ostrix* handele, und daß ihm diese aus Aphrica, wo sie sehr häufig vorkomme und im heimischen Dialekt Seringa genannt werde, zugeschickt worden sei. Seitdem kultiviere er sie wegen der wohlriechenden Blüten in mehreren Exemplaren in seinem Garten. Vermutlich sind in der Folge auch Fliederpflanzen oder -samen von Padua nach Wien gelangt, und später soll Carolus Clusius, der 1573-1588 in Wien als Botaniker wirkte, von David Ungnad Freiherr von Sonnegg, dem Nachfolger Busbecqs, Samen des Flieders erhalten und daraus einige Pflanzen angezogen haben. Jedenfalls schrieb Clusius 1576, daß der Flieder jetzt auch bei uns (»etiam apud nos«) in Gärten wachse und zusammen mit dem Pfeifenstrauch, manchmal auch früher, zur Blüte komme. Von Wien, aber auch von Italien aus gelangte der Flieder alsbald auch in andere Orte Mittel- und Westeuropas, zunächst in die Gärten von Pflanzenliebhabern und in Botanische Gärten. 1581 stellte ihn der flämische Botaniker Matthias Lobelius in seinem Abbildungswerk unter der Bezeichnung *Syringa coerulea Lusitanica, Lilac Matthioli* dar, ebenso 1583 sein Landsmann Rembert Dodonaeus in seinem in Antwerpen erschienenen Pflanzenbuch unter dem Namen *Lillach*. Dodonaeus gab an, daß er von auswärts nach Belgien gekommen und dort bereits zu einem Bestandteil der Gärten geworden sei. 1588 wuchs er als *Syringa flore coeruleo* im Garten des Nürnberger Stadtarztes Joachim Camerarius, 1594 unter dem Namen *Lilac Turcorum* im Garten des Arztes Laurentius Scholz in Breslau, fehlte damals aber noch, wie der im gleichen Jahr erschienene Hortus Lusatiae von Johannes Franke aussagt, in den Gärten der Lausitz. Ende des 16. Jhs. war er sogar schon, wahrscheinlich durch Camerarius dorthin gekommen, in der hoch auf dem Erzgebirge gelegenen Stadt Annaberg als *Syringa Lusitanica* (*Lillach Clusio, flore specioso coeruleo fragantissimo*) vorhanden. Als *Syringa Lusitanica,* »Spanischer Syringsbaum« hatte ihn 1591 Tabernaemontanus in seinen Eicones Plantarum bezeichnet und dazu in seinem Kräuterbuch geschrieben »Seine Blumen stehen häuffig beysammen/klein und lang/von Farben schön lichtblaw ... Dieser Baum wird teutsch Syringsbaum genennet/Lateinisch *Syringa* ... vnd zum Vnderscheid wird das erste geschlecht von wegen der Blumen *Syringa alba* genennet (= *Philadelphus coronarius*, siehe dort)/das ander aber *Syringa coerulea*, oder *Syringa Lusitanica*, von etlichen auch *Lillach* ...«

In England zog der Arzt und Botaniker John Gerard den Flieder 1597 in sehr großer Menge in seinem Garten, 1601 wird er durch Jean Robin für Paris verzeichnet, im gleichen Jahr durch Peter Paaw für den Botanischen Garten Leiden.

Zur gleichen Zeit schrieb der seit 1593 als Professor für Botanik in Leiden wirkende Carolus Clusius über die *Syringa caeruleo flore,* sie wachse jetzt auch in den heimischen (d.h. niederländischen) Gärten, ebenso in den meisten Gärten Deutschlands und in denen anderer Länder. In dem in den ersten 4 Jahrzehnten des 17. Jhs. zusammengetragenen Herbar des aus Kamenz in der Oberlausitz stammenden Arztes und Botanikers Joachim Burser findet sich der Flieder mit den Fundortsangaben »in den Gärten Meißens, der Schweiz, Dänemarks usw.«. In dem 1613 erschienenen Hortus Eystettensis wird neben der Normalform mit blaßblauvioletten Blüten erstmals auch eine Form mit weißen Blüten (*Syringa flore lacteo*) abgebildet. Im 17. Jh. breitet sich der Flieder in Deutschland überallhin aus. Zwischen 1607 und 1630 erscheint er im herzoglich braunschweigischen Garten zu Hessem, 1621 unter dem Namen *Lilac Arabum flore coeruleo* im Hortus Medicus Regensburg, 1640 im Botanischen Garten in Altdorf bei Nürnberg, 1663 in den kurfürstlich brandenburgischen Gärten in Berlin, Potsdam und Oranienburg. Wahrscheinlich in Großbritannien entstand um 1680 die zunächst noch sehr seltene Farbform mit rotvioletten Blüten, welche erstmals 1683 im Medizinal-Garten von Edinburgh unter der Bezeichnung *Syringa sive Lilac flore saturate purpureo* aufgeführt wurde. 1687 erschien sie dann in Leiden, 1689 in Amsterdam und in den letzten Jahren des 17. Jhs. auch in Frankreich, wo man diese Form später 'Lilas de Marly' nannte. Deutschland erreichte sie offenbar erst zu Beginn des 18. Jhs.

Im Laufe des 18. Jhs. breitete sich der Flieder in Deutschland von den Botanischen und Liebhaber-Gärten und den fürstlichen und gutsherrlichen Lustgärten her ständig weiter aus und drang bis in die Gärten der Bürger und Bauern vor. 1724 war er in der oberlausitzer Stadt Lauban vorhanden, wo man ihn zu deutsch »Blauer türckischer Holunder« nannte und wo es neben der blauen sogar schon die weiß- und die rotviolett blühende Farbform gab. Im Katalog der um Lauban wachsenden Pflanzen von Johann Caspar Gemeinhardt heißt es 1724, in den meisten Gärten finde man ihn strauchförmig, doch sei in einem Garten auch schon ein kleiner Baum entstanden. 1735 behandelte ihn das in Leipzig und Halle erscheinende Zedlersche Universal-Lexikon, das in seinem 13. Band den Flieder unter dem Namen »Spanischer Hollunder, Syringe« ausführlich beschreibt und vermerkt: »Dieses Gewächs wird wegen seiner angenehmen Blüthen in den Gärten unterhalten.« 1771 gab der Kunstgärtner Gottlieb Rammelt im 2. Band seines in Halle erschienenen Buches Vermischte oeconomische Abhandlungen zum Besten der Landwirthschaft und Gärtnerey an, der »Spanische Flieder, *Syringa vulgaris*« sei »nunmehr ein ganz gemeines Gewächs, und fast in allen Baurengärten anzutreffen«. 1773 nennt ihn auch der Berliner Botaniker und Direktor des Botanischen Gartens Johann Gottlieb Gleditsch einen »sehr gemeinen« Strauch. Ende des 18. Jhs. war er im Berliner Raum häufig in Hecken und an Zäunen zu finden, ebenso in Leipzig, wo es 1790 in Johann Christian Gottlob Baumgartens Flora Lipsiensis heißt: »Überall in Gärten und an den Zäunen der Gärten häufig«. In dieser Zeit erscheint der Flieder auch in der Dichtung, und zwar zuerst in einigen Gedichten des brandenburgischen »Sandpoeten« (so Goethe) Schmidt von Werneuchen sowie in einem Lobgesang auf die Natur im Frühling des Schweizers Johann Gaudenz Freiherr von Salis-Seewis (1762-1834). Auch hatte Richard Wagner in seinen in der Mitte des 16. Jhs. spielenden »Meistersingern von Nürnberg« den »Schuhmacher und Poeten« Hans Sachs singen lassen: »Wie duftet doch der Flieder, so mild, so stark und voll«, doch gehört ein solcher Text zu den zahlreichen botanischen Anachronismen in der darstellenden Kunst, denn Mitte des 16. Jhs. war der Flieder in Nürnberg noch unbekannt.

Im Laufe des 19. Jhs. bürgerte sich der Flieder überall in den Ortschaften ein, und es kam vielerorts zu Verwilderungen. »Kein märkischer Kirchhof heut zu Tage ohne halbwildes Fliedergebüsch«, schrieb 1887 der Berliner Dendrologe Carl Bolle. In natürliche Pflanzengesellschaften eingebürgert hat sich der Flieder in Mitteleuropa jedoch nur an warmtrockenen Standorten, so in wärmeliebende Gebüsche im Rheinland und an der Oder. Bei den verwilderten und eingebürgerten Exemplaren handelt es sich überwiegend um alte Primitiv- und Landsorten. Gegen Ende des 19. Jhs. gehörte der Gemeine Flieder in Deutschland zu den beliebtesten und bekanntesten Ziersträuchern. 1891 bezeichnete die Gartenflora den Flieder als »eigentlichen Volksstrauch« und führt dazu aus: »Man spricht ebenso von der Zeit der Fliederblüte, wie von der der Rosen. Die Blüte des Flieders fällt oft in die Pfingstzeit; jedermann, auch der ärmste Arbeiter, sucht sich dann einen Fliederstrauß zu verschaffen, um damit sein Heim zu schmücken.«

Im 19. Jh. setzte die Fliederzüchtung ein. Bis dahin kannte man nur die genannten drei Farbsorten sowie Formen mit gelb- und mit weißpanaschierten Blättern. Die ersten Zuchtformen entstanden in England, wo die englische Gartenbaufirma Loddiges 1823 den ersten gefüllten weißen Flieder auf den Markt brachte und wo es 1838 sieben Sorten des Gemeinen Flieders gab, aber auch in Belgien und Frankreich. Um 1850 kannte man etwa 25 Sorten. In Deutschland bot die Landesbaumschule in Potsdam 1855/56 außer dem gewöhnlichen blauen und weißen Flieder 12 besondere Namensorten an, und 1864 gab es im Muskauer Arboretum 36 Sorten. Einer der ersten Fliederzüchter in Deutschland war Moritz Eichler in Chemnitz, später haben sich hier vor allem Wilhelm Pfitzer in Stuttgart, Alexander Steffen in Erfurt, R. Wilke in Berlin-Marienfelde und die Firma Späth in Berlin-Baumschulenweg mit der Fliederzüchtung beschäftigt, letztere brachte z.B. 1883 die heute noch im Handel befindliche prächtig purpurrote Sorte 'Andenken an Ludwig Späth' auf den Markt. In Frankreich entstanden allein bei der Firma Victor Lemoine et fils in Nancy seit etwa 1870 bis zur Firmenschließung 1955 nicht weniger als 214 Sorten. Aber auch in den USA und in Rußland gab es bedeutende Fliederzüchter. Aus den früheren Primitiv- und

Landsorten mit überwiegend bläßlich unscheinbaren, nacheinander erscheinenden Blüten in lockeren kleinen Rispen entwickelte die Züchtung in wenigen Jahrzehnten teils durch Auslese, teils durch Einkreuzung anderer Flieder-Arten eine Fülle reichblühender Sorten, deren größere, einfache oder gefüllte, farbkräftige oder reinweiße, zugleich aufblühende Blüten in dichten und großen Rispen stehen. Bis 1992 waren weltweit über 1000 Sorten von *Syringa vulgaris* entstanden, von denen allerdings viele nicht mehr existieren.

Neben dem heute in kaum einem Ort in Mitteleuropa fehlenden Gemeinen Flieder hat lediglich der **Persische Flieder** (*S. x persica* L.) eine gewisse Bedeutung als Zierstrauch erlangt. Es handelt sich hierbei um eine alte Gartenhybride, die in sehr früher Zeit in Persien aus den in Mittelasien heimischen Wildarten *S. afghanica* Schneid. und *S. laciniata* Mill. hervorgegangen ist. Aus türkischen Gärten gelangte sie etwa um 1604 durch den Gesandten Venedigs beim türkischen Sultan Hieronymus Capelli nach Venedig und um 1609 in den Botanischen Garten der Universität Padua. Von dort aus verbreitete sich der Persische Flieder im Laufe des 17. Jhs. über Italien und in Mittel- und Westeuropa. 1620 erwähnt ihn, und zwar in seiner schlitzblättrigen Form (cv. 'Laciniata'), der Baseler Botaniker Caspar Bauhin. 1621 brachte ihn John Tradescant d.Ä. aus Italien nach England. Zwischen 1623 und 1635 wurde er nach Paris eingeführt, zwischen 1633 und 1636 in den Botanischen Garten Leiden. In Deutschland erscheint er zuerst zwischen 1630 und 1648 als *Jasminum Persicum* im herzoglich braunschweigischen

Persischer Flieder.

***Syringa persica* L.** Persischer Flieder
Vilmorins Blumengärtnerei 1896

Garten zu Hessem, 1655 in Gottorf bei Schleswig, 1663 in Altdorf bei Nürnberg, 1663 in der schlitzblättrigen Form als *Jasminum foliis laciniatis coeruleis* im Lustgarten am Berliner Schloß, 1668 in Halle, 1675 in Leipzig und 1683 in Helmstedt. Im 18. Jh. war er in Deutschland weit verbreitet und fehlte in kaum einem Botanischen und Liebhaber-Garten. Gegen Ende dieses Jhs. konnte man ihn hier und da auch in Bürger- und Bauerngärten sehen. So berichtet die 1790 erschienene Flora Lipsiensis von Johann Christian

Gottlob Baumgarten, die Art werde in verschiedenen öffentlichen Leipziger Gärten sowie in bürgerlichen und bäuerlichen Gärten kultiviert. Damals trat neben der normalen Form mit rötlichvioletten Blüten eine Form mit weißen Blüten in Erscheinung, so 1796 im Park Machern bei Leipzig. Später entstand eine Gartenform mit schön rosafarbenen Blüten und lebhaft roten Knospen, sonst wurde die Art durch die Züchtung aber kaum beeinflußt.

Der Flieder ist auch in sprachlicher Hinsicht interessant, haben doch sowohl sein deutscher als auch sein wissenschaftlicher Name eigenartige Wandlungen durchgemacht. 1565 belegte Matthiolus den neuen Zierstrauch mit dem aus Konstantinopel mitgebrachten türkischen Namen Lilac, dem, über das Persische und das Arabische, letztlich das altindische Wort nilah, »blau« zugrundeliegt. Obwohl der Name Lilac auch in der Folgezeit von dem einen oder anderen Botaniker verwendet wurde, hat er sich weder als wissenschaftlicher Name durchsetzen können, noch ist er in die deutsche Sprache eingedrungen, ganz im Gegensatz zum Italienischen (lilacco, lilach), Spanischen (lila), Französischen (lilas) und Englischen (lilac). In die deutsche Sprache gelangte dieses Wort seit dem 18. Jh. lediglich als Farbbezeichnung lila aus französisch lilas. Auf die Pflanze wurden im Deutschen die Namen des überall häufigen und gut bekannten, wenn auch keineswegs ähnlichen oder verwandten Holunders (*Sambucus nigra*) übertragen, der in oberdeutschen Mundarten auch »Holler« genannt wird, in Norddeutschland aber weithin Flieder heißt. Das Wort Flieder ist niederländisch-friesischer Herkunft und wurde im Hohen Mittelalter mit Siedlern aus diesem Raum weiter nach Osten getragen. In ihm steckt (ebenso wie in den Pflanzennamen Holunder, Wacholder und Rüster) die germanische Baumnamenendung -dra, während die Bedeutung des ersten Bestandteils unklar ist. Zuerst verwendete man unterscheidende Zusätze wie »Türkischer Holunder«, »Türkischer Holler«, »Türkischer Flieder« bzw. »Spanischer Holunder«, »Spanischer Flieder« u.ä., doch fielen diese Zusätze später fort. Als hochdeutsche Bezeichnung für diesen Zierstrauch setzte sich schließlich der Name Flieder durch.

Aber auch der heutige wissenschaftliche Gattungsname *Syringa* ist von einer anderen Pflanze entlehnt worden. Als *Syringa* bezeichnete man ursprünglich den in Italien, Südosteuropa und Kleinasien heimischen Pfeifenstrauch (*Philadelphus coronarius* L.) weil sich aus dessen hohlen Zweigen leicht Pfeifen (gr. und lat. syrinx, »Rohr, Pfeife«) herstellen lassen. Als erster stellte Clusius 1576 beide Arten zusammen, wobei er den weißblühenden Pfeifenstrauch als *Syringa alba*, den blaublühenden Flieder aber als *Syringa flore coerulea* bezeichnete. Den Namen *Syringa coerulea* übernahmen dann auch andere Botaniker, und schließlich machte Linnaeus in seinen Species Plantarum 1753 den Namen *Syringa* zum heute gültigen Gattungsnamen für den Flieder. Der 1754 veröffentlichte Vorschlag des englischen Gärtners und Gartenschriftstellers Philip Miller, die Gattung auch wissenschaftlich als *Lilac* zu bezeichnen, verblieb in der Synonymie.

Tagetes L. Studentenblume

Die meisten der etwa 35 Arten umfassenden Gattung *Tagetes* sind in Mexiko und in Mittelamerika heimisch. Die Hohe Studentenblume (*T. erecta* L.) und die Niedrige Studentenblume (*T. patula* L.) gehörten zu den ersten Pflanzen, welche die Spanier aus ihrem Kolonialreich in Mittel- und Südamerika nach Europa brachten. Das genaue Einführungsdatum ist unbekannt, wahrscheinlich lag es nach der Eroberung Mexikos durch die Spanier unter Ferdinand Cortez 1519. 1532 waren beide Arten in Italien vorhanden. In Deutschland wird die **Niedrige Studentenblume** zuerst 1539 von Hieronymus Bock in seinem New Kreutterbuch aufgeführt, sie breitete sich rasch aus. 1543 spricht Leonhart Fuchs von den »lieblichen schönen blumen/ so man yetz vast an allen orten inn gärten vnnd scherben [Blumentöpfen] zeuhet/ unn genennet werden Indianische negelin ...« Zur Einführung heißt es, sie seien erst »newlich in unser Teutschland gebracht worden/ vormals gar vnbekannt«. In der ein Jahr zuvor erschienenen lateinischen Ausgabe seines Kräuterbuches wird erstmals der Name *Tagetes* verwendet und die Art als *Tagetes Indica*, »Indianische Neglein« bezeichnet. Es handelt sich hierbei um einen römischen Pflanzennamen, der in einer Apuleius zugeschriebenen Schrift über pflanzliche Heilmittel, De Medicaminibus herbarum, überliefert wird und dem Mythos nach auf den in Gestalt eines schönen Jünglings erscheinenden etruskischen Halbgott Tages zurückgehen soll. Fuchs bringt in seinem Buch auch eine gute Abbildung, welche eine noch ziemlich kleinblütige Form der Niedrigen Studentenblume zeigt. 1551 waren 3 Sorten vorhanden. Damals kam die Meinung auf, die Pflanze sei beim Afrikafeldzug Kaiser Karls V. 1535 aus dem eroberten Tunis mitgebracht worden, weshalb sie fortan vielfach als »Tunisblume« bzw. *Flos Africanus* bezeichnet wurde. Noch heute heißt die Gattung im Niederländischen »Afrikaan«, ähnlich im Tschechischen.

Wenig später traf auch die **Hohe Studentenblume** in Mitteleuropa ein, von Rembert Dodonaeus 1552 als *Flos Aphricanus maius procerum* bezeichnet, und um 1560 gab es von den beiden Arten auch Formen mit gefüllten Blüten. Der Frankfurter Stadtarzt Adam Lonicerus nannte sie 1560 in seinem Kräuterbuch »Sammetrößlin/ ihrer schönen sammeten farb halben«. Die durch Samen leicht und schnell vermehrbaren Studentenblumen waren sehr bald in vielen Gärten in Mittel- und Westeuropas vorhanden, z.B. um 1560 im Woysselschen Garten in Breslau als *Flos vel Caryophyllus Indicus, Violae Indicae aliae purpureae aliae aureae* und um 1570 im Leuschnerschen Garten in Meißen als *Tages*, »Africanische Negeln«. 1590 zählte der Bischof von Pomesanien Johann Wigand die *Tagetes Indianus, Caryophylli Indici, Indische Negelin maior et minor, simplex et multiplex* in Preußen (Ost- und Westpreußen) zu den

***Tagetes patula* L.** Niedrige Studentenblume, Bock 1551

gewöhnlichen Gartenpflanzen, und selbst in Annaberg auf den Höhen des Erzgebirges befanden sich Niedrige Studentenblumen in verschiedenen Farben sowie Hohe Studentenblumen *(luteo ac denso flore)* in Gartenkultur, wobei die letzteren allerdings nur selten die Samenreife erreichten.

Die Studentenblumen waren von Anfang an ausschließlich Zierpflanzen, da die Ärzte alsbald zu der Meinung kamen, daß sie für medizinische Zwecke kaum zu gebrauchen seien. So heißt es bei Tabernaemontanus: »Des Krauts übelriechender vnd stinckender Geruch/der sich fast dem Schierling vergleicht/ geben Anzeigung/daß es gifftige vnd schädlich Kräuter seynd/wie der Schirling/seynd auch gleicher Krafft/vnd sollen von wegen jhrer grossen Kält in Leib nicht gegeben werden: Eusserlich aber hitzige Schmertzen der Glieder zu legen/mag man sie wol brauchen/vnd pflastersweiß überlegen.« Die Meinung, daß es sich bei diesen Arten um giftige Pflanzen handele, hat den Berliner Arzt Thomas Pancovius sogar veranlaßt, vor ihrer gärtnerischen Verwendung zu warnen. In seinem Herbarium portatile von 1654 heißt es über die »Indianische Neglein/Sammet- oder Studentenblumen«: »Diese Blumen werden mehr zur Zier als Medicin in den Gärten gezielet [gezogen]/und were vielleicht besser sie blieben gar daraus/dann sie eine schädliche und gifftigen Art an sich haben ... Es sol auch der Geruch davon/wie andere melden/einen Schwindel und das Schwere Gebrechen erwecken.« Seine Warnung fand jedoch kaum Gehör. Über die Jahrhunderte hinweg bis heute blieben beide Studentenblumen beliebte und häufige Sommerblumen, die in Mitteleuropa heute kaum in einem Garten fehlen und auch in Grünanlagen und als Grabbepflanzung vielfache Verwendung finden, zumal sie anspruchslos und wenig empfindlich gegen sommerliche Trockenheit sind. Im Laufe der Zeit nahm die Zahl der Sorten zu. 1646 zählte man z.B. im Botanischen Garten Altdorf von *T. erecta* 4, von *T. patula* 6 Formen, 1736 hatte der Arzt Gerhard Moehring in Jever von *T. erecta* 11, von *T. patula* 4 Formen in Kultur. Dabei blieb es, bis Mitte des 19. Jhs. die planmäßige Züchtung einsetzte, welche die Zahl der Sorten bis zur Gegenwart um ein Vielfaches erhöhte. 1894 kam z.B. die bekannte Sorte 'Ehrenkreuz' auf den Markt. In neuerer Zeit wurde das Sortiment durch mehrere Sortengruppen von F_1-Hybriden wesentlich bereichert. Aus Kreuzungen zwischen *T. erecta* und *T. patula* ging ferner eine triploide Sortengruppe hervor, die niedrig bleibt, dabei aber großblumiger, reich- und frühblühender ist als die Sorten der reinen *T. patula*- Hybriden.

Weniger häufig als die aus *T. erecta* und *T. patula* hervorgegangenen Sorten sieht man in Gärten und Grünanlagen die **Feinblättrige Studentenblume** (*T. tenuifolia* Cav.) mit kleinen, aber reichlich erscheinenden Blüten. Die in Mexiko heimische Art kam um 1790 nach Spanien, wo sie von dem Direktor des Botanischen Gartens Madrid Antonio José Cavanilles 1793 erstmals beschrieben und abgebildet wurde. 1797 war sie vereinzelt in Deutschland vorhanden. In den Botanischen Garten Berlin gelangte sie zwischen 1808 und 1812. 1817 wuchs sie im Breiterschen Garten in Leipzig, 1824 im Buekschen Garten in Frankfurt/Oder. Nach England soll sie 1838 eingeführt worden sein. Von der Feinblättrigen Studentenblume gibt es inzwischen einige durch Auslese entstandene Sorten mit gelben, orangefarbenen bis rotbraunen Blüten.

Aufgrund ihrer Häufigkeit und weiten Verbreitung besitzen die Studentenblumen zahlreiche Volksnamen (vgl. Marzell). Der Name Studentenblume, der zuerst im Herbarium portatile des Berliner Arztes und Botanikers Thomas Pancovius 1654 erscheint, bezieht sich auf die bunten Mützen der damaligen Studenten.

Tanacetum vulgare L. *'Crispum'* Krauser Rainfarn

Von dem in Mitteleuropa in Staudenfluren an Wegen und auf Ackerrainen verbreiteten und ehemals als Heilpflanze insbesondere gegen Wurmbefall sowie bei Viehkrankheiten genutzten Rainfarn gibt es eine Form mit krausen Blättern, die man ihrer zierlichen Blätter wegen als Zierpflanze in Gärten gezogen hat. Sie wurde offenbar zuerst in England gefunden, dort in Kultur genommen und weiter verbreitet.

Zuerst berichtet der damals in England lebende flämische Botaniker Matthias Lobelius 1576 von dieser Sippe, die er 1581 unter dem Namen *Tanacetum speciosum cristatum Anglicum* in seinen Icones abbildete, ebenso 1583 sein Landsmann Rembert Dodonaeus in seinen Pemptades.

In Deutschland erscheint sie 1588 im Garten des Nürnberger Stadtarztes Joachim Camerarius. Um 1600 fand sich der »Krauß Rheinfahrn« auch im Garten des Apothekers Johann Lutz in Kirchheim unterm Teck in Württemberg und, als *Tanacetum crispum*, in Annaberg im Erzgebirge. Nach Tabernaemontanus (1588/91), der diese Form *Artemisia sativa Anglica* nannte, wurde sie damals nur in

Lustgärten gezogen. Im 17. Jh. breitete sie sich in derartigen Gärten weiter aus, so wuchs sie u.a. 1613 im fürstbischöflichen Garten zu Eichstädt, zwischen 1607 und 1630 im herzoglich braunschweigischen Garten zu Hessem und um 1660 im Lustgarten am Berliner Schloß. Im bis 1639 zusammengetragenen Herbar des Arztes Joachim Burser findet sich der Vermerk: »in hortis Misniae, Daniae etc.« (»in Gärten der Mark Meißen, Dänemarks usw.«). Im 18. Jh. war der Krause Rainfarn vielerorts vorhanden, 1724 sogar schon in einigen Gärten sowie auf Friedhöfen der oberlausitzer Stadt Lauban und ihrer Umgebung. Neben ihrer Verwendung als Zierpflanze hat auch diese Form offensichtlich als Heilpflanze gedient, wie etwa ihr 1750 in der Flora Francofurtana verwendeter deutscher Name »Krauß = Wurmkraut« vermuten läßt. Im Pflanzenverzeichnis des Berliner Botanikers Johann Jacob Gleditsch heißt es 1773, der »englische Rainfarn mit krausen Blättern« sei »eine bekannte Spielart des gemeinen Rainfarns« und habe »mehr würksame Bestandtheile und Kräfte als die wilde«. Auch im 19. Jh. wurde er vielfach kultiviert. Paul Ascherson gibt in seiner Flora der Provinz Brandenburg 1864 an, die krausblättrige Form des Rainfarns komme hier und da als Zierpflanze vor und sei besonders auf Friedhöfen halb verwildert, auch habe sie einen aromatischeren Geruch als die Stammart. Am Ende des 19. Jhs. rechnete Carl Bolle den Krausen Rainfarn zu den altmodischen Blumen. Heute ist er in Mitteleuropa nur noch äußerst selten in Bauerngärten zu finden, am ehesten noch in Tschechien.

Taxus baccata L. Eibe

Von der etwa 8 Arten zählenden Gattung *Taxus* kommt in Europa nur die Gemeine Eibe (*T. baccata* L.) vor. Sie ist ein Gehölz niederschlagsreicher, wintermilder Gebiete und wächst daher vor allem in küstennahen Regionen und in Gebirgen. Ihre natürlichen Vorkommen sind wegen übermäßiger Nutzung, Waldrodungen und einseitiger Forstwirtschaft stark zusammengeschmolzen und in manchen Gebieten völlig verschwunden. In Deutschland zählt die Eibe als Wildart heute zu den gefährdeten Pflanzen.

In der Antike galt die Eibe wegen ihrer dunklen, düsteren und giftigen Nadeln als ein Baum des Todes und war den Göttern der Unterwelt geweiht. Mit Eibenzweigen bekränzte man sich zum Zeichen der Trauer. Ihr hartes, aber elastisches Holz wurde seit der Steinzeit als Bauholz und zur Herstellung von Geräten aller Art geschätzt. Besonders eignete sich das Eibenholz zur Anfertigung von Pfeilbögen und Armbrüsten. Der 1991 im Gletschereis über dem Ötztal in den Alpen entdeckte, vor 3500 Jahren dort umgekommene Steinzeitmensch »Ötzi« hat einen Bogen aus Eibenholz mit sich geführt. Im Mittelalter und in der frühen Neuzeit gab es eine enorme Nachfrage nach Eibenholz für die Schußwaffenproduktion, was zur Zurückdrängung und Ausrottung vieler Wildvorkommen führte.

Obwohl die Eibe bereits 1561 von Konrad Gessner in den Horti Germaniae als Gartenpflanze registriert wurde, spielte sie hierzulande bis zum Beginn des 18. Jhs. als Zierstrauch keine Rolle. Die Kräuter- und Pflanzenbücher des

16. und 17. Jhs. verzeichnen die Eibe überwiegend als Wildpflanze. In Westeuropa dagegen hatte man sie im 17. Jh. in die Gärten geholt, da ihre große Schnittverträglichkeit sie sehr geeignet macht für die damals in Mode gekommenen französischen Gärten mit ihren geschnittenen Hecken und kunstvoll geformten Sträuchern. Als »Liebling der französischen Gartenkunst« kam sie im 18. Jh. auch in die Parke und Gärten Deutschlands. So finden wir sie z.B. 1706 im Garten der Gebrüder Lastropp in Hamburg-Eimsbüttel. 1724 erwähnt die Flora von Lauban die Eibenhecken im Garten des Herrn von Uchtritz in Schokka noch als regionale Besonderheit. Im allgemeinen aber gehörte sie in dieser Zeit zum Bestandteil jedes modischen Lustgartens. Aber auch in Bauerngärten wurde sie hier und da angepflanzt, ihre Zweige nutzte man für Kränze und Gebinde bei Hochzeiten und Begräbnissen, zudem fand der immergrüne Baum nunmehr seinen Platz auf den Friedhöfen. Um 1800 diente die Eibe stellenweise sogar als Weihnachtsbaum. In einem Weihnachtsgedicht des brandenburgischen Dichterpastors Schmidt von Werneuchen heißt es: »Mit Äpfeln prangt der Taxusbaum / und blinkt von Gold- und Silberschaum.« Auch heute ist die formenreiche Eibe vielfach als Ziergehölz zu sehen, nicht nur auf Friedhöfen, in Parken und Grünanlagen, sondern auch, mitunter kunstvoll geschnitten, in Vor- und Bauerngärten. Als Wildbaum steht die Eibe in Deutschland seit längerem unter Naturschutz.

Thalictrum L. Wiesenraute

Von den etwa 200, zumeist in den gemäßigten Zonen der nördlichen Erdhalbkugel vorkommenden Wiesenrauten-Arten werden einige in Gärten als Zierpflanzen gezogen. Die wichtigste Art ist die in Auenwäldern und Hochstaudenfluren der Gebirge Europas und Westsibiriens wachsende **Akeleiblättrige Wiesenraute** (*Th. aquilegifolium* L.). Obwohl sie schon 1613 im Hortus Eystettensis in 2 Farbformen (*Thalictrum flore albo* und *Th. flore incarnato*) mit weißlichen und mit rötlichvioletten (von den Staubblättern bestimmten) Blüten abgebildet und als *Thalictrum latifolium, Ruta pratensis* 1607/30 für den herzoglich braunschweigischen Garten zu Hessem verzeichnet wurde, setzte sie sich als Zierpflanze nur recht zögerlich durch. Erst im 18. Jh. ist sie in den Gärten häufiger zu finden. 1706 war sie z.B. als *Thalictrum fol. Aquilegiae* im Garten der Gebrüder Lastropp in Hamburg-Eimsbüttel vertreten, 1736 im Garten des Herrn von Ziethen in Trebnitz bei Seelow, und zwar in den Formen *staminibus purpurascentibus* und *staminibus albis*. In seinem Pflanzenverzeichnis von 1773 bezeichnete Gleditsch »Die große Alpenwiesenraute oder Bergraute mit Ageleyenblättern« als eine »schöne Art« mit purpurfarbenen, violetten oder weißen Staubfäden. 1837 nennt sie der österreichische Pfarrer Johann Theophil Zetter in seinem Staudenbuch »ein sehr schönes Gewächs, das selbst in kleineren Gärten eine Stelle verdient«. Obwohl weiterhin in manchen Gärten vorhanden und gelegentlich auch aus Gärten verwildert, blieb die Akeleiblättrige Wiesenraute eine Pflanze für Liebhaber. Auch heute ist sie keineswegs häufig, aber doch hier und da in Gärten zu sehen.

Außer dieser Art wurde von den heimischen Wiesenrauten vor allem die in sonnigen Gebüsch- und Waldsäumen wachsende **Kleine Wiesenraute** (*Th. minus* L.) gelegentlich als dekorative Staude in Gartenkultur genommen und fand sich z.B. 1817 im Breiterschen Garten in Leipzig. Sie blieb aber bis heute überwiegend eine Liebhaberart.

Von den aus Nordamerika und Ostasien eingeführten *Thalictrum*-Arten kamen die meisten über Botanische und Liebhaber-Gärten nicht hinaus. Lediglich die beiden schönen Arten *Th. delavayi* Franch. und *Th. dipterocarpum* Franch. aus Westchina sind neuerdings vereinzelt auch in Haus- und Kleingärten zu sehen. Beide, einander recht ähnliche Arten wurden im August 1882 von dem französischen Missionar Pater Jean Marie Delavay (1838-1895) in der Nähe der Stadt Dali in Yunnan gefunden, kamen als Herbarpflanzen nach Paris und wurden dort 1886 von dem Botaniker Adrien René Franchet (1834-1900) unter den oben genannten Namen beschrieben. Wenig später wurden aus China auch lebende Pflanzen eingeführt. Zuerst kam *Th. delavayi* nach Paris und von dort 1889 in den Botanischen Garten Kew/London, wo sie 1890 erstmals blühte. Von seiner zweiten Expedition für die Gartenbaufirma James Veitch and Sons 1903-1905 schickte Ernest Wilson Samen von *Th. dipterocarpum* nach England, wo die Art im Betrieb von Veitch angezogen wurde. In seinem Beitrag Neue und harte Stauden aus China in den Freiland-Stauden von Ernst Graf Silva-Tarouca (2. Aufl. 1913) stellte Harry James Veitch sie dem deutschen und österreichischen Publikum vor. Der Hauptteil dieses Werkes enthält neben europäischen Arten (*Th. aquilegifolium, flavum, glaucum, minus* einschl. der Form *adiantifolium*) und der nordamerikanischen *Th. anemonoides* ebenfalls schon die beiden Arten *Th. delavayi* und *Th. dipterocarpum* aus China. In England entstand von *Th. delavayi* 1920 eine weißblühende Sorte (cv. 'Album') und 1922 eine mit gefüllten Blüten (cv. 'Hewitts Double').

Thladiantha dubia Bunge
Quetschgurke

1831 entdeckte der russische Botaniker Alexander von Bunge (1803-1890) auf einer Forschungsreise durch das nördliche China bei Peking ein knolliges, ausdauerndes Gurkengewächs und beschrieb es 1833 als *Thladiantha dubia* (zu gr. thládias, »der Gequetschte« und ánthe, »Blüte« sowie lat. dubia, »zweifelhaft«; Bunge hatte zur Beschreibung nur ein beschädigtes Herbarexemplar zur Verfügung). Zuerst kam die Art in den Botanischen Garten Moskau, wo sie, wie auch in anderen Gärten Moskaus, 1870 häufig war und als Schlingpflanze Wände und Zäune bekleidete. In St. Petersburg wurde sie zu dieser Zeit in der Gärtnerei von Heddewig kultiviert. Wegen ihrer großen Winterhärte erwies sie sich für das winterkalte Klima des mittleren Rußland als sehr geeignet. Schon zuvor war die Quetschgurke in den Berliner Botanischen Garten gekommen, in dessen Katalogen sie von 1868 an erscheint. Auch anderswo in Deutschland wurde sie damals kultiviert und zur Bekleidung von Lauben und Veranden verwendet. 1884 meldete Richard Büttner aus der Umgebung von Berlin bereits Verwilderungen nahe der Gärtner-Lehranstalt in Potsdam und von der Pfaueninsel. 1898 wurde sie in Schwerin auf Gartenabfällen aus dem Großherzoglichen Garten verwildert beobachtet. Auch in einigen anderen Orten Deutschlands kam es zu Verwilderungen, ebenso in Österreich. Im südlichen Europa hat sich die sommerwärmeliebende Art inzwischen stellenweise eingebürgert. Allerdings kommen von dieser zweihäusigen Art in den europäischen Gärten fast überall nur männliche Pflanzen vor, so daß eine Vermehrung hier nur auf vegetativem Wege möglich ist. Doch selbst wenn in Botanischen Gärten auch weibliche Pflanzen gezogen würden, stieße eine generative Vermehrung hier auf Schwierigkeiten, denn die Quetschgurke gehört zu den Ölblumen, deren Blüten statt Nektar fettes Öl enthalten, und in Europa fehlen die daran interessierten Insekten. Heute wird die Art in Deutschland als Zierpflanze nur noch selten angetroffen, z.B. in Bauerngärten im Spreewald und im Oderbruch.

Thuja L. Lebensbaum

Der im gemäßigten östlichen Nordamerika heimische **Abendländische Lebensbaum** (*Th. occidentalis* L.) war der erste Baum, der aus Nordamerika nach Europa gelangte. 1547 war er in Fontainebleau südlich von Paris vorhanden. Höchstwahrscheinlich hatte ihn die französische Expedition nach Kanada unter Jacques Cartier 1535/36 von dorther mitgebracht. Zunächst verbreitete er sich in den Gärten Frankreichs. 1601 verzeichnete ihn Jean Robin für Paris, 1644 war er in Lille, 1653 in Blois, 1691 in Straßburg und 1697 in Montpellier vertreten. Frühzeitig kam der Abendländische Lebensbaum auch in die Niederlande, wo er nach Lobelius 1576 anzutreffen war. 1601 wuchs er dort im Botanischen Garten Leiden, 1646 in Amsterdam und in Groningen. In Deutschland traf er ebenfalls im letzten Quartal des 16. Jhs. ein, 1588 finden wir ihn im Garten des Nürnberger Stadtarztes Joachim Camerarius, 1594 im Garten des Breslauer Arztes Laurentius Scholz, 1597 im Hortus Medicus der Universität Heidelberg, 1598 im Garten des Apothekers Johann Lutz in Kirchheim unterm Teck in Württemberg. 1613 bildete der Hortus Eystettensis einen fruchtenden Zweig des *Arbor Vitae*, »Baum deß Lebens« farbig ab.

Im 17. Jh. gab es den Abendländischen Lebensbaum in Deutschland in vielen Botanischen sowie in Liebhaber- und Adels-Lustgärten. Die Flora Marchica von Johann Sigismund Elsholtz berichtet 1663 von einem seit vielen Jahren im Garten des Herrn von Redern in Schwante bei Kremmen im Havelland wachsenden fruchtenden Exemplar des *Thya Theophrasti* C. B., »Baum des Lebens«, das eine Höhe von 24 Fuß (rd. 8 m) und einen Stammumfang von 3 Spannen (rd. 70 cm) erreicht hatte. Bis heute gehört der Abendländische Lebensbaum, von dem inzwischen eine Fülle von Sorten in verschiedenen Wuchsformen sowie eine mit gelbem Laub entstanden ist, zu den am häufigsten kultivierten

Nadelgehölzen in Mitteleuropa und findet, teils als Solitärgehölz, teils als Heckenpflanze, in Parken und Grünanlagen, aber auch in Vor- und Steingärten vielfache Verwendung. Besonders gern wird er auf Friedhöfen gepflanzt, wo er, als Ersatz der südeuropäischen immergrünen Zypresse, als Symbol der Unsterblichkeit gilt.

Der Name *Thuja* geht auf den von Theophrast überlieferten griechischen Pflanzennamen *thyia* (wohl für *Juniperus phoenicea*) zurück, den Caspar Bauhin 1623 auf den Abendländischen Lebensbaum übertrug. Von Tournefort 1700 als *Thuya* übernommen, wurde er von Linnaeus 1753 zu *Thuja* abgewandelt.

Tiarella L. Schaumblüte

Für die **Herzblättrige Schaumblüte** (*T. cordifolia* L.), eine niedrige Waldstaude aus dem gemäßigten östlichen Nordamerika, datiert der Erstnachweis für England und Europa aus dem Jahre 1632. In diesem Jahre erhielt John Tradescant d. Ä. die Art unter dem Namen *Cortusa Americana*, die Herkunft bleibt unklar. Im 17. Jh. liegen weitere Nachweise aus französischen und niederländischen Gärten vor, in denen sie 1644, 1659, 1661 und 1665 unter verschiedenen Namen kultiviert wurde. 1698 gab Paul Hermann in seinem Paradisus Batavus eine Beschreibung und Abbildung unter der Bezeichnung *Cortusa Americana flore spicato petalis integris*. Nach Deutschland kam sie allem Anschein nach um 1800. 1808 wuchs sie, unter dem 1753 von Linnaeus gegebenen Namen *Tiarella* (zu gr./lat. tiara, »Bischofsmütze«, nach der Form der Frucht) im Berliner Botanischen Garten, 1817 im Breiterschen Garten in Leipzig. 1818 empfahl sie Wredows Gartenfreund und bemerkte dazu: »kömmt fast in jedem Boden gut fort«. Bis zur Gegenwart blieb sie eine nicht allzu häufige, als Bodendecker für halbschattige bis schattige, nicht zu trockene Gartenplätze gezogene Zierpflanze. Inzwischen gibt es mehrere Sorten, darunter auch die Spielart 'Purpurea' mit purpurfarbenen Blättern.

Von den weiteren 6 Arten der Gattung spielt lediglich die um 1947 nach England eingeführte und seitdem von Staudengärtnereien vertriebene **Rankenlose Schaumblüte** (*T. wherryi* Lakela) aus dem südöstlichen gemäßigten Nordamerika als »schöne Blattpflanze mit zeitlich wechselndem Farbenspiel« (Karl Foerster) eine Rolle als schattenverträglicher Bodendecker, insbesondere in Steingärten.

Tradescantia virginiana L. Dreimasterblume

Mit etwa 65 einjährigen und staudigen Arten kommt die Gattung *Tradescantia* in Nord- und Südamerika vor. Die ausdauernde und winterharte Dreimasterblume (*T. virginiana* L.) stammt aus den östlichen Staaten der USA. Da das Gebetbuch Herzog Albrechts V. von Bayern aus dem Jahre 1574 eine farbige Abbildung eines Triebes dieser Art mit 2 Blättern, 5 Knospen und einer Blüte enthält, muß sie zu dieser Zeit bereits in Europa vorhanden gewesen sein. Der Maler Georg Hofnagel (1542–1600), der das Gebetbuch mit Miniaturen von Tieren und Pflanzen schmückte, hat die Pflanzen, darunter auch verschiedene aus Amerika stammende Arten, entweder im Münchener Hofgarten gezeichnet oder Skizzen davon aus Italien und Frankreich mitgebracht. In der Literatur tritt die Dreimasterblume 1621 in Erscheinung, damals wuchs sie im Garten von René Morin in Paris als *Phalangium de Virginea*. 1623 verzeichnete Caspar Bauhin in Basel die Art im Anhang seines Pinax als *Allium sive Moly virginianum* und gibt dazu an, sie sei ihm von dem Kandidaten der Medizin Georg Spörlin unter dem Namen *Phalangium Virginianum* zusammen mit anderen Pflanzen aus dem Garten von Jean Robin in Paris zugeschickt worden. 1623 führen die Robins sie im Katalog ihres Gartens auf. Ihr dortiger Name *Phalangium Americanum flore violaceo Tradescampi* (sic!) deutet darauf hin, daß die Art von John Tradescant d. Ä. in London gekommen war. Diesem hatte sie ein Freund aus Virginia mitgebracht. Tradescant gab die Pflanze auch an John Parkinson weiter, der sie 1629 in seinen Paradisi unter dem Polynom *Phalangium Ephemerum Virginianum Joannis Tradescanti* abbildete. 1633 erhielt Tradescant auch die weißblühende Form. Damals verbreitete sich die Dreimasterblume auch über die Gärten anderer europäischer Länder. 1633 kam sie in den Botanischen Garten in Leiden, das bis 1639 zusammengetragene Herbar von Joachim Burser belegt sie für den Garten von Dr. Georg Fuiren (1581–1628) in Kopenhagen. Im Jahre 1646 war sie im Botanischen Garten der Universität Altdorf bei Nürnberg in 3 Farbformen vertreten, und zwar mit violetten (fl. violaceis), zartblauen (fl. dilute coeruleis) und mit weißen Blüten (fl. albo), letztere Form war 1646 dazugekommen. 1649 wuchs sie mit blauen Blüten im Fürstlichen Garten in Kiel und ebenso 1655 im herzoglich schleswigschen Garten zu Gottorf, zwischen 1630 und 1651 in violetter und weißer Farbform im herzoglich braunschweigischen Garten zu Hessem. 1659/60 wurde sie aus dem Berliner Lustgarten in der violetten Form abgebildet als eine Pflanze, die im Hortus Eystettensis von 1613 noch nicht enthalten war. Das Gartenbaubuch von Johann Sigismund Elsholtz (1684) führt neben dieser auch die weiße Form auf und schreibt, daß dieses »Gewächs allererst in diesem seculo aus der Americanischen Insel (!) Virginia in Europam überbracht worden: nunmehr aber ist es unser Lufft und Bodens so gewohnet/daß es darin fast ohn Arbeit fortwächset/und durch seine Wurtzeln sich leicht vermehren lässet.«

Der französische Botaniker Joseph Pitton de Tournefort kennt in seinen Institutiones rei herbariae 1700 von dieser Art, die er als *Ephemerum Virginianum* bezeichnete, 8 Formen mit blauen, purpurnen, himmelblauen, weißen, weißbläulichen, weiß-violetten, größeren und kleineren Blüten. 1718 führte Heinrich Bernhard Ruppius in seiner Flora Jenensis den Namen Tradescantia ein, zu Ehren der Gärtner John Tradescant d. Ä. und d. J.; dieser Name wurde 1753 von Linnaeus übernommen. Im 18. Jh. war die Art in ihren verschiedenen Formen in Deutschland weit verbreitet. Gleditsch, der sie 1773 als »ein angenehmes lilienartiges Staudengewächse« bezeichnete, kannte auch eine Form mit gefüllten Blü-

RANVNCVLVS VI.

***Trollius europaeus* L.** Europäische Trollblume, Matthiolus/Bauhin 1598

ten. Im 19. Jh. wurde die anspruchslose Art zu einer beliebten Zierpflanze, die auch in vielen Bauerngärten zu finden war.

In neuerer Zeit entstanden in den USA durch Einkreuzung weiterer nordamerikanischer *Tradescantia*-Arten, insbesondere *T. ohiensis* Raf. und *T. subaspera* Ker-Gawl., die Tradescantia-Andersoniana-Hybriden mit vielen Sorten, welche höher sind, länger und reicher blühen und deren Blätter bis in den Herbst hinein grün bleiben und welche die alten *T. virginiana*-Sorten in den Gärten mehr und mehr in den Hintergrund drängen.

Trollius L. Trollblume

Die **Europäische Trollblume** (*T. europaeus* L.) ist von Nord- und Mitteleuropa bis in Gebirge Südeuropas und ostwärts bis Westsibirien verbreitet. In Mitteleuropa kommt sie auf quelligen Wiesen der Gebirge, aber auch des Jungmoränengebietes im Nordosten vor. Durch ihre großen gelben Blüten eine auffällige Art, wurde sie schon frühzeitig als Zierpflanze in die Gärten geholt, zuerst wohl in der Schweiz, wo auch ein dortiger Volksname (zu trollen, »rollen, wälzen«, wegen der kugeligen Blütenform) zum deutschen wie zum wissenschaftlichen Gattungsnamen umgeformt wurde. Der Name Trollblume, im 15. Jh. als »trolblum« belegt und 1534 bei Paracelsus als »trollenblum« erscheinend, wird von dem Züricher Arzt und Naturforscher Konrad Gessner, der ihn zu *Trollius* latinisierte, 1555 und 1561 in die wissenschaftliche Botanik eingebracht. Wie die Angaben in den Horti Germaniae von Konrad Gessner 1561 zeigen, wurde die Art hier und da im Garten gezogen. Insgesamt blieb sie im 16. und auch im 17. Jh. in Deutschland jedoch eine seltenere Gartenzierpflanze. Als *Ranunculus flore globoso, Flos Trollius Gesneri*, »Alphanenfuß, Trollblumen« wird sie 1594 aus Lausitzer Gärten angegeben, und 1613 war sie im fürstbischöflichen Garten zu Eichstätt vorhanden. Mancherorts kannte man sie nur als Wildpflanze, wenn es auch weiterhin zu Verpflanzungen in den Garten kam. So heißt es in der Beschreibung des ganzen Fürstl. Braunschweigischen Gartens zu Hessem von Johann Royer 1651: »Der *Ranunculus glomeratus*, sonst *Flos Trollius* genand/

wächst auff einer Wiesen zwischen Dedeleben und Pabstorff häuffig/da ich die grössesten außgehoben/und in den Fürstl. Lust = Garten verpflanzt/sind je länger je schöner gewachsen.« Im 18. Jh. wurde die Trollblume als Gartenpflanze dann etwas häufiger, blieb aber vielfach auf Botanische und Liebhaber-Gärten beschränkt.

Gleditsch, der 1769 ihre Wildvorkommen in Brandenburg beschrieb, meinte abschließend, »der schönen großen Blumen wegen, verdienet das Gewächse in den Gärten in Menge gezogen zu werden«. In seinem Pflanzenverzeichnis 1773 nennt er die Europäische Trollblume »eines der schönsten einheimischen und dauerhaftesten Staudengewächse im Frühlinge«. 1779 war die Art im Angebot der Hamburger Handelsgärtnerei Buek.

Im 19. Jh. wird die Trollblume in vielen Regionen Mitteleuropas als Zierpflanze genannt und stellenweise sogar als häufige Gartenpflanze bezeichnet. Staudengärtnereien begannen nunmehr damit, größerblütige Sorten auszulesen sowie die heimische Art mit ausländischen Trollius-Arten zu kreuzen. Als Kreuzungspartner wurden von den etwa 30 auf der nördlichen Erdhalbkugel vorkommenden *Trollius*-Arten vor allem *T. asiaticus* L. und *T. chinensis* Bunge benutzt. Die in Nordostrußland, Sibirien und Turkestan heimische **Asiatische Trollblume** mit orangegelben Blüten war 1739 von Johann Ammann als *Helleborus aconito folio, flore globoso croceo* beschrieben worden und seit 1759 in Rußland in Gartenkultur. Von dort kam sie Ende des 18. Jhs. nach Deutschland, wo sie im Jahre 1800 im Botanischen Garten Halle, 1808 im Botanischen Garten Berlin, 1817 im Breiterschen Garten in Leipzig und 1824 im Bueksche Garten in Frankfurt/Oder vorhanden war. Die **Chinesische Trollblume** mit offenen schalenförmigen, ebenfalls orangegelben Blüten aus Nordostchina wurde 1835 von Alexander von Bunge beschrieben, fand aber erst zu Beginn des 20. Jhs. Eingang in die allgemeine Gartenkultur, nachdem die englische Gartenbaufirma Veitch um 1912 von William Purdom Pflanzen aus China erhalten hatte. Heute werden zumeist die aus diesen 3 Arten entstandenen Trollius-Hybriden gezogen, von denen es eine ganze Reihe von Sorten mit hell- bis goldgelben und hell- bis tieforangefarbenen Blüten gibt.

Tropaeolum L.
Kapuzinerkresse

Mit etwa 90 Arten ist die Gattung *Tropaeolum* von Mexiko bis in die gemäßigten Gebiete Südamerikas verbreitet. Als erste kam in der Mitte des 16. Jhs. die **Kleine Kapuzinerkresse** (*T. minus* L.) aus Peru nach Spanien, 1553 läßt sie sich auch in Italien nachweisen. Eine Abbildung dieser Art findet sich in dem 1574 entstandenen Gebetbuch Herzog Albrechts V. von Bayern. Um diese Zeit gelangte sie in die Gärten West- und Mitteleuropas, 1576 wurde sie in England kultiviert und von dem damals in London lebenden flämischen Botaniker Matthias Lobelius in seinen Kräuterbüchern als *Nasturtium Indicum* abgebildet. Der englische Arzt und Botaniker John Gerard erhielt vor 1597 Samen dieser Art von seinem »liebe-

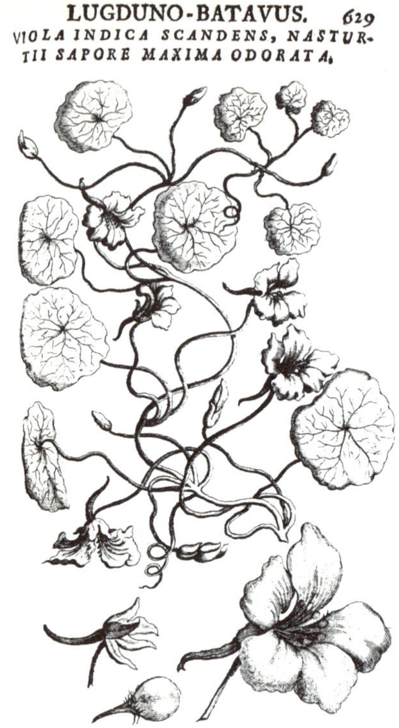

Tropaeolum majus L. Große Kapuzinerkresse, Hermann 1687

vollen Freund« Jean Robin aus Paris, wohin die Kleine Kapuzinerkresse durch den spanischen Arzt Nicolas Monardes (1493-1588) in Sevilla gekommen war.

1587 erscheint sie auch in den Niederlanden (Leiden). In Deutschland läßt sie sich als Gartenzierpflanze 1588 unter dem Namen *Nasturtium Indicum Dodonaei* für den Garten von Joachim Camerarius in Nürnberg nachweisen. Sein im selben Jahr erschienener Hortus medicus et philosophicus enthält 2 Abbildungen, die einmal die gesamte Pflanze, zum anderen Blüten und Samen zeigen; eine farbige Abbildung bringt wenig später das sogenannte Camerarius-Florilegium. 1594 war sie auch im Garten von Laurentius Scholz in Breslau vorhanden, fehlte aber noch den Lausitzer Gärten, wo sie erst 1724 in Erscheinung trat.

Im 17. Jh. breitete sich die Kleine Kapuzinerkresse schnell aus und wurde, wie dann auch im 18. Jh., in vielen Gärten ausgesät. Anfang des 17. Jhs. zog man sie im fürstbischöflichen Garten zu Eichstätt, und der 1613 erschienene Hortus Eystettensis bildete sie farbig ab. Zwischen 1607 und 1630 kam sie in den herzoglich braunschweigischen Garten zu Hessem, 1663 wuchs sie in den kurfürstlich brandenburgischen Gärten in Berlin, Potsdam und Oranienburg. Caspar Bauhin in Basel nannte die Art in seinem Pinax 1623 *Nasturtium Indicum majus*, was später zu Verwechslungen mit der **Großen Kapuzinerkresse** (*T. majus* L.) geführt hat.

Letztere wurde 1684 in die Niederlande eingeführt und 1687 von Paul Hermann im Katalog des Botanischen Gartens Leiden beschrieben und abgebildet. In lebhaften Farben schildert Hermann das Entzücken der Blumenfreunde jener Zeit über die neue Pflanze. Nach seinen Angaben war die Große Kapuzinerkresse durch die Bemühungen des niederländischen Staatsmannes Hieronymus van Beverningk (1614-1690), der in Amsterdam einen seinerzeit berühmten Garten besaß, aus Peru nach Europa gekommen. Von Holland aus verbreitete sie sich alsbald in andere europäische Länder, 1686 wurde sie in England gezogen, 1689 in Italien, und in dieser Zeit dürfte sie auch in Deutschland eingetroffen sein.

Im Jahre 1700 belegte der französische Botaniker Joseph Pitton de Tournefort in seinen Institutiones die Kapuzinerkresse mit dem Namen *Cardamindum;* er verwendete auch als erster die Bezeichnung »Capucine«, woraus der deutsche Name Kapuzinerkresse wurde. Man verglich die Blüten dieser Pflanze mit Kapuzen, wie sie von den Kapuzinermönchen getragen wurden. Linnaeus lehnte den von Tournefort verwendeten Gattungsnamen *Cardamindum* als lateinisch-griechische Mischbildung ab und führte statt dessen (1737, 1753) den Namen *Tropaeolum* (zu lat. tropaeum, »Siegeszeichen«) ein, weil ihn die an einem Klettergerüst emporwachsende Pflanze mit ihren Blättern und Blüten an ein römisches Siegeszeichen mit Schilden und Helmen erinnerte.

Im 18. Jh. trat *T. majus* überall neben *T. minus* auf und hat diese kleinere und weniger kletternde Art im Laufe der Zeit verdrängt. 1706 gab es im Garten der Gebrüder Lastropp in Hamburg-Eimsbüttel 2 Farbformen (schwefelgelb und orange), ebenso 1711 im Botanischen Garten in Wittenberg, während der Arzt Gerhard Moehring in Jever 4 Farbformen (rötlich, gelb, gelb und rötlich und dasselbe mit roten Flecken) in seinem Garten zog. Um 1730 entstanden in England auch gefülltblühende Formen, welche wenig später auch in Deutschland in Erscheinung traten, z.B. 1736 in Jever und im Garten des Herrn von Ziethen in Trebnitz bei Seelow, 1743 im Botanischen Garten Göttingen und 1746 im Berliner Botanischen Garten. 1769 äußert sich dessen Direktor Johann Gottlieb Gleditsch über die Große Kapuzinerkresse, sie »blühet vom Julio an, den ganzen Sommer, bis zum Froste in vielerley schönen Abänderungen in unsern Gärten«. Wredow schreibt 1818 in seinem Gartenfreund, die Form mit gefüllten Blüten werde »ihrer schönen Blumen wegen in Töpfen« gehalten. Die Art diente aber auch anderen Zwecken. So lesen wir z.B. bei Adelbert von Chamisso 1827: »Dieses Gewächs wird mit gleichem Rechte als Küchenkraut und als Zierpflanze gezogen. Die unreifen Früchte und die Blumenknospen vertreten die Stelle der Kapern, und die Blumen liefern den angesehensten und vortrefflichsten Salat. Diese schönen Blumen sind reich an Honig und ziehen die Bienen an.«

Seit Mitte des 19. Jhs. entstanden aus *T. majus* durch Auslese und durch Einkreuzung von *T. minus* und dem aus Kolumbien und Ekuador stammenden, um 1840 nach England eingeführten *T. peltophorum* Benth. (*T. lobbianum* Veitch) mit scharlachroten Blütenblättern zahlreiche teils niedrige, teils lang- bzw. hochwachsende Sorten mit einfachen oder gefüllten Blüten in gelben, roten, orangeroten, und lachsfarbenen Tönen, die heute zu den häufigsten und beliebtesten Garten- und Balkonpflanzen gehören.

Tulipa L. Tulpe

Mit etwa 100 Arten ist die Gattung *Tulipa* in den warm-gemäßigten und warmen Zonen Eurasiens von Nordafrika bis Ostasien verbreitet, wobei der Schwerpunkt in den Steppengebieten Zentralasiens liegt. Obwohl einige Arten auch im Mittelmeergebiet und in Kleinasien vorkommen, werden Tulpen von antiken

***Tulipa gesneriana* L.** Garten-Tulpe, erste Abbildung, Gessner 1560

Schriftstellern nicht erwähnt, vielleicht weil sie für medizinische Zwecke nicht geeignet sind. Im mittleren Orient hingegen wurden dort vorkommende Tulpenarten bereits in alter Zeit in Kultur genommen. Vielfältige Kreuzungen dieser Wildarten untereinander führten im Verlaufe längerer Zeiträume zur Entstehung der **Garten-Tulpe** (*T. gesneriana* L.). Welche Arten im einzelnen an diesem Prozeß beteiligt waren, läßt sich kaum noch klären. Neben im Iran wild wachsenden Arten kommen transkaukasische, turkestanische und anatolische Tulpen-Sippen in Betracht. Zu den möglichen Stammeltern zählen u.a. *Tulipa lanata* Regel, *T. clusiana* DC., *T. aitchisonii* Hall, *T. stellata* Hooker f. und *T. armena Boiss.* (= *T. suaveolens* Roth). Garten-Tulpen werden in der altpersischen Literatur unter dem Namen lalé seit dem 9. Jh. wiederholt erwähnt. Von den Persern übernahmen die Türken, welche, aus Mittelasien kommend, sich im Mittelalter in Kleinasien festsetzten und 1453 Konstantinopel eroberten und es zu ihrer Hauptstadt Istanbul machten, sowohl die Garten-Tulpen als auch deren persischen Namen. Die Türken waren große Blumenfreunde. In ihren Gärten spielten, neben anderen Zwiebel- und Knollenpflanzen, die Tulpen seit altersher eine bedeutende Rolle.

Aus den türkischen Gärten kam die Garten-Tulpe in der Mitte des 16. Jhs. nach Mittel- und Westeuropa. Möglicherweise gelangten erste Exemplare bereits vor der Jahrhundertmitte durch den venezianischen Levantehandel nach Italien. Die Belege hierfür sind allerdings nicht ganz eindeutig, immerhin ist italienisch *tulipa* schon 1549 belegt. In West- und Mitteleuropa waren Tulpen zu dieser Zeit völlig unbekannt, und so war das Erstaunen des kaiserlichen Botschafters Augerius Ghislain de Busbecq und seiner Begleiter groß, als ihnen 1554 auf ihrer Gesandtschaftsreise zum türkischen Sultan Suleiman II. zwischen Adrianopel (Edirne) und Konstantinopel (Istanbul) außer Narzissen und Hyazinthen auch Blumen angeboten wurden, »quos Turcae tulipam vocant« (»welche die Türken Tulipan nennen«), wie Busbecq in einem Briefe berichtete. Es wird vielfach angenommen, daß hinsichtlich des Namens ein sprachliches Mißverständnis obwaltet habe, das Wort tulipan bezeichne vielmehr den Turban (persisch dulbend, türkisch tülband, eigentlich das rote Turbantuch). Aller Wahrscheinlichkeit nach lag aber ein türkischer Volksname vor, welcher die Tulpenblüte mit einem Turban verglich.

Während seines Aufenthaltes am türkischen Hof in Konstantinopel (bis 1562) sandte Busbecq nach eigenen Angaben mehrfach Samen und Pflanzgut türkischer Gartenpflanzen nach Wien, und es wird vermutet, daß auch die Tulpe darunter gewesen ist. Das übersandte Material gelangte an den kaiserlichen Leibarzt und Botaniker Pietro Andrea Matthiolus, der die weitere Anzucht besorgte, und man geht davon aus, daß auf diese Weise die ersten Tulpen nach Wien gekommen sind. Jedenfalls bringt er in der von ihm betreuten Ausgabe der Materia medica von Dioskurides, die 1565 in Venedig erschien, eine Abbildung der Tulpe unter dem Namen *Narcissus*, jedoch ohne nähere Angaben.

In Deutschland sah der Züricher Arzt und Naturforscher Konrad Gessner bei einem Besuch in Augsburg Anfang April 1559 eine blühende Tulpe im Garten des Kaufmannes und Ratsherren Johann Heinrich Herwarth. Diese Entdeckung war ihm so wichtig, daß er die neue Blume in den Zusätzen zu den von ihm 1561 herausgegebenen Werken des Valerius Cordus beschrieb und durch einen Holzschnitt abbildete. Seiner Darstellung nach soll diese Pflanze aus Samen angezogen worden sein, der aus Byzanz (Konstantinopel) oder aus Kappadozien (Landschaft im östlichen Kleinasien) stammte. Ihre große, einzeln stehende Blüte war von einem schönen Rot und besaß einen zarten süßen Duft. Abbildung und Beschreibung sowie die frühe Blütezeit sprechen für *Tulipa armena, syn. T. suaveolens*, bzw. eine Kulturform dieser Wildart. Aufgrund dieser Beschreibung durch Gessner nannte Linnaeus 1753 die Garten-Tulpe *Tulipa gesneriana*.

* Grosse rohte oder weisse Narcissen Lilien. *
Tulipa rubra vel alba major.

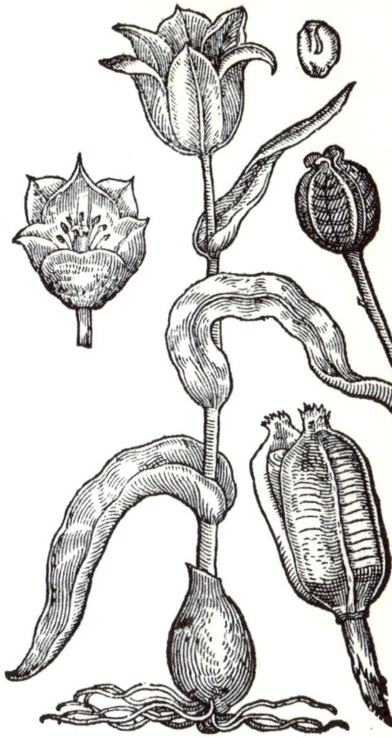

***Tulipa gesneriana* L.** Garten-Tulpe, Tabernaemontanus 1588

Der flämische Botaniker Carolus Clusius, ein besonderer Liebhaber von Zwiebelpflanzen, hatte sich 1567 und 1569 von seinem damaligen Wohnort Mecheln in Belgien aus um Tulpensamen oder -zwiebeln bemüht. Als er dann Anfang Oktober 1573, einem Ruf des Kaisers folgend, nach Wien kam, erhielt er dort von seinem Landsmann Busbecq, der 1574 Wien verließ und nach Rouen in Frankreich zog, eine große Anzahl von Sämereien und Blumenzwiebeln, die er in seinem Wiener Garten kultivierte. Mit großer Wahrscheinlichkeit haben sich darunter auch Tulpen befunden. Darüber hinaus bat er im März 1574 den damaligen kaiserlichen Gesandten in Konstantinopel, Karl Rijm de Eeckebecke, ihm von dorther Pflanzgut türkischer Gartenpflanzen zu schicken. Bei der Rückkehr Rijms Ende 1574 überbrachten ihm Mitglieder der Gesandtschaft eine große Zahl von Blumenzwiebeln. Auch in der Folgezeit hielt Clusius laufend Kontakt zu den kaiserlichen Gesandten und deren Begleitern und bekam von ihnen wiederholt Samen, Zwiebeln und Knollen zugesandt oder mitgebracht. In seinem 1576 erschienenen Buch über die selteneren Gewächse Spaniens beschrieb er auch zahlreiche Tulpensorten in den Farben Gelb, Rot und Violettbraun, welche ihm freilich nicht in Spanien, sondern in Wien vor Augen gekommen waren. Noch ausführlicher und mit vielen Abbildungen ging Clusius in seinem 1583 erschienenen Buch über die selteneren Pflanzen Österreichs und Ungarns im Kapitel »De *Tulipa* sive *Lilio Narcisso*« auf die damaligen Garten-Tulpen ein. Sowohl von Wien als auch von seinem anschließenden (1588–1592) Wohnsitz Frankfurt/Main aus, wo er ebenfalls einen Garten besaß, in dem er Zwiebelpflanzen zog, versandte Clusius Tulpenzwiebeln an andere Blumenliebhaber, u.a. an den mit ihm befreundeten Joachim Camerarius in Nürnberg, an Landgraf Wilhelm IV. von Hessen in Kassel, der ihm für die Zusendung von Samen und Pflanzgut sogar ein zeitweiliges Jahresgehalt aussetzte, an dessen Bruder Landgraf Ludwig in Marburg sowie nach England. Die Empfänger gaben nach der Vermehrung Tulpenzwiebeln oder auch Samen wieder an Verwandte und Freunde weiter. Auf diese Weise verbreitete sich die begehrte Garten-Tulpe relativ rasch über Mittel- und Westeuropa.

Aber auch auf anderen Wegen haben Garten-Tulpen das westliche Europa erreicht. So erhielt nach Angaben von Clusius etwa um 1570 ein Antwerpener Kaufmann von einem Freund zusammen mit Stoffballen eine Anzahl von Tulpenzwiebeln aus Konstantinopel zugesandt, mit denen er jedoch nicht das Richtige anzufangen wußte. Einige davon gelangten an den pflanzenliebenden Kaufmann Georg Rye in Mecheln, der aus ihnen schön blühende Tulpenpflanzen anzog. 1577 blühte zum erstenmal eine rote Tulpe in Brüssel, aus deren Samen ein Herr Boisot und einige adlige Damen verschiedenfarbige Nachkommenschaft erzielten. 1581 bildete Matthias Lobelius in seinen Icones 22 Formen ab. 1597 heißt es im Herball von John Gerard, der Londoner Apotheker James Garret habe seit 20 Jahren Tulpen kultiviert. Gerard beschreibt in seinem Buch 14 verschiedene Sorten, merkt aber an, daß es zahlreiche weitere gebe, die im einzelnen zu beschreiben eine Sisyphusarbeit wäre. Rund 30 Jahre später führte John Parkinson in seinen Paradisi 150 Sorten auf. In Deutschland schrieb Camerarius 1586 in dem von ihm neu herausgegebenen Kompendium des 1577 verstorbenen Matthiolus über die Tulpe, sie sei »bey uns gemein worden« und es gebe allerhand Farbformen. Camerarius zog 1588 in seinem Nürnberger Garten zahlreiche Sorten dieser »ausländischen und vor einigen Jahren bei uns gerade erst bekannt gewordenen Pflanze«. Aufgeführt werden frühe Tulpen mit gelben, roten und scharlachroten Blüten, am Grunde hellgelb, schwarz, grünlich, bläulich oder fleischfarben, sowie späte Tulpen, diese meist groß und schön, aber von geringerer Verschiedenheit der Farben. Farbige Abbildungen von zahlreichen kultivierten Tulpensorten enthält das sogenannte Camerarius-Florilegium. 1594 gab es im Garten des Breslauer Arztes Laurentius Scholz 14 Formen von Garten-Tulpen, während diese im gleichen Jahre von Johann Franke für die Gärten der Lausitz noch nicht angegeben werden. Auch in Annaberg im Erzgebirge wie in Bad Boll in Württemberg und seiner Umgebung war die Tulpe gegen Ende des 16. Jhs. noch nicht eingetroffen.

Im 17. Jh. setzte sich die Ausbreitung der Tulpe weiter fort. 1613 war sie im Garten des Eichstätter Fürstbischofs in einer Vielzahl verschiedener Formen vertreten, ebenso 1621 im Regensburger Hortus Medicus. 1630 wies der herzoglich braunschweigische Lustgarten in Hessem 26 verschiedene Formen dieser Tulpe auf. In Hamburg beherbergte der Garten des Bürgermeisters Barthold Moller ebenfalls zahlreiche Sorten, viele von ihnen bildete der Hamburger Künstler Hans Simon Holtzbecker im sogenannten Moller-Florilegium (Staats- und Universitätsbibliothek Hamburg) naturgetreu ab. Als eine der Prachtpflanzen der Barockgärten wurde die Garten-Tulpe nicht nur allseits bewundert, sondern auch auf vielen Blumenbildern der damaligen Zeit dargestellt und in Liedern besungen. »Narcissus und die Tulipan, die ziehen sich viel schöner an als Salomonis Seide«, heißt es z.B. in einem Choral des Pfarrers Paul Gerhard (1607–1676). 1673 schrieb der Berliner Arzt und Apotheker Bartholomaeus Zorn in der von ihm besorgten 2. Auflage des Kräuterbuchs von Thomas Pancovius über die »Tulipe«: »Seyn heut zu Tage wol bekand/und seyn vielerley Sorten/welche auch wunderliche Namen haben. Petrus Laurenbergius hat 144 Arten: Johann Sigism. Elsholtius in Horticultura über 216. Seyn bisher nur zur Zierde der Gärten von vielen gar tewer erkaufft/ und zur Augenweide ... erzeuget worden.«

Zu einem Zentrum der Tulpen- wie überhaupt der Zwiebelpflanzenkultur entwickelte sich Holland. Dort waren Tulpen schon vor 1590 vorhanden. Als einer der ersten zog der Apotheker Walich Zieuwertsz in Amsterdam die Tulpe in seinem Garten, zur großen Verwunderung aller Blumenfreunde, und 1590 auch Johann van Hoghelande in Leiden. Als Clusius einen Ruf an die 1587 gegründete Universität Leiden erhielt und im Herbst 1593 dorthin übersiedelte, brachte er mit seiner umfangreichen Zwiebelpflanzensammlung weitere Formen der Garten-Tulpe mit. Auch in Holland war das Interesse an dieser neuartigen Zierpflanze erheblich, was sich u.a. darin zeigt, daß man 1596 den privaten Garten von Clusius zweimal beraubte und dabei über 100 Tulpen stahl. Die große Nachfrage nach Tulpen und die sich daraus ergebenden Verdienstmöglichkeiten bewogen viele Holländer, sich der Blumenzwiebelzucht zuzuwenden. Die Vermehrung der Tulpen erfolgte nicht nur über die Zwiebelbrut, sondern auch durch Aussaat. Das letztere Verfahren führte aufgrund der Bastardnatur der Garten-Tulpe zu einer Vielzahl von Sorten. Um diese ausreichend unterscheiden zu können, belegte man sie mit besonderen Sortennamen. Je nach der Blütezeit unterschied man Frühe Tulpen ('Praecoces') und Späte Tulpen ('Serotinae') sowie eine zwischen diesen blühende Gruppe, von Clusius als 'Dubiae', später als 'Mediae' bezeichnet. Bald traten auch gefülltblühende Tulpen in Erscheinung; eine gelbe und eine zinnoberrote *Tulipa flore pleno* wurden 1613 im Hortus Eystettensis abgebildet. Zu besonderer Beliebtheit gelangten die »gebrochenen« Tulpen, d.h. Formen, deren Blüten aufgrund einer Virusinfektion weiß bzw. farbig geflammte oder fedrige Streifen aufwiesen. Neue oder seltene Sorten waren sehr gefragt, für sie wurden hohe Preise gefordert und auch bezahlt. Im Laufe dieser Entwicklung kam es in den Niederlanden zu einer breite Schichten der Bevölkerung erfassenden Spekulationswelle, der sogenannten Tulpomanie oder Tulpenwut. Im Februar 1637 eskalierten die Verhältnisse derart, daß der Staat eingriff und alle Spekulationsgeschäfte mit Tulpenzwiebeln unterband, woraufhin sich die Dinge wieder normalisierten.

Von einer Blume des Adels und des begüterten Bürgertums wurde die Garten-Tulpe im Laufe des 18. Jhs. zu einer allgemein verbreiteten Zierpflanze. So war sie 1724 in den Gärten der oberlausitzer Stadt Lauban vorhanden. Einer großen Beliebtheit erfreute sie sich im 18. Jh. auch in Berlin, hier war sie in vielen Gärten vertreten, wobei ihre Zwiebeln teils aus den Niederlanden, teils von heimischen Gärtnereien bezogen wurden. Im Jahre 1746 hatte z.B. der Handelsgärtner Christian Ludwig Krause in der Stralauer Vorstadt 13 Sorten der Garten-Tulpe im Angebot, darunter auch die Papageien-Tulpe mit zerschlitzten Perianthblättern. 1779 bot die Hamburger Gärtnerei Buek verschiedene Sorten (»species diversae«) der Tulpe zum Kauf an. 1790 heißt es in der Flora Lipsiensis von Johann Christian Gottlob Baumgarten, die Tulpe sei in Leipzig in fast allen Gärten sehr gemein. 1818 bezeichnete sie der mecklenburgische Pfarrer Wredow in seinem Gartenfreund als »eine allgemein bekannte und seit vielen Jahren mit großer Sorgfalt cultivirte Blume«, von der es eine große Menge von Spielarten gebe, »welche sich durch Mannigfaltigkeit der Farben und auch durch das Gefülltseyn der Blumen unterscheiden«.

Ab Ende des 19. Jhs. entwickelten niederländische Zuchtbetriebe neben diesen älteren Sorten verschiedene weitere Sortengruppen. Ab 1885 brachte die Firma Krelage in Haarlem hochwüchsige spätblühende Tulpen unter dem Namen 'Darwin-Tulpen' in den Handel. 1909 begann derselbe Betrieb, die kleinen frühblühenden Duc-van-Thol-Tulpen, Abkömmlinge von *Tulipa suaveolens* (heute *T. armena*) in die Darwin-Tulpen einzukreuzen. Die so erzielten Sorten erhielten den Namen 'Mendel-Tulpen' und kamen 1915 auf den Markt. Durch Kreuzung von frühen kurzstieligen Tulpen mit Darwin- und Breeder-Tulpen (Altholländische Tulpen) entstanden im Zuchtbetrieb Zandbergen in Rijnsburg die im April blühenden 'Triumph-Tulpen'. Die

Lilienblütigen Tulpen mit ihren spitz auslaufenden Perianthblättern wurden durch Einkreuzung von *Tulipa retroflexa* Bak. erzielt, zuerst bei Krelage. Die heute weitverbreiteten großblütigen Darwin-Hybrid-Tulpen gingen aus Kreuzungen von Darwin-Tulpen mit der 1904 entdeckten und 1905 nach Holland gekommenen Wildart *Tulipa fosteriana* Irving und einigen ihrer Sorten hervor. Die Gruppe der Mehrblütigen Tulpen schließlich entstand aus der Wildart *Tulipa praestans* Hoog.

Auch weitere **Wildarten** gelangten, z.T. bereits in älterer Zeit, in Gartenkultur, doch sind die meisten von ihnen fast nur in Botanischen Gärten oder bei Liebhabern zu finden. Die **Weinbergs-Tulpe** (*T. sylvestris* L.) aus dem Mittelmeergebiet und Westasien wurde in Italien Mitte des 16. Jhs. als Zierpflanze gezogen. Von dorther und aus Südfrankreich kam sie um 1580 auch in deutsche Gärten, hier als *Tulipa Narbonensis* (Camerarius 1588), *Tulipa italica* (Franke 1594) oder *Tulipa bononiensis* (Schwenckfelt 1601) bezeichnet. Durch die Garten-Tulpe in den Hintergrund gedrängt, spielte sie als Zierpflanze jedoch nur eine untergeordnete Rolle. Stellenweise konnte sie sich aber in Mitteleuropa in Parken und Baumgärten einbürgern, vor allem aber in Weinbergen, wo die licht- und wärmeliebende Art besonders günstige Lebensbedingungen fand. Im 19. Jh. war sie in den Gärten nur noch selten zu sehen, heute ist sie als Zierpflanze bei uns fast völlig verschwunden.

Tulipa clusiana, im Mittleren Orient heimisch und gegen Ende des 16. Jhs. aus türkischen Gärten als *Tulpa persica* nach Mitteleuropa gekommen, 1613 im Hortus Eystettensis farbig abgebildet, blieb als heikle Art hierzulande selten. Verschiedene Wildarten aus Mittelasien wurden seit der 2. Hälfte des 19. Jhs. entdeckt und eine große Zahl von ihnen von dem seit 1855 in St. Petersburg als Gartendirektor wirkenden deutschen Gärtner und Botaniker Eduard Regel wissenschaftlich beschrieben, so *Tulipa greigii* mit dunkelgestreiften Blättern, von Regel als »Königin der Tulpen« bezeichnet,

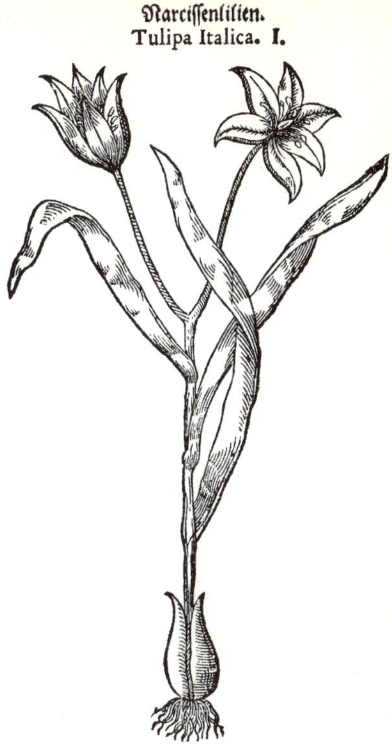

Tulipa sylvestris L. Weinbergs-Tulpe, Tabernaemontanus 1588/91

die sehr früh blühende *T. kaufmanniana*, *T. kolpakowskiana* und *T. turkestanica*, allesamt in Turkestan heimisch, und *T. eichleri* aus Südost-Transkaukasien und Nordwestiran. Die in ganz Zentralasien mit Schwerpunkt Tadschikistan verbreitete *Tulipa praestans* wurde Eduard Regel von seinem Sohn Albert zugesandt, der sie für eine Form von *T. armena (T. suaveolens)* hielt. Als sie 1901 aus dem Alai-Gebirge nach den Niederlanden gekommen war, erkannte man dort ihre Eigenständigkeit. Der Chefgärtner der Firma Van Tubergen, Johannes (John) Hoog beschrieb sie daraufhin 1903 im Gardeners Chronicle als *Tulipa praestans* (zu lat. praestans, »hervorragend, vorzüglich«). Von *T. greigii* und *T. kaufmanniana* wurden in den Niederlanden durch Auslese und Kreuzungen zahlreiche Sorten entwickelt, welche heute als niedrige Beet- und Steingartenpflanzen unter der nicht sinnvollen Bezeichnung »Botanische Tulpen« im Handel sind, während man die Ursprungsarten nur noch in Botanischen Gärten und bei Liebhabern antrifft. Zu den niedrigen Steingartentulpen gehört ferner *T. tarda* Stapf mit sternförmigen weiß-gelben Blüten, welche, in Zentralasien, speziell im Tienschan heimisch, erst um 1905 nach England kam. Um die gleiche Zeit (1904) entdeckte der deutsche Pflanzensammler Joseph Haberbauer in den Berggebieten südlich von Samarkand die hochwüchsige und großblütige *T. fosteriana* Hoog ex Irving, welche von den Niederlanden aus in den Handel gebracht wurde. Aus Kreuzungen dieser Art und ihren Formen mit Darwin-Tulpen gingen Mitte des 20. Jhs. die oben erwähnten Darwin-Hybriden hervor.

Da die zentralasiatischen und kaukasischen Wildtulpen seit etwa 1875 in Mittel- und Westeuropa auf zunehmendes Interesse stießen, heuerten geschäftstüchtige Gartenbaubetriebe vor allem in den Niederlanden sogenannte Pflanzenjäger (plant hunters) an, welche die Zwiebeln von Wildtulpen und anderen Arten in deren Heimatgebieten in großen Menge ausgruben und kistenweise ihren Auftraggebern in den Niederlanden und in England zusandten. Bei Ausbruch des 1. Weltkrieges standen auf den russischen Grenzbahnhöfen zahlreiche Sendungen mit Abertausenden von Blumenzwiebeln, die nicht mehr weiterbefördert werden konnten und verdarben. Allein der niederländischen Firma Van Tubergen entstand dadurch ein Verlust von mehreren Hundert Pfund Sterling. Nach dem 1. Weltkrieg machten nationale und internationale Naturschutzgesetze dieser hemmungslosen Ausplünderung von Wildpflanzenbeständen für kommerzielle Zwecke zunehmend ein Ende.

U

Urginea maritima (L.) Bak.
Echte Meerzwiebel

Die in den Küstenregionen des Mittelmeergebietes sowie der Kanaren heimische Echte Meerzwiebel mit bis kindskopfgroßen weißen oder rötlichen Zwiebeln war bereits im Altertum gut bekannt und wurde als Arzneipflanze genutzt. Erste Erwähnungen enthält der Papyrus Ebers (etwa 1500 v. Chr.) aus dem alten Ägypten, später berichten u.a. auch Dioskurides und Plinius über diese Art und ihre Heilanwendungen. Die aus den getrockneten und zerschnittenen Zwiebelblättern der weißen Form hergestellte Droge enthält etwa 15 herzwirksame Glykoside, welche die Herzleistung steigern und harntreibend wirken. Die Glykoside der rotzwiebeligen Form (Hauptglykosid Scillirosid) sind ein Nervengift für Nagetiere, weshalb derartige Zwiebeln für die Herstellung von Rattengift verwendet werden.

Bei den alten Griechen hieß die Art *skilla*, bei den Römern *scilla*. Als *Squilla* wird sie sowohl in dem um 800 erlassenen Capitulare de villis Karls des Großen als auch im 13. Jh. von Albertus Magnus aufgeführt. Letzterer nannte sie, weil sie zur Mäusebekämpfung eingesetzt wurde, auch *cepa muris* (»Mäusezwiebel«), und als »mäuszwivel« erscheint sie im 15. Jh. bei Konrad von Megenberg. Im 16. Jh. war die Echte Meerzwiebel in Deutschland allgemein bekannt und wurde in allen Kräuterbüchern dargestellt, zuerst von Otto Brunfels 1532. Nunmehr kam auch der Name Meerzwiebel in Gebrauch (Leonhart Fuchs 1543: »Von Meerzwibel«), der darauf zurückgeht, daß die Pflanze in ihrer Heimat oft nahe am Meere wächst. Die Meerzwiebel wurde hierzulande vielerorts gezogen, und zwar als Topf- oder Kübelpflanze mit frostfreier Überwinterung. 1613 brachte der Hortus Eystettensis eine farbige Abbildung mit der Unterschrift *Scilla alba*, »Weiß Meer-Zwiffel«. Elsholtz in Berlin dagegen kannte von der »Meerzwiebel« nur die Form mit roten Zwiebeln (*Scilla vulgaris radice rubra* C. B.). In seinem Gartenbaubuch beschreibt er 1666 ihren dem Mediterranklima angepaßten Wuchsrhythmus und gibt an, »bey uns wil sie in Gärten mit Fleiß gewartet seyn«, und fügt hinzu, daß sie »bey uns nicht alle Jahr zur Blüht kummt«. In Mitteleuropa wurde sie nicht nur als Kuriosität und Zierpflanze, sondern vor allem als Heilpflanze gezogen und immer wieder neu aus dem Mittelmeergebiet (meist auf dem Seeweg über Hamburg) herangebracht und vertrieben. So schreibt Gleditsch 1773 über »Die rothe oder weiße Meerzwiebel«: »Sie wird aus einigen Gegenden des Mittelländischen Meeres von den Küsten frisch gebracht und ist eines der schärfsten unter den ältesten Arzeney=Mitteln. Man hält dieses Gewächse in den Glaßhäusern.« Mehr und mehr wurde sie auch in Bürger- und Bauernhäusern in Blumentöpfen kultiviert und sowohl als Heilpflanze wie zur

Herstellung von Ratten- und Mäusegiften benutzt. Als Arzneipflanze verwendet man sie gegen vielerlei Krankheiten und Beschwerden, z.B. gegen Husten, Magenbeschwerden, Zahnfleischbluten und Warzen sowie gegen die Gicht. Ihre Zwiebelhäute bzw. die zerdrückten schleimigen Blätter legte man auf Geschwüre und eitrige Wunden sowie auf Schnitt- und Brandwunden. Die Art war daher bei den einfachen Leuten in vielen Gegenden gut bekannt und besaß eine Reihe von Volksnamen wie Heilzwiebel, Heilbolle, Brandbolle u.ä. Mit dem Aufkommen anderer Heilmittel ging ihre Bedeutung mehr und mehr zurück, und heute ist sie außerhalb von Botanischen Gärten kaum noch irgendwo zu sehen. An ihre Stelle trat vielerorts die leichter zu kultivierende Falsche Meerzwiebel (*Ornithogalum longibracteatum* = *O. caudatum*, siehe dort) aus Südafrika mit grünschaligen Zwiebeln.

Der antike Name *Scilla* war von Linnaeus übernommen worden, der die Echte Meerzwiebel 1753 *Scilla maritima* nannte. Bald aber erkannten die Botaniker, daß sie in die nunmehrige Gattung *Scilla*, die ihren Namen von dieser Art bekommen hatte, nicht hineinpaßte. So stellte sie Lamarck 1779 in die Gattung *Ornithogalum*, und Konrad Moench nannte sie 1794 *Stellaris scilla*. 1834 schuf der Straßburger Botaniker Adolf Steinheil (1810 - 1839) für sie die Gattung *Urginea*, benannt nach dem algerischen Volksstamm der Ben Urgin. Sein Name *Urginea scilla* wurde 1873 von dem englischen Botaniker John Gilbert Baker entsprechend den Nomenklaturregeln zu *Urginea maritima* umgewandelt. Neuerdings vertrat der englische Botaniker William Thomas Stearn die Auffassung, daß die Art in die 1797 von Nicolaus Joseph Jacquin aufgestellte Gattung *Drimia* gehört, doch hat sich sein 1978 gebildeter Name *Drimia maritima* noch nicht allgemein durchgesetzt.

Uvularia L. Trauerglocke

Die zu den Liliengewächsen (bzw. den Maiglöckchengewächsen) gehörende Gattung *Uvularia* kommt mit 4 Arten im östlichen Nordamerika vor. Als erste wurde um 1620 aus den dortigen französischen Kolonien (»Nova Francia«) im heutigen Kanada die **Durchwachsene Trauerglocke** (*U. perfoliata* L.) nach Europa gebracht. 1623 wuchs sie unter dem Namen *Polygonatum Americanum perfoliatum, flore luteo amplo* im Garten von Jean und Vespasian Robin in Paris. Joachim Burser, der die Art von einem Apotheker angeblich aus Toupinambault in Brasilien erhalten hatte, übermittelte sie seinem Lehrer Caspar Bauhin in Basel, welcher sie 1623 in seinem Pinax als *Polygonatum latifolium perfoliatum brasilianum* beschrieb. 130 Jahre später wies Linnaeus in seinen Species plantarum darauf hin, daß sie nicht aus Südamerika, sondern aus Kanada stamme. 1635 führte sie der Arzt und Botaniker Jacques Cornut in Paris in seiner Canadensium plantarum ... historia als *Polygonatum ramosum, flore luteo, majus* auf. In Europa blieb diese Art bis heute selten und auf einige wenige Botanische und Liebhaber-Gärten beschränkt. In Deutschland finden wir sie zuerst 1699 im Boseschen Garten in

Leipzig, 1706 im Garten der Gebrüder Lastropp in Hamburg-Eimbsbüttel und 1711 im Botanischen Garten der Universität Wittenberg.

Von den übrigen Arten der Gattung hat lediglich die **Großblütige Trauerglocke** (*H. grandiflora* Sm.) eine etwas größere Verbreitung als Zierpflanze erlangt. Diese kam zu Beginn des 19. Jhs. in die Gärtnerei von James Lee und Lewis Kennedy in Hammersmith in England und wurde 1804 von dem Londoner Botaniker James Edward Smith in seiner Exotic Botany beschrieben und farbig abgebildet. Von England aus gelangte sie alsbald auch nach Deutschland. 1808 wurde sie im Berliner Botanischen Garten kultiviert, 1817 im Breiterschen Garten in Leipzig, 1824 im Buekschen Garten in Frankfurt/Oder. Im 20. Jh. empfahl man die Art als Pflanze für halbschattige bis schattige Gartenplätze mit humosem bis mildfeuchtem Boden, so beispielweise Karl Foerster, der sie »Hängegoldglocke« nannte.

Der zu Anfang des 18. Jhs. aufgekommene Gattungsname *Uvularia* wurde 1737 und 1753 von Linnaeus übernommen. Er geht zurück auf lat. uvula, »Träubchen« und bezieht sich auf den traubigen Blütenstand. Nicht zutreffend ist die Ableitung von mittellat. uvula, »Gaumenzäpfchen« und der darauf beruhende deutsche Name »Zäpfchenkraut«.

V

Verbascum L. Königskerze

Von den rd. 360 in den gemäßigten Zonen Europas, Nordafrikas, West- und Mittelasiens vorkommenden, zumeist zweijährigen Königskerzen-Arten wurden einige in Mitteleuropa schon in älterer Zeit als dekorative Schmuckpflanzen wie auch als Heilpflanzen in die Gärten geholt. Die als Heildroge genutzten Blüten insbesondere der **Windblumen-Königskerze** (*V. phlomoides* L.) und der **Großblütigen Königskerze** (*V. densiflorum* Bert.) wirken aufgrund ihres Schleim- und Saponingehaltes reizlindernd bei Husten und Rachenkatarrh und, bedingt durch den Gehalt an Flavonoiden und Iridoiden, auch schwach harntreibend. Bereits die antiken Schriftsteller Dioskurides und Plinius berichten über die Heilwirkungen des Krautes *Phlomos* bzw. *Verbascum*. Im 12. Jh. erwähnt Hildegard von Bingen die Königskerze, von ihr *Wullena* und *Blandonia* genannt, als Arzneimittel. Die Kräuterbücher des 16. und 17. Jhs. empfahlen den Absud der Blüten und Blätter gegen Husten und Heiserkeit sowie als Fieber- und Schmerzmittel, den Saft der Pflanze als Mittel gegen Pest und gegen Warzen.

Die Großblütige Königskerze und die **Kleinblütige Königskerze** (*V. thapsus* L.) mit nur halb so großen gelben Blüten sowie die **Purpur-Königskerze** (*V. phoe-*

niceum L.) mit purpurvioletten Blüten treten 1561 in den Horti Germaniae in Erscheinung und werden in der Folgezeit hier und da aus Gärten aufgeführt. 1613 bildete der Hortus Eystettensis sowohl die Kleinblütige Königskerze (*Verbascum latifolium mas*) als auch 3 weitere Arten farbig ab. Zu häufigen Gartenpflanzen sind die Königskerzen-Arten indessen nicht geworden, zumal man ihre für Heilzwecke benötigten Blüten vielerorts von Wildvorkommen einsammeln konnte. Lediglich die Purpur-Königskerze erscheint seit dem 17. Jh. mit ziemlicher Regelmäßigkeit als Gartenpflanze, so 1706 im Garten der Gebrüder Lastropp in Hamburg-Eimsbüttel als *Blattaria purpurea radice perenne*. 1864 heißt es in der Flora der Provinz Brandenburg von Paul Ascherson, sie sei »öfter als Zierpflanze in Gärten«. Von ihr gab es damals neben der Wildform mit purpurvioletten Blüten auch Farbformen mit purpurroten und mit weißen Blüten.

Erst das Aufkommen der Stauden- und Wildgärten rief wieder ein größeres Interesse an Königskerzen-Arten hervor. Zu den heimischen Arten traten ab der 2. Hälfte des 19. Jhs. einige südeuropäische und westasiatische Arten, so *V. wiedemannianum* Fisch. et Mey. aus dem Kaukasusgebiet, *V. olympicum* Boiss. vom Bithynischen Olymp, *V. bombyciferum* Boiss. aus dem westlichen Kleinasien, *V. leianthum* Benth. aus der Türkei und *V. longifolium* Ten. (*V. pannosum* Vis. et Panc.) von der Balkanhalbinsel. Durch Kreuzungen zwischen verschiedenen dieser Arten entstand seit Anfang des 20. Jhs. eine Anzahl bisher wenig verbreiteter Verbascum-Hybriden in verschiedenen Sorten mit rosaroten, lachs-, bernstein- und kupferfarbenen, aber auch gelb-violetten, dunkelgelben oder schneeweißen Blüten. Sie sind heute vor allem in Wildstauden- und Heidegärten anzutreffen.

Verbena L. Eisenkraut, Verbene

Die Gattung *Verbena* wird in Mitteleuropa nur durch das kleinblütige, früher als Heil- und Zauberkraut geschätzte **Gewöhnliche Eisenkraut** oder Eiserhart (*V. officinalis* L.) der Dorfstraßen vertreten, das als Gewürzpflanze zum Gurkeneinlegen mitunter auch im Garten gezogen wurde. So heißt es im Gartenbaubuch von Elsholtz (1684): »Im Garten wächset es viel höher/also daß es bißweilen vier Fuß erreichet.«

Ungleich artenreicher kommt die Gattung in Amerika vor. Erste amerikanische Arten trafen im 17. Jh. in Europa ein, weitere folgten im 18. Jh. 1736 gab es im Ziethenschen Garten in Trebnitz bei Seelow 2 nordamerikanische *Verbena*-Arten (*V. nodiflora* L. und *V. urticifolia* L.), zur gleichen Zeit im Cliffortschen Garten in Hartekamp in den Niederlanden 5. 1753 waren (Linnaeus: Species Plantarum) insgesamt 12 amerikanische Verbenen bekannt und größtenteils auch schon in europäischen Gärten vorhanden. 1808 besaß der Berliner Botanische Garten 13, 1817 der Breitersche Garten in Leipzig 12 *Verbena*-Arten. Die meisten von ihnen blieben freilich auf Botanische und Liebhaber-Gärten beschränkt, eine Bedeutung als Zierpflanze konnte lediglich ein halbes Dutzend erlangen.

Das ausdauernde, bei uns nur einjährig gezogene **Kanadische Eisenkraut** (*V. canadensis (*L.) Britt.) aus den zentralen Vereinigten Staaten und Mexiko (aber nicht aus dem heutigen Kanada) kam um 1765 nach Europa und wurde 1767 von Linnaeus als *Buchnera canadensis*, 1772 von Nicolaus Joseph Jacquin in Wien als *Verbena aubletia* beschrieben. Den jetzt gültigen, nomenklatorisch korrekten Namen gab ihm 1894 der nordamerikanische Botaniker Nathaniel Lord Britton. In Deutschland war die Art 1808 im Botanischen Garten Berlin und 1817 im Breiterschen Garten in Leipzig vorhanden. 1818 führte sie der mecklenburgische Pfarrer Wredow in seinem Gartenfreund als Zierpflanze auf. Als »*Verbena Aubletia*, Eisenkraut, schön« wurde sie 1836 von dem Kunstgärtner Theodor Froebel in Zürich angeboten. Auch heute ist die meist dunkelrot-violett blühende Pflanze vielerorts in Gärten und Grünanlagen sowie als Balkon- und Ampelpflanze zu sehen.

Das **Steife Eisenkraut** (*V. rigida* Spreng.) aus Südbrasilien, Paraguay und Nordargentinien wurde 1830 in England eingeführt, seinen heute gültigen wissenschaftlichen Namen erhielt es von Kurt Sprengel in Halle. Im Gartenpflanzenbuch von Ernst Berger (1855) und in der Garten-Flora für Norddeutschland (Laban 1867) erscheint es noch unter dem Namen *V. venosa* Gill. et Hook., Geadertes Eisenkraut. Züchterisch weiterentwickelt entstanden neben der dunkelviolett blühenden Stammform auch Sorten mit hellvioletten und weißen Blüten. Als einjährige Sommerblume wird die Art heute vor allem für bunte Blumenrabatten in Grünanlagen verwendet.

Durch Kreuzungen aus mehreren südamerikanischen Arten gingen die **Garten-Verbenen** (*V. x hybrida* Voss) hervor. Ihre Stammarten (*V. peruviana* (L.) Druce, *V. phlogifolia* Cham., *V. incisa* Hook., *V. platensis* Spreng.) wurden in den 1820er und 1830er Jahren eingeführt, V. *platensis* z.B. 1837 von dem englischen Gärtner und Pflanzensammler James Tweedie (1775 - 1862) in der Sierra de Tandie in Argentinien als Samen gesammelt und nach England geschickt. Die Züchtung begann in der Mitte des 19. Jhs. und führte zu einem umfangreichen Sortiment groß- und reichblühender Sorten mit einem Farbenspiel von Violett und Blau über Rot und Rosa bis hin zu Weiß. Heute unterscheidet man 3 Sortengruppen: Einfarbige, Aurikelblütige (mit weißem Auge) und die nur bis 15 cm hoch werdenden Zwerg-Verbenen. Bereits gegen Ende des 19. Jhs. waren diese Garten-Verbenen beliebte Zierpflanzen, die vor allem in Fenster- und Balkonkästen, aber auch in sommerlichen Rabatten in Gärten und Grünanlagen allerorten gezogen wurden.

Im klassischen Altertum bezeichnete man als *verbenae* Zweige verschiedener Gehölze, die bei heiligen Handlungen verwendet und von Parlamentären benutzt wurden. Das Eisenkraut hieß bei Plinius *verbenaca*, welchen Namen man im 16. Jh. zu *verbena* verkürzte. Linnaeus übernahm 1735 und 1753 den damals (z.B. Brunfels 1530) geläufigen Namen *Verbena* von Tournefort 1700.

Veronica L. Ehrenpreis

Von der mit rd. 300 Arten in den gemäßigten Zonen der nördlichen Erdhalbkugel verbreiteten Gattung *Veronica* hat man in Mitteleuropa die eine oder andere besonders attraktive heimische Art schon frühzeitig in die Gärten geholt. Zu nennen sei vor allem der auf Auenwiesen wachsende **Langblättrige Ehrenpreis** (*V. longifolia* L.), der als *Lysimachium tertium genus* schon 1561 in Konrad Gessners Horti Germaniae aufgeführt wird und der von Matthias Lobelius als *Lysimachia coerulea hortensis* bezeichnet wurde. 1613 brachte der Hortus Eystettensis unter der Bezeichnung *Veronica recta coerulea*, »blauer aufrecht-stehender Ehren-Preiß« eine farbige Abbildung. 1773 schrieb Gleditsch über diese Art, sie habe »wegen der langen Blüte ihrer blauen hohen Blumenähren ... in allen guten Sammlungen ihren Platz«. Aber auch auf den Dörfern war sie »hier und da ... eine schöne Zierde der Gärten«, wie es 1861 in der Flora der mittleren Niederlausitz von Robert Holla heißt. Obwohl Carl Bolle die Art um 1900 unter dem Volksnamen Rattenschwanz zu den altmodischen Blumen rechnete, ist sie heute noch mancherorts als Zierpflanze zu sehen und wird von Staudengärtnereien in mehreren Sorten (z.B. 'Blauriesin' und 'Schneeriesin', letztere mit weißen Blüten) vertrieben.

Ebenso wie diese Art wurden auch einige niedrige Ehrenpreis-Arten wärmeliebender Trockenrasen wie der **Ährige**, der **Große** und der **Niederliegende Ehrenpreis** (*V. spicata* L., *V. teucrium* L., *V. prostrata* L.) in Gärten verpflanzt, wobei bei dem ersteren neben der blau blühenden Stammform seitdem auch seine gelegentlich in der Natur auftretenden Formen mit rosaroten und mit weißen Blüten im 17. Jh. als Zierpflanzen in Erscheinung traten. Zunächst in den Gärten noch relativ selten, fanden sie mit dem Aufkommen von Stein- und Heidegärten ein vermehrtes Interesse. Von den genannten Arten sind heute jeweils mehrere Sorten im Angebot der Staudengärtnereien. Zu diesen auch in Mitteleuropa vorkommenden gesellten sich als Steingartenpflanzen einige niedrige auswärtige Ehrenpreis-Arten. Zu dieser Gruppe gehört der in den Steppengebieten Osteuropas heimische **Silbergraue Ehrenpreis** (*V. incana* L.) mit silbergrau behaarten Blättern. Die Art wurde um 1735 von Johann Ammann entdeckt und 1739 in seinem Buch über die selteneren Pflanzen des Russischen Reiches als *Veronica spicata lanuginosa et incana, floribus coeruleis* beschrieben. Schon bald kam sie in die Botanischen Gärten anderer europäischer Länder; 1740 war sie in Leiden, 1748 in Uppsala und 1765 in Berlin vorhanden, an letzterem Ort von Johann Gottlieb Gleditsch als *Veronica incana Ukranica* bezeichnet. Von den Botanischen Gärten aus wurde die Art weiter verbreitet, Mitte des 19. Jhs. war sie in Deutschland bereits eine vielerorts kultivierte Zierpflanze.

Aus dem Kaukasusgebiet kamen Ende des 18. Jhs. **Enzian-Ehrenpreis** (*V. gentianoides* Vahl) und Faden-Ehrenpreis (*V. filiformis* Sm.). Ersterer, auch in den Gebirgen der Krim wachsend, war bereits zu Beginn des 18. Jhs. von dem französischen Botaniker Joseph Pitton de Tournefort auf seiner Orientreise entdeckt und in seinem Corollarium 1703 als *Veronica orientalis, erecta, gentianellae foliis* beschrieben worden. 25 Jahre später fand ihn auch Johann Christian Buxbaum, der ihn 1728 im 1. Teil seines Werkes über wenig bekannte Pflanzen des Orients als *Veronica erecta Blattariae facie* bezeichnete und abbildete. Nach West- und Mitteleuropa kam die Art gegen Ende des 18. Jhs., ihre Erstbeschreibung mit dem heute gültigen binären Namen lieferte 1790 Martin Vahl in Kopenhagen. 1784 kultivierte man den Enzian-Ehrenpreis in England, 1808 im Berliner Botanischen Garten, 1817 im Breiterschen Garten in Leipzig und 1824 im Buekschen Garten in Frankfurt/Oder. Auch diese Art zählte Mitte des 19. Jhs. zu den allgemein bekannten Gartenzierpflanzen. In Gartenkultur entstanden mehrere Sorten, u.a. eine mit weißen Blüten und eine mit weißgerandeten Blättern.

Der **Faden-Ehrenpreis** wurde 1780 nach England eingeführt und dort 1791 von James Edward Smith beschrieben. In Deutschland läßt er sich erstmals 1817 im Breiterschen Garten in Leipzig nachweisen. Im Gegensatz zur vorgenannten Ehrenpreis-Art kam er lange Zeit über Botanische Gärten nicht hinaus. Erst im 20. Jh. fand er mehr Beachtung vor allem zur Grabbepflanzung auch in halbschattiger Lage. 1932 empfiehlt ihn Pareys Blumengärtnerei darüber hinaus als »beste Staude für Rasenersatz in Steingärten und auf Alpenanlagen«. Um diese Zeit begann sich der Faden-Ehrenpreis als »Friedhofsflüchtling« in der freien Natur auszubreiten und hat sich seitdem im westlichen und südlichen Mitteleuropa vielerorts in Mengen in Parkrasen und auf Viehweiden eingebürgert.

Aus dem östlichen Nordamerika wurde Ende des 17. Jhs. der hochwüchsige **Virginische Ehrenpreis** (*V. virginica* L.) nach England gebracht, wo ihn zuerst Leonard Plukenet in seiner Phytographia (1691–1696) unter einer langen Phrase *Veronica virginiana procerior* ... aufführte. Von England aus weiter verbreitet, finden wir ihn 1720 im Botanischen Garten in Leiden, 1746 sowohl im Botanischen als auch im Krauseschen Garten in Berlin, 1779 in der Buekschen Gärtnerei in Hamburg, 1782 im Senckenbergschen Garten in Frankfurt/Main und 1799 im Botanischen Garten Halle. Im 19. Jh. war er in Deutschland auch mancherorts in normalen Gärten anzutreffen. Trotz seiner stattlichen Erscheinung ist der blaublühende Virginische Ehrenpreis, von dem es nunmehr auch Sorten mit weißen und mit rosaroten Blüten gibt, hierzulande wenig verbreitet.

Der Gattungsname *Veronica* ist wahrscheinlich aus dem lateinischen Namen *Vetonica* hervorgegangen, mit dem einst der Heil-Ziest (*Betonica officinalis* L.) bezeichnet wurde. Man übertrug dessen Namen *Vetonica* auf den ebenfalls als Heilpflanze geschätzten Echten Ehrenpreis (*Veronica officinalis* L.) und lehnte ihn im 16. Jh. an den Namen der Heiligen Veronika an.

Viburnum L. Schneeball

Von dem auch in Mitteleuropa in feuchten Wäldern und Gebüschen der Fluß- und Bachauen verbreiteten **Gewöhnlichen Schneeball** (*V. opulus* L.) wurde Mitte des 16. Jhs. eine Form aufgefunden,

* IV. SAMB. AQUAT. POLYANTHOS. *

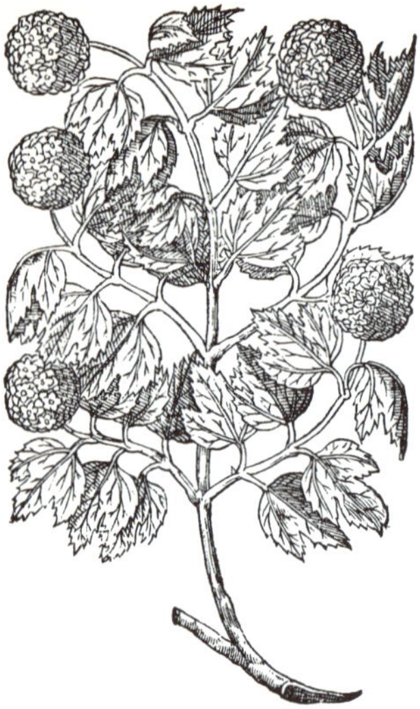

***Viburnum opulus* L. 'Rosea'** Garten-Schneeball, Matthiolus/Bauhin 1598

bei der nicht nur die Randblüten, sondern sämtliche Blüten des schirmrispigen Blütenstandes vergrößert und unfruchtbar sind und der ganze Blütenstand eine kugelige Gestalt aufweist. Vermutlich lag der Fundort dieser Form in den Niederlanden, worauf nicht nur der alte Name Guelder Rose (Geldern-Rose) hindeutet, sondern auch der Umstand, daß sie erstmals 1554 im Kräuterbuch des niederländischen Botanikers Rembert Dodonaeus erscheint. In die Gärten geholt und vegetativ vermehrt, gelangte der **Garten-Schneeball** (*V. opulus* 'Rosea') nach und nach auch in andere europäische Länder. 1561 verzeichnete ihn Konrad Gessner in seinen Horti Germaniae als *Sambucus palustris hortensis multiplex.* Wegen seiner rosa getönten Blüten wurde er vielfach *Sambucus rosea* (so u.a. von Lobelius) genannt, worauf seine jetzige Sortenbezeichnung zurückgeht. Allerdings ist die alte Form mit rosa überhauchten weißen Blüten heute fast nur noch in alten Bauerngärten zu sehen, denn inzwischen haben Baumschulen Zuchtsorten mit reinweißen Blüten entwickelt. In Deutschland breitete sich der Garten-Schneeball, wohl bedingt durch die notwendige vegetative Vermehrungsweise, zunächst nur zögerlich aus. 1590 führt ihn Joachim Camerarius in Nürnberg in dem von ihm herausgegebenen und überarbeiteten Kräuterbuch von Matthiolus unter der Bezeichnung *Sambucus rosea vel aquatica* auf und gibt dazu an: »dz Männlin bringt ein schöne undt kuglichte Blüht/mit vielen schneeweißen Blümlin zusammen gesetzet/ welche von den Gärtnern werden Schneeballen genannt/solche fallen ab ohne Frucht.« Im damals entstandenen sogenannten Camerarius-Florilegium wurde er farbig abgebildet. Eine weitere farbige Abbildung bringt 1613 der Hortus Eystettensis mit der Unterschrift *Sambucus arbor rosea, gefüllte Schwelcken/oder Schneeballen.* 1594 war der Garten-Schneeball im Scholzeschen Garten in Breslau vertreten. 1598/1602 verzeichnet ihn Johann Bauhin unter dem Namen »Gefült Schwelcken, ... man nennets auch Schneeballen« für den Lustgarten des Grafen von Helffenstein in Wiesensteig in der Schwäbischen Alb und vermerkt, er werde im folgenden Jahre auch im Garten beim Wunderbrunnen in Bad Boll zu finden sein. Indessen war der Garten-Schneeball gegen Ende des 16. Jhs. in Deutschland noch keineswegs überall vorhanden, Johann Franke führt in seinem Hortus Lusatiae 1594 für die

Lausitzen nur den Gewöhnlichen Schneeball auf, und zwar als Wildpflanze. Zu dieser Zeit war der Garten-Schneeball aber schon nach England gelangt, wo ihn 1597 John Gerard verzeichnet, ebenso nach Frankreich, wo er 1601 im Garten von Jean Robin in Paris gezogen wurde.

Im 17. Jh. setzte sich seine Ausbreitung weiter fort. In Deutschland war er spätestens 1613 im fürstbischöflichen Garten in Eichstätt vorhanden, zwischen 1607 und 1630 im herzoglich braunschweigischen Garten zu Hessem, 1621 im Hortus Medicus in Regensburg. Wenig später vermerkte Joachim Burser in seinem Herbarium, er sei in Meißen, in der Schweiz und in Dänemark anzutreffen, doch blieb er in dieser Zeit offenbar noch auf Botanische, Liebhaber- und Adels-Gärten beschränkt. In Basel gab ihm Caspar Bauhin 1623 in seinem Pinax den Namen *Sambucus aquatica flore globoso pleno*, und unter diesem Namen erscheint er 1663 in der Flora Marchica und 1666 im Gartenbaubuch von Johann Sigismund Elsholtz in Berlin. Zu deutsch nennt ihn Elsholtz »Wasserflieder mit kuglichen Blumen/Schneeballen« und erklärt: »Seinen Teutschen Zunamen hat er/dieweil seine weisse/bisweilen auch licht schwefel-gelbe Blumen/so kuglich zusammen gesetzet sind/daß es von ferne scheinet/der Baum sey mit Schneeballen behenget.« Zudem weist er darauf hin, daß die Blüten des Garten-Schneeballs unfruchtbar sind: »und lassen keine Beer hinter sich: ist also nöthig/die Vermehrung durch die Wurzel-brut zu verrichten.« Im 18. Jh. ging seine Ausbreitung in den deutschen Gärten weiter voran. 1724 war er z.B. im oberlausitzischen Lauban in Gärten und vorstädtischen Hofräumen vorhanden.

Mit dem Aufkommen der Landschaftsparke in der 2. Hälfte des 18. Jhs. fand er in diesen auf geeigneten Standorten weitere Verwendung und wurde von den nunmehr entstehenden Baumschulen vermehrt und vertrieben, so z.B. 1779 von dem Handelsgärtner Buek in Hamburg und 1785 von der von Burgsdorffschen Baumzucht in Tegel bei Berlin, die auch eine Form 'Variegata' mit weißpanaschierten Blättern im Angebot hatte. Im 19. Jh. war der Garten-Schneeball, wie Adelbert von Chamisso 1827 schrieb, »eine gewöhnliche Zierde unserer Gärten« und selbst in vielen Bauerngärten zu finden. Zusammen mit dem Flieder einer der beliebtesten Blütensträucher, wurde er u.a. in Deutschland (»Bald blüht im Tal der Schneeball und der Flieder«) und in Rußland (»Kalinka«) im Lied besungen. Inzwischen ist der Garten-Schneeball hierzulande aufgrund der Konkurrenz durch zahlreiche andere Ziersträucher wieder seltener geworden, in dörflichen Gärten aber immer noch beliebt und relativ häufig anzutreffen.

Der in Mitteleuropa nur im südlichen Teil, nordwärts bis Thüringen und das südlichste Sachsen-Anhalt wild in Hecken und lichten Wäldern trockenwarmer Standorte wachsende **Wollige Schneeball** (*V. lantana* L.) wurde ebenfalls als Zierstrauch in die Gärten gepflanzt, blieb aber seltener als der vorgenannte. Seine Hauptverbreitung fand er in Landschaftsparken und Grünanlagen, wo man ihn ziemlich regelmäßig sehen kann und von wo aus er auf passenden Standorten auch mancherorts verwilderte.

***Vinca minor* L.** Kleines Immergrün, Matthiolus/Bauhin 1598

Vinca L. Immergrün

Von den 5 im südlichen Europa und Kleinasien heimischen Arten der Gattung *Vinca* befinden sich 2, weil ausreichend winterhart, seit längerer Zeit in Mitteleuropa und darüber hinaus in Gartenkultur. Die häufigere dieser beiden ist das **Kleine Immergrün** (*V. minor* L.). Ob seine Vorkommen in artenreichen Laubwäldern nährstoffreicher Standorte im südlichen Mitteleuropa zu seinem ursprünglichen Areal gehören oder lediglich alte Einbürgerungen darstellen, ist umstritten. Wie auf dem um 1410 entstandenen Gemälde »Paradiesgärtlein« eines oberrheinischen Meisters zu sehen ist, wurde diese Art bereits im späten Mittelalter im südlichen Deutschland als Gartenpflanze gezogen. So erscheint sie 1530 im Kräuterbuch von Hieronymus Bock unter dem Namen *Vinca Pervinca, Yngryen,* und in der 1532 erschienenen deutschsprachigen Ausgabe heißt es, die Pflanze wachse »an den schattächsten orten/in den gärten/vnd gemeynklich an den mauren«. Auch die übrigen Kräuterbücher aus der Mitte des 16. Jhs. gehen auf diese Art ein, die nicht nur Zierpflanze war, sondern auch als Arzneipflanze diente. Ihr Kraut enthält eine große Anzahl von Alkaloiden, von denen das Vinkamin das therapeutisch wichtigste ist. Ehemals wurde das Immergrün vor allem als blutstillendes und wundheilendes Medikament eingesetzt, aber auch gegen Durchfälle, Ruhr, Weißfluß, Zahnschmerzen sowie Mandel- und Zahnfleischentzündungen verwendet; in der Volksmedizin galt es ferner als harntreibendes und verdauungsförderndes Mittel. Noch heute wird es zur Herstellung blutdrucksenkender, beruhigender und durchblutungsfördernder Medikamente genutzt. Als Zierpflanze verwendet man die schattenverträgliche Art vor allem zur Bepflanzung beschatteter Gartenplätze, wegen ihrer immergrünen Blätter aber auch gerne zur Bepflanzung von Gräbern. Auf seine Verwendung im Totenkult verweisen verschiedene deutsche Volksnamen, wie z.B. die 1539 von Bock genannten »todten violen oder kraut«, ebenso sorbische wie humarli-

*II. CLEMATIS DAPHNOIdes flore pleno. *

Vinca minor L. Kleines Immergrün mit gefüllten Blüten, Matthiolus/ Bauhin 1598/1674

kowe zele bzw. zelko (»Totenkraut« bzw. »-kräutchen«). Noch heute ist die Art auf fast allen Friedhöfen anzutreffen.

Konrad Gessner nannte das Kleine Immergrün 1561 in seinen Horti Germaniae *Clematis Aegyptia sylvestris.* Gegen Ende des 16. Jhs. war die Art in Deutschland weit verbreitet. 1582 führte sie der Niederlausitzer Pfarrer Albin Moller in seiner Aufstellung der 240 wichtigsten Arzneipflanzen als *Pervinca, Singrün, Barwongk* auf, wobei der zuletzt genannte (noch heute übliche) niedersorbische Name auf lat. pervinca zurückgeht. 1576 war in Belgien eine Form mit gefüllten Blüten in Kultur, die 1586 von Camerarius erstmals abgebildet wurde. Wie er dazu schreibt, hatte er diese Form aus Österreich bekommen (vermutlich von dem mit ihm befreundeten und im Austausch stehenden Clusius). Im 1588 erschienenen Pflanzenverzeichnis seines damals berühmten Gartens in Nürnberg heißt es, daß diese Art zuweilen auch mit weißer Blüte gefunden werde. Im Hortus Eystettensis 1613 werden, unter dem Namen *Clematis Daphnoides,* 4 Formen farbig abgebildet, und zwar solche mit weißen, blauen und purpurvioletten einfachen sowie mit blauen gefüllten Blüten. Diese 4 Formen gab es 1736 auch im Ziethenschen Garten in Trebnitz bei Seelow. Bis spätestens 1773 kamen weitere Formen hinzu, und zwar solche mit blau-weiß gestreiften Blüten, mit schmaleren und spitzeren sowie mit weiß- oder gelbpanaschierten Blättern. Alle diese Formen sind heute noch in Gärten und Parken oder auf Friedhöfen anzutreffen, wobei jedoch die Form mit einfachen blauen Blüten bei weitem vorherrscht. Eingebürgerte Vorkommen in Wäldern verweisen mitunter auf ehemalige Siedlungen, z.B. auf mittelalterliche Dorfwüstungen und Burgen.

Das in Südfrankreich und Spanien heimische **Große Immergrün** (*V. major* L.) mit etwas größeren Blättern und Blüten kam Mitte des 16. Jhs. als Zierpflanze nach Mitteleuropa. Zuerst wird es 1561 von Konrad Gessner in seinen Horti Germaniae als *Clematis Aegyptia hortensis* erwähnt. Klimatisch anspruchsvoller als das Kleine Immergrün, blieb es in den deutschen Gärten seltener als dieses, wenngleich die meisten Liebhaber- und Botanischen Gärten es ebenfalls besaßen. So finden wir das Große Immergrün 1588 im Camerarius-Garten in Nürnberg, 1607/30 im herzoglich braunschweigischen Garten zu Hessem, 1613 im fürstbischöflichen Garten zu Eichstätt, 1663 im kurfürstlich brandenburgischen Lustgarten in Berlin, 1706 im Garten der Gebrüder Lastropp in Hamburg-Eimsbüttel, 1736 im Ziethenschen Garten in Trebnitz bei Seelow und 1746 im Krauseschen Garten in Berlin, um nur einige Beispiele aus dem Zeitraum bis 1750 zu nennen. Wegen ihrer größeren Empfindlichkeit pflegte man die Art im Norden und Osten Deutschlands im Gewächshaus zu überwintern. So heißt es bei Gleditsch 1773: »Wird in Töpfen in Winterhäusern ohne sonderliche Pflege erhalten.« In den üblichen bürgerlichen und bäuerlichen Gärten sowie auf Friedhöfen war diese Art kaum anzutreffen, wie es auch nur selten zu Verwilderungen kam, so etwa im Rheinland und bei Saßnitz auf Rügen. Eine Form mit gefüllten Blüten wurde 1586 und 1588 von Camerarius aufgeführt, ging aber wohl wieder verloren. Im 17. Jh. trat eine Form mit gelbpanaschierten Blättern in Erscheinung, die Elsholtz in seinem Gartenbaubuch (1684) »Vergülter Singrün« nennt und wie folgt beschreibt: »Er ist vom vorigen [der Normalform] nur darin unterschieden/daß seine Blätter mit gelben Flecken hin und her besprenget sind.« Im 18. Jh. wird hier und da eine, zuerst wohl in den Niederlanden aufgetretene Form mit weißpanaschierten Blättern (*Pervinca latifolia, variegata, folio ex albo et viridi vario)* verzeichnet. Neuerdings ist die gelbpanaschierte Form beliebt geworden und mancherorts in Vorgärten in südexponierter Lage vor schützenden Hausmauern zu sehen.

Viola odorata L. Duft-Veilchen

Unser allbekanntes Duft- oder Garten-Veilchen, auch Wohlriechendes Veilchen oder Märzveilchen oder einfach nur Veilchen genannt, ist im Mittelmeergebiet und Kleinasien bis hin zum Kaukasus und nach Kurdistan beheimatet. Schon in der Antike wurde die wegen ihres angenehmen Duftes geschätzte Pflanze in Gärten kultiviert und sowohl arzneilich als auch zur Bereitung von Duftwässern und Salben sowie als Schnittblume verwendet. Spätestens im frühen Mittelalter gelangte sie als Zier- und Arzneipflanze nach Mitteleuropa. Hier erwähnt Walahfried Strabo um 820 eine *viola nigella,* unter der wohl unser Veilchen zu verstehen ist, und auch bei Hildegard von Bingen und Konrad von Megenberg ist von einer *viola* bzw. deutsch »viol« die Rede. Albertus Magnus nannte das Veilchen *viola vera* (echtes oder wahres Veilchen) im Gegensatz zu dem damals als *viola crocea* (»Gelbveilchen«) bezeichneten Goldlack. Versteckt zwischen anderen niedrigen Pflanzen ist es auf dem um 1410 entstandenen »Paradiesgärtlein« eines oberrheinischen Malers zu sehen. Auch in den Kräuterbüchern des 16. Jhs. erscheint es, von Hieronymus Bock 1530 *Viola nigra,* von anderen *Viola purpurea* genannt, als eine bekannte und beliebte Gartenblume. 1561 gab es neben der

Zame Violaten.

Viola odorata L. Duft-Veilchen, Brunfels 1532

Normalform eine Form mit gefüllten Blüten. Diese, von Konrad Gessner damals als *Viola multiplici flore* bezeichnet, war nach ihm in den Gärten Frankreichs und Savoyens häufig, in Deutschland selten. Alsbald trat auch eine Form mit weißen Blüten in Erscheinung, im Hortus Lusatiae von Johannes Franke 1594 als *Viola Martia alba simplex* bezeichnet. Im Hortus Eystettensis 1613 werden 5 Formen des Duft-Veilchens abgebildet, außer den vorgenannten eine mit weißen gefüllten Blüten und eine mit purpurrötlichen einfachen Blüten. Während das einfache blauviolette und auch das einfache weiße Veilchen weit verbreitet waren, gehörten die anderen Formen zu den selteneren, meist nur von Liebhabern gezogenen Gartenblumen. Burser verzeichnete in seinem Herbar »Doppelte blauwe Violen« lediglich für Gärten in Dresden. In Lauban in der Oberlausitz waren das normale violette und das einfache weiße Veilchen 1724 »copiosus in hortis« (»zahlreich in Gärten«), das gefüllte violette aber wuchs nur »in hortis curiosorum« (»in Liebhaber-Gärten«). Später kannte man weitere Formen; 1817 führte der Leipziger Hofgärtner Christian August Breiter in seinem Katalog 10 auf, außer den schon genannten solche mit einfachen und mit gefüllten rosaroten Blüten, mit gestreiften Blüten, eine mit panaschierten Blättern und eine sehr früh blühende italienische Sorte.

Bis dahin diente das Duft-Veilchen auch als Arzneipflanze. Als Droge verwendete man die getrockneten Wurzelstöcke, welche Saponine, Bitterstoffe, etwas ätherisches Öl und das Alkaloid Odoratin enthalten. Zubereitungen hieraus wurden gegen Husten und Katarrhe der oberen Luftwege eingesetzt, ebenso der aus frischen Blüten bereitete »Veilchensirup«.

Im 19. Jh. gewann das Veilchen auch als Topf- und Schnittblume an Bedeutung, wofür die gärtnerische Züchtung besonders großblütige, langstielige, reich- und frühblühende Sorten entwickelte. Führend in Deutschland wurde die Sorte 'Königin Charlotte', eine Weiterentwicklung des Augusta-Veilchens ('Kaiserin Augusta'). Am Ende des 19. Jhs. entstand, neben anderen, die Sorte 'Kaiser Wilhelm II.'. Die Erzeugung von Schnittveilchen erfolgte überwiegend durch Treiberei unter Glas ab Dezember. Die gegen Ende des 19. und zu Beginn des 20. Jhs. ihren Höhepunkt erreichende Produktion von Veilchen-Schnitt- und Topfblumen ging seit den 1930er Jahren rapide zurück und spielt heute nur noch eine untergeordnete Rolle. Als Gartenblume ist das Duft-Veilchen, obwohl von Carl Bolle um 1900 bereits zu den altmodischen Blumen gezählt, auch heute allgemein beliebt und fast in jedem Garten zu finden. An vielen Stellen ist es inzwischen auch aus Gartenkultur verwildert und eingebürgert.

Auch in der Kunst hat das Duft-Veilchen seine Spuren hinterlassen. So malte z.B. Dürer einen Veilchenstrauß, und Goethe schrieb das später vertonte Gedicht »Ein Veilchen auf der Wiesen stand ...«. Seit altersher galt das Veilchen als Symbol der Bescheidenheit, und so heißt es im »Garten-Lied« von Johann Andreas Wiegleb (gest. 1716): »Will die Hoffarth mich besiegen, / seh ich blaue Veilgen an, / welche auf der Erde liegen, / die kein Sturm verderben kann.«

Der Name Veilchen geht über althochdeutsch fiol auf lateinisch viola zurück, das wahrscheinlich einer alten nichtindoeuropäischen Mittelmeersprache entstammt. Die Übernahme von lat. viola in das Althochdeutsche erfolgte relativ spät, als v schon nicht mehr als w, sondern wie f gesprochen wurde. Im klassischen Latein galt der Name viola für mehrere Pflanzen mit duftenden Blüten, die jeweils nach ihrer Farbe unterschieden wurden. So war *viola purpurea* das Duft-Veilchen, *viola alba* aber die Levkoje (*Matthiola incana)* und *viola lutea* der Goldlack (*Cheiranthus cheiri).* Im 16./17. Jh. wurde der Name Viola für weitere Pflanzen verwendet, so war *Viola mariana* die Marien-Glockenblume (*Campanula medium), Viola peruviana* die Wunderblume *(Mirabilis jalapa)* u.a.m. Endgültig im heutigen Sinne wurde die Gattung *Viola* von Tournefort 1700 und 1735 von Linnaeus gefaßt.

Viola x wittrockiana Gams
Garten-Stiefmütterchen

Unser heutiges Garten-Stiefmütterchen, allbekannt und in vielen Sorten und Farben eine unserer häufigsten Rabatten-, Blumenkästen- und Grabpflanzen des Frühjahrs, wurde in einem etwa um 1810 einsetzenden und bis heute andauernden Prozeß als Hybride verschiedener Wildarten entwickelt. Der bis dahin sehr unterschiedlichen wissenschaftlichen Benennung dieser Sippe machte der österreichische Botaniker Helmut Gams 1925 ein Ende, indem er das Garten-Stiefmütterchen nach dem schwedischen Forscher Veit Brecher Wittrock benannte, der gegen Ende des 19. Jhs. grundlegende Untersuchungen über die Entstehung dieser Zierpflanze veröffentlichte.

Wichtigste Ausgangsart ist das in Europa in mehreren Unterarten in Sandtrockenrasen, auf Dünen, Magerwiesen und alpinen Felsfluren wachsende einjährige **Wilde Stiefmütterchen** (*V. tricolor* L.). Besonders großblütige und farbkräftige Formen dieser Wildart, wie etwa das **Wiesen-Stiefmütterchen** (*V. tricolor* subsp. *subalpina* Gaud.) der Bergwiesen, hat man frühzeitig als Zierpflanze in die Gärten gebracht. So schreibt Leonhart Fuchs in seinem Kräuterbuch von 1543 über die damals Freisamkraut genannte Pflanze (die Wildart wurde als Heilpflanze gegen »Freisam« (Krämpfe bzw. Hautausschläge kleiner Kinder) genutzt): »Zam Freyschamkraut würt in garten auffgezogen«, und vermerkt, daß die Blüten der Gartenpflanze größer und farbkräftiger als bei der wilden Form seien. Später heißt es bei Tabernaemontanus (1588/90) im Kapitel »Freysamkraut oder Dreyfaltigkeitsblume«: »Das zame Geschlecht wird in Gärten gefunden. Das wild Geschlecht ist den zamen in allem gleich/allein daß die Blätter vnd Blumen kleiner sind/auch die Blumen von Farben nicht so schön/sondern gelb vnd blauw/oder gelb vnd weiß seyn.« Dreifaltigkeitsblume hieß die Pflanze wegen der Dreifarbigkeit (Blau, Gelb, Weiß) ihrer Blüten und weil die mittelalterliche Frömmigkeit in der meist dreieckigen Blüte mit ihrem leuchtend gelben, von schwarzen Strahlen durchzogenen Saftmal eine Verkörperung der Dreifaltigkeit erblickte. Gegen Ende des 16. Jhs. war das damalige Garten-Stiefmütterchen in Mitteleuropa weit verbreitet und gehörte selbst in Ost- und Westpreußen nach Wigand 1590 unter den Namen *Jacea, herba Trinitatis,* Freisamkraut/Stiefmuttergen zu den häufigen Gartenblumen. Eine solche blieb es, in allen Gartenkatalogen und Gartenbüchern dieser Zeit aufgeführt, bis in das 19. Jh. hinein. 1769 schreibt Gleditsch, dieses Garten-Stiefmütterchen werde »mit viel schöneren Blumen [als das wilde Stiefmütterchen] in den Lustgärten gefunden und unterhalten, wo es fast bis zum einfallenden Froste blühet, und den Bienen Honig gibt«.

Über das Aussehen der Stiefmütterchen am Ende des 16. und zu Beginn des 17. Jhs werden wir eingehend durch farbige Darstellungen in zwei damaligen Abbildungswerken unterrichtet. Das zwischen 1576 und 1589 entstandene sogenannte Camerarius-Florilegium enthält Abbildungen von 8 verschiedenen Formen. Von diesen haben 3 überwiegend violette bis blaue Blüten, bei 4 Pflanzen sind nur die oberen beiden

***Viola tricolor* L.** Stiefmütterchen, frühe Gartenform, Matthiolus/Camerarius 1586

Kronblätter violett, bräunlich-violett oder teilweise blau, die anderen gelb bzw. bei zweien die mittleren weiß; eine Pflanze besitzt vollständig gelbe, nur in der Mitte von dunklen Strahlen durchzogene Blüten. 1613 bildete der Hortus Eystettensis 4 Formen derartiger früher Garten-Stiefmütterchen ab, *Flos Trinitatis maior violaceus* und *Flos Trinitatis pallidus maior* genannt, 2 davon mit überwiegend violetten und blauen Blüten, eine mit gelben und eine mit gelblichen, am Rande mit violetten Tupfen versehenen Blüten. Bei den Formen mit den teilweise violetten gelben bzw. weiß-gelben Blüten dürfte es sich um Abkömmlinge des Großblütigen Acker-Stiefmütterchens (*V. arvensis* Murray subsp. *megalantha* Nauenb.) gehandelt haben, bei denen mit rein gelben Blüten aber um das **Sudeten-Stiefmütterchen**.

Das **Sudeten-Stiefmütterchen**, auch Vogesen-Stiefmütterchen genannt (*V. lutea* Huds.), eine formenreiche ausdauernde Art der Bergwiesen mit (meist) gelben Blüten, wurde zuerst in der Schweiz in Kultur genommen. Gessner nennt es 1561 in seinen Horti Germaniae *Viola nigra persimilis montana lutea.* 1586 beschrieb Clusius die Art, welche damals im Garten von Joachim Camerarius in Nürnberg gezogen wurde. In der Folgezeit tritt es verschiedentlich als Gartenpflanze in Erscheinung, so etwa 1613 im fürstbischöflichen Garten in Eichstätt, 1623 im Garten von Jean und Vespasian Robin in Paris, 1646 im Botanischen Garten von Altdorf bei Nürnberg, 1736 im Ziethenschen Garten in Trebnitz bei Seelow, 1747 im Boseschen Garten in Leipzig, 1808 im Botanischen Garten in Berlin und 1817 im Breiterschen Garten in Leipzig. In England, wo das Sudeten-Stiefmütterchen in Wales und im Norden vorkommt, war es seit 1629 in Gartenkultur.

In England setzte etwa um 1810 die züchterische Entwicklung unseres heutigen Garten-Stiefmütterchens ein. Zuerst waren es einige Gartenliebhaber, welche die damals vorhandenen, auf *Viola tricolor s. l.* und *V. lutea* basierenden Gartenformen durch ihre Gärtner aussäen und dann spontan entstehende Hybriden auslesen ließen. Hierbei wurde das 1805 nach England eingeführte, in Sibirien und im Altai heimische **Altai-Stiefmütterchen** (*V. altaica* Ker-Gawl.) eingekreuzt, nach Auffassung von Veit Brecher Wittrock (1895) allerdings nur in geringem Ausmaß. In den 1820er und 1830er Jahren nahm die Züchtung in England mehr und mehr zu, und die Stiefmütterchen gehörten alsbald zu den beliebtesten Gartenblumen. Sowohl Amateure als auch erfahrene Gärtner widmeten sich ihrer Kultur. Nach Charles Darwin waren 1835 in England 400 Namensorten im Angebot. Gute neue Sorten kosteten 5 Schillinge je Pflanze, herausragende Neuheiten aber erbrachten weit höhere Preise: So wurde ein Sämling der Sorte 'Metropolitan' für 10 Pfund angeboten. Seit Ende der 1830er Jahre lief die Züchtung in England darauf hinaus, Sorten mit möglichst kreisförmigen Blüten zu erzielen. In den 1840er Jahren schlossen sich in England Liebhaber zu speziellen Stiefmütterchen-Gesellschaften zusammen, welche u.a. Stiefmütterchen-Ausstellungen veranstalteten. Zur besseren Übersicht teilte man die Sorten in 5 Sortengruppen ein: 1. Gelbgrundige 2. Weißgrundige 3. Einfarbig Gelbe 4. Einfarbig Weiße und 5. Einfarbig Dunkle.

Anfang der 1830er Jahre wurden englische Stiefmütterchen-Sorten in Länder des europäischen Festlandes eingeführt. In Deutschland ging der Import vor allem über die Firma James Booth & Söhne in Hamburg. Diese »Großblumigen Englischen« besaßen stattliche, gegenüber unseren heutigen Sorten jedoch wesentlich kleinere Blüten, waren aber sehr teuer und wenig ausdauernd. In Frankreich nahmen die Gartenbaubetriebe von Miellez in Lille und James Odier in Bellevue bei Paris sogleich die züchterische Weiterentwicklung der englischen Sorten auf. Hierbei kreuzte man im Laufe der Zeit offenbar auch verschiedene Wildarten ein, so vor allem das relativ großblütige Altai-Stiefmütterchen, aber wohl auch *V. calcarata* L., *V. olympica* Boiss. und *V. cornuta* L. Da die Züchter aus Konkurrenzgründen die Kreuzungspartner meist geheimhielten, ist im einzelnen kaum Zuverlässiges bekannt. Die ersten französischen Züchtungen kamen in den 1850er Jahren nach Deutschland; ihre Blüten wiesen mannigfache Färbungen auf, waren aber nur von mittlerer Größe. Um 1860 brachte Odier eine neue Rasse mit fast doppelt so großen Blüten auf den Markt, weitere großblütige Rassen wurden um 1880 von den französischen Züchtern Cassier und Trimardeau geschaffen. Auch in Deutschland wandte man sich an verschiedenen Orten der Stiefmütterchen-Zucht zu, insbesondere in Erfurt, in Oschersleben (Carl Schwanecke seit 1852) und in und um Pirna. In Quedlinburg erreichte der »Stiefmütterchen-Vater« Robert Hesse 1889 riesenblütige Sorten mit bis 10 cm großen Blüten, und die Pirnaer Gärtner schufen durch beharrliche Auslese die besonders frühen und winterharten 'Pirnaer Winterblühenden'. In der Schweiz entwickelte der Gärtner Roggli in Hinterfingen am Thuner See seit 1905 die sehr groß- und reichblühenden 'Schweizer Riesen', welche erstmals 1927 in den Handel kamen. Aufgrund der Beliebtheit des Garten-Stiefmütterchens und der daraus resultierenden enormen Nachfrage wird die Züchtung heute in vielen Ländern betrieben, wobei ständig weitere Sorten, z.T. in bisher unbekannten Farben und Farbzusammenstellungen, in zunehmendem Umfang auch F_1-Hybriden, auf den Markt gelangen. Um 1980 waren weltweit etwa 500 Sorten im Angebot.

1863 hatte man in Edinburgh Garten-Stiefmütterchen (*V. x wittrockiana)* mit dem in den Pyrenäen beheimateten ausdauernden **Horn-Veilchen** (*V. cornuta L.)* gekreuzt, welches 1861 in England eingeführt worden war. Zunächst in England, später auch in Deutschland und in anderen Ländern setzte man derartige Züchtungen fort, wobei auch das **Zierliche Stiefmütterchen** (*V. gracilis* Sibth. et Sm.) beteiligt wurde, dessen Areal sich von Montenegro bis Nordostgriechenland erstreckt. Diese in verschiedenen Farben reichblühenden, aber relativ kleinblütigen Viola-Cornuta-Hybriden, von denen es um die Jahrhundertwende zahlreiche Sorten gab, erfreuen sich gegenwärtig zunehmender Beliebtheit und werden bereits in vielen Gärten gezogen.

Über die Entstehung des seit dem 15. Jh. vorkommenden Namens Stiefmütterchen gibt es verschiedene Ansichten. Zumeist wird der Name mit der gegenseitigen Stellung der Blüten- und Kelchblätter erklärt, welche der Volksmund in folgender Weise ausgedeutet hat: Das große mittlere Kronblatt stellt die Stiefmutter dar, welche auf zwei Stühlen (Kelchblättern) sitzt. Ihre beiden richtigen Töchter rechts und links von ihr haben jede einen Stuhl (Kelchblatt) zur Verfügung, während die entfernt sitzenden beiden Stieftöchter sich zu zweit mit einem Stuhl begnügen müssen. Im Niedersorbischen heißt die Pflanze, mit ähnlicher Argumentation, syrotka (»Waisenkind«). Andere wollen in der Zeichnung der Blüten das griesgrämige Gesicht einer bösen Stiefmutter erkennen. Im 19. Jh. nannte man das Stiefmütterchen vielfach mit seinem französischen Namen Pensée (zu frz. penser, »denken«). Die dagegen vorgebrachten Einwände glossierte Goethe mit folgendem Vers: »Die deutsche Sprache wird nun rein, Pensée darf künftig nicht mehr gelten, Doch wenn man sagt: Gedenkemein ! So hoff ich wird uns niemand schelten.« Heute geraten die vielen früheren Volksnamen für diese Pflanze, von denen hier nur noch Samtveilchen genannt sei, zugunsten des Namens Stiefmütterchen mehr und mehr in Vergessenheit.

Weigela Thunb. Weigelie

Wie der Schneeball, das Geißblatt und die Heckenkirsche, die Schneebeere und die Kolkwitzie gehört auch die Weigelie zu den Geißblattgewächsen (*Caprifoliaceae*). Die Gattung umfaßt 12 Arten, die sämtlich in der gemäßigten Zone Ostasiens beheimatet sind. Wichtigste Art ist die **Liebliche Weigelie** (*W. florida* (Bunge) A. DC.) aus Nordostchina, Korea und Japan. Als erster fand sie der russische Botaniker Alexander von Bunge 1831 in Peking, wo sie in den Gärten kultiviert wurde. Er beschrieb sie 1835 als neue Art und Gattung *Calysphysum floridum*. Später stellte sein Kollege Carl Johann Maximowicz fest, daß sie mit der 1839 von Philipp Franz von Siebold und Joseph Gerhard Zuccarini in ihrer Flora Japonica beschriebenen *Diervillea florida* identisch ist. Unter dem Namen *Diervillea* begegnet uns die Art bei einigen Autoren auch weiterhin.

Ein Dutzend Jahre nach Bunge stieß auch der englische Pflanzensammler Robert Fortune auf diese Art, und zwar entdeckte er sie auf der Insel Chusan (heute Zhoushan) bei Ning-Po (Ningbo) im Garten eines Mandarins. Fortune bezeichnete den Strauch als »one of the finest plants of Northern China« und sandte 1844 lebende Exemplare an die Horticultural Society in London, in deren Garten sie kultiviert wurden, und brachte bei seiner Rückkehr nach England 1846 weitere Pflanzen mit. Noch im gleichen Jahr beschrieb sie dort John Lindley im Journal dieser Gesellschaft als *Weigela rosea* und ordnete sie damit in die bereits 1784 von Carl Peter Thunberg in seiner Flora Japonica begründete Gattung *Weigela* ein, benannt nach dem Arzt, Botaniker und Chemiker Christian Ehrenfried von Weigel, der 1769 eine Flora Pomerano-Rugica veröffentlicht hatte.

In Deutschland stellte 1849 Julius Friedrich Wilhelm Bosse in der 2. Auflage seines Handbuches der Blumengärtnerei die Neuheit unter dem Lindleyschen Namen vor mit der Bemerkung »Ein sehr schöner Zierstrauch«. 1852 heißt es in der Gartenflora (Jg. 1), die »rosenrothe Weigelia behauptet wohl unter den neu eingeführten Sträuchern den Vorrang«. 1855/56 befand sich die *Weigelia rosea* im Angebot der Landesbaumschule Potsdam. Später hat Alphonse de Candolle den wissenschaftlichen Namen den Regeln der Botanischen Nomenklatur entsprechend in die heute gültige Form *Weigela florida* umgewandelt. Schon bald wurde die Art mit anderen *Weigela*-Arten gekreuzt, insbesondere mit der Korea-Weigelie (*W. coraeensis* Thunb., syn. *W. amabilis* Hook.). Begeistert urteilte der Eisenacher Gartendirektor Hermann Jäger 1875 über diese Hybride: »Dieser Strauch sollte in jedem Garten stehen, denn er hat wohl die schönsten Blumen unter allen.« In der Tat breiteten sich die Weigela-Hybriden ebenso wie die Stammart mehr und mehr aus und sind heute in verschiedenen Sorten mit hellrosa bis dunkelroten Blüten vielerorts in Parken, Grünanlagen, Vor- und Hausgärten zu finden.

Wisteria Nutt. Blauregen

Die Gattung *Wistera* umfaßt 9 Arten sommergrüner Schlinggehölze, welche teils im östlichen Nordamerika, teils in Ostasien vorkommen. Linnaeus stellte 1753 die Typus-Art zur Gattung *Glycine*, zu der heute auch die Sojabohne gehört. Ihren jetzt gültigen wissenschaftlichen Namen erhielt sie 1818 von dem amerikanischen Botaniker Thomas Nuttall, der sie nach Caspar Wistar, Professor der Anatomie und Präsident der American Philosophical Society in Philadelphia, benannte. Wichtigste Art ist der in Mittelchina heimische **Chinesische Blauregen** (*W. sinensis* (Sims) DC.). Erste Nachrichten über diese dekorative Liane, in China seit altersher eine beliebte Zierpflanze und dort tsü teng bzw. teng-lo genannt, übermittelte 1723 der französische Pater Dominicus Parennin, der von 1698 bis 1741 als Missionar in China lebte. 1812 stieß der als Tee-Inspektor der Ostindien-Kompanie in Kanton tätige Engländer John Reeves erneut auf diesen Strauch und sandte 1816 ein erstes und 1818 ein weiteres lebendes Exemplar an die Horticultural Society in London, welche die Pflanzen in ihrem Garten in Chiswick bei London kultivierte. Der englische Botaniker John Sims beschrieb die Art 1819 in dem von ihm herausgegebenen Curtis's Botanical Magazine (Nr. 46) als *Glycine sinensis*. 1825 überführte sie Augustin Pyramus de Candolle, 1827 auch Robert Sweet in die Gattung *Wisteria*, doch wurde sie im gärtnerischen Schrifttum vielfach auch weiterhin als *Glycine* (Glyzinie) geführt. Der englische Pflanzensammler Robert Fortune fand die Art auf seiner ersten Chinareise 1843–1846 auf der Insel

Chusan auch wildwachsend an Bäumen und Hecken emporwachsend und brachte ein weißblühendes Exemplar (cv. 'Alba') mit nach England. In der Mitte des 19. Jhs. trat der Chinesische Blauregen auch in Deutschland in Erscheinung. 1855 führt ihn das Gartenpflanzenbuch von Ernst Berger als »*W. chinensis* DC. (= Glycine)« auf, und 1855/56 bot die Landesbaumschule Potsdam die Art an, das Stück zu 10 Silbergroschen. Da sie warme und sonnige Standorte benötigt, ist sie hierzulande nicht allzu häufig zu sehen. Hauptsächlich wird der Blauregen zur Berankung von Balkons und Hauswänden in geschützter Lage verwendet, wo er, wie Franz Boerner 1938 schrieb, wochenlang durch die Fülle seiner blauvioletten Blütenstände bezaubert.

Yucca L. Palmlilie

Die zu den Agavengewächsen (*Agavaceae*) gehörende Gattung *Yucca* umfaßt rd. 35 Arten, welche die ausgedehnten Trockengebiete vom südlichen Nordamerika bis Mexiko und Guatemala bewohnen und z.T. auch auf den Westindischen Inseln anzutreffen sind. Etwa 18 Arten befinden sich in Europa in Gartenkultur, davon sind in Mitteleuropa jedoch nur wenige ausreichend winterhart, die übrigen können hier nur als Kübelpflanzen oder im Haus gezogen werden.

Als erste Art kam Ende des 16. Jhs. die in den südöstlichen Staaten der USA von Nord Carolina bis Florida heimische **Rühmliche Palmlilie** (*Y. gloriosa* L.) nach Europa. 1591 bildete sie Matthias Lobelius in seinen Icones unter der Bezeichnung *Yuca nova gloriose elata et opinata* ab. 1593 schickte der Apotheker von Exeter, Thomas Edwards, ein Exemplar durch einen Diener an den Londoner Arzt und Botaniker John Gerard, der die Art in seinem Herbal 1597 als *Yuca* aufführte, doch hatte sie bis dahin bei ihm noch nicht geblüht. Von Gerard gelangten Ableger an Jean Robin in Paris, der sie weiter verbreitete. 1621 wuchs sie in Paris auch im Garten von René Morin, von ihm als *Joucqua* bezeichnet. Auch Caspar Bauhin in Basel war alsbald im Besitz dieser Pflanze, die er 1623 in seinem Pinax *Yuca foliis aloes* nannte. Nach 1630 erschien sie im herzoglich braunschweigischen Garten zu Hessem als *Juca gloriosa indica,* 1649 läßt sie sich im Botanischen Garten in Leiden nachweisen, 1663 belegte Elsholtz in seiner Flora Marchica ihr Vorhandensein in den kurfürstlich brandenburgischen Gärten in und um Berlin. In seinem Gartenbaubuch (1684) gibt er im Kapitel »Schirm = Gewächß von Blumwerck« eine eingehende Beschreibung der Pflanze und Hinweise auf die Vermehrung durch Ableger und vermerkt: »Sie ward vor wenig Jahren noch sehr hoch im preiß gehalten: anitzo aber/ da sie so gemein worden/ist sie gutes Kauffs.« Im 18. Jh. war sie weit verbreitet, wurde aber weiterhin vorwiegend als Kübelpflanze gehalten, wie dies z.B. Samuel Grosser 1714 für die Lausitzen belegt. In der 1724 von Johann Caspar Gemeinhardt veröffentlichten Flora der oberlausitzer Stadt Lauban heißt es, in aufgehängten Tontöpfen gezogen, schmücke sie Gärten und anderes. Zahlreiche Belege bezeugen die Anwesenheit der Art damals und späterhin in vielen Regionen Mitteleuropas, in Deutschland z.B. 1706 im Lastroppschen Garten in Hamburg-Eimbsbüttel, 1722 im Botanischen Garten Würzburg, 1736 im von Ziethenschen Garten in Trebnitz bei Seelow, 1746 im Botanischen Garten und im Krauseschen Garten in Berlin. 1808 wurde sie im Botanischen Garten Berlin im Freiland gezogen. Eine häufige Gartenzierpflanze ist sie hierzulande nicht geworden, eine Freilandkultur ist in Mitteleuropa nur in wärmeren Gebieten möglich.

Die härtere **Faden-Palmlilie** (*Y. filamentosa* L.) aus den südöstlichen USA wurde in der Mitte des 17. Jhs. nach Europa gebracht. Wahrscheinlich hat sie der englische Gärtner John Tradescant d. J. eingeführt, im Verzeichnis der in seinem Garten gezogenen Pflanzen erscheint sie 1656 als *Juca Virginiana angustiore & breviore folio.* Ihre weitere Verbreitung in Europa ging jedoch weit weniger rasch vonstatten als die der vorgenannten Art. In Deutschland tritt sie im 19. Jh. in Erscheinung. 1808 war sie im Berliner Botanischen Garten vorhanden, wo man sie im Haus überwinterte, 1817 zog man sie als Kaphauspflanze im Breiterschen Garten in Leipzig. In der Mitte des 19. Jhs. gab es Formen mit gelb- oder weißgerandeten Blättern. Ihre Eignung als Freilandpflanze wurde erst in der 2. Hälfte dieses Jhs. erkannt. Nunmehr entstanden teils durch Auslese, teils durch Einkreuzung der verwandten, in der 1. Hälfte des 19. Jhs. nach Europa gekommenen Arten *Y. glauca* Nutt. ex Fras. (1813) und *Y. flaccida* Haw. (1819) verschiedene Sorten. An der Züchtung beteiligte sich auch Karl Foerster in Potsdam-Bornim, welcher in den 1950er Jahren einige gute Auslesen in den Handel brachte, die jedes Jahr zuverlässig zur Blüte kommen. Heute sind diese Faden-Palmlilien in vielen Gärten anzutreffen und aufgrund ihrer vielblütigen Blütenstände als äußerst dekorative Schmuckpflanzen geschätzt.

Der Gattungsname *Yucca* ist ein indianischer Volksname aus der Karibik und dem nördlichen Südamerika für den dort als Nahrungspflanze kultivierten Maniok (*Manihot esculenta* Crantz). Er wurde im 16. Jh. von europäischen Botanikern auf die Palmlilie übertragen und beibehalten.

Z

Zinnia L. Zinnie

Die im westlichen Amerika, vor allem in Mittelamerika beheimatete Gattung *Zinnia* zählt 17 Arten, von denen 3 Arten weithin als Zierpflanzen kultiviert werden. In Mexiko sollen einzelne Arten bereits von den Azteken als Gartenpflanzen gezogen worden sein. In der Mitte des 18. Jhs. kam die erste Art nach Europa, zunächst wohl an den Jardin des Plantes in Paris, von dem aus sie in Form von Samen weitergegeben wurde. 1757 beschrieb Johann Gottfried Zinn im Katalog der im Botanischen Garten Göttingen und in der Umgebung wachsenden Pflanzen die Neuheit als *Rudbeckia foliis oppositis hirsutis ovato-acutis, calyce imbricatus, radii petalis pistillatis* und brachte eine erste Abbildung. Linnaeus in Uppsala erkannte, daß sie nicht in die Gattung *Rudbeckia*, sondern in eine eigene Gattung gehörte, welcher er zu Ehren des 1759 erst 31jährig verstorbenen Zinn den Namen *Zinnia* gab, wobei die von Zinn beschriebene Pflanze die Artbezeichnung *Z. pauciflora* L. (Wenigblütige Zinnie) erhielt. 1763 war sie im Botanischen Garten der Universität Helmstedt vorhanden, 1771, neben der inzwischen eingetroffenen *Z. multiflora* L., im Botanischen Garten Halle, 1782 im Senckenbergschen Garten in Frankfurt/Main und 1790, keineswegs selten, in Leipziger Gärten. 1779 hatte die Hamburger Handelsgärtnerei Buek beide Arten, jeweils in 2 Farbformen, zum Kauf angeboten. Obwohl diese beiden Arten auch späterhin mancherorts kultiviert wurden, sind sie heutzutage als Zierpflanzen kaum noch von Bedeutung.

Zur eigentlichen Garten-Zinnie wurde vielmehr die **Schmuck-Zinnie** (*Z. elegans* Jacq.), welche um 1790 aus Mexiko nach Europa eingeführt wurde, und zwar zunächst in einer rotblühenden Form, welche 1793 Nicolaus Joseph Jacquin in Wien unter dem angegebenen Namen beschrieb. 1796 erhielt der Botanische Garten Madrid eine Form mit violetten Blüten, welche 1797 von Cavanilles unter dem Namen *Z. violacea* als eigene Art beschrieben, später in *Z. elegans* einbezogen wurde. Im Jahre 1800 brachte sie die Frau des englischen Botschafters in Madrid, die Gräfin Bute, nach England, wo sie 1801 im Botanical Magazine vorgestellt und abgebildet wurde. In Deutschland war die Art 1808 im Berliner Botanischen Garten vorhanden, 1815 wurde sie in Kunersdorf bei Wriezen kultiviert, 1817 auch im Breiterschen Garten in Leipzig, und 1818 führte sie der mecklenburgische Pfarrer Wredow in seinem Gartenfreund mit roten oder violetten Blüten als Zierpflanze auf. Seitdem breitete sich die durch Samen leicht vermehrbare Art schnell aus und wurde alsbald zu einer häufigen Gartenblume, wobei es zur Entstehung weiterer Farbsorten kam. 1836 bot der Kunstgärtner Theodor Froebel in Zürich 10 Sorten der *Zinnia elegans* an und versicherte: »Diese Zinnien sind

***Zinnia pauciflora* L.** Wenigblütige Zinnie, erste Abbildung einer Zinnie, Zinn 1757

sämmtlich prachtvoll und wirklich verschieden«, und in der 2. Auflage von Julius Bosses Handbuch der Blumengärtnerei 1842 wird sie als »eine prächtige, in allen Gärten beliebte Zierpflanze« bezeichnet. Weiter heißt es hier: »Man cultiviert jetzt in den Gärten eine große Anzahl Varietäten mit weißen, gelbweißen, hell- und dunkelgelben, goldgelben, orangefarbenen, hell- und dunkelscharlachroten, hell- und dunkelpurpurroten, carmoissinroten, mennig- und zinnoberroten, violetten und lilafarbenen Blumen, welche zusammen in einer Gruppe einen vortrefflichen Anblick gewähren. Diese Art ist die schönste der Gattung und macht in Ziergärten alle übrigen Arten ganz entbehrlich.« 1856 entstand in Frankreich eine Form mit gefüllten Blüten. Die Gärtner entwickelten die Art ständig züchterisch weiter, wobei man wahrscheinlich nicht nur ausgelesen, sondern auch andere Zinnien-Arten eingekreuzt hat. 1875 schrieb Hermann Jäger über die Zinnien: »*Zinnia elegans* ... in prächtigen rothen, auch gelben und weißen Farben, in einigen Sorten prächtig gefüllt, ist die schönste Art, überhaupt eine der prächtigsten Gartenblumen.« Heute gibt es eine Fülle von hohen und niedrigen Sorten, von den bis 90 cm hoch werdenden 'Dahlienblütigen Riesen' bis hin zu den nur 30 cm Höhe erreichenden 'Zwerg-Liliput-Zinnien', darunter verschiedene F_1- Züchtungen.

Weniger umfangreich sind die Sortimente der zwei anderen in allgemeiner Gartenkultur befindlichen *Zinnia*-Arten. **Haages Zinnie** (*Z. haageana* Regel) aus Mexiko, 1861 in der Gartenflora (Jg. 10) beschrieben und zu Ehren des Erfurter Gärtners und Pflanzenzüchters Friedrich August Haage benannt, ist eine etwa 40-50 cm hoch werdende, ziemlich robuste und regenfeste Art mit einfachen und gefüllten orangefarbenen Blüten. Die Anfang des 19. Jhs. von Alexander von Humboldt in Mexiko entdeckte **Schmalblättrige Zinnie** (*Z. angustifolia* H. B. K.) mit bis 5 cm großen orangegelben Blüten wurde 1812 im Berliner Botanischen Garten und 1817 im Breiterschen Garten in Leipzig kultiviert. Sie ist stärker wärmeabhängig und benötigt eine längere Anzuchtdauer als *Z. elegans*. Die niedrige, 12-30 cm hoch werdende Art eignet sich vor allem für bunte Blumenrabatten und Balkonkästen. Beide Arten mit ihren Sorten sind vor allem in öffentlichen Grünanlagen zu sehen, in normalen Gärten aber recht selten.

Anhang

Heimat- bzw. Herkunftsgebiete

Mittel- und Westeuropa

Weiter verbreitete Arten

Achillea millefolium, Achillea ptarmica, Ajuga reptans, Armeria maritima, Bellis perennis, Campanula trachelium, Campanula rapunculoides, Centaurea cyanus, Chrysanthemum leucanthemum, Consolida regalis, Convallaria majalis, Geranium pratense, Geranium sylvaticum, Geum rivale, Hedera helix, Hepatica nobilis, Juniperus communis, Lathyrus vernus, Lonicera periclymenum, Lychnis-flos-cuculi, Lysimachia nummularia, Melandryum rubrum, Papaver rhoeas, Phalaris arundinacea, Polygonatum multiflorum, Pulmonaria officinalis, Ranunculus repens u.a. gelbblühende Ranunculus-Arten, Ranunculus ficaria, Saponaria officinalis, Saxifraga granulata, Tanacetum vulgare, Viburnum opulus, Viola tricolor.

Arten der Gebirge und spezieller Standorte

Aconitum napellus, Aconitum variegatum, Adonis vernalis, Alyssum saxatile, Anemone sylvestris, Aquilegia vulgaris, Aruncus sylvestris, Aster amellus, Aster alpinus, Campanula glomerata, Campanula latifolia, Campanula persicifolia, Centaurea montana, Colchicum autumnale, Cornus mas, Crocus albiflorus, Cyclamen purpurascens, Daphne mezereum, Delphinum elatum, Dianthus plumarius, Dianthus gratianopolitanus, Dictamnus albus, Digitalis purpurea, Doronicum pardalianches, Doronicum austriacum, Doronicum columnae, Doronicum grandiflorum, Doronicum plantagineum, Eryngium alpinum, Eryngium campestre, Eryngium maritimum, Eryngium planum, Gentiana cruciata, Gernium sanguineum, Helleborus niger, Hieracium austriacum, Hyacinthoides non-scripta, Iris sibirica, Juniperus sabina, Leucojum vernum, Ligustrum vulgare, Lilium bulbiferum, Lilium martagon, Lonicera xylosteum, Lychnis flos-jovis, Lychnis viscaria, Matteucia struthiopteris, Meconopsis cambrica, Myosotis sylvatica, Phyllitis scolopendrium, Polemonium caeruleum, Polygonatum odoratum, Potentilla fruticosa, Primula auricula, Primula elatior, Primula veris, Primula vulgaris, Prunella grandiflora, Pulmonaria angustifolia, Pulsatilla vulgaris, Ranunculus aconitifolius, Ranunculus platanifolius, Rhodiola rosea, Ribes alpinum, Rosa majalis, Rosa spinosissima, Rosa villosa, Saxifraga Sect. Dactyloides, Scilla bifolia, Sedum album, Sedum rupestre, Sedum telephium, Sempervivum arachnoideum,

Sempervivum montanum, Sempervivum soboliferum (Jovibarba globifera), Sempervivum tectorum, Spiraea salicifolia, Taxus baccata, Thalictrum aquilegifolium, Thalictrum minus, Trollius europaeus, Verbascum densiflorum, Verbascum phlomoides, Verbascum phoeniceum, Verbascum thapsus, Veronica incana (Ost-Europa), Veronica longifolia, Veronica prostrata, Veronica spicata, Veronica teucrium, Viburnum lantana, Viola lutea.

Südeuropa (einschl. Südosteuropa, Mittelmeergebiet, Pyrenäen)

Adonis annua, Alcea rosea, Allium moly, Allium subhirsutum, Anemone blanda, Anemone coronaria, Anemone pavonina, Anthemis nobilis, Antirrhinum majus, Asphodeline lutea, Aubrieta deltoidea, Buxus sempervirens, Calendula officinalis, Campanula carpatica, Campanula medium, Campanula portenschlagiana, Campanula pyrymidalis, Centranthus ruber, Cerastium candissimum, Cerastium columnae, Cerastium tomentosum, Cheiranthus cheiri, Chionodoxa forbesii, Chionodoxa luciliae, Chionodoxa sardensis, Chrysanthemum coronarium, Chrysanthemum parthenium, Clematis flammula, Clematis integrifolia, Clematis recta, Clematis vitalba, Clematis viticella, Colchicum bivonae, Colchicum neapolitanum, Colchicum variegatum, Colutea arborescens, Consolida ajacis, Consolida orientalis, Convolvulus tricolor, Corydalis lutea, Crocus byzantinus, Crocus flavus, Crocus napolitanus, Crocus tommasinianus, Cyclamen hederifolium, Cyclamen persicum, Dianthus barbatus, Dianthus caryophyllus, Echinops bannaticus, Echinops ritro, Echinops sphaerocephalus, Echinops strigosus, Eranthis cilicica, Eranthis hiemalis, Eryngium amethystinum, Eryngium bourgalii, Erythronium dens-canis, Euphorbia epithymoides, Euphorbia lathyris, Euphorbia myrsinites, Fritillaria meleagris, Galanthus elwesii, Galanthus nivalis, Geranum endressii, Geranium macrorrhizum, Geranium phaeum, Geranium pyrenaicum, Geum coccineum, Gladiolus communis, Gladiolus italicus, Gypsophila paniculata, Gypsophila repens, Helleborus foetidus, Helleborus orientalis, Helleborus viridis, Hepatica transsilvanica, Hesperis matronalis, Hesperis tristis, Hyacinthoides hispanica, Hypericum calycinum, Iberis amara, Iberis saxatilis, Iberis semperflorens, Iberis sempervirens, Iberis umbellata, Iris chamaeiris, Iris danfordiae, Iris flavescens, Iris florentina, Iris foetidissima, Iris germanica, Iris graminea, Iris pallida, Iris pumila, Iris sambucina, Iris squalens, Iris sweertii, Iris variegata, Iris xiphioides, Iris xiphium, Laburnum alpinum, Laburnum anagyroides, Lathyrus latifolius, Lathyrus odoratus, Laurus nobilis, Lavandula, Lavatera trimestris, Leucojum aestivum, Lilium candi-

dum, Lilium pomponium, Lilium pyrenaicum, Limonium bonduelli, Limonium sinuatum, Limonium tataricum, Lobularia maritima, Lonicera caprifolium, Lunaria annua, Lupinus luteus, Lychnis coronaria, Lysimachia punctata, Malope trifida, Malva mauretiana, Matthiola incana, Muscari armeniacum, Muscari botryoides, Muscari comosum, Muscari neglectum, Myrtus communis, Narcissus, Nerium oleander, Nigella damascena, Omphalodes verna, Ornithogalum boucheanum, Ornithogalum nutans, Ornithoglaum spicatum, Ornithogalum umbellatum, Paeonia mascula, Paeonia officinalis, Papaver somniferum, Phalaris canariensis, Philadelphus coronarius, Physalis alkekengi, Prunella laciniata, Pulmonaria rubra, Pulmonaria saccharata, Pulsatilla rubra, Pyracantha coccinea, Reseda alba, Rosa gallica, Rosa x alba, Rosmarinus officinalis, Salvia aethiopis, Salvia nemorosa, Salvia officinalis, Salvia sclarea, Salvia viridis, Santolina chamaecyparissus, Saponaria ocymoides, Saxifraga umbrosa, Scabiosa atropurpurea, Silene armeria, Silene coelirosa, Silene pendula, Silybum marianum, Spiraea chamaedryfolia, Spiraea crenata, Spiraea hypericifolia, Tulipa sylvestris, Urginea maritima, Vinca major, Vinca minor, Viola cornuta, Viola gracilis, Viola odorata.

Pflanzen aus türkischen Gärten (Heimat: Vorderer und mittlerer Orient, südl. Balkanhalbinsel)

Amberboa amberboi, Amberboa moschata, Colchicum byzantinum, Crocus angustifoius, Cyclamen coum, Fritillaria imperialis, Galanthus ikariae, Galanthus plicatus, Hyacinthus orientalis, Iris persica, Iris susiana, Lilium chalcedonicum, Lychnis chalcedonica, Muscari moschatum, Narcissus tazetta (z.T.), *Paeonia peregrina, Primula vulgaris* subsp. *sibthorpii, Prunus laurocerasus, Ranunculus asiaticus, Rosa x damascena, Rosa foetida, Rosa hemisphaerica, Rosa moschata, Scilla amoena, Syringa vulgaris, Syringa x persica, Tulipa clusiana, Tulipa gesneriana.*

Kaukasusgebiet (einschl. Krim)

Achillea filipendulina, Anthemis marchalliana, Arabis caucasica, Brunnera macrophylla, Centaurea dealbata, Centaurea macrocephala, Cerastium biebersteinii, Chrysanthemum coccineum, Colchicum speciosum, Crocus speciosus, Doronicum orientale, Gentiana septemfida, Geranium ibericum, Geranium platyphyllum, Gypsophila elegans, Hedera colchica, Iris reticulata, Paeonia tenuifolia, Papaver bracteatum, Papaver orientale, Primula juliae,

Primula vulgaris subsp. heterochroma, Puschkinia scilloides, Rhododendron caucasicum, Rhododendron luteum, Rhododendron ponticum, Scabiosa caucasica, Scilla sibirica, Scilla mischtschenkoana, Sedum spurium, Stachys byzantina, Stachys grandiflora, Veronica filiformis, Veronica gentianoides.

Afrika

Nord-, Ost- und Zentralafrika, Kanaren

Aloe vera, Chrysanthemum carinatum, Chrysanthemum frutescens, Impatiens walleriana, Reseda odorata, Ricinus communis, Saintpaulia ionanthe.

Südafrika (Kapland)

Agapanthus africanus, Crocosmia aurea, Crocosmia masanorum, Crocosmia pottsii, Galtonia candicans, Gazania, Gladiolus tristis, Gladiolus cardinalis, Gladiolus psittacinus u.a. *Gladiolus*-Arten, *Kniphofia uvaria, Kniphofia triangularis, Lobelia erinus, Nemesia strumosa, Nemesia versicolor, Ornithogalum longibracteatum, Ornithogalum thyrsoides, Pelargonium.*

Asien

Zentralasien

Abutilon theophrasti, Alcea ficifolia, Allium christophii, Allium giganteum, Allium karataviense, Allium rosenbachianum, Crocus sativus, Fallopia baldschuanica, Kochia scoparia, Limonium suworowii, Lonicera tatarica, Sedum hybridum, Tulipa fosteriana, Tulipa greigii, Tulipa kaufmanniana, Tulipa kolpakowskiana, Tulipa praestans, Tulipa tarda, Tulipa turkestanica, Viola altaica.

Südasien (einschl. Himalaya-Gebiet)

Amaranthus tricolor, Anaphalis triplinervis, Anemone vitifolia, Aster tongolensis, Astilbe rivularis, Bergenia ciliata, Bergenia purpurascens, Bergenia stracheyi, Celosia argentea, Impatiens balsamina, Impatiens glandulifera, Jasminum officinale, Pharbitis nil, Polygonum orientale, Primula denticulata, Primula rosea.

Ost-Asien

Adonis amurensis, Anemone hupehensis, Anemone tomentosa, Astilbe astilboides, Astilbe chinensis, Astilbe japonica, Astilbe thunbergii, Bergenia cordifolia, Bergenia crassifolia, Buddleja davidii, Callistephus chinensis, Caragana arborescens, Chaenomeles japonica, Chaenomeles speciosa, Chrysanthemum indicum, Chrysanthemum zawadskii, Clematis lanuginosa, Clematis montana, Clematis tangutica, Commelina communis, Cornus alba, Deutzia scabra, Delphinium grandiflorum, Dianthus chinensis, Dicentra spectabilis, Fallopia aubertii, Forsythia suspensa, Forsythia viridissima, Gentiana farreri, Gentiana sino-ornata, Hibiscus syriacus, Hosta, Hydrangea macrophylla, Hydrangea paniculata, Jasminum nudiflorum, Juniperus chinensis, Kerria japonica, Kolkwitzia amabilis, Ligularia, Lilium henryi, Lilium lancifolium, Lilium regale, Lilium speciosum, Macleya cordata, Magnolia denudata, Magnolia liliiflora, Magnolia stellata, Paeonia lactiflora, Paeonia suffruticosa, Parthenocissus tricuspidata, Phytolacca acinosa, Platycodon grandiflorum, Primula japonica, Primula malacoides, Primula obconica, Primula praenitens Primula sieboldii, Prunus serrulata, Prunus triloba, Reynoutria japonica, Reynoutria sachalinensis, Rhododendron kiusanum, Rhododendron kaempferi und weitere *Rhododendron*-Arten, *Rhododendron simsii, Rosa chinensis, Rosa multiflora, Rosa rugosa, Rosa wichuriana, Saxifraga stolonifera, Sedum kamtschaticum, Sedum sieboldii, Sedum spectabile, Spiraea bella, Spiraea cantoniensis, Spiraea japonica, Spiraea prunifolia, Spiraea trilobata, Thalictrum delavayi, Thalictrum dipterocarpum, Thladiantha dubia, Trollius asiaticus, Trollius chinensis, Weigela florida, Wistera sinensis.*

Australien

Ammobium alatum, Brachycome iberidifolia, Helichrysum bracteatum, Helipterum manglesii, Helipterum roseum, Impatiens hawkeri (Neuguinea), *Impatiens linearifolia* (Neuguinea).

Amerika

Nordamerika

Anaphalis margaritacea, Aquilegia canadensis, Aquilegia chrysantha, Aquilegia coerulea, Aquilegia skinneri, Aristolochia macrophylla, Aster cordifolius, Aster dumosus, Aster ericoides, Aster lanceolatus, Aster novae-angliae, Aster novi-belgii, Aster puniceus, Aster tradescantii, Campsis radicans, Clarkia pulchella, Clarkia unguiculata, Coreopsis grandiflora, Coreopsis tinctoria, Coreopsis verticillata, Cornus sericea, Dicentra eximia, Dicentra formosa, Echinacea angustifolia, Echinacea purpurea, Echinocystis lobata, Erigeron annuus, Erigeron speciosus, Erythronium americanum, Erythronium tuolumnense, Eschscholtzia california, Euphorbia marginata, Gaillardia aristata, Gaillardia pulchella, Godetia amoena, Godetia grandiflora, Helenium bigelowii, Helenium autumnale, Helenium hoopesii, Helianthus annuus, Helianthus debilis, Helianthus decapetalus, Helianthus giganteus, Helianthus rigidus, Helianthus salicifolius, Helianthus tuberosus, Heliopsis helianthoides, Heuchera americana, Heuchera purpurea, Juniperus horizontalis, Juniperus virginiana, Liatris spicata, Lilium canadense, Lobelia cardinalis, Lobelia syphilitica, Lonicera sempervirens, Lupinus polyphyllus, Magnolia acuminata, Magnolia grandiflora, Magnolia grandiflora, Mahonia aquifolium, Mimulus guttatus, Mimulus moschatus, Monarda didyma, Monarda fistulosa, Oenothera, Parthenocissus inserta, Parthenocissus quinquefolia, Phacelia tanacetifolia, Phlox, Physostegia virginiana, Phytolacca americana, Picea pungens, Polygonatum giganteum, Rhododendron catawbiense, Rhododendron maximum, Rhus typhina, Ribes aureum, Ribes sanguineum, Rudbeckia, Salvia farinosa, Sicyos angulata, Silphium perfoliatum, Solidago canadensis, Solidago graminifolia, Solidago serotina, Spiraea alba, Spiraea douglasii, Spiraea latifolia, Spiraea tomentosa, Symphoricarpus albus, Symphoricarpus orbiculatus, Thuja occidentalis, Tiarella, Tradescantia virginiana, Uvularia grandiflora, Uvularia perfoliata, Verbena canadensis, Veronica virginica, Yucca filamentosa, Yucca gloriosa.

Mittelamerika (einschl. Mexiko und Karibik)

Agave americana, Ageratum conycoides, Ageratum houstonianum, Amaranthus cruentus, Amaranthus hybridus, Begonia minor, Canna indica, Cosmos bipinnatus, Dahlia coccinea, Dahlie juarezii, Dahlia pinnata, Fuchsia arborescens, Fuchsia fulgens, Fuchsia microphylla, Fuchsia splendens, Fuchsia triphylla, Gomphrena globosa, Pharbitis hederacea, Pharbitis purpurea, Tagetes, Zinnia angustifolia, Zinnia elegans, Zinnia haageana.

Südamerika

Amaranthus caudatus, Begonia boliviensis, Begonia cucullata, Begonia rosaeflora, Calceolaria, Fuchsia coccinea, Fuchsia lycioides, Fuchsia magellanica, Geum chiloense, Heliotropum arborescens, Mimulus luteus, Mirabilis jalapa, Nicotiana alata, Petunia, Portulaca grandiflora, Salvia splendens, Tropaeolum, Verbena incisa, Verbena peruviana, Verbena phlogifolia, Verbena platensis, Verbena rigida.

Einführung und Inkulturnahme in Mitteleuropa

Vor 1500 (Paläoöken)

Alcea rosea, Aquilegia vulgaris, Bellis perennis, Buxus sempervirens, Calendula officinalis, Centaurea cyanus, Cheiranthus cheiri, Chrysanthemum parthenium, Convallaria majalis, Crocus sativus, Dianthus caryophyllus (15. Jh.), *Euphorbia lathyris, Iris florentina, Iris germanica, Iris pallida, Juniperus communis, Juniperus sabina, Lavandula angustifolia, Lavandula latifolia, Leucojum vernum, Lilium bulbiferum, Lilium candidum, Lychnis coronaria, Matthiola incana, Paeonia mascula, Paeonia officinalis, Papaver somniferum, Physalis alkekengi, Primula veris, Rosa x alba, Rosa gallica, Rosmarinus officinalis, Salvia officinalis, Salvia sclarea, Sempervivum tectorum, Silybum marianum, Vinca minor, Viola odorata.*

Erste Hälfte des 16. Jahrhunderts

Abutilon theophrasti, Aconitum napellus, Adonis annua, Aloe vera, Anthemis nobilis, Celosia argentea, Cerastium columnae, Cerastium candissimum, Chrysanthemum leucanthemum, Colchicum autumnale, Consolida ajacis, Crocus albiflorus, Cyclamen purpurascens, Digitalis purpurea, Erythronium dens-canis, Helleborus niger, Hepatica nobilis, Hesperis matronalis, Impatiens balsamita, Laburnum anagyroides, Lavanula stoechas, Lonicera periclymenum, Lunaria annua, Nerium oleander, Nigella damascena, Papaver rhoeas, Phyllitis scolopendrium, Ranunculus acris fl. pl., Ranunculus auricomus fl. pl., Ranunculus bulbosus fl. pl., Ranunculus lanuginosus fl. pl., Ranunculus polyanthemus fl. pl., Ranunculus repens fl. pl., Rhodiola rosea, Ricinus communis, Rosa x damascena, Santolina chamaecyparissus, Tagetes patula, Urginea maritima, Viola tricolor.

Zweite Hälfte des 16. Jahrhunderts

Achillea millefolium 'Purpureum', *Aconitum variegatum, Adonis vernalis, Agave americana, Ajuga reptans, Allium moly, Allum subhirsutum, Amaranthus caudatus, Amaranthus hybridus, Amaranthus tricolor, Anaphalis margaritacea, Anemone coronaria, Anemone pavonina, Anemone sylvestris, Antirrhinum majus, Armeria maritima, Aruncus sylvestris, Asphodeline lutea, Aster amellus, Campanula glomerata, Campanula medium, Campanula persicifolia, Campanula pyramidalis, Campanula trachelium, Canna indica, Centaurea montana, Centranthus ruber, Cerastium tomentosum, Chrysanthemum coronarium, Clematis recta, Clematis vitalba, Clematis viticella, Colchicum byzantinum, Colutea arborescens, Consolida orientalis, Consolida regalis, Cornus mas, Corydalis lutea, Crocus angustifolius, Crocus byzantinus, Crocus flavus, Cyclamen coum, Cyclamen hederifolium, Cyclamen repandum, Daphne mezereum, Dianthus barbatus, Dianthus gratianopolitanus, Dianthus plumarius, Dictamnus albus, Doronicum columnae, Doronicum pardalianches, Echinops sphaerocephalus, Eranthis hiemalis, Eryngium alpinum, Eryngium amethystinum, Eryngium campestre, Eryngium maritimum, Eryngium planum, Euphorbia myrsinites, Fritillaria imperialis, Fritillaria meleagris, Galanthus ikariae, Galanthus nivalis, Gentiana cruciata, Geranium macrorrhizum, Geranium phaeum, Geranium pratensis, Geranium sanguineum, Geranium sylvaticum, Geum rivale fl. pl., Gladiolus communis, Gladiolus italicus, Gladiolus palustris, Hedera helix, Helianthus annuus, Hemerocallis fulva, Hemerocallis lilio-asphodelus, Hesperis tristis, Hibiscus syriacus, Hieracium aurantiacum, Hyacinthoides non-scripta, Hyacinthus orientalis, Iberis amara, Iberis umbellata, Iris chamaeiris, Iris graminea, Iris persica, Iris pumila, Iris susiana, Iris variegata, Iris xiphioides, Iris xiphium, Jasminum officinale, Kochia scoparia, Laburnum alpinum, Lathyrus latifolius, Laurus nobilis, Leucojum aestivum, Ligustrum vulgare, Lilium chalcedonicum, Lilium martagon, Lonicera caprifolium, Lupinus luteus, Lychnis chalcedonica, Lychnis flos-jovis, Lysimachia punctata, Melandryum rubrum, Mirabilis jalapa, Muscari botryoides, Muscari comosum, Muscari moschatum, Muscari neglectum, Myrtus communis, Narcissus bulbocodium, Narcissus poeticus, Narcissus pseudonarcissus, Narzissus tazetta, Ornithogalum narbonense, Ornithogalum pyramidatum, Ornithogalum pyrenaicum, Ornithogalum umbellatum, Paeonia peregrina, Phalaris arundinacea* 'Picta', *Phalaris canariensis, Pharbitis nil, Philadelphus coronarius, Polemonium coeruleum, Polygonatum multiflorum, Polygonatum odoratum, Polygonatum verticillatum, Primula auricula, Primula elatior, Primula x pubescens, Primula vulgaris, Prunella grandiflora, Prunus laurocerasus, Pulmonaria angustifolia, Pulmo-*

naria officinalis, Pulsatilla vulgaris, Ranunculus asiaticus, Reseda alba, Rosa x centifolia, Rosa foetida, Rosa majalis, Rosa moschata, Salvia aethiopis, Salvia nemorosa, Salvia viridis, Saponaria ocymoides, Scilla amoena, Scilla bifolia, Sedum rupestre, Sempervivum arachnoideum, Sempervivum soboliferum (Jovibarba globifera). Silene armeria, Spiraea salicifolia, Syringa vulgaris, Tagetes erecta, Tanacetum vulgare 'Crispum', *Taxus baccata, Thuja occidentalis, Trollius europaeus, Tropaeolum minus, Tulipa gesneriana, Tulipa sylvestris, Verbascum phoeniceum, Verbascum thapsus, Veronica longifolia, Veronica prostrata, Veronica spicata, Veronica teucrium, Viburnum opulus* 'Rosea', *Viburnum lantana, Vinca major, Viola lutea.*

17. Jahrhundert

Achillea ptarmica fl. pl., Agapanthus africanus, Ageratum conyzoides, Alcea ficifolia, Alyssum saxatile, Amberboa moschata, Aquilegia canadensis, Aster cordifolius, Aster dumosus, Aster novae-angliae, Aster novi-belgii, Aster puniceus, Campanula rapunculoides, Campsis radicans, Clematis integrifolia, Colchicum bivoniae, Colchicum neapolitanum, Colchicum variegatum, Convolvulus tricolor, Crocus napolitanus, Erigeron annuus, Helenium autumnale, Helianthus giganteus, Helianthus tuberosus, Heliopsis helianthoides (?), Heuchera americana, Hyacinthoides hispanica, Iris sambucina, Iris squalens, Iris sweertii, Juniperus virginiana, Lathyrus vernus, Lavatera trimestris, Lilium canadense, Lilium pomponium, Lilium pyrenaicum, Limonium sinuatum, Lobelia cardinalis, Lobelia syphilitica, Lonicera sempervirens, Lonicera xylosteum, Lychnis flos-cuculi fl. pl., Lychnis viscaria, Lysimachia nummularia, Magnolia virginiana, Malva mauretanica, Matteucia struthiopteris, Monarda fistulosa, Narcissus jonquilla, Narcissus triandrus, Oenothera biennis, Oenothera oakasiana, Omphalodes verna, Ornithogalum nutans, Ornithogalum thyrsoides, Parthenocissus quinquefolia, Pelargonium div. spec., Pharbitis hederacea, Pharbitis purpurea, Physostegia virginiana, Phytolacca americana, Polygonum orientale, Primula vulgaris subsp. sibthorpii, Pulmonaria saccharata, Pulsatilla rubra, Ppyracantha coccinea, Ranunculus aconitifolius fl. pl., Ranunulus ficaria fl. pl., Rhus typhina, Ribes alpinum, Rosa foetida 'Bicolor', *Rosa spinosissima, Rosa villosa, Rudbeckia laciniata, Saponaria officinalis fl. pl., Saxifraga x geum, Scabiosa atropurpurea, Sedum telephium, Sempervivum montanum, Silene coeli-rosa, Solidago canadensis, Spiraea hypericifolia, Syringa x persica, Thalictrum aquilegifolium, Thalictrum minus, Tradescantia virginiana, Tropaeolum majus, Tulipa clusiana, Yucca gloriosa.*

Erste Hälfte des 18. Jahrhunderts

Amberboa amberboi, Aster ericoides, Campanula latifolia, Callistephus chinensis, Chrysanthemum frutescens, Commelina communis, Cyclamen persicum, Delphinium grandiflorum, Dianthus chinensis, Gomphrena globosa, Helianthus multiflorus, Iberis semperflorens, Kniphofia uvaria, Lathyrus odoratus, Liatris spicata, Limonium tataricum, Magnolia grandiflora, Papaver orientale, Pelargonium odoratissimum, Pelargonium peltatum, Pelargonium zonale, Phlox glaberrima, Potentilla fruticosa, Prunella laciniata, Rhododendron maximum, Saxifraga granulata fl. pl., Sedum album, Silene pendula, Uvularia perfoliata, Veronica virginica.

Zweite Hälfte des 18. Jahrhunderts

Amaranthus cruentus, Aristolochia macrophylla, Aster alpinus, Aster lanceolatus, Aubrieta deltoidea, Begonia minor, Bergenia crassifolia, Campanula carpatica, Caragana arborescens, Coreopsis verticillata, Cornus alba, Cornus sericea, Echinacea purpurea, Echinops ritro, Fuchsia magellanica, Geranium pyrenaicum, Gladiolus cardinalis, Gladiolus tristis, Gypsophila paniculata, Gypsophila repens, Heliopsis helianthoides, Heliotropium arborescens, Hemerocallis minor, Hydrangea macrophylla, Hypericum calycinum, Juniperus chinensis, Juniperus horizontalis, Lobelia erinoides, Lobelia erinus, Lobularia maritima, Lonicera tatarica, Magnolia acuminata, Monarda didyma, Nicandra physalodes, Paeonia tenuifolia, Phlox divaricata, Phlox maculata, Phlox paniculata, Phlox subulata, Phytolacca acinos, Primula malacoides, Reseda odorata, Rhododendron ponticum, Rosa chinensis, Rudbeckia hirta, Sedum hybridum, Sicyos angulata, Solidago gigantea, Spiraea alba, Spiraea chamaedryfolia, Spiraea trilobata, Stachys byzantina, Symphoricarpus orbiculatus, Tagetes tenuifolia, Trollius asiaticus, Verbena incana, Zinnia pauciflora, Zinnia multiflora.

Erste Hälfte des 19. Jahrhunderts

Achillea filipendulina, Ageratum houstonianum, Ammobium alatum, Anaphalis triplinervis, Anemone hupehensis, Arabis caucasica, Astilbe rivularis, Astilbe japonica, Begonia dichotoma, Begonia cucullata, Brachycome iberidifolia, Brunnera macrophylla, Calceolaria integrifolia, Calceolaria pinnata, Centaurea dealbata, Centaurea macrocephala, Cerastium biebersteinii, Chaenomeles speciosa, Chrysanthemum carinatum, Chrysanthemum indicum,

Chrysanthemum maximum, Clarkia elegans, Clarkia unguiculata, Coreopsis grandiflora, Coreopsis tinctoria, Cosmos bipinnatas, Crocus speciosus, Dahlia coccinea, Dahlia pinnata, Delphinium grandiflorum, Deutzia scabra, Dicentra eximia, Dicentra formosa, Doronicum orientale, Erigeron speciosus, Eryngium giganteum, Eryngium bourgatii, Erythronium americanum, Eschscholtzia californica, Euphorbia epithymoides, Fuchsia arborescens, Fuchsia fulgens, Fuchsia lycioides, Fuchsia microphylla, Fuchsia splendens, Gaillardia aristata, Gaillardia pulchella, Gazania rigens, Gentiana septemfida, Geranium ibericum, Geum chiloense, Geum coccineum, Godetia amoena, Godetia grandiflora, Gypsophila elegans, Helianthus salicifolius, Helianthus x laetiflorus, Helianthus rigidus, Helichrysum bracteatum, Hemerocallis dumortieri, Heuchera micrantha, Hosta lancifolia, Hosta plantaginea, Hosta sieboldianan, Hosta sieboldii, Hosta undulata, Hosta ventricosa, Iberis saxatilis, Iberis sempervirens, Impatiens glandulifera, Iris reticulata, Kerria japonica, Lilium lancifolium, Lilium speciosum, Lupinus polyphyllus, Macleya cordata, Magnolia denudata, Magnolia liliiflora, Mahonia aquifolium, Malope trifida, Meconopsis cambrica, Mimulus guttatus, Mimulus luteus, Mimulus moschatus, Myosotis sylvatica, Nicotiana alata, Oenothera missouriensis, Oenothera tetragona, Paeonia lactiflora, Paeonia suffrutoicosa, Papaver bracteatum, Pelargonium grandiflorum, Petunia axillaris, Petunia violacea, Phacelia tanacetifolia, Phlox drummondii, Platycodon grandiflorum, Polygonatum giganteum, Portulaca grandiflora, Primula praenitens, Prunus serrulata, Puschkinia scilloides, Reynoutria japonica, Rhododendron catawbiense, Rhododendron caucasicum, Rhododendron luteum, Rhododendron simsii, Ribes aureum, Ribes sanguineum, Rosa x odorata, Rosa multiflora, Rosa rugosa, Rudbeckia fulgida, Salvia farinacea, Salvia splendens, Saxifraga stolonifera, Scabiosa caucasica, Scilla siberica, Sedum kamtschaticum, Sedum sieboldii, Sedum spurium, Silphium perfoliatum, Solidago graminifolia, Spiraea cantoniensis, Spiraea douglasii, Spiraea japonica, Stachys grandiflora, Symphoricarpus albus, Tiarella cordifolia, Uvularia grandiflora, Verbena canadensis, Veronica filiformis, Viola x wittrockiana, Viola altaica, Weigela florida, Yucca filamentosa, Zinnia angustifolia, Zinnia elegans.

Zweite Hälfte des 19. Jahrhunderts

Allium giganteum, Allium karataviense, Allium rosenbachianum, Anemone blanda, Anemone vitifolia, Anthemis marschalliana, Aquilegia chrysantha, Aquilegia coerulea, Aquilegia skinneri, Astilbe astilboides, Astilbe thunbergii, Begonia boliviensis, Begonia rosaeflora, Bergenia ciliata, Bergenia cordifolia,

Bergenia purpurascens, Bergenia stracheyi, Campanula portenschlagiana, Chaenomeles japonica, Chionodoxa luciliae, Chionodoxa sardensis, Chrysanthemum coccineum, Clematis lanuginosa, Clematis montana, Crocosmia aurea, Crocosmia pottsii, Crocus tommasinianus, Dahlia juarezii, Dicentra spectabilis, Echinacea angustifolia, Echinacea pallida, Echinocystus lobata, Echinops bannaticus, Euphorbia marginata, Forsythia suspensa, Forsythia viridissima, Galtonia candicans, Geranium platypetalum, Gladiolus psittacinus, Hedera colchica, Helenium bigelowii, Helenium hoopesii, Helianthus debilis, Helipterum manglesii, Helipterum roseum, Hemerocallis aurantiaca, Hemerocallis citrina, Hemerocallis middendorffii, Hemerocallis thunbergii, Hepatica transsilvanica, Heuchera sanguinea, Hosta decorata, Hosta elata, Hosta fortunei, Hosta tardiflora, Hosta tokudana, Hydrangea paniculata, Impatiens walleriana, Iris danfordiae, Iris histrioides, Jasminum nudiflorum, Ligularia, Lilium henryi, Limonium bonduelli, Limonium suworowii, Magnolia stellata, Muscari armeniacum, Nemesia, Oenothera glazioviana, Ornithogalum longibracteatum, Parthenocissus tricuspidata, Picea pungens, Primula denticulata, Primula japonica, Primula obconica, Primula sieboldii, Prunus triloba, Pulmonaria rubra, Reynoutria sachalinensis, Rosa wichuriana, Rudbeckia nitida, Saintpaulia ionanthe, Saxifraga Sect. Dactyloides, *Sedum spectabile, Thladiantha dubia, Tulipa eichleri, Tulipa kaufmanniana, Tulipa kolpakowskiana, Tulipa turkestanica, Verbascum bombyciferum, Verbascum longifolium, Verbascum olympicum, Verbascum wiedemannianum, Verbena rigida, Verbena x hybrida, Viola gracilis, Wistera sinensis, Zinnia haageana.*

20. Jahrhundert

Adonis amurensis, Allium christophii, Anemone tomentosa, Aster tongolensis, Astilbe chinenis, Astilbe gracilis, Astilbe simplicifolia, Buddleja davidii, Chionodoxa forbesii, Chrysanthemum zawadskii, Clematis tangutica, Colchicum speciosum, Crocosmia masanorum, Eranthis cilicica, Eranthis x tubergiana, Erythronium tuolumnense, Fallopia aubertii, Fallopia baldschuanicum, Galanthus elwesii, Gentiana farreri, Gentiana septemfida var. lagodechiana, Gentiana sino-ornata, Geranium endressii, Hemerocallis multiflora, Impatiens hawkeri, Impatiens linearifolia, Kolkwitzia amabilis, Lilium regale, Primula juliae, Rhododendron kiusianum x kaempferi, Scilla mischtschenkoana, Thalictrum delavayi, Thalictrum dipterocarpum, Tiarella wherryi, Trollius chinensis, Tulipa fosteriana, Tulipa tarda.

Literatur

Bücher/Zeitschriftenbeiträge

Adam Johann Friedrich: Decades quinque novarum specierum plantarum Caucasi et Iberiae, quas in itinere Comitis Mussin-Puschkin observavit, et definitionibus illustravit. Kiel 1805.

Adolphi Klaus: Neophytische Kultur- und Anbaupflanzen als Kulturflüchtlinge der Rheinlandes. Nardus 2, Wiehl 1995.

Ammann Johann: Stirpium rariorum in imperio rutheno sponte provenientium, icones et descriptiones. St. Petersburg 1739.

Ascherson Paul: Flora der Provinz Brandenburg, der Altmark und des Herzogthums Magdeburg. Berlin 1864.

Ascherson Paul & Paul Graebner: Flora des Nordostdeutschen Flachlandes. Berlin 1898/99.

Aymonin 1988 – vgl. Besler 1613.

Bahnert Gerhard: Alles über Narzissen. Berlin 1992.

Balzer Georg: Goethe als Gartenfreund. 2. Aufl. München 1978.

Bauhin Caspar: Pinax Theatri botanici. Basel 1623.

Bauhin Johann: Historia novi et admirabilis fontis balneique Bollensis in ducatu Wirtembergico ad acidulas Goepingenses. Montbeliard 1598/1602. (Dt. Ausgabe: Ein New Badbuch, Stuttgart 1602).

Bauhin Johann: Historia plantarum universalis. 3 Bde. Yverdun 1650/51.

Baumann Brigitte, Helmut & Susanne Baumann-Schleihauf: Die Kräuterbuchhandschrift des Leonhart Fuchs. Stuttgart 2001.

Baumgarten Johann Christian Gottlob: Flora Lipsiensis. Leipzig 1790.

Behling Lottlisa: Die Pflanze in der mittelalterlichen Tafelmalerei. Weimar 1957.

Behling Lottlisa: Die Pflanzenwelt der mittelalterlichen Kathedralen. Köln und Graz 1964.

Bergen Carl August von: Catalogus stirpium indigenarum aeque ac exterarum quas Hortus Medicus Academiae Viadrinae complectitur. Frankfurt/Oder 1744.

Bergen Carl August von: Flora Francofurtana. Frankfurt/Oder 1750.

Berger Ernst: Die Bestimmung der Gartenpflanzen. Erlangen 1855.

Beringer Johann Bartholomaeus Adam & Lorenz Anton Dercum: Plantarum perennium in Horto Medico Herbipolensi ... Catalogus pro Anno M. DCC. XXII. Würzburg 1722.

Besler Basilius: Hortus Eystettensis 1613. (Reprint: Der Garten von Eichstätt, mit einem Vorwort von D. Vogellehner und botanischen Erläuterungen von G. G. Aymonin, München 1988).

Bickerich Günther: Herkunft und Verbreitung der fremdländischen Gehölze. Gehölzkunde und Landeskultur 2: 142-179. Leipzig und Jena 1958.

Bieberstein Friedrich August Marschall von: Beschreibung der Länder zwischen den Flüssen Terek und Kur am Kaspischen Meer. Mit einem botanischen Anhange. Frankfurt/Main 1800.

Bieberstein Friedrich August Marschall von: Flora taurico-caucasica. Charkow 1808. Suppl. ebd. 1819.

Bieberstein Friedrich August Marschall von: Centuria plantarum rariorum Rossiae meridionalis, praesertim Tauriae et Caucasi iconibus descriptionibusque illustrata. Pars I. Charkow 1810.

Blasdale Walter C.: Cyclamen Persicum. Its natural and cultivated forms. Stanford.

Bock Hieronymus: New Kreutterbuch. Strassburg 1539.

Böhnert Erich: Primula malacoides. Geschichte, Kultur und Zuchtziele. Regelia, Beil. z. Neuen Berliner Gärtner-Börse 9/10: 1-14. 1950.

Boerner Franz: Laubgehölze, Rosen und Nadelgehölze. Nordhausen 1938.

Boerhave Hermann: Index plantarum quae in horto academico Lugduno-Batavo aluntur. Leiden 1727.

Boissier Edmund: Diagnoses plantarum orientalium novarum. Ser. I. Leipzig 1844.

Bolle Carl: Altmodische Blumen. Brandenburgia 8: 185-204. 1899/1900.

Boom B. K.: Flora der gekweekte, kruidachtige Gewassen. 3. Aufl. Wageningen 1975.

Bosse Julius: Handbuch der Blumengärtnerei. 2. Aufl. Hannover 1841.

Breiter Christian August: Hortus Breiterianus oder Verzeichnis aller derjenigen Gewächse, welche im Breiterschen botanischen Garten zu Leipzig gezogen und unterhalten werden. Leipzig 1817.

Bretschneider Emil: History of European botanical discoveries in China. 3 Bde. Paris 1898.

Breyne Jacob: Exoticarum aliarumque minus cognitarum plantarum Centuria prima. Danzig 1678.

Breyne Jacob: Prodromus fasciculi rariorum plantarum anno 1679 in hortis celeberrimis Hollandiae etc. observatarum. Danzig 1680.

Breyne Jacob: Prodromus fasciculi rariorum plantarum secundus, exhibens catalogum plantarum rariorum anno 1688 in hortis celeberrimis Hollandiae observatarum. Danzig 1689.

Brunfels Otto: Herbarium vivae icones. Strassburg 1530.

Brunfels Otto: Contrafayt Kreuterbuch. Strassburg 1532. 2. Teil Strassburg 1537.

Buek Johann Nikolaus (d. Ä.): Verzeichnis von in- und ausländischen Bäumen, Sträuchern, Pflanzen und Samen. Bremen 1779.

Buek Johann Nikolaus (d. J.): Hortus Francofurtanus. Frankfurt/Oder 1824.

Büttner Richard: Flora advena marchica. Verh. bot. Ver. Prov. Brandenburg 25: 1-59. 1884.

Burgess Edward Sandfort: History of Pre-Clusian Botany in its relations to Aster. Mem. Torrey Bot. Club 10, New York 1902.

Burgsdorff Friedrich August Ludwig von: Die Tegelsche Baumzucht in einem Grund-Verzeichnisse, nach der forstmäßig geordneten Extract- und Mutter-Plantage. Schriften berlinische Ges. naturforschender Freunde 6. Berlin 1785.

Buxbaum Johann Christian: Plantarum minus cognitarum centuriae, complectens plantas circa Byzantinum, et in Oriente observatas. St. Petersburg 1728-40.

Camerarius Joachim: Hortus medicus et philosophicus. Frankfurt/Main 1588.

Chamisso Adelbert von: Ex plantis in expeditione Romanzoffiana detectis genera tria nova. Horae physicae Berolinensis 69-76. Berlin 1820.

Chamisso Adelbert von: Übersicht der nutzbarsten und der schädlichsten Gewächse, welche wild oder angebaut in Norddeutschland vorkommen. Berlin 1827.

Chemnitius Johannes: Index plantarum circa Brunsvigiam trium fere milliarum circuitu nascentium. Braunschweig 1652.

Clusius Carolus (Charles de l'Ecluse): Rariorum aliquot stirpium per Hispanias observatarum historia. Antwerpen 1576.

Clusius Carolus: Rariorum aliquot stirpium per Pannoniam, Austriam et vicinas quosdam provincias observatarum historia. Antwerpen 1583.

Clusius Carolus: Rariorum plantarum historia. Antwerpen 1601.

Clusius Carolus: Exoticorum libri decem. Antwerpen 1605.

Clusius Carolus: Curae posteriores. Antwerpen 1611.

Cluyt Dirck: Index stirpium terrae commissarum sub exterrarum Septembrem anni 1594 in Lugdunensi Academiae apud Batavos horto. In: F. W. T. Hunger, Charles de l'Ecluse. S'Gravenhage 1927: 219-235.

Coats Alice M.: Flowers and their histories. London 1956.

Coats Alice M.: The Quest for Plants. A History of the Horticultural Explorers. London 1969.
Coats Alice M.: Garden shrubs and their historis. Amerikanische Ausgabe mit Anmerkungen von John L. Creech. New York 1992.
Commelin Jan: Horti medici Amstelodamensis rariorum tam orientalis, quam occidentalis Indiae aliarumque peregrinarum plantarum ... descriptio et icones ... 2 Bde., Amsterdam 1697/1701.
Cordus Valerius: Annotationes in Pedacii Dioscoridis Anazarbei de medica materia libros V. Cum ejusdem Historia stirpium. Strassburg 1561.
Cornut Jacque Philippe: Canadensium Plantarum aliarumque nondum editarum historia. Paris 1635.
Danert Siegfried: Laburnum anagyroides Med. und Cytisus purpureus Scop. in der Zeit vor Linné. Wiss. Ztschr. Univ. Halle-Wittenberg, math.-nat. R. 4 (1): 79-88. 1954.
Darom David: Die schönsten Pflanzen der Bibel, Herzlia (Israel) o.J.
Dietert Friedrich: Unser Gartenstiefmütterchen. Die neue Brehm-Bücherei H. 76. Leipzig 1952.
Dietrich David Nathanel Friedrich: Synopsis plantarum seu Enumeratio systematica plantarum plerumque adhuc cognitarum. 5 Bde. Weimar 1839-52.
Dietrich Friedrich Gottlieb: Neu entdeckte Pflanzen. 7 Bde. Berlin 1825–35.
Dietrich Friedrich Gottlieb: Neues vollständiges Gartenbuch. Ulm 1844.
Dillenius Johann Jacob: Hortus Elthamensis. 2 Bde. London 1732.
Dodonaeus Rembert: Stirpium historia commentatorium imagines ad vivum expressis. 2 Bde. Antwerpen 1552.
Dodonaeus Rembert: Cruydeboeck. Antwerpen 1554.
Dodonaeus Rembert: Florum et coronarum odoratarumque nonnullarum historia. Antwerpen 1568. 2. Aufl. 1569.
Dodonaeus Rembert: Stirpium historiae pemptades sex, sive libri XXX. Antwerpen 1583.
Ehrhardt Walter: Hemerocallis, Taglilien. Stuttgart-Hohenheim 1988.
Elsholtz Johann Sigismund: Hortus Berolinensis. Mskr. Dt. Staatsbibliothek Berlin, Ms. Boruss. 4° 12. 1657.
Elsholtz Johann Sigismund: Plantae Singulares Horti Electoralis Brandenburgici Colonienis. Mskr. Dt. Staatsbibliothek Berlin, Ms. Boruss. fol. 450. 1659/60.
Elsholtz Johann Sigismund: Flora Marchica. Berlin 1663.
Elsholtz Johann Sigismund: Vom Garten= Baw. 3. Aufl. Leipzig und Cölln a. d. Spree 1684 (1. Aufl. 1666, 2. Aufl. 1672; Reprint der 3. Aufl. Leipzig 1987.)
Endlicher Stephan: Catalogus Horti Academiae Vindobonensis. Wien 1842/43.
Ennet Dieter: BI-Lexikon Heilpflanzen und Drogen. Leipzig 1988.
Fabricius Georgius: Rerum Misnicarum Libri VII. Leipzig [1569]. (Darin im Buch III, Annalium urbis Misniae, S. 233-262 Pflanzenverzeichnis des Leuschnerschen Gartens in Meißen.)
Fabricius Philipp Conrad: Enumeratio methodica plantarum horti medici Helmstadiensis. Helmstedt 1759. (2. Aufl. 1763.)
Fedde Friedrich: Versuch einer Monographie der Gattung Mahonia. Bot. Jb. 31: 30-133. 1902.
Feldmaier Carl & Judith Mc Rae: Lilien. 2. Aufl. Stuttgart-Hohenheim 1982.
Feuillée Louis: Journal des Observations physiques, mathématiques et botaniques, faites par l'ordre du roi sur les côtes orientales de l'Amérique méridionale et dans les Indes occidentales depuis 1707–12. 3 Bde. Paris 1714/1725.
Fiala John: Lilacs. The Genus Syringa. London 1988.
Fischer Alfons: Heimat und Verbreitung der gärtnerischen Kulturpflanzen. II. Teil: Gemüse und Zierpflanzen. Grundlagen

und Fortschritte im Garten- und Weinbau 54. Stuttgart 1939.
Fischer-Benzon Rudolf von: Zwei ältere Dokumente zur Geschichte des Gartenbaus in Schleswig-Holstein. I. Inventarium des Fürstlichen Gartenhauses zum Kyell, Ao. 1649; II. Ein Pastorengarten vor 200 Jahren. Schriften naturwiss. Ver. Schleswig-Holstein 10 (1): 1-20. 1893.
Fischer-Benzon Rudolf von: Altdeutsche Gartenflora. Kiel und Leipzig 1894.
Fischer-Benzon Rudolf von: Über die »Physica« der heiligen Hildegard, die erste Naturgeschichte Deutschlands. Schriften naturwiss. Ver. Schleswig-Holstein 10 (2): 133-145. 1895.
Fitschen Jost: Gehölzflora. 9., überarbeitete Aufl., bearb. von Franz H. Meyer, Ulrich Hecker, Hans Rolf Höster und Fred-Günter Schroeder. Heidelberg und Wiesbaden 1990.
Foerster Karl: Winterharte Blütenstauden und Sträucher der Neuzeit. Leipzig 1911.
Foerster Karl: Der Steingarten der sieben Jahreszeiten. 8. Aufl., Leipzig und Radebeul 1981.
Foerster Karl & Camillo Schneider: Das Dahlienbuch. Berlin-Westend 1927.
Franke Johannes: Hortus Lusatiae. Bautzen 1594. Neu herausgeg., gedeutet und erklärt von Rudolph Zaunick, Kurt Wein und Max Militzer, Bautzen 1930.
Fretz Diethelm: Konrad Geßner als Gärtner. Zürich 1948.
Fromke Annerose & Eckehart J. Jäger: Der Artenbestand der Zierpflanzen in den Gärten ausgewählter Gebiete Mitteldeutschlands. Wiss. Ztschr. Univ. Halle-Wittenberg, M 41(2): 61-77. 1992.
Fuchs Leonhart: De Historia Stirpium. Basel 1542.
Fuchs Leonhart: New Kreuterbuch. Basel 1543.
Fuchs Leonhart: De stirpium historia commentariorum tomi vivae imagines. Basel 1545.
Geelhaar Helmut & Irmfried Tornier: Die Gladiole. Kultur, Züchtung, Pflanzenschutz. Berlin 1967.
Gemeinhardt Johann Caspar: Catalogus plantarum circa Laubam nascentium. Bautzen 1724.
Gerard(e) John: The Herball, or generall historie of plantes. London 1597.
Gerhard Wilhelm: Zur Geschichte, Cultur und Classification der Georginen oder Dahlien. Leipzig 1834.
Gessner Konrad: Horti Germaniae. In: Valerius Cordus, Annotationes. Strassburg 1561.
Gleditsch Johann Gottlieb: Catalogus plantarum, quae tum in horto Domini de Zieten ... Trebnizii coluntur. Leipzig 1737.
Gleditsch Johann Gottlieb: Index plantarum quas alit Academiae Regiae Scientiarum Berolinensis Viridarium Anno MD CCXLIV. Mskr. Archiv Akad. d. Wiss. Berlin, Sign. I-XIV-48. 1744.
Gleditsch Johann Gottlieb: Verzeichnis der Pflanzen des Botan. Gartens vom Jahre 1765. Mskr. Archiv Akad. d. Wiss. Berlin, Sign. I-XIV–49. 1765.
Gleditsch Johann Gottlieb: Alphabetisches Verzeichnis der gewöhnlichsten Arzneigewächse. Berlin 1769.
Gleditsch Johann Gottlieb: Pflanzenverzeichniß zum Nutzen und Vergnügen der Lust und Baumgärtner und aller Liebhaber. Berlin 1773.
Gmelin Johann Georg: Flora Sibirica. 4 Bde. St. Petersburg 1747/69.
Goeze Edmund: Liste der seit dem 16. Jahrhundert bis auf die Gegenwart in die Gärten und Parks Europas eingeführten Bäume und Sträucher. Mitt. dt. dendrol. Ges. 25: 129-201. 1916.
Grey-Wilson Christopher: The genus Cyclamen. Kew 1988.
Grosser Samuel: Lausitzische Merckwürdigkeiten. Leipzig und Bautzen 1714.
Gruner Heinrich: Der praktische Blumengärtner. 6. Aufl., bearb. von Carl Friedrich Förster. Leipzig 1850.

Grunert Christian: Das große Blumenzwiebelbuch. 3. verb. Aufl., hrsg. von Alfred Frübing. Leipzig 1978.
Hall Daniel A.: The genus Tulipa. London 1940.
Haller Albert von: Brevis enumeratio stirpium Horti Gottingensis. Göttingen 1743.
Haller Albert von: Enumeratio Plantarum Horti Regii et Agri Gottingensis. Göttingen 1753.
Harms Hermann: Kapuzinerkresse. Naturwiss. Wochenschrift N. F. VIII (17): 272. 1909.
Harvey John H.: Turkey as a source of garden plants. Garden History 4 (3): 21-42. 1976.
Hayne Friedrich Gottlob: Dendrologische Flora. Berlin 1822.
Hendrych Radovan: Physalis alkekengi in Europa und in der Tschechoslowakei besonders. Acta Univ. Carolinae Prag, Biologica 33: 1-42. 1989.
Hermann Paul: Horti academiae Lugduno Batavi Catalogus. Leiden 1687.
Hermann Paul: Paradisus batavus. Leiden (postum herausgeg. von W. Sherard) 1698.
Hernandez Francisco: Rerum medicarum Novae Hispaniae thesaurus. Rom 1651.
Heucher Johann Heinrich: Index plantarum horti medici Academiae Vitenbergensis. Wittenberg 1711.
Hoffmann Moritz: Florae Altdorfinae deliciae hortensis. Altdorf 1660.
Holla Robert: Flora der mittleren Niederlausitz. Verh. bot. Ver. Prov. Brandenburg 3/4: 39-90. 1861/62.
Hoppe Brigitte: Das Kräuterbuch des Hieronymus Bock. Stuttgart 1969.
Jacquin Nicolaus Joseph: Hortus Botanicus Vindobonensis. 3 Bde. Wien 1770-76.
Jäger Eckehart J.: Ornithogalum nutans L. und O. boucheanum (Kunth) Aschers. Heimatareal, synanthrope Ausbreitung und Lebensgeschichte. Bot. Rundbr. Neubrandenburg 21: 13-18. 1989.
Jäger Eckehart J.: Die ersten Listen und Aufsammlungen von Pflanzen aus Alaska - Georg Wilhelm Stellers botanische Arbeiten in Amerika. Feddes Repert. 111: 321-368. 2000.
Jäger Hermann: Die Blumen und die Mode. Gartenflora 11: 379-390. 1862
Jäger Hermann: Der Blumengarten und die Blumenzucht auf dem Lande. Berlin 1875.
Jenisius Paulus (Paul Jenisch): Annabergae Misniae urbis historia. Dresden 1605. (Gartenpflanzen im Buch I, Kap. VIII, S. 16-21.)
Juel Hans O.: Hortus Linnaeanus. Uppsala und Stockholm 1919.
Juel Hans O.: Studien in Bursers Hortus Siccus. Nova acta regiae soc. scient. Upsaliensis, Ser. IV, Vol. 5 Nr. 7. Uppsala 1923.
Juel Hans O.: Joachim Bursers Hortus Siccus. Symbolae Botanicae Upsaliensis II, 1. Uppsala 1936.
Jungermann Ludwig: Catalogus plantarum quae in horto medico et agro Altdorphino reperiuntur. Altdorf 1635, 2. Aufl. 1646.
Kaempfer Engelbert: Amoenitatum exoticarum politico-physico-medicarum fasciculi V. Lemgo 1712.
Kaiser Klaus & Rolf Offenthal: Staudige Sonnenblumen und ihre Sorten. Gartenpraxis 9: 8-15. 1997.
Kerner Anton: Die Geschichte der Aurikel. München 1875.
Kerner Anton: Die Geschichte des Flieders. Wien 1893.
Kessler Hermann Friedrich: Landgraf Wilhelm IV. von Hessen als Botaniker. Progr. Realschule zu Cassel, S. 1-22. Kassel 1859.
Keunecke H.-O.: Hortus Eystettensis. Zur Geschichte eines Gartens und eines Buches. München 1989. 2. Aufl. unter dem Titel: Die Pflanzenwelt des Hortus Eystettensis. Ein Buch lebt. München 1998.
Khosoo T.N. & J. Guba: Origin and evolution of cultivated Cannas. Glimpses in Plant Research 3. Neu-Delhi o.J.
Killermann Sebastian: Zur ersten Einführung amerikanischer Pflanzen im

16. Jahrhundert. Naturwiss. Wochenschrift N. F. 8 (13): 193-200. 1909.
Köhlein Fritz: Iris. Stuttgart-Hohenheim 1981.
Köhlein Fritz: Primeln. Stuttgart-Hohenheim 1984.
Kordes Wilhelm: Das Rosenbuch. 7. Aufl. Hannover 1956.
Kosteletzky Vincenz Franz: Index plantarum horti c. r. botanici Pragensis. Prag 1844.
Krämer Walter: Die Entdeckung und Erforschung der Erde. 8. Aufl., Leipzig 1976.
Kraus Gregor: Geschichte der Pflanzeneinführungen in die europäischen botanischen Gärten. Leipzig 1894.
Krausch Heinz-Dieter: Rosen in Ortsnamen. Namenkdl. Informat. (Leipzig) 50: 32-47. 1986. (Nachdr. in: Gingkoblätter, Kurzmitt. dt. dendrol. Ges. 71:12-30, 1998.)
Krausch Heinz-Dieter: Die Einführung der Zierpflanzen nach Mitteleuropa. Beitr. z. Gartendenkmalpflege. (Berlin) 7-19. 1990.
Krausch Heinz-Dieter: Zur Einbürgerungsgeschichte einiger Neophyten in Brandenburg. Gleditschia 19: 297-308. 1991.
Krausch Heinz-Dieter: Die Garten-Nelke (*Dianthus caryophyllus* L.), ihre Geschichte und ihre Rolle in Orangerien. Tagungsber. Arbeitskreis Orangerien (Potsdam) 1: 151-159. 1992a.
Krausch Heinz-Dieter: Alte Nutz- und Zierpflanzen in der Niederlausitz. Verh. bot. Ver. Berlin-Brandenburg, Beih. 2. 1992b.
Krausch Heinz-Dieter: »Wenn der weiße Flieder wieder blüht ...«. Zur Geschichte und Namengebung eines unserer häufigsten Ziersträucher. Heimatkal. Eisenhüttenstadt 11: 67-72. 1993.
Krausch Heinz-Dieter: Der »Catalogus Plantarum ... Trebnizii 1737« als Quelle zur Einführungsgeschichte von Gartenpflanzen und Neophyten in Brandenburg. Verh. bot. Ver. Berlin-Brandenburg 129: 5-23. 1996.
Krausch Heinz-Dieter: Der Efeu (*Hedera helix* L.). Ein Pflanzenporträt aus botanischer und kulturgeschichtlicher Sicht. Beitr. z. Gehölzkunde 12: 119-127. 1997a.
Krausch Heinz-Dieter: Kolkwitz und die Kolkwitzie. Cottbuser Heimatkal. 11: 81-84. 1997b.
Krausch Heinz-Dieter: Zierpflanzen im Garten von Hessem. In: Der Lustgarten des Johann Royer, Magdeburg 1999, S. 45-59.
Krausch Heinz-Dieter, Peter Hanel & Thomas Scheliga: Die Royerschen Pflanzenlisten 1607/1630 und 1630/1651. In: Der Lustgarten des Johann Royer, Magdeburg 1999, S. 107-143.
Krausch Heinz-Dieter & Clemens Alexander Wimmer: Paul Hermanns »Paradisus Batavus« (1698), eine wertvolle Neuerwerbung. Zandera 12 (2): 84-92. 1997.
Krausch Heinz-Dieter & Clemens Alexander Wimmer: Ein Katalog der Gärtnerei Otto Froebel vom Frühjahr 1899 und seine Bedeutung für das Zierpflanzensortiment in der Schweiz. Mitt. schweiz. Ges. f. Gartenkultur 16 (3): 101-106. 1998.
Krausch Heinz-Dieter & Clemens Alexander Wimmer: Zur Bedeutung des Boseschen Gartens in Leipzig für die Pflanzeneinführung. Zandera 15 (1): 1-13. 2000.
Krausch Heinz-Dieter: Die Pflanzen des Elsholtz–Florilegiums 1659/1660. Feddes Repertorium 112: 597-611. 2001.
Kronfeld Ernst Moritz: Geschichte der Gartennelke. Wien 1913.
Krüssmann Gerd: Rosen, Rosen, Rosen. Unser Wissen über die Rose. 2. Aufl. Berlin und Hamburg 1980.
Kuhlen Hans: Geschichte der Hortensien und die Entwicklung des Sortiments. In: Die Hortensien. Aachen 1956.
Laban Friedrich C.: Garten-Flora für Norddeutschland. Hamburg 1867.
Lack Hans Walter: Die frühe botanische Erforschung der Insel Kreta. Ann. naturhist. Mus. Wien 98 B, Suppl. (Festschrift Rechinger): 183-236. 1996.
Lange Daniel: Catalogus der Gewächße und Orangerie, so in der Herren Gebrüder

Lastroppen Garten zu Eimbsbüttel Anno 1706 im Wachsthum gewesen sind. Hamburg 1707.
Lauener Lucien André: The introduction of Chinese plants into Europe. Amsterdam 1996.
Leith-Ross Prudence: The John Tradescants. London 1984.
Lenz A.F.: Die Zierpflanzen unserer Blumenbeete. Frankfurt/Main 1844.
Link Heinrich Friedrich: Enumeratio plantarum horti regii botanici Berolinensis altera. 2 Bde., Berlin 1821/22.
Link Heinrich Friedrich & Friedrich Otto: Icones plantarum rariorum Horti Botanici Berolinensis. Berlin 1828.
Linnaeus Carl (seit 1762 Carl von Linné): Hortus Cliffortianus. Amsterdam 1737.
Linnaeus Carl: Hortus Upsaliensis. Stockholm 1748.
Linnaeus Carl: Species Plantarum. 2 Bde. Stockholm 1753.
Lobelius (de L'Obel) Matthias: Plantarum seu stirpium historia. Antwerpen 1576.
Lobelius Matthias: Plantarum seu stirpium icones. 2 Tle. Antwerpen 1581.
Lonicerus (Lonitzer) Adam: Kreuterbuch. Frankfurt/Main 1557.
Ludolff Michael Matthias: Catalogus Plantarum. Berlin 1746.
Maatsch Richard: Cyclamen. 5. Aufl. Berlin und Hamburg 1971.
Magnol Pierre: Hortus regius Monspeliensis. Montpellier 1697.
Manthey Gerda: Fuchsien. Stuttgart-Hohenheim 1983.
Marzell Heinrich: Wörterbuch der deutschen Pflanzennamen. 5 Bde. Leipzig, Stuttgart, Wiesbaden 1937–1979.
Matthiolus Petrus Andreas (Pierandrea Mattioli): Commentarii in sex libros Pedacii Dioscoridis. Venedig 1565.
Matthiolus Petrus Andreas: Compendium de plantis omnibus. Venedig 1571.
Matthiolus Petrus Andreas & Joachim Camerarius: De plantis epitome utilissima. Frankfurt/Main 1586.
Mc Kelvey Susan Delano: The Lilac. A Monography. London 1928.
Megenberg Konrad von: Puch der Natur/Buch der Natur. Augsburg 1475/1536.
Merian Maria Sibylla: Neues Blumen-Buch. Nürnberg 1680 (Reprint: Leipzig 1987).
Miller Philip: The Gardeners Dictionary. 8. Aufl. London 1768.
Moehring Paul Heinrich Gerhard: Primae lineae horti privati in proprium et amicorum usum per triennium exstructi. Oldenburg 1736.
Morison Robert: Plantarum historia universalis Oxoniensis. 2 Tle. Oxford 1680, 1699.
Mühle Arpád: Gladiolen. Gartenschönheit 3: 169-171. 1922.
Ohle Harald: Beiträge zur Taxonomie der Gattung Calendula. II. Taxonomische Revision der südeuropäischen perennierenden Calendula-Sippen. Feddes Repert. 85 (4): 245-283. 1974.
Olearius Johann Gottfried: Specimen Florae Hallensis sive designatio plantarum hortuli M. J. G. O., quibus is instructus fuit Annis 1666, 67 & 68. Halle 1668.
Otto Friedrich: Beitrag zur Cultur und Eintheilung der Georginen, nebst einem Verzeichniß ihrer vorzüglichsten Abarten. Allgem. Gartenztg. 1 (25): 193-196. 1833.
Pallas Peter Simon: Reise durch verschiedene Provinzen des Russischen Reiches. 3 Bde. St. Petersburg 1771/76.
Pallas Peter Simon: Flora rossica. 2 Bde., Frankfurt/Main und Leipzig 1789/90.
Pancovius (Panckow) Thomas: Herbarium portatile, oder behendes Kräuter- und Gewächsbuch. 1654. 2. Aufl. durch B. Zornn. Cölln a. d. Spree 1673.
Pape Gabriella: Pulmonarien mit hohem Zierwert. Gartenpraxis 4/93: 8-12. 1993.
Parkinson John: Paradisi in sole, Paradisus terrestris. London 1629.
Parkinson John: Theatrum botanicum. London 1640.

Paw Petrus: Hortus publicus Academiae Lugduno Batavae. Leiden 1601.

Pena Pierre & Lobelius Matthias: Stirpium adversaria nova. London 1570.

Plukenet Leonhard: Almagestum botanicum. London 1696.

Plukenet Leonhard: Amaltheum botanicum. London 1705.

Plumier Charles: Nova plantarum americanarum genera. Paris 1703.

Porcher Francis: Le Fuchsia, son histoire et sa culture. Paris 1859. (Besprechung in Gartenflora 1859: 282-285.)

Probst Johann Ernst: Verzeichnis derer inn- und ausländischen Bäume, Stauden und Sommer=Gewächse des Caspar Bosischen Gartens. Leipzig 1747.

Pursh (Pursch) Friedrich Traugott: Flora Americae septentrionalis. 2 Bde. London 1814.

Rabenhorst Ludwig: Flora Lusatica. I. Phanerogamen. Leipzig 1839.

Rauwolf Leonhart: Aigentliche Beschreibung der Raiss ... Lauingen 1583.

Ray John (Johannes Rajus): Historia plantarum. 3 Bde. London 1686, 1688, 1704.

Reichard Johann Jacob: Enumeratio Stirpium Horti Botanici Senkenbergiani. Frankfurt/Main 1782.

Rieder Marilise: Zur Tulpengeschichte der Schweiz. Mitt. schweiz. Ges. f. Gartenkultur 8: 2-6. 1990.

Rieder Marilise: Aurikeln, eine verschwundene Gartenmode. Mitt. schweiz. Ges. f. Gartenkultur 9: 4-7. 1991.

Robin Jean: Catalogus stirpium tam indigenarum, quam exoticarum, quae Lutetiae coluntur. Paris 1601.

Robin Jean & Vespasian Robin: Enchiridion Isagogicum ad facilem notitiam stirpium, tam indigenarum, quam exoticarum, hae coluntur in Horto D. D. Joannis & Vespasiani Robin, Botanicorum Regiorum. Paris 1623.

Roloff Christian Ludwig: Index plantarum ... in horto celebri Krausiano. Berlin 1746.

Royen Adrian von: Florae Leydensis Prodromus, exhibens plantas quae in horto academico Lugduno-Batavo aluntur. Leiden 1740.

Royer Johann: Beschreibung des ganzen Fürstl. Braunschweigischen Gartens zu Hessem. 1648. 2. Aufl. Braunschweig 1651. (Reprint: Wolfenbüttel 1990.)

Ruppius Heinrich Bernhard (Rupp): Flora Jenensis. Frankfurt/Main und Leipzig 1718. 2. Aufl. 1726.

Rupprecht Johann Baptist: Über das Chrysanthemum Indicum, seine Geschichte, Bestimmung und Pflege. Wien 1833.

Rupprecht Helmut & Eckart Miessner: Zierpflanzenbau. Zierpflanzen von A bis Z. Berlin 1985.

Saccardo Pierandrea: Cronologica Flora Italiana. Padua1909. (Reprint: 1971.)

Sauer Jonathan D.: The grain Amaranths and their relatives: a revised taxonomic and geographic survey. Ann. Missouri Bot. Gard. 54 (2): 103-137. 1967.

Saunders Edith R.: The double Stock, its history and behavior. J. Roy. Hort. Soc. 40: 450-472. 1915.

Schneebeli-Graf Ruth: Zierpflanzen Chinas. Frankfurt/Main 1991.

Schofer Ulrike u.a.: Magnarum medicine partium herbariae et zoographiae imagines. Farbmikrofiche-Edition des Medizinalkräuterbuches Ms. 2362 der Universitätsbibliothek Erlangen-Nürnberg. München 1996.

Scholz Laurentius: Catalogus Arborum, Fruticum ac Plantarum, tam indigenarum quam exoticarum, Horti Medici D. Laurentii Scholzii Medici Vratisl. Breslau 1594.

Schoser Gustav (Hrsg.): Osmanische Blumen. Ein Beitrag zur Kulturgeschichte von Pflanzen aus Vorderasien. Der Palmengarten, Sonderheft 1/85. Frankfurt/Main 1985.

Schouboe P.K.A.: Jagttagelser over Vextriget i Marokko. Kopenhagen 1800.

Schube Theodor: Schlesiens Kulturpflanzen im Zeitalter der Renaissance. Beil. z. Schulprogr. Realgymnasium am Zwinger. Breslau 1896.
Schube Theodor: Gartenpflanzen in Schlesien im Zeitalter Ludwig XIV. Wiss. Beil. z. Jahresber. Realgymnasium am Zwinger. Breslau 1911.
Schwanecke Carl: Die Stiefmütterchen. Gartenflora 40: 429-433. 1890.
Schwarz Otto: Cyclamen-Studien. Gartenflora 1938: 11-38. 1938.
Schwenckfelt Caspar: Stirpium et fossilium Silesiae Catalogus. Leipzig 1601.
Sckell Otto: 200 Jahre Belvedere. Weimar 1928.
Segal Sam: Flowers and Nature. Netherlandish flower painting of four centuries. Amstelveen 1990.
Seybold Siegmund: Die Verbreitung des Schneeglöckchens, *Galanthus nivalis* L., in Baden-Württemberg und das Problem seiner Urwüchsigkeit. Veröff. Landesstelle f. Naturschutz und Landschaftspflege Baden-Württemberg 41: 63-87. 1973.
Siebold Philipp Franz von & Joseph Gerhard Zuccarini: Flora Japonica. Leiden, Leipzig 1835-44.
Silva Tarouca Ernst Graf (Hrsg.): Unsere Freiland-Stauden. 2. Aufl. Wien, Leipzig 1913.
Smith James Edward: Exotic Botany. 2 Bde. London 1804/05.
Solms-Laubach Hermann Graf zu: Die Geschichte der Tulpen in Mittel- und Westeuropa. In ders.: Weizen und Tulpe und deren Geschichte, S. 35-117. 1899.
Sperling Otto: Hortus Christianus seu Catalogus Plantarum ... Kopenhagen 1642.
Speta Franz: Auf den Spuren von *Scilla amoena*. Naturkundl. Jb. Stadt Linz 22: 73-102. 1976.
Sprengel Kurt: Der botanische Garten der Universität Halle im Jahre 1799. Halle 1800.
Sweert Emanuel: Florilegium, tractans de variis floribus et alis indicis plantis ad vivum delineatum. Frankfurt/Main 1612.
Stoffler Hans-Dieter: Der Hortulus des Walahfried Strabo. Aus dem Kräutergarten des Klosters Reichenau. 5. Aufl., Sigmaringen 1996.
Stoutamire Warren P.: The history of cultivated Gaillardias. Baileya 8: 13-17. 1960.
Tabernaemontanus Jakob (Theodorus): Neuw Kreuterbuch. 2 Tle. Frankfurt/Main 1588,1591.
Tournefort Joseph Pitton de: Institutiones rei herbariae. 3 Bde. Lyon 1700.
Tournefort Joseph Pitton de: Corollarium Institutionum rei herbariae. Paris 1703.
Tournefort Joseph Pitton de: Beschreibung einer auf Kgl. Befehl unternommenen Reise nach der Levante. (Dt. Übersetzung der 1717 postum erschienenen franz. Erstausgabe), 3 Bde. Nürnberg 1776/77.
Vaillant Sébastian: Botanicon Parisiene. Leiden 1723.
Vater Abraham: Syllabus plantarum potissimum exoticarum quae in Horto Medico Academiae Wittenbergensis aluntur. Wittenberg 1738.
Veendorp Hesso & L.G.M. Baas-Becking: Hortus Academicus Lugduno-Batavus 1587–1937. Leiden 1938. (Reprint: Leiden 1990.)
Viescher Georg: Blumengarten. Nürnberg 1645.
Vogel Hellmuth: Azaleen, Eriken, Kamelien. Berlin und Hamburg 1982.
Volckamer Johann Christoph: Flora Noribergensis. Nürnberg 1700.
Volckamer Johann Georg: Nürnbergische Hesperides. Nürnberg 1708/14. (Reprint: Leipzig 1987.)
Wachsmuth Brigitte: Die Aurikel: Geschichte und Literatur. Zandera 15 (1): 14-29. 2000.
Walter Friedrich: Verzeichnis der auf den Friedländischen Gütern cultivierten Gewächse. 3. Aufl., [Kunersdorf] 1815.

Walther Augustin Friedrich: Plantarum exoticarum indigenarumque index tripartitus. Leipzig 1732.

Walther Augustin Friedrich: Designatio plantarum, quas hortus Augustini Friderici Waltheri, Path. Prof. Lipt., complectitur. Leipzig 1735.

Warburg Otto: Heimat und Geschichte der Lilie (*Lilium candidum*). Feddes Repert., Beih. 56: 167-204. 1929.

Warner Marjorie: The Morins. Nat. Hortic. Mag. 33: 168-176. 1954.

Wein Kurt: Deutschlands Gartenpflanzen um die Mitte des 16. Jahrhunderts. Beih. bot. Centralbl. 31 (II): 463-555. 1914.

Wein Kurt: Die Geschichte der *Syringa persica*. Mitt. dt. dendrol. Ges. 40: 245-257. 1928.

Wein Kurt: Barock, Rokoko und die Dendrologie. Mitt. dt. dendrol. Ges. 41: 88-116. 1929.

Wein Kurt: Elias Tillandz's »Catalogus Plantarum« (1683) im Lichte seiner Zeit erklärt und gewürdigt. Vanamon Julkaisuja 11 (5): 190-411. Helsinki 1930.

Wein Kurt: Die erste Einführung nordamerikanischer Gehölze in Europa. Mitt. dt. dendrol. Ges. 42: 137-163; 43: 95-154. 1930/31.

Wein Kurt: Die älteste Einführungs- und Einbürgerungsgeschichte der nordamerikanischen Vertreter der Gattung *Oenothera*. Feddes Repert., Beih. 62: 27-64. 1931.

Wein Kurt: Altweltliche Gehölze der europäischen Gärten im Wandel der Jahrhunderte. I. Mittelalter. Mitt. dt. dendrol. Ges. 44: 130-152. 1932.

Wein Kurt: Nordamerikanische *Oenothera*-Arten als Gartenpflanzen und Epökophyten in Europa während des 17. und 18. Jahrhunderts. Beih. bot. Centralbl. B 55: 419-543. 1936.

Wein Kurt: Die Perioden in der Geschichte der Gartenpflanzen in der Neuzeit. Nova Acta Leopoldina N. F. 13: 511-520. 1944.

Wein Kurt: Die Heimat von *Ornithogalum nutans* L. und die Entstehung der Grundlagen für seine spätere Ausbreitung in den europäischen Gärten im Laufe der Barockzeit. Nova Acta Leopoldina N. F. 27: 383-411. 1963.

Wickert Konrad (Hrsg.): Das Camerarius-Florilegium. Erlangen-Nürnberg 1993.

Wigand Johann: Vera historia de succino borussico. De herbis in Borussia nascentibus. Jena 1590.

Wilcke Samuel Gustav: Hortus Gryphicus. Greifswald 1765.

Willdenow Carl Ludwig: Florae Berolinensis Prodromus. Berlin 1787.

Willdenow Carl Ludwig: Enumeratio plantarum Horti Regii Botanici Berolinensis, continens descriptiones omnium vegetabilium in horto dicto cultorum. Berlin 1809. (hierzu Supplementum, hrsg. von Diedrich von Schlechtendahl, Berlin 1813).

Wimmer Clemens Alexander: Friedrich August Ludwig von Burgsdorffs »Anleitung« als Quelle zur Gehölzverwendung im frühen Landschaftsgarten. Zandera 6 (1): 1-20, Berlin 1991a.

Wimmer Clemens Alexander: Die Einführung der Hosta in die Gärten und ihre Verwendung im 19. Jahrhundert. Zandera 6 (2): 38-47. 1991b.

Wimmer Clemens Alexander: Rosen im Barockgarten. Zandera 9 (2): 41-60. 1994.

Wimmer Clemens Alexander: Eine Rose bei Goethe. Forschungen über *Rosa x francofurtana* an Goethes Gartenhaus. Rosen-Jb. 1996: 89-94.

Wimmer Clemens Alexander: 350 Jahre Goldrute, Essigbaum und geschlitztblättriger Flieder in Deutschland. Zandera 13 (2): 77-87. 1998.

Wimmer Clemens Alexander: Barocke Pelargonien. Gartenpraxis 1/2001: 50-55.

Wimmer Clemens Alexander: Entwicklung der Pelargonien im 19. Jahrhundert. Gartenpraxis 1/2002: 18-23.

Wimmer Clemens Alexander: Johann Cölers Gartenbuch (1595). Zandera 17: 51-72. 2002.

Winkler Friedrich: Blumistische Plaudereien. Neubert's dt. Gartenmagazin 46: 62-89. 1892.
Wittmack Ludwig: Zur Geschichte der Begonien. Bull. Congres Internat. Botanique et Horticultur., St. Petersburg 1884: 243-268. St. Petersburg 1885.
Wittrock Veit Brecher: Viola-Studier I. De *Viola tricolor* (L.) aliisque speciebus Sectionis Melanii. Acta Horti Bergiani 2, 1. Stockholm 1897.
Wredow Johann Christian Ludwig: Der Gartenfreund. Berlin 1818. (Weitere, nach dem Tode des Autors 1823 ab der 4. Aufl. 1832 von Carl Hehn und späteren Bearbeitern besorgte und ständig ergänzte Auflagen bis gegen Ende des 19. Jhs.)
Yeo Peter F.: Geranium. Freiland-Geranien für Garten und Park. Stuttgart-Hohenheim 1988.
Zetter Johann Theophil: Ueber die perennierenden Gartengewächse und deren Cultur. Leipzig 1837.
Zinn Johann Gottfried: Catalogus Plantarum Horti Academici et Agris Gottingensis. Göttingen. 1757.
Zohary Michael: Pflanzen der Bibel. 2. Aufl. Stuttgart 1986.
Zornn Barthlomaeus: Botanologia medica. Berlin 1714.

Zeitschriften und Florenwerke

Annalen der Blumisterei für Gartenbesitzer, Kunstgärtner, Saamenhändler und Blumenfreunde. Nürnberg 1826 ff.
The Botanical Register. 1815 ff.
The Botanists Repository, hrsg. von H. C. Andrews. 1799–1811.
Curtis's Botanical Magazine. London 1786 ff.
Gartenflora. Allgemeine Monatsschrift für deutsche, russische und schweizerische Garten- und Blumenkunde (so Untertitel 1871), begründet durch Eduard Regel und durch ihn bis Ende 1884 herausgeg. 1852–1938.
Flora Europaea. 5 Bde., Cambridge 1964–1980.
The European Garden Flora. Cambridge 1986 ff.
Illustrierte Flora von Mitteleuropa, begr. von Gustav Hegi, 7 Bde. 1906–1931; weitere, z.T. völlig neubearbeitete Auflagen 1936 ff.
Pareys Blumengärtnerei. Beschreibung, Kultur und Verwendung der gesamten gärtnerischen Schmuckpflanzen. Hrsg. von C. Bonstedt, 2 Bde., Berlin 1931/32.

Weitere Literatur-Hinweise im Text.

Abbildungsnachweis

Bailey, L. H.: Cyclopedia of american horticulture. London 1900. 123, 171, 175, 200, 202
London 1947. 45, 109, 245, 310, 357, 375,
London 1961. 76, 127, 165, 172

Barrelier, J.: Plantae per Galliam, Hispaniam et Italiam observatae iconibus aeneis exhibitae. Paris 1714. 217

Bock, H.: Kreuterbuch. Strassburg 1546. 79, 414

Bock, H.: Kreuterbuch. Strassburg 1551. 460

Boissard, J. J.: Icones virorum illustrium, Pars 2, 1598. 13

Brunfels, O.: Contrafayt Kreuterbuch. Straßburg 1532. 81, 120, 209, 230, 264, 281, 351, 379, 383, 491

Cavanilles, A. J.: Icones et descriptiones plantarum. Madrid 1791 - 1801. 135

Clusius, C.: Rariorum aliquot stirpium per Hispanias observatarum historia. Antwerpen 1576. 92, 345

Clusius, C.: Rariorum aliquot stirpium per Pannoniam, Austriam et vicinas quosdam provincias observatarum historia. Antwerpen 1583. 167, 299, 407

Clusius, C.: Rariorum plantarum historia. Antwerpen 1601. 34, 128, 219, 431

Clusius, C.: Curae posteriores. Antwerpen 1611. 271

Cornut, J. Ph.: Canadensium Plantarum aliarumque nondum editarum historia. Paris 1635. 64,159, 193, 298, 332, 417

Dillenius, J. J.: Hortus Elthamensis. London 1732. 83, 293, 335, 343, 347

Dodonaeus, R.: Stirpium historia pemptades sex. Antwerpen 1583. 43, 56, 57, 58, 87, 101, 105, 143, 153, 169, 234, 237, 241, 254, 255, 256, 258, 266, 282, 306, 323, 355, 396, 437

Fuchs, L.: Löbliche Abbildung und Contrafayung aller Kreuter. Basel 1545. 227

Gessner, K. In: Caspari Collino Pharmacopoeo. Zürich 1560. 472

Haage & Schmidt: Nachtrag zu den Abbildungen in Holzschnitt. Erfurt 1910. 223, 284

Hermann, P.: Horti academici Lugduno-Batavi Catalogus. Leiden 1687. 66, 273, 337, 470

Hermann, P.: Paradisus batavus. 2. Aufl. Leiden 1705. 67

Hernandez, F.: Rerum medicarum Novae Hispaniae thesaurus. Rom 1651. 134

Iconographia Cormophytorum Sinicorum (1972). 149, 166, 327, 358, 372

Lobelius, M.: Icones Stirpium seu Plantarum. Antwerpen 1591. 73, 94, 145, 296, 341, 403, 433

Makino, T.: New Illustrated Flora of Japan. Tokyo 1962. 215

Marschall v. Bieberstein, A. F.: Centuria plantarum rariorum Rossiae meridionalis, Pars 1. Charkow 1810. 77, 108, 238

Martyn, J.: Beschreibung seltener Pflanzen. Nürnberg 1752. 444

Matthiolus, P. A.: Commentarii in sex libros Pedacii Dioscoridis Anazarbei de medica materia. Venedig 1565. 453

Matthiolus, P. A. & J. Camerarius: De plantis epitome utilissima. Frankfurt/Main 1586. 55, 62, 104, 150, 161, 176, 195, 205, 262, 303, 307, 308, 319, 394, 423, 441, 493

Matthiolus, P. A. & C. Bauhin: Opera omnia. Basel 1598. 38, 50, 53, 85, 96, 117, 121, 137, 156, 160, 203, 226, 251, 276, 277, 311, 329, 361, 387, 421, 443, 468, 486, 488, 489

Rümpler, Th.: Illustriertes Gartenbau-Lexicon. 2. Aufl. Berlin 1890. 52, 136

Sweert, E.: Florilegium. Frankfurt/Main 1612. 367

Tabernaemontanus, J.: Neuw Kreuterbuch. Frankfurt/Main 1588/91. 36, 119, 141, 163, 185, 206, 210, 279, 291, 402, 405, 473, 477

Theatrum Europaeum, Bd. 19. Frankfurt/Main 1723. 40

Vilmorins Blumengärtnerei, Berlin 1896. 457

Wehrhahn, H. R.: Was wächst und blüht in meinem Garten? Stuttgart 1937. 377

Zinn, J. G.: Catalogus Plantarum Horti Academici et Agri Gottingensis. Göttingen 1757. 501

Einige Erläuterungen zur Systematik und Namengebung der Pflanzen

Heute ordnet man das Pflanzenreich nach der natürlichen Verwandtschaft und Abstammung der Pflanzen. Dazu wurde es in systematische Einheiten oder Sippen (Taxa, Singular Taxon) unterteilt. Die Grundeinheit der Systematik ist die Art (species). In ihr werden alle Individuen vereinigt, die sich in allen wesentlichen, erblich konstanten, Merkmalen gleichen und sich darin von anderen nächstverwandten Arten unterscheiden. Bei besonders formenreichen Arten wie z.B. dem Echten Eisenhut (*Aconitum napellus*) bezeichnet man die oft nur wenig vom Typus abweichenden Einzelsippen als Kleinarten, die dann zu einer Sammel- oder Gesamtart bzw. Artengruppe (Aggregat) zusammengefaßt werden. Sonst unterteilt man die Art je nach dem Grad ihrer Merkmalsunterschiede weiter in Unterarten (subspecies = subspec.), Varietäten (varietas = var.) und Formen (forma = f.), um nur die hauptsächlichen intraspezifischen Sippen zu nennen. Kreuzungen zwischen verschiedenen Arten heißen Hybriden (Bastarde). Sie werden, wenn ihre Eltern bekannt sind, mit einem x zwischen Gattungsnamen und Artbezeichnung gekennzeichnet (z.B. *Eranthis x tubergenii*). Pflanzen der ersten Generation von Kreuzungen werden als F_1-Hybriden bezeichnet. Diese sind meist größer und üppiger als die folgenden Generationen. Bei den durch Züchtung entstandenen Hybriden unsicherer Abstammung und Mehrfachhybriden wird meist nur von Hybriden bzw. Hybridgruppen gesprochen (z.B. bei *Delphinium*: Belladonna-Hybriden, Elatum-Hybriden, Pacific-Hybriden). Sorten von Nutz- und Zierpflanzen bezeichnet man als Kultivare (cultivar = cv.), der Sortenname wird durch hochgestellte einfache Anführungszeichen gekennzeichnet (z.B. *Rudbeckia hirta* 'Meine Freude'). Verwandte Arten faßt man zu Gattungen (genera, Singular genus) zusammen, verwandte Gattungen zu Familien. Weitere höhere Hauptrangstufen sind dann die Ordnungen (z.B. Rosales, Rosenartige), Klassen (z.B. Dicotyledoneae oder Magnoliopsida, Zweikeimblättrige Pflanzen) und Abteilungen (z.B. Spermatophyta, Samen- oder Blütenpflanzen).

In älterer Zeit ordnete man die Pflanzen lediglich nach äußerlichen Ähnlichkeiten. Die damaligen »Gattungen«, auch Geschlechter genannt, enthielten daher oftmals verschiedene, miteinander nicht näher verwandte Arten. 1735 veröffentlichte der schwedische Naturforscher Linnaeus auf der Grundlage von Blütenmerkmalen (Anzahl und Stellung von Staubgefäßen und Fruchtknoten) ein künstliches System mit 24 Klassen von Pflanzen.

Dieses Linnésche Sexualsystem war etwa 100 Jahre in Gebrauch und wurde dann von erstmals 1789 vorgeschlagenen, seit dem 19. Jh. ständig weiter verbesserten natürlichen Pflanzensystemen abgelöst. Die erste deutsche Flora, in der ein natürliches System zur Anwendung kam, war die 1864 erschienene Flora der Provinz Brandenburg des Berliner Botanikers Paul Ascherson.

Was die Namen der Pflanzen anbelangt, so unterscheidet man zwischen den weltweit gültigen wissenschaftlichen Namen und den jeweils landesüblichen Buch- und Volksnamen. Die wissenschaftlichen Pflanzennamen werden seit altersher in Latein abgefaßt und auch heute noch ist für sie die lateinische Sprache zwingend vorgeschrieben. Im Mittelalter übernahm man zunächst die von den antiken Schriftstellern aufgeführten Namen. Seit der Renaissance wurden weitere lateinische oder latinisierte Namen geschaffen. Mit dem Kenntniszuwachs entstand das Bedürfnis, alle bekannten Arten namentlich genau zu benennen, wodurch viele wissenschaftliche Pflanzennamen zu oftmals viele Worte umfassenden Phrasen oder Polynomen auswuchsen. Da die einzelnen Autoren die Arten oft unterschiedlich benannten, entstand ein erheblicher Namenswirrwarr. Die Lösung dieses Problems gelang schließlich Linnaeus durch die Schaffung der binären Nomenklatur. Sein 1753 in Stockholm veröffentlichtes Buch Species Plantarum wurde zum Ausgangspunkt (starting point) der modernen Nomenklatur der Pflanzen.

Danach wird jede Pflanzenart durch einen zweiteiligen wissenschaftlichen Namen gekennzeichnet. Der erste Bestandteil ist der Name der Gattung (immer mit großen Anfangsbuchstaben), der zweite die Artbezeichnung oder der Art-Beiname (Epitheton) (mit kleinen Anfangsbuchstaben). Der Art-Beiname besteht in der Regel aus einem Wort, nur in seltenen Fällen aus zwei (meist mit einem Bindestrich verbundenen) Wörtern (z.B. *Erythronium dens-canis*). Meist handelt es sich um Adjektive. Mitunter wurden Art-Beinamen zu Ehren einer bestimmten Persönlichkeit gebildet (Widmungsnamen, z.B. *Primula juliae*), bei einigen auch ältere Pflanzennamen übernommen (z.B. *Viburnum lantana*). Die Gattungsnamen gehen teilweise auf antike Pflanzennamen zurück (z.B. *Laurus, Rosa, Salvia*), teils wurden sie erst in neuerer Zeit gebildet. Bei den letzteren liegen bei einigen (z.B. *Petunia, Gingko*) sogar Namen aus fremden Sprachen zugrunde, die allerdings latinisiert bzw. als lateinische Namen behandelt wurden. Seit Anfang des 18. Jahrhunderts wurde es Brauch, Pflanzengattungen nach Botanikern und um die Botanik verdienten Personen zu benennen (z.B. *Begonia, Fuchsia, Kolkwitzia, Rudbeckia*). Im allgemeinen erscheinen die wissenschaftlichen Namen im Druck in Kursivschrift. Zum vollständigen wissenschaftlichen Namen gehört auch die Angabe des nomenklatorischen Autors, d.h. desjenigen Botanikers, der die erste Benennung und Beschreibung der betreffenden Sippe vorgenommen hat. Der Autorenname wird, meist in abgekürzter Form (z.B. L. für Linnaeus, DC. für A. P. de Candolle, M. B. für Marschall von Bieberstein), dem eigentlichen Namen in Normalschrift angefügt.

Weiterführende Forschungen, aber auch unterschiedliche Auffassungen über Abgrenzung und Zuordnung einzelner Sippen sowie die Berichtigung fehlerhafter Veröffentlichungen führten und führen auch weiterhin zu Änderungen von Pflanzennamen. Dadurch ungültig gewordene Namen bezeichnet man als Synonyme (syn.). In der älteren wissenschaftlichen, insbesondere aber auch in der gärtnerischen Literatur begegnen uns viele Pflanzenarten und Gattungen unter solchen, heute nicht mehr gebräuchlichen Synonymen. Es ist vielfach üblich, lange Zeit hindurch angewendete, aber gegenwärtig nicht mehr gültige Pflanzennamen den nunmehr gültigen Namen in Klammern hinzuzufügen.

Um die Namengebung einheitlich zu regeln, wurden ab der 2. Hälfte des 19. Jhs. Nomenklaturregeln aufgestellt. Seit dem 20. Jh. gibt es den von den Internationalen Botanischen Kongressen beschlossenen, jeweils neu überarbeiteten, für alle Nomenklaturfragen verbindlichen Internationalen Code der Botanischen Nomenklatur (ICBN).

Der Internationale Code der Nomenklatur der Kulturpflanzen (ICNGP) ergänzt diese Regeln hinsichtlich der landwirtschaftlich, forstlich und gartenbaulich genutzten Pflanzen. Beide Codes sind in ihren wesentlichen Teilen nach ihren jeweils neuesten Fassungen im Zander, Handwörterbuch der Pflanzennamen, abgedruckt, worauf hinsichtlich der Einzelheiten verwiesen sei.

Neben den durch diese Codes verbindlich geregelten, weltweit gültigen wissenschaftlichen Pflanzennamen haben die Pflanzen aber auch Namen in den unterschiedlichen Sprachen der Erde. In den in vielen

Ländern erscheinenden Pflanzenbüchern werden neben den wissenschaftlichen Namen auch die Namen in der Landessprache (bzw. in mehreren Landessprachen) angegeben. Dabei ist man meist bestrebt, aus der oft großen Zahl der Volksnamen den verbreitetsten oder geeignetsten auszuwählen, den sogenannten Buchnamen. Obwohl man sich auch bei den Buchnamen um eine einheitlichen Handhabung bemüht, werden im deutschen Sprachgebiet manche Pflanzen doch in unterschiedlicher Weise bezeichnet.

Die Zahl der Volksnamen ist, vor allem in größere Flächen einnehmenden Sprachgebieten mit unterschiedlichen Mundarten, oft sehr hoch, besonders bei den häufigen Arten. Über die im deutschen Sprachgebiet üblichen mundartlichen und schriftsprachlichen Pflanzennamen unterrichtet das nach jahrzehntelanger Sammelarbeit zwischen 1937 und 1979 erschienene fünfbändige Wörterbuch der deutschen Pflanzennamen von Heinrich Marzell.

Register der deutschen Pflanzennamen

Vom Glück, mit der Natur zu leben

»Das Buch ist eins der bezauberndsten,
die ich je in der Hand hatte.«
Hannelore (Loki) Schmidt

Vom Glück, mit der Natur zu leben
Das Tagebuch der Edith Holden
Naturbeobachtungen aus dem Jahre 1906
ISBN 3-423-**36105**-0

In Wort und Bild beschreibt Edith Holden Flora und Fauna ihrer englischen Heimat im Wandel der Jahreszeiten. Alles, was sie auf ihren Spaziergängen und Wanderungen beobachten konnte, hat sie sorgfältig niedergeschrieben, ihre Lieblingsgedichte und Sprüche zur Jahreszeit hinzugesetzt, die Monatsnamen erläutert, die Feiertage gekennzeichnet, vor allem aber ihre Eintragungen mit eigenen Aquarellen von Pflanzen und Tieren illustriert. Blatt für Blatt dieses Tagebuchs zeugt von Edith Holdens Liebe zur Natur und ihrer Begabung, das Erlebte empfindungsreich zu vermitteln. Eine einzigartige, beglückende Darstellung der noch unversehrten Natur – eine eindringliche Mahnung an uns, diese Unversehrtheit zu erhalten.

Biologie im dtv

Kevin Davies
Die Sequenz
Der Wettlauf um das menschliche Genom
Übers. v. K. Fritz und A. Hansen-Schmidt
ISBN 3-423-34021-5

Keith Devlin
Das Mathe-Gen
oder Wie sich das mathematische Denken entwickelt + Warum Sie Zahlen ruhig vergessen können
Übers. v. D. Zimmer
ISBN 3-423-34008-8

Claudia Eberhard-Metzger
Das Molekül des Lebens
Einführung in die Genetik
ISBN 3-423-33089-9

Marc D. Hauser
Wilde Intelligenz
Was Tiere wirklich denken
Übers. v. S. Kullmann-Krieg
ISBN 3-423-34046-0

Jeanne Rubner
Was Frauen und Männer so im Kopf haben
ISBN 3-423-33031-7

Josef H. Reichholf
Das Rätsel der Menschwerdung
Die Entstehung des Menschen im Wechselspiel der Natur
ISBN 3-423-33006-6

Brigitte Röthlein
Sinne, Gedanken, Gefühle
Unser Gehirn wird entschlüsselt
ISBN 3-423-33081-3

Günter Vogel
Hartmut Angermann
dtv-Atlas Biologie
Tafeln und Texte / 3 Bände
Band 1:
ISBN 3-423-03221-9
Band 2:
ISBN 3-423-03222-7
Band 3:
ISBN 3-423-03223-5
Kassettenausgabe
ISBN 3-423-05937-0

Bitte besuchen Sie uns im Internet: www.dtv.de

dtv

Einfach wissen

Das Wichtigste über uns und die Welt, für alle, die was wissen wollen

- Grundwissen zu den jeweiligen Sachgebieten
- Über Menschen, Sachverhalte, Epochen, Ereignisse, Schauplätze
- Verfasst von namhaften Wissenschaftspublizisten
- Mit Leseempfehlungen und anderen weiterführenden Hinweisen

Herausgeber der Reihe: Olaf Benzinger

Das Wichtigste über
Literatur & Sprache
Von Johannes Balve
ISBN 3-423-**34361**-3

Das Wichtigste über
Mensch & Gesundheit
Von Thomas Deichmann und Thilo Spahl
ISBN 3-423-**34362**-1

Das Wichtigste über
Natur & Technik
Von Thomas Deichmann und Thilo Spahl
ISBN 3-423-**34363**-X

Das Wichtigste über
Länder & Kontinente
Von Claudia Eberhard-Metzger
ISBN 3-423-**34364**-8

Das Wichtigste über
Geschichte & Zeitgeschichte
Von Matthias und Kerstin von Hellfeld
ISBN 3-423-**34365**-6

Das Wichtigste über
Kunst & Musik
Von Susanna Partsch und Olaf Benzinger
ISBN 3-423-**34366**-4

Das Wichtigste über
Politik & Wirtschaft
Von Jeanne Rubner und Arthur Carlson
ISBN 3-423-**34367**-2

Das Wichtigste über
Religion & Philosophie
Von Matthias Viertel
ISBN 3-423-**34368**-0